西尔斯 DR. Sears
亲密育儿百科
THE BABY BOOK

〔美〕威廉·西尔斯 玛莎·西尔斯 罗伯特·西尔斯 詹姆斯·西尔斯　著

邵艳美　译

南海出版公司

新经典文化股份有限公司
www.readinglife.com
出 品

献给我们的"孩子们"

詹姆斯

罗伯特

彼得

海登

艾琳

马修

史蒂芬

劳伦

以及

献给我们的"孙子孙女们"

安德鲁

莉

亚历克斯

乔纳森

乔舒亚

阿什顿

摩根

托马斯

兰登

——威廉·西尔斯

玛莎·西尔斯

前　言

　　我们不仅撰写了这本《西尔斯亲密育儿百科》，更在生活中实践了这本书的内容。我们——威廉和玛莎养育了8个孩子，在40年的儿童护理工作中，也照顾过无数的孩子。现在，我们的两个儿子——罗伯特和詹姆斯也加入了我们的行列，他们也有了养育下一代的经验。我们共同的经验和想法都将在这本书中与你分享。

　　我们一直仔细观察各种孩子与父母，记录下那些对大多数父母和孩子都有用的方法。我们每天都在诊所中收集那些育儿成功的父母对照顾孩子的建议，这些建议都会体现在本书中。对孩子的爱，和做一个好父亲或好母亲的决心，会让你很乐意去听那些关于培养孩子的建议。

　　但孩子如此娇嫩，父母们又是如此渴望获得建议，因此不能让未经调查和实践证明的建议影响父母和孩子。我们对待教育是十分严肃的。这本书里所有的方法都是经过调查和时间检验的。

　　这本书里也专门为生活忙碌的现代父母们设计了育儿方案，来平衡孩子的自然需求与父母的职业需求。本书中介绍了最基本的方法，帮助你成为育儿专家，教你如何满足孩子的需求，同时让你自己过得自在。我们建议用亲密育儿法与科技化的新时代生活互补。在本书中，你会找到一种最适合你和孩子的育儿方法。

　　本书1993年首印以来，就被数百万父母称为"育儿圣经"。世界各地的新手父母从书中找到了适合自己的方法，让他们的育儿工作变成了一种享受，我们对此感到激动万分。在这个新版本里，我们根据读者的反馈意见加入了新的话题，还介绍了过去20年间，在育儿与儿科学领域出现的新思想与新方法。

读者们无数的感谢留言，脸谱、推特上的关注者，以及数百万网站用户让我们体会到了无比的成就感，这是无价的。因为这本书，我们帮助了别人，孩子和父母更开心、更健康、关系更亲密了。

看完这本书，如果你接受了西尔斯家提供的某个育儿建议，我们就在某种程度上成了你家庭的一分子，这将是最让我们开心的事。

威廉·西尔斯　玛莎·西尔斯

罗伯特·西尔斯　詹姆斯·西尔斯

于美国加利福尼亚州

目 录

第一部分　迈出第一步：育儿基础

第二部分 饮食和营养

第三部分　现代育儿

第四部分　婴儿成长与行为

第五部分　让你的宝宝健康安全地长大

第 28 章　常见紧急状况的急救和处理方法

附录

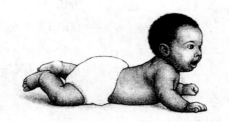

第一部分
迈出第一步：育儿基础

说真的，确实没有一种育儿的最佳办法，就像没有完美的孩子。其实这世界上也没有完美的父母，只是有些人研究过相关知识，或在育儿方面比你更有经验而已。做父母确实也需要培训上岗。所谓"专家"的意见太多了，可能会干扰你作为新手父母的直觉，会阻碍你天生的学习能力。我们将向你展示如何成为你孩子的专家。这本书的目标是帮助你和孩子相互适应，这也是育儿真正的意义。

让我们一起迈出第一步吧！

第1章　什么是亲密育儿法

襁褓中的抚育，是帮助孩子走向成功人生的第一步。其他育儿书都缺少重要的一章，这一章应该叫"养育你自己的孩子"。现在，不论你们是想生孩子的夫妻还是刚生孩子的父母，我们一起来补上这一章。

我[①]是儿科医生，玛莎是护士，我们共同养育了 8 个孩子。以我们的经验来看，使父母与孩子相互适应并感觉舒适的最佳途径是用我们称之为"亲密育儿法"的育儿方式。这种育儿方式能让父母与孩子处于最佳状态。自从有了妈妈和孩子，就有了亲密育儿法。近年来，这种育儿方式才有了这样一个特定的名称。实际上，如果只靠自己的保健知识，我们都会自然地选择这种方法。

养育你自己的孩子

40 年前，我开始在儿科诊所坐诊。那时我已经在两所世界顶尖的儿科医院接受过专业训练，觉得自己对孩子无所不知。朋友们曾经很羡慕玛莎，觉得能嫁给一位儿科医生是一件多么幸运的事，玛莎回答道："他只是知道如何照顾生病的孩子。"实际上，我在工作后的第一个星期就遭到了沉重的打击。妈妈们总是问我各种与病情无关的问题，比如："如果孩子哭了，我要不要哄？""如果我总抱着她，会不会把她宠坏？""能不能和宝宝一起睡？"这些问题我一个也答不上来。但父母们觉得我是专家，所以十分信任我，希望我能给出所有问题的答案。这些都不是医学问题，

---

①作者注，本书中，除非特别说明，"我"指的是威廉·西尔斯，"玛莎"指玛莎·西尔斯，"我们"指的是整个西尔斯医生家族。

而是关于育儿方式的问题。我和玛莎抚育了我们自己的两个孩子，但这不足以使我成为育儿专家。我开始阅读关于育儿的书籍，就像你们现在读这本书一样。但这些书总是让我越看越糊涂，因为书中的观点好像只是基于作者自己的想法，而不是真实的研究数据。大多数作者要么缺乏基本常识，观点不明确，要么就是推崇当下流行的育儿法，不管这种方法是否真的管用。

于是，我决定去咨询真正的专家，也就是那些育儿经验丰富的父母。我从带孩子来我这儿看病的父母中，寻找那些看起来掌握了育儿真谛的父母，他们能读懂宝宝的暗示，凭直觉就能恰当地回应宝宝；他们享受育儿的过程，宝宝也长得特别好。这些父母和他们的宝宝成了我的老师，我注意倾听，用心观察，将他们育儿的每一个实用经验记录下来，并列了一个"有效方法"的清单。那些年，玛莎一直和我一起做这个工作，直到我们的第四个孩子海登出生。玛莎现在仍是育儿顾问和母乳喂养咨询师。诊所成了我的调查研究基地，同时，我们家里的那个"实验室"也在不断发展壮大。

经过 9 年时间的倾听和学习，加上自己又养育了 3 个宝宝，我们开始总结育儿经验。在各种育儿方式中，我们选择了在大部分情况下对大部分父母都适用的方法，然后把这些方法教给来我的诊所的父母们，也用这些方法来抚育我们自己的 8 个孩子。实践几年后，玛莎和我对这些方法做了一些改进，以适应当下不断变化的生活方式和不同孩子的需求（我们仍在学习和研究更好的方法）。40 年来，我们通过儿童医学实践、抚养 8 个孩子、向数千位父母讨教，总结了许多行之有效的育儿经验。在这一章，我们将展示这些总结出来的精华。

不要想一次把所有的东西都学完。育儿是一个边学边用的过程，实践经验很重要。我们只是为初学者提供一些小技巧，从这些基本方法中你可以寻找、开发适和你的独特育儿方式，就是那种既适合宝宝的性情、也适合你个性的方式，另外，在你没有开始抚育自己的孩子前，不可能决定用哪种育儿方式，因为你不知道宝宝能对你产生什么影响，也不知道他将在多大程度上改变你的外在形象。你不知道每天该抱他多长时间，也不知道当他在凌晨 3 点吵醒你时，你该怎么办；对于该给他多久的母乳喂养，你更没法决定。这些都需要你一边实践一边学习，等看到孩子后再来决定这些事情吧。但在此之前，你可以了解一些育儿方式，做到心里有数。

在我们开始介绍这些育儿方式之前，要先约法三章。本书中的一些观点和方法可能和你在其他育儿书中看到的不一样，你刚开始接触时会感觉有些奇怪。希望你用开放的心态看待这些观点和方法，看待育儿这件事，不然可能只会从本书中收获烦恼。人们总是期望得到一个乖巧又听话的宝宝，但并不是所有人都能如愿以偿。不妨先听听各种各样的方法，然后从中选出最适合你的宝宝的那种。要求了这么多，我们对自己也有要求，那就是确保我们在书中阐述的所有观点和方法都经过论证和检验，绝不是一家之言。

亲密育儿法的 7 个方面

新爸爸和新妈妈要达到 3 个至关重要的目标：

- 了解宝宝
- 让宝宝感到舒适
- 享受养育宝宝的过程

我们介绍的育儿方式可以帮助你达到以上目标。下面是构成亲密育儿法的 7 个方面的内容。

1. 让分娩成为一种情感纽带——及早与宝宝建立亲密关系

宝宝和父母早期的亲密关系，往往是他们开始接触的方式决定的。积极参与到"分娩"这一曲生命华章的谱写中来吧！

对分娩负责，学习有关分娩的知识，并与你的助产士讨论一下你的分娩观念。难产或者不必要的剖腹产导致的母婴分离都不是理想的开端，在这种情况下，妈妈本该用来了解宝宝的那部分精力却用在了关注治疗自己的创伤上。顺利的分娩过程会让妈妈对新生儿有更多好感。（参见第 2 章，了解分娩与情感纽带之间的联系，以及如何降低难产及不必要剖腹产的概率。第 52 页解释了母婴同室的重要性。）

婴儿出生后的几周到几个月是一个敏感期，在此期间，妈妈和宝宝需要彼此陪伴。这个时期的亲密接触能使宝宝对妈妈亲近的天性，以及妈妈关爱、照顾宝宝的本能与生理需求都得到自然的发展。这时的宝宝最需求妈妈的呵护，妈妈也渴望照顾宝宝，这是妈妈与宝宝早期亲密接触的最佳时机。

当然，妈妈对宝宝的爱，以及和

亲密育儿法的 7 个方面

1. 让分娩成为情感纽带
2. 宝宝哭声中的学问
3. 用母乳哺育宝宝
4. 把宝宝"贴"在身上
5. 和宝宝一起睡
6. 把握平衡与界限
7. 学会分辨育儿建议

宝宝之间的亲密联系，早在宝宝出生前就开始了，还将一直持续下去。（关于产后如何建立母婴间的亲密关系与情感纽带，参见第4章及第5章。）

2. 宝宝哭声中的学问——分辨和回应宝宝发出的信号

你面临的第一个挑战就是要知道宝宝每时每刻的不同需要。这真的很难，很容易让人产生挫败感，觉得"我根本不是一个称职的母亲"。

放轻松！你的宝宝会帮助你。研究人员曾认为，婴儿在育儿中只是一个被动的接受者，而现在我们知道，宝宝会主动指导父母。宝宝天生就会使用"亲密增强剂"，通过一些自身的行为（如高声尖叫，你不可能听不到）像磁石一样将父母吸引过去。这些行为有些显而易见，比如哭泣、微笑，或是抓住你不放；还有一些比较隐蔽，需要用心发现，比如眼神交流和肢体语言。所有的父母——尤其是母亲，天生就有判断和回应宝宝这些行为的直觉。母亲和宝宝如同接收装置和发射装置，通过一段时间的磨合就能达到无障碍交流。至于磨合期的长短，因人而异。有些宝宝发出的信号比较容易懂，而有些父母更善于理解这些信号。但不论时间长短，父母与宝宝最后都能达到相互理解。如果你能细心观察，时时回应，这个目标就会更快达到。偶尔，你也会做出错误的回应，比如你以为宝宝饿了，开始喂他，其实他只是想让你抱抱。即使是这样错误的回应，也比没有回应好，只要你在回应，就是在鼓励他和你一起努力，直到你准确地理解他的意思。

宝宝一哭，就把他抱起来。这方法听起来简单，但很多父母都不这样做，而是让宝宝一直哭下去，他们认为不能纵容宝宝的"坏"习惯。但是婴儿不会有"坏"习惯，他们只是在用唯一的方式与你交流。可以换位思考一下，如果你的身体还没有协调能力，自己无法独立做任何事，而作为请求信号的哭声也不能引起任何人的注意，你会有什么感觉？哭声没有得到回应的宝宝不会变成一个"好"孩子（虽然他可能会安静下来）；他只会变成一个灰心丧气的孩子，因为他觉得无法与你交流，也没有人来满足他的需求。

旁人可以很轻松地说，让宝宝一直哭好了，不要去抱他。因为宝宝的哭声不会让旁人的身体发生什么化学反应——除非他是一个非常敏感的人，而你一定会。婴儿的哭声会让父母不安，尤其是母亲。如果我们让一位母亲带着她的小宝宝一起待在实验室里，然后将血流测量仪贴在她的胸口，就会发现，当这位妈妈听到宝宝哭泣时，流向胸口的血液会增加，同

亲密育儿法帮助你和宝宝互相适应，感觉舒适。

时她会有一股强烈的冲动想抱起宝宝安抚。由此可见，婴儿的哭声是一种强有力的语言，这是婴儿为了生存和成长与生俱来的本领，也是父母学习回应宝宝的入门之道。（有关婴儿用哭声来交流的更详尽解释，参见第52页。）

在宝宝出生后的前几个月及时满足他的所有需求，这意味着你们之间形成了一种良好的交流模式。慢慢地，宝宝学会哭泣以外的其他交流方式，而且能独立做一些事情以后，就可以逐渐延缓回应速度，让宝宝学会等一等。学会回应宝宝的信号，绝对是你对未来的一次成功投资。当孩子年龄渐长，问题更多——而且不仅仅是吃饭、睡觉这些简单的问题时，你会庆幸及早与宝宝建立了沟通。

3. 用母乳哺育宝宝

爸爸们总是说："我们已经决定好用母乳喂养了。"母乳喂养确实是一个不仅牵涉到妈妈和宝宝，而是关乎整个家庭的决定。那些成功采取母乳喂养的妈妈和宝宝，都有全力支持的丈夫和爸爸。大家都知道，母乳喂养对促进婴儿健康发育有重大作用，但有些妈妈觉得需要为此付出太多精力，所以放弃这种喂养方式。妈妈们应该了解母乳喂养对自己的好处：宝宝每一次的吮吸，都会使你的身体产生激素（泌乳素和催产素）。这些"哺育激素"不仅会帮助你形成"母亲的直觉"，还会帮助你的身体分泌乳汁，让哺育更轻松。这些细节我们会在后面的章节详细讲解。从第 8 章你还可

母乳喂养让妈妈和宝宝同时受益。

以了解到，新的研究结果显示，吃母乳长大的孩子更聪明。

4.把宝宝"贴"在身上——尽量多抱宝宝

这是近年来对西方国家育儿界最具震撼力的理念。我们在研究育儿方式时，参加过一个国际育儿会议。在会议上，我们注意到一些其他国家的妈妈们用背巾或类似的东西把宝宝背在身上，就像是她们服饰的一部分。这些妈妈们如此体贴周到，她们的宝宝看起来个个无比满足。这种母婴间的亲密关系给我们留下了深刻印象。我们问这些妈妈们为什么要把宝宝背在身上，她们的回答简单而深刻：这样对宝宝好，也让我们感到轻松。太准确了！让宝宝舒适，让父母轻松——这正是所有父母所追求的！

婴儿背巾绝对是你的必备育儿物品。没有它，你简直出不了门。这并不意味着你要每分每秒都背着或抱着宝宝，但必须改变对宝宝的认识。大多数人一想到婴儿，就会想到他们安静地躺在婴儿床里的样子，他们会盯着正在旋转的音乐转铃，只有在吃奶、换尿布或玩耍的时候才会被抱起来一小会儿，然后又回到他们的那个"归属地"——婴儿床。好像抱起宝宝只是为了安抚他们，让他们重新乖乖睡下的一种手段。把宝宝"贴"在

背巾让照顾宝宝变得更容易。

身上的做法彻底颠覆了这种观点。把宝宝"贴"在身上意味着大多数时间宝宝都被父母或其他看护人抱着或背着，只有在要睡觉或者照顾宝宝的人要做自己的事情时才把宝宝放下。

这种育儿方式对宝宝和父母都有益。最显著的特点是，被抱着的宝宝很少哭，他们仿佛忘了什么是不满和烦躁。除了表现得更快乐，宝宝发育得也更好，这也许是因为他们将需要用到哭闹上的精力转移到自身的成长上了。另外，宝宝还可以观察到父母忙碌的生活。对于生活节奏快的父母来说，把宝宝背在身上无疑是个不错的选择。这样你到哪儿，宝宝就到哪儿。再也不用为了宝宝而不能出门，

因为你在哪里，宝宝的家就在哪里。（关于这种方式给宝宝和父母带来的好处，参见第 14 章。）

5. 和宝宝一起睡

只要你开始带孩子，就会发现，那种能一觉睡到天亮的宝宝只在书里，不然就是在别人家里，总之你的宝宝不会是这样的。要做好准备，夜里会翻来覆去，直到找到你和宝宝都睡得好的位置。有些宝宝在婴儿房里睡得好，有些爱睡在父母的房间里，还有些要紧紧地贴着妈妈才能安睡。无论睡在哪里，只要你和宝宝都睡得好，就是正确的，而且这完全是你个人的决定。你可以尝试各种睡觉的方式，包括让孩子睡在你的床上——我们将这种夜间育儿方式称为睡眠共享。

睡眠共享似乎比其他亲密育儿方式更容易引起争论，我们也不知道这是为什么。这个历史悠久的优良传统，一到现代社会就突然变得"不对"了，我们对此感到万分惊讶。世界上大多数宝宝都和父母一起睡。在美国，也有越来越多的父母喜欢上睡眠共享这种方式，只是他们不告诉医生或亲友罢了。你可以做一个这样的实验：下次与那些新爸爸和新妈妈在一起时，告诉他们你想和宝宝一起睡，会惊讶地发现许多人都和宝宝一起睡——即使不是每天，也是经常这样做。别担心宝宝会赖在你的床上不走，他会离开的。对于那些夜间需要与父母亲近的宝宝来说，和你一起睡眠共享的时间不会很长，但会让他终身受益。（关于睡眠共享如何简化夜间育儿及促进宝宝发育，以及关于这个话题的最新研究，请见第 15 章。）

试着和宝宝睡眠共享。

罗伯特医生笔记：

对于我们的第一个孩子，我和妻子一开始打算让他睡在我们的大床旁边的摇篮里，因为妻子还没有完全接受和孩子一起睡的观念。但回家后的第一天晚上，我们醒了5次，我问她："为什么不让孩子睡在你身边呢？也许他会睡着。"于是她这样做了，宝宝接受了，我也接受了。我们渐渐地喜欢和宝宝待在一起；大家都睡得很好，不会再换其他方式了。

6. 把握平衡与界限

常有这种情况：你本来一心想给宝宝所有他需要的，最后却变成给他所有他想要的。这种情况会让妈妈们精疲力竭。既然一个刚出生的宝宝可以把你事先安排好的计划彻底"颠覆"，可想而知，你在满足他的需求时，一定会忽略掉自己的需求。在本书中，我们将向你展示如何做到适当地满足宝宝，也就是说，掌握什么时候对宝宝说"不"，获得对自己的需求说"行"的智慧。如果爸爸和妈妈都做得很好，宝宝也会做得很好。有一天，玛莎气冲冲地对我说："我连洗澡的时间都没有，小家伙总离不开我！"我微笑着提醒她："我们的宝宝需要的是一个快乐的，懂得劳逸结合的妈妈。"记住，亲密育儿法虽然不是最轻松的育儿法，但只要经过适当练习，就会是最舒适的育儿法。

7. 学会分辨育儿建议

每位父母都把宝宝当做心头肉，生怕自己做得不够好，所以父母们很容易接受与此相关的所有建议，也很容易成为被授予建议的对象。那些人的初衷是好意，给你的建议却可能冷漠无情。比如"就让宝宝哭好了"，"一定要让他养成固定的习惯"，"你不应该继续喂他了"和"别总抱着他，你

会把他宠坏"，等等。如果你真的严格按照这些建议做，育儿就会进入"双输"状态，即宝宝否定了他的暗示信号的作用，父母否定了读懂并回应宝宝信号的能力。最后，父母和宝宝之间就会出现隔阂，这与亲密育儿法营造的亲近关系背道而驰。亲密育儿法的基础是敏感细腻的感情，而让宝宝形成规律会使父母变得不敏感。亲密育儿法会帮助父母更好地了解宝宝，而训练宝宝会妨碍这一目标。训练的目的是让宝宝变得"顺从"，这是建立在一个错误的假设之上的。这个假设就是：宝宝用哭泣来要挟父母满足他，而不是用哭泣来与父母交流。那些婴儿训练手册和课程教妈妈们违背自己的本性，不回应宝宝的信号，最后，妈妈们就会丧失敏感性，不相信自己的直觉。在开始这种婴儿训练前，请先用你的直觉来衡量一下，看看是否可行。

亲密育儿法是一种理想的育儿状态，但在现实生活中，由于身体状况、生活方式的差异，或者只是由于最近不顺心，都有可能导致你无法时时遵守亲密育儿法的原则。育儿其实是一项因人而异的工作，而且每个宝宝都有独特的个性，很难找出一种最好的方式来对待所有问题。你必须找出适合自己的育儿方式，本书提供的亲密育儿法 7 个方面的内容是帮助你完成这一目标的基本工具。其中有些

方法，比如把宝宝"贴"在身上和辨别宝宝哭声的学问，不仅宝宝的父母应该多多学习，其他照顾宝宝的人也应该常常使用，这样即使父母不在宝宝身边，宝宝也能得到亲密的抚育。

最重要的一点是要和宝宝沟通。请尽情用亲密育儿法为你和宝宝提供的所有方法，一旦沟通成功，就记住这个有效的方法，坚持使用；如果发现有的方法不管用，就改造它或者放弃不用。最终你一定能找到适合自己的方法，这种方法对你和宝宝一定是最好的。

请爸爸们也加入亲密育儿的阵营

亲密育儿法 7 个方面的内容只有在爸爸全力支持并参与育儿的情况下才能发挥出最佳效果。宝宝天生会对妈妈有更强烈的亲近感，但爸爸也是不能缺少的角色。在爸爸的鼎力支持下，妈妈才能全身心地投入对宝宝的养育中。妈妈们经常会有类似"小家伙一时半刻也离不开我，我连洗澡的时间都没有"的想法，所以爸爸要照顾妈妈，这样妈妈才能照顾宝宝。曾经有位"超级妈妈"（把所有精力都放在宝宝身上的妈妈）向我倾诉："如果没有丈夫的帮助，我根本做不到。"就拿母乳喂养来说吧，这是爸爸唯一一件不能替妈妈做的事，但爸爸也可以支持和鼓励妈妈，使母乳喂养更顺利。有一位爸爸这样炫耀："虽然我没有奶，但我可以给妻子创造一个更好的哺乳环境。"的确是这样，环境好了，妈妈快乐了，宝宝也会快乐。在育儿中，爸爸不只是一个支持者，也不只是在妈妈离开时的替补，而是对宝宝的成长有着特殊贡献的人。宝宝对爸爸的爱绝对不会比对妈妈的爱少，他只是以不同的方式同时爱着爸爸和妈妈。如果想让一个男人成熟起来，最有效的方法莫过于让他加入到育儿中来。（关于爸爸和宝宝之间的独特关系以及给爸爸的育儿建议，参见第 47 页和第 303 页。）

爸爸也是育儿专家。

你可能会遇到的一些问题

当我们向准父母介绍亲密育儿法时，他们通常的反应都是松了一口气。毕竟，亲密育儿法是最符合常识和天性的育儿方式。但即使是最想采用亲密育儿法的父母，也会有一些疑虑，怕这种方法会把宝宝宠坏。下面是我们对最常见的一些问题的回答。

亲密育儿法好像很辛苦，是不是苦海无边啊？

亲密育儿法在刚开始时是有点麻烦，但从长远看，这实际上是最轻松的一种育儿法。最初，你确实需要付出很多，但哪种育儿法不需要付出呢？自从宝宝出生后，你就开始了这种新的生活方式。宝宝一直要这要那，你得不停地满足他。但正如我们在本书中强调的，父母和宝宝的给予是相互的，你给予宝宝的越多，宝宝回报你的就越多。这就是为什么你会越来越爱宝宝，也觉得自己作为父母越来越出色。记住，宝宝在整个育儿过程中并不是一个被动的角色，他会主动地指导你的行为，端正你的态度，帮助你在理解他的暗示时做出正确的决定，最终你们会达到沟通自如的状态。

我们也可以从生物学角度解释相互给予的含意。妈妈在给宝宝喂奶的时候，乳汁给了宝宝需要的营养，妈妈温暖的身体和亲密的拥抱让宝宝

> **早期的亲密——一生的回忆**
>
> 也许，你有些忧虑，
> 不知宝宝会向你持续索取到什么时候。
> 放心吧，不会太久！
> 他躺在你的臂弯的时刻，
> 紧贴你胸膛的时刻，
> 睡在你身边的时刻，
> 都不会太久，
> 但你由此传递给他的爱的信息，
> 和你永远为他敞开心扉的心意，
> 将延续他的整整一生。

感到舒适和幸福。作为回报，宝宝的吮吸促进妈妈的身体产生激素，从而增强妈妈育儿的直觉和能力（这点我们在前面已经提到过）。由于母乳里含有催眠成分，所以宝宝常常在吃奶的时候就睡着了。同时，由于宝宝的吮吸，你的身体里也产生了泌乳素，这种激素对妈妈有镇定的作用。可以说，在你哄宝宝睡觉的同时，宝宝也在哄你睡觉。

育儿中最"难"的部分来自对自己的否定，比如"我根本不知道宝宝要什么"或"我跟宝宝完全不能沟通"这样的想法。如果你认为自己很了解宝宝，有能力很好地处理和宝宝的关系，育儿就会简单许多。相互了解是一种巨大的精神支持，而亲密育

儿法是我们所知道的最好的一种沟通方法。确实，这需要你付出极大的耐心和毅力，但这是值得的。早期的亲密育儿会让你今后与孩子的交流更容易，不仅是在婴儿时期，还贯穿孩子的整个童年和青少年时期。理解和回应宝宝的能力会帮助你在他长大后仍然可以了解他的内心世界，使你能从孩子的角度看问题。其实，只要真正了解你的孩子，在他的任何年龄阶段，沟通都不是问题。

如果一直抱着宝宝，一哭就哄，一饿就喂，睡觉也不离左右，这样会不会把他宠坏，让他对父母形成过度依赖？

绝对不会！经验和研究证明的结果都正好与这种担心相反——亲密育儿法能培养宝宝的独立性。亲密育儿要求适当回应宝宝的需求，而宠坏是因为过度回应宝宝的需求。在20世纪20年代，育儿领域有了专家以后，就有了"溺爱"的说法。这些专家们嘲笑父母的直觉，鼓动父母克制情感，与宝宝保持距离。他们认为，如果一直抱着宝宝，一哭就哄，一饿就喂，睡觉不离左右，就会把宝宝变成父母的跟屁虫，丧失独立性。这种说法根本没有科学依据，只是从毫无根据的恐惧引出的观点。

我们要将溺爱理论束之高阁。研究表明，这种理论完全错误。科学家做过这样一项研究：将两对父母和他们的宝宝分为A组和B组，A组的父母和宝宝亲密无间，随时回应宝宝的需求；对B组父母则设置了许多限制，例如要按照时间表来喂奶，对于宝宝的暗示也较少给予直觉性的爱抚和回应。科学家花了一年的时间持续观察这两组家庭。你认为最终哪一组的宝宝会比较独立？答案是A组的宝宝，就是接受亲密育儿法的那些小家伙。就"育儿方式对孩子行为的影响"这一课题，科学家又对较大的孩子进行了研究，最后得出结论：所谓的溺爱理论简直是无稽之谈。孩子必须经过一段被人照料、关爱，有人依赖的时期，才能成长为有安全感、独立的人。

亲密育儿法怎样促进宝宝独立？

研究表明，那些在1岁前就与母亲建立亲密关系的宝宝，长大后对与母亲分离的忍耐力更强。从与母亲相依相偎（在母亲子宫里就已经是这样了）到与母亲分离（成长为一个独立的个体），孩子在成长过程中既需要可供他探询、研究的新环境，也需要持续不断地从父母那里获得安全感和满足感。在陌生的环境中，与母亲具有亲密关系的孩子会先看看母亲，如果母亲传递的信息是"去吧，孩子"，就会给予孩子莫大的勇气和信心去学习并掌握新东西。下次再遇到类似的情况，孩子就有信心可以自己处理而不用向妈妈求助了。妈妈或其他看护人与孩子间持之以恒的亲密关系能帮助孩子建立自信心，促进孩子独立自主。简而言之，享受了亲密关系的孩子学会了信任，而信任将使他真正独立。（详细内容参见第 541 页。）

亲密育儿法不就是让宝宝来发号施令吗？

这个问题的关键在于父母的回应，而不是宝宝是否在控制局面。如果宝宝因为饿了或不高兴而哭泣，他只是希望父母来喂他或抱抱他，而不是想控制父母。这种观点其实是溺爱理论的一种表现，都是因为不懂宝宝的真正目的而产生了莫名的恐惧。比如说，制定严格的喂奶时间表（我们现在知道这样会影响营养吸收，也不利于宝宝自尊的建立）就来源于这种误解。宝宝向父母发出信号，父母立刻回应，这就是沟通与交流，而不是控制与被控制。父母的回应让宝宝更加信任父母，这会使父母更容易掌控局面。当你的宝宝哭闹时，听从内心的指示，忘掉那些"我应该抱他吗？我会不会宠坏他？他是在控制我吗"之类的想法，赶紧抱起宝宝吧！次数多了，你就会知道宝宝每次哭闹的目的是什么，以及需要多长时间给他回应。

这种方式并不会发展成"镣铐式育儿"，即宝宝一指挥，妈妈就得跑断腿。亲密育儿法是为了增强妈妈和宝宝的相互了解，等宝宝长大一些，妈妈就可以渐渐延长回应时间，让宝宝明白，有些需求不用立刻得到满足。亲密育儿法不同于溺爱和严格约束。有些占有欲强的父母总是强迫孩子做这做那，他们的出发点不是孩子的需求，而是他们自己没有安全感，需要不停地验证孩子是否听话。亲密关系也不同于依赖。适当的亲密关系能促进孩子独立，不恰当的依赖则会阻碍孩子独立。

亲密育儿法对我和宝宝的关系有什么益处？

选择亲密育儿法的妈妈说，她们和宝宝之间有一种交流。在她们面对诸如"我该做什么"之类的日常育

威廉和玛莎的育儿建议

在寻找合适的育儿方式过程中，你会注意到育儿其实是一系列的反馈和决定：我的孩子这样，我该如何反应？这里，提供一个万全的应对策略：宝宝表现出好或不好的行为时，在你下意识的反应出来之前，问问自己："如果我是宝宝，我希望爸爸 / 妈妈怎样回应我？"通常，你总能得到正确的答案。

儿问题时，这种思想和情感的交流能帮助她们在正确的时候做出正确的选择。亲密育儿法能适应不断变化的情况和日益懂事的宝宝，当然你需要根据自己的情况对具体细节做出调整。例如，同样面对宝宝的哭闹，回应8个月大的宝宝就不用像回应8天大的宝宝那样迅速（除非宝宝受到了伤害或惊吓）。沟通良好的父母和宝宝彼此都能明白对方的意思。宝宝通过妈妈的眼神认识自己。妈妈对宝宝的疼爱都写在脸上，宝宝自然就感觉到了。育儿过程中的这种情感交流能帮助父母理解宝宝的感受。

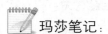 玛莎笔记：

一天，当我对着4岁的马修发脾气时，突然在他脸上看到了一种伤心、绝望的表情。那一瞬间，我知道了他的想法，他以为我是因为他这个人生气，而不是针对他做的事情。我必须打消他的疑虑，我对他说："我确实很生气，但我依然爱你。"他说："哦！真的？"表情马上愉快起来。

当这本书中，你会发现在正文之间穿插着很多标着"玛莎笔记"的段落。这些都是从玛莎的育儿日记中摘抄出来的。

亲密育儿法的另一个好处就是父母与宝宝的相互了解。你越了解宝宝，宝宝就越了解你。在写这本书的时候，我们家就发生了一件关于相互了解的事例，再来看看玛莎的笔记吧。

 玛莎笔记：

有一天，我从早上起来就忙个不停。到了中午，又发现厨房里居然爬满了蚂蚁。我忍无可忍，再也无法控制自己，大声发起火来。就在我大嚷大叫的时候，发现22个月大的史蒂芬正和我进行一种微妙的交流。他注视着我，仿佛能感觉到我当时需要什么。于是他抱住我的双膝，平静地看着我的眼睛，好像在安慰我说："没关系的，我爱你。只要我能做的，我都会帮你做。"就这样，史蒂芬的拥抱让我控制住了自己的情绪，慢慢平静下来了。

亲密育儿法可以增进父母和宝宝的关系，对宝宝又有什么特别的益处？

亲密育儿法可以改善宝宝的行为、促进宝宝发育并有助于智力开发。因为：

亲密育儿法可以改善宝宝的行为。 父母采用亲密育儿法的宝宝很少哭闹，也很少发生肠痉挛，很少烦躁不安，很少发脾气，也不会感到无聊或黏着人不放。原因很简单：宝宝心情好，表现就好。宝宝的暗示都得到了解读和回应，感到被尊重，也会对回应他的人产生信任感。宝宝发自内心地感到满足，所以不需要哭闹。

亲密育儿法可以促进宝宝发育。接受亲密育儿法的宝宝哭得少，所以有更多的时间去成长和学习。在过去40年里，我观察了数千对母亲和宝宝的互动。我总是对那些神情满足的宝宝印象深刻，他们被背巾"贴"在妈妈的身上，饿了就有母乳吃，一有需求马上就能得到回应。他们比其他宝宝看上去更快乐、更健康，表现也更好。我相信这是因为亲密育儿法教会了宝宝保持安静而警觉的状态（也叫互动式安静或专注式安静）。当宝宝处于这种状态时，他能更好地从环境中学习、互动，因此也不会感到无聊。这种状态还能促进宝宝身体机能的良性运作，因为宝宝将哭闹可能会消耗的精力转移到成长、发育和与外部环境的互动上了。

简而言之，接受亲密育儿法的宝宝朝气蓬勃，向上发展，这种育儿方式能让宝宝将所有的潜能自然地开发出来。研究人员也早就认识到了父母的良好抚育与宝宝的良好发育之间的

亲密育儿法的益处

对宝宝

更信任父母

更自信

更健康

感觉良好，行为正确

更有条理

学习语言能力更强

独立自主

学会与人亲密

学会付出和接受爱

对父母

更自信

更了解宝宝

能读懂宝宝的暗示

能凭直觉回应宝宝

能与宝宝进行情感交流

更容易教导宝宝

观察更敏锐

了解宝宝的长处与喜好

知道哪些建议该接受，哪些该忽略

更有条理

对亲子关系

互相了解

互相付出

互相约束对方的行为规范

互相信任

心意相通

更灵活

更多样化的互动

向对方展现自己的优点

关系。

亲密育儿法有助于宝宝智力的开发。 亲密关系是宝宝大脑的营养品。许多研究显示，对婴儿大脑发育促进作用最大的因素就是父母与婴儿的亲密程度，以及对婴儿暗示的关怀性回应。亲密育儿法能在宝宝的大脑急需刺激时，将正确的信息传递给大脑，从而促进大脑发育。亲密育儿法能让宝宝保持安静而警觉的状态，有助于宝宝学习新事物。

如果你开始觉得自己很重要，那你就是很重要！父母对宝宝的行为可以让宝宝变得更聪明。1986 年，美国儿科学会年会上，儿童发育研究专家迈克尔·刘易斯（Dr. Michael Lewis）在自己的演讲中回顾了关于促进婴儿发育因素的研究。这次演讲针对的是那些过分吹嘘的神童现象。神童现象的鼓吹者主张用各种课程及教具来训练宝宝，完全忽视了父母应该扮演宝宝玩伴的职责和父母对宝宝的看护作用。他总结说，影响儿童智力发育的唯一重要因素就是妈妈对宝宝暗示的回应。抚育宝宝的时候，请时刻牢记，让宝宝更聪明的是你与宝宝的联系，而不是某种教具。（关于将宝宝"贴"在身上如何促进宝宝成长的讨论，参见第 314 页；关于亲密育儿法如何影响婴儿的成长与发育的深入讨论，参见第 464 页。）

帮帮我！怎样才能让宝宝的作息有规律？

在这里，我不想用"规律"这种严格的说法来描述宝宝的生活。对宝宝，你聆听得越多，回应得越多，就越容易找到一种既适合他、也适合你的生活方式。

如果一直围着宝宝转，妈妈会不会感觉自己被困住了？

妈妈们确实需要适当休息，所以我们才强调爸爸和其他看护人也要参与到育儿中来，共同协作非常重要。据采用亲密育儿法的妈妈们反映，她们并没有感觉被困住，而是感觉和宝宝融为一体了。在形容育儿的感受时，她们这样说：

"我觉得和宝宝心心相印。"

"他在我身边时我感觉良好，他一和我分开我就开始难受。"

"我感到充实，也很满足。"

你不会觉得自己被困在房间里，哪儿也去不了，你的生活也不会只围着宝宝转，亲密育儿法可以引导宝宝的行为，使父母与宝宝相处得更融洽，带着宝宝出门也并不困难。

亲密育儿法设定了一个很高的育儿标准。如果我做得不够好，把事情搞砸了，会不会一直被罪恶感困扰？

首先，谁都有把事情搞砸的时候，亲密育儿法可以将其负面影响降到最低。因为采用亲密育儿法的父母与宝宝建立了牢固的亲密关系。而且，接受亲密育儿法的宝宝会对父母的行为做出反应和指导，这能帮父母分担一部分压力。我们所说的亲密育儿法并不是要列出一个长长的清单，规定你一定要做哪些事才能让宝宝变得又聪明又有教养。我们给出的 7 个方面的内容是最基本、最符合人类天性的育儿方法，就像是 7 个零件，你可以使用这些零件，根据个人生活方式和宝宝的需求来构建适合你的育儿模型。由于身体素质、社会背景、经济基础不同，不一定每对父母都能够或需要采用亲密育儿法的所有内容。记住，当你能用的时候，尽量多用。

其次，关于罪恶感。确实，有时候会有罪恶感。育儿本身就是一项充满了罪恶感的工作，因为你太爱宝宝，所以总是觉得自己做得不够好。但是请记住，有罪恶感并不是一件坏事，这是你内心的自省，时刻提醒你不要做那些不该做的事。认识到罪恶感的积极作用，并及时做出正确判断，这也是作为成人和父母一种成熟的表现。亲密育儿法可以让你的感觉更敏锐，帮你在遭遇育儿问题时做出正确决策。

如果我没有采用母乳喂养，或者没有和他一起睡，我就是不合格的妈妈吗？

当然不是！和宝宝建立亲密关系是一个循序渐进的过程，要达到最终目标也不是只有一种途径。我们给出的这 7 个方面内容只是帮助你们建立亲密关系的敲门砖。也许因为生理原因或家庭环境影响，你无法进行母乳喂养。而对一些父母和宝宝来说，睡在一起既不舒服也没必要。

建立亲密关系是不是要求妈妈整天在家全职带孩子？如果妈妈想去工作或者必须去工作怎么办呢？

如果妈妈整天在家，采用亲密育儿法确实容易一些，但并不是说采用亲密育儿法的妈妈就不能去工作了。事实上，亲密育儿法对那些每天需要与宝宝分开一段时间的妈妈来说特别管用。只要你在与宝宝在一起的那些时间里建立了亲密关系，即使你们不在一起，也能感觉到彼此间的联系。这种联系能让你在兼顾工作的同时，也不会和宝宝产生隔阂。（更多关于如何兼顾工作与育儿的探讨，参见第 17 章。）

我相信亲密育儿法很适合我的家庭，但当我从其他书或其他人口中得到不同意见时，就会信心不足。

初为父母的你，必定会被各种不同的育儿方法轰击。亲密育儿法是一种能给你信心的育儿方法，让你明辨各种信息，知道哪些能用，哪些不能用。用自己的直觉和智慧来分辨那些

"专家"给出的建议和旁人随口说的方法是否可行。关于育儿，每个人都有自己的一套方法。学会去信赖支持你的人，多接近那些与你有着共同想法的人。你也不必去说服别人采用你的育儿方法，只需要说："这种方法很适合我。"

哪些特殊家庭尤其需要亲密育儿法？

对那些宝宝有特殊需求的家庭，或者育儿经验不够丰富的父母来说，亲密育儿法尤其有效。特别是对单亲家庭来说，由于能解读宝宝的行为，父母能从这种不太教条的育儿法中受益良多。

如果你的宝宝是那种高需求宝宝，亲密育儿法的好处马上就会显现出来。高需求宝宝一出生就好像在说："爸爸妈妈，你们好！你们真是三生有幸，得到像我这样高品质的宝宝，所以你们也要给我高品质的抚育哦！如果你们能让我高兴，那我们就相安无事，如果不能，以后的日子里可能时不时会有点小麻烦。"亲密育儿法能让育儿与宝宝的需求同步，结果是你们都把自己身上最好的东西给了对方。对于这种高需求宝宝，父母如果不能配合默契，育儿就会变得异常困难。关于高需求宝宝的更多内容，参见第16章。

亲密育儿法能培养出什么样的孩子？这些孩子长大以后会成为什么样的人？

父母不要着急对孩子的将来下定论，也不要将功劳或罪过都揽到自己身上。影响一个人成长的因素有很多，亲密育儿法能达到的效果，是在孩子的人生早期给予他们好的教育，提高他们成才的可能性。

我在工作的头几年曾经研究过育儿方式对宝宝的长期影响。对那些接受克制式育儿法（严格按照作息时间表来照顾宝宝，宝宝哭的时候不理睬，生怕惯坏宝宝，等等）的宝宝，我会在他们的病历表上画一个红点，在那些接受亲密育儿法的宝宝的病历表上画一个蓝点。在后者中，如果父母做到了我们给出的7个方面内容（参见第4页），而且爸爸也参与了育儿，我就在宝宝的病历表上多画一个蓝点。我设计这套简易系统的目的并不是为了判断各种育儿方法的优劣，也不是要给父母们评出优秀等级，只是想通过这种方法来收集信息，我确实由此得出了一些结论。这些结论没什么科学性，也不能完美地描述父母行为与孩子成长之间的关系，只是一些概括性的结论。

亲密育儿法不仅对宝宝有长期的益处，对父母也一样。首先，实践亲密育儿法的父母能快速建立信心。他们通过实践这种基础的方法建立起

亲密育儿的长远效果

根据我们 40 年来在儿科诊所照顾孩子的经验，以及对科学研究的回顾，我们发现接受亲密育儿法的孩子有可能表现得：

- 更聪明；
- 更健康；
- 更敏感；
- 更具有同情心；
- 更容易教育；
- 更容易与人而不是物建立联系；

信心，而且发展出适合他们自己和宝宝的育儿方式。我常常在给宝宝做定期健康检查时问父母："这些方法有用吗？"我建议他们定期总结有用的方法，摒弃那些没用的方法。在这一阶段有用的方法到了另一阶段不一定有用。比如说，一些宝宝最初在父母的床上睡得很香，一段时间后却睡得不舒服了；而有一些宝宝刚开始喜欢自己睡，几个月后却开始想和父母一起睡，这时就需要重新安排睡眠方式。父母应该根据自己宝宝的需求来确定育儿方式，不能只关注其他父母的做法。

采用亲密育儿法的父母们似乎更能享受育儿的快乐，他们和宝宝更亲近。宝宝成了他们生活中自然的一部分，无论是育儿、工作、旅行、娱乐，还是社交，他们都会将宝宝考虑在内，这是他们期望的生活方式。

几年下来，我发现采用亲密育儿法的父母和宝宝都发展出了一种特别出众的品质——敏感度。这种品质也会影响到生活的其他方面，比如人际交往、工作和娱乐。就我的经验来说，敏感度（包括父母和孩子）是亲密育儿法带来的最大益处。

这些孩子长大后会富有正义感。他们会同情并安抚其他哭泣的宝宝。十几岁时，他们会对社会上的不公平现象介怀，并努力通过自己的行为去改变。他们会关爱他人！因为植根于内心的敏感度，他们愿意逆流而上，让社会变得更美好。这些孩子会是未来世界的塑造者和领导者，他们能推动和促进一个更美好的未来。

能与他人亲近是接受亲密育儿法的孩子显现出的另一种出色本领。这些孩子会对人——而不是事物——产生情感。即使在现在这种被机械围绕的社会环境中，他们仍然对人充满情感。在母亲臂弯里长大的孩子习惯于与人交往，并从人际交往中获得满足感。这些孩子更容易成为同龄人的知心好友，也更容易与伴侣建立真挚的亲密关系。因为这些孩子学会了付出与接受爱。

亲密育儿法是与时俱进的。现在的孩子们正遭受着越来越多的电子产品的冲击，尤其是电视和电脑游戏。

这种趋势将会延续很久，优秀的父母们充其量只能设置障碍，让这种冲击的速度减缓。亲密育儿法让孩子在接触这些东西之前充分感受到人的温情，当他们长大后，自然会对人而不是机器满怀情感。

接受亲密育儿法的孩子更好教吗？

教育——你一直期待着听到这个充满魔力的词语。对于采用亲密育儿法的父母和孩子来说，教育确实更容易。父母通过亲密育儿法培养出的敏感度使他们很自然地地从孩子的角度看问题。比如，当孩子玩得高兴时，因为父母命令他"该走了"而开始大哭大闹，这是非常常见的问题。我曾听许多父母说："他就是不肯听话。"这些年，我仔细观察了玛莎对这类问题的处理方法。她对孩子的感受非常敏锐，会站在孩子的角度去看问题，知道孩子不愿意离开以及开始哭闹的原因。她用"告别"的方法来解决这种问题：在要求孩子离开前几分钟，她在孩子身边蹲下来，让孩子和每个伙伴以及每个玩具说"再见"。父母对孩子的理解让孩子自愿地结束了游戏，避免了常见的争吵。有孩子的生活因为亲密育儿法而简单起来。

"教孩子"并不是你要对孩子做什么，而是你要和孩子一起做什么。宝宝在襁褓中时，想教他就得先了解他，让他感到舒适。感觉舒适的宝宝更容易做出正确的行为，尤其这种行为是因为内心的驱使而非外力强迫。能读懂宝宝暗示的父母就能知道宝宝行为的真正含意，从而引导他们做出合乎礼仪的举止。教育其实是父母与子女间的一种关系，归根结底就是——信任。孩子如果有个权威人士可以信任，他就比较好教；而这个权威人士如果了解孩子的心意，就会更好地教孩子。采用亲密育儿法的父母能够更明白地向孩子传达出他们对孩子行为能力的期望；而接受亲密育儿法的孩子更容易理解父母对自己的期望。总之，与父母有亲密关系的孩子更好教。

一天，在我的诊所里，一位母亲照料宝宝的方式引起了我的注意。她对宝宝的暗示极其敏感，宝宝饿了就喂奶，宝宝不舒服就抱起来哄，宝宝想玩就陪他玩。他们母子相处得其乐融融，我忍不住对她说："你真是个好妈妈。"

当父母和孩子产生隔阂时，想教育孩子就不那么容易了。这时父母会觉得已知的办法"都不管用"，开始学习别人的一些方法，却很容易进入一种"尝试——失败——再尝试——再失败"的恶性循环。这种做法通常的结果是让父母与孩子的隔阂更深。与父母没有亲密关系的孩子不好教，因为他们的行为不是源于信任，而是愤怒。

亲密育儿法最大的好处是培养了父母了解孩子的能力。建立亲密关系就是教孩子的开始。

亲密育儿法对孩子的最重要的一项长期影响，叫做"潜移默化"。记住，你的孩子将来也会成为别人的丈夫或妻子，父亲或母亲，他从你这里学到的育儿方法将来会被用来抚育他的孩子。从小他们就学会了照顾人的态度，这种早期的印象会一直伴随他们成长。有一天，一位母亲带着她的小宝宝亚伦来我的诊所做健康检查，一起来的还有她3岁的女儿蒂法尼，蒂法尼也是接受亲密育儿法长大的。亚伦一开始哭闹，蒂法尼就上前拉着妈妈的衣角，着急地说："妈妈，亚伦哭了！抱抱他，摇摇他，喂他奶！"你可以想象一下，将来蒂法尼做了妈妈，如果她的宝宝哭了，她会怎么做？她一定不会去叫医生，也不会去翻书找答案，她会下意识地把宝宝抱起来，哄一哄，然后开始喂奶。

不仅是3岁小孩，即使是十几岁的孩子也会注意到父母的育儿方式。有一天，我和玛莎坐在客厅里，9个

你的育儿方式，是孩子模仿的榜样。

月大的女儿伊尔琳在卧室午睡，我们听到她突然哭了起来。但还没等我们走进卧室，她就已经不哭了。我们很想知道她停止哭闹的原因，于是好奇地往卧室里看，看到了温馨的一幕：我们16岁的儿子吉姆（现在是詹姆斯医生，儿科医生，电视节目《医生》的主持人），正躺在伊尔琳旁边，温柔地抚摸她。为什么吉姆会这样做？因为他看惯了我们照顾婴儿的方式，知道婴儿哭的时候，大人要聆听并做出回应。

第2章 安全顺产的10个要点

孕期除了要保障自己和胎儿的健康，为分娩做好准备也非常重要。如今有多种分娩方式可供准妈妈们选择，但随着选择的增多，明辨优劣的责任也增大了，准妈妈们必须做出明智的决定。安全、轻松的分娩经历是你和宝宝共度人生的良好开端。

这些年，我们见到了许多分娩的情景。执业的40年里，我大约接生了1000个婴儿。玛莎是分娩教练，还在朋友分娩时当过助产士。她自己也有过7次分娩经历（我们的第8个孩子是领养的）。

我们从接触或经历过的所有分娩情景中，选出最能说明分娩是怎么一回事的画面与大家分享。说真的，最理想的分娩过程就像那些一觉睡到天亮的宝宝一样，可遇而不可求。但你可以通过努力去接近想要的分娩状态。我们总结出一些通常对大多数人都有用的分娩注意事项，在这一章，我们将和即将为人父母的读者们分享这些经验。

1. 选择正确的接生人员

主导整个分娩过程的人当然是产妇，但助产士的作用不可小视。一位优秀的助产士应该具有双重思维。她要有过硬的专业能力，随时能够应对产妇分娩过程中可能出现的并发症，这是她需要具备的医疗思维。但实际上，出现严重并发症的可能性只有10%，因此她还需要有这样的思维："分娩是一个健康的过程。我会为你创造适合分娩的环境，帮助你顺利分娩。"简单地说，你和助产士已经成了合作伙伴，共同完成你的分娩。你希望合作伙伴既是医术高明的医生，又是温柔体贴的护士。产妇确实需要找到这样一个二者兼备的人。

助产士在这里

助产术是一门结合产科学的相关内容、为产妇提供更高规格照顾的技术。助产士负责给产妇做好产前准备，分娩时在一旁照料，让医生腾出手来应付分内的工作：应对分娩并发症，监督助产士的工作。取得资质的助产护士有给产妇开药以缓解其疼痛的权利；不过，他们的主要职责是确保分娩顺利，避免用药。

2. 选择好的分娩环境

我们推荐给大多数父母的是单人产房（LDR），待产、分娩、恢复都在同一个房间里。单人产房不仅仅是一个房间，也是一种有利于分娩的氛围和态度，即分娩是个自然的过程。这种产房营造出家一般的环境，处处让产妇感觉到"就像在家一样放松"。房间里有着柔和的可调节的光线，宽敞的窗户，舒适的沙发椅，医疗设施一应俱全，但又不显得突兀。产床高度可调节，使产妇分娩更舒服。花几分钟和负责接生的医生谈谈，预想一下自己分娩的情景。感受一下产房能否带给你家的感觉。但别被对房间设施的过分吹嘘迷惑，医生的技术和理念才最重要。

对妈妈最好的产房也是对宝宝最好的。单人产房能缓解疼痛，缩短待产时间，并能减少分娩并发症的发生概率。（在传统的医疗环境下分娩，会让产妇感到恐惧和紧张，引起产妇最怕遇到的情况——产程延长，这种情况通常会增加分娩的痛楚，最后可能不得不选择剖腹产。）单人产房的另一个好处是，宝宝可以待在最适合待的地方——房间中妈妈的怀抱里。如果你分娩的医院没法提供单人产房，申请一下。也可以寻找其他选择，例如独立的分娩中心。

3. 雇用专业的分娩教练

一项由柯尼尔医生（Dr. John H. Kennel）和克劳斯医生（Dr. Marshall H. Klaus）（他们也是提出"情感纽带"概念的人）所做的研究表明，分娩过程中有分娩教练在一旁照顾的产妇，和没有分娩教练照顾的产妇，剖腹产的概率分别是8%和18%。结果还显示，有分娩教练照顾的那些产妇，分娩时间更短，用药比例更少，婴儿的状况也更好。这些宝宝更健康，住院时间更短。科学研究不断证明了助产士早就清楚的事实：女人生孩子时有女人帮忙，对产妇和婴儿都比较好。

分娩教练在整个分娩过程中扮演的角色相当于一个一对一的私人分娩助手，她参与了分娩全过程，并给予产妇身体上、情感上以及精神上的帮助。她还是连接产妇与负责接生的医护人员之间的桥梁，能同时与产妇和医护人员交流，帮助他们做出正确的判断，尽量避免剖腹产，如果无法避免，则尽早决定。付给她的费用绝对不冤枉。

如果你不能一直得到助产士的护理，可以考虑雇用一位分娩教练。分娩教练既可以是私人看护，也可以是产妇护导员，或者是其他经过专业训练能在产妇分娩时给予帮助的人。分娩教练的职责是在产妇分娩时帮助产妇保持身体协调，辨识并回应产妇的肢体语言，帮助产妇更迅速、更顺利地分娩。

分娩教练在准妈妈怀孕时就彼此建立起了的信任，当准妈妈开始阵痛，分娩教练就会到家中陪伴她，直到把她送进医院。许多产妇一开始阵痛——甚至还没开始真正阵痛就去了医院。这种情况下，医生要么会让产妇回家（产妇必须忍受在路上来回折腾的痛苦），要么会让产妇提前入院（产妇需在医院忍受长时间的等待）。如果产妇在家中多待一会儿，这些情况就不会发生。大多数夫妇都不愿意在家里生孩子，但如果条件允许，在家里待产是个不错的选择。分娩教练会在家中陪伴待产的夫妇，检测产妇的阵痛状况，计算出产妇应该入院的正确时间，既不会离家太早，也不会太晚。

分娩教练不会取代准爸爸的位置，相反，她会放手让准爸爸去做他最擅长的事情——爱他的伴侣。面对阵痛中忍受着身体和情感双重挑战的产妇，男人几乎没有心情大谈风月。但如果准爸爸能抛开技术层面的顾虑，把这些问题留给专业人士，只从情感上关怀产妇，对产妇会起到很好的镇定作用。准爸爸可以抱着准妈妈，轻轻摩挲她的后背，或者陪她走走，给她拿点吃得下咽的食物，或者帮忙计算阵痛频率。这些都是很好的情感表达。

我和玛莎在生后4个孩子时都请了同一个分娩教练。她和玛莎完全用女人之间的语言谈论分娩，我一点也听不懂，但对她们深表敬意。

怎么才能找到这样一个合适的分娩教练呢？只要想找，总能找到！

专业的分娩教练如同武术教练，能帮产妇正确、恰当地使用每一分力气。

你可以通过各种渠道收集信息,医生、助产士、医院、分娩课程或者是那些雇用过分娩教练的朋友们,最后你就可以列出可供选择的名单。在我的诊所里,那些在前一次分娩中受过创伤的妈妈们和那些头胎就剖腹产的妈妈们,在下一次怀孕时都无一例外地雇用了分娩教练。

4. 多活动

依照身体的指示来活动。身体告诉你要动,你就动;告诉你不要动,你就不动。你可以在适合分娩的环境里随意走动,当你想独处时,再回到安静的小窝。待产时,如果需要一双支持的臂膀,只管拥抱你的丈夫。如果走动可以减轻你的不适,缩短待产时间,就在房间或走廊里转转。重要的是,你周围的环境和身边的人要让你感觉到可以依照身体的指示随意活动,不会因他人的期望或对传统分娩姿势的保守观念而受约束。

5. 别用仰卧的姿势分娩

从医学上看,仰卧的分娩姿势毫无道理。仰卧时,子宫重重地压在血管上,使对子宫和胎儿的供血量减少,这样对胎儿并不好。另外,仰卧使产妇的盆腔开口变窄,还要克服重力将婴儿"向上"推,这样对产妇也不好。(蹲式分娩则可以增大盆腔开口,便于产妇将婴儿向外推,用这种垂直的姿势,重力也能帮助婴儿向下钻。)仰卧式分娩还会增加产妇的疼痛,减缓分娩进程。在婴儿通过产道向外钻时,子宫肌肉应该放松,而采用仰卧、两腿向上分开的姿势时,子宫肌肉会紧缩。这种姿势还容易使产妇产道撕裂,只能进行会阴侧切。

6. 尝试各种分娩姿势

分娩有很多姿势可选:在丈夫怀里,坐在床上,蹲在床上,俯撑在床上或侧躺在床上。准妈妈可以多了解这些姿势,在待产和分娩的时候就可以根据身体需要选择。只要这种姿势能帮助你放松僵直的肌肉,并利用

一个适时的拥抱或一些摆放得当的枕头——小细节让分娩状态大不同。

地心引力帮助宝宝往外钻，就是合适的分娩姿势。但要随时准备好依据身体需求（或者你的分娩教练的建议）调换另一种姿势。

7. 合理利用科学技术

走进待产室，常常能看见产妇仰卧在床上，肚子上绕着一根带子，带子另一端连着胎心监护仪。这些产妇往往会因"生不出来"而"需要"剖腹产。其实这都是仰卧姿势惹的祸。

这种在产程中持续使用胎心监护仪的做法在现在看来并非必要，也不值得提倡。取而代之的做法是，如果产妇没有其他并发症，助产士会每隔二三十分钟来检查产妇的情况，了解腹中胎儿的状态。（研究显示，与助产士间歇性的监测相比，持续使用胎心监护仪监测产妇，对产妇的顺产并没有什么帮助，反而会增加剖腹产的概率。）如果必须使用胎心监护仪，也不能妨碍产妇到处走动或者调整分娩姿势。现在有一种更先进的监测仪，使用无线电传输信号，接收终端收到信号后会在显示器上显示出监测结果。产妇可以把这种监测器带在身上自由走动。如果必须输液，你可以要求肝素锁（一种连接针头的装置，不用依靠输液架，你可以一边输液一边四处走动）。

8. 慎用麻醉剂

产前，你对镇痛的方法了解得越多，你的分娩就会越顺利、越安全。你在那些分娩课程中可以了解到许多可用的方法（包括自然的或药物的），你会明白，麻醉（即用药物来减轻疼痛）是一种好办法，但不能替代自然的镇痛方法。没有任何一种药物可以毫无风险地缓解疼痛。过量使用麻醉剂以致失去知觉、不能动弹，只会延长你的产程或导致剖腹产。要知道，产程太长对产妇和婴儿都不好。你可以事先和助产士讨论好麻醉的剂量，确保这个剂量在能帮助你减轻疼痛的同时，还能让身体保持一定的敏感度和灵活性，可以在分娩过程中随时调整姿势以便用力。无论什么镇痛方法，只要能帮助你更顺利、更舒适地生下健康的宝宝，就是可行的，因为分娩经历将会成为你一生的回忆。

9. 避免做会阴侧切

美国妇产科学会认为，常规的会阴侧切不安全也不必要。有许多方法可以避免做会阴侧切，比如轻轻地按压、会阴按摩与支撑、不急于将婴儿用力推出、采用正确的分娩姿势，等等。你可以在产前甚至分娩时与助产士商量用什么方法来避免做会阴侧切。在与婴儿开始共同生活之际，既

重大变革——水中分娩

水中分娩在俄罗斯和法国已经实行了近40年。这种自然省力的分娩方式已经被引入美国。

为什么水能起作用？因为浸泡在温水中是一种非常有效的放松方式，能够减轻疼痛并加快分娩过程。水的浮力让产妇放松并采取最舒服的分娩姿势。产妇会有一种无重力的感觉，这样就能更容易地支撑起自己的身体，减少宫缩时的疼痛。由于不用支撑自己的整个体重，所以产妇的肌肉不会太紧张。放松下来后（不通过药物），她身体内的应激激素就会减少，让分娩过程顺利的激素（催产素和内啡肽）就会飞速增加。

一项针对将近1400名在按摩浴缸（水温与体温相同，没有喷射水孔）中分娩的产妇的研究表明，水中分娩的过程更加顺利，与普通医院的分娩过程相比，剖腹产的概率从25%～30%降到了10%。

有些产妇在孩子将要出生时仍然不愿意从水中离开，最后就直接在水中分娩了。（这个过程绝对安全，婴儿一出生就会被抱出水面。有一个水中分娩学派主张让婴儿慢点出水，在水下待一段时间，这种方法可能会有危险，我不推荐。）

 **玛莎笔记：**

我在生第7个孩子史蒂芬的时候，亲自体验了水中分娩的好处。以往我分娩的速度很快（一个或两个小时），只需要在用力前憋很短的时间，然后用两三下力，孩子就生出来了。

尽管如此，当我在生第7个孩子时，这种模式还是改变了。经历了4个小时的轻微疼痛后，我开始感觉到身体下面产生一种强烈的疼痛。这是身体给我的一个信号，告诉我需要注意了。以前，如果我下面疼，往四周挪挪位置会有帮助，于是我开始尝试各个位置，但是没有用，而且越来越疼。

这个时候，我的助产士说我应该进浴室了。当我进入温水中，感到四肢都放松了。我尝试各种不同的姿势，最后发现了一种能够让我的整个骨盆都很放松的姿势。当我用这种姿势放松时，疼痛渐渐消失了——比用麻醉剂效果还好。水的浮力很有用，有些事情光靠我自己是没法办到的。这种又放松又舒适的感觉真是太令人惊奇了。我在水中待了差不多一个小时，直到我感觉到该冲刺了，这时我决定从水里出来，然后在床上采用左侧卧的姿势，两次用力之后将孩子生了出来。

　　孩子出来后，我们发现了疼痛的原因，宝宝的手正横靠在他的头上——这两部分是一起出来的。我的身体需要完全的放松，以便让我的肌肉能够给比平常大的"赠品"部分让路。

把身体泡在温水中是一种自然有效的放松方式。

要专心照料婴儿，又要花一两周来治疗自己的会阴侧切伤口，可不是什么好事。

10. 做好分娩计划

　　分娩就像生活一样充满了惊喜。你为分娩计划得越多，越能得到你想要的。分娩计划可以让助产士了解你的一些私人需求，所以，你最好亲自制订适合自己的分娩计划，而不要直接拷贝一份。要分娩的人是你，所以这必然是你的计划。分娩课程会教你写一份分娩计划，但在产前咨询时，最好再和助产士谈谈你的想法和选择。

　　★**特别提醒：**要灵活。假设实际的分娩过程并没有按照你计划的一些方式进行，这时你就要相信助产士。如果你之前制订的分娩计划并没有执行，如果加一些内科或外科的干涉会对宝宝和你更好，最好不要再想原来

的那份分娩计划了。这就是分娩教练特别起作用的地方，她能帮你决定什么时候应该变化。

　　之所以强调分娩顺利、舒适的重要性，是因为父母和宝宝都可以有一个最好的开始。在我们的职业生涯中，常常见到"坏的开端"：母亲因为分娩经历和预期的不一样，在产后的头

安全顺产的 10 个要点

1. 选择正确的接生人员
2. 选择好的分娩环境
3. 雇用专业的分娩教练
4. 多活动
5. 别用仰卧的姿势分娩
6. 尝试各种分娩姿势
7. 合理利用科学技术
8. 慎用麻醉剂
9. 避免做会阴侧切
10. 做好分娩计划

几天或头几周里都会沉浸在"失败"的痛苦中，将那些本该用来了解新生儿的精力用在了治疗自己的伤口上。

另外，由于分娩不顺利，母亲和婴儿常常在产后被分开照顾，而这段时间是母亲和婴儿最需要与对方相处的时间。

接着，母乳喂养也会出现问题，婴儿更容易出现烦躁或者肠痉挛的情况，最后的结果就是，母亲和婴儿都将最开始这几周用来解决这些本来可以避免的问题了。

当分娩进入科学研究的领域，具备科学性时，就失去了它的艺术性。我们将综合分娩的科学性与艺术性，让分娩更安全、更舒适。

单人产房（LDR，待产、分娩、恢复都在一个房间）让分娩在更加轻松、亲切的环境中进行。

第3章　为迎接宝宝做准备

许多准父母来我的诊所做产前检查时，总以这句话为开场白："医生，我们对宝宝非常熟悉了。"他们确实已经做足功课，在精神上、身体上和房间布置上都为迎接宝宝做好了准备。如今有许多种生活方式和育儿方式可供选择，即将为人父母的夫妻们可以从中选出最适合自己的一种。

为孩子选择合适的医生

40年前，我开始在儿科诊所接诊时，人们告诉我，父母给孩子选择医生时要关注3个方面：能力、亲和力和就医方便。这3个要求至今没有改变。除了来自医院、其他医生和医疗团体的意见之外，父母们的意见是最重要的。如果是头胎，或刚搬到一个新社区，可以请朋友、邻居推荐几位医生，在分娩前约他们出来谈一谈。和医生见面时要注意以下几点：

• 把你最关心的问题和育儿方面的疑惑列一个单子，并与医生讨论，判断你的需求是否与医生的方式合拍。

• 如果你有特殊的需要，例如："我想在上班后继续母乳喂养。"询问医生是否能帮助你。

• 保持积极肯定的态度。不要一上来就以否定开场，没有比一开始就表明"我不想如何如何"更没有建设性的讨论了。例如，"我不想宝宝还在医院的时候就吃奶粉。"更有建设性的问法是："你是怎么看待医院里给母乳喂养的宝宝吃配方奶呢，有什么对策？"记住，你约谈的目的是确定你和未来的医生是否合拍。否定性的开场让你失去了从医生反馈中学到东西的可能性。

• 讨论要简洁，重点突出。大部分医生不会对产前约谈收费，5分钟通常就够了。如果你需要更多时间，可以提出正式约谈的要求，你可以为约谈时间付费。漫无边际的闲聊一些关于未来的忧虑，或就儿科领域大大小小的问题，从尿床到维生素聊上一通，不是你来访的目的。

• 你和医生的基本想法契合吗？例如，你倾向于母乳喂养，而医生则推荐配方奶喂养，那么这位医生可能就不适合你。

• 询问医生的诊所能否提供特别的服务。例如，你打算采用母乳喂养，医生会雇佣一位母乳喂养咨询师吗？他／她会如何安排这位咨询师的工作？

• 观察医生的诊所。约谈前后，注意观察。在候诊室等待时，体会一下诊所的氛围。这里的环境是否充分考虑了孩子的需要，是否整洁、友好而富有弹性？家具是否实用而安全？工作人员是否专业？

• 观察诊所能否做到把生病的、可能有传染性的孩子和那些健康的孩子隔离。分娩课程分发的传单上有一个问题很受欢迎，就是：将候诊室分成"生病的"和"健康的"，但这不现实。没有人愿意待在"生病的"候诊室。更实际的做法是迅速筛选出有潜在传染性的孩子进入检查室，把候诊室留给前来做体检的和没有传染性疾病的孩子。

• 请工作人员提供其他信息：保险计划，就诊时间，医疗费用，合作

医院，下班后的出诊情况，医生的受训证明。询问诊所如何处理紧急情况，如何接待电话问诊，大概的等待时间，以及当你有问题时，谁来负责。

选择一位合适的医生，无论是家庭医生还是儿科医生，都是一笔投资。孩子的医生就像家庭的另一个成员，这位哈利叔叔或南茜阿姨，随着孩子的成长，对孩子和家庭的认识也在增长。这位医生负责检查新生儿的身体，帮你应对措手不及的喂奶问题，处理孩子的鼻涕，缓解三更半夜耳朵感染引起的疼痛，讨论尿床，帮你应对孩子上学的问题，清除青春期的粉刺，等等。所以，要明智地选择这位长期的伙伴。

选好你的育儿团队

除了要选择分娩课程和分娩方式、宝宝的医生，还有许多需要你来选择。

支持小组

亲戚中那些准备要孩子或者已经有育儿经验的夫妻都可以成为你的支持小组的良好人选，在产前产后都可以帮上你的忙。朋友们也会成为你初为父母头一年里强有力的支持。在众多育儿机构中，成立时间最长、规

模最大、我们最推荐的是国际母乳会（La Leche League International）。你也可以通过当地的医院、或其他渠道找到有用的支持团体和父母培训课程。时间和精力允许的话，尽可能多参加这些机构的聚会。从每一个团体中选择最适合你的生活方式和让你最舒服的育儿方式的信息。大部分城市都有网络育儿社区，新父母们可以在线联系，分享有用的信息。

哺乳顾问

对于新生儿父母来说，还有一个重要人物——哺乳顾问。这个人应该受过专业训练，能帮助新生儿的母亲解决相关问题，帮助她顺利开始母乳喂养。几年前，我们做了一个实验。给每位产妇在产后48小时之内提供1小时的哺乳咨询，由我们的一位哺乳顾问负责。结果母乳喂养带来的问题，诸如乳头疼痛、供奶不足等，减少了50%。更重要的是，妈妈们更享受给宝宝喂奶的过程。要知道，哺乳不是一天两天的事。你可以从分娩教练、医院、儿科医生或国际母乳会找到哺乳顾问。也可以从国际哺乳顾问资格委员会（IBCLC）中查找获得资格者的名单。产后可以安排1~2天的哺乳咨询。当然，更理想的是，如果你对母乳喂养有顾虑或乳头有不利于宝宝衔乳的倾向（参见第140页），

在分娩前就咨询哺乳专家。

选择母乳喂养还是奶瓶喂养

现在，你可能已经决定了对新生儿采用母乳喂养还是奶瓶喂养。如果你仍未能确定要采取哪种喂养方式，以下建议可能会对你有所帮助：

• 记住，这是你的决定，是依照你的个人喜好和生活方式做出的决定。即使有善意的朋友对你说："母乳喂养不适合我。"也不要泄气。大多数母乳喂养不成功的例子是因为她们选择的环境不适合母乳喂养，也没有及时得到专业人士的帮助。

• 怀孕时，可以去参加一些国际母乳会的聚会，问问那些用母乳喂养孩子的妈妈们，看看母乳喂养对她们和孩子产生了什么影响。母乳喂养是一种生活方式，而不仅仅只是一种喂养孩子的方式。许多妈妈们觉得母乳喂养是最好的，但还没有做好为这种喂养方式付出时间和精力的准备，这正是她们需要帮助的地方。多和那些与自己想法相同、支持自己的妈妈们在一起，也许能有所收获。

• 读读第8章和第213页"奶粉的真相"，你不仅能了解为什么对宝宝来说母乳是最好的，还能明白母乳喂养对妈妈的益处。

• 如果你直到临盆也没能决定到底该采用哪种喂养方式，可以尝试着

母乳喂养 30 天，第 142 页介绍的那些如何开始母乳喂养的小窍门或许对你有用。

要知道，从母乳喂养转为奶瓶喂养很容易，但从奶瓶喂养转为母乳喂养却很难。许多采用母乳喂养的妈妈们发现，只要度过开始几周的困难期，宝宝学会了正确的吮吸，双方形成了有规律的哺乳习惯之后，就能建立起舒适而长久的哺乳关系。如果你经过 30 天的尝试，觉得这种喂养方式不如预期的好，或者你只是在某种压力下选择母乳喂养，并不是真的想这样做，那么可以考虑换另一种喂养方式，或者两种方式一起用。重要的是，要找到一种既适合宝宝、也适合你的喂养方式。

割包皮还是不割包皮

婴儿身上没有哪个地方能比这半英寸皮肤更能引发国际争论了。文化和宗教团体把割包皮视作一种仪式和权利；而自然组织，甚至是国际性的协会，则一起来保护这块包皮，他们有很合理的保护名目：保持完整，不割包皮，平静的开始。有些父母的确是出于宗教或文化的考虑来让他们的儿子接受包皮手术，而有的只是倾向于割包皮。有位父亲曾经对我说："我希望我的儿子有一个无须保养的小鸡鸡。"有些父母在让儿子的小鸡鸡保持完整方面很固执，近乎好斗。有些父母为此感到极端痛苦，他们觉得"我竭尽全力要让我的孩子温柔地来到这个世界上。割包皮看起来很不温柔。"如果你还没下定决心是否让孩子接受包皮手术，请接着往下看。

在美国，对大部分新生男婴来说，包皮手术曾经被认为是常规手术，但是和大部分常规操作一样，很多父母质疑割包皮是否真的有必要。下面列举了一些我们最常被问到的问题。希望对这些问题的回答能帮助你做一个周全的决定。

包皮手术是怎么做的？

宝宝被放在一个固定的手术台上，他的手和脚都用皮带安全地固定住。接着，往宝宝的包皮上注射麻醉剂，用医疗工具分开包皮和龟头之间紧密的粘连。然后用金属夹子固定住包皮，用剪刀在上面竖直地剪开一个口子，口子的长度是阴茎的 1/3。用一个金属或塑料的罩子盖住阴茎的头部以保护龟头，包皮就搭在这个罩子上，然后顺着圆圈剪下来。阴茎长度 1/3 ~ 1/2 的部分（即包皮）就被剪掉了。几周之内，要在刀口附近抹上保护性的润滑油。刀口的愈合通常需要一周，大部分的手术刀口一周之内都能愈合，包皮手术也是如此。

包皮手术安全吗？

包皮手术通常是非常安全的外科手术，很少有并发症。不过，凡是外科手术难免有例外，偶尔也会出现流血、感染或伤害到阴茎等问题。如果有流血的家族倾向，或者你的上一个孩子在包皮手术中流了很多血，要提前告知医生。

手术疼吗？

是的，疼。新生儿阴茎上的皮肤对夹捏和剪切非常敏感。认为新生儿感知不到疼痛是一种错觉，因为手术结束时很多宝宝都沉沉地睡着了。这并不是说他们不觉得疼。熟睡是一种回避机制，是对过分疼痛的回避反应。包皮手术不仅会给小鸡鸡带来疼痛，其余的全部生理机能也会有反应。在未施麻醉的包皮手术中，应激激素飙升，心率加快，血含氧量降低。生病的宝宝和早产儿不应该受到这种惊吓。

手术中应该麻醉，实行无痛包皮手术，这是安全有效的。有时麻醉剂不能完全去除疼痛，但的确会有帮助。几个小时之内，麻醉效果退去，有些宝宝没有任何不舒服，有些宝宝会在接下来的 24 小时内哭闹。

包皮手术能让小鸡鸡更容易保持干净吗？

成年后更容易保持阴茎卫生通常是实施包皮手术的理由。青少年和成年男性的包皮腺体会分泌一种叫做阴茎垢的液体。这些分泌物会在包皮下面堆积。有时候，尽管很少见，阴茎会受到感染。去掉包皮就去掉了这些分泌物，这会让成年后阴茎的护理变得简单，减少了感染的机会。

然而，在宝宝满一岁之前，割过包皮的阴茎需要更多的护理和清洁工作。头几周，每次换尿布都要抹上凡士林。包皮会重新粘上阴茎头，需要定期缩回去，这会产生疼痛。有些包皮牢牢地粘在上面，很不容易缩回去。儿科医生或泌尿科医生必须用药膏，有些情况下还得来一次小手术。一两年以后，这样的问题就消失了，小鸡鸡变得"自如"。而没有接受过包皮手术的小鸡鸡，则不需要这样的特殊关照，只需洗澡时和身体其他部分一期洗干净就好了。

不做手术会怎么样？

保持包皮完整，可以保护小鸡鸡免受湿尿布摩擦而产生的刺激。出生时很难判断包皮该保持多紧的程度比较好，因为第一年几乎所有的男孩包皮都很紧。两岁时，约有 50% 的男孩包皮会变松，从阴茎头上缩回来。到了 5 岁，有 90% 未做手术的男孩，其包皮可以完全收缩。对有些孩子来说，直到青春期才能完全收缩也是正常的。一旦包皮容易收缩，洗澡时的清洁就成为男性卫生的一部分了。虽然未做包皮手术的男孩的确更容易感染，但做好清洁就能防止这个问题。

如果男孩的包皮没有自然地往回缩，以后需要做包皮手术吗？

很少因为医学原因而去做包皮手术，但偶尔包皮没法往回缩，变得紧实、感染，阻止了尿流。这种不同寻常的情况叫做包皮过长，需要做手术。如果以后在童年期或成人以后，因为包皮过长而要动手术，需要用麻醉剂，而且要考虑本人的意见。

如果不做手术，我们该如何护理孩子的包皮？

首先，不要强力让包皮往回缩，要允许它在几年之内自然回缩。时机未到就用人力使包皮回缩，会让包皮和龟头之间的保护层变得松动，增加感染的机会。如果你决定不让孩子做手术，可以遵循以下的护理建议。在第一年里，大多数宝宝的包皮是紧紧地黏住下面的阴茎头的。当宝宝的小鸡鸡开始正常的变硬变直，包皮会自然地慢慢松下来，但要等到第2或第3年才能回缩。别去管它，让它自己回缩，这一般发生在1～10岁。包皮什么时候回缩，每个个体有很大的差别。尊重这种差别，不允许任何人在未成熟之前就敲开包皮和阴茎头之间的密封圈，这会导致分泌物在包皮

下面累积，进而引起感染。随着包皮自然而然地往回缩，就可以轻柔地把累积在里面的分泌物洗出来。这应该是孩子每天清洁工作的一部分。通常到了3岁，大部分孩子的包皮都已经完全收缩，你可以教孩子把清洁包皮以下的地方作为洗澡时例行的程序。

如果孩子没有做包皮手术，他会不会感觉与朋友不太一样？

你无法预测你的儿子做不做包皮手术他的感觉会有何不同。孩子们通常比成年人更能接受这种个体差异。你很难知道未来到底是做手术的孩子多还是不做的孩子多。近年来包皮手术的数量在稳步下降，因为越来越多的父母开始质疑这一例行手术。美国有63%的男婴没有接受手术，上世纪80年代初这一数字是50%。近来的统计表明，包皮手术率在持续下降。

我丈夫做过包皮手术。我的儿子不应该跟他的父亲一样吗？

有些父亲有一种很强烈的感觉，认为自己做过包皮手术，儿子也应该做，这种感觉是自然的。但"父子一致"不是一个好理由，因为很少会有爸爸和孩子一起比较各自的包皮。很多年以后，男孩才会在某些方面看起来像父亲。现在有些爸爸（通常是因为妻子的压力）开始质疑手术的必要性。

我们的大儿子做过包皮手术，他的弟弟也应该做吗？

小男孩有时候会比较各自的小鸡鸡，很多父母觉得兄弟之间保持一致非常重要。不过，就像你会选择让第二次分娩跟第一次完全不同一样，家里的每一个男性也不一定都得做包皮手术。如果你想让第二个孩子不做手术，你的问题不是向他解释为什么不做，而是向你的大孩子解释，为什么他的包皮不见了。

包皮手术能预防什么疾病？

虽然有一些研究显示包皮手术可以降低患癌症和某些感染的概率，但这种好处几乎可以忽略不计，并不是选择做手术的强有力的原因。

决定由你来做。你已经看到了，没有什么十足的理由一定要做这个手术。如果你向医生征求意见，可能还是犹豫不决。2012年美国儿科学会发布的意见书认为当前的数据"还不够支持常规的包皮手术"，另外，"包皮手术对孩子的健康不是必要的。"

脐血库

孩子出生时，可以从脐带中收集干细胞。干细胞是未成熟的白细胞，胎儿和新生儿的血液中含有大量的干细胞。随着宝宝长大，这些干细胞也随之成熟，变成各种不同类型的白细胞，可以防止宝宝被感染。下面是一些常见的有关脐血库的问题。

收集或储存脐带血的目的是什么？

如果被诊断出白血病或其他任何一种血管癌症，通常会用化疗或放射疗法来杀死癌细胞。不幸的是，这样做也会杀死大部分正常的血液和骨髓中的细胞，让病人的免疫力极端脆弱，直到骨髓重新生出足够的白细胞为止。有些人在这种情形下会接受骨髓移植，从捐助者身上输入大量的干细胞。如果捐助者的干细胞与病人的免疫系统不完全匹配，就会产生并发症，因而受到排斥。而脐血库给患者提供了完全匹配的干细胞，不会受到排斥。这些细胞也可应用于免疫系统匹配的其他家庭成员。

脐血库的潜在用途还在不断被发现：包括治疗和修补心脏病发后的心脏组织，以及其他心血管疾病，中风或精神创伤后的神经和大脑损伤，各种神经疾病和罕见的先天性的新陈代谢、基因紊乱。对治疗自闭症的研究也在进行当中。

脐带血是如何收集的？

孩子出生、脐带被剪下来的时候，脐带长长的部分还连着子宫内的胎盘，这里面流动着大量的血液。助产士会把血液从脐带中抽出（这就是"脐带血"一词的来历），通过把血液挤入试管或用针头把血抽到注射器中。这个过程是无痛的，只需要5分钟。血液不是从妈妈或宝宝身上抽取的。如果不收集起来储存的话，就被扔掉了。

脐带血如何储存？

细胞从血液中过滤出来，冷冻在液氮中，或用其他深度冷却的办法。

这个过程有什么不良影响吗？

唯一不良的影响是你的银行存款。目前，美国储存脐带血需要花费大约1500美元，即每年大约150美元。你可以在孕产杂志上找到各种脐血库的广告。可以提前做好这方面的安排。

保存脐带组织怎么样？

有些脐血库也能保存一小段脐带，以利用脐带中的特殊干细胞类型。不过，由于这项技术对我们来说还很新鲜，无法得知所有可能的益处，如果你决定储存脐带血，也保存脐带组织可能是个不错的主意。

 罗伯特医生笔记：

决定是否要储存宝宝的脐带血干细胞，无关对错。最好是你永远不会去用它。白血病等血液癌症是非常罕见的。现在有几万份的干细胞在储存着，但只有几十份用于捐助。另一方面，如果费用不是大问题，你可以考虑。未来可能会用干细胞解决新的医学问题。我选择储存第3个孩子的脐带血，因为我觉得万一将来有什么需要可以有备无患。

更多信息，请访问 cordblood.com.

扩大新生儿血液筛查

每个婴儿在出生24小时之后会接受血液筛查，以检查是否有对健康不利的遗传因素。过去这项检查只包括苯丙酮尿症，甲状腺机能减退症，半乳糖血症和其他的血液问题。美国大部分州现在将这一筛查扩大到了几十种新陈代谢和基因紊乱方面的疾病。这些问题越早得到检测和治疗，越能降低损害或得到预防。如果你所在地区没法做这些筛查，可以从网上或孕产杂志刊登的广告上找到公司来做。花费通常在50～100美元。很多脐血库也提供这些新生儿筛查。

为宝宝搭建爱巢

你已经兴致盎然地翻阅婴儿杂志好几个月了。一看到那些布置得色彩缤纷的婴儿房，那些用小动物图案装饰的婴儿床上用品以及其他配套物品，你就兴奋得两眼发光。现在，距离你的预产期只有几周了，可以开始动手布置孩子的房间。只要费用不超出预算，你尽可以把自己变成孩子，把玩具娃娃身上的衣服买回家；你也可以释放内心的挥霍欲望，尽可能发挥想象力，购置成套用品，把孩子的房间布置成简单舒适型或者别致可爱型。但是别急着掏出信用卡，因为真正需要买的东西并不多。

衣物购置贴士

买最基本的东西。只买那些最开始几周需要用到的东西。孩子一出生，礼物就会跟着来了。祖父母更是会毫不吝惜地将大堆礼物源源不断地送来。

先计划，后购买。列一个你想买和必须买的物品清单。核对清单，将那些有人送的东西和能借到的东西划去，剩下的物品等真正需要时再买。根据宝宝的成长需求和你对婴儿购物指南上充满诱惑力商品的抵抗力，定期更新你的购物清单。

买大一号。宝宝的衣服要买至少大一号的。适合 3 个月大婴儿穿的衣服只要买几件就够了，宝宝衣橱里更多的应该是适合 6 ~ 9 个月大婴儿的衣服。让宝宝穿大一点的衣服，不仅能让宝宝舒服一些，还可以让衣服穿得久一些，降低购买成本。

少买一点。在宝宝的每个成长阶段，只要买几套必要的衣服就行了，因为不断会有人送衣服给你们。宝宝长得比买衣服的速度还快，很多衣服可能还没穿过就穿不了了，最后只能留下一柜子的纪念品，提醒你宝宝长得有多快。

买安全又舒适的衣服。邮购目录上那些嵌着小珠子和纽扣的紧身针织衫看起来实在漂亮，但这衣服对宝宝来说安全吗？舒适吗？现在已经不流行用纽扣了，按扣会更好，因为宝宝可能会不小心吞下纽扣而发生危险。另外，谁有时间扣那么多纽扣？如果衣服上的抽绳或花边松了，可能会缠住宝宝的手指和脚趾；还要注意超过 20 厘米长的丝线和缎带，这些都是危险品，可能会勒住宝宝。

选择简单好穿的衣服。看到那些漂亮的衣服时，想象一下帮宝宝穿这件衣服的情景。穿上它换尿布方不方

合睡床

对于摇篮和婴儿床设计的重大革新要属这种合睡床了，这种床三面有围栏，另一面的围栏可以放下，让婴儿床与父母的大床拼在一起，这样父母可以很方便地照顾小婴儿，安全性也极佳。用这种婴儿床，父母和孩子都可以有自己的休息空间，但离得不远，父母在自己床上一伸胳膊就能够到孩子，又安全又省心。想了解更多关于婴儿合睡床的信息，请登录armsreach.com。

便？领口够不够大,胸前有没有按扣,让宝宝很容易套进去?

尽量买棉质衣服。最舒服的材料就是 100% 纯棉。许多宝宝会对化纤材料过敏,但睡衣必须是防火阻燃材质的。幸好现在已经有 100% 纯棉的防火阻燃睡衣了。

布置婴儿房

婴儿房的样式无穷无尽,布置的乐趣同样无穷无尽。当你踏上婴儿用品专营店这片乐土时,请捂紧你的信用卡。瞧,这里有一张支着四根帐杆的小床,看起来像个传家宝,好像睡过好几代人的宝宝。你不会看上这种吧——柳条编织的摇篮和拼缝的棉被,太土了。想要精致的,这里有棉花糖主题系列,配上高雅的白色,还有柔软蓬松的手感。当然,你想象中的完美婴儿房,怎么能少了妈妈的存在呢——宝宝的床旁边,一位母亲安详地坐在加了衬垫的摇椅上,娓娓读着童谣。当你流连在婴儿用品店时,丈夫可能会抛过来一些简短的暗示:"我可以修好这个……我可以重新给这个上漆……可以去二手市场看看。"

出于要给宝宝一个完美安乐窝的强烈意愿,你不厌其烦地翻阅各种婴儿杂志,并想象你的宝宝待在每一种布置里的样子。你不仅要求舒适,还要保证漂亮。这时来了一位朋友,

一个狂热的婴儿物品消费者(就是那种对婴儿的一切事物都给予高度关注的妈妈),她给你的设计提了点小小的建议:"彩色氛围已经不流行了,如今黑白色是主打色调。"她推荐使用对比强烈的线条和圆点图案的布置(据说这比斑斓的色彩更能吸引宝宝的注意力)。她似乎很在行,因为她订阅所有的婴儿杂志。你被她搞糊涂了,弄不清婴儿房到底是让宝宝思考的地方还是睡觉的地方。布满斑马条纹或花斑图案的房间好像都不是你想要的。

等你看完所有的婴儿房设计,脑子里已经被各种斑斓的色彩和图案占满了。当你终于决定选择一种设计方案时,又遇到了一群对婴儿房设计非常有研究的父母。儿科医生也出现了,他提醒你,安全才是最重要的。购物行家也可能会告诉准爸爸,给婴儿买东西,买最基本的就够了,其他的钱都要花在妈妈身上才值。你的心理学家朋友告诉你,宝宝如果总是跟父母一起睡,会丧失独立性。你的妈妈也回忆起你小时候也是那种黏人的宝宝,只肯和爸爸妈妈一起睡,不肯回自己的摇篮去。这些都让你受到了启发:"婴儿房的图案布置得对不对呢?我的宝宝说不定都不喜欢。也许应该等了解了宝宝的睡觉习惯再决定。"

直到现在,你还是希望婴儿房非常漂亮,但更注重实用性了。"也许

我们可以借一个摇篮，再花钱买一张超级大床一起睡。"最后，救星终于来了，给"布置婴儿房"这个任务做了一个愉快的总结："怎么喜欢怎么来吧，布置婴儿房不就是为了高兴吗？"

想买价值不菲的婴儿用品，最关键的是要物有所值，在宝宝出生前买好几件最基本的东西，如尿布台、婴儿床（或合睡床）和用于午休或夜间的价格适中的摇篮。但是最主要的购买行动还是留在你对宝宝的需求有了解之后吧。

为迎接宝宝做好准备

在你准备迎接新的家庭成员时，下面的清单会派上用场。不要被厚厚的婴儿商品目录吓坏了，许多宝宝真正需要的东西，其实你已经有了——温暖的乳汁，温暖的心，强壮的臂膀和无限的耐心——而且这些东西都不用花钱。

婴儿用品

第一个衣橱

☐ 4 件厚绒布连身睡衣

☐ 3 双毛线鞋或袜子

☐ 2 条毯子

☐ 3 件背心

☐ 3 件上衣

☐ 擦奶布

当宝宝成长时

☐ 4 件连衫裤（开裆处可以扣起来）

☐ 2 件可水洗的围兜

☐ 外衣，根据年纪和场合确定

季节性的衣服

☐ 2 顶帽子（一顶太阳帽，帽檐可以遮阳光；一顶比较厚实，天冷时可以保护耳朵）

☐ 2 件毛衣，薄厚依季节而定

☐ 一件厚外套，或带连指手套的儿童防雪装，天冷时可以穿

☐ 2 条毯子，薄厚依季节而定

尿布相关

☐ 一包纸尿裤

☐ 30 片布尿裤（我们建议你找尿布服务公司，也可以考虑一件式尿布）

☐ 别尿布用的别针或夹子

☐ 棉花球，棉棒

☐ 一次性无香型婴儿湿巾

☐ 治疗尿布疹的药膏（含氧化锌成分）

☐ 黑白相间、图案醒目的悬吊玩具，挂在换尿布的地方

喂奶必需品

奶瓶喂养所需的物品

  □ 4 个 120 毫升的奶瓶

  □ 4 个奶嘴（参见第 222 页的奶嘴建议）

  □ 母乳喂养所需的物品

  □ 3 件哺乳胸罩

  □ 防溢乳垫，没有塑料内衬的那种

  □ 喂奶时穿的衣服

  □ 婴儿背巾

  □ 喂奶时搁脚的脚凳

  □ 额外的枕头，或者是哺乳枕

宝宝的床上用品

  □ 2 个隔尿垫

  □ 3 条小床上铺的床单

  □ 柔软的被子

  □ 小床上用的毯子，薄厚依季节而定

洗澡所需物品

  □ 2 条柔软的毛巾，2 件带帽子的毛绒浴巾

  □ 婴儿专用香皂和洗发水

  □ 婴儿澡盆

  □ 婴儿发刷和梳子

  □ 婴儿专用的指甲刀

前两个月需要的日常用品和医护用品（更详细的清单参见第 657 页的"家庭急救箱里放什么"）

  □ 温和的衣物清洁剂

  □ 凡士林

  □ 耳式体温计

  □ 婴儿吸鼻器

  □ 抗菌药膏

  □ 棉花球，棉棒

  □ 婴儿用对乙酰氨基酚

  □ 喷雾器（请医生推荐）

  □ 笔形电筒，检查口腔时用的压舌板（万一宝宝患上溃疡或鹅口疮等）。

婴儿房里的设备和家具

  □ 带篷摇篮或一般摇篮

  □ 小床和相关物品

  □ 合睡床

  □ 换尿布台或者是有垫子的换尿布区域

  □ 换尿布用的垫子

  □ 摇椅

  □ 衣柜

外出用品

  □ 婴儿背巾

  □ 婴儿汽车安全座椅

  □ 汽车安全座椅椅套

  □ 汽车安全座椅头枕

  □ 尿布袋

分娩要带的东西

妈妈的衣服
- □ 两件旧睡袍
- □ 两件喂奶穿的睡衣
- □ 回家穿的宽松舒适的衣服
- □ 拖鞋
- □ 两双暖和的袜子
- □ 两件哺乳胸罩

分娩时有用的东西
- □ 你最喜欢的枕头
- □ 用来计算宫缩时间的手表
- □ CD 播放器或 ipad，里面有自己喜欢的音乐
- □ 按摩润滑液
- □ 按摩背部的橡胶按摩球
- □ 点心，你最喜欢的那种：棒棒糖、蜂蜜、干果或新鲜水果、果汁、米花糖和给宝宝爸爸吃的三明治

日常用品
- □ 香皂、除臭剂、洗发水、空气清新剂（不要用香水，会让宝宝不舒服的）
- □ 梳子、吹风机
- □ 牙刷、牙膏
- □ 卫生巾
- □ 化妆品
- □ 眼镜或隐形眼镜

宝宝回家时需要的衣物
- □ 一件背心
- □ 袜子或毛线鞋
- □ 毯子
- □ 一件睡衣
- □ 帽子
- □ 天冷时用的厚外套和厚毯子
- □ 婴儿汽车安全座椅
- □ 回家时用的尿布

其他用品
- □ 摄像机和照相机、保险单据
- □ 妇产科病历档案
- □ 手机
- □ 地址簿
- □ 最喜欢的书和杂志
- □ 给哥哥姐姐的"生日"礼物
- □ 这本书
- □ 写好的分娩计划

第4章 与宝宝一起迈好第一步

怀孕时总是觉得日子过得很慢，预产期好像永远不会来临。现在，期待已久的时刻终于来到了，每一件事情都发生得那么快，昨天你还是一个孕妇，今天你已经成了一位母亲。

宝宝的最初时刻

从子宫出来，呼吸到外面的清新空气，在这个过程中，宝宝会感受到许多不同。

第一件事

要做的第一件事就是确保宝宝能够安全、健康地来到这个世界上。宝宝出生时嘴巴和鼻子里充满了水（羊水）。助产士会吸出这些液体，让宝宝能够呼吸。出生后几秒钟内，宝宝会打出他人生的第一个喷嚏，甚至有时候只是头部出来，身体还在里面。

吸出呼吸道的液体之后，助产士会剪断宝宝的脐带，打一个结，这样宝宝就开始了子宫外的生活。助产士常常会将宝宝放在你的肚子上来做这些事情，这个时候，你的肚子就像一个柔软的靠垫，上面正举行着一场迎接子宫外新生命的仪式。

第一次接触

分娩并不是一件轻松的事情。在分娩的过程中，当宝宝的头从产道中慢慢出来时，许多妈妈会本能地弯下身去摸宝宝的头，就好像在宝宝出生的过程中她们必须把手放在宝宝身上一样。（如果产程很长，让妈妈摸到胎儿小小的脑袋，会给妈妈极大的鼓舞，这将指引妈妈如何用力，帮助她更快地产出胎儿。）为了让爸爸也参与到这一迎接新生命诞生的过程中来，有些助产士会让爸爸抚摸宝宝的头，当宝宝完全从产道中出来时，甚至会让爸爸抱着这小小的生命。

我还深深地记得我们的第6个孩子马修出生时的那种感受。我们的助产士迟到了，我很荣幸地"接到"了我的宝宝。（每次我向朋友们炫耀接生了自己的宝宝时，玛莎总是立刻纠正说，是她生下了马修，我只是接住了而已。为什么当妈妈做了所有的事情之后，得到荣耀的却是爸爸呢？玛莎是对的！）我仍然记得当我的手摸到马修的头时那种欣喜若狂的感觉，在马修出生的那一刻，我感觉到我们之间建立了一种奇妙的联系，即使多年以后，我们依然保持着这种奇妙的联系。这之间是否存在什么关联呢？马修也许不记得第一次接触，但我永远不会忘记。

从此以后，我成了一名"接"宝宝的老手，随后又将我的第7、第8个孩子（我们领养的女儿出生时我也在场）"接"到了这个世界上。现在，许多助产士会通过这种特殊的方式，给爸爸们提供一个接触宝宝的机会。并不是所有的爸爸（或妈妈）都能得到这第一次接触，但如果这对你很重要，就向助产士提出来。

第一次转变

当脐带被剪断的那一刻，宝宝迎来了他生命中最重要的一次转变——从子宫呼吸（通过胎盘和脐带）转为空气呼吸。有些宝宝能够马上适应，小脸蛋转为红润。另一些宝宝则需要轻微的刺激或吸几口氧气才能开始

黄金时间

美国儿科学会认为，孩子出生后立即与母亲进行皮肤贴皮肤的接触，对孩子平稳过渡极为重要。具体说明如下：

• 婴儿出生后应该立即被放到妈妈的肚子或胸口上，直到喂完第一顿奶。

• 常规的医学程序，例如称体重，详尽的医学检测，注射维生素K，注射乙肝病毒疫苗等，都要等

到第一顿奶喂完之后。

• 住院期间，婴儿应该始终跟自己的母亲待在同一个屋子里。

当然，这些建议适用于宝宝健康，安静，无须进一步的医学关照的情况。你可以在美国儿科学会的网站 AAP.org 上找到具体的说明。要确保医院和助产士熟悉这些建议，并愿意遵守。宝宝的到来将会有一个更好的开端。

呼吸。

第一次见面

当整个接生过程都完成后（也就是说，宝宝脸色红润并且呼吸正常），助产士会将宝宝放在你的肚子上，让你和宝宝贴在一起，肚子对着肚子，并让宝宝的头舒服地躺在你的乳房中间，再给宝宝身上盖一块吸水的毛巾，让宝宝保持干爽温暖。你应该鼓励宝宝把脸颊靠在你的乳房上，舔一舔或吮吸一下乳头。如果宝宝看起来很不安，持续地哭，也不用担心，要知道，他刚刚经历了一段很难受的过程。将你温暖的手放在宝宝的背上，给他一种安全感。这种安全、温暖的拥抱，再加上你有节奏的呼吸，正是宝宝从出生的紧张情绪中平静下来所需要的。一旦他开始吮吸你的乳头，就会更加平静。

第一次拥抱不仅具有心理效果，还有很好的医学效果。新生儿容易着凉，所以你抱着宝宝，肚子对着肚子，脸颊对乳房，能够完成一次很自然的体温传输。宝宝吮吸乳头的动作会刺激你体内分泌催产素，这能帮助你的子宫收缩，减少产后流血。

第一次见面是一家人的私事。当助产士确保妈妈和宝宝都很好，接生演出顺利谢幕时，你可以要求一些家人独处的时间。只有你们3个：妈妈、爸爸和宝宝（如果可以并且愿意的话，可以加上几个小哥哥或小姐姐）。这是一家人的亲密时刻，不应该被一些琐碎的程序打扰。

第一印象

刚出生时，宝宝看起来一般都是很难受的样子——愁眉苦脸，眼睛发肿，四肢紧紧地蜷缩着，小拳头也捏得紧紧的。在刚出生的几分钟里，许多宝宝会进入一种安静而警觉的状态。在这种状态下，宝宝能够更好地感受新的环境。宝宝的眼睛和身体语言能够反映出这种状态。他会睁大眼睛去寻找另一双眼睛——让他看到你的眼睛吧。在刚刚来到人世的这段时间里，宝宝会看着你的眼睛，依偎着你的乳房，放松他的拳头和四肢，静静地融入到你的怀中。在这亲密的时刻，宝宝和妈妈互相享受着各自的需要：宝宝需要舒适，而妈妈需要接触到宝宝。宝宝听到了你的声音，闻到了你的气味，感受到了你温暖的肌肤，品尝到了他的第一顿美味大餐。当宝宝继续吮吸而你继续抚慰宝宝时，你们两个都感觉到很安心。这样，宝宝在出生的一个小时内就会心满意足地进入深深的睡眠。

第一感觉

你可以想象一下宝宝第一次见到你时的感觉。从你身体内的子宫来到由你的皮肤、手臂和乳房组成的外部"子宫"，经历了这一平缓过渡之后，宝宝会认识到痛苦之后是舒适，认识到子宫之外的世界是一个温暖、舒适的地方。你和宝宝之间的联系并没有中断，宝宝的出生只是让这种联系的表现方式改变了一下而已。

你现在看到的小宝宝，就是你企盼了许久的、再熟悉不过的、一直待在你肚子里面的那个小家伙。我们注意到，当妈妈和爸爸第一次看到他们的宝宝时，总是睁大了眼睛，想好好地看看这个独一无二的小家伙。然后他们就会把注意力逐渐转到小家伙的某些特征上。我们发现，爸爸妈妈表现出来的第一感觉中，有一种是立即欢迎这个新生的小生命成为家族中的一员，这个时候，妈妈也许会对爸爸说："他的眼睛真像你。"或者两人同时惊呼："他的鼻子和奶奶一模一样！"

亲密关系——什么意思，如何建立

亲密关系是 20 世纪 80 年代的流行词，是指在宝宝出生时，父母与宝宝之间建立的一种亲密的情感联系。柯尼尔医生和克劳斯医生在他们著名的 *Maternal-Infant Bonding* 一书中，探究了亲密关系的概念。他们推测，人类和其他动物一样，在出生时有一段"敏感期"，在这段时间里，妈妈和新生儿以一种独特的方式互相接触、互相安慰。通过对比那些在出生之后就立即建立亲密关系的母子和那些没有这么做的母子，两位医生得出的结论是：前者有着更加亲密的联系。

当这个概念推广到产房时，引起了不同的反响。父母和儿科医生非常热心地推广这种做法，因为这种做法很有意义。行为研究专家却对这种做法持怀疑态度：妈妈和宝宝只是一起度过了第一个小时，会产生持续一生的效果吗？

我们仔细研究了亲密关系的概念。根据我们对文献资料的研究和自己的一些观察，在下文中列出了一种对亲密关系的看法，我们认为这种看法是比较客观的。

妈妈与新生儿的亲密关系

亲密关系实际上是始于怀孕期间的一种关系的延续。随着妈妈对肚子里面不断成长的小生命的关心，这种关系得到了加强。你体内的物理和化学变化都在提醒你这个小生命的存在。分娩过程巩固了这种关系，并让这个关系成了现实。现在，你可以看到、感觉到这个小人儿，还可以和他说话，而在这之前，你只能通过凸起的肚子、肚子里的动静和借助医学仪器听到的心跳声来知道他的存在。亲密关系能够将你对体内胎儿的生命给予之爱转变为对怀中宝宝的关护之爱。婴儿在体内时，你给他的是你的血液；婴儿在体外时，你给他的是你的乳汁、你的眼神、你的双手、你的声音——你的全部。

亲密关系让妈妈和新生儿再次合二为一。 对亲密关系的研究催化了医院中以家庭为导向的出生政策，让婴儿不再待在育婴房，而是和妈妈待在一起。对亲密关系的研究还肯定了妈妈作为新生儿主要看护人的重要性。

建立亲密关系并非机不可失，失不再来。 虽然没有科学根据来证明缺少最初的亲密关系会永远削弱父母和宝宝之间的关系，但我们相信，在这种生理上的敏感时期建立的亲密关系，的确对父母和宝宝之间的关系有帮助。但这种在出生之后立即建立的亲密关系，也不会像强力胶一样，让父母和宝宝一直保持密切联系。

有些婴儿由于早产或剖腹产等原因，在出生之后需要暂时和妈妈分开，对他们来说，情况又是怎样的呢？这些婴儿会因为缺少这种初期的接触而一直受到影响吗？这种亲密关系当然可以事后弥补，人类的接受能力本身就极富弹性。那种认为亲密关系只能在固定的一段时间内形成，错过后就无法弥补的观点是错误的。从孩子出生，经过婴幼儿时期，再到童年时期，有许多时机可以建立牢固的亲密关系。只要父母和孩子能在一起生活，采用亲密育儿法，就能建立起稳固的亲密关系，弥补早期错失良机的遗憾。我们曾见到那些收养子女的夫妻，与孩子第一次见面时已经是孩子出生一周后了，但他们流露出的关爱之情与产房中的亲生父母无异。

爸爸与新生儿的亲密关系

大多数关于亲密关系的研究都集中在母婴的亲密关系上，偶尔出于礼貌才提一提爸爸。而近些年，爸爸与孩子的亲密关系也成了亲密关系研究中的一个独特领域，甚至还为婴儿出生时与爸爸的亲密关系创造了一个专有名词——"专注"。以前我们习惯说爸爸有所参与，而现在我们说爸爸"专注"此事，将爸爸的参与上升到了一个新的高度。专注不仅仅指爸爸为孩子做的事，如拥抱和安抚，还包括孩子为爸爸做的事。与孩子的亲密关系让爸爸对孩子的需要变得敏感起来。

爸爸在照顾新生儿时总被描述成那种好心办坏事的角色。他们也常常被认定为"二手看护"——他们照顾妈妈,妈妈照顾孩子。这些其实只说对了一半。爸爸以其独特的方式与孩子相处,而孩子需要这种独特。事实上,研究显示,爸爸一旦充分获得照顾新生儿的机会,他们就会全身心地投入其中,不比妈妈做得差。爸爸作为看护人的直觉也许不如妈妈那样强烈,反应也许要比妈妈慢一丁点,但是爸爸完全可以在孩子的新生儿时期就与孩子建立起牢固的亲密关系。

剖腹产后怎样建立亲密关系

剖腹产是一种外科手术,但首先它是一种分娩方式,我们必须尊重这种生产方式。剖腹产并不意味着会失去建立亲密关系的良机,只是时间和角色稍做调整而已。手术时,爸爸最好也能陪在一旁,爸爸与新生儿在一起的画面会尤其感人。下面是一些剖腹产手术后建立亲密关系的方法。

给妈妈的建议。现在的剖腹产规定必须给产妇做局部麻醉,也就是硬膜外麻醉,让她肚脐以下失去知觉。而过去做剖腹产手术时要给产妇做全身麻醉,这会让产妇在手术过程中一直昏睡。局部麻醉能让你在手术过程中保持清醒和警觉,仍然可以享受和宝宝亲密接触的机会,但感觉不到正在进行的手术。由于术后身体的疼痛和疲倦,尤其当你只能用一只胳膊抱起宝宝(另一只胳膊还在输液),你会觉得与宝宝的亲密接触受到了限制,可能每次只能与宝宝脸贴脸或眼对眼地亲热几分钟。重要的是你要在产后立刻与宝宝接触,不管是用目光凝视还是温柔地抚摸。虽然与自然分娩建立亲密关系的方式有所不同,但重要的亲密感还是建立起来了。(关于剖腹产后母乳喂养的讨论,参见第197页。)

给爸爸的建议。你可以在手术时紧紧握住妻子的手,也可以越过无菌布看见婴儿被抱出来的那一刹那。剖腹产出生的婴儿在离开母体后会马上被放入旁边的保育箱,吸出口鼻中的堵塞物,如有必要还会输氧,你一定要在一旁陪同,直到婴儿的身体机能开始正常运转。一旦婴儿的情况稳定下来(通常会比顺产的婴儿需要的时间长一点),你或助产士就可以抱着小宝宝去和妈妈建立亲密关系了。之后,当手术完全结束,妈妈已经也被送入术后观察室,你就可以带着宝宝去育婴室,享受你和宝宝的亲密时光。抱抱他,摇摇他,说说话,唱唱歌,摸一摸,这些都是爸爸与宝宝建立亲密关系的好方法。如果你的宝宝需要特殊看护,只要医护人员允许,你也可以守在宝宝的小床旁边,轻轻摸摸他,和他说话,让他听到你的声音。你会发现,宝宝会回应你的声音,因为他在妈妈肚子里的时候就对你的声音很熟悉了。我也发现，那些在宝宝出生后就抚摸宝宝，并积极照顾宝宝的爸爸，日后更容易与宝宝建立亲密关系。

我以前曾是一家大学附属医院的妇产科主任，参加过许多剖腹产手术，也陪伴过许多父亲——有的愿意我陪，有的不愿意——从手术室到育婴室，然后教他们开始照顾宝宝。我在这里要讲一个故事，关于提姆和他的剖腹产宝宝的故事。在提姆的太太玛丽生产之前，我就见过他们夫妻。那时玛丽很担心地对我说，她丈夫不怎么关心她怀孕的过程，她害怕丈夫在她分娩后也会同样冷漠。她觉得他可能要等到孩子能踢足球了才会想起和孩子好好相处。提姆那时则觉得怀孕生孩子都是女人的事，他只要等着看结果就可以了。后来在得知玛丽必须剖腹产后，我努力说服了提姆在玛丽手术时去她身边陪伴她。当孩子出生，一切正常后，我用一条温暖的毛毯将宝宝包起来，让玛丽、提姆和小家伙蒂芬妮享受甜蜜的亲密时光。之后，我让提姆跟着我去育婴室。不出意料，他最开始时不情愿参与的情绪已经消失得无影无踪了。提姆对于刚才的手术仍然有点胆战心惊，不过他已经很乐意跟着我走了。

到育婴室后，我对他说："我还要去给另一个产妇接生。而你的宝宝此时需要人陪伴，给她一些外界刺激，

因为当有人抚摸她，和她说话时，宝宝的呼吸会更顺畅。"我鼓励他抚摸宝宝，对着宝宝唱歌，轻拍宝宝的后背，并尽情展示自己对宝宝的关心与爱护。他看了看四周，确信周围没有熟人，便同意了做这些"妈妈该做的"事情。我在半小时后回到育婴室，看见大个子提姆正站在那儿唱歌给宝宝听，他们看起来相处得很不错。我告诉他，这些初期的投资将会给他带来长期的回报。

第二天，当我巡视病房，走进玛丽的房间时，她惊讶地问我："我丈夫到底是怎么了？他都不愿意把宝宝给我抱，整天黏着宝宝。如果他有母乳的话，估计他就会给孩子喂奶了。我从没想过这个大老粗会有这么细致的时候。"

建立亲密关系的其他要诀

延迟例行程序。通常，在宝宝出生后，助产士会有一些例行程序，注射维生素 K，给宝宝滴眼药膏，然后才把宝宝抱到妈妈身边让母子亲近。请助产士在 1 小时或更长时间之后再做这些事，先让宝宝享受和妈妈的最初亲密时光。眼药膏会暂时模糊宝宝的视力，或者双眼紧闭。宝宝需要清楚地看到你，你也需要看到宝宝的眼睛。

保持接触。在宝宝剪断脐带后，

请助产士将宝宝放在妈妈的肚子上或胸前，除非出于医疗原因不得不将母婴分开。

宝宝一出生就让他吸母乳。 大多数宝宝只要舔舔乳头就满足了，但有些宝宝在出生后就对吃母乳有强烈的需求。正如前文所述，宝宝这种对乳头的刺激能促进母亲体内产生催产素，而催产素可以增强子宫收缩，减少产后出血。早期的吮吸还可以促进母亲体内产生泌乳素，帮你从一开始就做个称职的母亲。

抚摸宝宝。 除了要用肚子贴肚子、脸蛋贴乳房这种肌肤相亲的方式来刺激宝宝的感官以外，还要温柔地抚摸宝宝，抚摸他的全身。我们注意到，爸爸和妈妈对宝宝的抚摸方式并不相同。妈妈总是用手指温柔地触摸宝宝的身体，而爸爸常常将整个手掌放到宝宝头上，仿佛是在宣告他将会永远保护这个小家伙——他生命的延续。除了心中的愉悦，抚摸宝宝还有医学上的益处。皮肤是人体最大的器官，布满了神经末梢。当宝宝从子宫呼吸转换成空气呼吸时，最初的呼吸是无规则的，抚摸能刺激新生儿，使呼吸尽快规律起来，这就是父母的抚摸给宝宝带来的疗效。

凝视宝宝。 新生儿在距离你20～25厘米时，能够非常清楚地看见你的眼睛，神奇的是，这个距离通常就是从你的乳头到你的眼睛的距离。所以当宝宝吃母乳时，他能看见你。让宝宝保持在这个距离之内，调整你和宝宝的头部，使你们可以四目相对。尽情感受这短暂的"视觉享受"吧，宝宝很快就会睡着了。凝视宝宝的眼睛也会让你不由自主地产生伟大的母性冲动。

眼神交流是建立亲密关系过程中重要的一步，20～25厘米是新生儿注视你的最佳距离。

和宝宝说话。 出生后的头几个小时，头几天，母婴之间会产生出自然的儿语对话。声音分析学研究表明，这种对话中独特的节奏会对宝宝产生安抚镇定的作用。

了解刚出生的宝宝

当然，亲密关系不会在产床上就

完全建立了，这仅仅是一个开始。通过与刚出生的宝宝在视觉、触觉、嗅觉、听觉几方面以及吮吸上的沟通，可能会让你觉得再也离不开这个辛苦生下来的小人儿。事实上你也不必离开他，之前住在你子宫里的小家伙，现在将成为你的室友。我们建议健康的妈妈和宝宝在住院期间一直住在一起。

一些宝宝能够顺利地完成从子宫到外面世界的转变，不会有任何麻烦；另外一些宝宝可能在体温、氧气、呼吸和其他方面需要几个小时的特殊照顾，直到他们的生理系统正常运作。那时他们就可以回到妈妈的怀抱了，即"母婴同室"。

每个妈妈在分娩之后的感觉都是不一样的。许多妈妈会立即散发出母性的光辉，并处于"分娩高潮"的兴奋状态，就像完成并赢得了一场比赛一样。她们连一秒钟都等不及，马上就抱起她们的宝宝，开始她们的母亲生涯，就好像一见钟情一样。

另外一些妈妈在分娩并且得知宝宝一切正常后，松了一大口气。比起与宝宝建立亲密关系和照顾宝宝，现在她们更想好好睡上一觉，恢复体力。就像一位妈妈所说的，在漫长、辛苦的分娩之后，"让我好好睡上几个小时，洗个澡，梳梳头发，然后再来照顾宝宝"。如果这些就是你的感觉，那就好好休息，这是你应得的。

当你的身体和心理都还没有准备好的时候，没有必要强撑着去与宝宝建立亲密关系。在这种情况下，就该让妈妈休息，让爸爸和宝宝建立亲密关系。

促进亲密关系的行为

对于一些进入母亲角色有困难的妈妈来说，让宝宝和你一起待在你的房间很有用。

有一天，我去看望一位刚生宝宝的妈妈——简，发现她很沮丧，于是我问她："怎么了？"

她说："一直以来，我都以为自己会对宝宝充满爱，但我没有。我真的很不安、紧张，不知道该怎么办了。"

我鼓励简："并不是每一对母子都会一见钟情，对某些母子来说，这是一个缓慢、渐进的过程。不用担心，你的宝宝会帮助你，但是你必须营造一种能够让母子关系好起来的环境。"

下面我解释一下这种环境。

所有宝宝在出生时都会具有一种特征，这种特征有利于促进亲密关系，能够提醒照顾宝宝的人注意到宝宝的存在，而且会像磁铁一样将照顾宝宝的人带到宝宝身边。这些特征包括宝宝天真的眼睛、柔软的皮肤、出神的凝视、不可思议的新生儿气味，以及最重要的一项：宝宝的初始语言——哭声和哭之前的抽噎。

早期的母子沟通系统的工作方式就是这样的：宝宝的哭声会激发妈妈的生理和心理变化。就像第一章所说的那样，一听到宝宝哭，妈妈体内流向心脏的血液就会加速，同时会有一种想把宝宝抱起来喂他的冲动。这是一个最好的例子，显示出宝宝的信号是如何触发妈妈的反应的。在这个世界上，再没有任何其他的信号能像宝宝的哭声一样，引起妈妈如此强烈的反应了；同时，在宝宝的一生中，也只有这个阶段的"语言"能够如此强烈地刺激妈妈采取行动。

想象一下母婴同室的情况。由于妈妈一直在宝宝旁边而且时刻准备着，所以宝宝一哭，妈妈就会马上把宝宝抱起来喂他，然后宝宝就不哭了。当宝宝再次醒来，不安地扭动，皱着脸开始哭的时候，妈妈也会做同上次一样的动作。下次当妈妈注意到宝宝醒来，不安地扭动并开始皱着脸时，就会在他哭之前把他抱起来喂他。这样妈妈就学会了识别宝宝的信号并做出适当的反应。经过住院期间多次这样的对话之后，妈妈和宝宝就能合作无间。宝宝学会发出更清楚的信号，妈妈学会更好地反应。因为这种促进亲密关系的哭声能够刺激妈妈体内的激素反应，所以她的泌乳反射就会更顺利，这样，母子之间就达到了一种生物学上的协调。

现在将这个画面与医院育婴室照顾婴儿的方式作一下比较，想象一下新生儿躺在塑料箱子里面的情景：宝宝一觉醒来，肚子很饿，于是开始哭，然后就把育婴室里面的其他宝宝都吵醒了，最后所有宝宝都哭了起来。一个善良又细心的护士听到哭声后，如果时间允许，她会立即做出反应，但是她和宝宝并没有生理上的联系，体内也没有专门为这个新生儿所设的程序，激素也不会因为宝宝的哭声而发生变化。一直哭的宝宝很快被带到妈妈的身边。在这种情况下，宝宝的哭可以分为两个阶段：前一阶段的哭声有助于促进亲密感，但后一阶段的哭声听起来很烦人，甚至令人想躲开。

因为妈妈不在宝宝身边，所以当宝宝哭时，妈妈可能会错过这出生物学戏剧开场的一幕，可是妈妈在几分钟之后仍然想给宝宝喂奶。当育婴室里的宝宝被带到妈妈身边时，他可能已经不再哭而睡着了（这是对痛苦做出的回避反应），也可能抱着妈妈，然后更加紧张不安地哭。这时宝宝的哭声让与宝宝有着生理联系的妈妈不再感到亲切，反而会引发一种不安的情绪。尽管妈妈有能够哺育宝宝的温暖乳房，仍然可能担心自己不能分泌出乳汁来，结果宝宝哭得更大声了。当妈妈怀疑自己照顾宝宝的能力时，宝宝可能就得更多地待在育婴室了，因为妈妈觉得"专家们"应该能更好地照顾宝宝。这种分离会导致妈妈错

52

误地理解宝宝发出的信号，中断妈妈和宝宝的亲密关系。当他们出院回家后，母子俩也还互不熟悉。

幸运的是这种状况今天基本不再发生了，当宝宝在妈妈的房间里醒来时，他哭前发出的信号很快就会得到回应，他能在哭前吃到奶，或者至少在前期促进亲密关系的哭声转变成烦人的哭声之前吃到奶。这样，妈妈和宝宝都因为待在一起而获益。宝宝哭得更少，妈妈也能展现出更成熟的应对宝宝哭声的技巧。宝宝患婴儿呼吸窘迫综合征（烦躁、绞痛，啼哭不止）的可能性比在育婴室接受照顾的宝宝更低。我们有这么一种说法："育婴室里的宝宝越哭越糟，母婴同室的宝宝越哭越好。"

对母婴同室的一种更好的说法应该是"互相适应"。通过在一起不断重复"发出信号——做出回应"的对话，妈妈和宝宝之间就能学会更好地适应，相互受益。

 玛莎笔记：

我设身处地为我刚出生的宝宝着想，发现饥饿对他来说是一种新的体验。他以前从来没有经历过，也不知道我会很快为他解决这个问题。肚子饿的宝宝会很快变得焦虑，然后大哭不止。我想在这一切发生之前来到宝宝身边。

生日"照片"

现在跟我一起来看看并感觉一下你刚出生的宝宝的样子。

头。不对称的像西瓜一样的头形，是头骨移动造成的，这是为了让宝宝能够更顺利地通过产道。（这个过程就是所谓的胎头变形。）如果用手摸宝宝的头，你可能会感觉到狭长的隆起，这是宝宝的头骨在分娩时受到挤压造成的。那些头比较大、分娩过程比较长的宝宝，胎头变形的现象会更明显，这也正是宝宝在努力出来的证明。臀位出生的宝宝，胎头变形的现象不是很明显，当然，这取决于宝宝是否用力了。剖腹产出生的宝宝，头可能完全没有变形。几天之后，变形的头就会变圆。

头皮。当你继续摸宝宝的头时，会在宝宝头部中间的地方感觉到一个相对柔软的地方（就是我们常说的"囟门"），有时候你会看到并感觉到这个柔软部位下有脉搏的跳动。你可能还会在宝宝头后面中间的地方发现一个较小的很柔软的点。这些柔软的部位都可以碰，也可以洗。事实上，这些柔软的部位下面都有一块起保护作用的硬膜。如果可以的话，赶紧享受这种感觉吧，这些柔软的部位在宝宝的头骨长到一起时会越来越小。宝宝的头皮有的是秃的，有的长满了一堆纠缠在一起的蓬乱的头发。快把宝宝的第一个发型拍下来吧。当你摸宝宝的头皮时，可能会摸到一个"鹅蛋"——生产时由于液体堆积而形成的一个柔软的包，这是头皮下的毛细血管在生产过程中破裂造成的，这个包可能需要几个月的时间才会消失，而且在消失前可能还会变得更硬。宝宝头部的轮廓和头皮会很快变化，好好享受这种难得的感觉吧。

眼睛。你与宝宝最初的对视可能会很短。只要留心一下就可以注意到宝宝眼皮有点肿肿的，只张开一条缝，宝宝这样眯眼是为了保护娇嫩的双眼不受强光刺激。好好珍惜你第一次观察宝宝眼睛的机会吧。一般西方人新生儿的眼睛都是深蓝或灰色的。宝宝可能会好奇地到处看，但因为分娩时受到的压力，眼睛可能会暂时充血，眼皮也会下垂好几天甚至几周，他还可能一次只睁开一只眼睛。开始几周，宝宝不会流眼泪，眼睛里偶尔出现的黏稠物也能轻易拭去。大部分时间宝宝都闭着眼，但偶尔睁开时，会睁得大大的，机灵地转动眼珠到处寻找那对深情的眸子——你的眼睛。

脸。宝宝刚出生时的脸看上去像被紧紧地挤压过：眼皮肿胀泛青，胖乎乎的面颊上有些瘀青，能隐约看到一些破裂的血管，鼻子扁扁的，下巴往里缩，整个脸看起来都不太协调。出生一天之内，宝宝的脸就会变个模样：浮肿慢慢消退，颜面骨回归正位，面部器官也协调了。在这一天里，多看看宝宝的脸吧，以后可就看不到这个样子的宝宝了。

皮肤。当你第一次抚摸宝宝时，会发现他的皮肤上有一层奶酪状的白色黏稠物，这就是胎垢，当宝宝还在你肚子里，泡在羊水中时，它可以保护宝宝的皮肤，分娩时还可以做润滑剂。这层胎垢可是宝宝的天然"大衣"，是宝宝自我保护的一种工具，因此就让它自然吸收吧，不要人为地从宝宝身上擦掉它。当你顺着宝宝的后背、耳垂、脸颊抚摸上来时，还能感觉到宝宝身上细细的绒毛，这叫做胎毛。你可以用心感受一下宝宝这如丝绸般柔软的胎毛，因为这些很快就会消失。不同的宝宝，皮肤看起来、摸起来也就不太一样。体形大一些的宝宝肤色红润，皮肤较厚，摸上去光滑柔软。另外一些宝宝，尤其是早产儿或体形比较瘦小的宝宝，皮肤比较松弛，褶皱也就比较多。有一些新生儿皮肤较薄，皮下的血管都能看得到，尤其是在鼻梁、眼皮或颈背部。

因为新生儿体内的血液循环系统尚未成熟，无法使血液到达手和脚，因此在出生头几个小时到几天之内，宝宝的手和脚都是凉凉的，颜色发青。宝宝一哭，皮肤会刷一下变得通红，那些血管密集的部位颜色会更明显，尤其是额头中间（关于正常皮肤印记的讨论，参见第113页）。头一两周内，

生殖器：肿胀的阴唇或阴囊。
脚：皮肤布满褶皱，两脚朝内相对。
腿：像青蛙一样弓起、弯曲。
身体：胳膊和腿分别向胸部和腹部弯曲；静躺着，偶尔也动动四肢；呼吸频率高、无规律，在出生一小时内常发出呼噜声；肌肉有活力。
眼睛：浮肿、眯成一条缝；偶尔张开；睁眼后喜欢四处张望。

头和头皮：头被拉得很长，不对称；有些部位隆起，皮肤皱巴巴的，头发缠结在一起；头骨相接的地方摸起来软软的。
脸：鼻子扁扁的，脸颊胖嘟嘟的；额头、眼皮上有红色斑点；脖子藏在一层层的脂肪中，并不十分明显。
皮肤：有奶酪似的白色黏稠物，尤其在皮肤的褶皱处；手脚发青；肩部和背部有细细的绒毛。

宝宝的皮肤可能有点干，一片一片的，容易脱落，特别是手和脚的皮肤。这个时期不用给宝宝擦乳液。

身体。大多数新生儿看起来都胖乎乎的，因为他们身上有大片脂肪区，分布在颈后、脸颊、鼻梁两侧和胳膊下方。肩膀两旁的脂肪区让宝宝的脖子变得不太明显。由于出生时母体的激素传给了宝宝，宝宝的乳房会有些肿胀，甚至会溢出几滴奶。如果你把手放在宝宝胸前去感觉他的心跳，会发现他的心跳快得简直没法数。剪断的脐带像个装饰品一样摆在宝宝的腹部中间。圆乎乎的肚子加上蜷起的双腿，让人看不到宝宝的腹股沟。当宝宝趴着睡的时候，弯曲的腿和内翻的脚几乎都被宝宝的肚子遮在下面了。

手。当宝宝全身放松地躺着时，他们会握紧拳头，把双手举到眼前。有些宝宝刚出生几个小时就开始探究自己的脸部了，他甚至可能用他那纸一般薄又很长的指甲抓伤自己娇嫩的皮肤。宝宝手上的皮肤通常有些发青，而且皱皱的，手腕部位有深深的褶痕。

脚。和手一样，脚上的皮肤也是泛着青色、皱皱的。宝宝的双脚一般朝内翻，脚趾头常常叠在一起。小脚趾看起来像是长到肉里去了，当然，实际上不是这样的。

腿和胳膊。宝宝的腿都弓着，像青蛙一样向内蜷曲，这是因为宝宝习惯保持在妈妈子宫里的姿势。

生殖器。分娩时积压的多余液体和产前突然增加的激素会使女宝宝的

新生命的开始

约95%的新生儿都会符合下列统计数字：

- 体重为2.5～4.1千克，平均3.4千克。
- 身长为46～55厘米，平均51厘米。
- 头围为32.5～37.5厘米，平均35厘米。

新生儿的呼吸频率和心跳次数为成人的两倍。

外阴和男宝宝的阴囊、睾丸在出生后都肿胀得很大。女宝宝外阴部的积水通常在出生一周内就会自然消退，但是男宝宝阴囊的积水可能会持续数周甚至数月。男宝宝阴茎的包皮通常都很紧。

医院的例行程序

为了对宝宝的健康状况进行评估，并开始打疫苗，所有的妇产机构都会执行以下程序。

新生儿阿普加评分

宝宝一出生，就要被评分——这仿佛是在提醒宝宝，他已经进入一个分数化的世界，这个世界里时时刻刻都要竞争，或高或低的分数会陪伴他的一生。新生儿阿普加评分——由维吉尼亚·阿普加医生于1952年首创——是对新生儿健康状况的一种快速评估法。这个评估必须在宝宝出生1分钟以及5分钟时分别做一次，通过对新生儿的心率、呼吸强弱、皮肤颜色、肌肉力量和对刺激的反应来评估他的初始健康状况。

没有满分。新生儿阿普加评分到底意味着什么？10分的宝宝一定比8分的宝宝健康吗？不一定！创设这个评分的首要目的是让医护人员清楚哪些宝宝更需要特殊照顾。得5分的宝宝比得7～10分的宝宝更需要密切关注。这个评分更像是"谁该得到特殊照顾"的评分。如果一个宝宝在出生后1分钟时评估得了5分或6分，而5分钟后评估得了7分或10分，那么这个宝宝就被列入"不用担心"的名单。如果一个宝宝在出生后1分钟时评估得了5分，而5分钟后评估仍然得了5分，那么这个宝宝就需要看护人员多关注一些，也许还会需要特殊看护，直到各项生理机能都开始稳定运转了，他才会被送到妈妈身边。

很少有宝宝能拿到标准的满分10分。虽然有的宝宝全身红润，呼吸规律，心率正常，肌肉动作强而有力，哭声震天——可以拿到10分，但是大多数新生儿都没有那么完美。毕竟新生儿需要花一些时间来调整全

新生儿阿普加评分

评分项	分数		
	0	1	2
心率	无	100 以下	100 以上
呼吸强度	无	缓慢、微弱、不规则	强而有力、大哭
皮肤颜色	青色、惨白	身体与四肢呈粉色、手与脚发青	全身粉红
肌肉力量	肌肉松弛、动作轻微	胳膊和腿弯曲	动作强而有力
对刺激的反应	无	痛苦的表情	号哭、咳嗽、挣扎

身系统以适应子宫以外的世界。宝宝在出生后几小时内手脚泛青其实再正常不过了。而且，还有些宝宝在出生后希望能安静地待一会儿，不爱大声哭喊。实际上，我见过一些宝宝，他们在出生后 5 分钟内很安静，不爱哭，其实他们极其健康。可在做新生儿阿普加评分时，他们却因为没有"响亮的哭声"而丢了分。

并非新生儿的智力评估。 新生儿阿普加评分其实只是给医生做参考用的，但近些年来却总被父母认定是对新生儿的智力评估——一旦宝宝得了一个偏低的分数，父母就开始焦虑，这其实毫无必要。新生儿阿普加评分和宝宝以后的长期发展没有什么必然联系。如果你的孩子皮肤红润，呼吸正常，就说明他是个健康的宝宝。

维生素 K

新生儿可能会暂时性缺乏维生素 K。出生后注射维生素 K 是为了促进新生儿血液正常凝固，降低重要组织出现不正常出血的危险。如果想立即享受和宝宝的亲密时光，你可以要求护士晚几个小时再给宝宝注射。

眼药膏

为了保护宝宝的眼睛免受分娩过程中产道细菌的感染，会给宝宝的眼睛抹上红霉素眼药膏。红霉素对视力无害，只是可能会暂时模糊宝宝的视线。出生后让宝宝第一时间见到你非常重要——这是建立亲密关系的重要时刻之一——你可以请护士稍后再抹眼药膏。

这一例行程序最初是为了防止宝宝在出生过程中感染母体的支原体和淋病。我们一般推荐用眼药膏，但也能理解为什么有些妈妈不想做，因为今天感染这些细菌的风险已经很小了。

血液筛查

宝宝出生后，医护人员会采宝宝的脐带血来做血型和 Rh 因子检查。出生 12 小时或 24 小时后，医护人员还会采宝宝的足跟血来做以下疾病筛查，这几种疾病按照新生儿发病概率排列。

镰状细胞贫血症。这种疾病在各色人种中都出现过，但以非裔最为常见，大约每 400 个具有非洲血统的婴儿中就有一个患这种疾病。在印度、地中海国家、中东和拉美地区，这种病症也很常见。这种病会导致红细胞受感染发生病变，改变形状，以致无法完成正常的功能。这种病症会引发贫血以及其他并发症。新生儿通过血液筛查，能检查出这种病症以及其他红细胞病症。

甲状腺机能减退症。甲状腺素分泌不足是引起此疾病的原因，每5000 个新生儿中就有一个患这种疾病。如果未被发现且未及时治疗，这种疾病可能会导致宝宝智力发育迟缓。用甲状腺素治疗这种疾病效果良

好，而且越早治疗越好。

苯丙酮尿症（PKU）。新生儿血液筛查也能检查出苯丙酮尿症。这是一种罕见的疾病，平均每 1.5 万个婴儿里才会有一个患病。这种疾病如果不及时治疗，就会损坏婴儿的大脑。如能及早发现，并采用特殊的饮食疗法，婴儿就可以恢复正常。

半乳糖血症。新生儿血液筛查能检查出的疾病中，半乳糖血症是最罕见的病症，平均每 6 万个新生儿中会有一个患病。这种疾病是由于某种酶的缺乏，致使有害物质在婴儿血液中沉积，损伤了重要组织造成的。如果不及时治疗，会导致婴儿死亡。和PKU 一样，这种疾病也可以采用特殊的饮食疗法。

其他的基因和代谢紊乱。现在，美国的大部分地区都能够对几十种这类疾病进行检测。某些商业检测机构可以进行付费检测。如果你所在的地区不能提供这样的检测服务，参见第37 页，获得更多信息。

新生儿听力筛查

20 世纪 90 年代，美国政府曾出资在几家选定的医院中建立新生儿听力筛查项目，调查结果显示，大约每650 个新生儿中，就有一个出现不同程度的听力问题。这些有听力障碍的婴儿如果在 6 个月大之前就接受早期

的干扰刺激治疗，等到儿童时期再做相关测试，与那些没有接受早期治疗的婴儿相比，前者的得分会明显高出很多。因此我们可以得出结论，对听力有障碍的孩子，越早发现，越早治疗，疗效就越好。

做听力筛查有许多种方法。有一种就是在婴儿耳朵里置入耳塞，耳塞里会发出滴答滴答的声音，耳塞另一端连接的传感器会检测到婴儿的耳朵对滴答声的反应。还有一种是在婴儿头皮上贴上传感器，从婴儿的脑波对声音的反应来判断婴儿的听力情况。这两种方法都不会让宝宝感到痛楚，只是需要让仪器在宝宝身上待一会儿。有一些孩子在初次测试中表现可能并不好，但这不能说明他们听力有障碍。医生会过几天再对他们进行测试，如果仍然反应不对，则需要在几周后让听力专家来给孩子做细致的听力评估。

詹姆斯医生笔记：

如果你的孩子没有通过初次听力测试，也不要惊慌失措，大多数初次测试的"落榜者"都会成功通过第二次测试。

新生儿黄疸

只要进过育婴室，你就会发现许多小宝宝的皮肤和眼球都是微微泛黄的，这就是新生儿黄疸。对大多数孩子来说，这就跟长痱子一样，很快就好，不用担心。大多数新生儿都会不同程度地患上这种病，这是由于一种叫做胆红素的黄色色素在血液中大量出现，并在皮肤中沉积造成的。胆红素的多少，可以通过采集新生儿的足跟血来测量。

正常的黄疸和不正常的黄疸

新生儿黄疸有两种类型：正常的（生理性黄疸）和不正常的（病理性黄疸）。

婴儿出生时，体内往往携带了多于正常需求的红细胞。这些多余的红细胞就像一个个鼓鼓的小圆饼，里面充满了黄色的色素，即胆红素。当这些红细胞被体内的废物处理系统弄破时，胆红素就被释放出来。其实我们体内每天都在进行这种程序，但我们的皮肤不会变黄，这是因为我们的肝脏——体内主要的过滤器官——把这些多余的胆红素处理掉了。

新生儿的肝脏还没有成熟到能处理胆红素的程度，所以这些黄色的色素就沉积在皮肤上，让婴儿的皮肤变黄了。一般情况下，婴儿出生三四天后皮肤开始变黄，这是正常的黄疸。只要宝宝体内的"胆红素处理系统"逐渐成熟起来，让多余的胆红素逐渐变少，黄疸就自然消失了。这个过程通常需要一两周，不会对宝宝产生伤害。

不正常的黄疸通常出现得更早，在婴儿出生24小时内就会出现。这是由于婴儿体内太多的红细胞被过快地破坏掉了。如果太多胆红素被释放出来（用医学术语来说就是"胆红素水平过高"），这些多余的胆红素可能会造成脑部损伤（在现代医疗的预防与治疗下，这种情况已经很少出现了）。只要婴儿是足月出生、十分健康的话，即使是这种不正常的黄疸，也不太会对他产生伤害。但对早产儿或者生病的新生儿来说，如果出现不正常的黄疸，则需要引起父母和医护人员足够的重视。

不正常的黄疸通常是由于母亲与婴儿的血型不相容引起的，比如母亲是O型血，而宝宝是A型或者B型；或者母亲是Rh阴性，而宝宝是Rh阳性（为了防止出现Rh溶血症，母亲在怀孕最后一个月以及分娩后都会立即注射抗Rh免疫球蛋白）。在怀孕时，母亲的血液会进入胎儿的血液，如果胎儿的血型碰巧与母亲不同，战争就会在胎儿的血液中爆发：胎儿的红细胞誓死抵抗从母亲那儿来的外来抗体，这场战争必然会导致许多红细胞牺牲，胆红素也就被释放出来，从而迅速形成了黄疸。

医生会通过采血来检查胆红素水平和黄疸值。如果胆红素水平较低，则基本无碍，不用担心。如果胆红素水平很高而且上升太快，医生可能会需要对宝宝进行治疗，让宝宝喝更多的液体借以冲淡多余的胆红素。医生还会把宝宝放在蓝光箱中接受蓝光治疗，以溶解皮肤上多余的黄色色素，让它从尿液中排出，减少血液中的胆红素。医生还可能会选择一种更亲近宝宝的解决办法——毯式黄疸光疗仪。宝宝被裹在一张毯子里，毯子内侧的治疗灯发出的光线能溶解胆红素，降低宝宝的黄疸值。用这种方法治疗黄疸，你可以在宝宝治疗时抱着他，给他喂奶，而不是让他孤零零地躺在有机玻璃做的小箱子里照着蓝光。这种新式治疗法效果非常好，常常能缩短治疗时间，让宝宝早日出院。

如果宝宝出现了黄疸（大多数宝宝都会出现），你一定要请教医生，确认是哪一类黄疸。以我的经验来说，父母的忧虑程度通常高于婴儿的黄疸值。在照顾新生儿时，父母的忧虑程度和婴儿的黄疸值一样需要重视。

给黄疸宝宝喂母乳

想象一下下面的情形：宝宝足月出生，出现了正常的(生理性)黄疸，他很健康，血液中也找不到造成黄疸的因素，只是看起来黄黄的。当医生看到宝宝的"黄色标志"后，就会把宝宝从妈妈身边抱开，放在蓝光箱里。蓝光治疗会让宝宝很困，并且有点脱水。而且，与妈妈分开会让宝宝不想吃母乳，这样宝宝就只能用奶瓶喝配方奶了。少了宝宝的频繁吮吸，又没有宝宝在身边对泌乳产生刺激，妈妈的乳汁也很快减少了，而这个时候宝宝正需要更多的热量和液体来排出胆红素。(研究表明，与水和配方奶相比，母乳能更有效地帮助宝宝排出多余的胆红素，也许是因为母乳有通便的效果，可以让宝宝的大便量增多。)

这种情形应该尽可能少出现。医学界普遍认为吃母乳的宝宝比较容易出黄疸，但就我的经验来说，只要以正确方法采用母乳喂养，宝宝出黄疸的概率并不比喂配方奶的新生儿高。但是，按固定时间喂奶并且将妈妈和宝宝分开，确实会让许多吃母乳的宝宝出黄疸，这是因为限制时间的喂奶无法让宝宝得到足够的热量。这种黄疸是环境造成的，不是因为你的乳汁，而是因为喂母乳的方法不对。以下这些方法将教你如何控制宝宝的黄疸，让母乳喂养有一个好的开始。

• 遵循成功喂母乳的好建议（参见第 143 页），尤其是在刚开始频繁喂奶的时候。向专业人士进行咨询，这将有助于减少黄疸。母乳中含有充足的水分和热量，有助于宝宝排出体内多余的胆红素。

• 咨询医生，了解宝宝的黄疸是哪一种。如果宝宝很健康，黄疸也是正常的（我称之为没问题的黄疸），不用担心，多分泌一些母乳就可以了（担心会让妈妈的乳汁减少）。

• 不要忽视昏昏欲睡的宝宝。黄疸有时候会让宝宝昏昏欲睡，想睡的宝宝吸母乳不像以往有力气，这样就使黄疸更严重了。（面对这种问题，参见第 158 页有关转换喂奶方式的建议。）

• 如果你的宝宝黄疸出得很严重，就需要接受蓝光照射，有时还需要进行静脉注射，借此来排出多余的胆红素。这个时候，你要继续给宝宝喂母乳，除非医生不允许（参见下面的"母乳性黄疸"）。

母乳性黄疸。有一种很少见的黄疸，叫做"母乳性黄疸"（与前面说的那一种黄疸不同）。在新生儿接受母乳喂养并出现严重黄疸的病例中，母乳性黄疸的比例低于 1%。对于母乳可能会加重黄疸的症状，或者减慢黄疸排出速度的原因，现在我们了解到的还很少，生物学上的原因也不清楚。如果你的医生怀疑宝宝有母乳性黄疸，就会要求你在 12 ～ 24 个小时内停止喂母乳，如果宝宝的胆红素水平很快地下降了 20%，说明医生的诊断是正确的。如果是这样的话，只要宝宝的胆红素并不是很高，许多妈妈还可以继续喂母乳。但如果医生通知你停止喂母乳几天，你就要每隔 3

个小时挤出母乳，直到恢复母乳喂养为止。

通常情况下，有黄疸的宝宝不需要停止母乳喂养。

宝宝的第一次身体检查

宝宝出生 24 小时后，就会接受第一次身体检查。在医院时，这种检查将由儿科医生来做；在家时，你可以请保健中心来给宝宝做身体检查。你可以要求在旁边观看，这样，你会更了解宝宝的身体，知道哪些是儿科医生留意的地方。现在，让我们来从头到脚给宝宝做第一次的检查吧。

儿科医生对宝宝是否健康的第一印象，由目视而来。宝宝是早产、晚产还是足月？宝宝是不是以青蛙的姿势躺着，显示出肌肉很有力？宝宝是不是清醒、活泼、肤色粉红、健康而且呼吸正常？

接下来，儿科医生会检查宝宝的头，看看是否有异常，并且可能会向你指出新生儿头上所有正常的隆起和肿块。看看囟门是否柔软、平坦。量量头围并和正常值作比较，确认头围和宝宝的身长、体重比例是否合适。

儿科医生会用光照宝宝的眼睛，确认是否有白内障或者其他内在的眼睛问题，以及宝宝眼睛的大小是否正常。儿科医生可能还会告诉你，宝宝眼白部分的几条破裂的血管会在几个星期之后消失。（有时新生儿肿胀的眼睑会让儿科医生无法进行一次彻底的眼睛检查，这种情况下，他可能会在几天之后再来检查一次。）

在确认宝宝鼻腔通道张开得足够大，让空气很容易流通之后，儿科医生会检查宝宝的口腔。如果舌头前部跟口腔底部连接得太紧（医学上称为舌系带短缩），会妨碍宝宝吃母乳。（参见第 155 页的"舌系带过短"。）儿科医生还会看看口腔上部的上颚是否完全成形。

儿科医生会用光照射宝宝的耳道，看看构造是否正常。每个宝宝的外耳都不一样，有的贴着头部，有的内翻，还有的外翻。随着宝宝耳郭的软骨渐渐发育，耳朵的形状会越来越漂亮。耳垂上的瘀伤是很正常的。

儿科医生还会用手摸摸宝宝的脖子，检查是否有异常的肿块。他还会摸摸宝宝的锁骨，因为发生难产时宝宝的锁骨经常会断裂，不过很少需要治疗。接着，儿科医生会听宝宝的心跳，检查是否有异常的声响和跳动，这些都可以显示出一些结构性的问题。同时，医生会用听诊器在宝宝的胸腔四周移动，确认空气能够正常地进出肺部。

接下来是腹部。儿科医生会用手摸宝宝腹部薄薄肌肉下的重要器官（肝、脾和肾），确认它们的大小和位置是否正常；他还会检查宝宝腹部是否有异常的生长物。

然后是检查生殖器。宝宝阴道的开口是否正常？蛋白状、有时带点血的阴道分泌物是正常的。两颗睾丸是否都降下来了？腹股沟的皮肤下有没有疝气（脱肠）？

儿科医生还会检查宝宝的肛门是否开口，位置对不对，还可能问你或护士宝宝大便了没有。

在检查宝宝的腹股沟时，儿科医生会抓住宝宝的大腿并转动髋关节。这是在检查髋关节是否有脱位——这种症状在新生儿阶段很容易诊断和治疗，以后就较为麻烦了。当医生的手摸到宝宝的屁股时，你会注意到他会把一根手指放在宝宝腹股沟的中间部位，这是在检查股动脉的搏动。这些大动脉搏动的强度会显示出心脏分支出来的血管是否足够粗。

接着，儿科医生会检查宝宝弯曲的腿部，一直检查到向内弯的脚掌。但是，如果脚掌的前半部分向后半部分弯曲得太厉害（也就是足内翻），可能需要从新生儿阶段开始打石膏来进行矫正。新生儿的脚趾什么形状的都有，有蹼、过大、交叠，这些都是常见的遗传特征。儿科医生还可能会检查新生儿的反射动作，不过等到从

头到脚的检查完毕之后，儿科医生对宝宝的神经发育已经有了一个大致印象了。此时，儿科医生会翻阅宝宝的分娩情况记录，看看有没有什么需要特别注意的问题，还会看看妈妈的病历和护士的笔记。儿科医生还会检查妈妈的血型，确认妈妈和宝宝的血型是否会因不相合而导致异常的黄疸。

一般的新生儿检查到此就完成了。如果宝宝的情况特殊或者在身体检查时有特殊的发现，儿科医生可能会进行其他的检查和测试。住院期间，宝宝的医生和护士会帮助你学会正确照顾宝宝，尤其是喂奶。除了新生儿身体检查之外，新生儿例行照护中很重要的一环就是"出院谈话"。在出院之前，把你所有的问题和关心的事列一个表，在你出院那天，向你的医生咨询这个表的内容，并了解回家之后需要注意的事项。此外，你还要知道如何与医生联络，并确认第一次家庭问诊的时间。

宝宝的第一次身体检查对你的医生也有特别的意义。他或她认识了一个新的人；你们开始了一段长期的友谊。这是一系列检查中的第一次，从此，父母、医生和孩子将作为一个团队共同成长。

第5章　产后全家的调适

经历了宝宝出生时的兴奋，全家该慢慢地适应有了宝宝的新生活。早在产前咨询时，我们就给准父母们提了个醒，要他们注意产后几周可能会出现的生理和情绪问题。但他们的脑海里早就充满了对婴儿期的完美想象，我们的忠告往往被他们当成了耳边风。

回巢安顿

回家后的头几周，我们称之为回巢安顿期。在这个阶段，父母逐渐适应宝宝的到来，将之视为家庭的一员。有了宝宝，生活可能并不总是如想象的那么美好，下面几种方法会让你感觉自在一些。

休产假（也包括爸爸）。让妈妈们感到劳累不堪的，一方面是要不间断地照顾新生儿的需要，另一方面还得忙很多别的事情。想一想给新生父

母休产假的目的吧，无非是让他们把所有事情撇到一边，专心照顾宝宝。宝宝只有一个月的时间被称为新生儿。差不多所有事情都可以留到一个月后解决。

穿该穿的衣服。不用换下睡衣，坐下来纵容一下自己吧。作为一个有8个孩子的母亲，玛莎已经学会了什么时候穿什么样的衣服。穿上睡衣，相当于给家里其他孩子一个暗示：妈妈要下班了。要让孩子们懂得这样一句话和思维模式——"去问你们的爸爸"，以此来把其他孩子从妈妈身边支开，免得透支妈妈的精力。这种情况用玛莎的话说，就是"别打扰我的安静"。让孩子们懂得，应该给妈妈和新生儿一个安静的空间。

寻求帮助。这个阶段，从来没有人指望新妈妈们在没有任何帮助的情况下去包揽那么多事情。世界上所有的文化都认识到坐月子的重要性。有

64

些地方会给新妈妈指派一个产妇护导员专门照顾妈妈（而不是孩子），让她省去做家务的麻烦，集中精力照顾孩子，早日恢复体力。现在产妇护导员在美国很普遍，产后护理也很流行。这些富有经验的产妇护导员是值得一雇。如果你雇不起，亲戚朋友也可以"帮一两天忙"。要是你的朋友问："你需要什么？"就回答"过来打扫卫生，洗洗涮涮"，或者"做顿饭"。

角色调整

把一个新生儿带到一个家庭，也就意味着家里每个人都要调整角色，这不仅包括妈妈，还包括爸爸和小哥哥、小姐姐。关于怎么调整，这里介绍几个切实有用的建议。

爸爸的调整

跟妈妈相比，爸爸的角色调整可能更难一些。作为家庭的保护者，爸爸有两件事要做：和妈妈一起照顾宝宝，还要照顾妈妈。许多爸爸还不习惯把精力放在小家伙身上，也不习惯照顾产后的妻子，因为激素的改变，这个时候的妻子很可能不是原来那个最可爱的人。

爸爸在头几周要对母婴关系有充分的理解，这是爸爸的角色调整中很重要的一点。在头几周，妈妈对宝宝的亲密感觉会时有摇摆，要么感觉亲密无间融为一体，要么感觉相互独立互不牵扯（也带来了时时变化的情绪——要么信心满满、欢欣鼓舞，要么犹疑不定、悲观绝望）。有时候妈妈觉得与宝宝步调一致，有时候觉得离得很远。母子之间的"信号—回应"关系，一天之中会有几十次，直到渐渐形成亲密的母婴关系，妈妈懂宝宝，宝宝也懂妈妈。

当有一天妈妈大声宣称"我终于知道他要什么了"或者"我了解他了"，这种亲密关系就表现出来了。这段时间对母婴双方来说都意义重大。而爸爸的任务就是创造一个环境，让母婴关系得到发展和成熟。对爸爸来说，理解这一点很重要（不要觉得是受到了威胁）。下面是几个很有用的"护巢"小贴士。

保持家里整洁。家里乱糟糟会让妈妈的心情也乱糟糟——宝宝也是。产后那段时间，玛莎看到没洗的脏碗筷就会发火，而平日里她对这些无动于衷。坚持每天做家务，或雇人来做。每天巡视一遍，列出需要动手处理的清单，然后去做。整洁是头等重要的事。每天都要自己列清单。

提高你的服务质量。斯坦是一位职业网球选手，有一次，他问我该怎么帮忙照顾刚出生的孩子，我用他们的行话回答他："提高你的发球质量。"经常端茶递水、嘘寒问暖，因为哺乳期的妈妈需要补充额外的食物和水分。早餐送上床，因为妈妈的睡眠毫无疑问会受到打扰，但你基本上能够一觉睡到天亮。当妈妈想好好泡个澡时，你应该带着宝宝出去散步。是不是感觉自己像个仆人或是服务生？你确实就是。

体贴入微。很多妈妈不愿意开口要别人帮忙，可能是担心会破坏与宝宝之间无言的亲密感。爸爸这时要注意倾听妻子的需要。有一个妈妈曾经这样哭诉："我得敲破我丈夫的脑袋，他才能注意到我累得快趴下了。"

防止外人打扰。需要照顾妻儿的爸爸用不着完全放弃社交生活，这样既无必要，也并不健康。想见朋友的时候就去见。有时候，你会想与朋友们一起分享宝宝带来的快乐；有时候，你可能会觉得朋友们尽管好心，但太吵闹。这个时候，你可以把电话线拔掉，在门上贴一张"请勿打扰"的纸条。

照顾好其他孩子。孩子们习惯了包揽母爱，可能还不愿意与新来的宝宝分享。如果爸爸的产假有一两周（或更长），那照顾他们的事情就落在爸爸头上了。把他们带到室外活动，给妈妈和小宝宝创造一个安静的氛围。教会年长的孩子照料年幼的，告诉他们保持一个整洁的环境对妈妈是多么重要。他们将来也会成为父母。产后哺乳期是他们为妈妈做贡献的时候。

将没用的建议挡在门外。出于对宝宝的爱和做个好妈妈的强烈渴望，你的妻子往往会变得很脆弱，容易接受任何好心的建议。把好关口，拒绝那些虽是好意但确属打扰的访客，他们可能会破坏"幼巢"的和谐。他们可能会说"你的奶水大概不够"或者"这样会把孩子宠坏了"。像这类让人混乱的评价和建议，即便是最自信的妈妈也不一定能免受影响。如果你感觉到这些外来的建议让妻子困惑不安，就鼓励她坚持自己的育儿方式。即使是你自己母亲的建议也不行。

尊重妈妈的筑巢本能。在宝宝出生前后，应避免大的生活变动。不宜搬新居或换工作。如果可能，在宝宝出生前把这些事情尽早解决。对新妈妈来说，筑巢本能是非常强大的，打扰她的窝，也就打扰了她。

帮忙照顾宝宝。育儿并不是妈妈的专利。爸爸在育儿中也是不可或缺的角色。爸爸与宝宝建立独有的父婴亲密关系，对宝宝的成长做出自己的贡献，既不比妈妈伟大，也不比妈妈逊色——只是不同而已。感受到这些不同，宝宝才能茁壮成长。

证明你自己。爸爸们，我给你们透露一点关于新妈妈的秘密。当一个妈妈与她的宝宝建立亲密关系的时候，她不情愿与任何人分享对宝宝的关心。宝宝哭了，你一个箭步跑过去，但跑在你前面的肯定会是你的妻子，是她第一个到达无助的宝宝身边（参见第50页，了解宝宝哭声对妈妈的影响）。如果你偶尔有幸赢得了这场赛跑，准备好，孩子妈妈会像一只老鹰盘旋在边上，等着营救她的宝宝。因为宝宝在她的怀里会更快地安静下来，而你不太懂得安抚，于是她让你别管这事。这样就产生了两个问题：爸爸永远没有机会学习育儿技巧，而妈妈总是筋疲力尽："孩子太需要我了，我什么事都做不了。"这真是个恶性循环。爸爸，请记住，在你的妻子放心地把宝宝交给你之前，你先要证明自己有能力让宝宝舒舒服服。阅读第303页爸爸用背巾背宝宝的相关内容，以及第334页、第366页介绍的育儿技巧。

爸爸，不要疏忽了宝宝。 妈妈有充足的时间和宝宝在一起，喂奶啦，一起睡觉啦，爸爸可没有这么多时间。新爸爸，你希望像你的爱人那样与宝宝形成亲密关系吗？那尽可能地与宝宝在一起吧。用背巾把宝宝背在身上，特别是宝宝打盹儿时。这种时候，你会感到一种与母婴关系同样亲密的父婴关系。不要老是忙于家务和照顾其他孩子，而疏忽了这个新出生的宝宝。

妈妈的调整

爸爸如果不参与进来，怎么能学会育儿技巧呢？让他也加入到养育宝宝的琐碎杂事当中，让他也体会一下那些无眠的夜晚吧。下面几条可以帮你很好地引导他。

要做也要告知。 列出你最需要帮助的事项，告诉他你尤其希望他来做的是哪些，否则他会以为你能应付一切。不要采用唠叨的说教方式，要和他一起做些基本的事，例如给宝宝洗澡，安抚宝宝情绪，换尿布。在做这些的同时，巧妙地（有时候不必特别巧妙）告诉他让宝宝最舒服的技巧。

让爸爸发挥才干。 你一个人出去散一会儿步，让爸爸有机会和宝宝独处。只有他们两个时，你没准会很惊讶地发现爸爸居然也能应付得过来。不过公平起见，你应该先给宝宝喂饱奶，否则爸爸真是一点招都没有。

延迟救援时间。 宝宝哭了，爸爸跑过去抱起来，可宝宝还在哭，爸爸只得又晃又唱，使尽浑身解数，但宝宝还哭。这时候你非常担心，失魂落魄，奶水在滴，你有超强的冲动要跑过去把宝宝从爸爸手里营救下来。别急，不要忍不住就开口说"我来抱他"，放手一小会儿，给他们一段时间尝试。如果实在撑不下去再过去救援，可是千万别表现出对爸爸的能力有所怀疑的样子。毕竟宝宝饿了需要喂，而爸爸可以作为一个反应迅速的帮手，知道什么时候可以对宝宝宣布"吃的准备好了"，然后把宝宝递给你。也许下次宝宝会更适应爸爸。不过话说回来，即便是你和你的乳汁，也并不是每次都能立即让宝宝安静下来。

要有耐心。对有些爸爸来说，照顾宝宝并不是那么容易，尤其那些来自一个全部由女性承担育儿责任的家庭的男性。慢慢地鼓励他参与，肯定他的进步，最终会让他对照顾宝宝上瘾，虽然不能完全与妈妈平等，至少也是个可以信任、帮得上忙的助手。

把宝宝介绍给小哥哥和小姐姐

3岁以上的孩子通常会对新宝宝的到来表现出兴奋，他们觉得多了一个小玩伴多么有趣啊。而不到3岁的孩子对新宝宝的到来往往没那么热情，以下建议有助于培养早期的兄妹友情。

产前交朋友。宝宝出生前，把大一点的孩子叫到跟前来，对他说："强尼，来，把手放在妈妈肚子上，小弟弟在踢球呢。"这样他就可以感觉到真有一个宝宝在里面。跟肚子里的宝宝说话时，让大孩子也参与进来。很快他会主动过来跟肚子里的弟弟或妹妹说话。做产前检查时，也带上他，让他听听宝宝的心跳，对他说："你听到小弟弟了吗？他很快就会跟你说话了。"跟年龄小一点的孩子（例如两岁半以下的孩子），不要一开始就告诉他，要到最后3个月，或者他觉察到你跟平时有什么不同时再告诉他。太早告诉他反倒会让他迷

惑，因为他没有过去几个月的概念。

图片说明。把宝宝在子宫里生长的图片给大孩子看，告诉他正确的术语，让他明白宝宝是在妈妈的子宫里，而不是在妈妈的肚子里。通过一遍一遍地翻阅宝宝成长的图片，让大孩子认识到宝宝是在妈妈身上的"一座房子"里，并且告诉他，他也曾经在这所"房子"里经历了同样的过程。市面上有很多很好的绘本，可以用来教你的大孩子适应新宝宝。

让孩子对你分娩住院有心理准备。在你产后住院期间，两岁的孩子更感兴趣的不是医院里发生了什么，而是你不在的这段日子里他会怎么样。要告诉他，你只是暂时离开他，不会扔下他，你是为了做些"特别的事情"（这句话以后还会经常用到）。"奶奶要来我们家，给你烤蛋糕吃，给你买新玩具……"把两岁大的孩子留在家里，陪伴他的最好是他认识、喜欢的人。

跟孩子保持联系。住院时要经常给家里的孩子们打电话，叫他们过来玩，最好不要直接把陌生的宝宝带回家去。

玩"大哥哥大姐姐"的游戏。要懂得孩子的心理。他的第一个想法是，这个弟弟或妹妹会怎样影响他的生活。让他早点知道跟别人一起分享妈妈的爱并不坏，他会对小弟弟或小妹妹更和善。玩"爸爸妈妈的小帮手"

的游戏，让大孩子试着帮宝宝换尿布，穿衣服，给宝宝洗澡。小帮手还会演变成小老师。"做给宝宝看，该怎么拿摇铃呢？"

说正面的话，做正面的父母。大多数父母都会担心，两三岁的大孩子会不小心戳到或刺到小宝宝而让他受伤。但不要说类似"不要！""不要动！"或者"小心，不要弄疼宝宝！"这样的话。这种否定和限制性的话可能会在无意间造成大孩子的怨恨，甚至可能会让他对小宝宝怀恨在心。事实上，会走路的大孩子不太可能会给小宝宝造成以上疼痛，他们可能会不小心夹到或碰到，但最终也不会太疼。我们鼓励你让孩子自己去探索这个新宝宝，你在旁边，在需要介入的时候介入。孩子的常识，你的正面指导和示范，有可能教会他和宝宝温柔地玩耍。如果事情变得棘手，你可以平静地抱起宝宝，换一种活动方式，不让负面的事情发生。过一会儿之后，再指导孩子如何温柔地和小宝宝相处。你的指导要保持积极、肯定，不要让大宝宝觉得是"那个宝宝"给他带来麻烦。拿出他婴儿时期的照片，让他知道自己也曾经这么小。

让孩子觉得自己依然很重要。要让大孩子也能像小宝宝那样得到礼物。不要只给妈妈和小宝宝礼物，而让他觉得自己被遗忘了，要让他也能享受到新宝宝出生得到的好处。聪明的朋友来访时应该了解这一点，如果他们没有给他带礼物，爸爸妈妈应该准备好备用的礼物。要让孩子知道，虽然妈妈要花那么多的时间陪新宝宝，但他依然是妈妈心里的宝贝。

让爸爸多陪大孩子玩。产后几周，妈妈的时间大部分被小宝宝占据，这时爸爸可以多跟大孩子玩，一起做些特别的事。孩子会觉得，虽然妈妈陪他少了，但爸爸却陪得多了。

罗伯特医生建议：

爸爸们，虽然你们要额外花时间陪大孩子玩，但并不等于要占用跟新宝宝相处的时间。千万不要错过建立早期父婴亲密关系的那段宝贵时间。

双倍利用时间。用背巾把宝宝背在身上，可以让你腾出手跟其他孩子一起做些好玩的事。当你坐着给背巾里的宝宝喂奶时，你可以看看书，也可以和大孩子玩游戏。用背巾背着宝宝，有助于让大孩子们意识到家里多了个小成员。如果大孩子讨厌妈妈怀里整天抱着小宝宝，那就尽可能地用背巾，也鼓励他们用简单的背巾背起玩偶甚至宠物。（参见第305页有关小哥哥和小姐姐抱孩子的内容。）

让学步期的大孩子也参与到照料小宝宝的事情当中，就相当于让他亲眼看见自己的成长经历。你喂奶、换尿布、照顾小宝宝的时候，就是在告诉大孩子，当初他也是个小宝宝时，妈妈也给他做了同样的事情。这样能帮他更好地理解家里有了小弟弟或小妹妹之后是个什么样子。

最好不要跟孩子说他现在已经是个大哥哥了，想用嘲笑的口气让他"长大"。看到爸爸妈妈把几乎所有的爱、时间都给了小宝宝，他会觉得做小宝宝是最好的。因此，偶尔出现日常行为上的倒退也属正常，如上厕所、吃东西、睡觉，等等。在这些方面，妈妈做得越少，爸爸就该做得越多。还可以告诉大孩子，宝宝虽然很可爱，但这时候很多事还做不了，比如去公园玩、吃冰淇淋或骑自行车。

预防和克服产后抑郁症

你已经坚持了9个月，终于跑完了全程，获得了奖杯。你是明星。你应该得到关注和关心。在经历了不可思议的分娩之后，大多数妈妈都会出现抑郁情绪，短暂的"低潮"，一般发生在分娩3天之后。这主要是激素的变化引起的，也是高峰体验之后自然的情绪下滑。这就可以解释为什么你抱着宝宝坐下来时，突然发现自己哭了起来。

几周之后，你会发现一切都跟分娩以前不一样了。宝宝的白天和黑夜是混淆颠倒的，你的也是；你也可能母乳分泌不足（大概已经有人给了你建议）。一旦你爬到沙发上打会儿盹，宝宝马上就哭了。你的体力消耗得比补充得要快。加上身体疲劳，伤口正在愈合（侧切或剖腹产留下的伤口），你可能会回想起分娩不如你预想的那么顺利，宝宝也不像书上描写的那个样子，你的爱人也是。所有这些事情合在一起，到快两周的时候，你差不多已经患上了产后抑郁症。

在女人一生中，没有哪个时候比产后一个月的改变更大了。难怪有50%～75%的妈妈会出现产后抑郁（如果由男人来生孩子、养孩子的话，那概率将是100%）。除了简单的情绪低落外，有10%～20%的妈妈会真正患上产后抑郁症，表现为对不能胜任育儿工作的焦虑、失眠、恐惧、突然哭起来、小题大做、精神混乱、懒得动、对打扮缺乏兴趣、对爱人态度消极——有时候对宝宝也是。

产后抑郁是当生活变化和能量消耗超出了你的体能、精神和情绪的承受能力时，身体发出的信号。这并不是说你很软弱，只是说明你已经精疲力竭，无力适应这么多变化。此外，分娩和照顾宝宝的体力消耗，以及激素的变化，都是造成产后抑郁的原因。不过，虽然产后抑郁很普遍，还是有办法避免或降低这些不良情绪。

回巢安顿最重要。不要想着所有的事，所有的人。产后你有权利放纵自己。你需要时间慢慢适应你的宝宝。你不能既是厨师、家庭主妇，又是母亲。你没有力气做所有的事，也不应该这么想。

坚持优先次序。有那么几天，你可能会觉得"我什么也做不了"。要知道，你正在做世界上最重要的工作——养育一个人。尤其当你有一个高需求宝宝时（我们会在第 16 章遇到这样的宝宝），就暂时从别的责任中摆脱出来，不要分散本来不多的精力。像这样一天到晚照顾孩子的生活不会持续一辈子的。

出去活动活动。在刚开始和宝宝建立亲密关系时，没有必要天天都待在家里。对小宝宝来说，你在哪里，家就在哪里。

背上宝宝（参见第 14 章），花几个小时到公园里散步，偶尔停下来享受大自然的宁静。懒于运动也是抑郁的一个表现，因此每天专门留点时间出去走走，坚持下去。

试试团体疗法。你情绪不佳，但你并不孤单。几乎所有的妈妈都有几天情绪低落的日子，只是每个人时间长短不同而已。传统的育儿方式并不是一个母亲带一个孩子，而是很多母亲带着很多孩子，分享彼此的开心和烦恼。你的分娩课程班，你的亲戚朋友，或者当地的育儿服务机构——如国际母乳会等，都会帮你度过这个阶段。你也可以向对产后抑郁症有专门研究的专业人士咨询。现在很多妈妈都意识到了这类咨询的作用。许多地区提供团体咨询，妈妈们可以一起寻求帮助。

 玛莎笔记：

当家里刚添了第 8 个孩子时，我感到自己快被压垮了。那时我很不开心。你能相信吗？——我怀疑自己做母亲的能力。当我 14 岁的女儿宣布说"我永远不会要孩子"时，我感到更加内疚。我意识到自己的心情影响了全家，我决定寻求帮助，让一切变得好起来。我不想让成长中的女儿觉得长大以后当妈妈是件很不开心的事。

吃好。心情抑郁会导致食欲不振，而营养不良又会加重抑郁。一些必须要吃的均衡营养食品必须出现在你每日的餐桌上（参见第165页）。

注意形象，经常打理。"我连梳头的力气都没有。"这是抑郁期的普遍感受。像营养不良一样，疏于打扮，形象欠佳同样会让你陷入抑郁的恶性循环。如果你看上去很不错，你的心情也会变好。做一个简单易打理的发型，这会让你顺利度过最初几个月。

好好对待自己。你要给自己放放假，休息休息。偶尔去做做头发，或是接受面部护理、按摩，也可以在健身房里待上一个小时，还有日常的淋浴，或是泡个澡。这些都是很好的治疗，医生也会这么嘱咐你。

"但是我没有时间，宝宝离不开我。"你可能会这样争辩。你有时间，宝宝需要一个健康的妈妈。

开头糟糕怎么办

苏珊第一次做妈妈，她本来计划要顺产，好好培养和宝宝的感情。可她没想到最后还是不得不做了剖腹产，且母子分开，因为宝宝被转移到另一家医院的新生儿强化护理所，时间长达一周。当我在诊所给苏珊和她的宝宝做两周检查时，产前她身上的那种活力已经消失了。她对宝宝很疏

远，也许还有些愤怒，但她不知道对谁愤怒。她得分出精力疗伤——身体上和心理上的伤口，所以没能与宝宝建立起她原来期望的那种亲密关系。她坦言道："我感觉自己抱着的是别人的孩子。"她想要的开端和实际发生的相差太远了。

分娩不顺利是导致妈妈患上产后抑郁症的一个主要原因。如果你很不幸地有一个不满意的开始，以下几条可以帮助你自我调整。

最初的对策。首先，最重要的第一步是要意识到，你已经开了个坏头，如果放任自己沉浸在忧伤之中，等于在加大你和宝宝之间的距离。尤其要告诉你的爱人你需要帮助——例如做家务，抱孩子，等等。让他知道你想要一些时间去弥合创伤。暂时不参加家里和外界一切分散你精力和时间的活动。告诉你的爱人你需要和宝宝在一起"暖窝"，还要告诉他原因是什么。你需要重新回到分娩的第一天，将这段日子再过一遍，让自己能够将注意力放在宝宝身上。你要和宝宝建立亲密关系，这会花些时间和精力，但你必须现在就做，因为越往后越困难。

让宝宝做你的诊疗师。宝宝能促使母亲创造出一个以宝宝为中心的环境，进而激发出母亲身上最好的东西。在至少2周——有必要的话3周——的时间内，你要和宝宝时刻在一起。如果你有母乳喂养方面的麻烦，向这

方面的专业人士咨询一下。不只宝宝需要你的乳汁，你也需要母乳喂养来刺激体内激素的转变。母乳喂养能激发你的母性。如果你用奶瓶给宝宝喂配方奶，就在喂他的时候多摸摸他，就像母乳喂养的时候一样。

每天的亲密接触。每天抚摸你的宝宝，增加母子的接触（参见第100页）。让宝宝在你的怀里贴着你入睡。为了增加接触，可以一天几个小时用背巾把宝宝背在身上。长时间地一起散步，就好像跟你相爱的人共度美好时光一样。

心里想着宝宝。除了身体上的接触之外，精神上也要与你的宝宝在一起。当宝宝打盹儿或睡觉时——尤其是你和宝宝依偎在一起打盹或睡觉时，让自己尽情地沉浸在母爱的联想当中。所有忧虑、琐事都先搁在一边，为了这个最重要的工作，因为这个工作只有你能做。

写日记。写下宝宝出生那天发生的事，特别注意回想是什么让你产生那时的那种感觉，以及此刻的这种感觉。写下每天的感受，也写下你观察到的宝宝的每日变化。如果你的脑子里经常被一些烦人的想法占据，就很容易忘记和宝宝相处时的宝贵瞬间。把这些宝贵瞬间都记下来，你就不会忘记了。写东西能起到治疗的效果，而且可以让你特别注意和宝宝之间愉快的交流。

尽可能和宝宝多接触，这是修复不良开端的良药。如果这么做还不起作用，那就寻求专业援助。

给爸爸的建议

这些应对产后抑郁症的措施看起来容易，但实际上如果没有人去推一把，你的爱人很难做到。这就是你能发挥作用的地方："我已经在健身房里给你预订了一个小时，我开车送你去。下午6点我再去接你。然后我们带个外卖回家。另外，我可以带

爸爸的产后抑郁症

爸爸不会经历像妈妈那样的激素和生理转变，但一点点情绪低落还是很普遍的。爸爸的产后调试主要是应对以下几个方面的变化：多了一张嘴要喂而带来的责任的急剧加大，生活方式的突然改变，以及与伴侣的关系当中未曾料到的一些变化。这种包括情绪、财务和性方面的产后调试，使婚姻进入了一个新阶段——这个阶段在很短的时间内会经历很多的调整和变化，这一点任何其他阶段都无法与之相比。就像伴随孩子长大的那些恼人的阶段会过去一样，产后爸爸妈妈的情绪低落和抑郁终究也会过去。

宝宝在公园里散步一个小时。"有时候，专业援助也是十分必要的，这时你就要意识到抑郁症的严重程度。如果早期的症状一直没有消失，而你的爱人也已经做了所有能做的，那么去咨询医生。新的疗法——包括激素疗法——也可以考虑采用。

现在我们是三个人了

不管父母为他们的小宝宝做了多少规划，还是会惊讶地发现这个要求多多的小家伙正在挑战着他们的关系。这是育儿的一部分！但了解会有什么结果，将有助于你们处理新阶段的夫妻关系。

写给爸爸

新爸爸有这样的感觉很正常："我觉得自己被忽略了。""她一天到晚都在喂奶。""她对宝宝太依恋了。""我们已经几个礼拜没亲热了。""我们需要分开一段，单独待着。"

婚姻新阶段

你的感受和爱人对宝宝的依恋都很正常。认为她对你的兴趣少了也是很自然的。如果你了解生育给女人带来的改变，就能够理解为什么你会有这样的感觉，而你的爱人会有那样的表现。

女性同时具有性激素和育儿激素。孩子出生前性激素更强些，她对做一个亲密伴侣的渴望就比做母亲的渴望强烈些。孩子出生后，激素发生了倒转，她身上的育儿激素占了上风。从依恋你转向依恋宝宝，这是生物学上的保障策略，保证幼儿得到抚育。

除了生理的转变外，她明显缺乏性趣的另一原因是实在太累了。这个刚出生的小家伙有着巨大的需求，可是只有一个女人能应付。很多妈妈感到自己快被小宝宝源源不断的需要耗空了，唯一想的就是睡觉。妈妈们形容这种没日没夜的感受是："我感到自己都快被抽干了。""我真的要累趴下了。"

妈妈们也意识到自己精力有限，只能用有限的精力应付必要的，而不是想要的。一位疲倦的妈妈告诉我们说："我的宝宝需要喂，我的丈夫需要性。我没法两头兼顾。"产后几个月内，大多数妈妈都没有多余的精力用来和丈夫亲热。所以如果你觉得自己被排除在母婴亲密圈子之外，她对你失去了兴趣，这些都很正常。

爸爸们，照顾宝宝是妈妈的天性，学会欣赏这种大自然的安排吧。宝宝并没有取代你，只是以前投注在你身上的精力现在暂时地转向宝宝罢了。这本来就是一段育儿第一、亲热第二的时期，也是一段积蓄能量、制造机会的时期。

罗伯特医生笔记：

爸爸们，要是你们觉得自己被排除在母婴亲密圈子之外，那就跳进去，加入他们吧。旁观只会拉大你与他们的距离。

产后性生活

在母婴亲密关系的早期阶段，学着做一个支持、敏感的伴侣和父亲。对性的热情会回来的，甚至还会变得更好。下面告诉你如何在孩子出生后激发出性的火花。

要体贴。不要施加压力。怀孕、分娩和产后调整，已经让女人从生理到心理都达到了极限。在提出有关性的建议之前，让她的整个系统慢慢充电修复。对许多男性来说，性等同于交流。但对女人来说，其中还有更多精神成分。当一个女人身体为性准备好时，精神方面未必就准备好了。而产后至少需要几周，她的身体才能渐渐地做好准备。如果给她施压太多太快，你就得不到满意的性。让欲望来激发性，要比用义务感来激发好很多。

慢慢来。"我不管医生是不是说OK了，要从怀孕生孩子当中恢复过来的人又不是你。"一个疲惫的妈妈对缺乏耐心的丈夫这么说。医生给你开绿灯，并不是说你可以加大马力，彻夜狂欢，那些留在你让妻子怀孕生孩子之前吧。

从头开始向伴侣求爱。妈妈们也希望和伴侣重新水乳交融。但这个过程和求爱期类似，她们需要拥抱、爱抚、关心、爱，只有这样她们才会觉得另一半体贴。在那之后，性爱才是你情我愿，顺理成章。产后一个月，琼重又感觉到了性的需要，与此同时，她的丈夫拉里则像是一头被压抑许久的雄性动物一样准备好了猛扑，正伺机以待。医生一说等待期结束，拉里就快速冲了过去。琼止住了他，说："请先抱我一会儿。"这对夫妻需要渐进的做爱过程，才能做得圆满。如果拉里几个月里都动作规范到位(拥抱、求爱、服务，等等)，他就会收到绿灯，至少是黄灯，而不会是红灯。

第一次"团圆"

敏感和温柔是产后性生活的关键。爸爸们，当伴侣的身体正慢慢回归到产前状态时，记得要尊重正在发生的身体变化。爸爸们经常说和伴侣的第一次"团圆"是"完全重新认识她的身体"。以下几点可以帮你更快地熟悉对方。

开幕之夜。碍事的大肚子已经消失，你们又能够紧紧地依偎在一起了。将产后你们计划的第一个晚上变成一个特殊的日子，准备好鲜花和烛光，营造浪漫的二人世界。

舒服的体位。产后，女性在性生活当中经常会感到阴道不适。在产后几个月，阴道干燥很普遍，因为原来负责刺激分泌润滑液保护阴道的激素现在处在一个较低的水平。此外，侧切的伤口未完全痊愈，也会导致阴道疼痛。为了缓解干燥，可以用一些水溶润滑液。也可以尝试不同的体位，不至于对妻子的伤口造成压力——例如侧躺或者女方在上的姿势。请她指导你用最舒服的姿势进入，慢慢移动以避免疼痛。

溢奶。乳房溢奶是产后性生活中的一个自然现象，是妻子的身体回应你求爱的一个信号。不要让她产生误会，认为这种正常的身体功能让人讨厌。另外，做爱时身体不要压迫乳房，这样妈妈会感到很不舒服。先喂饱宝宝，清空乳房，这样能减轻溢奶和不适感，也可以防止不合时宜的打断。

角色调整的更多要诀

记得宝宝是第一位的。尊重妈妈和宝宝的亲密关系。爸爸们，不要试图与宝宝竞争——你多半会输的。记住，产后妈妈和宝宝的亲密关系强过任何性冲动。一位爸爸曾经跟我们坦言："我感觉我是在跟一个分裂的人做爱。"妻子人在你的怀中，心却记挂着孩子。如果宝宝和爸爸同时想要妈妈，猜猜谁会赢？家里有了小宝宝后，准备好这样的场景：宝宝在睡（正如你希望的一样），但你们刚刚开始亲热，宝宝就醒了，就在一毫秒之内，妈妈的雷达探测器就从你转向了宝宝。你怎么办？这时错误的方式是：出于一时"又失败了"的愤怒，不经意间流露出这样的意思——宝宝占用了她太多时间，现在该轮到你了。这种自私倒是能够保证妈妈将注意力转向你，但接下来的性生活肯定无法让人满意。

其实有更好的方法。从宝宝出生，甚至在怀孕期间，你就要向妻子传达这样一个信息：孩子有更高的优先权。现在，在两人缠绵的过程中，你有机会证明你自己。要么自己起来，走过去安抚宝宝，要么就说："先让宝宝舒服下来，我们待会儿再继续。"没有什么能比你真诚地让她感觉到孩子的需要是第一位的，更能让你得到高分（以及舒适满意的性生活）。安抚了宝宝以后，她回到你这里时也许含着更多的爱意，会更好地配合你，因为你鼓励她去做她想做的事：首先满足宝宝的需要。

一起照顾宝宝。爸爸们，你不能（也不应该）跟生物学对抗，但你至少能跟疲劳对抗。你的爱人也许太累了，没法提起精神跟你亲热。一起来照顾宝宝，帮忙或包揽家务琐事，让她的精力集中在你和宝宝身上。

人成熟的一大标志是能够自我奉献，并且暂时牺牲自己的利益，因为他人更优先。做爸爸意味着懂得牺牲。宝宝需要你的给予和等待，新爸爸的生活就是这样的。当你为得不到性的满足而痛苦时，试着这样想：和宝宝竞争你的爱人，延迟自己的满足，只是你们关系里很短暂的一段。产后也有性生活！它是那种无私的性，让一个男人成长为一个丈夫和一个父亲。

从一个独特而幽默的视角看待为人父母这件事，可以看看罗伯特和詹姆斯医生的书 *Father's First Steps*，玛莎·西尔斯的 *25 Things Every New Mother Should Know*。在这两本书中，我们将与你分享西尔斯家族的育儿故事，并且给新父母们提供必不可少的建议，帮助他们迈好和宝宝相处的第一步。

写给妈妈

你可能觉得丈夫不理解你怀孕分娩带来的身体和激素变化，可是你意识到他的冲动其实一直都没变吗？无论你产前还是产后，他体内的激素都是一样的。

说出来。 产后谈谈性，或性的缺乏。向他解释你身上的激素变化是怎么发生的，是再正常不过的。要让他知道，你产前产后的变化不是他造成的，不是他的错。

告诉他你还需要他。 如果你的丈夫感觉到自己被宝宝代替，要让他知道你还需要他，只是在宝宝比较小的这段日子会暂时有所不同。确切地告诉他你需要什么，什么时候需要，需要多少。"今晚我想让你抱抱"就是一个好的开始。

专注于你做的事。 你的丈夫能感觉到你人在他身边，心却在宝宝那里。他没指望你在喂奶的时候把他放在第一位，你就应该在做爱的时候老想着宝宝吗？如果你很难将注意力从宝宝身上移开，这是很正常的新妈妈感受，也是需要你去调整的。

避免"但是宝宝需要我"综合征。 你不必在孩子和丈夫间作个非此即彼的选择，他们能够相互补充。和育儿的诸多问题一样，这又是一个有关平衡的问题，你要在新的角色和新的夫妻关系当中保持平衡，两者协调。

我们在咨询中经常遇到这样的情形。史蒂夫和玛希亚夫妻两人都有工作，在二十八九岁时结婚，几年后有了第一个宝宝。玛希亚曾经是个非常成功的职业女性，希望在带孩子方面也同样成功。她非常依恋宝宝，不管白天黑夜，对她来说育儿似乎很成功。而史蒂夫不太懂得怎么应付宝宝，在他事业蒸蒸日上时，他花了更多的时间在家里。但玛希亚觉得史蒂夫带孩子笨手笨脚，不太敢把孩子给他带，很少让他哄。还要"恭喜"他们的是，他们的宝宝大部分时间都要人抱着才行。即使史蒂夫抱着宝宝，玛希亚也会在旁边徘徊，准备在宝宝发出第一声啼哭时就伸手救人。因此，史蒂夫没有任何机会学习安抚宝宝的技巧。因为他当爸爸笨手笨脚，就把更多精力投入到工作当中。他感到自己被母婴亲密圈子排挤，于是只能更努力地工作。慢慢地，他和玛希亚驶向两个不同的方向，玛希亚育儿，而史蒂夫做他的工作。玛希亚变得越来越依恋宝宝，而史蒂夫越来越离不开他的工作，他们变得疏远了。

有一天，玛希亚来到我们的诊所，咨询他们的婚姻问题。她这样说道："我努力做一个好母亲，宝宝需要我，我想史蒂夫是个大人了，能自己照顾自己。"我们告诉玛希亚："宝宝需要的是父母两个人。"我们对她说，她也需要史蒂夫，假如她不想把自己累倒的话。没有一个妈妈能在没有人帮助、分担的情况下，长时间高强度地独自照顾宝宝。同样，史蒂夫也需要她的帮助，从而树立信心。就跟满足宝宝的需要一样，他们应该互相照顾对方的需要。幸运的是，玛希亚和史蒂夫终于成长为成熟的父母和伴侣。

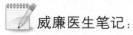 威廉医生笔记：

在劳伦处于高需求的那段日子，作为妈妈的玛莎很累，什么事都奉行"宝宝第一，我第二"的原则，有一天她说："宝宝总黏着我，我都没有时间去冲个澡。"我提醒她："我们的宝宝需要的是一个快乐的、精力充沛的妈妈。"然后，我接过劳伦照顾了一段时间。

写给夫妻俩

在准备并创作这本书的 3 年里，我们迎来了第 7 个孩子——史蒂芬，同时为庆祝我们结婚 25 周年，我们收养了第 8 个孩子——劳伦。朋友们经常问我们如何保证两人相处的时间，答案是——我们为彼此制造时间。刚结婚时，我们发现两个如此忙碌、被事业和孩子纠缠的人，很容易彼此疏远，各走各的路。我们发誓不让这种事情发生。我们意识到，孩子对父母的需求永无止境，父母不得不学会为自己保存精力，因为这样间接地会让整个家庭运转得更好。对孩子说"不"是可以的。

我们长久以来一直保持了一个习惯——保证每周有一次晚餐要两个人一起吃，要么在家，要么约在外面吃。孩子们也学会了尊重我们的这个习惯，大一点的孩子已经对此习以为常了，如果我们忘了，他们甚至会提醒我们。在家吃晚餐时，有时候他们会跟我们做游戏，扮演侍者，或饭后表演小品作为余兴节目。即使刚刚生了新宝宝，我们还是坚持这个习惯，有时候是 3 个人一起吃晚饭。

年轻的父母们，努力成为一对

好夫妻，跟努力成为一对好父母一样重要。最困难的是最初几个月，但记住你们的宝宝只有一段很短的时间是"宝宝"。这种高强度的育儿阶段很快就会过去。没错，产后也有浪漫。

产后的身材恢复

产后几个月，你的身体显示出了很多先前被警告过的迹象，让人一望便知你是个生过孩子的女人。孕期堆积的脂肪——为你和孩子储存能量所必需——可能会给你留下一个你并不想要的腹部。突出的腹部可能会减弱正常情况下背部的支撑力量，导致背部疼痛。

减肥和恢复身材是很多新妈妈非常关心的。这时耐心和坚持是关键。

哺乳期的减肥

用 9 个月往上加，就要用 9 个月安全地往下降。哺乳的妈妈理论上平均每天需要 500～600 卡的额外热量，才能给自己和宝宝提供足够的营养。这个数字是平均数。如果你体重比怀孕前还轻，那么就需要更多的热量以防营养不良；如果你体重过重，那么你需要的热量就少一点。20 世纪 80 年代末的几项研究表明，哺乳期妇女的新陈代谢速度会加快，因此理论上哺乳期妇女建议每日摄入量（RDAs）可能比正常人高。哺乳期减肥的关键是找到适合你的热量摄入水平。

以下是我们建议的安全减肥方案，其中考虑到了哺乳的妈妈和宝宝的营养健康问题。

确定一个你觉得对健康和状态最理想的热量值。我们建议母乳喂养的妈妈每天至少摄入的热量为 2000卡，保持基本饮食均衡。少于这个量，大多数哺乳妇女不能保持健康和良好的状态。

确定一个安全而理想的目标。循序渐进的减肥是你的目标；通常每月减轻 1 千克左右，如果你超重就稍微多一点，如果体重过轻或正准备再次怀孕，就稍微少一点。

每天锻炼一小时。选择一项你喜欢的运动——最好是适合你身体状况的运动——更有可能坚持下去。有一个对母婴都很舒适的锻炼，就是用背巾背着宝宝，每天散步至少 1 小时。这一小时可以消耗平均 400 卡的热量（参见第 14 章）。这种锻炼加上少吃一块巧克力饼干或者垃圾食品，可以每周减少约 0.45 千克（每天减少 500卡，即每周减少 3500 卡）。喂完奶后再锻炼比较舒服，因为胸部没那么多负荷。锻炼时穿有支撑作用的胸罩，用比较柔软的胸垫，防止乳头摩擦。

根据我们的经验，母乳喂养的妈妈会发现锻炼——如慢跑或有氧运动——给她们带来很多改变。据报道，有些女性在每周锻炼两天的情况下母乳分泌量会下降；锻炼上肢的运动，例如跳绳，会造成乳房感染；还有报道说，激烈运动会导致母乳变味。因此，除了让妈妈更舒服之外，运动前喂奶对宝宝也有好处。我们建议母乳喂养的妈妈坚持一个适合自己的健身项目。根据我们的经验，游泳是个理想的锻炼方式。

做好计划。如果你正在根据自己的目标减肥，感觉良好，宝宝状态也不错，母乳供应也没有滞后，那么你已经找到了最理想的热量消耗量。母乳喂养的妈妈如果处在她"理想的体重"状态下，通常每天摄取 500 卡的额外热量，不会出现不正常的体重增加。这个数字取决于你的体型，以及哺乳期前你是超重还是不够重。如果你每周降 0.45 千克以上，说明你可能吃得太少了，我们建议你去找医生或营养师咨询。如果你根据计划运动，但体重还是增加得厉害，那有可能是你吃多了。总之，每天 2000 卡的消耗，加上一个小时的舒适锻炼，一般每月能减轻 1 ~ 1.8 千克的体重，对大多数采用母乳喂养的妈妈和宝宝来说，这是一个安全的范围。

锻炼恢复身材

也许产后锻炼的一个最好理由是为了让自己感觉良好。快乐的女人才可能是快乐的母亲。除了上文介绍的每天一小时的舒适锻炼外，还有很多循序渐进的复原性锻炼，可以让你在怀孕和分娩当中最受影响的肌肉得到恢复。

不要急于让你的身材回到孕前状态。有些产后锻炼讲师建议，产后最初 6 周不要做任何复原性锻炼，除了骨盆肌肉的锻炼。他们认为，腹肌会在头两周自然收缩，因此很多肌肉恢复会在你认为什么都没做的情况下就自动完成了。每天的日常起居就足以满足最初的锻炼需要了。

如果你准备开始做产后的复原性锻炼，下面介绍的方式大多数女性都能安全掌握。开始时慢慢来，后来可以平均每次做 10 个，一天两次。

★ **特别提示**：在开始任何锻炼健身计划前，先咨询你的医生，了解应什么时候开始，步骤如何。你可能情况特殊（例如剖腹产），需要增加或省略某些锻炼。

产后体态调整

目的：纠正孕期由于宝宝的重量而自然产生的腹部松弛下垂、背部凹陷问题。

做法：背部靠墙站立，脚后跟离墙约 10 厘米。缩腹，收臀，挺胸，让背部肌肉平贴着墙。离开墙壁之后，一天之内也努力保持相同站姿。

产后体态调整

肉，持续 5 秒，然后放松。这样的收紧、放松动作，可以一天 50 次，也可以想到的时候就做。

骨盆肌肉的锻炼（科格尔训练法）

骨盆肌肉的锻炼（科格尔训练法）

目的：收紧阴道肌肉，防止咳嗽时的尿失禁。（阴道和尿道周围的肌肉和软组织也被称为盆底肌，怀孕时的激素改变和分娩时的肌肉伸展会让这部分变得松弛。）

做法：你可以用几乎所有姿势做科格尔锻炼。开始可以是俯卧，也可以是仰卧（如果你做了侧切，俯卧是最舒服的姿势）。另外，站立、蹲、盘腿靠墙而坐等各种姿势都可以锻炼骨盆。这些得到锻炼的肌肉也就是小便和做爱时用到的肌肉。收紧阴道肌

骨盆抬起

目的：锻炼腹部和后腰的肌肉，改善体态。（骨盆抬起能降低脊柱下端部分的曲度，加强孕期被重压和拉伸的后腰部的肌肉力量。）

做法：仰卧，双膝弯曲并拢，两脚放平。（你可能会想在脑袋下放个小枕头，但不放也没关系。）慢慢吸气，让肚子鼓起，然后一边呼气一边收紧

骨盆抬起

腹部肌肉，使腰背部平贴地面。持续
5秒钟，放松，然后重复10～15次。

腹部收缩

目的：加强腹部肌肉。

做法：可以站立、盘腿，也可以
采取其他姿势。深呼吸，在往外呼气
的同时，用手按紧腹部肌肉，坚持到
呼气完全结束后几秒钟（注意让背部
伸直，不要松弛）。每天这样做几次。

抬头

目的：强化腹部肌肉，并且通过
伸直背部加强这个姿势。

做法：仰卧，双膝弯曲并拢（锻
炼的基本起式动作）。抬头练习可以
和骨盆抬起练习一起做。把一只手或
两只手都放在肚子上，提醒你自己要
让脊柱平贴在地面上，避免过分压迫
腹部肌肉。（如果你在孕期和生产时
腹直肌分离，那在腹肌加强练习的头
几周要用两只手支撑腹部。）深吸一
口气，然后呼气，抬头。接下来吸气，
慢慢放下你的头部。每天都把头多抬
高一点。保持两眼看着天花板，这样
能让你的下巴远离胸脯，避免肌肉因
弯曲过度而扭伤。等一两个月后腹肌
日渐加强，把手从肚子上移开，手臂
举起伸直。从抬头，到抬肩，到最后
完全坐起来，完成完整的仰卧起坐。

抬头

膝盖碰胸

目的：加强后腰部和臀部肌肉。

做法：以仰卧的骨盆抬起动作
作为开头，慢慢地将一条腿的膝盖抬
至胸部，用手抓住膝盖，轻轻地往胸
部拉。保持5秒钟，随后放松。每条
腿做10次。再次将一条腿的膝盖抬
至胸部，这次当抵住胸部时，另一条
腿伸直放平。持续几秒钟，然后回到
起始动作。每条腿重复10次。最后
进展到双膝碰胸：慢慢地先将一个膝
盖拉向胸部，接着另一边。用手将两
膝拉至胸前。持续5秒钟，然后放松，
慢慢放下一条腿，然后另一条。重复
10次。

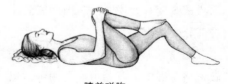

膝盖碰胸

抬腿

目的：加强腹部、后腰和大腿的

82

肌肉。

做法：仰卧，双膝弯曲。一条腿抬高至胸部方向，就像在"膝盖碰胸"练习中做的那样，然后尽量往头顶方向拉伸，同时另一条腿保持弯曲。同样，你可以练习在让一条腿伸直的情况下往上抬腿或往下降的动作。

抬腿

第6章　照顾宝宝的身体

宝宝出生后的头两年，是需要你高度投入的两年，通常很单调，但有时也充满乐趣，是一个了解宝宝的绝好机会。在本章中你会学到一些照顾宝宝的实用方法，并且学会享受育儿的过程。

换尿布

在生命的头几年，宝宝会有很长时间离不开尿布，你也要花很多时间换洗。下面告诉你怎么做既能善待宝宝的屁股，又能节约你的时间。

把换尿布的时间变成高品质的亲子时间

从宝宝出生到能够进行如厕练习的这段时间里，大概要换5000块尿布，你喂得越频繁，换得也越频繁。与其把这当成一个不得已而为之的讨厌任务，不如用来作为与宝宝交流的时间。换尿布不只是让宝宝的小屁股从湿变干这么简单，宝宝感觉到你的触摸，听到你的声音，能注视着你的脸，对你的笑有反应（你对宝宝也是）。甚至可以在开始换尿布之前就跟宝宝交流。将注意力集中在宝宝身上，而不是这件任务上。专门为换尿布准备些特殊的面部表情，叮当响的声音和按摩似的抚摸，这样在换尿布之前，宝宝就期待着比获得一块干爽的尿布更多的东西。也要把这种换尿布的态度传达给你的家人。

把换尿布这段时间看做是跟宝宝交流的时间，让他觉得自己是特殊的。不要因为看到和闻到的东西而作出厌恶的表情。（这时母乳喂养的宝宝就显示出优势——气味并不会让人不舒服！）你的脸是宝宝的镜子。宝宝通过你脸上的表情看待他自己。我们一边找"宝藏"一边跟宝宝聊天，保持激动和可爱的语调。当然，不是每次换尿布都那么神奇、开心、好玩，有时候你只是想做完了事，好做你自己的事。

选择尿布

你选择用纸尿裤还是尿布，关系到方便程度、价钱和环保等各个方面。此外，宝宝的皮肤当然是一个考虑因素。哪种尿布对宝宝的皮肤最好？很多父母两者都用：在家时用100%纯棉的尿布，外出时用纸尿裤。选择一个怎样的尿布组合，要考虑到对父母来讲好用，对宝宝皮肤有益，并且有利于环境保护。

有一次，有人问我近年来育儿领域最大的突破是什么，我回答："不再用尿布别针。"作为8个孩子的父亲，我经常被尿布别针刺到。而外层覆盖着维可牢尼龙搭扣的尿布，既不会刺到宝宝，也不会刺到父母，真是很伟大！而且棉布很透气，比塑料防水婴儿内裤更有利于宝宝的皮肤，后者会加重尿布疹。

换尿布

下面介绍换尿布的基本方法。这些步骤可以变化，取决于你用的尿布类型。

给宝宝做好准备

换尿布要在一个温暖的房间里、一个安全而柔软的平台上进行。开始前，确保所有必要装备都在你触手可及的范围内。你需要：

• 干净的尿布。把宝宝脱光了搁在那儿，而你到处找干净尿布，却发现每个包里都是空的——没有什么比这更让人沮丧了。如果你给宝宝用的是布尿裤，换之前折好一条放在旁边。

• 擦洗的东西。对刚出生的女宝宝来说，头几周用温暖的湿绒布最好。如果使用婴儿湿巾，在用之前要将湿巾在温水里漂洗一下，因为湿巾上的去污成分在头几周会刺激女宝宝的阴道。

• 垫在宝宝身下的席子或毛巾。

• 对付尿布疹的药膏。大多数新生儿都会患尿布疹，我们建议在头几周用少量的凡士林保护宝宝娇嫩的皮肤。如果尿布疹持续不退，就用含氧化锌成分的药膏。你可能根本不需要用任何药膏，除了偶尔短暂的爆发。

• 换洗衣物。宝宝不可避免地会把大便拉到衣服上，而且这种事经常发生在没有换洗衣物的时候。要保证有几套可换洗的衣服。

• 尿布围裤。如果用尿布，要在边上准备好一堆尿布围裤，因为大便经常会漏出来。

• 尿布别针或尿布扣（如果用的话）。注意：不要放在宝宝碰得着的地方。

　　旁边最好有一个用来放东西的桌子或指定的台面，你需要的所有东西都可以很方便地拿到。

　　如果尿布疹让你感到棘手，参见第 116 页，"尿布疹的预防和治疗"。

安全换尿布的技巧

　　• 不要两只手都放开宝宝；宝宝可能会从桌子上掉下去，尤其是四五个月开始学爬的宝宝。你一个转身，或去找尿布的瞬间，宝宝就有可能从桌子上滚下去。可以用一条皮带把宝宝安全地固定在桌子上，但不能完全依赖它。

　　• 安全处理尿布别针。不要把打开的尿布别针放在宝宝触手可及的地方。也不要把尿布别针含在嘴里，宝宝可能会模仿这种危险的习惯。为了便于保存，可以将别针插在一块肥皂上，这样也可以让别针顺利地穿进尿布。

　　• 我们建议临时保姆和其他对换尿布不熟练的人，换的时候在地板上进行。这样安全些。

　　• 如果宝宝容易长尿布疹，要勤换尿布。

　　• 注意！宝宝脱得光溜溜的时候最喜欢小便。手边要准备好额外的尿布或毛巾，万一宝宝决定在这个地方"摊上一地"时，可以用来救急。相信我，这种事会发生的！

　　• 当宝宝过了"拉一次吃一次"的阶段（一般是在第一个月末尾时），改成喂奶前换尿布（如果尿布脏了或湿了的话）。这样宝宝吃饱后就能直接入睡，而不会被换尿布打扰。

　　• 尿布疹严重时要尤其注意——这是一个很敏感的时期。可以把宝宝的屁股浅浅地浸在温水里清洗，或者用一块温和的湿布给他轻敷一下——要保证是宝宝最舒服的温度。可以用最轻微的力度洗净这些区域。轻轻地敷上药膏，不要揉搓，要温柔地抹开。

尿布的种类

　　如果你选择用尿布，可以有以下选择：

　　独立的尿布和围裤。这是最便宜的一种。分为长方形、需要折叠成尿布形状的和已经折成尿布形状的。尿布的外面有一层独立的防水塑料或棉布做的尿布围裤。两者都可以水洗。

　　一件式。里头的尿布和外面的围裤是一体的。更方便使用，但价钱也更贵。

　　混合式。外层是一个可水洗的尿布围裤，里面附着一个一次性的内层。这个内层比通常的纸尿裤要小很多，浪费比较少。另外，它可以用马桶冲掉。

给爱动的宝宝换尿布

詹姆斯医生笔记：

给爱动的宝宝换尿布经常会像一场未完成的摔跤比赛，换到一半的时候就进行不下去了。父母们经常问我："为什么我们家的宝宝再也不让我给他换尿布？他又是踢又是叫，每次都跟打仗一样。"没错，稍大点的宝宝和初学走路的宝宝容易有这样的表现。他们会很自然地反抗任何限制他们的东西。

• 为换尿布准备一个特别的节目。唱一首专门在换尿布时唱的歌，宝宝听到这首歌时有可能安静下来。

• 叼一个玩具在你嘴里（你的第三只手），用来安抚动个不停的宝宝，让他抓住玩具自己玩。这个玩具只在换尿布的时候拿出来，每隔一段时间换一个。

• 放一个会动的玩具在你换尿布的地方，转移宝宝的注意力。

• 换的时候，一边唱歌，一边用你的手指上下抚摸宝宝的腿和肚子。（我们的宝宝特别享受这个过程。）

• 叫他"找找"他的肚脐、眼睛、鼻子，等等。

• 做个特别的、有趣的面部表情，吸引宝宝的兴趣，让他注意你的脸，而不是换尿布这件事。

• 如果宝宝动得让你一点办法都没有，就把他放到地上换，比较安全。

换尿布时要多点创意，尤其是对学步期的宝宝。一卷胶带就能让宝宝开心很长时间，够你换完尿布的。（这卷胶带只在换尿布的时候拿出来给他。）有些学步期的宝宝喜欢自己拿着湿巾和尿布。在换的时候跟宝宝说说话，让他感觉到你在注意他，享受这段过程。如果你觉得换尿布很烦人，他也会这么觉得。

脐带护理

助产士一般会在宝宝出生 24 小时后摘掉脐带上的塑料夹子。在头几天，宝宝的脐带可能会有点肿胀，像果冻一样。几天以后开始变干、萎缩，通常在 2 ～ 3 周内彻底脱落。在你分娩住院的大约 10 天里，助产士每天都会检查宝宝脐带的状况。

为了不刺激脐带，不要在肚脐周围盖上尿布或纸尿裤。关于在脐带脱落之前将宝宝肚脐浸到水里洗澡是否安全，还有争议。有的医生认为弄湿脐带会增加感染的概率，有的则不这么认为。如果脐带下面有脓液，那么把宝宝放入水中确实是不明智的，容易感染。在这种情况下，可以用海绵给宝宝擦洗，直到脐带脱落，那时脐带根部也就痊愈了。

脐带脱落时看到几滴血是很正常的。变干的脐带会发出一股轻微的气味，也是正常的。但如果有一股特殊难闻的味道，就有可能是感染的征兆，应该告诉医生。如果脐带周围的皮肤看起来很正常，没有发红，那就没必要担心。如果脐带周围直径3厘米左右的区域出现又红又热、肿胀、过敏的现象，说明已经感染，要马上告诉医生。

为了避免刺激脐带，穿尿布或纸尿裤时不要覆盖脐带周围区域。如果用的是一次性尿布，要特别小心将脐带区域空出。是否要等到宝宝脐带脱落才将他浸入澡盆洗澡，还存在争议。有些医生认为，将脐带弄湿增加了感染风险；有些医生则不这么认为。如果脐带根部有脓液流出，把宝宝浸入澡盆是不明智的，脓液会扩散到水中，扩大感染。遇到这种情况，可以用海绵擦洗宝宝，直到脐带脱落，根部愈合。

割包皮手术区域的护理

医生会指导你如何护理割包皮手术的区域。手术后三周，每次换尿布时用凡士林涂抹宝宝小鸡鸡的头部，能促进伤口愈合。我们发现，慢慢按摩让药膏吸收，比简单地涂抹在上面愈合效果更好，重新粘连的可能性也减少了。用你中间的3个手指粘上足量的药膏，然后用大拇指抹开一点，接着用另外4个手指围着手术区域轻轻地按摩，让药膏吸收。

包皮手术区域会经历一个非常典型的愈合过程。起先会比较肿，然后会出现一块黄色的痂。一周左右，肿和结痂都会消失。让医生告诉你如何判断手术区域是否感染。奇怪的是，包皮手术区域极少感染，不过出现以下症状需要告知医生：阴茎发红，发热，肿胀，手术区域流脓液。不流脓液的黄色的结痂在愈合过程中是正常的。

小鸡鸡消失了？

男宝宝不到两岁的时候，会在小鸡鸡根部迅速堆积起脂肪，长成一堆小肥肉。这堆小肥肉似乎把小鸡鸡给遮盖住了。（我经常接到担忧的妈妈们的电话："他的小鸡鸡消失了！"）不，不是消失了，它正舒服地躲在这堆肥肉下面呢。随着宝宝长高，这堆肥肉会慢慢消失，小鸡鸡又出现了。

指甲护理

有些宝宝出生时带着很长的指甲，需要立即剪掉，以免伤到脸。宝宝的指甲长得很快，不要怕去剪。如果你像很多妈妈一样，害怕给宝宝剪指甲，可以轻柔地剥掉或锉掉指甲。当你准备给宝宝剪指甲时，以下方法可以让事情变得简单一些：

• 在宝宝熟睡的时候修剪他的指甲。怎么判断宝宝是否已经进入熟睡状态呢？宝宝熟睡的时候，四肢摊开，很放松，手指都是张开的。

• 婴儿专用指甲钳比剪刀或成人用的指甲钳更安全，更好用，宝宝像纸一样薄的指甲很容易剪下来。如果不用指甲钳，就用刀口钝的安全剪刀，以防在剪的过程当中宝宝突然醒过来。

• 为了不剪到指尖的皮肤，剪的时候要把宝宝的指肚压低。刚开始剪时，让你爱人抓住宝宝的手。过了一阵后，你就能单独给宝宝剪指甲了。

• 流点血是很难避免的。万一发生这种情况，按一按小伤口，敷点抗生素药膏。

• 如果你实在不能下手剪宝宝细嫩的指甲，那就给他带上纯棉手套，以免他抓伤自己。

宝宝的脚指甲长得没那么快，而且被很多皮肤包围，剪起来会更加困难。不要担心指甲会长到皮肤里面去。对新生儿来说，指甲向内生长没什么问题。

给宝宝洗澡

大部分宝宝都洗得太频繁了，其实新生儿没那么容易脏。学步期宝宝那种跟泥巴打交道的友谊现在还没有开始。

什么时候给宝宝洗第一次澡是个有争议的问题。一般来说，父母们应该用海绵给宝宝擦洗，直到脐带脱落。有的医生对此不以为然，认为全身浸泡在水中并不会增加感染的概率。如果你不知道怎么做，咨询你的医生。我们的建议是，先用海绵擦洗，直到脐带彻底干燥、脱落为止。

用海绵洗澡

我们来一步步解决宝宝早期的洗澡问题。

选择一个洗澡的地方，要靠近厨房或浴室，保持温暖并通风。把电话线暂时拔掉，免得洗到一半被打扰。

洗之前，把全套装备准备好放在手边。你需要：
• 两条毛巾
• 一块温和的香皂和婴儿洗发水
• 棉球
• 连帽浴巾
• 尿布
• 干净衣服

有些宝宝喜欢赤裸，大多数不喜欢，因此把尿布之外的所有衣服都去掉，然后把宝宝包在一条毛巾里。你可以坐在椅子上，把宝宝抱在膝上，将装备放在近旁的桌子上；也可以把宝宝裹在一条厚毛巾里，放在桌子上；还可以把宝宝放在空浴盆里的海绵垫上。

先用温水洗宝宝的脸，尤其是耳朵后面的地方、两个耳郭里面，以及脖子的褶皱处。要是宝宝的皮肤出汗、出油或者脏了，用一块性质温和的香皂洗，但不要用在脸上。一般情况下用水就可以了。

用橄榄球式抱姿把宝宝抱在怀里（参见第148页图）。用海绵挤一点温水在宝宝头上，滴一点婴儿洗发水，轻轻地按摩整个头部。不用特别留心囟门部位，它的下面已经相当硬了。（假如宝宝的头皮上有薄薄的成片的东西，或者硬壳样的东西，参见第116页对"摇篮帽"的处理。）用流动的水冲洗，然后用连帽浴巾擦干。宝宝要一直裹在毛巾里，只有头和脸露在外面，以免着凉。接下来擦洗身

手套澡巾

下面这个小窍门我们经常采用，能让洗澡更安全、更方便：戴一双旧的白手套，上面抹一点婴儿香皂，这样你就有了一块方便好用的洗澡巾，既能自动地贴合宝宝的身体，又能减少香皂上手之后的滑溜感。

体其他部位时，用连帽浴巾盖上头部。

解开包裹的毛巾，脱下尿布，洗宝宝的身体。把他的双手双腿拉开，擦洗腹股沟、膝盖、肘弯处，这些地方易堆积污垢。用棉球擦洗肚脐周围的部位。

把宝宝翻过来，肚子朝下，清洗屁股上方褶皱处和尿布覆盖的区域。也可以让宝宝仰躺在你怀里，将他的双脚往上举，洗他的后腰和屁股。为了防止宝宝着凉或难受，在洗尿布区的时候盖住身体的其他部分。

清洗宝宝的生殖器。将宝宝的腿往外掰，像青蛙的腿一样。如果是女宝宝，要轻轻地用棉球擦洗外阴，擦的时候要从前往后擦。你会注意到外阴部有分泌物、乳脂状沉淀堆积，这个区域尤其要擦干净。在小阴唇和阴道之间有蛋白样分泌物很正常，不必清除这种正常的分泌物。对男宝宝来说，要清洗阴囊下面的褶皱，还有腹股沟、屁股，以及小鸡鸡周围的皮肤。不用拉开包皮。（参见第116页关于护理尿布区、预防尿布疹的更多建议。）

快速地给宝宝包好尿布，穿上衣服，免得他着凉或不舒服。

更多洗澡贴士

• 擦宝宝身上洗过的地方时，要用毛巾上干净的部分。

• 用毛巾轻拍吸干皮肤上的水分，而不是用力地擦干，免得刺激宝宝娇嫩敏感的肌肤。

• 局部清洗最适合那些既不喜欢完全用海绵擦洗，也不喜欢全身浸泡的宝宝。洗最油、汗最多、最脏的地方。

• 需要的时候才清洗宝宝的眼睛周围，而不必在洗澡的时候一起洗。宝宝通常不喜欢洗眼睛周围，有可能会因此而拒绝洗澡。每只眼睛用单独的棉球，挤点温水（从你手心的棉球里挤几滴水，免得过烫），擦去眼角堆积的分泌物，从里往外擦。

• 不必清洗宝宝的耳道，容易弄伤耳道或鼓膜。

在浴盆里洗澡

过了用海绵擦澡的阶段后，真正的好戏才开始。首先，选择一个安全、好用又合适的浴盆。市面上有很多种专为婴儿设计的浴盆，你也可以简单地用厨房水槽，因为它的高度正合适。如果用厨房水槽，要注意留心以下安全提示：买一个水槽里刚好能放下的塑料盆，也可以在水槽底部垫一块毛巾或海绵垫，以防宝宝滑倒。市面上甚至有充气型婴儿浴盆。如果你有一个可以旋转方向的水龙头，要确保不要直对着宝宝。

在开始洗澡之前，要确保水温合适，不会烫着宝宝。在你脖子上系一条毛巾，就像围兜一样，既能防止自己被溅湿，把宝宝从水里抱起来时，也可以很快地用这条毛巾把宝宝包起来。大多数宝宝并不喜欢洗澡。唱首歌，用眼神交流，温柔地按摩宝宝的皮肤，往往能让不情愿洗澡的宝宝放松下来。

与洗澡有关的几个问题

以下是新父母们经常问的有关洗澡的几个问题。

该多长时间给宝宝洗一次澡？

洗澡首先应该是游戏时间。宝宝还没有脏到必须一天一洗——对忙碌的父母来说，这真是个好消息。一周洗一两次就足够了，但要保证每次宝宝大便后把尿布区洗净。每天局部清洁是必要的，尤其是出汗多、出油多或比较脏的地方，如耳朵后面、颈部的褶皱、腹股沟和尿布区。

给宝宝用什么样的香皂和洗发水？

宝宝的皮肤——尤其是新生儿的皮肤——是极其敏感的，所以香皂都应该是温和型的。香皂的功能是去除皮肤表面的微粒和油脂，让去污变得更容易。没有香皂，一些油脂、脏东西和分泌物容易粘在皮肤上，需要用布和水用力擦洗才能去掉，而这种擦洗会刺激皮肤。每个宝宝的皮肤对香皂的适应性都不同。抹多少香皂、多久用一次香皂、用哪种香皂，只有尝试才知道，但以下是一些最基本的指导原则：

• 香皂只能用在有分泌物（例如油脂或汗水）的部位，因为这些部位只用清水不容易擦洗干净。不要用在脸上。

• 第一次用香皂前，先在宝宝身上的一块小地方试用一下，如果在接下来的几个小时里，这块皮肤变红、变干或跟其他地方明显不同，那么停止用这种香皂，改用别的。

• 用温和的香皂。婴儿香皂与我们平常用的那种香皂基本一样，只是抗菌药、香氛或研磨剂等添加剂的含量比较少。

• 香皂泡沫留在宝宝身上的时间不要超过 5 分钟，以防止皮肤变干或受到刺激。尽快洗掉，用清水冲洗。

• 最重要的是，不要用香皂在宝宝身体的任何部位用力摩擦。

如果你的宝宝有过敏性皮炎或容易长湿疹，就用有保湿作用的香皂，例如多芬乳霜润肤香皂（敏感肤质型）或强生婴儿香皂。

洗发水同香皂一样，过多使用会刺激宝宝头皮，损害含有天然油脂成分的头发。对大多数宝宝来说，一周用一次洗发水就足够了。和婴儿香皂一样，洗发水也要使用温和的，与其他洗发水相比，婴儿洗发水的添加剂较少。一般没必要用洗发水过多按摩宝宝头皮。但如果宝宝头上覆盖着薄片、硬壳或油脂状的东西——俗称"摇篮帽"，那么在用洗发水按摩之后，还要再敷一点植物油，以缓和洗发水造成的刺激，然后用一把非常软的牙刷把这层东西小心地轻轻刷去。

关于香皂和洗发水还有一个问题。很多年来，不少妈妈一直向我提到这一点：香皂和洗发水（还有很好闻的润肤油和婴儿爽身粉）用得太多，会掩盖妈妈们为之着迷的宝宝的天然味道。还有，最好不要用香水掩盖掉妈妈本来的味道，宝宝需要这种味道。

应该给宝宝用润肤油和爽身粉吗？

过去，宝宝洗澡后要撒上一些香喷喷的爽身粉，这种日子已经过去了。宝宝的皮肤会分泌天然油脂，所以粉和油这两样东西不仅不是必需的，还会刺激皮肤。如果宝宝局部皮肤干燥，可以抹上保湿霜，除此之外都不是必需的。爽身粉容易堵塞毛孔、结块、刺激皮肤，引起皮疹。如果被宝宝吸入，还会刺激宝宝的呼吸道。我们不推荐用爽身粉，它是真菌生长的温床。

我的宝宝每次洗澡时都要尖叫，怎样才能让他喜欢上洗澡？

如果你每次把宝宝放到水里，他都要尖叫，可能是因为这几种原因：要么他很饿，要么水太烫或太冷，要么这个宝宝不喜欢一个人在水里，觉得缺乏安全感。你可以和宝宝一起洗，让宝宝慢慢喜欢上洗澡。准备好洗澡水，比你平常用的稍微凉一点，然后脱掉你和宝宝的衣服。进入水里的时候，你要紧紧地抱住宝宝，然后坐下来，享受皮肤与皮肤的温暖接触。如果你的宝宝还在抗拒，那你先进去，让他看到你很享受的样子，然后叫其他人把宝宝抱给你。妈妈们，如果这个时候宝宝想吃奶，别惊讶，这是他靠近你的乳房的自然反应。事实上，如果宝宝还在为洗澡闹别扭，你可以先把他抱在怀里，让他一边吃奶一边慢慢放松下来，随后慢慢地在浴缸里坐下来，在他还在吮吸的时候，把他逐渐地浸到水里。这种特别的方法可以让宝宝既享受吃奶，又享受洗澡。等宝宝稍大一点，浴盆里的玩具——比如说传统的塑料小鸭子——可以吸引他洗澡。母子一同洗澡时要做好防滑措施，进出浴缸时，比较安全的做法是，让另外一个人抱着宝宝，或者先将宝宝放在一块毛巾上。

西尔斯家族还有一个方法用来吸引不愿洗澡的宝宝，就是让宝宝感觉到洗澡过后有一件很开心的事情在等待着他们。洗完澡，可以好好地抱宝宝一会儿，或者给宝宝一次舒服的按摩。这样，宝宝会为了之后的开心时间而忍受浴盆里全身弄湿的阶段。（参见本章最后有关婴儿按摩的

内容。）

这些年，我们给很多宝宝洗过澡。给宝宝洗澡没有所谓正确的方法，只有一种最适合你的安全方法，而这种方法也最容易让宝宝接受。我们已经学会了不把洗澡看成仅仅是给宝宝做清洁，这样万一有一个地方忘了洗，也不会有很大的心理压力。享受给宝宝洗澡，把它看成又一个和宝宝甜蜜相处的节目。

让宝宝舒服

新父母们经常问我有关宝宝舒服与否的问题。下面是其中常见的几个问题：

晚上我该给一个月大的宝宝穿什么衣服？

一般的做法是，宝宝穿的、盖的应该与你自己一样，只是要多一层，例如一块薄厚合适的毯子。

学会感受宝宝的体温：手脚冰冷意味着需要多加衣服；体温高，额头出汗，说明要少穿点，或室内温度要低一点。

如果宝宝是早产儿，或体重不到 3.5 千克，比较瘦，那就让他穿得暖和一点。棉质衣服最好，因为能吸汗、透气。衣服要宽松，能够让宝宝自由活动，但不能太大，否则容易脱身。如果宝宝的睡衣不是那种能包住

脚的连身衣，就给他套上舒服的毛线鞋。宝宝的睡衣上不要有细绳和长花边（你的也一样），否则容易引起窒息。

对单独睡的宝宝来说，婴儿睡袋很合适。宝宝和父母睡同一张床会很暖和，但也容易过热，这样宝宝就会睡不安稳。在这种情形下，涤纶睡衣很不合适，棉质睡衣要好很多。（参见第 339 页"睡衣的刺激"。）

宝宝的房间要多高的温度比较合适？

关于婴儿房的温度，重要的是恒定，而不是多高或多低。早产儿和体重不到 2.5 千克的婴儿出生时，身体的温度调节机制还没有完全形成，因此需要合适的恒定温度，以防止感冒。健康宝宝身上通常有足够的脂肪，温度调节机制也已经成熟，在成人感觉舒服的环境下，他们也会感觉舒适。

不过，宝宝在出生的头几个星期，还不能适应室内明显的温度变化，因此室内温度保持在 20 ～ 21℃ 比较合适。

除了房间温度以外，湿度也很重要。50% 的相对湿度最合适。空气干燥会让宝宝鼻子不通气，夜里容易醒。在宝宝睡觉的地方放一个可以喷出暖雾的蒸馏器，有助于保持合适而恒定的相对湿度，尤其是在冬天有中央供暖系统的房子里。蒸馏器产生的不变的嗡嗡声对宝宝来说还是额外的摇篮曲。一般来说，随着温度升

高，湿度也要随之升高。冬天带着宝宝外出旅行时，要随身带一个蒸馏器，尤其是住旅馆的时候。中央供暖系统——特别是采用暖风技术或辐射采暖的——容易使空气变干，不容易入睡。除非天气很冷，否则夜间应该关掉供暖，代之以更健康的选择：用一个并不昂贵的蒸馏器（药店和百货商店有售）适当地加温、加湿，这对一个 20 平方米左右的房间来说足够了。（参见第 678 页有关蒸馏器的相关内容。）

新生儿睡觉平躺着好还是趴着好？

除非儿科医生专门建议，否则应该让宝宝平躺着睡。传统的建议是让宝宝趴着睡，大多数宝宝趴着睡看起来似乎确实比平躺着睡得好。但研究表明，睡得"好"不代表睡得"安全"。对婴儿睡眠模式的研究反对传统的做法，建议婴儿平躺着睡，因为平躺着睡有助于降低婴儿猝死综合征（SIDS）的概率。"平躺着睡"使婴儿猝死率降低了 70%。平躺着睡的宝宝更容易醒，睡得也没有那么沉，而"更容易唤醒"对婴儿猝死综合征可能会起到很好的预防作用。如果你的宝宝有医学问题，例如颌骨太小或其他口腔结构不正常，或者因呼吸道感染而容易产生黏液，或者患胃食管返流症（GERD），平躺着睡容易产生危险，必须趴着睡，那就向医生咨

防止扁平头和歪脖子

很多宝宝都喜欢以一个特定的姿势睡觉，头朝着一个方向（夜间通常面对着妈妈）。因为颅骨相对柔软，一个姿势睡觉容易造成扁平头（相对扁平的一面是贴着床的那一面）。如果宝宝经常直直地仰卧而睡，后脑勺就会变平。这被称为姿势性的斜头畸形。晚上睡觉时给宝宝换一个方向能防止这个问题。如果你发现每次看到宝宝睡着的时候，脸都朝向同一个方向，就说明要开始换方向了。

脖子也会遇到相似的问题。如果大多数时间里用同一个姿势抱宝宝（例如左手横抱，在婴儿背带等"装备"里总是同一个位置，贴在你的胸部时面向同一个方向，或者只趴在你某一侧肩膀上），宝宝的头通常就会歪向一边。如果宝宝长时间采用这个姿势，颈部的肌肉就会变得一侧紧另一侧松（这叫做斜颈）。然后你会注意到，当你抱着宝宝或让宝宝坐正的时候，他的头总是歪向紧的这一边。你可以有规律地轮换姿势来防止这一点。这样的轮换能使颈部肌肉均衡发展。

询一下。（有关睡眠安全的更多内容，参见第 124 页睡眠和婴儿猝死综合征的可能关系，第 625 页"安全的婴儿床"，第 355 页有关如何安全地与宝宝一起睡的讨论。）

什么时候可以带宝宝外出？

根据我们上文讨论的关于宝宝穿衣和室内温度的原则，在宝宝出生后的头一个月，保持温度的恒定相当重要。新生儿的温度调节机制还未成熟，还不能忍受过于明显的温度变化。从一个暖和的房间到一辆暖和的车，对宝宝来说温度基本是不变的。如果你的宝宝足月、健康，有足够的脂肪（通常体重不少于 3.5 千克），他就能忍受暂时的明显温度变化。如果你的宝宝早产或很小，还没有足够的脂肪，那就至少应该在一个月内避免明显的温度变化。如果室内外的气温相近，那么在头几天，你就可以享受一下和宝宝一起外出散步。很多路人喜欢停下来看小宝宝，为了防止宝宝不必要地暴露在细菌环境中，要注意避开拥挤的人群、购物中心，远离感冒人群。外出不会让宝宝生病，宝宝生病是因为和生病的人靠得太近。

安抚奶嘴：用还是不用

每个年龄段的人都有各自的最爱，但没有哪个像这个小小的橡皮头那样引人争议。一些宝宝很喜欢它们，奶奶们不愿意让宝宝用这种东西，父母们拿不准，心理学家们不置可否。有些宝宝对吮吸有强烈的需要。实际上，宝宝在子宫里的时候就已经开始吮拇指了。吮吸与拥抱、喂奶三者并列，都是久经考验的最能让宝宝舒服的事。甚至有研究证明，早产儿吮吸安抚奶嘴有利于健康成长。这些用硅胶做成的"和平制造者"功劳不小，但也有被滥用的时候。

什么时候不该用奶嘴

母乳喂养的头几周。刚开始学吃奶时，宝宝的嘴只应接触妈妈的乳头。新生儿要"学会"的第一件事就是吸住妈妈的乳头并得到尽可能多的奶。婴儿吸奶嘴与吸妈妈的乳头有很大不同。有的宝宝——不是全部，当他开始吃母乳时，如果给他一个奶嘴，他就会产生困扰。奶嘴的底部比较窄，宝宝不必把嘴张得很大。习惯了奶嘴再适应妈妈乳头就比较困难了，宝宝的技巧会比较差，也会让妈妈的乳头产生疼痛感。很多敏感的宝宝只接受特定的奶嘴，质地、味道、气味不同都会被拒绝。还有的宝宝可以非常顺利地从奶嘴过渡到妈妈的乳头。我们的建议是：在宝宝学会吃母乳，并且母乳供应充足的情况下，再考虑使用奶嘴。如果你累了，可以用你的手指（用爸爸或其他人的手指更好，你可以休息一下）来安抚宝宝。不仅可以保持皮肤与皮肤之间的接触，宝宝含着你的食指（或爸爸的小拇指）还能产生吮吸乳头的刺激。你要剪短指甲，将指甲朝下，对着宝宝的舌头，而不是朝上戳到宝宝的上颚。我们的很多孩子就曾经被我这"磨感"很好的小手指安抚得服服帖帖。

一个习惯性替代品。理想地来说，奶嘴是为了安抚宝宝，而非父母方便。每次宝宝哇哇哭的时候，给他嘴里塞上这么个玩意儿，等于培养了他对人工安慰的不健康依赖。这时候的宝宝需要大人抱。要是一直依赖这种替代性的安慰，会降低宝宝对父母的信任，也会让他抗拒父母的关爱。奶嘴只能用于满足宝宝短时间的吮吸需要，而不是要推迟或代替父母的关爱。我们要对那些方便的工具保持警惕。妈妈的乳头（或手指）具有天然的优势，能保证你不会形成宝宝一哭就往他嘴里塞东西的习惯。如果宝宝哭了，你发现你的第一反应是去拿安抚奶嘴，而不是自己走近他，那就赶快把奶嘴扔掉。

奶嘴和拇指，吮哪个更好？

我们投拇指一票。半夜里容易找到，不会掉在地上，味道更好，宝宝能自己调整姿势，这些都是拇指的优势。而奶嘴易丢，易脏，总是掉在地上。那些喜欢用奶嘴的人会说："奶嘴本来就比手指容易'丢'啊；还有，频繁吮拇指长达三四年之久的话，容易导致牙齿畸形。"不过，父母们不必急着给宝宝找牙医。宝宝会在某些时候吮吸他们的大拇指，而大多数长大以后就能脱离这个习惯。如果宝宝在婴儿期就能使吮吸需要得到很好的满足，他们就很少会把吮大拇指的习惯带到童年。

什么时候该用奶嘴

如果有意识地使用，而且只用于对吮吸有强烈需要的宝宝——还要加一句，不是完全代替了人的抚育——奶嘴还是可以接受的。如果你有这么一个宝宝，而且有些时候，你的乳头要休息，那么用一个橡皮的也可以，但不要用过头。在某些场合，如上教堂或在一个安静的剧院，带着一个哇哇哭的宝宝不合适。这时如果宝宝吃完了奶，又不愿意吮吸手指，可以用一个奶嘴让他保持安静。吮吸奶嘴会刺激唾液分泌，是天然的消化剂和肠道润滑剂。另外，吮吸奶嘴还有助于减轻肠胃不适，例如胃食管返流。

对大人来说奶嘴之所以不好，不仅是因为它对宝宝有害。每当我给宝宝检查身体，需要没有障碍地看宝宝的脸时，我就特别希望那个东西不要在那儿。另外，嘴里吮着奶嘴，也破坏了很多美好的笑容。但在整个检查期间，看到宝宝安心、满足地吮吸的样子，我也放宽了对奶嘴不公正的评价。

选用一个安全的奶嘴

• 选择一个结实的、一体成型的奶嘴。要能用洗碗机洗，容易清洁的。

• 奶嘴的底部要有通气孔，以防宝宝在吮吸得痛快时堵塞了呼吸道。

• 不要只买一种大小的。头几个月买一个小点、短点的，适合新生儿使用。

• 安抚奶嘴的形状有多种样式：有的是圆的，就像奶瓶上的奶嘴；有的特地模仿妈妈乳头被吸时拉长、扁平的样子。后一种奶嘴未必总适合宝宝的嘴，吮吸的时候，奶嘴可能会转向，或者你把奶嘴塞进宝宝嘴里的时候方向就不对。有的安抚奶嘴生产商声称他们的产品有矫正牙齿的功效，但我觉得这些很可疑。多试几个，让宝宝的嘴来决定。

• 不要用绳子把奶嘴挂在宝宝脖

子上，也不要系在衣服上，这样有可能会让宝宝窒息。"但它总掉地上。"你可能会这样抗议。我的建议是：一手抱着宝宝，一手拿着奶嘴（也可以把奶嘴上的环直接别在宝宝衣服上）。也许宝宝嘴里有个东西，就不会觉得没人照料了。安全和健康一样重要。

• 不要把奶瓶上的奶嘴塞满棉花用来充当安抚奶嘴。宝宝可能会通过小孔吸进棉花。

• 不要为了有甜味而把奶嘴蘸上蜂蜜或糖浆。如果宝宝还没长牙，说明他还太小，不宜接触蜂蜜或糖浆。如果宝宝已经长牙，那么对他来说，用奶嘴或许年龄大了点。如果宝宝非得用甜的东西哄才肯吸，你可以换一种其他形式让他高兴——换个地方待着啊，呼吸新鲜空气啊，等等，或者玩耍、让你抱抱，轻轻摇晃他入睡，玩累了自然就好了。

我们建议：头几周宝宝只能接触妈妈的乳头。如果宝宝实在需要，就给他一个安抚奶嘴，但要节制，而且尽快扔掉它。

恰当的接触：婴儿按摩的艺术

享受按摩真是人生一大乐趣（很久以来，只有成年人才有这种享受），研究表明，得到正确按摩的宝宝长得也较好。婴儿按摩是皮肤与皮肤的接触，按摩使父母和宝宝都能更好地理解对方的身体语言——无声的语言。

为什么要按摩

按摩除了是一种单纯的乐趣之外，还能让宝宝长得更好。有些国家的文化高度评价抚摸对宝宝成长的作用。在一些东方国家，妈妈要每天给

缩短在襁褓中的时间

从前，人们认为用毯子将宝宝裹成玉米煎饼卷的样子让他感到更舒服。然而，新的观点认为，频繁、长久地把宝宝裹在襁褓里，会影响他的髋关节发育。为了让髋关节的球状结构自由发展，宝宝应该能自由地转动双腿，躺着或睡觉时双腿应该像青蛙一样伸展开，不受限制。在最初几个月，髋关节迅速成长的时期，让双腿活动不受限制尤其关键。几天里有几个小时裹住宝宝的身体没有什么害处，但他睡觉时不要裹太紧，也不要整晚都裹着他。

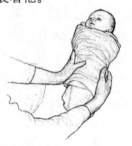

宝宝按摩。抚摸和成长的关系是一个颇为激动人心的研究领域。得到抚摸比较多的宝宝更能茁壮成长。下面介绍一下原因。

抚摸能刺激生长激素的分泌。健康专家很早就认识到接受抚摸比较多的宝宝长得也比较好，现在的研究成果更能进一步支持这个观点。看来抚摸、按摩和宝宝的成长有生物学上的联系。抚摸能刺激生长激素的分泌，加快细胞酶的活动，使重要器官的细胞对生长激素的促进效果反应更积极。比如说，保育箱里的早产儿如果能得到额外的按摩，体重会增加47%。

动物学家认为，母兽对幼兽的舔舐会让幼兽长得更好。新生幼兽一旦脱离母兽的经常舔舐（相当于对婴儿的按摩），生长激素的水平会下降，幼兽就会停止生长。即使向它们体内注射生长激素都无济于事。只有母兽的舔舐和触摸才能让幼兽重新生长。

科学家发现，人类婴儿的情况也一样，一旦失去经常性的触摸，生长激素水平就会下降，成为心理社会性侏儒症的状态。让人惊讶的是，即使注射了生长激素，他们也不会成长。只有重新回到人类怀抱，这些婴儿才能长大。这些发现说明抚摸能作用于人体的细胞层面，使细胞对生长激素的反应变得活跃。没错，父母的抚摸就是有着这样神奇的效果。

抚摸能促进脑部发育。抚摸不仅对身体有好处，对精神发育也有好处。研究表明，新生儿接受额外的按摩能加快神经系统的发育。这是为什么呢？科学家认为，抚摸能促进分布在神经周围的髓磷脂的发育，让神经的反应速度更快。

抚摸有助于消化。接受额外抚摸的宝宝消化激素分泌会提高。这就是为什么人们相信抚摸能让婴儿长得更好的原因之一。抚摸使婴儿的消化系统更健康。因过敏性结肠综合征而出现肠痉挛的宝宝，如果平常按摩得比较勤，结肠方面的问题也会比较少。

抚摸能塑造更好的行为举止。研究表明，接受额外抚摸的宝宝有更好的组织性。他们晚上睡得好，白天吵闹少，与别人的互动也更积极。抚摸能让宝宝平静下来，夜间睡得更香。

抚摸能增强宝宝的自信。如果宝宝经常被一双充满爱的手抚摸，就更容易形成对自己身体的感觉，能分辨哪些地方敏感，哪些地方需要放松。抚摸让宝宝了解自己的价值，就像成年人因朋友的话而"感动"一样。

抚摸对父母有帮助。每天给宝宝按摩，接触宝宝的身体，你会渐渐懂得他的身体语言，了解他的一些暗示。给宝宝正确的按摩，让你对宝宝的了解又上一个阶梯。对开头不太顺利的妈妈和宝宝——比如说因剖腹产而导致母子分离——来说，按摩尤其有用。

按摩让宝宝和妈妈重新开始接触。对进入状态较慢、对宝宝感到缺乏"母性"的妈妈来说，按摩可以让你点燃爱的火花。同样，经过按摩，不爱被人抱的宝宝也会变得喜欢拥抱。爸爸妈妈也会习惯于抱他们的宝宝。

我们同行中有几位上班族妈妈，她们每天晚上给宝宝做一次按摩，让分离了一个白天的宝宝再次回到妈妈的怀抱。这种特别的抚摸让她们把白天的工作抛在脑后，全身心投入和宝宝在一起的美妙时光。

对跟宝宝接触较少、缺乏经验的爸爸来说，按摩是抱宝宝时必经的环节。另外，让宝宝习惯爸爸的抚摸与习惯妈妈的抚摸同样重要。经历不同的抚摸，宝宝才能长得更壮、更健康。

特别的孩子给予特别的抚摸。身体残疾的宝宝和他们的父母尤其会从按摩中受益。研究表明，按摩能使运动神经受损的宝宝更好地向父母表达他们的需要，这是一个暗示的过程。按摩让你接收到宝宝的身体信号，从而知道他要什么。

学会正确的抚摸

按摩是你和宝宝的接触，不是你对宝宝的接触，它是互动的，而不是一项任务。让宝宝舒服的按摩就像是舞蹈，宝宝的身体语言构成了流畅自如的舞步。虽然父母们很少会用错误的方式给宝宝按摩，但这里还是有必要介绍一下如何进行正确的按摩。

做好准备

找一个暖和、安静、通风的地方。我们最喜欢在落地窗前面的位置，那儿有阳光可以温暖宝宝。选择让你和宝宝都觉得舒适的地方：地上、有垫子的桌子上、草地上、海滩或床上。放一点可以帮助宝宝睡眠的声音（参见第 337 页）。婴儿按摩师了解大量的此类声音，可以请教他们。

找一个你不忙，宝宝也很需要放松的时候。有些父母喜欢每天早晨按摩，有些则选择宝宝小睡前按摩。夜间肠痉挛的宝宝，最好的按摩时间是傍晚时分，在肠痉挛"发作时间"到来之前。有时候，傍晚的按摩能让宝宝忘记晚上的疼痛。

选择合适的按摩油。婴儿按摩师们喜欢选择植物油（也就是"可以吃的油"），这种油含有丰富的维生素 E，且没有香味。选择标签上注明"冷榨"的油，这种油只通过物理压榨的方式提取，没有通过高热或化学溶剂，油的性质没有改变。不要用坚果榨取的油，也不要用从石油中提取的油。

开个好头

开始的姿势要让你和宝宝都舒服。你可以坐在地上，背靠着沙发或墙壁，也可以屈膝跪在床上。头几个月，宝宝喜欢躺在天然摇篮里，比如你盘腿而坐或两腿伸直坐着时的大腿。放一块垫着尿布的厚毛巾在你腿上，作为宝宝的枕头。要是宝宝长大到你的双腿里待不下，就伸长腿，让宝宝待在你的两条腿中间。注意，身边要准备可用的尿布，以应不时之需。

有经验的按摩师非常强调尊重宝宝的按摩意愿。他们建议在开始之前先征得宝宝同意——"你想来一次按摩吗？"宝宝会变得很专注，他可能知道接下来会发生一系列熟悉的事。当宝宝看到你在手心里抹油，听到暗示性的词"按摩"时，注意看他脸上满意的表情。如果宝宝烦躁不安，最好推迟按摩，抱他一会儿，或用第16章中讲到的安抚技巧。记住，按摩是你和宝宝一起做的事情，如果他不想"和"你做，就等一个更合适的时间。如果他在按摩过程中变得烦躁不安，立即停下来抱抱他。按摩不是宝宝不舒服时的一个权宜之计，而是训练宝宝（也训练你）更好地处理生活的压力。

如果宝宝扭个不停，或表现得僵硬和紧张，就使用"接触放松法"，先和宝宝进行目光交流。抓着宝宝扭动或紧张的双腿，一边转转他的腿，一边温柔地说："放松，放松……"这些让他放松的动作和声音会让他产生联想，即接下来的事情也是舒服好玩的。这是让宝宝开始做一件事的小

窍门。放松你自己。一个紧张的宝宝和一双紧张的手是不会有放松的感觉的。了解、感觉宝宝的反应，而不是把按摩当成一个机械的练习。

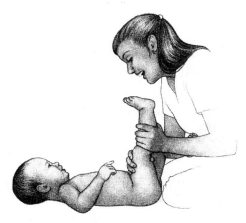

有规律的按摩让你和宝宝保持"接触"。

开始

从腿开始，这是最容易做的，也是宝宝最容易接受的部分。一手抓住宝宝的脚，另一只手在宝宝的腿上抹油，先脚踝，后大腿。接着，把宝宝的大腿分开，从大腿开始，温柔地搓和按，一直到脚。最后，双手同时转动宝宝的腿，从膝盖到脚踝。轮到脚踝部位时，用你的拇指围绕着脚踝和脚轻轻按压。最后，作为收尾动作，从大腿到脚踝给宝宝做轻轻的抚摸。

按摩宝宝的腹部，双手交叠，从胸腔往下做圆形的滑动。接着，围绕着宝宝的肚子做顺时针方向的圆形移动。要是宝宝的肚子紧张或胀胀的，

试一下"我爱你"(I Love U) 按摩（参见第 422 页）。最后，用你的手指头"走"过宝宝的肚子。

对于胸部，两手从中间滑向两边，再返回，就像抚平书里的一页纸。

手臂和手的按摩与腿脚部分相同，只是到腋窝处要停下来，按摩腋窝的淋巴结点。

脸部的按摩自成一体。两手轻轻地抚摸，轻轻地按压、前推，用拇指画圈圈，最后以手指轻轻地从额头梳到脸颊作为收尾。

最后是背部，这是每个人最喜欢做的部分。用你的手指在整个背部轻轻地画小圆圈，然后用手指头轻轻地从宝宝的背一直梳理到臀部、大腿，一直到脚踝。

当你掌握了按摩的技巧之后，你和宝宝或许还会有很多别的有创意的按摩动作。你可以参考 *Infant Massage: A Handbook for Loving Parents*，还可以购买相关的书或录像带学习，也可以去上婴儿按摩课。记住，关于育儿的任何一个方面，你

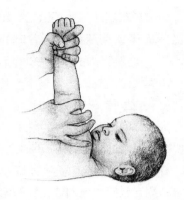

都可以结合着书来读懂你的宝宝。更多信息可参考 http://www.iaim.net。

给宝宝按摩就像读一首长诗。如果你们心情愉悦，就按顺序一行一行地读完整首诗（宝宝知道要期待什么）。如果时间紧促，或准备得不够充分，你可以跳到任何你喜欢的诗行。比如说，早晨时你已经做完了全套按摩，睡觉时想重温一下，那就可以只做手臂和背部按摩，好让你的小宝宝快快进入梦乡。宝宝学会把这个与放松联系起来后，你每天睡觉前都可以给宝宝来一次很舒服的抚摸。爸爸也可以做。

第7章　最初几周的一般护理

宝宝出生后，好多事情一下子发生了，宝宝要适应离开子宫的生活，而你则要适应有了这个小家伙之后的日子。这个时候，了解会发生什么，懂得宝宝的行为，会让你更轻松、更舒适地进入角色。

新生儿的早期变化

新生儿出生后会发生很大的变化。了解你的宝宝，其中相当一部分就是要珍惜这些转瞬即逝的变化。

呼吸模式和声音

观察新生儿的呼吸。你会发现宝宝的呼吸方式是不规律的，呼吸节奏长短不一，偶尔还会有一声深深的叹息，甚至还会有 10 ～ 15 秒的呼吸停顿，让人十分担心。随后，呼吸会变深（你也会松一口气）。然后这个呼吸模式会再次循环。这叫做"间歇性呼吸"，这种不规律的呼吸模式在出生头几周非常正常。满月时，呼吸就会规律很多。宝宝越小，越不足月，呼吸就越不规律。

第一次"感冒"。 新生儿的鼻腔通道很窄，所以哪怕是很微小的堵塞都会导致呼吸不畅。你可以把它看做是宝宝的第一次"感冒"。虽然宝宝的呼吸声很响很混浊，但这一般不是因为感染。新生儿的鼻腔容易塞进一些东西，如毯子或衣服上的绒毛、灰尘、残余的乳汁或香烟、香水、头皮屑、喷雾等环境刺激物。鼻子不通气会导致呼吸困难，因为新生儿只能靠鼻子呼吸，还不能用嘴巴呼吸，所以他们只能用力地用鼻子获取更多的空气。新生儿喷嚏多的一个原因就是他们要清空鼻腔，而不是因为感冒，他们只是试着清清自己的鼻子。

窒息。 宝宝在子宫里的时候肺部

充满了黏液。大多数黏液在分娩过程中被挤出了肺部，或出生后由医生吸掉。剩余的黏液会不时地涌到宝宝的喉咙口，然后宝宝会把它们咳出来。宝宝会短暂窒息，咽下多余的黏液，然后就没事了。让宝宝侧躺着，防止黏液淤积在喉咙口。

呼吸嘈杂。新生儿的呼吸除了不平稳以外，还会有比较嘈杂的声音。还没满月的那段日子，你可以听到宝宝喉咙里的汩汩声和胸腔里的咔嗒声。他看起来很好、很高兴，只是呼吸声有点吵。这不是感冒，因为这些症状很少是由感染引起的。

快满月或第二个月时，宝宝经常流很多口水，多得没法顺利地吞下去。有些口水积在喉咙口，空气经过时就发出汩汩声。把手放在宝宝的背上或胸部，你就能听到和感觉到一种咔嗒声，其实这种声音不是来自胸部，而是来自空气经过喉咙时产生的振动。

当宝宝学会很快地吞咽口水的时候，这些声音就会消失。

你会注意到宝宝睡觉时比较安静，那是因为睡眠时唾液分泌比较少。宝宝不会被这些分泌物窒息，最终他会学会吞咽。无须用药。

正常的声音。新生儿绝不是沉默的，即便在睡觉的时候。大多数声音是由过多空气过快通过小小的鼻腔引起的。我们最喜欢的宝贝声音是这些：空气通过积满唾液的喉咙时发出的汩汩声；如果伴随着鼻塞，就变成了呼哧声和汩汩声的结合。一个饱嗝穿过嘴里或鼻子里的黏液时，会发出嘎的一声；如果有气泡涌起，就是噗的一声。当空气和唾液竞争同一个地方时，呼吸声里会出现咕噜咕噜的声音。

睡觉时，原本很窄的呼吸道放松下来，就变得更窄了，于是每一次呼

清清小鼻子

你可以帮宝宝呼吸得更顺畅，以下是可以用到的方法。

• 宝宝醒着时，让他趴着，头朝向一边。这种姿势有利于让喉咙口的唾液向外流，空气更容易流通。

• 让宝宝的睡眠环境尽可能远离绒毛和灰尘。移走宝宝周围容易堆积灰尘的东西，如羽毛枕头，毛绒玩具和有毛的礼物。（如果宝宝没有鼻塞，就没必要大动干戈。）

• 让宝宝远离容易刺激鼻子的东西：香烟、涂料、尾气、浮尘、香水和头皮屑。不要在宝宝的房间里吸烟，这是最常见的婴儿鼻腔刺激物。

• 清空小鼻子。用盐水喷雾或鼻腔滴剂软化宝宝鼻腔内的分泌物，刺激宝宝把分泌物从后往前推，然后用球形的婴儿吸鼻器将分泌物吸出。这种吸鼻器可以在药店买到。（参见第676～677页清鼻子的方法。）

止不住的哭声

有时候，宝宝之前还好端端的，却突然无缘无故地哭了起来，怎么安慰都没用，而且也不是肠痉挛。在找医生之前，先做做下面的检查。

• 宝宝是不是得了什么急性病？出现下列两个症状是让人担忧的：持续呕吐，全身发白。如未发现这些迹象，宝宝看起来也不是生病的样子，那么继续下面的步骤，再确认要不要找医生。

• 宝宝疼吗？解开他的衣服，观察以下几个方面：

○宝宝的四肢能正常活动吗？有没有发现任何不正常的肿块或肿胀？如果宝宝最近从高处掉下来过，这些观察都是很重要的。如果有问题，请咨询医生。

○腹股沟是否有肿胀？如果有，说明有肠痉挛引发肠内问题，需要看医生。

○宝宝的肚子是否又紧又胀，一边要比另一边肿？这些迹象，加上突然的肠痉挛，说明肠内可能有问题。急性发作时通常伴随着持续呕吐和虚弱、病态的身体症状。记得要在宝宝平静的状态下去感觉他的肚子，因为宝宝哭泣时经常吞进空气，肚子会比较紧绷。

○宝宝身上是否有看起来很像烫伤的尿布疹？这是非常疼的。（参见第 116 页对尿布疹的治疗。）

• 是否流脓鼻涕？这常常是耳朵感染的信号。（参见第 689 页的处理技巧。）

• 宝宝是不是要大便？

• 宝宝是不是牙龈肿胀，口水特别多？他可能是出牙期疼痛。（参见第 339 页和第 521 页。）

• 宝宝的手指或脚趾上是否缠上了头发？小心地将头发摘下来。

• 如果你没有发现上述问题，也没觉得需要立即叫医生，继续下面的步骤。

• 你有没有让宝宝吃什么可能让他肚子不舒服的东西？如果是母乳喂养，你在几个小时之内有没有吃容易胀气的食物？（参见第 168 页。）如果喂的是奶粉，你有没有换另外一种？有没有让宝宝吃从没吃过的固体食物？（参见第 286 页有关食物过敏的内容，以及第 408 页有关给宝宝排气的内容。）

• 宝宝只是烦躁不安？如果你没有找到任何医学、身体以及过敏的原因，试试下面的安抚技巧。

○用背巾把宝宝带出去散散步。
○给宝宝按摩，尤其是肚子。
○婴儿按摩。（参见第 98 页和

第 422 页。）

如果上述建议既不能找到原因，也起不到安抚作用，咨询你的医生。（参见第 398 ~ 407 页，关于安抚宝宝的内容。）

吸听起来都像是音乐，偶尔还会有呼噜声或叹气声。有时候还能听到好像鸟鸣的有趣的唧唧声和吱吱声。享受这些声音吧，它们很快就没有了。

打嗝。所有的宝宝都会打嗝，在子宫里和在外面都一样。嗝经常是一个接一个。我们不知道原因何在，但打嗝对宝宝没什么影响。在打嗝间隙给宝宝喂奶一般能解决这个问题。

婴儿的排泄模式

大便的变化。宝宝的大便会从黑色变成绿色，再变成棕色，最后到黄色。出生头几天，大便是黑色、像焦油似的黏稠物质，这就是胎粪，由婴儿肠子里未消化的羊水残留物组成。婴儿会在出生后 24 小时之内排出胎粪。如果没有，告诉你的医生。快到一周时，宝宝的大便会变得没那么有黏性，颜色也会变成棕绿色。一两周后，大便应该变成黄棕色，以后基本上保持这个颜色。

吃母乳和吃奶粉的比较。吃母乳的宝宝和吃奶粉的宝宝大便是不一样的。如果宝宝是吃母乳的，一两周后，当宝宝吸收了很多富含脂肪的乳汁后，大便会变黄，像芥末一样，并且其中会有一些小颗粒。（参见第 132 页对母乳成分的讨论。）因为母乳天然具有促进排便的作用，所以吃母乳的宝宝大便更频繁、更软，颜色也更黄，还有一种并不难闻的酪乳的气味。

吃奶粉的宝宝大便少一些、硬一些，颜色较黑绿，还有一股令人不太舒服的味道。当宝宝大便的颜色通常都是芥末黄的时候，只要他看起来状态很好，偶尔来一次偏绿的大便也没什么问题。

大便频率。不同的宝宝大便的频率相差很大。前面已经说过，吃母乳的宝宝比吃奶粉的宝宝大便更频繁。有的宝宝在吃奶之后或吃奶过程当中就会排便。头几个月，你在喂奶之后几分钟内经常能听到流质大便发出的汩汩声。偶尔出现水样便（你可以把它称为爆炸性大便）是正常的，不要与腹泻混淆。（如果你担心，可以阅读第 695 页有关腹泻和脱水的相关内容。）新生儿只要奶水充足，一般每天都会有 2 ~ 5 次大便，但一天 1 ~ 2 次也是正常的。个别时候，甚至两三天没有大便都算正常，但仅限于出生后一两个月内。不到两个月的母乳喂养的宝宝，若大便稀少，说明很可能奶水不足。

大便中的血。宝宝偶尔会有很硬的大便，突然之间又会变成"爆炸性大便"，这会对直肠造成轻微的撕扯，称为直肠溃疡。如果你注意到宝宝尿布上有几点鲜红的血斑，或大便里有血，可能就是因为直肠溃疡。

湿尿布的变化。头几周宝宝的尿非常淡，就像水一样。几周之后，尿液会变成琥珀黄色。头几周宝宝一天湿两三次尿布是正常的。之后宝宝一天至少湿 6 ~ 8 次尿布（你可以用四五个纸尿裤）。

红颜色的尿是怎么回事？在头几周，看到尿布上有橙黄色或红色的斑点，可能会让你吓一跳，因为看上去很像血。这些红斑是由一种叫尿酸盐的物质引起的，是新生儿尿液中的正常物质，在尿布上看起来就是橙红色。

新生儿的身体

体重的变化。出生几周内，新生儿的体重一般会比出生时减轻 170 ~ 280 克，占体重的 5% ~ 8%。这是因为新生儿出生时会"携带"着特殊的液体和脂肪，以度过妈妈的乳汁开始正常分泌前的那段困难时期。体重减少多少取决于以下几个方面。

个子较大的宝宝拥有的液体和脂肪多，因而失去的体重也多。喂得多的宝宝和跟妈妈待在一起的宝宝减轻的体重最少。如果你跟宝宝待在一起，每两小时喂一次奶，高能量的乳汁就会很快开始正常分泌，宝宝减轻的体重也就越少。第一周不跟妈妈在一起的宝宝，或每三四个小时才喂一次的宝宝，体重流失得最厉害。

正常的肿块。用手抚摸宝宝的头部，你会发现很多不平的肿块和凸起，尤其在头顶、后脑勺和耳根处。这不仅是因为经过分娩时的挤出。婴儿的头骨包括很多小骨头，此刻还没有连接起来，有待于脑部的发育。到了第2年，宝宝的头摸起来就光滑多了。

另外一个正常的肿块是婴儿胸部中央的硬块，刚好位于肚子上边。这是胸骨的末端，有些宝宝身上会突出好几个月。到了第二或第三个月，你还会发现宝宝的后脑勺和脖子周围有几个豌豆大小的肿块，这些都是正常的淋巴结。

肿胀的阴囊。睾丸最初在腹腔内部形成，通常在产前才会挤过腹股沟落入阴囊。（偶尔会有一个或两个睾丸不会落到阴囊里，但以后会落下来。如果宝宝一周岁时睾丸还未落下来，可以接受激素或手术治疗。）睾丸落入阴囊时经过的腹腔壁的开口通常是关着的，但有时候这个通道还开着，液体就会在睾丸周围堆积，形成阴囊积水。这种肿胀对宝宝没有什么影响，通常在一周岁时会自行消退。给男宝宝检查身体时，医生会用一支小手电筒照在宝宝的阴囊上，检测里面积水的多少以进行诊断。

偶尔有一小段肠子会穿过这个开口进入阴囊。这叫做腹股沟疝。阴囊积水是圆且柔软的，而腹股沟疝感觉要硬一些，呈椭圆形，拇指般大小。这种肿块通常会在宝宝睡觉或放松的时候退回到肚子里去，而哭的时候又伸出来。若有这种情况发生，请告诉你的医生。腹股沟疝需要一个小小的外科手术进行修复，通常无须在医院过夜。

罕见的情况是，这一段肠子卡在阴囊里，这时候要立即进行外科手术以防止伤到肠子。如果肿块越来越大，越来越硬，颜色越来越深，很痛，或者宝宝不断呕吐，肚子痛，这时要立即给医生打电话。

阴唇的肿块。女宝宝的阴唇肿胀跟男宝宝的阴囊肿胀一样。有时候卵巢会移到阴唇部位，就像一个会移动的弹珠，贴在皮肤下面。遇到这种情况要告诉医生，他会安排一个小小的外科手术让卵巢复位。

肿胀的胸。由于出生时体内有大量来自母体的泌乳素，婴儿的胸在几周之内可能会变得肿胀、坚硬，有时甚至可能流出几滴乳汁。这是正常的生理变化，男宝宝和女宝宝都一样。几个月之内，胸部的肿胀就会消退。

封闭的阴道。女宝宝到了一两岁时，阴部那道狭长的缝隙可能会闭合。在婴儿的例行身体检查中，要把这种情况告诉你的医生。这叫做阴唇粘连，因为阴道开口两边非常接近，以至于开始长在一起。这不会让宝宝有任何不舒服或者疼痛。这样的粘连通常会自动分开。但如果粘连变得越来越厚，阻塞了尿液流出，医生可以将它轻轻地分开。你也可以每天温柔地将宝宝的两瓣阴唇分开，防止它再次长在一起。万一又长回去，医生可以在两边阴唇上涂抹含雌激素的乳膏，防止进一步粘连。

到了两岁左右，宝宝自己开始分泌雌激素时，阴唇粘连的现象会自动消失。

凸出的肚脐。婴儿出生时肚子上还有一个开口，脐带与胎盘就是通过这个开口相连的。脐带被剪去后，脐带根部会起皱萎缩，成为肚脐。有时这个刚形成的肚脐会向外凸出，有时候则是扁平的或向内凹。是"向外凸"还是"向内凹"取决于脐带根部痊愈的方式，不是剪的方式决定的。大多数的外凸随着时间推移会慢慢变平。

婴儿腹部围绕肚脐有两组大的肌肉群。有时这两组肌肉之间会有一个开口，当婴儿哭或用力的时候，肚脐就会往外凸。这是因为肠子在皮肤下向外挤，如果摸摸这个凸出的肚脐，你就能感觉到一个软乎乎的凸起。这

弯曲的脚

新生儿蜷缩的腿和脚充分说明子宫内"站立空间不足"。双腿是弯着的，而双脚朝里。在子宫里的几个月，宝宝腿和脚的骨头都呈弯曲状态，因此双腿双脚变直并能够自由踢腿，还要好几个月。你可以帮宝宝腿脚早日变直，只要不让他依然用胎儿的姿势睡觉——双腿交叉蜷在一起就可以了（参见第572页）。对依然保持胎儿姿势睡觉的宝宝，你可以把他的睡裤的两个裤脚缝在一起，这样他就不会再用向内蜷缩的姿势睡觉了。

什么时候不需要担心

抬起宝宝那双娇嫩的脚，看看他的脚掌。脚前掌稍微有一点弯曲是正常的。你可以一只手抓着宝宝的脚后跟，另一只手轻轻地将宝宝的前脚掌扳直。如果宝宝的脚能轻易地用手扳直，那么这种弯曲就是正常的，可在几个月后自动矫正。为了让小脚丫快点变直，你可以在每次换尿布时帮宝宝做这种扳直的运动，并减少宝宝使用胎儿姿势睡觉的机会。

什么时候需要治疗

如果宝宝的前脚掌向内弯，而且你看到或感觉到具有以下特征，那么要向医生咨询是否需要治疗：

• 与后脚掌相比，前脚掌弯曲得厉害。

• 轻轻的按压没法使脚伸直。

• 脚底有一条很深的折痕，前脚掌从这里开始向内弯曲。

如果宝宝的脚（通常两只脚都如此）出生时具有上述特征，且在接下来的一两个月内也没有自动矫正的迹象，你的医生会建议你把宝宝送到整形外科医生那里，做一个简单、无痛的治疗，叫系列性石膏矫正法。医生会让宝宝穿上像白色小靴子一样的石膏，每两周换一次，每次都拉直一点点，持续两三个月时间。之后，医生会让宝宝在几个月内穿一种特殊的鞋子，让宝宝的脚保持伸直状态。

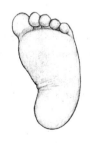

弯曲的脚　　　　　正常的脚

叫做脐疝，可能有高尔夫球那么大，也可能像指尖一样小。随着肌肉增长，肚脐边上的开口会慢慢闭合，肠痉挛现象也会消失。脐疝在黑人宝宝当中较为普遍。这种情况对婴儿没有什么坏处，千万不要用胶布贴住肚脐，这样不但不会加速愈合，反而会造成感染。一般到了两周岁的时候，宝宝就能自动痊愈。

颤动和发抖。婴儿未成熟的神经系统会经常引发肌肉抽搐：颤抖的下巴，颤抖的手臂、双腿和似笑非笑的抽动的嘴唇。这些正常的动作在宝宝渐渐入睡的时候尤其明显，3 个月之后就会消失。

咯咯响的关节。当你移动宝宝的关节时，可能会听到咔咔的"关节杂音"。这些都是正常的，因为宝宝的韧带和骨骼还比较松弛。

吐奶

如果你的衣服上有奶渍，就说明宝宝会吐奶。头几个月，大多数宝宝都会吐奶，一天几次。吐奶只是增加了洗衣服的负担，而不是多么严重的医学问题，对宝宝没什么影响。要根据时机、场合穿衣服。如果你的宝宝是个每顿都要吐奶的小家伙，你最好穿印花布的衣服，不要穿深色。手边备一块毛巾，准备宝宝打嗝时用。

损失不多。当宝宝吐奶的时候，你可能会很心疼——自己的身体这么辛苦才产生出来的一点奶，或者花了这么多钱买来的奶粉，就这么泡汤了。事实上，你可能高估了宝宝吐奶的量。盛一匙奶倒在桌子上看看，这滩奶迹跟你衣服上的斑驳像吗？宝宝每次吐奶的量大概就是这些。

婴儿为什么会吐奶。婴儿吐奶，是因为他们还只是婴儿。他们一口气吞下奶和空气，空气在胃里落到了奶的下面。当胃收缩时，就像一把气枪一样把一部分奶射到了食道，这样你的肩膀上就有了发酸、凝固的奶渍。有时宝宝狼吞虎咽地咽下了太多奶，如果胃里装不下，就会送些回来。吃奶之后，若宝宝受到推挤或晃动，也会造成吐奶。

如何安抚吐奶的宝宝。下面的建议可以帮你安抚吐奶的宝宝：

• 慢点喂。宝宝有个小小的肚子，记得这一点。如果是喂奶粉，可以少吃多餐。

• 在喂奶过程中和喂奶之后，拍拍宝宝的背。吃奶粉的宝宝，每吃90 毫升左右，就要给他拍拍背。母乳喂养的宝宝每换一边喂，或在吃奶的过程中稍作停顿时，都要帮他拍拍背。（参见第 226 页，"帮宝宝打嗝排气"。）

• 喂奶时以及喂完后的二三十分钟内都要让宝宝保持直立姿势。如果你没有时间抱着宝宝让他直立，可以用背巾背着他，保持竖直的姿势。重力可以让奶不再吐出来。

• 喂完奶之后半小时不要让宝宝受到推挤或晃动。

• 如果是用奶瓶喂奶，那么奶嘴上的小孔要大小适中。（参见第222页和第225页调整奶嘴吸孔的大小。）

• 需要换配方奶粉的时候，告诉医生（参见第216页）。

• 宝宝吃奶的时间可能太短，没有把乳房中高脂肪的后乳吸出来（后乳更容易留在乳房中）。更多信息参见第156页。

什么时候停止吐奶。大多数宝宝在六七个月大，学会坐直以后，就不再吐奶了。（参见第407～416页，关于胃食管返流症的讨论。）

吐出的奶汁含血丝。不要惊慌。如果是母乳喂养，那宝宝吐出的多半是你的血，而不是宝宝自己的。通常是因为喂奶时你的乳头有伤口，伤口痊愈后这种现象就会自然消失。偶尔宝宝也会因为用力呕吐而导致食管末端的微血管破裂，但这会很快痊愈。如果上述这些原因看起来都不像，且流血在继续，请联系医生。

眼睛

流黄泪的眼睛

大多数新生儿的眼睛在3周左右时会开始产生眼泪。这些泪水会通过内眼角的细小输泪管流至鼻子。在头几周或者一两个月，你可能会看到宝宝的一只或两只眼睛里流出黄色、黏稠的分泌物。这通常是由于输泪管堵塞引起的。分娩时，这些通往鼻子末端的导管有时候会被一层薄薄的隔膜覆盖，出生后又会很快被打通，以便泪液流通。有时这层隔膜没有完全打通，输泪管就会堵塞，这时泪液就积聚在眼睛里。没有及时排出的泪液容易感染。

这种情况一旦发生，宝宝眼里流出的液体就会是黄色的，说明被堵塞

需要担心的吐奶现象

吐奶非常常见，问题不大，但如果出现下列现象，则需要寻求诊治。

• 宝宝的体重在减轻，或者没有明显增加。

• 吐奶的频率在增加，而且以喷射方式吐奶（奶汁会越过你的大腿落到地面上）。

• 吐出的奶汁是绿色的（其中含有胆汁）。

• 吐奶同时伴随着肠痉挛。（参见第407～416页关于胃食管返流症的内容。）

• 每次喂奶的时候宝宝都会被噎住并且咳嗽。

的输泪管已被感染。

现在告诉你怎么疏通宝宝的输泪管。轻轻按摩眼睛下面靠近鼻子的凸起部位——输泪管就在它的下面。向下、向内按摩（朝向鼻子）大概6次。这种按摩可以随时做，例如每次换尿布之前（你先要洗手）。按摩会压迫里面积聚的液体，最终会冲破隔膜，清空管道。

如果宝宝的眼睛还是会流出黄色的液体，那么趁给宝宝检查身体时，请医生指导你如何按摩输泪管。如果黄色液体仍然继续流，医生就会给宝宝开抗生素药膏或眼药水。很多妈妈都发现，当她们往宝宝的眼睛里滴几滴自己的母乳（含有天然抗菌物质）后，流黄泪的现象就消失了。

输泪管堵塞的现象时有发生，不过通常在宝宝6个月后就保持通畅了。如果上面说的这种保守治疗不起作用，那每隔9～12个月，要请眼科医生用微细金属探针插入输泪管疏通。这是个很小的小手术，但如果宝宝出生1年以后再做的话，就要给宝宝实施麻醉。出生几个月的宝宝眼睛流黄泪一般都是由于输泪管堵塞引起；而大一点的宝宝，流黄泪则可能是因为结膜炎，还可能是因为耳朵和鼻窦感染。（关于结膜炎，参见第720～721页。）

眼里的红丝

宝宝出生后不久，你会发现他的眼白上面有一条红丝。不要担心！这是结膜出血，是分娩时的挤压导致血管破裂引起。对宝宝的眼睛不会有什么危害，几周内会自动消失。

嘴巴

往宝宝的嘴里瞧瞧，你可能会看到嘴唇内侧、脸颊内侧，或者舌头、上颚部分有白色奶酪状的斑点。这些斑点以前没有，所以这次看到简直把你吓了一跳，你迫不及待地给医生打电话。这实在太让人着急了。

鹅口疮

别急着打电话——这只是鹅口疮，是由酵母菌感染引起的。酵母菌是一种真菌，通常存在于皮肤上温暖、湿润的地方，例如口腔、阴道、尿布区，依靠奶液存活。用抗生素治疗后，酵母菌感染通常会加重，因为抗生素也会杀死能控制住酵母菌活动的好的细菌。

除非久未治愈，鹅口疮很少会对宝宝造成什么危害，只是会有点痒，嘴里疼，算不上什么，不过很多患鹅口疮的宝宝在吃奶时显得很急躁。积存在舌头和口腔黏膜上的乳汁看起来跟鹅口疮很像,但乳汁能够轻易擦掉,而鹅口疮不能。如果你去刮舌头或黏膜上的白斑,只会擦掉表层,有时甚至会有些轻微的出血。

宝宝不太可能从别的宝宝那里传染鹅口疮,而是由于他自身的酵母菌过度繁殖造成的。这种酵母菌在没人知晓的情况下悄悄地在嘴巴和皮肤上大肆繁殖。事实上,宝宝在分娩通过产道时可能会感染到酵母菌。

治疗。告诉你的医生(不用挂急诊),他会给你配一些抗真菌药物。用你的手指或配套的涂药器把药抹在那些白斑上以及嘴里其他部位的黏膜上,一天 4 次,连续抹 10 天。除药物治疗外,这里还给大家介绍一个简单的家庭疗法:用指尖沾嗜酸菌制剂粉末(可以在健康食品店的冷藏柜里找到,一般是胶囊包装)涂抹在白斑上,一天两次,持续一周。

酵母菌比较顽固,难以根除,因此一般要进行多个疗程才能彻底治愈。如果宝宝用安抚奶嘴或吃奶粉,每天用沸水把这些器具煮 20 分钟。患鹅口疮的宝宝可能也会患真菌性尿布疹。(参见本章后面关于尿布疹的内容。)

鹅口疮的传染。在给宝宝喂母乳时,宝宝的鹅口疮可能会传染给你的乳头。感染的乳头会感到疼痛,微微发红或粉红,皮肤略微发胀、变干、会脱皮,还会发痒、发烫,喂奶之后感到乳头内部隐隐作痛。乳头的治疗同宝宝的鹅口疮一样,只要用抗真菌药膏涂抹,就能将酵母菌赶走。如果乳头的感染非常严重,医生会给你开口服抗真菌药物。妈妈们也可以直接口服嗜酸菌制剂胶囊,以此更快地清除感染的真菌。

嘴唇上的水疱

在出生后的第一个月,宝宝的上嘴唇可能会长一些水疱或硬皮之类的东西。这是由宝宝旺盛的吮吸能力引起的,在快到一岁时会自然消退。这些水疱很正常,没有大碍,无须担忧。你可能还会在宝宝的上颚、牙龈发现一些白色的小"珍珠",这些通常会在几个月内消失。

新生儿的胎记和皮疹

用手触摸宝宝的皮肤,那么软,那么光滑,但是并不完美。你会摸到干干的斑块,脱皮的部分,还有硬硬的、皱皱的部分。有些地方的皮肤看起来不怎么样,例如下巴周围、脖子、手腕部位和脚后跟。但不要担心,宝宝会长好的。下面让我们用手和眼,从头到脚地触摸宝宝皮肤的多样变化。

宝宝的正常胎记

仔细看看宝宝的皮肤，同样不是那么完美。斑点、疙瘩、色斑、条纹——简直披了一件色彩斑斓的外衣。但新生儿的皮肤有一个很显著的特点——变化能力，有时候变化就发生在你眼皮底下。

鹳咬伤。大多数新生儿身上都有一些因血管聚集而形成的斑块，这些光滑的斑块一般为红色或粉红色，非常显眼，比如在眼皮、颈背和额头中间的部位。它们不是真的皮疹，而是类似痣的东西，用爸妈的话来讲，就是胎记。爷爷奶奶会说这是被鹳鸟咬的。当然，这些印记不可能是传说中的送子鸟留下来的，而是过多血管聚集并透过新生儿薄薄的皮肤显露出的效果。随着多余的血管逐渐萎缩，皮肤变厚，到了宝宝一周岁左右，这些印记就会消失或者减退。但长在颈背部位的会一直存在，不过头发可以把它们覆盖住。

有时这些明显的斑块消失后又会重新出现，那是在宝宝哭泣或用力的时候，这时候爸爸妈妈会大叫："你看，宝宝额头上的灯又亮了！"

草莓痣。"鹳咬伤"是出生时产生，以后慢慢消失的，还有些胎记是出生一两周后产生，然后慢慢长大的。大多数开始的时候是个凸起的红圈，到了一岁左右就会变成硬币大小。在接下来的 1 ～ 3 年，它会开始萎缩，当你看到中央颜色变灰的时候，就知道它已经长到尽头了。

这种胎记叫草莓痣，看起来、摸起来都像草莓。草莓痣是由皮肤表面血管不正常的过度增长造成的，大多数宝宝身上都有至少一个。而且，像草莓一样，它们个头、形状各异，小的像雀斑一样，大的有高尔夫球那么大。

虽然不美观，但大多数草莓痣还是自生自灭最好。有时它们长得很碍事，例如长在眼皮上会影响眼睛睁开，进而影响到宝宝视力发展。还有一些长在腿上和手臂上，一戳就流血。如果影响美观，可以用注射和激光疗法把这些草莓痣去掉。

痣。这些棕黑的痣有雀斑那么小的，也有大的、长毛的。它们通常不会变化，因此当宝宝长大时，痣看起来就相对地变小了。它们是无害的，无须担心，也无须治疗。涂防晒霜时（参见第 750 页），记得痣上也要涂。个头大的、上面长毛的痣要切除，因为它们有可能变成恶性的。

蒙古斑。几乎每年我都会接到好事者打来的那种尴尬电话，他们控告一些父母虐待孩子，因为他们看到孩子的屁股上有瘀青。这些状似瘀青的斑点在肤色偏暗的宝宝身上很常见，如非洲人或亚洲人，一般分布在后腰、屁股上，有时甚至在肩膀上或腿上。

这些斑点会随着时间推移而变淡，但大多数不会完全消失。

咖啡牛奶斑。这是一种平的棕色胎记，很像咖啡和牛奶搅拌之后的颜色。它们大多数不会变化，随着宝宝长大，它们也就相对变小了。

宝宝第一次长疹子

粟粒疹。头几周，你会看到宝宝的脸上分布着白色的小颗粒，尤其是在鼻子部位。这是皮肤毛孔被分泌物堵塞引起的，很正常，几个月后会自动消失，无须治疗。

中毒性红斑。不要被这可怕的名字吓住，这是一种黄白色的疙瘩，周围还有一圈红色，看起来像被虫子咬了一口。这些疹子也是无害的，一般出现在一周左右的宝宝肚子上，无须治疗，两周后会自动消失。

痱子。这是一种红色的疱疹，常出现在皮肤上湿度比较高的位置，如脖子的褶皱处、耳根、腹股沟，或是衣服穿得比较紧的地方。用手指轻轻地抚摸，你就知道为什么英语中把痱子称为"长刺的热点"（prickly heat）了——那是一种粗糙的、砂纸一样的触感。

痱子会让宝宝感到很不舒服。你可以给宝宝穿宽松、轻巧的棉质衣服，用冷水或苏打水溶液（一茶匙兑一杯水）轻轻冲洗长了痱子的皮肤。记得

用轻拍、冲洗、吸干的方式，而不要揉搓、擦洗敏感的皮肤。

新生儿痤疮。大概在第三或第四周，宝宝完美的脸上第一次出现了肌肤问题。

与青春期的激素分泌相似，分娩时激增的激素会使宝宝皮肤上的油性腺体过多地分泌一种叫皮脂的蜡质物质，广泛分布在脸上和头皮上。毛孔被这些皮脂堵塞、发炎，形成痤疮。父母们叫它宝宝粉刺，医学上称为脂溢性皮炎。

与青春期痤疮一样，这种红色的油性疹子在宝宝脸上到处都是，原先柔软、光滑的脸颊现在摸上去如同砂纸一般粗糙。

暂时收起相机吧，反正这第一次青春期很短暂（有经验的摄影师会在这段粉刺期之前或之后安排宝宝拍第一张照片）。新生儿痤疮在宝宝出生后第三周达到顶峰，之后在 4～6 周内消失。

皮肤干裂的治疗

许多新生儿——特别是晚产的——都会出现皮肤干燥脱皮的现象，尤其是在手和脚上。其实婴儿皮肤含有天然油性，无须任何润肤液，但如果手腕、脚踝处的干裂有增无减，可以使用婴儿润肤乳或婴儿油。

新生儿痤疮令爸爸妈妈十分困扰，相反，宝宝好像没什么影响。把宝宝的指甲剪短，以防他抓挠。用水和温和的香皂轻轻洗去宝宝脸上多余的油脂。如果痤疮受到感染（周围区域变红，或有蜂蜜状的流脓），医生会给你开抗菌药膏。大多数新生儿痤疮无须特殊照顾就能痊愈。

如果痤疮出现得比较早（比如在宝宝出生后第二周），而且/或者快速恶化——上至头发，下至脖子甚至肩膀都长了痤疮，那么这可能是宝宝对配方奶粉或母乳过敏了。我们的第7个孩子史蒂芬曾遇到过这种事，当玛莎把乳制品从食谱里去掉后，这种症状立即就消失了。

摇篮帽。还有一种脂溢性皮炎，俗称"摇篮帽"，就是出现在宝宝头上带硬壳的、透明油性皮疹，在囟门尤其明显。如果不太严重，宝宝头上易剥落的干性头皮看起来很像头皮屑。这种情况不需要太多的治疗，只要轻轻地清洗，增加湿度就可以了。用温和的洗发水，每周洗头不超过一次。洗得太用力、太频繁会使头皮更干，"摇篮帽"也就更严重。

下面介绍严重的"摇篮帽"应该如何治疗：

• 在头皮上抹点冷榨的植物油，轻轻按摩约一刻钟，使之软化吸收。

• 用非常柔软的牙刷，轻轻地去除剥落的头皮屑。

• 用温和的洗发水洗去多余的油脂。

如果皮炎没有好转，且日益严重、发痒，可以试一下非处方（OTC）的治疗摇篮帽的洗发水，一周两次，直到痊愈。（参见第120页"最好的健康宝宝皮肤"。）

在宝宝的耳朵后面、脖子褶皱处，你也能看到一些结硬壳的油状皮疹，这种脂溢性皮炎通常以温水清洗就会好转，也可以用氢化可的松软膏治疗。皮肤在湿润的环境下感觉比较舒服，这就是为什么大多数疹子会在冬天恶化。在宝宝的房间里放一个加湿器，有利于保持皮肤湿润。

尿布疹的预防和治疗

宝宝刚出生时，好好地观赏一下他光洁无瑕的小屁股，因为这里的皮肤恐怕在接下来的一年里都不会如此洁净了。宝宝一用尿布，疹子马上就跟来了。皮肤和尿布不会和平共处。为了洁净，必须用尿布，可这时宝宝的皮肤就要抗议，它要的是阳光和清新的空气，于是它要反抗。

尿布疹从哪里来？过度敏感的皮肤以及尿液和大便里的化学物质，再加上尿布这个特大号"绷带"紧紧裹住，反复摩擦。一转眼，尿布疹就来报到了。时间一长，细菌和真菌就开始在潮湿的皮肤里繁殖，也就有了

治疗皲裂的皮肤

新生儿，尤其是晚产的宝宝，皮肤比较干燥，手上和脚上表现得最明显。宝宝皮肤分泌的天然油脂足够应付这种情况。如果手腕、脚踝等皮肤折叠处出现皲裂，可以用保湿霜，如含有羊毛脂的乳霜，或婴儿按摩油，如椰子油、桃仁油、红花油、杏仁油、鳄梨油。

更多的尿布疹。

多余的湿气和敏感的皮肤是引发尿布疹的罪魁祸首。湿度太高会夺去皮肤的天然油脂，而潮湿的皮肤更容易因摩擦而受到损伤，无法再充当天然保障。宝宝的腹股沟脂肪比较多，这些折叠的皮肤相互摩擦，经常会产生尿布疹。当宝宝逐渐习惯了这个湿度，固体食物又会带来新的化学刺激物，尿布疹也随之变化。

对付尿布疹

不要为宝宝的尿布疹寻找什么个人理由。"但是他下面一湿，我就给他换尿布的呀！"妈妈们经常会这么说，为宝宝还在长尿布疹而感到抱歉。其实，尿布换得最勤的宝宝也免不了会长尿布疹。以下方法可以减轻症状。

勤换。研究表明，一天至少换8次尿布的宝宝，尿布疹的症状会轻些。

试用不同类型的尿布。虽然每种品牌的纸尿裤都在广告中宣称可以对付尿布疹，还是应该分别试一下尿布和不同品牌的纸尿裤，看哪种效果最好。

洗掉尿布上的刺激物。洗尿布时，往水里加一杯半的醋，可以更好地洗去肥皂残留和碱性刺激物。

冲洗和擦拭。每次换尿布，都要洗洗宝宝的屁股，尤其是在尿布整个湿透了或是闻得到氨水味的情况下。多试几次，看哪种方式对宝宝的皮肤比较好。敏感肌肤最好用清水洗，或者用温和的香皂。有些敏感的宝宝对擦屁股的婴儿湿巾很挑剔，尤其不能适应上面的酒精，而有些宝宝则能毫无障碍地接受。试试不同的擦拭方法，找到最合适的一种。

轻拍。用一块软毛巾或干净的尿布以轻拍的方式吸干宝宝的屁股。不要用抹上强刺激性肥皂的毛巾揉搓敏感的皮肤。我们有一个孩子的皮肤就属于这类极敏感的类型，用毛巾吸都会使她的皮肤变红，所以我们就用吹风机(调到最小档，放在约30厘米远)吹干她的屁股。

保持空气流通。纸尿裤要系宽松些，使尿布区能够透气。不要用太紧身的尿布和密闭塑料防水婴儿内裤，这类装备可以留在宝宝的屁股不适宜出状况的社交场合用。

偶尔露露屁股。宝宝睡觉时，要把他的屁股露在外面，偶尔可以在关好窗户的前提下享受 10 分钟的室内日光浴。把光溜溜的宝宝放在展开的干净尿布上，下面垫一块塑料垫子，以防弄湿床垫和毯子。天气暖和时，稍微大一点的宝宝可以露着屁股在室外的阳光下打盹小睡。

减少摩擦。为了减少摩擦，试着用大一号的尿布。将纸尿裤的塑料衬里往外折，只让柔软的部分接触宝宝的皮肤。如果宝宝腰间长了一圈疹子，那说明摩擦是主要原因。除了尿布会摩擦皮肤外，随着宝宝腿的转动或学走路，腹股沟处肥肥的肉也会互相摩擦。用一些如 Drapolene 或 Sudocrem 尿布疹膏，或氧化锌软膏之类的润滑剂，能减少腹股沟处的皮肤发炎问题。

隔离霜

如果宝宝不长尿布疹，那些软膏、药膏之类的玩意儿就派不上用场，因为它们会阻碍皮肤自由呼吸。但如果你的宝宝很容易长尿布疹——"我刚刚把他的尿布疹治好，马上又开始了"——隔离霜可能是一个很好的预防措施。一看到屁股变红，有些异样，就慷慨地抹上一层含氧化锌的隔离霜。隔离霜能保护皮肤免受刺激和摩擦。爽身粉可以算是最古老的护肤品之一，通常用在腹股沟、大腿等地方，但就我们的经验看，它没起到什么隔离作用，反倒添了很多麻烦。

饮食的改变

当身体一端的条件变了，另一端的结果也会跟着变化。饮食的改变，包括改变奶粉配方、引入固体食物，出牙，或用药问题，都会使大便和尿液的化学成分发生变化，以至于产生尿布疹。（研究表明，母乳喂养的宝宝尿布疹的症状相对轻一些。）一旦"入口"有所变化，在尿布疹产生之前，就先用隔离霜，在宝宝特别容易长疹子的情况下尤其如此。

如果宝宝在服抗生素，每天给他一茶匙或一个胶囊量的嗜酸菌制剂粉末，或双歧杆菌菌粉，减少因抗生素导致的腹泻和尿布疹。（参见第 701 页"益生菌"。）如果尿布疹发得不快，试试抗真菌软膏（见下文）。

做一个尿布疹大侦探

"尿布疹"是对尿布区所发疹子的一个总称，下面介绍几种尿布疹的辨别和处理方法。

过敏圈。如果宝宝的肛门周围可以看到红红的一个圈，说明刺激性的饮食是导致尿布疹的罪魁祸首，与吃新食品时在宝宝嘴边看到的疹子相似。过多的柑橘类水果、果汁和大麦是主要的刺激物。中断这些食品,看看红圈是否消失。如果你是采用母乳喂养,甚至要把这些食物从你自己食谱里去掉。(参见第282页对食物过敏更详细的讨论。)

接触性皮炎。这是一种扁平、看起来很像烫伤的红色疹子,常出现在尿布摩擦的区域,如腰周围和大腿上部。这种疹子有一个明显的特征,即常见于跟尿布接触不那么多的、没有褶皱的皮肤上。引发这种疹子的,既有尿布上自带的化学刺激物、清洁剂,也有尿液和大便在尿布里一段时间后产生的化学刺激物。人工合成材料对宝宝敏感皮肤造成的刺激是另一个可能的原因,还有拉肚子或使用抗生素

治疗时的大便里的化学变化。

把宝宝的屁股浸在温水里5分钟,如果你仍然能闻到宝宝的尿布区传来阵阵氨水的气味,就再浸一段时间。尽可能地不给宝宝包尿布。试试不同类型的尿布。除了通常用的药膏外,再加1%的氢化可的松软膏涂抹,每天两次,连续抹上几天。

对磨疹。对磨疹和接触性皮炎刚好相反。它常常长在皮肤褶皱多的地方,如腹股沟。这是由皮肤褶皱处类似"热带气候"的热度和湿度引起的。当尿液接触到这些长着对磨疹的区域时,皮肤会有灼烧感,引起宝宝啼哭。治疗方法就是每次换尿布时用Sudocrem尿布疹软膏涂抹受到刺激的皮肤。

脂溢性皮炎。脂溢性皮炎的边缘界线分明,看起来就像一块红色的大补丁,补在腹股沟、外阴部和下腹部。这种尿布疹看起来最严重——比其他类型都更凸出、粗硬、厚实、多油脂。对付这种疹子,除了上文介绍过的预防措施外,还要用1%的非处方可的松软膏,用后若效果不明显,再用处方软膏。这里要提醒一下:未经医生许可,不要长时间使用可的松软膏,因为它可能会对宝宝的皮肤有损伤。(参见第713页"湿疹的治疗"。)

真菌性尿布疹。如果用了上述所有预防措施,也用了提到过的处方、非处方软膏后,宝宝的尿布疹还在持

续，那么有可能是酵母菌在作怪。试一下非处方或处方的抗真菌软膏。真菌性尿布疹是粉红色的，凸出，像补丁一样边界分明，主要分布在生殖器区域，周围也零星地有些小斑点，经常伴有脓疱。如果尿布疹持续了好几天，就可能引发真菌性尿布疹。有时候对付持续性的真菌感染，有必要口服抗真菌药物，就像对付鹅口疮一样。

脓疱病。由细菌感染（通常是链球菌和葡萄球菌）引起，表现为硬币大小的水疱，有蜂蜜色的硬痂。分布在尿布区，主要是屁股上。这种尿布疹需要有医生处方的抗生素软膏，有时还需要口服抗生素。

尿布疹是对包屁股的文明婴儿生活方式的自然反应，像所有烦人的婴儿期小麻烦一样，尿布疹的问题总有一天也会结束。

最好的健康宝宝皮肤

宝宝的皮肤是否健康，不仅取决于皮肤接触到和所处的环境（我称之为外在因素），还取决于给皮肤"喂"什么（我称之为内在因素）。除了要善待宝宝的敏感肌肤，不要穿刺激性的衣物，不要暴露在强烈的阳光照射下之外，还要给宝宝的皮肤提供合适的养分，这样才能让宝宝的皮肤保持健康光滑。

水润宝宝皮肤

就像土壤一样，宝宝也需要很多水分来保持皮肤不干燥。

吃配方奶粉的宝宝需要每天喝一瓶水。母乳喂养的宝宝不需要额外喝水。

油润宝宝皮肤

健康的皮肤还需要丰富的油脂。对皮肤最好的油脂是 omega-3 脂肪酸。omega-3 脂肪酸最好的来源是母乳，除此之外，鱼也是很好的来源，例如深海三文鱼。亚麻油或芥花籽油，也是 omega-3 油脂十分丰富的来源。在儿科门诊，我曾亲眼见到戏剧性的变化，我的小病人原本干燥、鳞片状的皮肤，在我给他妈妈的饮食中配了额外的 omega-3 脂肪酸，或在奶粉中加一茶匙的亚麻油之后，变得光滑润泽。对初学走路的孩子，我会在他们每天吃的水果奶糊中加配一大汤匙的亚麻油。（更多保持皮肤健康的诀窍，参见第 713 页"湿疹的治疗"。）

减少婴儿猝死综合征

直到最近，对婴儿猝死综合征（SIDS）的看法依然是："没有人知道是怎么回事，也无法预防。"新的研究正挑战着这种消极的观点。下面介绍目前医学界对这种病症的认识，你可以了解如何降低这种风险。

在这里，我想先提个醒：下面的讨论只是想帮你了解，而不是为了让你不愉快；是为了激励人心，而不是让你害怕。了解了这个可怕的恶魔之后，父母能少一点担心，可以参与到减少这种风险的计划中，不必觉得那么无助。我们不想暗示你，如果不接受我们推荐的预防措施，你的宝宝就有可能出问题——或者如果你接受了，宝宝就不会有事。其实，婴儿猝死综合征很少见（参见第123页"婴儿猝死综合征的事实"），但我们的建议，有可能进一步降低这种病症的概率。这些建议建立在最新研究的基础上，还根据我们自己的经验。未来会有更多更好的研究帮助我们了解并预防这种悲剧，在此，我们告诉你的是最好的建议。

降低风险计划的背景

我们的"SIDS风险降低计划"是这样假设的：通过采用一定的健康预防措施，实行亲密育儿法，父母能降低孩子患婴儿猝死综合征的风险。下面是支持这一假设的实践建议：

1. 良好的产前护理。
2. 不要在宝宝周围吸烟。
3. 让宝宝仰卧或侧卧。
4. 尽量母乳喂养。
5. 宝宝睡觉时不要过热。
6. 给宝宝做好卫生保健。
7. 保持宝宝睡眠环境的安全。
8. 采用亲密育儿法。
9. 和宝宝一起睡。

这些措施里的一些内容看起来只是一些常识性的老生常谈。确实是这样。其他的对你来说可能是第一次听说，我们会详细地一一叙述。但为了让你理解我们是如何得出这些建议的，先回顾一下我们对婴儿猝死综合征的理解的演变。

我对这个问题的参与开始于早年的儿科实习。在给婴儿做健康检查时，我经常问新父母们是否有什么忧虑。他们会说："婴儿猝死综合征。"接着问："为什么会发生这种情况？"

"我不知道。"我心虚地回答。

"我们能做点什么来预防吗？"他们继续问道。

"据我所知，没有。"我想躲开这个问题。

每次结束这种无益的谈话，我就感觉到自己让这些父母们很失望。当我试着安慰因为这个病症而失去孩子的父母们时，心里更加难过。我为他们失去宝宝感到非常悲痛，也为自己没法向他们解释病因和预防措施而感到悲痛。

身为父母，我想我可以做很多事情让我们的宝宝远离这种恶魔；作为医生，我想我有很多事情需要研究。

在接下来的 20 年里，我阅读了对婴儿猝死综合征的大部分著名研究报告。与流行的看法不同，婴儿猝死综合征并不完全是个谜。对于什么是婴儿猝死综合征，已经有了很多已知的信息。直到最近，有价值的结论才从实验室里来到了千家万户。我也注意到，几乎所有的育儿书都不愿意从预防的角度处理这个棘手的问题。但根据我的经验，我相信父母了解得越多，担心就越少。

这些研究说明了两个事实：发生婴儿猝死综合征的大都是 2 ~ 4 个月大的宝宝，且多发生在睡梦中。导致这种病症的原因或许很多，但如果设想大部分患该病的婴儿是由于基本的睡眠紊乱，是不是有道理？为什么 2 ~ 4 个月的宝宝这么脆弱呢？我试着找出答案，发现研究婴儿猝死综合征的人可以分成两种：基础科学家，他们研究因为这种病而夭折的婴儿的生理特点；统计人员，他们寻找婴儿猝死综合征的模式和风险因素。虽然这两种方法都是必要的，但我感觉还需要另外一种方法。我想知道育儿方法能在多大程度上影响此病的发生概率，尤其是在高风险时间（夜晚）和高风险时期（头 6 个月）。我想填补这项研究的空白。

婴儿猝死综合征看起来很像是睡眠紊乱引起的，我猜想，父母——尤其是母亲——能通过改变婴儿的睡眠方式来影响婴儿的警醒能力。我做了一个假设：和宝宝一起睡能减少猝死的风险。下面是我们验证这一假设的第一个案例。我们在一个高风险宝宝的婴儿床边加了一个婴儿监视器。当宝宝 3 个月大时，呼吸暂停的警铃就开始响得越来越频繁。但当妈妈把宝宝带到自己的床上一起睡时，警铃就不再响了。而当宝宝又回到婴儿床上单独睡时，警铃又开始响了。

1986 年，我受邀参加在火奴鲁鲁举行的国际儿科大会，讲解我的发现和假设，题目是："睡眠共享的保护作用：它能预防婴儿猝死综合征吗？"我希望我的讲解能引起更多研究者的兴趣。接下来的几年当中，研究机构关于育儿方式和猝死关系的研究结果越来越多。美国国立卫生研究院开始组织对睡眠共享的研究，从 1988 年开始，在这方面的研究有了很大的进步。1992 年初，我们研究这一假设又多了两大利器：计算机技术有了改进，方便我们进行家中的睡眠研究；西尔斯家的卧室实验室又多了一个小宝宝。我们将在后文中介绍

婴儿猝死综合征的事实

婴儿猝死综合征的定义是，不到一岁的婴儿突然死亡，而且死因不明，不管是尸体解剖、现场检查还是病史回顾，都没法做出解释。在美国，婴儿猝死综合征的概率不到1/1000，通常发生在婴儿2～6个月，而以2～4个月最为普遍。95%的猝死病例发生在婴儿6个月之前。这类悲剧最常发生的时间是半夜到清晨6点钟，最常发生的月份是12月和1月。美国每年死于这种病症的人数约为3000人，是1个月到1岁的婴儿最主要的死亡原因。虽然大部分婴儿发病之前并没有显示出预警信号或风险因素，但有些婴儿的风险因素确实比较高。包括：

• 早产儿或出生时体重较轻的婴儿。

• 在产后几周内有过呼吸暂停现象的婴儿。

• 有过明显的威胁生命事件的婴儿，例如出现过呼吸暂停，导致脸色苍白或铁青，四肢柔软无力。

• 母亲很少或不做产前护理的婴儿。

• 出生于社会经济条件比较差的环境中的婴儿。

显然，即使是这些高危婴儿，也只有不到1%遭遇婴儿猝死综合征。这种病症不是由疫苗接种引起或被毯子闷的，也没有传染性。导致婴儿猝死综合征的原因至今未明。有很多理论，但无一得到证实。流行的观点认为，导致猝死的是睡眠紊乱。研究显示，有猝死威胁的婴儿生来就有些生理异常。表面上看，这些宝宝与别的宝宝没什么两样，但在体内，这些高危宝宝有着不太成熟的呼吸调节机制。在每个人的大脑深处都有一个总控制中心，负责接受刺激，调节呼吸。它的功能就像空调的温控中心，当温度上升或下降时，就会自动调节到预先设定的温度。同样的，大脑的呼吸控制中心维持着血液中健康的氧气含量。当血液中的氧气含量太低，或二氧化碳含量太高时（呼吸暂停或屏住呼吸时），呼吸控制中心就会自动地加以调节，以刺激呼吸。这种保护性机制即使在人熟睡时仍然起作用。但有些婴儿，不知道因为什么原因，他们的呼吸不会自动重启。简言之，这些宝宝在睡梦中呼吸功能失常了。

我们激动人心的发现。

基于这个背景，"SIDS 风险降低计划"有了进展。

降低猝死风险的 9 个方法

根据当前对婴儿猝死综合征的研究，也根据我们自己的理论，我们得出如下降低猝死风险的方法。

1. 良好的产前护理

注意孕期健康。母亲在孕期吸烟或嗑药，或缺乏良好的产前护理，产下的婴儿猝死的风险比较高。原因不明，但可能与长期缺氧和早产风险较高有关。

2. 不要在宝宝周围吸烟

研究显示，吸烟是最危险的因素，所有研究者都同意，吸烟会增加猝死概率。这个风险是与婴儿暴露在烟雾中的时间和每天吸入烟雾的量决定的。

新西兰的一项研究显示，父母吸烟的婴儿，其猝死的风险是普通婴儿的 7 倍。具体原因尚未解释清楚，可能是很多因素综合的结果。处在烟雾中的婴儿更有可能呼吸道堵塞。研究人员发现，父母吸烟的儿童，血液中含有某种化学物,导致他们长期缺氧。（参见第 643 页有关被动吸烟对宝宝的危害。）

3. 让宝宝仰卧或侧卧

传统上认为让婴儿趴着睡觉比较安全。这种说法的理由是，婴儿吐奶或呕吐时，呕吐物会受重力作用自然地从嘴里出来；相反，如果婴儿平躺着睡，呕吐物可能会卡在喉咙里，甚至吸入肺部。但最近的研究对这种看法表示了质疑。婴儿平躺着睡时，被自己吐的东西卡住的可能性极低。过去 10 年里，世界性的仰卧入睡运动已经使婴儿猝死率减少了40% ~ 50%。

至于为什么仰卧或侧卧能降低猝死风险，也还是未知的。最有道理的说法是仰卧的宝宝比较容易从睡眠中醒来。另一个说法是仰卧入睡时，宝宝不太容易过热。仰卧或侧卧使体内器官比俯卧时更容易释放热量。还有一个可能，俯卧时，宝宝会把脸埋进柔软的小枕头里，像一个口袋在脸的周围，聚集二氧化碳，使宝宝重复呼吸自己吐出的废气。但我想在这里再向父母们重申一遍，不要因此得出"要是宝宝俯卧，他就一定会死"的结论。研究只是表明，这样做会增加猝死的风险，这只是个统计数字而已。

宝宝应该仰卧还是侧卧？权威说法认为最好还是仰卧，理由是宝宝侧卧时容易翻身恢复俯卧的姿势。但根据我的经验，宝宝通常会从侧卧翻身成仰卧，而不是俯卧，可能是他们伸开的胳膊起到了阻碍作用。我们发现，在最初几个月，我们的宝宝在侧卧时睡得最好。还有，当宝宝侧睡时，把他压在身体下面的那条胳膊拉出来，这样就不大容易翻身成俯卧的姿势了。

应该俯卧的宝宝

务必要咨询医生，了解你的宝宝是否需要俯卧。需要采取这种睡姿的宝宝有：

• 还留在医院里的早产宝宝；在不成熟的状态下，俯卧能提高呼吸的效率。

• 患胃食管返流症的宝宝（参见第 414 页）；这些宝宝睡觉时最好是肚子朝下，头抬高 30 度。

• 颚骨较小或有其他呼吸道结构异常的宝宝。

4. 尽量母乳喂养

新的研究证实了我长久以来的猜测：接受母乳喂养的宝宝，猝死的风险比较低。新西兰的一项研究发现，非母乳喂养的宝宝，猝死的概率是母乳喂养宝宝的 3 倍。同样是新西兰的一项较早的研究显示，接受母乳喂养的宝宝猝死的概率确实比较低。来自美国儿童健康和人类发展协会（NICHD）的一项更大规模的研究也发现，发生猝死的宝宝大多是非母乳喂养的，即使是母乳喂养，断奶也比较早。

为什么母乳喂养能降低猝死概率至今未知，但我猜测是下面几个因素的综合。母乳中的抗感染因子使上呼吸道感染减少，有利于宝宝的呼吸；母乳的非过敏性能避免呼吸道充血；还有，母乳中可能有一种会改变宝宝睡眠周期的物质，使他们在遇到威胁生命的事情时更容易醒来。

有没有可能是母乳本身在起作用呢？胃食管返流症（参见第 407 页）会提高猝死的概率，因为奶水涌入上呼吸道会引发呼吸暂停。而吃母乳的宝宝很少出现返流的现象。是不是母乳喂养的宝宝吞咽和呼吸机制更容易调节呢？我们确实发现，吃母乳的宝宝和吃奶粉的宝宝吮吸和吞咽的方式不同。前者要比后者吃得更频繁，因此他们有更多的机会练习调节吞咽和呼吸机制。另外，母乳喂养的宝宝，尤其是晚上和妈妈一起睡的宝宝，他们的睡眠模式与其他宝宝不同，吮吸更频繁，通常是侧卧，面对着妈妈。这是一种较为安全的睡眠模式吗？关于母乳喂养对妈妈睡眠的影响和母乳对婴儿生理的影响，至今我们还了解得很少，但我相信，这个领域研究的进一步发展，最终会解开婴儿猝死之谜。

仰卧是最好的睡姿

现在你把我放下，让我进梦乡，
背朝下，最妥当。
我醒着时，可以趴下，
但睡觉时最好别趴下。

拿走被子、玩具和枕头，
不要盖住我的头。
烟是最大的敌人，
我这里是无烟区。

很多道理请你不要忘，
念念不忘让我成长！
这首歌谣记心上，
宝宝才能不夭亡。

此歌谣来自婴儿猝死综合征联盟，www.sidsalliance.org。

5. 宝宝睡觉时不要过热

宝宝穿得太多太紧会引起过热，提高猝死的风险。宝宝睡在你身边时要特别注意过热问题，因为父母的身体对宝宝来说就像一个大火炉。如果宝宝本来是单独睡，而入夜后你会把他抱到床上和你一起睡，那就要让他少穿一点。研究表明，喜欢把婴儿包得紧紧的国家，婴儿猝死率也较高。穿得过多的标志是出汗、头发湿、长痱子、呼吸较快、焦躁不安，有时候体温也会上升。过热和过冷都对呼吸有害。一项最近的研究表明，电风扇能降低猝死的概率，因为它能让宝宝周围的空气保持新鲜凉爽。

6. 给宝宝做好卫生保健。

虽然猝死综合征不会赦免特定的人群，但社会经济条件比较差的地区，患病率也比较高。如果你被家庭和经济的压力搞得焦头烂额，那么用在宝宝身上的精力和时间就要大打折扣，这时可以寻求当地医生和社会福利机构的支持。研究表明，育儿的技能越高，越能降低猝死的概率。在英国谢菲尔德进行的一项有趣的研究证实，妈妈可以是宝宝最好的医疗急救系统。研究者把一群高风险的宝宝分成两组。一组出生后享受公共健康护士两周一次的家庭拜访，他们的母亲也接受育儿技能、营养、卫生方面的培训，当他们的孩子生病时，培训她们如何辨别确认。第二组母亲没有任何特殊的关注。结果，第二组猝死的概率比第一组高3倍。

7. 保持宝宝睡眠环境的安全

记住，几乎所有猝死的宝宝都是在睡梦中离开人间的。如果把宝宝放到大人的床上睡，要让他仰卧，用硬一点的床垫。旅行时或在其他陌生环境下也要采取同样的预防措施。（参见第 357 页"安全的睡眠共享"，第 625 页"安全的婴儿床"。）

8. 采用亲密育儿法

忽然改变了沿用几千年的育儿方式，我们付出的代价还不够吗？我一直相信，而且研究也证实，亲密育儿法的 3 个关键因素——按照信号进行母乳喂养，跟宝宝一起睡，经常把宝宝背在身上——提高了宝宝的规律性和父母的敏感性。在头几个月，宝宝的中枢神经系统和呼吸调节机制都欠成熟，睡和醒之间偶尔也会有些混乱。亲密抚育使宝宝的生理系统得到了全面的调节和规范，也调节了他的呼吸机制。

采用亲密育儿法的父母对他们的孩子有一种雷达般敏锐的直觉。有一天我正伏案写东西，听到紧急呼叫器响了，催我到急诊室抢救一个已经停止呼吸的 5 个月婴儿。这个宝宝跟着父母一起去朋友家参加派对。睡觉时间到了，妈妈就把宝宝抱到朋友家楼上的房间里睡觉。当时派对很吵，而妈妈体内的警钟突然响了起来，她觉得奇怪："我的孩子对噪音非常敏感，为什么他还没被吵醒？我最好去看看。"果然，宝宝脸色苍白，没有了呼吸。她赶紧叫丈夫过来给宝宝进行人工呼吸。幸好当时反应快，抢救及时，宝宝得救了，身体良好。

9. 和宝宝一起睡

一起睡到底会降低或提高婴儿猝死的风险，还是根本没有区别？这个问题还存在争议。我们相信，和宝宝一起睡能降低猝死的概率。但有些研究人员持相反的观点。他们认为，和宝宝一起睡，会导致父母压到宝宝身上（参见第 357 页）。其实，会发生这种情况的大多是异常的睡眠情形，如父母嗑药或酗酒，太多的孩子挤在一张床上，或睡眠环境不安全，等等。新西兰的一项研究提出了很多避免猝死的预防措施，但也认为一起睡是个危险因素，这些研究结果通过媒体传播出去，让广大父母们相信，如果他们想和宝宝一起睡在一张床上，就等于把宝宝推向了鬼门关。一种延续了几个世纪的正常夜间育儿方式怎么突然之间变得不安全了？我们相信，真正要做的不是劝阻父母们不要和孩子一起睡，而是告诉他们怎样一起睡才安全。

研究已经揭示有猝死风险的婴儿睡眠时不容易醒来。因此，任何能提高婴儿从睡眠当中醒过来的能力，或提高睡眠时母亲对婴儿感觉的能力的做法都能降低猝死的风险。这不就是你和宝宝一起睡能做到的事吗？

最后，研究人员就一个观点达成了共识：和宝宝同睡一个房间能降低猝死概率。这促使美国儿科学会推荐父母们和宝宝在同一个房间睡。

睡眠共享如何降低猝死风险

在生命的头几个月，宝宝的很多个夜晚都是在一种很容易醒的睡眠状态中度过的。这种状态可以"保护"婴儿，避免出现呼吸暂停。出生后1～6个月，是猝死发生得比较集中的时期。随着宝宝渐渐长大，易醒睡眠状态减少，深层睡眠比例增加。这就是所谓的睡眠成熟，这时宝宝可以一觉到天亮。对父母来说，这应该是好事。然而，父母的担心也多了，当宝宝睡得更熟了之后，猝死的风险也增加了，因为睡得更沉并不意味着睡得更安全。不过，可以抵消这个担忧的是，宝宝的睡眠更成熟以后，他的呼吸调节系统也开始成熟，这样到6个月左右，呼吸控制中心在呼吸出现暂停时更有可能使呼吸重新启动。但在1～6个月，当睡眠变沉时，呼吸调节系统还没有成熟，这时的宝宝处在猝死的高风险当中，是一个很脆弱的阶段。睡眠共享正好填补了这个缺口。

妈妈就像宝宝的呼吸调节器

想象一下亲子同眠的情景。把宝宝放在妈妈旁边，在前几个月宝宝的呼吸调节系统还未成熟前，妈妈就充当了"呼吸调节器"的角色。妈妈和宝宝保持同样的睡眠节奏，直到宝宝成熟到能睡得像大人一样。双方形成了一个同步的睡眠阶段，虽然可能并不完全一致，但已经充分地意识到了彼此的存在，能影响彼此的生理状况，又不至于打扰对方的睡眠。妈妈睡在宝宝身边，能提高宝宝的警醒能力，起到保护的作用。

即使猝死事件还是不可避免地发生了，妈妈也会因为自己就在宝宝身边而觉得安慰。这种睡眠安排并不意味着头6个月妈妈每晚都要像守护天使一样陪在宝宝身边，或者如果她不这么做的话，就是一个不称职的母亲。这样夜间育儿就失去了乐趣，而且让人紧张。我们只是想说，忘掉标准，去做你自然想做的事情。不要害怕你以后不能留宝宝单独睡觉，也不必每天晚上都和宝宝一起早早上床，毕竟一天之中最有可能发生猝死事件的时间是午夜以后。记住，相对来说婴儿猝死发生概率很低，我们所说的只是采取措施降低这种风险。

"睡眠共享"假设的证据

来自父母的证词。 在儿科坐诊的这些年里，我接触到无数的父母，听过许多他们夜间和宝宝一起睡觉的故事，印象非常深刻。很多次，妈妈们都这么说："我刚好在宝宝醒来之前醒过来。我给他喂奶，我们两个又慢慢入睡。"对很多父母来说，和宝宝一起睡时相互的敏感是自然发生的。

事实上，正是这些案例促使我形成了有关预防婴儿猝死综合征的假设。也许有人会争辩说，那些证据根本不可靠，但我越来越相信，敏锐的父母们的智慧和最一丝不苟的科学家的方法一样重要。

我们的经验。 我们和宝宝一起睡的经验已经超过 26 年了。当我看着入睡的小天使时，很惊讶睡着的宝宝会自动地受母亲的吸引。宝宝通常和妈妈面对面睡，大部分时间是侧卧。大概面对面的姿势能使妈妈的呼吸刺激宝宝。我注意到，当我轻轻地对着宝宝的面颊呼气时，他的呼吸会比较深。难道宝宝的鼻子上有个感应器，能够探测到另一个人的呼吸，进而促使自己也呼吸吗？我还观察到，宝宝睡着时会伸出一条胳膊，碰到玛莎，然后深呼吸，安静下来。基本上，他们能意识到对方的存在，而又不会相互打扰。

我们的实验。 我们撰写本书第一版时，正和当时 4 个月大的女儿劳伦一起睡。我们做了一个实验，一个晚上让劳伦和玛莎一起睡，第二个晚上让劳伦单独睡在另外一个房间，比较两种睡眠方式下劳伦的脉搏、血液中氧气含量、呼吸节奏、空气进出和睡眠情况，共测了 7 次。我们使用的仪器都是无痛的，劳伦基本上不会受到影响。我们的这个研究生动地证明了相互敏感的存在。当劳伦和玛莎睡在一起时，她的呼吸状况更好，血液中的氧气含量也比较高。当然，这个实验太初级了，不能得出有关预防猝死的结论，但就这一点发现，我们可以很自信地得出结论：妈妈和宝宝一起睡的确能影响宝宝的生理活动。

当前的研究。 美国圣母大学母婴睡眠行为实验室的主任詹姆斯·麦肯纳博士（Dr. James Mckenna），对亲子同眠做过 10 年以上的研究，得出下列结论：

• 睡眠共享的母婴经常同步醒来，概率比分开睡觉高很多。当其中一个人咳嗽或改变睡眠阶段，另一个人也会随之改变，但通常不会醒来。

• 睡眠共享的两个人会更经常处于相同的睡眠阶段，保持的时间也更长。当然，并不总是如此。

• 和妈妈一起睡的婴儿每个深层睡眠的周期比较短。有些妈妈担心和孩子一起睡会睡得不沉，但初步的研究显示，妈妈们总的深层睡眠时间并没有减少。

• 和妈妈一起睡的婴儿醒得比较频繁，比单独睡的婴儿花更多的时间吃奶。但和孩子一起睡的妈妈醒来的次数并不会更频繁。

• 和妈妈一起睡的婴儿会更多地采用仰卧或侧卧的姿势，这个因素能减少猝死的发生。

• 睡眠共享时，会带来很多的相互接触和交流。其中一个人的行为会影响到另一个人的表现。

婴儿睡—醒模式的研究。很多实验显示，睡在妈妈身边的宝宝，尤其是母乳喂养的宝宝，比别的孩子醒得次数多。在一项研究中，研究人员对比了3种不同睡眠方式下睡—醒模式的异同：一种是白天和晚上都按信号喂奶，妈妈和宝宝睡在一起；第2种是给宝宝喂母乳，但比较早断奶，晚上分开睡；第3种既不采取母乳喂养，也不一起睡。结果发现那些吃母乳、和妈妈一起睡的宝宝们醒得次数比较多，每次睡的时间比较短；那些吃母乳但不和妈妈一起睡的宝宝们睡得更长一点；而那些既不吃母乳，也不和妈妈一起睡的宝宝睡的时间最长。

没到年纪就被迫训练独自睡觉的宝宝，睡得也许更久更沉，也更危险。

睡眠共享文化里的婴儿猝死概率。传统上习惯母婴共眠的人群当中，婴儿猝死的发病率最低，而当他们的文化环境发生变化时，概率会提高。例如，在美国的亚洲移民家庭，婴儿猝死的概率很低，这和美国的亚洲移民一样。但近来美国加利福尼亚的一项研究显示，这些移民在美国生活的时间越长，婴儿猝死的概率越高，可能是因为这些移民接受了更多西方的育儿方式。

从以上证据，你可以得出自己的结论：如果少用婴儿床，是不是就可以减少猝死事件发生？当然，我不想让父母们认为任何一种预防措施和育儿方式都能绝对有效地预防猝死的风险。我们希望父母能采取一些可能的措施减少风险。还有，如果宝宝不幸地被这一病症夺去了生命，对父母来说，因为他们已经尽力了，内心也许会比较安慰。

第二部分
饮食和营养

　　给婴儿喂食是一门很有学问的艺术，需要一点科学和耐心。成为宝宝的营养师，意味着要掌握营养方面的知识，要对婴儿发展有所了解，还要有创造性的营销技巧，能够哄宝宝乖乖吃下这些营养。你给宝宝选择的食物以及饮食方式，会帮他形成一辈子的饮食习惯。学习喂食的技巧，聪明地引入固体食物，鼓励宝宝自己进食，所有这些都体现了婴儿喂养的一个重要原则——创造一种健康的饮食态度。对宝宝来说，吃饭不仅是一门技能，还是一种与人交流的活动。无论含在嘴里的是妈妈的乳头、奶瓶的奶嘴，还是勺子，宝宝都是与喂养他的那个人共同完成"吃"这项大事。第一年，你花在给宝宝喂食上的时间要比花在其他事情上的时间多得多。下面我们将告诉你如何做到最好。

第8章 采用母乳喂养的原因和方法

母乳喂养是一种喂养方式，也是一种生活方式。头几个星期，你可能会有那种扔掉哺乳胸罩改用奶瓶的冲动。但当你意识到母乳喂养对你、对宝宝、对全家有多大的好处时，就会努力克服这些问题，掌握这门世界上最古老、最有效的喂养艺术。母乳对宝宝有好处，对妈妈也有好处。

我们的8个孩子，玛莎都是用母乳喂养的，在我写这本书的时候，她正在给我们的第8个孩子喂奶。接下来，我们想跟你分享以母乳喂养的方式养育8个孩子，以及多年专业咨询的经验，还有我们这对家庭母乳喂养中心的联合"导演"所做的工作。真的，母乳喂养很重要！

为什么母乳是最好的

妈妈的乳汁非常特殊。世界上没有哪两个妈妈的乳汁是一样的，也没有哪两个宝宝需要一样的乳汁。你的乳汁是为你的宝宝量身定做的。

每一种乳汁都有它的生物特殊性，也就是说，每一种哺乳动物都有其独特的、针对该物种后代的乳汁，保证它们的成长，提高它们的生存能力。例如母海豹制造高脂肪含量的乳汁，因为幼海豹需要很多的脂肪才能在冷水中生存下来。那么人类宝宝赖以生存的最重要器官是什么？是大脑。所以人乳中含有特殊的营养物质，保证了婴儿大脑的发育。

母乳的成分

让我们选择母乳中几种主要的成分，看看它们是如何为你的宝宝量身定做的。

脂肪

母乳中变化最大的成分，随着宝

宝成长的变化而变化。乳汁中的脂肪含量在一次喂食当中会有变化，在一天的不同时段也会有变化。随着宝宝的成长，它会随时自我调整，以满足宝宝的能量需求。宝宝刚开始吮吸时，你分泌的是前乳，脂肪含量比较低，随着喂食的增多，脂肪含量稳固增长，直到宝宝吃到"乳脂"——含有更多脂肪的后乳。这时候的母乳含有一种饱食因子，给宝宝一种吃饱、满意的感觉。宝宝知道什么时候停止吃奶，观察一下母乳喂养的宝宝快吃饱时的样子，注意看他们表现出"我感觉很棒"时的表情。

假设宝宝仅仅是渴，他会就着乳头吸几分钟，满足于低脂肪的前乳。一天当中，宝宝会享受几次两分钟左

母乳喂养是你跟宝宝的交流练习，让你更好地了解你的宝宝。

右满足自己情感需要的吮吸。如果宝宝真的饿了，他会吸更长时间，用更多的力气，最终会得到更多热量的后乳。随着生长节奏的加速，长大一些的宝宝单位体重需要的热量也较少。你猜猜这时会发生什么？母乳中的脂肪含量减少了，在哺乳半年之后，母乳自动地从"全脂"转化为"低脂"。

接着就是频繁的猛长期，每隔几个星期，宝宝总有几天除了吃奶就是吃奶，以得到更多的生长能量。这几天被称做马拉松式喂养。通过频繁哺乳，乳汁中脂肪含量上升，以适应宝宝快速生长的能量需要。

脂肪变化的故事说明，在母乳喂养当中，宝宝并不只是被动的参与者，他们在满足自己的食物需要方面扮演了一个积极的角色。

更聪明的脂肪。人乳中含有促进大脑生长的脂肪，叫 DHA（二十二碳六烯酸）和 ARA（花生四烯酸），都属于 omega-3 脂肪酸，对神经组织的生长发育至关重要。DHA 是形成髓磷脂的重要成分，髓磷脂是一种包裹在神经外围的绝缘外壳，起保护作用，使神经电波反应更迅速，能够更准确地到达目的地。研究表明，在那些母乳喂养的宝宝的大脑中 DHA 浓度最高，喂的时间越长就越高。已经有生产商开始将 DHA 和 ARA 配入婴儿奶粉。然而，DHA 只是有待我们去认识的几百种母乳营养物质里

的一种,是这些营养元素的共同作用,才创造出人类聪明的大脑。

更好的脂肪,更少的浪费。人乳中含有的脂肪不仅比牛奶和配方奶粉中的更好,而且浪费得也少。母乳中含有一种脂肪酶,能够促进脂肪消化吸收,减少排泄。配方奶粉中没有任何酶,因为加热的过程把它们都破坏掉了。喝配方奶粉的婴儿大便臭臭的,说明消化系统不欢迎配方奶粉里的脂肪。肠道就像婴儿食物的裁判,拒绝配方奶粉或牛奶里的某些脂肪,让它们排到大便里,这就造成了你换尿布时闻到的不良味道。

胆固醇:对宝宝好还是坏? 脂肪家族里的第二个重要成员是胆固醇。这种至关重要的脂肪真的像传说中的那么可怕吗?对宝宝来说不是的。跟其他种类的脂肪一样,胆固醇也能促进大脑发育,还提供组成激素、维生素 D 和胆汁的基本成分。胆固醇在母乳中含量很高,在牛奶中比较少,在奶粉中几近于无。研究表明,第一年只喝母乳的婴儿,其血液中胆固醇的含量比喝奶粉的婴儿高很多。在大脑发育最迅速的阶段,血液中的胆固醇也比较高——多么聪明的主意!营养学家们现在还不能确定,低胆固醇饮食对婴儿大脑的短期效果和对心脏的长期效果之间的利弊。为了自己的孩子,我们选择最古老、成功的营养方案——让人类的宝宝喝人类的乳汁。

强大的蛋白质

如果脂肪还没有让你觉得妈妈的乳汁有什么特别,接下来听听蛋白质的故事吧。蛋白质是成长的建筑材料。(有关蛋白质的更多内容,参见第 254 页。)高质量的蛋白质在宝宝的第一年是最重要的,因为宝宝在这段时间比任何时间都长得快。母乳中含有专为婴儿成长而设计的蛋白质。这些强有力的促生长物质不可能人工合成,也绝对买不到。每一种特别的要素都对宝宝有好处。

奶(包括牛奶、奶粉和母乳)中含有两种主要的蛋白质:乳清蛋白和酪蛋白。乳清蛋白性质温和,容易消化,也容易被人类的肠胃吸收。酪蛋白就是奶中凝结成块的蛋白质,不容易被肠胃吸收。母乳中大部分是乳清蛋白,而牛奶和奶粉中最多的是酪蛋白。宝宝的肠胃喜欢母乳中的蛋白质,因为它们很容易消化,能快速吸收,不会产生抗拒。而对于牛奶或奶粉,消化系统必须付出更多努力才能分解这些呈团状的凝结物。肠胃是宝宝营养的守卫,让好的蛋白质进入血液,而把可能危及身体的蛋白质(就是过敏蛋白,也称为过敏原)挡在门外。头几个月,肠胃渗透性较强,"门户"大开,不属于人体的蛋白质也能通过。大概6个月后,宝宝的肠胃成熟起来，"门户"开始关闭，欢迎合适的蛋白质，排斥不合适的——这是一个很有趣的过程。只给宝宝喂你的母乳，直到他肠胃发育成熟，这是让潜在的过敏蛋白远离宝宝血液的最安全方式。

除了乳清蛋白，母乳中还有其他一些牛奶或奶粉中没有的蛋白质。让我们来认识一下这个精英团队。牛磺酸，能够促进大脑和神经系统的发展。乳铁蛋白，又一种母乳中独有的蛋白质，不仅能像货轮一样把乳汁中的铁运到宝宝的血液里，还能保护宝宝肠胃里的有益细菌。宝宝的肠胃里有有益的细菌和有害的细菌。有益的细菌会做好事，例如制造维生素。对有害的细菌，如果不加控制，它们就会在肠道里像大兵压境，导致腹泻等疾病。除了抑制有害细菌外，乳铁蛋白还能防止假丝酵母菌（一种能产生毒素的酵母菌）大量滋生。母乳中还有一种天然的抗生素，叫溶菌酶，是一种能抵抗有害细菌的特殊蛋白质。

母乳中的核苷酶也是一种很有用的蛋白质。这种蛋白质能让人体组织长得更强壮，就像钢筋中的强化成分一样。核苷酶可以促进小肠绒毛的生长，让肠胃系统更健康，还能保护

妈妈的乳汁：养出更聪明的宝宝

有无数的研究表明母乳喂养能促进婴儿生长，可这其中更多地是把功劳归于养育本身，而非母乳。但有一个研究证实，让宝宝取得发展优势的是妈妈的乳汁，而不仅仅是母乳喂养的过程。

英国科学家将300名早产儿分成母乳喂养和非母乳喂养的两组。在出生后4～5个月内接受母乳喂养的早产儿，到7岁和7岁半时的平均智商要比非母乳喂养的宝宝高出8.3个点。研究还增加了一项剂量反应关系测试，结果发现得到母乳越多的宝宝，分数也越高。这种差异不能用"抚育"来解释，因为这些宝宝吃到的母乳是用注射管喂的。

更多研究（有的跟踪调查孩子的时间长达18年）得出了相同的结论：吃母乳的时间越长，孩子的智商优势就越明显。其中原因还有待研究，但科学家把这归功于配方奶粉中没有的激素和生长因子，以及促进神经系统结构性发展的特殊脂肪。母乳中大概有400种营养物质是配方奶粉里没有的。给你的宝宝一个很好的开端，母乳是促进大脑发育最好的乳汁。母乳喂养确实意义非凡！

肠内有益的细菌，消除有害的细菌，从而维持肠道生态平衡。

甜蜜的母乳

我们来测试一下不同的味道。取母乳和配方奶各一份品尝，你很快就会知道为什么宝宝喜欢前者。母乳尝起来很新鲜，而配方奶有一种罐头的味道。

人类的乳汁中含有的乳糖（糖的一种）比别的哺乳动物更多——比牛奶高出20%～30%。配方奶粉会依靠添加玉米糖浆或乳糖来弥补这种差距。宝宝为什么需要乳糖呢？答案是：宝宝的大脑需要它！营养学家认为，乳糖中的一种成分——半乳糖，是脑部组织发育的重要营养元素。

关于乳糖对中枢神经系统发育的重要性，这里还有一个例子可以证实：研究人员发现，哺乳动物的乳汁中，乳糖含量越高，那么该物种的脑容量就越大。乳糖还有利于钙的吸收，对骨骼发展非常重要。除了脑袋和骨骼之外，宝宝的肠胃也需要乳糖，它能促进肠道内的有益细菌——双歧杆菌的生长。

维生素、矿物质和铁

没有人能像妈妈那样善于制造这些营养物质。这些营养物质之所以特殊，是因为它们具有很高的生物利用度，也就是说，乳汁中的绝大多数营养物质都能被宝宝吸收利用。判断食物的优劣，并不是根据它所含某种特定营养物质的多少，而是根据这些营养物质被吸收进入血液的比例高低。你在配方奶粉包装上看到的营养成分表并不是宝宝最后吸收进血液的营养量。

母乳中的维生素、矿物质和铁的生物利用度非常高，大多数都能进入宝宝的身体，很少浪费。而配方奶粉和牛奶的生物利用度很低。例如，母乳中的铁50%～75%都能被宝宝吸收，而牛奶中的铁只有10%被吸收，配方奶粉则只有4%的吸收率。

不用担心残余物质。人工制造的营养品，除了利用度非常低之外，不能被吸收的剩余营养物质对排泄系统而言还是个沉重的负荷，影响宝宝的新陈代谢。这些残余物质扰乱了肠内生态平衡，导致有害细菌的繁殖。至于长期影响，我们现在还不能完全了解。

随着宝宝的成长而改变。母乳的高利用度还有一个原因就是它能随着宝宝的成长而改变。在你的初乳、过渡乳（产后一周左右）和成熟乳中，维生素和矿物质的含量是有变化的，刚好能适应宝宝快速变化的需要。市场上可没有跟初乳或过渡乳成分相同的人造产品。

生长促进因子。为了进一步提高营养物质的利用率，母乳中还含有生

136

长促进因子—— 一种能让营养物质更有效发挥作用的物质。例如母乳中的维生素C能加快铁的吸收。在一个有趣的实验中，研究人员在人类母乳、牛奶和配方奶粉中分别加了等量的铁和锌，让志愿者喝。结果发现，母乳中的营养物质比其他乳品中的吸收得更好。人类母乳真是不一样。

母乳中的保护因子

给宝宝提供营养和保护是每一个妈妈的目标。你已经明白母乳是如何完美地给宝宝提供营养，接下来你会看到这些丰富的营养物质如何进一步地保护宝宝。

白细胞。每一滴母乳中都含有成百上千的白细胞，它们在宝宝的肠胃中活动，侦察和杀死有害细菌。母乳抵抗疾病的能力是如此珍贵，在古时候，人们甚至称它为"白血"。这些保护性的细胞就像一个小心翼翼的妈妈，在最初几周的含量最为丰富，因为那时新生儿自身的防御系统还很弱。随着宝宝自身免疫系统的成熟，母乳中白细胞的浓度会逐渐降低。不过在产后至少6个月内，它们还一直存在于母乳中。

除了抑制感染外，这些宝贵的细胞还能像血液一样负责储存、运输一些无价之宝，例如酶、生长因子和免疫球蛋白，下面我们就来介绍。

免疫球蛋白。除了白细胞之外，妈妈的乳汁中还含有免疫球蛋白—— 一种抗感染的蛋白质，就像天然抗生素一样，在宝宝周身巡游，破坏有害细菌。在头6个月，宝宝的免疫系统还不成熟，能起到保护性的抗体也不够。虽然在出生之后不久，宝宝自身会制造一些抗体，但要到9～12个月后才能达到适当的保护水准。在这之前，宝宝需要的是妈妈的保护。妈妈可以在很多方面弥补宝宝有缺陷的免疫系统。当宝宝还在妈妈肚子里时，妈妈可以通过胎盘和血液给宝宝提供抗体，但这些免疫球蛋白到9个月时便用光了。这时候，母乳中的免疫球蛋白上阵了。母乳代替了血液的工作，保护宝宝直到他自己的防卫系统成熟起来——这个过程要一年左右。母乳在产后起到的作用，就相当于胎盘在怀孕时起到的作用——提供营养和保护。

母乳预防针。初乳，你的第一份乳汁，在宝宝免疫系统最脆弱的紧要关头提供救援，其中的白细胞和免疫球蛋白相应地也最高。这又是一个完美的匹配。你可以把初乳看做宝宝的第一针预防针。

下面我们以免疫球蛋白家族当中的一个重要成员——IgA为例，让你看看初乳免疫是多么神奇。

在头几个月，宝宝的肠胃免疫系统还很不成熟，就像一个布满漏洞的筛子，外来物质（过敏蛋白）也能轻而易举地进入血液，导致宝宝过敏。这时母乳中的 IgA 就给宝宝的肠胃提供了一层保护性的外衣，把肠内的裂缝封住，阻止不受欢迎的细菌和过敏原进入。

防卫系统持续升级。你的乳汁是为宝宝量身定制的抗感染药，杀死宝宝身体里的细菌。

你周围的细菌会不断变化，但你的身体有一个保护系统，能选择对自己有益的细菌。这个系统在宝宝身上是不成熟的。一个新细胞进入妈妈的身体，她就会产生一个相应的抗体。这批新的抗感染卫兵便会通过乳汁进入到宝宝的身体，于是宝宝也得到了保护。

乳汁免疫的过程是动态发展的，处在不断的调整和适应当中，能给妈妈和宝宝提供最好的保护。

新发现

每年我总会在医学杂志上读到有关发现母乳新成分的文章。因为这些物质的确切成分很多还是未知的，研究人员就把它们称为"因子"，比如我们前面提到过的饱食因子。

这些因子队伍里现在又多了一个新成员，叫表皮生长因子（EGF），这样命名是因为它能促进重要细胞的生长，例如宝宝肠内的表皮细胞，这种细胞在加工食物的过程中会起到非常重要的作用。表皮生长因子就像滋补剂一样加快宝宝身体内与此相类似的重要细胞的生长。母乳中还含有许多妈妈的激素，能让宝宝的重要器官运转得更好。

以上我们只是非常浅显地谈到了母乳的独特作用和组成成分，还有很多牛奶和奶粉中没有的很有价值的营养物质。但我们至今没法了解到这些物质的确切作用，所以经常会忽略它们。随着科技的发展，我相信，人们会更进一步地认识这些特殊的营养物质，会比现在更加重视母乳，把它作为宝宝最好的营养开端。科学直到现在才开始逐步证实妈妈们早就知道的事——母乳喂养对宝宝和妈妈都好。

母乳喂养对妈妈最好

母乳喂养不仅对宝宝好，对妈妈也是最好的。虽然你可能会经历一段马拉松似的日子，你的宝宝好像每时每刻都要吃奶，你会觉得自己流尽了乳汁，也耗尽了力气和耐心。一位妈妈曾经对我说："我感觉母乳喂养是个无底洞。"其实，母乳喂养并不是完全的付出，你得到的回报也是不可估量的，不仅在哺乳期，在许多年后你仍然能感受到这种回报。

采用母乳喂养最主要的一个好处——也是本书的一个主题——就是

互相给予的概念：你为宝宝付出，宝宝也回报你。当宝宝吮吸的时候，你给了他乳汁，而宝宝的吮吸会刺激你乳头上的神经，把信息传递给你的脑垂体——大脑的控制中心，分泌泌乳素。泌乳素会周游于妈妈的体内，刺激她的母性本能，告诉她怎样正确照顾宝宝。

哺乳让你恢复身材

宝宝吮吸乳头会刺激妈妈分泌催产素，这种物质能刺激子宫收缩，逐渐恢复到（接近）孕前水平。妈妈给宝宝提供营养，宝宝帮助妈妈恢复身材。另外，哺乳不会让乳房变形，乳房的变化是怀孕造成的。

放松，放松

母乳喂养让妈妈和宝宝都感到放松。瞧这一对母子，妈妈是那么安详，宝宝睡得又是那么地香，像是服用了天然的镇静剂。

事实上，母乳喂养的确有这个作用。母乳中含有一种能促进睡眠的天然蛋白质，加上前面提到过的饱食因子，能让宝宝舒适地进入睡眠。而吮吸会刺激妈妈体内产生起安定作用的激素。这种天然的镇静剂对睡不安稳的宝宝（和妈妈）尤其有用。这是母乳喂养相互给予的一个极好例子。

母乳喂养的放松效果对忙碌的妈妈尤其有帮助。唐雅是一个有全职工作的妈妈，她曾向我坦言道："当我忙碌了一天回到家，给宝宝喂完奶，我也就放松了。"

其他的好处

哺乳对妈妈的健康有好处。哺乳的女性患乳腺癌的概率比较低——如果你的家族有乳腺癌病史，这一点值得你好好考虑。吃母乳的宝宝更健康。母乳价廉物美，简直是世界上最划算的买卖。另外，母乳喂养还能起到避孕的作用。

母乳喂养是很好的教育

给宝宝喂奶是一项了解宝宝的练习。我在实践中针对母乳喂养带给婴儿的长期影响做了研究，发现一个很突出的特征，就是这些孩子特别乖巧。教育包含了两个基本内容：了解你的孩子，让他感觉良好。这两者母乳喂养都能做到。一个反应积极的妈妈更能了解宝宝。在母乳喂养的最初3个月，妈妈和宝宝的互动交流会重复至少1000次，这样妈妈对宝宝的行为就会有很深的了解。喝母乳的宝宝不仅获得了营养，还懂得了信任和与之伴随的美好感觉。妈妈和宝宝彼此越了解，表现也就越好。

为母乳喂养做准备

为分娩准备得越充分，分娩过程就越顺利。同样，为哺乳做好准备，你也会更好地享受育儿的快乐。

一开始，如果你对按摩乳房感到不自在，可以向母乳喂养的朋友或哺乳顾问请教。这有助于你逐渐习惯宝宝"占用"你的乳房，对今后手动挤奶也有帮助。

注意你身体的变化。孕激素已经很自然地让你的乳房做好了准备。事实上，乳房的变化可能是你怀孕后出现的最早的变化之一。怀孕初期，随着乳腺的增长，乳房会变大，时有疼痛的感觉。怀孕的最后几个月，乳房可能会分泌少量的初乳，这些黄色的黏稠物是宝宝最早的营养。女人的身体不仅孕育宝宝，还为产后照顾宝宝做准备，这可真是一个妙不可言的过程。

你的乳头要做准备吗？几年前，人们告诫孕妇说，要让乳头变粗糙，这样才好喂奶。还有人说，要用粗硬的毛巾摩擦乳头，解开胸罩让乳头接触到空气，如果乳头扁平或凹陷，就要做乳头练习，使之变得坚挺——听起来挺麻烦的，而且不会很舒服，对吗？幸好，近来的研究证明，产前的乳头练习既没必要，也无益处。事实上，产前花那么多精力在乳头整形上，可能已经让部分准妈妈对母乳喂养产生了焦虑的情绪。现在，人们知道了宝宝吃的奶是从乳房来的，而不仅仅是乳头，也知道了宝宝怎样吸住乳头才能防止乳头疼痛。

别担心你的乳头了，它们自然会准备好。乳头和乳晕周围的腺体会自然分泌一种润滑剂。不要用肥皂清洗乳头，因为肥皂会清除掉这些天然的油脂，让皮肤变干，容易皲裂。如果你担心乳头扁平或凹陷，可以在产后几天咨询相关专家，使宝宝更容易含住和吮吸。

身体准备好，心理也要准备好。琳达是一位来我们的诊所接受治疗和帮助的妈妈，她说："我觉得我的理智已经准备好了要母乳喂养，我的情绪还没有准备好。"她知道母乳喂养对宝宝是最好的，但她不了解在"宝宝整天都要吃奶"的那几周，自己到底要倾注多少精力。她接着说："其实只要过了那几周，母乳喂养就不会那么累，也很令人愉快。要是当初有人告诉我这一点就好了。"

加入你身边的国际母乳会或其他母乳喂养支持团体。对很多新手妈妈来说，她们既没有范例可循，也缺乏来自家庭的支持，想要成功地母乳喂养并不是水到渠成的事。国际母乳会（LLLI）是一个志愿组织，志愿者们不仅有母乳喂养的经验，还接受过专业培训，可以为新手妈妈提供咨询。在大家庭日益稀少的今天，对很

母乳喂养对妈妈和宝宝的益处

母乳喂养对宝宝、妈妈和全家都有很多益处。以下是其中几项重要的。

母乳喂养的宝宝：

- 头脑更聪明
- 视力更好
- 耳朵感染更少
- 牙齿更整齐
- 呼吸道感染更少
- 消化能力更好
- 肠道感染更少
- 便秘更少
- 体型更匀称
- 更少得糖尿病
- 皮肤更健康
- 免疫力更强
- 能更健康地成长

母乳喂养的妈妈

- 更放松
- 抑郁更少
- 天然避孕
- 减少骨质疏松症
- 乳腺癌、子宫癌和卵巢癌的患病概率更低
- 产后能更快地减轻体重

多新手父母来说，像国际母乳会这样的支持团体就是坚强的后盾。你在孕期的最后几个月就可以参加国际母乳会组织的相关活动。主题包括如何开始母乳喂养的第一步、母乳喂养对家庭的影响，以及一些实用的喂养技巧，这些都有助于你开启美妙的母乳喂养之旅。除了获取相关知识，这些活动还能让你结交其他准妈妈，在今后的育儿过程中，你们可以持续获得彼此的支持。看着那些母乳妈妈驾轻就熟地满足宝宝的需求，你会觉得她们都是经过常年训练的老手——对很多妈妈来说，确实如此。想找到当地的国际母乳会，可以通过自己的产科医生，也可以与医院、母婴课堂或当地图书馆联系。当然，你也可以直接致电国际母乳会或访问她们的网站（LLLI.org），来获取你身边的国际母乳会志愿者的联系方式。

参加母乳喂养培训课程。上一门分娩课程，包括分娩、早期育儿，以及母乳喂养方面的内容。这门课程，可以让你知道良好开端的相关技巧、母乳喂养对家庭的益处以及令母乳喂养轻松愉快的实用小窍门。医院和生育中心的分娩课程通常也会介绍母乳喂养方面的内容。

和支持你的朋友聊天。找一些鼓励你选择的喂养方式——而不是阻挠你的朋友。没有什么比育儿意见分歧更能让朋友反目了。

那句丧气的老生常谈"肯定是因为你的奶"可以用来解释任何一个问题：肠痉挛、便秘、拉肚子、夜里睡不踏实，等等。这是一句破坏性的、不恰当的评论。出于对宝宝的爱，你很容易受到一些暗示，诸如"你的奶不好，因此你不是个好母亲"之类的。事实上，从那些没有经历过母乳喂养的妈妈那里，你最有可能听到批评性的建议。和支持你的朋友在一起，他们会激发你的自信，帮助你坚持自己的选择。

选择可以提供母乳喂养支持的医疗机构。当你为宝宝选择医生时，要选一位不仅仅是口头上支持母乳喂养的医生。在宝宝刚出生的几个月，你和医生的沟通更多是关于喂养方面的。你需要这位医生支持你为宝宝提供最好的营养，国际母乳会或许可以帮助你找到这样一位医生。

踏出正确的第一步

在一个完美的世界里，母乳喂养水到渠成，非常容易：妈妈顺利地产下宝宝，宝宝正确地衔乳，有力地吃奶，妈妈白天喂3次，宝宝茁壮成长。没问题，这种情景的确有可能实现。我们的确看到有些产妇顺利地开始了母乳喂养，无须特别护理和指导。这些宝宝天生就知道如何找到妈妈的乳房，如何正确地衔乳，而不会伤到妈妈。在这个过程中，妈妈的直觉也参与进来协助宝宝。毕竟，这样成功的母婴合作存在了几千年。

那么，为什么有些妈妈和宝宝没有那么顺利呢？为什么有些宝宝一开始不能正确地衔乳呢？为什么妈妈们为奶水不足而发愁呢？为什么有些妈妈和宝宝需要从母乳顾问那里获得专门的指导才能顺利开始呢？

我们相信这和宝宝来到这个世界的方式有关系。那些自然顺产、未经医学干预的妈妈和宝宝，在开启母乳喂养时可能更顺利。妈妈的身体、激素、直觉和能量未受到麻醉和药物的抑制。宝宝出生时也更警觉，更有利于吃奶，自然的反射（舌根，咬合，吮吸）使他能正确地抓住妈妈的乳头，哺乳过程更完整，未受到从胎盘输入的麻醉药和止痛药的影响。这些宝宝看似很轻松就正确地衔住了妈妈的乳头，几乎不需要帮助。事实上，在母乳顾问和教育专家眼里，有一个正在浮出水面的理论：帮助宝宝开始正确衔乳和吃奶的最好办法就是什么也不帮。让宝宝的本能和妈妈的直觉来领路，看看会发生什么——这就是我们将在下文讲到的。

然而，今天以医院为核心的分娩过程，通常少不了硬膜外麻醉或药物。剖腹产的妈妈则需要更多的药物。这样，一个不可避免的结果就是，这些宝宝和妈妈需要更多的帮助，才能达成一个好的开始。下面，我们将指导你如何很好地开始母乳喂养。我们不仅是想鼓励你母乳喂养，更重要的，还希望你能享受这段亲密关系。

第一次喂奶

宝宝出生后几分钟，你就可以把他抱在胸前。除了一些有医学问题（例如呼吸困难）的宝宝，一般的宝宝刚出生就应该趴在你胸口，肚子贴肚子，脸贴胸，皮肤贴皮肤（这也是对剖腹产的一种弥补），盖上一块温暖的毛巾。然后你可以让自己放松，享受这段过程。这时不要强迫自己，也别着急，课堂里学到的任何东西都先别用。这是一个让宝宝了解妈妈乳房的时间。此刻正餐还没开始。大多数宝宝会舔几下，吸几下，然后停下来，接着再轻轻地舔几下、吸几下。舔舔又停停，这在最初几个小时内很常见，

有时在最初几天都是这样。

出生后几分钟，大多数宝宝会进入一种安静而警觉的状态——这是跟你交流的最好状态。宝宝安静地张大眼睛，专注地寻找妈妈的眼睛和乳房。事实上，有些宝宝刚出生，被放到妈妈的肚子上时，就会做出朝胸部爬行的姿势，只需一点点帮助就能找到他们所要的目标。当宝宝接触到妈妈的乳房，就会受到刺激而张开嘴巴。他会含住乳头开始吸吮，或者只是享受皮肤与皮肤之间的亲密接触。在出生后一个小时内，他可能会衔住含头吸吮，而后进入长长的睡眠。

第一次交流很重要。最初的乳汁，也就是初乳，是宝宝最好的食物，所以喂母乳开始得越早越好。吮吸能缓解宝宝出生时的紧张，因为这是宝宝在子宫里时便很熟悉和喜欢的动作，此刻有利于他适应新环境。当你看到宝宝睁大眼睛，环顾四周，还把拳头往嘴里放，就说明是时候让他吃你的奶了。

喂奶姿势和衔乳技巧

我们不能过分强调正确姿势的重要性，但我们在诊所和母乳喂养中心看到的大多数问题（乳头疼痛、奶水不够、妈妈体会不到乐趣）都跟姿势不正确有关。

妈妈的姿势要正确

　　开始喂奶前，要让自己感到舒适，只有人放松了，乳汁才能顺畅地流出。坐在床上、摇椅或扶手椅上是比较方便的姿势。靠枕很关键，放一个在背后做支撑，再分别在大腿上和胳膊下面各放一个支撑宝宝的身体。你也可以买一个专门的哺乳枕。如果你坐的是椅子，可以在前面放一个脚凳，这样可以抬高腿部，背部和手臂也就不用太紧张（参见第162页图）。心理和身体都做最好的准备，心里想着宝宝，想着给他喂奶。

宝宝的姿势要正确

　　开始时，不要给宝宝穿太多衣服（可以干脆不穿），便于皮肤接触。宝宝很困时，给他脱掉衣服，让他不会睡着，也能够更好地吮吸。接着，按照以下步骤给宝宝调整姿势：

　　1.把宝宝抱在怀里，给他做一个"巢"。让他的脖子枕在你的臂弯处，背部靠在你前臂上，屁股托在你手里。

　　2.把宝宝的身体整个翻过来，与你面对面。他的头和脖子应该是直的，而不是向后仰着或歪向一侧。宝宝应不费力气就能够到乳头。（你试试头歪向一边再喝口水，也可以试试头后仰的时候喝水。这些都没有头部自然伸直舒服。）

　　3.把宝宝抱到你的胸前，可以用一个枕头垫在大腿上，或者面前放一

个脚凳。用腿上的枕头支撑你的胳膊和宝宝的体重。如果一味靠背部和手臂的力量抬着宝宝，你会觉得很吃力。如果宝宝抱得太低，他就会拉扯你的胸部，导致不必要的疼痛。把宝宝抬高，靠近你，而不是你弯腰去靠近宝宝。

摇篮式抱姿，喂奶时正确的头部和身体位置。

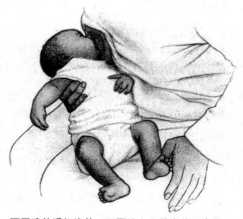

不正确的喂奶姿势：不要让宝宝的身体远离你。

144

4. 把宝宝乱动的手移开。你把他整个转过来肚子对肚子时，把他的手放在你的腋下。如果他的上臂还不安分，可以用抱着他的那只手的拇指压住它。

5. 当你把宝宝的手臂放好时，让他整个身子贴着你，肚子对着肚子。这个基本的姿势叫做摇篮式抱姿。如果宝宝是早产儿，或很难含住乳头，试试用橄榄球式抱姿（参见第148页）。

乳房的准备

很多宝宝找到乳房之后，不需要别人帮忙。当宝宝感觉妈妈的乳房顶着他的面颊，会张大嘴巴，让乳头进到嘴里，甚至把乳晕都整个含住了。如果你感觉到乳头被夹住，或者宝宝找不到该衔住乳头的哪个地方，可以帮助他退出来一点。

先用手挤几滴乳汁，湿润乳头。拇指在上面，手掌和4个手指在下面托住乳房。接着手往后捋，盖住乳晕的手指也随之后移，乳晕部分露出来——这是宝宝贴过来吸奶的地方。如果你的乳房较大，可以卷起一块毛巾放在乳房下面支撑重量，这样就不会拉扯宝宝的下颚，把宝宝累坏了。

正确衔乳——最重要的步骤

用你的乳头轻柔地触碰宝宝的嘴唇，他会张开嘴巴。然后把乳头轻轻地往上往前送，送入宝宝嘴里。

身子不要前倾，不要用乳房压着宝宝，而是要让宝宝靠近你。否则，你得弯腰驼背地坐着，等喂奶结束，就腰酸背疼了。不要让宝宝只是渍渍地吮乳头部分，应该把你的乳头放到宝宝嘴巴的较深处。

要让宝宝含到乳晕。宝宝吸奶时，嘴唇要包住乳头，这还不够，还要包进至少3厘米的乳晕部分。如果只含住乳头，妈妈喂过一两次奶后就会觉得乳头酸痛。

含到乳晕还有一个非常重要的理由——乳窦（储存乳汁的地方）位于乳晕之下（参见第186页图）。如果这些乳窦得不到压力，宝宝就得不到足够的乳汁。宝宝要吸的是乳晕，而不是乳头。

张大嘴巴！还有一个关键要素是要让宝宝的嘴巴张得大大的。很多宝宝会把嘴唇闭紧或撅起来，尤其是下唇。当你把他往身边抱的时候，用你的食指帮他张大嘴巴，使乳房紧紧地压在他的下巴上。

第一次做这个动作时你可能需要别人帮忙。如果宝宝把你的乳头夹痛了，暂时不要用手托住乳房，而是用食指将宝宝的嘴唇往外翻。

如果宝宝不合作，轻轻地用食指插入他的上下牙床之间，暂停喂奶，然后重新再来。也许你得重复多次才能找到合适的姿势，但一定要坚持下去。

这是个很好的练习，能帮助宝宝学习正确的动作。把这当成第一次教育宝宝的机会（这意味着要教他和指导他），深呼吸，再试一次。

在给护士和实习医生上母乳喂养技巧课时，我们把学习衔乳这一课放在产科病房里上。妈妈们在压紧宝宝的下巴，翻过宝宝紧紧的、向内缩的下唇后，会说："一点都不疼了，感觉很舒服。"学生们把这个教学环节戏称为"西尔斯下唇教学法"。

试试不对称的衔乳技巧。有些宝宝只要张大嘴巴，直直地把乳头含到嘴里，就开始舒舒服服地吃奶了。还有些宝宝会用一种我们叫做不对称的衔乳方法来更好地抓住妈妈的乳房，你的乳头要用一种朝前朝上的角度去触碰宝宝的上嘴唇，让宝宝的下嘴唇最先接触到乳晕，当他的上嘴唇包住你的乳头部分时，把乳头塞到宝宝嘴巴的深处。想象一下你是怎么吃一个

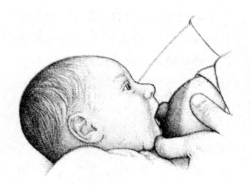

压下巴，翻嘴唇，帮宝宝把嘴巴张到足够大。

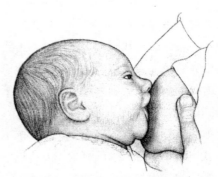

正确的衔乳。注意看宝宝的嘴唇如何正确地外翻。

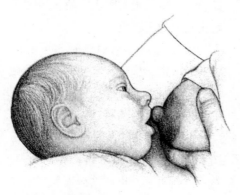

逗引宝宝把嘴巴张大。

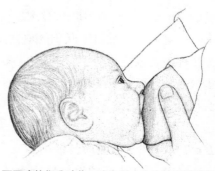

不正确的衔乳动作。注意看，宝宝的下嘴唇是向内缩的。

巨大的汉堡的：先让下颌接触汉堡的底部（汉堡要倾斜45度或更多），当你的上颌盖过汉堡的时候，把汉堡的上面部分往嘴里送。这种方法能帮助刚开始吃奶的小家伙们正确地包住整个乳头和乳晕，从一开始就防止乳头疼痛。

调整宝宝的呼吸。当宝宝把嘴张得大大的，嘴唇往外翻时，把他抱近一点，跟你紧紧地贴在一起，让他的鼻尖碰到你的乳房。不要担心他的鼻孔会堵塞，因为即使他的鼻尖被压得很紧，还是能从鼻子侧边呼吸。如果看起来鼻子被堵住了，那么让他的屁股跟你靠得更紧一点，稍微调整一下姿势。如果有必要，用拇指轻按住乳房，使之不会盖住他的小鼻子。

托住你的乳房。宝宝成功地衔乳之后，在整个喂奶过程中，你都要托住乳房，以免乳房的重量压疼宝宝的嘴。等宝宝长大一些、更强壮一些时，这个托举的动作就没那么必要了，那时你就可以腾出一只手来干别的事。为了不给乳头造成损伤，你要等宝宝不再吸奶后再拔出乳头。可以将手指从宝宝的嘴角边塞到嘴里，让宝宝停止吸奶。

反复尝试。不要让宝宝在衔乳不正确的情况下继续吃奶。很多好心的妈妈允许小家伙在衔乳不正确的情况下继续吃奶，因为妈妈的直觉告诉她宝宝为了成长必须吃奶。教会宝宝正

确的衔乳姿势，比宝宝吃到了多少初乳更重要。不正确的、痛苦的衔乳姿势只会让妈妈越来越疼，在不久的将来就会引发喂奶问题。从长远看，松开宝宝紧贴着你的嘴唇（用你的手指拨开），继续尝试，一遍又一遍，直到你可以放心地坐下来放松喂奶是最好的，这样的努力是值得的。

两种吸奶方式

几周以后，你会发现宝宝有两种吮吸的方式：寻求安慰和吸收营养。寻求安慰时吸得很轻，这时宝宝并不饿，只是单纯需要放松。用这种方式，宝宝通常得到的是营养较少的前乳。吸收营养时吸得要用力些，你会看到他脸上的肌肉很卖力，甚至连耳朵都竖起来了。这种方式能让宝宝很快地尝到营养更丰富的高热量乳汁——后乳。

其他喂奶姿势

产后第一周，最好教会宝宝多适应几种喂奶姿势。还有两种姿势很管用，一是侧躺，二是橄榄球式抱姿（也叫小臂支撑抱姿）。这两种姿势在剖腹产早期恢复阶段很有帮助。

侧躺。这个姿势和摇篮式抱姿很像，妈妈和宝宝要面对面地侧躺着。在你的头下面放两个枕头，背后放一个枕头，大腿下也放一个，另外再把一个枕头塞在宝宝背后。5个枕头听

起来有点多，但这可以让你觉得舒服。让宝宝面朝你侧躺着，你把他搂在臂弯里，上下调整宝宝的位置，让他的嘴巴对准你的乳头。然后，用前面讲过的衔乳技巧。

侧躺

橄榄球式抱姿。对那些衔乳有问题的宝宝，以及吃奶时总是弯着背，不往乳头凑的宝宝，用这种姿势比较合适。这种姿势对个头小、身体太软的宝宝或早产儿也很有帮助。坐在床

橄榄球式抱姿，坐在床上。注意枕头如何让宝宝和妈妈都舒服。

上或舒服的扶手椅上，在你的一侧放一个枕头（例如左边），或把枕头塞在你和扶手之间，把宝宝放在枕头上。让宝宝紧靠在你的左侧，你的左手托住他的脖子。让他的两条腿伸直，舒服地搭在你背后靠的大枕头上。不要让宝宝去蹬椅背或枕头，这样会导致他背部弯曲。如果发生这种情况，将他的大腿弯起来，让他的脚和屁股都靠着后面的枕头。然后，按照衔乳步骤，用你的右手托住左乳，让宝宝靠近你。等宝宝开始顺利吸奶，在他背后再塞一个枕头，以便抱得更紧些。

懒得吸奶和吸力弱的宝宝。有些宝宝因为肌张力不够、早产或吸力弱等原因，需要更多支撑。试试这些措施：

148

• 给自己找一个舒服的姿势，背后和肘下垫上枕头，喂奶时你会用得着。大腿上也放枕头，使宝宝能够到你的乳头。

• 侧面抱宝宝，肚子对肚子，用摇篮式抱姿（参见第 143 ～ 145 页）。

• 把你的手保持 U 形，支撑住乳房，拇指和其他手指位于乳晕以下 3 ～ 5 厘米处。轻轻地来回调整，找到最合适的位置。

• 根据你乳房的大小和宝宝的强壮程度，你在整个喂奶过程中可能都要托住乳房。这么做时，你要随时注意宝宝，不要让他往下滑到只能含住乳头的位置。

• 向母乳喂养咨询师寻求帮助。

我们鼓励第一次采用母乳喂养的妈妈，在产后几天内寻求专业的哺乳专家的帮助，以便在错误的习惯养成之前就能掌握正确的衔乳和喂奶姿势。这样的话，有关母乳喂养的问题就会大大减少，而且我们也发现，妈妈和宝宝也能更好地享受这段亲密关系。

乳汁是怎么产生的

了解乳房产生乳汁的原理后，你会更加欣赏母乳喂养这门艺术，也会明白为什么正确的姿势和衔乳技巧这么重要。在怀孕期间，你会注意到乳房在增大，这种自然的信息告诉你，

衔乳技巧一瞥

怎样让宝宝成功地含住你的乳头，我们来快速回顾一下：

• 在你背后和肘部下方垫枕头，找到最舒服的姿势。

• 在你和宝宝肚子对肚子时，放一个枕头，支撑宝宝的身体与你的胸部水平。

• 用你沾了乳汁的乳头按摩宝宝的嘴唇，引逗他张大嘴巴。

• 当宝宝的嘴巴张得足够大时，把乳头往他嘴巴深处塞，当他嘴巴含住乳晕时，快速地抱紧他。

宝宝成功地衔乳之后，请检查以下事项：

• 宝宝的嘴巴包住了约 3 厘米的乳晕。

• 宝宝的嘴唇往外翻。如果没有，向下压宝宝的下巴。

• 当宝宝吸奶时，他的整个下巴都应该在动。

• 你能听到宝宝吞咽的声音。

• 没有被夹到或疼痛的感觉。如果宝宝姿势不对，用指头轻轻地让他停下来，重新再试。

乳房会在孩子出生后养育他，跟子宫变大养育胎儿的道理一样。乳房增大的第一步是分泌乳汁的乳腺的发育。是这些乳腺的数量和工作状态——而非乳房的大小——决定了妈妈的泌乳能力。乳房的大小更多地取决于与泌乳无关的脂肪组织，而不是乳腺。乳房小的女性所产生的乳汁未必就比乳房大的女性少。

乳房内部的泌乳系统看起来就像一棵树（参见第186页）。乳汁产生于这些好像树叶一样的腺体组织，然后经管道（树枝和树干）到达乳窦（树根）。乳窦就是储存乳汁的地方，位于乳晕的下面，通过在乳头上分布的15～20个开口排出乳汁。为了让乳汁高效地排出，宝宝的嘴巴必须含住乳晕，这样他的舌头才能挤压这些储存乳汁的乳窦。假如宝宝只吸到你的乳头，就只能得到很少的乳汁，导致体重增加不足，而且会给你的乳头带来不必要的伤害。

以下是这个神奇的泌乳系统的运作方式。宝宝的吮吸会刺激你乳头上特殊的神经传感器，这些传感器将信息发送到你大脑里的脑垂体，分泌泌乳素，促使乳腺分泌更多的乳汁。每次喂奶时，宝宝喝到的第一口奶叫前乳，比较稀薄，有点像脱脂乳。随着

宝宝的吮吸，乳头上的神经传感器会刺激脑垂体分泌另一种激素——催产素。这种激素会刺激乳腺周围的弹性组织像橡皮筋一样收缩，挤出更多的乳汁和额外的脂肪。这时的母乳叫后乳，含有更高的脂肪和蛋白质，也更有营养。后乳是成长专用的乳汁。

泌乳反射

当后乳从乳腺进入乳窦时，大多数妈妈都能感觉到乳房里有一点刺痛感。因为这种脂状乳汁的"向下滴落"，所以后乳的突然外溢也被叫做"滴落反射"。

相比"滴落反射"，我们喜欢用更精确的术语"泌乳反射"，原因是大约40年前——也就是我坐诊的第一年——发生了一件尴尬的事。有一天我在医院巡视，走进一个病房，那里有个年轻妈妈在给孩子喂奶，我问她有什么问题。"有，我至今没有体验到滴落。"她说。我以为她说的是"低落"，猜她指的是抑郁症，于是问了她一些产后抑郁症的问题[1]。直到后来，当我问我的妻子何谓"低落"时，才明白那位妈妈指的是她的乳房而不是心情。那时，我回想起多年所受的医学训练中从没有人教过我乳房如何

---

[1]原文中"滴落反射"用的是 let down，这一词组也可表示低落、沮丧之意，所以译文采用"滴落"与"低落"两个同音词表示这一双关语义。

产奶，大概是觉得没什么科学价值。后来，当我开始教年轻医生，我认识到，对如此优美的人类功能的无知不应该延续到下一代医生。我认为这老术语"滴落反射"实在令人泄气，所以就改用"泌乳反射"（MER）来代替。

好的泌乳反射是产生好母乳的关键。妈妈们对泌乳反射的感觉是不一样的。通常，宝宝开始吸奶之后，妈妈会感觉到一股发胀或刺痛的感觉，时间长达 30～60 秒，有的甚至更长。在一次喂奶过程中，这种感觉会出现好几次，不同的妈妈感受到的时间和强度是不同的。第一次当妈妈的女性一般会在开始母乳喂养之后的两三周体会到这种反应。有些妈妈从未感觉到过，但可以从乳汁流出了解到发生了泌乳反射。因为乳汁分泌与你的情绪密切相关，当你感觉好的时候，泌乳反射也会好。疲劳、害怕、紧张和疼痛等情绪，都可能抑制泌乳反射。在这种情况下，宝宝吃到的大部分是前乳，比较缺乏营养，很难满足宝宝的要求。情绪影响激素和泌乳反射，一个心烦意乱的母亲的乳汁分泌也是没有规律的。

供求关系

乳汁的生产量建立在供求关系上。宝宝以正确方式吮吸得越多，妈妈分泌的乳汁就越多，直到两者间找到一个理想的平衡。事实上，喂得勤比每次喂的时间长更有助于乳汁分泌。当宝宝逐渐长大，乳汁供应也随之增加时，他会在几天之内需要更频繁的吮吸。

正确的衔乳和吮吸姿势能帮你满足宝宝的需求。嘴唇接触到你的乳头，闻到乳香，尝到乳味，这些刺激会促使宝宝用嘴唇含住你的乳晕，他的吮吸会把乳头和乳晕往嘴巴深处拉。由于乳房非常有弹性，宝宝的舌头会有节奏地从乳晕"挤奶"，你的乳头和乳晕会被拉长，乳汁会被直接送往舌头的后部，吞进肚子里。

用奶瓶吮则是另一回事。在吮吸的过程中，奶瓶上奶嘴的长度始终是不变的，这就跟母乳喂养有很大不同。还有，即使用奶嘴的方式不正确，宝宝也能得到乳汁。同样的方式用于吮吸母乳，就会导致乳头疼痛和母乳分泌量减少。这种混淆是母乳喂养专家们反对过早使用奶瓶或安抚奶嘴的原因，因为那正是宝宝学习如何正确吃奶的时候。

母乳喂养的常见问题

下面几个问题是采用母乳喂养的妈妈有可能遇到或感兴趣的，但这些仅仅是很多问题中的一部分。在以后的章节中，我们会谈到更多的建议。

开始阶段

奶什么时候会来？

真正的奶水从产后的 2 ～ 5 天出现，取决于很多因素：是不是第一胎，你是不是很累，宝宝吸奶能力如何，宝宝吸奶的频率和效率怎样，等等。在你真正的奶水出现前，宝宝吃到的都是初乳，这种乳汁含有非常丰富的蛋白质、免疫因子和其他对健康十分有利的成分。大约一周，你的奶水会变成过渡乳，成分由大部分是初乳变成大部分是乳汁。产后 10 ～ 14 天，你的奶水就变成了成熟乳。下列情况会让奶水来得更早、更舒服：

- 顺产。
- 鼓励宝宝尽早开始吃奶，增加吃奶次数。
- 让宝宝学会正确的衔乳姿势。
- 除非有医学上的原因，否则不要用奶瓶。
- 咨询哺乳顾问。
- 丈夫、朋友和专业人员的支持。

要多久喂一次？每次喂多长时间？

"注意你的宝宝，不用看表。"经验丰富的妈妈们会这样建议。母乳喂养不是做数学题，就像一位妈妈说的那样："我从不数我喂了多少次，就像我不去数亲了多少次一样。"在头几周，宝宝吃奶的力度和持续时间都会不断改变（有时会坚持很长时间，甚至长达一个小时）。宝宝经常在吃奶过程中睡着，半小时醒来后还想继续吃。记住，更能刺激你分泌乳汁的主要是喂的频率，而不是持续的时间。

你的乳房不会有"空"了的时候。一次喂奶后，你不必等待乳房"填满"再给宝宝喂。其实，喂奶间隔时间太长反倒不好。研究人员注意到，随着喂奶间隔拉长，母乳中的脂肪含量会下降。勤喂可以给宝宝提供成长需要的高脂肪、高热量的乳汁。研究发现，婴儿非常善于掌控妈妈的造乳能力。有些女性的乳房容量较小（与乳房大小无关），这时宝宝就会更频繁地要求吃奶，以弥补每次吃奶量的不足。

只要掌握了正确的姿势和衔乳技巧，喂得再多，乳头也不会疼。也许有人会建议："开始时每边各喂 3 分钟，逐渐地每次增加 1 分钟，直到两边各喂 10 分钟。喂 10 分钟就足够了。"别理这样的建议。宝宝不会写这些限制性规定，妈妈也不用照着去做。新妈妈的泌乳反射通常会在宝宝吮吸 2 分钟后启动。宝宝不那么饿时，吃一顿饭花的时间会长一点，饿极了时，可能不到 10 分钟就可以吃完。母乳喂养几个月后，妈妈和宝宝就会彼此协调一致，很多宝宝能在 10 分钟内得到需要的乳汁，但大多数宝宝会拖延一段时间，吸得再多些。记住，乳头疼痛是由不正确的吸奶动作引起的，而不是吸奶时间的长短。不正确的吸奶即使只有 3 分钟，也会引起乳头疼痛。

宝宝在第一个月到 6 周大期间，要平均每 2 个小时吃一次奶，然后吃奶频率会慢慢降低。头几周是你和宝宝建立起合适的供求关系的时间，在你的生活方式允许的情况下，要让宝宝尽情地吃奶。

乳头疼痛

乳头疼痛怎么办？

一旦出现乳头疼痛的迹象，立刻检查你的喂奶姿势，确保宝宝没有把力量直接用在你的乳头上——应该是用在乳晕上。尤其要保证宝宝的嘴巴已经张得很大，嘴唇——尤其是下唇——向外翻。有时妈妈自己很难看到宝宝的下唇是否向外翻，所以最好请一个有经验的妈妈在你喂奶时观察宝宝的情况，用上文提到的技巧翻开宝宝的下唇。如果疼痛很快得到缓解，那说明就是因为宝宝吸得太紧了。还有，也可以让宝宝换一个角度，先吸不那么疼的那个乳头。

乳头的护理。乳头在"不用"的时候表面要保持干燥。用新的防溢乳垫，没有塑料衬里的那种，确保没有湿气接触到你疼痛的皮肤。（参见第 176 页更多关于乳垫的内容。）在戴上胸罩之前，用一块软布轻轻地吸干乳头上面的水分。过去常常建议让乳头风干，晒阳光甚至用吹风机快速吹干。但对某些妈妈来说，快速吹干会破坏皮肤保持柔软和弹性所需要的湿度平衡，容易导致脆弱的乳头表皮干裂。

过渡性疼痛。许多妈妈会经历一段过渡性乳头疼痛，那是乳头的皮肤在适应吮吸的过程中自然引发的。如果出现了这种疼痛，先检查一下衔乳的技巧问题。另外，喂奶后按摩乳头可以促进乳头组织的血液循环，初乳或者乳汁就是最好的按摩霜。乳头周围和乳晕上分布的小凸起是一些分泌油脂、进而起到保护和清洁乳头作用的腺体。因此，千万不要用肥皂清洗乳头，因为肥皂会洗去这些自然的油脂，从而使皮肤干燥甚至皲裂。

乳头急救。皮肤干燥的妈妈，即使喂奶姿势和衔乳技巧毫无问题，也会碰到乳头干燥、皲裂的痛苦。不要使用喂奶前要洗掉的护肤油或护肤膏。如果皲裂持续发展，而且用乳汁按摩毫无效果，那么可以试试高纯度、低过敏性、不含农药的纯羊脂油，比如 Lansinoh 牌护乳霜，这种护乳霜能让乳头组织保持正常的湿度，不必在每次喂奶前清洗。

如果用了上述措施后，乳头还是越来越疼，皲裂得越来越厉害，就需要从母乳喂养咨询师那里获得帮助。

宝宝不断地要奶吃，我的乳头都快破

护乳罩：要还是不要？

这种富有弹性的塑胶或硅胶护乳罩，目前在医院里很普遍，主要作用是帮助刚开始喂奶的妈妈们保护自己敏感的乳头。然而，看到新妈妈们一有疼痛的迹象，好心的护士就上去提供护乳罩，未免太急了点。或者，遇到妈妈的乳头扁平或翻转过来的情况，就用护乳罩来解决问题，而不是先确保正确的衔乳和定位技巧。我们觉得护乳罩使用过度，会产生诸如奶水供应不充分等问题。宝宝们也会变得依赖它。护乳罩是一个很有用的工具，例如帮助乳头皲裂的妈妈有愈合的时间，或作为其他衔乳技巧不起作用时的一个辅助，但只能在哺乳顾问的指导下使用。

皮了，我也累得不行了。可以给他安抚奶嘴吗？

很多宝宝喜欢吮吸妈妈的乳头来寻求安慰，而不仅仅是为了吃饱。没有什么比妈妈的乳房更能安抚一个烦躁的宝宝进入梦乡。然而，妈妈的这个"抚慰器"也需要休息。我们不鼓励在头几周就用人造"抚慰器"——安抚奶嘴，因为那段时期正是宝宝学习正确吸奶方式的日子。等到他的吸奶动作趋于成熟，乳头混淆也不再是问题的时候，就可以用安抚奶嘴拯救

劳累的妈妈，满足贪得无厌的宝宝。（关于安抚奶嘴的更多内容，参见第96页。）

宝宝吃够了吗

我怎么知道宝宝是不是吃够了

一两个月之后，你凭直觉就能知道宝宝是否得到了足够的乳汁。宝宝看起来、感觉起来都很重。不过在头一两周很难判断，尤其是对第一次当妈妈的人来说。下列迹象可以说明头一两周的宝宝得到了足够的乳汁。

• 喝足了奶的宝宝通常会在开始的3天过后，每天至少尿湿6～8次尿布（4～6次纸尿裤）。尿湿尿布的次数多，说明宝宝没有脱水的危险。

• 大便是第二个信号。第一周，宝宝的大便应该先是黏稠的黑色，然后变成绿色，再变成棕黄色。等到吃到了富含营养的脂状后乳，宝宝的大便就会变得更黄。如果大便呈现出芥末黄，说明宝宝得到了足够的高热量后乳。前两个月里，奶水充足的宝宝一般每天会有至少2～3次这样的大便。由于母乳具有天然的通便效果，有些宝宝在每次喂奶时或喂奶后就会大便。

• 喂奶前你感到乳房胀，喂奶后觉得没那么胀了，如果不喂奶就会溢奶，这些迹象都说明你的乳汁供应充足。不过几个月后，即使你仍然乳汁

舌系带过短

舌系带过短指的是连接舌头和嘴底部的膜（就是舌系带）比正常的短。如果舌系带影响了哺乳，可以通过手术剪开，从而使舌头解放出来，提高吃奶效率。出现以下迹象说明宝宝舌系带过短：

• 宝宝的舌尖没法伸到下牙床外面。

• 宝宝哭、张大嘴或吮吸时，舌尖上会出现一个凹痕，就像心形图案上端的那个凹陷一样。

• 喂奶时妈妈很痛。乳头疼，裂开，甚至流血。

• 宝宝每次吃奶需要的时间都很长，而且频繁地要吃奶，同时容易疲劳，经常咬或者啃乳头。

舌系带被剪开之后，妈妈会立即发现喂奶舒服多了，效率也高了很多。有时候舌系带看上去很紧，但如果宝宝吃得很好，能得到充足的奶水，妈妈的乳头也不疼，那就没必要剪开。

剪舌系带是一个快速、无痛的小手术，但很多医生不愿意做，可以请你的母乳喂养咨询师帮忙引荐。宝宝出生后头几周，舌系带还很薄，可以毫无痛苦地剪开，最多流几滴血，甚至有可能连血都不流。当宝宝的嘴张大时（可以是正常地张大，也可以是趁他大哭的时候），医生会用一块消毒纱布裹住宝宝的舌头（有时如果宝宝的嘴张得足够大就没必要这么做），用剪刀剪到舌系带和舌根的连接处为止。

时间越长，舌系带就越强健，剪开的难度也会加大。做了多年母乳喂养咨询工作后，我成了一个舌系带修剪能手。现在越来越多的儿科医生在接受这个手术的培训，耳鼻喉科专家也可以做。

供应充足，溢奶现象也会有所减轻。宝宝的吸奶方式和满意度也是一个指标。如果你感觉到宝宝吸奶用力，能听到吞咽声，感觉到泌乳反射，看到宝宝心满意足地睡去，就说明宝宝得到了足够的奶水。

第一个月，宝宝的体重应该增加多少？

宝宝的体重增加也是衡量奶水是否充足的一个指标。第一周，宝宝的体重会有所减轻（通常为体重的5%～8%，即170～280克）。头几周，如果奶水充足，宝宝的体重平均每周要增加115～200克，从那以后，头6个月，平均每月增加450～900克，

母乳喂养的宝宝更苗条

1992 年，加州大学戴维斯分校做了一项研究。研究内容是关于母乳喂养的孩子和吃奶粉的孩子的成长模式比较。研究发现，在头 3 个月，两组孩子的体重增加情况很相似，但在 4～18 个月，吃奶粉的孩子体重和身高的比例要高于吃母乳的孩子，这说明吃母乳的孩子要长得苗条些。在头 12 个月，母乳喂养的孩子平均体重要少 680 克。这对新父母来说意味着什么？这说明生长曲线图的标准——不管吃母乳还是吃奶粉——可能本身就是"超重"的。给你的宝宝单独制订标准，而不要依据生长曲线图。如果宝宝的体重增加速度正常，看起来健康而满足，他就没问题。（有关生长曲线图的更多内容，参见第 467 页。）

从 6 个月到 1 年，平均每月增加 500 克。头 6 个月里，宝宝的身高一般每月增加约 2.5 厘米。身高和体重的增加程度跟宝宝的体型有关系（参见第 260 页）。

妈妈们非常乐衷于观察宝宝的体重变化。虽说良好的体重变化不是衡量孩子是否喂得好的唯一指标，但我觉得，既然妈妈乳房并不像奶瓶一样有刻度可供参考，那么宝宝变重是

对她日夜辛苦哺乳最实在的奖赏。

我的宝宝满 10 天了，他经常尿湿尿布，但体重还没有恢复到出生时的重量，是不是有问题？

你的宝宝应该已经得到了足够多的奶水，但体重增加得慢，说明他可能没有得到足够的热量。如果他的眼睛和嘴巴是湿润的，而且每天要换 6～8 次尿布或 4～6 次纸尿裤，说明他没有脱水。他从你的乳汁中得到了需要的液体，但可能没得到足够的脂肪，所以看起来瘦瘦的。营养不良的宝宝皮肤松弛，有皱纹，因为下面没有太多的脂肪。这样的宝宝容易哭闹，因为他没有得到满足。喂得好的宝宝每天会有 2～3 次成形的大便。有的甚至会在吃奶时拉在尿布里。而体重不够的宝宝大便也比较少，有的甚至一天一次都不到，尿布里干干净净。

这里的问题在于你的宝宝没有得到足够的高脂肪后乳。稀薄、水样的前乳能给他足够的液体，但成长需要的脂肪则不够。也就是说，当他需要全脂乳时，却只得到脱脂乳。这并不意味着你的造乳能力有问题，而是你需要改善泌乳系统的工作。高脂肪的乳汁是在哺乳开始一段时间之后才有的，要在你有了泌乳反射以后，"油脂"才会输送到输乳管。如果你只喂了 5～10 分钟就换另一侧喂的话，

宝宝在两边都只能得到前乳。鼓励宝宝在每一侧乳房都吃得久一些，这样乳汁才会变稠，宝宝才能感到满足。下次给宝宝喂奶时记住这句话——"先完成第一个乳房"。让宝宝来决定什么时候换位置吧，而不要根据时钟或日程表。

如果宝宝喜欢吃几口就入睡，那就鼓励他吃得久一点，用力一点。在宝宝刚有点睡意时，让他离开乳房，轻轻拍他的背，叫醒他，再喂一次。你可能要反复多次，才能让他变得积极起来，一次至少吃 10 ～ 15 分钟。长时间用力地吃奶会刺激泌乳反射，宝宝才会长肉。还有很多增加乳汁分泌的窍门，我们会一一介绍。还会提到一边喂奶一边按摩乳房的技巧。

 威廉医生笔记：

有一些宝宝体重增加慢是很正常的。有一种"香蕉"体型（长而瘦）的宝宝，他们把脂肪更多地用于长个子，而不是增加体重。如果父母个子较小，宝宝的个子通常也较小。这些宝宝不像营养不良，他们的大便情况很正常，皮肤也不会松弛、有皱纹。

吃母乳的宝宝还需要额外的水和维生素吗？

母乳喂养的宝宝不像吃配方奶粉的宝宝那样需要额外的水分。你的乳汁里就有很多水分，而配方奶要浓

缩很多。

我们不鼓励给宝宝喂额外的水，不是因为水本身有问题，而是如果给新生儿用奶瓶喂水的话，有可能导致乳头混淆。

同样，奶水充足的宝宝也不需要额外补充维生素，除非医生认为你的宝宝有特殊的营养需求。9 个月左右的婴儿，如果血液中缺铁或饮食上铁含量低，医生就会建议你给他补充含铁的复合维生素。

美国儿科学会现在推荐母乳喂养的妈妈和宝宝每天补充维生素 D，从出生就开始补充。你可以根据自己的饮食情况、宝宝的日照时间，和医生商量具体的方案。

增加奶水供应

我的宝宝三周大，体重偏轻，而且我也不觉得我的奶水充足。我该怎么办？

大多数奶水供应不足的情况都是由以下一个或几个原因引起的：不正确的喂奶和衔乳姿势，妈妈和宝宝的和谐关系受到影响，妈妈过度疲劳，以及严格按照时间表喂奶。你可以采用以下建议。

经常给宝宝称体重。与医生联系，给宝宝安排一周称两次体重。

寻求帮助。请一个母乳喂养方面的专业人士指点喂奶和衔乳姿势，检

查宝宝的吮吸情况。

寻求支持。联系母乳喂养和育儿的专业机构，如国际母乳会或全国生育联合会。

避开消极建议。"你确定宝宝吃到足够的奶了吗？""我也没法做到全母乳喂养……"当你努力想建立当妈妈的自信时，不要听信这些消极建议。和支持你的人在一起。母乳喂养需要信心。

检查家里的状况。是不是家务让你很忙？是不是有很多杂事让你没法全身心投入母乳喂养？暂时抛开它们，把精力用在宝宝身上。

把宝宝带上床。喂奶时和宝宝亲昵地偎依在一起。白天打盹时喂奶和晚上喂奶是强有力的催乳妙方，因为睡觉的时候，泌乳素分泌得最多。

喂奶时脱下宝宝的衣服。如果宝宝体重不到 3.6 千克，你可以给他裹上一块毯子来保持暖和，但还是要保持肚子贴肚子的接触。皮肤之间的接触能刺激打瞌睡的宝宝醒过来，提高吃奶热情。

白天不要把宝宝包裹得紧紧的。一个包裹得紧紧的宝宝，可能会连续睡三四个小时。让宝宝睡觉时"松"一点儿可以缩短小睡的时间，增加喂奶次数。

增加喂奶次数。最少两小时喂一次，如果白天宝宝连续睡了 3 小时以上，就把他叫醒。如果宝宝很困，就

让他贴着你的乳房睡。皮肤接触能刺激乳汁分泌。

想着宝宝，想着喂奶。给宝宝喂奶时，抚摸他，拥抱他，增加皮肤的接触。这种母性的行为能刺激泌乳素的分泌。

宝宝睡的时候你也睡。把一些看起来很紧要的家务琐事延后或索性扔在一边。如果你的宝宝需要经常喂，你可能会觉得"我什么事都做不了了"，但你其实在做，而且是世界上最重要的事——哺育一个孩子。

喂得再久一点。不要限制宝宝的吃奶时间，也不要硬性规定每一侧喂的时间。在转到另一侧乳房之前，允许宝宝先吃个够。他需要得到高脂肪的后乳。量不多但高热量的后乳能帮助宝宝成长，这是对他吮吸的一个奖赏。如果你几分钟就换位置，那么宝宝在两侧都只能得到稀薄的前乳。这虽然能填饱肚子，但没有足够的热量，所以宝宝的体重就很难增加。长时间的喂奶能刺激泌乳反射，给宝宝更多的脂肪。

轮换喂奶。传统的喂奶方法是鼓励宝宝在他想要的那侧乳房吃奶（通常10分钟左右），然后吃另外一侧，直到吃饱，下一次再倒过来。轮换喂奶操作如下：让宝宝先在一侧吃奶，直到强度和声音都减弱，宝宝的眼睛开始闭上（一般是3～5分钟后）。不要看时钟，而要看宝宝是不

是开始对那只乳房缺乏兴趣。一旦这样的迹象出现，就把他移开，拍拍他，换到另一侧，直到吮吸的力度再次减弱；停，再拍拍他，然后回到第一只乳房重复整个过程。这样轮换喂奶能使更稠、热量更高的后乳流出来，因为泌乳反射在你每次轮换的时候得到了刺激。这对爱睡觉、吃奶不积极的宝宝特别管用。频繁轮换能让宝宝一直醒着，拍拍他又能帮他打嗝排气，让小小的肚子有更多的空间储存乳汁。

　　试试重复喂奶。这个方法与轮换喂奶基于同一原则，即增加乳汁中的脂肪含量，给宝宝更多的后乳。在你喂过宝宝，他看起来满足了之后，拍拍他，把他竖直抱起来 10 ～ 20 分钟，然后再喂一次奶。宝宝肚子里的

空气少了，就有了更多空间，同时你乳房中脂肪含量高的后乳也已经准备好了。两次喂奶间隔的时间越长，前乳中的脂肪含量就越低。

　　把宝宝背在身上。在喂奶间隙，尽可能经常地把宝宝放在背巾里，背在身上。让宝宝与你的乳房亲密接触，不仅能刺激乳汁分泌，而且能提醒宝宝吃奶。如果宝宝开始寻找乳头，就在背巾里喂他。有些宝宝在妈妈走动时吃得更好。（参见第 309 页把宝宝背在身上时喂奶的建议。）

　　喂奶前和喂奶中按摩乳房。喂奶前轻轻地按摩乳房，有助于刺激你的泌乳反射，这样宝宝一凑上去，奶水就自动流出来了。喂奶时按压乳房，可以让乳汁加速往乳头方向流，人工模拟泌乳反射。你可以用这种方式鼓励宝宝吃得久一点。当他吃得慢下来或有些缺乏兴趣时，用支撑乳房的手按摩乳房，加快乳汁流动，你会发现宝宝吞咽和吮吸都会变得更积极。用手尽可能按摩整个乳房，使每一条输乳管都能得到刺激。

　　喂奶时尽量放松。当你的身体或情绪比较紧张时，泌乳反射有可能会受到抑制。用上你在分娩课程中学到的放松技巧，用枕头，让人帮你按摩背，想象流水，听舒缓的音乐，对自己有自信。（参见第 161 页关于放松的更多建议。）

　　试试喝草药茶。催乳的自然疗

法更多地来自民间经验，缺乏科学依据。不过，根据我的临床实践以及我们自己带孩子的经验，葫芦巴①茶确实能促进乳汁分泌。以下是西尔斯独家秘方：往一杯滚烫的开水中放入一茶匙葫芦巴种子，大约5分钟后，水开始变色，散发出香味（这种茶有一股甜甜的像枫糖一样的味道），就可以喝了。玛莎发现，在她的乳汁供应有些不足的时候，喝几杯这样的茶很管用。据一些妈妈说，在催乳茶里面加一点葫芦巴，效果更好。还有一些草药文献上记载的配方也能起作用。至于这些茶是否真的能对身体和心理有帮助，我们暂不讨论。试试吧，让自己放松，好好享受。

涨奶

如果我奶水过多，涨奶怎么办？

涨奶会使你的乳房变得饱满、发胀，甚至坚硬而疼痛，这是你的身体出现母乳供求不平衡的一个征兆。涨奶对妈妈和宝宝都不好，妈妈会非常疼，如果不予治疗，甚至会演变成乳腺炎。

涨奶对宝宝也不好受。乳房肿胀，乳头就会变得扁平，宝宝很难好好含住，吃到的乳汁就少了。而宝宝的吮吸又刺激了更多乳汁的产生，却又很难清空，导致乳房进一步肿胀，陷入恶性循环。随着乳房组织的肿胀，乳汁流动更加不顺畅。宝宝吃到的奶更少了，需要喂更多次，而妈妈的涨奶会更严重，母子俩都陷入麻烦之中。

涨奶是可以避免的，只要你以正确的技巧作为开始，根据宝宝的情况——而非时间表——喂奶，使用正确的姿势，让宝宝正确衔乳。

如果你还在医院时就已经开始涨奶，可以用电动吸奶器吸出多余的乳汁，以软化乳晕，这样宝宝就能正确衔乳，更有效地清空乳房。通常在第一周，你的乳房会缓慢而稳定地分泌乳汁，宝宝应该以同样的速度吸出来。在这一周，乳汁的增加会使你感到乳房有些胀，这是正常的，但只要使用正确的喂奶姿势和衔乳技巧，加上多喂奶、多休息，这种现象会逐渐减少。到了第三周或第四周，乳汁可能会突然增多，搞得很多妈妈抱怨："这两块沉甸甸的石头弄得我睡不着觉。"这时最好用电动吸奶器，迅速缓解症状，免得进一步恶化。

过去人们常常用热敷来对付这种情况，但在我们了解了涨奶的原理以后，发现热敷其实会使涨奶更加严重。你可以用冷敷或冰袋（在皮肤与冰袋之间垫一层布，以免冻伤），直

---

① 葫芦巴，又叫香豆子、香苜蓿，是一种植物香料，也是一种历史悠久的传统药材。

到肿胀减轻，奶水流出。冷疗法也能缓解乳房的发热和疼痛。

在家的时候，你可以通过站在温水中淋浴、泡澡，或在喂奶前温敷乳房10分钟，来防止涨奶。这样做能引发你的泌乳反射，宝宝可以早点吃到乳汁，更好地清空乳房。如果乳晕太肿，宝宝没法正确衔乳，那就在喂之前先挤出一些乳汁，来充分地软化乳晕，这样宝宝就能含到乳晕，而不只是乳头。

如果情况已经恶化，不要干坐着等情况好转。在喂奶间隙持续使用冰袋缓解疼痛和肿胀，有可能的话租一个吸奶器，直到母乳喂养专业人员到来。如果宝宝吃奶的情况很好，那只需用吸奶器吸出足够的乳汁来缓解肿胀、软化乳晕即可，这样宝宝就能轻易吸到乳汁了。如果宝宝吃不饱，你就需要每隔两三个小时用一次吸奶器，使乳汁顺畅流动，保证正常的奶水供应。对乙酰氨基酚和不太紧、大小适中的胸罩也有帮助，此外，一定要休息。

最重要的是，*不要停止*给宝宝喂奶！乳汁必须要释放出去。涨奶如果得不到及时缓解，会恶化并引发乳腺炎。

乳腺炎的症状跟流感很相似：疲劳、咳嗽、发冷、疼痛。乳房要么整个肿胀，要么局部肿胀、疼痛、发红、发热。治疗时，可以在疼痛部位用温暖的湿毛巾，也可以用温水淋浴，每天至少4次，每次10分钟。同时用对乙酰氨基酚对付咳嗽和疼痛，服用医生开的抗生素，并多多休息。继续给宝宝喂奶是有好处的，乳房必须被清空（要么是宝宝，要么是吸奶器），才能治愈感染。

如果你喂奶一直很顺利，而某天乳房突然开始肿胀，这时先检查一下你的喂奶技巧，这也可能是你事情太多，太忙的一个信号。听听你的身体在说什么吧，它正在试着告诉你什么呢。

你需要放松

我是一个容易紧张的人。在哺乳期，我该怎样好好放松呢？

泌乳素有镇定效果，然而情绪紧张或身体问题（劳累、疼痛和生病）会影响到泌乳素和催产素的分泌，抑制泌乳反射。如果你的乳汁流不出来，宝宝也会烦躁不安——妈妈的焦虑会很快传到宝宝身上，因此学会放松很重要。请看下列技巧：

想着宝宝。开始哺乳前，先处理好手头的事情——把与宝宝冲突的事情都搁在一边，以宝宝为中心。想象你自己在喂奶，想象你最喜欢的宝宝的动作和表情。给宝宝按摩，抚摸他，抱着他，制造尽可能多的皮肤接触。这些想象和行动会让身体分泌具有镇定作用的激素，帮助你放松。

将干扰最小化。 喂奶之前，吃一块营养点心，喝点水或果汁，洗一个热水澡或打一会儿盹，这些都有放松效果。可以用上分娩课程中学到的放松和呼吸技巧。喂奶前和喂奶过程中，放些舒缓的音乐。想象你的乳房中有泉水涌出，请其他人站在你的椅子后，帮你按摩脖子、肩膀和背。准备工作完毕后，枕头各就各位，宝宝已经正确衔乳，这时你可以用腹式呼吸法做一次深呼吸，就像分娩课程中指导的那样，让所有的紧张从你的脖子、背上和手臂释放出去。

在温水中喂奶。 如果你非常紧张，可以尝试水疗法，坐在浴缸的温水里喂奶。水刚好到你的胸部以下。你斜躺在浴缸里给宝宝喂奶，这时宝宝也有半身没在温水里。千万注意跨进浴缸时不要抱着宝宝，万一滑倒就糟糕了。应该先把宝宝放在一块毛巾里，置于浴缸边上，等你舒服地在浴缸里靠稳了，再把宝宝抱过来，或者让其他人帮忙把宝宝抱进来。

专辟一个喂奶区。 我们家用这个办法让玛莎在忙碌的家庭氛围中放松下来。在家里腾出一块专门留给你和宝宝的区域，摆上一张你最喜欢的椅子（最好是扶手椅或有扶手的摇椅，高度舒适，可以支撑你的手臂），还要有很多枕头、一张脚凳、舒缓的音乐、轻松的书、有营养的点

心，以及果汁或水。如果你想用电话，可以用无线电话，或接一条足够长的分机线。

你会在这个"巢"里待很长时间，所以要让它变得又舒适又实用。根据你会在那里待的时间长短（一个小时还是一小会儿）准备尿布、宝宝的衣服、围嘴、垃圾桶等。

如果你有刚学走路或快上幼儿园的宝宝，还可以准备一点吃的或有趣的小节目。这个喂奶区是一个能让你看好宝宝的安全区域。如果你要时刻为宝宝在干什么而担心，就很难有放松可言。如果你把喂奶区设在地板上，有些学步期的孩子就比较能接受你给新宝宝喂奶，因为他觉得随时都能跟妈妈在一起。

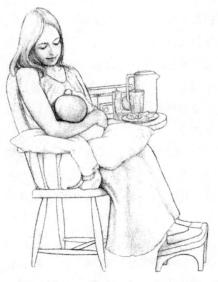

一个专门给宝宝喂奶的地方，要尽可能地舒服和方便，让喂奶这件事变得更轻松、更享受。

162

喂奶本身就是个自我放松的循环，你喂得越多，起镇定作用的激素分泌得就越多，喂奶也就更顺利。

幼儿也需要夜间陪伴

我有一个两岁大的孩子，还有一个刚出生的宝宝。每次我坐下来喂奶，大孩子就想让我陪他玩，怎么办呢？

站在大孩子的角度想一想——小宝宝得到了所有的关心、乳汁、拥抱，而这些之前都是属于他的。

对这种情况，我们是这样处理的：把宝宝放在背巾里喂奶，这样可以腾出一只手甚至双手跟大孩子玩。坐在地上，扔皮球，堆积木，也可以读书给他听，而这时小宝宝在舒服地吃奶。

接下来，把你的喂奶区扩大，加上属于大孩子的东西，比如一只放玩具的篮子、最喜欢的书、录音机、积木，等等。坐在地板上，背靠着沙发，一边给宝宝喂奶，一边跟大孩子玩。大孩子会把这个喂奶区也看成是他的专属区域。把这个喂奶区里的玩具和一些游戏专门留在喂奶时用，大孩子就会觉得，给小宝宝喂奶的时间也是他的游戏时间。最终，你的大孩子会意识到："妈妈在这段时间会跟我做一些特殊的事情，别的时候不做。"

坐在地上喂宝宝，大孩子就不会想爬到你的大腿上来。喂奶时跟大孩子玩，其实也能帮你放松，因为你不用再担心他在另一个房间里干什么。要是你喂奶时打盹，可以让大孩子也加入进来，靠在你身边，跟你一起睡一会儿。

如果宝宝咬我

7个月大的宝宝吃奶时会咬我，我该怎么办？

你的第一反应肯定是把宝宝拉开，并且大叫起来。我们不能指责妈妈会有这样的反应，尤其是宝宝咬得很疼的时候，但有些宝宝会因为妈妈这样激烈的反应而几天不吃母乳——罢工。当宝宝开始长牙时，这种令人烦恼的轻咬动作就会经常出现。

其实你的反应可以不必这么激烈。当你感觉宝宝的牙就要咬下来的时候，把他抱得更紧一点，他会为了鼻子不被堵住而把嘴张得更大些，自动地放弃"咬"这个动作。不要试图把乳头从宝宝紧紧咬住的牙齿中拉出来。当宝宝意识到他不能一边咬一边呼吸的时候，咬你的次数自然就会少了。有过这么几次交锋，宝宝就会知道，咬妈妈会让他自己很不舒服，就不再做这个动作了。说"不"是应该的，因为宝宝需要学会面对某些意想不到的事情，但不要吓着他。

你可以记录一下宝宝通常什么时候，为什么咬你。"咬"可能是宝宝的一种方式，告诉你他吃饱了。如果在吃奶结束前宝宝有点"咬牙切齿"的样子，那在他开始咬之前就停止喂奶。长牙期的宝宝也容易有咬的冲动。在冰箱里放一些给长牙期宝宝的玩具，例如冻香蕉或冻毛巾，在喂奶前或快结束的时候让他咬。这些技巧再加上"哎呀，妈妈很痛"，可以帮助宝宝学会吃奶"礼仪"，保护你的乳头。（更多技巧参见第 193 页对"磨牙宝宝"的讨论。）

母乳喂养能避孕

我听说母乳喂养是一种自然的避孕措施，这种说法可靠吗？

母乳喂养可以是一种很有效的天然避孕措施。为什么呢？因为泌乳素会抑制促进排卵和子宫发育的生育激素。当体内泌乳素含量高的时候，女性不会排卵，也就不会有月经。根据宝宝的暗示频繁喂奶，就可以保持体内的泌乳素含量。如果长时间没有喂奶，泌乳素就会降低，被生育激素取而代之。将母乳喂养作为避孕妙方的关键是，用频繁的喂奶来保持较高的泌乳素水平，不管是白天还是晚上。只要你严格遵守这个规则，母乳喂养就能帮你避孕。

科学家们已经发展出了一套方法，用来指导那些愿意依靠母乳喂养来达到避孕目的的妈妈。根据这套方法，只要能对下面 3 个问题给予否定的回答，她就能做到哺乳期不怀孕。

• 你的月经来潮恢复了吗？

• 你给宝宝吃奶粉吗？你会长时间不喂奶吗（白天 3 小时以上，晚上 6 小时以上）？

• 宝宝有 6 个月了吗？

研究显示，遵守了这套指导方法的妈妈们在头 6 个月怀孕概率能降到 2% 以下，可与人工方法避孕相媲美。许多妈妈很享受长长的无月经期，她们的宝宝频繁地吃奶，依靠母乳来获取大部分的营养。研究表明，下列措施能延长无月经的时间：

• 不分白天晚上，无时间限制，宝宝想吃奶就吃奶。

• 和宝宝睡在一起，晚上也喂奶。

• 晚一点提供奶粉或奶嘴。妈妈的乳头就是最好的奶嘴。

• 晚点给宝宝吃固体食物。固体食物可以用于补充营养，但不要取代母乳。

做到以上几点的妈妈，能享受平均 14.5 个月的无月经期。不过，每对妈妈和宝宝都不一样，有些妈妈月经来潮恢复得早，有些则比较晚。有些妈妈在头几次月经来潮时并没有排卵，而大约有 5% 的女性在月经还没有恢复来潮时就会排卵，这样也会导致怀孕。无月经的时间越长，这种情况就越可能发生。

第9章　哺乳妈妈的选择和挑战

看过前面的内容，希望你已经认识到母乳喂养对妈妈和宝宝的重大意义。但在现实生活中，还是会有医学、社会和经济各方面的因素，影响你采用这种喂养方式。本章我们将介绍如何在复杂的环境中更轻松地完成母乳喂养。

妈妈在哺乳期要吃好

怀孕时你的身体给宝宝提供营养，宝宝出生第一年，你的乳汁满足他的成长需求。在哺乳期，你的身体会更有效率地使用营养，满足两个人的需要。怀孕时留下的脂肪储备也会为制造乳汁提供能量，但你每天还需要额外的 300 ～ 500 卡热量才能为宝宝制造奶水，可以说"一人吃两人补"。

哺乳期不能光靠通常的营养摄入。吃对你有好处的食品，会更有精力，能更好地从生产当中恢复过来，

应对当妈妈的压力。不要吃高糖、高脂又没有营养的垃圾食品。糖果、甜点、碳酸饮料和包装食品往往没什么营养。你要吃营养丰富的食物，提供足够的热量。为了营养均衡，你需要摄入下面 5 类基本食物（一份水果、蔬菜和谷物的量从 1/4 杯～ 1/2 杯不等，一份肉和豆类的量是 50 克）：

• 全麦面包、谷物、大米和面食（每天 6 ～ 11 份）

• 蔬菜类（每天 3 ～ 5 份）

• 水果类（每天 2 ～ 4 份）

• 鱼、肉、家禽、豆类、鸡蛋和坚果类（每天 2 ～ 3 份）

• 牛奶、酸奶和奶酪（每天 2 ～ 3 份）

你每天都要摄入以上 5 种食物，从中获取以下 3 种基本营养成分：

• 碳水化合物提供每日所需热量的 50% ～ 55%，其主要的形式是有益健康的糖分，能稳定释放能量，主要来源于面食、谷物和水果。（参见

第 253 页关于有益健康的糖的讨论。)

• 健康的脂肪提供每日所需能量的 30%。(参见第 251 页包含健康脂肪的食物清单。)

• 蛋白质提供每日所需能量的 15% ～ 20%。(参见第 254 ～ 255 页富含蛋白质的食物清单。)

好骨骼少不了钙

孕期和哺乳期,你都需要大量的钙。宝宝也非常需要钙来促进骨骼生长。不用担心母乳喂养会让你体内的

给宝宝聪明的脂肪,给妈妈健康的脂肪

 威廉医生建议:

低脂食物不利于婴儿健康,相反,婴儿要吃含有适当脂肪的食物。

宝宝的大脑和神经发育需要脂肪。母乳中 50% 的热量来源于其中的脂肪成分。

你可以通过吃富含脂肪的鱼(如三文鱼)来提高母乳中好脂肪的含量,因为三文鱼含有很多的 omega-3 脂肪酸(参见第 251 页"去钓鱼!")。omega-3 脂肪酸含有"聪明脂肪"DHA,能更好地促进脑部发育。2006 年的一项研究显示,在海产品摄入量比较高的国家,例如日本,母乳中 DHA 含量也是最高的,而在美国和加拿大最低。好消息是母乳喂养的妈妈补充含 omega-3 的鱼油,就能提高母乳中的 DHA 含量。过去 10 年的研究显示,在孕期和哺乳期主要从海产品和 / 或鱼肝油中摄取足量 omega-3 的妈妈们,有以下健康方面的益处:

• 感觉更愉快,产后抑郁的概率比较低;

• 宝宝聪明、健康,有更好的视觉敏锐性,较少过敏,孩子的智商也更高;

每天需要补充多少 omega-3 呢?我们建议是每天 1000 毫克 omega-3EPA/DHA。可以每周食用 350 克安全的海产品,例如三文鱼(提供每天 500 毫克的 omega-3),另外,每天服用含 500 毫克 EPA/DHA 的鱼油。

现在,一个新的激动人心的研究领域是怎样通过膳食平衡,比如食用油,达到母乳中脂肪的最佳平衡状态。一个很简单的方法是:换更好的油。多吃对母乳有利的油:鱼油,亚麻油,橄榄油,天然椰子油;少吃植物油,例如玉米油,大豆油,葵花籽油和棉籽油;不吃人工制成的氢化油。

钙流失。研究表明，母乳喂养反而可能降低妈妈骨质疏松的概率。你在哺乳期失去的钙，断奶之后会重新回到你的体内，骨骼的密度甚至会比怀孕时还要高。

你不必为了喂母乳而大量喝牛奶；奶牛不用喝奶也照样有牛奶！如果你不喜欢喝牛奶，或对牛奶过敏，可以通过以下一些不含奶的高钙食品来获取强健骨骼所需的矿物质：沙丁鱼、大豆、西兰花、扁豆、三文鱼、豆腐、水田芹、绿色蔬菜、秋葵、干豆、葡萄干、无花果干、胡萝卜汁。不过，乳制品确实是钙的主要来源，如果你只是不喜欢喝牛奶，但并不过敏，建议你选择奶酪和酸奶。

铁——造血元素

铁对妈妈们非常重要，产后的妈妈们要吸收足够的铁。含铁丰富的食物有鱼、家禽、西梅汁，以及添加铁的营养强化麦片（参见第259页更多含铁丰富的食物）。为了使食物中的铁得到更好的吸收，要同时摄入富含维生素C的食物（如水果和蔬菜汁），例如你可以吃猪肉丸加番茄酱，配上添加铁的营养强化麦片，再喝一杯橙汁。此外，母乳喂养具有抑制月经来潮的作用，也能防止铁流失。

补充维生素

妈妈和宝宝都需要更多的营养，所以你仍旧要吃产前的维生素补充剂，除非医生建议你不要这么做。（我们发现某些品牌的维生素有时会导致婴儿肠痉挛，这时只要换一种品牌，症状就会消失。）为了维生素D的吸收，你可以少量多次地晒晒太阳。

多喝水

对母乳喂养的妈妈来说，最好的无热量饮料就是水。喂奶前，先喝一杯水或果汁。大部分妈妈每天最少要喝8杯水。大体上说，只要感觉到渴了就应该喝水。在坐下来喂奶前，先准备点喝的。如果喂奶之后再喝，很可能喝得不太够。

虽说所有与母乳喂养有关的不适症状可能都跟缺水有关，但还是不要喝太多。水太多反而会阻碍母乳分泌。不要喝含咖啡因的咖啡、茶和可乐，也不要喝酒精饮料，因为这些都

增加乳汁分泌

给第269页的家庭混饮配方加一份大豆卵磷脂和一份大豆蛋白。研究表明，卵磷脂能提高输乳管的输送能力，额外的大豆蛋白能促进母乳分泌。

有利尿效果，会让体内宝贵的矿物质和水分流失。

环境污染物

现在，农药等污染物成了大家越来越担忧的一个问题。为了减少这些有害物质侵入母乳，要避免食用从已经污染的河、湖中来的鱼，吃新鲜水果和蔬菜时要彻底洗净并削皮，切掉肉、家禽和鱼身上肥的部分，因为化学物质容易残留在脂肪里（参见第287页更多减少农药污染的措施）。

乳汁中的敏感成分

妈妈和宝宝这对搭档能共享很多食物，但有些宝宝对妈妈吃的某些东西会有过敏反应。这些食物在妈妈吃下后两个小时就能进入乳汁，让宝宝不舒服。有些食物会导致棘手的肠痉挛，妈妈吃了这类可疑食物后，24小时内，宝宝就会闹肚子，到下次妈妈再吃同样的食物时，这种反应又会重现。以下是几种可疑食物：

乳制品。乳制品中潜在的过敏蛋白会进入母乳，造成宝宝肠痉挛。（参见第416页关于牛奶和肠痉挛的相关讨论。）

含咖啡因的食物。软饮料、巧克力、咖啡、茶和某些感冒药中都含有咖啡因。有些宝宝容易对咖啡因过敏，通常是因为妈妈食用了大量的这类食物而影响到了宝宝。

谷类和坚果。这类食物里，最容易引起过敏的是小麦、玉米和花生。

辛辣食物。在吃了辛辣或味重的食物之后，你的乳汁也会有一股怪怪的味道，有时候会引起宝宝胃部不适，他会拒绝吃奶，还可能出现肠痉挛。

容易胀气的食物。西蓝花、洋葱、甘蓝、青椒、菜花、卷心菜——这些蔬菜生吃可能会影响到宝宝，不过做熟了以后就没有大问题了。很难科学地解释为何这些蔬菜会让宝宝不适，不过我们自己的经验证实了这一点——吃容易胀气的食物确实容易让宝宝胀气。

找出让宝宝不舒服的食物

下面我们介绍识别过敏食物的步骤。这三步法也适用于不只吃母乳的宝宝（参见第283页）。

第1步：列一张可疑食物清单。根据上文提到的可能性，选择并记下最有嫌疑的敏感食物清单。牛奶是最常见的嫌疑犯。接下来，列出宝宝不适的症状，如哭闹、肠痉挛、腹胀、严重的便秘或腹泻、夜里无缘无故地醒来，或肛门处出现红圈等。

第2步：排除法。从牛奶开始，一个接一个，在你的食谱中去掉嫌疑最大的食物（有必要的话，一次扣除全部），坚持 10 ～ 14 天。注意观察宝宝的症状是否减轻或消除。如果还没有，试着去掉另外一些可疑食物。如果症状消除了，请继续第三步。

第 3 步：验证结果。如果不良症状得以减轻或消除，可以再吃一次这些可疑食物来验证这个结果。如果宝宝在 24 小时内又出现了之前的症状，那么暂时从食谱中除去这类食物。虽然妈妈们的侦察通常都很出色，但多验证一次可以让结果更客观。出于对宝宝的爱，妈妈们宁愿永远不去碰这些让宝宝受苦的东西，但有时候这并没有必要，会让宝宝失去很有价值的营养来源。即使你已经认定了某样食物是罪魁祸首，其实大多数宝宝只是暂时对它过敏而已，要多试几次，不要错过对宝宝有好处的营养来源。

其他侦察技巧

不要过量食用。有些宝宝对某些食物异常敏感，而有些只不过是由于妈妈食用了太多造成的。小麦产品和柑橘类水果就是这样的例子：吃太多会让宝宝不适，但少量食用没问题。

如果你吃的食物种类减少了，而宝宝的问题却更严重，这时要咨询母乳喂养的专业人士，看看是不是喂奶技巧的问题；咨询营养师，看看你的饮食是否均衡；还要问问医生，看看宝宝的问题是不是跟饮食无关。你可

以看我们的 *The Fussy baby book*，获得更多的消除可疑食物、让宝宝开心舒适的办法。对于喜爱美食的妈妈，我们要给你一句忠告：不要因为这些食物方面的限制而丧失了对母乳喂养的信心。这些对食物敏感的宝宝如果吃配方奶粉，问题往往会更多。其实对大多数宝宝来说，妈妈吃什么都不

杏仁奶配方

如果宝宝没法接受你食谱中的牛奶，可以用下面这个替代。杏仁奶，或预先配制好的混合奶，可以在健康食品店里买到，你也可以自己做。（注意：杏仁奶不应代替配方奶。）

材料：
- 半杯去皮的生杏仁
- 2 杯水（需要可以多放）
- 盐、蜂蜜、枫糖浆、香草粉或杏仁粉（可不放）

做法：
把去皮生杏仁放入果汁机，加一杯水，高速搅拌约 5 分钟。视需要加入剩余的水，调到一个理想的浓度。冷藏后口味更好。也可以加入少许盐、蜂蜜、枫糖浆、香草粉或杏仁粉来调味。杏仁奶可以当做饮料，也可以拌麦片吃，还可以用来烘焙糕点。

会让宝宝不适。

哺乳期安全服药

在哺乳期，妈妈们总会因为偶尔生病而需要服药。除了考虑药物对你自己的影响外，还需考虑对宝宝的影响。大多数药物会进入母乳，不过通常只有你服用剂量的 1%。下面告诉你如何在哺乳期安全用药。

一般注意事项

在服用任何药物前，请考虑以下事项：

• 这种药对宝宝有危害吗？

• 这种药会减少母乳分泌吗？

• 有没有同样有效但更安全的治疗方式？

• 能不能把服药和哺乳的时间错开，减少进入宝宝体内的药物剂量？

你要知道，对哺乳妈妈的用药建议有时候更多是基于法律的考虑，而不是科学知识。如果医生不知道某种药是否安全，可能就会告诉妈妈不要给宝宝喂奶。制药公司也会通过建议母亲服某种药期间不要喂奶来达到免责的目的。比起切实地研究药物到底有多少进入母乳、会对宝宝造成什么影响，这种预先声明真是太划算了。因为这种错误的建议，宝宝有时不得不在条件远不成熟的情况

参考资料

这部分的内容完全建立在最新的研究成果上，鉴于以后还会有用药安全方面的新发现，我们建议你在服用某种药物前最好咨询医生。这方面有一本很好的书——托马斯·黑尔（Thomas Hale）的《药物与母乳喂养》（*Medication and Mother's Milk*）。

下断奶。

吃药和喂奶两不误

如果你需要吃药，可以通过以下方式减少药物对宝宝身体的侵害。

问问自己是否真的需要吃药。如果你得了感冒，是否可以通过多喝水、多休息等来治疗？能否用单一成分而不是复合成分的感冒药？

看看能否延迟治疗时间。如果你需要做某种检查（例如 X 光检查）或做手术，能否延迟几个星期或几个月，等宝宝大一点以后再去做？宝宝越小，对母乳的依赖度就越高，免疫系统也越弱，受药物的影响就越大。

选择一种较不容易进入母乳的药物。告诉医生母乳对你和宝宝是多么重要，除非真的必要，否则你不想停止母乳喂养。医生可以选择一种其他的用药方式，尽量对症下药而无须

经过血液，例如用外用药膏来治疗皮肤感染，用吸入式药剂来对付哮喘或支气管炎，而不必口服药物。此外，药效时间短的药物（一天服用 3 ～ 4 次）比药效时间长的药物（一天服用 1 ～ 2 次）要安全些。

调整喂奶与服药时间。询问你的医生，什么时候药物在血液中的浓度最高（通常这时药物在母乳中的浓度也达到最高点）。大多数药物是在服药之后的 1 ～ 3 小时内达到浓度最高值，在 6 小时后差不多完全吸收分解。如果你对某种药的安全性存疑，可以试试以下的办法：

• 如果有可能，在服药之前，先用吸奶器吸出一些乳汁备用。（第182 页有收集、储存乳汁的内容。）

• 在服药前喂奶。

• 在宝宝最长的一轮睡眠之前服药——通常是在晚上最后一次喂完奶之后。

• 如果在接下来的 3 ～ 6 小时内宝宝需要吃奶，那就给他预先准备好的母乳或配方奶。

• 把奶挤出然后倒掉。大多数药物只是流经母乳，什么时候进来，差不多就什么时候出去，因此有些专家认为，什么都不做等待 6 个小时，跟用吸奶器挤奶然后倒掉，作用是一样的，但用吸奶器可以防止涨奶。此外，一些脂溶性药物会残留在母乳的脂肪中，所以最好在服药后三四个小时挤出一顿分量的乳汁，然后倒掉。

上面提到的时间是一个大致的参考，你可以根据药物种类和宝宝的吃奶方式进行调整（例如有些放射性的药物要在 24 小时后才能排出体外）。咨询你的医生，找到一个喂奶服药的最佳时间安排。

如果你对服用的药物安全性存有疑问，而你的宝宝又必须吃母乳（比如对配方奶粉过敏），那么除了参照上文提到的办法之外，还要咨询医生，了解如何检测进入乳汁和宝宝血液中的药物含量。

常见药物

接下来介绍几种最常见药物的安全服用方法。

止痛药和退烧药。对乙酰氨基酚是哺乳期可以服用的最安全的止痛药，只有服用量的 0.1% ～ 0.2% 会进入母乳。一些麻醉止痛药（如德美罗、可待因和吗啡）可能导致暂时很困，但没有大碍。在哺乳期，延长使用麻醉止痛药的时间是不安全的。

感冒、咳嗽和抗过敏药物。这类非处方药物可以安全地在哺乳期服用，但要采取以下预防措施：

服用复合成分的药物前，先试试单一成分的药物（例如抗充血剂或者抗组胺剂）；药效时间短的药物通常更安全些。睡前服用含可待因的咳嗽糖浆是可以的，但用含右美沙芬的更好。最好是在喂奶后、睡觉前服用，而且只服一两天。服用过抗充血剂后，你要观察宝宝是否变得爱哭闹；服过抗组胺剂后，观察宝宝是否睡眠过度，再相应地对用药进行调整。鼻腔吸入式药剂（例如色甘酸钠、类固醇、解充血剂）要比口服药安全。

抗生素。几乎所有的抗生素在哺乳期服用都是安全的，尤其是对付普通感染而使用一两周的情况。虽然常用抗生素（如青霉素和头孢霉素）只有极少量会进入乳汁，但有的宝宝也会过敏，出现过敏性皮疹或鹅口疮、腹泻。

哺乳期要慎用磺胺类抗生素。医生对于长期使用任何抗生素都会特别谨慎，例如四环素、某些高剂量的静脉注射抗生素，以及像甲硝唑那样的特殊抗生素。

咖啡因和巧克力。没关系，喂奶期间，你不必放弃喝咖啡、茶、软饮料或巧克力。研究表明，妈妈摄入的咖啡因或巧克力只有0.5%～1%会进入母乳。如果宝宝偶尔表现得易怒、焦躁，说明宝宝对咖啡因或巧克力当中的可可碱高度敏感。

抗抑郁和其他精神类药物。这类药应谨慎使用。这类药或多或少都会进入母乳中，而目前几乎没有这种药对婴儿影响的确切结论。不过，患产后抑郁症的妈妈通过药物得到治愈，

宝宝也间接地获得好处。

目前用得最多的抗抑郁药总称为选择性5-羟色胺再吸收抑制剂，简称SSRI's。该药能提高脑中复合胺——一种可提升情绪的神经化学物质的水平。郁乐复（舍曲林）可以说是这类药中最安全的。妈妈服用郁乐复后，检测吃母乳的宝宝的血液，发现其中没有明显的药物残留，或者是探测不到。帕罗西汀（Paxil）也是不错的选择，百忧解（氟西汀）也被认为可以在哺乳期服用。

除了药物治疗外，专业帮助和来自家人、同伴的支持，有规律的锻炼，以及喂奶带来的放松，都能帮助妈妈平安度过一般的抑郁期。改变生活方式很重要，即使你仍然在服药。

哺乳期妈妈可以接受的精神类药物还包括三环类抗抑郁药。医生会为你选择一种对母乳安全的药物。哺乳期偶尔服用安定（地西泮）是安全的，但不要长时间服用。用于治疗躁郁症的含锂药物需要谨慎使用。如果妈妈必须服用这种药物，而又不能提前断奶，那么应该密切监控宝宝血液中的锂含量，每2～4周1次。

草药和维生素的补充。草药和维生素也属于药物，使用时同样要小心。哺乳期可以继续服用产前维生素，但大剂量补充维生素则有害无益。草药茶作为催乳剂是有作用的，且没有害处，虽然至今没有科学依据证明这一

172

点。但紫草、黄樟、人参和甘草在哺乳期要谨慎使用。

酒精。传统观念认为，葡萄酒能让哺乳妈妈放松，啤酒则能起到催乳的功效。科学研究证明，哺乳妈妈喝酒会有两个问题：首先，酒精会快速进入母乳，且浓度几乎与妈妈血液内的浓度相当；其次，婴儿自身分解酒精的能力非常有限。酒精还会抑制泌乳反射，喝得越多，效果越明显。动物实验已经证实了酒精会减少乳汁分泌。对人类的研究发现，妈妈喝酒以

绿灯：没问题！

哺乳期可安全服用的常见药物

下列药物只有在短期使用时才能保证安全性。使用处方药或连续两周以上使用非处方药，须咨询医生。

阿昔洛韦（无环岛苷）

麻醉剂（例如用于牙科治疗）

抗酸剂

抗生素（头孢霉菌、红霉素、青霉素、磺胺类抗生素①、四环素②、甲氧苄啶）

抗凝血剂

抗癫痫药

抗组胺剂

阿斯巴甜

治哮喘药物（色甘酸、支气管扩张剂）

钡餐

氯喹（抗疟药）

可的松

抗充血剂

洋地黄

利尿剂

布洛芬

胰岛素

止泻药/高岭土

轻泻剂

肌肉松弛缓剂

萘普生

对乙酰氨基酚

驱虫药

普萘洛尔

丙基硫氧嘧啶

硅胶植入

甲状腺疾病用药

接种疫苗

维生素

---

①作者注，产后早期要慎用。
②作者注，服用不要超过3周。

黄灯：谨慎使用！

可以在哺乳期服用的药物，但须在医生的小心监控之下。

    这些药物是否安全取决于剂量大小、婴儿年龄、治疗时间、服药及喂奶时间等很多因素。如果你需要长期服用下列药物，请咨询医生。

酒精

抗抑郁药

阿司匹林

可待因

德美罗

麦角碱

全身麻醉[①]

吲哚美草

异烟肼

锂[②]

胃复安

甲硝唑（灭滴灵）

吗啡

口服避孕药（只含黄体酮）

帕罗西汀

苯巴比妥米那（镇静安眠剂）

百忧解

安定

郁乐复

后，宝宝吃的奶就比较少，有可能是酒精改变了母乳的味道，宝宝不那么喜欢吃了。另外一项研究发现，每天固定喝两三次酒的妈妈，她们的宝宝在一岁左右时的运动能力要比其他宝宝差一些。基于这些原因，妈妈们在哺乳期要少喝酒或戒酒。偶尔一杯配餐的红酒没什么问题，慢慢喝，喝完一两个小时后再给宝宝喂奶。

香烟。 尼古丁进入母乳，进而进入宝宝体内，就会引起肠痉挛。二手烟会刺激宝宝的鼻腔和呼吸道，导致频繁感冒、流涕和呼吸困难。研究显示，抽烟的妈妈泌乳反射会下降，奶水供应也会随之下降。这类女性泌乳素的水平比较低，宝宝断奶也比较早。

    很明显，有很多理由要求你在成为父母前戒烟，有更多理由要求别在宝宝附近抽烟。（参见第 643 页，"不要在宝宝面前抽烟"。）如果你很难戒烟，我们建议你求助医生。如果实在戒不了，也不要在宝宝身边抽，更不

---

①作者注，大多数情况下，全身麻醉后 6～12 小时就可以安全喂奶。
②作者注，有些专家认为母亲在哺乳期绝对不能使用含锂药物，也有一些专家认为，只要对婴儿血液中的锂含量作监控，可以谨慎使用。

要在喂奶时抽烟。如果你必须抽烟，请在喂完奶后立即抽，这样在下次喂奶时你体内的尼古丁就已经完全分解了。

毒品类药物。 母亲服用毒品类药物对婴儿的影响，研究目前还没有得出决定性的结论。大麻已经被确认会降低泌乳素水平。另外，大麻中的化学物质四氢大麻酚会进入母乳，动物实验已经表明，当母兽吸食了大麻之后，喝母乳的幼兽的大脑细胞会发生结构性改变。这个实验的警示作用非常明显。另外，食用大麻会降低妈妈对宝宝的注意力，所以，妈妈在哺乳期应该禁用大麻。

可卡因是一种更危险的强力毒品，会进入母乳，刺激宝宝的神经系统，引起宝宝哭闹、失眠和肠痉挛。

这类药物和海洛因等容易让人上瘾或具有抑制效果的药，应该完全禁用。

哺乳好帮手

过去，只要有了妈妈的乳房，还有经验丰富的奶奶，就能成功完成母乳喂养的工作。

后来，随着家庭的分化、变小，采用母乳喂养的人越来越少，知识丰富的育儿帮手也就不好找了。只要一有问题，就会立刻有人给宝宝嘴里塞上奶瓶。现在的妈妈们压力很大，再加上医学条件和生活方式的复杂变化，因此需要有一些特殊的帮手和资源为她们提供帮助，让母乳喂养变得更容易、更舒服。

穿什么

你的衣橱里要有：

• 哺乳胸罩（至少3件）

• 防溢乳垫

• 喂奶时穿的衣服

• 婴儿背巾

选择合适的胸罩

哺乳胸罩是专门设计来喂奶的，罩杯可以单独打开。该如何选择、使用呢?

• 宝宝出生前,买一两件胸罩,罩杯尺寸要大于你怀孕时的尺寸,因为乳汁开始正常分泌后乳房会增大。

• 当乳汁开始正常分泌,乳房不再增大后(通常在第二周),买上 3 件胸罩(一件穿,一件换洗,还有一件备用)。

• 胸罩要能适应喂奶前后乳房大小的变化;胸罩过紧容易引发乳房感染。

• 选择罩杯能单手打开、盖住的胸罩,这样在喂奶时你就不必把宝宝放下。选择那种罩杯上有拉链,或者有束带、罩杯向下打开的胸罩。不要买前面有一排钩子的那种,这样的胸罩太费事,而且罩杯一旦打开就没法支撑乳房。前两种的罩杯支撑力更好,更容易解开,还可以让你一次只打开一侧罩杯。

• 当开口打开时,剩下的罩杯应该能支撑乳房的整个下半部分保持在自然的位置。

• 选择 100% 纯棉的胸罩。避免化纤成分和塑料衬里的,不易吸水,也不透气。

• 不要穿下缘有钢圈的胸罩,因为钢圈会压迫乳房,易导致奶水不畅。

防溢乳垫

防溢乳垫可置于胸罩内侧,用来吸收溢出的乳汁。注意事项如下:

• 不要用化纤成分和塑料衬里的乳垫,不透气,容易滋生细菌。

• 防溢乳垫也能自制。可以把纯棉手绢折叠好放在胸罩里,或把纯棉尿布剪成直径 12 厘米左右的圆形作为乳垫。

• 溢奶后要及时更换乳垫。如果乳垫粘在乳头上,先用温水湿润后再揭下来。溢奶一般只在前几周才出现。

喂奶时穿的衣服

我们的第一个孩子出生后,我陪玛莎去买衣服。我抱怨她挑得太久,玛莎解释说:"现在买衣服时要考虑另外一个人的需要,这还是我这辈子第一次。"后来,我在我的诊所里遇到一位新手妈妈,她手忙脚乱地想把一件连衣裙脱掉,好安抚她哭闹不止的宝宝。当宝宝偎依在一堆衣服和半裸的妈妈身边吃奶时,我们都笑了,这位妈妈也说:"下次我会看场合穿衣服的。"

当你选择喂奶的衣服时,请参考以下建议:

• 图案复杂的衣服即便溢奶了也看不出来。避免单色的衣服和紧身的面料。

• 有图案、运动衫式的宽松上衣比较好,能从腰部向上拉到胸口。喂奶时宝宝会替你盖住裸露的腹部。

• 特别为喂奶的妈妈设计的宽松上衣,胸部有做成褶皱状的不显眼的开口。

- 选择前面系扣子的宽松上衣；解扣子时从下往上解，喂奶时用解开的上衣部分盖住宝宝。

- 可以披一块披巾或围巾在肩上，不仅美观，还可以盖住吃奶的宝宝。

- 天气寒冷时，即使腰部只露出来一点都觉得吃不消。国际母乳会的刊物上曾刊登过一封读者来信，介绍了一个解决办法：把一件旧 T 恤的上半部分剪掉，围在腰上，再套上一件宽松的外套。T 恤替妈妈抵挡了寒意，宝宝也能碰到妈妈温暖的胸部。

- 上下连体的一件式衣服非常不方便。去妇婴用品专卖店买那种专门为哺乳妈妈设计的服装，或上网搜索"哺乳装"。

- 分体的套装和宽松的运动衫比较实用。上衣要很宽松，能轻松地从腰部向上拉到胸口。

- 不要想很快就把自己塞进你怀孕前穿的衣服里。紧身上衣会摩擦乳头，让人很不舒服，还会引发不合时宜的泌乳反射。

接下来，给那些不好意思在公共场合喂奶的妈妈们提个建议：仔细挑选衣服，并在镜子前喂奶试试。喂奶时把宝宝的脸放到衣服里面，而不是把你的乳房露出来。

用婴儿背巾

早在几个世纪前，母乳喂养的妈妈们就会使用背巾，作为衣服的延伸，将宝宝放在其中靠近妈妈的胸部。背巾是你不可或缺的工具，能让你的生活更方便，让喂奶对母子双方来说都更舒适。背巾型的携带工具，要比任何前置或后置的携带工具或背包都实用。它能让宝宝在公共场合吃奶，并且适用于各种姿势。外出时一定要带着它。（参见第 14 章，了解如何在背巾里喂孩子。）

多亏这种有用的"衣服"，玛莎才能够一边喂孩子，一边继续忙碌的生活。她已经 4 次在全国性电视节目中给宝宝喂奶。因为她穿着适当，所以现场和电视机前的观众们看到这个画面也不会觉得奇怪。

奶瓶以外的选择

对收养的婴儿（参见第 204 页）、早产儿（参见第 198 页），以及其他不能从母亲那里获得足够营养的婴儿，我们建议，在宝宝应该学会如何正确吸奶的前几周，可以用杯子、哺乳辅助器，或注射器给他喂奶。

用杯子喂奶

用杯子喂奶安全、易操作，又能避免用奶嘴。这种方法适用于新生儿和早产儿。在母乳喂养因为医学原因不得不延迟，或宝宝在头几天里必须额外补充营养的情况下，用杯子喂奶是一个代替奶瓶的好办法。也适用于拒绝使用奶瓶的大一点的宝宝。

用一个小杯子装 30～60 毫升母乳或配方奶。杯子要装到至少半满。竖着抱宝宝，让他撑在你大腿上，在他下巴下面放一块干净的尿布、毛巾或系个围嘴。如果宝宝的胳膊乱动碍事，就用襁褓把他包起来。将杯子凑近宝宝的嘴唇，稍稍倾斜，使宝宝的嘴唇能够碰到里面的乳汁。宝宝会舔奶或者往下咽。不要往他嘴里倒。让宝宝来定节奏。如果需要的话就再来一杯，或者在开始喂奶前就提前准备好两三杯。（更多关于用杯子喂奶的技巧，参见第 245 页。）

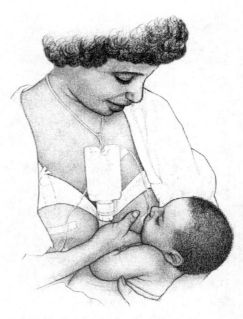

如果宝宝不能从妈妈身上获得足够的营养，可以用哺乳辅助器来给宝宝补充营养。

哺乳辅助器

哺乳辅助器包括一个装母乳或配方奶的塑料容器和一个与之相连的喂奶软管。这套工具用一根绳子挂在妈妈的脖子上，吊在胸前。细小的喂奶软管从容器上伸出来，固定在乳头上（有些辅助器，比如美德乐 SNS 辅助哺乳系统，会有两个软管，一侧乳房一个）。当宝宝吮吸妈妈的乳头时，容器里的乳汁就会通过软管进到宝宝嘴里，还有来自妈妈乳房的乳汁。

哺乳辅助器的好处是能让宝宝吮吸妈妈的乳头，而不用担心使用人造奶嘴带来的乳头混淆。另外，宝宝

的吮吸还能促进妈妈的泌乳反射。

不过，它也带来不利的影响，会让吸奶变得相对容易，宝宝不用太费力，这样在面对妈妈的乳房时会懒得用力。长期使用会降低妈妈的乳汁供应。哺乳辅助器需要在哺乳顾问的指导下使用，并可以观察宝宝的进展。

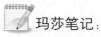 玛莎笔记：

在用那套塑料软管的头几周里，我对这东西真是又爱又恨。我需要它，劳伦也需要它，但我还是怀念那种不用工具就能喂奶的自然感觉。不过 4 周后，我就用得顺手多了，而且

我意识到，这套工具让我和这个领养的女儿形成了和其他孩子一样的亲密关系。

注射器

注射器也很管用。在我们的母乳喂养中心，用的是牙周注射器，它有一个长长的、弯曲的尖端，补充的乳汁（母乳或是配方奶）可以通过这个尖端，注射进宝宝的嘴里。注射器喂奶对衔乳有困难的宝宝很有帮助。

注射器加手指的喂奶法特别适合爸爸们。给刚刚开始吃母乳的宝宝喂奶时，让宝宝吮你的食指前端约 4 厘米长的一段（手指较粗的父母可以用小指），贴着手指，将注射器的顶端滑入宝宝的嘴角，当宝宝吮吸时，你就挤一点乳汁给他。也可以用类似的方法使用哺乳辅助器，将软管固定在你手指的指尖处，宝宝吮吸时就能吸到软管里的乳汁。

乳头保护罩

也叫乳头罩壳或奶杯。由两部分塑料罩杯组成，覆盖在妈妈的乳头和乳晕上，放在胸罩内侧。保护罩外壳对乳房的压力能够使乳头往前突，恰好置于保护罩内层的一个孔洞里。同时，保护罩外层避免了乳头与胸罩纤维的接触。

哺乳专家通常建议，乳头扁平或内陷的妈妈，在产前和产后的喂奶间隙佩戴乳头保护罩，能够使乳头向前伸出。但相关研究并没有说明这样做的结果。哺乳顾问发现，那些懂得如何衔乳的宝宝，能适应任何形式的乳头，因为宝宝衔住的不仅仅是乳头，还包括乳晕部分。

乳头保护罩可以用来保护敏感的疼痛乳头免受衣物的摩擦。保护罩

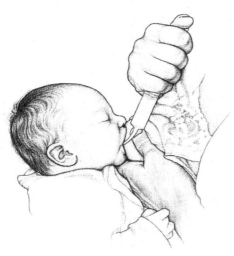

用注射器喂奶

有通风效果的乳头保护罩

179

的压力不惧怕奶水泄露，因而在两顿奶期间可以将奶水储存在罩里。请根据说明书来正确使用乳头保护罩。

脚凳

妈妈把脚放在脚凳上面，就有了更多支撑，喂奶时更舒适。有专为喂奶设计的脚凳，可以帮妈妈消除背部、腿部、肩膀和手臂的压力。（参见第162页图。）

哺乳枕

经过特殊设计的哺乳枕能给喂奶的妈妈提供强有力的支撑，并把宝宝托举到适当的高度。在妈妈周围放置几个哺乳枕，就能为妈妈的腰提供特别的支撑。哺乳枕要放在伸手可及的地方，尤其是那些生了双胞胎，以及宝宝早产或肌张力不够，需要额外支撑的妈妈。

工作、喂奶两不误

工作和母乳喂养能两者兼顾吗？当然能！这取决于你的决心，也就是说，关于宝宝的营养问题，你到底有多认真。

我们的第一个孩子吉姆出生时，我还是哈佛的实习医生。实习医生的那点收入没法维持一家的生活，因此

几个星期以后，玛莎重新开始工作，做起了兼职护士。既渴望给吉姆喂母乳，又面临着实际的经济问题，玛莎找到了解决办法。无论在工作地点、家还是临时保姆那里，我们花了很多心思，保证自己亲爱的宝宝得到最好的照顾。

有人会说这不是理想的育儿方式，可是那个时候我们没有能力达到理想状态。我们在不太尽如人意的条件下尽量做到了最好。关于工作和喂奶，我想给你一些建议。

基本上，你要面临3个挑战：你不在的时候，怎么给宝宝喂奶？你和宝宝总是不在一起，怎样保持奶水充足？怎样减少和宝宝分开的时间？许多妈妈在和宝宝分开的时候，坚持每2～4个小时挤一次奶，这样能保持奶水充足，而且这些挤出来的乳汁可以保存起来，回到宝宝身边时再给他吃。而当母子又在一起时，比如晚上、周末、假期，妈妈就鼓励宝宝频繁吃奶，这样双方都能继续享受母乳喂养的关系。等宝宝长大一点，开始吃别的食物了，妈妈在工作时间可以少挤一点奶，等到和宝宝待在一起时再继续喂奶。

我们见到很多妈妈用了一些独创性的方法，来尽量减少工作期间与宝宝分开的时间。她们想办法延长产假，在家工作，甚至带宝宝去上班。如果你计划过工作和喂奶兼顾的双重生

工作时继续母乳喂养的好处

一旦你意识到继续母乳喂养对宝宝、自己和家庭都有好处，你就会想办法做到。

• 妈妈能少请假。母乳喂养的宝宝更健康，因此，妈妈（或爸爸）和生病的宝宝待在家里、没法上班的日子就会少些。

• 母乳喂养能省钱。即使把高级的吸奶器也考虑在内，吃母乳还是比吃配方奶粉要便宜很多。吃母乳的宝宝更健康，花在看病上的钱也会少些。

• 继续喂母乳让你感到与宝宝身心相连。挤奶和存奶会让你觉得，即便和宝宝分开了，你们还是在一起。这种特殊的关系任何人都无法替代。

• 边工作边喂奶是大势所趋。以前这样的事情看起来很奇怪，而现在大部分妈妈都这样做，而且工作单位也开始越来越注重为妈妈们提供方便。

活，以下是你可能要考虑的问题。

提前计划——但不要提前太多

过去十几年，我越来越多地听到妈妈们讲述"我不得不回去上班"的那一天，她们总是很担心："如果宝宝不接受奶瓶怎么办？""如果他不习惯别人照看怎么办？""我是不是应该让他习惯奶瓶，早点离开他，而不是这么宠着他？"她们说，想到离开宝宝，已经影响到了她们对宝宝的感情。我和妈妈们都认为这种潜意识中的分离很不对劲。她们应该享受做妈妈的乐趣至少好几周吧！在头几周全身心专注于你的宝宝，对你们都有好处（参见第 436 页"缩短母子的距离"。）

带着宝宝去上班

如果你的工作允许你带着宝宝上班，那就用背巾背着宝宝一起去吧。我们诊所的很多妈妈都这样做。（参见第 311 页和第 436 页关于带宝宝去上班的内容。）

你的日程表，宝宝的日程表

开开心心地分开，开开心心地团聚吧。离开宝宝去上班前，在幼儿园或者保姆那里先给他喂奶，下班回来也马上再喂次奶。请保姆在你回来前一小时不要喂宝宝。饿着肚子的宝宝想见妈妈，妈妈带着满满的奶水来见宝宝，母子团聚一定分外开心。每位妈妈的工作时间不一样，不过基本都可以做到早晨在家时喂一次，到幼儿园后再喂一次，傍晚回来时喂一次，晚上喂几次，临睡前再喂一次。如果你工作地点离家近，也可以一天有一两次让保姆带孩子来吃奶，或者中午休息时回家喂一次奶。如果离得近，在午休和下午茶时间，妈妈完全可以来给宝宝喂奶。周末、假期或休假日，你又可以变回全天候喂奶。每隔一段时间就恢复全天候喂奶，这样才能保证你的奶水供应。如果你在周末全天候喂奶，到了周一，你就会觉得乳房会比平时满。

恢复工作了以后，你要让宝宝夜里醒得多一点，吃奶勤一点。有经验的妈妈懂得把夜间和宝宝的亲密作为工作与育儿兼顾的一个自然组成部分。她们把孩子带上床，享受夜间喂奶。很快地，在喂奶过程中，妈妈和宝宝就会渐渐入睡，这样的亲密接触是对白天分开、彼此思念的弥补。据很多妈妈说，她们睡得更好了，很可能是因为喂奶让她们放松，使她们从白天的忙碌中恢复过来。这样做还有一个额外的好处，就是对白天工作的爸爸来说，晚上的睡眠共享也可以和宝宝亲密接触。（更多内容参见第17章。）

储存母乳

有的宝宝拒绝吃配方奶，还有宝宝对市售的所有配方奶都过敏，只能接受母乳。为了不让宝宝白天饿肚子，你要在去上班之前储备好母乳。

开始用奶瓶

你可以在上班前两周左右开始给宝宝用奶瓶。宝宝用奶瓶吃过了第一瓶奶以后，就不必每天都用了，一周练习两次足够。注意，要在宝宝不是很饿，心情很好时试用，那样他接受的可能性比较大。要鼓励爸爸和保姆给他用奶瓶，如果是妈妈给他奶瓶，他可能会因为不习惯而拒绝使用。下文将介绍用奶瓶喂奶的更多内容。

挤奶

在哺乳期，总有一些时候，因为身体状况或生活方式的改变而不得不挤奶。可以用手，可以用吸奶器，也可以两者并用，总之由你自己决定。下面的经验或许会对你有所启发。

如何用手挤奶

跟用吸奶器挤奶比起来，用手挤奶的好处在于：

· 有的妈妈觉得用吸奶器不舒服、效率低。

· 有的妈妈不喜欢用机器，宁愿选择自然的办法。

· 肌肤相亲更能刺激泌乳反射。

· 你的手很“顺手”——方便、可携带，而且说用就能用！

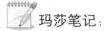

玛莎笔记：

手动挤奶的方法其实因人而异。我是在 1975 年我们第 3 个孩子彼得出生后学会的。当他一个月大时，我开始恢复上班，每周有几个下午要去上班，所以想给他留点母乳。我发现，在中午休息时间，我可以在 20 分钟内挤出 180 ～ 240 毫升的奶。我是在家学会这个的，因为在家里练习可以放松很多。重新上班前的 1 ～ 2 周，我在每天早上乳房最胀的时候挤出约 30 毫升。我在冰箱里放了几个 120 毫升的奶瓶，这个小小的储备让我在离家工作时有了些回旋的余地。

上班时我是这样做的。关上洗手间的门，以确保私密性，先洗手，然后让自己放松。喝一大杯水，想象几小时前我的小彼得靠在我胸前吃奶的样子。开始挤奶前，我会先按摩乳房（两侧同时按摩），这让我更放松，有时候甚至会有泌乳反射，这样乳汁就开始往外滴。我随身带了一个干净的塑料瓶，这时要把瓶口对准乳头。这么做有点怪怪的，不过习惯就好了。我先从最胀、滴得最厉害的那侧乳房开始，用小臂按住另一侧乳头不让乳汁溢出（不能浪费珍贵的母乳），一只手拿着瓶子，另一只手握住乳房。用乳房同侧的那只手，逐渐转换手的角度，以便清空乳窦"钟面"中的全部乳汁（就是说，拇指和其他手指先

分别指在 12 点和 6 点，然后是 10 点和 4 点，再换另一只手，指向 2 点和 8 点）。有泌乳反射时，乳汁会自己喷出来。喷射停止后，我会继续有节奏地按摩，继续挤奶，直到喷射的乳汁在一点点地滴为止。然后我会把手换个姿势，挤更多的奶；接着换另一只手，在"时钟"的另一个位置挤奶。手动挤奶的技巧（参见第 186 页），我不光自己用，作为一名哺乳顾问，我还会把它传授给他人。

吸奶器的选择和使用

吸奶器用起来很方便，是个不可缺少的帮手，还可以在妈妈上班、宝宝没法吃奶时吸奶并储存起来。下面介绍一下选择吸奶器时的注意事项，以及如何更高效、更方便地挤奶：

• 除非你实在找不到插座，否则该考虑买一个高质量的电动吸奶器。这种吸奶器不仅接近婴儿的自然吮吸方式，还可以同时挤两边，节省时间。有的电动吸奶器也可以手动使用。

• 如果因为宝宝是早产儿或生病了没法吃奶而选择用吸奶器挤奶，建议你选一个医用的电动吸奶器。这种吸奶器效率最高，用起来也最方便，一天用个 6 ～ 10 次就能感觉出它的不同来。研究表明，用这种电动吸奶器同时挤两边，产生的泌乳素要比手动或用电池的吸奶器产生的高。为了

宝宝，维持奶水供应是非常重要的。而这种吸奶器无疑是上好的工具。

• 价格相差很大。手动的吸奶器最便宜，而医用的电动吸奶器最贵。

• 如果在挤奶的过程中感觉到乳头疼痛，可以在下次挤奶前用润肤霜按摩乳头，如 Lansinoh 牌护乳霜。

• 挤奶前看看宝宝的照片，想想宝宝。有的妈妈只要想到给宝宝喂奶或挤奶，就会刺激泌乳素分泌。

• 吸奶器有很多种，可以适应不同场合和生活方式。为满足如今妈妈们的多种需求，吸奶器技术日新月异，你在选择吸奶器之前可以先从母乳喂养专家那里获取最新信息。

不同类型的吸奶器

如何选择适合自己的吸奶器，可以咨询富有经验的妈妈或哺乳顾问。吸奶器主要有以下几种：

手动吸奶器。价格不贵，方便携带，手动式。适合偶尔需要给宝宝吸奶的妈妈。

电动吸奶器或装电池的吸奶器。这种吸奶器适合那些偶尔要离开宝宝但又觉得手动吸奶器用起来太累的妈妈。美德乐（Medela）公司有两款这种类型的吸奶器。

便携式电动吸奶器。这种适用于每天要离开家的妈妈们。方便携带，重量轻，常配有手提包、电池组、车载适配器和其他附件。品牌有美德乐、倍儿乐（Playtex）和阿梅达（Ameda）。

医用全自动活塞式吸奶器。为了维持奶水供应，每天要在家吸奶给孩子吃的妈妈，应该考虑从哺乳顾问或哺乳用品商店租一个这种类型的吸奶器。这是最高效、舒适的吸奶器，可以在最短的时间里吸出最多的奶。品牌有阿梅达和美德乐。

双泵电动吸奶器

工作后挤奶可能遇到的状况

如果你头一次挤出的乳汁量很少，不要泄气。只要多加练习，大多数妈妈都能在 10 ～ 15 分钟内挤出至少几毫升的乳汁。而且，乳汁"产量"时高时低也是正常的。

不要期望你能与这个机器一见钟情。你要花时间去熟悉这些金属和

用奶瓶给宝宝喂奶

给母乳喂养的宝宝启用奶瓶时，他们大多数会对这个新玩意儿缺乏热情。对付这些小行家，试试下面的建议。（更多用奶瓶喂奶的技巧参见第 225 页，以及第 224 页"混合喂养：母乳和奶粉"。）

• 如果宝宝很坚定地要妈妈的乳房，而不要奶瓶，你可以请有经验的人帮忙，例如宝宝的奶奶或者其他用奶瓶喂奶的妈妈。习惯了母乳喂养的妈妈拿起奶瓶来通常会有点笨拙，而宝宝也可能会闻到妈妈母乳的味道，感觉到她的犹豫不决。等宝宝从有经验的人那里学会用奶瓶吃奶之后，就该爸爸上场了，让他来给宝宝用奶瓶喂奶。

• 别让小小美食家犯糊涂。有的宝宝在妈妈用吃母乳的姿势抱他时会接受奶瓶，有的宝宝在相同情形下却会拒绝奶瓶。如果摇篮式抱姿让宝宝想到了妈妈的乳房，那就试试用别的姿势抱他，跟平时喝母乳时不一样的姿势。也可以把宝宝放在背巾里，边走边用奶瓶喂奶。

• 用跟妈妈乳头形状相似的奶嘴，就是有一圈宽宽的、类似乳晕的底座的那种。不要用那些只有一小块地方可以含住的奶嘴。必须吮吸才喝得到的慢流速奶嘴，比快吸就可能呛奶的快流速奶嘴要好。（参见第 222 页奶嘴示意图。）

• 宝宝用人造奶嘴的衔乳技巧跟用妈妈的乳头衔乳一样：张大嘴巴，嘴唇向外翻，含住奶嘴中心周围至少 3 厘米的地方。（参见第 146 页示意图。）如果宝宝含奶嘴的动作不到位，懒洋洋的，那么当他习惯这种动作后，再用你的乳头吃奶时就会感到迷惑。

• 为了进一步诱惑这个有辨别能力的小家伙，你可以把奶嘴在温水里泡一会儿，让它更柔软，就像真正的乳头一样。根据宝宝需求的变化改变奶嘴的温度，给出牙期的宝宝一个凉凉的奶嘴会更好。

• 指导你的保姆在喂奶时与宝宝做好互动，就像你在给宝宝喂母乳时一样。建议她脱掉宝宝的衣服，自己穿一件短袖上衣，这样可以有皮肤间的接触。在用奶瓶喂奶时用眼睛交流，让宝宝不仅能获得乳汁，还能享受交流的乐趣。

• 不要让宝宝自己吃奶瓶。让宝宝一个人抱着奶瓶坐在摇篮或婴儿摇椅上吃奶是不安全的。

手动挤奶的技巧

乳房的工作原理

乳汁由泌乳细胞产生。一部分乳汁会自动由输乳管流入乳窦。当泌乳细胞受到刺激时，就会有更多的乳汁进入乳窦（泌乳反射）。

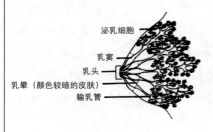

挤奶

1. 放。

将拇指、食指和中指分别放在乳头后面 2.5～4 厘米的地方。

• 手指所在的地方不一定在乳晕的外围，因为每个人的乳晕大小不同。

• 如图所示，拇指在乳头上方，另外两个手指在乳头下方，形成字母"C"的形状。

• 手指所在的地方下面就是储存乳汁的乳窦。

• 手不要做成杯形托住乳房。

2. 推。

向胸部方向直推。

• 手指不要分开。

• 如果乳房比较大，先向上托起，再向胸部方向直推。

3. 转。

拇指和另外两个手指往前转动，要像要压出指纹一样。

• 拇指和另外手指的转动可以按压和清空乳窦，而不会伤害乳房组织。

• 注意示意图中指甲位置的移动。

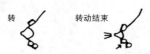

4. 有节奏地重复。

有节奏地重复上述动作，使乳窦中的乳汁排出。

• 放，推，转；放，推，转……

5. 转动。

转动拇指和另外两个手指的位置，挤其他乳窦中的乳汁。每侧乳房应该两手都用到，注意下面示意图中手的位置。

右手　　　　　　左手

避免这些动作

不要挤压乳房，以免造成乳房瘀伤。

不要拉扯乳头和乳房，以免造成组织损伤。

不要搓揉推抹乳房，以免造成皮肤灼痛。

挤压　　　　拉扯　　　　搓揉

帮助泌乳反射

1. 按摩泌乳细胞和输乳管。

• 从乳房上端开始，垂直往胸部方向按压，手指在皮肤上画圈。

• 几秒钟以后，手指移到下一个位置。

• 用同样的方法往乳晕方向按摩。

• 这种动作与做乳房检查很像。

按摩

2. 抚摸。

用挠痒般的动作轻轻抚摸乳房，从乳房上方往乳头方向抚摸。

• 从胸膛到乳头，围绕着整个乳房，持续做这种抚摸。

• 这样做有助于放松，且能刺激泌乳反射。

抚摸

3. 摇晃乳房。

身体前倾，摇晃乳房。重力会让你产生泌乳反射。

摇晃

©1978, revised 1979, 1981, and 1988. Used with Permission of Chele Marmet. The Lactation Institute, 16161 Ventura Blvd., Suite 223, Encino, California 91436 USA (818-995-1913).

187

使用吸奶器的几点建议

• 从国际母乳会或母乳喂养网（BfN）购买或租用吸奶器，他们会回答你提出的问题，指导你如何使用。如果你不知道如何组装和使用，或挤不出乳汁来，告诉你的母乳喂养咨询师——也许是一个很容易解决的吸奶器本身的问题，也许你需要一个更好的吸奶器。

• 选吸奶器的时候不要只考虑价格。好吸奶器是要贵些，但如果你上班了一天要吸几次，在家时也要吸，为的是给在医院的宝宝维持母乳供应，那么好吸奶器带来的方便和舒适值那些钱。租个吸奶器要比买配方奶粉便宜。

• 吸奶器的有些部分可能会出现问题。如果你挤出的乳汁不如上次的多，那很有可能是吸奶器的问题，不是你的问题。告诉你的母乳喂养咨询师，或联系吸奶器的生产商。注意，除了医用的吸奶器以外，其他种类的吸奶器都只允许一个人使用。用过的吸奶器不可能像新的吸奶器一样高效。

• 遵循固定的时间表。尽可能地经常在同一个地方挤奶，坐同一把椅子，采用同样的步骤。这有助于你产生泌乳反射，能挤到更多的乳汁。

• 在挤奶前或挤奶过程中，按摩乳房能帮你放松，分泌更多的乳汁。（参见第 187 页"帮助泌乳反射"。）

• 慢慢地深呼吸，忘掉今天的烦心事。想象流水、喷泉等有助于乳汁分泌的情景，或是想象你正在一个安静、舒适的地方给宝宝喂奶。

• 用一个有耳机的便携式音乐播放器，一边享受最喜欢的音乐一边挤奶。

• 挤奶时乳头不应该感到疼痛。开动的时候，乳头不要与吸奶器的罩杯边缘发生摩擦。如果出现疼痛，调节一下吸力的大小。

• 挤奶时衣服容易贴到乳房上，穿专门为喂奶设计的衣服会方便些。有些生产、销售妈妈装和哺乳胸罩的公司也有专门为上班族妈妈设计的衣服。

• 多和公司里的其他妈妈交流。也许大家彼此陪伴，在同一个时间挤奶，会挤得更顺畅。如果你是公司里唯一还在喂奶的妈妈，可能要告诉同事们关于母乳喂养的知识，以及为什么要挤奶。要有耐心，对别的意见也持宽容态度，坚信你是在做对宝宝和你都最好的事情。

塑料，那时你多么希望手里抱着的是柔软的宝宝啊。挤奶的时候，心里想着宝宝，看着宝宝的照片，这能刺激泌乳素分泌，加快泌乳反射。你要至少每 3 小时挤一次奶，然后储存在冰箱或便携式保温袋里（参见第 190 页）。

如果你没法在上班时抽出时间挤奶，可以在喝咖啡、吃午饭时，或上厕所的时候挤奶。选用一个可以同时挤两侧乳房的电动吸奶器，能节省你一半的时间。

起先，当你想到了宝宝，或者到了通常的喂奶时间时，可能会出现溢奶的情况。这时，你可以把手臂自然地环抱在胸前，在乳头上压一两分钟。还有，在从全天候喂奶转为部分时间喂奶的第一周，你的乳房可能会在平时的喂奶时间发胀，提醒你该挤奶了。这样一两周后，你的身体就会自动调整，适应新的变化。

★**重磅消息！** 2010 年的美国"平价医疗法案"要求雇主们给孩子在一周岁以内的女性雇员提供一个挤奶的空间（不是一间浴室！）。美国大多数地区有另外的母乳喂养法案，给采用母乳喂养的妈妈们提供进一步的保护。更多信息请参考 dol.gov/whd/nursingmothers.

乳汁的储备和运输

储存一定量的母乳——自然界最好的营养物质，是对宝宝健康的一个很有价值的投资，尤其是当你面临重新回到工作岗位、生病或其他不得不母子分开的情况时。下面介绍一下如何处理这些珍贵的营养品。

尽早喂鲜奶

尽管母乳对宝宝是最好的，但在冷冻、解冻、冷藏和加热过程中的确损失了一些活性物质。如果你每天要给宝宝喂挤出来的母乳，最好是把母乳放在厨房抽屉内一个干净的容器里（远离热源和阳光），趁着新鲜喂给宝宝，而无须冷藏和加热。这样能最好地保留母乳中的活性免疫物质和酶。只要家里或办公室不是太暖和（22 度或更低一点），你可以把这些母乳放在抽屉里至少 10 小时。在炎热的季节（室内温度高于 29 度），如果你没有空调，母乳可以放 4 小时。

母乳的储存

收集和储存母乳时需要用到的工具，必须清洗和消毒。所有的容器、瓶子和相关用品都要用清水冲洗，然后再用洗碗剂和热水洗一遍。最后再用洗碗机洗一遍，水温至少要达到 82℃，这样才能达到消毒效果。（其他清洗方法参见第 223 页的指导并根据产品说明书来给吸奶器消毒。）

如何安全地储存奶液，请参考下面的建议：

- 挤奶前先洗手。

- 用硬塑料或玻璃容器。

- 如果你觉得一次性的塑料袋最好用，请用两层，以免袋子破掉。

- 用 120 ~ 180 毫升的容器，有些只装 60 毫升。这样解冻时更方便，浪费也少。

- 国际母乳会的产品目录上有一种冷藏包装袋，专门用来冷藏和储存乳汁（能自动封口，已事先消毒）。

- 容器不要装满，在上端留点空间，因为乳汁冷冻时会膨胀。

- 每一瓶乳汁都要标上当天的日期，日期最早的放在最前面，并标注你是否吃过不同寻常的东西，如某种食物、药品，甚至阿司匹林。

- 可以往冻好的奶瓶里再添奶，但新奶一定要先在冰箱里冷却，因为热奶会融化上层已经冻好的奶，造成细菌滋生。

- 干净容器中的母乳可以在非冷藏的环境下安全地存放 6 ~ 10 个小时，不过我们还是建议放进冰箱。

- 母乳在冰箱里可以冷藏保存 8 天，之后就必须要冷冻保存。新鲜的母乳比冷冻过的母乳更好。如果你知道很快就会用它来喂宝宝，就把它放入冰箱的冷藏室。

- 母乳可以保存在：

单门冰箱的冷冻部分，可保存 2 周。

双门冰箱的冷冻室，可保存 3 ~ 4 个月。

单独的冷柜，保持恒温（−18℃），可保存 6 个月甚至更久。

使用存奶／加热冷冻过的奶

刚挤出几个小时的母乳无须任何处理就可以喝。但是经过冷冻的母乳就需要特殊的处理。

- 将存奶的容器竖直地放在一碗温水里解冻。

- 加热母乳时，要把容器晃一晃，让分离的乳脂和奶水混合。喂奶之前，再把奶瓶晃一晃。不要加热到温度超过体温，以免破坏其中的酶和免疫成分。

- 如果加热过的母乳一次用不完，可以将剩下的重新冷藏，当天喝完。已经解冻的母乳不要再次冷冻。

- 避免以下做法：

把冷冻的母乳放在火炉上解冻，会导致加热过度。

用微波炉加热母乳或配方奶。微波炉加热不均匀，而且会破坏母乳中有价值的营养，造成流失，减弱母乳的抗感染能力。

将已经解冻的母乳重新冷冻，会引起细菌滋生。

存奶的运输

把收集好的母乳从公司运到家里，这个过程你要小心。用装满冰块的保温袋是最好的。你可以从哺乳顾问和国际母乳会获得专门用来装奶运奶的手提包和容器。

对妈妈的好处

你可能会问，要带这么多随身用品，还要挤奶、接奶、存奶、运奶，这一切值得吗？

绝对值得！我们诊所的妈妈们都是一边工作一边喂奶，她们的投资都得到了回报。这些妈妈中有几位经常出差的空姐，常要离开宝宝两三天，但她们都成功地做到了"兼职"喂奶，并坚持长达两年。她们说："我们感觉到跟宝宝更亲密，更贴心了。"上班族妈妈还发现，给宝宝喂奶有一种放松的效果。苏珊是做销售工作的，她说："我的工作压力很大，每次回到家精神都绷得紧紧的。但等我坐下来给宝宝喂奶后，她觉得好多了，我也觉得好多了。这样的团聚真是太开心了！"

母乳喂养的挑战和快乐

我们曾经调查过一些母亲，问她们在母乳喂养过程中最常遇到的挑战和烦恼是什么。接下来你会发现，成功的母乳喂养不仅需要责任感和耐心，还得有些幽默感才行。

吃奶性格分析

一天晚上，一群对哺乳很有经验的父母坐在一起聊各自宝宝的故事，发现宝宝们吃奶的坏习惯真是五花八门，无奇不有。一位爸爸开玩笑说："我们给这些吃奶的小家伙们起名字吧！"

马拉松选手

不知有多少次我们听到妈妈们抱怨"宝宝一天到晚只想吃奶"。头几个月，宝宝经常不停地吃，弄得妈妈除了喂奶什么事也干不了。婴儿一般在出生后3周、6周、3个月、6个月左右，都会出现快速成长期，每两次快速成长期之间也会有短暂的成长期。宝宝遵循供应和需求的原则，他吸得越多，你的奶水就越充足，他长得就越好。还有，你的宝宝可能正处在"高需求"阶段，他要调整自己，适应子宫外的生活，所以在1～2天内需要你频繁地喂奶和拥抱。下面是一些应付的技巧：

• 在他提出"高需求"的那几天里，暂时抛开别的可能占用你精力的事情。宝宝当"小宝宝"的日子其实很短暂，而家务没有及时做，对谁都没有太大影响。据我所知，很多妈妈被累垮，不是因为带孩子，而是因为太多的家务和琐事，以及没能很好地照顾自己。

• 给宝宝更多的后乳，延长他的满足时间。允许他在吃完一侧乳房之后换吃另一侧。可以用上前面提到的诸多提高母乳分泌量的技巧。

• 把宝宝放在背巾里，贴在身上，这样可以让喂奶更容易。另外，高需求宝宝也不一定总是想吃奶，有时宝宝只是想贴近妈妈，寻求安慰。

• 每隔一段时间就让宝宝吮吸你的手指，这样可以满足他不想吃奶、只想吮吸的需要。把你的后备部队也叫来，让爸爸或其他可信任的人安抚宝宝。

• 你身边的人可能会暗示你奶水不够，建议你给宝宝添加奶粉或谷物。很少有必要这样做。除非宝宝真的饿，而其他手段又不起作用，才有必要添加辅食。大多数时候，宝宝只是需要多吮吸一会儿，好提高你的母乳分泌量，满足他的需要。当医生建议你添辅食时，你要知道，宝宝越来越依赖奶瓶，母乳可能会渐渐停止。添辅食应该在不影响喂奶的前提下进行。这个时候，获得母乳喂养咨询师的帮助很重要，她能帮你恢复宝宝的体重，尽可能加大你的母乳分泌量。

• 宝宝睡你也睡，不要想着"终于可以干点什么了"。你要给自己充电，才能应对这种"高需求"阶段。边睡边喂奶对饥饿的宝宝和疲倦的妈妈都是很有帮助的。

"吃一会儿，看一会儿"先生

宝宝在 2 ～ 6 个月大时，有时候会出现吸一分钟，松开一会儿，再吸一会儿，然后再松开一会儿的情形。这种烦人的情形其实跟宝宝的视力发展有关。这个年纪的宝宝已经能够看清屋子里的东西，注意到走过的人，很容易分心，因此会吃一口，看一会儿。有时候宝宝吃得很投入，但又对刚刚走过的某人感兴趣，他就会突然转过头来，而嘴里还咬着你的乳头。你可能会觉得好笑，没想到你的乳头可以拉得这么长，但多来几次你就疼得笑不出来了。

对付这种情况，有经验的妈妈会选择一个较为隐蔽的地方，暗一些、静一些，不会被打扰的房间（比如在卧室里把窗帘拉上），让宝宝专心吃奶。这时你也可以躺下来，边喂奶边小睡一下，把宝宝的注意力吸引到你身上来。在喂奶时，可以在宝宝身上盖一块披肩，或把他放在背巾里，这就等于给他做了一个防护罩，可以让宝宝不再四处张望。这点小烦恼很快就会过去，只要一点创新的想法再加一点幽默感，问题就会解决。宝宝很快就会发现，吃奶和张望其实可以同时进行。

边吃边睡宝宝

大多数宝宝会习惯每隔 3 小时吃 20 分钟的奶，而有的宝宝则吃吃睡睡，睡睡吃吃。他吸几分钟的奶，睡一会儿，然后再吸几分钟，再睡过去。这个烦恼也是暂时的，主要发生在头几周，那时有的宝宝宁愿多睡而不是多吃，或者喜欢两者都来点儿。如果宝宝体重增加正常，你也有时间陪他耗，那就打开音乐，跷起脚，享受这段延长的喂奶时光吧，这个阶段很快就会过去。如果宝宝不够重，试试轮换喂奶（参见第 158 页），让他保持足够长的清醒时间，喂饱自己的小肚子。

美食家

这种宝宝吃起奶来没完没了，似乎是要好好品尝妈妈的每一滴乳汁，用心感受每一次接触。他不仅依恋乳汁的滋味，还要享受就餐的氛围。面对妈妈的乳房，他总是舔啊，吸啊，抚摸啊，偎依啊，大大拉长了一顿饭的时间。他拖时间的方法很多。有时他转过头去，好像要吃完了，却还是在那里咂咂嘴，伸个懒腰，然后卷土重来。如果你有的是时间，宝宝又有兴趣，不妨好好享受吧，因为给宝宝喂奶的这段时间转瞬即逝。

拉力大王

这种宝宝是"吃一会儿、看一会儿"先生的亲戚，他经常在吃饭的时候把头转来转去，但偶尔会出现不松口的情况。为了保护你的乳头，可以

用橄榄球式抱姿（参见第 148 页图），用手抓住宝宝的脖子。也可以把宝宝放在背巾里，采用摇篮式抱姿（参见第 310 页图），稳住他的头是最重要的一点，只要宝宝一挪动头部，立刻把你的食指塞进他的嘴角，暂停喂奶。

磨牙宝宝

有种宝宝吃奶的时候喜欢用上"下巴"。你正舒服地享受宁静的喂奶时光，刚打算打个盹，突然这小子下巴一紧，你的乳头就遭殃了。这类烦恼一般发生在宝宝五六个月大、正经历长牙前的牙龈疼痛时。如果宝宝在吃奶时感到牙龈疼痛，他可能会认为你的乳房可以帮他缓解，就像你能帮他缓解饥饿一样。在喂奶前后，可以把你的手指给宝宝咬一会儿，或给他一个冷冻的婴儿磨牙胶，可以减少被咬的概率。还有，当你感到他下巴在使劲儿的时候，把你的手指插入牙龈和乳头之间，或用食指压压他的下巴，提醒他要学会尊重乳房。（如果他不只磨牙，而是真的咬起乳头来，参见第 163 页。）

入侵者

白天，你忙着给刚出生不久的小不点喂奶，追着学步期的老二满屋子跑，还要开车接送上学的老大。到了晚上，你安顿好孩子们，终于可以和丈夫舒服地躺在床上窝在一起，关上

灯，亲热的时间到了。突然，外面传来了熟悉的哭声，是宝宝饿了要吃奶。你的脉搏开始加快，奶水也滴了下来。你的丈夫知道又要扫兴了。哺乳妈妈的雷达系统非常精确，隔着厚厚的墙和关着的门也能听到宝宝的声音。这类干扰也会很快消失。产后当然可以有性生活，只是要等安顿好了宝宝以后。所有美好的事都值得等待。

爱玩的家伙

6～9个月大时，宝宝喜欢用手捏你的乳房，这挺让人烦心的；他也会拨弄你的脸，这倒是蛮有趣的。他还有一个你想立即阻止的滑稽动作，就是扭你的另一个乳头。开始时宝宝可能只是抚摸和握住乳头，好像想确认需要时它是否会在那儿。这种动作看起来很可爱，不过一旦升级成"扭"的动作，你可能就笑不出来了。

体操运动员

当你和宝宝正舒服地依偎在一起时，他突然开始踢腿，就像为配合吃奶的节奏一样。吃奶时的宝宝可能会尝试各种各样的动作，甚至嘴里含着乳头把身体转个180度。对这种体操运动员该怎么办呢？把宝宝放进背巾里，这样他就不会乱动，开始专注地吃奶了。在用摇篮式抱姿喂奶时，把他的双腿夹在你的身体和胳膊中间。对大一点的孩子也可以这么做。

还有，宝宝吃奶时不喜欢双腿悬空往下掉的感觉，把他的腿搭在你胳膊上会让他有安全感。安分，这是宝宝的进餐礼仪第一课。随着宝宝的运动神经越来越发达，他通常会在最放松的时候——例如吃奶时——尝试各种动作，没准哪天吃奶时会想翻跟头呢。

快餐爱好者

快餐爱好者喜欢边跑边吃。他们可能吃两分钟奶，就急不可耐地玩别的去了。这些初学走路的宝宝会有那么一段时间，要像小宝宝似的一天吃很多次，每次吃很短的时间。他们需要经常给自己加油，才有精力在屋子里探索新东西，这种快餐习惯也会越来越有规律。

突袭宝宝

突袭宝宝是那些快餐爱好者的亲戚。家里有吃母乳的学步期宝宝，妈妈就常会有这种困扰：你正坐在沙发上想休息一下，刚刚打开你最喜欢的书，突袭宝宝突然就来了，他爬上你的膝盖，一头钻进你的衣服里。从他的角度想想吧，你正坐在他最喜欢的吃奶的位置，这让他很自然地想起了在妈妈怀里的最愉快的记忆，一种似曾相识的感觉。一位有经验的妈妈在讲到"击败"突袭宝宝时说："一旦他开始进攻，我就走开，不要坐在会让他想起吃奶的地方。"

其他吃奶行为

有时候，宝宝会同时表现出几种上文提到的"性格特点"。同样，当你遇到下面的一种或几种行为模式时也不要惊讶。

罢吃

有的宝宝会突然连续几天拒绝吃奶，好好地哄一哄，就又会恢复吃奶。这种行为可以幽默地称为"罢吃"，通常是由身体不舒服（例如长牙、生病或住院）、心情沮丧（搬家、妈妈病了、家里不和谐），或家里太嘈杂（客人太多、杂事太多、忙着过节）造成的。我们的第一个孩子，吉姆，在8个月大时摔了一跤，送进急诊室缝了几针，回来后就拒绝吃奶。那时我们年轻，以为这是可以断奶的信号。毕竟他8个月了，能吃固体食物，也能用杯子喝奶，而且那个时候，几乎所有8个月大的孩子都断奶了。我们完全没有想过让他恢复吃母乳。现在我们知道，吉姆当时只是罢吃而已。

对一个罢吃的宝宝，怎么办呢？首先要认识到，他只是暂时失去兴趣，而不是要断奶。9个月以下的宝宝很少会主动想断奶。检查一下可能造成罢吃的身体和情绪上的原因，想办法诱导宝宝重新开始吃母乳，就像你是在喂一个刚刚出生的宝宝一样，要重新开始熟悉。把家务琐事放在一边，跟你的伴侣和家人解释你为什么要在这几天内把心思全放在宝宝身上。把电话线拔掉，坐在舒服的喂奶区（参见第 162 页如何准备），放轻松，和宝宝一起泡澡，打开舒缓的音乐，尽可能长时间地和宝宝肌肤相亲。尽量用背巾背着宝宝，让宝宝贴近妈妈的乳房。睡觉时喂奶是把宝宝拉回来的有效办法，醒着时拒绝乳房的宝宝，困倦甚至睡着时往往会接受。晚上睡觉时也和宝宝依偎在一起。有时候，重新营造出喂奶的氛围，能帮助宝宝回想起吃奶时的快乐和满足。如果宝宝还是拒绝，不要强迫他。让宝宝的头枕在你的乳房上，肌肤相亲地进入梦乡。有时宝宝需要好几天的拥抱和安抚，才能回到原来的轨道。

宝宝罢吃之前，就改善喂奶的环境。让喂奶的环境更轻松些，选择宝宝最喜欢的姿势、摇椅、家里的某个区域，或在床上抱着他。通过创造性地和宝宝亲密接触，大部分罢吃都会在几天内结束。不过我们也知道，有的宝宝会要上一周才逐渐恢复，他们的妈妈很坚定，随时准备着，每天挤奶以维持奶水供应，用杯子喂奶，并且相信自己的直觉，确定宝宝不是想断奶。如果你也遇到这种情况，可以寻求有类似经验的妈妈的支持。如果这些措施都试过，宝宝还是不能回心转意，那说明他确实已经准备好进入下一阶段——断奶。

罗伯特医生笔记：

我们的第三个孩子约书亚在1岁左右也宣布罢吃妈妈的奶。他在吃奶时咬了妈妈一口，妈妈疼得哭喊起来。于是，小约书亚又惊又烦，在长达3天的时间里拒绝吃奶。我的妻子原本打算喂奶喂到3岁，一想到如此珍贵的哺乳关系就要结束，她的心都碎了。看到她难过至极，我意识到这种关系对于她是多么重要。幸运的是，我们成功地让约书亚回到了妈妈的乳房，一直吃奶到3岁生日之后。

吃奶创可贴

对宝宝来说，妈妈的乳汁是他的营养来源，也能让他获得安慰。已经断奶的学步期宝宝，遇到跌倒、擦伤或割伤等情况，他还会跑到妈妈怀里想吃奶。因为他的脑海中仍保留着吃奶的美好记忆，觉得妈妈的乳汁可以帮他迅速止痛，让他舒服。

一边倒的宝宝

如果宝宝比较喜欢某一侧乳房，或者只接受一侧，不必担心。宝宝很快知道哪边"好用"些，比较容易吃，就喜欢待在那一侧。一侧乳房的营养足够宝宝用了，双胞胎就是最好的例子。几个月后，你可能会觉得身体有点不太平衡，但没关系，你的身体本来就不会在短期内恢复生产前的样子。

坚决不要奶瓶

宝宝喝母乳的问题一一解决后，新的问题又出现了：宝宝拒绝奶瓶。你得回去工作，还得出门办事，可是这个小批评家非要一直等着他最爱的食物和侍者回来，拒绝接受二等服务。有的宝宝还会拒绝妈妈给的奶瓶（即使里面装的是母乳）。就像你走进最喜欢的餐厅，坐在最喜欢的位置上，听着最熟悉的音乐，你最喜欢的侍者来为你服务，拿来的却是错误的菜单。对坚持要吸妈妈乳房的宝宝来说，别的选择都不考虑。你甚至会感到飘飘然，宝宝居然这么专一！

我们经常在电台的直播节目"宝宝连线"中碰到这类问题。一天，一位爸爸打电话进来，告诉我们他是怎么给宝宝喂奶瓶的："我是个警察，我妻子工作时孩子由我带。我把衬衫脱了，让她贴着我毛茸茸的胸。然后我把奶瓶夹在腋下，就像平常巡逻时夹着手电筒一样。我抱着她，让她喝我夹在胳膊和胸口之间的奶瓶，就像我妻子抱着她喂奶一样。我们都很喜欢这种自创的喂奶方式，从中找到了乐趣。"为这位爸爸的好点子鼓掌。

如果你已经试过第185页介绍的建议，但宝宝还是不接受奶瓶，放心，我们还有一些别的办法。试试有弹性的小塑料杯。（参见第246页图。）如果宝宝喜欢小口吸奶，就给他一个带边的训练杯。不要用带嘴的杯子。

幸运的是，所有这些喂奶中出现的小麻烦都有个共同点，就是很快会消失。宝宝会很快长大，你也要面临新的挑战。不过，育儿就是这样的。

特殊的孩子特别地养

母乳喂养对有特殊需要的宝宝和父母来说尤为重要。母乳喂养使母亲体内的育儿激素维持一个较高的水平，增强了她的直觉和耐力。而对有特殊需要的宝宝来说，吃母乳带来的身体、心理和医学上的好处极为重要。在多年的临床实践中，我们发现这样一个现象，可以称之为"需求水准概念"。宝宝有特殊需要，他们的父母就发展出一套适应这种需要的育儿方式，提高他们的直觉和对宝宝的敏感度。下面我们讨论一下几种最普遍的情形，从中了解在特殊情形下有特殊需要的宝宝如何引发特殊的育儿方式。

剖腹产的宝宝

做剖腹产的妈妈面临着双重问题，一是照顾自己，让自己痊愈，二是喂奶。怎么做好这两件事呢？

• 让助产士给你示范如何侧躺和用橄榄球式抱姿喂奶。这些姿势可以避免宝宝的重量压到开刀的伤口上。（参见第 147 页对这些姿势的描述。）

• 如果你还是选择坐着喂奶，那最好坐在直背的扶手椅里，而不是医院的病床上，这对你的腹部肌肉有好处。在身边放几个枕头，支撑宝宝的身体，同时保护你身上的伤口。

• 当助产士教你用最正确、最舒服姿势喂奶时，爸爸一定要在旁边一同学习，这样你回家后，他就可以帮忙了。让专业人员指导爸爸如何给宝宝压下巴、翻嘴唇，因为你不方便弯着身子看宝宝是否已经很好地衔乳。

• 对任何疼痛都要采取措施。疼痛会影响泌乳反射，抑制乳汁分泌。通常用于治疗手术后疼痛的药物都是安全的，很少会进入母乳。

• 如果剖腹产导致母乳喂养延迟了一两天，爸爸或护士可以给宝宝配方奶，但最好不要用奶瓶喂。用杯子喂，或用手指加注射器，也可以用哺乳辅助器（参见第 178 ～ 179 页对这些工具的描述），这些方法都比用奶瓶好，奶瓶容易导致乳头混淆。

• 不分白天黑夜，经常喂奶。研究显示，剖腹产的妈妈母乳正常分泌开始得晚一些，勤喂能更快地提高奶水供应。如果宝宝还吃不了奶，你要尽可能用吸奶器挤出这宝贵的初乳，宝宝会从中大受裨益。而当宝宝能吃奶时，你的乳汁分泌也就充足了。

• 要尽可能跟宝宝待在一起。我

母乳喂养时的性冲动

泌乳素和催产素能帮助妈妈们制造乳汁，感觉自己充满母爱，同时也能让女性产生性冲动。这些激素让人感到放松和愉悦，让妈妈觉得跟宝宝亲密无间。母乳喂养理应是愉快的，否则人类也不会繁衍至今。

一些妈妈们对宝宝吃奶时自己产生的强烈感觉紧张不已，尤其是当宝宝长大一些后，她们甚至担心这种感觉是否正常。绝对正常！国际母乳会对此解释说："女性在母乳喂养的过程中的确会产生快感。根据时间和场景的不同，对这种快感的解读也不同——性冲动、幸福感，或对宝宝的爱。所有这些都是女性经验和母婴关系的自然组成部分。"

们强烈建议剖腹产的宝宝要母婴同室。

耐心点。手术后你要花更多的时间，需要更多的支持和坚持，去建立成功的母乳喂养关系。本来应该投注在宝宝身上的精力不得不分散一些用于自己身体的痊愈。和谐的母乳喂养会到来的，只是稍微难一些，慢一些。（参见第 48 页和剖腹产的宝宝建立亲密关系的相关内容。）

早产儿

早产儿这类特殊婴儿对营养和安慰有特殊的要求。这是母乳喂养的妈妈发挥作用的地方。新生儿加护病房的进步，已经帮助很多早产儿健康地回到家中。但科技进步在拯救宝宝的同时，也取代了妈妈。而妈妈是整个强化护理队伍里不可缺少的一员。

苏珊的宝宝乔纳森是早产儿，在医院的日子里，大部分时间她都在宝宝的保育箱边待着。作为乔纳森成长的一个目击证人，她感慨地说："就像他是在子宫外面，而我有机会看到他每一天的成长。"

超级母乳

早产儿更需要吃母乳。他们需要更多的蛋白质和热量，好赶上正常的成长进度。研究发现，早产儿妈妈的乳汁中，蛋白质含量和热量更高，这个例子非常生动地证明了妈妈的乳汁如何为保证宝宝生存而变化。给早产儿喝超级母乳，真是激动人心！

比起营养，早产儿从母乳中获得的免疫因子更为关键，它能帮助宝宝抵抗自身免疫系统对付不了的有害细菌和病毒。此外，对不成熟的肠胃系统来说，母乳是最好的食物。母乳还能预防新生儿坏死性小肠结肠炎，这是一种严重威胁患病宝宝生命安全的肠道疾病。儿科医生会在早产儿的食谱中补充一些配方奶，因为这些小家伙在子宫里时需要的营养比妈妈乳汁能提供的更多。但这并不意味着妈妈的乳汁没用了。它能给宝宝提供很多配方奶粉和强化营养食物提供不了的健康和成长方面的益处。

以前，在大多数新生儿加护病房，通常要到早产儿能够用奶瓶时，才会给他吃母乳。研究显示，早产儿更适合吸妈妈的乳头，而不是吸奶瓶，吸乳头时宝宝的吮吸和吞咽有一种吸吸停停的节奏，而吸奶瓶时没有这种节奏感，所以吸乳头更省力。吸妈妈乳头的宝宝长得好些，呼吸暂停的情况也较少出现。不仅妈妈的乳汁对早产宝宝是超级首选，连喂奶的方式也是。

妈妈能做什么

为了更好地理解母亲的角色在早产儿护理上的重要性，我们以一个呼吸正常，但需要在加护病房接受特殊护理的早产宝宝为例，看看妈妈们可以做什么。

袋鼠式护理。妈妈可以通过一种叫袋鼠式护理的创新方法参与到早产儿的护理当中，这种方法顾名思义来源于袋鼠独特的育儿方式，即让宝宝在育儿袋里吃奶。据克里夫兰凯斯西储大学的格尼·克兰斯顿·安德森博士（Dr. Gene Cranston Anderson）的研究显示，用袋鼠式护理法，早产儿的体重增加得更快，呼吸暂停的情况较少出现，住院时间也短。

用婴儿背巾把包着尿布的宝宝放在你的胸口或双乳之间，与宝宝肌肤相亲。妈妈暖和的身体，暖和的毯子和衣服，会让早产宝宝感到温暖舒适。在这种舒适的环境下，许多宝宝会很快入睡，而且比在高科技的摇篮里睡得更平静。宝宝醒来后，和妈妈的乳房如此靠近，会刺激他小小的肚子一饿就吃奶——这叫自我调节喂食法。坐在宝宝的保育箱边，或者坐在摇椅里，让宝宝贴在你的胸前。除非宝宝离不开医疗器械，否则可以抱着宝宝来回走动，或者坐在摇椅里轻轻晃动，这种节奏会让宝宝的呼吸更有规律，因为宝宝在子宫里时就是这样的。（参见第315页对前庭系统的描述。）哭泣会消耗氧气和能量，所以哭太多对早产儿不好，而袋鼠式护理会让宝宝很少哭。母乳喂养、袋鼠式护理、拥抱和有节奏的摇晃，都会减少哭的次数，让宝宝长得更快。

袋鼠式护理不光对早产宝宝有利，对妈妈也有好处。宝宝偎依在妈妈的乳房边，能刺激妈妈分泌育儿激素和泌乳素。采用袋鼠式护理的妈妈

199

更倾向于选择母乳喂养，奶水更多，母乳喂养的时间也更长。她们和宝宝的关系更亲密，对自己的能力更有信心，而且相信自己是新生儿强化护理队伍中重要的一员。

育儿专家认为袋鼠式护理能起作用的一个主要原因是，妈妈为她的早产宝宝起到了调节呼吸的作用。早产宝宝经常会出现停止呼吸的情况，叫做呼吸暂停，导致这些宝宝长得慢，甚至要长期住院。你大概从没有想到过自己是一个呼吸机器，但想想看：宝宝舒服地躺在你的胸口，他的耳朵对着你的心脏。你的呼吸和心跳宝宝都会感觉到。而你呼吸的节奏，你的心跳，你的声音，宝宝在子宫里就已经熟悉了，甚至你每次呼出的暖融融的热气都会刺激宝宝的呼吸，好像提醒他要呼吸一样。与父母有亲密接触的宝宝能掌握呼吸节奏。

挤奶。租一个电动吸奶器，在宝宝出生后尽快开始挤奶。把这些乳汁存好，等宝宝的健康状况没问题以后，尽快让宝宝吃上你的这些储存奶，用什么方式都可以。

请求援助。从专业的母乳喂养咨询师那里寻求帮助，她会指导你如何正确地让宝宝衔乳，有效率地吃奶。

不要使用奶瓶。请护士用杯子或注射器加手指等方式喂宝宝（参见第178～179页），而不是用奶瓶和人造奶嘴。有的早产儿不会发生乳头混淆，会很顺利地从奶瓶过渡到妈妈的乳头，有的早产儿则容易发生混淆。因此不要使用奶瓶，除非有医疗上的要求。你把宝宝从医院带回家后，在一两周内还要持续给他添辅食。

让宝宝轻松吃上你的奶。让足月的宝宝吃奶，你可以迅速地抱紧他，让他贴近你的乳头（参见第144页）。而对早产儿，你要把乳头轻轻地往他嘴里送。用"先压缩、后填充"的手法，手呈"C"型（拇指在上，其他手指在下），做成"杯状"环住乳晕。接着挤压乳房，用乳头逗弄宝宝的嘴巴，等他把嘴巴张大后，轻轻地把乳晕送入宝宝口中。

忘掉时间。时间表本来对足月的宝宝就没有意义，对早产儿来说更是这样。早产的宝宝会吸得很弱，吃得很慢，累得很快，睡得很多（他们吃奶粉也同样如此。）早产的宝宝更容易累，需要的热量更多，而且胃口很

不要了，谢谢，我累了！

对早产儿和一些生病的宝宝来说，重要的不是吸收太少、长得太慢，而是吃奶过于费力、用力过多而导致疲劳。寻找宝宝已经吃够了的信号（微弱的吮吸或是打瞌睡等）。让他慢慢地离开你的乳头，但要做好准备，宝宝很可能在两三个小时（或更短的时间）后又要吃奶。

小。这就是为什么他们需要少吃多餐。早产的宝宝更容易忽睡忽醒，因此妈妈要和宝宝建立一种行之有效的哺乳习惯，让宝宝尽可能少地消耗体力，吃到尽可能多的奶。

生病以及住院的宝宝

母乳喂养是良药。除了能让早产宝宝茁壮成长外，在宝宝生病——特别是住院——的情况下，母乳喂养的妈妈还是医疗团队里至关重要的一员。每当我的小病人住院，我都会鼓励他的父母多出一份力。我发现有父母参与照顾的小病人恢复很快，父母参与得越多，就越能够理解病情的实质和治疗方法。

对那些有呼吸问题的宝宝，如哮吼或支气管炎，母乳喂养的意义尤其重大。在这种情况下，宝宝越是躁动不安，呼吸就越不平稳。让宝宝放松也就是让呼吸放松。我给大家讲一个一岁小朋友托尼和他妈妈辛迪的故事。有一天一大早，托尼醒来就开始咳嗽，听起来像海豹的吼声一样，而且呼吸困难。我确定托尼得了哮吼，而且还在进一步恶化。托尼陷入了一个恶性循环，而且呼吸越困难，他就越焦躁，然后呼吸就更困难。我告诉辛迪，除非托尼放松下来，否则会继续恶化，那就不得不做气管切开术(动手术切开被感染的声带下方的气管，

以便更多气流通过)。辛迪毫不犹豫地说："我会让他放松的！"而且她真的做到了！辛迪将乳房从托尼氧气罩的开口凑进去，一面说着安慰的话，一面温柔地抚摸着托尼。托尼听着，看着，吮着妈妈的乳头，很快就放松下来，呼吸也顺畅多了。我松了一口气，辛迪也松了一口气，连在旁边等着开刀的外科医生也松了一口气。托尼得到了最好的抚慰。

生病时宝宝经常会采用一些原始而熟悉的自我安慰法，例如吮拇指或像胎儿般蜷缩起来。吃母乳是宝宝喜欢和信任的方法，母乳喂养给病中的宝宝带来了安慰，减轻了在医院的焦躁不安。母乳喂养对那些因为肠道感染引起腹泻的宝宝也很有用。这些宝宝接受不了配方奶，但一般都能接受母乳。在诊所，我们看到很多患了肠胃炎的宝宝继续吃母乳，既没有恶化，也没有脱水。相反，喝配方奶的宝宝得了肠胃炎后经常会脱水，需要静脉注射。这是母乳的又一大功劳。另外，吮吸本身对可怜的宝宝也是很大的安慰。

母乳喂养对心脏好

患有先天性心脏病的宝宝会面临两个问题：太多血液流向肺部，导致心脏负担过重，引起心脏衰竭；或者流向肺部的血液太少，导致发绀(身

上青紫），这样的宝宝叫做"蓝婴"。不管是哪种情况，这样的宝宝吃奶都容易疲劳，长得也慢。以前，不鼓励给先天性心脏病的宝宝吃母乳，因为大家认为吃母乳会累坏他们，就像我们刚介绍过的早产儿的情况一样。而研究证实事实刚好相反，比起喝奶瓶，这些宝宝在吸妈妈乳头时更省力，呼吸也更顺畅。母乳中盐的含量要少于配方奶中的含量，对容易心脏衰竭的宝宝来说更有好处。适用于早产儿的建议也同样适用于先天性心脏病的宝宝：少吃多餐，不要用奶瓶喂奶，还要有无限的耐心。

患唐氏综合征的宝宝

我们的第七个孩子史蒂芬是唐氏综合征患者。作为哺乳顾问、护士和母亲，作为儿科医生和父亲，玛莎和我都想让史蒂芬能开个好头。我们列了一张单子，上面包括了最有可能经常出现的问题，我们发现，母乳虽然不是万能药，但对其中每一个问题都有益处：

•患唐氏综合征的宝宝容易感冒，尤其容易耳朵感染，母乳能增加免疫力。

•患唐氏综合征的宝宝容易发生肠道感染，母乳能促进肠道内有益细菌的生长，从而减轻感染。

•患唐氏综合征的宝宝容易便秘，母乳有通便的功能。

•患唐氏综合征的宝宝容易有心脏问题，母乳中盐分较少，更加符合生理需要。

•患唐氏综合征的宝宝吃奶吮吸力度较弱，吃母乳比较省力。

•患唐氏综合征的宝宝智力和运动能力的发展较一般宝宝慢，母乳是很好的健脑食品，而且母乳喂养能促进宝宝脸部的发育。

•患唐氏综合征的宝宝容易成为肥胖儿童，主要是因为缺少对胃口的控制力。很多孩子有肥胖并发症，例如糖尿病、关节炎和心血管疾病。母乳喂养的宝宝身材比较苗条，我们希望给史蒂芬一个苗条的开端。

关于唐氏综合征，目前我们还了解得不够彻底；而母乳中也有很多有价值的成分有待发现。我们有个特殊的宝宝，他需要特殊的照顾。史蒂芬出生后，我们曾相拥而泣，但我们也发誓让他有一个跟其他宝宝一样的开头——母乳喂养。

一般来说，患唐氏综合征的宝宝吸力较弱，需要更多的支持、训练和耐心，直到母子二人能很好地适应对方。出生后两周，史蒂芬才第一次睁开眼睛，开始接受妈妈的乳头。在那之前，玛莎一直想尽办法让他含乳头。那段日子我们心里很慌，生怕他永远都学不会如何吃奶。玛莎不得不一遍遍地重复喂奶的动作。我们的其他孩子吃奶时都会主动要求，但如果我们等着史蒂芬有"需要"的话，他的体重估计永远不会增长。他就是我们所说的"开心地饿养"的宝宝，体重减了近1千克。接下来两周，玛莎每天要挤好几次奶，先用注射器加手指的方式给他喂30毫升作为"练习"，再让他在妈妈乳头上吸奶。看到他大踏步赶超错过的那段时间，真是让人又惊又喜——有些天体重平均每天能增加50克。

虽然大多数患唐氏综合征的宝宝刚开始吃奶时会困难些，但他们最终还是能学会。母乳有这么多益处，不管付出多大努力都值得。记得要联系有这方面经验的母乳喂养咨询师。

这些有特殊需要的孩子更能从亲密育儿法中获益。我们和史蒂芬一起睡，喂他吃母乳，用婴儿背巾背着他，时刻和他在一起，感觉到无比的亲密。我们加入了一个针对唐氏宝宝的互助组织，学习为有这样一个宝宝感到高兴。看着他体重渐渐增长，吃奶也吃得很顺利，我们就不再为他担心，反而开始享受和他在一起了。玛莎至今还记得史蒂芬第一次对她说话有反应的那天，因为先前的担心已经让她忘了用正常的方式跟他交流。那些日子里，我们越来越多地看到他和其他宝宝的相似之处，而不是不同，让我们觉得无比安慰。现在我们没法想象没有史蒂芬的生活。因为有了他，

我们的世界才变得更美好。他教会了我们要珍惜每一个人，不管他有什么缺陷。

唇裂或腭裂的宝宝

唇裂或腭裂的宝宝给了母乳喂养的妈妈一个特别的挑战，但考虑到母乳的无穷益处，多花点时间也是值得的。裂口所在的位置和严重程度决定了宝宝学会吃奶的速度以及你要采用的姿势和技巧。有唇裂或腭裂宝宝的妈妈应该从宝宝出生的第二天就得到哺乳顾问专业的帮助。

唇裂的宝宝吃母乳时嘴唇会留下一条缝，很难好好含紧妈妈的乳晕。妈妈柔软的乳房可以在一定程度上堵住这条缝，如果妈妈再用手指完全按紧缝隙，宝宝就能正常吃奶了。宝宝出生后几个月就可以通过手术修复裂口。有的外科医生觉得手术后可以立即吃母乳，不会影响愈合；而有的医生则坚持先要用吸奶器挤奶，借助特殊设备给宝宝喂奶，直到修复处完全愈合为止。

软腭上有道小裂口的宝宝，很少有吃奶的问题，而裂口比较大的宝宝则完全不能吃奶。因为软腭上的这道裂口，宝宝根本不能把奶吸入口腔，而且由于缺少部分硬腭，宝宝的舌头也用不上力。乳汁可能会流进宝宝的鼻子或耳朵里，引起感染。有相关经

验的专业咨询师能帮你找出宝宝的问题所在，告诉你正确的解决方法。即使宝宝吸不了乳头，你还是可以用吸奶器挤奶，用别的方式喂他。

收养的宝宝

有志者事竟成。只要你付出得够多，再加上一些特殊的工具和专业的指导，你也能给收养的宝宝喂奶。当我们正在写本书的第一版时，玛莎就正在给我们收养的孩子劳伦喂奶。我们咨询了很多在这方面有成功经验的妈妈，总结出一种可以用在收养宝宝身上的"诱导式喂奶法"。以下是这个方法的相关步骤：

• 向那些成功地给领养的孩子并采用母乳喂养的妈妈们学习经验，获得帮助。你可以通过哺乳顾问或国际母乳会来寻找这样的妈妈，或询问医生，诊所里有没有这样的妈妈。

• 收养孩子伊始，就咨询母乳喂养咨询师。最好在宝宝出生前就确定收养关系。有个把月的准备时间是最好的，但也不是绝对必要。

• 你需要的工具：租一个电动吸奶器，最好是能同时挤两侧的那种，能模仿婴儿吸奶的方式，每隔两三个小时就可以吸一次，满足宝宝吃奶的需要。你的母乳喂养咨询师会指导你如何操作，如何制定时间表。你也需要整套的哺乳辅助器，参见本书

第 178 页。（我们诊所有一位收养了宝宝的妈妈，她非常乐衷于给宝宝喂奶，经常用到辅助器。）你甚至可能在看到孩子前就会分泌几滴清澈或不透明的奶液，然后是少量的乳汁，尤其是在你之前或最近刚刚哺乳过的情况下。泌乳系统是非常个人化的，取决于每个人的泌乳素水平。（并不取决于你的生殖激素。）

• 选择一位有经验的曾经给类似的妈妈提供过咨询的儿科医生。

• 如果可能的话，宝宝出生时，陪伴在一旁，这样可以尽早和宝宝建立亲密关系。通过这种方式，宝宝出生时，就能立即知道自己属于谁。你，宝宝的母亲，将是第一个喂养宝宝的人（参见第 440 页"参与到分娩计划中"）。

• 宝宝在医院里时，尽可能多去喂宝宝。在哺乳专家的帮助下，先用哺乳辅助器给宝宝喂配方奶。如果你不能每次喂奶都出现（很少有妈妈能），可以指导护士用注射器加手指的方式喂奶，或者是用美德乐 SNS 辅助哺乳系统加手指的方式（参见第 178 页）。在头几天或几周，宝宝学习吮吸乳头的时候，要避免用奶瓶喂奶。这种喂奶方法花的时间不会比奶瓶长。

• 记住，是吮吸的频繁程度决定了泌乳水平。宝宝在你的乳头上吮得越频繁，你的泌乳系统就越勤快。大

多数妈妈在三四周之内就开始分泌一些乳汁。（除了用吸奶器挤奶，用辅助器外，还要多抱抱宝宝，和他睡在一起，给他按摩。所有这些让你和宝宝更亲密的做法也能增加你的乳汁分泌量。）

• 不要太在意你的乳汁什么时候开始分泌，或是分泌得多少。即使乳汁开始正常分泌，也不要认为分泌量一定要达到多少才可以。分泌量的多少不是最终目标。你要明白，给收养的宝宝进行母乳喂养，主要是为了建立与宝宝的亲密关系。

母乳喂养对被收养的宝宝是理想的选择，对妈妈而言也是件好事。宝宝在你乳头上的吮吸能刺激你母性激素的分泌，让你与宝宝更亲密。给收养的宝宝进行母乳喂养，你就给了他一个最好的开头，他也帮你跨出了正确的第一步。

双胞胎（甚至三胞胎）

投入加倍，回报当然也加倍。下面告诉你如何给双胞胎宝宝喂奶。

提早寻求适当帮助。在怀孕的最后几周，咨询其他双胞胎妈妈。国际母乳会和当地民间的双胞胎妈妈联合会都能帮助你。分娩前参加分娩课程，或咨询有经验的母乳喂养咨询师，你就开了一个好头。

迈出正确的第一步。给双胞胎喂奶还有一个额外的挑战——许多双胞胎都是早产儿，容易疲倦，一两周内很难好好地吃奶。在不良吃奶习惯导致你乳头疼痛、奶水不足之前，立即请教母乳喂养咨询师，学会正确的喂奶姿势和衔乳技巧。正确的姿势和衔乳技巧对单个宝宝的妈妈来说也非常重要，更不用说双胞胎宝宝了。

先分别喂，再一起喂。头几周，大多数妈妈都觉得一次只喂一个宝宝要容易些，这样可以单独教会他们正确的衔乳技巧。一旦两个宝宝都学会了，尤其是需要和习性都相似的情况下，你就会发现同时喂更容易。为了让每个宝宝都能获得特别的关注，每天同时喂奶之余，保留那么一两次单独喂，特别是在其中一个饿了，而另一个还在熟睡的情况下。如果两个宝宝睡眠时间相近，最好是一起喂。研究证实，同时喂两个宝宝的妈妈，体内的泌乳素要比一次只喂一个宝宝的妈妈多。

大多数双胞胎出生时的体重和营养需求都是相似的，但也有其中一个抢夺另一个营养的情况，导致两个宝宝一胖一瘦。这时，瘦的宝宝需要每天多喂几次，以补充成长所需。有时候，一个要求较多，而另一个容易满足，或是一个比另一个更容易饿。这种情况下，让这个容易饿的宝宝来决定喂奶的方式。当你要给较饿的宝宝吃奶时，有时也要叫醒另一个需求较少的宝宝，以保证一天之中至少有几次是同时喂的。否则，你会觉得自己好像整天都在喂奶。

双胞胎怎么抱。可以试试下面列举的这些姿势，找出最适合你和宝宝的。

• 除非是坐在床上，否则应该用脚凳支撑你的双腿。双人橄榄球式抱姿可以让你在喂奶过程中控制宝宝头部的移动，不让他们往后仰。如果采用这种姿势喂奶，一定要用很多枕头支撑住你和宝宝，或买一个专门的哺乳枕。

给双胞胎喂奶：交叉摇篮式抱姿。

给双胞胎喂奶：双人橄榄球式抱姿。

• 如果用交叉摇篮式抱姿，你要先用摇篮式抱姿抱住一个，然后在另一边抱住另一个，他们会把头分开，双腿交叉。这种姿势同样需要很多枕头来支撑。

• 如果采用平行姿势喂奶，一个宝宝用摇篮式抱姿，另一个用橄榄球式抱姿，让两个人的身体在同一个方向上。采用摇篮式抱姿的宝宝放在你的手臂上（手臂下面是枕头），而用橄榄球式抱姿的宝宝则放在一个枕头上，你的手托住他的颈背。

让爸爸当第二个妈妈。爸爸应该参与到喂奶当中来。对于双胞胎来说，这更是绝对必要的。在抚养双胞胎这件事上，父母的角色不是那么容易界定清楚。虽然确实只有妈妈能够造出乳汁来，但爸爸能做除此之外的任何事情。大多数哺乳失败的妈妈都是因为太疲劳了。我们曾经咨询过许多成功的双胞胎妈妈，她们都非常擅长坐在家里的扶手椅上指挥一切，把家务事委派给任何可以委派的亲戚朋友。爸爸可以用工具帮忙喂奶，或是把宝宝抱给"司令官"喂奶（尤其是在晚上），还可以做家务琐事。一位来过我们诊所的父亲曾经骄傲地宣称："我们的宝宝有两个妈妈；她是奶妈，而我是长胸毛的妈妈。"母乳喂养双胞胎,义务加倍,幽默感也要加倍。(关于双胞胎的更多内容,参见第 18 章。)

怀孕时喂奶

是的,你能做到!妈妈们通常很小心,怀孕时不去喂奶,因为母乳喂养会刺激催产素的分泌,而从理论上说,这种激素会刺激子宫收缩,有可能导致流产。我们咨询过专家,得到了以下答案:直到怀孕第 24 周左右,子宫才会受到催产素的刺激。对于健康的子宫和子宫颈,催产素不足以影响它们,除非是临近产期,子宫颈充分准备好的时候。

很多妈妈在怀孕后的一段时间里或整个孕期都在哺乳,而她本人和肚子里的宝宝没有受到任何不良影响。但是,如果你习惯性流产,或在哺乳期感觉到不正常的子宫收缩,或者基于你的特殊情况,助产士建议你不要哺乳,那么你最好还是不要这么做。如果你有早产的危险,从怀孕 20 周左右开始——即催产素开始对子宫发挥作用时起,任何会刺激乳头(甚至是淋浴)和引起性高潮的举动都要避免去做。

如果助产士认为你可以喂母乳,那么你要为接下来可能出现的情况做好心理准备——你可能会乳头疼痛,觉得喂奶不舒服。你可以跟大点的孩子谈一谈,或者让爸爸多分担些工作,把较小的孩子带出去走走减少你的喂奶次数,以你能忍受的限度每天喂几次奶,每次坚持几分钟。

下面要介绍的一些关于断奶的方法也适用于这个时期。在孕期最后 3 个月或稍早些的时候,母乳的味道会发生变化,而在怀孕 3 ~ 6 个月的时候,你的乳汁已经渐渐减少了。

有些妈妈一旦怀上新宝宝,就会讨厌给大孩子喂奶,似乎不仅是乳房,连心灵也在告诉你该断奶了。既然如此,就顺其自然。通常这也是你的大孩子要自然断奶的时候,当然也有少数顽固派(不断给予的妈妈和高需求宝宝)会在怀孕时一直继续母乳喂养。

 玛莎笔记:

我还怀着伊尔琳的时候,有一天,我们的黏人女儿海登宣布说:"我不吃奶了。我要等到宝宝出生,奶变好以后再吃。"

等我开始给伊尔琳喂奶,我又怀上了马修,有一天我逗伊尔琳:"你怎么还要吃奶呢?妈妈没有奶了。"她回答说:"我不管。"然后朝我咧嘴一笑。很明显,她能从吃奶过程中获得无法衡量的满足。

断奶

天下没有不散的宴席,该断奶时

就断奶是最理想的，但很多家庭做不到这一点。不过我们觉得有责任向大家展示这个理想。我们已经用了很多篇幅赞美人间最美的抚育方式——母乳喂养，现在指导大家如何给它画上一个完美的句号。

"断奶"意味着什么

"断奶"并没有负面的意思。断奶并不意味着失去或分离，而是一个阶段到另一个阶段的过渡。我们的前3个孩子都过早地断了奶。当时我们还年轻，缺乏经验，错误地理解了宝宝的暗示，又对自己的直觉缺乏自信，轻信了他人的意见。不过我们给了后来的几个孩子应得的财产。在逐渐摸索的过程中，我们研究了断奶的历史和真正意义，以下便是我们的发现。

"断奶"（wean）原本的意思是"成熟"，就像水果成熟、变红，该离开树枝了。孩子断奶是值得庆祝的时刻，不是因为你所想的诸如"现在我终于不用被孩子绑着了"之类的，而是因为断奶后孩子才开始变得完整；他已经打好了基础，能够独立地进入下一个发展阶段。过早断奶的孩子准备不足，还不能接受挑战。

关于断奶，大卫王曾经说过一句很发人深省的话："我的心灵安宁、平静，就像母亲和她断了奶的孩子，我的内心就像一个断了奶的孩子。"

《圣经·诗篇》的作者大卫王把平静安宁的感觉比作断了奶的孩子的满足感。在古代乃至今天的很多文化中，一个孩子的哺乳期长达两三年。而西方文化会把哺乳期按月计算。我们希望挑战这种固定思维。

什么时候断奶

我们诊所里挂着一张标语，上面写着："早早断奶对宝宝不利。"如果你把育儿当成一项长线投资，为什么要做短线操作呢？宝宝对吮吸的需求消失的时候，便是可以断奶的适当时机——一般在宝宝9个月到3岁半之间。从医学角度讲，营养学家和内科医生建议母乳喂养至少要持续1年，他们认为母乳中的独特营养物质对宝宝两岁及以后的成长发育非常重要。断奶是个人的决定，如果母子二人中有一个或两个人都准备好了，就可以断奶。

在宝宝一岁前断奶

宝宝不到一岁就断奶，是不是说明你是个不合格的母亲呢？当然不是！这可能是你个人生活方式的选择，可能是某些你无法掌控的情况所致，也可能是因为医学上的原因。还有，个别宝宝不到一年就已经心满意足，准备好断奶了，虽然这种情况并不多。

一岁之后继续母乳喂养

如果孩子一岁之后还需要喂奶，你可能会想是不是太宠他，他是不是占有欲太强，或者会不会让他太有依赖性。只有你对孩子放任不管才会宠坏他。任何母乳喂养的妈妈都会认为，一个吃母乳的宝宝绝不会被父母放任不管。占有欲是指由于你的某些需要，耽误了孩子的需要。还有所谓依赖性的说法也很常见。对那些动摇军心的好心人做好心理准备，他们会惊呼："天哪！你还在喂奶？"这说明人们

母乳要喂多久——来自专家们的意见

过去很少有医生公开提倡延长母乳喂养的时间，喂了一两年（或更长）母乳的妈妈们也不会主动告诉别人自己还继续给宝宝喂奶。长期的母乳喂养虽未被广泛接受，但已经得到了越来越多的健康专家和科学家的支持。美国儿科学会在 1997 年提出，母乳喂养应该"持续至少 12 个月，此后就看双方意愿"。世界卫生组织——一个关注世界范围内公共卫生问题的机构——建议母乳喂养要持续两年。这些来自权威部门的声明有力地推动了长期母乳喂养的推广，越来越多的宝宝能享受更长时间的母乳呵护，妈妈们也意识到给学步期的孩子喂奶将会更省心。

心里觉得一个学步期的孩子不该有那么多要求。可是经验和研究都显示，延长母乳喂养的时间并不会助长孩子的依赖性，相反能让孩子更独立。就像我们在第 1 章里讲到的，安心享受父母关爱的宝宝（没有提早断奶）最终会更独立，更能接受与妈妈分开，可以更安全、更稳定地进入下一个发展阶段，而且也更容易教育。

如果你觉得长达几年的母乳喂养看起来很奇怪，那你想想看，两岁大的宝宝还在吸奶瓶，看起来奇怪吗？对很多宝宝来说，吮吸的需要可能会持续很长时间，不管是吃母乳还是吃奶粉都一样。需求获得满足后就会消失；没有获得满足的需求，以后可能会再次浮出水面，引起麻烦。

怎样断奶

《美国传统词典》（*The American Heritage Dictionary*）这样解释"断奶"一词："停止喝母乳……代之以其他营养物质。"断奶有两个阶段：停奶和代替。在你断奶的过程中，要逐渐补充固体食物、乳制品和情感抚慰。下面告诉你该如何操作。

断奶是用人代替人，不是用物代替人

不要寄希望于用一个泰迪熊或一个塑料玩具哄骗宝宝离开你身边。当宝宝离开你温暖的乳房，你要用其

他形式的情感营养去安抚他。这时，妈妈以外的人（最好是爸爸）在安抚宝宝方面要扮演更关键的角色。

渐进式断奶

断奶不要一刀切。突然离开母乳，离开妈妈，对小宝宝来说实在很难接受。断奶的关键是要慢慢来。一些妈妈开始有意识地跳过比较无足轻重的一顿奶——比如说上午过到一半的时候，带着宝宝去逛公园或读书、吃点心。也有的妈妈没做任何计划，宝宝就自然断奶了。先调整一次，一段时间后再调整一次，接着再调整，这样几个月后，宝宝就可以降到一天吃一两顿，通常是在午睡和睡觉。（参见第 15 章。）

这种"不主动给，也不拒绝"的渐进式断奶看起来效果最好。断奶意味着释放，而不是拒绝。鼓励宝宝吃奶的老办法（如坐在宝宝熟悉的扶手椅上）要少用，但宝宝需要时要随时欢迎他。这是很正常的，当宝宝进入断奶期时，妈妈对他来说还是营养和情感的加油站。有时你会看到一些消极行为（闹别扭、生气、悲伤等）出现，这说明你可能走得太快了，要往后倒退一两步。宝宝生病时，吃母乳的次数又会增加——这是他的一个重要抚慰工具，也能给他提供对付疾病的抗体。

对"退步"有所准备

在宝宝 18 个月～ 2 岁，偶尔会出现几次马拉松式吃奶期，就好像又回到新生儿时期一样。这是因为你的小小探险家来到了一个新环境，他需要经常回到老基地，让自己定定神，从而继续探索未知领域。母乳就像陌生人群中的一个老朋友，能帮助宝宝从已知走向未知，从依赖走向独立。这时，如果妈妈没时间接纳这些短暂而频繁的停顿，问题就来了——宝宝可能吃一次奶就要吃一个小时，像是好不容易有了机会，一定要一次吃个够。

可以说"不"

在与宝宝日复一日的周旋过程中，一些妈妈感到自己好像被一纸母乳喂养的合同束缚住了，无法逃脱。她们觉得"不主动给，也不拒绝"意味着不能说"不"。有很多好办法可以让你说"不"，而不会让宝宝觉得"妈妈的心变硬了"，而是"妈妈想找到让我满意的办法"。

"不主动给，也不拒绝"可以变成"不主动给，用其他东西让宝宝分心"。当孩子想吃奶时，你可以说："好的，但妈妈要先喝点水。"喝水之后，你可以出去看看邮件，或找点其他能够分心的事情。回家后玩玩游戏，一起吃点午餐。你的孩子可能都忘了提过吃奶这回事。有时候他要，就给他奶吃，有时候答应他，但设法让他分心。如果你说"不行"，宝宝会抗议的。嘴上说"好的"，但巧妙地把他引向其他事情，就可以避免争执，伤害感情。你得时不时地安下心来喂他一两顿，这种办法可以让断奶更迅速，更少哭闹。

寻找有创意的替代品

如果在断奶这件事上你想让孩子说了算，那你要知道，要是等他决定断奶，可能已经两三岁了（如果有家族过敏史的话还要更长）。虽然在美国很少有人这样做，但对那些需要延长断奶过程的孩子来说，好处是毋庸置疑的。另一方面，如果你想断奶了（一个信号是你开始不时地讨厌经常喂奶），你也可以跟着自己的感觉走。

孩子拒绝断奶，请设身处地地替他想一下。根据儿童发育的深沟理论，记忆就像一张空白的大唱片，经历会在唱片上刻下沟槽。吃母乳大概是宝宝刻下的最深的沟槽之一，所以他要不时地返回，直到这张唱片上刻下别的沟槽。你的目标是以一种对孩子来说不太快，对你来说不太慢的速度，在唱片上刻下其他沟槽。一个办法是让孩子总有事做，没有什么比无聊更能让他渴望吃奶的了。下一步，尽量避免让他想起吃奶的场景。很多妈妈坦言："只要我一坐在那张摇椅上，

他就会扑过来。"午睡和夜间喂奶是最难戒掉的，很多宝宝两三岁了还喜欢含着妈妈乳头睡觉。如果你不想继续用喂奶来哄孩子入睡，就得想出同样有效的替代办法。你应该形成固定的睡眠模式，要找一些能让宝宝安静下来的活动。讲睡前故事（一遍又一遍），用背巾背着他在屋里转，跟每个人每件东西说"晚安"，或者在吃完夜宵、洗完澡、穿上睡衣之后来点背部按摩，伴随着摇篮曲安然入睡。（其他建议参见第376页的建议。）

白天多运动，能让宝宝晚上做个瞌睡虫。关掉吵闹的电视节目，打开舒缓的音乐，把灯光调暗，拉上窗帘。睡前节目可以是坐在一起看经典又不刺激的录像带，比如《小熊维尼》。我们家最受欢迎的节目是给孩子讲我们小时候的故事（或根据小说里的情节编一个），并在故事中加入很多催人入睡的重复情节和数字。这些固定活动可以由妈妈以外的任何人来做。记住，如果宝宝跟爸爸相处时间不多，他会因为渴望和爸爸多玩而拒绝入睡。因此，爸爸们，不要减少必要的交流时间。

最后，当你渐渐找到可替代的安慰方式后，断奶就容易多了。如果宝宝每次哭闹或遇到挫折时，你都给他吃奶，那么等他长大后就很难接受别的安慰方式，而你也无法摆脱这个惯例，因为这一招太管用了，或者说你

的安慰办法太有限了。故事、玩具、游戏、歌曲、户外活动等，都是你可以用的方法。断奶拓宽了你和宝宝的关系，而不是失去了这种关系。所有的育儿方式都需要一个平衡。有些妈妈过度依恋宝宝，这样他们的整个关系就围绕着喂奶转。这样宝宝知道的唯一放松形式就是吃奶。如果你开始讨厌这么做，那就考虑其他交流方式。当你找到更有趣的互动方式后，宝宝会逐渐学会心满意足地接受。

我们的经验和推荐

生命是一次次断奶的过程：先是脱离你的子宫，离开你的乳房，离开你的床，离开家到学校，这些都是断奶。每一个断奶里程碑都值得我们纪念。时机未成熟就想让宝宝加快步伐，可能会造成所谓的过早断奶综合征：发怒，侵略性强，习惯性地发脾气，对照顾他的人过分依赖，无法建立更深更亲密的关系。我们对几千个适时断奶的孩子做了长期的跟踪研究，发现这些孩子具有以下特点：

• 更独立。

• 更容易被人吸引——而不是被物品吸引。

• 更容易教育。

• 不容易发怒。

• 更有自信。

让宝宝在身体、情感和精神上都有一个好的开始，渐进、适时地断奶吧。断奶的过程不是妈妈脱离宝宝，而是宝宝脱离妈妈。根据我们多年的观察和对长时间母乳喂养长远效果的研究，我们发现，最安全、最独立、最快乐的孩子，都是那些没有提早断奶的孩子。

第10章　安全而充满爱意地喂奶粉

母乳当然是最好的，但总会有些原因导致你不得不给宝宝喂奶粉。或者你的生活方式需要既喂母乳，又喂奶粉，即所谓的"混合喂养"。如果你觉得喂奶是一个和宝宝互动的过程，而不仅仅是给他吃的，如果你懂得奶粉之间的细微差别，就利用以下信息，为你的宝宝选择合适的奶粉和喂奶方式吧。

奶粉的真相

对婴儿配方奶粉的生产和销售了解得越多，就越能够做出正确的判断和选择。

配方奶粉是怎么做出来的。配方奶粉是以人类母乳的营养作为参考标准，以母乳中发现的蛋白质、脂肪、碳水化合物、维生素、矿物质和水的比例制造出来的奶粉。蛋白质、脂肪和碳水化合物这3种最基本的营养物

质取自牛奶、大豆或其他植物（玉米糖浆或蔗糖）。而维生素、矿物质和其他营养物质是人工制造出来的，添加到以牛奶或大豆为基础成分的奶粉中。

配方奶粉是怎样销售的。以前，父母们只能依靠医生为他们选择合适的奶粉。直接向消费者做宣传广告一般被认为是不道德的。世界卫生组织非常不鼓励绕开婴儿健康护理的专业人员而直接向父母销售奶粉。遗憾的是，有的奶粉公司有意地蔑视这个法律，而有的则试图规避。

配方奶粉是怎么规范的。不要被超市里琳琅满目的奶粉罐所迷惑。你会注意到各个品牌的营养含量基本上是一致的，这是因为法律已经做了这方面的规定。美国食品药品监督管理局（FDA）负责监管婴儿配方奶粉制造商。

配方奶粉区别多大。虽然婴儿配

方奶粉中的营养含量受到了严格的规范，但各种奶粉之间还是有区别的。主要从以下3个方面判断：包装、消化率和价格。

包装。配方奶包装有3种形式：

• 粉状配方奶，包装上会注明该加多少水。

• 液态浓缩型，需加水稀释。

• 即食型液态奶，打开包装后可直接倒入奶瓶。

选择不同的包装主要是为时间和经济考虑。粉状的最便宜，但最费时间；即食型的最贵，但是最方便，特别是在旅行途中或忙碌的时候。

消化率。因为原料和加工方法的不同，不同奶粉的易过敏性和消化率也有所不同。尽管所有的奶粉生产商都宣称自己的产品适合婴儿肠胃，但不同宝宝的接受情况才是最后的评判。

价格。由于奶粉的成分受到严格的规定，父母们不必担心较便宜的奶粉营养会差一截。有机产品越来越流行，价格也高一些。如果你的宝宝需要特殊的低敏配方奶粉，花费会更多。

奶粉的类型

读读奶粉商标上的说明，你可能会觉得只有生物化学博士才能做出明智的选择。婴儿奶粉有3种最基本的类别：配方牛奶粉（也就是标准配方

用奶瓶喂奶时的互动交流

的婴儿奶粉），配方豆奶粉和低过敏奶粉。

配方牛奶粉。这种奶粉以牛奶作为蛋白质和糖（乳糖）来源。配方牛奶粉历史悠久，相关制作经验和研究都比较完善，能被大多数宝宝接受。除非因为某种原因，医生不建议你给宝宝吃这种奶粉，否则宝宝吃配方牛奶粉是没有问题的。大多数吃配方奶粉的宝宝吃的都是这种奶粉。

配方豆奶粉。对牛奶过敏或接受不了牛奶粉的宝宝，可以选择豆奶粉，它以大豆为主要的蛋白质来源。很多父母选用这种奶粉，因为它不像牛奶粉那样容易引起过敏。不过，对大多数婴儿来说，刚开始吃奶粉时不应该

选择豆奶粉，原因如下：

- 对牛奶蛋白质过敏的婴儿中有30%～50%同样对大豆蛋白质过敏。

- 有过敏史的家庭在选用奶粉时，许多人会建议他们先使用豆奶粉，为的是防止过敏。但研究并不支持这种做法。给新生儿用豆奶粉并不能降低过敏概率。豆奶粉也不能降低婴儿肠痉挛的危险。对此，建议用低过敏奶粉（见下文）。

- 婴儿期肠胃系统极容易过敏，食用大豆可能会导致宝宝对大豆过敏，甚至持续到长大成人之后。他会发现很多食物自己都接受不了，因为大豆用途非常广泛，很多食品的馅料中都含有大豆的成分。

- 大部分配方豆奶粉的包装说明上都注明"无乳糖"，这是个问题。人类及其他哺乳动物的乳汁中都含有乳糖，为什么要去除这种自然赋予的古老营养成分？乳糖能提高钙的吸收，帮助肠胃系统中有益细菌的生长。在某些豆奶粉中是以玉米糖浆代替糖的成分，而玉米糖浆本身便是一个潜在的过敏原。

- 大多数豆奶粉中矿物质含量要比婴儿实际需要多，给宝宝的小肾脏增添了额外的负担，并且有可能让宝宝养成偏咸的口味。

- 豆奶粉中添加的铁和锌的生物利用度要比其他配方奶中的低。

- 美国儿科学会营养委员会建议，豆奶粉只适用于足月婴儿，不能用于早产儿或足月小样儿。

目前，我们只在以下几种情况下推荐使用大豆配方奶粉：

- 暂时用于有严重腹泻的奶粉喂养的婴儿（这些宝宝暂时没法消化以牛奶为基础的配方奶，直到肠道得到恢复）；

- 暂时用于对配方奶粉不耐受而正在医生指导下尝试其他类型奶粉的过渡时期；

- 母乳喂养的宝宝，接受不了其他大多数配方奶粉，可以用豆奶粉作为一部分补充（豆奶粉是婴儿饮食的一小部分）；

- 母乳喂养的婴儿，在近一岁时断奶，如果接受不了其他配方奶，可以用豆奶粉过渡1～2个月。

如果你的宝宝对牛奶粉过敏，不要急于换豆奶粉，先咨询你的医生。可能用低过敏奶粉代替更好。

低过敏奶粉。奶粉包装说明上的"低过敏"和"水解蛋白质"说明潜在的过敏蛋白质已经被预先分解过了，成了更微小的蛋白质，理论上降低了过敏的可能。对牛奶粉过敏的宝宝比较容易接受此类奶粉。如果你的宝宝不能接受乳糖，可以选用已经证明有效的低过敏奶粉。这类奶粉的不足是缺少作为碳水化合物来源的乳糖，而用玉米糖浆和玉米淀粉代替。另外这种奶粉味道较差。

奶粉的选择

超市里婴儿奶粉琳琅满目，简直无从选择。如何选择一种适合你家宝宝的奶粉呢？

• 选择奶粉前咨询你的医生。如果你不是第一次当妈妈，而且前一个宝宝也是吃奶粉，把这点告诉医生。

• 开始时给宝宝吃配方牛奶粉，除非医生建议你用别的。如果医生给了你好几种选择，你可以每种买一点或每种都要一点样品，试试看哪种最适合。

• 如果你的一个孩子对配方牛奶粉过敏，不要认为其他孩子也会如此。先试配方牛奶粉。

• 选择富含 DHA（二十二碳六烯酸）和 ARA（花生四烯酸，也叫 AA）的奶粉。DHA 和 ARA 是能够促进大脑发育的脂肪酸，存在于母乳中，很多婴儿奶粉中都添加了这两种成分。多项研究都证实，食用富含 DHA 和 ARA 奶粉的宝宝，视觉和中枢神经系统的发育要优于食用一般奶粉的宝宝。研究人员把母乳喂养宝宝智力上的优势归功为母乳中含有的这类 omega-3 脂肪酸，因此我们有理由为宝宝选择富含 DHA 和 ARA 的奶粉。注意看商品包装说明上注明的"富含 DHA 和 ARA"字样。

换一种奶粉

头几个月，你会尝试多种奶粉，直到找到一种对宝宝最好、不良反应最少的奶粉。有时候是口味的问题，有时是冲泡的问题，比如对同一种配方奶，宝宝可能比较喜欢液态奶，也可能比较喜欢粉末状的。判断配方奶过敏或不适，可以参考以下症状：

• 吃奶后会一阵阵地大哭。

• 几乎每次吃奶后都会立即呕吐。

• 持续的腹泻或便秘。

• 吃奶后出现肠痉挛，肚子肿胀、紧绷和疼痛。

• 急躁不安，常常在半夜醒来。

• 出现粗糙的红疹，摸起来很像砂纸，尤其是在脸上和肛门周围。

• 经常感冒，耳部感染。

如果宝宝持续性地表现出上述一种或多种症状，请咨询你的医生是否需要换一种奶粉。

喂多少，喂几次

宝宝该吃多少奶粉，取决于宝宝的体重、生长速度、新陈代谢、体质和胃口。下面所列的指导用量指的是满足宝宝最基本营养需求所需要的量。宝宝的需要可能每天都不同，有时高于这个平均量，有时候又比这个量低。

宝宝从出生到 6 个月，你可以根据以下标准来喂：按体重不同，每千克每天喂 125 ～ 150 毫升。比如你的宝宝重 5 千克，那么他每天要吃 625 ～ 750 毫升配方奶。不要希望宝宝一出生就能吃这么多。很多新生儿在第一周每顿只需要，也只能吃 30 ～ 60 毫升。下面是总指导原则：

喂奶标准：每千克体重每天 125 ～ 150 毫升。

- 新生儿每次 30 ～ 60 毫升
- 1 ～ 2 个月每次 90 ～ 120 毫升
- 2 ～ 6 个月每次 120 ～ 180 毫升
- 6 ～ 12 个月每次最多 240 毫升

少吃多餐要比每次吃很多好，也比很久吃一次好。宝宝的胃只有他的拳头那么大。拿一整瓶奶放在宝宝手边比较一下，你就会知道为什么一次吃太多以后他会容易吐奶。

有时候宝宝渴了但不饿，那就给他一瓶水。奶粉比母乳浓度高，更稠，所以我们建议父母们每天至少给宝宝 120 ～ 240 毫升的水（母乳喂养的宝宝不需要额外喝水）。

给宝宝制订喂奶时间表

吃奶粉的宝宝比吃母乳的宝宝更容易习惯定时喂奶，因为奶粉消化起来比较慢（蛋白质凝块比母乳中的硬一些），所以两次喂奶的间隔时间要长一些。

有两种喂奶方式：按需喂奶（我们喜欢称之为"暗示性喂奶"），每次给宝宝喂他想要的量；按时喂奶，每天在固定的时间喂奶（一般是每 3 小时一次），以及夜里醒来时喂。按需喂奶是为了让宝宝满意，按时喂奶是为了让你方便。（我们更喜欢"喂奶模式"这个词，而不喜欢听起来硬邦邦的"喂奶时间表"。）在照顾宝宝一事上，尤其是喂奶，总存在着宝宝的需要和你的需要之间的矛盾。小宝宝的胃很小，所以大多数宝宝还是少吃多餐为好。每 3 小时喂一瓶奶（而不是 4 小时）是在宝宝的满意度和父母的生活方式之间取得了一个平衡。大多数父母会做些妥协，采取半按时半按需的形式，除每天 1 ～ 2 次按时喂奶外，穿插几次按需喂奶。

在头几周，如果白天宝宝连续睡了 4 个多小时，叫醒他，给他喂奶。否则白天睡眠时间过长，容易导致昼夜颠倒，晚上兴奋，白天瞌睡。调整作息时间，把晚上用来做长时间睡眠。

母乳和奶粉的比较

	母　乳	
脂肪 提供成长需要的热量，是脑部发育所必需的物质。	• 胆固醇含量高（用于神经组织的发育）。 • 含有能促进脑部发育的 omega-3 脂肪酸 DHA 和 ARA。 • 母乳中含脂肪酶，因此很容易吸收。 • 在宝宝各个生长阶段，脂肪含量会发生变化，当宝宝长大些后，含量会自动下降。	
蛋白质 提供组织生长需要的氨基酸；有些蛋白质具有特殊功能。	• 主要是乳清蛋白，有利于消化吸收。 • 宝宝不会对母乳中的蛋白质过敏。 • 有些蛋白质能帮助宝宝抵抗感染，参见第 220 页的"免疫因子"。 • 包含比例平衡的各类氨基酸，有利于脑部发育、组织发展和身体发育。 • 包含睡眠诱导蛋白。	
维生素和矿物质 满足成长和生理活动的需要。	• 生物利用率很高，尤其是其中的锌、钙和铁。 • 母乳中 50% ~ 75% 的铁能被婴儿吸收。 • 母乳中各种维生素和矿物质维持平衡，保证了宝宝能很好地吸收。	

婴儿配方奶粉	总　结
• 不含胆固醇；含植物脂肪。 • 大部分品牌的配方奶粉中已添加 DHA 和 ARA。 • 没有脂肪酶，脂肪不能得到完全吸收，随大便排出体外。 • 脂肪含量保持恒定，不会随着宝宝需要的变化而变化。	母乳喂养的时间越长，就越能防止儿童期和成年后出现高血压和高胆固醇。母乳中的高胆固醇含量为婴儿在断奶后更好地适应胆固醇打下了基础。母乳喂养的婴儿的智力表现更好，可能要归功于母乳中的 DHA 和其他脂肪酸，这些有利于脑部发育。
• 主要是酪蛋白，该物质会在宝宝的肚子里形成胶状的凝块。 • 牛奶蛋白质和大豆蛋白质都容易引起过敏。 • 不含特殊的免疫蛋白。 • 无法被肾分解的蛋白质含量更高。 • 奶粉中的氨基酸不同于母乳中的氨基酸，可能会影响组织发育。 • 没有那么多的"催眠"蛋白质。	奶粉中的蛋白质含量比母乳中的多，但多不一定总是好事。
• 吸收较差，因此要增量添加维生素和矿物质。 • 铁强化奶粉中含有较高的铁，但只有 5% ~ 10% 能被婴儿吸收。 • 科学家还没有完全了解母乳中维生素和矿物质的特征，因此婴儿配方奶粉中这些营养物质的比例有待完善。	奶粉中维生素和矿物质的配方以母乳为样本，这给奶粉的安全多加了一道保险。不过，奶粉中可能包含过多的维生素和矿物质，但利用率却不如母乳高。一种营养物质过多会影响宝宝对其他营养物质的吸收和利用。

	母　乳
碳水化合物 脑部发育所必需的成分；甜甜的味道让宝宝喜欢。	• 乳糖含量丰富。 • 很高的乳糖含量能促进婴儿肠道中乳酸菌的生长,有助于排出更"好闻"的大便,防止肠道感染。
免疫因子 保护宝宝免受感染，直到他自己的免疫系统成熟。	• 母乳中的活性白细胞能有效杀死肠道中的有害细菌。 • 免疫球蛋白保护婴儿免受环境中特殊细菌引发的感染，还能保护宝宝的消化道，防止陌生蛋白质通过而引起过敏。 • 乳铁蛋白、溶菌酶和其他特殊的蛋白质能防止细菌和病毒在宝宝的肠道内大量繁殖。
酶和激素	• 母乳中有消化酶，有利于营养物质的消化吸收。 • 包含很多有助于宝宝成长和发育的激素。
母乳喂养对母亲的影响	• 患乳腺癌和卵巢癌的风险较低。 • 泌乳素有放松的效果，增进妈妈对宝宝的感情。 • 容易减肥。 • 专一的母乳喂养给了妈妈几个月的天然避孕期。 • 省钱。 • 宝宝健康，更容易照顾。

婴儿配方奶粉	总　结
• 由于牛奶没有母乳那么高的乳糖含量，所以添加玉米糖浆作为补充。 • 对肠道不那么友好。	脑容量越大的动物，其乳汁中乳糖含量越高。
• 奶粉中没有活性细胞。 • 免疫球蛋白来自牛奶，不符合人类的需要，且大部分在加工过程中被破坏掉了。 • 奶粉中的特殊蛋白质数量极少，甚至没有。	妈妈制造抗体，对付环境中的细菌；宝宝通过母乳获得这些抗体，妈妈更为成熟的免疫系统也保护了宝宝。
• 牛奶中的酶在加热过程中被破坏掉了。 • 牛奶中的激素在加热过程中也被破坏掉了。	母乳中有很多酶、激素和成长因子，担负着不同的角色和作用，我们对它们的了解还处于起步阶段。它们的工作机制非常复杂，但正是它们导致了吃母乳和吃奶粉的宝宝在健康和发育方面的不同。
• 患乳腺癌和卵巢癌的风险没有降低。 • 妈妈之外的其他人也能照顾宝宝，但花在准备奶粉、清洗奶瓶上的时间不可少。 • 生育能力很快就恢复。 • 花费更大。 • 吃奶粉的宝宝经常生病。	当妈妈产后努力给宝宝吸乳头时，换成奶瓶似乎要简单些。然而母乳喂养对母子的好处是长远的。虽然开头难，但总会有回报的。人类的乳汁用于人类的宝宝——这真是意义重大！

对大多数父母来说，白天勤喂奶和晚上 7 点～10 点喂奶是最舒服的，这让他们在后半夜可以有较多的自由时间。临睡前给宝宝一瓶奶，经常能坚持到凌晨三四点，你只需要起来一次就可以。

读懂宝宝的暗示

每次宝宝一哭，就拿一瓶奶去逗他，这样容易让他吃得过多。换一种安慰方式，不要一听到哭声就伸手拿奶瓶。宝宝可能只需要抱一抱，跟你玩一会儿，或者是喝一点水，换一次尿布，等等。喂奶粉的妈妈确实需要比喂母乳的妈妈掌握更多的安抚技巧。而用妈妈的乳头来安抚宝宝，不太会导致进食过多（原因参见第 261 页关于母乳喂养和肥胖的讨论）。

冲泡配方奶

在冲泡配方奶和准备婴儿食品前，记得一定要彻底洗手，并且保证所有用到的器具都是干净的（参见第 223 页关于消毒的内容）。用到的器具包括奶瓶、奶嘴和各种其他工具。

奶瓶。先准备 4 个 120 毫升的奶瓶，等确定最适用的奶瓶种类，且宝宝每顿吃奶超过 120 毫升后，你可能需要多达 8～10 个 240 毫升的奶瓶。玻璃奶瓶最易清洁，但易碎。除了传统的奶瓶，现在还有一种塑料奶瓶，里面有预先消过毒的一次性奶袋，宝宝喝完就扔掉，且袋子还会随宝宝一边喝一边变小，减少了宝宝吞进去的空气量。对大一点的宝宝，还有一种所谓的"聪明奶瓶"，这种奶瓶有一个把手，宝宝可以自己握着奶瓶吃奶。我们不建议用这种奶瓶，因为宝宝会拿着奶瓶边走边喝，错过了吃奶时跟父母的交流机会。

奶嘴。不管是橡胶奶嘴还是硅胶奶嘴，都有不同造型和不同流速的多种类型，以适应不同需要。对全天候吃奶粉的宝宝，你可以给他试用多种类型的奶嘴，看哪一种最合适。如果宝宝既吃母乳，也吃奶粉，参见第 224 页的"混合喂养：母乳和奶粉"。

为了不让宝宝被奶嘴噎住，使用前仔细阅读产品说明书。奶嘴一旦出现裂痕就要扔掉。奶嘴上面的吸孔也是各式各样的，根据液体类型的不同和宝宝的年龄差异，吸孔也应相应变化。如何判断吸孔大小是否合适呢？把一个装满奶的奶瓶倒过来，不要摇晃，若平均每秒钟滴下一滴奶，说明吸孔大小是合适的。宝宝长大些后，

和标准奶嘴相比，宽口奶嘴更有利于宝宝衔乳，尤其是混合喂养的宝宝。

应该用吸孔稍大些的奶嘴。

如果吸孔太小，宝宝吃不到足够的配方奶，你可以用一根直径与吸孔大小差不多的针，把吸孔弄大一些。先把针加热到针头变红，从奶嘴里面穿过吸孔，然后笔直地把针从吸孔里快速拉出来。若吸孔还不够大，重复刚才的做法。只有橡胶奶嘴才能这么做，硅胶奶嘴可能会撕裂。

其他器具。 为宝宝冲泡配方奶时，手头要有这些东西：

- 冲压式开罐器
- 奶瓶刷
- 消毒用的大壶（有盖）
- 干净的毛巾或洗碗布

消毒

如果要用洗碗机消毒，水温至少在 82 摄氏度以上。如果不用洗碗机，可以按照如下程序消毒（一次消毒 6 个奶瓶或每日用的器具）。

- 喂完奶后，立即用温水清洗奶瓶和奶嘴，放在干净的毛巾上，准备下一个消毒步骤。
- 把所有的奶瓶和奶嘴都放到热的肥皂水中，用奶瓶刷刷洗奶瓶，最后用热水彻底清洗。
- 在一个大平底锅里垫上毛巾或洗碗布，把奶瓶和奶嘴放入锅里（奶瓶平放，好让水完全进入瓶内），加水，盖上锅盖，加热煮沸 10 分钟。然后

慢慢冷却至室温。打开锅盖，把奶瓶倒过来放在干净的毛巾上，奶嘴和其他器具也放在旁边，慢慢晾干。

奶粉的冲泡

用下面的方法冲泡奶粉或液态浓缩奶。即食型液态奶可以直接倒入消过毒的奶瓶里（在打开包装前，要彻底清洁盖子）。

- 将水煮沸 5 分钟，然后晾凉。
- 把 6 个消过毒的奶瓶摆成一排，

吃多了还是吃少了？

出现下列特征，很可能是宝宝奶粉吃少了。

- 体重增加低于正常速度
- 尿液减少
- 皮肤松弛、有皱纹
- 不断地哭

每顿喂多了，一般会出现下述现象：

- 大量吐奶，或每次刚吃完奶就会发生呕吐。
- 肠痉挛（每次刚吃完奶，宝宝就会把腿向上抬，靠着紧绷的腹部）。
- 体重增加太多。

如果出现喂奶过量，就采取少吃多餐的方式，在喂奶过程中帮他打嗝排气一两次，偶尔可以用一瓶水代替奶粉。

往每个瓶子里倒入规定分量的凉开水。（从理论上讲，热水会破坏奶粉中的某些营养物质。）加入一定量的奶粉或浓缩奶。例如，如果用240毫升的奶瓶冲泡浓缩奶，那么就往奶瓶里倒入120毫升的水和120毫升的浓缩奶。

• 盖上奶嘴或瓶盖，摇一摇（特别是用奶粉时），放入冰箱。

• 在24小时之内用完冰箱里的

混合喂养：母乳和奶粉

因为延长母乳喂养的时间对宝宝很有好处，很多上班族妈妈会"兼职"给宝宝喂母乳，再用奶粉作为补充。以下几招对"混合喂养"很有帮助。

选择有利于母乳喂养的奶嘴

找一些与你的乳头和乳晕形状相似的奶嘴，要有较宽的底座，向上逐渐变小，宝宝含起来就像在你乳头上吸奶时一样。还有，为了让从乳头到奶嘴的过渡更容易，选择流速较慢的奶嘴，因为宝宝在吸妈妈乳头时乳汁的流速就是比较慢的。

正确的衔乳技巧

要让宝宝用与衔乳同样的方法去含奶嘴。鼓励他张大嘴巴，吮吸宽宽的底座，而不只是尖端突起的地方。不要让宝宝懒洋洋地吸奶嘴，否则当他转到吸你的乳头时，你的乳头就会出现疼痛。（参见第146页图。）

把空气挤出去

从乳房过渡到奶瓶，很多宝宝会吸进过多的空气。用不容易吞进空气的那种奶瓶，比如瓶壁有弹性的奶瓶，吸奶时不会让空气进来。

让两种喂奶之间的转换变得轻松简单

大多数宝宝能在奶瓶和妈妈的乳头间来回变换，但也有些宝宝无从适应。因此，让其他照顾宝宝的人用一种与你喂母乳的方式最接近的方法去喂宝宝。喂奶之前先用温水泡一下奶嘴，使之变软。喂奶粉时与宝宝的交流也要与你喂母乳时相似，包括眼神的交流。要让其他人意识到，喂奶时间是特殊的交流互动时间。"喂奶"既给了宝宝营养，也要让他舒服，不管是吃奶粉还是吃母乳都一样。

配方奶，最多 48 小时。

正确的冲泡方法

冲泡奶粉时，永远不要超过说明书上标示的浓度。每次都加同样多的水。水太少，奶就太稠，宝宝未成熟的肠胃和肾脏没法承受，会造成脱水。遇上宝宝腹泻或呕吐时，医生还会建议稀释一下配方奶。没有医生的建议，不要连续几天喂稀释过的配方奶，因为这样的配方奶不能给宝宝提供足够的热量。

快速消毒与冲泡的小秘诀

• 把配方奶放在消过毒的一次性奶袋里，再放进塑料奶瓶里。这样不但方便，而且宝宝吃奶时，奶袋会随之紧缩，减少宝宝吃奶时吞入的空气。

• 用洗碗机给奶瓶和奶嘴消毒，或使用即食型液态配方奶，这样不用烧水，不用消毒，也不用计算分量。

用奶瓶喂奶的技巧

为了让喂奶变得更愉快，你需要知道如何让宝宝吃到尽可能多的奶和尽可能少的空气，了解如何安全操作。

关于奶瓶

• 大多数宝宝喜欢喝温的奶；把奶瓶在温水里泡几分钟。在你手腕内侧滴几滴奶，确定一下温度。

• 为了减少宝宝吞入的空气，将奶瓶倾斜倒置，让整个奶嘴充满配方奶，这样空气会上升到奶瓶底部。

• 宝宝的头部要与身体保持在一条直线上。喝奶时，头歪着或向后仰都会使宝宝吞咽困难。

• 为了减轻手臂的疲劳，并让宝宝从不同角度观看周围，在每次喂奶或中途拍嗝之后换只手臂。

• 注意观察奶嘴的吸孔是太大还是太小。如果宝宝突然满口是奶，差点噎住，说明奶的流速过快。把整瓶奶倒过来，不要摇晃，如果奶不是滴下来，而是直接流出来的，说明吸孔太大，马上换一个奶嘴。如果宝宝在吮吸时看上去很费劲，容易疲劳，脸颊也因为用力而往里陷，说明吸孔太小（前面说过，配方奶下滴的速度应是每秒钟一滴）。

• 知道什么时候停止。宝宝知道自己什么时候吃饱了。不必一定让他喝完一整瓶。如果宝宝在喝完将近一瓶但还没完全喝完时就睡着了，就此打住。宝宝经常会在差不多喝完一瓶时有轻微的睡意，但还会时不时地浅尝几下，享受舒服的吮吸。把奶瓶移开，让他吸几分钟你的手指。

帮宝宝打嗝排气

除了在背部轻拍之外，打嗝排气还需要两个动作来配合：让宝宝身体竖直，在他的小肚子上施压（父母们经常忘了后一个步骤）。让宝宝坐在你大腿上，将他身体前倾，用你的手掌顶住宝宝的肚子，接着稳稳地拍或者摩挲他的背。也可以让他趴在你肩膀上，再稳稳地拍他或摩挲他的背。

如果一次不成功，过会儿再来一次。如果宝宝一两分钟内没有打嗝，把他放下，或者用背巾背着他去忙你自己的事。如果宝宝看起来很满意，那就不必让他打嗝。如果宝宝在吃完奶后不太满意（放下他时，他的身子扭动、皱眉、发出不高兴的声音，或者不想结束吃奶），说明需要打嗝排气。小尝一顿时经常可以略掉打嗝；而一次吃比较多时，则要耐心点让宝宝打嗝。有些宝宝需要在吃奶的中途打一下嗝，或者吃完一侧乳房后，打一次嗝，换另一侧。

至于夜间的情况，如果只是一两分钟的吮吸，不一定会打嗝，而一顿大餐后通常会出现打嗝声。如果你不想在夜里替他拍嗝，喂完之后就立即把他放下来。如果他满意了，那就不必让他打嗝。如果他不舒服地扭个不停，可能是肚子里有一个气泡。这时不必坐起来完成那一套完整程序，你可以继续躺着，让宝宝趴在你大腿上，

给宝宝拍嗝的两种姿势

226

就像趴在你肩膀上一样。等宝宝长大些后，帮他打嗝的次数也会减少。

试试单手拍嗝。如果你没时间坐起来等你的宝宝打嗝，你可以把他放在你小臂上，这样你的手腕就正好顶在他的肚子上。你可以用这个姿势，抱着宝宝在屋子里走走。唯一的不足是，这样会让喷出来的奶溅到你手臂上或地板上。（参见第421页治疗肠痉挛的几种抱法。）

安全喂奶技巧

• 如果你觉得自来水不干净，就用瓶装水。

• 不要用微波炉加热配方奶，因为会受热不均。

• 上一次剩下的奶可以在几小时内继续喂，只要这剩下的奶是放在冰箱里的。盖上盖子，使奶嘴保持清洁。当然，为了安全起见，最好不要喝剩奶，因为细菌可能已经通过宝宝的唾液进入配方奶中了。

• 如果你外出旅游，没有冰箱可用，那么用预先消过毒的120毫升罐装即食型液态配方奶最安全，也最方便。奶粉更省空间，只要有干净的水就可以用。如果要带在家冲泡好的配方奶，就要放在保温箱里，旁边再放一个小冰袋。

• 宝宝吃奶时大人不要走开，因为有被噎住的危险。还有，奶水可能

会顺着耳咽管流入中耳，引发耳部感染。（母乳喂养的宝宝发生概率会低些。）让宝宝自己吃奶，会让你和宝宝错失宝贵的互动交流时间。

• 宝宝长牙后，应减少夜间喂奶的次数。（参见第379页"学步期宝宝的夜间断奶"。）

让孩子脱离奶瓶

跟断母乳一样，不要太仓促。两岁大的宝宝喜欢吸奶瓶也是正常的。奶瓶麻烦的主要是大人而不是宝宝。

如果你想让宝宝早点用上杯子，给他准备一个能满足他吮吸需要的杯子。在夜间，奶瓶是最难断的。有一种方法可以让宝宝在午睡及夜间断掉奶瓶，就是往奶瓶里掺水。

如果宝宝在18个月到2岁之后继续用奶瓶，会产生两个问题：

• 蛀牙。如果宝宝睡觉时嘴里含着奶嘴，没有吞下去的配方奶就会留在嘴里。配方奶中的糖会引起蛀牙。因此在宝宝入睡前拿掉奶瓶。

• 咬合不正。两岁后还用奶瓶，会引起上牙龈和上颚变形，导致牙齿咬合不正和龅牙。

如果学步期的宝宝还在用奶瓶，就要去医院检查一下牙齿的变化。没有一个对所有宝宝都适用的固定的断奶时间。以下建议可以帮你选择合适的断奶瓶时间：

• 宝宝从配方奶过渡到全脂奶时，只用杯子给他喝奶，这样，当他断了配方奶时，也就顺便断了奶瓶。

• 记住：不是孩子到了两岁才能离开奶瓶！很多妈妈发现，在12～18个月，这些顽固的习性还没有形成之前，断奶瓶要相对容易。

• 如果宝宝很挑食，还没学会用杯子喝，允许他白天用奶瓶吃奶（每次最大量为240毫升，一天4次），以保证足够的营养。等他可以熟练地用杯子，能连续地吃营养平衡的固体食物时，可以让他渐渐地从奶瓶转到杯子。

• 不要让宝宝拿着奶瓶边走边喝。边走边喝不仅会弄脏屋子的地板，更重要的是不利于营养的吸收，对牙齿有害，而且很难改掉这个习惯。

• 如果宝宝非常喜欢奶瓶，需要拿它来作为安慰，那就渐渐地让奶瓶"失踪"，代之以其他安抚的东西，最好是人。

是人而不是奶瓶在喂奶

"抚育"这个词既指给宝宝安慰，也指给宝宝营养，不管是吃母乳还是吃奶粉都是如此。喂奶时间不仅仅用来补充营养，也用来培养特殊的亲密感情。母乳喂养时那种相互的给予也应该在用奶瓶喂配方奶时享受到。除了给宝宝奶瓶外，还要给他你的眼神、你的皮肤、你的声音和你的爱抚。宝宝会回报给你的不只是一个空奶瓶。

喂奶时，你可以穿短袖，或裸露部分皮肤，跟宝宝有皮肤间的亲密接触。把奶瓶放在你胸口，就像乳汁是从你乳房里流出来的一样，眼睛看着宝宝。要让宝宝感觉到，奶瓶是你的一部分。大多数宝宝在吃奶的时候喜欢你保持安静，但在吃奶间歇，他们也喜欢与你交流。注意观察宝宝吃奶时想跟你有所交流的信号。最终，你会对宝宝的吃奶节奏形成直觉。应该让宝宝感觉到是一个人在喂他，而不只是一个奶瓶。

关于用奶瓶喂养的更多信息

关于奶瓶、奶嘴、吸奶器等的更多信息，请访问：AskDrSears.com

第11章 引入固体食物：
什么时候吃，吃什么，怎么吃

在给4～6个月的婴儿进行检查时，我经常碰到这样的问题："医生，我应该什么时候开始给孩子吃固体食物？"有一天，我决定采取主动，问一位有6个孩子的母亲："你知道什么时候开始给宝宝吃固体食物吗？"

"当宝宝开始偷偷感兴趣的时候！"她回答说。

"偷偷感兴趣？"我问道，有点惊讶。

"是的，"她说，"我在等他自己感兴趣。我发现他在注意我吃东西。当我把吃的从盘子里送到嘴里时，他的眼睛也在跟着转；当他的手够得到食物，能够坐在高脚椅上和我们一起就餐时，我就知道该让他吃固体食物了。"

这位聪明的母亲凭经验发现了引入固体食物的一个基本原则，就是根据宝宝自己的程度，而不是预先设定的时间表。宝宝的胃口和进食技能就跟宝宝的性情一样，具有个人特色。就让他自己来选择吧。

塑造宝宝的味觉。关于婴儿早期喂养，今天孩子的主要营养问题是，他们已经失去了对"真正"食物的味觉，相信只有那些添加过人工色素、甜味剂和增味剂的食物才是可以吃的食物。

在孩子口味形成的阶段，你可以给他开一扇机会之窗，为他养成可延续一生的偏爱天然食物的健康的饮食习惯。

我们把最新的婴幼儿营养学研究成果和40年经验，以及我们自己喂养宝宝的亲身经验整合在一起。

第11～13章，我们将介绍一种婴儿喂养方式，既能让你增加营养知识，又能帮助你享受喂养过程，还能养育出一个更快乐和健康的宝宝。

为什么要等

给3个月的小宝宝喂母乳，看上去他很满足。每天都会打来电话的你的家庭营养师——宝宝的外婆这时又打来问："他现在吃什么，亲爱的？"无言以对。你被逮个正着！外婆买的婴儿食品还没打开过，宝宝看起来并不感兴趣，你觉得他并没有准备好要吃。你很自然地转换话题，坚持你的选择，不打算启用固体食物。（在诊所，我建议父母们拿医生当挡箭牌，"告诉外婆，威廉医生建议再等一段时间"。）

宝宝舌头的移动和吞咽技能是延迟引入固体食物的第一个信号。头几个月，宝宝的挺舌反射，会让他的舌头在感觉到外来异物时自动地往外推。这或许是防止过早被固体食物噎住的保护性反射。4～6个月大时，挺舌反射有所减弱。有些宝宝在6个月之前，舌头对固体食物的吞咽还不够协调。还有一个不能过早引入固体食物的信号是，在六七个月前，宝宝很少长牙，这进一步说明婴儿最初应该是用吮吸，而不是咀嚼进食。

不仅宝宝的嘴巴在早期不适合吃固体食物，他的肚子也不适合。宝宝不太成熟的肠胃还不能处理多样的食物，直到6个月左右，很多消化酶才开始运作。小儿过敏专科医生不鼓励过早引入固体食物，尤其是那些有

很严重的食物过敏家族病史的孩子。研究表明，6个月前引入固体食物增加了过敏的概率。成熟的肠道能分泌免疫球蛋白IgA，它就像一层保护性油漆，防止有害过敏原进入（牛奶、小麦和大豆等食物如果过早引入，很容易引起过敏）。这种起保护作用的免疫球蛋白在宝宝出生头几个月含量

宝宝多大才能开始吃某些食物？

传统的观点认为，宝宝应该在1岁以后开始，先吃最稀最温和的食物，然后过渡到有更多纤维和味道的食物，而容易引起过敏的食物和辛辣的食物要等到孩子2岁以后。我们在第232页的"婴儿进食一览"对这种常识进行了反思。很多文化中很早就让宝宝接触我们认为要等一等的食物。事实上，婴儿在任何年龄段都能吃几乎所有的食物，只要足够软、噎不着就行。我们的列表只是一个指南，不是绝对的。更小的宝宝也能小块地尝试"12～18个月"宝宝的食物，只要你觉得他准备好了。如果你犹豫，那就根据常识来判断。有几种食物的确应该在宝宝1岁以后再尝试：坚果酱、牛奶、贝类和蜂蜜。总而言之，如果你盘子里的食物足够柔软，又不在不能吃的食物之列，就可以给宝宝尝试。

很低，直到 7 个月左右才会猛增。肠胃成熟时，会变得有选择性，能过滤掉不良过敏原。有过敏倾向的宝宝更要推迟固体食物，这也是一种与生俱来的自我保护机制。

喂固体食物：6 ～ 9 个月

母乳、铁强化的配方奶粉，或是两者搭配，能满足 6 ～ 9 个月宝宝所有的基本营养需求。应该把固体食物作为补充，而不是代替母乳或奶粉。对一直吃母乳的宝宝来说，最好慢慢地引入固体食物，这样才不会取代了营养更丰富的母乳。

可以引入的迹象

一开始，宝宝会讨东西吃——伸手拿你盘里的食物，抓住你的勺子，一脸饥饿地看着你。当你张嘴要吃时，他也会跟着张大嘴巴，模仿你吃的动作。有时宝宝感兴趣的是餐具，而不是食物。如果宝宝很有兴趣地看着你吃，试着给他一个勺子玩（最好是结实的塑料勺，敲打时声音会小些）。如果宝宝对勺子很满意，说明他中意的是餐具，而非食物。如果宝宝还是对你吃的食物感兴趣，可能就该尝试固体食物了。还有，宝宝能坐在高脚椅上，能用手指捏食物，也是可以给他固体食物的信号。

第一次喂

最先喂的应该是最不易过敏且味道跟母乳最接近的食物，比如熟透的香蕉泥，或混合了母乳或配方奶的米粥。（参见第 235 页的"吃固体食物引起的便秘"。）

取指尖大小的香蕉泥放在宝宝的嘴唇上，让他吮你的手指。接触了新味道后，再给他加量，加浓度。放一团在宝宝舌头中央，观察他的反应。如果宝宝高兴地吃了进去，说明他已经准备好了，且满心愿意。如果食物被吐了出来，且宝宝表情比较痛苦，说明他还没准备好。

如果宝宝把小团食物吐还给你，不要着急。你的宝宝还没有学会闭嘴、卷食、吞咽这一整套技能。如果宝宝只是困惑地坐着，张着嘴巴，食物留

第一个勺子

我们建议把你的手指当做宝宝的第一个"勺子"。因为手指柔软，温度适中，宝宝也非常熟悉。你的手指还能感知食物的冷热。很少有宝宝喜欢最开始就用一把金属勺。金属导热，你每次得多花时间把烫的食物吹凉。肚子饿的宝宝会不耐烦的！一把塑料的婴儿勺是个不错的选择。用不会裂的塑料碗，就不怕宝宝拿着碗在高脚餐椅桌面上敲，或掉到地上。

婴儿进食一览

年　龄	食物排序
出生到 6 个月	母乳或铁强化的配方奶粉能满足所有的营养需求。 6 个月以下的婴儿不需要固体食物。
6 个月	第一道菜： 香蕉　梨　苹果泥　大米糊
7 ～ 9 个月	米粉　　土豆泥 桃子　　麦片粥 胡萝卜　磨牙饼干 南瓜　　红薯 / 山药
9 ～ 12 个月	小羊肉　　小牛肉　　豆腐　　　家禽 豆类　　　米糕　　　豌豆　　　鸡蛋 麦片粥　　奶酪　　　菠菜　　　酸奶 鲑鱼
12 ～ 18 个月	全脂牛奶　意大利面　西红柿　乡村乳酪 葡萄柚　冰淇淋　葡萄　草莓　牛肉 全麦饼干　西蓝花　菜花　甜瓜　蜂蜜 芒果　面包圈　猕猴桃　松饼　马芬蛋糕 木瓜　米糊　杏
18 ～ 24 个月	*要掌握好学步期儿童的进食分量：* 三明治　果酱　混合饮料　营养布丁　汤 蘸料　炖菜　调味酱　调味料　奶昔　面食 *学步期儿童的食物"语言"：* 鳄梨船　奶酪积木　面包棍　三明治　O 形麦圈 饼干　西兰花树　皮艇鸡蛋　煮熟的胡萝卜

进食方式	发展的技能，对喂食的启示
妈妈乳房和／或奶瓶	吮吸而不是咀嚼。 觅食反射，寻找食物来源。 挺舌反射，把固体食物推出口外。 有敏感的咽反射。
压成泥状 用手指蘸着喂或用小勺喂	挺舌与咽反射减轻；接受固体食物。 能在高脚椅上坐直，开始长牙。
可以用杯子喝 用手拿东西吃 吃压成糊状的食物 拿瓶子喝	开始用手指捏食物，喜欢小块的食物。 开始会把可能噎到的食物和东西塞进嘴里（父母们要注意了！）。 敲、扔、甩东西。 伸手拿食物和餐具，大声地咀嚼食物。
能吃块状食物 用手指取食物很灵活 一口大小的煮蔬菜 可在口中溶化的食物 会拿训练杯	独立进食的技能有所提高。 拿瓶子和杯子的时间更长。 喜欢在食物上戳来戳去，到处乱抹，喜欢一片混乱，更擅长坐高脚椅。 试着用餐具，但大部分时间会把食物拨出去。
和家人一起就餐 吃大人的食物，但要弄碎 开始用餐具自己吃饭	专注的时间变长。 "我自己来"的愿望增强。 喝东西时知道倾斜杯子和脑袋，溢出来的少了。 勺子拿得更好了，但还是会到处溅。 挑别人碗里的东西吃。
变成非常挑剔的"美食家" 用小分量的碗盘 脱离奶瓶 用勺子和叉子	长出白齿——开始旋转式咀嚼。 可以自己用勺子，不会溅出太多。 学会吃饭时的一些语言，例如"还要"、"吃饱了"。 喜欢边动边吃——需要一些有创意的喂食方式，才能让孩子的注意力集中在饭桌上。 就餐习惯还不稳定。

在舌头上，说明挺舌反射已经在告诉你，过一阵子再试吧。

6个月大时，很多宝宝能用勺子吃泥状的固体食物。

循序渐进喂固体食物

最开始用米粥或香蕉尝试，量从指尖那么大到半匙、一匙，再到一大匙，然后是60克左右或半罐的量。浓度从汤状，到泥状，再到块状。记住，你的最初目的是让宝宝接触新味道，而不是要填饱他。

渐渐地，配合宝宝的吃饭技能和胃口，变化食物的质地和数量。有的时候宝宝喜欢较稀的食物，但量多；而有的时候宝宝则喜欢块大量少。这

早期受欢迎的固体食物

桃子	大麦
苹果泥	香蕉
胡萝卜	梨
鳄梨	红薯

时吃饭习惯还没有稳定下来。可能今天吃了满满一罐，下次只吃一小勺。

记膳食日记

我们发现记宝宝膳食日记很有用。日记可以分四栏，第一栏记下宝宝看起来喜欢的食物；第二栏记下宝宝尝过后不喜欢的食物；第三栏，记下可能会过敏的食物及过敏表现；第四栏，记下你学会的让宝宝多进食的最省力的方法。膳食日记让你了解宝宝的偏食倾向和在每个阶段发展的技能。如果宝宝不喜欢某种食物或对其过敏，那么每吃一种新食物至少要相隔一周，并记下宝宝对哪种食物敏感或只是简单地不喜欢。还有，对容易过敏的宝宝，引入固体食物的时间和进度都要慢一些。（有关食物过敏更详细的讨论，参见第282页。）

喂多少

在宝宝急切地接受第一口固体食物后，要逐渐地增量。记住，小宝宝的胃很小，只有他们的拳头那么大，所以不要想着让宝宝一顿吃下大于一个拳头的食物。宝宝还没有形成稳定的吃饭模式。也许某天他吃下好几大勺，而第二天却只吃了一小勺。

什么时候喂

在一天当中宝宝最饿、最无聊，或者你俩需要改变一下节奏的时候给

234

他喂固体食物。此外，你应挑个最方便的时间，因为宝宝吃固体食物时，免不了弄得一团乱。对喝配方奶的宝宝来说，早晨通常是最好的，因为那时你有充裕的时间，不必想着给家里其他人准备饭菜。如果你喂母乳，则应选择奶水最少的时候，通常是傍晚。一开始可以 1 天 1 顿，然后根据宝宝的兴趣慢慢增加。如果宝宝有点迫不及待，几天以后可以增加到 1 天 3 顿。如果不是的话，1 天 1 顿足够了。比较可取的是，把宝宝进餐的时间跟你进餐的时间安排在一起，这样他能学会享受吃饭的氛围。喂奶时间可以安排在进餐时间的 1 ~ 1.5 小时前，这样宝宝有点饿又不会太饿。进餐之后，不用担心下一顿奶该什么时候喂，宝宝需要的时候会告诉你的。

边吃边玩。宝宝没有早、中、晚餐的概念，对他们来说，早餐吃蔬菜，晚饭吃谷类和水果没有什么区别。如果你还想着宝宝会安静地坐在高脚椅上乖乖地吃三餐，就赶紧忘掉吧！即便是玩，宝宝也不会在一个地方坐很久，更何况是吃。要允许宝宝边吃边玩。记住，小宝宝胃口小。一天当中一点一点地吃几次比正经三餐会更好。一日三餐是成年人的模式，即便对我们来说，也不及少吃多餐来得健康。（参见第 267 页"试试冰格盘"。）

不要喂得太快。找一个你不那么匆忙的时间喂宝宝。给宝宝喂食很花

时间，他会晃荡晃荡，玩一玩，放到嘴里的东西还要吐出来，弄湿衣服，在身上抹一抹，扔到地上，还会乱丢东西。

吃固体食物引起的便秘

很多宝宝开始吃固体食物时会出现便秘。有趣的是，通常最早吃的食物——香蕉和大米——会给大多数宝宝造成便秘。那么，既然有便秘危险，为什么还要在开始时让宝宝吃这类东西呢？传统使然。大米和香蕉一直以来都被作为宝宝的入门食物。如果你的宝宝出现了便秘的迹象，立即停掉开始吃的任何食物，给他煮软的李子或桃子泥。等问题解决了，再慢慢给他其他食物，同时继续吃水果。你会知道宝宝需要什么来保持大便正常。要了解更多缓解便秘的食物，参见第 705 页。

喂食策略

为了让宝宝吃得多一点，而不是往地上掉得多一点，既需要他掌握进食技能，也要求你有很大的耐心和适时的幽默感。下面告诉你如何省力、高效地喂食。

享受餐桌谈话。吃饭是一项社交活动。当你给宝宝递上吃的，那一刻宝宝可能在想："一个我爱和信任的

人，给我一种新东西吃。"告诉宝宝这是什么食物，要怎么吃，他就能将这些语言与食物，以及接下来的互动联系在一起。西尔斯家的餐桌谈话就是这样的："史蒂芬想要胡萝卜……来，张开嘴巴！"这时我把盛了胡萝卜的勺子凑到史蒂芬嘴边。当我让史蒂芬张大嘴巴时，我自己的嘴巴也张得大大的，好让他模仿我的表情。热切的眼神、张开的双手和嘴巴，说明宝宝已经准备好要吃了。

言传身教。劝诱不太情愿的宝宝吃饭，你要做出很享受的样子。利用他学会的新技能——模仿父母的动作——在他面前吃饭，但要用一种夸张的方式，慢慢地把一勺吃的放入你的嘴巴。张大眼睛，表示你是多么喜欢这个味道，并且夸张地说："哇，味道好极了！"让宝宝受到感染，也想要这么做。

张大嘴巴，插入勺子。等宝宝饿了，有心情与你交流时喂他。当你与他面对面，张大嘴巴对他说："来，张大嘴巴！"一旦宝宝张开嘴，就把食物送进去。

上唇刮食法。试试用上唇刮食物。当你把一勺食物放在宝宝嘴里时，轻轻地把勺子上挑，让他用上嘴唇将食物一刮而光。

观察结束信号。嘴唇撅起，嘴巴紧闭，看到靠近的勺子时脸转向别处，都是宝宝不想吃东西的信号。也许这时候宝宝想玩，想睡觉，或只是不感兴趣，不饿。不要强迫他吃东西。有些宝宝6个月时就很渴望固体食物，也有的迟至9～12个月还是意兴阑珊。你要培养宝宝形成一个对食物和吃饭的健康态度。

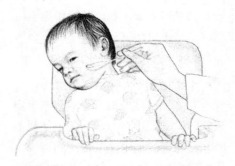

很明显这个宝宝现在不想吃，不要强迫他。

避免晚上吃得过饱。常有人建议添加麦片，这样宝宝不容易饿，而且可以延长吃母乳或喝配方奶之间的间隔，还能防止宝宝半夜饿醒。可是，这种做法不仅很少起作用，还会造成宝宝胃口失控，最终导致过度肥胖。在喂奶间隔当中宝宝可能需要别的交流形式，而不只是把他喂饱。记住，奶——不管是母乳还是配方奶——都还是宝宝这个阶段最重要的营养来源。不要在睡前给宝宝吃固体食物，你以为总算可以一觉睡到天亮了，我们也这么试过，然而研究表明，睡前吃饱固体食物的宝宝，一觉到天亮的概率并不会比睡前没吃饱的宝宝高。

鼓励自己吃饭。宝宝 6 个月左右时,开始发展两种很激动人心的技能,一旦驾轻就熟,会让吃饭变得简单。这两项技能一是能在高脚椅或你大腿上坐好,二是能伸手去够他们面前的食物。有些宝宝只是不喜欢你把勺子递到他面前而拒绝固体食物,他喜欢自己动手。放点香蕉泥在他伸手可及的地方。6 个月左右的宝宝会伸手去抓任何面前他感兴趣的东西。你会注意到宝宝用手去抓这些东西,慢慢地放到嘴里。到 9 ~ 10 个月,宝宝会用拇指和食指去捡小东西。刚开始在找到自己的嘴巴之前,宝宝可能会多次失误,以至于很多食物被拍到脸颊上,或掉落在地上。有位母亲曾经打趣说:"地板比我家宝宝还要营养均衡。"这也提醒你记住,在这个阶段,宝宝不需要固体食物——喂食还在摸索当中。

把脏兮兮的小家伙弄干净。为了让宝宝放开手里的勺子,可以给他一些别的能抓的东西——另一把勺子或者玩具。如果你打算让孩子吃点东西,在你跟他"聊天"时轻轻地握住他的两只手,或给他哼一曲小调,转移他想"帮忙"的欲望。宝宝会像对待玩具一样对待固体食物。你想的是喂饱他的肚子,他想的是满足自己的精神需求。对此你不要烦恼!你的乳汁含有所有基本的营养。他扔东西、吐东西有增无减时,干脆把吃的拿走。等

他真的饿了,本能会占上风,他会意识到食物很神奇,能填饱他空空的肚子。

帮助宝宝培养对固体食物的兴趣。利用宝宝 6 ~ 9 个月学会的新技能——喜欢模仿看护人的动作。让宝宝看着你吃,享受食物。比如准备少量的婴儿食物,如米糊或香蕉泥,吃一口后大声说:"嗯……真是太——好吃了!"有些宝宝在这个阶段不愿尝试任何新东西。你应该先吃几口,让宝宝看到你享受新食物的样子。

换花样。同样的食物吃太多宝宝也会感到厌烦,他会时不时地拒绝以前特别喜欢的食物。这说明宝宝需要种类更多、更丰富的食物。

避免混杂着吃。每次只给宝宝吃一种食物,而不是几种混在一起。万一宝宝过敏或不喜欢,单一的食物也比较容易判断。你一旦知道某些食物是好的,可以把它们加在一顿饭里。有时候在一勺肉或蔬菜上放一小块水果,能让宝宝愿意将不怎么喜欢吃的东西吃到嘴里。

不要盐,不要糖。父母是孩子口味的制定者,如果你的孩子在成长过程中习惯了很甜或很咸的食物,以后就很难改变了。

喂固体食物:9 ~ 12 个月

前面的阶段主要是让宝宝接触

固体食物，让他习惯从液体到固体的转变，从吮到嚼的转变。大多数宝宝只是在玩，吃下的部分很少。母乳或配方奶占宝宝饮食的 90%。

半岁以后，宝宝的吞咽能力进步很大。挺舌反射差不多消失，咽反射也大为减弱，吞咽变得更加协调。这就为从泥状食物向捣碎的、更大块的食物慢慢过渡打下了基础。你可以逐步改善固体食物的质地，但不宜太快。如果太慢，也会让宝宝失去体验不同质地食物的机会，延长吃泥状食物的时间。而太快的话，会让宝宝因为害怕被噎住而不敢尝试新食物。

如果宝宝不愿意吃，也不要烦恼。在 1 岁之前，母乳或配方奶粉提供的营养就足够了。

新技巧——新食物

在这个阶段，宝宝喜欢更多种类和分量的固体食物。固体食物成为宝宝膳食的主要部分，通常占 1 岁宝宝营养来源的一半左右（这只是平均水平，很多母乳喂养的宝宝在 1 岁时，母乳依然占营养来源的 80%～90%）。在这个阶段，新的成长带来新的进食模式。宝宝手指的捡拾能力现在有了很大的进步，能捡起小块的食物吃了。对刚学会的技能，宝宝通常兴致极高，全神贯注。这时候可以给他一些小块食物，挑起他试

用新技能的兴趣。享受手捏食物吃的乐趣就这样开始了。

宝宝手部敏捷度提高了以后，能用手指拿起来吃的食物就变得更具吸引力。

用手捡起食物吃

为了鼓励宝宝用手把食物捏起来吃，而不是弄得一团糟，你可以在他面前盘子里放些小块的 O 形麦圈、煮熟的胡萝卜块、米糕或者宝宝能咬的柔软的水果。正在长牙的宝宝也喜欢一些稍硬的食物用来磨牙，例如磨牙饼干。这些硬度稍大的食物，特别是磨牙食物，要入口易化，咀嚼几下后容易软化。

我们注意到我们的孩子喜欢各种意大利面。宝宝可以借着用拇指和食指捡东西的技能，一次挑一个棍状面、贝壳面或弯管通心粉。用手捡奇形怪状的意大利面吃，比其他食物更能抓住宝宝的注意力，而且宝宝也能因此多少吃进一点。如果担心过敏，可以等到宝宝 1 岁左右再给他添加意大利面等小麦产品。如果你的宝宝有

过敏倾向，你可以买些不含小麦粉的磨牙饼干或米饼。

宝宝学会用手捡食物也有麻烦的一面。食物和餐具都成了有趣的东西，可以用来敲、扔、甩。这不一定是说宝宝拒绝食物或拒绝吃，而是反映了他探索新技能的自然需要。如果现场变得乱糟糟，到了你无法忍受的地步，结束喂食就是了。

指和戳

除了用拇指和食指捡东西之外，10个月大的婴儿还能用食指戳东西、指东西，向看护人发出讯号。宝宝喜欢用手指戳新食物，好像想蘸一点试试看，你可以利用他的这项技能。鳄梨蘸酱（不加盐和口味重的调味料）对这个阶段的宝宝来说是既美味又营养的食物。记住，每项新技能都对宝宝的营养有益处，也会带来一些让人好气又好笑的小麻烦。当宝宝用食指去戳吃的，放到嘴里品尝时，这位小艺术家可能会在衣服和面前的盘子上画画。出现这类情况时，暂且当成好事享受吧。如果宝宝不吃了，可以结束这顿饭。

喂食技巧

现在你已经给宝宝介绍了很多新奇的味道和不同质地的食物，下面介绍一些西尔斯家的喂食经验：

尊重小肚子。要少吃多餐。由于宝宝的胃只有他的拳头那么大，因此一顿饭很少超过2～4勺。不要一开始就在盘子里堆一大堆吃的。先盛上拳头大的小份，还想吃的话继续加。

逐渐增加食物种类。对刚刚接触固体食物的宝宝来说，蔬菜和水果需要滤成汁。当宝宝有了进食的经验，可以再进一步把食物做成泥，然后是切得很碎的食物。大多数宝宝在1岁左右开始接受块状食物。

不要强迫。不要强迫宝宝吃饭，强迫只会培养不健康的吃饭态度。你的角色是挑选有营养的食物，准备好，创造性地介绍给他，与宝宝个人的能力和喜好相匹配。而宝宝则要根据自己的需要、心情、能力和喜好，吃掉他在这个时候想吃的量。喂宝宝吃饭与教他们游泳相似，你要在保护他与放开他之间做好平衡。

 罗伯特医生笔记：

如果宝宝不想吃饭，可以试试用团队鼓励的方式。让宝宝坐在高脚椅上，每个人都开始吃，但什么都不要给宝宝。他会感觉到自己被孤立，想要一些吃的。当他伸手去够食物时，从你盘子里拿给他，他会认为这是你的食物，甚至会认为是他的食物放了你的盘子里。

当他开始吃饭时，不要一下子把整盘食物放在他面前。一次只给他一

给学步期宝宝（1岁和1岁以后）安全喂食的技巧

• 不要吃膳食纤维多的食物，如芹菜和扁豆。

• 做鱼肉泥前挑出鱼刺。吃三文鱼罐头时，要先碾碎鱼骨头。

• 香蕉或其他入口即化的冷冻食物，都是安全、天然的长牙宝宝的食物。

• 不要喂市售的白面包，吃进嘴里后会形成一种浆状物质，宝宝容易噎到。

• 果酱要涂匀，不要给宝宝一团，容易哽噎。

• 肉要切成指尖大小的小块，太大宝宝容易噎到。

• 不要吃大块食物。宝宝的门牙只用于咬，负责咀嚼的白齿要到1岁以后才会长出来。这时宝宝还是在用牙床而不是白齿咀嚼。

• 宝宝用手指拿东西吃时，旁边要有人看着。而且吃的时候要坐好，而不是斜躺着或在玩耍。

• 一次只放几块可用手拿的食物在宝宝的浅盘里。堆太多会让宝宝想一把抓起来大吃，而不是一个一个捡起来吃。

• 热狗（香肠）对宝宝来说既不营养也不安全。宝宝咬一口热狗的大小刚好与他的气管相当，容易噎着。不含硝酸盐和亚硝酸盐的健康热狗是学步期宝宝最喜欢的食物，切成细长条是安全的。不过，即便是"健康"也含有很多的钠，因此要限制食用量。

安全且受欢迎的手指食物

O 形麦圈

煮熟的豌豆（去壳）

米糕（不含盐）

梨片（熟透）

胡萝卜丁（煮熟）

苹果片（煮软）

全麦面包（切边）

意大利面（煮熟）

全麦百吉饼

豆腐块

炒鸡蛋

绿豆（煮熟）

法式面包

鳄梨蘸酱或鳄梨块

容易噎住宝宝的食物

果仁　未煮软的苹果／梨

种子　整粒葡萄

爆米花　水果糖

热狗／香肠（整条或整块）

膳食纤维多的食物

硬豆子　肉块

生胡萝卜

两口，他会想要更多。这样，宝宝会觉得不如自己吃自己的。

吃饭习惯还不稳定。 会有一段日子，宝宝一天要吃6次固体食物，接下来3天却拒绝吃固体食物，而只想吃母乳或奶粉。

教他餐桌礼仪。 孩子是天生的小丑。如果他掉了一个餐具或一块食物，而周围每个人都很快对此有反应，他就会觉得自己掌控着游戏全局，继续把食物扔得到处都是，就是不放进嘴里。把食物铲到这儿铲到那儿是这个小丑在餐桌上常表演的节目。

有时候，手指灵巧的宝宝会变得很不耐烦，抓起一手的食物往嘴里送，结果弄得嘴里一半，脸上一半。他会不断地大吃、乱搞，直到他的小丑把戏引起观众注意。

这时不应该笑，观众的笑声不只会让他的行为变本加厉，还可能造成危险，如果宝宝笑的时候嘴里塞满食物，再深呼吸，就可能噎到。

刺激大人有所反应会让宝宝对自己的能力很有信心。不过，也得适可而止。大人反应太快只会助长宝宝的表演欲望。不管是笑还是责备，在他看来都是观众们有了反应，于是他继续表演。不理会是最好的办法。如果他的滑稽动作失去控制，就当他已经饱了，撤掉食物。不要寄希望于他能像大孩子那样安静地坐很长时间。

即便在这么早的阶段，餐桌礼仪也可以通过榜样学习。如果他看到大人或其他孩子边笑边吃，扔食物，敲餐具，他也会照做。还有，记得表扬好的礼仪举止。

尽量保持整洁。 宝宝的每项新技能都有利有弊。用手拿物的能力能让他学会自己捡东西、吃东西，同时也让就餐区变得一团乱。要允许宝宝有用他新发现的器具制造混乱的特权。不管你信不信，婴儿实际上是在混乱中学习的。当一些食物进入嘴巴时，另外一些散落各处。乱扔、乱掉、乱抹，这些就餐时间的惯常演出，都是父母还能应付的。要允许一定程度的乱，但不要失控。盘子里食物放太多，宝宝会双手并用，这样大部分都被浪费掉了，而不是进了肚子。只在盘子里放少许的O形麦圈、煮过的胡萝卜、几块米糕和任何宝宝喜欢的一口大小的水果和蔬菜。需要时再添。把全部的食物放在宝宝面前等于是在制造混乱。

安抚特别爱动的孩子。 我们有个孩子吃饭时喜欢挥胳膊，这时我们就用3个塑料勺对付她。两个让她拿在手上，一手一个，另一个用来给她喂食，这招很管用。另外也可以用玩具。把一个带吸盘的玩具放在她的盘子里，这样我们给她用勺子喂食时，她就可以玩玩具。有时，宝宝会张嘴咬玩具，这就为他们张嘴接受食物做了预备。

玩餐桌游戏。玩些游戏，例如勺子飞机游戏。一边说"飞机来啦"，一边把一勺食物向孩子的嘴巴俯冲过去。

让紧锁的嘴唇张开。让拒绝吃饭的嘴巴放松，你可以先撤下来，吃自己的饭，还是那招管用的"嗯嗯嗯好吃好吃"。当宝宝看着你张大嘴巴享受食物，他可能会受到感染，让嘴巴放松下来。用一种宝宝最喜欢吃的食物做诱饵。当他也张开嘴巴时，快速地把吃的放进他嘴里。

伪装。把营养更丰富但宝宝不那么喜欢的食物，用他最喜欢的食物伪装起来。试着在一勺蔬菜上面铺一层苹果酱（或其他宝宝喜欢的食物）。宝宝先是接触到喜欢的苹果酱，接着才是味道差些的营养食物。如果宝宝还是不喜欢，就暂时不要给他吃。

骗骗小味蕾。感受甜味的味蕾在舌尖部位，感受咸味的则分布在舌头两侧，感受苦味的则在舌头根部。在舌头中间，味蕾偏中性些。因此，引入一种新甜食，要把它放在宝宝的舌尖上，而不是舌中位置，这样是为了给新甜食胜出的机会，而不是被退回来。蔬菜放在舌头中间比放在舌尖好，除了那些带甜味的蔬菜，如红薯。

给宝宝一根骨头。宝宝可以从几乎没有肉的鸡骨头，升级到还留有不少肉的骨头（骨头不能裂开）。你可以趁宝宝忙着跟这根骨头玩（敲、啃、摇，从一只手换到另一只手）的时候，自己好好吃几分钟的饭，说不定宝宝还可以从骨头上吃到一点鸡肉。

理解宝宝对食物的恐惧。有些宝宝对新食物有恐惧感是正常的。在吃以前，宝宝会先对新事物作一番探索。在真正尝试以前有个逐渐熟悉的过程。对这种小心翼翼的宝宝，有个办法就是把一点点食物放在他的食指上，引导他自己把食物送入嘴里。

享受妈妈的大腿。如果你的宝宝不愿待在高脚椅里，让他坐在你大腿上，吃你碗里的食物。如果他开始把你的碗弄得一团糟，可以放一点吃的在宝宝和你的碗之间的桌面上，把他的注意力从你的晚饭上转移开。

共享一个碗。让宝宝吃你碗里的东西。有时候宝宝只是不想像小孩那样吃饭，他会拒绝婴儿食品和婴儿餐具。1岁左右时，宝宝喜欢坐在父母的大腿上，吃父母碗里的菜，尤其是土豆泥和煮熟的蔬菜。这时把宝宝的食物放在你碗里，让这个小美食家吃下自己的食物。

帮孩子自己吃饭。1岁左右的宝宝开始进入"我自己来"的阶段，他可能喜欢用勺子自己吃饭。父母们自己喂宝宝比宝宝自己拿勺子吃更容易些。其实这时需要父母做出一点妥协。对决心已定要自己吃饭的宝宝，我们用过一个计谋，那就是和他一起做这件事。父母拿着一勺食物，当宝宝抓住勺子时，父母依然拿着，帮助他把勺子往嘴里送。利用这个年纪的宝宝喜欢模仿你的特点，当他看到你用勺用得很好，他也要自己试试看。（更多喂食策略，参见第 265 页的"给挑食的宝宝喂食"。）

自制婴儿食品

营养充足与否，直接影响宝宝的健康和行为发展。每周花几个小时的时间给宝宝准备食物是值得的。你放进什么东西自己心里有数，比较合宝宝的口味。在宝宝被过甜或过咸的包装食品宠坏之前，让他习惯新鲜的自制食品的天然味道。而且，新鲜食物本来就味道更好。（参见本书第 275 页"奠定孩子的口味"。）

健康的烹饪

做饭前，先把蔬菜水果洗干净。用专用的蔬菜刷仔细地刷净。切除较硬的末端部分。去核，削皮，去籽，总之去掉任何可能引起哽噎的东西。还要去掉猪肉和禽肉上多余的肥肉。

蒸比煮更能保持蔬菜水果的维生素和矿物质。将蒸出来的汁淋一点在食物上，能把烹饪中失去的营养素找回一部分，或把汁留下来做汤或酱汁。下面的做法也可以让婴儿食品更

自制婴儿食品需要：

- ☐ 食品加工机和 / 或搅拌机
- ☐ 烘烤锅
- ☐ 手动婴儿食品研磨机
- ☐ 烤盘
- ☐ 蔬菜蒸锅
- ☐ 打蛋器
- ☐ 有盖的炖锅
- ☐ 切菜板
- ☐ 耐高温玻璃杯
- ☐ 餐叉和土豆捣碎机
- ☐ 网眼过滤器
- ☐ 蔬菜刷和削皮器
- ☐ 量杯和勺子
- ☐ 锐利的削皮刀
- ☐ 长柄勺
- ☐ 抹刀
- ☐ 磨碎机
- ☐ 滤锅

储存和冷藏需要：

- ☐ 冰格盘
- ☐ 储存罐（120 毫升）
- ☐ 小的冷冻袋
- ☐ 烤盘
- ☐ 烘焙油纸
- ☐ 保鲜膜
- ☐ 做标记用的笔
- ☐ 马芬模具

健康：

• 不要加盐加糖，没必要。你可以加一点柠檬汁作为自然的提鲜剂，也有助于保存食物。

• 豆类先放在水里煮沸两分钟，然后晾一个小时，而不是通常做的那样浸泡一个晚上，这样会造成一些营养物质的流失。

• 烤土豆和南瓜这样的蔬菜时，只烤表面。

• 不要煎炸食品，以免增加不健康的脂肪。

自制食品的包装和储存

自制食品要冷冻保存。冷却后，将食物分成小份加以冷冻。

• 冰格盘特别适合用来储存小份的婴儿食品。把刚做好、磨成泥的食物倒在格子里，覆一层保鲜膜，放入冰箱冷冻。

• 冻结后，把食品方块从冰格盘里取出，存在密封的冷冻袋里。需要的时候一次取出适当的量。

• 也可以在烤盘上铺一些烘焙油纸，上面放一排排一勺量的泥状食物，或切好的煮熟食物，然后冷冻成固体。剥离这些"饼干"或切片，放到严格密封的口袋里冷冻。

• 一旦宝宝吃的分量超过"饼干"和"冰格"大小，可以利用用过的婴儿食品罐、小果酱瓶或大小适中的塑料容器来存放婴儿食品。注意食物不要装得过满，因为冷冻后会有所膨胀。

• 在存好的食品上面贴上标签，注明食物名称、日期，先做的食品放在前面，就像在超市陈列的方式一样。自制婴儿食品冷冻后能安全地存放3个月。

婴儿食品的解冻与食用

冷冻食品不应该放在室温下长时间解冻。可以尝试以下处理方式：

• 慢慢解冻。取一顿或一天的量，放在冰箱冷藏室里解冻3～4小时。

• 想快点解冻，可以把块状食品或未打开的罐子放在隔热的盘子里，再放进一个小炖锅中。往锅里加水，水不要没过解冻食品。用中等热度解冻食品，偶尔加以搅拌，能加快解冻速度。

• 在给宝宝喂食前，要确保已经搅拌均匀，不会有的部分过凉有的部分过烫。我每次总是拿食物碰碰我的上嘴唇。要是尝到了太烫的食物，会让宝宝对用勺子盛给他的食物不再信任。你也可以用手指舀食物，更能控制食物的温度。

• 微波炉加热会让食品冷热不均，有时会烫到宝宝，因此不推荐。如果你选择用微波炉加热，可以用小火力，一定要仔细搅拌均匀，在给宝宝吃之前你先尝尝。

• 为了避免浪费，每次喂的分量不要太多。如果宝宝还想吃，再用干净的勺子盛一点。没吃完的可以再冷藏两天，但必须没沾过口水才行。

有些宝宝根本不吃"婴儿食品"，如果你的宝宝愿意吃各种不同质地的食物，或较晚开始吃固体食物，不喜欢用勺子喂，或直接就跳到用手拿东西吃这个阶段，上述内容可以忽略。有些妈妈对自己做婴儿食品兴趣很大，有些则会把家人平常吃的东西用叉子压碎给宝宝吃。

市售婴儿食品

市售食品很方便，相对来说也很经济、卫生、易于食用，包装的分量刚好，吃剩还可继续保存在冰箱里，而且还会根据宝宝的咀嚼和吞咽能力提供不同质地的食物。如果你打算给宝宝吃市售婴儿食品，要确认下列问题：

• 该食品是否含有农药，是怎么处理农药残留的？

• 使用的蔬菜水果新鲜度如何？

• 保质期多长？

• 该食品含有添加剂吗？

消费者的质疑有助于提高市售食品的质量。父母应该为孩子的营养尽一份力。

拿出杯子来

"引入"杯子，让宝宝慢慢地、顺利地从妈妈的乳房或奶瓶转向杯子。从吮吸到啜饮，需要完全不同的嘴部动作和更好的吞咽能力。

宝宝的杯子会漏水

因为挺舌反射在这个阶段还没有完全消失，突出的舌头会妨碍嘴唇紧闭，让喝进的液体从宝宝嘴角流出来。大多数宝宝要到 1 岁以后，才会懂得如何让杯缘和嘴唇间没有缝隙。除了边喝边流外，这个阶段的宝宝用起杯子来还挺烦人的。他们还不能轻轻地放下杯子，很有可能把杯子摔在桌上或地上，或是放歪了，而不是轻轻地放好。就宝宝的发育阶段来说，他会想去尝试把杯子里的东西往外倒的乐趣。下面介绍如何减少用杯子带来的麻烦：

• 替宝宝拿着杯子，直到他学会如何自己拿。

• 如果宝宝嘴角流得过多，就给他一个有紧盖和小吸嘴的训练杯。

• 用底部较沉的杯子，不会轻易翻倒。

• 用两边有把手的塑料杯，容易抓握。

• 杯子的底部要宽，放的时候比较稳。

•系一块吸水性强或能防水的围兜保护宝宝的衣服。

•杯子里一次只放少量的奶或果汁。

有紧盖和小吸嘴的训练杯，最适合初学用杯子的宝宝。

什么时候开始用杯子

开始用杯子没有特定的年龄，新生儿也可以学着用柔软的塑料杯。如果比较早开始让宝宝学用杯子，比如五六个月大时，需要你开始时拿着杯子，慢慢地倒几滴奶在宝宝嘴唇间，然后停下来让他有时间吞咽，接着再继续。要注意观察宝宝喝够了或不想喝的信号。当宝宝无须手扶就能自己坐直时（通常在 6 ~ 8 个月），他们经常想"自己来"，不要别人帮忙。你就需要一个带盖的杯子。

很多喂母乳的妈妈更喜欢跳过奶瓶这个阶段，直接过渡到用杯子喂

食。如果你 1 岁的宝宝仍拒绝用杯子，而你正打算断奶，可以用如下方法让他爱上杯子：买一个塑料玩具杯让他玩耍。为了帮他克服对杯子的恐惧，让他看着全家人围坐在一起用杯子的愉快情景。把杯子放在桌子上宝宝够得着的地方，当你拿杯子时，注意看，他也会去拿他自己的。这就又一次赢得了餐桌上的胜利。起先在杯子里倒一些稀释的果汁，而不是什么可疑奇怪的白色东西。

喝什么

除了吃对固体食物外，宝宝还要喝适当的液体。下面告诉你怎么开始。

喝水

水是母乳和配方奶之后宝宝最好的饮料。吃母乳的宝宝不需要水，因为他们渴的时候就会吃奶。吃奶不太勤快的学步期宝宝可能需要喝水。白天把水杯带在身边，给宝宝做一个喝水的示范，当他看到你啜饮的时候，可能会想分享这种奇怪的液体。

什么时候开始？ 喝水没有什么特定的日子；如果你想，可以在宝宝吃配方奶的第一天就给他喝水，尽管没有什么必要。如果有便秘，宝宝白天需要摄入 120 毫升的水。如果没有，6 个月前水不是必需的。

喝什么水？ 可以给宝宝喝你喝

的水，不需要无菌操作。不需要去商店买什么特殊的宝宝水，这是不必要的商业手段。我们推荐喝家里自己过滤掉杂质的开水。

喝多少水? 头 6 个月每天喝 120 毫升，6 ~ 12 个月每天 240 毫升。1 岁以后的孩子，每日摄入液体的理想目标是每 500 克体重约 30 毫升。经常喂母乳的学步期幼儿，喝水量可以少一些，因为母乳的主要成分是水。牛奶（或替代性的奶）的主要成分也是水。因此，11 千克重的学步期幼儿，如果喝约 470 毫升的牛奶，或一天喂几次奶（相当于 470 毫升），应该每天喝约 270 毫升的水。

如果宝宝不喝水怎么办? 在水里加果汁，用甜味来引诱学步期的宝宝喝水是很有诱惑力的主意。但不要这么做。就像我们前面提到过的，时刻把水瓶带在身边，给宝宝做喝水示范。让宝宝看到你从冰箱容器里倒出水，或从别的什么凉水罐里倒水，倒水的声音会吸引他想尝试。

有关果汁的建议

最好让孩子喝水而不是果汁。虽然大多数果汁中的水果成分是天然健康的，但果糖（尤其是添加的糖）就不值得摄取了。让宝宝习惯喝水也很重要，如果宝宝知道有果汁的存在，他可能会被这个甜甜的饮料所吸引。如果你想让宝宝接触果汁，以下是我们的建议。

什么时候开始? 当宝宝刚开始能用杯子时，给他喝稀释的果汁，这一般是在 6 ~ 9 个月。

喝什么果汁? 白葡萄汁对婴儿肠胃最友好，因为它的糖很容易吸收。梨、苹果和葡萄汁也是不错的开头之选。有些宝宝喝多了李子汁、梨汁和苹果汁之后会肚子疼或拉肚子。如果喝过量（一天超过 350 毫升），果汁里的糖分会对结肠产生刺激作用。橙汁、柚子汁和柠檬汁对宝宝来说太酸了，通常会被他们拒绝。自制的新鲜蔬果汁是最健康的（苹果胡萝卜汁一般最受欢迎）。为了增加营养，可以加入一些绿色蔬菜。你可以在家示范着喝，宝宝如果不知道有比这更美味的饮料，就会慢慢爱喝的。商店买的蔬果汁也是不错的选择。

喝多少? 因为果汁不如母乳和奶粉易饱，因此宝宝能喝下更多的果汁而不觉得撑。推荐饮用 100% 纯果汁:

• 6 ~ 12 个月：每天 100 毫升
• 1 ~ 4 岁：每天 200 毫升

果汁要稀释，建议在纯果汁里添加等量的水。把喝果汁作为补充水分的一种方式，当宝宝吃了固体食物的时候就会需要。

了解产品标签。 买那种标示"100% 果汁"的果汁。不要买"饮料"或"果汁饮料"，这些里面只含有 10% ～ 20% 的果汁，却有很多甜味剂，如糖和玉米糖浆。

不要在夜里喝果汁。不要让宝宝躺下睡觉时嘴里还衔着果汁瓶。入睡时，唾液的分泌和天然清洁功能都下降了，果汁整夜地浸泡牙齿，极易腐蚀牙齿，导致蛀牙，这被称做"果汁瓶综合征"。如果宝宝喜欢吮着果汁瓶睡觉，等他一睡着就把瓶子拿走，并在第二天早上他醒来时立即给他刷牙。到了晚上就给宝宝喝加了更多水的果汁，越加越多，直到最后宝宝习惯了全是水的"果汁"，这个计谋我们叫做"逐渐淡化"。

还不要喝牛奶

美国儿科学会营养委员会建议母乳或配方奶至少要喂到宝宝 1 岁，在此前不要把牛奶作为饮料（如果宝宝对乳制品过敏则应更晚）。在宝宝肠胃越来越适应多种固体食物时，给他喝有可能过敏的牛奶很不明智。

如果你不再喂母乳，让宝宝喝铁强化配方奶，直到 1 岁以后；如果宝宝对乳制品过敏，还应该喝更久。配方奶比牛奶更符合宝宝的营养需求。配方奶的成分与母乳更为接近，含有所有必要的维生素。大部分配方奶也会添加这个年纪的宝宝最需要的铁质。奶粉比牛奶贵得多，但如果把维生素和铁的价钱算进去，实际价钱比牛奶也贵不了多少。也许把奶粉看成

宝宝的第一份乳制品

如果没有对乳制品过敏的家族病史，你的宝宝也不是一般的过敏体质，虽然不能喝牛奶，但在 9 ～ 12 个月可以尝试一些乳制品，如酸奶、奶酪和乡村乳酪。酸奶拥有牛奶所有的营养，但问题却少很多。酸奶是往牛奶里添加益生菌做成的，这些益生菌使牛奶发酵，把乳糖分解成单糖，使之更容易被吸收——尤其适合拉肚子逐渐好转的宝宝。牛奶蛋白质也在发酵的过程中发生了改变，使酸奶的过敏性降低。大多数宝宝在 9 个月左右能喝酸奶。要想让酸奶有水果味，你可以在原味酸奶里添加些新鲜水果或无糖果酱，而不是喝市售的添加了很多甜味剂的果味酸奶。不要加蜂蜜，等宝宝 1 岁以后再说。

"奶"，能让你不那么急于转向给宝宝喝牛奶。（参见本书第 275 页关于牛奶优缺点的更多讨论。）

只喝奶不吃固体食物的宝宝

快到 1 岁时，大多数吃奶粉的宝宝每天大概要消耗一升的配方奶，同时从固体食物中获取一半的营养。而有些宝宝一定要喝奶粉，每天喝 1.2 ～ 1.5 升甚至更多，但对固体食物不感兴趣，体重也在继续增加。这

些宝宝怎么办？相关建议参见第 261 页的"给宝宝减肥的 7 个方法"。

而有的宝宝一直吃母乳，明显肥胖，但还想继续喝，拒绝任何别的食物。对这种宝宝，父母们不必担心。

母乳在 6 个月以后脂肪含量自动下降，等到宝宝长大些，进入活动量大的学步期后，这些多余的婴儿脂肪大部分会被消耗掉。

成长食品

为了让宝宝走上一条正确的营养轨道，要确保给他吃的主要是能促进成长的食品，也就是那些单位体积中包含最多营养的食品，因为宝宝只有一个小肚子。成长食品是"真正"的食品，新鲜的食品，和 / 或加工过程降到最低限度、没有添加剂的包装食品。成长食品具有以下特征：

• 每卡路里热量中包含更多营养成分。

• 吃过之后，宝宝不会觉得太饱或很饿，而是让他们觉得满足。

• 包含"很慢的碳水化合物"，能慢慢地在体内消化，逐步给孩子带来稳定的能量。

• 没有化学添加剂。

我们最喜欢的成长食物有：
• 三文鱼
• 燕麦片
• 鳄梨

• 西兰花
• 鸡蛋
• 红薯
• 豆类
• 油（鱼肝油、亚麻油、橄榄油）
• 新研磨的亚麻籽仁
• 扁豆
• 希腊风味的有机酸奶
• 菠菜
• 豆腐
• 蓝莓
• 鹰嘴豆
• 西红柿
• 坚果酱
• 奶酪

注意：几乎所有的水果和蔬菜都可以称作成长食品。宝宝太小，没法安全地进食坚果和食物种子，你可以用研磨机研磨杏仁、葵花籽和亚麻籽仁，拌在米粥或酸奶里。宝宝会习惯这样的味道。

第12章 10招让你成为家庭营养师

父母们，宝宝的头几年是形成以后影响一生的健康饮食习惯的关键时期，而你是他的饮食习惯的奠定者。这里为你奉上西尔斯家的10招营养秘诀，给宝宝一个聪明的营养开端。

1. 给宝宝吃聪明的脂肪

宝宝需要"合适"的脂肪，而不是"低脂"。

脂肪近来的名声很坏，"胆固醇"更是成人饮食中一个可怕的字眼。不幸的是，低脂、无胆固醇也蔓延到了婴儿膳食中。宝宝需要脂肪——很多很多的脂肪。母乳的热量40%～50%是由脂肪提供的——你相信吗？母乳中胆固醇同样丰富。婴儿的均衡膳食至少要包括40%的脂肪热量，对学步期宝宝来说，这个比例是30%～40%。

没有脂肪，宝宝就长不好，原因如下：

• 脂肪是人体内最大的能量储备库，每克脂肪提供9卡热量，比碳水化合物和蛋白质能提供的两倍还多。

• 大脑成长需要聪明的脂肪。大脑在宝宝1岁前比任何时候都长得快，它用去了婴儿摄取能量的60%，本身也含有60%的脂肪。此外，脂肪还是细胞膜和髓鞘的主要成分，这两种物质对脑部神经和脊髓形成保护，使神经脉冲在婴儿体内运行得更有效率。

• 脂肪是重要的激素的基本成分，是细胞膜的重要组成部分，尤其是红细胞。

• 脂肪就像渡船，负责维生素A、D、E和K的吸收和运输。

• 脂肪使食物味道好，宝宝能享受到好的"口感"。

• 脂肪是营养最丰富的食物，单位体积内蕴含的热量最多，学步期的宝宝最需要这样高浓度的营养。

正如你所见，脂肪对宝宝有好处，只要我们给小脑袋和小身体适合的脂肪以及恰当的比例。选择脂肪时，要参考脂肪的来源。

最好的脂肪

婴儿不仅需要从脂肪里面获取40%～50%的热量，还要摄入合适的不同种类的脂肪。除母乳外，对宝宝（对儿童和成人也是如此）最好的脂肪来自海产品和蔬菜，根据营养含量的多少排列是：

• 海产品（尤其是三文鱼）

• 亚麻油

• 鳄梨

• 橄榄油

• 坚果酱（有可能引起过敏，两岁以后才能食用）

排名前三的脂肪来源（母乳、海产品和亚麻油）含有丰富的omega-3脂肪酸，这对婴儿脑部发育至关重要。除这些聪明的脂肪外，宝宝还需在日

去钓鱼！

作为顶级的成长食品，海产品中的omega-3是很多婴儿最缺乏的营养物质。海量的科学文章证明了妈妈和营养专家们早就怀疑的事实：婴儿需要吃更多的海产品。

下面是这方面的建议：

• 早开始，9个月左右，养成宝宝对海产品的口味。

• 吃最安全的海产品，比较好的是太平洋野生三文鱼。

• 渐渐地达到每周85～170克的量，到2岁左右，让宝宝每周吃一把的量。（一块野生三文鱼，2岁孩子的一拳头大小，一周吃2次，170克左右，可以给宝宝提供每天300毫克的DHA/EPA。）

• 假如宝宝还不喜欢海产品的味道，每天给他吃包含300毫克DHA/EPA的鱼油。

• 以下是关于海产品益处的科学见解。饮食中含有充分的omega-3的宝宝，能享受到下列益处：

• 更聪明的大脑

• 更光滑的皮肤

• 更高的智商

• 较少过敏

• 行为表现更好

• 更健康的心脏

• 更愉快的心情

• 更少的注意力缺失症和注意缺陷多动障碍

• 更好的视力

为了引诱挑食的小家伙吃海产品，可以试试下面的技巧：

- 用宝宝最喜欢的酱汁蘸着吃。
- 偷偷让宝宝吃。巧妙地把海产品放入宝宝比较喜欢的食物当中，比如意大利面，三文鱼球（代替肉球），海鲜汤。往孩子最喜欢的食物中滴几滴鱼油，甚至可以滴入沙冰中。还可以把它藏到宝宝喜欢的食物下面，如奶酪、意大利面、西红柿酱，或者土豆泥等。
- 让它变甜。滴一点蜂蜜在三文鱼上面。
- 偷梁换柱。把牛肉汉堡替换成三文鱼"汉堡"。

关于海产品的科学性和安全性的更多信息，尤其是针对婴儿和儿童的情况，可以详见我们的另一本书 Omeag-3 *Effect*。关于海产品安全性的最新信息，安全的海产品来源，请登录 AskDrSears.com/safeseafood.

常膳食中摄取各种各样的其他脂肪。

饱和脂肪

这类脂肪主要来自动物，如肉、蛋和乳制品。宝宝两岁前，饮食中不应没有饱和脂肪（记住，母乳脂肪中有 44% 是饱和脂肪）。较大的儿童、青少年和成人，饮食中饱和脂肪不宜过高，因为饱和脂肪会使胆固醇升高，提高心脏病的发病率。宝宝的膳食中要有很丰富的饱和脂肪，但随着年龄的增长，食用量（肉、蛋、乳制品）应逐渐减少。饱和脂肪最为丰富的食物如下：

- 肉
- 禽类
- 全脂乳制品
- 蛋
- 奶油
- 巧克力
- 可可油
- 棕榈种子油和棕榈油
- 椰子油

坏脂肪

虽然从营养学角度讲没有所谓的坏脂肪，但天然脂肪的加工过程会让好事变坏事。看看产品配料表，如果标着"氢化"二字，那就是唯一的坏脂肪。氢化脂肪（也叫反式脂肪）是将蔬菜油人为进行加工，做成像饱和脂肪的样子。氢化脂肪能延长商品的保质期，还能给一些包装的速食品增添油香，但这种脂肪会使血液中的胆固醇含量升高。在我们看来，这种工厂加工出来的脂肪对宝宝是有害的，而新的迹象表明，对成人也没有益处。这类脂肪经常出现在下列加工食品中：

- 糖果
- 薯条
- 饼干
- 油炸快餐食品
- 甜甜圈
- 炸薯条
- 起酥油
- 一些花生酱

挑选食品时要仔细看产品配料表，不要买标有"氢化"或"部分氢化"的食品。近来，有些更为健康的食品，上面很醒目地标着"不含反式脂肪"。

西尔斯医生营养贴士

包装食品的标签上，如果有下列字眼，最好不要买：

- 高糖的玉米糖浆
- 氢化植物油
- 符号码（例如，red#40）
- 增味剂（例如，味精）

一般来说，包含以上任何一种添加剂的食物，其营养价值就是值得怀疑的。

---

2. 给宝宝最好的碳水化合物

宝宝天生就喜欢甜，不幸的是，糖的坏处很多。几乎每一种疾病都与糖有关。宝宝需要糖，需要很多，但他们需要恰当的糖。健康的糖和不健康的糖差别很大。

婴儿和儿童天生就嗜好糖，是因为他们需要很多能量，精神上和身体上都需要。糖是人体主要的能量来源。每个糖分子就像一个小的能量包，给细胞提供动力。

甜蜜的真相

从营养学角度讲，没有所谓的坏糖。是糖的运作方式决定了它的好坏。所有的糖都对宝宝有好处，但其中也有程度的差别。

区分碳水化合物

父母们希望给孩子最好的糖，所以我们在这里给大家上一堂关于碳水化合物的速成课。碳水化合物是"好"还是"坏"，取决于它们在人体内的表现。有益于宝宝身体的碳水化合物是那种在"真正"的食物中找到的糖，因为它总是与蛋白质、脂肪或膳食纤维一同出现。质量低劣的碳水化合物可以在加工食品里找到。我们是这么跟孩子们讲述碳水化合物的区别的：好的碳水化合物会跟两三个朋友

健康的糖的来源

好的碳水化合物和两个"好朋友"在一起：膳食纤维和蛋白质，这样可以降低糖分进入血管的速度。

健康的碳水化合物
包含膳食纤维和蛋白质
- 水果
- 豆类（例如大豆，豌豆，扁豆）
- 坚果酱（例如杏仁酱）
- 豆类食品（如豆腐）
- 蔬菜
- 全麦食品（如燕麦，糙米，全麦面包）
- 有机酸奶
- 红薯
- 自制曲奇

不健康的碳水化合物
包含很少的膳食纤维和蛋白质，或者根本不包含
- 每份当中蛋白质和膳食纤维少于 3 克的谷类
- 高糖的玉米糖浆
- 添加甜味剂的饮料
- 白面包和意大利面

一起玩——膳食纤维、脂肪或蛋白质。这些朋友会让健康的碳水化合物在你身体里表现得更好。当你品尝健康的碳水化合物时，这些朋友可以减缓它从肠道进入血管的速度，为你提供稳定的能量。健康的碳水化合物在哪里呢？它们在水果、蔬菜、酸奶和全麦食品中。这就是为什么往包含蛋白质、膳食纤维和 / 或脂肪的食品中加一点糖在营养方面是没问题的，例如在燕麦里滴一点蜂蜜，或自制的曲奇饼里加一点白糖。而不好的碳水化合物，或质量低劣的碳水化合物是没有朋友的，它们总是独来独往。当你吃了这样的碳水化合物后，它会快速进入你的血管，让你变得很兴奋，然而接下来是低血糖，脑子不清晰，情绪很暴躁。

3. 激活蛋白质

蛋白质是"成长食品"。如同建筑物中的钢结构和金属支架，蛋白质是身体细胞的重要结构。蛋白质负责机体的成长，组织的修复和更新，是唯一能自我复制的营养成分。成百万的蛋白质累积起来才能促进人体组织的生长，进而使每个器官成长完好，之后蛋白质如有损耗或受伤，它们还能互相取代。

由于蛋白质是必要的成长食品，父母们很少需要担心宝宝摄入的蛋白质是否足够。在第一年，宝宝需要的所有蛋白质都可以通过母乳或配方奶得到满足。即使到了第二年的学步期，宝宝变成典型的挑食小家伙，也不难得到足够的蛋白质。在头两年，婴儿每天需要摄入的蛋白质量是每5千克体重约2克。一个9千克重的学步期宝宝每日所需的蛋白质，可以通过下面任何一项得到补充：一杯酸奶和一杯牛奶；用全麦面包做的花生酱三明治和一杯牛奶；两份全麦食品和一杯酸奶；两个奶酪炒蛋；一个鱼肉三明治；120克鸡肉。就像你看到的，对大多数孩子来说，摄入足够的蛋白质不是件难事。高蛋白的食品有：

- 海产品：尤其是三文鱼
- 乳制品：乡村乳酪、酸奶、奶酪和牛奶
- 豆类食品：大豆、豆腐、豌豆、鹰嘴豆、干豆和小扁豆
- 肉类和家禽
- 鸡蛋

加点味道！

让宝宝学会享受调味品的妙处。例如，姜黄粉和黑胡椒的组合可以起到消炎的作用，让宝宝学着逐渐适应这种口味。

- 坚果酱
- 全谷物：小麦、黑麦、燕麦、大米、玉米、大麦和小米

4.奠定孩子的口味

婴儿时期喜欢甜、脂肪多或咸味食物的宝宝，在进入儿童期、甚至成人期后，仍会延续同样的喜好。婴儿期是你唯一能控制宝宝吃糖的时期。同伴们吃的垃圾食品，甜甜的生日会餐，以及奶奶家大堆的巧克力，都威胁着学步期宝宝的营养。下面这个例子你大概很难接受。许多年前我们曾有一个理论，如果宝宝在头三年只接触健康食品，那么他以后就能拒绝垃圾食品的诱惑。听起来就像天上掉馅饼？等着瞧吧。

我们在自己的孩子身上做试验，也在儿科临床实践中鼓励这种做法。头三年，我们只给孩子们吃健康食品。我们从没有在饭中加太多的盐、糖和不健康的脂肪。我们的第6个孩子马修，是对垃圾食品排斥得最厉害的一个。当马修面对满世界甜食的生日聚会以及糖果礼物时，情况怎样？当然他手上脸上都沾满了蛋糕糖霜，但他不会吃得过量。这就是区别。如果给他一大堆糖或巧克力，他品尝了以后就会适可而止，因为小肚子会传达出"我感觉不大好"的信号。

现在我们的孩子会把糖霜都刮

掉，只吃蛋糕。虽然只有 3 岁，孩子还是能跟食物建立联系："我吃了好东西，我感觉好；吃了坏东西，感觉不好。"吃惯健康食品的宝宝很少会过度，这就是对养育一个健康宝宝最大的希望——进入儿童期甚至以后的成人期，不会过度，有分寸。

下面是培养宝宝良好口味的正确方法：

• 不要给孩子吃添加了人工甜味剂、很多糖和玉米糖浆的食物。

• 不要给孩子吃含有氢化脂肪的食物。

• 吃新鲜的食物，少吃罐装和加工食物。

• 吃全麦食品（如全麦面包而不是白面包）。

• 不要吃加了色素和添加剂的食物。

5. 保证足够的膳食纤维

淀粉和水果中不可消化的膳食纤维部分，是一种天然的通便剂，能清除肠道中的废物。需要咀嚼的食物，如未经精制的谷类和豆类，都含有很多膳食纤维。膳食纤维就像肠道的海绵和扫把：像海绵一样吸收水分和多余的脂肪，增加排便的分量，减缓对食物的吸收，延长饱足感；像扫把一样扫除废弃物，使之更快地排出体外。对成年人来说，摄入足够的膳食纤维能防止很多肠道疾病，甚至能降低患结肠癌的危险。对儿童来说，膳食纤维能软化大便，加快废物的排泄，预防幼儿常见的便秘。孩子必须多喝水，才能让膳食纤维发挥清洁肠道的功能。膳食纤维最丰富的食物是带皮蔬菜（如土豆）、未精制的谷类、全麦面包、苹果（带皮）、梅子干、梨、杏、豆类、糙米、全麦通心粉、燕麦粥、茄子、南瓜和豆荚。作为一个很好的膳食纤维来源，我经常在做饭时撒上一些"糠"。"全"说明膳食纤维丰富。给水果削皮，给蔬菜去皮，去掉谷物的外壳，损失了很多膳食纤维，所以有理由保留食物最初的样子，不做深加工。

膳食纤维、碳水化合物、蛋白质——健康伴侣

父母们需要记住一条很有价值的营养知识：好的碳水化合物是富含膳食纤维的碳水化合物；不好的碳水化合物是没有膳食纤维的碳水化合物。既含有碳水化合物又含糖的高膳食纤维食物，比高糖低膳食纤维的食物，更有利于宝宝保持情绪和行为的稳定。膳食纤维和食物混合而成胶状，减缓了肠道对糖分的吸收。再加上蛋白质，这个吸收过程就更慢了。这样就稳定了血糖水平，减少了孩子状态的起伏。很多甜品和包装食物，都是

高糖低膳食纤维少蛋白质，这样的组合不利于宝宝的成长。

6. 重视维生素

除了三大营养素——蛋白质、脂肪和碳水化合物外，维生素也是宝宝膳食中不可或缺的营养成分。不像那三大营养素，这些微量物质不直接补充能量，而是让宝宝吃进去的食物发挥更好的作用，让所有的身体组织运转得更好。它们能激活身体的活力。我们不能缺少这些维持生命运转的好帮手。人体需要13种维生素：维生素A、C、D、E、K以及8种B族维生素——硫胺素、核黄素、烟酸、泛酸、维生素H、叶酸、维生素B_6和维生素B_{12}。

饮食多样化。对维生素很在意的父母们，请放心。不管宝宝多么挑食，都不太可能缺乏维生素。很多食物都含有各种各样的维生素，不管多挑食的宝宝，都能在很短时间内找到各自所需。多给宝宝吃不同种类的食物，就能确保他获得足够的维生素。

维生素储备。有些维生素(A、D、E和K)储存在身体脂肪中，如果你的宝宝有一段时间不肯吃蔬菜，没关系，他的身体还可以用上个月剩下的维生素。维生素C和B族维生素不能在身体中长时间储存，需要经常补充。

脆弱的维生素。有些维生素，尤其是维生素C，在加热等条件下容易被破坏掉，如水煮。在烹饪过程中，蒸和用微波加热最能保存维生素。吃新鲜的最好，冷冻的其次；罐装食品的维生素含量最低。

黄色蔬菜和黄色皮肤。黄色蔬菜(南瓜和胡萝卜)含有胡萝卜素，如果食用过量，会造成皮肤发黄。这种情况被称为胡萝卜素血症，对身体并

你的宝宝需要补充维生素吗？

你应该把维生素补充剂当做需要医生处方的药物。维生素据说能治好许多成人疾病，但不应给婴儿吃。

除非医生建议，否则吃母乳的足月婴儿并不需要额外补充维生素。只要宝宝吃的母乳够，就能摄取充足的维生素。配方奶也都含有必需的维生素，只要宝宝每天都乖乖把适当的量喝完，就不必担心。只要你的宝宝一天能喝到1升的配方奶，就不需要另外补充维生素，除非是早产儿或因为其他原因而需要额外的营养。如果宝宝喝配方奶的量不足，是否需要吃维生素补充剂，还要看他是否在吃固体食物。

至于学步期宝宝，由于饮食多半很不规律，儿科医生通常会建议从孩子1岁左右起，每天给他补充多种维生素和矿物质，直到孩子饮食均衡。

没有害处，但容易跟会使皮肤变黄的黄疸病混淆。前者只是让皮肤呈现黄色，而后者会让眼白部分也变黄。只要减少吃黄色蔬菜的量就能让泛黄的皮肤恢复正常。

7. 注意矿物质

像维生素一样，矿物质也属于微量营养素，宝宝只需很少一点就能保持健康。食物中的矿物质主要来自土壤和海洋。钙、磷、镁，这三大矿物质能强健骨骼。铁和铜能补血。锌能提高免疫力。钠和钾（电解质）用来保持身体的水平衡。此外，荣誉还应该给予矿物质家族最小的成员——微量元素，碘、锰、铬、钴、氟、钼和硒，它们能帮助身体机能调整到最佳状态。除铁之外，这些矿物质和微量元素很少会缺乏，因为它们和维生素拥有共同的食物来源。矿物质中最重要的是铁和钙。（关于钙的来源，参见第 276 页。）

8. 补充铁元素

铁对所有重要器官的正常运转都至关重要。它的主要作用是提高血红蛋白含量，即红细胞中携带氧气的物质。婴儿血红蛋白的正常值是 11 ～ 13 克。血红蛋白低于 11 克，就是"贫血"。如果贫血是因为缺铁，就叫做"缺铁性贫血"。其症状包括急躁易怒、生长缓慢、没胃口、容易疲劳，以及肤色苍白，特别是在耳垂、嘴唇和指甲下面。新的研究表明，儿童长期患缺铁性贫血会导致智力发展缓慢。

为了了解缺铁是怎么发生的，让我们跟着这个有趣的矿物质走一趟。宝宝在子宫里时，妈妈给了他很多额外的铁，储存在身体组织和血红蛋白中（足月的宝宝生下来体内就有充足的铁，早产儿则需要从一出生就开始补铁）。当旧的红细胞消耗殆尽，排出体外时，很多铁会转移至新的红细胞中。当血液中的铁被用光，储存在机体中的铁会分出足够的部分来保持正常的血红蛋白水平。如果饮食上没有补充铁，这些储备铁会在大概 6 个月后耗光。所以，在宝宝出生后或者至少头几个月，开始给他喂富含铁质的奶，不管是母乳还是铁强化的配方奶粉，这在营养学上是有道理的。下面告诉你如何防止缺铁。

母乳喂养的时间要尽可能地长。母乳中的铁有很高的生物利用率，有 50% ～ 75% 能被宝宝吸收，但在别的食物里（例如铁强化麦片和配方奶），这一数值只有 4% ～ 10%。母乳喂养的婴儿在 4 ～ 6 个月时，血液中的血红蛋白要比喝配方奶的婴儿高。

不要给宝宝喝牛奶，学步期宝宝喝牛奶的量要有所限制。牛奶含铁量非常低，不应该在宝宝1岁前给他饮用。除了铁含量低外，过量的牛奶会刺激宝宝肠道，引起在较长时间内铁的微量流失，加剧缺铁症状。另外，要限制学步期宝宝喝牛奶，每天不应超过710毫升。

宝宝最佳铁质来源

- 母乳
- 鱼
- 铁强化奶粉
- 西梅汁
- 铁强化麦片
- 豆腐
- 番茄酱
- 小扁豆
- 腰豆肉酱
- 火鸡肉
- 大豆
- 瘦肉
- 黑糖

补铁须知：

婴儿和儿童每日需铁量是每千克体重摄取2毫克的铁。如果医生发现你的宝宝缺铁，每天需要补充每千克体重6毫克的铁，坚持几个月。

聪明地搭配食物。有的食物能促进铁的吸收，有的则会抑制。在喂母乳前或母乳刚喂完后马上给宝宝吃固体食物，会抑制对母乳中有价值的铁的吸收。因此，如果你的宝宝缺铁，要隔开吃固体食物和吃奶的时间，至少相隔20分钟。含维生素C的食物（水果和果汁）能提高对铁的吸收；佐餐时配以橙汁，能使铁的吸收率提高一倍。反之，吃饭时喝牛奶会降低对食物中铁的吸收。营养学家还认为，动物性蛋白质食物中有一种"肉类因子"，能促进身体吸收同时摄入的蔬菜中的铁质。最好的"合作伙伴"是富含维生素C的食物和肉搭配着吃，例如意大利面配肉酱和番茄酱，汉堡包配凉拌卷心菜，或火鸡三明治配橙汁。还有一种很好的组合是水果和铁强化的麦片。

9. 算好每一卡

学步期宝宝的胃口还很小，加上好动，很难安安静静地坐着，更别说是吃饭了。对挑食的小家伙你自然要有一套策略。（我们将在第13章讨论。）鼓励孩子吃"小"饭。给他营养丰富的食物，少吃，多餐。

10. 养个瘦宝宝

曾几何时，人们看到胖乎乎的娃娃都会称赞妈妈养得好。现在，脂肪过时了，瘦才是时髦。

小胖子长大后一定是个大胖子？不一定，但概率很高。胖婴儿很有可能成为胖儿童，接着有更大概率成为胖少年，然后变成一个胖大人。肥胖的婴儿长到5～8岁仍保持肥胖的概率为1/5。而胖小孩长大后仍旧肥胖的概率是一般人的两倍。胖青少年变成胖成年人的风险是常人的 16 倍。胖小孩的成长过程会伴随有身体、心理和情绪方面的不利因素，而且更容易患一些疾病，如心脏病、中风和关节炎。医学研究表明，瘦人寿命更长，更健康。有些宝宝容易发胖。下面是一些主要因素。

遗传基因

婴儿发胖取决于两个方面，一是基因，一是饮食。被收养的孩子体重更多地跟着亲生父母走，而不是跟着养父母走。如果父母都胖，那孩子有80% 的概率是胖小孩；如父母中有一方发胖，这个概率降到40%。如果父母都不胖，孩子肥胖的比例只有7%。与其说孩子遗传了肥胖，不如说遗传了肥胖的倾向更确切。

体型

除了胖瘦倾向的遗传外，宝宝也会遗传到较易或不易肥胖的体型。

瘦型体质（"香蕉型"）要比生长曲线图上的平均数值瘦和高。这样的宝宝，有的出生时就被认为长了一手"弹钢琴的手指"，脚也偏长偏细，能量主要用来长个子而不是长体重。他们能消耗更多的热量，更擅长根据活动水平调整饮食摄入。吃多也不会发胖，以后会成为很多人羡慕的对象。

运动型体质（"苹果型"）宝宝的身高体重都比较平均，与生长曲线图上的百分点很接近。比"香蕉"型要容易发胖。

胖型体质（"梨型"）宝宝的身材短而宽。这类体型最容易过度肥胖，因为梨形的轮廓线能携带更多的脂肪。

不是所有宝宝都可以按照这 3 类严格区分，有些宝宝同时具有 3 类的特征。

在宝宝健康检查期间，父母经常会问："你觉得我们的孩子长大后会胖吗？"根据父母的体型和宝宝的体型，我通常能给他们一个有根据的猜测。如果父母都瘦，且宝宝呈"香蕉"型，我就很有把握地说："你的宝宝几乎可以吃所有想吃的好东西，而不用担心发胖。"但是如果一对矮胖的父母抱着一个偏圆偏短的孩子来问我同样的问题，我就会告诉他们，宝宝发胖的可能性很大，需要在婴儿阶段就做好预防措施。

性格

宝宝会发胖不只是因为吃太多，还因为热量消耗得太少。爱动的宝宝能消耗更多能量，发胖的可能性就不高；安静的宝宝比较容易变胖。如果家里其他人也习惯久坐不动，这种发胖的可能性就更高。瘦长结实、活泼好动的宝宝和同样性格的父母，发胖的概率很小。

宝宝变匀称了

大多数宝宝前 6 个月时都是胖嘟嘟的。6～8 个月时，他们开始坐、爬、玩之后，就会瘦下来。1～2 岁，继续纵向发展。宝宝要走路，要跑，要爬，而且变得挑食。在这个阶段，更多的能量用来长个子，而不是长体重，所以看起来比先前更瘦。早期胖嘟嘟的形象一去不复返，一个苗条的学步宝宝出现了。父母的担心从"医生，他会不会太胖了"变成了"医生，他会不会太瘦了"。好好珍惜宝宝胖嘟嘟的样子吧，这些嫩嫩的肥肉很快会消失的。

"匀称"指的是身体脂肪和体型之间比例恰当，而不是要瘦得皮包骨头。每个宝宝都可以做到匀称，但不是每个宝宝都能，或都应该很瘦长。

"匀称"是你要知道的最重要的健康词语，因为匀称意味着每一种可怕的成人病——心脏病、中风、糖尿病、癌症的患病风险低。最近 10 年，儿童肥胖非常普遍，已成为目前最大的儿童健康问题。

给宝宝减肥的 7 个方法

1.给宝宝热量适当的母乳。 我们相信母乳喂养能降低肥胖的危险，

理由如下：

• 母乳中含有饱食因子，就像一种内置的热量计算器，能在宝宝获得足够热量后发出饱足信号，让宝宝知道自己该停止，这种饱足感是某些大人和大孩子永远学不会的。

• 通过不同的吮吸方式，吃母乳的宝宝能控制母乳中的热量。饥饿时，宝宝得到高热量的奶；渴了或只是想获得安抚，吸出来的则是低热量的奶。当乳房"空"了，就算宝宝继续吮吸，也不会有多少奶水流出。用奶瓶的宝宝就不同了。不管用什么吮吸方式，吸到的都是高热量的奶。（有关母乳中的脂肪和热量如何随着宝宝的需求而变化，参见第 132 页。）

• 近来对母乳喂养和配方奶喂养的比较研究表明，4～6 个月之后，吃母乳的孩子"瘦"得要比吃奶粉的孩子快，身高比体重增加得快。

• 吃配方奶的宝宝，吃固体食物的时间也更早，身高的增加赶不上体重的增加，预示着早期远离苗条的倾向。

• 母乳喂养的宝宝对自己吃多少、多久吃一次掌握得更好。哺乳的妈妈更愿意观察宝宝的暗示，她们不用去数刻度，她们相信宝宝发出的信号。而喂奶粉的妈妈则相反，她们不是根据宝宝来掌控喂养的。她们数刻度、看表，想让宝宝"再多喝点"，而可能不知不觉超过了宝宝的饱和控

制线。结果，宝宝希望每次饭后都来这么一下子，久而久之，成了他们进食模式的一部分。这就是喂奶粉的妈妈要学会读懂宝宝饥饱信号的原因。研究表明，如果允许吃奶粉的宝宝自己决定吃多少，他们可以很好地调整每日摄入的热量。在对6周大的婴儿进行的一次实验中，给他们稀释过的低热量的配方奶粉，结果发现他们喝得比平常多，以补充所需营养。

• 为了"让宝宝安静下来"，让他拿着奶瓶边走边喝是很有诱惑力的。孩子一哭就给他奶瓶，会让他把食物与舒适联系起来。而母乳喂养可以让孩子把舒适与妈妈联系起来。

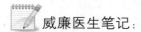 威廉医生笔记：

在儿科门诊，我们偶尔也会看到专吃母乳的婴儿"体重超常"。无须担心，也不用改变喂奶方式，因为母乳喂养的婴儿一般会在1岁左右或2岁时变"瘦"。

2. 注意降低热量的信号。婴儿每次哭不都是因为饿。有时候只要把宝宝抱在怀里，他就会安静下来；因为无聊而哭的宝宝，只要跟他玩，他就不哭了。很多时候宝宝哭是因为渴了，而不是饿了。吃配方奶的宝宝和吃固体食物比较早的宝宝水要喝得多些，有时可以干脆就用水代替奶或食物去喂他。水是不含热量的。有些宝宝只想喝配方奶，不想喝水，你可以请教医生别的低热量喂食法。近来，已有低热量、低脂肪的配方奶粉问世，类似全脂奶和低脂奶之间的区别。

3. 晚点开始吃固体食物。除配方奶粉外，过早给孩子吃固体食物也会提高肥胖概率。为了让宝宝睡个通宵，早早地强迫他吃固体食物，不仅不起作用（参见第338页），而且还是不明智的饮食习惯。如果宝宝具备很多发胖的条件，开始给他吃固体食物时，选择营养最丰富而热量最少的食物，如选择蔬菜而不是水果，选择全谷物食物而不是精加工的。

4. 尊重小肚子。就像我们前面提到过的，婴儿的胃跟他的拳头一般大。下次喂食前，你放一个满的奶瓶或堆满食物的盘子在宝宝手边，注意它们和宝宝的拳头多不和谐。你可以将食物分成小份，必要的时候再添，这样可以杜绝发胖。不要每次都让孩子吃光盘子里的东西，你只要给他足够有营养的食物并且在恰当的时候喂给他就行了。吃多少取决于他自己。根据我们的经验，只要吃对了，学步期的孩子很少发胖。

5. 除去不健康的脂肪。即便在头一两年你不必为宝宝过胖担心，也不能忽略潜在的危险。在这期间，你除了给他吃各种各样的食物外，也在无形中培养了他的饮食偏好。刚进入儿童期的宝宝爱吃高脂肪的食品很不健康。以下是减少食物中不必要的脂肪的方法：

• 不吃煎炸食品，改吃烘烤类食品。

• 去掉肉中多余的油脂。孩子喜欢吃富含油脂的脆鸡皮，你不用把所有的脂肪都去掉，但要去掉多余的。

• 去除乳制品中的脂肪。除了喝配方奶喝得太凶的宝宝外，我们并不建议让宝宝在停止喝配方奶之前喝低脂奶或脱脂奶（原因参见第 276 页"喝牛奶的注意事项"）。你可以减少其他乳制品中的脂肪。如果宝宝喜欢奶油，你可以用更健康的抹酱代替，如坚果酱或鳄梨酱。让宝宝习惯低脂奶酪、酸奶和乡村乳酪。

• 不要吃高脂肪的包装食品和快餐食品。

• 就像我们在第 252 页提到的，不要吃含氢化脂肪的食品，例如含氢化脂肪或者部分氢化脂肪的食品。

6. 给宝宝富含膳食纤维的碳水化合物。 吃太多不好的糖容易发胖。包装食品和饮料当中本来就缺少膳食纤维，添加了很多糖、玉米糖浆和各种甜味剂之后，更容易让宝宝养成甜食偏好。结果由于膳食纤维少，消化得快，宝宝更容易吃过头（参见第 256 页，"保证足够的膳食纤维"）。

7. 让宝宝动起来。 你很少需要有目的地带宝宝出去锻炼。宝宝在醒着时基本上就一直动个不停。有一个关于著名奥运冠军吉姆·索普（Jim Thorpe）的经典案例。他曾经模仿婴儿的一举一动，结果一个小时就累趴下了，但小婴儿还是生龙活虎的。不

西尔斯医生健康协会

你希望在宝宝出生前就习得健康的饮食习惯，有个良好的开端吗？或者，你是不是在寻找健康的生活方式、锻炼方式、生活态度和营养知识来让你和家人受益一生？现在，不论你是有孕在身，还是处在哺乳期，还是家有上学的孩子，不论你是成年人还是老年人，都可以通过我们的健康教练参与到互动式学习中来，面对面或网络在线方式皆可。你将会了解到什么是对宝宝成长有利的食品，如何增强宝宝的免疫系统，如何帮助家人获取健康食品，等等。想要在你所在地区找到一个健康教练，或想了解如何成为西尔斯医生的健康教练，可以登录 DrSearsWellnessInstitute.org.

过有些婴儿满足于视觉刺激，喜欢躺着看，而不是到处爬。宝宝越胖，动得越少；动得越少，就越胖，于是形成了一个恶性循环。鼓励孩子动起来。跟他一起爬，一起散步，一起追赶嬉闹（而且应远离电视），在花园里一同玩游戏。

第13章 给学步期宝宝喂食

餐桌都准备好了。你把 18 个月大的宝宝弄上高脚椅，信心满满地把辛苦准备、营养均衡的一餐放在他面前。你还邀请了爷爷奶奶共进午餐，让他们看小孙子如何乖巧活泼。每个人都把盘子扫得精光，称赞你厨艺精湛。

这时宝宝又怎么样呢？他的盘子还是满的，只有土豆被叉子戳了几个洞、豆子撒得满地都是，仿佛为了提醒大家别忘了他的存在。宝宝对你准备的美味佳肴丝毫不感兴趣，同时，奶奶发现："他看上去有点瘦。"这句话对你的付出简直是一种羞辱。宝宝快"饿死"了，你当妈妈的能力受到质疑。如何避免这种情况出现？请继续往下看。

给挑食的宝宝喂食

"医生，我的孩子很挑食。"这种抱怨我听过不下千遍，最后我意识到学步期宝宝有充分的理由挑食。如果你了解这个阶段孩子的行为方式和成长模式，就会明白为什么 1～2 岁的孩子都特别挑食。1 岁之前，宝宝吃得多，因为他长得快。1 岁时一般婴儿的体重是出生时的 3 倍，但进入 1～2 岁的学步期后，体重增幅只有 1/3，甚至更少。此外，学步期宝宝会把一些多余的婴儿脂肪转换为能量，这个时期，个子增加得比体重快。这种正常的体重下滑进一步加剧了父母的担心，他们担心孩子吃得不够。学步期宝宝饮食习惯的变化，是因为他们成长方式的变化。

情绪变化和运动能力的提高也带来了饮食模式的改变。顾名思义，学步期宝宝要走路，他们不会乖乖坐着做任何事，尤其是吃。他们不知疲倦地在屋里探索，哪里有空闲坐下来安静吃饭。这时，少吃多餐比较适合宝宝。很多营养学家认为这是最健康的吃饭方式。此外，学步期宝宝"挑食"，也是再正常不过的。快1岁时宝宝学会了用拇指和食指捡东西吃，这项新技能也会影响到宝宝的饮食模式。宝宝很喜欢从盘子里或碗里挑拣可吃的小份食品，或是将手伸到你的碗里。这些都是学步期宝宝挑食的原因。

 詹姆斯医生笔记：

吃饭是学步期宝宝能掌控的少数几件事情之一。我要提醒父母们，我们大部分人都是挑食的，但我们也都长大了。

没有吃饭的心情

吃饭习惯不稳定是这个阶段宝宝的一个特征。你的宝宝可能某天吃得很好，而第二天却什么也没吃。他可能今天喜欢新鲜蔬菜，而明天却坚决不吃。有位妈妈说过："学步期宝宝唯一不变的一点是他一直在变。"这种不规律的吃饭模式是正常的，尽管很让人担心。不过，如果把宝宝摄入的食物量算出周或月的平均值，你会惊讶地发现他的饮食比你想象得要均衡得多。1～2岁的孩子每天需要摄入1000～1300卡热量，但不是每天都是这个量。某一天他们好像什么也没吃，但第二天可能就补回来了。

只要给他一段时间，营养摄入仍能达到均衡。有位妈妈这样解决营养平衡问题："当她胃口小时，我一次只给她一样东西，下次换另一样。我不担心她的营养平衡问题，只要每周能吃得均衡就行。"

父母的角色，宝宝的角色

作为8个孩子的父母，老实说，自从有了第一个孩子，我们就没有喜欢过吃饭时间，尤其是当他们正处在学步的阶段。我们觉得对他们的每一顿饭都负有责任，操心他们吃什么，吃多少，担心不吃我们准备的食物。现在，这种压力消失了。我们学会了一点，就是：父母的责任在于购买并准备营养的食物，很有创意地放在孩子面前，仅此而已。接下来就不属于我们的管辖范围了。这下我们放松多了，剩下的由孩子自己决定。吃多少，何时吃，到底吃不吃，大部分是孩子自己的事情（当然，也要有来自父母的鼓励和指导）。一旦吃饭时间放松下来，压力减少，我们就很享受这段和孩子在一起的特殊时间，而且，事实上，他们看起来吃得更好、更享受了。

我们有这么多孩子要喂，把他们弄上椅子就已经很难了，哪里有多余的精力让他们好好吃饭。他们得自己负责把肚子填饱。我们在强迫和置之不理之间找到一个平衡点，尽量配合他们的需要和心情。没有人能在强迫战中取胜。过分施压让每个人都精疲力竭，还容易养成不健康的吃饭态度。为了能轻松地喂饱他们，我们也是"不择手段"，什么食品伪装术、用小东西贿赂、玩吃饭的游戏等齐齐上阵。给孩子们喂了45年饭之后，我们对他们吃多少既不引以为荣，也无愧于心。

让宝宝乖乖去吃饭

不要对宝宝不吃你精心准备的胡萝卜泥有什么想法，让他按照自己的方式灵活掌握吧。如果他表现出吃够了、该停了的信号，这顿饭就该结束。把这个记在心上。怎样让宝宝吃饱，使你的压力减轻，有很多技巧。

试试冰格盘

我们想出来的最有创意的点子是用冰格盘。这样既可以减少父母的麻烦，又能让宝宝获得充分的营养。冰格盘是少食多餐的最佳工具，而且非常符合学步期宝宝的饮食习惯。

准备冰格盘。西尔斯家的冰格盘是怎样准备的？

• 用一个冰格盘或买一个带有吸盘的分格塑料盘，放在矮桌上或高脚椅上，底下用吸盘固定。然后在盘子

的每一个格子里放颜色各异、营养丰富、一口大小的食物。有时候，我们称这样的一顿饭叫做彩虹餐。

• 其中一个格子要放有营养的蘸料。

• 给这些食物取一些两岁孩子能懂的名字，例如：

　○鳄梨船——1/4 个鳄梨切块

　○奶酪积木

　○香蕉轮子

　○西兰花树

　○小圆圈（O 形麦圈）

　○棍子（煮熟的胡萝卜或全麦面包）

　○月亮——削过皮的苹果片（加或不加花生酱）

　○皮艇鸡蛋——煮熟的鸡蛋切成两半，就像皮艇

　○贝壳、虫子、木头等——不同

冰格盘对学步期宝宝很有吸引力。

267

形状的意大利面

把宝宝的冰格盘放在他的桌子上，当他在屋子里跑来跑去，经过桌子时，经常会停下来，吃一小口，然后继续跑。教他咀嚼和吞咽时都要站在桌子边。

★**安全提示**：为了防止噎住，不要让宝宝含着食物跑。（参见第240页"容易噎住宝宝的食物"。）

如果宝宝还是经常会把食物打翻，或扔得到处都是，说明他还太小，不能独自吃东西，需要大人的监督。宝宝两岁时，可以教他把碗放在桌子上不动，不要打翻、扔在地上或带着满屋跑。

两个人的冰格盘。如果你家宝宝对冰格盘不感兴趣，你可以把盘子放在你跟他中间，你们一起吃。你要做的就是夸张快乐的感觉，让宝宝觉得从各色食品中挑东西吃是多么开心。

吃得好，行为举止也好

儿童的行为举止经常跟他的吃饭模式并行发展。父母们经常发现，学步期宝宝的行为表现经常会在接近中午之前或下午3点左右变差。注意到彼此的联系了吗？通常越久没吃饭，表现就会变差。少食多餐避免了血糖的高低起伏，因而不理想的行为表现就会减少。

我们的孩子非常喜欢从冰格盘里捡东西吃，就连我们都常跟着他们一起少食多餐呢。

食品"化妆术"

蘸。学步期宝宝喜欢把吃的放在调料里蘸一下或浸一下。味道稍欠的食物，尤其是蔬菜，在好吃的酱料里蘸过以后，味道就丰富多了。蘸料可以有很多选择：

• 鳄梨酱（加或不加调味料）
• 有营养的沙拉酱
• 芝士酱
• 原味酸奶，加蜂蜜和／或果粒
• 水果泥或煮熟的蔬菜，拌上一点沙拉酱
• 鹰嘴豆泥
• 乡村乳酪沙司
• 豆腐泥

抹。宝宝都对涂抹感兴趣。那就让他们在饼干、小面包、吐司或米糕上抹些有营养的东西，如鳄梨酱、芝士酱、肉泥、花生酱、蔬菜沙司、梨酱或其他果酱。

混。为了让挑剔的小家伙接触到更多成长食品，你可以试试西尔斯家经常用的"伎俩"：

• 用酱汁、调味汁来浇盖蔬菜。
• 把切好的蔬菜或蔬菜泥放入意大利面、汤和炒菜中。
• 用肉桂、葡萄干和蜂蜜增加甜

蘸

学步期的宝宝要是拒绝蛋白质，特别是豆类，该怎么办？关键就在于你怎么给他。用乳制品、豆类或蔬菜做成泥或调味料，然后鼓励他用全麦饼干、全麦面包、意大利面或其他主食和蔬菜去蘸。刚开始可以试试鳄梨酱、鹰嘴豆泥、豆腐泥或芝士酱。

有营养的蘸料给宝宝手拿食物——特别是蔬菜，增加了趣味。

味，或用柠檬汁或酸橙汁来增加味道的层次。

•把蔬菜，如甘蓝等，放入水果和酸奶做成的混合果饮中。

浇。把熟悉、喜欢的食物浇在陌生的、不那么喜欢的食物上面，是一个拓宽婴儿食谱的好办法。最好的用来浇的食物是融化的奶酪、酸奶、奶油奶酪、鳄梨酱、梨酱、番茄酱、肉酱、苹果酱和花生酱。

让吃饭变得容易

容易吃。尊重孩子的小肚子和不太成熟的咀嚼和吞咽技能。把食物切成一口大小。把难咬的食物，比如猪肉，剁成泥，做成肉酱或抹在喜欢吃的饼干上。肉泥和乡村乳酪同比例混合搅拌，是很受欢迎的食物。

用喝代替吃。如果宝宝拒绝吃而喜欢喝，用酸奶和新鲜水果粒混合搅拌给他。用吸管可以增加喝东西的乐趣，但有些孩子容易把液体溅出来，也有些不会。

分成小份。不要把盘子装得满满的，端到宝宝面前，每次放一点点，

西尔斯家庭混合果饮

•240 毫升绿叶蔬菜汁
•240 毫升胡萝卜汁
•240 毫升石榴汁或葡萄汁
•两杯不加糖的有机希腊酸奶
•1 杯蓝莓（新鲜或冷冻皆可）
•1 杯其他水果，冷冻的，例

如草莓，木瓜，芒果，菠萝
•2 个销了皮的猕猴桃
•85 克豆腐
•1/4 杯研磨好的亚麻籽
•1/4 杯小麦胚芽
•2 茶匙肉桂

把以上食材放入搅拌机中搅拌，直到呈带泡沫的奶昔状。慢慢塑造孩子的口味，先给他做成分和口味简单的水果酸奶混合果饮，然后再增加其他成分。搅拌好后立即饮用。

其他特殊的添加和代替成分：
• 枣，葡萄干或无花果（增加甜味）

• 1～2汤匙花生酱（为了增加能量和饱足感）
• 有机牛奶代替果汁
• 菠菜或甘蓝，有机的
• 含有多种维生素和矿物质的蛋白粉
• 1个石榴的果肉，去籽
• 足量的Omega–3营养剂（参见第251页）

吃完以后若还需要的话再添。

每一卡都要有营养

鼓励孩子吃营养丰富的食物，也就是每一卡都含有很多营养的食物。水果的营养密度很低，果汁更低，甜点最低。高营养的食物对学步期的宝宝特别重要，因为这个阶段的宝宝像兔子一样活蹦乱跳，可是吃得像老鼠那样少。挑食的孩子吃得本来就比较少，更要给他营养丰富的食物，并通过少吃多餐来弥补。

就座和上菜

安坐的策略。宝宝坐高脚椅时，可以给他系上安全带，防止他爬出来。同时，不要让他脱离大人的视线。有一位妈妈是这样看管小逃犯的："我一勺一勺地喂他，连珠炮似的，他不得不集中注意力安静下来。很快，他还没来得及反应，一顿饭就结束了。我把他放下来。他没怎么反抗，我没给他反抗的时间。"身体摇晃、双腿悬空只会让宝宝吃得更少。鼓励孩子坐在儿童桌上吃饭，两脚放在地上。和家人一起就餐时，放一个盒子在他脚下。

食物架。在冰箱下层留一格，专门放置两岁宝宝的食物、饮料以及吃剩的冰格盘。宝宝可能经常会走到冰箱旁，敲冰箱门，告诉你他该吃饭了。架子要低，让他能够到想吃的食物。

学步期宝宝什么时候能够自己拿食物和饮料，不至于洒得到处都是，也是因人而异。但要鼓励他这样做。此外，在冰箱里留一个宝宝专有的空间，可以让妈妈了解小家伙到底吃了多少。

餐桌礼仪。愉快的就餐氛围会带来良好的举止。就餐时间是特殊的时间，餐桌是个全家人在一起谈天说地，享受美食的特殊场所。压力和紧张不应与食物为伍，这里不是个生事的地方。大人和年纪较大的孩子要树立良好的行为模范。如果学步期宝宝看到在餐桌上打架、扔食物，他可能会以为餐桌是个战场，进而加入进来。即便是1岁大的孩子也能受到餐桌上愉快氛围的感染。

舒适的大腿。有时候，宝宝不愿意坐进高脚椅，那就让他坐在你的大腿上，吃你盘里的菜。作为西尔斯家治乱俱乐部的荣誉主席，玛莎找到了一个管用的办法。她把她的盘子放在宝宝够不着的地方，从中取出一点，放在宝宝面前。这样，大腿上的宝宝就不会伸手到你的盘子里来。好好享受这段让孩子坐在你腿上吃饭的时光吧，很快就会过去的。

让吃饭变得更有趣

妈妈的小帮手。让宝宝自己做吃的。用切饼干的刀和饼干模子切出不同形状的奶酪、面包、面条和肉丝。我认识一位妈妈，她把煎饼用的面糊装在挤压瓶里，让她的孩子在冷的平底锅上挤出各种有趣的形状，如心形、数字或字母的形状，甚至是自己的名字。孩子更喜欢吃自己做出来的东西。

打开惊喜。孩子喜欢惊喜。儿童喂食游戏里常见的一个环节是让孩子自己打开食品包装盒，或撕掉点心上面覆着的那层箔，看到五颜六色的食品，他们会感到惊喜。让孩子扮演妈妈的角色，允许孩子自己打开食品包装（当然不能是烫的），鼓励他要吃多少自己拿。这样也会增加他对吃饭的兴趣。

变换菜单。喂食的方式和菜式要灵活多变。如果喂食技巧不起作用，那就变换一下菜单。试试不同的煮法和食物。效果好的话就继续改进，效果不好则放弃。

比萨当早饭？ 早、中、晚餐的概念对孩子没什么意义。如果宝宝执意要拿比萨当早饭，水果谷类做晚饭，随他去，总比什么都不吃强。等孩子长大些，你就不必再根据他的喜好，为他准备与家里其他人不一样的餐点了。孩子到了一定年龄，就应该家人吃什么，他也吃什么。一个5岁的宝宝，偶尔让他自己做花生酱三明治，原来不那么爱吃的可能也觉得好吃了。接着下一次，可以是花生酱加全麦面包。再下一次试着在花生酱三明治上面放点豌豆呢？

更多喂食策略

打开紧锁的嘴。你花了宝贵的几个小时，给1岁的宝宝准备了他最爱

271

吃的食物，现在坐下来，挖了一勺给他，结果他金口不开，似乎告诉你说"别想让我吃"。这时你有两个选择：换更好的武器继续进攻，或者撤退。试试下面的策略：有时候结束喂食就能让紧闭的嘴唇放松下来，去做你自己的事，或好好享用你没吃完的饭。宝宝看到你大口吃饭，他可能也会感受到用餐的气氛，松开自己紧闭的嘴。用他最喜欢的食物作诱饵。当"大门"打开，你紧接着把想给他吃的东西放入他嘴里。他可能是不饿，没有吃饭的心情，想做点别的。有时最好的办法是，接受大门紧闭的事实，撤退，改天再来。

准备好相机。 有一天，我正在写东西，玛莎在厨房叫我："快，拿个相机过来，我都快疯了！"原来史蒂芬把架子上一整盒打开的营养玉米片给打翻了，他坐在地上，从头到脚全是玉米片，正高兴地吃着。小家伙真

是饿了！

榜样的力量。 给宝宝不熟悉或不太喜欢的食物时，你先吃给他看，同时用所有能用到的身体语言告诉他这有多好吃。或者把食物放在宝宝面前，说你要咬一口（宝宝可能很享受拿着食物给你咬），然后是管用的老一套："嗯……好吃极了！"

别人盘里的东西好吃。 如果宝宝对菜花不感冒，这就成为你这周的挑战。你试过伪装术，蘸酱，取新名字，但还是老样子，他一口没动。这时，你可以和他坐在一起，把菜放到你的盘子里，同时重复着"嗯……好吃极了"。让你惊喜的是，宝宝可能会从你盘里拿东西吃。如果没这么做，下一顿饭可以引入一个竞争者——西兰花。因为西兰花呈树形，所以大部分小孩都喜欢。你可以做成绿的树和白的树。

没有两餐是一样的。 学步期宝宝还没有形成连续性的饮食习惯。你会发现某天宝宝喜欢自己吃饭，而另外一天又希望你喂他。你拿不准今天会用哪种方式，就准备两个勺，一个给宝宝，一个给你自己。和他坐在一起吃。有时候他只是希望你陪着他，他会自己吃。还有些时候他希望你跟他玩，并用勺喂他。有时我们玩游戏："你用你的勺吃一口，妈妈用妈妈的勺喂你一口。"宝宝会接下去说："我喂妈妈一口。"

学步期宝宝最喜欢的点心

鳄梨酱	水果干
酸奶	纯果汁和蜂蜜
米糕	健康饼干
肉泥	煮鸡蛋
薄脆饼干	果粒酸奶
花生酱	苹果块
煮熟的胡萝卜	

反向心理学。有趣的是，让挑食的小家伙就范的最有效策略是根本不去喂他。你可以这样做：准备好吃的，坐下来吃，然后什么也不说。吃你的饭，甚至都不叫他上桌。聊天，笑，吃饭。孩子可能觉得自己被排斥在外了，想要主动加入。等他上桌以后，也不给他吃的。让他自己开口。看起来就像是他自己要吃。不要一下子把整盘食物放在他面前（这样会给他压力）。一次给他一小部分，可以是从你盘子里给他，或者是大盘子里给他。让他自己要。要做得好像不在乎他是否吃，也不给予表扬。要给他这样一个信息，即吃饭不是什么大事，是大家坐下来一起做的一件事。这个办法真正起作用可能要花上几个月的时间，不过自我驱动的孩子要比屈服于外在压力的孩子吃得更多更好。

减少奶粉的摄入。很多父母担心孩子挑食造成营养不足，在孩子两岁时还每天给他喂900毫升甚至更多的配方奶或牛奶，这样可能会造成恶性循环。宝宝不想吃，所以父母就喂更多奶粉。因为宝宝已经摄取了很多奶了，他就不需要吃了。而只要宝宝吃得少，父母就不愿意减少奶粉供应。但宝宝不会吃得再多了，因为奶粉已经让他饱了。首先要减少奶粉的量，只在夜间睡觉或白天小睡时给他喝，其他时间就不再喂了。这样会刺激小家伙寻找其他的营养来源来缓解饥饿感。白天，可以在他看得见的地方放置一些健康的小吃；并且让他看见你吃，他也会想吃。

改变习惯

不要暴饮暴食。有时宝宝会暴饮暴食，喜欢的东西吃过量，而不喜欢的一概不碰。有位妈妈是这样解决问题的："为了让他少吃点，我们给他吃的时候，就告诉他这是最后一个——'吃完了，没了。'以免他吵着再要。"不过，如果孩子爱吃的是很有营养的食物（如花生酱三明治），那就没必要制止他。

对食物的固执。两三岁的宝宝有时候会非常执着于某些固定的食物准备方式。如果他认定花生酱应该放在果酱上面，而你却把果酱放在了花生酱上面，可能会遭到他无礼的拒绝。不要认为他很顽固，有控制欲，这只是一个幼儿心智发展要经历的阶段，在这个阶段，他对东西的顺序有一个预设的概念。花生酱一定要放在果酱上面，反之则拒不接受。别生气，还是保持微笑乖乖照做吧。等到你带他上街买衣服时你就知道，这种小小的固执根本不算什么。

拒绝蔬菜。我每天都会听到父母的抱怨："医生，我的宝宝不吃蔬菜。"是的，喂蔬菜比喂别的食物更

273

需要技巧。

- 把蔬菜当做手抓食物，让宝宝蘸酱或调味汁吃。
- 在蔬菜上浇一层宝宝喜欢的调味料。花生酱裹菜花就很好。

和孩子外出就餐

餐厅老板可能会贴出这样的告示："可以带孩子，但不要吵闹。"带学步期宝宝外出就餐麻烦一大堆，怎样才能尽量减少麻烦、轻轻松松呢？

在外出前喂饱孩子，或一到餐厅就点一份儿童快餐。宝宝饥饿时更容易闹。如果你打算晚上外出吃饭，而你的保姆刚好请假，那就来个三人晚餐吧。挑宝宝最可能疲倦的时候去餐厅。驱车到餐厅的路上，宝宝可能已经睡着。把宝宝连汽车安全座椅一起抱进餐厅，放在餐桌下面。或者要一个单间，让宝宝在里面睡觉。

如果宝宝的睡眠时间和你的吃饭时间不吻合，也有办法。带上宝宝最喜欢吃的小点心。让宝宝坐在高脚椅上，给他一些柔软的、不会发出噪音的玩具和塑料餐具。我们发现用背巾把宝宝抱在怀里最能让他安静下来。去那种有"欢迎儿童"气氛的餐厅。不要去没有高脚椅的餐厅。最后一个建议：选一张靠边的桌子，这样宝宝不再会成为众人目光的焦点，免得刺激他去娱乐观众。

- 玩化妆术：用宝宝喜欢吃的食物去装饰蔬菜，例如在西红柿周围配上乡村乳酪。
- 把蔬菜藏在宝宝喜欢吃的食物里，如米饭、乡村乳酪或鳄梨酱。
- 蒸蔬菜。这样通常味道会好些。
- 用蔬菜做造型。橄榄片做眼睛，西红柿做耳朵，熟胡萝卜做鼻子等，做成一张彩色的脸。
- 摆出你最爱蔬菜的表情。对食物的喜欢和不喜欢是会传染的。让你的宝宝看到你和其他家庭成员有多享受吃蔬菜。
- 用汤和酱料给不喜欢的蔬菜作掩饰。把蔬菜切碎、绞烂、压成泥，都能让孩子比较好下咽。在我们家，西葫芦薄饼和胡萝卜松饼最受欢迎。
- 如果你真的觉得生活中不能缺少蔬菜，让孩子帮你在园子里种蔬菜。让他帮你挖土，摘菜，洗菜，帮你煮。小家伙自己做的蔬菜至少愿意吃的概率更大一些。

不要施加压力。高压政策只会让喂食变得更难，而不是更容易。不要强迫孩子吃，这会使孩子对食物和吃东西产生不健康的态度。

给学步期宝宝选择正确的乳品

牛奶是最完美的食物？既是也不是。对小牛来说是，对人类宝宝而言不是。如果宝宝对乳制品不过敏，那牛奶对他来说就是一步到位的营养。牛奶中几乎包含学步期宝宝需要的所有营养物质：脂肪、碳水化合物、蛋白质、维生素和矿物质。乳制品的好处是营养均衡，对这个时期比较挑食的宝宝尤其重要。虽然其他食物，如蔬菜、豆类、海鲜，也能提供和牛奶一样，甚至更好的营养物质，但我们不得不承认，学步期的宝宝喝牛奶、吃乳制品的次数和量，比其他食物多得多。可问题是，牛奶中的好东西是为小牛的成长设计的，而不是人类的孩子。

近距离看牛奶

小牛长得比小宝宝要快很多，这就是牛奶的问题所在。它包含的东西太多。牛奶含有过多的矿物质成分（如盐和磷），浓度要比人类母乳和婴儿配方奶中的高很多。为什么太多的好东西反而对宝宝不好呢？人体的排泄系统处理的是一些不需要的东西，如多余的蛋白质和矿物质，即一般所说的肾负荷。如果给肾脏的东西包含太多的肾负荷（牛奶中是母乳和婴儿配方奶的 2 ~ 3 倍），肾脏必须更用力地运转才能排掉。这些多余的废物对于宝宝尚未成熟的肾脏来说是极大的负担。

除了多余物质外，易过敏性也是

美国儿科学会营养委员会建议牛奶不要作为 1 岁以下婴儿初始饮料的另一原因。

过敏学家估计，3 个月以下的婴儿如果饮用牛奶，以后对牛奶过敏的概率约为 25%。（参见第 134 页对早期喂养和后来的食物过敏的解释。）

牛奶中铁的含量太少，而这是学步期宝宝必需的营养元素。牛奶摄入过多，会导致缺铁性贫血。（参见第 258 页。）

尽管有这些缺点，但适当地饮用牛奶对宝宝来说是健康的，只是不要过量。我们鼓励父母们给一岁以后的宝宝供应的牛奶限制在每天 470 毫升以内。这会减少缺铁现象，让宝宝有多余的胃口去开拓别的营养食物。

奶的类型

牛奶可以根据脂肪含量分类。直接来自母牛的是全脂奶，每 30 毫升含有 3.25% ~ 4% 的脂肪和 20 卡的热量。低脂奶去掉了部分脂肪，每 30 毫升脂肪含量一般为 2%，热量为 15 卡。脱脂奶是把所有脂肪都去掉，每 30 毫升含有 11 卡的热量。由于近来脂肪的名声很不好，婴儿是否应该喝低脂或脱脂奶呢？不！低脂奶和脱脂奶去掉的脂肪很多对婴儿来说很有价值。

羊奶。羊奶的营养成分和牛奶

钙的来源

宝宝从哪里可以获得充足的钙？如果宝宝不喝牛奶或者对牛奶过敏怎么办？在美国，缺钙非常罕见。因为大部分食品中都含有一定的钙。婴儿和学步期的宝宝每天建议的钙摄入量是 800 毫克。3 杯牛奶就可以基本满足每天的钙需求。以下是一些常见食物的钙含量。

最佳乳品来源	含量（毫克）
1 杯酸奶	415
1 杯牛奶	300
28 克切达乳酪	200
1 杯奶酪通心粉	200
1 杯乡村乳酪	155

最佳非乳品来源	含量（毫克）
85 克沙丁鱼	371
1 杯高钙橙汁	300
1 杯鹰嘴豆	300
1 杯菠菜	272
1 杯羽衣甘蓝	179 ~ 357
85 克豆腐	190
1 杯西蓝花	177
半杯食用大黄	174
85 克三文鱼罐头	167
1 杯豆泥	141
1 汤勺黑糖糊	137
5 个无花果	135
2 汤勺杏仁酱	86
1 杯杏干	59
1 杯干豆	50 ~ 100

* 以上均为平均值，不同包装和品牌，钙含量也不同。比如鱼类的钙含量因其中磨碎的骨头量而不同。蔬菜含钙丰富，但宝宝通常不喜欢蔬菜的味道，可以切碎后放到其他菜里。

类似，热量也相当。但由于蛋白质和脂肪的结构不同，有些宝宝更容易消化羊奶。羊奶中只含有微量的易过敏 α-S1 酪蛋白，有更多基本的脂肪酸，短链和中链的甘油三酯，这种类型的脂肪比较容易消化。牛奶中有一种可以使球蛋白凝集的物质，叫凝集素，但羊奶中就没有这种物质。大多数美国产的羊奶经巴氏杀菌且不含抗生素，没有用任何在某些奶牛养殖中使用的增奶激素，如 BGH。但羊奶中叶酸含量不到牛奶的 10%，所以要确保你选择的羊奶是添加了叶酸的，同时要保证是经巴氏杀菌的。

替代的奶。 对牛奶和羊奶过敏的孩子，一般可以用米浆、杏仁奶、豆奶、椰奶和火麻仁奶来代替。尽管所有这些都能满足学步期宝宝对"糊状食品"的喜好，而且大多都添加了适量的钙，但它们在营养上与真正的奶还是不能画等号。

• 豆奶是其中最接近牛奶或羊奶的，脂肪含量近似，只是蛋白质少一点，碳水化合物是后者的一半。对牛奶过敏的人通常也对豆奶过敏。

• 火麻仁奶次之，与牛奶相比，脂肪和碳水化合物近乎一致，蛋白质是牛奶的一半。

• 米浆的主要成分是碳水化合物，蛋白质和脂肪含量最少。

• 杏仁奶的主要成分也是碳水化合物，脂肪含量更低，蛋白质含量也很低。

• 椰奶含有更多的脂肪和膳食纤维，更少的碳水化合物，但与牛奶相比，蛋白质要低很多。（未经加工的椰奶，其脂肪也更健康。）

如果你的孩子不喝真正的奶（牛奶或羊奶）或对其过敏，那么在保持固体食物营养均衡的前提下，可以喝这些替代性的奶。这些替代性的奶蛋白质比较少（大多数是如此），在营养上不能与真正的奶相比。米浆和杏仁奶与真正的奶差距最大。

记住，同等分量的情况下，酸奶作为饮料，比牛奶更有营养，也更少过敏。

酸奶。酸奶可能比牛奶更适合学步期宝宝，它是通过往牛奶中添加乳酸菌培养而制成的。这种乳酸菌能使牛奶中的蛋白质凝结，把乳糖转化成乳酸。对牛奶蛋白质过敏，或对乳糖没有耐受性的宝宝，吃酸奶却没有问题。

酸奶是学步期宝宝很好的食品，而且用途广泛：可以用来做色拉、蘸酱、布丁、蛋糕糖衣，还是奶油的一种健康替代食品。

乳糖酶奶。乳糖酶奶是往牛奶里添加乳糖酶制成的奶。这种酶可以分解乳糖，方便让缺乏乳糖酶的婴儿肠道吸收。你也可以买到乳糖酶的锭剂或液体，加到普通牛奶里，也能起到同样的效果。

人造奶。以奶精为例，其成分是玉米糖浆、蔬菜油、乳化剂、稳定剂、食用香料等，偶尔还加点牛奶成分，如酪蛋白酸钠。这种"奶"不能代替真正的奶，不应给婴儿及幼儿喝。

你的孩子吃够了吗

"医生，我觉得我的宝宝吃得不够。"这是每个 1 ～ 2 岁宝宝的父母都担心的问题。问题是，孩子吃饱是让妈妈或奶奶满意（其实孩子吃不了那么多！），还是让孩子自己满意？试试下面的步骤，让自己逐步成为孩子的营养师。

第 1 步：在生长曲线图上记录宝宝的进步

把宝宝的身高和体重记在生长曲线图上。医生在帮宝宝做健康检查时都会这么做，你可以在宝宝做 1 岁健康检查时，向医生要一张两岁的生长曲线图，并请教医生如何画。曲线图不是指导婴儿营养问题的绝对标尺，但至少是一个开始。

如果宝宝的身高和体重都位于曲线图的顶端，你当然不必担心营养问题。这表明宝宝得到了足够的营养。当然，绘制曲线图的时候，要把

遗传因素也考虑进去。如果宝宝的双亲都很矮，即便宝宝处在曲线图的后25%，甚至是 10%，也有可能是正常的。不同体型的宝宝在曲线图上画出的曲线也不同，瘦型体质的宝宝，可能在身高方面高出平均值，而体重却比平均值低。运动型体质的宝宝一般身高和体重指标都处在 50% 附近。胖型体质的宝宝体重百分数比身高高。所有这些差异都是正常的。

持续几个月在体重百分数上的下降很常见。这在婴儿 6 ～ 12 个月学爬，12 ～ 18 个月学走和跑的时候最为明显。在这些阶段，婴儿会消耗掉身上大量的脂肪。所以在第一年，当你看到宝宝的体重在曲线上从结实的90% 掉到偏瘦的 50% 时，不要大惊

蛀牙甜饮

学步期宝宝拿着奶瓶和训练杯边喝边走会怎么样？这个时候他们需要很多液体，每天每千克体重需要大概 100 毫升，主要来源有牛奶、配方奶和水。拿着奶瓶到处走能及时补充水分，但不断地呷一口奶，或玉米糖浆，或是酸性饮料，会有蛀牙的危险。如果你的宝宝喜欢拿着杯子满屋跑，请在他的杯子里放点水。把这个看做训练宝宝从小喝水而不是甜饮料的好机会。

278

小怪。同样，当你在第 18 个月的例行测量中发现你已经非常瘦的宝宝体重从 25% 掉到了 10%，也不必惊慌。医生会密切关注宝宝的生长，并及时发现那些真正由营养问题导致百分数大幅下降的情况。

第 2 步：检查营养不良的症状

除了看曲线图的记录，还要把你的宝宝从头到脚检查一下。营养不良的症状有：

- 头发：脆，易断，干燥，稀疏。
- 皮肤：发皱，松弛，干燥，掉屑，不经常发生跌倒碰摔的地方也容易有瘀青，皮下出血，非常规的色素沉积，伤口痊愈较慢，有的地方皮肤薄厚不均，苍白。
- 眼睛：无神，呆滞，布满血丝，夜盲，内眼角有脂肪粒，有黑眼圈。
- 嘴唇：嘴角开裂，不易愈合，无血色，肿胀。
- 牙龈：易出血，松软。
- 牙齿：蛀牙，脆弱。
- 舌头：光滑，有溃疡，苍白。
- 指甲：薄，脆，凹陷。
- 骨骼：双腿弯曲，肋骨突出。
- 脚：肿胀（水肿）。

第 3 步：给宝宝做饮食记录

准备一本饮食笔记本，记下宝宝所吃的食物类型、数量和摄取的热量值。连续记 7 天，计算每天摄取的总热量。宝宝的饮食每天都有变化，所以计算周平均值更为准确。以婴儿每天每千克体重平均 100 卡为例，10 千克的一周岁婴儿每天需要的热量平均为 1000 卡。有些天他只吃进去 700 卡，而另外一些日子，他却能摄入 1300 卡的热量。不要希望计算出来的值非常准确，最专业的营养师也无法做到。如果一周内每天的平均值

学步期宝宝的营养需求

- 平均每天 1000 ~ 1300 卡[①]
- 蛋白质需求：每天每千克体重 2 克
- 营养搭配比例：
  50% ~ 55% 的碳水化合物
  35% ~ 40% 的脂肪
  10% ~ 15% 的蛋白质
- 维生素和矿物质
- 水
- 补充维生素和氟化物[②]
- 勤喂最好，少吃多餐

---

①作者注，这是指导性的数值，具体所需的热量值随发展阶段、活动量的不同而改变。
②作者注，请遵医嘱。母乳喂养的婴儿基本上无须补充维生素；对足月的婴儿来说，900 毫升的配方奶就能提供每日所需的维生素。氟化物的补充量应根据当地饮用水中的氟含量和宝宝的饮水量来确定。

在 1000 ~ 1300 卡，那基本能确定宝宝得到了足够的食物。这个数字还包括从奶中获取的热量。如果宝宝还在吃母乳，那么他从其他食物中获取的热量会稍微低些。

正确的食物类型

首要的任务是确定宝宝是否得到了足够的热量。如果你已经走完了前面两个步骤，那除了确定宝宝是否获得足够多的食物外，还要知道食物的种类是否选对了。这就要记下宝宝吃的每一种食物，并计算每一顿饭中蛋白质、碳水化合物和脂肪的百分比。

每天计算蛋白质、碳水化合物和脂肪的总和，然后计算一周的总和。一周的均衡饮食比例是：碳水化合物 50% ~ 55%，脂肪 35% ~ 40%，蛋白质 10% ~ 15%。不要希望每天都均衡，做到每周均衡就可以了。

身体的智慧

一个热量数值就能确定宝宝是否得到了足够的营养。研究表明，只要把一桌营养的食物放在学步期的宝宝面前，宝宝就会自然地获得平衡的营养。营养学家相信，人体有其内在的智慧，会自动追求均衡的营养。除计算热量值外，计算饮食是否均衡也是个很有用的练习，帮你掌握宝宝的饮食倾向，确保获得良好的营养。

第 4 步：寻找其他影响宝宝成长的因素

宝宝也有生长停滞的时候，尤其是体重，一般是在反复或长期生病期间，如腹泻或经常性感冒。这种时候，宝宝的胃口变小，用来成长的营养不得不用于抵抗疾病。等病好了，会出现赶超式的飞速成长。在 9 ~ 18 个月，爬和走动会使体重的增长减慢，身高也相对停滞，这时宝宝非常正常地变"瘦"了。除了生病和发展阶段的原因外，情绪波动也会减缓生长速度，影响胃口。如果有什么事情扰乱父母和宝宝的关系（如过早断奶，母婴过早分离，婚姻出状况等），宝宝在生长曲线图上的记录就会降几个层次。研究显示，婴儿需要与父母的亲密关系来使自己更好地成长。这种研究仍在进行中。

我们相信，总有一天我们会发现亲密关系与婴儿成长之间的生物化学联系。(参见第 388 页对"高需求宝宝"的讨论，第 467 页关于"关闭综合征"的讨论，其中有对亲密关系与成长关系的进一步解释。)

第 5 步：获得一个完整的医学和营养评估

经历上述 4 个步骤后，如果你还是怀疑宝宝营养不良，就请你的医生

一份学步期宝宝的食谱

下面列举的营养食谱适用于平均体重为 10 千克的 18 个月宝宝。其中包括了 5 类基本食物（参见第 165 页），保证了均衡的营养搭配。

- 每天 1000 ~ 1300 卡热量
- 3 杯全脂奶或营养相当的乳制品（或一天至少喂三四次母乳）
- 3 ~ 4 份谷物
- 2 ~ 3 份蔬菜
- 2 ~ 3 份水果
- 1 份豆类
- 1 份肉、鱼或禽类
- 100 克健康点心

食物	量	热量（卡）
鸡蛋 / 铁强化麦片	1 个 / 半杯	80
面包（加奶油或黄油）	半片	55
牛奶	1 杯	160
橙子	半个	35
奶酪比萨 / 花生酱三明治	1 份 / 半个	150
西兰花	1 份	20
水果或酸奶果饮	1 杯	160
无籽青葡萄	10 粒	30
奶酪块或奶酪条	10 克	50
三文鱼	60 克	100
饼干（直径 5 厘米）	半个	50
豆类	10 克	15
全麦意大利面	1 杯	150
蔬菜沙拉	1/3 杯	130

总计：1185

帮你推荐一位营养师，给宝宝做一下评估，并给你一些营养方面的建议。营养师会检查宝宝的饮食日记，分析出所吃食物的营养含量——主要是热量、蛋白质、碳水化合物、脂肪、维生素、矿物质和膳食纤维的平均摄入值，并把这些数值与推荐数值或最佳数值相比较。针对宝宝的年龄，营养师会告诉你如何补充营养。

除了对宝宝营养方面的检查外，全面的体检也能揭示营养不良的原因所在。体重不足可能有身体和情绪各方面的原因。医生会通过实验确定宝宝是否得到了足够的蛋白质、铁、维生素和矿物质。

食物过敏

食物过敏问题是最大的认识误区。人们会把所有可能想到的问题都归咎于食物过敏。有时候食物过敏会被过度夸大，使很多营养丰富的有益食物被拒之门外；而有时候与食物有关的问题却被忽视。只有在这两种极端之间找到平衡点，才能了解食物过敏的本质。

食物过敏的常见症状[1]

呼吸道	皮肤	肠道
流鼻涕	发红，砂纸状的脸部皮疹	黏液性腹泻
打喷嚏	荨麻疹	便秘
气喘	手脚发肿	胀气
鼻塞	干燥，鳞状，发痒（主要在脸上）	唾液过多
流眼泪	黑眼圈	呕吐
支气管炎	眼皮肿胀	肠内出血
耳部感染	嘴唇肿胀	体重增加缓慢或停止增加
持续咳嗽	舌头疼痛，干裂感	肛门周围出现灼热皮疹
充血		腹部不适
胸部发出声响		

---

[1]作者注，很多症状也是吸入性过敏的症状，参见第707页对这个问题的讨论。

什么叫过敏

"过敏"的英语是 allergy，来源于两个希腊语词——allos（其他）和 ergon（动作）。也就是说，一个过敏的人会表现出意想不到或与平时不同的动作或反应。医学上，"过敏"用来形容体内的免疫系统遭遇过敏原时产生的反应。

食物不耐受通常比食物过敏更难诊断。"不耐受"是指某种食物以一种不参与免疫反应的不良方式作用于人体，如乳糖不耐受（由于肠道内缺乏一种酶，导致饮用乳制品之后出现肠道不适和腹泻），或糖、食品添加剂不耐受。有些食物不耐受，如乳糖不耐受是可以客观诊断的。而有的不耐受——例如糖和食品添加剂不耐受，要主观得多，很难证明。任何食物都可以被认为是"不耐受"的。

第三个术语，超敏反应，意思和过敏相同。这三个术语（过敏、不耐受和超敏反应）可以用"食物敏感"简单地表示，意思是某种食物会引起儿童的不良感觉和行为，或某些器官的运转失调。

艾莉森宝宝和丹尼宝宝每人喝了一杯牛奶。艾莉森笑得很开心，还要再喝一杯。而丹尼皮肤变红，流鼻涕和眼泪，甚至开始打喷嚏、气喘或腹泻。丹尼的妈妈观察到这些，立刻把牛奶列入了黑名单。丹尼对牛奶过敏；艾莉森不过敏。

每一种食物，尤其是肉类，都包含一种叫做抗原的蛋白质（如果它们引起过敏的话，就叫做过敏原）。这些可疑的蛋白质进入血液，就会被人体认做陌生的入侵者。人体免疫系统察觉到这些入侵者，立刻动员自己的蛋白质大军（抗体），与抗原展开激烈的斗争，这种交锋会影响人体的某些部位，通常是呼吸道内膜、肠道和皮肤。类似微型爆炸的反应会释放化学物质，引起过敏症状。这种化学物质中我们最熟悉的就是组胺（因此抗过敏药也叫抗组胺药），它会干扰组织，使血管溢出液体（流鼻涕，打喷嚏，流眼泪），发生扩张（皮疹），有时呼吸道肌肉还会发生痉挛（气喘）。

为什么有的宝宝过敏，而有的宝宝不过敏呢？这个很难解释，我们只知道最主要的原因在于基因。

寻找过敏信号

食物过敏的信号和症状跟宝宝的指纹一样独特。有 3 个地方的信号最为明显：呼吸道、皮肤和肠道（参见第 282 页的表格）。这些信号最常见，最易辨识。还有些不太明显，很难找出具体的过敏原。这些症状会影响到中枢神经系统或大脑：

- 暴躁
- 头痛

- 焦虑
- 肌肉和关节疼痛
- 夜醒
- 易怒
- 哭
- 兴奋过度

症状的严重程度有所差别，有的在几分钟内或立即发生，还有的要迟至几小时后或几天后发生。例如，苏珊宝宝在厨房里吃了一个鸡蛋，走出厨房时就发了荨麻疹，也可能在几天后才起疹子。食物过敏的严重程度也会变化。你的孩子吃了草莓后可能会气喘，必须立刻送急诊；也可能只是长了一些疹子，用点非处方的抗组胺药，过一段时间就好了。

跟指纹不同，食物过敏是可以改变的。孩子长大后，大部分反应都会减轻，偶尔有些会恶化，有很多会完全消失。有些孩子的过敏对象会改变，例如他们不再对西红柿过敏，可以吃番茄酱了，却开始对芥末过敏。有些过敏现象会在每次吃某种食物时出现；而有些则取决于吃的频率和数量。举个例子，有些孩子在吃了一勺花生酱之后会大口喘气或长荨麻疹，而有些孩子只要每周吃不超过一个花生酱三明治，就不会出现这么明显的过敏反应。

追踪潜在的食物过敏

如果宝宝有食物过敏的迹象，按照下面的步骤找出罪魁祸首。

第1步：做记录

记下4天内宝宝吃的所有东西，包括正餐和点心。

第2步：试试排除法

从宝宝的食物列表中选择一种最可疑的，可能是这八大类中的一类：乳制品、小麦制品、蛋白、花生酱、玉米、柑橘类水果、大豆或食品添加剂。筛查食物时，尽量避开饮食比较杂乱的时期，比如假期、生日聚会及其他庆祝活动，还要等到花粉敏感季节和房屋装修结束之后。通常，惯犯就是乳制品，如果你没什么预感的话，就从它开始好了。乳制品并不是最容易排除的食物，因为它总是以各种诱人的形式出现（牛奶、酸奶、干酪、冰淇淋），但它的确是头号过敏原。

每两周（如果你不着急的话，也可以改成三周）筛查一种食物，把你观察到的现象记下来（参见第285页"做一个食物过敏记录表"）。如果你没有看到任何变化，继续换下一个可疑对象，直到试完过敏表上的所有食物。

做一个食物过敏记录表

养成给日常饮食做记录的习惯，可以帮你发现宝宝的过敏症状和食物之间的联系。请看下面的例子：

可能过敏的食物	症状	去掉之后效果	备注
牛奶	流鼻涕，咳嗽；流眼泪，腹泻；夜里醒了3次。	鼻子变干，咳嗽减轻；腹泻次数减少；夜里醒了1次。	接受不了牛奶，但可以接受酸奶和奶酪。

找出过敏的源头，要先从单一成分的食物开始，例如牛奶。面包、面条和午餐肉包含多种可能的过敏原，筛查起来比较难。在食物栏中记下第一种要筛查的食物。

抓住最客观的信号——疹子、腹泻、便秘或呼吸道症状。记下最麻烦的症状。如果你善于观察，还可以记下行为方面的变化，如暴躁和夜醒。

在效果栏记下除掉可疑食物后发生的变化。尽可能客观；记住，任何一种新"疗法"都可能有安慰效果，因为你希望看到某种结果出现。在备注栏，记下其他的观察结果和你想记下来的任何东西。

记下每天吃的所有食物，这样一旦症状改变时，你就能够回想起何时吃了何种东西。

第3步：检验你的发现

找到罪魁祸首后，为了确保过敏症状的消失不是因为巧合，可以再次将它加进宝宝的食物中，看看相关的症状会不会重现。记住，过敏反应不会持续一辈子。大部分过敏现象会随着年龄的增加而自动消失。再次试用某种过敏食物时，先用小分量，每隔三四天再增加点分量，看看过敏症状是否会再度出现。

有些孩子对某种食物过敏只是因为吃得太多或每天都吃。有的孩子一周只想吃一种东西，然后在接下来的几个月里一口都不吃。在这种情况下，可以采用循环饮食，每隔4天才让孩子吃一次可疑的食物，能有效减少过敏的发生。

如果宝宝极易过敏，要采取更快的办法缓解过敏症状（打喷嚏，荨麻疹，经常感冒，耳部感染，体重增

最容易过敏和最不容易过敏的食物

最容易过敏的食物

浆果	椰子	坚果	大豆
荞麦	玉米	豌豆	糖
巧克力	乳制品	花生酱	西红柿
肉桂	蛋白	猪肉	小麦
柑橘类水果	芥末	贝类	酵母

最不容易过敏的食物

苹果	菜花	芒果	红花籽油
杏	鸡肉	燕麦	三文鱼
芦笋	蔓越橘	木瓜	南瓜
鳄梨	红枣	桃	葵花籽油
大麦	葡萄	梨	红薯
甜菜	蜂蜜	葡萄干	火鸡肉
西兰花	羊羔肉	大米	小牛肉
胡萝卜	莴苣	黑麦	芋头

读懂食品标签

可能造成过敏的食物，在包装上会以不同名字出现。其中最常见的是：

- 小麦粉：粗粒小麦粉、淀粉
- 蛋白：白蛋白
- 乳制品：乳清蛋白、酪蛋白、酪蛋白酸钠

仔细阅读食品标签可以帮你更了解自己吃的食物：

- 可可粉、奶油食品、卤汁和一些调味汁中含牛奶。
- 面条和通心粉中含小麦，有时还有鸡蛋。
- 罐装汤里含有小麦和牛奶。
- 大多数面包含牛奶。
- 人造黄油含有乳清蛋白。
- 热狗、香肠、火腿和"非乳制品"甜点含有酪蛋白酸钠。

加停滞，经常夜醒，肚子疼）。准备在一周之内不接触那8类过敏食物，直到症状有所减轻（可能要三四周）。然后每周重新试吃一种食物，看看症状是否会重现。如果是的话，至少4个月不要碰它，然后逐渐增加用量。"我的孩子还能吃什么？"你可能会问。在这期间，宝宝可以吃新鲜蔬菜（玉米、西红柿和豌豆除外）、鳄梨、大米、大麦、小米、禽肉和羊羔肉。这个时候也要避免垃圾食品、亚硝酸盐等容易导致过敏的食物，这是确保全家饮食健康的好办法。

对食物过敏的治疗

食物过敏的程度有别，应对的手段也不一样。如果症状轻微，问题不大，试试排除法也许就能让宝宝脱离过敏状态。但如果过敏让宝宝很不舒服，就得去咨询专业人士，采取必要的措施确认过敏原。

一种叫做RAST的血液检查很管用，但也不能百分之百地诊断出过敏食物。这项检查测量的是血液中对某种食物的抗体水平。如果宝宝体内牛奶的抗体水平很高，至少说明牛奶可能是一种过敏原。

对3岁以上儿童进行皮肤测试也有助于确定过敏原。不过，人工测试不能跟前面提到的排除法一同使用。如果宝宝体内的牛奶抗体水平很高，

而实际并未显示出牛奶过敏的迹象，就没有必要过于重视实验结果。跟大多数婴儿期和童年期的小麻烦一样，食物过敏会逐渐减轻或消失。

如何让宝宝远离农药

俗话说："每天一苹果，医生远离我。"但如果苹果上有农药残留呢？在研究农药残留问题时，我们常有冲动带领全家搬到一个没有受过污染的干净地方（如果世界上还有这样的地方的话），自己种菜，自己养奶牛，自己挖一口井喝干净的水。

不过，我们还是找到了对付农药残留的办法，让我们的孩子吃上干净的食物。下面的内容不是为了引起恐慌，而是要告诉和发动父母们采取措施，应对这一影响我们的孩子以及后代子孙健康的严重问题。

食物中的化学物质对孩子的伤害

大人吃的食物有农药残留已经够糟糕了，孩子特殊的饮食习惯和成长模式会使食物中的农药残留带来更大的危害：

• 孩子的饮食习惯不同于成人，单位体重摄入的污染物要比成人高。孩子要比成人吃更多的水果和果汁。他们不像成人那样吃多种食物，而是经常高频率地吃同一种食物，如连续

3 天喝苹果汁。美国自然资源保护委员会预测孩子饮用的苹果汁量比成年女性高出 3 倍多。

• 今天的孩子比以往任何时候都更多地暴露在化学物质中，因此他们面临着比成人更高的风险。研究显示，长时间地暴露在有毒的化学物质中，会导致毒素累积。

• 环保组织 2004 年针对 10 个新生儿所做的研究显示：他们的脐带血中可以检测出 200 种工业化学物质。

• 研究还显示，婴儿和儿童体内细胞分裂速度快，因此食物中的农药残留更容易有致癌风险。

• 婴儿未成熟的肝脏对有毒化学物质的处理能力极为有限。

• 儿童——尤其是婴儿——单位体重内的脂肪含量要比成人高，而进入人体内的农药就储存在脂肪中。

食品安全法能保护儿童吗

答案是不能。合法的未必是健康的，食品工业领域的合法性标准恐怕会让你大吃一惊。农药的使用和生产由美国环境保护署（EPA）监控，而负责定期对食物中的农药残留进行检测的是食品药品监督管理局。这就是为什么这些机构不能保护孩子们吃的苹果。

农药的"检测"与"安全"标准

农药检测是在动物身上进行的。研究人员让动物服下不同剂量的农药，然后观察这些动物的反应。除了死亡、瘫痪、生长停滞等明显的负面影响之外，研究人员还要检查动物身体组织中微观的受损迹象。只要某种含量未被发现造成可确认的损害，这种含量就会被贴上"最大可承受度"、"可接受度"或"安全水平"的标签，即这种农药残留水平是合法的。但就算动物吃了没问题，对人未必就是健康的。我们不能信任这样的检测，因为：

• 把动物的检测结果用于人类本来就不对。你怎么检测一只老鼠的智商？

• 这些研究只针对短期效应，而非长期的损害。我们关注的是小剂量的农药残留对儿童造成的长期影响，甚至是对下一代的影响。

• 研究结论并未考虑到儿童特殊的饮食习惯，儿童的单位体重内摄取的农药残留要比成人高。我们不会给孩子服用成人剂量的药物，为什么要给孩子成人剂量的残留农药呢？但政府关于限制农药残留的规定却允许婴儿进食适用于成人的农药残留量，并没有对作用在婴儿和儿童身上的安全性做过检测。

• 这些研究的人为操作性太强。对动物进行检测的方式并不等同于人类吃饭的方式。通常一次只在动物体内检测一两种化学物质，而实际上，一个孩子吃下的农药残留可能会有上百种。化学物质有一种增效作用，就是说当多种化学物集合在一起时，会比单一一种更有害。多种化学物质长时间的逐步累积是我们关心的一个基本问题，却是检测不到的。我们认为把任何一种农药残留标注为"安全"都是没有意义的。

• 在这些研究中，没有考虑"惰性"成分对健康的影响。标注为"惰性"，意思是它们不具备杀虫能力，但不表示它们是无害的。"惰性"成分也可能是危险的。美国环境保护署确认了110种惰性成分是危险的，但对这些成分，没有相关的食品标准和使用限制。农药生产商认为"惰性"成分是商业机密，通常不会标注在包装上。

害虫问题

美国环境保护局法规提出，考虑到要保持"合理的、健康的、经济的食物供给"，食物中的农药含量不能高于最低许可水平。环保局拿农药的患癌风险和经济效益相抗衡。通俗地说，只要能降低食物价格，提高供应量，环保局不在乎食物带来的癌症风险。给健康贴上这么一个价格标签，遭到了美国国家科学院和美国自然资源保护委员会的批评。我们不能给孩

子提供健康食品吗？

你能做什么

父母们，不要期望有人会解决这些问题。前面的所有证据都告诉我们，必须禁止食品中一切有致癌倾向、毒害神经的有害物质，让每个人都能够喝到干净的水。这种措施将会对食品工业和农药工业造成巨大打击，但还是能够做到的。怎么做呢？

拒绝购买

不要买受过污染的食品。消费者——尤其是父母们施加的压力，已经纠正了很多医疗和社会问题，同样也能让我们获得干净的饮食。消费者压力的运作方式很简单：父母们在超市只购买无农药残留的食品，这样超市就只好从生产商那里订购无农药残留的食品，生产商将被迫要求停止使用农药。这是唯一可行的办法，为什么？因为动机是纯洁的：保护孩子和我们自己的安全。而政府则不可避免地要取悦大部分人，限制农药的使用。用一点点农药回报食品生产商，再用一点点癌症作为对农药的回报，这让大部分选民都很高兴，除了冒着最大风险的非选民——我们的孩子。

买有机食品

看一看婴儿食品包装上面的说

明，你就会看到消费者压力产生的影响。商标上有"不含盐，不含糖，不含防腐剂"，唯一缺的就是"不含农药"。生产商宣称，他们不再使用含有"爱乐"的苹果[①]，且农药含量远低于法定标准。这值得推荐，但还不够！父母们，用你们的购买力告诉食品生产商一个清楚无误的信息——你们想要无农药的食品。

无农药食品的价格肯定相对高一些。但如果所有的农民都必须遵照法律和消费者需求生产安全食品，价格势必会降下来。

寻找标有"有机食品认证"的商标。这个商标意味着该食物经由一个独立的第三方机构证实是按照严格的标准生产的。鉴定内容包括生产过程的检查，土壤和水的测试以及详细的生长记录。鉴定为有机土壤的土地必须在3年之内没有用过农药或化肥。这项认证就是你最好的保证。

其他你能做的事情

你有权利要求合法的食品也是安全的食品。支持修订现有食品法中的漏洞，确保政府履行了监督农药使用的职责。下面几种减少农药残留的措施是你能做到的：

清洗蔬菜水果。 在1升水中兑半茶匙洗洁精，用来洗蔬菜水果，可以去除一些表面的农药。然后用水漂洗。但即使很仔细的清洗也不能除去表面所有的农药，更不可能除去残留在内部的农药。

买本地产的当季食物。 外地和进口食品含有的农药通常比本地食品更多，甚至还可能含有本国禁止使用的农药。

不要买污染水域产的鱼和人工养殖的鱼。

不要买含亚硝酸盐和硝酸盐的食品。 这类食品包括腌肉，如火腿、香肠和培根。不含亚硝酸盐的食品可在健康食品店里买到。

检测你的饮用水。 定期检测水龙头里的水，看有没有危险的化学物质，如多氯联苯。瓶装水会更安全些。

写信给政府官员。 对农药问题的暂时解决办法就是不要去买它。当地政府或许能努力降低有机食品的价格。长期的解决办法是出台一些禁用农药的食品法律法规。

和其他人团结起来。 加入一个真正关心儿童农药残留问题的组织：

---

① 1986年，美国曾发生爱乐苹果（Alar Apple）恐慌事件。当时果农会在果树上喷洒一种名叫Alar的植物激素，使结出的苹果又大又漂亮又不会在成熟前掉落，还会使产量增加20%。可是这种激素渗入果肉内，光凭清洁或削皮无法去除。美国一项研究报告指出，Alar有0.024%的致癌概率，引起美国人恐慌。这个事件导致美国人对健康的重视，是美国提倡有机食品、有机生活的开始。

• 美国环境工作小组（EWG.org）

• 美国自然资源保护委员会（NRDC.org）

这些机构处理一些经常被忽视的议题，如农药对宠物的影响。孩子们常和宠物一起玩耍，然而用在宠物身上的农药(例如杀蚤药剂里的农药)从未被证明对孩子是安全的。

体现父母力量的一个成功例子是美国近来对双酚 A 议题的回应。虽然科学上还没有定论，但双酚 A 已经被父母们列入"怀疑，并不再使用"的行列，这样做是对的。父母们停止买含有双酚 A 的塑料制品，尤其是奶瓶，这样，制造商就不会再制造这样的商品。

12 种一定要购买 有机产品的食物	15 种农药残留最低的食物
1. 芹菜	1. 洋葱
2. 桃子	2. 鳄梨
3. 草莓	3. 甜玉米
4. 苹果	4. 菠萝
5. 蓝莓	5. 芒果
6. 油桃	6. 香豌豆
7. 甜椒	7. 芦笋
8. 菠菜	8. 猕猴桃
9. 樱桃	9. 卷心菜
10. 甘蓝和羽衣甘蓝	10. 茄子
11. 土豆	11. 哈密瓜
12. 葡萄（进口）	12. 西瓜
	13. 葡萄柚
	14. 红薯
	15. 蜜瓜

第三部分
现代育儿

　　越来越多的父母意识到亲密育儿的重要性，但也有越来越多的社会、经济等各种压力挑战着这种育儿方式。上班族父母、单亲家庭、肠痉挛的宝宝、无眠的夜晚和有特殊需要的宝宝……都在考验着今天的父母。现在的父母很忙，恐怕以后只会越来越忙。好在如今有更多的可用资源能帮助父母们面对这些问题。为了让育儿变得容易，维持父母与宝宝之间的亲密关系，我们在接下来的几章里介绍的方法，能帮助你在忙碌的生活中兼顾亲密育儿。这是亲密育儿法在行动上的体现。

第14章　把宝宝"贴"在身上：
抱孩子的艺术与科学

"只要我抱着宝宝，他就很满足。"许多爱哭宝宝的妈妈都这么说。在听了很多父母大谈抱孩子的好处后，我们决定着手研究这种在其他文化中很有用的育儿法，让它成为我们育儿的一部分。

本章介绍把宝宝"贴"在身上的育儿方法，在我们的诊所，这种方法改变了许多父母和宝宝的生活，我们相信它同样能改变你们的生活。

老观念的新证据

在很多文化中，父母一天到晚把孩子背在身上；而在西方，我们用婴儿车载着孩子，然后把他放在某处。研究世界各地育儿方式的专家们一次又一次地发现，那些被大人用各种布质的背巾或背带"贴"在身上的宝宝，看起来比那些用摇篮、折叠车、围栏和婴儿椅的宝宝更满足。到我们诊所看病的一位母亲，曾目睹过巴厘岛上婴儿的"触地仪式"。在巴厘岛，婴儿在 6 个月之前整天被大人带在身上，睡觉时再放在母亲身边。理论上讲，6 个月前的婴儿不接触地面，直到举行触地仪式后，才第一次放到地面上爬，学习自由自在地活动手脚。

我们对婴儿护理方式做过多年研究，逐渐形成了共识：抱得越多的婴儿，行为表现和发展也越好。几年前，我参加一个国际育儿会议，看见两位来自赞比亚的妇女用和她们的民族服装搭配的背巾背着孩子。我问她们为什么把宝宝背在身上，其中一个妇女回答我："这样对妈妈来说比较省事。"另一个补充道："对宝宝有好处。"接着她们向我解释把宝宝背在身上带给她们的满足和好处。在她们的文化中，大多数女性没有看过育儿书，也不知道母性激素的研究。但几个世纪的传统告诉她们，把宝宝背在身上，对妈妈好，对宝宝也好。

全世界的父母不是都想达成这两个简单的愿望吗？——让自己轻松，让宝宝过得更好。把宝宝"贴"在身上能满足这两点。这些观察令我们很兴奋，1995年，我们开始了自己的研究。从那时起，我们更多地背起孩子，尝试各种方法，并作了精确的记录。我们建议父母尽可能地多背孩子，从出生后就开始。我们请这些父母多试试不同的工具，选择一种自己和宝宝觉得最舒适的。

对妈妈们，我们现在要说："要习惯把孩子'贴'在身上，就像穿一件最喜欢的衣服一样。"当宝宝在出生后的第一周做第一次健康检查时，我们就向新父母示范如何把宝宝"贴"在身上。在指导父母使用背巾时，我们建议他们尝试各种姿势，找到最舒服、最能让宝宝贴近父母身体的那一种；还鼓励他们随着宝宝的成长，随时调整姿势。

这就是我们说把宝宝"贴"在身上的原因。这样做让父母轻松，让宝宝受益。以下是我们的研究结果，也请你身体力行。

选择合适的背具

早期，我们发现西方的妈妈很少背孩子是因为没有合适的背具。其

调整心态

你或许会想，宝宝到底要背多久才好。当然，有时候父母们总是不得不放下宝宝！事实上，背宝宝重要的是平衡。采用这种育儿法，首先你必须改变对宝宝的心态。你可能已经看到宝宝拿着绘本安安静静地躺在婴儿床里，盯着床头挂着的转铃，只有喂奶和玩耍时才被抱起来，然后又放下；你可能会想，把他抱起来，只是为了安抚他，好再把他放回去。要了解背宝宝的道理，就必须先扭转这种想法，大部分的时间把宝宝背在身上，只有长一点的午睡、晚上或你有自己的事时，才把宝宝放下。要尽量达到平衡。让宝宝有在地毯上随意活动的机会与时间，但一旦他需要你，想让你抱，你就立即伸出双臂。你会发现一个有趣的对比：被"放下"的宝宝学会用哭声表达想被抱起的欲望；而被"抱着"的宝宝，学会用哭以外的身体语言告诉你他要下去。随着年龄的增长和活动能力的提高，宝宝需要你抱的时候自然会减少。不过，即便是学步期宝宝，偶尔也会出现想一直被抱着的高需求期。

他文化的妈妈能经常把孩子背在身上的一个原因是她们有一种看起来就像是衣服一部分的婴儿背巾。我们鼓励

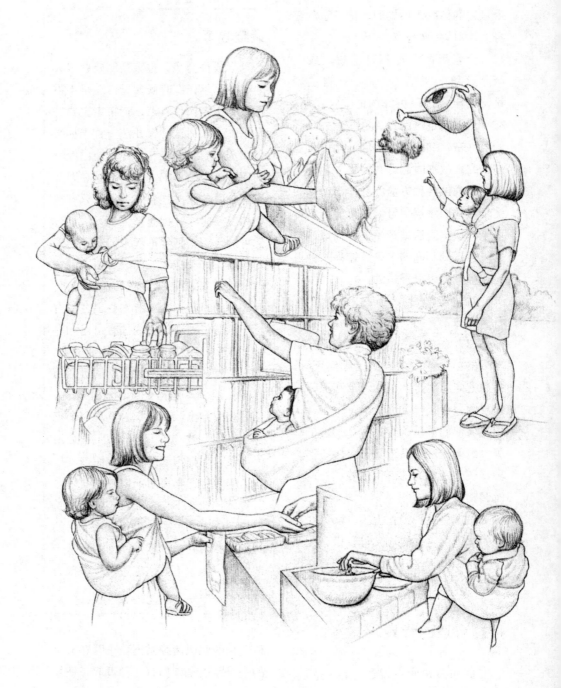

妈妈们去购买或自己做这种用起来舒适、方便，又能让宝宝不哭闹的背具。在接触许多常常把孩子背在身上的妈妈时，我们会观察她们，看看哪种款式、哪种背法最合适。经过多年的观察，我们发现背巾最好用，这种背具在其他文化中已经存在了好几个世纪，而西方却刚刚开始。选择背巾时，要注意下列事项。

安全性。对于任何一套婴儿背具，最重要的就是安全性。背巾必须能支撑和包住宝宝。

舒适度。背巾必须要让父母和宝宝都舒服。设计精良的背巾，宝宝的重量应由成人的肩膀和髋部来承担，而不是背部和颈部。所有的受力点都应加上护垫，尤其是大人的背和肩膀，以及背巾边缘会压到宝宝的躯干、双腿的部分。

多功能。选择一条能从出生用到至少两岁的背巾，这样就不必因为宝宝逐渐长大而必须换好几条。哭闹不安、肠痉挛的宝宝，不会满足于一个姿势。把宝宝平贴在妈妈胸前的背巾对宝宝来说太受限了，宝宝跟我们一样，希望能用 180 度的视角来看这个世界，得到更多刺激。本章的插图会向你展示用背巾的多种姿势。

好用。如果某种东西不方便，我们就不会去用，这是人的本性。爸爸们尤其不喜欢用到处是扣子、带子的东西。好的背巾背着宝宝时也能单手

调整，不会打扰到宝宝。还有，你可以轻松安全地把宝宝和背巾一起放下来，这在你想把睡着的宝宝放下来的时候特别有用。

方便喂奶。我们经常听一些妈妈抱怨，她们得卸掉背具才能给宝宝喂奶。而用背巾，你可以很容易地直接给宝宝喂奶。在背巾里，宝宝饥饿时不用哭闹就能很快接触到妈妈的乳头，吃完奶后便安然入睡。背巾的好处还在于可以作为一个掩护罩，让你在无法找到安静、隐蔽的地方，甚至在无处可坐（如在超市排队）的时候，都能给饿了的宝宝喂奶。

你可以咨询有经验的父母该选何种背巾，如何使用。也可以先借用不同的背巾比较试用。你不仅是选择一套背具这么简单，还在投资一种育儿方式。背巾是照顾宝宝的重要工具，能让父母找回失落已久的背宝宝的艺术，让父母轻松，对宝宝也好。

怎样把宝宝"贴"上身：个人课程

被大人背时，每个宝宝都有自己喜好的姿势，每个大人也有自己习惯的姿势。由于背巾已经在世界各地用了好几个世纪，而且我们专门研究过，因此我建议用背巾作为你这堂课中的标准装备。（下文的使用说明适用于大多数背巾，不过根据不同的设计会

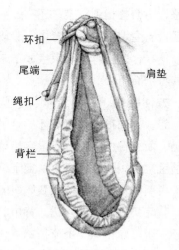

环扣 —

尾端 — — 肩垫

绳扣 —

背栏 —

背巾的组成

得足够高，这样环扣恰好位于你的锁骨之下。

穿上婴儿背巾

有所变化。）

　　最初，父母可能会觉得宝宝贴在身上不太舒服，因为宝宝似乎蜷缩在背巾底部。记住，在子宫里时，宝宝也是蜷缩着的，他习惯这种安全的感觉。缩着对新生儿来说是自然的姿势。肠痉挛的宝宝把脚缩向肚子，像球一样蜷成一团，就能够安静下来。

　　下面介绍用背巾背宝宝的步骤。

穿上背巾

　　先确定用哪边的肩膀背。将背巾尾端穿过环扣，系牢，套过头顶，搭在肩膀上，横跨在胸前。把孩子抱进去之前，先把背巾整理妥帖，摆好位置。背巾顶端，肩垫部分，应该置于你的胸线以上的部位，而背巾底端应该到达你的腰际。要确保背巾"穿"

　　调整背巾。只要拉尾端，就能调整背巾长度，让背巾舒服合身。宝宝越小或背的人体型越小，背巾尾端就要越长。作调整时，用手托住宝宝的屁股，以减轻压在背巾上的重量，这样调整起来更容易，也更安全。

　　★**特别提醒：**一旦宝宝安稳舒服地躺在背巾里，妈妈就要马上开始走动。宝宝通常会把躺在背巾里跟移动联想在一起。如果你把宝宝放进背巾后，还一直站着不动，他可能会开始哭闹。

摇篮式抱姿（新生儿最喜欢的姿势）

这种摇篮式抱姿及其变化形式适合刚出生到 1 岁的宝宝。

1. 如图，套上背巾，环扣位于你的身体前方。

2. 面对面抱着宝宝，将他的头部置于与环扣齐平的位置。用一只胳膊托着他的背和头部，另一只胳膊撑开背巾，将他的身体放低，放进由身体和肩垫形成的口袋里，宝宝的屁股自然滑入背巾。然后拉紧宝宝肩膀上方的背巾外侧边缘。

3. 调整宝宝的身体，这样他就能"坐"在背巾里，头部在你的乳房位置，或高于乳房。（如果你不能轻松地亲吻宝宝的头顶，说明他的位置太低了。）

依偎抱姿

摇篮式抱姿

袋鼠式抱姿

喂奶姿势

将宝宝慢慢地放入背巾。

4.经常变换两个肩膀，这样宝宝的身体就能习惯不同的姿势。

依偎抱姿

这种抱法适用于刚出生到 6 个月大的宝宝。

1.一只手抱着宝宝，让他与你面对面。松开环扣。

2.拉开外侧的弹性背栏，慢慢放低宝宝的身体，进入背巾的口袋，屁股最先进去。

3.拉紧里侧的弹性背栏，让宝宝安稳地坐在前后两面弹性背栏的中间。

4.确保宝宝舒服地坐在背巾里，背巾包围着宝宝的头和颈部，这样，宝宝的头部就不会前后晃动，尤其是在最初的几个月里。

5.调整背巾，让宝宝安全地靠在

你胸前。确保背巾下缘能包住宝宝的大腿，背巾上缘紧贴宝宝的头后部和颈部。抱得正确的话，宝宝应该是坐在背巾下缘衬垫上，看起来就像坐在一个小袋子里。

有的宝宝一定要用背巾紧紧地包住，才会觉得安全。如果调整过后

依偎抱姿

还是觉得背巾很大，可以试试这些方法：

1. 背巾上半部松的部分较多，你可以把它塞在环扣旁胳膊下方。把手臂紧紧贴着身体，让背巾上缘稳稳夹在手臂下，这样背巾就能紧紧靠着宝宝头后部和颈部，而所有松弛部分都会跑到你的背后去。

2. 拉紧背巾，让背巾下缘紧紧地围住宝宝的屁股，像个袋子，使宝宝安稳地坐在背巾里。

3. 要小心确保宝宝的鼻子和嘴能自由呼吸，不要被你的衣服或背巾阻挡了空气。

袋鼠式抱姿（面朝前的姿势）

3～6个月时（有些宝宝更早），你的宝宝可能更喜欢袋鼠式抱姿，也就是面朝前的姿势。一旦宝宝能很好地控制头部，有了好奇心，他就可能觉得摇篮式抱姿和依偎抱姿都太局促，想看到更多的东西。动不动来个180度转头的好动宝宝更喜欢袋鼠式抱姿。如果你抱着宝宝时，他动不动就哭闹，挺起身子往后仰，说明袋鼠式抱姿可能更适合他。

想确定宝宝是否准备好接受面朝前的姿势，你可以试试下面的动作：不要用背巾，徒手抱着宝宝，让他脸朝前，背和头靠着你的胸口。一只手放在他腿下，让他大腿弯曲，碰到肚子——这是宝宝肠痉挛时常用的一个姿势（参见第 422 页图）。开始走动，逐渐从一边转向另一边，给宝宝一个180 度的视野。如果他喜欢这么做，说明可以采用袋鼠式抱姿了。

6 个月大的宝宝喜欢这么抱，也有的宝宝要到 1 岁甚至 1 岁以后才开始享受这种姿势。

利用背巾做袋鼠式抱姿的步骤如下：

1. 宝宝脸朝前方，你一只手托住他的双腿，让他的背靠着你的胸口。

2. 你空着的那只手将背巾一角往外拉，形成一个小袋子。

3. 让宝宝滑入小袋子，屁股先进去，背部沿着你的胸往下滑，也可以窝在你的臂弯处。大多数宝宝会两腿交叉坐在袋子里，也有的大一点的好动宝宝会把两腿伸到背巾外面。

将宝宝慢慢地放入背巾。

袋鼠式抱姿，即面朝前的姿势。

侧坐抱姿。这是袋鼠式抱姿的改良版。让宝宝滑入背巾，屁股先下，与袋鼠式抱姿一样。然后把宝宝的双脚转到与环扣相反的一侧，让宝宝的头靠在环扣下方 10 厘米左右的地方。

跨坐抱姿

4 ~ 6 个月时，或者当宝宝可以独自坐起来时，他可能更喜欢跨坐抱姿。试试下面的步骤：

1. 大部分父母更喜欢让宝宝靠在与自己惯用手位置相反的一侧。例如，如果你习惯用右手，就让宝宝靠在你的左边腰上。

2. 用你的左手（如果你不是左撇子）把宝宝抬到你的肩膀下。

3. 用右手拉宝宝的脚，让他的屁股靠着你的腰，双腿跨坐在你左侧。

4. 调整背巾，让背巾的主要部分包住宝宝的屁股。将背巾的上端往上拉，使背巾的边缘舒服地围在宝宝的胳膊下面，高高地围住宝宝的背。

跨坐抱姿

跨坐抱姿

有的宝宝跨坐一会儿就喜欢玩"往后仰"的游戏。一定程度的后仰是可以的，不需要像依偎抱姿那样把宝宝抱得紧紧的。可以给他一个玩具，和他做眼神的交流，让他喜欢跟你靠近，而不是远离你。

跨坐抱姿的变化形式。把跨坐抱姿的宝宝往后移，使他的腿从跨在你的腰侧变成跨在你臀部上，头部在你肩膀后方，这种姿势也叫安全后臀抱。这种姿势最受学步期宝宝的喜爱，他可以安全地环顾四周，看到你正在做什么。

安全后臀抱

需要喂奶和安抚宝宝的时候，如何从这种姿势变换到摇篮式抱姿呢？你可以把宝宝的腿移到前面来，转到环扣那一侧，两条腿并在一起平放，让宝宝紧贴在你胸前。将背巾上端拉紧，盖住前面，就可以给宝宝喂奶了。

把宝宝贴在身上，对你和宝宝来说最大的乐趣莫过于可以尝试各种姿势和抱法，并找到一种最受用的姿势。你开始得越早（最好是在新生儿时期就开始），宝宝适应得越好。6个月以上的宝宝当然也可以学会去享受背巾，但那时你需要更有技巧地让他习惯这种方式。

爸爸该如何把宝宝"贴"上身——做个参与者

作为一个爸爸，我抱孩子的技术还算合格，我觉得让婴儿习惯爸爸的拥抱也是一件很重要的事情。爸爸走路的节奏和妈妈不同，应该让宝宝学会享受这种不同。依偎抱姿和颈部依偎法是爸爸们最适合的姿势。

颈部依偎法。先用依偎抱姿，然后把宝宝往上抬，让他的头落到你的颈窝处。你会发现这是最舒服、最安静的拥抱方式，极具安抚效果。用这种姿势爸爸要比妈妈有优势。而宝宝不仅能用耳朵听，还能通过颅骨的振动感觉到声音。当宝宝的头部贴近你的喉咙，你哼歌给他听时，男性特有的低沉声音所产生的振动可以很容易地让宝宝入睡。你可以一边抱着他走路或摇晃，一边哼唱舒缓安静的歌曲。

让宝宝靠着颈窝的另一个好处是，宝宝的头皮可以感受到你呼出的

让宝宝靠着颈窝，这是爸爸们最喜欢的抱姿。

温暖气流。（有经验的妈妈很早就知道，有时候往宝宝的头或脸上吹气，就能让他安静下来。她们把这称为"神奇的呼吸"。）我的宝宝最喜欢的就是这种抱姿，我也是。爸爸们，参与到抱孩子的行列中来吧。

温暖的怀抱。让宝宝的耳朵靠近你的心脏，肌肤相亲，让宝宝感受男性独有的依偎抱姿。心跳的节奏、胸腔的振动以及腹部的呼吸，加上你脚步的移动，给了宝宝一种独一无二的拥抱体验。如果宝宝渐渐睡着了（通常都会这样），你可以跟他一起躺下，一起入睡。（参见第308页的"背着宝宝入睡"。）

如果爸爸学会抱宝宝，和宝宝有良好的互动，对忙碌劳累的妈妈来说

真是一大宽慰。有了爸爸的帮忙，妈妈就不会累得精疲力竭。下面是一位妈妈和我们分享的故事：

"我爱我的宝宝，但他属于那种高需求宝宝，我必须一天到晚抱着他。他把我弄得好累，我真快累趴下了。我丈夫面对这爱哭闹的宝宝手足无措，所以我不愿意把宝宝扔给他。不过，用了背巾就不一样了。我丈夫喜欢用背巾背着他，我看到宝宝也喜欢，感到放心多了。最初我还是担心他照顾不了宝宝，但事实证明他用背巾用得很好，我感到一种解脱。虽然现在还是我抱得多，但丈夫偶尔的帮忙还是让我得到了及时休息。"

我自己也有类似的经历。我第一次用颈部依偎法抱着史蒂芬出去散步时，那感觉真是好极了。当我们走在一起时，我有一种很完整的感觉。有时候我会连续几个小时抱着他。我们在一起时我觉得很好；分开时感觉就不大好（或者说不完整）。这些感觉通常是妈妈才会有的。我也想抱着宝宝，我抱史蒂芬抱得越多，就越能舒服地尝试各种姿势。他越喜欢，我就越喜欢，我们也就更愿意待在一起。

背宝宝的其他人选

由父母来背宝宝当然是最好的，但如果其他人也能学会用背巾，不妨

304

也让宝宝适应他们的拥抱。对宝宝来说，"背巾"可能就是家。我们诊所的小朋友布里安就把背巾称为"我的小房子"。要让其他背孩子的人也了解第306～307页的安全措施。

保姆

经常有高需求宝宝的父母跟我们说，他们不敢把孩子留给其他人照顾，因为其他人安抚不了这些缠人的小家伙。事实上，习惯了被人背的缠人小宝宝，保姆也可以用背巾背着轻松照顾。芭芭拉是一位忙碌的妈妈，整天都要把她的高需求宝宝杰森背在身上，她给我们讲了这样的故事："杰森待在背巾里非常高兴，我想可以让保姆照顾他一会儿。你知道，我有时很急，在门口跟保姆打个招呼，就把背巾里的杰森扔给她——就像跑接力赛时把接力棒扔给她一样，让她接过了背巾。结果杰森也没有哭闹。他的照顾模式没有被打乱，我也能感觉好一些。"

小哥哥和小姐姐

当家里的大人背着宝宝时，也给其他孩子树立了一个榜样。孩子们长大以后，可能也会采用他们在儿时看到的育儿方式。例如，我们的孩子有时会用自制的背巾背他们的玩具娃娃，因为他们看到我们经常这样背宝宝。有一天，我们当时6岁的女儿海登按老师的要求画了一张妈妈和宝宝的画，她画中的两个人看起来就像一个人。因为在她眼中，至少在头几个月，妈妈一直把宝宝"贴"在身上，两个人是不可分离的。

日托

为了保证宝宝得到足够多的拥抱，尤其是高需求宝宝，你要指导日托中心的看护人员用背巾背宝宝。要给他们一个印象，就是宝宝在背巾里时很开心，也很乖。我经常开给父母们下面的"处方"，让他们去指导看护人员。

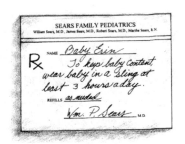

西尔斯儿科诊所
姓名：_____
为了让宝宝满意,每天至少用背巾背3个小时。
补充：_____
签名：威廉·西尔斯 医学博士

海军陆战队宝宝

十几岁的女孩很喜欢背着宝宝，但

305

安全地抱孩子

正规厂商生产的婴儿背巾都经过了安全测试，但也必须考虑到一些人为因素。其实，父母们把孩子"穿"在身上的一个理由是，他们觉得把孩子放在眼皮底下抱在怀里最安全。用背巾抱孩子的姿势是模仿真正的手抱姿势。所以，你平常怎么抱他，是什么姿势，用背巾也是同样的姿势。在背巾里，不管任何时候，你都应该看得见宝宝的脸，也能亲吻到他。当你想用背巾背宝宝时，参考如下的安全提示：

• 抱得高一点。尤其是在头几个月，"越高越安全"是第一标准。我们从 1985 年开始教父母用背巾抱孩子，一个非常容易遵循的安全标准就是"抱高一点，让你很容易就能亲吻到宝宝的头顶"。我们接待过几千个家庭是用背巾抱孩子的，据我们所知，凡是遵循这个指导的家庭，从来没有出现过安全事故。

• 当你还处在练习阶段时，别忘了用手给宝宝作支撑。等你的练习阶段结束后，用手托住宝宝就成了一种直觉的习惯，就像怀孕期间用手托住肚子一样。当你经验丰富，非常娴熟以后，就可以光靠背巾托住宝宝，无须用手帮忙。

• 要确保宝宝的口鼻能够自由呼吸，不会被背巾、你的身体或衣物遮盖。要确保宝宝的脸始终朝上，通常是与身体的其他部分在一条线上，而不是转向一边，那样的话，嘴巴和鼻子容易被遮住。

• 如果宝宝还很小，用摇篮式抱姿时，你可以用一只手臂（通常是与肩垫相反一侧的那只手臂）搭在背巾的上端。当你还在练习阶段时，这个动作可以给宝宝提供额外的保护。

• 不管什么时候，要确保能看到宝宝的脸。宝宝的头和脖子应该得到温柔而完全的支撑，不能紧贴着胸部。

• 任何时候，都要用一只手护着宝宝的身体，特别是在用面朝前的姿势时。

• 如果你还拿着其他东西，首先要记住你也抱着这个小家伙。不要用两只手去拿东西，如杂货袋之类的。要始终有一只手空着，可以护着宝宝。

• 采用跨坐抱姿时，要保证背巾上端拉到宝宝背部的高度，或至少要与肩胛骨平齐。用这种姿势时，有的宝宝会想练习一下后空翻。把宝宝好好地放在背巾里，能防止宝宝做出这种动作。

- 使用二手背巾时，要咨询背巾制造商是否有最新的安全提示。
- 大一点的宝宝喜欢在背巾里扭来扭去，有时甚至会站起来。这时候，你一定要帮他支撑住，保证安全。
- 不要在做饭、开车、骑车时用背巾背孩子。婴儿背巾不能代替合格的汽车安全座椅。
- 喂完奶后要让宝宝回到原来的正确位置。
- 要让其他抱孩子的人，如保姆，也了解和实践这些安全措施。
- 在背巾里给宝宝喂母乳或奶粉时，眼睛不要离开宝宝，要确保喂奶结束之后，宝宝的口鼻没有被遮盖。
- 避免突然的扭动。当妈妈突然去做某件事时（例如去阻止另一个孩子的危险动作），忘了自己还背着一个宝宝时，宝宝可能会从背巾里掉下来。为以防万一，可以采用这个预防措施：当你突然转动上身去拿某样东西时，用另外一只胳膊护住宝宝。这个动作做多了，就会形成条件反射，这样你每次转身时都会直觉地护住宝宝。
- 当你背着宝宝下蹲时，要弯曲膝盖，而不是弯腰。捡地上的东西时，别忘用另一只手护住宝宝。
- 背着大一点的宝宝时，他可能会在你不注意时伸手去拿架子上的危险品或易碎品。因此，要与可能发生危险的物品保持距离。
- 当背着宝宝穿过门或转过墙角时，小心宝宝的身体不要撞到墙或门框。
- 背着孩子时不要喝热饮料，但可以吃东西。
- 要经常关注和查看宝宝。一定要遵循制造商的说明书使用背巾。如果你买的是二手背巾，没有安全说明书，可以参考这些安全提示。查看最新的安全信息，可以登录 AskDrSears.com。

这个年龄的男孩就不会。我们如何让当时 14 岁的彼得喜欢上抱两个月的史蒂芬呢？那时，玛莎曾受我们当地的一个海军基地邀请，去给一群士兵的妻子做演讲，题目是如何让丈夫也参与到照顾孩子的工作中。玛莎建议她们使用迷彩图案的背巾，结果很多爸爸立刻爱上了他们的"海军陆战队宝宝"。彼得那时候对任何和军事有关的东西都很感兴趣，于是也迫不及待地要穿上这身迷彩背巾背起小弟弟。让男孩学习温柔的感情是很重要的。看到大男人和小男孩都会照顾小宝宝，那是一幅多么温暖人心的画面啊！

背着宝宝入睡

已经晚上9点了，你很累，但宝宝还很精神。这时你可以把他放在背巾里，背着他在屋里来回踱步，直到他睡着。这就是我们说的"背着宝宝入睡"。

第一次做父母的人，可能以为宝宝是这样睡觉的：在一个预定好的时间，把半睡半醒的宝宝放到摇篮里，亲亲他的脸，关灯，然后走开，宝宝会不吵不闹地安然入睡。这是不可能的！这种情节只在书里或电影里出现，很少出现在真实的生活中。大部分宝宝喜欢在父母的怀抱里睡去。把宝宝"贴"在身上，能让这个入睡的过程变得容易很多。

当你感觉到宝宝要睡觉了（或是你想让他睡觉），把他放入背巾，采用最能引诱他入睡的姿势，背着他在屋里四处走走。可以边走边喂奶。有些宝宝如果知道你想让他睡觉，就会反抗。这时，你可以在屋子里来回走动，或到屋外转转，就好像这是你最寻常不过的日常。宝宝一开始可能会好奇地看着你做的每件事，但很快就会厌烦，瞌睡虫就会悄悄地爬上身。当宝宝酣睡时（可以从不再有表情变化的脸和彻底放松的四肢看出来），你弯下身，把他放在床上，轻轻将背巾脱去。宝宝可以留在背巾里，把背巾当成被子盖着。如果宝宝喜欢侧卧，就把背巾塞到宝宝和床面之间，防止他滚下去。

虽然宝宝已经睡着，但你放下他的时候，他看上去还没有彻底放松（这时的睡眠处于浅层睡眠阶段，如果你把他放下或偷偷溜走，他可能还会醒过来）。如果是这样，你可以用依偎抱姿抱他，让宝宝待在背巾里，躺在你胸前。你心跳和呼吸的节奏会让他渐渐入睡，之后你再翻过身，脱掉背巾，让宝宝一个人好好睡。

宝宝入睡之后，你轻轻地从背巾里脱身，让宝宝留在里面，背巾可以当被子用。

对不愿意睡觉的宝宝，背着让他入睡是个好办法。有时候你可以用依偎抱姿让他靠在你胸前，和他一起坠入梦乡。

背着宝宝做事

一边背一边喂奶

最近20多年来，大部分妈妈都选择了母乳喂养。把宝宝"贴"在身上，就可以边走动边喂奶，这样，忙碌的妈妈可以一边给孩子最好的营养，一边继续自己的生活。

优点

方便。如果家里有个吃奶像跑马拉松的宝宝，出生头几个月总是不停地要吃奶，就像处在快速成长期，那么妈妈喂奶时用背巾就会轻松得多。妈妈可以一边喂奶一边忙其他事。在家以外的地方同样方便。如果你带着宝宝在外面购物，需要在公共场所喂奶时，就可以在背巾里喂奶，不但很

用背巾可以很隐蔽、很方便地喂奶。

隐蔽，宝宝在背巾里感觉也很舒服。玛莎曾在商店排队结账时给背巾里的宝宝喂奶。在餐厅或其他婴儿不宜抛头露面的地方，用背巾喂奶尤其方便。另外，在公共场所，被大人抱着的宝宝较少哭闹，因而也更受欢迎，特别是像美国这样在传统上不欢迎婴儿出现在公共场所的社会里。

对有吮吸问题的婴儿有帮助。有些宝宝在妈妈背着走动时吃奶吃得比较好，特别是那些有吮吸有问题的宝宝，他们需要摇动感来让吮吸变得有规律。紧张的宝宝和喜欢把背弓起来的宝宝经常在背巾里吃得更香，因为背巾对他们的整个生理状况都起到了调节作用。当宝宝的身体放松时，负责吮吸的肌肉也就放松了。对喜欢在妈妈走动时吃奶的宝宝，要先让他在背巾里正确衔乳，然后你就可以开始迈步了。

妈妈可以同时照顾其他孩子。如果你还有一个处在学步期的宝宝，在背巾里给小宝宝喂奶就特别有必要。妈妈可以一边喂奶，一边陪大孩子玩。就像有位妈妈说得那样："在背巾里喂奶可以让我腾出一双手陪大孩子玩，这样就减少了大孩子的不满，让我能同时带两个孩子。"

对体重增长缓慢的宝宝有帮助。根据我们的经验，当一个吃母乳的宝宝体重增长处于平均线以下，而我们竭尽所能寻找原因也没弄出个所以然

时，如果鼓励妈妈每天花几个小时用背巾背宝宝，同时给宝宝喂奶，你就会看到令人惊讶的结果。妈妈们说，宝宝吃奶吃得勤，吃的时候更放松，体重就奇迹般地增加了。这又一次证明了研究人员早就发现的事情：靠近妈妈能让宝宝多吃奶。此外，母子近距离的接触能让妈妈更及时地理解宝宝的暗示。另外，宝宝离乳头很近，他就不必费力地呼唤妈妈，省下的力气可用来长身体。（有关早产儿和发育迟缓的宝宝的内容，参见第313页。）

给背巾里的孩子喂奶，摇篮式抱姿是最常见的姿势。

在背巾里喂奶的姿势

无论对哪个年龄段的宝宝，最普遍的都是摇篮式抱姿。不过背巾本身不够支撑宝宝正确衔乳，你得用手托着他，好让宝宝靠近乳房。用你的胳膊从背巾外面托住宝宝的头和背，而宝宝侧身朝里躺着，这样他无须转头就能面对乳头。你的另一只手可以伸到背巾里调整乳房的位置，或者拿一块干净的毛巾托住乳房，便于宝宝吮吸。

橄榄球式抱姿。头几个月，宝宝可能更喜欢你用橄榄球式抱姿给他喂奶。把依偎抱姿稍加变化，让宝宝滑到你的身体一侧，他的头在乳房正前方，而双脚弯在你的同一只胳膊下方。妈妈可以用这只胳膊托住宝宝的头和背，另外一只手伸进背巾帮宝宝衔乳。

用橄榄球式抱姿进行喂奶。

橄榄球式抱姿在头几周宝宝刚开始学习衔乳技巧时特别有用。用手托抱住宝宝，能让他吸得更好、更持久。这对喜欢把背弓起来的宝宝尤为适用，因为橄榄球式抱姿可以防止他吃奶时身子往后弓。

帮宝宝打嗝排气。 给宝宝拍嗝时，要从橄榄球式抱姿或摇篮式抱姿转到依偎式抱姿，这样宝宝的身体才是竖直的。你的胸膛会给宝宝的肚子施加压力，加上你轻轻地拍他的背（另外，这种姿势还比较舒服），就能帮他打出嗝来。

背着宝宝工作

采用背巾育儿适用于多种复杂的生活方式，能让忙碌的妈妈省事不少。在别的文化中，妈妈们有各种各样的背巾，所以她们可以一边背着宝宝一边四处忙碌。西方文化中，妈妈们也很忙碌，但没有背着宝宝的习惯。

除了8个孩子的母亲之外，玛莎还是一位哺乳顾问，讲授母乳喂养的课程。当我们的孩子马修只有6个月大时，有一天，在一次研讨会前，马修因为生病哭闹得厉害，而玛莎既不能取消课程，更不想丢下马修不管，所以她就用背巾背着他上完了1小时的课。台下是150名儿科医生。当妈妈和宝宝用这种方式"讲"完课之后，一个医生走上来，感叹道："你做的比你说的更让人印象深刻！"

很多做兼职工作的女性可以一边工作一边带孩子，如房地产销售员、店员、产品展示员或清洁工。詹妮斯是一位兼职清洁工妈妈，她一边打扫卫生，一边把孩子背在身上。我的一位儿科医生朋友也在自己工作的办公室里背着孩子。她经常在给健康的宝宝做检查时背着孩子。遇到病人有传染病，而她要去坐诊时，就让她的同事帮忙背着孩子。这样就把工作和带孩子兼顾起来，两方面都不耽误。

雇主们最初都不愿意看到员工背着孩子工作，但我们鼓励他们先试试看再说。结果发现，背着孩子工作的女员工工作效率更高，因为她们从心底里感激老板让她们和孩子在一起。她们格外努力，证明自己能同时干两份工作。有一位店主甚至发现孩子能吸引更多的顾客，因为店里有这种流传几世纪的背宝宝工作方式，顾客也会留下好印象。试试看吧！

背着宝宝去餐厅

我们经常听到妈妈们的抱怨："我想去，但家里有宝宝需要照顾。"产后几个月，很多妈妈觉得自己快要憋坏了。其实，没人规定有了宝宝就得待在家里。但面对刚出生不久的宝宝，妈妈们确实很难做到把宝宝留在家里，自己出去。这时，把宝宝"贴"在身上就解决了问题。

我们的儿子史蒂芬只有两个月

大时，有一次，有人邀请我们去参加一个很正式的宴会。我们没有像一般的父母们那样拒绝，而是用一个很时尚的背巾背着史蒂芬参加了宴会，玩得很高兴。整整3个半小时，除了吃了几次奶以外，史蒂芬一直乖乖地待在背巾里。史蒂芬没有打扰任何人，却常常引起别人的注意。旁人先是很困惑，好像在问："她穿的到底是什么？"接着，困惑很快变成了羡慕："原来是小宝宝啊，多可爱！"在宴会即将结束时，大家发现了我们的安排有多完美，屋子里充满了赞许的声音。我们这么做不仅得到了众人的认可，还得到了羡慕的目光。

以下对话时有发生。生下孩子一段时间后，爸爸说："亲爱的，去约会怎么样？我们出去吃吧。"妈妈回答说："可是我们离不开宝宝啊。"这个难题怎么解决？把孩子"贴"在身上。当你用背巾背着宝宝在餐厅用餐时，宝宝会很安静，很少哭闹，你可以悄悄地给他喂奶，也不会打扰餐厅里的其他客人。

背着宝宝旅行

不管你是在购物还是在旅行，身处任何一个人群拥挤的嘈杂场所时，背巾都可以给宝宝提供一个安全的环境。牵着一个学步期宝宝穿越大型购物中心或机场时，你一定会神经紧张，因为你一刻都不能松手（也不能注意力分散而松开婴儿车）。1～2岁正是孩子开始学步、脱离父母怀抱、探索陌生领域的时候，背巾可以让孩子在不太安全的环境下始终不离你左右。你有没有注意过，学步期宝宝的高度和路上行人们拿着点燃香烟的高度正好相当？急匆匆的行人很少会留意到孩子。把孩子提升到一个安全的高度，你会觉得放心——你没去的地方，他也去不了。

对所有忙碌奔波的父母来说，把宝宝"贴"在身上可以让外出变得简单。在旅行途中，宝宝会不断地从一种活动转变到另一种活动（环境改变，或从醒着到入睡），把宝宝"贴"在身上，转变就容易多了。当你在机场排队时，宝宝是安全、开心的。如果宝宝在飞机上哭闹，你可以背着他四处走走，他可能会被新环境吸引而安静下来。在旅馆，当宝宝有了睡意时，你可以用背巾让他入睡。对宝宝来说，父母在哪里，哪里就是家。而背巾总是给宝宝"家"的感觉，它让宝宝更好地适应新环境，旅行也更愉快。另外，在外旅行时，背巾还有一些别的用处：

当枕头。喂奶时，或宝宝躺在你腿上时，把背巾折叠起来就是一个舒服的枕头。用包装上介绍的方式折叠，你就会有一个很好用的枕头。

当换尿布的垫子。把背巾放在地

板上或换尿布的台子上（不要把宝宝单独留在台子上），把宝宝的头放在肩垫上，OK！你有了一个舒适的垫子。记得在宝宝身子下面放一块干净的尿布，以免弄脏背巾。

当被子。在旅行途中，背巾可以用来当做打盹、喂奶和保暖用的被子。

 罗伯特医生笔记：

在比较冷的天气，我们外出的时候，我和谢丽尔会为谁来抱孩子而"争吵"，因为我们这个小小的"便携式取暖器"是一个不错的伴侣，至少能让我们中的一个很暖和。

特殊情况

对一些情况特殊的家庭和有特殊需要的宝宝，背巾能帮他们缓解一些紧张。

双胞胎

在头几个月，双胞胎对于妈妈的手臂来说太沉了，背巾能解决这个问题。你可以用背巾背一个，手上抱一个（这样比同时抱两个要安全些），也可以用两个背巾，爸爸背一个，妈妈背一个。除了让父母方便外，把双胞胎背在身上，能让宝宝之间有所互动。当父母相互交流时，孩子也在相互交流，因为他们面对面，而不是一前一后地坐在婴儿车里。

背着宝宝的医疗效果

早产儿。早产儿——尤其是需要在加护病房进行强化护理的宝宝，被剥夺了最后一段在妈妈子宫里生活的机会，所以他们必须在"外面的子宫"生活。可问题是外面的子宫是静止的。如果这个子宫会动的话，早产儿体重就会增长得比较快，呼吸停止的现象也会比较少。早产儿加护病房有很多会动的"外面的子宫"，例如会振动的水床。

南美洲的一些婴儿护理专家们有一项有趣的发现。有些医院不能给早产儿提供保育箱等必要的科技设备，于是他们不得不请妈妈们帮忙。他们把早产儿用一些类似背巾的裹布围在妈妈身上。令人惊讶的是，这些早产儿和那些用科技呵护的早产儿长得一样好——甚至更好。

研究人员总结说，与妈妈的亲密接触让这些宝宝恢复了生机。因为靠近妈妈，宝宝可以多吃奶；妈妈的体温温暖了宝宝的身体；妈妈的移动让宝宝平静，可以把精力用来长身体而不是哭闹；妈妈的呼吸节奏刺激宝宝呼吸，这样呼吸暂停的现象就比较少，妈妈就好像是宝宝的呼吸调节器。一旦不用输氧气、输液，进入正常的成长阶段，我们就鼓励妈妈们尽可能多地用背巾背早产宝宝，这种方法叫袋鼠式护理。（参见第 199 页的解释。）

发育迟缓的宝宝。发育迟缓的宝宝也能通过用背巾背着而获益。有些宝宝因为各种医学原因长得非常慢，用俗话说就是"长势不旺"。在我们的诊所，还有我们自己的一个宝宝，我们都是用背巾来刺激生长的。作为医生，我告诉父母的方法非常简单："早上用背巾把宝宝背起来，晚上放下。背着他打盹、睡觉，长时间放松地散步。这对你们双方都有好处。"

背着宝宝究竟为什么能帮助他成长？因为摇动的感觉对宝宝生长有好处，还有镇定效果。宝宝哭得少了，节省下来的能量就被用来长身体了。另外，身体接触使宝宝吃奶变得频繁，这是另一个刺激生长的原因。另外，背着宝宝可能还会促进生长激素和体内加快生长的酶的分泌，这在某些动物实验中已经得到了证实。我相信，除这些原因外，还有一个原因是，用背巾背宝宝使宝宝整个生理系统运转得更好。

残疾的宝宝。父母通常会花费大量时间和金钱寻找让宝宝长身体的妙方，殊不知最便宜管用的办法就在眼皮底下，就是背巾。残疾的宝宝尤其会从中受益。想想宝宝得到的刺激吧：他听你所听，见你所见，跟你一起到不同的地方，因为他靠近你的眼睛、你的耳朵和你的嘴。宝宝一直处在亲密的接触当中。

患脑性瘫痪的宝宝会弓起背，身体僵硬。摇篮式抱姿和袋鼠式抱姿都能缓解身体向后弓起的姿势，对宝宝非常有帮助。（参见第 317 页"提高孩子的学习能力"。）

对宝宝和父母的好处

在我们研究背巾对宝宝和父母双方的影响时，发现了很多益处。这种古老的育儿方式是如何让使用者获益的呢？

对宝宝有规律的调节效果

如果你试着把怀孕期想成 18 个月——子宫里 9 个月，子宫外至少 9 个月，就能理解背巾的作用。在头 9 个月，子宫里的环境会自动调理宝宝的身体系统，而分娩突然打断了这种联系。不过，宝宝越快得到外在的调理，越能适应外面的生活。通过延续子宫的经验，父母的怀抱提供了一个产后调节机制，完善宝宝不规律、缺乏条理的发展倾向。设想一下这种调节机制的工作模式。妈妈走路的节奏（这点宝宝已感受了 9 个月）就能让宝宝回想起在子宫里的生活。这熟悉的节奏曾深深印在宝宝的脑海里，现在又再度出现，安抚着宝宝。妈妈规律而熟悉的心跳，让宝宝回想起当初

> 18个月的"子宫"生活：9个月在妈妈体内，9个月在妈妈体外。

在子宫里听到的声音。宝宝还可以感受到妈妈有节奏的呼吸，这是另一个生物调节器。简而言之，父母有规律的节奏对婴儿不规律的节奏起到了平衡作用。

妈妈发挥调理作用的另一个途径是刺激宝宝肾上腺和神经系统的有调理作用的激素。研究表明，持续的亲密母婴关系（比如妈妈一直用背巾背着宝宝），能使婴儿更快地分清白天与夜晚。他们相信，是妈妈的陪伴对宝宝的肾上腺素起到了调节作用，从而促进宝宝形成夜睡昼醒的规律。

在妈妈怀里的宝宝每时每刻都能听到妈妈的声音，这能调节宝宝四肢的运动。1974年的一项研究发现，在妈妈和宝宝说话时，宝宝的身体动作与妈妈语气的抑扬顿挫完全一致。而面对陌生人的声音时，宝宝就不会有这种同步。简单地说，是妈妈有节奏感的动作和声音"教会"了宝宝更有节奏的动作，平衡了新生儿通常缺乏规律、不协调和无目的的倾向。

背着宝宝还能平衡宝宝的前庭系统。这个系统位于耳朵内部，起到平衡身体的作用。比如，如果你的身体过于向一侧倾斜，前庭系统就会向你发出信号，指示你立即向另一侧倾斜以保持平衡。这个系统相当于3个小木工水平尺，一个负责左右平衡，一个负责上下平衡，第3个负责前后平衡。三者合起来保持全身的平衡。父母背着宝宝时，宝宝就会有这3个方向的移动。每次移动，这个系统就产生微小的振动，向身体肌肉发送神经脉冲，让他保持平衡。胎儿在子宫里时，前庭系统非常敏感，因为胎儿几乎时刻处于运动状态，一直受到刺激。用背巾背着宝宝，他就能继续享受子宫里的运动状态和平衡感。

如果宝宝没有得到妈妈无微不至的关爱，大部分时间都躺在小床上，只有在喂奶和需要安抚时才被抱起来，情况会是怎样？新生儿有渴望融入新环境、适应新环境的欲望，如果长时间让宝宝自己待着，没有妈妈陪伴，久而久之，婴儿就会出现缺乏条理的行为模式：肠痉挛、哭闹不止、抖动、无规律的摇摆、焦虑地吮拇指、呼吸不规律、睡不安稳。被迫进行自我调理的婴儿需要花很多精力让自己平静下来，浪费了很多本来可以用来长身体的宝贵精力。

哭闹和没有条理的行为都是缺乏妈妈关爱及其带来的调理作用的结果。婴儿不应该像某些育儿专家建议的那样进行自我训练。这种育儿法与常识相悖，也没有经验和研究的支持。行为研究已经反复证实，婴儿一旦离开母亲，就会表现出焦虑，缺乏条理，缺乏生机。这个世界上有很多育儿理论，但亲密育儿法的研究者都同意一点：为了让婴儿的情绪、智力和心理系统保持最好的水平，妈妈不间断的关爱是非常必要的。

减少哭闹和肠痉挛

来我们诊所的父母经常向我们反映："只要我一把宝宝背起来，他看起来就很满足。"以前经常哭闹的宝宝，父母背起来以后，似乎忘记了哭闹。宝宝满足了，父母也就更开心。而宝宝高兴是因为他没有什么哭的必要。全家都高兴，我也高兴，似乎终于找到了一个能减少婴儿哭闹的方法。受到这个新发现的启发，我想进一步知道为什么背着宝宝就能减少啼哭；还有，其他儿科医生发现这一点了吗？

1986 年，加拿大蒙特利尔的一个研究小组进行了这样一项研究，他们把 99 对母婴分成两组，其中一组要求每天抱或用背巾等背孩子至少 3 小时，而另一组则不抱孩子，只是把孩子放在小床上，面前放一个可移动的物体或一张人脸的图片，孩子哭闹时也不去安慰。结果发现，第一组孩子哭闹的次数比第二组少 43%。这项研究表明，不管孩子处于什么状态，妈妈都要尽可能地多抱孩子，而不仅仅是为了应付哭闹。在西方社会，通常的情形是孩子开始哭之后，父母才把他抱起来。

我们阅读了许多人类学著作，了解其他文化中的育儿方式。这些研究者一致同意，在有经常抱孩子习惯的文化中，婴儿哭闹得比较少。在西方文化中，我们以小时为单位计算婴儿啼哭时间，而其他文化是以分钟为单位计算的。西方人相信，婴儿一天哭一个小时，甚至两个小时，是很正常的事，而这在其他文化中是没法接受的。

我们可以确定，多抱孩子能减少哭闹（在我们儿科门诊中也发现这一点），下一个问题是：为什么？

抱孩子能减少哭闹，是由于这种动作对婴儿前庭系统的调节作用，就像上文提到的那样。经验和研究都证明，前庭刺激（例如轻轻摇晃）是最有效的制止啼哭的办法，因为这使宝宝想起熟悉的子宫，那段在子宫里的生活已经深深地印在他的意识里。熟悉的感觉能帮他对付现在不熟悉的感觉。这就减轻了他的焦虑，使他不再有哭闹的必要。

因为用背巾背宝宝是最像子宫的模拟行为，它满足了宝宝的渴望，帮他适应新环境。宝宝就这样逐渐适应子宫外的生活。我们通常错误地认为，分娩就是产品生长线的终端，宝宝生下来就是个小大人，能立即适应外面的环境。如果我们认为新生儿在某种程度上是个半成品，或许会好一些。用背巾背着宝宝，给了宝宝熟悉的亲密接触和良好的感觉。宝宝因为被照顾的方式，而感觉自己很有价值。背着他，才让他感觉到自己的宝贵。

提高孩子的学习能力

宝宝哭闹的时间少了，他用这些多余的时间和精力干什么呢？我们已经讨论了背着宝宝如何帮助他成长和发育，另外，背着宝宝还能帮他获得精神上的发展。根据我自己的观察和他人的研究成果，这些宝宝并没有睡太多，而醒着时处于安静警觉状态的

背着的宝宝哭得更好，父母应付得也更好

在给宝宝经常哭闹的父母做辅导时，我们想达成两个目标：让宝宝的脾气变好，提高父母的敏感度。用婴儿背巾就能达成这两个目标。通过创造一个更有调节作用、更像子宫的环境，婴儿背巾能减轻孩子的哭闹。即使宝宝哭，背巾也能让他"哭得更好"。父母们，请记住，宝宝哭不是你们的错，让他们不哭也不是你们的工作。你们能做的最好的事情是别让他们孤单地哭，创造一个安全的环境减少哭的次数。背巾能帮你做到这些。

时间增多了。这种状态下的宝宝最满足、与外界交流最好，可以说是宝宝的最佳学习状态。

研究发现，背着宝宝能提高宝宝视觉和听觉方面的警觉度。生理系统的稳定有助于宝宝醒着时表现出满足的行为；简单地说，在安静而警觉的状态下，婴儿的整个系统似乎运转得更好。安静而警觉的状态使父母能很好地与宝宝互动交流。在采用摇篮式抱姿时，宝宝面对面地看着妈妈的脸。你会看到母子双方如何调整他们的脸部位置来达到一个最佳的视觉互动。研究发现，人类的脸，尤其是面对面的姿势，能有效刺激人际关系的形成。在用袋鼠式抱姿时，宝宝有 180 度的视野，能环视眼前的世界。这样宝宝可以做出选择，去看愿意看的，拒绝不愿看的。这种选择的能力有助于宝宝的学习。

让宝宝积极参与

背着宝宝能提高学习能力的另一个原因是，宝宝能更多地参与到大人的世界里。宝宝能见父母所见，听父母所听，甚至能感觉到父母的感觉。背的宝宝感觉更丰富，能更多地了解父母的脸、走路的节奏和说话的声音。宝宝能了解并学习微妙的面部表情和身体语言、声音的变化和语调，以及呼吸方式和大人的情绪。只是让宝宝坐在父母鼻子下方，就能彼此有

更多的接触。亲密接触能增加互动，宝宝能不断地学习怎样成为一个人。背着的宝宝能参与到父母正在做的事情当中，他能听、闻、看，更深入地体验大人的世界。宝宝在忙碌的大人怀抱中能学到更多东西。

　　想想另一种育儿方式：宝宝大部分时间和妈妈分开，只在固定时间才被抱起来，跟大人有互动。他能听到隔壁房间的声音，但不会与自己联想到一起，因为这些声音对他来说毫无意义，所以也就不会在记忆中储存下来。他觉得这些信息既不重要，也不值得储存。对孤单生活的宝宝来说，每天的生活经历并没有学习价值，也没有和妈妈建立亲密关系的价值。因为宝宝和妈妈是分开的，妈妈当然也就不会安排宝宝的活动，更无法与他进行互动。宝宝充其量是作为一个观察者，而不是参与者。而常常背着宝宝的妈妈，因为她习惯于跟宝宝在一起，所以会自动地把宝宝带进她的生活。反过来，宝宝感到自己能参与妈妈的世界，感到自己是有价值的，这对宝宝形成自信有很大帮助。

促进宝宝认知能力的发展

　　在促进大脑成长发育方面，环境因素能起到刺激神经的分化发展和联系其他神经组织的作用。背着宝宝能帮助他的大脑发育，因为宝宝能亲密地参与到父母的世界，父母有选择

地给他提供环境刺激物，而避开他成长中的神经系统没法承受的环境刺激物。他如此密切地参与到妈妈正在做的事情当中，以至于他的大脑里储存了无数的经历，也就是行为模式。这就像无数储存在宝宝神经图书馆里的片段，一旦遇到相似的情形，这些片段就会自动播放。比如说，妈妈们经常告诉我："只要我一穿上背巾，宝宝马上就会眼睛发亮地朝我举起胳膊，好像他知道很快就会进入我的怀抱。"

抱着学步期宝宝聊天。

　　我注意到，在大人怀里的宝宝看起来更专注，他会倾听大人的谈话，好像他是谈话中的一员。背着宝宝能提高他的语言能力，因为宝宝的位置比较高，可以听到大人的声音，看到大人的眼睛，所以对谈话更有参与

318

感。他学到一堂很重要的语言课——倾听。

一般的外部声音，如日常活动发出的声音，可能对婴儿有学习价值，也有可能会打扰到他。如果宝宝单独待着，这些声音可能会吓着他。如果宝宝在大人怀里，声音就具有了学习价值。妈妈能帮宝宝过滤掉她认为不适宜的声音，而在陌生环境和声音条件下，妈妈可以让宝宝感到"不用怕"。

父母有时担心，如果总是把宝宝背在身上，宝宝可能学不会爬。其实，常常背着的宝宝也可以放下来，让他在地板上自由活动和爬行。事实上，亲密育儿法养育的宝宝运动能力更强，可能是因为亲密接触会促进神经系统发育，以及宝宝不必哭闹而节省了精力。

促进父母与宝宝间亲密纽带的形成

"纽带"一词现在已广为人知，但却很少有人能理解这种育儿概念。"纽带"不是快速建立的亲密状态，而是一个渐进的过程。有些父母和宝宝能很快地建立联系彼此的亲密纽带，且很强烈，而有些则要慢些，弱些。背着宝宝能加快亲密纽带的形成。

给了妈妈和宝宝一个很好的开始

妈妈和宝宝最初的接触方式往往决定了纽带关系发展的基调。在新生儿阶段，我们关注的都是妈妈给宝宝做了什么，好像所有事情就应该是妈妈付出，宝宝接受。40年当儿科医生和养育8个孩子的经历让我明白，这种付出与接受关系并非完全正确。不仅是父母帮助宝宝成长，宝宝也在帮助父母成长。理想的亲子关系——在最佳状态时——是相互给予的，父母和宝宝都遵循本能把彼此最好的一面引导出来。这个关系运作方式如下：

妈妈有一种生物本能（爸爸身上的要稍弱一点），会被宝宝吸引；会有去抱宝宝，给宝宝喂奶，跟宝宝在一起的渴望。有些妈妈会自然感觉到这种亲密关系，就像是本能一样。而有些妈妈则较不明显，这就要宝宝发挥作用了。

就像妈妈身上有一种给予关爱的能力一样，宝宝身上有一种促进关爱的能力，刺激妈妈渴望或者觉得需要跟宝宝待在一起。宝宝的声音、吮吸的动作、微笑、圆圆的脸和吸引人的身体特征，这些都对妈妈起作用。妈妈体内有所谓的母性激素，即泌乳素和催产素。宝宝这些促进关爱的行为能刺激妈妈体内激素的分泌。这样，宝宝就给了妈妈一个生物学上的刺激，使妈妈能够提供宝宝需要的母爱——两个人既相互需要又相互给予。

如果我们假设，这些激素水平越高、持续越久，当个好妈妈就越容易，那么妈妈就需要采用一种能保持高水平激素的育儿方法。婴儿背巾就能起到这样的作用。长时间和宝宝在一起，这些生物学系统就能保持活跃的状态。而短时间的接触达不到这一点。接下来，我们继续分析。

有一种测量激素的生物活跃度的术语叫半衰期，意思是要消耗血液内某种物质的一半所花的时间。有些物质半衰期比较长，而有些比较短。母性激素的半衰期很短——大概20分钟左右。这意味着为了让母性激素持续保持在高水平，需要每隔20分钟左右刺激一次。把宝宝背在身上能做到这一点。长时间和宝宝待在一起，频繁地喂奶和接触，能让妈妈的激素保持高水平。

刺激亲密育儿

如果妈妈一天背着宝宝几个小时，她就会习惯跟宝宝在一起，宝宝也会习惯跟她在一起。简单地说，"纽带"是指在一起时感觉良好，不在一起时感觉不好。这样的妈妈对宝宝的哭声会有更及时的反应，会更频繁和长久地喂奶，晚上也会和宝宝一起入眠——也算是一种夜间背宝宝的形式。来我们诊所就诊的妈妈玛吉就曾骄傲地宣称："我感觉跟宝宝完全密不可分。"持续的激素刺激可能就是

玛吉这种感觉的生物基础。就像玛莎说的："如果宝宝在我背巾外的某个地方睡太久，我会想念他的。"

把宝宝"贴"在身上对母婴关系进展比较慢的母子更重要，无论是因为某种医学原因导致母子暂时分离，还是因为妈妈的母爱本能启动得比较慢。和宝宝更多的亲密正是这些妈妈所需要的。

下一步：和谐和自信

当母子双方都感到满足和完整之后，下一步会是什么？背着宝宝带来的效果可以用一个词总结：和谐。这个词指出了背着宝宝和建立亲密纽带的真正意义。"和谐"在词典里有很多种解释，例如"有秩序和愉快的安排"，"感觉或行动的一致性"等，但最简单、我最喜欢的解释是"在一起很好地相处"。

第一个月，母子互动还处在学习阶段。宝宝给出一个信号，妈妈学习如何反应。这样的互动多达几百次以后，妈妈的反应就变成了一种直觉。妈妈很自然地给予反应，母子关系非常和谐。

通过背着宝宝获得的交流互动能帮妈妈很好地了解和感知宝宝的需要，一个最好的例子是，在某些文化当中，妈妈不用尿布就能处理宝宝的大小便，这些经常背着宝宝的妈妈能根据宝宝的细微动作判断宝宝大概什

么时候要大小便，在适当的时候让宝宝上厕所，之后再放回背巾。

促进和谐的同时，背着宝宝还能让母子双方对自己的能力感到很有信心。妈妈能读懂宝宝的暗示，学会了有效回应；看到自己观察能力日益提高，她会有一种成就感，甚至对自己感到惊讶。妈妈和宝宝是如此亲密，所以妈妈不会遗漏宝宝的任何一个暗示。妈妈会觉得自己非常称职。宝宝也会觉得自己很能干，因为他的暗示得到了正确的解读。通过妈妈持续正确的回应，宝宝发信号的能力也得到了提高。这样，相互的了解、敏感和能力都通过背宝宝而得到了提高。

经常背着宝宝可以让你目睹和享受宝宝快速发展的技能，这对纽带关系也很重要。宝宝动的样子、看着你的样子、伸手碰你的样子、触摸其他人和物的样子，你都一一目睹，十分欣慰。本质上来讲，这是妈妈和宝宝在一起进步。欣赏和理解宝宝的发展是巩固纽带关系的又一个方法。

克服发展纽带关系的阻碍

背着宝宝能促进母子的纽带关系，不仅仅是因为这种育儿方式能提升母性激素的水平，提高相互理解和加强各自的能力，还因为它能帮助妈妈克服很多问题。

产后抑郁症。一个主要的问题便是产后抑郁症。经常背着宝宝的妈妈很少患产后抑郁症。这可能是因为妈妈的激素水平提高了，而宝宝的啼哭减少了。像上文介绍过的那样，频繁的刺激能帮助妈妈维持一个较高的激素水平，而不会上下波动。从生物学的角度来说，这些母性激素能对妈妈起到镇定效果，有助于消除抑郁。我了解到，很多妈妈在与宝宝亲密接触之后会感到放松，好像她们已经利用了母性激素的天然镇定作用。背着宝宝能减少抑郁的另一个原因是宝宝哭得少了，妈妈感到更有信心，不那么紧张，因而也就不那么抑郁了。

但妈妈们要注意：宝宝乖不乖并不能衡量你是不是一个称职的妈妈。有些宝宝不管你采用什么方式都哭得很凶，如果是这样，千万不要认为自己不是个好母亲。宝宝爱哭只是反映了他的性格，而不是你的育儿方式有问题。（详细内容，参见第16章。）但一个经常背着宝宝的妈妈能更快地体会到成就感，克服大多数新妈妈常有的挫败感。

懂得把宝宝背在身上的妈妈们在看到提倡母婴分离的书籍和杂志时，会更有判断力。在过去几年里，我注意到，一些经常背着宝宝的妈妈对自己相当自信，在好心的亲戚朋友说"你抱得太多了，会宠坏宝宝"时，也不会觉得不安。她们能抗拒一些提倡高科技、高消费的育儿观念——这种育儿观念美其名曰要给婴儿创造一个"丰富的环境"。(想一想,还有什么环境能比父母的怀抱更好?)有些育儿理念以父母为中心,提倡对婴儿的反应要有所限制,这对一个经常背着宝宝、有着自己规划的妈妈来说会很陌生。这种建议不适合她,即便她暂时采纳,也会很快感觉到不适,产生抵触感。经常背着宝宝的妈妈会直觉地感到,她能给宝宝的最丰富的环境就是抱着他,和他亲密接触。她们能抗拒高科技广告的蛊惑,更好地适应高密度接触的育儿生活。

让父母的生活简单化

因为我们家人口众多,生活忙碌,所以玛莎和我会在孩子们上床睡觉、一切安排妥当之后,一起吃一顿一周一次的双人晚餐。要是有了新宝宝,这顿饭就变成了三人晚餐。如果我们就餐时其中一个人把宝宝背在身上,他一般会很安静、满足,很少会打扰我们俩。如果宝宝醒着,他也会安静地看着我们谈话,不会吵闹。

在社交场合,用背巾背着宝宝可以让父母不受干扰地和客人交谈。你不必不时地退出谈话,去隔壁房间给宝宝喂奶,而是让宝宝也加入到谈话当中来。看到父母们背着宝宝坐下聊天,这是一幅多么美的画面啊!宝宝长大些后(通常是4~6个月),可以用安全后臀抱的姿势,父母们聊天时,

宝宝之间也可以用眼神聊聊私房话。

更好地改变你的生活方式

对于一个经常背着宝宝的妈妈来说,即使她很忙碌,也不会认为宝宝妨碍了她的生活,相反还改善了她的生活方式。因为她擅长背着宝宝,所以能找到办法把宝宝融入每天的生活当中,这样,一个激动人心的良性循环就开始了:经常背着宝宝加强了母子间的纽带关系,刺激母亲想更多地跟宝宝在一起;因为她想更多地跟宝宝在一起,同时又希望或需要有别的追求,于是会找到创造性的办法一边和宝宝在一起,一边做自己的事,这又进一步加强了纽带关系。妈妈发现宝宝并没有给她带来不便,反而带来开心和成就感。

宝宝6个月大时,卡伦想重返工作岗位。她在工作中一直是个完美主义者,希望把每件事都做好。她把这种态度也带到了育儿这件事上,希望做的每件事都对宝宝有好处。作为亲密育儿的一部分,她在头6个月坚持每天都把宝宝背在身上几个小时,宝宝参与了她做的每件事。6个月后,母子二人非常亲密,卡伦告诉我说:"我不能回去工作,离开宝宝。"她说有某种内在的东西不让她离开宝宝。下定决心后,卡伦去找了一个可以背着宝宝上班的工作。(不能背着宝宝

上班的妈妈,可以下班后多背背宝宝,加强纽带关系;参见第 17 章。)背着宝宝能巩固母子间的亲密纽带,而因为这种纽带的力量非常强大,会促使妈妈去寻找允许这种纽带继续下去的生活方式,这是背着宝宝对妈妈、对宝宝、对社会产生益处的又一个实例。

作为新世纪的育儿方式,背着宝宝能让父母的生活简单化,对宝宝也有好处。

背着宝宝的好处

背宝宝能帮助父母更好地了解自己的宝宝,所以很有价值。这不仅对父母有益处,对宝宝也有好处。

背着的宝宝哭得更少

根据研究结果和父母的经验,背着的宝宝哭得少,大概是因为背巾提供了与宝宝在子宫里类似的移动状态。背巾尤其能安慰那些经常哭闹的宝宝。对那种积蓄所有能量似乎就为了在晚上大哭一场的宝宝,我们可以把他放入背巾,长时间地散步。新鲜的空气,摇动的感觉,有趣的景物(如移动的汽车、鸟,公园里的树,玩耍的孩子),能一起帮他忘掉哭闹。

背着的宝宝长得更好

我们曾在第 313 ~ 314 页提到,背着尤其有利于早产儿和发育迟缓的宝宝。摇动感和与一个熟悉的人亲近,能让宝宝长得更好。("长得好"不仅是指长个子、长体重,而是指最理想的成长状态,包括身体、智力和情绪各个方面。)

背着的宝宝学得更多

在大人怀里的宝宝学得更多,因为宝宝有更多时间处于安静而警觉的状态,能更好地与别人互动,参与到周围环境当中;在大人怀里时,宝宝能亲密无间地进入大人的世界,你去哪里,他就去哪里,你看到什么,他就看到什么。宝宝能从你的角度看世界。一个背巾里的宝宝当然比平躺着看天空的宝宝更能学到东西。

背着的宝宝语言能力更强

因为宝宝在背巾里,与你的嘴巴和眼睛更靠近,所以他能学到身体语言和人类表情的微妙之处。他看着大人说话,能更好地参与到谈话中。一位语言病理学家、对背宝宝非常有经验的妈妈与我们分享了她的观察心得:"两个孩子 1 个月到 1 岁时，我和丈夫一直都用背巾。当宝宝们能够在背巾里坐直时，他们就开始观察谈话者如何用语言和眼神来交流。通过看我们嘴巴开合，宝宝们学会模仿正确的发音动作。他们很早就开始在记忆中储存一些单词和发音。我们觉得用背巾背宝宝有效地培养了他们的交流能力。"

享受背着宝宝的时光吧。在你怀里的这段时间相对于宝宝的生命来说很短，但你爱抚的记忆却持续了一生。

第15章 夜间育儿：如何让宝宝乖乖安睡

在本章，我们基于对良好睡眠的认识，总结出一些可以帮助宝宝和父母彻夜安睡的要素。我们提倡的是平衡的夜间育儿方式，既考虑到疲惫和忙碌的父母需要睡眠，希望他们的宝宝乖乖睡觉，同时也尊重婴儿独特的夜间需要。

因此，我们用了"夜间育儿"这个术语作为本章的标题，而不只是"如何让宝宝乖乖安睡"。我们希望你能制订一个夜间育儿的方案，既可以让自己睡得更好，也可以让宝宝睡得更好，并达到长远目标——帮助宝宝养成健康的睡眠态度。

你不能强迫宝宝睡觉，你能做的是创造一个更好的睡眠诱导环境，不仅让宝宝容易睡着，而且可以保持深层睡眠。让宝宝睡觉不应该是一个非人性化的机械过程，例如"让宝宝第一个晚上哭 5 分钟，第二个晚上哭 10 分钟……依此类推"——这种育儿方式比训练宠物还要无情。我们的目标不仅仅是让宝宝睡着和睡得踏实，还要让他们知道睡觉是一件快乐的事，一种无忧无虑的状态。你不能把白天育儿和夜间育儿彻底分开。宝宝每天花一半甚至超过一半的时间睡觉，这些时间不是白白浪费的，正是在这些时间里，宝宝形成了健康的睡眠态度，甚至是生活态度。

在研究让宝宝睡得更好的方法时，我们也调查了各种各样让宝宝安睡的理论。我们发现，这些理论的主旨全部相同：对宝宝的哭声置之不理。这个缺乏人情味的论点第一次出现在 1900 年的一本育儿书中，随后经过多次修改，现在差不多每一本育儿书中都能找到。但这里不妨透露一点有关失眠的事实：睡眠问题在婴儿和成年人中已经非常严重了，基本上每一个大城市都有睡眠紊乱治疗中心，但是奉行强迫睡眠的仍旧大有人在。应该寻找更加人性化的方法。下面我们先让你了解一些有关婴儿睡眠的事实，然后提出一种循序渐进的方法，帮助你的宝宝养成一个健康的睡眠态度，这个态度还将延续到他成年以后。

婴儿睡眠的事实

你是否曾经希望自己能"睡得像婴儿一样"？如果你知道了婴儿真实的睡眠方式，就不会这样想了。当我们想到婴儿睡觉的样子时，脑海中浮现出的一定是宁静、安详的画面。但是真正的状况又是怎样的呢？我们来看一下。

没有人会一觉到天亮

在夜里，所有的人——不管是成人还是孩子——都会经历许多不同的睡眠阶段和循环。下面我们先来说说你是如何入睡的，然后是你的宝宝，通过对比来发现二者的不同之处。

当你不知不觉进入梦乡时，大脑开始休息，慢慢地停止大部分"工作"，使得你进入深层睡眠阶段，也叫做"非快速眼动阶段"，因为在此阶段眼球是不动的。你现在处于沉睡状态，身体静止不动，呼吸均匀，肌肉放松，没有知觉。一个半小时以后，你的大脑开始活动，你也进入了浅层睡眠阶

段，或者称为"快速眼动阶段"，在这一阶段，你的眼球会在紧闭的眼皮下活动。在浅层睡眠阶段，我们会有思维活动，大脑并没有真正地休息。你可能会做几个梦，翻身，拉一拉被子，甚至会醒来去洗手间，然后回来继续睡觉，重新进入深层睡眠阶段。深层睡眠与浅层睡眠的循环几个小时就会有一次，一般情况下，成人一夜会有6个小时深层睡眠，2个小时浅层睡眠。所以，尽管有时候你认为整夜都睡得很熟，但实际上并不是。

宝宝不同的睡眠方式

成人可以很快地从清醒状态直接进入深层睡眠，但是宝宝不行。他们首先要经过一段时间的浅层睡眠，才会进入深层睡眠。下面让我们看看婴儿是如何睡觉的。

宝宝不同的入睡方式

宝宝该睡觉了，他的眼皮慢慢开始往下垂，在你怀里打哈欠，最后眼睛完全闭上了，但是眼皮还在跳动，呼吸仍然不均匀，手和四肢是弯曲的。这个时候他可能会突然抽动一下，或者露出一丝笑容——我们称之为睡眠笑容，有时他的嘴甚至会做吮吸的动作。但是当你弯下身去把这个"睡着"的宝宝放在摇篮中，然后蹑手蹑脚地走开时，他醒了。这是因为在这一阶

段宝宝并没有完全熟睡，当你把他放下时他仍处在浅层睡眠状态。

接下来，再试一次。用你平时哄宝宝睡觉的办法，摇晃、喂奶、踱步都可以，但是要持续时间长一点。不久，宝宝的微笑和抽动消失了，呼吸也越来越均匀，肌肉完全放松，之前握着的拳头也松开了，四肢自然下垂。此时你可以安心地把他放下、走开，长吁一口气：宝宝终于睡着了！

为什么会这样呢？几个月大的婴儿在熟睡之前要经过一个20分钟左右的浅层睡眠期，然后才开始慢慢进入不会轻易醒来的深层睡眠。如果你想在浅层睡眠时把他放下，他一般会醒来。婴儿的这种睡眠方式可以很好地解释为什么会有"一放下就醒"的麻烦宝宝。等到他们大一些，就可以不经过浅层睡眠而较快地直接进入深层睡眠。你应该学会分辨宝宝的各种睡眠阶段，这样才可以在他熟睡时将他从汽车里抱到床上而不惊醒他。

宝宝的睡眠周期较短

如果你站在摇篮边或者小床边，看着几乎一动不动的熟睡中的宝宝，

大概一小时后，你就会发现他开始动了。他翻了一下身，眼皮开始颤动，脸上的表情开始变化，呼吸也不再均匀，肌肉又紧绷起来了。他又开始进入浅层睡眠，这时候如果有任何的不适或打扰，宝宝就会醒过来。你要把自己的手温柔地放在他背后，哼一首摇篮曲，大约10分钟后，宝宝就又会慢慢地进入深层睡眠。接下来宝宝是不是就一直这样沉睡了呢？当然不是！

一个小时以后，宝宝又会再次回到浅层睡眠，又一个易醒期开始了，或许会又一次醒来。由此可见，宝宝的睡眠周期比成人的短。在前几个月，宝宝的睡眠周期更短，浅层睡眠会更频繁，夜间醒来的次数更多，几乎是成人的两倍，甚至一个小时一次。大部分的睡眠问题都是因为醒来后很难再入睡，无法再进入另一个深层睡眠阶段。

宝宝不会像成人那样熟睡

宝宝不仅入睡方式与成人不同，睡眠周期较短，易醒期较多，他们的浅层睡眠时间也是成人的两倍。这对

夜间育儿第一课

宝宝需要你的安抚才能入睡，而不是放下就睡。

夜间育儿第二课

宝宝有这样或那样的睡眠方式，是因为有这样或那样的原因。

照顾宝宝一整天而疲惫不堪的父母好像很不公平。

生存优势

如果宝宝能像成人一样睡觉，夜里大部分时间都处于深层睡眠，只有短暂的易醒期，然后又可以自己进入深层睡眠，那该有多好！这样对你来说可能很好，对宝宝来说可不是。想象一下，宝宝冷了，但他不会醒来"告诉"你他需要暖和；他饿了，但不会醒来"告诉"你他需要吃奶；他的鼻子堵住了，呼吸不顺畅，但不会醒来"告诉"你他需要你的帮助。我们相信婴儿在前几个月比较容易醒来的睡眠模式与他们这一阶段的特点有关，在这一阶段，他们在夜里的需要是最集中的，但表达需要的能力却是最有限的。频繁夜醒是预防猝死综合征的内置保护机制吗？或许我们不应该太早训练宝宝像大人一样睡眠。

发育优势

睡眠研究人员认为，浅层睡眠对宝宝是有好处的，因为浅层睡眠时仍然可以进行思维活动。在浅层睡眠时做梦，可以为宝宝的大脑发育提供影像，这种内在的刺激增强了大脑的发育。有一次，我们正在解释浅层睡眠可以帮助宝宝大脑发育的理论，一位疲倦的妈妈突然笑了，她说："如果是那样的话，我的儿子将来一定超级聪明。"

究竟什么时候宝宝才可以一觉到天亮呢？具体年龄因人而异，差别很大。有些宝宝很容易入睡，但是他们睡得不沉，很容易醒；有些宝宝不容易睡着，但一旦睡着了就不会轻易地醒来；还有一些淘气鬼宝宝既不轻易入睡，也不会沉睡。

头 3 个月，宝宝的睡眠习惯与他们的吃奶习惯很像，吃奶是少吃多餐，睡觉也是频繁小睡。宝宝很少会一觉睡上 4 个小时而不用中途醒来吃奶。他们没有什么白天和黑夜的概念，通常一天需要睡上 14 ～ 18 个小时。

3 ～ 6 个月，大部分宝宝开始形成睡眠规律，白天醒的时间更长。有些宝宝在夜里可以一觉睡上 5 个小时，但还是会醒来一两次。

随着宝宝的成长，沉睡时间会越来越长，浅层睡眠会减少，易醒期也随之减少，宝宝可以很快地进入深层睡眠。我们称之为"睡眠成熟"。但婴儿睡眠成熟的年龄不是固定的，不同的婴儿成熟年龄不同。

这理论听起来挺好，但为什么宝宝夜里还是经常醒呢？因为当宝宝的大脑开始好好休息时，身体却会叫醒它。许多会唤醒宝宝大脑的因素，例如冷或者牙疼，会出现得越来越频繁。随着宝宝经历一个又一个"生长里程碑"（例如学会了坐、爬、走）时，他们经常会醒来练习这些刚刚学会的新技能。而当宝宝停止晚上的"热身运动"，准备好好睡觉时，其他的一些因素——比如与妈妈分开的焦虑，又会让宝宝醒来，再次提醒你育儿是一个全天候的工作。虽然你不能完全摆脱这种"夜间呼唤"，但随着宝宝长大，夜醒的次数总会减少。随后，家里的第二个宝宝来到了，紧张的"夜间育儿"又开始了。

现在，你已经熟悉了宝宝和你不一样的睡觉方式，接下来让我们教

婴儿睡眠模式的基本知识

• 宝宝一般都需要经过浅层睡眠才可以真正睡着，他们需要大人照顾才能入睡。

• 宝宝的睡眠周期比成人的短，而且浅层睡眠时间较长。

• 夜间宝宝有较多的易醒期，而且很难再睡着。

• "一觉到天亮"在医学上的定义是"连续睡 5 小时"。

• 在 6 个月之前，宝宝一般一夜醒两三次；6 ~ 12 个月大时，醒来一两次；1 ~ 2 岁时，一夜醒一次①。

• 在 6 个月之前，宝宝每天睡眠时间一般是 14 ~ 18 个小时；3 ~ 6 个月时，一般是 14 ~ 16 个小时；6 个月到 2 岁时，一般是 12 ~ 14 个小时。

• 宝宝的睡眠习惯更多是由他的"独特个性"决定的，而非取决于父母的夜间照顾。宝宝醒来不是你的错。

• 睡觉前用固体食物把宝宝塞得饱饱的，并不能让宝宝睡得更久。

• 可以让宝宝和你一起睡。事实上，对很多家庭来说，和宝宝一起睡比其他安排更好，更能帮助他睡觉，也比让他自己一个人睡在摇篮里更"正常"。

• 你不能强迫宝宝睡觉。创造一个安全舒适的睡觉环境是使宝宝养成长期的良好睡眠态度的最好方法，频繁的哄睡不是长久之计。

①作者注，宝宝的夜醒习惯和父母对睡眠问题的定义都因人而异，因此所谓的"平均"和"正常"次数都只能用范围来表示，而不是具体的数字。

你一种循序渐进的应对方法，这种方法是在我们照顾家里 8 个小淘气的经验基础上加以改进而形成的，在我们辅导数百位父母的实验中效果也不错——起码大部分情况下都不错。

第 1 步：让你的宝宝有最好的开始

开始讨论前，先看一看你对睡眠的态度。

建立夜间育儿心态

你如何看待宝宝的睡眠呢？你是不是认为白天老跟宝宝黏在一起，这是好不容易才有的休息时间，是跟宝宝分开的大好机会？你是不是非常渴望宝宝能一觉到天亮？如果你的宝宝没有好好睡觉，你是不是感觉很失败呢？如果以上 3 个问题你的回答都是"是的"，那么你不适合用这个方法。

夜间育儿也是育儿生活的一部分，你的态度应该是："白天我希望宝宝可以跟我很亲近，信任我。在夜里，我希望他的这种感觉依然存在。我不希望宝宝在夜里感觉到与我不再亲近。"也就是说，白天与黑夜的亲近方式不同，但亲密关系仍然是存在的。我们想让你避免一种心态，即用许多工具和"非人性"的方法让宝宝夜里不再醒来。也许在短期内这样看起来很好，但从长期看却得不偿失。当你人为地消除宝宝夜间醒来的习惯时，你也破坏了一些其他的东西——你与宝宝之间"脆弱"的情感联系。

找到适合你的夜间育儿方式

只要家里有小宝宝，就一定会有一大堆"专家"找上门来，告诉你怎么哄宝宝睡觉，让宝宝一觉到天亮。但是因为不同的宝宝有不同的性格，不同的父母也有不同的生活习惯，所以没有所谓通用的方法，只有培养健康的睡眠态度才是最正确的。

每个宝宝与生俱来的性情都会影响他的睡眠方式，每一位父母也都有自己独特的生活方式和睡眠习惯，在寻找"夜间育儿方式"时这些都要考虑到。首先要找到一个既符合你的生活习惯，又符合宝宝性格的方案，如果这个方案可行，那就坚持下去；如果不行，就再试试其他方案。

睡得好有时候是天生的，有时候是后天培养的，但不会是强迫出来的。我们会给你展示夜间育儿的各种选择，采取一种平衡的方式，以适应每位家庭成员的需要。这些方法可以在大部分时间适应大部分家庭。其中一些方法可能比较适合宝宝的某个发育阶段和父母的生活方式，另一些可能比较适合其他的发育阶段。我们唯一的要求是：大胆尝试不同的夜间育儿方式，看一看究竟哪一种比较适合宝宝的睡眠特点以及你的生活方式和睡眠习惯。拒绝尝试任何一种方式，都可能会"剥夺"你夜间育儿的乐趣和某些好处，导致长期的负面影响，使你和宝宝的距离越来越远。

夜间亲密育儿法

经过多年尝试，我们发现，夜间亲密育儿法适用于大多数家庭。我们自己在家就采用这个方法，同时也在诊所教给其他父母。这种方法不论在经验上、科学上，还是直觉上看起来都是合理的。它并不极端或激进，相反是基本而简单的。生活中最好的东西往往不都是这样的吗？这种夜间育儿方式的两个基本要素是：

- 白天调整与缓和宝宝的脾气；
- 夜里和宝宝一起睡。

白天休息好，晚上才睡得好

大多数的睡眠障碍都跟缺乏规律有关。新生儿就是缺乏规律的。睡眠和喂奶的"时间表"对他们没有意义。他们的生理系统还是不规律的，这种缺乏规律的状态一天 24 小时不间断。白天很好地照顾宝宝可以让他在夜里变得比较有规律。以下是一些具体操作方法。

根据信号喂奶。白天根据宝宝发出的信号频繁地喂奶，可以让他在夜

里睡得更好。而白天严格按照时间表喂奶的宝宝很可能黑白颠倒，白天睡得多，晚上吃得多。

白天多背宝宝。把宝宝放在舒适的背巾内，白天尽量多背着他。亲密感可以促进频繁吃奶，也可以使宝宝更加安静，而白天安静的宝宝在夜里通常也是安静的（参见第 314 页）。

白天的育儿方式及对宝宝的影响会一直持续到夜里，影响宝宝夜间的睡眠习惯。在你的怀里，在充满关爱的环境下，宝宝发出的信号可以马上得到回应，自然就学会了信任和镇静。一个在白天不急躁的宝宝在夜间一般也不会急躁。

对那些生来就爱哭闹的宝宝，白天的亲密育儿法对夜间睡眠的影响尤其明显。这些宝宝"臭名远扬"，是出了名的"难伺候"。白天让这些宝宝的情绪柔和一些，夜里他们就会安静些。事实上，白天的亲密育儿早早地向宝宝传递了这样一个信息：无论在白天还是黑夜，都没有必要紧张。

对父母来说意味着什么？

白天频繁的喂奶和拥抱，除了使宝宝较少焦虑外，还给你的夜间育儿开了个好头。喂奶和拥抱过程中你与宝宝的交流使你变得更加敏感，你开始了解他，这也会让你在夜里比较敏感，使你直觉地感觉到：宝宝应该睡在哪里？你应该怎样理解他的哭泣？

怎样更好地让他入睡？几乎所有的"睡眠训练"都很少提及"你的宝宝的夜间需要"。亲密育儿法能帮你补上这一课。

你白天的育儿方式使这种亲密感延续到夜里。有时第一个月对宝宝的亲密照顾可以使父母在不知不觉中形成夜间育儿的观念，想要与宝宝睡在一起，这并不是他们在书本上看到的，而是他们自己觉得这样对孩子好。毕竟，亲密育儿法是子宫内生活的一种延续。正像一位妈妈所说的："不能因为宝宝出生了，我就应该和他分开——我不能把他放在那里不管。"

宝宝应该睡在哪里？

不管宝宝睡在哪里，全家人睡得好才是最好的选择。有些宝宝在父母的床上睡得最好；有些宝宝在父母卧室里自己的小床上睡得最好；还有些宝宝在自己的房间里睡得最好。实际上，你应该每种方式都试一试，随着你对宝宝的脾气和需要越来越了解，再选择最适合的方式。

跟宝宝一起睡是我们强烈推荐的一种方式（参见第 344 页）。和新生宝宝一起安稳过夜的关键是要大胆地尝试各种不同的夜间育儿方法，从中找出一种最适合的，然后坚持下去——同时也要随着宝宝的成长和家庭情况的改变而随时调整这些方法。

第 2 步：创造条件，让宝宝入睡

我再重复一遍：不要强迫宝宝睡觉，睡眠不是你强迫他进入的状态，必须让宝宝自己自然地入睡。你的任

一起睡是一种可以满足宝宝夜间需要的睡眠方式。

务就是创造良好的条件，让睡觉变得很有吸引力，让宝宝自己愿意睡觉。要从以下小技巧中选择那些比较适合宝宝的年龄、发育阶段、夜间脾气以及你的生活方式和睡眠习惯。请记住：技巧是否有效，取决于宝宝的脾气和发育阶段。今天晚上无效的方法，可能在几个星期以后就有效了。

我们故意忽略那种被我们称为"铁石心肠"的睡眠方法——"把醒着的宝宝放在他自己的小床上，让他哭，不用管他，这样慢慢地他就习惯自己入睡了，醒来后也无须帮助就能再次睡着。当他醒来时，你也不用管

小心睡眠训练师

自从育儿书进入宝宝卧室的那天起，就不停地有"睡眠训练师"声称自己发现了神奇的方法，可以使婴儿轻易地入睡。但是这些所谓的"神奇方法"无非是对"让宝宝哭，放着不管"这一老方法的新包装而已，很少涉及宝宝不睡的真正原因。所以，你要小心了，不要轻易采用别人的方法来对待自己的孩子。在尝试任何新的睡眠诱导方案之前，你都应该认真判断。在心里好好地想一下每一个细节，看一下有哪些好处或坏处，然后选择那些最适合你自己家庭情况和习惯的，最后形成自己独特的新方案。

他，不久他自己就学会了如何入睡和醒来后再睡。"我们相信，至少在前6个月，这种方法是不明智的，你会面临失去宝宝信任的危险，也可能逐渐对他的哭声失去感觉。而且，要是你的宝宝比较"有个性"，脾气倔，那么这种方法一点用都没有，他只会不停地哭。

下面介绍的很多方法在"教你让宝宝自己入睡"的育儿书中是绝对禁止的。为了方便而拒绝这些做母亲的简单快乐是多么可悲啊，更可悲的是，这样做会使宝宝在成长过程中失去了珍贵的与人接触的机会。这些撒手不管的方法除了减弱你与宝宝之间的亲密联系，还能有什么效果呢？

让宝宝乖乖入睡

父母往往在宝宝瞌睡前就已经很疲劳了。以下这些方法有助于让宝宝早点入睡。

白天比较平静。白天如果宝宝的状态比较平静，那么往往夜晚也能平安无事地度过。白天多背，多抚慰，可以让宝宝在夜间容易入睡。如果宝宝在夜里不安分，那么你应该考虑一下是不是白天有什么让他不安的因素。你是不是很忙？白天照顾宝宝的大人是不是与宝宝脾气相投？宝宝白天大部分时间是被大人舒适地抱着或背着，还是独自在自己的小床上？我

们发现，白天有几个小时在大人怀里的宝宝在夜里比较容易安睡。

有规律的"小睡"习惯。 挑出你白天最累的时段，如上午 11 点或下午 4 点。连续一个星期在这些时候躺下和宝宝小睡一会儿，让他习惯这个规律。和宝宝一起小睡的习惯可以帮你白天多休息一点，更轻松一点。不要趁宝宝睡午觉的时候想要"做自己的事"。一般来讲，白天在固定时间小睡的宝宝在夜里更有可能睡得踏实、长久。

有规律的睡眠时间。 宝宝越大，越需要有规律的睡眠时间和习惯。睡眠有规律的宝宝也往往睡得比较好。现代生活中，在固定的时间早早上床睡觉好像不太现实。一般来说，忙碌的父母要到晚上六七点才能回家，这个时候对宝宝来说是"黄金时间"，他绝不可能马上乖乖睡觉。而忙碌了一天的父母都期望宝宝早早地去睡觉，而不是忍受一个吵吵闹闹的宝宝。如果父母双方或其中一个通常回家较晚，那么把宝宝的上床时间定得晚一点可能比较实际。在这种情况下，下午让宝宝小睡一会儿，那么当你回家时他就不会因为疲倦而哭闹了。

比较固定的睡前仪式。 熟悉的"睡前仪式"可以使宝宝快快地入睡。洗个温水澡，抱着摇一摇，喂奶，哼摇篮曲等一系列活动，让宝宝期待着睡觉。这是利用婴儿早期发展中被称为"模式关联"的一种原则。宝宝发育中的大脑就像电脑一样，存储着成百上千的关联程序，这些程序可以构成模式。当宝宝感觉到一些"前期活动"时，他会慢慢地进入睡觉的"程序"，最后在不知不觉中睡着。

让宝宝安静下来。 一次舒服的按摩或洗个温水澡都可以缓解宝宝紧张的肌肉和忙碌的大脑。（参见第 98 页介绍的婴儿按摩，以及第 89 页给宝宝洗澡的方法。）如果宝宝并不享受温水澡，或并没有让他平静反而更加兴奋，可以把洗澡的时间提前。

背着宝宝入睡。 这个方法对于我们家的宝宝特别奏效，特别是那些白天大部分时间都比较兴奋，静不下来的宝宝（参见第 308 页）。

一边吃奶一边入睡。 在妈妈的怀抱里睡去是宝宝最自然的睡眠方式。和宝宝一起躺着，一边喂奶，一边让他慢慢睡去。从温暖的泡澡，到温暖的怀抱，温暖的乳房，再到温暖的床上，这个过程往往能让宝宝渐渐睡去。当然了，用奶瓶喂奶的宝宝也可以衔着奶瓶慢慢睡着。

由爸爸来哄着宝宝入睡。 正如前面所说，除了喂母乳外，还有其他安抚宝宝的方法。爸爸也可以通过男性特有的方式来哄宝宝睡觉。让宝宝习惯爸爸妈妈两种不同的哄睡方法是很明智的。（参见第 303 页爸爸哄宝宝入睡的具体方法，我们强烈推荐颈部

颈部依偎法是爸爸哄睡的常用技巧。

依偎法。)

和宝宝偎依在一起。你的宝宝可能很困，但他不想独自一人睡。把宝宝抱在怀里摇一摇，用背巾背在身上，或者给他喂奶，让宝宝在你怀里睡着。和宝宝一起躺在床上，和他依偎在一起，直到你确定宝宝已经完全进入深层睡眠（或许你也睡着了）。

慢慢地晃着他入睡。床边的摇椅可以说是你卧室里的"必需品"。珍惜这些抱着宝宝晃着摇椅睡觉的时刻吧，这段时光很快就会过去。

"有轮子的床"。如果你试过了所有的方法都无效，你已经困了，或者说宝宝睡觉的时间到了，但他还是不打算睡，那么你可以采用最后一招，把他放在汽车安全座椅上，开车带他出去兜风，直到他睡着。不停地慢慢摇晃是最好的催眠，我称这种方式为"公路哄睡"。这种方法特别适合爸爸，

同时也可以让疲惫的妈妈喘口气。我们经常利用这段时间作一些必要的交流，而宝宝就在汽车的震动和发动机的声音中慢慢入睡。当你回到家时，不要立刻把宝宝从汽车安全座椅上抱起来，因为他很可能会醒。你可以把宝宝连汽车安全座椅一起搬到卧室内，就让宝宝睡在座椅上。等你确认宝宝已经睡得很沉时（手脚都彻底放松、自然下垂），把他从座椅内抱起来，放到他自己的床上。

"机械式"安抚。把宝宝放下睡觉并让他保持熟睡的装置，现在可是个能赚大钱的生意。疲惫的父母愿意掏出大把钞票，只为能睡一夜好觉。当所有方法都试过且均失效时，用这种方式缓解一下也未尝不可，但是不建议长期使用。报纸上曾刊载过一篇文章，赞扬一种能促进良好睡眠的玩具熊，这种玩具熊的肚子里塞着一个播放机，会发出歌声或呼吸的声音，让这些声音诱使宝宝入睡。从我个人角度看，我不赞成我们的宝宝跟着录音机中别人的声音睡觉，为什么不跟着真正的父母的声音呢？

当你偶尔需要休息一下时，秋千是个很有效的安抚宝宝入睡的办法，但是不要对它形成依赖。

★看宝宝的信号：如果宝宝还处于浅层睡眠时你就想悄然离开，以上所有的方法都可能失败。注意宝宝的面部表情和手脚放松的状态，确认

宝宝已经进入深度睡眠，之后你就可以把他放在小床上，然后静悄悄地离开。（参见第 421 页图。）

让宝宝保持睡眠状态

现在宝宝终于睡着了，该如何让他保持这个状态呢？

白天要喂饱。让宝宝意识到，白天是"吃饭"时间，夜晚是"睡觉"时间。一些稍大的宝宝白天只顾着玩，忘记了"吃饭"，所以他们只有在夜里不断地醒来要求补充能量。为了让他们改掉这个习惯，就要在白天每隔 3 个小时喂一次，把喂食的时间都集中在白天。

睡前要喂饱。在临睡前或宝宝第一次醒来时，要喂饱他。一些宝宝——尤其是母乳喂养的宝宝——特别喜欢整夜不断地吃，但每次只吃一点。

保持安全的睡眠姿势。除非有儿科医生的专门指示，否则应该让宝宝仰卧，至少在宝宝出生后的前 9 个月应该这样。尽管人们普遍认为宝宝趴着睡时能睡得比较久，但是有关安全睡眠的最新研究表明，睡得久并不意味着睡得安全。（参见第 124 页"让宝宝仰卧或侧卧"。）

穿合适的睡衣。尝试不同的睡衣和被子，看哪一种最适合你的宝宝。很多易过敏的婴儿穿纯棉的睡衣睡得比较好。

摇动的床。宝宝在你有节奏的摇晃下睡着了，但当你把他放在静止的小床上时，他可能还是会醒来。他需要一张会不断摇动的床。正因为如此，摇篮才能久经考验，不被淘汰。在怀里或摇椅里把宝宝哄睡着后，轻轻地把他放在摇篮里，立刻开始摇晃，保持每分钟约 60 下，这个频率与宝宝在子宫内已经习惯的心跳频率是一致的。如果你没有摇篮，可以在婴儿床上安装不会有杂音的滚轮或摇杆。在前几个月，一些宝宝喜欢交替在摇篮里和父母床上睡觉。很多父母往往计划"这几天"就去买一个摇篮，但最后却一直没有买。

把手放在宝宝身上。你有没有注意过，刚把睡着的宝宝放在床上，他立刻就醒了，你又得重新哄他一遍。或者你刚把他放在摇篮里，他就开始不安地扭动身体。这是宝宝在向你发信号，告诉你他还没有睡熟，不想被单独留下，还希望和你保持亲密的联系。这时，你可以一只手放在宝宝的后脑勺上，另一只手放在他的背上（如果宝宝是趴着睡的）。手的温暖接触可以使宝宝停止"沉默的抗议"，慢慢地进入梦乡。也可以再加一些别的方式，比如有节奏地轻拍宝宝的背部或小屁股，每分钟 60 下，然后慢慢地拿开你的手，先是一只，然后是另一只。动作要非常缓慢，以免惊醒宝宝，甚至可以将手略高于宝宝的身体

可以帮助宝宝睡眠的声音

宝宝在子宫内的 9 个月中，睡眠环境其实并不怎么安静，那么现在他可能也需要一些背景音乐才能睡着。一些类似他在子宫内听到的声音可以让他睡得更好，比如：

• 从水龙头或淋浴喷头流出的水声

• 冒泡的鱼缸

• 妈妈的心跳声或其他子宫内声音的录音带

• 钟表的嘀嗒声

• 每分钟 60 下的节拍器

• 瀑布或海洋声音的录音带

还有一些可以安抚婴儿的声音，我们称之为白噪音，这种声音不断重复，没有意义，却可以使婴儿平静地睡觉。吸尘器、电风扇、空调、洗碗机发出的声音都属于白噪音。我们认识很多妈妈，她们在第一年为了哄宝宝睡觉用坏了好几个吸尘器（其中一位妈妈说，最后她才想到，其实用磁带把吸尘器的声音录下来，也可以达到一样的效果）。当你用吸尘器打扫卫生时，用背巾背着宝宝，这可能是个一举

两得的好办法。但是，对于一些比较敏感的宝宝，这些声音也可能会惊醒他们。

你也可以试一些能够连续播放的磁带，但是要保证你的"催眠曲"有效。把你自己唱的催眠曲录下来放给宝宝听，这是最好的。

在选择合适的催眠音乐时，要记得睡着的宝宝有不同的音乐"口味"。要选择那些既可以使宝宝平静，又比较适合你口味的音乐。宝宝通常在听古典音乐时睡得比较好，这些音乐比较平和，没有大起大落，比如拉威尔、莫扎特和维瓦尔第的音乐（德沃夏克、德彪西、巴赫和海顿的音乐也不错）。宝宝比较喜欢那些简单和谐的音乐，如长笛曲和古典吉他曲。狂躁且毫无节奏的摇滚乐无疑只能把他们吵醒。音乐盒或挂在床头的音乐转铃（比如播放的是勃拉姆斯的音乐）也可以使宝宝平静。你也可以买一些专为婴儿设计的"睡眠诱导"唱片。

停留一会儿再移开。也许是因为爸爸的手比较大，有时候爸爸做这个可能比妈妈更成功，更有效。

留下一些妈妈的味道。如果你的宝宝对"分离"特别敏感，你可以把一些自己的小物品留在宝宝的床上。

一位妈妈发现，当她把自己的防溢乳垫或睡衣留在摇篮里时，宝宝会睡得更好。另一位妈妈则把自己唱的摇篮曲录下来，放给宝宝听。

让爸爸也参与夜间育儿。宝宝也要习惯爸爸安抚他、哄他睡觉的方式，这很重要。不然，妈妈会累垮的。对于那些母乳喂养的家庭来说，爸爸参与夜间育儿特别重要，因为这些宝宝认为"妈妈餐厅"是通宵开放的（参见第 303 ~ 304 页有关爸爸背宝宝的建议，第 308 页关于背着宝宝入睡的内容）。

安静的睡眠环境。大多数婴儿都有惊人的能力来阻挡令人不安的噪声，所以你不必为了创造一个无声的睡眠环境而一直踮着脚走路。我们的第一个宝宝当初就睡在我书房旁边的摇篮里，听着那些电话铃声、翻书声和所有生活中出现的噪音，他一样可以沉睡。一些宝宝比较容易被突然的声音惊醒，所以需要一个相对安静的睡眠环境。经常在摇篮的接合处和弹簧上涂润滑油。把狗赶到外面去，以免它在屋里叫。把电话铃声关掉，或者索性把电话线拔掉。如果有客人来，可以在门上写一个提示牌："宝宝在睡觉，请保持安静！"

对宝宝作出快速反应。要了解宝宝夜间的脾气。有的宝宝天生就比较乖，醒来只会哭几声，扭扭身子，就又自己睡去了，不会麻烦其他人。而有的宝宝醒来后，如果妈妈不及时出现，宝宝就会完全醒过来，然后发脾气，这样就很难再睡了。如果你能在他还没有完全醒来之前就跑到他身边，也许只要把手放在他的身上慢慢轻拍，或用舒适的怀抱或喂奶等方式安抚，就能再次哄他入睡。如果你帮他度过了这个夜间易醒期，就可以防止他从睡梦中完全醒来，把全家搞得一团乱。

肚子要饱，但不能撑。你可能试过在睡前给宝宝喂一些麦片，希望他吃饱后可以睡得更沉。但是研究发现，睡前喂了麦片的宝宝与仅仅喂了奶的宝宝相比，在夜醒方面并没有什么区别。但是，对于疲惫的父母来说，这种方法也值得一试。肚里空空或太饱，宝宝都会休息不好。在睡觉前，给宝宝吃一定量的母乳或者配方奶通常就能让他饱了。对于学步期宝宝来说，一杯牛奶，一碗切碎的水果，或者是一块有营养的小饼干，都是很好的睡前点心。

第 3 步：减少容易夜醒的因素

夜醒不可能完全避免，这跟宝宝的脾气和特定发育阶段有关。但是有些因素可以在一定程度上加以控制。

身体因素

出牙期疼痛。 在你看到宝宝的牙齿时，宝宝可能已经感到出牙的不适了。出牙期疼痛最早在宝宝3个月大时就开始了，然后可能断断续续地持续两年，直到白齿长出来为止。宝宝头下的床单变得湿湿的，脸颊和下巴上出现因流口水而产生的红疹，牙龈红肿疼痛，轻微的低烧，这些都表明牙疼可能是夜间宝宝不安分的最大原因。怎么办？在照顾宝宝睡觉前，可以给他适当剂量的对乙酰氨基酚或布洛芬，4小时后，如果宝宝醒了，就再服一次。

尿布湿了或脏了。 有的宝宝在夜里可能会因为尿布湿了而觉得不舒服，但是大多数宝宝不会。如果你的宝宝在尿布湿了的情况下还可以继续睡，那没必要半夜叫醒他换尿布，除非你要治治他的尿布疹。夜间有大便的话就必须换掉尿布。这里有个夜间换尿布的小窍门：如果可能，在喂奶前给宝宝换好尿布，因为宝宝可能会在吃奶的过程中或吃完后很快入睡。然而一些母乳喂养的宝宝可能在吃奶时就会大便，那就需要再换一次尿布。如果你用的是棉布做的尿布，那么，睡前给宝宝垫上两三块，这样可以减少因为潮湿而产生的不适感。

睡衣的刺激。 一些宝宝在穿着合成纤维材质的睡衣时很难睡好。我们诊所曾来过一位妈妈，她按照我们列出的夜间易醒清单仔细检查过（参见第360页），最后发现她的宝宝对涤纶睡衣比较敏感。一旦将睡衣换成纯棉的，宝宝就开始睡得很好。除了睡得不踏实之外，有一些宝宝的皮肤可能对刚买来的衣服、洗涤剂和衣物柔顺剂等过敏，出现皮疹。纯棉的睡衣可以解决这一问题。

饥饿。 小宝宝有个小肚子，就跟他的小拳头一样大。婴儿的消化系统是为少吃多餐设计的，所以你的宝宝在夜里每三四个小时就要喂一次，至少在前几个月是这样的。当他长大一点后，又可能只顾着玩而忘记了吃。为了让他夜里不饿，白天你就要频繁地喂。

鼻塞。 在最初几个月，婴儿需要鼻腔通道保持畅通，才能好好呼吸。长大些后，他们就会懂得如果鼻子不通，还可以用嘴呼吸。新生儿如果鼻子不通，会非常焦躁不安。为了防止这些情况，首先需要保持空气清新（请看下文的"环境因素"）；帮宝宝清除鼻腔通道内的阻塞物，详情参见第104页和第677页的建议。

太冷或者太热。 宝宝睡得不好，可能是因为太热或者太冷了。参见第93页关于宝宝夜间应该穿什么衣服的内容。

环境因素

不稳定的温度和湿度。给宝宝一个温度和相对湿度都有利于睡眠的房间。在前几周，房间内的温度和湿度需要保持稳定。参见第 94 页关于如何使卧室环境有利于睡眠的讨论。

空气刺激物。环境中的刺激物可能会堵塞宝宝的呼吸道，使宝宝半夜惊醒。家中常见的刺激物有：香烟的烟雾、婴儿爽身粉、油漆、香水、发胶、动物毛屑（要让宠物远离易过敏宝宝的房间）、植物、衣物（特别是羊毛材质的）、床罩上的尘埃、羽毛枕头内的羽毛、会沾尘埃的毛毯和毛绒玩具等。如果你的宝宝老是因为鼻子堵塞而醒来，就应该检查一下是不是存在这些刺激物或者过敏原（参见第 709 页去除卧室过敏原的建议）。

冰冷的床。把暖暖的宝宝放在一个冷冰冰的床上，肯定会弄醒宝宝的。天冷的时候给宝宝的床上铺绒布或羊毛的床单，或有妈妈温暖的怀抱陪伴，这些都可以为宝宝提供温暖。

 罗伯特医生笔记：

我通常会先上床给孩子暖被窝，10 分钟之后，谢丽尔再把睡着的孩子抱进来。

陌生的声音。突然的声音，特别是那些响亮、陌生的声音，通常会惊醒宝宝，尤其是当他处在易醒的浅层睡眠，或是从深层睡眠转到浅层睡眠时尤其如此。宝宝酣睡时，你不必一声不响地踮着脚走路。事实上，熟悉的类似子宫内的声音会安抚宝宝沉沉入睡（参见第 337 页的"可以帮助宝宝睡眠的声音"）。

潜在的健康因素

大多数宝宝生病时会醒得更频繁，但有些宝宝会利用睡眠的治疗效果，生病时反倒睡得更多。如果你的宝宝不仅多次醒来，而且醒来后看起来很不舒服，很痛苦，考虑一下是否有潜在的健康因素。以下是一些常见的原因。

胃食管返流症。参见第 407 页关于胃食管返流症的详细讨论。

感冒。感冒的宝宝经常醒，这是因为鼻塞阻碍了呼吸，以及全身不舒服（参见第 676 页关于感冒的一般治疗，特别是夜间育儿部分）。

耳部感染。耳部感染是另一个导致夜间醒来的原因，因为宝宝会感到疼痛。当以下情况发生时，你可以怀疑耳部感染是造成夜间醒来的原因：

• 宝宝以前睡觉挺好的，最近突然开始变得不安、躁动，经常醒来；

• 宝宝得了感冒，鼻涕从"清水"变得黏稠且发黄，眼角也有黄色分泌物。

什么时候该怀疑是健康因素

如果出现以下情况，你可以怀疑导致宝宝夜间醒来的是健康方面的原因：

• 宝宝因为突然的肠痉挛腹痛醒来。

• 宝宝突然间变得不好好睡了，而之前一直睡得很好。

• 宝宝从出生时起就没有好好睡过。

• 有其他的症状或患病特征。

• 宝宝总是莫名其妙地哭。

• 直觉告诉你宝宝可能得病了。

• 没有什么非常显著的其他原因。

要了解更多关于耳部感染的情况，参见第684页的详细讨论。

发烧。许多细菌都能使夜间的发烧温度比白天更高。所以，如果你的宝宝白天有点不舒服，但并没有发烧（但是他在前几天晚上有点发烧），那么即使宝宝睡前看起来好像体温正常并没有发烧，也应该在睡前给他适当剂量的退烧药，以防夜间体温再次升高。一般情况下，没有必要把宝宝叫醒给他量体温，只需摸一摸或亲一亲他的额头就行了。除非医生要求，通常情况下也没有必要叫醒发烧的宝宝起来吃退烧药。

过敏及过敏导致的肠道不适。过敏以及过敏带来的影响也可能是宝宝夜间频繁醒来的原因。其中食物过敏最常见。如果出现下列情况，说明宝宝可能是对食物或牛奶过敏：

• 宝宝几乎整晚都焦躁不安。

• 宝宝因为突然的肠痉挛醒来，你把手放在他的肚子上，感觉到腹部发紧、胀气。

• 宝宝有其他的过敏症状：白天时就有肠痉挛、红疹、鼻塞等现象。

最新发现表明，吃母乳的宝宝也有可能因为妈妈喝的牛奶而过敏，导致晚上容易醒来（如果你怀疑宝宝对食物或者牛奶过敏，参见第168页列出的易过敏食物种类）。

蛲虫。蛲虫是常见的婴幼儿肠道寄生虫，看起来就像一小段白线，长约0.8厘米。它们是如何使宝宝在夜间醒来的呢？交配过的雌虫到了晚上会沿着肠道爬出直肠，在肛门附近排卵，产生剧烈的瘙痒，宝宝便会醒来抓挠瘙痒的区域，如肛门周围、臀部和阴道。这样，虫卵便沾到了宝宝的指甲上，再进入宝宝的嘴里，或者传给家里的其他人。被吞食的虫卵会在肠道内孵化、成熟、交配，开始重复以上的繁殖过程。

以下是发现蛲虫的线索：

• 宝宝肛门周围瘙痒，有抓痕。

• 女宝宝阴道发炎或频繁的尿道感染。

• 其他家庭成员确认有蛲虫感染。

341

• 你亲眼看到有虫。

蛲虫可能不会引起什么症状，也可能会引起烦人的瘙痒、疼痛等。如果你怀疑宝宝有蛲虫感染，但又不能确认，这里教你如何辨别：在黑暗中掰开宝宝的屁股，用手电筒照一下他的肛门，如果你看到了什么小生物，不用惊慌。有时候你可能知道蛲虫就在那里，但就是看不到。这时可以拿一段双面胶，一面粘在一根冰棍棒或压舌板上，然后把另一面压紧肛门，通过此法可以"抓到"那些虫卵。这种方法可以在宝宝刚刚醒来时马上做，也可以在洗澡或大便之前做。把这些胶带交给医生检查，如果情况清楚了，就可以进行合理的治疗。

尿道感染。频繁夜醒的宝宝，尤其是还伴随着生长缓慢、呕吐和不明原因的发烧等症状，以及那些精力明显不足的宝宝，很有可能患了尿道感染。

感觉处理障碍（SPD）。近来发现的一个频繁夜醒的原因是感觉处理障碍。宝宝的意识不容易放松，不能屈服于因为摇晃、喂奶或偎依入睡等带来的舒服的感觉，衣物、毯子、床单和柔软的床都刺激着宝宝的感觉系统。他们不享受长久安静的睡眠，反而踢被子、翻身、烦躁、尖叫，经常醒来。如果其他治疗手段不能缓解夜醒，可以考虑是不是感觉处理障碍。更多的诊断和治疗信息，参见

第 483 页。

尽管夜醒更多时候是行为因素引起，而非健康因素，我们也应该早早地考虑是否有潜在的健康因素。很多父母认为宝宝睡不好是因为习惯不好，于是对宝宝的哭声置之不理，结果没有任何改善，最后才发现是潜在的健康因素造成的。一旦发现原因并加以治疗后，夜醒情况就改善了。

发育因素

宝宝在经历一个成长的重大"里程碑"——比如学习站立、爬行或行走等时，你会发现，本来一直睡得好好的宝宝，突然也开始经常夜醒了。当你赶到宝宝的床前时，可能会发现他已经爬到了床边，正扶着床栏杆站着，不知该如何坐下，或者是正围着小床梦游。有时这个小梦游家会半醒半睡地坐起来，然后突然翻倒，彻底清醒过来。

为什么宝宝会有这种麻烦的情况呢？可能宝宝"梦见"了自己白天学会的技术，在夜里还想边睡觉边练习。凌晨 3 点实在不是一个展示新技能的好时候，也不会有在一旁拍手叫好的观众。如果你发现宝宝半醒半睡地站在床上，快要摔倒了，应该在他醒来之前轻轻地把他放倒，让他以平时最喜欢的姿势躺好，继续睡觉。如

果宝宝看起来迷惑和不安，你应该拍拍他，安慰他一下，让他继续安心睡觉。

分离焦虑是另一个造成夜醒的原因。一个8～12个月大的宝宝，之前可能睡得很好，现在会在夜里频繁地醒来，而白天时也会更频繁地黏着你。我们相信，这种奇怪的现象是因为宝宝的身体在告诉他，他现在有能力离开父母了，但他的心却告诉他："你仍然需要与父母保持亲密。"所以，平时白天会黏着父母的状况也开始出现在晚上，让宝宝想在半夜醒来与父母亲近。

情感因素

你有过"累了一天，夜里却睡不着"的经历吗？宝宝也有。如果宝宝和你非常亲密，家人之间也很亲密，但是当这些家庭和谐关系被一些诸如分居、离婚、夫妻吵架和住院等事件破坏时，可以想见，宝宝的睡眠一定会受到影响。当家里正常的"议程"被破坏时，比如因为搬家，夜醒的次数就会增多。如果你白天太忙了，宝宝可能会在夜里醒来与你玩，以获得你的关心。如果你跟宝宝非常亲密，他可能会被你的情绪感染，如果你感到不安、忧伤或者是睡不着，宝宝也可能有相同的情绪，他也会睡不着。正如我们诊所的一位妈妈所说："当我白天比较烦，夜里睡不着时，我的

孩子也一样。当我控制住自己，变得比较冷静时，宝宝也睡得更好了。"

性格与睡眠

你参加了一个新妈妈的聚会，大家都在吹嘘自己的宝宝朋多么乖。现在最"沉重"的问题出现了："你的宝宝能一觉到天亮吗？"你不想显得跟别人不一样，因此鼓足勇气说："是，差不多。"你想找一个有相同痛苦经历的伙伴，但找到的却是一屋子的"好妈妈"，她们都有一个睡得很好的乖宝宝。其实，你不必为了别人家的好宝宝而惭愧。宝宝睡眠良好与否不是衡量妈妈是否称职的标准。另外，那些"好妈妈"们也可能在一定程度上夸大了她们宝宝的睡眠状况。即便两位妈妈用同样的方法照顾宝宝，结果也可能不同：一个宝宝睡得很好，另一个宝宝却经常夜醒。你的宝宝可能是一个高需求宝宝（下一章我们会介绍这类宝宝），这些宝宝会把白天的情绪带到夜里。没有两个宝宝是一样的，长相、饮食、睡眠都不一样。宝宝夜里醒来是因为他们自己的个性脾气，而不是因为你的育儿能力。

和宝宝一起睡——行还是不行

可以让宝宝和你一起睡吗？当然！让我们惊讶的是，那么多的育儿书竟然对这种久经考验的睡眠方式予以断然否定。他们对母爱和苹果馅饼也是这样反感吗？那些自称婴儿专家的人竟然敢反对已经被科学证明过的、父母们老早就知道的事情——大多数宝宝与父母一起睡会睡得更好。当然，和宝宝一起睡并不一定适合所有的家庭，如果你没有和宝宝一起睡，一样也是合格的父母。我们仅仅是想证实这种夜间育儿方式对大多数家庭来说都是一个健康的选择。

我们的头3个宝宝都是睡婴儿床的。当时我们很年轻，没有经验，并且我们所有朋友的宝宝也都是睡婴儿床，所以我们也就加入了"婴儿床一族"，宝宝们都睡得挺好，所以我们就没有考虑其他的睡眠方式。然后，我们的第4个宝宝海登（下一章你会见到这个非常特殊的孩子）出生了，她拓宽了我们之前对于夜间育儿的狭窄理解。在头几个月，海登就睡在我们床边的摇篮里。大约在6个月时，我们把她移到房间另一端的婴儿床上，她开始了夜里每小时醒一次的日子。玛莎喂她吃母乳，哄她再次入睡，但不久还是被她急切的哭声叫回婴儿床边。有一个晚上，由于实在太

疲惫了，玛莎还没来得及把海登放回婴儿床，就抱着她一起在我们的床上睡着了，直到第二天早上两个人才醒来。接下来的几天也是这样。海登是在告诉我们她需要和我们睡在一起。我查阅了所有的育儿书，都说这样做是不对的。但是玛莎说："我不管书上是怎么说的，我太累了，我需要睡觉，而且这种方式也很有效嘛。"

当时我们正在写我们的第一本书《创意育儿法》（*Creative parenting*），在书中我们强调这样一种观点：爸爸妈妈们，不要害怕倾听宝宝的心声。我们的经历让我们想起了这句话，海登正在告诉我们她的夜间需要，我们听到了。在接下来的两年里，她都睡在我们的床上，直到她长大些，慢慢学会自己一个人睡。

接下来我们开始研究为什么睡在一起会有效。起初，我们以为我们做了一件多么不寻常的事，直到我们调查了其他父母后才发现，原来很多父母都跟宝宝一起睡，只是不告诉医生或亲友而已。有一天晚上我们参加一个聚会，一位妈妈提到了有关宝宝睡觉的问题，我们小声地透露："我们和宝宝一起睡。"这位妈妈笑了，看了看四周，确定没有人在听我们讲话，然后才说："其实我也一样。"这么好的一种育儿方式，为什么父母们不愿意公开呢？真是没道理。

最初，也有很多人警告我们这么

做的不良后果，说这样可能会培养孩子的夜间依赖，等等。不管怎么样，我们不后悔，我们很快乐。海登为我们打开了美好的夜间育儿世界的大门，现在我们想和你一起分享。

怎么称呼这种育儿方式

和宝宝一起睡有很多不同的名称："共寝"，听起来更像是成年人做的事情，但这似乎是最流行的叫法了；"家庭大床"让人想起一堆孩子挤在床上，爸爸却睡在沙发或地板上的场景。我们比较喜欢的称呼是"睡眠共享"，因为我们共享的不仅仅是床上的空间，还共享睡眠周期、夜间情绪和其他很多好东西，这些都发生在夜间的亲密接触当中。

首先，睡眠共享不仅仅是"宝宝睡在哪里"的问题。它是一种态度，一种夜间育儿方式，需要父母敢于尝试多种不同的睡眠方式，选择那些既适合宝宝发育阶段，又适合自己生活习惯的方式。当环境改变时，他们也可以方便、及时地调整。每一对父母在找到有效的睡眠方式之前都会经历一个寻找适当方法的疲惫不堪的时期。睡眠共享反映出一种接受宝宝的态度，"小宝宝有大需求"。你的宝宝也会相信，作为父母，在夜里你会像白天一样可靠。睡眠共享需要你相信自己的直觉，相信你会为自己和宝宝

做出最正确的决定。

为什么睡眠共享会有效

宝宝可以更好地入睡。处于浅层睡眠的宝宝需要哄着入睡，而不是放下就睡，特别是在前几个月，宝宝要经过较长的浅层睡眠期才能睡着。由大人抱着，或者是和大人一起躺在大床上，宝宝就可以更容易地入睡。宝宝会记住这些熟悉的画面，从中学到爱和信任。靠着爸爸的手臂或妈妈的乳房睡去，都会帮宝宝建立一个健康的睡眠态度，让宝宝学会不讨厌睡觉，也不害怕睡觉。

宝宝可以睡得更好。想象一下宝宝的睡眠状态。当宝宝从深层睡眠进入浅层睡眠时，他就进入了易醒期，这种过程通常每小时都会发生一次，如果这时醒来，宝宝很难自己再回到深层睡眠阶段。你是宝宝最熟悉的人，他可以接触你，闻到你的气味，听到你的声音。你在他身旁，就是向他传达这样的一个信息："睡吧，没事。"感觉一切平安，宝宝就会平稳地度过这个易醒期，再次进入沉睡。如果宝宝确实醒了，只要有你在身边，他有时还是可以让自己安静下来的。熟悉的抚摸，或者是喂奶几分钟，你就可以安慰宝宝回到沉睡状态，而不会吵醒家里的其他人。

妈妈也可以睡得更好。在我们的

调查中，那些和宝宝睡眠共享的妈妈们表示，尽管在夜里安抚宝宝时会醒来，但她们在第二天还是感觉休息得比较好。这些妈妈和宝宝在夜间处于和谐状态，他们的生物钟和睡眠周期是一致的。经常有妈妈注意到："我会在宝宝醒来之前的几秒钟自动醒来。当宝宝开始扭动身体时，我就把手放在他身上，然后他就会慢慢地睡去。有时候这些都是自动完成的，我自己甚至都没有完全醒来。"并不是所有的妈妈都可以和宝宝达到这种和谐同步的状态，但这是最佳组合：妈妈睡眠充足，宝宝也很满足。

将这个和谐的画面与睡在婴儿床上的宝宝对比一下吧。独自睡的宝宝醒来了，接触不到任何人。他先是扭动身体，然后小声地哭泣，还是没有人来安慰他。分离焦虑出现了，他开始大声地哭。不久，睡得再远的妈妈也会被宝宝的哭声吵醒。你从床上跳起来，蹒跚地穿过客厅冲向婴儿房，夜间安抚宝宝的工作变成了一项大工程。终于你来到了宝宝面前，他的哭声震耳欲聋，已经完全醒了，并且很生气。你也完全醒了，也很生气。接下来的安抚变成了一项不情愿的任务，而不是很自然的责任。另外，安抚一个哭着的、生气的宝宝要比安抚一个半睡半醒的宝宝困难得多，但最后你还是让他乖乖地回到了婴儿床上。但现在你完全醒了，心情不好，

很难再入睡。另外，由于睡得比较远，你与宝宝的睡眠周期也不会和谐一致。如果宝宝进入浅层睡眠时醒来了，而这时妈妈却仍处于深层睡眠，那么不一致的夜醒就出现了。从深层睡眠中被吵醒，来哄一个吵闹、饥饿的宝宝，这使夜间育儿变成了一项苦差事，并导致父母睡眠不足。

方便母乳喂养。大多数有经验的哺乳妈妈都认为睡眠共享可以使喂奶变得更方便。哺乳妈妈们比用奶瓶喂奶的妈妈们更容易与宝宝的睡眠周期达成一致。她们经常在宝宝将要醒来吃奶时醒过来。因为妈妈就在宝宝旁边，而且随时准备着喂奶，所以妈妈可以在宝宝（妈妈也一样）完全醒来前，就让宝宝一边吃奶一边睡着了。

一位与自己的宝宝达成夜间和谐的妈妈跟我们分享了下面的故事："在宝宝醒来要吃奶前的 30 秒，我的睡眠好像变浅了，差不多就要醒来。因为已经准备好了喂他，所以在他刚开始扭动、寻找乳头时我就开始喂他，让他立刻开始吮吸，这样他不会完全醒来。然后我们又不知不觉地睡着了。"在这种情况下，宝宝一边吃奶一边度过了夜间的易醒期，然后又进入了沉睡。如果妈妈与宝宝不在一起，睡得比较远，又会怎样呢？宝宝会在另一个房间醒过来，大声地哭，以此来说明自己的需求。当妈妈来到时，

他们已经彻底醒了，很难再进入沉睡。（注意：没必要把宝宝抱到另一侧来用另一只乳房喂他，你只需把肩膀转向宝宝，调整乳房高度就行了。）

白天喂奶有困难的妈妈说，在夜里当她们睡在宝宝旁边时，或者白天午睡时躺着给宝宝喂奶，就会变得比较方便。我们相信，当妈妈和宝宝一起躺着时，宝宝可以感觉到妈妈更放松，当妈妈放松或者睡觉时，泌乳素也能更好地发挥作用。有时妈妈们会抱怨她们的宝宝养成了一个令人沮丧的习惯——只有跟妈妈一起躺下时才想吃奶。在咨询过程中，我们鼓励这些妈妈认真考虑一下，她们的宝宝通过这种行为究竟想向她们传达什么。婴儿对紧张情绪非常敏感。宝宝仿佛知道，如果他能让妈妈躺下，乳汁就会流得更顺畅，毕竟"餐厅的好气氛"也有利于消化。

睡眠共享适合忙碌的现代生活方式。睡眠共享更适合今天的生活方式。随着越来越多的上班族妈妈不可避免地在白天与她们的宝宝分开，睡眠共享使她们与宝宝在夜间再次团聚。对那些宝宝刚出生几个月就计划着去上班的妈妈们，我们鼓励她们应该考虑与宝宝一起睡，这种方式可以在夜里弥补白天错过的亲密感。还有一个附加的好处，那就是夜间喂奶能产生让人放松的激素，可以帮助妈妈们从忙碌的一天中解脱出来，好好地睡上一觉（参见第 371 页有关"妈妈重新上班后宝宝醒得多了"的讨论）。

让后来者赶上。睡眠共享特别有益于那些起步较慢，在刚出生时由于早产或其他健康原因无法与宝宝及时建立亲密关系的妈妈。睡眠共享使后来者能迎头赶上。同时，睡眠共享可以帮助那些为人父母的本能出现得较慢、较难进入育儿状态的父母，尤其是妈妈们。为什么呢？有些妈妈体内的母性激素分泌得比较慢，以下 3 种情况可以加快这种激素分泌：睡眠、触摸宝宝和哺喂母乳。当与宝宝睡在一起时，这 3 种情况就同时具备了。

宝宝长得更快。通过对睡眠共享益处的多年观察，我们发现了一个非常显著的好处，就是这些宝宝长得更快。事实上，"治疗"成长缓慢的最古老的药方就是让宝宝与父母一起睡，采用母乳喂养。睡眠共享在健康方面的益处多年前就被证实了。1840 年，孔贝[①]在他写作的育儿书《婴儿的管理》（*The Management of Infancy*）中就曾说："毫无疑问，至少在宝宝出生后前 4 周，以及冬天和早春时候，一个可以睡在母亲旁边、得到母亲充分滋养的孩子，将会比那些独自待在一个房间的孩子长得更

---

①安德鲁·孔贝（Andrew Combe），苏格兰生理学家。

快。"也许有一天科学可以证实这个事实：宝宝与父母一起睡时，非常有利于健康，对宝宝和妈妈来说都一样。

★**特别提醒：**夜间育儿最重要的问题不是宝宝睡在哪里，而是你如何对待宝宝夜间的需求，以及你是否愿意以开放的态度寻找最适合全家的睡眠方式。

当睡眠共享行不通时，寻找一个中间地带

没有一种睡眠方法永远适合所有的家庭。睡眠共享也一样，如果开始得太晚，这种方法也会失效。有的父母已经试过了所有的方法，宝宝仍然不好好睡觉。几个月后，他们很不情愿地把宝宝带到他们的床上，但是他们真的不想让他待在那儿。当然，如果父母和宝宝之前都没有在同一张床上睡过，他们很可能不习惯对方的存在，睡眠周期也肯定不一致，醒来的次数可能会更多。

某些父母和宝宝似乎要保持合适的睡觉距离，太远或太近都会增加夜醒的次数。如果睡得太近会导致父母或者宝宝夜间醒来，那么可以考虑用合睡床相伴而睡，这种床可以安全地与父母的床连成一体，让你和宝宝都有自己的睡眠空间，但你距离宝宝只有一臂远，夜间育儿和抚慰宝宝都会很方便。

合睡床使父母与宝宝有各自的睡觉空间，又可以保持亲密接触。

348

应对疑虑和批评

我们长期倡导将睡眠共享作为夜间育儿的一个重要内容，也遇到了对这种做法的批评。下面是一些我们经常遇到的问题。

担心养成依赖性

我听说一旦宝宝养成了这个习惯，他就永远都不能自己睡。我是不是在帮他养成一个坏习惯呢？

起初看起来是这样的，但是你的宝宝最终也能学会在没有你们的情况下进入梦乡并且睡得很好。你是在帮宝宝养成一个好习惯。真正的问题是：你认为宝宝会喜欢哪个选择呢？是在爸爸或妈妈的怀里平静地睡去，还是用那些毫无感情、毫无味道的安抚奶嘴来安慰自己睡去呢？答案应该很明显。不过也有些宝宝一开始就喜欢当"独行侠"。

再看一下睡在一起的长期益处。一个快乐的童年是你能给宝宝的最珍贵的礼物之一。宝宝长大后也会记得自己在爸爸妈妈的怀里入睡，或者早上醒来时自己身边就是亲爱的家人，而不是身处笼子一样的小床里，只能透过栏杆缝隙向外看。我们也会记得宝宝醒来时是多么高兴。每一次我们看到睡在身边的宝宝，就能看到他脸上满足的表情，好像在说："妈妈爸爸，谢谢你们让我睡在这里。"你在为宝宝创造能够持续一生的美好回忆。

学会自我安慰

我听说宝宝习惯了在妈妈或者爸爸的怀里睡觉，当他醒来后，还会期望这样，他不能在没有我们帮助的情况下独立睡觉。这是真的吗？

是的，是真的，但那又怎么样呢？这种对夜间亲密育儿的批评确实是事实。但是孩子只有在很短的一段时间是小宝宝，而这段时间正是你们彼此建立信任的最佳时机。试想一下，如果宝宝在夜里孤独地醒来，不得不强迫自己自我安慰时，会怎么样呢？

那种所谓"自我安慰"的育儿方法，是出于一种让大人方便的心态，强调宝宝自我安慰——让他们保持独立，或者是让他们按自己的方式成长，而不允许宝宝对父母有任何的依赖。这种方法表面上看起来好像挺方便，但要小心它的负面影响，特别是在夜里。这种育儿观念忽略了婴儿成长的一项基本原则：在婴儿期，当某种需要得到满足时，它就会自然消失，得不到满足时，它不但不会完全消失，还会在不久后以疏离感的形式复发——占有欲、愤怒、感情冷淡、行为问题，等等。我们可以为你提供一个实用的原则：在第一年内，婴儿想要的和需要的大体一致。

不管你有没有跟宝宝一起睡，夜晚都是一个亲密接触的绝好时机。玛莎至今还记得她夜里照料彼得（现在是彼得医生）的情景，彼得是我家睡婴儿床的最后一个孩子。以下是她的故事：

"在前几个月里，每天晚上我都会很机械地喂他两三次，以满足他夜里的需求：宝宝哭了，把我吵醒了，我起身穿过客厅来到他的房间，把他从婴儿床上抱起来，坐在摇椅上，然后做一些可以哄他入睡的事情——通常是喂20分钟奶，然后花更多的时间给他换尿布，然后再喂几分钟奶，慢慢地把他放回小床，蹑手蹑脚地走开，急着回到自己温暖的被窝里（当时是冬天）。奇怪的是，我当时竟然从来没有想过把他抱到我们的床上去睡。就这样过了几个月后（有些晚上，我还没有来得及把他放下，他就又醒了，那时的感觉真的很绝望），他最终可以一夜只醒来一次。我开始期待晚上和宝宝在一起的时间，因为我不再那么累了，可以享受要做的事——跟宝宝在一起，没有任何打扰，只有我们两个。我不再催他睡觉，好让自己赶快回到被窝里。我会把他从小床上抱起来，走到起居室，躺在大沙发上，放些柔和的音乐，享受宁静的一个小时，而这些已经从我的忙碌生活中消失很久了。跟宝宝在一起是那么特别，甚至在他睡着之后我还会

从宝宝的角度考虑一下

通过养育宝宝，当不知该如何对待宝宝而左右为难时，我们总结出了一条重要原则：从宝宝的角度考虑一下，想象一下如果你是宝宝，你想要什么。你想要你的父母怎么做呢？如果你是宝宝，你是愿意孤独地睡在一个黑暗的屋子里，躺在像笼子一样围满栏杆的床上，还是愿意睡在世界上你最信任的人旁边，感受他们熟悉的气味、声音和动作呢？

继续抱着他坐在那里。我当时并不知道，这正是建立亲密关系的重要时光。

一个少见的习惯

难道跟自己的孩子一起睡也算是个少见的习惯？

睡眠共享并不少见，也不会不正常。我曾经应邀参加过一个电视节目，讨论关于宝宝睡觉的问题。制片人了解到我提倡宝宝应该与父母一起睡时，她就问："西尔斯医生，请问有多少父母是按照这个新方法做的呢？"一开始我还很疑惑"新方法"指什么，后来我意识到她指的是睡眠共享。我告诉她，与父母分开睡才是真正的"新方法"。

在没有"专家"们的文化里，父

母认为睡眠共享是从妈妈子宫到妈妈怀里，再到妈妈床上的自然延续。他们从来没有考虑过其他选择。我的一位小病人的妈妈参加了世界卫生组织一项针对斐济岛家庭睡眠习惯的研究项目。斐济岛上的宝宝们都是跟妈妈一起睡，一直到断奶。这些"天真"的妈妈们感到很惊讶，研究人员竟然会问宝宝睡在哪儿，她们问："美国的妈妈们夜里真的把自己的宝宝放在笼子里睡吗？"幸好美国还没有向世界推广我们的育儿观念。

对世界上大部分父母来说，让宝宝单独睡都是一个新的概念。一项针对全世界 186 个传统社会的调查发现，大部分妈妈都是跟宝宝一起睡的，也没有哪一个文化赞成西方这种母婴分离的睡眠方式。我们已经打破世界范围内的睡眠传统，让父母都睡眠不足。

假设你花一下午的时间到图书馆查阅全世界关于睡眠习惯和睡眠建议的书籍。如果你看一些人类学的书籍，会发现可能所有的这类书都提倡睡眠共享，并且把它视为一种很普通的育儿方式，就像喂母乳和抱孩子一样。人类学家会说："婴儿在父母的床上有什么值得大惊小怪的？他们本来就应该属于那里。"

但是很多医学和心理学方面的书籍都反对这一点，它们罗列了各种各样的理由来说明这个从人类刚出现时就存在的睡眠方式可能是错误的。其实，这样一个很自然的传统倒成了一个有争议的问题，这件事本身就很可笑。事实上，睡眠共享与母乳喂养有着相同的发展趋势。在 1950 年，母乳喂养竟然成了有争议的问题！现在随着越来越多的父母放弃专家的建议，坚持采用母乳喂养，睡眠共享也正在逐步地慢慢"回归"。

宝宝需要有需求

对于婴儿来说，在成长过程中有一定的依赖性是正常的，适当的，也是可以理解的。婴儿需要有一定的需求。一个被迫过早独立（自我安慰）的婴儿会错过这个有需求的阶段。婴儿要首先学会与人——而不是物——建立联系。如果婴儿不可以有需求，那么谁可以？如果父母不能满足宝宝的这些需求，那么谁能呢？在以后的人生中，你可能会痛苦地发现，再也没有什么可以用来弥补那些在婴儿时期错过的需求。

可能永远不肯离开

我们很喜欢和宝宝一起睡，这种方式对于我们也比较有效，但我们还是有些担心，因为朋友们警告说：将来会后悔让宝宝睡在我们的床上，因为他会永远都赖着不走。

不必担心，他会自己想离开的。没错，宝宝不会哪天宣布说："我已经准备好了，请给我一个属于自己的房间和属于自己的床。"你还要再等好几年呢。很多的育儿问题你可以从宝宝的角度来看。试想一下，如果你躺在一张舒适的床上，会有什么感觉？你当然不想离开。宝宝也不想，他找到了最适合自己的地方。为什么要急着让宝宝独立呢？如果宝宝的需求早早地就被满足，它就会消失；如果没有满足，就会留下一些空位，并在日后以忧虑的形式再次出现。你的任务不是让宝宝学会夜间独立睡觉，而是创造安全的夜间环境和良好的感觉，让宝宝很自然地慢慢养成独立睡觉的习惯。对你来说，目前重要的是好好享受这种安排，它对你们有效。当时机成熟时，宝宝会像在其他方面"断奶"一样，从你的床上离开的。

医生说不可以

我们想让宝宝跟我们一起睡，但是医生建议我们不要这样。我有点困惑，究竟该听谁的呢？

有3个问题你不应该问医生："我的宝宝应该睡在哪儿"，"我应该给宝宝喂多长时间母乳"和"我是不是应该让宝宝哭，不去管"。医生在校期间并没有学习怎么去回答以上3个问题，他们给出的建议很可能只是来自

他们自己为人父母的一些经验，而不是专业的。当你问他们宝宝应该睡在哪里时，等于是在为难他们。他们接受的训练是诊断和治疗疾病，而不是育儿方式。如果你想和宝宝睡在一起，并且感觉这样能让宝宝、爱人和你都睡得更好，那么这就是一个很好的决定。另外，你会发现大多数医生对待父母与婴儿同睡的问题也越来越灵活了。目前家庭医生、儿科医生和心理学家也意识到，如果能在宝宝出生后的头几个月多花点时间帮他们养成一个健康的睡眠态度，那么日后也就不必花那么多时间来纠正他们的睡眠问题（或情绪问题）。

可能破坏我们的性生活

和宝宝睡在一起的想法听起来挺吸引人，但是怎样做才能既照顾好宝宝，又保证正常的性生活呢？

性生活与育儿其实可以两全其美，但是就像给宝宝取名字一样，必须妈妈和爸爸都同意才行。如果妈妈愿意，而爸爸不愿意，那么他可能就会不喜欢宝宝（或者是伴侣），并且感觉到他必须与宝宝竞争才能获得伴侣的关注。妈妈必须想办法避免"宝宝成为第三者"的情况发生。所以这个问题要拿出来谈一下。在决定采用这个方法前，以及刚开始的前几个月，定期地谈谈"这种方法有效吗"，要

顾及彼此的感受。

宝宝还小，不会注意到，也不会理解父母在做爱。但是随着宝宝越来越大，就算宝宝在熟睡，父母可能也不会在宝宝旁边做爱。可以把睡着的宝宝抱到另一个房间，或者你们去另一个房间。

还有一个两全其美的办法。先把宝宝放在他自己的小床上或者摇篮里，等到他夜里第一次醒过来时，再把他抱到你们的床上。如果宝宝在你们床上睡觉时你们有了做爱的兴致，那么整个家的每一个房间都是很好的做爱场所。

为亲密寻找时机。对于夫妻来说，晚上和睡前不是唯一的亲密时间。此外，在产后头几个月，大部分妈妈都会因为太累而只想睡觉，什么都不想干。正像一位妈妈所说："我对睡觉的需要，比他对做爱的需要更迫切。"如果宝宝在床上让你们有一点扫兴，那么你们可以在早上、中午或者任何宝宝睡觉的时间尽情享受。

夜晚的独处时间

我已经阅读了很多关于与宝宝一起睡的资料。我的很多朋友也都让他们的宝宝睡在他们的床上，但是老实讲，我不想让我的宝宝睡在我们的床上。我还有4个孩子，每当夜幕降临时，我就不想再被孩子包围。我想和丈夫

有一点单独相处的时间。我是不是一个很不称职的妈妈？因为我不想和宝宝一起睡。

不对，你不是不称职的妈妈。你是一个明智的母亲，对自己的需要有一个切合实际的认识。就像喂母乳的妈妈不一定比喂奶粉的妈妈更称职一样，一个与宝宝同睡的妈妈也不一定比不与宝宝同睡的妈妈更好。

听起来，针对你家的特殊情况，你真的认为在夜里与伴侣独处很有必要，以此来滋养你的婚姻，并为自己充电，使自己在第二天能成为一个更好的妈妈。

我们的建议是：选择最适合你全家人的睡眠方式。不要因为朋友们都这么做，就觉得有压力，强迫自己接受不适合的夜间育儿方式。另外，可能你的宝宝在小床或摇篮里会睡得更好，并不介意与妈妈分开。

让宝宝慢慢离开

当时机到了，宝宝要离开我们的床时，我们应该怎么做？

当你做好准备让宝宝离开时，他可能还没有准备好。离开你们的床就像断奶一样，一定要循序渐进地进行。差不多在两三岁时，大部分宝宝都会接受从你们的床上离开。为了让宝宝比较容易地离开你们的床，可以试一下这种"两步走"的转变方式：

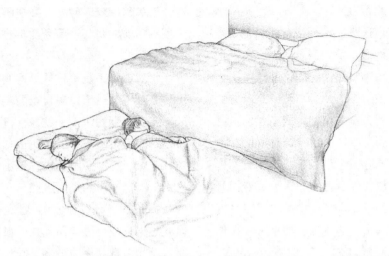

在房间地板上放一个睡袋或床垫，作为让孩子离开你们的床的一个缓冲步骤。

第一步，找一个适当的机会，高高兴兴地带孩子去商店，让他自己挑选他的"大孩子的床"或者"特殊的床"（在涉及与孩子相关的问题时，你可能需要非常频繁地使用"特殊"这个词）。把这个"特殊的床"放在你们的床边（或者放一个床垫）。你可以躺在你们的床上靠近他的地方，也可以坐在或躺在他身边哄他入睡。当他夜里醒来时，他可能会想爬到你们的床上，这时你可以接受他，也可以把他再放回他的床上，哄着他慢慢入睡。

第二步，一旦他感觉睡在自己的床上比较舒服，就把他的床移到他自己的房间，或者是紧挨着你们房间的另一个房间。让他适应自己独自睡觉可能要花好几个月。和他一起躺在他的房间里，讲故事哄他入睡，抚摸他的背，或者抱抱他，再开始制定"夜间规则"。在你的床脚边放一个睡袋或者床垫，并告诉他，如果他夜里醒来，可以回到你的房间里来睡，但是"必须保持安静，要像小老鼠一样蹑手蹑脚，不可以吵醒爸爸妈妈，因为爸爸妈妈也需要睡觉，不然第二天爸爸妈妈会变得非常容易生气"。

到了 3 岁时，孩子会了解到晚上是睡觉的时间，每一个人都需要睡觉。最终他会习惯在自己的房间里睡觉，并且大部分时间都保持这样，只有在比较难受时才会到你们房间里，比如生病、搬家或是任何一种可能会打乱孩子睡眠的情况。总之，不用担心，孩子最终肯定会离开你们的床。

威廉医生笔记：

在给一个 8 岁的小男孩看病时，我问他为什么有时候会爬到父母的床

354

上，他回答道："因为爸爸妈妈在床上啊！"这就解释了所有的问题。

睡眠安全

不管宝宝是睡在你的床上、自己的床上还是两者结合，都要确保为宝宝提供一个安全的睡眠环境。可以参考以下保证安全睡眠的措施：

• 让宝宝平躺着睡。在特殊的情况下，你也可以让宝宝侧着身子睡(左侧比较好)，比如宝宝患有胃食管返流症，但是记住，只有医生要求时才可以。

• 千万不要让不到 9 个月大的宝宝趴着睡觉，除非医生要求这样做。

• 宝宝睡的地方不能太柔软，例如水床、懒人沙发等任何可能堵塞婴儿呼吸道的易压扁睡具。

• 千万不要让宝宝单独在婴儿推车上睡觉。大一点的宝宝可能会很友爱地把脸依偎在毛绒玩具上，但这是不安全的。同时，手推车里的坐垫往往也不及床上用品舒服，还比较容易积攒脏东西和一些过敏原。必要时要经常清理。婴儿推车也是经常发生婴儿窒息的地方，仅次于婴儿床。

• 不要使用太柔软又过厚（超过 3 厘米）的床垫，比如说羊羔皮做成的，不仅容易积攒灰尘和过敏原，也比较容易阻塞宝宝的呼吸道，特别是当床垫被宝宝流的口水或者吐的奶弄湿时。

• 在出生后一两天，不要盖住宝宝的头部。这是宝宝散热的主要方式。盖住头很容易导致过热（早产儿经常需要盖住头部以保持体温，但是会有医护人员监督）。

• 不要在宝宝睡觉的房间里抽烟。烟雾会让宝宝敏感的呼吸道不舒服。

• 如果父母中有一个是烟民，那么他 / 她就不要与宝宝同室而睡。研究显示，即便是你身上散发的气味和化学物质也能使婴儿罹患猝死综合征的风险提高 25 倍。

• 旅行时要特别警觉，因为宝宝将在一个陌生、有潜在危险因素的环境中睡觉。可以带上一个折叠式摇篮或者可卷起的睡垫，这些都比沙发床垫等成人软床垫更安全。如果是用酒店提供的婴儿床，你需要做一个全面的安全检查（参见第 625 页）。

• 把宝宝放在婴儿推车上睡觉时，你需要同样的警觉和小心。要像在其他任何地方一样做好预防措施。让宝宝平躺着或侧着身子睡，拿开所有可能的危险物品。

• 宝宝所在的环境一定要尽可能清洁，如果你的宝宝很容易呼吸道过敏，那就更要注意。除了拿开那些毛绒玩具，也要避免使用那些容易掉绒毛的床上用品，比如较厚的羊羔皮和羊毛毯子。低过敏性的床垫和床罩比较适合那些易过敏的宝宝。

• 永远不要让宝宝在沙发或躺椅上睡觉。大多数窒息事故都发生在这些地方。

安全地睡婴儿床

如果你的宝宝睡婴儿床，参见第625页列出的建议。

疑难解答：解决宝宝的睡眠问题

如果你已经尝试过所有的夜间育儿方式，宝宝仍然不好好睡觉，下面告诉你该怎么做：

• 首先确定夜醒对你的影响。你可以忍受这个"小麻烦"，直到宝宝长大学会自己睡觉吗？（大部分妈妈的回答是肯定的。）夜醒有没有影响宝宝的成长和白天的行为？第二天你是不是感到很疲惫，不想再照顾他，甚至越来越讨厌夜间育儿（或者越来越讨厌宝宝）？总之一句话，你是不是打算在睡觉时对宝宝撒手不管了？

• 查看一下可能导致夜醒的原因（参见第360页）。找出可能的解决办法，一个一个地试，直到找到有效的那个。你可能要根据宝宝的发育阶段和生活习惯的改变随时调整。

• 如果你已经排除清单中所有的夜醒原因，感觉确实没有有效的快速

解决之道，那么可能需要几个星期来改善宝宝的睡眠习惯。记住我们的长期目标：培养宝宝健康的睡眠态度。虽然宝宝在一定程度上需要固定的睡眠时间和"睡前仪式"，但也不能让宝宝总靠同一种方法入睡，要让宝宝习惯各种不同的睡眠诱导来帮助他入睡并保持睡眠状态。

健康的睡眠联想

理解宝宝经常醒来的一个关键是理解睡眠联想的概念，它是指帮助宝宝联想起入睡和醒来后再次入睡的人、物或者事。我们都有自己喜欢的睡眠联想：一本书、一个温水澡或者是喜欢的音乐等。但是成人与孩子的区别在于，成人在醒来后不需要相同的睡眠联想就可以很容易地再次入睡。你夜里醒来时，通常只要翻个身、动一动枕头，就可以很容易地再次睡着。

但是，宝宝醒来后，如果没有相同的睡眠联想，他们就不会轻易地再次入睡。当他们的睡眠习惯成熟后，他们也可以像成人那样在没有相同的睡眠联想的情况下轻易入睡。

考虑一下利用睡眠联想的概念来哄宝宝睡觉。如果你的宝宝比较喜欢被晃着、喂奶、抚摸、抱着睡着——也就是有人照顾才可以睡着，那么当他醒来的时候，就会希望或需要有同

安全的睡眠共享

跟宝宝一起睡的父母们常常担心在夜里翻身时会压到宝宝。其实睡眠共享是很安全的。在我们以睡眠共享为主题的调查中，被调查的妈妈们都表示她们在身体和心理上都能感觉到宝宝的存在，即使是在睡着的状态下。所以她们不太可能会翻身压到宝宝。如果真的压到了，宝宝会发出声音，妈妈就会立刻醒来。但是，爸爸们却没有像妈妈们一样的直觉，所以他们可能会因为翻身或是伸出一条胳膊而压到宝宝。以下的预防措施可以让你们安全地一起睡：

• 让宝宝们平躺着睡。

• 让宝宝睡在妈妈和护栏（婴儿家具店有售）之间，或者把床推到紧挨着墙的地方，让宝宝睡在妈妈与墙之间，而不是爸爸与妈妈中间（参见第 332 页图）。宝宝在夜里可能会 360 度大翻身，如果睡在爸爸与妈妈中间，可能会弄醒爸爸。要确保床与墙之间或者床垫与护栏之间没有任何缺口。把婴儿毛毯卷起来，堵住任何一个可能的缺口。

• 如果你服用了一些会降低对宝宝敏感性的药物（如酒精或镇静剂等），千万不要和宝宝一起睡。

• 别让宝宝穿太多，以免过热。

经常发生这种情况：本来宝宝已经穿得暖暖和和地在自己的床上睡，后来又被抱到父母床上，靠近一个温暖的身体——另一个热源（参见第 126 页有关过热的迹象）。

• 床要大，每个人都有足够的空间。床太小或者睡的人太多对于宝宝来说都不安全。例如,爸爸（或小哥哥小姐姐）与宝宝一起在沙发上睡觉就很不安全，宝宝很可能会被夹在沙发靠背与爸爸（或者那个大孩子）之间的"空隙"中。为了与宝宝一起安全地睡觉，至少要用标准或加大尺寸的双人床。不可以让大孩子与宝宝一起睡。

• 不要和宝宝在会上下起伏的水床上睡觉。他可能会陷进床垫与妈妈之间的缝隙里。更不能让宝宝一个人睡在水床上，他颈部的肌肉还不够强壮，无法把头伸出下陷的床面，可能会窒息。固定的或者是无波浪的水床相对来说安全些。

• 虽然宝宝不大可能从床上掉下来，但还是要小心，特别是当宝宝睡在爸爸或妈妈旁边时。虽然宝宝会像热导弹一样自动贴近父母身边，但还是要小心，特别是当宝宝独自睡在你们的床上时，应该给床加上护栏。

样的照顾才可以再次入睡。相反，如果你把宝宝放在摇篮里，他自己就睡着了，那么他就会学着醒来后靠自己慢慢地睡去。所以，即使在凌晨3点醒来，他也可以在没有你帮助的情况下，自己再次入睡。

由这个有关睡眠的基本事实产生了两种完全对立的夜间育儿方式：一种方式认为宝宝应该被照顾着、哄着入睡；另一种方式认为宝宝应该自己入睡。该哄着入睡，还是自己入睡，这真是个问题。我们的方法是把二者综合起来。我们认为，为了使宝宝养成一个健康的睡眠态度，他首先必须经历一个被照顾着入睡的阶段，然后很自然地进入自己入睡的阶段。如果在宝宝没有独自入睡能力前强迫他自己入睡，他就会对睡觉产生恐惧感，导致长期睡眠问题。这种方式也"剥夺"了宝宝与父母共同成长的重要机会——在这段时间，宝宝可以培养出对别人的信任，而父母可以培养自己的敏感度。那些在亲密抚慰下入睡的宝宝，稍大些后就能慢慢地学会在没有任何人帮助的情况下自己入睡了。

然而，有一些宝宝比较喜欢在夜里吃奶，这就提高了他们对父母提供服务的要求，甚至到两岁时也没有任何迹象表示他们愿意放弃这种高水准的服务。对于忙碌的父母和忙碌的宝宝来说这种现象更是常见。夜晚是安静的时候，宝宝可以完全地拥有父母，

特别是吃母乳的宝宝，他可以在晚上任何时候吃到奶，只要他想要。之前的需求现在变成了习惯，最终会变成一件让父母讨厌的事情。这种情况表示夜间育儿已经失去了平衡，必须强制性地让宝宝慢慢夜间断奶。

宝宝哭的时候可以不管吗

新父母们经常对我们说："我曾在电视上看到这样一种办法，建议父母让孩子哭，每天晚上想哭多久就哭多久，直到他们慢慢学会自己入睡。我总觉得这种方法不太对劲。它真的有效吗？"

这个建议已经存在了近百年，每隔10年我们就会看到有育儿书把这个令人难受的方法稍微修改一下，重新推荐给父母们。例如，这种方法建议，在回应宝宝前，先让宝宝哭5分钟，下次让他哭10分钟，再下次15分钟，这听起来好像还挺有人性的或者说挺合理的，但最终结果是一样的：一个痛苦的妈妈和一个愤怒的宝

夜间育儿小贴士

如果你开始讨厌睡觉，觉得睡觉是开始"工作"而不是休息，这就表明你需要做些改变了。否则你会逐渐失眠，白天也不能正常工作。

宝。宝宝最终因为劳累而自己睡着了，但是这样的代价有多高？我们希望这种方法永远地消失。我们曾写过批驳这种方法的论文，也曾在全国性的电视节目中辩论过。为了那些疲惫又不知如何是好的父母们，我们彻底研究了这项让我们深恶痛绝的不良育儿建议。以下是我们的发现。

站在孩子的角度看

当你遇到"是否应该让宝宝哭个够呢？"这样的难题时，试着站在宝宝的角度，问自己，"如果我是宝宝，我希望爸爸妈妈怎么回应呢？我想一个人待着呢，还是由我在生活中最信任的人安抚着进入梦乡呢？"说到如何快速、敏锐地回应宝宝的哭声，和宝宝血脉相连的妈妈们总是能做出正确的决定。

感觉不对

为了了解父母们是怎样看待这个问题的，我们调查了300位妈妈。我们问的一个问题是："关于夜里宝宝醒来时该怎样做，你们从朋友和亲戚那里得到过什么建议？"最普遍的建议是："让他哭吧，一会儿就好了。"我们也问了妈妈们觉得这个建议如何，95%的妈妈回答说："感觉不怎么好，不太对劲。"我们的结论

是：95%的妈妈不可能都是错的，妈妈们听到的建议与自己的感觉之间确实存在着矛盾。

比较热卖

我们也采访了那些印刷和传播这种方法的出版商和电视节目策划人，他们的回答是："它比较热卖。父母们都想要速成的方法和立竿见影的效果。"父母们，要让宝宝安静下来好好睡觉，没有捷径可走，也没有"速成班"。像所有好的长期投资一样，培养一个长久的、健康的睡眠态度（我们这一章的目标就在于此）需要我们提倡的这种循序渐进的方法。

我们并不是说"让他哭吧"这种方法完全错误、无效，你永远都不要用。我们只是希望你要小心地选择这种方法，必须完全了解这种方法的后果，认真考虑其他相对不那么极端的方法。下面的讨论将帮助你做到这一点。

为什么妈妈们不可以选择

首先要理解宝宝的哭声意味着什么。宝宝的哭是为宝宝的发育和父母的成长而设计的。让我们再来回顾一下第一章中谈到的实验吧，实验的目的是了解妈妈对宝宝哭声的生理反应。宝宝哭的时候，流向妈妈胸口的血液量会增加，同时妈妈会产生一种想要抱起宝宝、给他喂奶的强烈欲

望。没有其他任何一种信号能像宝宝的哭声一样激起妈妈如此强烈的情绪波动。这也就是为什么妈妈们经常说："我就是不忍心听宝宝哭。"

所以我们对这个所谓的科学方法的第一个抨击就是：这个"让他哭吧"的建议违背了妈妈最基本的生理反应。不仅对敏感的妈妈们毫无益处，

给疲惫父母的清单

导致宝宝夜里醒来的因素

- □ 分离焦虑
- □ 为了练习新学会的技能
- □ 性格问题——高需求宝宝
- □ 家庭出现问题
- □ 搬家
- □ 忧郁的父母
- □ 爸爸或妈妈不在家
- □ 对睡衣的材质过敏
- □ 出牙期疼痛
- □ 尿布湿了或脏了
- □ 尿布疹
- □ 饥饿
- □ 鼻塞
- □ 太热
- □ 太冷
- □ 呼吸道刺激物，如香烟、香水、粉尘、发胶、动物毛屑、灰尘或棉绒等
- □ 牛奶或者食物过敏
- □ 卧室太吵
- □ 感冒
- □ 耳部感染
- □ 发烧
- □ 胃食管返流症
- □ 蛲虫
- □ 尿道感染

应该怎么办

- □ 紧靠着宝宝睡
- □ 用背巾背着宝宝直到睡着
- □ 喂奶直到宝宝睡着
- □ 睡前给宝宝按摩
- □ 慢慢摇晃
- □ 抱着他
- □ 颈部依偎法
- □ 让爸爸来哄宝宝睡觉
- □ 把手放在宝宝身上
- □ 使用摇篮或会摇晃的婴儿床
- □ 洗个温水澡
- □ 播放一些柔和的音乐
- □ 用一些"白噪音"
- □ 播放一些类似子宫里的声音
- □ 睡前要喂一次奶
- □ 开车兜风
- □ 试试"机械式"安抚
- □ 给宝宝穿上棉质睡衣
- □ 请医生检查

也没有任何科学根据。近来的研究表明，应激激素会迅速上升，尤其是在持续的不安状态中，譬如长时间的、意想不到的、惊恐地哭泣时。研究大脑的专家们也担心，婴儿不成熟的大脑在长时间的应激激素作用下会异常脆弱。这种压力效应甚至还有一个名字：糖皮质激素神经毒性，你不想让你的宝宝得这种疾病吧。

感觉内疚

有一天，我一大早就接到了一位带着哭腔的妈妈的电话，她的宝宝在夜里频繁醒来。她在电视节目的大肆宣传中看到了这种"让他哭吧"的方法。她在电话中一开口就说："我试了这种方法，根本没用，今天早上我跟宝宝都快要崩溃了。我是不是一个坏妈妈？我感觉非常内疚。"

我安慰她说："你并不是一个坏妈妈，你只是太累了。你想睡个好觉的欲望太强烈，所以才会让所谓的专家建议战胜了你的直觉。"

我继续解释说："但是，你心里的警报器警铃大作，告诉你这样不对，这种不对的感觉就是你所说的内疚感。这说明你是一个敏感的人，这种发自内心的敏感是一种安全装置，能保证你万无一失。好好地跟着这种感觉走，你就不会犯错。"我倒是比较担心那些夜里不会受宝宝哭声影响的妈妈们。

打破宝宝夜醒的习惯——及其他

在打破宝宝夜醒习惯的同时，是不是也破坏了其他珍贵的联系呢？

试想一下，如果有一位妈妈尽管有内疚感，直觉地知道这种"让他哭吧"的方法不对，但她仍然坚持下去，仅仅因为别人建议这样做。夜间的哭声一直持续，但是每夜会逐渐减少，而妈妈的忍耐性却在增强。最后宝宝的哭声已经不会再让妈妈有一点不舒服，她已经习惯了，宝宝也开始睡得更久。看看，这种方法有效果吧？错了！这就错了！你会强迫宝宝坐在马桶上训练他大小便，直到他完成任务吗？

坚持这种"让他哭吧"的方法，妈妈破坏了对自己和对宝宝发出的任何信号的信任。她也降低了自己的敏感性，不敏感的妈妈最容易出问题。宝宝不再信任妈妈，对妈妈安抚他的能力失去了信心，同时也不再相信自己有能力影响妈妈来安抚自己以满足自己的需要。他可能还会感觉自己是一个没有价值的人。敏感的父母们说，他们到那些让宝宝自己睡的朋友家过夜时，会听到宝宝半夜发出求救的哭声，而宝宝的父母竟然听不到。

妈妈对宝宝的哭声感到不安这种敏感的亲情联系现在已经被打破了。妈妈和宝宝都失去了对对方的信任，同时也不再信任自己，所以母婴之间的联系从信任变为不信任，并最终会影响母婴关系的其他方面。更多的疏离随之而来。

错过夜醒的真正原因

这种"让他哭吧"的方法还有以下缺点：父母无法找出宝宝夜醒的真正原因和更有人情味的长期解决办法。这种方法认为宝宝夜间醒来的唯一原因就是太"溺爱"了，他没有学会自己独立睡觉就是因为你经常帮他。如果你不帮他，他就能学会自我安慰的技巧。言下之意就是宝宝醒来都是你的错。事实并不是这样的。

辛迪是一位非常重视宝宝的敏感妈妈，她一岁的宝宝原来睡得很好，现在夜里经常闹。她说："我了解我的宝宝，他醒来一定有什么原因。肯定有什么地方不舒服，我不能像朋友们建议的那样让他一直哭。"我给了辛迪一个夜醒原因的清单。通过逐个排除，她最后发现是涤纶睡衣的问题。第二天晚上，她把宝宝所有的睡衣都换成了纯棉的，宝宝又开始睡得很好了。"让他哭吧"这种方法往往掩盖了夜醒的健康原因。在我们诊所，我们经常见到因为疼痛而夜醒的宝宝，大多数都是健康原因，比如胃食管返流症（参见第 407 页的详细说明）。

这就是为什么你不能将白天育儿与夜间育儿分开。从一开始就尝试亲密育儿法的妈妈会对宝宝很敏感，这种"让他哭吧"的办法根本就不会

疏离的雪球越滚越大

马克和凯丽第一次做父母，他们有一个比较难缠的高需求宝宝——特别是在夜里。他们是既敏感又有责任心的父母，但是有一天，一个朋友给了他们一本介绍"让他哭吧"这种方法的育儿书，书里说："现在你可能会因为不忍心而放弃，但是只要狠下心来，几个星期后宝宝就能自己睡着了。"之后，当他们一岁大的宝宝哭闹时，他们站在门外急得出汗，很心疼，但是不敢进去，怕"破坏了规则"。宝宝夜里醒来的次数逐渐减少，这正符合父母的心意。宝宝是因为不信任才会哭，父母的敏感也被哭没了。以前马克和凯丽不管去哪儿都会带着他们的宝宝，觉得把他留下是错误的。然而现在呢？离开他很容易，他们从只在周末外出变成了一连好几个星期都不在家。父母与宝宝之间的距离不断扩大。让宝宝一直哭而不去管，不仅断绝了宝宝夜醒的习惯，也断绝了家人的感情。

出现在她的育儿观念中，她会凭着直觉去寻找宝宝醒来的原因，并找出更有人情味的解决方法。相反，相信克制式育儿法的妈妈就比较容易被这种"让他哭吧"的方法吸引。这种方法对她们的心态而言并不陌生，她更容易被它打动。

游泳与睡觉

在教孩子游泳时，不能直接把他往水里一扔，强迫他如果不想淹死就必须自己学会游泳。同样，你也不应该把宝宝直接往摇篮里一放，就希望他自己睡着。你首先要建立宝宝的信心，让他相信水并不是什么可怕的东西，然后帮他培养一种待在水里很舒服的观念，最后才教他游泳的技巧。学习睡觉也一样，这是一项夜里的功课和技能，首先要学会不怕睡觉；然后宝宝会发现睡觉其实很舒服，并不是进入以及再次进入一种孤独的状态；最后，你教他如何保持好的睡眠。

两个妈妈的故事

对一些性格比较温和的宝宝来说，"让他哭吧"这种方法可能还有些效果，至少表面上看起来是这样。但是对于那些高需求宝宝（我们在下一章将会遇到）来说，这种方法几乎不起作用。对宝宝的哭声没有任何反应，并不是在教他睡觉，而是在告诉他哭声并不能帮他交流，你不会"屈服"，你是在告诉他"放弃吧"。我们很难理解这种方法的智慧何在。这是夜间训练，而不是夜间育儿。宠物才需要训练，宝宝需要的是养育。请看这两位妈妈的故事：

劳瑞是一位很负责任的妈妈，但因为宝宝经常夜醒，弄得她筋疲力尽，绝望中的她终于选择了这种方法。

"我堵上自己的耳朵，让他哭。很快我老公不得不拉住我，因为我太想把宝宝抱起来。宝宝的哭声越来越大，最后我实在受不了了，就去把他抱起来。天哪，宝宝真的气坏了！我再也不用这种方法了。"

还有一位妈妈也跟我们分享了她的失败经历：

"我再也受不了了，最后还是进婴儿房去哄着他再次入睡。我们两个都坐在摇椅上哭，哄他再次入睡差不多花了我平时两倍的时间。第二天他整天都黏着我。当我读那本'让他哭吧'的书时，我必须记住什么时候该去安抚他，什么时候该去抱他，在他身边该怎么做，什么时候该把他放下，可以安慰他多长时间，等等。育儿确实是一个学习的过程——但是不应该像那个样子！育儿不是一板一眼的科学，它应该是由直觉引导的自然行为。我敢保证'让他哭吧'的建议不适合我，当然也不适合我们大家。"

置之不理以外的选择

不是那个没人性的哭个够的方法，也不是渐进式方法（比没人性稍好一点）：让宝宝哭，也加以安抚。我们做了修改，这种方法可以维持父母与宝宝之间的信任和敏感性。

就像断奶一样，什么时候把宝宝从你床上"赶走"、选择怎样的方式也要因人而异，同时也要根据你自己的生活习惯。我们仔细研究了推崇"让他哭吧"这种方法的书中所采取的死板方法，一系列的"千万不要"渗透其中，例如"千万不能放弃，而把宝宝抱起来"，等等。在我们的改良方法中，只有一个"千万不要"，就是"千万不要死板地跟着别人学，要靠自己"。你的宝宝很珍贵，他理应有自己独特的个性，因此需要特殊的方法。我们给出了一些建议，相信通过这些建议你可以发现适合宝宝的独特的睡眠方式。

要灵活

如果你从一本书中学到了一种新方法，没有必要完全照搬。你可以试一下这个方法中的一部分，保留那些有用的，放弃那些没用的。这样，每尝试一种新的睡眠方式，你就又多了一些夜间育儿的经验。宝宝夜醒的问题，并不是如果你不能在这两晚解决，它就会多持续几年。你每次的新

尝试都会让你越来越聪明，宝宝也会越来越成熟。时间是站在你这边的。古板的"让他哭吧"的睡觉方法要求你完全按照它说的来做，这是不对的。任何人写书都是针对广大的读者，怎么可能百分百地适合你的宝宝呢？要轻松、缓慢地进入一种新的睡眠训练方式，不要让宝宝因为"夜间管理"的改变而受到惊吓。

以宝宝为衡量指标

让宝宝来检测你的方法是否有效，而不是参考书里的什么表格。如果某种方法无效，可以暂缓，一个月后再试。

我们发现"让他哭吧"的各种方法中都存在一个问题：完全忽略宝宝的作用。宝宝是你的方法的参与者。要把宝宝白天的行为作为"晴雨表"。如果你很关心宝宝的行为，没有发现他不舒服或者自己的敏感度降低，那么就可以放心地进入下一步。相反，如果有任何早期分离症状（比如愤怒、疏离感、黏人或者发脾气），你就要迅速停止，修改自己的方案。

金和艾伦是对体贴又细心的父母，但是他们两岁大的高需求宝宝杰里米经常夜醒，这让他们很头疼。他们很疲惫，宝宝也很疲惫。改变一下夜间育儿方式非常必要。他们用的一直是亲密育儿法。他们了解自己的宝宝，宝宝也信任他们。现在当杰里米

醒来时，他们不会立刻跑去哄他，而是给他一定的时间和空间，让他自己慢慢安静下来。他们并没有规定该让他哭多长时间，也没有规定"不能屈服"的死板规则。他们每次都根据实际情况决定该怎么做。如果杰里米的哭声中带有惊恐，那就触及了他们的底线，他们会马上去安慰宝宝。每天晚上他们都多等一会儿，当他们要去安慰杰里米时，也只是简单地说"好了，没事了"。此外，他们还增加了白天与杰里米的交流。他们把宝宝看做衡量方法是否有效的标准。如果白天杰里米有任何的不安或是变得与他们有距离感了，他们就会暂时停下计划。他们不让会自己变得"没感觉"。两个星期后，杰里米自己睡的时间越来越长了，金和艾伦也睡得更好了。

为什么这样会有效呢？首先，父母与宝宝已经建立了相互信任和敏感的基础。其次，父母并没有把自己困在该让宝宝哭多长时间的死板规则中。在他们慢慢地让宝宝学会夜间独立的过程中，宝宝是一个参与者，而不仅仅是一个接受者。

宝宝的步伐

维琪和杰克是一对非常细心的父母，他们有一个9个月大的宝宝，米切尔。一位朋友给了他们一本"让他哭吧"的书，书中严格规定了让宝宝哭多久。照这种方法试了两个晚上之后，维琪发现他们的宝宝有以下的变化："她整天哭，有时她一直黏着我，有时又显得很疏远。我们之间的某种东西好像没有了。"杰克最后总结说："她不再信任我们了。"

这对父母来找我们咨询，请我们帮他们解决宝宝白天的行为问题。我们这样建议："从孩子白天异常的行为可以看出你们的计划进行得太快了，太急了。你们意识到她的情绪和彼此间的信任关系受到了影响，这很明智。她现在还很小，还没有准备好一下子有那么大的进步。从你的床上到她自己卧室的摇篮里，得不到你的回应，或者很少有，这对她来说太过分了。所以你应该试着慢慢来，这样可能会好一点。你需要退回一步，给自己几天时间重新找回你们之间的默契，然后再按照你能接受的宝宝的步伐慢慢来。首先，既然她每个小时都会醒来，说明很可能是不舒服，查看一下可能的夜醒因素，找出原因。下一步，在你喂完她之后，可以让你的丈夫哄着她睡觉，然后把她放在摇篮里或者你们的床上。当她第一次醒来时，可以由你或者你丈夫去安慰她，哄她再次入睡。当她下次再醒时，如果你准备睡觉了，可以把她抱到你们的床上喂她——一夜喂她一次或两次都可以，由你决定。当她醒来时，你可以和丈夫轮流去哄她。这样，你只需要花几个晚上的时间就能回到一种你可以掌握的夜间生活状态。"

我们是怎么做的

如果我们的宝宝经常在夜里醒来，我们是这样做的。首先，我们把教宝宝如何睡觉看成是夜间教育的一项内容。就像我们不将"打屁股"看做白天的一种教育手段一样，我们发誓坚决不把"让他哭吧"这种方法作为夜里教育宝宝的手段。我们积极地去寻找宝宝夜醒的真正原因，通过不断验证，找到其他可行的办法。就像"打屁股"可能会使父母永远不知道宝宝异常举动的真正原因、找不到合理的解决方法一样，"让他哭吧"可能会使父母永远都不知道宝宝夜醒的真正原因，也不会去尝试其他健康的育儿方式。

然后，我们会确定可以接受每晚醒多少次，在特殊情况下（如生病、搬家等）会有所调整。比如说，在宝宝9个月大时，我们可以接受一两次夜醒，然后再次睡着，或者每3个星期偶尔有一个晚上醒的次数比较多。如果多于这个次数（除非宝宝生病），就意味着需要重新检查一下我们的系统了，也就是说，要按照夜醒原因的清单再检查一遍，根据情况找出那些可能的原因。

一天夜里，20个月大的马修醒来想吃奶——这是3个小时内的第3次了。马修说："吃。"玛莎回答："不行。""吃，吃！"马修声音更大了。"不行！"玛莎的声音也更大了。我就在这"吃"、"不行"的对话中醒了过来，感觉玛莎已经被马修弄得有点烦了。玛莎想训练马修通过身体接触来让自己安静，而不是总靠吃奶。有时当他开始扭动和烦躁时，轻拍或抚摸后背，或者再抱一抱就可以让他感到舒服，然后慢慢了解这些"不行"的信号，因而放弃吵闹，再次睡着。但在当时那种情况下，好像需要另外一种方法——该我去安慰他了。要利用各种安抚技巧满足宝宝的需要，这是非常重要的。

爸爸也可以安抚宝宝

有些人会建议妈妈们说"一直喂宝宝，慢慢地就好了"，但是对一些父母来说这可能是无效的。缺乏足够的睡眠会使最坚定的父母失去耐心。对妈妈来说，让爸爸早早学会安抚宝宝的技巧是个很大的优势，这样当"夜间危机"来袭时，责任就不只在妈妈一个人身上了。当我们的宝宝在我怀里哭闹时，玛莎就可以轻松些。但如果宝宝的哭声一直不停，甚至哭得更厉害，那么还是要她来接手。我们不会坚持一个失败的实验。这就是与"让他哭吧"方法的不同之处，在这种方法中，宝宝不能对父母有任何影响。

贝丝和艾德曾实验过这种综合的夜间育儿方式，很有效。他们的孩子纳森晚上几个小时就会醒来一次，但是贝丝每次都会给他喂奶，让他再次入睡。晚上他们很和谐，也都休息得很好。大部分这样的宝宝会随着年龄增长慢慢睡得更长，但是纳森却一直醒得很频繁，继续他的夜间吃奶要求。刚开始的和谐后来变成了混乱。贝丝开始讨厌纳森晚上要吃奶的要求，并且第二天会比较劳累，白天也无法再保持敏感。艾德第二天上班的时候也是精神不振。他们也逐项检查了一些夜醒的原因和解决办法，但都没有效果。很明显，纳森已经习惯了吃着奶睡觉，他有点依赖性了。当他醒来时，除了妈妈用喂奶哄他入睡外，其他什么都不管用了。

纳森需要学会适应其他的睡眠联想，慢慢地脱离频繁的夜间吃奶。贝丝和艾德来找我咨询时，为了解决这个问题，我们采取了以下的步骤：

认识问题。第一步有时候也是最难的一步，就是让敏感的、有责任心的父母意识到他们有一个问题需要解决。"尽管去满足宝宝的要求，他总有一天会好的"这种想法其实行不通。在这个实例中，父母真正地感觉到，他们对宝宝持续的夜间喂奶，不再是满足需求，而变成了一种溺爱。所以对于父母来说，第一个困难就是要认清这个事实：改变夜间育儿方式已经十分必要了。

教宝宝适应不同的睡眠联想。我

建议不再让贝丝每夜都喂奶哄纳森睡觉，而是由艾德哄他睡。艾德用婴儿背巾背着纳森，让纳森靠在自己的颈窝处（参见第 304 页图），踱步，摇晃，唱歌给他听。当纳森睡着后，艾德可以陪他先躺在靠床的一个床垫上，躺10 ~ 15 分钟，直到确认纳森已经进入了深层睡眠。

让爸爸也成为一个安抚者。两个小时后纳森准时醒来了，立刻想要吃奶。这时，由艾德充当安抚者，用最不麻烦的方式让纳森安静。有时候仅仅在后背轻拍几下就可以了。而有时

睡眠小贴士

睡觉或是再次入睡时，要教会宝宝适应不同的睡眠联想，否则第一安抚者（通常都是妈妈）会累垮的。如果宝宝总是吃着妈妈的奶或叼着奶瓶睡觉，那么醒来后他也会期望有同样的抚慰好让他再次入睡，尽管有的时候吃奶仅仅是为了舒服，而不是真的饿了。在写这本书的第一版时，我们就交替照顾宝宝睡觉。第一夜，玛莎给史蒂芬喂奶，让他睡去，当他醒来时，我会用爸爸的方式安抚他。第二夜，我用背巾背着史蒂芬，哄他睡觉，然后由玛莎值夜班。随着史蒂芬的成长和我们的睡眠诱导方式的增多，他很容易就学会了自我安慰，醒来后可以自己再次入睡了。

候，艾德需要走动、慢慢摇晃和用颈部依偎法来哄纳森再次入睡。

一开始，纳森可能根本不"买账"。他会哭闹——但不是孤单地哭闹，他待在爸爸的怀里。每次夜里醒来，纳森都会恳求地叫"妈妈，妈妈"，但艾德都会一再说："妈妈晚上要睡觉，爸爸晚上也要睡觉，纳森晚上也要睡觉。"纳森就慢慢了解到，天黑的时候所有的人都睡觉了。前几天夜里，艾德无法安抚纳森时，贝丝就会赶来"救援"。在接下来的一个星期，纳森一直由艾德来哄睡，即使这并不是他最喜欢的方式。两个星期后，纳森一夜仅会醒来一次。一个月后，他可以一觉睡上七八个小时了。

从妈妈到爸爸到安抚工具

比尔和苏珊是一对细心的、负责任的父母，不管白天还是夜晚，他们都会及时回应宝宝的要求。当他们的宝宝纳塔丽18个月大时，她开始频繁地夜醒。这对父母最后决定，不管怎样也要帮助宝宝养成一个健康的睡眠态度。当自己还是孩子时，苏珊就很怕睡觉，所以她发誓说："我不想让宝宝像我一样成长，恐惧睡眠。"

但是当时苏珊又有3个月的身孕了，没有足够的精力来照顾纳塔丽——她很明智，能够及时意识到这一点。所以比尔就开始照顾纳塔丽睡觉。他陪她睡在她自己房间内的一个

床垫上，有时也会躺在靠近他们床边的一个床垫上。纳塔丽一面靠着比尔，一面靠着她最喜欢的玩具熊。当纳塔丽渐渐睡着时，比尔会说："晚安，纳塔丽，晚安，小熊。"当纳塔丽完全睡着后，比尔会抱起她（还有玩具熊），把她放到摇篮里，或者有时候就让她睡在床垫上。如果纳塔丽在她的房间里醒来后大哭，比尔会跑进去，拍拍她的后背，让她抱着小熊，再跟她和小熊说晚安，让她安心入睡。再过一段时间，当纳塔丽醒来后，她会自己伸手去抱住玩具熊，自己睡着。

有人可能会反对我们用玩具熊代替父母的方式。但是在特定的家庭条件下（怀孕、生病、工作繁忙，等等），父母们已经很疲惫了，对他们来说，一个夜间育儿的替代者简直可以救命。此外，就像所有的健康"断奶"方式一样，从父母到安抚工具（一个玩具熊、一条毛毯或者是一个布娃娃等）的依赖并逐渐脱离，也是宝宝睡眠成熟的正常过程。每个年龄的宝宝都有专属的睡眠道具。

考虑健康因素

如果尝试了所有这些办法后，宝宝仍然经常在夜间醒来，就应该考虑是不是健康因素了。父母和医生常会认为宝宝夜醒主要是因为不良习惯，忘记可能是健康因素。可以向医生咨询一下可能导致宝宝夜醒的健康因

素。（参见第 340 页的"潜在的健康因素"。）

关于睡眠的一些常见问题

以下是我们从信件，我们的网站 AskDrSears.com 上的留言，以及在私人咨询中遇到过的问题，都是现实生活中真实的情况。其中的大部分，我们自己也经历过。

妈妈与宝宝不同步

我们两个月大的宝宝每两个小时就会醒一次，我舍不得让他哭，但是当我飞奔到他身边安抚他时，他已经生气，我也好不到哪儿去。要哄他睡觉，又要让自己睡着，这会花很长时间。第二天，宝宝看起来并不累，也不烦，但是我却非常疲惫。这是为什么呢？

你和宝宝在夜间彼此不同步，你们需要待在可以接触的范围内。记住，宝宝的睡眠周期比你的短。差不多每个小时，当他从深层睡眠转到浅层睡眠时，就是最容易醒来的时候，有些宝宝会在这一阶段醒来，有些宝宝不会。

听你的描述，你的宝宝应该就是一个睡得浅的小家伙，他会在每次睡眠周期转换时都醒过来。当他从浅层睡眠中醒来时，你却是从深层睡眠中被叫醒。一个人会不会睡眠不足，与

他醒来的方式有关，而不是醒来的次数。这就是为什么你会感到比较疲惫而宝宝不会的原因。

你可以尝试下面的步骤来达到与宝宝的夜间协调：

把宝宝抱到你的床上，不管是一开始睡觉就这样还是在他第一次醒来后再抱，然后给他喂奶让他睡着。下次再醒来时，首先不要喂他，试试拍拍他的后背，或者把你的手放到他头上或身上，因为他可能并不饿。如果他饿了，需要吃奶，他会让你知道的。这样一个星期或者更长时间后，你会发现你与宝宝已经开始慢慢地适应了彼此的夜间睡眠周期，当宝宝进入浅层睡眠、快醒来时，你也会这样。这时你可以翻一下身，给他喂奶，或者轻轻地拍拍他。不久，在你们都没有完全醒过来的情况下，你们又都会不知不觉地再次进入深层睡眠。最后，宝宝不会在每一次睡眠周期转换时都醒过来，因为仅仅是与你的亲近就足以让他平稳地度过从深层睡眠到浅层睡眠的过渡，在没有醒来的前提下再次回到深层睡眠。

睡得是不是太多

婴儿会不会睡得太多呢？我的宝宝现在已经 4 周半了，每三四个小时我都得把他弄醒喂他。这正常吗？

天哪，不知道有多少妈妈希望自

己有像你一样的"问题"呢！婴儿的睡眠模式真的极其多变。一般来说，性格温和的宝宝是比较容易睡觉的，而敏感、紧张的宝宝往往会频繁地醒来。但是过多的睡眠可能会影响到宝宝的快速成长。所谓的成长不仅仅是长大的意思，还意味着宝宝在生理、精神和情绪各方面全面成长，发展自己的潜力。

宝宝生来就能表现出促进关爱的行为（比如大声哭泣），提醒大人要给他们提供快速成长所需的关爱和哺育。那些睡得太多的宝宝可能不能主动地与你互动，所以需要你来做（就像你现在做的那样，把他弄醒喂他吃奶）。

我们建议你继续在白天安排这种有规律的喂奶，至少两三个小时一次，但是在夜间要让他来唤醒你。一定要让医生定期给宝宝测体重，要保证他的体重有足够的增加。因为这种宝宝要求不是很高，所以得到的营养有时不太够。你要掌握喂奶时间，白天两三个小时喂一次奶。

除了保证宝宝得到足够的食物外，让他得到足够的接触和抚摸也非常重要。对高需求宝宝来说，如果没有人抱他，他就会不停地哭，但是"乖宝宝"会把那些应该让大人抱的时间也用来睡觉。一种解决方法就是用背巾背起宝宝，每天散步至少一两个小时，以提供必要的接触和刺激。

同时，在宝宝整宿睡觉时，你也可以充分享受你的睡眠。

一放下就醒

我们6个月大的宝宝不会自己入睡。当她在我的怀里睡着时，我知道她累了。但是只要我一把她放进摇篮，准备蹑手蹑脚地离开时，她就会马上醒过来，然后一阵哭闹。

试一下这样的夜间育儿方式：按照现在的方法哄宝宝睡觉，但要持续更长时间，直到宝宝已经经过浅层睡眠进入了深层睡眠（你可以通过一些细节来判断宝宝是否仍在浅层睡眠，例如脸上有表情、小拳头紧握、肌肉抽搐、眼皮不规则地跳动和全身肌肉紧绷等）。如果你采用母乳喂养，可以陪宝宝一起躺在你的床上，或者其他可以让你们两个彼此靠近躺着的地方。如果你是用奶瓶喂养（不管喂的是母乳还是配方奶），可以坐在摇椅上。要一直喂他，直到你发现宝宝所有浅层睡眠的迹象都消失，真正进入深层睡眠，这些你也可以通过以下这些特征辨识：脸部几乎不再动，呼吸均匀，眼皮静止，特别是四肢彻底放松——手臂在两侧自然地下垂，手张开，肌肉完全放松。宝宝表现出这些特征后，你就可以把他放下了。如果他突然惊醒了，试着换一块暖和一点的床单。或者你可能需要跟他一起在你们的床上躺一会儿，让他好好睡着，你再轻松地走开。在这种情况下，在床上和他躺一会儿会很快让他入睡，也许宝宝无论如何也要得到的就是那一点要求。

妈妈重新上班后宝宝醒得多了

最近我又上班了，4个月大的宝宝夜里开始醒得更频繁。我仍然会不时地给他喂奶。为了安抚宝宝，我每夜都要起来好几次。第二天我很累，简直没法工作。救命啊！

这是妈妈们恢复工作后很普遍的烦恼。我们经常听到这种场景的描述：妈妈从保姆那儿接过孩子，保姆夸道："天啊，多乖的孩子啊！他睡了一天。"宝宝白天可能不理会保姆，他睡了一天是为了省下他主要的清醒时间，以保证夜里和你在一起。你可能会觉得宝宝是故意要日夜颠倒。请记住，宝宝做什么都有他自己的原因。他们醒来的目的并不是要惹你烦或者不让你睡觉。

宝宝可能是在告诉你："妈妈，我需要更多时间和你在一起。"怎么给宝宝更多的接触时间，同时自己又能休息好呢？把他抱到你们的床上，你们紧挨着睡。彼此紧挨着，享受夜间的亲密。你可能会发现他醒的次数少了，尽管还会不停地醒来，但是如果你们在可接触的范围内，再次入睡会更容易些。你白天离开他，为了奶水正常供应，在夜间喂他是很必要的，我们也建议你恢复工作后继续采用母乳喂养。这样，你们之间的联系会更加紧密。此外夜间喂奶还有一个好处，可以利用乳汁中天然的睡眠诱导物质帮助宝宝睡眠，你的体内也会分泌出更多具有镇定效果的激素，让你更放松。好好利用这些睡眠诱导物质，尽情享受与宝宝一起的睡眠吧，除了给宝宝特殊的夜间接触外，你还可以睡得更好，白天精力更充沛。

昼夜颠倒

我们刚出生的小宝宝喜欢在白天睡很长时间，但是在夜里却总是醒着。怎样才能纠正这个习惯？

很多新生儿都是带着"白天睡夜里醒"的作息规律来到这个世界上的。在子宫里，当妈妈醒着时，宝宝睡觉，这是因为运动会诱导宝宝入睡。当妈妈睡觉时，宝宝就会醒来乱踢。该如何教会宝宝明白白天是吃饭和交流的时间，而夜晚是睡觉的时间呢？

在白天，每隔两三个小时就把宝宝叫醒，喂一次奶，保证他一觉不会超过3个小时。喂奶时用目光与他交流，喂完后抚摸他，让他尽可能醒着。白天喂的次数越多，交流的时间越长，夜晚宝宝就可能睡得越长。

醒来玩

宝宝跟我们一起睡，我们真的很喜欢，但是有时候在半夜他会突然醒过来，眼睛睁得大大的，兴致勃勃地想跟我们玩。一开始我们感觉这很有意思，但现在却很烦躁。我们怎样才能让他改掉这个毛病呢？

你们的宝宝需要一个夜间调整的过程。你要让他知道床是用来睡觉的，不是用来玩的。我们应付这个让人好气又好笑的问题的方法是"装死"。当宝宝醒来想要玩时，我们就假装还在睡觉，忽略他想玩的欲望。静静地躺在那儿，闭着眼睛，背对着他。其实这样挺难的，因为宝宝很可能会用小手抓你，爬到你的前面来引起你的注意，特别是如果之前你曾经回应过他这样的要求。然而，只要你坚持的时间够长，最终他会觉得烦，并了解到这样一个事实：夜间是睡觉的时间，不是玩的时间。

小睡的问题

我们两岁大的宝宝好像根本不需要白天小睡，但我却需要休息。两岁的孩子需要小睡吗？怎样才能让他休息一会儿，同时我也可以得到一点休息时间呢？

是的，大部分两岁大的宝宝都需要小睡，他们的父母也需要他们小睡。

在第一年里，大部分宝宝至少都需要上午小睡 1 小时，下午小睡 1 ~ 2 个小时。1 ~ 2 岁的一年内，很多宝宝都放弃了上午的小睡，但是下午仍需要一两个小时的小睡。其实大部分宝宝在 4 岁前每天都需要至少一个小时的小睡时间。睡眠研究者认为小睡确实有恢复体力的作用。实际上，和夜间的睡觉情况相比，一些孩子和成年人在短暂的小睡期间会睡得更快，质量会更高。

以下是鼓励宝宝小睡的方法。在快到小睡的时间时，你可以安排驾车兜风，宝宝很可能会在这个过程中睡去。或者你跟他一起睡，即使他不想睡，也需要躺下歇一会儿。要在一天中选择一个比较固定的时间（最好是一个你比较累的时间），并把它固定下来。可以把他带到一个黑暗、安静的房间里，放一点柔和的音乐，陪他坐在摇椅上，或者躺在床上。每天再找出一段特别清静的时间，你可以在此期间给他讲一个故事，或者给他一次舒服的按摩，以此来慢慢引导他小睡。

我 10 个月大的宝宝上午根本就不睡，白天通常也不会有超过半小时的小睡。究竟宝宝们需要多长时间的小睡呢？

宝宝和父母都需要小睡。10 个月大的宝宝至少需要上午小睡一个小

372

时，下午小睡 1 ～ 2 个小时。在 1 ～ 2 岁时，有些宝宝会放弃上午的小睡，但他们仍然需要下午小睡。

你不能强迫宝宝睡觉，但是你可以创造条件引诱他睡觉，让他自己感觉困。试试下面的方法：

和宝宝一起小睡。你可能希望趁宝宝睡着的时间"做一些事情"。放弃这种诱人的想法吧。对于你来说，小睡一样重要。

建立一种习惯。为了使他习惯在固定的时间小睡，你可以分别在上午和下午找出特定的时间和他一起小睡。这会使宝宝习惯一种连续的、有规律的生活模式。

制造睡眠环境。在快要到小睡时间时，把宝宝抱到一个安静、黑暗的房间，放点柔和的音乐，和他一起依偎在摇椅上，或者是躺在床上，这会使他比较期望睡觉。一旦他开始沉睡，你就可以把他轻轻地放进摇篮里，继续陪他睡，或者轻轻地走开。

我有一个两岁半的孩子，还有一个 6 个月的宝宝。怎样才能让他们在白天同一时间小睡呢？

这是一个很有挑战性的问题，因为学步期宝宝与婴儿有不同的睡眠模式和需求，所以他们的妈妈很有可能比别人更累。首先，试着让他们有共同的小睡时间表。让他们在一天内至少有一次是在同一时间小睡的。当我

们努力让小宝宝小睡，同时又想让一个"忙碌"的学步期宝宝停下来时，我们采用了一种我们叫做"小睡避难所"的自创方法。一个有活动门的大箱子，一个用毯子遮着四边的桌子，或者是大钢琴下的一块地毯等。让你较大的孩子躺在这个专为小睡而建的"特别区"。等他睡着了，你就可以和小宝宝找个舒服的地方躺下来小睡了。

试着和小宝宝与大孩子一起小睡。选一段白天你最累的时间作为固定的小睡时间。躺在你们的床上，在床的一边喂小宝宝或者抱着他哄他入睡，让大孩子躺在另一边，唱歌哄他睡觉。

如果大孩子不想睡觉，你可以用背巾背着小宝宝在屋里踱步，等到小宝宝睡着再哄大孩子到卧室，给他讲睡前故事或者放点音乐，使这时成为一个"安静时间"——两岁大的孩子已经可以理解白天"安静时间"的概念了。最终他可能会期待每天这个与妈妈一起睡觉的特殊时间，同时，你也有更多时间小睡。

为人父母最难的地方是，你要意识到你不能永远是你所有孩子的一切。养育孩子是一个"复杂"的行为，在此过程中，你要根据他的发育阶段和自己的精力水平来尽量为每一个孩子提供他需要的。你不可能一直为每一个孩子奉献 100% 的关爱。你可能

也需要为自己做一些保留。每个星期可以让你两岁半大的孩子在幼儿园玩几个下午，或者让你 10 岁的大孩子在放学后做小弟弟、小妹妹的"临时保姆"。如果可能的话，妈妈与爸爸也可以交替工作。当妈妈与小宝宝一起睡觉时，爸爸可以负责照顾较大的孩子。

之前睡得很好，现在却总是夜醒

我们一岁大的宝宝以前都是一觉到天亮，睡得很好，但现在他每夜都会醒。他会站起来，摇晃他的摇篮。为什么会这样呢？应该怎么做？

无论什么时候，只要一个之前睡得很好的孩子开始频繁夜醒，你就要考虑宝宝是不是进入了新的成长阶段，或者是不是家里出现了什么新情况。当宝宝学会一种新的重要成长技能时（比如站、爬或者走），都可能会在夜间醒来。宝宝醒来很可能是为了"练习"这些技能。学步期宝宝可能会在半醒状态下在婴儿床上走，当他撞到护栏时就会醒过来。

可以试着让他继续睡，尽量让他少哭闹。首先，在不把他抱出婴儿床的前提下让他躺下来，可以通过安抚的话语、轻拍后背，唱摇篮曲等方式让他安静下来。当他睡着后，要继续用每分钟 60 下的频率拍他，直到他很快进入深层睡眠。

在父母的床上扭来扭去

我们喜欢跟 3 个月大的宝宝一起在我们床上睡，但她总是不停地扭来扭去，搞得我们都睡不好。救命啊！

有些宝宝和父母非常敏感，入睡时不能和一个温暖的身体靠得太近，他们需要一些自己的空间。有一些宝宝好像确实需要与父母保持必要的睡眠距离：太近了他们会醒，太远了他们一样会醒。可以试着在你与宝宝之间放一个合适的隔离物，比如放上一个卷起的毛毯或一个泡沫长枕头。这些东西可能会帮你免受宝宝夜间扭动的影响。如果需要更远一点的距离，可以试一下用合睡床（参见第 348 页图），或者把宝宝的婴儿床放到你的床脚。这样宝宝和你都有了自己的睡眠空间，同时你们又在能相互抚摸和照顾的范围内。

夜里太吵

我们想和刚出生的宝宝一起睡，但是不行。她太吵了，我没办法睡。她睡得挺好，但是我却不行，她每次一哭，我丈夫也会被吵醒。如果我们不跟她睡在一起，她长大后会不会缺乏安全感？

你们能考虑到和宝宝一起睡，这已经表明你们很有责任心，是体贴的父母。这样的话，即使你们的宝宝自已单独睡，她也一样会健康成长，不会缺乏安全感。睡眠共享只是整个亲密育儿法的一部分。不管睡在哪儿，只要全家人都睡得好，就是正确的睡眠方式。有时候父母需要几个星期来适应与宝宝一起睡，特别是爸爸。所以，可以给这种方式 30 天的适应期。

如果到那时仍然不行，可以慢慢地增加你们与宝宝的睡眠距离，直到你们都不再被她的声音吵醒。把宝宝放在你与护栏之间而不是你和丈夫的中间（参见第 332 页图）。或者是把她的婴儿床放在你们的床边上。如果你仍对她的声音超级敏感，可以把婴儿床或者摇篮放在你床脚，或是房间的对角处。几个星期后，你就会找到一个比较合适的睡眠距离。要给自己一些时间来适应夜里多出来的这个小家伙，这很重要。有价值的事很少能一蹴而就。不久你就能适应这些正常的声音。家里有婴儿，卧室就不可能绝对安静，但是你可以通过播放一些柔和的自然界声音——如流水声或海浪声——来阻隔噪音。

需要多少睡眠

我女儿现在 13 个月了，可以从晚上 10 点一直睡到第二天早上七八点。白天她也会有一两个 45 分钟左右的小睡。这样够吗？她应该睡多长时间呢？

13 个月大的宝宝通常需要 11 ～ 12 个小时的睡眠，包括白天的小睡。所以你的女儿应该已经得到了足够的休息。如果她看起来很有精神，那说明这些睡眠就足够了；如果白天她看起来比较累，暴躁，或经常打瞌睡想睡觉，说明她需要更多的睡眠。尽管不同宝宝的最佳睡眠时间差别很大，但下面列出的各阶段宝宝的平均睡眠量还是值得你参考：

年龄	一天内平均的睡眠时间（单位：小时）
出生到 3 个月	14 ～ 18
3 ～ 6 个月	14 ～ 16
6 个月到两岁	12 ～ 14
2 ～ 5 岁	10 ～ 12

害怕自己睡

我们 18 个月大的宝宝夜里每两个小时就会醒来一次。当我到他卧室时，他已经站在婴儿床上，伸出手等着我抱了。我想把他放下时，他会抓住我不放。但是他之前都睡得挺好的。我是不是应该让他哭，不去管他？

不！还有更好的解决办法。宝宝在 12 ～ 18 个月时，分离焦虑开始加强。白天他变得更黏人，在夜里也更加意识到自己与父母的分离和孤独感（参见第 539 页关于"分离焦虑"的内容）。不用害怕听宝宝的。你既不会把他宠坏，也不会被他操纵。他需要在你的照顾下度过这个高需求阶段，你不该屈从于那个破坏信任、使人麻木不仁的"让他哭吧"的方法。

你的宝宝是在告诉你他不能一个人睡觉。他想念你。以下才是你可以采取的办法。他每次醒来后你尽快跑过去，不断地说"好了好了"来安慰他；这样你可能会很累，但是过一阵子，这种夜间的烦心事就会越来越少。或者你也可以直接跟他一起睡。拿一个床垫放到宝宝的房间内，当他睡觉时躺在靠近他婴儿床的地方，等他睡着后再离开。有时候，宝宝只要睡觉时身边有父母陪着就很满足了。如果他还是不断地醒来，那么你可以和丈夫试着轮流在他的房间陪他一起睡——如果你在那儿睡得好的话。或者把他的婴儿床搬到你们的卧室，放在你们的床脚。也可以把他的床垫放在地板上，让他睡在你的床边。

等这种分离焦虑逐渐减少，你就可以慢慢地让宝宝回到自己的房间了，如果这种睡眠方式很有效，你也可以让他在你们的房间里多睡上几个月。这种换床睡的情形是夜间育儿一个很正常、也很快就会过去的阶段。

在日托幼儿园"哄"宝宝睡觉

我 6 个月大的女儿很快就要去日托幼儿园了，我很关心小睡问题。在家里她是由我喂着奶睡觉的，或者是我开车带她出去兜风让她睡觉。我怎么教她用别的方式入睡呢？

问一下幼儿园的看护人员，看看他们能否为你的女儿提供一个与家里相似的环境。如果他们可以提供这样一个环境，那么你的宝宝接受起来就更容易。

即使你的宝宝不能一边吃奶一边入睡，她也还是可以由看护人员抱着哄睡。照顾宝宝不仅仅指喂奶，也包括抚慰，特别是对这么大的宝宝来说。这样的话，其实每个人都可以照顾宝宝睡觉。要告诉看护人员，你的宝宝喜欢被人哄着睡觉，你希望她们能抱着她，轻轻摇晃也行，哼歌也行，如果可能的话，希望有人躺在她身边陪她一起睡。幼儿园可以采取一种有效的诱导小睡的方法，就是"背着宝宝入睡"。教看护人员如何在小睡时间临近前把宝宝背在身上，最好是用婴儿背巾。宝宝喜欢在背巾里睡着。一旦宝宝进入深层睡眠，看护人员就可以很容易地从背巾里脱出身来，把宝宝放入婴儿床。（参见第 305 页"日托"和第 308 页"背着宝宝入睡"。）

整夜吃奶

我们 6 个月大的宝宝跟我们一起睡，她以前每夜会醒来一两次吃奶，这我还可以忍受，但现在她整夜都想吃奶。

我感觉自己都成安抚奶嘴了。真的快累死了。

你说得没错，你的宝宝确实把你当成了安抚奶嘴，以获得内心的安稳和舒适。

但是人体安抚奶嘴会累垮的，宝宝必须知道，除了吃奶以外，晚上还有其他的安抚方式。

我们先来分析一下为什么宝宝会这么做。在前6个月你的宝宝已经形成了一幅熟悉的精神图像：不舒服之后就会有安抚，无论是饥饿、口渴、孤独、焦虑，还是出牙期的疼痛，只要看到妈妈的乳房就会缓解。每次宝宝醒来，你马上就会喂她吃奶，就像条件反射一样。也许宝宝只需要几分钟来让自己安定下来就能再次入睡，不需要你喂奶。

首先，你可以在白天增加喂奶次数。6～9个月时，宝宝经常白天忙着玩，忘记了吃奶。但是在夜里，饥饿会袭来，特别是方便的餐厅就在她面前整夜开着。白天时至少每3个小时带她到一个安静的房间里专心喂奶。每天给她吃两三次固体食物。宝宝需要了解，白天是用来玩和吃饭的，而晚上是用来睡觉的。

当宝宝醒来时，不要条件反射地去喂奶，试试在不喂她的前提下哄她继续睡。使用最不麻烦、最不会吵醒父母和宝宝的安抚技巧：

• 把手放在宝宝的身上，有节奏地轻拍。

• 抚摸她或者抱她一会儿。

• 试试给她哼摇篮曲，再加上上述抚慰方法。

• 可能是出牙期疼痛，试一下治疗出牙期疼痛的方法（参见第521页的说明）。

只管说"不行"

我正试着为我们18个月大的宝宝断奶，因为我都快累垮了。但是他好像并不"买账"，我不是一个好妈妈。

这个宝宝与前面那个很相似，只是年龄稍大些。正像前面所说，宝宝是索取者，父母是奉献者。这是夜间育儿的实际情况。但是像育儿的其他方面一样，这也是一个有关平衡的问题。有时候宝宝会变成一个"过度索取者"，而有些妈妈，因为比较慈爱，对宝宝比较敏感，会不停地满足宝宝的要求，直到累垮。这种结果并不是亲密育儿法所提倡的。还好，听起来你很清楚自己该给宝宝多少、何时该停止，这是你为人父母的成熟表现。

如果你继续现在这种育儿方式，你会变得过于疲惫，而且会把这种讨厌的感觉（包括劳累）带到你白天与宝宝、与配偶的关系中，这样整个家庭都会受到影响，失去平衡。关于如何处理宝宝整夜要吃奶的问题，参见第379～382页。

醒来要奶瓶

我们 15 个月大的宝宝没有奶瓶就不睡觉。每晚他都会醒来两次要奶瓶。我现在越来越讨厌奶瓶了，真希望他也能这样。

宝宝们都喜欢吃奶吃到睡着，不管是吃母乳还是吃配方奶。事实上，很多宝宝也需要在睡前吃一次，以防夜里饿醒。夜里用奶瓶就有一些问题了。宝宝有奶瓶才能睡着，就像母乳喂养的宝宝需要衔着妈妈的乳头才能睡着一样。我们在前面说过，宝宝睡觉时一件很重要的东西就是睡眠联想，宝宝醒来后，他需要有同样的睡眠联想才能继续睡着。让宝宝熟睡的关键就是要让他适应不同的睡眠联想，防止他对某一种睡眠联想产生依赖性。

父母们也喜欢用习惯的老办法让宝宝入睡。奶瓶或者乳房有效，他们就会一直用下去。你可以在宝宝每次醒来时都给他相同的睡眠联想，但是如果你想要宝宝学会在不吃奶的条件下自己慢慢地入睡，那么你就需要给他不同的睡眠联想了。例如，在摇椅上用奶瓶给宝宝喂奶，然后让他一手搂着玩具熊，一手搂着妈妈或者爸爸入睡。这样当他醒来时，只要抱着玩具熊，也就足以让他再睡着了。

就是静不下来

我们 9 个月大的宝宝晚上就是不肯静下来。我们知道他累了，但他就是不能乖乖的。怎样才能让他安静地睡觉呢？

你不能强迫宝宝睡觉，但是一些诱导的方法会使宝宝产生困意。避免睡前那些让宝宝兴奋的行为。晚上与爸爸的打闹是可以的，会耗费宝宝多余的体力，但不要在睡前玩。温水澡、舒服的按摩、柔和的音乐、看书，这些都是久经考验的有效"催眠物"。

在我们家最有效的方法是背着孩子哄睡。比如晚上 8 点半了，你想让宝宝上床睡觉，但是他却不想睡。这时用背巾背起宝宝，带着他在屋子里转，如果天气暖和，可以出门到附近走走，边走边轻声地哼一些曲调重复的慢节奏曲子，我比较喜欢的曲子是《老人河》。让宝宝趴在你的颈窝处，轻轻地抚摸他，这就是在对宝宝说："天黑了，该睡觉了。"（参见第 308 页"背着宝宝入睡"，和第 303 页"颈部依偎法"的内容。）

拖延上床时间

我们两岁大的宝宝不到晚上九十点一般不会睡觉。工作了一天我们都很累，在他还不想睡时，我们通常都已经很困了。两岁大的宝宝应该几点睡

学步期宝宝的夜间断奶

频繁的夜间吃奶是高需求宝宝的一个特点，他们把这看做是自己最喜欢的餐厅。这里有平和的气氛，熟悉的服务员，美味的菜肴，他们喜欢这里的服务。哦，有了这种整夜开放的方便餐厅，生活多么美好啊！

在解决这个问题之前，要先问问自己，频繁的夜间喂奶有多严重？这个夜间育儿的高需求阶段会过去，你和你的宝宝总有一天能睡个通宵。另一方面，如果你已经开始睡眠不足，并且严重到白天一点精神都没有，讨厌夜间育儿（甚至开始讨厌宝宝），和家人的关系也在恶化，那么你就需要对夜间育儿方式做些改变了。这是我们通过养育很多孩子而学到的一条育儿原则：如果你讨厌它，就改变它！

即使你还不能让宝宝一觉到天亮，你至少也要帮助他减少夜间吃奶的次数，使这种情况改善到你能够接受的程度。对付彻夜吃奶的问题，可以试试下面的方法：

1. 白天把宝宝喂饱。

学步期宝宝喜欢母乳喂养，但在白天他们往往会只顾着玩而忘记了吃奶，或者是妈妈很忙忘记了喂他们。但是在夜里，妈妈近在咫尺，所以宝宝就想把白天错过的吃奶时间给补回来。（当哺乳妈妈们重新回去上班时，这个现象更为普遍。）在白天要找出更多的时间来喂他，这样可以减少夜间喂奶的次数。

2. 增加白天的接触时间。

把你的宝宝放在背巾里，或者以其他方式给宝宝更多的白天接触时间。当宝宝长大些时，可以在他没有意识到的情况下，轻松地大幅度减少白天接触时间。彻夜吃奶有时候可能就是宝宝发出的一个信号，提醒妈妈不要急着把他推向独立。当宝宝培养自己健康的独立能力时，他会先跟你疏远，然后又回来黏着你，反反复复，就这样一步一步，直到他与你疏远的时间比黏着你的时间多，慢慢地走向独立。很多妈妈都发现，只有在宝宝开始进入一个新的发育阶段，比如说学爬、学走等时，他们才会需要在夜间吃更多的奶或得到更多的拥抱。

3. 在你睡觉前把宝宝弄醒，喂饱他。

与其急着去睡觉，结果一两个小时后又被吵醒，还不如在你晚上准备休息时好好地喂他一次。这样的话，你至少会被少吵醒一次，甚至（希望如此）能睡个通宵，宝宝也不会打扰你。

4．让宝宝适应其他的哄睡办法。

试着让宝宝在婴儿背巾里慢慢睡着。宝宝吃饱了但还没有睡着，可以用背巾背着他，在屋里转转，或者出门到附近转转。当他进入熟睡状态后，可以把他放到你们的床上，你自己从背巾中脱身。这是爸爸们哄宝宝睡觉的一种很有效的方法。最终，你的宝宝可能学会将爸爸的怀抱与睡觉联系起来，半夜醒来时也能接受来自爸爸的抚慰，这可以作为妈妈喂奶哄睡的一种替代办法。不用喂奶，其他可以使宝宝轻松入睡的方法包括轻拍或抚摸他的后背、哼歌和慢慢摇晃，甚至可以在黑暗中随着自己喜欢的节奏或哼着摇篮曲慢舞。

5．不让宝宝碰到乳房。

一旦宝宝醒来了想吃奶，用手阻止他碰到乳房，然后用睡衣盖住乳房，就这样盖着睡觉。宝宝找不到乳头，可能很快就睡着了。如果你能坚持足够长时间不睡，确保他不碰到乳房，他可能就不会很快地醒来吃奶了。

6．"妈妈夜里去睡觉了"。

宝宝在 12 ~ 18 个月大时已经有能力理解简单的句子了。要借此训练你的宝宝，让他醒来时不要总想吃奶，比如，你可以说"太阳公公出来后我们再吃"。关键是要让宝宝将"天黑了"与"妈妈餐厅关门了"联系起来，这样宝宝可能就不会总想着先前的待遇了。当然，也可以考虑以后不在床上喂他，在摇椅上喂，使他不再将床与喂奶联系起来。要做好准备，一定会有几个"痛苦"的夜晚，但是要记着：宝宝哭闹时，你要在他身边陪着他，不能让他孤单地哭。这样做并不会破坏你们之间的信任关系，因为你仍在他身边。

当你喂奶哄他睡觉时（或者是夜间的第一次和第二次喂奶），他最后听到的话应该是"妈妈夜里要去睡觉，爸爸也要去睡觉，宝宝也要去睡觉"。当他夜里醒来时，他听到的第一个声音也应该是温柔的安抚："妈妈夜里要去睡觉，宝宝也要去睡觉。"这个过程可能需要重复一两个星期。不久宝宝就会了解这样的信息：白天是吃奶的时间，晚上是睡觉的时间。妈妈夜里要睡觉，宝宝也要这样做。为了强化这个训练过程，我们从很多妈妈那里听到了这样的技巧：找一些讲宝宝没有吃奶就睡觉的绘本，白天给宝宝讲一讲这些绘本，告诉他们这些宝宝是怎样不吃奶就可以自己睡觉的。

7. 提供一个替补。

高需求宝宝可不是容易骗的，他们不会轻易地接受替代品。但是，这种方法也值得一试。记住，育儿不仅仅指母乳喂养。必要时求助你的丈夫，宝宝就不会只希望从你的乳房获得安慰了。这给了爸爸一个在夜间育儿中发挥创造性的机会，也给了宝宝一个接受不同抚慰者的机会。

 玛莎笔记：

我们在"对付"夜里频繁想吃奶的史蒂芬时，一种方法就是我暂时不理他的呼唤。威廉会用背巾背着史蒂芬哄他睡觉，这样他就慢慢习惯了威廉哄他入睡的方式。当他醒来时，威廉用颈部依偎法抱着他，轻轻地摇一摇，用温暖的毛毯或者是唱摇篮曲等方式安抚他。经过三四个晚上由爸爸照顾，史蒂芬回到了一晚上只需喂一两次奶的状态。

宝宝们刚开始时会反对由爸爸替代妈妈，但是要记住，在充满父爱的爸爸怀里哭与独自一人哭是有本质区别的。爸爸们要知道，在这些夜间育儿的挑战面前，你们一定要保持冷静，要有耐心。如果宝宝不接受你提供的抚慰，你也不要轻易失去耐心，这是为了爱人和孩子，不要发牢骚。

可以在周末试一下这种由爸爸提供的"断奶"法，也可以在爸爸第二天不用上班的任意两三个夜晚试试看。你可能要说服他才能用这种方法，但是可以向你保证，我们自己试过，觉得确实很有效。但是要在宝宝已经足够大了，或者你的本能告诉你宝宝现在的夜间需求是出于习惯而不是生理需求时，才可以使用这种夜间断奶策略。

8. 增加你们之间的距离。

如果以上这些方法都不能让你习惯夜间吃奶的宝宝减少需求（但是你需要他夜间断奶），可以试一下其他的睡眠方式。把他放在你床边的床垫上或毯子上，甚至也可以让他和其他孩子一起睡在另外的房间里。如果他半夜醒来，妈妈或爸爸可以躺在他的身边安慰他。如果有必要，妈妈也可能喂奶。但是如果这种持续的亲近会增加宝宝醒来的次数，那么妈妈就有必要再回到自己的房间了。

9. 只管说"不行"。

我们的儿子马修 20 个月大时,如果夜里他醒来超过两次,玛莎就会感到绝望。我经常被下面的对话吵醒:"吃!""不行!""吃!""不行!""吃!""不行,现在不行,要等到早上再说,妈妈现在正在睡觉,你也要睡觉。"坚定、冷静、平和的态度是这个时候最需要的。要知道,你并不是在破坏你和宝宝之间的亲密关系,这样你就能让自己保持冷静与平和了。

10. 睡在另一个房间里。

如果你的宝宝仍然坚持要你彻夜喂他,可以尝试一下与宝宝分开睡,自己搬到另一个房间,让宝宝与爸爸一起睡几个晚上。如果妈妈的乳头不是那么容易得到,宝宝可能就会醒得少了,并且当他醒来后,也会慢慢地学着接受爸爸的安慰。

要把这种"搬出去"的方法作为最后一招。

11. 以宝宝为衡量指标。

当尝试任何可以改变宝宝行为的方法时,千万不要坚持一个错误的方法。可以把宝宝白天的行为作为你夜间育儿方法的改变是否有效的衡量指标,如果尝试了几夜之后,你感觉宝宝白天跟原来表现一样,就可以继续夜间断奶计划。但是,如果他变得比较依赖你、烦躁或者跟你有了距离感,那么就要考虑减缓断奶的进度。宝宝最终会断奶,有一天他会彻夜睡觉,这种高需求的育儿阶段很快就会过去。宝宝在你床上的时间、在你怀里的时间、吃奶的时间在人的一生中都是非常短暂的,但是那些爱与信任的记忆会持续一生。

觉呢?

每个家庭都需要有适宜的就寝时间,既可以给宝宝足够的睡眠,也可以保证宝宝与父母的亲子时间。早睡在很多年前比较普遍,是农业社会常见的生活方式。但是,如果父母两个白天都在外面工作,那就应该想到宝宝需要睡得晚一点。我们来看一下这种情况吧:妈妈和爸爸大约晚上 6

点回到家,他们希望宝宝在 8 点睡觉,这样宝宝只有两个小时的时间与爸爸和妈妈在一起,这段时间根本不够。睡前往往是宝宝比较易怒的时间,不是你们跟他一起享受亲子时间的好机会。

可以考虑一下这样的选择:让保姆在下午较晚的时候安排宝宝小睡,这样当你们晚上回来时他也就休息好了，可以高兴地跟你们在一起。选择一个较晚的时间睡觉，让晚上成为亲子相处的黄金时间。

习惯的"睡前仪式"是疲惫父母的救命稻草。宝宝像成年人一样，也受习惯的支配。临睡前的固定活动，能让宝宝在某项活动（洗热水澡、用背巾背、按摩、讲故事）开始时，联想到马上要睡觉了。宝宝越大，白天父母越忙，就寝时间就会拖得越晚。宝宝总是有办法从父母那里获取父母最缺少的东西——时间。

 罗伯特医生小提示：

以前，每晚8点开始，我们都要浪费两个小时来哄安德鲁躺下睡觉（他却动个不停并且不断醒来）。这样过了一个月后，我们不再这样做了，就让他跟我们一起晚睡。下午的小睡让他很高兴，也很有精神，我们晚上在一起时，他在屋子里乱跑。夜里11点我们一起睡觉，一直睡到第二天上午9点或10点。一点时间都没浪费，我们夫妻也有时间单独相处（当安德鲁自己玩得很高兴的时候），一家人也有时间一起玩了。当然，这种方法仅仅在宝宝晚上玩得高兴并且妈妈不用早起时才行得通。

就是不睡觉

我们的宝宝不到后半夜是不会上床睡

觉的。我们应该怎么办?

你们要掌握全局！作为父母，你们有权决定全家什么时候睡觉。可以试试以下建议：

• 把午休时间提前，让宝宝晚上早点困。如果白天睡得太多或者睡得太晚，到了晚上该睡觉的时候，他可能还不困。

• 养成固定的睡前程序——安静下来，脱衣服，刷牙，放摇篮曲和关灯——让宝宝期待接下来的睡眠。

• 试试拥抱的方法。放一段摇篮曲，靠着宝宝躺下，给他做些按摩，把手放在他身上。试试任何你觉得可以让宝宝放松的方法，尽情享受在一起的时间。记住，宝宝习惯充满刺激的明亮世界，或是和人玩耍。现在你是在让他渐渐入睡。

• 试试"大人掌控"的方法。如果尝试了所有的安慰方法，宝宝仍然不想睡觉，你可以冷静但又坚定地把手放在宝宝身上，对他说："好了，好了，睡觉吧，天黑了，该睡觉了。"要让宝宝知道，现在是睡觉时间，此时你们的唯一任务就是要快速地进入梦乡。

• "装死"。如果不管怎么安抚宝宝，他依然很烦躁、很难缠，你可以用最后一招——假装睡着了。躺在宝宝身边装死（参见第372页"醒来玩"）。宝宝最终会静下来，和你一起睡觉。这可能需要花一两个星期，但是最后宝宝会知道，这是你家的作息规律。如果宝宝不想和你一起待在床上，可以在卧室的地板上放个垫子，或待在婴儿房里，关上房门。你在床上示范如何睡觉的时候，宝宝可以在房间里随便爬，只要不伤到自己。即使一开始要等上几个小时，也要保持耐心。几个星期后，宝宝会感到无聊，就会乖乖地跑到你身边来睡，他最终会学会按时上床。

• 让宝宝无聊得想睡觉。如果宝宝白天与你分开，或者是正处在有分离焦虑的阶段，他可能不想在夜里与你分开，也不想在你指定的时间睡觉。如果你感觉宝宝并不累，或者绝对不会自己去睡觉，并且现在你也不想睡，那么只管把固定的睡前程序做完，然后去做自己该做的事。最后你可能会发现宝宝在客厅的地板上睡着了。宝宝想在哪儿睡就随他去吧。等他睡着后把他抱起来，放到他自己的床上。有时候，在两三岁时，宝宝正在经历分离焦虑，如果没有你的陪伴，他是不会睡觉的。这时你们可以躺在一起，看一些能让人放松的录像。我就经常和宝宝一起看动画片，非常享受这些特殊的时光。

让早起的鸟儿多睡一会儿

我们的孩子两岁了，太阳一升起来他就会醒，然后跑到我们的卧室，把我们叫醒陪他玩。我们怎样才能让他再睡会儿呢？

当早晨的第一缕阳光照进屋里时，你家的小公鸡就醒了。以下方式能帮你多睡一个小时甚至更多。在宝宝的卧室里挂上不透光的窗帘。和稍大点的孩子定好规则，醒来后要保持安静。在宝宝的床边放一些有趣的东西，可以是一个新奇的玩具，鼓励他待在自己的房间里安静地玩。在床边的小桌上放一些小零食，帮宝宝挨过饥饿，直到早饭时间。如果宝宝非要进入你们的房间（早上或者夜里），也可以定一些进门的规则，例如在床脚下放一个睡袋，告诉他"要安静得

在夜间安全使用奶瓶

叼着一瓶牛奶、配方奶或果汁等睡觉，会损害宝宝的牙齿，产生蛀牙（参见第 525 页）。为了让宝宝在睡觉时轻松地戒掉奶瓶，可以试一下加水稀释法：逐渐用越来越多的水稀释瓶子内的东西，直到宝宝意识到没有必要为了一瓶水而醒来哭闹。同时，也不要让宝宝一个人拿着奶瓶喝。在凌晨 3 点，你可能会很想把奶瓶留在婴儿床上让宝宝自己喝，但不要这样做！这样不但有可能使宝宝长蛀牙，而且如果宝宝呛奶的话，也没有人知道。

像小老鼠一样"，教他怎样安静地爬到睡袋中再多睡一会儿。

这些睡眠小技巧都是暂时策略。宝宝最终会离开你们的床，在自己的床上睡，并且睡得很好，适应一种有规律的作息时间。就像亲密育儿法的其他方面一样，宝宝需要哄着入睡的时间也很快会过去，但是你所传达的爱与安全感会持续孩子的一生。

第16章 照料难缠或肠痉挛的宝宝

有些宝宝生来就拥有一些特质，被贴上"难缠"的标签。这些宝宝需要父母付出额外的耐心和创造力，而在照顾这些宝宝的过程中，父母也会变得更加聪明和敏感。下面让我们来见见这些特殊的小家伙们。

难缠宝宝

我们头 3 个孩子很好带，所以始终不能了解那种所谓"难带的孩子"到底是什么样。到了第 4 个孩子——海登，她把我们原本平静的家搅得天翻地覆。海登一出生就与众不同。对别的孩子起作用的方法，对她都没用。她吃奶和睡觉的时间根本没有规律可言。她是那种得一直在怀里抱着，一直在胸前靠着的宝宝。我们一放下她，她就号啕大哭，但一抱起，她就不哭了。海登每天就这样在家人的怀里传来传去。玛莎抱累了，就轮到我。

用背巾背着她效果比较好，不过有时也不管用。

我们离开一会儿，她就受不了。她整天黏着我们，还把白天的哭闹带到晚上。她激烈地拒绝小床，只喜欢睡在我们床上，躺在父母暖和的身体旁边。那张曾经让老大、老二、老三进入甜美梦乡的婴儿床很快在二手市场卖掉了。海登唯一不变的地方就是她每天都在变，今天还起作用的办法到了明天就没用了。我们想方设法满足她。"需求无度"就是她的写照。

我们对海登的感觉也跟她的行为一样反复无常。有时我们很同情她，有时我们累得精疲力竭，有时我们不知所措，甚至有些生气。

如果她是我们第一个孩子，我们可能会觉得这是我们的错，并且会自我反省到底哪里错了。但当时我们已经养育了 3 个孩子，是经验丰富的父母，我们知道这不是我们的错！

难缠宝宝、高需求宝宝、肠痉挛宝宝

在这一章，我们会遇到 3 个类型的宝宝，他们有不同的名字：难缠宝宝、高需求宝宝和肠痉挛宝宝。这 3 种宝宝特征相似，需要的安抚技巧也相似，但他们还是有不同之处。

难缠宝宝是一个统称，指那些总是哭着闹着要大人抱，但只要抱起来就很容易满足的宝宝。这些宝宝在头几周会因为各种原因哭闹，但随着对环境的逐渐适应，会慢慢变得安静下来。

高需求宝宝相对于难缠宝宝来说比较难描述。这些宝宝渴望身体接触，他们喜欢一直被抱着，一放下来就会大声哭闹抗议。他们超级敏感，紧张，不会自我安慰，对父母的要求非常多。不过一般来说，只要他们的要求得到满足，他们就会很开心。这种喜欢牢牢黏在父母身上的宝宝有着坚持不懈的个性，能激励父母找到最适合他们的育儿方式。

肠痉挛宝宝并不难缠，他们只是非常痛！这类宝宝会连续几小时地哭闹，怎么哄也哄不好。有时他们看起来很痛很生气，这种情况一般是在傍晚时发生，也有时全天不舒服，不管大人怎么安慰、拥抱，都无济于事。接下来你会知道，他们疼痛经常是因为健康原因。在西尔斯家的儿科诊所里，我们很少用"肠痉挛宝宝"这个名词，而是用"疼痛的宝宝"代替。用这个名称是为了发动医生和父母尽快去寻找宝宝疼痛的原因，找出一种能让宝宝舒服的解决办法。

用哪种名称称呼你的宝宝并不重要，重要的是了解宝宝难缠、疼痛的原因，学会如何应对。

但是我们听到了来自四面八方、相互矛盾的建议，例如"你们抱得太多了"，"你们会宠坏她，让她哭就行了"，"她是在操纵你们"，等等。我们没有理会这些建议，依旧用我们觉得对并且有用的方式照顾她。养育这个类型的宝宝，你要上的第一课是：宝宝难缠主要是因为他的性格，而不是因为你的育儿能力。

海登出生后几周，我们意识到我们生了一个特殊的孩子，有特殊的需要，因此要用特殊的育儿方式，我们下定决心要满足她。但怎么满足？我们相信如果我们用更敏锐、更有技巧的育儿方式，她会健康成长的。但这很难。我们曾经给她取了个绰号：小多。她什么都要得多，尤其是拥抱和吃奶，只有睡觉不是。我们明白，海登不是那种标准的宝宝，标准宝宝那一套对她不起作用。当我们不把她看做一个需要矫正行为的问题宝宝，而是一个有特殊个性、需要特殊培育的宝宝时，跟她相处就容易了许多。

高需求宝宝

我们最早的困惑之一是该如何描述海登。我们不喜欢通常用的"难带"和"爱哭闹"等词语，因为它们的含义是负面的、贬义的。另外，这些词还暗示父母和宝宝中的一方或双方是失败的，我们不愿接受这种说法。我们不断告诉自己，海登的行为和我们的育儿方式都没错，只是"她的需求比较高"，而且我听到很多有类似宝宝的父母也这么说。有一天，我们灵光一闪："就叫他们高需求宝宝吧！"我们用这个说法指代这一类宝宝，发现很恰当，就一直保留了下来。这个词标志着我们开始接纳和欣赏海登。

用一个更积极的词汇去重新定义海登，让我们把注意力集中在她激动人心的个性上，而不是让别人不方便的地方。我们的任务是接受而不是压制海登的个性，要欣赏她的特质，把这些特质调试成对她和全家都有好处的行为。我们学会让自己保持灵活

性，来维持对全家都有好处的育儿方式。被高需求宝宝弄得沮丧不已的父母很难卸下思想上的顽固包袱。

"高需求宝宝"这个词说明了一切，既精确地指出这些宝宝为何要求如此苛刻，也说明了父母应该采取的育儿策略。这是一个正面、乐观的说法，听起来显得很有学问，又很特别，既减轻了父母的内疚感，也给了这些宝宝应得的重视。家里有高需求宝宝的父母们，你们现在是不是感觉好些了？

"等她长大一些就不会这样了。"朋友们安慰我们说。确实是，但又不完全是。一旦我们了解、接受了这个宝宝，相应地调整育儿方式，带海登就变得容易很多。但她的需要并没有随着年龄的增长减少，只是有所变化。她从一个高需求宝宝成长为一个高需求儿童，进而又变成一个高需求少女。她很晚才离开她的三大安全感来源：床、妈妈的乳房和父母的怀抱。但她还是离开了。我们怎么养育她？保持敏感。

24年后，海登成为一个富有创造性、非常敏感、情感丰富的姑娘，对我们和其他人都充满爱心，懂得付出。海登教会我们：

• 宝宝难带主要是因为他们自己的性格（也就是说他们天生具有某种行为倾向），而不是父母的育儿能力有问题。

• 每个宝宝都有不同的需求，需要不同的照顾方式，才能让父母和宝宝都表现出最好的一面。

• 要接纳、欣赏这类有着独特性格的高需求宝宝，并用一种特殊的育儿方式养育他们。海登教会我们要更加敏感，这是一种在我们的专业、社会和婚姻关系中都需要的品质。

我们教会海登的是：

• 照顾她的人会回应她的需要。

• 她是有价值的（有需求并没有错）。

• 她的世界是温暖、值得信赖。

我们通过自己的经历和对很多这类宝宝（及他们父母）的接触和观察，逐渐积累经验，找出婴儿难缠的原因及应对策略。下面的内容可能对大部分这类宝宝和父母都有帮助。

高需求宝宝的特征

下面列举的是这类宝宝最常见的性格特质，父母们可以用来与自家宝宝对照。

超级敏感：高需求宝宝对环境非常敏锐。他们很容易因为一些变化而感到不安，不愿意接受变化。他们在白天很容易受到惊吓，晚上也睡不安稳。这种敏感的性格使他们对信赖的、不变的看护人产生很深的依恋，所以不要指望他们接受陌生人或临时保姆。他们很挑剔，有固定的思维方式。

这种敏感的个性特点，在早期会把父母搞得精疲力竭，但当宝宝长大些后就会带来益处，因为这样的宝宝更能够与人建立深沉、亲密的关系。

放不下。安安静静地躺在婴儿床上，只有在喂奶和换尿布时才需要大人抱——这绝不是高需求宝宝的写照（或者说，大部分宝宝都不是这样）。他们喜欢动，不喜欢静静地躺着，这是这类宝宝的生活方式。他们喜欢在大人怀里，靠着妈妈的乳房，很少能忍受常常被放在婴儿床上。

不会自我安慰。这些宝宝不能自

高需求的宝宝——是幸运还是考验

有一天，当我们在比较几个孩子的性格时，突然发现，当个高需求宝宝其实挺好的。想想看，哪个宝宝得到的照顾最多？高需求宝宝常常被抱着，因为他们要求多，很难离开别人。又是哪个宝宝得到的抚摸、喂奶时间最多，睡眠环境最舒适？当然是高需求宝宝，他们就像坐头等舱一样。那么，哪一类父母对宝宝了解得最多？哪一类父母能发展出更多创造性的育儿方法？不用猜，当然是家有高需求宝宝的父母。事实上，我们相信，所有的婴儿都或多或少地具有高需求宝宝的特征。

己安慰自己。父母们坦言："他不能让自己放松。"妈妈的大腿是他的椅子，爸爸的怀抱是他的床，妈妈的乳头是他的安抚奶嘴。这些宝宝对妈妈的替代品非常挑剔，如抱枕和安抚奶嘴，经常激烈地拒绝它们。对高标准照顾的期待，使这些宝宝愿意与人亲近，而不是物，这是发展与人的亲密关系的前提。

精力充沛。"他每时每刻都很兴奋。"一位疲倦的爸爸说。做每件事都会投入很多精力。他们哭得很大声，笑得很开心，如果没有及时"就餐"，他们也会马上激烈抗议。因为他们的感受比较深，交流比较强，所以能与他人建立深沉持久的关系，但一旦关系被打破，他们会很难适应。这种宝宝长大后可能是很热心的人。在众多描述这类宝宝的形容词中，从来没有听说过"无聊"这个词。

整天想吃奶。对这类宝宝来说，不存在所谓的"用餐时间"。他们会每两三个小时就来一次马拉松式的吃奶行动，享受更长时间的吮吸安慰。这些宝宝不仅奶吃得更勤，吮得也更久。他们断奶出奇的慢，一般到了两三岁还在吃母乳。

经常醒来。一位疲倦的妈妈无奈地说："为什么我的宝宝什么都要得比别人多，唯独睡觉比别人少呢？"他们晚上经常醒来，而白天却不给父母太多打盹的时间。你会感觉宝宝身体里有个很难关掉的灯泡。大概这就是为什么这些宝宝长大后常成为别人眼中很"耀眼"的孩子。

不会满足，没法预料。你正在计划宝宝下一步需要什么，可是计划赶不上变化。一位累坏了的妈妈说："我正想我赢了，没想到宝宝还有一手。"今天起作用的安慰方法，没准明天就无效了。

过度活跃，高肌张力。这些宝宝被抱着的时候会不停扭动，直到你找到一种让他最舒服的姿势。吃奶时，他们动不动就挺直腰板，好像想边吃奶边来个后空翻。一位家有高需求宝宝的摄影师爸爸说："想让他乖乖不动拍照片，门儿都没有。"当你抱着某些高需求宝宝时，你能感觉到他们的肌肉绷得很紧。

"把我累坏了"。除了在自己做的事情上倾注大量精力外，这些宝宝也要耗尽父母的精力。"他把我累坏了"是父母们常见的抱怨。

不喜欢抱着。这是最高级别的高需求宝宝，因为他们连被抱着都不满意。大部分宝宝只要被父母抱起来，就会乖乖地趴着不动，而这种宝宝会弓起背，四肢僵直，拒绝被抱在怀里。大部分宝宝都喜欢在父母怀里的身体接触和安适感，但这类宝宝却很难在父母怀里找到舒适感。如果妈妈坚持不懈地努力，给宝宝亲密感和安全感、坚定的拥抱，宝宝还是会接受的。

要求多。高需求宝宝的服务标准很高，对得到自己想要的东西有很强烈的愿望。假设有两个宝宝同时举起胳膊，要求父母"抱抱"，而父母没有注意到这个信号，这时性格温和的宝宝可能会放下胳膊，自己玩自己的。而高需求宝宝不能接受父母的这种忽视，他会大吵大闹，继续要求，直到父母把他抱起来。

有这样一个高需求宝宝，你要对一些"宝宝在操纵你"之类的破坏性建议保持警惕。稍微想一想，如果高需求宝宝的要求不高会怎么样？如果他有很强烈的需要，但没有一个强烈的个性去满足这种需要，他的潜力大概不会得到完全的施展。这类宝宝"要求强烈"的个性可能就是以后成长为"意志坚强"的人的先兆。

精疲力竭的父母经常会问："宝宝的这种个性特点要持续多久，等他长大以后还会这样吗？"不要太急于预测宝宝今后会成长为什么样的人。有些难带的宝宝在进入儿童期后，性格会有180度的大转变。但一般来说，这些宝宝的需要不会减少，只是改变了。虽然这些宝宝早期的一些特质听起来有点负面，最初会让父母感到些许挫败，但随着日子一天天过去，宝宝逐渐长大，大部分用对了育儿策略的父母会改变对宝宝的看法，开始用诸如"富于挑战"、"有趣"、"聪明"

等字眼来形容宝宝。同样的性格特质，刚开始看起来很累人，但如果宝宝的信号得到了父母准确的解读和适当的回馈，这些特质最终常常会成为这些宝宝和父母的一笔财富。紧张的宝宝会变成富有创造性的儿童，敏感的宝宝会长成富有同情心的孩子。这个不断索取的小家伙长大后也许会成为一个乐于付出的人。

宝宝为什么哭闹

如果你遇到了一个如此特殊的高需求宝宝，该怎么应对呢？养育这类特殊宝宝，你首先得了解宝宝为什么哭闹。很简单，宝宝哭闹的理由跟大人一样：他们不舒服，要么是身体上，要么是情绪上；也可能是他们需要什么东西。

宝宝哭闹是为了适应环境

出生前，宝宝在妈妈的子宫里真是再舒服不过了。大概再也不会有一个家能比妈妈的子宫更舒适——可以自由漂浮，恒温，营养自动供给。本质上来讲，子宫的环境是井然有序的。

分娩突然打断了这种秩序。出生后一个月，宝宝一直在试图重新获得子宫内曾有的秩序感，适应外面的生活。分娩和对出生后生活的适应，显示出了宝宝的性格，因为他第一次不得不通过做点什么来满足自己的需要。他被迫行动，有所"表现"。如果饿了、冷了或吓着了，他就哭。他必须努力才能获得他需要的东西。如果宝宝的需要比较简单，很容易得到满足，就被认为是"好养的"；如果宝宝适应力不太好，就被认为是"难缠的"。爱哭闹的宝宝适应力比较差，不会让自己将就外在的环境，他们需要更多，于是就哭闹着想得到满足。

想念子宫

宝宝哭闹的另一个原因是想念曾经生活的子宫。宝宝期望生活能像以前一样，但不是那样，他感觉不对。他想适应新环境，非常渴望舒服。想要舒服与得不到舒服的冲突导致了心理上的压力，表现在行为上就是"哭闹"。宝宝哭闹是在恳求照顾他的大人帮他获得舒服，一种"让我回到子宫"的恳求，直到他长大些后学会让自己舒服为止。

有的宝宝并不想念子宫里的舒适感，因为他现在仍然拥有。出生后，他立即被放到妈妈的肚子上，从妈妈的乳房获得身体和情绪上的抚慰。白天在背巾里和妈妈亲密接触，晚上和父母偎依在一起安睡。这样的宝宝没有必要哭闹。他在子宫里获得的舒适感依然还在，分娩只是改变了这种抚慰的表现方式。

想象另一个处于完全不同世界的宝宝。出生后，身边不是妈妈温暖熟悉的身体，而是医院的塑料箱。嘴里的不是温暖的乳头，而是一个硅胶奶嘴。没有持久的拥抱和频繁的喂奶，只是待在箱子里，在大人方便时抱起来喂奶。甚至睡眠也被打扰。他有两个选择：要么接受这个低水平的"子宫"，当个"乖宝宝"，要么用哭闹表示抗议。他哭闹得越多，被抱起来喂奶的机会就越多。他学会了这一点：哭闹才会有奶吃。出生才一两天，他就已经被认为是个"爱哭闹"的宝宝。晚上他仍会哭闹，只有这样才能睡在父母的身旁。几周之后，宝宝学会了把"哭闹"作为他的生活方式，这是他懂得的唯一语言。这种宝宝是开头不顺的受害者，他已经学会了"难缠"。

"需求水平"的概念

所有的宝宝都需要拥抱、吃奶、抚摸，但有些宝宝的需要更强些，有些宝宝更善于表达这种需要。我们想弄明白在同样的照料下为什么不同的宝宝表现得不一样，于是提出了"需求水平"这个概念。我们相信每个宝宝都有特定的需要，如果这种需要得到了满足，他们就能在身心发展上发挥最大的潜力。每个宝宝的性情差异，也是为了传达他的需求水平。

假设有个需求水平中等的宝宝，

他只需哭闹一小会儿，得到适当的拥抱和抚慰后就能满足，这样的宝宝就被认为是"好养"。假设另外有个宝宝，他需要经常抱，一放下来就会立即哭闹，以便得到更多拥抱，这个宝宝的需求水平就不是经济舱，而是头等舱。他就会被认为是"要求多"。但一旦到了头等舱（经常抱，经常喂，日夜的抚慰），他的哭闹就会越来越少。因为他得到了舒服的环境，不必再哭闹了。这两类宝宝都是正常的，没有高下之分。他们只是需求水平不同，相应地，满足需求的性情也就不同。

一体感

那些"一放下就哭"的高需求宝宝其实只是想继续和妈妈的一体感。出生前，宝宝和妈妈是一体的。出生后，妈妈觉得宝宝已是独立的个体，但宝宝不这么觉得。他依然想跟妈妈连在一起，分娩只是改变了这种联系的方式。如果跟妈妈的联系被打断，宝宝就会哭闹。如果他的要求得到了满足，他就会感到舒适和自在。当宝宝感觉良好时，性格脾气也会变得更有规律，成为"比较乖"的宝宝。

黏人或不黏人

妈妈们经常这样形容一体感："宝宝整天都要黏着我。"当这种一体感被打破，妈妈就说："宝宝现在不黏人了。"

南希家就有一个高需求宝宝，为了跟宝宝形成亲密关系，她花了很多时间和精力。她告诉我们说："当宝宝变得没那么黏我，似乎要跟我分开时，我想抱他，想让他重新黏我。那段时间真的很长，很难熬，但最终我的付出还是得到了回报。"

父母与宝宝配合

虽然宝宝难缠主要是因为他们的个性，不是因为父母的育儿能力，但父母也不能完全置身事外。

父母对宝宝需求水平的熟悉速度，反应的敏锐度都能影响宝宝哭闹的次数，并且很大程度上影响了这种高需求的个性是否能转变成一种优秀的性格特质。宝宝需要一个主要的亲密对象来组织他的行为，这个人通常都是妈妈。没有这种组织化的影响，宝宝会一直处于混乱中，表现在行为上就是哭闹不止。因此父母要改变把新生儿看做一个独立个体的传统看法，要把母婴关系看成一个整体。

某些高需求宝宝会忽然表现出哭闹行为，就是因为突然失去妈妈所扮演的调整作用，因而产生了不适症状。

表现出宝宝和你身上最好的一面

长期以来，育儿专家们一直在争论一个问题：决定婴儿行为的究竟是基因还是家庭环境？其实两者都有。婴儿的个性并非一张白纸，可以任由父母涂抹。不过，婴儿的个性也不是一成不变。虽然宝宝天生就有特殊的个性，家庭环境因素还是能够影响他们的性格特征（也就是在特定环境下宝宝的感觉和行为）。育儿方式对婴儿的影响正是目前热门的研究内容。

还有一项更新、更令人激动的研究领域是，婴儿的性格对父母的影响。一位家有高需求宝宝的妈妈曾跟我们说："我们那个难缠的小家伙绝对把我身上最好的和最坏的东西都激发出来了。"这种说法肯定是真的。正像宝宝生来就有不同的性格一样，父母最初的育儿能力也是多种多样（取决于他们本身是如何被养大的）。一些妈妈的育儿能力是天生的，也能配合宝宝的需求水平。而有的妈妈需要花一段时间才能学会如何满足宝宝的要求，而且还要有人帮忙。这个帮忙的人就是宝宝。妈妈和宝宝的性格互相影响，如果他们开了个好头，就会激发出彼此身上最好的一面。

宝宝的性格——父母的回应

我们前面提到过，每个宝宝生来就有特定的需求水平。为了传达出自己的需求，宝宝会表现出一些促进亲密的行为，用这些"不可抗拒"的品质和行为把大人吸引到他身边做出回应，这些行为包括微笑、柔情低语、搂抱、眼睛对视，其中效果最强的就是宝宝的哭声。每一位父母，尤其是妈妈，最初都具备一定程度的育儿能力。养育高需求宝宝的关键是父母的育儿能力要与宝宝的需求相对应。婴儿在塑造父母行为的过程中扮演了一个积极参与的角色，这样他们共同摸索出的育儿方式才能激发出双方身上最好的一面。下面分析一下这个匹配系统的运作过程。

母子配合：
乖宝宝 + 反应积极的妈妈

结果：这个组合通常配合得不错。妈妈对宝宝的行为很满意，因为她觉得宝宝的"乖"反映出妈妈的好（其实不一定）。因为乖宝宝要求少，所以他不会使用促进亲密关系的技巧来与父母达成高水平的互动交流。例如，因为他被放下去时不哭闹，那么获得的拥抱就比较少。但直觉灵敏的妈妈可能会意识到她的宝宝需要更多的拥抱，会主动和宝宝交流来加以弥补。妈妈主动，帮助宝宝更好地发出信号，母子的交流就能达到一个较高的层次。

如何面对批评

宝宝刚出生，一定会有很多好心的朋友告诉你（有时是暗示，有时明示），他们的育儿方式比你的好。尤其是当你恰好遇到一个高需求宝宝时更是如此。你可能会感觉批评你的育儿方式就像攻击你的人格。

下面这几个办法可帮你应付这些批评：

减少曝光率

没有什么能比有关育儿方式的分歧更能破坏友谊了。尽量跟志同道合的朋友在一起，是避免批评的最好办法。

自信

信心是有感染力的。当一个自以为是的好事者被你气得快跳起来时，记得要自信地对他说："这对我们家很有用。"

考虑来源

亲密育儿法对那些不相信这种育儿法的人来说，可能充满威胁性，因为你可能会触动他们内心的罪恶感。他们可能也希望自己能像你一样，有勇气跟着感觉走。

尊重父母

大部分批评可能来自你的父母。记住，在他们那个"小心把孩子宠坏"的年代，很多人更相信专家，而不是自己。如今，时代和专家都不同了。你要承认，如果换一个时间和地点，你可能也会采取不同的育儿方式。告诉他们你觉得自己做得很好，你这个"又新又激进"的方法其实是经过考验的老方法。爷爷奶奶曾经这样做过，现在轮到你了。把爷爷奶奶作为你的盟友，把焦点集中在那些相同的做法上。试着理解父母的感觉。当你的育儿方式跟他们以前不一样时，他们可能会觉得，你希望把宝宝教得比他们当初教你的更好。

保护你的宝宝

大部分人不了解高需求宝宝，在他们看来，总是要人抱就是惯坏了。你可能要做很多说服工作。但不要让人觉得你认定自己的方法是唯一正确的，别的方法都是错的。跟那些提建议的朋友说，你很尊重他们的方法，只要他们觉得有用就好，同样，也请他们尊重你的方法，因为这方法适合你。

不要让自己成为靶子

避免提出最容易引起争议的三大话题：行为训练、延长母乳喂养时间、与宝宝一起睡。强调育儿方式是很私人的选择，不要鼓吹一种育儿法在任何情况下都优于其他育儿法。如果你采取了亲密育儿法，并且在各个方面都达到了健康的平衡，那么大可以继续下去，宝宝的行为表现将是你最好的证明。

拿医生当挡箭牌

有时候聪明的做法是把火力引开，告诉别人，你的育儿法是根据现代医学的研究结果得到的。你还可以加一句："医生建议我说，针对我们家的情况和宝宝的个性，这种方法是最好的。"有时候你可以引用本书中的信息来帮你说话，但不要引用太多，否则会被别人批评你照本宣科。

母子配合
乖宝宝 + 反应冷淡的妈妈

结果：这对组合配合得不太好，很难形成强有力的亲密纽带关系。因为乖宝宝要求不多，妈妈可能觉得"他不怎么需要我"。结果，这位妈妈可能会在别的方面追求更有挑战性的互动，而较少花精力来跟宝宝建立创造性的互动。在这样的组合中，不仅妈妈没有激发出宝宝身上最好的一面，宝宝也没有激发出妈妈身上最好的一面。有时候这样的组合还会导致延迟型的难缠宝宝，即宝宝最初很乖，但在4～6个月时（或妈妈注意力开始转移时），性格突然出现大转变，变成了一个难缠的小家伙，爆发出大量促进亲密关系的行为，要求和父母有更高水平的交流。对父母来说，对宝宝采取开放态度很重要，

而且当宝宝出现行为的急剧变化时，要及时调整育儿方式。

母子配合：
很有技巧的高需求宝宝 + 反应积极的妈妈

结果：这对组合通常配合得不错，能发展出强有力的亲密纽带关系。妈妈和宝宝都能激发出对方身上最好的一面。宝宝发出信号，妈妈反应积极。宝宝很享受妈妈的反应，进而发出更多的信号，因为他知道他会得到想要的反馈。结果是妈妈和宝宝彼此习惯，彼此适应。即使遇到复杂的信号，没法轻易地理解，妈妈也会反复尝试，找出正确的结果。宝宝学会更好地交流，妈妈学会更好地照顾，双方都对对方很敏感。母婴关系能够达到一个很高的水平，

因为妈妈变得更善于倾听，而宝宝更懂得如何哭，学会了很有技巧地表达自己的需要。

母子配合：

没有技巧的高需求宝宝＋反应积极的妈妈

结果：这个组合应该也不错，只是难度会比较大。那些"不喜欢抱"、"跟人不亲近"的宝宝，看起来是比较省心的乖孩子，事实上属于高需求宝宝。这些宝宝不会要求亲密接触，也不吵着要大人抱，不喜欢偎依。但事实上他们需要抱，需要抚慰，但没有相应的技巧来传达这个需要。因为宝宝似乎对妈妈没什么反应，所以妈妈在育儿方面可能感觉不到喜悦，从而将精力转向别处。于是双方越来越疏远。但妈妈其实可以有更好的做法。她可以尝试各种抚慰宝宝的方法，找到宝宝最满意的。妈妈可以想办法吸引宝宝。她主动交流，达到一个好的平衡，知道何时加强，何时暂缓。最终宝宝会喜欢上拥抱，而妈妈也会喜欢抱宝宝。这样一来，宝宝培养出了更好的促进亲密关系的技巧，妈妈对宝宝的了解也会加深。双方达到了和谐。

母子配合：

需求宝宝＋反应冷淡的妈妈

结果：这样的组合是最不理想的，会造成"双输"，宝宝和妈妈都不能表现自己最好的一面。宝宝有很好的促进亲密的技巧，一开始就能表达自己的需求。而妈妈既没有接受宝宝的信号，也没有遵循自己的直觉（如果多加练习，不稳定的直觉也会变得稳定），而是采用一种相对冷淡、克制的育儿方式。她听信了一些反面的建议："他在操纵你。""让他哭吧，你是在让他学会独立。""你会宠坏他。"

有高需求宝宝的妈妈们，要对这类消极建议保持警惕，如果你被持错误建议的人包围，就该换个环境。这类建议会破坏母婴关系。而容易听信别人建议的新手妈妈只会被弄得越来越糊涂。尤其要小心那些暗示要按时间表喂奶、定期让孩子哭的简易快速解决方案，这些方案很少起作用，对高需求宝宝尤其有害。妈妈会花很多精力尝试别人建议的方法，而很少有精力在自己的宝宝身上尝试她自己的安抚技巧。

这时宝宝会怎么样？高需求宝宝的信号没有得到妈妈的回应，将产生两种结果。一种结果是，宝宝会哭闹得更响、更厉害，直到有人抱起他，和他建立亲密关系，他才会静下来。最后，宝宝还是能突破妈妈的心理防线，让妈妈改变心意，采取较亲密的育儿方式。但这是有代价的，因为宝宝花了很多精力用来哭闹，用于成长的精力就很少，他可能长不好。另一种结果是，宝宝会放弃哭闹，关闭信号（这时有人会说："看，起作用了，他最终不闹了。"），退回他自己的世界，养成各种各样自我安慰的习惯。

安抚宝宝

精疲力竭的父母什么都会去试，这就是关键——什么都去试试。大部分安抚行为都可以归到以下4类中：

- 有节奏的移动
- 柔和的声音
- 能让宝宝一看就高兴的东西
- 放松的接触

安抚难缠宝宝不仅要你为宝宝做点什么，而且还要求你有一些育儿方面的技巧。我们讨论的所有这些安抚技巧都锁定4个目标：

- 缓和宝宝的性情
- 减轻宝宝的不适
- 提高父母的敏感度
- 让父母的生活变得简单而轻松

亲密育儿法能安抚宝宝

读懂宝宝的信号并积极反馈能有效减少宝宝哭闹。亲密育儿法是一种跟着直觉走的育儿方式，能提高父母的敏感度，使他们更好地应付哭闹

好好哭一场

有没有遇到过这样的情况：你的宝宝不断地哭，而你一点办法都没有？别担心！宝宝哭不是你的错，你也不必急着去阻止他哭。事实上，研究显示，哭是康复过程的一个组成部分，可以用来释放积蓄已久的压力。眼泪能洗去眼睛里的刺激物，但宣泄情绪时的眼泪，其中的化学成分与眼睛受到刺激时流出的眼泪不同。情绪性的眼泪中所含的这种物质，就是人在感觉痛苦时释放的压力激素。

这些发现说明所谓"好好哭一场"的说法可能是有生理依据的。如果悲伤和痛苦都可以通过泪水得到释放，为什么要让宝宝快点止住眼泪呢？不必严厉地说"不准哭"或"乖孩子不哭"，反而应该鼓励孩子通过哭泣来发泄自己的感情。可以肆意大哭的宝宝是幸运的，在旁边默默陪伴的父母是明智的。让宝宝尽情地哭（你完全不必惊慌）和让他孤独地哭有很大区别。告诉你的宝宝："没关系，哭吧，我在这儿，我会帮你的。"

的宝宝，以侦探的精神执着地寻找原因和解决办法。最能安抚宝宝哭闹的行为有 3 种：频繁喂奶、对哭闹迅速回应、多把宝宝背在身上。要尽可能做到这 3 点。

频繁喂奶。研究表明，喂得勤的宝宝哭得少。事实上，那些很少出现难缠宝宝的文化当中，都是每 15 分钟就喂一次奶。这对习惯三四小时喂一次奶的西方父母们来说有些不可思议，但它管用。

对哭闹迅速回应。研究也表明，那些哭闹后能得到及时回应的宝宝，哭得会比较少。

多把宝宝背在身上。斯黛西是一位安慰宝宝非常有一套的妈妈，她说："我早上把他背起来，晚上把他放下

把宝宝背在身上，能让哭闹的宝宝安静下来。

去。只要我用背巾背着他，他就很安静。"当然，很少有父母能一直背着宝宝，但用婴儿背巾确实最让宝宝有回到子宫般的感觉，进而安静下来。（参见第 14 章）

总而言之，一个频繁喂奶、反应迅速，并且常把宝宝背在身上的妈妈更有可能让宝宝得到满足。

背巾、摇椅和其他

紧抱着你的宝宝跳舞，能让他感觉到充满节奏感的移动和舒适的抚慰。大部分父母都能即兴创作出可以安抚哭闹宝宝的舞步。第 420 ～ 423 页有一些很多父母都表示有用的技巧和办法，如"肠痉挛舞步"和"肠痉挛宝宝抱姿"。这里再介绍一些有效的安抚方法。

摇椅。好久没有两个人共进晚餐了，现在餐桌上的一切都准备好了，就等着你们俩来吃。但你的产前辅导老师好像忘了告诉你一件事：宝宝一般在晚上 6 ～ 8 点哭闹得最厉害。有些父母戏称这段时间为"欢乐时光"，安安静静的二人晚餐早已一去不复返。还好有自动摇椅，父母用餐时，宝宝坐在摇椅上。虽然没有音乐，但摇椅会发出机械的嘀嗒声（有的摇椅可以播放催眠曲，价格也要贵一点），可以安抚宝宝。只要上个发条。父母

就能安心用餐。

有时候所有的手段都用遍了，宝宝还是安静不下来，除了你的怀抱他什么也不要。那就把两个人的晚饭变成三个人共进晚餐。妈妈一边抱着孩子，一边喂他，爸爸则为妈妈服务。这种情况下，再有气氛的二人晚餐也会变味。有时候两人换着抱是唯一能让宝宝安静下来的办法，虽然不太浪漫。妈妈吃饭时，爸爸抱宝宝，妈妈吃完了再轮到爸爸吃。

玩钟摆游戏。 唐是一位按摩师，也是一个难缠宝宝的爸爸。他安抚宝宝的办法是，抱着宝宝的屁股，像老式钟表的钟摆一样摇晃，速度是每分钟 60 次。根据对按摩的研究，这种类似钟摆的摇晃能起到安抚作用。不要抓着 6 个月以下的宝宝的腿或脚摇晃，以免关节脱臼。抱着宝宝的屁股是最安全的。这种像钟摆一样的摇晃能安抚宝宝的原因，可能是接近宝宝在妈妈的肚子里的状态——又一个不错的子宫记忆。

魔镜。 对两个月以上的宝宝，我们经常用照镜子的办法来应付哭闹。抱着宝宝站在镜子前，让他看自己的表情。如果光看到镜子里的自己还不足以让宝宝安静，就把宝宝的两只光脚贴在镜面上。我们的宝宝只要看到镜子里的自己，几秒钟内就会安静下来，好像因为看自己看得太专心而忘了哭闹。

移动的吸引力。 有时候你抱着宝宝跳舞跳累了，需要歇一下。宝宝也可能愿意看一个会动的物体，而不是自己动。这时，你可以让他在婴儿椅上坐直，在他面前放一个不断冒泡的鱼缸、摇摆的钟摆，或类似的能吸引他注意力的东西。我们的一个宝宝看到我玩越野滑雪训练机就会安静下来。如果你所有招数都用尽了，宝宝还是在哭，就出门试试开车兜风。

带宝宝散步。 "哦，我多么盼望每天散步的时光！"一位家有高需求宝宝的妈妈这样说。把宝宝放在背巾里，散一次长长的步。散步不仅会让你放松，而且移动的状态和亲密的接触，以及一路上看到的车、树和人都能让宝宝忘记哭闹。早晨散步能让宝宝维持一天的好状态。傍晚散步能避开哭闹的时段。

边移动边喂奶。 有些宝宝在移动中吃奶吃得更好，更安静。把宝宝放入背巾，在家里或附近走走，一边走一边喂奶。（参见第 309 页背着宝宝喂奶的技巧。）

声音安抚。 参见第 337 页列举的有助于安抚婴儿的音乐和其他声音。

正确的抚摸

皮肤与皮肤之间的接触，对于宝宝来说，安抚效果也很好。下面是几个宝宝最爱的抚摸方式。

婴儿按摩。 有时按摩能很好地制止哭闹。如果宝宝哭闹的时间比较固定（一般是傍晚和入夜时分），那么在这之前就开始按摩，让宝宝在哭闹开始前放松下来，没准就能让他忘了哭闹。腹部按摩是肠痉挛宝宝最喜欢的。用"I Love U"的技巧（参见第 422 页），让宝宝在晚上大闹之前放松下来。

依偎照顾法。 蜷起身子围着你的宝宝，像宝宝在子宫里一样，和他依偎在一起，肌肤相亲地一起入睡。

颈部依偎法。（参见第 303 页的说明。）

温暖的怀抱。 并不是只有妈妈才有"子宫"，爸爸也有表现的机会。躺在床上、地上或草地上，露出胸膛，让只包着尿布的宝宝趴在上面，肚子对肚子，宝宝的耳朵靠近你的心脏。感觉宝宝在慢慢放松。你心跳的节奏和呼吸的起伏能让最难缠的宝宝安静下来。注意，这个办法最适合 3 个月内的宝宝，大一些的宝宝经常会不断扭动，没法安静地躺在爸爸的胸膛上。

双人温水浴。 这一招是给妈妈用的。首先，你把自己浸入半满的浴缸里。请爸爸或其他人把宝宝抱给你。让宝宝窝在你怀里，或给他喂奶（乳房应该高出水面几厘米）。温暖的水、漂浮的感觉，还有妈妈的陪伴，这一切应该能让宝宝放松下来。再告诉你

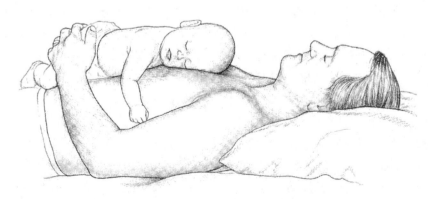

温暖的怀抱是适合爸爸们的技巧。

一个小窍门：把浴缸排水口和热水龙头都打开一点点，这样既能听到流水的声音，又能保持水温。

正确的诊断

虽然大多数平常很开心的高需求宝宝不需要为他们的行为寻找医学解释，但某些出奇地难缠、特别磨人的宝宝可能需要看看是不是有什么生理问题。考虑一下这些可能性：

食物或配方奶粉不耐受。 根据我们的经验，牛奶（通过母乳或配方奶粉）和谷蛋白（通过妈妈的饮食）这两种食物经常可以把一个快乐的高需求宝宝变成一个难缠哭闹的宝宝。这样的宝宝可能有食物过敏的症状（绿色、水样的、黏性的大便）。这种情况可以考虑减少某些饮食，或改换配方奶粉（参见第277页）。

感觉处理障碍（SPD）。 患有这种神经失调症的婴儿，感觉系统会被各种不同的声音、触感和体势刺激。他们没法通过摇晃、搂抱、爱抚等常用的手段得到安慰，而是很烦躁，不安稳，因为他们的神经系统被各种感觉刺激着，负荷过重。现在有一种叫做感觉整合的疗法能用来安抚宝宝的感觉系统，训练他们接受日常生活中正常的感觉。咨询你的医生，请他推荐擅长感觉整合疗法的专家。更多信息参见第483页。

肠痉挛宝宝或疼痛的宝宝

你正抱着两周大的快乐宝宝，他长得真可爱，看起来无忧无虑。突然，他手脚僵直，弓起了背，握紧拳头，发出刺耳的尖叫。就像一个因疼痛而气恼的人，他柔软的手脚缩向紧绷的肚子，继续号啕大哭，尖声大叫。他的脸哭得让人心痛，大张着嘴，眉头紧锁，眼睛完全闭上或张得大大的，就像在叫喊："我很痛，我快受不了了！"当他越来越紧张时，你也越来越沮丧。你很无助，不知道原因，也不知道如何减轻他的痛苦，怎么安抚都没用，你们俩眼泪汪汪，简直是在一起疼。

终于，他停止了尖叫，渐渐睡了过去，满心困惑的父母终于舒了一口气。在这平静的间隙，一个朋友来了，看到宝宝说："多么健康的宝宝啊！你们真幸运！"你回答："那是你没有看到几个小时前，我们俩都累得崩溃了。"朋友直到离开也无法相信你说的话。的确，这么一个有着天使般面容的宝宝确实不该有什么问题。

接着，不知是什么人又打开了尖叫的开关，宝宝再度爆发，这次持续了一个多小时，宝宝和自己的第二轮搏斗开始了。你想抱他，他挺直身体抗议；你想喂他，他弓起背，头转向别处；你摇啊，唱啊，转啊，昨天还起作用的方法现在全不管用了。你又开始担心起来："宝宝怎么了？是不是我哪里做错了？"就这样，你不再是模范妈妈，宝宝也不再是模范宝宝。

"为什么两个小时前宝宝还好端端的，现在却闹成这个样子呢？"你很困惑，他就像电影里的化身博士。到白天快结束的时候，也是你最疲惫的时候，突然之间，他的情况变糟糕了。早上还好好的可爱宝贝，到了晚上就变成一只小怪物。

你试了南茜姑妈的草药茶，医生的喂奶建议和每一个想得起来的抱宝宝姿势。结果，在宝宝三四个月大时，这种症状忽然神秘地消失了。宝宝看起来好好的，一点问题也没有，养育新生儿最难的一段时光终于过去了。

这就是婴儿肠痉挛！

肠痉挛宝宝在号啕大哭。

如何判断你的宝宝是不是肠痉挛

如果你不能确定宝宝到底是不是肠痉挛，那就说明一定不是，因为肠痉挛宝宝那种爆发性、无法安抚的哭叫，是非常容易分辨的特征。有些父母以为自己的孩子是个肠痉挛宝宝，我就让他们去见我们诊所真正的肠痉挛宝宝，这些父母回来的时候通常会大舒一口气，说："还好我们的宝宝没得肠痉挛。"在头几个月，大概有 20% 的宝宝每天会爆发一阵大哭。

什么是肠痉挛

"肠痉挛"是一种症状，不是诊断结果。有关肠痉挛的成因和定义，目前还没有定论。内科医生认为，如果突然不可理喻地爆发出无法安慰的哭闹，并符合以下情况，就是肠痉挛。我们有时管这叫"3 法则"。

• 一天持续至少 3 个小时，每周至少有 3 天，持续至少 3 周。

• 在出生后 3 周内。

• 很少持续 3 个月以上。

• 发生在健康的宝宝身上。

40 年来，我逐渐认识到大部分肠痉挛宝宝可以分成两类：只发生在晚上的肠痉挛和全天候肠痉挛。

只发生在晚上的肠痉挛。这类宝宝通常白天很开心，你的朋友不会知道你有个肠痉挛宝宝，除非他们在晚饭后来你家拜访。宝宝白天时会对你笑，跟你有目光交流，有时还会咯咯地笑出声，跟别的宝宝没什么两样。可是到了晚上，事情就不一样了。好像体内的警铃突然响起来，宝宝毫无预兆地开始哭闹，哭闹很快就转化成更激烈的尖叫，然后进入高潮阶段，就像前面描述的那样。这种大爆发通常会持续 1 ~ 4 小时。宝宝会尖叫个没完，只有很少的短暂停顿。当宝宝精疲力竭地睡着时，父母也一样精疲力竭。在头几个月，每周会有 4 ~ 7 个晚上是这样度过的。好在这类宝宝通常都能睡得很好，父母在白天也可以享受养育一个乖宝宝的快乐。还有一点相对于全天候肠痉挛的好处是，只发生在晚上的肠痉挛很少有潜在的健康原因。（参见第 405 页"不开心的一小时"。）

全天候肠痉挛。这样的宝宝很少有高兴的时候。他白天大部分时间都在哭闹、扭动或尖叫，晚上的哭声尤其激烈和持久。大部分宝宝睡得也不安稳，经常夜醒。很少的几个幸运儿会因为实在精疲力竭而能偶尔睡个好觉。面对这种宝宝的父母，我问他们："你们的宝宝开心过吗？"回答通常都是："没有！"

这样的宝宝很少有开心、安静的时候，大部分时间都很忙，忙着吃，忙着睡，忙着哭闹。父母也没有太多机会跟宝宝互动，或是在宝宝安静地盯着他们的脸时进行亲密的眼神交流，很难体会到育儿的快乐。这种类型的肠痉挛是最严重的，父母很难处理。这类肠痉挛宝宝是真正的"疼痛的宝宝"，医生和父母有可能会找到潜在的健康原因。

为什么会出现肠痉挛

肠痉挛最令人头疼的一点就是不知道宝宝为什么要尖叫，为什么昨天管用的方法到今天就不管用了。如果你有一个肠痉挛宝宝，肯定会经常面临这样的精神折磨："为什么是我？我到底哪里做得不对？"宝宝疼，你也觉得疼。你对自己很不自信，很容易被朋友"好心"的建议动摇，什么"你的奶有问题"、"你宠坏他了"、"你抱得太多了"，等等。肠痉挛是不是真如大部分人所认为的那样？我们来一一破解这些迷思。

紧张妈妈与紧张宝宝的迷思

宝宝难缠、肠痉挛更多地与宝宝的性情有关，而不是父母的育儿能力。研究已经证明，错不在妈妈。没有证据表明妈妈紧张会导致宝宝紧张。但是在孕期比较紧张的妈妈，生下肠痉挛宝宝的可能性要稍高一点。另外，还有一些研究显示，肠痉挛跟预期心理有关，妈妈预期宝宝会有肠痉挛，宝宝往往就真的会肠痉挛。根据我们的观察，妈妈的心情只会影响她对待肠痉挛宝宝的方式，而不是形成肠痉挛的原因。紧张的宝宝在紧张的父母怀里是安静不下来的。

如果是父母导致宝宝爱哭闹，你可能会想，那么家里的第一胎肯定是最爱哭闹的了。事实并非如此。爱哭闹或肠痉挛跟出生顺序没有关系。我们家的老四是最难缠的，而玛莎怀这个宝宝的时候恰恰是她最放松、家庭条件也最优越的时候。肠痉挛也不是社会病，不能把矛头指向忙碌的现代生活方式。人类学家发现，长时间抱着宝宝、对宝宝哭闹及时回应的文化当中，患肠痉挛的现象比较少，但所有的文化中都有肠痉挛的宝宝。中国人把这个情况叫做"百日哭"。

胀气的迷思

"他肚子胀气！"一位妈妈说。在最初几个月，很多宝宝都是胀气的。一个刚满月、刚吃完奶的快乐宝宝，如果你把手放在他鼓胀的肚子上，很可能会感觉到里面在隆隆作响。不过，X光研究质疑胀气是肠痉挛的罪魁祸首。对大部分宝宝做腹部X光检查，不管是有肠痉挛的还是没有肠痉挛的，都发现他们的肚子里有很多气体；而肠痉挛宝宝在哭闹时，反倒没有显示出气体，只是哭闹结束后气体才开始堆积。研究人员认为，

这是因为宝宝在哭泣时吞进了大量空气，因此胀气是肠痉挛导致的结果，而非成因。虽然胀气让一些宝宝不舒服，但研究人员并没有把肠痉挛的成因归结为胀气。

这一研究对父母们有什么启示呢？让宝宝停止啼哭，或者及时阻止尖叫，就能减少宝宝吞进肚里的空气。宝宝因肠痉挛而大哭时会吞入空

不开心的一小时

提前为傍晚的哭闹时段做准备。我们有个宝宝一般会在下午5点钟发作，这段把人弄得精疲力竭的时间，我们戏称它为"欢乐时光"。我们想她这是在释放积累已久的紧张，但我们也担心，怕她以后习惯性地认为白天即将结束时是让人痛苦的时间，因此我们决心提前做好准备，希望让她感到舒适，而不是痛苦。

我们在预定爆发点之前的一个小时开始准备，要么和她躺下来打个盹儿，要么给她按摩，最好是在窗户前的地板上，夕阳从窗户里照进来，非常暖和。打完盹儿或做完按摩后，立即把她放入背巾，出门散步。一路看到汽车、行人，又上坡、下坡，宝宝就会忘了哭闹。如果宝宝还是会哭闹，那么找一个让你们都感觉舒服的环境，宝宝至少会哭得不那么凶。

气。观察宝宝在肠痉挛时的愤怒表情，注意看他如何在长时间哭泣中屏住呼吸，有时憋得嘴唇发紫，急得父母团团转。接下来，宝宝突然用力地吸了一口气（你也会跟着一起吸气），一些空气就这样进入了他的胃。这些空气堆积在肠道内，可能会延长肠痉挛发作的时间。

追踪肠痉挛的潜在成因

一件事改变了我对肠痉挛的看法。有一天，一位妈妈带着她哭个不停的宝宝来到我的诊所。当我诊断说宝宝是肠痉挛时，这位妈妈问我："是不是当你不知道宝宝为什么痛时，就说他是肠痉挛？"她说得没错。医生和父母们会把所有突然的哭闹都看成是"肠痉挛"。要是一个成年人感到疼，我们会诊断出原因并对症下药。过去对肠痉挛，我们既不知道发生的原因，也不懂得如何治疗。现在不同了！一般来说，婴儿身体不适有3个可能的原因：疾病、饮食和情绪。下面的三步法可能会帮你找出原因，解决问题。

第1步：寻求医生的帮助

根据我们儿科门诊的经验，两个最普遍的肠痉挛原因是：

• 胃食管返流症

• 食物或奶粉过敏

找到原因才有可能找到治疗办法。如果宝宝符合下列描述中的任何一条，说明他很可能有健康问题：

• 啼哭突然变成痛苦的大哭。

• 宝宝经常因为疼痛而醒来。

• 经常哭，持续很久，没法制止，并且不限于晚上。

• 父母的直觉告诉你："宝宝有哪个地方疼。"

如果你决定带宝宝去看医生，可以预先做些准备。

列一张清单

在看医生前，先写张单子，列出以下事项：

• 宝宝是不是非常疼痛，而且你也觉得很痛苦？还是只是哭闹而已？

• 一般什么时候开始？持续多长时间？多久发作一次？

• 肠痉挛是怎样开始的？怎么停下来的？发生在晚上吗？

• 记下宝宝大哭时的样子。

• 你觉得宝宝哪里疼？发作时宝宝的脸、肚子和手脚是什么样的？

• 哭闹跟吃奶有关吗？记录宝宝吃奶的一些细节：吃母乳还是吃奶粉？频率如何？有没有吞入空气？喂奶方式或奶粉品牌有没有改变过？什么反应？你听到宝宝吞进空气了吗？

• 宝宝经常放屁吗？

• 大便情况怎样？软便还是硬

便？排便容易吗？多久一次？

• 宝宝会吐奶吗？多久一次？吃完奶多久以后吐奶？严重吗？

• 宝宝一直有尿布疹吗？是什么样子的？肛门周围是否有发炎的环状红疹？（如果有，说明是食物过敏。）

• 有没有采取什么措施？哪些起作用，哪些不起作用？

• 主动说出你的看法。

记肠痉挛日记

用上面的单子做参照，尽可能详细地记下宝宝肠痉挛发作的情况。你或许能有意想不到的发现。有一位妈妈说："只要白天时我大部分时间都抱着他，晚上他就会忘了哭闹。"

录像

为了让医生对宝宝的情况有更透彻的了解，你可以把宝宝某次发作的样子录下来。因为宝宝的啼哭和尖叫常伴随着很多身体语言，录像可以让医生明白在肠痉挛发作时你们母子的状况。我发现，对一些父母来说，这个办法很好，他们能通过比较不同时期的录像，找到处理办法。

如实讲述

不要隐瞒你们的感受，父母都要参与到治疗当中。你们可能担心，把这些不良的感受说出来会破坏你们在医生心目中的完美父母形象。爸爸通

常会说实话。在肠痉挛的咨询当中，我一般只有通过爸爸才能了解问题的严重程度。例如有一位爸爸说："上周我做了输精管切除术。我们再也不要生孩子了！"我这才明白了问题的严重性。（这位爸爸后来做了修复手术，又生了两个宝宝。）

如果你的医生不知道宝宝为什么疼痛，也没治好肠痉挛，请不要对他失去信心。当我看到肠痉挛宝宝和他们的父母，我为他们感到心痛；而当我没法确切地找到病因，给出迅速的治愈方法时，我也感到很沮丧。很多情况下，医生能做到的最好的是，记录详尽的病史，做一次彻底的体检，除非找到了原因，否则只能用排除法检查饮食情况。（但我相信，首先确定宝宝的肠痉挛是否有健康原因很重要，以免忽略了一些可治疗的疼痛问题。）

第2步：调查胃食管返流症的可能性

根据我们儿科诊所的经验，导致"疼痛的宝宝"或肠痉挛最常见的医学原因就是胃食管返流症，出现胃酸回流、烧心、消化不良等症状。胃里的食物会混合着胃酸一起返回到食管。食管与胃部连接的地方有一圈叫做食管下端括约肌的肌肉，正常情况下，一旦吞咽完毕，食物进入胃部后，

括约肌就会像一扇门把食物关在胃里，防止食物和胃酸返流到食管。返流主要是因为食管下端括约肌还未成熟，不但没关，反而开着，胃酸返流到食管，刺激或"灼烧"敏感的食管内壁，引起疼痛。不是所有婴儿都会返流，有些婴儿吐得多一点，有些吐得少一点。如果胃里的食物恰好返流到食管的中部，宝宝会感觉疼痛，但不会吐。这叫隐匿性返流。有时返流的食物到达喉咙后部，引起恶心、噎住、咳嗽和牙龈腐烂，甚至会进入肺部，引起呼吸道感染、呼吸困难和类似哮喘的症状。

一般来说，吃奶会让宝宝感到舒适，但容易返流的宝宝可能会感到疼痛，久而久之，他就会拒绝进食，体重增加缓慢。另外，因为母乳和配方

给胀气宝宝排气

吞气和放屁都是成长的正常组成部分。但肠内空气过多会让宝宝很痛苦。我有一个这样的小病人，她妈妈描述她胀气的时候说："我女儿放屁时，就像个难产的妈妈一样。"试试下面的办法，帮宝宝排气。

少让空气进去

• 如果采用母乳喂养，确保宝宝的嘴唇在你的乳晕处合紧。

• 如果是用奶瓶喂奶，确保宝宝的嘴唇吸到奶嘴较宽的底部，而不是只碰到奶嘴顶端。

• 喂奶时奶瓶倾斜 30～45 度，保证瓶内的空气全部处于瓶底；或用会随宝宝一边吃一边缩小的一次性奶袋。

• 如果采用母乳喂养，妈妈要避免吃容易让宝宝过敏的食品。（参见第 168 页。）

• 让宝宝少吃多餐。

• 喂奶时及喂奶后半小时内，抱着宝宝，让他保持身体竖直（或至少 45 度角）。

• 避免吮吸奶嘴或空奶瓶太久。

• 对宝宝哭叫要及时回应。

多让空气出来

首先，在喂奶间隙及喂奶后一定要帮宝宝打嗝排气（参见第 226 页拍嗝的技巧）。你也可以试试下面的办法（参见第 420 页"安抚肠痉挛宝宝"）：

• 腹部按摩

• 让宝宝身体弯曲

• 西甲硅油滴剂

• 甘油栓剂

奶能中和胃酸，宝宝也可能会想不断吃奶，体重增长很快，甚至超重。因为被抱着时重力作用能减轻返流症状，所以宝宝更喜欢被竖直地抱着，一旦放下来便会痛苦地尖叫。

返流不仅伤害宝宝，对父母也危害不小，他们会认为宝宝哭只是因为他很"难缠"，或者认为他们哪些地方做错了。这是不对的。返流如果被误诊，或没有诊断出来，就会造成一个痛苦的家庭。

出生头几个月，2/3 的宝宝会有返流现象，由此可以解释为什么大多数宝宝都会吐奶。一般来说，吐奶问题不大，既不痛，也不会影响体重，大不了多洗几次衣服罢了。当返流使宝宝感到疼痛，对食管有损害时，就会影响长身体，影响喂奶和睡眠，或导致呼吸道感染，这时，它才成为严重的问题。

返流一般开始于新生儿时期，在 4 个月左右最严重，7 个月左右宝宝开始学爬，开始吃固体食物，这时返流的症状会减轻。大部分婴儿在一岁左右会摆脱返流困扰。然而有些婴儿的返流要持续到儿童期，甚至进入成年期，那时的表现是烧心、呼吸困难。不要以为宝宝不吐奶了，也就没有返流了。

患胃食管返流症的线索

患胃食管返流症的宝宝，可能会出现下面列举的一种或多种症状。而有时候食物只是返流到食管中部，因此不会吐出来。最好的线索是你觉得宝宝"哪个地方疼"的直觉。

• 宝宝经常痛得大哭，无法安抚，不同于一般的哭闹。

• 经常吐奶，有时甚至从鼻子里喷出来。

• 白天和夜里都经常因为腹痛而哭闹不止。

• 夜里常因为腹痛而醒来。

• 吃完奶后哭闹；腿、膝盖都往腹部蜷缩。

• 身体好像因为疼痛而拱起或扭动。

• 竖直抱着、趴着睡，或躺着时撑起至少 30 度角，哭闹会减少。

• 经常无缘无故地感冒、呼吸困难或胸部感染。

• 呼吸暂停。

• 打嗝时吐出的奶闻起来很酸，吞咽时喉咙有噪音，容易噎住。

• 口水过多。

探明返流

医生可能会根据你的描述而怀疑宝宝是否患有胃食管返流症。父母应该密切观察，精确记录。根据上面列举的线索，记下宝宝的症状。一定要清楚这些症状的严重性。（测量宝宝吐了多少，可以用汤匙盛一匙奶倒在盘子里，与宝宝吐出的奶量比较。）

宝宝只是偶尔吐，还是整晚都吐？是否每天，甚至每小时都很难受？记下宝宝疼痛的程度，准备好录音带或录像带。要让医生知道这个问题对你的家庭来说有多严重。一位病人甚至对我说："你不帮我找到问题出在哪里，我就在你诊所外支个帐篷不走了。"

经常有医生只根据父母的描述就诊断为返流并开始治疗，而不对宝宝做任何检测。如果怀疑是返流，医生可以进行下面的一项或多项检测：

钡餐X光检查。也叫上消化道摄影检查，宝宝吞下一些钡餐，分别经过食管、胃和上端肠道。做这个检查的主要目的不是要诊断返流，而是排除其他原因，如胃或肠畸形导致的部分性梗阻。

pH值测试。把一条细细的软管从宝宝的嘴巴或鼻子里穿进去，经过食道进入胃部。通过软管可测到返流到食管中的胃酸的pH值。这是测量胃酸返流程度和频率的最准确的办法。测试要持续12～24小时，由一个有经验的技术人员把软管一头插到食道里，另一头和一个很小的记录仪连接，连续监控12～24小时。

 威廉医生建议：

我发现，在测量pH值的同时，对照父母做的有关宝宝发作的严重程度、频率和发作时间的记录，诊断效果不错。通过对照，能看到某一时间

的pH值是否与发作有关联。如果是，说明胃酸确实是导致宝宝疼痛的原因。最新式的探测器有按钮，父母可以通过按这些按钮来记录宝宝的哭、呕吐等表现。

闪烁扫描术。用奶瓶吃奶的宝宝，可以在奶水里添加一种放射性物质。对婴儿的腹部进行计算机扫描，如果胃部得用很长时间才能清空（叫做"胃排空延迟"），说明问题出在返流上。这种方法不能很精确地测出返流的程度，只能判断是否因为胃排空延迟而导致返流，另外还能显示是否有返流食物进入肺部。

内窥镜检查。这项检查先要给宝宝进行轻微的全身麻醉。负责治疗胃肠疾病的儿科医生用一根顶端带有纤维光学相机的软管导入宝宝的食管、胃和上端肠道，检查这些地方是否有异常，尤其是看食管内壁是否有炎症。根据炎症的程度可以推断出返流的程度，进而决定该如何治疗。

 威廉医生笔记：

最近，一位妈妈带着9个月的儿子前来咨询。很多人建议这位妈妈让孩子哭个够，说宝宝在操纵她，而当妈妈的直觉却告诉她"他有什么地方不对劲"。听了她的讲述后，我怀疑这个宝宝返流很严重，建议做个内窥镜检查。结果发现，宝宝的食管下端

已经出现了严重的溃疡，需要做外科手术。妈妈了解得最清楚！让宝宝一直哭是万万行不通的！

什么时候有必要检测返流症状？

如果宝宝经常呕吐并疼痛，说明很有可能有返流，不需任何检测来证明。上面提到的检测在下列情形中是有用的：

• 诊断隐匿性返流。这种类型的返流具备上文提到的很多特征，但宝宝不会呕吐。

• 严重的返流。如果宝宝返流得比较严重，例如影响生长或引发呼吸道问题，检测一下是比较合适的。

• 如果改变喂食策略或提高用药量都没法改善返流状况，检测可以确定是否存在肠胃系统异常。

对胃食管返流症的外科治疗

用手术来治疗胃食管返流症已经越来越普遍，原因有二：首先，对返流危害性的认识扩大了，医生更有见识，治疗更积极；其次，手术更安全了，现在可以通过腹腔镜来做，避免了腹部开刀和愈合慢的问题。治疗胃食管返流手术采用的是胃底折叠术，将胃开口处的肌肉全部或部分地包绕住食管下端，以减少返流。全胃底折叠术是360度全部围住，部分胃底折叠术则是部分围住。但全部围住的话，婴儿就失去了呕吐或打嗝的保护能力，因此更多地倾向于部分胃底折叠术。对因为返流而导致神经受损的婴儿，外科手术非常有用。

什么时候做手术、是否做手术，主要的标准是，胃食管返流症影响宝宝的程度有多深，严重程度和频率是否都在增加，食管破坏有多严重，以及保守疗法是否更起作用。外科手术最好在食管损伤加重之前做，如果不予理会的话，会导致下端食管狭窄。

安抚返流宝宝的 20 种方法

返流的治疗时间长短和治疗手法取决于严重程度和对宝宝健康成长的影响程度。医生指导用药，但父母也要多做配合。返流宝宝需要父母更精心的护理。治疗返流的目的是让宝宝感觉舒适，精力旺盛，减少可能的食管损伤，直到宝宝自身的肠胃系统成熟到能抵御这种症状。返流治疗的基础是：

• 养成好的喂食模式，选择容易消化和不容易引起呕吐的食物。

• 让宝宝保持正确的姿势，无论白天晚上都要注意，让重力帮助食物往下走。

• 形成好的育儿方式，让宝宝少哭，因为哭会增加对腹部的压力，加剧返流。

下面一一介绍20种应对方法。

1. **实行亲密育儿法**。这种育儿法能最大限度地降低婴儿的啼哭（记住，哭会加剧返流现象），提高父母的应对能力。这两者是应对返流的最基础药方。亲密育儿（尤其是母乳喂养、经常抱和对哭声迅速回应）不仅可以安抚疼痛难忍的宝宝，而且可以训练父母更好地分辨哭闹与返流发作时的身体信号，使其得到更及时的处理。亲密育儿也能促进妈妈的泌乳素和催产素分泌，对妈妈起到放松和镇定的作用。最重要的是，远离那些主张让婴儿哭个够的朋友。返流宝宝是因为疼才会哭，只有你的抚慰才是对啼哭最好的治疗。

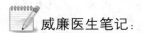 威廉医生笔记：

宝宝哭闹时不要无动于衷，你要在他身边陪他，哄他，虽然不一定能缓解他的痛苦，但他会知道你就在身边，并能感受到你的爱。

2.让宝宝保持半竖直姿势，尤其在喂奶时。重力作用能减轻返流。一天大部分时候都用婴儿背巾背着宝宝（参见第297页）。不要让返流宝宝单独在婴儿车或婴儿汽车安全座椅里坐很久。坐姿会使身体中部弯曲，对腹部产生压力，从而会加重一些返流症状。（参见第421页介绍的肠痉挛宝宝抱姿。）

3.喂食后让宝宝保持安静。喂食后抱着或背着宝宝至少半个小时。轻轻摇晃他，不要上下颠簸。最重要

的是，喂食后不要让宝宝玩得太兴奋，否则会导致胃里的食物过分动荡，加剧返流。

4.少吃多餐。请遵照威廉医生给返流宝宝制定的喂食定律：每次吃一半，次数加一倍。胃里食物少，回流就少。而勤喂食又能增加唾液分泌。唾液中包含一种叫做表皮生长因子的治疗性物质，有助于修复食管受损的组织。另外，唾液还能中和胃酸，对食管内壁起到润滑作用。

5.有效地拍嗝。吞进太多空气也会加剧返流。如果采用母乳喂养，在换另一侧乳房时拍拍宝宝的背。如果是用奶瓶喂奶，那喝完几十毫升就拍一拍。现在有一些新的喂奶工具能减少奶瓶里空气的堆积。

6.母乳喂养。母乳是一种"易进易出"的食物。母乳喂养的宝宝返流症状明显要轻些，而母乳喂养的妈妈也能更好地处理宝宝的返流，原因如下：

•母乳消化的速度比配方奶快。

•母乳比配方奶更适合婴儿肠胃。

•母乳喂养的宝宝很自然吃得更勤，而且母乳是天然的抗酸剂。

•吃母乳的宝宝大便较软，更易排出体外。

•母乳喂养的妈妈能享受到激素带来的放松感。

412

一位家长的笔记：

看过4个儿科医生后，5个月大的雅各布被确诊为胃食管返流症。真庆幸我一直没有放弃寻找他疼痛的原因！治疗目标之一是促进消化，这样他就不会返流了。我想，还有什么更易消化的食物呢？母乳！后来，当医生向我们推荐的专家第一次看到雅各布时，他简直惊呆了，因为雅各布看起来太有精神了。他告诉我说，大部分和雅各布返流同样严重的宝宝都是病恹恹的。我确信，是母乳喂养让雅各布生气勃勃。

7. 考虑是不是食物或配方奶粉不耐受。 食物是造成肠痉挛（参见第416页）的一个因素，也是引起胃食管返流的原因之一。如果你采用母乳喂养，可以改变一下自己的饮食。首先排除乳制品和小麦制品，如果症状持续的话，再对照一下第419页列出的"麻烦的食物"。如果宝宝吃配方奶粉，跟你的医生商量换一种奶粉试试。

8. 不要使用固定奶瓶的装置或宝宝吃奶时无人看管。 返流宝宝在吃奶时容易噎着、堵塞，甚至出现呼吸暂停。

 威廉医生建议：

肠痉挛宝宝带给妈妈的焦虑会降低奶水量，这样可能会进一步加剧宝宝的痛苦，导致你最终放弃母乳喂养。记住我们最最基本的喂养建议：宝宝需要一个健康、开心的妈妈。从母乳喂养咨询师那里寻求帮助，维持你的奶水分泌，寻求家人的帮助，自己给自己减压。

9. 试试安抚奶嘴。 虽然最有效的安抚是你的乳房和怀抱，但有些返流宝宝还需要勤用安抚奶嘴。吮吸能对返流起到抑制作用。这就是为什么母乳喂养的妈妈会发现她们的返流宝宝一直想吃奶。（另一方面，返流严重的宝宝会拒绝吃奶，因为吃奶会让他们联想到疼痛。）吮吸会促进唾液分泌，能缓解返流的刺激。但要小心，宝宝特别用力吮吸的时候会吞下大量空气，反倒会加剧返流，因此要学会观察，看哪种吮吸方式对宝宝起作用。

10. 减少空气吞咽。 如果是母乳喂养，要保证吃奶时宝宝的嘴唇在你的乳晕上围紧。（参见第143页"喂奶姿势和衔乳技巧"。）如果是用奶瓶喂奶，那么要用能尽量减少空气吸入的奶瓶和奶嘴。西甲硅油滴剂能稍微起到些作用，它能让胃里的大泡泡变成小泡泡，更容易排出。肠胃里多余的空气就像气泵，使食物往上返流。（参见第408页"给胀气宝宝排气"，第422页"让宝宝身体弯曲"。）

11. 尝试用一边喂奶。 喂奶时宝宝头几分钟吸出的奶叫做"初乳"，乳糖含量比较高。两侧乳房各吸吮10分钟或不到10分钟的时间，宝宝更有可能吐奶，因为初乳会产生较多的胀气。让宝宝在一侧乳房吃上20～30分钟，这样他就能吃到高脂肪、低乳糖的"后乳"，比较容易安定下来。告诉你的医生、母乳喂养支持人员（例如国际母乳会的领导）或哺乳顾问这个技巧——经常被称为"大块头喂奶"——来减轻宝宝的返流症状。更多信息参见第156页。

12. 避免便秘。 便秘导致排便时腹部用力，也会加剧返流。另外，没有完全进入肠道的食物也会被弹回来。（参见第705页"便秘的治疗"。）

13. 吃固体食物。 如果你的宝宝是用奶瓶喂奶，正准备尝试固体食物（一般在6个月左右），可以在医生指导下，在每个250毫升的奶瓶里加两勺或两勺以上的米糊。重一些的食物容易下沉，这个办法对一部分返流宝宝有用，而对有些宝宝来说却会让返流更严重。我不确定吃固体食物是否有帮助，吃太多米糊容易引起便秘。

威廉医生笔记：

很多患胃食管返流症的宝宝都对配方牛奶粉过敏，因此推荐选用低过敏奶粉（参见第215页），比一般的奶粉容易消化。

14. 采用正确的睡姿。 6个月以下的婴儿采用仰卧的睡姿能减少猝死的发生，但对于严重返流的宝宝来说，左侧卧的姿势最舒服（左侧卧时，胃的进口比出口位置高，食物不容易返流）。咨询医生是否需要采用侧卧或俯卧，否则还是让宝宝仰卧好。睡觉时试试以下减轻返流的措施：

• 把婴儿床的床头垫高，与地面至少呈30度角。

• 试试塔克背巾。这种背巾就像某种床单一样围着婴儿床床垫的上半部分。尿布区位于宝宝的两腿之间，腰部用维可牢尼龙搭扣扣好。这种背巾是一位妈妈为她的儿子塔克设计的，塔克患有严重的胃食管返流症。用这种背巾后，当床垫上抬时，孩子不会下滑到床垫下沿。

• 如果宝宝和你们共睡一张床，可以把宝宝放在一个楔形垫子上，这种专门应付返流的垫子可以在婴儿用品商店买到。

关于楔形垫子和背巾的信息，参见 tuckersling.com

15. 不要在宝宝周围吸烟。 尼古丁会刺激胃酸分泌，并打开食管下端括约肌。

16. 衣服不要勒紧腰部，要保持腹部宽松。

17. 试试用药物治疗返流。 下面介绍的药物确实能缓解症状，减轻食管损伤，但建议你还是优先选择上面建议。

• 抗酸剂。这类非处方药能抑制胃酸。每天吃奶时吃 3 ～ 4 次（用量请遵医嘱），这种药见效快，但只能持续几个小时或更短的时间。对大一点的儿童来说，咀嚼片更好，因为咀嚼能刺激唾液分泌，使药物与唾液一起附着在食管内壁，能更好地抑制胃酸。长期使用抗酸剂会引起便秘或腹泻。

• 酸性阻断药。这类药（如兰索拉唑、善胃得）能改变胃酸浓度。服药后半小时或几小时后开始起作用，药效长达 8 个小时。通常一天服药两次。如果返流使宝宝经常夜醒，就寝前再服一次。

• 胃肠动力药。这类药通过加快肌肉运动的节奏，拉紧食管下端括约肌，或加快胃部和上端肠道的蠕动来达到治疗目的。它们有时候常作为促肠胃蠕动药使用。与前两类药相比，这类药不能缓解返流，只能减少宝宝的疼痛和对食管的损伤。运动类药物确实能减轻返流量，但有很多副作用。

要跟治疗胃肠疾病的儿科医生密切合作，找到一种效果最好、对宝宝最安全的控制方法。要确保药量不超标，使用非处方类抗酸剂时也要咨询医生意见。所有的药物都存在一定的风险，这些抑制胃酸或阻碍胃酸分泌的药物只有在返流已经非常严重，妨碍宝宝的成长并破坏食管内壁时才

能使用。对返流不予理会可能会导致很严重的后果，例如食管受到破坏或哮喘。小心使用抗酸剂的一个理由是，胃酸也有很好的一面，它能消化蛋白质，并辅助吸收很多维生素和矿物质。胃酸还能杀死有害细菌，保持肠道菌群平衡。正常分泌的胃酸还能平衡促进消化的激素。所以只有在上述建议无效时才考虑使用抗酸剂。

18. 记日记。 你需要对宝宝的情况作密切的观察和精确的记录，因为医生经常会根据你的记录来衡量治疗方案的强度或调整方案，如换药或变化剂量。你要记录宝宝的主要症状、治疗办法和进展（变好了，变差了，还是没有变化）。

19. 寻求援助。 通过医生结识其他患儿的父母。访问 www.reflux.org，这是一个美国网站，上面有一个在线的讨论小组。因为返流被越来越多的人认为是很多潜在的婴儿疾病的元凶，如肠痉挛、经常性的呼吸道感染和哮喘，因此对它的认识和治疗都有长足的进步。了解更新资讯，请登录我们的网站 AskDrSears.com。

 一位家长的建议：

对宝宝的疼痛永远不要放任不管，要坚持不懈找出真正原因。还要坚持获得正确的医疗帮助。

20. 对学步期宝宝和儿童的建

415

议。虽然大部分宝宝在一岁左右就能摆脱返流的困扰，但还是有一部分宝宝会把这种痛苦延续到儿童期。对这部分孩子的建议是：

• 嚼嚼嚼。教你的宝宝小口吃饭，细嚼慢咽，这样不容易吞下空气。另外，咀嚼充分的食物也比较容易消化。

• 少吃多餐容易消化。（参见第267页用冰格盘吃东西的技巧。）

• 吃饭时保持安静。推挤容易使胃酸返流到食管，鼓励孩子吃饭后半小时内安静地坐着或站着。

• 睡前少吃。晚饭早点吃，吃低脂和容易消化的食物。有返流症状的成年人经常会提醒自己，不要在晚上9点以后吃东西。

• 水果和酸奶的混合饮料和蔬菜汁容易消化，最不容易引起返流。（参见第269页的西尔斯家庭混饮配方。）

• 保持身材匀称。肥胖会加剧返流。

• 不要吃不好消化或容易增加胃酸分泌的食物。

第3步：追踪麻烦食物

妈妈吃了容易胀气的食物就会让宝宝胀气吗？每一个有经验的哺乳妈妈都有一张麻烦食物列表，上面列了她吃了以后会引起宝宝肠痉挛的食物。这些食物包括：容易胀气的蔬菜、乳制品、含咖啡因食品、某些谷物和坚果，等等。（参见第168页"乳汁中的敏感成分"。）

不仅是母乳中的食物成分会让宝宝不舒服，不正确的喂奶方式也能引起宝宝肚子胀气。喂奶过量也能导致肠道胀气，只是不太常见而已。喂得太多、太快可能会造成乳糖过量，过量的乳糖会分解出过量的气体。喂奶粉时少吃多餐，喂母乳时一次只喂一侧，更容易消化（前提是宝宝在改变了喂奶模式后依然能得到足够的营养）。

牛奶和肠痉挛的关联

新的研究证明了一些民间流传已久的说法：如果妈妈喝了牛奶，那么吃了母乳的宝宝可能会得肠痉挛。研究发现，牛奶中潜在的过敏原 β-乳球蛋白会通过母乳进入宝宝体内，这跟宝宝直接喝牛奶没什么区别。还有一项研究显示，妈妈停止对乳制品的摄入能使大约1/3的宝宝症状有所缓解。另外还有些研究并未发现妈妈喝牛奶和宝宝肠痉挛之间存在联系。我们诊所的很多妈妈都提到，当她们不再吃乳制品后，宝宝的肠痉挛明显减轻了，而她们再次食用后，症状又出现了。如果宝宝的肠痉挛源于你食物中的乳制品，症状通常在你食用并喂奶后几小时内就会出现，你停吃后1～2天内就会消失。

有些妈妈需要杜绝一切乳制品，

包括冰淇淋、黄油和乳清蛋白做的人造黄油（仔细看标签上的成分：酪蛋白、乳清蛋白和酪蛋白酸钠）。而有的妈妈只要少喝牛奶就行，酸奶、奶酪还可以继续吃。肠痉挛一般在宝宝4个月以后就会消失，原因很可能是那时宝宝的肠胃已经成熟到能把很多过敏食物挡在血管外面了。（可以用杏仁奶代替牛奶，配方及做法见第169页，也可以用羊奶代替。）

保持客观

如果你非常急迫地想找出让宝宝疼痛难忍的罪魁祸首和治疗秘方，很容易有失客观地将怀疑对象锁定在乳制品等食物上。根据我们的经验，如果宝宝对乳制品过敏严重，以至于引起了肠痉挛，那么他也会经常出现其他过敏症状，如红疹、腹泻、流鼻涕、夜醒等，即便肠痉挛消失了，这些症状还会持续。还有一个发现敏感食物的线索——大便。宝宝排出黏稠的绿色大便（或相反——便秘），同时肛门周围有一圈红疹，说明有食物过敏。当你不再摄入过敏食物后，宝宝的大便会恢复正常，肛门周围的红疹也会消失。

考虑短暂的乳糖酶缺乏（TLD）

在我们的临床经验中，很多母乳喂养的妈妈一经采用我们的建议，孩子的返流现象就得到了很大的缓解；

当妈妈从饮食中排除了乳制品、小麦或其他麻烦的食物之后；或当宝宝开始针对性地服药治疗之后。然而，有些宝宝的症状还是没能得到缓解，在这种情况下，一个普遍的错误观念就是，宝宝是对妈妈的母乳"过敏"，接下来最好的选择是断奶然后改喝配方奶。我们不建议病人在这个时候断奶，因为真正的母乳过敏事实上没有人听说过。有关肠痉挛的研究，现在出现一个理论，也是在写作本书时罗伯特医生正在研究的，就是有可能某些婴儿表现出肠痉挛的症状，是因为母乳中天然含有的乳糖。

我们的确听说某些孩子和成年人对乳糖不耐受，他们食用了乳制品之后，会产生腹胀、胀气和腹痛的症状。我们也知道某些宝宝因为吸吮了过多的"初乳"而产生肠痉挛的症状。要充分地消化乳糖的确是有条件的：糖分负担过重或必要的乳糖酶过少都会导致肠痉挛的症状。研究还显示，某些婴儿有短暂的乳糖酶缺乏的现象。到了3～4个月时，这种缺乏就会自行消失，但在过渡的几个月里，孩子很不舒服。

父母们可以在喂每顿奶时采取措施，来帮助宝宝消化乳糖（参考AskSears.com的肠痉挛部分，上面有推荐的产品）。如果短暂的乳糖缺乏是罪魁祸首，那么症状可以在几天之内得到改善。这种创新性的非处方疗法可以让妈妈们继续母乳喂养，而不至于断奶。宝宝4个月左右，对乳糖耐受以后，就不需要乳糖酶滴剂了。目前还没有检测手段来测量婴儿的乳糖酶水平。诊断这种乳糖酶缺乏现象，只需要用乳糖酶滴剂做个简单的测试。

此外，前面我们推荐过的少吃多餐的喂奶方法，也可以降低每顿奶的乳糖含量。

配方奶和肠痉挛

如果宝宝喝牛奶后会肠痉挛，那么以牛奶为原料的配方奶粉同样会让他得肠痉挛。美国儿科学会建议，不要习惯性地给肠痉挛宝宝喝豆奶，因为对牛奶蛋白质过敏的婴儿，很可能对大豆蛋白质也过敏。如果你怀疑宝宝对奶粉过敏，可以试试医生推荐的低过敏奶粉（美赞臣或纽康特都可以）。用第168页介绍的排除法判断奶粉是否是过敏元凶。

 罗伯特医生笔记：

乳糖酶滴剂也可以添加到以牛奶为基础的配方奶粉当中。与其立即让肠痉挛宝宝换一种更昂贵、味道更差、营养更少的低过敏奶粉（对牛奶蛋白不耐受的宝宝来说是必需的），不如先在配方奶中滴入此类乳糖酶滴剂，来判断乳糖是否是主要的问题。

请勿吸烟

如果父母吸烟，尤其是哺乳妈妈吸烟，宝宝患肠痉挛的概率也较高。研究人员认为，不仅尼古丁会通过母乳使宝宝不适，二手烟本身也是刺激物。父母吸烟的宝宝哭闹得更多，而吸烟的妈妈比较不擅长应对宝宝，因为烟会降低泌乳素分泌——这是一种能提高妈妈的敏感度，起到镇定、放松效果的激素。

第4步：考虑导致肠痉挛的情绪因素

经过多年与肠痉挛宝宝及父母们的接触和研究，我们发现，肠痉挛有很多成因：生理、疾病、饮食和情绪。

肠痉挛是因为人体生物节律失调吗？

为了保证健康，每个人都有自身的生物节律，就好像身体里有一个自动调节激素、控制体温变化和睡眠周期的时钟。当我们的生物节律很有组织和条理时，我们感觉良好，行动也正常。如果生物节律失调，如倒时差，我们就会很不舒服。

有些宝宝出生时生物节律就是紊乱的。而有些则很规律，只希望外在环境能让他继续保持好的状态。如果宝宝的生物节律无规律或没有保持规律，就会引起行为的改变，我们称

麻烦的食物

宝宝的肠痉挛症状跟你吃的东西有关，也跟吃得多少有关。比如说你喝了一杯牛奶，宝宝没什么反应，但两三杯就不一样了。你可以在食谱中排除可能的麻烦食物，是全部排除还是部分排除，视宝宝肠痉挛的严重程度而定。耐心点，通常要一两周才能真正去除掉麻烦食物。乳制品是最常见的元凶。下面是易过敏食物列表：

- 牛肉
- 咖啡因：咖啡、茶、苏打水
- 鸡肉
- 巧克力
- 柑橘类水果
- 玉米
- 乳制品
- 蛋白
- 容易胀气的蔬菜：西兰花、菜花、卷心菜、洋葱、青椒
- 坚果
- 花生和花生酱
- 贝类
- 豆制品
- 西红柿
- 小麦制品

之为肠痉挛。也许身体内有一些起调节作用的激素，能保持内在的稳定。如果少了这些东西，宝宝就会变得不安。这时宝宝不会全天候发作，而是时段性地发作，或是把积蓄了一天的紧张不安到晚上来个总爆发。

肠痉挛可不可能是镇定激素缺乏而动荡激素过多引起的呢？有一些实验支持生物节律失调导致肠痉挛的理论。如果把动物幼兽从母兽身边带走，这些幼兽就会出现肾上腺素分泌紊乱——这是一种身体调节激素。

黄体酮是一种能舒缓情绪、促进睡眠的激素。宝宝出生时会从胎盘里获得黄体酮。这种来自母体的黄体酮在出生后两周左右耗尽，这时恰恰是肠痉挛显著开始的时候。难道就是因为宝宝还没能自己分泌足够的黄体酮才导致肠痉挛吗？

一些研究表明，肠痉挛宝宝体内黄体酮含量较低，而在服用了黄体酮类药物后，肠痉挛行为就有改善。也有的研究得出互相矛盾的结论。还有研究显示，母乳喂养的宝宝，体内黄体酮含量较高。

前列腺素是一种能引起肠胃肌肉剧烈收缩的激素，近来也成为生物节律失调理论的目标。巧合的是，研究人员给两个宝宝注入前列腺素来治疗心脏病，结果都变成了肠痉挛宝宝。

难产的宝宝好像更容易得肠痉挛，这给这一理论提供了支持。

最后一点：肠痉挛一般在三四个月时神奇地消失，而这时宝宝的睡眠开始变得比较有规律。这两者有联系吗？我个人的观点是，一些宝宝(不是全部)的哭闹和肠痉挛是由于内在调节激素出故障后的行为和生理失调。需要做很多研究来确定内在调节激素和宝宝行为及育儿方式的关系。目前我们能做的就是依靠常识——拥抱和安抚让宝宝安静下来。

安抚肠痉挛宝宝

以前，"治疗"肠痉挛不过是拍拍宝宝的肚子和父母的肩膀，说："放心，他会好的。"大多数对付肠痉挛的办法更多是为了让父母安心，而不是解决宝宝的疼痛。要把观念从"肠痉挛宝宝"转到"疼痛的宝宝"，并和医生一起坚持不懈地寻找宝宝疼痛的病因和治疗办法。虽然我们还没有完全弄清肠痉挛是怎么一回事，但不妨做两个假设：宝宝整个人都不舒服，宝宝肠胃有疼痛感(肠痉挛一词的英文是 colic，这个词就是从希腊语"结肠"colon 一词衍化而来的)。因此治疗肠痉挛是为了让宝宝整个身体感到放松，尤其是肚子。你可以回顾从第 398 页开始的安抚宝宝的建议和措施，下面再介绍几个方法，帮助

宝宝放松紧张的肚子。

肠痉挛舞步

想制作一卷畅销的舞蹈录像带吗？只要把 10 位经验丰富的父母和他们的肠痉挛宝宝带进舞池，拍下他们的舞步就行了。肠痉挛舞步花样繁多，每种都不一样，不过都包括这 3 种基本动作：上下、左右、前后，就像在子宫里时一样。接下来就开始第一堂舞蹈课。

正确的抱姿。用颈部依偎法或橄榄球式抱姿（下文有详细介绍）抱着宝宝。抱紧，但要放松，要传达出一种"由我控制"的感觉。要跟宝宝皮肤贴皮肤，或用婴儿背巾抱紧。

正确的舞步。3 个基本动作（上下、左右、前后）交替使用。上下移动是最能安抚肠痉挛宝宝的舞步（也叫"电梯步"），最好走路时采用这样的方式：脚跟，脚尖，脚跟，脚尖。

正确的节奏。每分钟 60 ～ 70 拍的节奏对宝宝最有用。（一边跳舞，一边数"一二三四，二二三四……"。）这种节奏与宝宝习惯了的子宫里血管脉搏速度相一致。继续跳舞，直到两个人都累了为止。

换舞伴。有些宝宝习惯了妈妈的节奏，大概是因为他们在子宫里就习惯了。但有时换一下舞伴是很有必要的。当妈妈抱累了，就换给爸爸。爸

爸有自己独特的步伐和节奏，宝宝可以获得不一样的体验。爸爸累了，可以换给有时间、有耐心，又有经验的奶奶。

肠痉挛宝宝抱姿（主要针对爸爸）

跟舞蹈步伐一样，你可以尝试各种不同的抱姿，直到找到一种最惬意、最管用的。下面介绍的这些抱姿都久经考验，很受爸爸们的喜爱，是爸爸们心目中的"哭闹终结者"。

橄榄球式抱姿。把宝宝的身体搭在你一侧小臂上，他的头靠在你肘弯附近，两腿悬挂在你的手边。紧紧抓住尿布区，小臂贴在宝宝发紧的肚子上。当你感觉到宝宝的肚子慢慢放松，僵直的四肢也慢慢放松下来时，就说明你抱对了。也可以试试反着抱，让宝宝的头躺在你手掌上，身体平贴在你的小臂上，胯部在你肘弯附近。

颈部依偎法。把宝宝的头部靠在你下巴以下、胸部以上的地方。你一边轻轻移动脚步，一边轻轻哼歌。等宝宝安静下来睡着以后，小心地让他变成第 401 页的姿势。

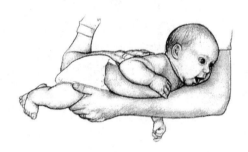

橄榄球式抱姿很适合肠痉挛宝宝。

舒服的颈部依偎法。

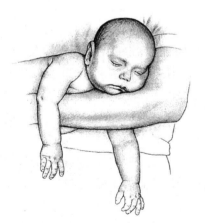

四肢下垂，说明宝宝已经熟睡。

晃动宝宝。抱着宝宝，让你们俩可以目光对视，你一只手紧紧地托住他的屁股，另一只手放在他的背部和颈部（一定要托住新生儿不稳定的头部）。双手举起，放下，又举起，又放下，有节奏地做这个动作，一分钟六七十下为宜。同时可以拍拍宝宝的屁股，作为辅助。

边跳舞边晃动。我们诊所的一位爸爸把每天晚上的运动时间安排在宝宝肠痉挛发作的时间。他一边抱着宝宝，一边在一张小蹦床上轻轻跳。这样做既能帮宝宝放松，又能帮爸爸减肥。

让宝宝身体弯曲

除了创造性的摇晃外，让宝宝身体弯曲也很有效，尤其是肚子疼的宝宝。下面这些动作也非常有效，但在肠痉挛爆发得最厉害时，恐怕其中大部分都不管用。先做些能让宝宝平静下来的事情，这样他会更加乐意接受身体的弯曲。

屈腿动作。抓住宝宝的两条小腿，把腿和膝盖向肚子靠近，不停屈伸。偶尔也可以抓着双腿做骑车的动作。

屈体动作。这是那些全身僵硬，背部弓起，很难放松下来的宝宝们最喜欢的动作。用摇篮式抱姿让宝宝坐在你怀里，面朝前方，背贴着你的胸口。弯曲宝宝的身体，使腹部和背部肌肉放松，进而让整个身体感到放松。要是你的手臂酸了，可以用婴儿背巾做袋鼠式抱姿（参见第 301 页）。如果你和宝宝喜欢面对面，有眼神、表情的交流，可以反过来做，让宝宝面对你，脚放在你的胸口。

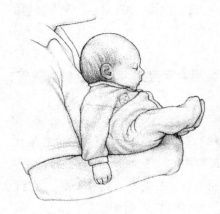

屈体动作

滚体动作。把宝宝的肚子贴住一个大充气球，让他前后滑动。记得要把手牢牢地放在宝宝的背部。

按压动作。让宝宝趴在床上，双腿悬在床沿边，这样他的肚子会因为自然的压力而觉得舒服一些。

温柔的抚摸

一双大手。爸爸们，把你们的手掌放在宝宝肚脐上，手指在宝宝的肚子上画圈。让宝宝紧绷的肚子靠着你温暖的手。

"I Love U" 抚摸。在宝宝的肚子上画一个颠倒的字母"U"，字母下方便是宝宝发紧的肠道，肠道需要放松，按摩可以帮宝宝排气。在你手上抹一些温热的按摩油，手指放平，在宝宝肚子上画圆圈。一开始先在宝

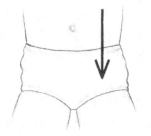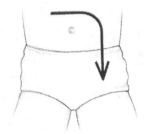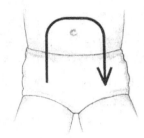

"I Love U" 抚摸示意图

宝的左腹部（你的右侧，见示意图）自上而下画一个字母"I"，这个动作能使肠道里的气体往下走，通过结肠排出体外。接着做一个颠倒的"L"形按摩，使气体沿着横向的肠道往下走，排出体外。然后做上下颠倒的"U"形按摩，即先沿着向上的肠道，经过横向肠道，然后到达向下的肠道。做这些按摩时最好把宝宝放在你大腿上，脚对着你，或是在温暖的浴缸里，当然也可以一边泡澡一边在你大腿上按摩。

 一位妈妈的故事

"我试过和宝宝一起泡热水澡。这确实是有用，但只有在宝宝整个人都浸在水里才管用，可是他不可能一辈子都在浴缸里啊！他在水里时，我也给他做按摩。他的双脚对着我，我用左手按摩他的肚子，用手指深深地搓揉，特别是在他左侧肋下那个地方。这个方法很有用，但他只有在热水中时才喜欢我这么做。泡完澡后，我用乳液给他按摩，先是可爱的小脚，然后慢慢往上，我发现当我的手到达他大腿的时候，他立刻止住了哭声，破涕为笑。每次肠痉挛发作时，我就集中按摩他的大腿，每次效果都一样。

"按摩大腿非常有帮助。我把宝宝放在我大腿上，头靠着我的膝盖，脚靠着我的肚子，我把两只手分别放在他的大腿上，拇指在腹股沟附近，其他手指在大腿外侧，一起用力地按揉、挤压、画圈，然后放松。每次这样做了以后，宝宝就不哭了，至少能持续一段时间！"

消胀药

消胀药（如西甲硅油滴剂）是一种非处方的助消化药，饭前给宝宝服用一点，能减少肠道内的气体形成。直到本书写成时，这些滴剂一直被认为是安全的。有时，医生只要把润滑过的小拇指插入宝宝的直肠，就能减轻胀气，有时宝宝的大便还会喷出来，肠痉挛现象也就停止了。

如果宝宝便秘，用非处方的甘油

423

直肠栓剂就能让宝宝排出大便，缓解胀气。将这种栓剂插入宝宝肛门内约2.5厘米，拢住他的两瓣屁股几分钟，使栓剂融化。（参见第705页"便秘的治疗"。）

家庭偏方

听一些父母说，有的草药茶能减轻婴儿肠痉挛。试试甘菊和茴香茶。把半茶匙的这种药草放在一杯滚烫的开水中，盖上杯盖，泡5～10分钟，然后滤去药草。冷却至微温，给宝宝服用。

★**特别提醒：**不时有研究指出，虽然草药茶对宝宝无害，但也不是很安全。在给宝宝用任何药物或偏方时，一定要先咨询医生。也可以登录我们的网站AskDrSears.com，获得更多新信息。

应该对宝宝的哭声置之不理吗

在有关夜间育儿的那一章，我们已经否定了这种方法。我们也不希望这种方法被用做"治疗"肠痉挛的处方。这种对待肠痉挛的残酷办法对父母和宝宝来说都没有好处。有人做过两组肠痉挛宝宝的对比研究，其中一组要求父母对宝宝的啼哭有快速回应，而另一组则让宝宝哭个够。结果，第一组宝宝的哭闹少了70%，而第二组没有任何改变。除了对宝宝没有好处外，对宝宝的哭声置之不理也会降低父母的敏感度，使得和宝宝的距离越拉越远。

父母们，我们前面已经说过，宝宝哭不是你们的错，你们也不必去阻止每一次啼哭。可能有些时候宝宝需要用哭来发泄情绪。但不要让宝宝孤单地哭。你的任务既不是置之不理，也不是拼命让宝宝闭嘴，而是尽你所能减轻宝宝的不适和疼痛。好好哭一场是有治疗作用没错，但在一个温暖的怀抱里哭，作用会更明显。宝宝的感情和我们一样强烈，哭泣能让他尽快摆脱不适，回复平和的情绪，他会更开心，睡得更好。父母需要知道宝宝的哭闹给自己造成多大的精神压力。很多人体力透支，睡眠不足，心里觉得很绝望。压力会让一些没有经验的父母做出一些可怕的事，他们会去摇晃宝宝，朝宝宝尖叫让他止住哭

不要用力摇晃宝宝

肠痉挛宝宝的哭闹不仅让人心痛，有时也会激起愤怒。如果宝宝不断升级的啼哭把你弄得火冒三丈，那就赶快把他交给周围的人，或把他放在床上，你出去一会儿，缓解一下情绪。愤怒地摇晃宝宝可能会破坏他脆弱的脑部组织，有时甚至可能致命。

哭闹宝宝处方

宝宝为什么会哭闹（或疼痛）

- 想念子宫
- 和妈妈分离
- 高需求宝宝
- 奶粉过敏
- 哺乳妈妈吃了会导致宝宝过敏的食物
- 胃食管返流症
- 耳部感染
- 尿道感染
- 便秘
- 尿布疹
- 最近跌倒摔伤了骨头
- 药物戒断反应（新生儿）
- 小宝宝就是这样

怎么办

- 多抱
- 勤喂
- 对哭声快速回应
- 肠痉挛舞步和抱姿
- 摇篮曲和舒缓的音乐
- 婴儿摇椅
- 用会动的物体吸引宝宝的注意力，如鱼缸、钟摆、录像、运动器材等
- 开车带着宝宝兜风
- 用背巾背着喂奶
- 按摩，主要是肚子
- 爸爸温暖的怀抱
- 泡热水澡
- 照镜子
- 哺乳妈妈不吃过敏食物
- 低过敏奶粉
- 少吃多餐，不要吃过量
- 身体保持竖直，尤其是在喂奶之后
- 给肚子做按摩
- 消胀药
- 看医生

声。控制好自己的情绪很重要，如果你觉得自己面临情绪问题，一定要及时向专业人士咨询或向好朋友倾诉。

肠痉挛可以预防吗

迈克和罗莉的第一个孩子就是个肠痉挛宝宝，现在两岁了，是个健康快乐的可爱宝宝。他们希望第二个孩子会好养一些，在产前咨询中他们就问我："有什么办法能预防肠痉挛吗？我们不想再经历那样的痛苦了。"

肠痉挛预防实验

对这样的父母，我会告诉他们，

虽然没有能预防肠痉挛的神奇良药，但还是有办法降低患肠痉挛的可能性。我曾做过一个为期3年的肠痉挛预防实验，现在与你分享我们的发现和心得。

争取有一个平安宁静的孕期。虽然完全没有压力的孕期和完全不会吵的宝宝一样难求，但研究表明，女性如果怀孕期间压力大，外界干扰多，那么生下肠痉挛宝宝的风险也比较高。

无药物的孕期和分娩。研究显示，分娩时不用药或顺产，能降低宝宝肠痉挛的可能性。还有，孕妇过量服药或酗酒，那么产下肠痉挛宝宝的可能性就要增加很多。

采用亲密育儿法的7项内容。在所有的办法中，我们发现，经常把宝宝背在身上最管用。每一对参与实验的父母离开诊所时都有了婴儿背巾，也学会了如何背宝宝。我们要求父母一天大部分时间都背着宝宝。

越早发现越好。有些宝宝在出生一两天后就会有异常表现，预示着真正的大爆发很快就会到来。

当我还是一家大学附属医院的妇产科主任时，我就很惊讶，为什么有些新生儿的哭声那么让人揪心。每当我打开育婴室的门，听到那些刺耳的哭叫，真想马上关上门逃走。我很怕听到宝宝哭，所以除了研究宝宝哭声的音质外，我也希望能帮助那些哭得特别凄惨的宝宝，在头几个星期就让他们安静下来。大多数宝宝开头表现很好，当他们发出那种刺激你去爱护他、照顾他的哭声时，只要马上回应，就不会演变成让人想赶快离开的哭叫。有的宝宝则直接从简直要刺破耳膜的尖叫声开始，让人想夺门而逃，有时候这种哭声还会引发愤怒——而不是对宝宝的同情。护士很早就能分辨这些宝宝，经常说："这个以后会很麻烦。"我发现，大多数这样的宝宝，如果在新生儿阶段就被父母天天背在身上，不仅能减少哭闹的次数，而且能把刺耳的哭声转变成让人心生怜爱的哭声。下面是个真实的例子，就发生在我写这本书期间。

苏珊是一位很有责任感、跟宝宝很亲密的妈妈，杰弗瑞是她的第二个宝宝，苏珊怀着他和分娩的时候都经历了很多困难。杰弗瑞的哭声简直是毁灭性的。还在产房时，他的哭声就几乎把所有的医护人员都吓跑了。苏珊甚至承认他的哭声破坏了她对他的感情。作为实验，我建议苏珊夫妻俩用婴儿背巾背宝宝，每天至少背4小时。另外还指导他们录下两周里杰弗瑞的哭声。在一周的时间内，杰弗瑞的哭声就柔和了很多，使苏珊感到"终于能享受和他在一起了，他的哭声好多了"。苏珊和她的丈夫创造了一个有利于宝宝生活的环境，宝宝当然就没有必要愤怒，更没有必要愤怒地哭泣了。

亲密育儿作用大

传统的做法是建议宝宝出现肠痉挛之后父母要多抱多哄，我以前也是这么做的。后来当我意识到预防肠痉挛的重要性后，就建议父母们从宝宝出生后就开始多抱，尤其是那些显示出"难缠"迹象的孩子。结果不出我所料，在我们诊所，肠痉挛的发生率明显地降低了。

研究也证明了这一点，就是亲密育儿法能有效减少肠痉挛。同时我也看到，有时候即便父母做到了亲密育儿法应做到的一切，还是难免会有肠痉挛宝宝。即使我认为一开始状态很好的宝宝后来也会有肠痉挛（不过这些宝宝的肠痉挛可能跟健康问题有关）。没法安慰一个哭闹的宝宝的确让人伤神，但实行亲密育儿法的父母们确实能更好地对待宝宝肠痉挛发作，也能更好地寻找原因，对哭声一般也会更敏感。在这样的家庭，即使不能治好肠痉挛，也不会影响父母与宝宝的感情，只不过是本已很牢固的亲情纽带中多了一点小小的考验。

我觉得很有趣的一点是，肠痉挛通常在出生两周以后才出现，难道是宝宝给了我们两周的缓冲期，让我们帮他适应子宫外面的世界吗？如果他发现父母的方式不能让他满意，他的身体系统就会从平衡转向不平衡，变得乱七八糟，导致全部行为失调，也

就是我们说的肠痉挛。

即使是那些因为健康问题导致肠痉挛的宝宝，只要父母经常抱，面对发作时也能处理得更好。因为亲密带来的高度敏感，使他们对宝宝的需要十分在意，经常抱着宝宝的父母也能学会发现肠痉挛的一些征兆，从而将其消灭于萌芽之中。用婴儿背巾对晚上肠痉挛发作的宝宝尤其有用。可能是宝宝在白天大部分时间都在努力自我安慰以适应环境，到了一天快结束的时候，他已经精疲力竭，于是肠痉挛爆发了。而白天把宝宝背在身上，使他在白天变得有规律，晚上就不会有肠痉挛了。白天积聚的紧张和晚上可以发作释放的东西已经不存在了，因为把宝宝背在身上，让宝宝感觉自在。（参见第316页"减少哭闹和肠痉挛"。）

走出阴霾

什么时候肠痉挛会结束？肠痉挛开始于宝宝两周左右，一般 6 ~ 8 周后达到顶峰，4 个月以后就很少有大规模的爆发了（除非是因为某种潜在的健康问题），但这种让人头疼的行为还会持续到一岁，直到 1 ~ 2 岁时这种麻烦才消失。曾经有人针对 50 个肠痉挛宝宝做过研究，其中晚上发作的宝宝在 4 个月大时症状完全消失了。三四个月时到底发生了什

么？那个时候，宝宝的睡眠变得更有规律了。激动人心的成长变化使宝宝走出了阴霾。他们能清楚地看到房间里的东西。当他们饶有兴趣地被移动的物体所吸引时，根本就忘了哭闹。接下来，他们可以玩自己的手，吮自己的手指，四肢也自如多了。还有，

到了 6 个月以后，宝宝的肠胃系统成熟了很多，过敏现象也可能减少了。又或者，在这个时候，肠痉挛的原因已经找到了，父母的安抚技巧也有了进步。跟怀孕和分娩一样，肠痉挛也会过去的。

第17章　工作与育儿

一天早上，我和玛莎参加一个电视访谈节目，主持人请我谈一谈对"上班族妈妈"的看法，这是我最怕谈及的问题。当我还在绞尽脑汁地想从儿科医生的角度转换成政治家的角度，给出一个不得罪人的答案时，玛莎说："当初你还是实习医生时，如果我不工作的话，我们现在就不能坐在这里了。"

真正的重点：亲密关系

问题不是妈妈要不要工作，而是要与宝宝保持亲密。解决办法就是把工作和育儿相结合。把妈妈们分成"全职妈妈"和"上班族妈妈"两个阵营，只不过是让报刊杂志多了一个可以写的话题，而通常的结果就是贬低其中一方。我们的做法是给出事实，强调母婴亲密关系的重要性，并根据研究结果给亲密育儿提供支持和建议，而

不是让任何一方产生负疚感。如果要违背研究和经验得出的结论，硬说全职妈妈对宝宝毫无益处，那是不诚实的。同样，说上班族妈妈都是不称职的妈妈，那也太目光短浅了。根据我们自己兼顾工作育儿的经历和给成百上千对兼顾工作与育儿的父母做咨询的经验，我们得出了切合实际的办法。

给犹豫不决的妈妈

宝宝几周以后就要出生了，你开始请产假。当你清理办公桌时，可能会想："我还会回来吗？我应该回来吗？我一定得回来吗？我会想回来吗？"对于很多面临选择，不知究竟是要继续工作，做全职妈妈，还是两者兼顾的女性来说，以下是经常会有的疑问。

我和宝宝相处的时间对宝宝真的很重

要吗？

你真正想问的是："我到底有多重要？"重读第 1 章，以及第 19 章开头的"共同成长"，其中讲到了母婴亲密关系对宝宝的影响和对妈妈的意义。特别要理解相互给予、共同分享和心灵相通这些概念。注意，你的存在不仅影响你对宝宝的付出，还会影响宝宝对你的付出。与宝宝的互动会提升你的育儿技能。宝宝对妈妈的影响很重要，但一直被忽视。你和宝宝在一起对宝宝的成长至关重要，宝宝对你也至关重要。

有没有研究证明，全职妈妈教出来的孩子比较好？

确实有研究证明这一点，但不是报刊杂志的头条所登出的那些研究。我要再一次强调，关键不在于"全职"或"兼职"，而在于亲密关系。而且"全职"、"兼职"这种分类也是有误导性的。你可以是全职在家，但只有部分时间和宝宝互动，或者你兼职工作，但在家时和宝宝是"全职"互动。简而言之，研究得出的结论是：对婴儿的身体、情绪和智力发展影响最大的，是妈妈对宝宝发出信号的回应。

重要的是你要和宝宝保持亲密，而不只是你花的时间。宝宝需要和妈妈在一起，就如同他需要食物一样。但宝宝不是一天 24 小时都需要食物，对妈妈的需要也是如此。宝宝需要抱，

需要对话，需要抚摸，但并不一定必须由妈妈来做。妈妈的存在就像哺喂母乳一样，要在妈妈的能力范围内，尽可能满足宝宝的要求。"回应"是现今婴儿发展专家们用得比较多的一个术语，另一个词是"相互"。这些婴儿发展的术语归根到底是一个更易理解的概念"和谐"。你的宝宝有需要，发出一个信号，你就在近旁，捕捉到了这个信号，做出了正确的回应。因此宝宝相信他会得到持续的、可预期的回应，他就会更积极地发出信号。你们之间的互动越多，宝宝就越擅长发信号，你的回应能力也就越高。妈妈和宝宝的关系会越来越和谐，双方都激发了对方身上最好的一面。

也不要忘了母性激素。研究证实，母婴互动的频率是刺激这种激素分泌的重要因素。

什么是高品质亲子时间？

高品质亲子时间这个概念，是 20 世纪 80 年代儿童护理行业为迎合当时"你能样样兼顾"的说法而鼓吹起来的，意在减轻父母内疚感。这个词最初是针对工作繁忙的爸爸，后来也用来替上班族妈妈减少内疚。

高品质亲子时间的概念确实有一定的价值。在某些情况下，高品质亲子时间是唯一的选择。有位妈妈说道："我不得不全天工作，所以高品质亲子时间是唯一的选择。我把原本

用来娱乐的全部时间都给了孩子。除了工作时间外，我全部的心思都在宝宝身上，我们的高品质亲子时间恐怕比那些只顾自己玩乐的全职妈妈还多。"这位妈妈已经尽力了。高品质亲子时间很重要，时间的多少本身也很重要。以下是高品质亲子时间的缺点。

宝宝的自发性。婴儿是无拘无束的，他们玩耍由心情决定。婴儿护理的一个误区是认为要给宝宝刺激。不过大部分宝宝每天确实有感受性最强的黄金时间，能从与人互动中达到最好的学习效果。大部分宝宝的黄金时间是在早上，而一般来说夜晚是最差的，下午 6 ~ 8 点通常是难缠的肠痉挛发作时间，暴躁的宝宝会吓得妈妈只想回去上班。妈妈辛苦地上了一天班，赶回家来还得不断被宝宝刺激，这样对于妈妈来说实在太劳累了。更实际的办法是和宝宝待在一起，当他想玩或希望得到安抚时，你能随时在身边陪着他。

错过成长里程碑。往往父母不在身边时，会错过很多宝贵的事情，这是高品质亲子时间的另一个缺点。宝宝第一次爬，迈出第一步，说第一个词，等等，如果父母错过这些，是多么遗憾的事。

教育时间。反对高品质亲子时间的概念还有一个原因：研究已经发现，由宝宝激发的游戏要比由父母激发的游戏更有教育价值。当宝宝第一次看到天空中的小鸟，谁可以跟他分享这个发现，并告诉他鸟为什么会飞呢？

妈妈和宝宝分开会有什么结果？

当然，妈妈和宝宝分开，亲密关系带来的好处也就少了。近年来很多研究都证实了妈妈在身边的重要性。对动物幼兽的研究发现，如果和母兽分离，幼兽体内的压力激素会增高，而生长激素会降低。这些结论开始让越来越多的人意识到亲密关系的价值。宝宝可以离开妈妈多久、多频繁，取决于双方亲密程度有多深，以及替代妈妈的看护人的水平，还取决于宝宝的性格。

当然，不管你在身边会带来多大的利和弊，拥有最终决定权的是宝宝。如果你有一个高需求宝宝（见上一章对这类宝宝的描述），当个全职妈妈可能是你唯一的选择。

一位妈妈的笔记：

我放弃了一份很有前途的工作，回家生孩子，我觉得妈妈这个职业更有前途。

"我必须工作——我们需要收入"

如果你想留在家陪宝宝，但经济原因使你不得不去工作，可以先考虑下列事项：

工作所得有多少？ 当你从工资里减去伙食费、交通费、服装开支、幼儿园花销和增加的个税之后，会惊讶地发现剩下的其实没多少。

权衡轻重。 你工作是为了付账单、养家糊口，还是买一些暂时用不到的奢侈品？对宝宝来说，任何物质的东西都比不上你的陪伴。想一想你是否能在至少两三年的时间里当个全职妈妈。

节约。 对你家的消费习惯做一次审查。有人喜欢精打细算，而有人喜欢大手大脚，甚至一想到要节省就满心不愿意。（为什么要做这种牺牲呢？）不过要是真的理解妈妈和宝宝在一起的重要性，推迟一下物质的满足还是值得的。采用认真的节俭措施，一个人的收入完全可以维持全家生计，甚至还可能过得很不错。

考虑借钱。 宝宝不会永远处于特别黏人的阶段。你有没有考虑过先借钱维持家计，工作以后再还？爷爷奶奶如果能意识到这是他们对孙子的未来所做的最好的投资，一般会很乐意。

提前计划。 在你刚结婚的那几年和孕期尽可能节省花销。这笔省下来的钱可以在你做全职妈妈的阶段拿出来应急。很多夫妻习惯根据两个人的收入来制定生活标准，其实可以早点考虑靠一个人的收入生活，而另一份收入存起来，以备宝宝出生后使用。

家庭创业。 对很多夫妇来说，这个方法可以解决确实需要两份收入的问题。家庭创业的关键在于要做你想做的工作，因为你对不喜欢的工作很快就会失去兴趣。我们看到的成功的家庭创业包括分发邮购目录、档案管理、打字、文字处理、销售、手工艺、教钢琴，或在你自己的家里开一个家庭日托中心。我们诊所就有妈妈把专业知识带到家里，然后把多余的房间变成一个办公室。通信手段的发达使很多妈妈可以一边在家带孩子一边工作。比如一位做编辑的妈妈就通过互联网，实现了在家上班。家庭创业有的非常成功，不仅对宝宝有益，还能使夫妻更加亲密，甚至等宝宝长大后，也可以参与到家庭创业中去。我认识两位妈妈，她们想和宝宝在一起，但又需要钱，因此她们就开始在家里车库做起了生意，做汽车座套。这个生意后来发展成价值几百万美元的大公司。

考虑不同的工作时间。 除了一般的全职、兼职工作外，还可以有另外两种新的选择：

• 弹性工作制。弹性工作制可以让你在孩子生病或有特殊需要时调整时间待在家里，也能让夫妻共同分担照顾孩子的责任。

• 合作工作。指的是父母两个一起做一份全职工作，这样当孩子生病或有特殊需要时，至少可以调出一人在家照顾。这种工作形式对雇主也有好处，因为只要付一个人的工资，就可以雇得到两个人。

工作与育儿兼顾

这一章，我们主要是想给你一些应对办法，帮助你和宝宝继续保持亲密关系，健康成长。白天必须离开家的妈妈要面临的挑战是现实的，不该被忽视。这不只是我们的意见，也是无数研究得出的结论。西尔斯家族的配偶们在经济困难（比如，要为医学院买单）的情况下也是要工作的。让我们看看你的选择是什么，然后看看作为妈妈你能做什么来确保你对宝宝的依恋（以及宝宝对你的依恋）能够继续下去。

兼顾工作和育儿的关键

在这个部分，我想先讲两个真实的故事。

不成功的例子

简是一位职业妇女，正要生第一胎。她心里有一个声音对她说，她努力读了许多年书才获得今天的高学位，她的工作让她充满成就感，所以生产后她应该回到工作岗位；而另一个声音告诉她，她已经学到了很多育儿知识，她知道妈妈和宝宝在一起是很重要的。她担心要是只顾带孩子以后就没法回去工作了，因此她下意识地让自己不要对孩子过于依恋，总想着有一天她要回去工作。她用了很多时间物色保姆，给宝宝买了很多东西，为以后工作育儿兼顾的生活做好计划。很快，产假结束了，办公室生活又开始了。刚开始她会因为惦记宝宝而觉得难受，但她想这种感觉会消失的——而这种感觉也果然消失了。在保姆的精心照料下，宝宝看起来状态很好，简似乎很好地做到了工作和育儿兼顾。

很快，在妈妈和宝宝之间，疏离感产生了，连爸爸与宝宝之间也一样。刚开始这种迹象非常微弱，慢慢地变得明显。到了宝宝开始学走路的时候，母子之间已经无法沟通，宝宝很不听话。简越来越多地从专业人士那里寻求帮助，或者只能绝望地求助于书本。在妈妈和宝宝彼此需要的时候，双方的亲密关系没有形成，现在只能艰难地追赶。

成功的故事

玛丽和汤姆是第一次做父母，他俩各自都有喜欢的工作。在实际评估了家庭经济情况后，他们得出了结论：宝宝出生后，玛丽还是需要去工作（玛丽也想去工作），至少是兼职的。在孕期，他们已经读了很多关于父母与宝宝亲密关系的书，他们发誓不让工作和育儿互相影响。他俩都会继续工作，但他们也会非常努力地维持与宝宝的亲密关系。

以下是他们的做法。

首先，玛丽完全不去想有一天她要回去工作的事，以免自己分心。她不希望经济压力剥夺她和宝宝在一起的快乐。她很明智地选择了合适的分娩方式，宝宝一出生就和妈妈在一起，一饿就能吃到母乳。而且他们白天大部分时间都用背巾背着宝宝——充分实践了亲密育儿法。除了喂母乳外，其余一切汤姆都会参与。父母与宝宝的亲密关系加强了。

一个月后，玛丽觉得和宝宝密不可分，内心也觉得非常平和。有了这个好基础后，玛丽和汤姆的决心更大了。玛丽意识到，她必须得工作，但她对当个好妈妈更有信心，她知道维持与宝宝的亲密关系是多么重要。她知道，宝宝的成长不会重来，而钱可以以后再赚。她决定先做一点兼职工作，看看宝宝的反应，接着再决定要不要增加工作量。

从某方面来说，她对宝宝的强烈依恋让她很难离开宝宝；而从另一方面来说，她从心底里知道（研究也证实）早期强烈的亲密关系能使后来的分离更轻松。一份安全的母婴亲密关系能让宝宝更好地接受别人的照料，分开时妈妈也不会觉得那么内疚。

夫妻俩选了一位有爱心、又能及时回应宝宝的保姆，玛丽用很多时间向她解释要如何照顾宝宝。

工作时，玛丽时不时地让思绪开会儿小差，想想自己的宝宝——毕竟工作时的确需要偶尔换换脑子。每隔几个小时，她的乳房就会溢奶，提醒她虽然人在办公室，但生理上依然是个母乳喂养的妈妈。她会挤奶并存奶，很高兴仍能与宝宝心心相印。这种心心相印的感觉在玛丽回去上班后仍没有中断——因为玛丽的努力。

有时候夫妻俩也会调换工作时间，在妈妈工作时，由爸爸带孩子。既然妈妈可以分担家计，爸爸当然也可以分担育儿工作。

晚上，宝宝就睡在爸爸妈妈身边，夫妻俩会用一些增进亲密关系的小技巧来弥补白天失去的时间。当他们制订"家庭育儿计划"时，他们也会做些调整，考虑 3 个人的需要。

他们意识到以前那种忙碌的生活方式需要放慢一点，因为宝宝的婴儿期其实很短，而且他们当前的经济状况也有所改善。他们甚至把宝宝带进他们的社交生活中，和志同道合的朋友在一起，向有经验的朋友学习。

他们成功的秘诀是什么？因为他们相信亲密育儿意义重大，并努力地去做，也看到了成果。几年后，当玛丽的公司结束营业，汤姆的公司搬迁，他们的工作状况有所变动时，他们就会从宝宝身上看到，长期的亲密投资有了高额回报。

建立和保持亲密

我们提倡的工作和育儿兼顾的核心不是妈妈是否工作，做多少工作，而是宝宝和妈妈之间爱的联系有多紧密。我们虽然把焦点放在妈妈身上，但准确一点表述应该是父母如何既工作又带孩子。下面的建议或许对你们有用。

充分利用产假。不要老想着你某天要回去工作，免得分心。在和宝宝朝夕相处的这段日子，尽可能多地做到亲密育儿。要全心全意地爱上你的宝宝，让宝宝来提升你的育儿技能。珍惜这段相互给予的日子。

意识到你的重要性。考虑本章前面提到的有关亲密育儿的所有问答。要了解父母与宝宝亲密关系的重要性，尤其要考虑相互给予、共同分享和心灵相通的概念。一旦你意识到养育一个生命对于你意味着什么时，就会更有决心优先选择亲密育儿法。

重新和宝宝建立亲密关系。让高品质亲子时间变成你的育儿时间，下班后跟宝宝重新建立亲密联系。工作后继续进行母乳喂养，如果你喜欢这种喂养方式的话（参见第181页边母乳喂养边工作的好处）。购物、外出

时尽可能用背巾背着宝宝。要把宝宝融入你工作场所以外的生活。不要用物质来弥补你与宝宝间的亲密关系，亲密育儿法不是这样的。宝宝需要的是你的关爱。

亲密育儿法让上班族妈妈下班后重新与宝宝建立亲密感。

工作中维持亲密关系。新技术能帮上忙，你和宝宝可以通过电脑视频看到对方。宝宝的照片、挤奶和给保姆打电话都有助于妈妈和宝宝维系亲密关系，即使不在一起。有时候你会觉得这些让你想到宝宝的东西很烦人，不妨把这种感觉看做你对宝宝和

母乳喂养：一份不间断的承诺

继续母乳喂养可以增强你和宝宝的亲密关系，为他提供最好的营养，帮助他抵挡流感细菌（更多的关于挤奶、存奶和喂存奶的信息，参见第180页，"工作、喂奶两不误"）。

工作都很在意的信号。工作的 8 小时之内杜绝任何有关宝宝的想法是不明智的，容易导致上班族的常见病——与宝宝的疏离感。

工作时兼顾宝宝。如果有可能，选择一种能让你用最多时间带孩子的工作。下面是一些建议。

- 尽可能用上通信手段。
- 开始家庭创业。
- 找离家近的工作，你可以回家跟宝宝相聚，保姆也方便把宝宝带来看你。
- 找弹性工作制的工作，工作量固定，但你可以自由选择时间，让你有时间照顾宝宝。
- 有的公司会提供日托服务，方便你在工作时和宝宝保持联系。
- 带着宝宝去工作。能不能带着宝宝去上班，取决于你的工作性质和宝宝的性格。如果一个图书馆管理员妈妈有一个爱哭闹的宝宝，恐怕就不能这样做。但有很多工作允许你用背巾背着宝宝上班。例如婴儿用品商店的店员、房地产销售员，甚至还有一些不怕婴儿吵闹的办公室工作。可以在办公室一角放上摇篮或婴儿用的游戏围栏。我们的一个病人是一位代课老师，她就会背着宝宝去上课。你能想象她给那些未来的父母们留下了多么深刻的印象吗？（参见第 311 页对工作时带孩子的讨论和更多技巧。）

了解自己，了解宝宝。如果工作上的满足对你来说不重要，你可以选择不工作，全职育儿。我们诊所的一位妈妈对自己和宝宝做了一个很现实的总结："全职妈妈对我来说太难了，但全职工作对宝宝来说又太难了。"因此她找到了一个折中的办法，除了兼职工作外，她还在我们的建议下参加了一个育儿支持机构，从而拓宽了育儿的知识，增加了乐趣。

 玛莎笔记：

经常有人问我说："你是做什么的？"我回答说："我是幼教专家。"对我来说，背着宝宝坐下来没有任何问题，我照样可以写这方面的专业文章。

和爱人一同分担。如果你要上班挣钱，那么你的丈夫理所当然应该分担更多的家务，尤其是在必要时照顾宝宝。妈妈上班的好处之一，就是爸爸必须对育儿工作多投入一点。

缩短母子的距离

最近几年，我们注意到一些女性在宝宝出生后才几周就打算回去工作，这可能是她们下意识地让自己不要太依恋宝宝，"因为那样会很难再回去工作"。很多这样的妈妈最终会面临一个问题，就是和宝宝之间产生了疏离感。

我们在诊所做了一个实验。在产前或产后，当某个妈妈告诉我她打算某天回去工作，我让她别想着那一天，"全身心地享受做全职妈妈，和你的宝宝心连心。等到真的要回去工作前几周，我们再商量如何准备"。结果，这些妈妈们发生了令人惊讶的变化。

• 她们舍不得回去上班，想请我开医生证明以便申请延长产假。我很乐意给她们开这种"妈妈应该和宝宝待得时间长一点"的证明："史密斯太太的宝宝对母乳之外的任何乳制品过敏，所以有必要延长她的产假，来满足宝宝的营养需求。"（这种说法没什么不妥。至少在头几个月，婴儿肠胃确实对除母乳之外的任何食物过敏，尽管有时候很轻微。因此，母乳是很好的预防性药物。）

• 把宝宝留在一个地方，而她们自己去另一个地方工作，这样的概念对她们来说变得很陌生，就像不得不把自己一分为二一样。宝宝已经成了妈妈生活中的一部分。

• 这些妈妈最后的决定多种多样。有的改变了原来的生活方式，辞职一两年在家做全职妈妈。有的仍回去工作，但都做到了工作的同时也能满足宝宝的需要。

• 回去工作的妈妈会努力使工作时间变得有弹性。她们选择保姆时很挑剔。有的甚至跟公司商量，希望改善有利于照顾宝宝的福利，如宝宝生病时放假、弹性工作时间，等等。

这些妈妈为什么会发生这么大的变化？一两个月的亲密育儿使她们对宝宝难于割舍，愿意尽全力来维持这种亲密的母子关系。宝宝对妈妈的影响超过了世界上所有的建议——他们让妈妈明白了自己的重要性。

选择照顾宝宝的人

很多妈妈在做出了工作和育儿兼顾的决定后，接下来就要开始物色代替自己的看护人了。

看护的选择

对大部分妈妈来说，第一步是根据你的情况考虑选择怎样的看护方式。

在自己家照顾。让宝宝在家里比较好，熟悉的环境，熟悉的玩具，早已与宝宝共存的细菌，不必有交通上的麻烦，你自己也熟悉。最好是爱人和你一起分担，其次可以是爷爷奶奶或关系近的亲戚。训练有素的保姆也是不错的选择，虽然开销要大些。不过一旦家人、亲戚、朋友都不行，那就只能从外面找了。

和朋友共同分担。做兼职工作的妈妈可以和朋友一同照顾宝宝。"我来照顾你的宝宝，你照顾我的宝宝，一周两天半"，类似这样的安排。这样安排的好处是能和志同道合的朋友一起分担看护工作，每个人都会像爱护自己的宝宝那样爱护对方的宝宝。和你产期接近的朋友或分娩课程班里认识的朋友，都是可能的选择。

临时看护。选一个临时看护，一般是有孩子的妈妈，她们在自己家替人看孩子，既可以增加收入，同时也可以照顾自己的孩子。因为她自己就是一位妈妈，所以比较有经验。关键是要找一个你很了解、对她的资历很有把握的看护。

小心那些经验不足，"招生"太多，或者病儿护理能力较弱的看护。一个理想的看护是带一个一岁的孩子，或两个两岁的孩子，或三个三岁的孩子，以此类推，还要根据她自己孩子的数目和年龄而调整。美国政府机构会规定最大"招生"数，每年都会检查。你可以向本地的社会服务部门索取注册过的看护名单。记住，注册证明关系到安全和医疗保障，但并不能保证有一个充满爱心的环境。所以你要考察看护的为人和资质等各方面因素后再做决定。

父母合作社。价值观相似的父母，可以组成四五个人的合作社，轮流在自己家里照顾其他人的宝宝。因为一个人没法照顾两个以上不到一岁的宝宝，合作社还可以聘请一个全职的育婴人员，作为父母的助手。或者，想法类似的父母可以联合起来雇请一

到两个高水准、高工资的专业育婴人员，来家里照顾这些孩子。

公司的幼儿园。有些重视女员工的公司，会在工作地点设置一个日托中心。如果你的公司还没有这种服务，去游说一下试试。

商业性的日托幼儿园。一般来说，日托幼儿园不太适合一岁以下的婴儿，因为那里孩子太多，而看护人员又太少，患感染性疾病的风险比较大。

找到合适的看护人

在你开始寻找合适的人选时，列出你想要的条件，但要记住，跟你一模一样的看护人是不存在的。刚开始，要想着你需要的是一个代理妈妈。你至少要给宝宝一个持续性的照料。想找一个和你一样的人过于理想化，但这至少是一个起点。接下来，你可以试试下面可能的资源。

朋友。让和你观点一致、志同道合的朋友知道你现在的需求，他们也许知道可用的人选，而且他们了解你的育儿风格，至少会帮你事先过滤人选。

宝宝的医生。医生了解到的信息多，接触这方面的人也比较多，让他帮你推荐，要保证是他了解和信任的人选（当然这不能代替你自己对这个人选的彻底了解）。医生了解到的可

能是在自己家帮别人看小孩的临时看护，而不是能到你家来替你照顾宝宝的保姆。你可以在社区诊所的布告牌上发布你的需求信息，也可以向当地的社会服务部门要一份注册过的临时看护名单。还可以考虑下面的资源：

- 教堂集会
- 一些老年服务中心
- 医疗辅助机构
- 当地的国际母乳会
- 报纸广告
- 家政服务公司

面试

你可以通过面试对看护人选加以了解和判断，提高筛选效率。

列单子。在开始选择前，先写下要问的问题（见下文）。把最主要的问题放在最前面，如果答案没法让你满意，你可以直接淘汰，不必浪费时间把全部问题问完。

初选。为了节省时间，先请应征者给你寄一份简历和前任雇主的推荐信，选择一部分人选进行电话面试。从你列表上最重要的问题开始问，得到第一印象后，可以完整地问完所有问题，也可以委婉地结束对话。如果还不确定，一定要再亲自面谈。不要把好人选给放走了。电话面试虽然节约时间，但也有可能被误导。要小心那些不愿意提供推荐信的人，好的看护都知道对方会希望自己提供推荐信。

你的第一印象。首先通过电话，然后是面对面，要让应征者知道你非常重视替代人选的照料，希望她能将心比心以妈妈的心情来照顾宝宝。但不要说得太具体，在你告诉她你的做法时，先要了解她的育儿经验和长处，以免她只会重复你想听的话。除了一般的姓名、年龄、地址、电话等外，你还可以试着问问以下这些问题：

- 宝宝哭的时候你会怎样做？你会怎么安抚他？根据你的经验，什么样的安抚技巧最管用？你对溺爱是怎么看的？（在开头，试着让应征者谈谈对婴儿护理的看法，你可以判断一下是否与你的想法一致。她本质上是一个敏感、反应灵敏、善于回应的人吗？）

- 你有什么关于我宝宝的事想问吗？（对她的应变能力有一个印象。如果你有一个高需求宝宝，她是否能满足宝宝的需要？照顾这样的宝宝，工资可以高一点。）

- 你对经常抱着宝宝有什么看法？

- 你觉得这个年龄的宝宝最需要什么？（当了解了她的育儿能力和应变能力后，你也可以知道你能否和她很好地相处，能否信任她。另外，看看面试时她如何与你的宝宝交流，是刻意装出来的还是很自然？宝宝和她的交流如何？）

然后开始问一些具体的问题：

• 你为什么想做婴儿看护？

• 你的上一份工作是什么？为什么不做了？

• 白天你会怎样陪宝宝玩？

• 你会怎么喂宝宝？（如果你是母乳喂养，她了解挤奶喂宝宝的重要性吗？）

• 你如何让宝宝睡觉？

• 如果宝宝发脾气，你会怎么处理？如果他很不听话，你会怎样教他？

• 你觉得宝宝最常发生的事故是什么？你会采取什么预防措施？你学习过婴儿心肺复苏术（CPR）吗？（如果有，请她拿出证书。如果没有，问她是否愿意自己花时间去上这门课。）

• 如果宝宝被玩具噎住了，你会怎么办？（问这个是为了测试她的急救知识，答案参见第 736 页。）

• 什么因素会让你迟到？你住得远吗？开车还是坐公交车？（她面试准时吗？会不会迟到的问题，也可以问她的前任雇主。）

• 你会开车吗？（在你需要一个会开车的看护时才问这个问题。）

• 告诉我你以前帮人带孩子的经历。

• 你自己有孩子吗？多大了？（判断她会不会因为自己的孩子而减少对你的孩子的关心。如果她的孩子已经上学，那么孩子生病时，有没有人可以替她照顾？如果她的孩子还是婴儿或学龄前儿童，而且她希望把孩子一起带来照顾，这也是可以的。请她把自己的孩子也带来，看看母子之间是如何交流的，了解一下她的孩子的性格。你想让你的宝宝和这个孩子相处一整天吗？要知道别人的孩子和自己的孩子永远是有差别的，如果她的孩子跟你的宝宝一样正处于高需求阶段，你想想谁得到的关注会比较多。）

• 这个工作你打算做多久？（持续、固定的看护人对宝宝很重要。）

• 你愿意帮忙做一些家务吗？（最理想的保姆是能在宝宝睡觉时做一些家务，这样你下班后就有更多时间和宝宝在一起了。但一个既能带孩子又会做家务的保姆很难找。）大部分保姆都不希望做一般的家务，但愿意替宝宝洗衣服，一般是在洗完自己孩子的衣服之后。

• 你的健康状况怎样？你抽烟吗？你喝酒吗？喝多少？多久喝一次？你吃药吗？（虽然你很难听到真实的回答，但要注意感觉她回答问题时是自在还是不安。）

你觉得她的体力能否应付照顾宝宝的任务？虽然年老又虚弱的老奶奶有足够的耐心和爱心，可以把 3 个月大的宝宝整天抱在怀里，但要他们看护一个活蹦乱跳的学步期宝宝还是有些难度。在面试时，除了考察对方的举止修养外，还要对她这个人有整体的把握。她是不是善良、有耐心、灵活、善于照顾人？她身上是否具有一种健康的感染力？总之，一句话，你想让宝宝跟她亲密吗？

如果第一次面试不成功，就继续努力，一定要记住，合适的人选非常重要。不过，也得调整你自己的心理预期。你很快就会发现，你想要的人可能不存在，而且高质量的保姆绝对是供不应求。当你们谈工资问题时，牢记这一点。

试用期

确定人选后，在双方都同意的前提下试用几周，看看她、宝宝和你之间能不能协调适应。下面告诉你如何判断。

看宝宝的情况。宝宝的行为一定会有变化，原因有二：他要适应不同的照料方式，你也要有所适应。有时候宝宝行为的变化是因为妈妈方面的因素（疲倦或工作压力），但一两周后宝宝就应该恢复以前的样子。如果他变得黏人、愤怒、易醒或无精打采，说明哪里出了问题。可能是保姆和宝宝不相适应，也可能你需要延迟回去工作的时间。

看保姆的情况。她喜欢你的宝宝吗？还是显得疲惫、紧张、暴躁，等

着你解救她脱离苦海？这是危险信号（照顾婴儿的头几天是会很疲惫，这是可以接受的）。如果她和宝宝合得来，很和谐，你也就可以放心了。

寻找妥善照顾的迹象。除了宝宝的情绪状态外，有没有一些迹象表示宝宝获得了妥善的照顾？例如，尿布换得勤吗？小屁股上有没有出现红疹子或异味？当然，公平地讲，这也可能是长牙、饮食改变或腹泻造成的。

抽查。哪天冷不丁地回来早一点，或趁中午休息回来看看。如果你有个高需求宝宝，需要大人经常抱，保姆抱得够吗？不必在家里偷偷放一台录像机或录音机，通过抽查你就可以知道很多事情。你不必太紧张，但也不能太放松，一段时间后，等你觉得这个保姆完全可信之后，就不用常常抽查了。通过一定程度的持续监督，她应该会明白你对她的期望。

问邻居或朋友的意见。告诉朋友或邻居你请保姆的事，请他们留意保姆的表现。如果保姆带着宝宝去公园跟其他孩子玩，问问其他妈妈的印象。

让宝宝熟悉保姆

把宝宝交给保姆之前，你要先为他们俩做好铺垫。直接把他俩放在一起对他们都是不公平的。在你离开之前，让保姆和你、宝宝在一起相处一段时间，这样他们就有一个互相熟悉

的过程，你也可以借机给保姆做示范，让她知道你是怎么带孩子的。尤其是当宝宝比较怕生时，最好让宝宝渐渐适应保姆（参见第 539 页如何让宝宝接触陌生人）。记得要友好亲切地对待这位新朋友。如果你觉得她不怎么样，宝宝也不会喜欢她。这段时间，你也可以看到她是如何工作的。你可以随时改变自己的选择。如果第一印象不错，那就让她进入工作状态，你自己也可以逐渐回到工作岗位。

最好不要一开始就每周 5 天、每天 8 小时地把宝宝交给保姆。最初间隔短一些，最好在每餐之间让宝宝和保姆单独相处，渐渐地把时间拉长。挑一个周三或周四开始上班，让宝宝慢慢适应跟妈妈的分离。

选择商业性的日托幼儿园

虽然我们并不推荐把宝宝交给日托幼儿园，但有时候这是上班族父母的唯一选择。用下面的方法尽可能化弊为利。

选择一家幼儿园

幼儿园的看护人员应该获得像老师一样的尊敬和工资，他们不只是孩子的保姆，还是代理父母。了解幼儿园的条件，选择有高水平人员的幼儿园，而不是二流的机构，宝宝才会受益。下面的技巧有助于你做好选择。

• 亲自去幼儿园体验一下，可以多看几家，和看护人员多交流，看他们是如何与宝宝们相处的。了解一下哪位看护人员会主要负责照顾你的宝宝，看她是怎样跟其他宝宝交流，怎样管教他们的。他们哭时，她是如何安抚的？她对宝宝们敏感吗？她会跟他们用眼神交流吗？她会抱他们吗？她会跟宝宝们说话吗？她喜欢跟他们在一起吗？她能适应情绪变化不定的学步期宝宝吗？她有幽默感吗？还有，最重要的，看孩子们如何与看护人员交流。通过观察看护人员与宝宝们的互动，你就能知道他们之间是否真的相处愉快。

• 了解看护人员与宝宝的人数比例。前面提到的临时看护的人数要求（一个一岁宝宝，两个两岁宝宝，等等）不适合这种商业性的日托幼儿园。但一个看护人员最多也不应超过 4 个孩子。

• 查看他们的营业执照，确保仍旧有效。

• 了解看护人员的专业资历。

• 了解看护人员对婴儿护理的一些基本看法。问主要的问题，如"当宝宝哭的时候你会怎么做"、"你怎么看待溺爱这个问题"，等等。

• 查看硬件设施。干净吗？安全吗？玩具的适用年龄合适吗？

• 宝宝们都开心吗？看护人员对

他们照顾周到、敏感细心，还是不理不问，事不关己？

• 询问他们孩子生病时的处理原则，了解什么样的病儿可以来幼儿园，什么样的不可以。观察他们的消毒程序。他们换完尿布后洗手吗？换尿布和吃饭的地方分开吗？玩具会消毒吗？奶瓶、安抚奶嘴等个人物品会公用吗？

• 所有看护人员都接受过婴儿心肺复苏术的培训吗？看他们的资格证书。他们是否有应对灾难和突发事件（如火灾）的措施？

• 挑其他父母送孩子来幼儿园或接孩子回家的时候去幼儿园参观，问问其他父母的意见。

• 最后，问问你自己，你喜欢这个地方吗？

不要觉得问这么多问题是在给人家添麻烦。幼儿园要获得父母的信任，就应该有很高的标准，并欢迎公众监督。如果附近唯一的一家幼儿园没有通过你这一关，那么你就要严肃地考虑一下延长产假的问题，这样才能有更多时间跟宝宝待在一起，直到找到合适的婴儿看护机构。

宝宝生病了，还要去幼儿园吗

早上 7 点，匆忙的时刻到了。炉子上的水开了，烤面包机里的面包也烤好了，广播里还是堵车的新闻。你

幼儿园接送小技巧

养成一个固定的接送宝宝的规律，可以让年幼的孩子比较能接受环境的转变。和宝宝分开或团聚时要拥抱和亲吻，这样能减轻分离焦虑。

还要记住，要一个玩得正开心的孩子，看到父母出现就马上放下手里的事情，可没那么容易。

花一点时间加入宝宝的活动，表现出很感兴趣的样子，然后再慢慢地将活动结束。（参见第 558 页关于在玩耍中离开的技巧。）

突然听到宝宝发出一声哭声，将你原本一天的计划全打乱了。你条件反射地把手放在宝宝额头上。"哦，糟糕，发烧了！"还要送宝宝去幼儿园吗？你突然意识到，重新安排工作可不像摸摸宝宝的额头那么轻松。

宝宝病到怎样的程度才不能去幼儿园？你要考虑 3 个方面的影响：宝宝真的病得很严重吗？宝宝的病会传染给其他小朋友吗？你方便请假吗？

下面告诉你一些关于细菌传染性方面的实用指导原则。

腹泻

所有的医生都认为，造成腹泻的细菌有传染性。如果宝宝大便呈水状

或黏液状，腹泻很频繁，有时甚至出血，一定要待在家里，这是为了宝宝好，也是为了不传染给其他人。如果是上吐下泻，那么宝宝肯定非常虚弱，不适合出门。

一旦呕吐停止，大便不再呈喷射的水状，宝宝感觉好很多时，就可以让他去幼儿园了。康复的过程虽然很慢，但没有传染性。

感冒和发烧

有腹泻症状的宝宝需要隔离在家，呼吸道疾病和发热是另一种不同的情况。大部分感冒病菌不会像腹泻那样引起幼儿园的病菌大流行。针对学龄儿童的研究表明，让孩子不去上学并不会减轻感冒的蔓延；而让感冒的孩子去上学也不会加快感冒的传播速度（感冒的传播时间不固定，在病发前一两天传染性最强）。

当你带着两岁的宝宝去幼儿园时，要教他不要把感冒传染给别人。给他做示范，如何在咳嗽或打喷嚏时用纸巾盖住鼻子和嘴，不要把脸对着别人。两岁大的孩子能学会这些动作，但也很可能会忘记。

如果宝宝发高烧（体温持续在38.3℃以上），最好不要去幼儿园，要咨询医生是否有传染性之后再决定。

如何判断感冒的宝宝是否应待在家里

如果宝宝流清鼻涕，人还是很自在，没有特别不舒服，只发一点低烧（37.8℃），没必要把他留在家里。如果鼻涕混浊，呈黄色或绿色，特别是伴随着发烧、耳朵疼、经常夜醒或看起来很憔悴，病恹恹的，说明宝宝应该待在家里，并且要看医生。你的宝宝可能是耳部或鼻窦感染。事实上，感冒期可能长达两周甚至更长，但你不可能请这么长的假。什么时候可以把病情较轻的宝宝送去幼儿园，取决于幼儿园防止儿童潜在感染的能力。

在你准备为宝宝生病而改变一天的计划时，可以通过观察鼻涕做出一些判断：早晨醒来时鼻涕通常比较稠，因为它们已经在宝宝的鼻子里待了一整晚。为了准确评估，你可以往宝宝的鼻孔里滴几滴鼻腔滴剂，让宝宝轻轻地擤鼻涕，或是用一个吸鼻器（参见第677页）吸出鼻涕。如果剩下的鼻涕很清，宝宝的呼吸也顺畅很多，你就可以放心地送他去幼儿园了。

喉咙疼痛

喉咙疼痛，尤其是伴有发烧症状的喉咙疼痛（如手足口病，参见第722～723页），传染性非常高，至少要等到发烧和喉咙疼痛症状消失以后才能去幼儿园（一般要5天左右）。

眼睛分泌物

宝宝感冒时不只会流鼻涕，眼睛有分泌物也经常是潜在的感冒信号，特别是鼻窦炎。这种情况不会传染，也不会感染宝宝身体的其他部位。不过还是应该去看看医生。

有时候眼睛有分泌物是因为结膜炎（也叫红眼病），这是一种会传染的眼病，你会很快接到幼儿园的电话，请你赶快把宝宝带回去。如果分泌物中带有血丝，那说明是有传染性的结膜炎，用抗生素眼膏或眼药水治疗，可以很快治愈，不会再传染，因此只要一开始治疗，宝宝就可以去幼儿园了。如果分泌物里没有血丝，那说明是不会传染的情况，宝宝仍然可以去幼儿园。

感冒与过敏

幼儿园经常会让父母把咳嗽、打喷嚏的孩子带回家，以为是感冒，其实有时只是过敏，对同伴没有传染性，只是让孩子自己难受而已。怎么区别感冒还是过敏？还是从鼻涕说起。过敏的鼻子流的是清鼻涕，水样的，同时会伴随有其他的过敏症状：流泪、打喷嚏、气喘，有过敏史，刚好是花粉病的高发季节。而感冒时的鼻涕是很浓稠的。另外，感冒还有其他一些症状，如发烧。总之，过敏的宝宝是不安分的（喷嚏很多，喘气较难），但没有一副病容。他们照样可以去幼儿园，而不会传染给别人。感冒的孩子看起来行动迟缓，没精打采或性情古怪，而且可能会传染。

咳嗽

感冒痊愈后，咳嗽通常还会逗留一段时间，使宝宝不能去幼儿园，妈妈也不能去上班。

其实，不是每次咳嗽都得待在家里。如果是那种既不会让孩子夜醒，也不会出现高烧、疼痛、呼吸困难或其他感冒症状的干咳，那就没必要让孩子留在家里。这种无伤大雅的咳嗽一般会持续几周，但很少会传染，很少影响到孩子及其同伴（没准他们也在咳嗽）。

还有一种情况：孩子在晚上咳嗽得很厉害，白天似乎安然无恙，只有一些让人不太舒服的清嗓子的声音，在过敏季节也会出现类似的症状。这种情况下，孩子只是鼻涕倒流，是不会传染的，也没有必要为此留在家里。

当然，那种伴随着发烧、发冷、咳出黄色或绿色黏液的咳嗽，就需要看医生，不能去幼儿园。等退烧后，孩子感觉好些时（通常是几天后），虽然咳嗽还会持续一两周，但宝宝可以去幼儿园了。

疹子

发疹子的宝宝经常被幼儿园送回家，但其实不是所有疹子都有传染性，而且宝宝也不一定会难受到非回家不可的地步。

脓疱病。脓疱病是因为皮肤受到细菌感染，开始时是一些红色的小点，慢慢会扩大到硬币大小的水疱，破裂后会留下黏糊糊、蜂蜜色的结痂。这些圆形的斑点有大有小，一般长在宝宝容易抓到的地方，如鼻子下面或尿布区，也可能出现在身上的任何地方。抓挠会扩大起疹的面积。你可以用医生开的抗生素软膏和方形绷带覆盖在患处，然后再送宝宝去幼儿园。如果情况比较严重，宝宝可能需要口服抗生素，还要在家多待几天。

癣。癣是一种凸起的圆斑，由真菌引起，传染性比脓疱病更弱。用非处方的抗真菌药膏涂抹患处（如果必要的话，可以使用处方的药膏），就可以把宝宝送去幼儿园了。

水痘。水痘跟刚才提到的两种疹子不一样，它是儿童最易传染的疾病，长了水痘后一定要去看医生，然后待在家里静养。刚开始的症状类似流感（低烧、无精打采），通常一天后痘痘就出现了。一开始就像是宝宝的背上、胸前、肚子和脸上被蚊子叮了一样。我经常遇到有妈妈早上9点就带着宝宝等在我诊所外，问我这些"点点"是不是水痘前兆。我告诉妈妈们，这些只是痱子或跳蚤咬的伤口，她们才安心地带孩子去幼儿园。

如果你不清楚宝宝身上的斑点是什么，可以用签字笔把斑点圈起来，如果是水痘的话，在一天之内就会从斑点变成水疱，流出脓液，还会出现新的斑点。几天以后，早期的斑点会结痂。大概在一周以后，等所有的斑点都结痂时，宝宝就可以重返幼儿园了。（参见第718～719页。）

头虱

在一群孩子挤在一起的地方，经常会有小寄生虫尾随而至。一个很常见的状况是：你在办公室里接到幼儿园打来的电话，或宝宝被幼儿园送回了家，并告诉你他有头虱。你的第一反应是尴尬——"但我家是很干净的呀！"紧接着是怀疑——"就因为头虱，他去不了幼儿园，我上不了班？"

这种情形有什么不对吗？首先，有头虱并不能说明你家里脏。头虱生活在温暖、拥挤的环境里，例如教室和幼儿园，当孩子们挤在一起打闹时，它们能轻易地从这个头传到那个头。它们一般待在头发深处，最常出现在后脑勺和耳朵附近。头虱不会引起疾病，无须看医生，大不了就是有点痒，用不着为此把宝宝隔离在家。

头虱很难看到（它们很小，是浅棕色的，如果用放大镜可能看得到），但你可以在发根看到白色的虱卵。虱卵不像头皮屑，它是圆形的，附着在头发上，不会轻易掉下来。

看到虱卵后不用急着看医生。用非处方的去虱专用洗发水（看使用说明）和一种专门用于去虱卵的梳子，一个晚上的工夫就可以解决了。第二天一早宝宝就可以回到幼儿园。但幼儿园的看护人员肯定不会放心，她们会仔细检查每一根头发，即便只找到一个卵，也可能会打电话叫你过来接宝宝回去。

宝宝生病谁照顾

对于双职工家庭，如果宝宝生病了，不能去幼儿园，谁留在家里照顾他，妈妈还是爸爸？谁的工作更要紧？（你和爱人能轮流上班吗？孩子生病时，妈妈最好尽可能在身边，因为生病的孩子更需要妈妈）。

虽然父母是照顾宝宝的最好人选，但有时情况确实不允许，尤其是在经济较拮据的家庭或单亲家庭里。试试下面的办法。

轮流照顾。早上的护士是妈妈，下午的护士是爸爸。这样你们就可以轮流带孩子，还能共同提升照顾病儿的技巧。

带孩子去工作。如果宝宝的病情没有严重到非待在家里不可，但又不能上幼儿园，在条件允许的情况下，可以带着孩子去上班。如果你有一间单独的办公室，可以在角落里给他搭一个小帐篷作为"病房"，放上他最喜欢的书、玩具和毯子。这也是让孩子了解妈妈工作的好机会。如果孩子年纪比较大，有能力也有意愿，你可以给他一些比较费时间的任务，让他"帮"你工作。孩子会感觉到自己很重要，忘记生病的不舒服。

请奶奶帮忙。如果爷爷奶奶就住在附近，可以把孩子托付给他们。他们有时间，有耐心，不用花钱。

求助儿童康复机构。了解一下你所在的地区有哪些儿童康复机构。有些日托中心有康复病房，并有训练有素、细心周到的工作人员。不过，价格比较昂贵。

提前计划。在宝宝生病之前（宝宝不可能不生病）就制订出一个家庭计划，而不是等到他发高烧之后再临时决定。事先约定你和爱人谁待在家里。联络保姆候补人选。了解幼儿园关于孩子生病时的一些处理措施。有没有临时看护可以到家里来照顾孩子？如何收费？找一些到时候能用的信息。

病假的好处

把宝宝从幼儿园接回家，可能意味着你要损失几天的工资，但和宝宝待在家里也有益处。这是一个加强母子亲密关系的时机。尤其是你最近刚好跟宝宝有沟通问题，或他正处在越来越独立的阶段，在家共处一天的时间可能是一件很好的事。宝宝生病时会从独立回到不独立，好像想起了"妈妈"和"爸爸"到底意味着什么。给宝宝做点鸡汤，让他吃冰棒，给他读故事，这是你大有可为而别人很难代替的一天。

第18章　特殊情形的处理

多年来给很多家庭做咨询的经验使我们逐渐地认识到"需求水平"这个概念，有了合适的建议和支持后，父母就能调整自己的护理水平来满足宝宝的需求。特殊的家庭环境和有特殊需要的宝宝能激发出父母身上特殊的潜能。接下来，我们会告诉你这是怎么发生的。

照顾收养的孩子

等待了很久的电话终于响了，你们马上就要成为父母，而无须9个月的漫长准备。收养宝宝遇到的情形各种各样，下面介绍一些通用的办法，来帮你更快地适应宝宝的到来。

考虑公开收养。 在我写作本书的第一版期间，我们第8个孩子劳伦，通过收养的方式来到了我们家。也就是在那个时候，我们意识到，在大多数情况下，掀开笼罩在收养问题上的

面纱好处多多。公开收养，意味着孩子的亲生父母和养父母可以保持沟通。这样可以提前制订计划，对大家都是最好的。很多养父母和亲生父母都选择公开收养，因为这样的安排对大家都有好处，尤其是对孩子。

公开收养，可以让养父母们免去不必要的惊讶。他们对孩子的背景了解得越多，就越不会担心孩子的生母会突然闯入他们的生活。而对于亲生父母来说，知道孩子会得到爱和很好的照顾，他们更放心。不必胡思乱想自己的孩子会遇到什么，可以让亲生父母安下心来，相信自己做了正确的选择。曾经有一个选择公开收养的妈妈说："我没有去堕胎，我的选择让4个人都很幸福，包括我自己。"

之后，采取信件联系的方式，问一些孩子可能会遇到的，只有亲生母亲能回答的问题，不用觉得自我价值受到了威胁。像"我把你交给你的父

母，因为那时候我没法给你我希望你拥有的生活"这样的话，不能说明这个人不会照顾孩子，让被收养者感觉到这一点非常重要。

公开收养的另一个好处是，亲生母亲不会从生活中轻易抹去这段记忆。这种成熟的领养模式，是对人们认为的生儿育女的记忆可以自行消失的错误假设的否定。不会消失！公开收养鼓励人们去面对这样一个事实，即这个孩子始终有两对父母。追根究底，公开收养允许所有人说实话——而实话是最有治愈力的。

收集资料。要尽你所能了解宝宝的亲生父母：家族病史、生母的产前检查结果、孕期用药情况和任何有必要知道的医学和社会背景。

产前就参与。如果你遇到非常理想的情形，即孩子出生前就认识孩子的母亲，那么你可以尽你所能地帮助她顺利度过孕期。要确保她了解孕期抽烟、吸毒的危害。帮她选择合适的分娩课程和接生人员，尤其是能提供支持的人。要帮助她无论产前还是产后，都接受专业的咨询。

参与到分娩计划中。如果有可能（孩子的生母同意），分娩时，你可以在场。助产士确认孩子健康，把她交到你手里之后，和你的孩子建立亲密的联系。我见到过有的养父母也在医院预订一间病房。从出生直到离开医院，他们一直照顾、喂养他们的领养孩子，参加医院提供的宝宝护理课程。

分娩计划需要预先考虑到的是，在孩子出生后，生母和孩子之间的情感联系。我们看到在电影中，孩子会被立即抱走，不让母亲看见或接触，急匆匆被带出产房。这种非人道行为背后的理论是"眼不见，心不念"，以为这能帮助产妇忘掉事实，重新生活。这纯属胡说八道！产妇需要和孩子说再见。

远距离收养可能会推迟和孩子建立亲密关系的时间，那么应在孩子出生后尽快承担起照顾孩子的任务。孩子需要知道他或她到底属于谁。的确，合法手续很重要，但你们不是在简单地交换一个包裹的所有权。你是在接受照顾一个人的责任。养父母经常担心，如果我们没有和孩子尽早建立亲密关系，孩子和我们之间是不是会永远有裂痕？不会的！亲密关系是一个持续一生的过程。早期联系只是给你一个有利的开端。（参见第49页有关延迟建立亲密联系的讨论。）

试试亲密育儿法。养母们经常会怀疑自己是否能做个合格的母亲。根据我的经验，养母们因为极其渴望孩子的到来，她们能够自己弥补这些不足。有些养父母对宝宝一见钟情，有些则要慢慢培养感情。你的育儿方式会影响你们关系的进展。我们提倡的亲密育儿法特别适合收养孩子的父母们，试着尽量做到亲密育儿法要求的各个方面。

养父母也会有"产后"抑郁，主要是因为过于劳累以及生活的变化太快太多。寻求其他此类家庭的支持和帮助，学习他们的经验。例如，在某些领养孩子的家庭里有一个特殊的习惯，就是给孩子过两个生日：一个是出生日，一个是孩子正式成为家庭成员的日子。

想想什么时候讲，怎么讲。 写这部分文字时，我们收养的女儿劳伦已经十几岁了。我们是这么让她知道的。首先，我们从来不把她当做"养女"，她就是我们的女儿。她怎么来到我们家并不重要，重要的是她是我们的女儿这个事实。

同时，我们也不刻意隐瞒"收养"这个事实。在一岁左右，劳伦经常能听到"收养"这个词，到了两岁左右，我们借助一些故事书逐步让她把自己与这个词联系起来。孩子常常会认为"与别人不同"就是"比别人差"，所以我们会把收养与其他人的不同之处降至最低，以避免劳伦产生自卑感。不过我们确实是给她过两个生日。我们认为特意强调她的"特殊"或"被选中"是不明智的，这样会让她觉得自己必须"符合标准"而产生心理负担。

通过让劳伦慢慢熟悉"领养"这个词，我们让她在远未能完全理解这个词的含义之前就学会了与之和谐相

处。最后，随着劳伦的日渐长大，我们会根据她的兴趣和理解力慢慢告诉她事情的原委。

跨国收养

现在，越来越多的家庭从海外收养婴儿和儿童。但这个过程中产生了无数问题。你会从协助你收养的机构获得大部分需要知道的信息，疾病预防和控制中心（CDC.org）也会提供另外的信息，但是还是有几个重要的事情需要你考虑。

去所在国见孩子。 大多数情况下，父母中的一个或两个人要到孩子生活的地方，生活几天或几个星期，体验孩子的生活环境，这样孩子才能更好地融入新家庭。哥哥姐姐也可以一起去。

评估健康记录和体检。 美国要求所有的跨国被收养者都要在自己的出生国进行体检和健康检查。主要目的是为了保证孩子没有任何感染性疾病，如肺结核等。这种检查可能会遗漏某些生理或发育问题，父母们应该彻底研究孩子的医疗记录，为应对以后意想不到的健康状态做好准备。

在美国的医学评估。 孩子来到美国后的两周内，养父母应该带他／她去拜访医生。医生会进行彻底的检查，评估成长和营养状况，回顾医疗记录，衡量孩子的发育情况。疾病控制和预

防中心也会推荐做血液和大便检查，以防有感染问题。免疫状况也会得到确认。

准备好去爱孩子。亲密育儿法对海外收养的孩子尤为重要，因为他们可能与最初的照顾者没能建立好亲密的纽带关系。

双胞胎

生一对双胞胎，意味着父母的辛苦会加倍，乐趣也会加倍。在生下双胞胎宝宝的第一年里，大部分父母会觉得生活苦不堪言，下面告诉你如何让生活变得简单一些。

双重准备。双胞胎或多胞胎在前期孕检时就可以检验出来，很少会让你猝不及防。记住，多胞胎通常会比预产期提前两三周出生，不要等到临产才开始手忙脚乱。参见第3章，将购买必需品和安排房间等事宜在产前一个月完成。你可以从有经验的父母那里获取节省时间和精力的技巧，或通过互联网了解更多关于多胞胎的知识。

双人团队。家里只有一个独生子，爸爸的参与可能显得可有可无，但生了双胞胎，爸爸非参与不可。养育双胞胎时，爸爸和妈妈的角色划分并不那么清晰。除了喂母乳（即便是这件事爸爸也可以帮忙）外，所有事情爸爸都可以分担。

没错，对双胞胎实行亲密育儿法需要付出更多的时间和努力，但你得到的回报也是双倍的。你很难每时每刻都做到亲密育儿法要求的每项内容，但尽你的能力去做。

双人大餐。养成同时给两个宝宝喂奶的习惯。如果爸爸在家，而且你是用奶瓶喂的，那两个人可以同时各喂一个。如果你是母乳喂养的，可以用第205～206页介绍的姿势。

双重义务。喂奶要同时，睡觉最好也同时。每天固定有两段时间和双胞胎一起躺在床上，有利于形成一个持续的睡眠规律。在头几个月，如果没有4只手，简直不可能同时给两个宝宝洗澡。如果你觉得两个孩子窝在浴盆里太拥挤，让你手忙脚乱，可以洗完一个再洗另一个。宝宝不需要每天洗澡，所以你可以今天洗这个，明天洗那个，后天轮到你自己洗。在不洗澡的日子，用海绵擦洗脸和尿布区就可以了。

双倍组织力。双胞胎出生后，你在时间管理方面做出的成绩简直可以获得一个荣誉学位。只做你必须做的，其他的扔给别人。把购物清单交给爸爸、奶奶或你信任的朋友。能等的事情就先让它等着。向同是双胞胎妈妈的朋友咨询一些秘诀，例如如何准备食物。如果你用尿布的话，能帮你洗尿布的洗衣店可以解你燃眉之急。

双人床。医院里通常会把双胞胎

分开，放在两张婴儿床上，事实上大部分双胞胎如果能肩靠肩或面对面地一起躺在床上，会更容易平静下来。毕竟他们在子宫里就这样做了9个月的室友。等他们长大一些后，是要一起睡还是分开睡，取决于他们怎样睡得比较好。

寻求帮助。 至少在头几个月要雇一个保姆。对生双胞胎的父母来说，这并不奢侈，而是必需的。如果朋友们问你需要什么帮助，就请他们帮忙做家务或送餐到家里。

两个一起抱。 宝宝抱着时哭得少，双胞胎也是。一个宝宝哭闹，会影响另外一个，而同时安慰两个宝宝真是一件让人头大的事情。买两个婴儿背巾，一个给妈妈，一个给爸爸，经常带着宝宝出去走走。经常出门能减轻你被绑在家里的感觉。

两个人的区别。 如果你很难把两个相貌相似的宝宝区别开，可以试试用些"标签"：让其中一个戴手镯，剪不同的发型，或穿不同的衣服等。你也可以仔细检查宝宝的身体，看是否有些胎记、酒窝等可以用来区别。千万别让宝宝穿一样的鞋，否则光是要分清哪双跟哪双就够你忙的。你可以买两双不同款式的鞋，也可以买两双不同颜色的鞋。随着双胞胎逐渐长大，即使是最像的外貌也会逐渐变得各有特点。

叫两个人的名字。 记住，你是在抚养两个不同的个体。要叫他们各自的名字，而不是直呼"双胞胎"。

相像但是不同。 当两个小家伙长大些后，你要对两个人的不同发展方向做好心理准备。他们喜欢当双胞胎，但也想成为独立的个体。他们可能今天想穿一样的，明天就想穿得不同。对他们要顺其自然。当他们想当双胞胎时，就对他们一视同仁；当他们想做自己时，就用不同的方式对待他们。

双胞胎的成长有别于其他宝宝，他们能相互适应。父母要付出双倍的努力，也会获得双倍的乐趣。当宝宝们会坐、会爬时，父母就可以稍微喘口气了，因为宝宝们可以一起玩耍，相互交流。

当孩子进入需要高度监督的阶段时，你的眼睛就得像看人打乒乓球一样忽左忽右，监视两个宝宝不会做出任何危险动作。这段辛苦的日子很快会改善，但永远不会过去。这就是抚育孩子的乐趣——养一个是这样，养两个也是这样。

单亲家庭

提起单亲家庭，我们就会想到独自抚养孩子的单亲妈妈的形象。其实单亲家庭有两种：单亲妈妈和单亲爸爸，但我们这里只讨论单亲妈妈的问题。

下面的内容，希望能帮单亲妈妈在很好地照顾宝宝之外，还能多留点时间照顾自己。

选择一种最适合你的育儿方式。 根据我们的经验，大部分情况下，最适合单亲妈妈的育儿方式就是亲密育儿法。你不可能每时每刻做到亲密育儿法所要求的一切，但要尽可能多做。在单亲环境下，实行这种育儿方式难度要大很多，但也更重要。在没有伴侣支持的情况下，你需要对宝宝的行为和需要格外敏感，而亲密育儿法能给你做决定的自信和渡过难关的智慧。阅读第 1 章里谈到的有关亲密育儿法的优点，你就会明白为什么这种育儿方式能改善宝宝的行为，也能让你的生活变得简单。

不要孤立，寻求帮助。 你是个单亲妈妈，但你不是超人，你也不需要当超人。即使是双亲家庭也需要帮助，何况是单亲。与一些机构、别的单亲父母、亲戚朋友联系，寻找帮助。任何能给你丰富经验和实际帮助的朋友都不要拒之门外。

留点时间给自己。 要意识到你的精力是有限的。为了弥补宝宝缺少的父爱，你可能会让自己加倍付出，从而落进"我的宝宝太需要我了，我没有时间做别的事，见别的人"的陷阱。宝宝需要的是一个快乐的妈妈。

解决好抚养争端。 虽然孩子只是个宝宝，离婚的父母最好还是采纳青少年法庭的座右铭：怎么对孩子好，就怎么做。经常出现的情况是，孩子还没断奶，爸爸要求过夜探视。如果你面临这样的问题，可以参考国际母乳会的网站 lalecheleague.org，上面有一些有用的文章，在"资源"版块，搜寻"母乳喂养和法律"相关内容。

单亲妈妈经常会有内疚感，怀疑自己是否对宝宝做得不够。有时，也会有受骗的感觉，怀疑生活是否对自己亏欠太多。

记住，育儿本来就是一个充满负疚感的职业，即使是在最好的家庭环境中，你也不敢自信满满地说自己是个 100% 的好妈妈。

玛莎和我都来自单亲家庭，我们很小的时候就都失去了爸爸。我记得小时候很讨厌妈妈加班，不能像邻居家的妈妈一样整天在家陪着孩子。然而，从孩童时代至今，我都清楚地知道妈妈是爱我的，她是在不尽如人意的条件下尽最大努力来爱我。如果你能让你的孩子了解这一点，就已经是个称职的单亲妈妈了。

照顾唐氏综合征宝宝——特殊育儿方式

当玛莎最后一次用力把宝宝向外推时，我从产道中轻轻地把小家伙向外拉，先摸到的是宝宝的头，然后是粗短的小手和弯曲的小指头。在那一刻，我意识到我们生了一个患唐氏综合征的宝宝。我们想要的宝宝和我们实际得到的宝宝并不一样。在抚育这个叫史蒂芬的宝宝的过程中，我们了解到这个有着特殊需要的宝宝需要我们有特殊的育儿方式。对这类宝宝，相互给予的原则依然起作用。当史蒂芬学会了一些技能时，我们也学会了一些技能。他不断地激发我们，也从我们身上获得了最好的东西。关于这种常见的染色体异常疾病，父母们最关心以下几个问题。

频率多高

唐氏综合征是以约翰·朗顿·唐（John Langlon Haydon Down）医生的名字命名的，他于 1866 年第一次描述了这类病儿的特征。唐氏综合征的发病率为 1/700，会随母亲生育年龄的增加而增加：

- 25 岁以下的女性：1/2000
- 30 岁的女性：1/1300
- 35 岁的女性：1/400
- 40 岁的女性：1/90
- 45 岁的女性：1/32
- 50 岁的女性：1/8

看上面列的这些数字，很让人惊慌。如果医生告诉一位妈妈："你现在 35 岁，生出唐氏综合征宝宝的概率是 20 岁时的 5 倍。"这可能会让很多高龄妈妈吓得不敢生孩子。我是

这样跟前来咨询的妈妈解释风险因素的："在 20 岁时，你有 99.95% 的概率不会生出一个唐氏综合征宝宝；到了 30 岁，这个比例是 99.75%。"这样说是不是更让人安心些？这就是为什么我认为在 35 岁时因为害怕唐氏综合征而不敢生宝宝还为时太早。45 岁怎么样？即使在 45 岁，你也有 97% 的概率不会生出唐氏宝宝。因此，就算是高龄产妇，生出健康宝宝的概率也不低。

从这样的概率来看，我们认为叫一个 35 岁的妈妈去做产前诊断测试（羊膜穿刺术或绒毛膜采样）是没有必要的。衡量一下这个事实：你 35 岁时生出唐氏宝宝的概率只有 0.25%，而测试伤害到正常胎儿的概率却高达 1%。是否要做产前诊断测试，应该由你和医生商量决定。

为什么会有唐氏综合征

当睾丸与卵巢在制造精子和卵子时，会进行一种分裂，使每个细胞中的 46 条染色体平均分配到两个子细胞中，数量减半，这种分裂叫减数分裂。因此每个正常的精子和卵子都含有 23 条染色体，两者结合后，便形成一个有 46 条染色体的细胞。在偶然情况下，减数分裂会产生染色体分配不平均的现象，一个子细胞会因为缺少一条染色体而死亡，而另外一

个子细胞得到额外的染色体，于是活了下来。如果这个子细胞和精子（或卵子）结合，得到的受精卵就会包含47条染色体。在唐氏综合征这种病例中，这条额外的染色体位于第21号，因此这种病在遗传学上的名称是21-三体综合征，也就是说，细胞含有3条21号染色体。其他位置的3条染色体一般会导致流产或婴儿夭折。为什么一个额外的染色体能导致唐氏综合征的病症，至今还是未知。这种不均衡的细胞分裂偶尔发生，被称为"不分离"，约95%的唐氏综合征是由此导致。

有种很罕见的遗传性唐氏综合征（大概占唐氏宝宝的2%～3%）是由于染色体移位导致的。在这种情况下，21号染色体中的一条会附着在另一条染色体上，这样，表面上看来，细胞只有45条染色体。然而，这样的人还是正常的，因为他还是具有46条染色体的遗传信息。但这个21号染色体移位的人的精子或卵子与配偶的卵子或精子结合后，生成的受精卵表面上看有46条染色体，事实上却有3条21号染色体。可以通过抽血化验了解宝宝究竟是哪种染色体异常。无论是不分离还是移位造成的唐氏综合征，都可以通过了解宝宝血细胞中染色体排列而确定。虽然大部分染色体移位是因为偶然，但如果父母中一方是21号染色体移位的细胞携带者，那么生出唐氏宝宝的概率就会增加。如果分析宝宝的血液证实是由于染色体移位，接着分析父母的血液，就会揭示出是出于偶然，还是因为某一方是携带者，从而知道未来生育异常宝宝的风险有多高。

还有一种唐氏综合征，叫做无色体型，这种宝宝的某些细胞包含正常染色体，另外一些细胞却有额外的21号染色体。这就是为什么在做血液分析时要分析很多个细胞。有时候（但不总是）患无色体型唐氏综合征的宝宝症状会比较轻微。

为什么是我们

染色体异常是偶然事件，你不必自责或怀疑自己在孕期做了什么不该做的事。女性一出生，体内的卵子数量就是固定的，终其一生都不会产生新的卵子。和其他组织一样，卵子活得越久，出问题的可能性就越大。而为什么精子会发生这种事仍是一个谜。新的精子会不断产生，没有所谓的老化精子。不过，50岁以上的男性精子发生染色体异常的概率会比较高，原因尚不清楚。

常见的医学问题

唐氏宝宝会面临很多潜在的医学难题，包括：

- 心脏缺陷：大约40%的唐氏宝宝先天心脏发育异常。目前大部分都能通过外科手术矫正。

- 肠道缺陷：大约4%的唐氏宝宝上肠道阻塞，也就是十二指肠闭锁，必须通过手术疏通，才能让食物通过。

- 甲状腺机能减退：大概有10%的唐氏宝宝会出现这种问题。患这种病的可能性会随宝宝年龄增长而增加，而且检查时并不明显，所以应该每两年检查一下宝宝的甲状腺功能。

- 视力问题：很多唐氏宝宝都会有视力问题，如斜视、近视、远视和白内障。

- 听力问题：约50%的唐氏宝宝会有不同程度的听力问题，这跟他们很容易得中耳炎有关。

- 颈椎不稳：大约有10%的唐氏宝宝的颈椎——就是跟颈部连接的部位——不是很稳定。这种情况叫做寰枕关节不稳定，宝宝在进行与人接触的运动中容易因为摇晃而损伤脊髓。所有唐氏宝宝在被允许参加有身体接触的运动项目前，都应该先做颈椎的X光检查。

- 容易感冒：唐氏宝宝因为免疫力低下，加上鼻腔通道较小，更容易发生鼻窦炎和中耳炎。

- 肥胖。唐氏宝宝通常缺乏对胃口的控制力。这就是为什么父母和其他照顾者需要帮助他们建立一个良好的饮食习惯，就像我们在本书中介绍的那样，对唐氏宝宝要双倍地注意。为了让宝宝苗条，母乳喂养要尽可能地长久，而且要给孩子吃"真正"的食物。这两项措施有可能塑造孩子终生的健康饮食习惯。但要监督几年孩子的饮食习惯。

唐氏宝宝的智力

唐氏宝宝智力水平一般低于通常水平，有些宝宝的情况格外严重。如果能尽早开始进行特殊教育，很多唐氏宝宝可以跟正常孩子一样上学。语言发展滞后是唐氏宝宝最明显的问题。因为他们的运动机能发展速度较慢，所以看他们的成长，就像看一部慢速播放的宝宝成长电影。唐氏宝宝的发育与进步不像一般宝宝那样可以预测，所以他们一点一滴的成长，对父母而言都充满了惊喜和兴奋。

唐氏宝宝也许功课不如别人好，但他们很会处理人际关系。跟所有孩子一样，唐氏宝宝也有表现好和表现不好的时候。但一般来说，这些宝宝感情丰富、简单快乐。他们喜欢跟人拥抱、亲吻，总是无忧无虑。他们对其他人的爱心和关怀非常具有感染力，甚至会让周围的人怀疑："到底谁是正常人？"唐氏宝宝绝对有非常闪光的一面。

养育这些特殊的宝宝

对这些宝宝，亲密育儿法真正体现了其闪光点。亲密育儿能让你读懂宝宝的特殊需求，就像有第六感一样。因为宝宝的信号最初并不是那么好懂，因此你可能需要更好的直觉和观察能力。（参见第 202 页给唐氏宝宝喂奶的实用建议。）

别拿这样的宝宝跟其他宝宝比较，否则会伤透你的心。当我有了一个特殊的宝宝，每次在诊所给别的宝宝做健康检查时，总是忍不住想："我们的宝宝看起来、摸起来都不是这样。"想到自己的宝宝跟其他孩子不一样，我心里非常痛苦。直到我开始注意我们宝宝的独特品质，而不是去比较他缺少什么时，才真正克服了这种感觉。

在你家附近寻找一些可用的资源，如为唐氏宝宝专设的课程等。考虑一下加入一个支持唐氏综合征的爱心机构，你会得到一些有过同样经历而现在已经走出阴霾的父母的建议和安慰。有位唐氏宝宝的妈妈写信给我说："史蒂芬会给你的生活带来前所未有的色彩。"

有些父母找遍了各种爱心机构和社区资源，尽其所能地学习有关唐氏宝宝的育儿知识。也有些父母只找了几家爱心机构，然后就不再把生活的重心放在唐氏综合征上，而是努力让他们的宝宝融入家庭生活中，他们觉得这样做能把更多的注意力放在自己这个有特殊需要的孩子身上。例如，当史蒂芬把他的手掌放在我脸颊上时，那种柔软的触摸，是我从未感觉过的。

特殊需要的宝宝会给家庭带来特殊的礼物。就我的经验而言，采用亲密育儿法的父母和他们的宝宝相处十分融洽，对宝宝形成了一种不可思议的敏感性。这种敏感性也会进入他们的社会、婚姻和职业生活中。宝宝的兄弟姐妹也会感染到这种敏感性。抚育这样的宝宝是全家的大事。我注意到，小哥哥、小姐姐在照顾他们的唐氏小弟弟或小妹妹时，原本自我中心、自私的个性不见了，而是表现得充满爱心、感情细腻。总之，一个有着特殊需要的宝宝能让全家的感情更亲密。

另一方面，养育一个有特殊要求的宝宝容易对婚姻产生压力。在照顾宝宝的事情上，有必要保持平衡。有些妈妈把精力完全放在宝宝身上，而忽视了家里其他人。她们很容易有这样的感觉："我的宝宝很需要我，而我丈夫是个大男人了，能自己照顾自己。"每一对伴侣都需要彼此照顾，这样他们才能很好地照顾宝宝。

对于唐氏宝宝家庭的亲戚朋友有一句忠告：不要对生了唐氏宝宝的父母滥施同情。像"我觉得很难过"

这样的话，既贬低了宝宝，也贬低了父母。根据我们的标准，这样的宝宝可能算是"不正常"，但每个个体都有自己对社会、对家庭的价值。我们生下史蒂芬后收到了许多朋友的慰问，我记得最振奋人心的话是一位老奶奶说的："我希望你能为这个有特殊需要的宝宝感到高兴。"

宝宝和宠物

如果你们已经把一只狗从小养到大，那么养一个孩子似乎是很容易的一件事，但不要没有计划。

先有宠物，后有宝宝

把一个新宝宝介绍给受宠的宠物，会引起类似手足之争的问题。宠物和宝宝如何才能安全而平静地相处呢？

宝宝到来之前

如果你的宠物从没有跟宝宝相处的经验，那么在宝宝到来之前，要让它先习惯有宝宝的环境。邀请有宝宝的朋友带上宝宝来家里玩，让你的宠物闻闻宝宝（当然要有人看着才行），习惯小婴儿的味道。你原本给宠物的爱，很快就会转移到宝宝身上，因此最好提前给宠物"断奶"。当宠物想引起你的注意时，你就坐上摇椅，

手上抱个洋娃娃，让它学会多等一会儿。和小哥哥、小姐姐一样，家里添了个小宝宝，宠物最初会感觉失落，但最终会恢复原状。

兽医建议把宝宝在医院用的毯子或睡袋拿回家，这样在真正的小宝宝来到家里之前，宠物就能习惯宝宝的味道。

还有，如果你家的猫和狗一直习惯睡在你床上，在宝宝到来之前，你要让它们习惯睡在卧室以外的地方。

如果你家的宠物就是不能接受小宝宝，那么你可能得在宝宝到来之前给它找个新家——虽然这听起来有些残忍，但不值得冒险。

宝宝和宠物第一次见面

当妈妈、爸爸和宝宝3个人一起从医院回到家时，要做好心理准备，你的宠物可能会迫不及待地跳到你怀里，因为它很想你。你可以坐下来让宠物好好闻闻你。宝宝和宠物见过面后，你喂奶或抱着宝宝时，也让你家的猫或狗靠在你身边，就像对宝宝的小哥哥、小姐姐一样。

产后和宠物的相处

带着宝宝回家后的头一两周，是宝宝和宠物彼此熟悉的时间。千万不要留下宝宝单独和宠物在一起。活泼的狗行为很难预料。猫喜欢跳到婴儿床上，和宝宝偎依在一起。

先有宝宝，后有宠物

你真的想养宠物吗？在选择让一只4条腿的家庭成员进入你的生活之前，先考虑一下你有没有时间、精力和金钱去照料。就算有朋友要送你一只宠物，也千万要记得没有免费的宠物。虽然刚刚学走路的宝宝在花园里与狗追着玩的画面确实很温馨，但是在要求你高度投入的育儿阶段，你有时间和精力去照顾两个"宝宝"吗？

小心这样的事情：有只流浪猫或流浪狗跑到你家门口，你的大孩子很想收养它们，抱着这些无家可归的小家伙恳求你："求你了，妈妈，我能留下它吗？"恳求的孩子加上嗷嗷待哺的小动物，这的确很难拒绝。我们家就曾经给很多迷路的小家伙提供过庇护，而且不止一个晚上，有时候甚至要付出我们想象不到的代价。告诉你一个"谈判"策略：当孩子想要宠物时，一定让他自己担负起照顾这只小动物的责任，而且要写下字据。

选择一个宠物

某些宠物和宝宝就是不能和平共处。小猫通常对小宝宝很友好。有些品种的狗尤其喜欢小孩。不要选择那种行为无法预测的品种，如杜宾犬。也不要选容易兴奋的种类，如喜欢一直叫的小型犬，它们经常会做出一些你无法预料的事情，又不讨人喜欢。

要选性情温和的品种，如拉布拉多犬。纯种狗风险较小，但收容所里健康、性情温和的流浪狗也可以带回家里试试。在带宠物回家前，要让宠物原来的主人同意你先试养两周。如果宠物的性情和宝宝不合，就把它送回去。

养一只健康的宠物

虽然宠物能给宝宝带来的快乐远大于细菌的问题，但宠物的健康也会影响全家的健康。在选择宠物前（不管是买的还是别人送的），先让兽医做一番检查。定期请兽医清除宠物身上的寄生虫和跳蚤。如果宠物满身都是跳蚤，宝宝也会被跳蚤叮得很难受。要让宠物定期打疫苗。

如果狗咬了宝宝

被狗咬过的伤口很容易感染。用杀菌香皂清洗伤口，抹上抗生素药膏，直到伤口愈合。如果伤口很严重，请医生开抗生素。

和宠物安全相处

到两岁左右，宝宝就能明白怎样跟宠物安全地相处。记住，宝宝对待动物就像对待玩具，他们会拉宠物的耳朵和尾巴，跳到狗身上，或者把猫扔来扔去。教孩子不要在宠物吃东西时去打扰它，不要去抓狗正在啃的骨头或装着饲料的盘子。把喂宠物的盘子放在宝宝够不着的地方。狗咬人最常见的原因是为了捍卫自己的食物。

　　教孩子如何面对一只陌生的狗，尤其是去有宠物的朋友家时更要警惕。当宠物在边上转圈、嗅的时候，教孩子站着不动。告诉孩子不要眼睛瞪着宠物，不要用突然的动作来激怒宠物，也不要一看到狗就跑。跟小狗讲话要用温柔的语调，就像跟小宝宝说话一样。小孩子总是容易激怒狗，有些狗又特别容易被激怒。

　　宠物和宝宝可以合得来，但需要小心。

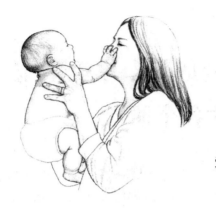

第四部分
婴儿成长与行为

　　宝宝一天天地成长，会发生哪些变化？我们怎样做才能让宝宝健康快乐？宝宝的每一个成长阶段如何影响我们的生活？我们真的能影响宝宝的未来吗？这些都是新父母经常问的有关婴儿成长的问题。根据最新发现，父母的育儿方式对婴儿成长的确有影响。人们常用坐电梯来形容婴儿的成长。每过一个月，宝宝就会坐电梯向上升一层楼，等电梯门打开，他就会走出去，去探索新的技能。有了父母适当的照料、充足的营养和健康的身体，宝宝会从一个阶段过渡到另一个阶段。在这个过程中，起主要作用的是婴儿自身的基因和性格。

　　这种看法并不完全准确。每个宝宝来到这世界时都带着自己独有的潜能，就像一个量杯。量杯有大有小，不同宝宝的潜能也有大有小。宝宝的潜能发挥到什么程度，很大程度上取决于父母的照料和回应。你可以影响宝宝的量杯到底能装多满。在这一部分，我们会让你看到这一点。

第 19 章　共同成长：享受宝宝成长的各个阶段

我们再来看一下前面说的那个成长电梯。宝宝每来到一个新的楼层，都带着之前储备的某种能力。这些能力如何发展成技能，取决于他在新的楼层上和外在环境的互动。如果互动是积极、丰富的，那么宝宝就获得了更多技能，也就能更顺利地到达下一个楼层。由于宝宝来到了一个楼层时带来了更多的技能，因此他在这个楼层的互动中就会收获更多。

共同成长

接下来，我们不仅着眼于宝宝的成长，也关注父母的成长——即亲子关系的成长。婴儿成长以及老生常谈的婴儿刺激不仅是说宝宝做了什么，父母为宝宝做了什么，而是说宝宝和父母能为彼此做什么。成长是一家人的事。以下就让我们来看看父母与宝宝如何共同成长。

相互敏感。当你与宝宝共同度过了他生命的头两年，目睹了他的很多成长阶段，你会发现你们彼此已经非常了解，非常有默契，也更加敏感。

相互塑造。当你和宝宝开始相互敏感，你们也就开始塑造彼此。这种相互塑造有一个很好的例子，就是父母和宝宝相互塑造了对方的语言。表面上看，父母似乎回到了小时候，行为、说话和思考都降低到与宝宝同一个水平。父母首先要变得像宝宝一样，宝宝才能更容易地变成像父母一样的大人——双方都发展出以前从未有过的交流技巧。相互塑造是父母和宝宝学会相互适应的最重要的方式之一。

相互提高能力。当你和宝宝开始相互敏感，相互塑造，你的能力也就提高了。宝宝发出信号，你观察、倾听、学习、反馈。因为你密切观察，积极回应，宝宝才更有动力继续发出信号。

以宝宝发展社会技能为例。宝宝

刚出生没多久，就知道用哭声要求吃奶和安抚，父母也会立刻做出回应。再过一段时间，宝宝就能学会用面部表情和身体动作来表示"抱抱我"的要求。只要父母观察到了这个信号，做出了回应，久而久之，宝宝就能学会更好地交流，而父母解读宝宝信号的能力也提高了。

人们过去总认为婴儿是个被动的接受者，其实他在塑造行为和提升父母能力方面扮演着一个积极的角色。

亲密育儿法：如何建立更好的亲子关系

在多年的儿科坐诊经历中，我们注意到，某种育儿方式及其不足与婴儿成长有着显著联系。对大部分家庭来说，亲密育儿法是最适合的，也是最有效的。第1章里我们列举了亲密育儿法7个方面的内容（参见第4页），并在接下来的章节中，讨论了这种育儿法是如何有利于宝宝成长的。让我们简要地回顾一下重点。

亲密育儿法帮助宝宝（和父母）健康成长

所有的宝宝都会长大，但不是所有的宝宝都能健康成长。只有健康成长才能最大程度地发挥宝宝的潜能。

帮助宝宝健康成长是亲密育儿法的目的所在。研究证实了父母们早就知道的事实——父母和宝宝保持亲密，对双方都有好处。例如：

• 接受亲密育儿法的婴儿能发展出更好的能力。

• 根据宝宝信号进行母乳喂养、适时断奶、经常被大人抱、和父母睡在一起、哭闹时能得到及时回应的宝宝，最终会变得更独立。这种育儿方式不会像以往认为的那样，让宝宝产生过度依赖。

• 婴儿时期发出的信号如果能得到敏感的回应，宝宝长大后社交的能力会更强。

• 亲密育儿法能促进婴儿大脑发育。研究表明，得到敏感照顾的婴儿精神发展更健全，智商更高。

• 和母兽亲近的幼兽体内生长激素和对脑部发育至关重要的酶含量都比较高。与母兽分离或互动不够，生长激素就会降低。

研究得出了很多令人振奋的结果。我们相信父母和宝宝紧密联系、积极互动能带来如下好的结果：

亲密育儿法能使宝宝更合理地分配精力

用亲密育儿法来养育宝宝，宝宝的需求都能得到满足，所以哭得比较少。在不哭的时间他们干什么呢？他们会有更多的时间保持一种安静而警

记下宝宝成长的故事

想留下珍藏一生的宝贵记忆吗？给你的宝宝写本书吧！从分娩的时候写起，给宝宝的成长做记录。

记录的技巧

你可以用简单的便签簿，也可以在日历上做记录，还可以在电脑上写。我们发现，最简单的方法是在厨房一角放一台口袋大小的便携式录音机。把那些值得纪念的事都录下来，甚至有时候是在事情发生的现场，如宝宝第一次学走路。定期把录音带的内容打印成文字，或雇一个朋友帮你打印。

（本书摘录的"玛莎笔记"就来自她写的有关马修和史蒂芬的记录。）

记录什么

空话太多会使主要的事件变得模糊。一开始就把标题列出来，就像我们在本书中用的格式一样，拟一些言简意赅的标题，方便以后查找。记下宝宝成长中的关键事件，例如第一次坐，第一次走，第一次说话。有趣的事情和场景也要记下，我们称之为"精彩瞬间"，比如"今天我看到约翰尼把卫生纸扯得满屋子都是"。也不要忘了特殊的日子，例如生日。还要记下你的成长历程。有时候你会对自己做的事情很吃惊："我做过吗？""很不错嘛！"千万不要让你的智慧白白溜掉。

在头几个月或头几年，你大概会每天记，每周记，因为宝宝的变化实在太快了。当宝宝长大了，你可能也记累了，也许只记下特殊事件的一个标题或来个每月的总结。几年以后，拿出宝宝的这本记录，和现在的他相对照，是很有趣的一件事。当时间过去，童年的宝宝印象越来越模糊的时候，这些故事能帮你重温过去，和不断长大的孩子重新建立感情。当孩子长大要结婚了，或者要为人父母时，你甚至可以复印一本当做礼物送给他。长大的孩子看到你日记中记录的那些烦恼的时刻和无眠的夜晚，就会更懂得当初你是如何养育他的。

觉的状态，在这种状态下，宝宝与环境互动和学习的效果最好，省下来的精力就可以用到成长上。

亲密育儿法有利于大脑发育

婴儿时期的大脑发育是人一生当中最快的，脑容量会增加一倍，到宝宝一岁时，脑容量已经达到成人的约60%。随着大脑发育，神经元也快速增长。宝宝刚出生时，很多神经元并没有相互联系，在此之后，神经元开始彼此连接，使婴儿的思考能力与行动能力有了更大的进步。婴儿与周围人的互动越多，神经元的连接就越多，大脑发育就越好。亲密育儿法帮助婴儿大脑建立正确的连接。

关闭综合征

有一天，第一次当父母的诺姆和琳达带着他们4个月大的女儿——高需求宝宝希瑟来找我咨询。这家人一直采用亲密育儿法，虽然累，但效果很好。希瑟是个快乐、健康的宝宝。后来他们的一个朋友出于好心劝告他们，说他们这样会把希瑟宠坏了，使她控制他们的生活，还会让她一辈子无法独立。

诺姆和琳达对自己的育儿能力失去了信心，在压力下改用了一种克制式育儿方式。他们开始按时间表喂奶，希瑟哭也不去管，也不怎么抱她了。结果，两个月过后，希瑟的体重突然不再增加。她也不再开心，变得不愿跟人交流，没有了光彩，父母也很憔悴。希瑟进入了一种医学上所谓的不能健康成长的状态。

听了这个故事后，我给希瑟做了检查，诊断为"关闭综合征"。我解释说：希瑟非常需要父母的关爱，起初他们对希瑟的反应很积极，她也就很有组织性，相信自己的需要能得到满足。这时候状态很好。而当亲密育儿突然停止后，她和父母的紧密联系消失了，她也不再信任父母。一种类似婴儿抑郁症的现象产生了，她的生理系统运转慢了下来。我建议这对父母重新恢复之前的育儿方式，多抱，根据宝宝的信号喂奶，对哭声积极回应，最重要的是，采用一种适合他们的育儿方式，而不是其他人的建议。他们采纳了我的建议，而希瑟比以前成长得更好了。

宝宝的成长

在我们开始描述宝宝从出生到两岁的发展历程之前，先介绍一些基本的规律，帮你更好地理解和享受你的宝宝的独特发展历程。

生长曲线图

每次你带宝宝做健康检查时，医生都会在生长曲线图上记下宝宝的身高、体重和头围。曲线图上的每一根线都代表了百分数，指的是你的宝宝和其他100个宝宝比较后所在的位置。

例如，50%——平均的位置，指的是50个宝宝在这条线以上，50个宝宝在这条线以下。

如果你的宝宝位于 75%，说明他高于平均水平，有 25 个宝宝在他之上，还有 75 个宝宝在他之下。

要注意，这些图表并不总是正确的，它们体现的是几千个宝宝的平均值。平均的成长模式未必就是正常的模式，你的宝宝有自己的正常成长模式。这些图表只是为了方便医生发现哪些宝宝的生长趋势可能有问题。(参见 757 ~ 758 页的生长曲线图。)

能力曲线图

宝宝的成长既包括身体的成长，也包括能力的提高。记下宝宝相关能力的发展程度。在某些特定的阶段，看宝宝是否达到了一些成长里程碑，如坐或走路。宝宝达到各个成长里程碑的速度可能并不均衡。他也许会某一项"超前"，而某一项又"落后"。

进步比时间表更重要

宝宝什么时候达到某个成长里程碑并不重要，重要的是他在成长。你的宝宝从会坐、会站，慢慢变得会走。他学会做这些事的年龄可能跟隔壁家的宝宝不同，但他们的进步方向是相同的。只需要把宝宝和一个月前的样子相比就行了。婴儿在经历每个阶段所用的时间是不同的，有的很快

就能从一个阶段进入到另一个阶段，有的甚至可能"跳级"前进。不要跟邻居家比哪个宝宝最先会走路，这种竞争既说明不了宝宝的能力，也说明不了父母育儿成功与否。

婴儿成长为什么会不同

不同的婴儿不仅长相不同，行为不同，成长的模式也不同。这样每个人才是独一无二的。父母要理解，正常成长的模式下会有诸多差异，很多小小的挫折也会影响成长和发育。

宝宝的体型。你的宝宝到底是高瘦型的，矮胖型的，还是运动型的，都取决于基因。

瘦型体质者（"香蕉型"）会把更多能量用于长身高而不是长体重，通常他们的身高位于生长曲线图平均线以上，体重位于平均线以下，或者刚开始时位于平均线附近，后来变得身高往上走，体重往下走。

运动型体质者（"苹果型"）比较结实，他们的身高、体重一般都居于生长曲线图的平均线附近。

胖型体质者（"梨型"）与瘦型体质者刚好相反，体重偏高而身高偏低。所有这些都是正常的，说明看生长曲线图时要结合宝宝的体型（及家族遗传）。

快速成长期。虽然生长曲线图显示的是平稳、顺畅的进步，但很多

宝宝并不是这样。有些宝宝会一会儿猛长，一会儿又停滞。对照生长曲线图，你会发现宝宝在经历了一段时间的快速成长后，接着是一段毫无进展的平稳过程。而有些宝宝在第一年身高和体重方面都会显示出持续稳定的增长。

健康和营养。宝宝生病时会暂时把能量从长身体转移到治愈疾病。长时间的感冒可能会让宝宝的成长停顿下来。如果发生腹泻，宝宝的体重甚至可能减轻。等到病好之后，宝宝会紧追猛赶地长身体。母乳喂养的宝宝和吃奶粉的宝宝成长模式也不同，只是我们现在用的生长曲线图体现不出这一点。一些吃母乳的宝宝——特别是高需求宝宝和吃奶勤的宝宝，体重可能会位于平均线以上，被不公平地定义为"超重"。几乎所有这些"超重"宝宝都会在 6 ~ 12 个月时自然变瘦，因为这时母乳里的脂肪自然地减少了。在前 6 个月位于体重平均线以上的"超重"宝宝，不管是吃母乳的还是吃奶粉的，都会在 6 ~ 12 个月时因为运动能力的发展而变瘦（参见第156 页"母乳喂养的宝宝更苗条"）。

婴儿成长的 5 个方面

我们把婴儿从出生到两岁发展的技能归为五大类：粗大运动技能、精细运动技能、语言技能、社交和游戏技能，以及认知技能。

粗大运动技能。婴儿如何用他身体上较大块的肌肉——躯干、四肢和脖子——是由粗大运动技能决定的。这类成长里程碑包括头部控制、坐、爬行和走。从宝宝出生到两岁，粗大运动技能的发展会让越来越多的身体部位脱离地面，从头到脚都能动。

精细运动技能。婴儿玩玩具时需要的是手和手指的精细运动技能。和粗大运动技能一样，精细运动技能也是有规律地发展的，从像打拳击一样不太精确地把手伸出来，到能用拇指和食指把小东西捡起来。

语言技能。父母最能影响婴儿的技能是语言技能。你可能会觉得宝宝到一岁半或两岁时才能开口说几个字，但事实上宝宝从一出生就在"说话"了。新生儿的哭声，能吸引护士跑过来，能让妈妈流出乳汁，能让爸妈凌晨 3 点从床上跳起来，撞到家具上——这就是语言！对小宝宝来说，语言是任何能让大人有所反应的声音和动作。宝宝出生的第一年也叫做"前语言阶段"，宝宝在能够开口说出词语之前就懂得如何交流。早在新生儿阶段，宝宝就学会了他的语言——哭，这是他与人交流的工具。如果父母能对哭声积极回应，就能帮助宝宝把这种有点命令语气的信号转化成比较有礼貌，也不那么令人头皮发麻的身体语言。

妈妈能很自然地跟宝宝交流。语言学家对世界范围内的母亲做了研究，发现一种共通的妈妈语言，称为"妈妈语"。妈妈们能够自然地将讲话方式降低到宝宝的水平，并能随着宝宝长大转到一个更高的水平。

社交和游戏技能。婴儿和父母互动以及玩玩具的方式都代表了他的社交技能。和语言的发展一样，和父母的互动能深刻地影响宝宝的社交能力。在下表中"和宝宝做有趣的事"这一项里，我们为你介绍了一些很实用的小游戏。

认知技能。每当我们看着宝宝的面部表情时，常忍不住想："他到底在想些什么？"虽然你永远也不知道宝宝的脑袋里在想些什么，但通过他的表情和去推测他的想法还是很好玩的。认知技能包括思考、推理和解决问题的能力，如考虑如何爬过障碍物之类。在第 472 页表格中我们帮你指出了一些线索，让你知道宝宝真正想什么。

自己做成长表

在宝宝的头两年，你可以自己做一个像第 472 页一样的婴儿成长表，很有用。

用一张大的海报纸，左边列出发展的技巧，最上面一行写下年龄，以月为单位。把宝宝学会的技能填上去。

在认知技能一栏，可以填入你认为宝宝的所思所想。为了简单起见，你可以像下表一样把社交和语言技能这两方面合并在一起。

给宝宝做成长表不仅能提高你的观察能力，还给你们的共同成长增添很多乐趣。

养育聪明宝宝的 7 个方法

父母能影响宝宝的大脑发育。对婴儿大脑发育的最新研究显示，对于宝宝长大后有多聪明，父母有着举足轻重的影响。婴儿期是人一生当中大脑发育最快的时期，婴儿一岁左右，大脑重量增加到 3 倍，达到成人脑容量的 60%。随着大脑的发育，神经的连接在增加。婴儿刚出生时，很多神经元没有相互连接，而在第一年当中，这些神经元会变大，彼此连接，变得好像一个网络，使婴儿能想得更多，做得更多。

这个网络是怎么工作的呢？每个神经元的尖端就像是指状的传感器，和别的神经元相连接。在神经系统刚发育时，有两个非常重要的发展，一是神经元之间的连接迅速增加，二是每一个神经元都得到了叫做髓磷脂的外衣，这使得信息传递更快，神经之间不至于出现短路。神经生物学的最新研究告诉我们，神经元的连接越多，孩子的大脑就越聪明。好的开始能让宝宝的大脑得到正确的连接。

1. 聪明的子宫期

精子遇到卵子的那一刻，宝宝的大脑发育就开始了。事实上，在妈妈子宫里的 9 个月是大脑发育最快的时期。胎儿神经系统的发育——不论好坏——是由孕期妈妈血液里的成分决定的。摄入如尼古丁、酒精、某些药物等神经毒素，会危害胎儿的大脑发育，提高日后出现认知和行为问题的风险。

除了烟、酒、毒品这些不良因素外，还有一些能用健康方式影响胎儿大脑发育的有益因素。如富含 omega-3 脂肪酸的食物（参见本书第 166 页）就是"聪明的食物"。孕期营养越差，对胎儿的大脑就越不利，一般来说，妈妈自身营养越充足，宝宝的大脑发育就越好。

2. 聪明的母乳

我们在第 135 页讨论过，研究证实了母乳喂养的宝宝比吃奶粉的宝宝智力上更有优势。研究还证实，母乳喂养时间越久，频率越高，宝宝可能就越聪明。原因如下：

• 聪明的脂肪。母乳中富含健脑的 omega-3 脂肪酸（例如 DHA、ARA）和胆固醇。这些"聪明脂肪"有利于脑部组织的成长，尤其是髓磷脂，它是包裹在每一个神经元外面的绝缘脂肪外衣，能使信息传递更快、更有效率。

• 聪明的交流。我们在第 5 页曾经讨论过，父母对婴儿信号的回应能使婴儿变得更聪明。而通过母乳喂养能有效地了解宝宝。母乳喂养的妈妈能很清楚地知道宝宝是饥饿还是吃饱了，不像喂奶粉的妈妈，她只能依靠数奶瓶刻度来含糊地了解这一点。母乳喂养带来的激素能使妈妈更敏感，因而能对宝宝的信号做出更合适的回应。因为母乳比奶粉容易消化，吃母乳的宝宝吃得更勤，因此跟妈妈交流也就更多，享受抚摸的时间也更长，这些都有效地影响宝宝的情绪和智力发育。

3. 聪明的移动

为什么背着宝宝能让宝宝更聪明呢？答案是：他们的大脑能长得更好。宝宝在忙碌的大人怀抱里能学到很多东西。背着的宝宝哭得少，因而省下来的时间和精力就用来学习。背着的宝宝醒着时会比较专注，我们称之为"安静而警觉的状态"——这是最有利于婴儿和外界环境互动、学习的状态，有助于神经的连接。婴儿与环境互动得越多，神经的连接就越多。宝宝把原来浪费在哭闹上的时间

婴儿发展一览表——0～2岁

	第1个月	第2个月	第3个月
主要技能	表现出能促进亲密关系的行为：哭、抱、咿呀声。	和父母的视觉接触。	用手玩。
粗大运动技能	躺着时会像在子宫里一样蜷缩着身子；像弹簧一样的肌肉反应；头仅能抬一点点；肌肉偶尔抽搐；双腿不能担负重量。	四肢放松，半伸展；头可以抬起45度；抱着坐时，头还不稳定；肌肉抽搐现象减少。	四肢可以完全伸展，能自由活动；头能抬得比屁股高，会四处看；双腿能短暂地承受重量；被抱起来时头部很稳；能从仰卧翻身成侧卧。
精细运动技能	手紧紧握拳；不能握摇铃。	手半张开；会没有目的地挥手；能短暂地握一下摇铃。	手能张开，做出好像欢迎的手势；手会像空手道一样到处挥，打不到东西的时候比较多；能更长时间地握住摇铃并摇晃；抓别人的衣服和头发；吮吸手指和拳头；能把手拿到面前玩。

472

第4个月	第5个月	第6个月
能准确地随物体移动视线。	能准确地用手接触物体。	坐。
能在有支撑的情况下站着；能用手臂撑着坐起来；头能抬到90度，能做180度环视；能用胳膊肘撑起身体；能从俯卧翻身成侧卧。	能坐在地上或有枕头垫着的高脚椅上；能扶着东西站着，保持平衡；能从俯卧翻到仰卧；俯卧摇摆，像飞机一样晃；能做出类似俯卧撑的动作，胸和部分肚子能抬离地面；能摇晃着向前爬一点；看东西时脖子能前伸；可以抓住脚趾。	能独自坐一会儿，用手臂支撑保持平衡，可能会往前倒；能坐高脚椅；靠着家具能站一会儿；两侧都能翻身；能手脚并用地移动玩具。
能做两手张开往前伸的姿势；能准确地抓住摇摆的玩具；能探索、轻拍妈妈的胸；抓东西时四指并拢，像带着拳击手套似的。	能用一只手去够物体；能把玩具从一只手换到另一只手，或塞进嘴里；能玩积木。	能准确地够到目标；会指玩具；很会玩积木；能用整只手把东西抓紧或用拇指和食指捡起小东西。

	第 1 个月	第 2 个月	第 3 个月
语言和社交技能	用哭声来表达需要；咕哝，喉咙发出声音；很短暂的笑；睡眠笑容；能分辨父母的声音和陌生人的声音；最多能看到 20 ~ 25 厘米远的距离，视力模糊；睡、醒、吃奶都没有规律。	咿呀声，尖叫，咯咯笑，声音带有水声，胸腔会呼噜呼噜响；回应地笑；能表现出情绪，如高兴、悲伤；会感染情绪，如父母不安时他也会不安；会吮着拇指自己安静下来；能用眼睛交流，仔细看人的脸；模糊地模仿面部表情；视线会跟着人移动；抱着放下时会哭。	能发出 a, o, e 等简单音节；能发出较大的声音，能高声喊叫；因为需要不同，哭声也不同，在哭的中间会有带着期待的暂停；开始会笑。
认知思考技能	天生的促进亲密关系的行为：哭着要吃要抱；行为主要是反射动作，而非经过思考；开始学会信任。	表现出参与行为：交流情绪，如果期望没有满足会抗议；发出信号，得到回应，增强信任；能建立联系，哭就能得到拥抱或食物。	学会因果关系：打玩具，玩具就会动；能通过笑、哭和身体语言来让别人有所反应。
宝宝喜欢的事	皮肤贴皮肤的拥抱；用手臂或背巾抱着；根据需要喂奶，而不是根据时间喂奶；眼神的交流；听父母的声音；类似子宫里的声音。	用背巾背着；看床头挂着的玩具；黑白相间的图案；音乐盒（更喜欢古典音乐）；热闹的聊天和手势；婴儿按摩；躺在爸爸的胸口上。	站在你大腿上，靠着你的胸膛，趴在你的肩膀上向前看；玩自己的手；玩的时候喜欢半竖直地坐着而不是平躺着；用手击打挂着的玩具；学习握住圆环和摇动玩具；自由自在地在地板上玩，像拍打翅膀一样拍动双手。

第4个月	第5个月	第6个月
能通过改变口型来改变声音，如"a—o"；能吐泡泡，口沫飞溅地大声发声；被挠痒痒时笑得很开心；能举起手臂要人抱；能用两眼看东西，感知更有深度，注视更专注,追踪更准确。	能发出"bababa"的声音引起大人关注；头会转向说话的人；试着模仿音调的变化和手势；观察嘴唇的移动；需要不同时，发出的声音也不同；可能显示出对固体食物的兴趣。	显示出对颜色的兴趣；能发出更长、变化更多的声音；尝试不同声调和音量的新声音，并留意声音造成的影响；能用声音和身体语言反映心情：尖叫、咕哝、笑、板着脸；能更好地模仿脸部表情。
发出信号后可以获得的回应，在脑海中会有影像（如喂奶）；懂得人和物体都有不同名称（如"猫"）。	知道怎样的声音和动作能得到回应；在玩手的时候会露出好像作决定的表情；能辨认物体形状，在接触物体前会配合物体形状改变手的形状；当你给他吃药时，他会用手推开你的胳膊。	在玩耍中显示出更多"有意"的行为：每只手各拿着一块积木时，会想怎么试着捡起第三块；用更长的时间玩弄和研究玩具。
邀请父母和自己玩；用手指娱乐自己；喜欢玩圆环、摇铃；在背巾里换成面向前方的姿势。	用脚踢；抓你的鼻子和头发；挤压玩具发出声音；喜欢坐在你的大腿上或高脚椅上玩；喜欢跟大人玩简单的捉迷藏游戏（大人把脸一隐一现来逗宝宝笑）。	玩积木；用力扔玩具；靠着支撑物在地板上玩；玩独轮手推车，滚泡沫筒；在婴儿背巾里时喜欢跨坐。

	6～9个月	9～12个月	12～15个月
主要技能	能爬，手能像钳子一样抓东西。	两脚交替爬行，能扶着东西走路。	能走路。
粗大运动技能	不用支撑就能坐直；身子能往前抓玩具；能用手和膝盖爬行；能绕转；能扶着东西慢慢站起来。	熟练地两脚交替爬行；能从爬到坐；能抓着家具站起来；能爬上楼梯，但不会下楼梯；能扶着家具乱走；不需支撑就能站着；能在别人帮助下走路；第一次自己走路，动作僵硬不稳，两脚分得很开，经常跌倒。	能独自走路，进入所谓的学步期；尝试各种走路方式；能上下爬楼梯；想爬出高脚椅；站起来就走的动作：爬、蹲、走。
精细运动技能	用拇指和食指捡起小东西；能自己吃东西（吃得一团乱）；会拍玩具，扔玩具，看着玩具往下掉；用杯子喝水。	手指抓东西的能力更强了，可以用食指捅东西和戳东西；能改变手形来适应不同的物体形状；能堆积木，扔积木；出现惯用手。	能使用工具：餐具、牙刷、梳子和电话；能打开柜子，拿出里面的东西；叠放大小成套的圆柱形容器；能用手扔球；穿衣服时能配合你的动作；能自己吃饭，拿奶瓶。

476

15～18个月	18～24个月
能听懂简单的话。	行动之前先思考，懂得大部分日常用语。
能转圈走、后退、原地打转；走得更快、小跑、跨大步走；在他人帮助下能走上楼梯；能停下来弯腰捡玩具；能爬到家具上，想爬出婴儿床；可以骑四轮玩具车；想踢球，但常踢不中；在椅子里能坐稳。	会跑，想从大人怀里挣脱出来；能向下看，避开脚边障碍物；能跳；能骑三轮车；踢球不会被绊倒；可能会爬出婴儿床；能无须帮助走上楼梯，但想一步一个台阶地下楼梯恐怕还需要大人帮忙；能开门。
能胡乱地画线和半圆；能打开抽屉；穿衣服时能合作；用整只胳膊的力量投球；能用小块食物蘸酱吃。	能打开包装；能脱掉衣服，洗手；能盖鞋盒；能用6块积木做成塔；能折纸，玩简单的拼图；举手过肩地投球；能一个人坐在桌旁。

	6～9个月	9～12个月	12～15个月
语言和社交技能	能随意地组合声母和韵母（ha, da, ba, ma, di, mu），并合在一起喋喋不休；能用舌头来改变发音："ha-da"；对自己的名字有反应；能用胳膊示意请大人来玩，举起双手表示"抱抱我"。	能说双音节的词（妈妈、爸爸），能把这些词和特定的人联系起来；懂得拒绝；能模仿咳嗽、咂舌的声音；懂得手势，能挥手表示再见。	能说4～6个简单的字词，如球、猫、狗、走；能用语言表示拒绝，还会摆手和摇头；能通过指和做手势寻求帮助；对名字有反应，能指几个熟悉的人；理解并能做到简单的指示："把球扔给爸爸"；看到好玩的场景会笑。
认知思考技能	能通过词联想到形象和图片（如"猫"）；有"里面"和"外面"的概念（注意到小容器可以放进大容器里）；面对陌生人会紧张。	记得最近发生的事情；能从词语联想到行为，你说"出去"，他会看着前面的门；能记得玩具藏在哪儿；听到"妈妈来了"就能联想到妈妈，停止哭闹；出现分离焦虑。	词汇增多和大脑发育使记东西更容易；能将熟悉的人、物和指代的词联系起来；看得出来他在思考你说的话和动作；开始学会如何对事物进行搭配：盒子和盖子，堆积木。
宝宝喜欢的事	随着音乐蹦跳；喜欢玩捉迷藏和拍手的游戏，押韵、节奏感强的儿歌；追着抓肥皂泡；滚球；好玩的小东西。	玩容器游戏：倒出来，填进去，再倒出来；翻口袋；喜欢照镜子；喜欢搭配锅盖和锅；叠两三块大积木。	喜欢能边走边推或拉的玩具；投球，扔玩具；喜欢玩触摸游戏（如"爸爸的鼻子在哪里"）；喜欢倒空柜子，给容器分类；喜欢骑在爸爸肩膀上；跟玩具说话；模仿动物的声音，如"汪汪"。

（接上页表）

15～18 个月	18～24 个月
能说 10～20 个简单的词；能说完整的词，"qiqi"变成"球"；能将两个简短的字放在一起，如"再见"、"不要"；第一次说简单的句子；能对没有手势伴随的口头提示有反应；会喋喋不休，鹦鹉学舌；懂得"上"、"下"、"热"等；懂得"别的"的意思；能用手势表达，如"嘘"的手势表示"安静一点"。	能说 20～50 个简单的词；能尝试多音节的词；能回答"小狗在说什么"；能说 3 个字组成的句子，像打电报的简单句子（"我还要"）；会说的很少，可是能全部听懂；对难一点的词会搞不清楚，这很正常；能连名带姓地说出人名；能哼歌；正常的行为：发怒、哭哭啼啼、咬人、尖叫。
能对形状进行分类；通过探索整个屋子来学习；会把圆积木放进圆洞；分离焦虑减轻，脑海中能出现不在眼前的人的形象。	在行动之前会先思考；能画圆，画线；能找出书里熟悉的图画（"小猫在哪一页上？"）；能排列简单的拼图；显示出一些固执的想法，如花生酱一定要放在果酱上面等；能理解和记住两个步骤的指示："去厨房，给爸爸拿块饼干。"
喜欢推玩具割草机；喜欢能用力击打的玩具，如玩具锤子；能叠 4～5 块大积木；喜欢玩身体部位探索游戏（"鼻子在哪里？"）；随着音乐跳舞；转动把手，按按钮，喜欢跟大人玩捉迷藏，喜欢追逐。	喜欢拉婴儿车；喜欢帮忙做家务；喜欢翻筋斗；喜欢站在凳子上，在水槽边"帮忙"；用自己的玩具架、桌子和椅子，重新排列家具；"读"图画书，一次翻一页。

用来思考。用婴儿背巾时，妈妈可以给宝宝 180 度的视野，让宝宝更方便地观察这个世界。背在大人身上的孩子能学习如何选择——看自己爱看的东西，避开不愿看的东西。这种选择的能力提高了学习能力。为了更好地理解背着如何帮助宝宝学习，我们试着用一个基本的育儿原则：站在宝宝的角度，设想从他的角度看到的世界。起先想象你在婴儿推车或婴儿床上看到的世界：你孤单地躺着，无人理会，手臂胡乱摆动，弓着背，在无目的的运动上浪费了很多精力。你只是躺着，看着光秃秃的天花板，这能学到什么呢？

现在设想一下在大人怀里的感觉。你可以随着妈妈逛超市，你看到的东西跟妈妈看到的一样多。你被带到公园里，看小孩子打闹、做游戏。当妈妈在屋里走动或打电话时，你也跟她在一起。你能去妈妈去的任何地方，看妈妈看到的，听妈妈听到的。

因为我们相信用婴儿背巾背孩子的好处，因此每一对来到我们诊所的新父母，我们都要教他们怎么用背巾背孩子。

后来，这些父母经常告诉我们："当我把背巾穿上身，宝宝就会高兴地举起胳膊，知道他很快就会在我怀里了。"

当我跟 9 个月大的马修说到"走"这个词时，他就会爬到我们挂背巾的地方。像马修这样将"走"这个词和走的工具——背巾联系起来，用我们的行话说，就叫"联想的模式"。在婴儿的神经学图书馆里有成百上千这样的小片段，每当某个熟悉的场景提醒了他，联想的模式就会发挥作用。

背着的宝宝哭得少，学得多，相处起来更容易，也更有乐趣。（背着宝宝的更多益处，参见第 14 章。）

4. 聪明地玩

婴儿通过玩了解这个世界，父母也可以通过看孩子玩，了解他们在每个阶段的特长和能力。通过观察宝宝玩和跟宝宝一起玩，父母可以慢慢了解孩子是如何做决定、解决问题的。在接下来的章节里，你会接触到和年龄相适应的游戏、有关玩具的建议，以及能让你和宝宝更好互动的"亲子玩具"的概念，帮你享受和宝宝一起成长的乐趣。（更多的玩具和游戏小窍门，参见 AskDrSears.com。）

5. 聪明地说话

你怎么跟宝宝说话，对宝宝的大脑发育影响深远，这里是父母——尤其是妈妈——大显身手的地方。在以后的章节中，你会学到很多对宝宝大脑有利的说话技巧。（参见第 498 页"妈妈怎么跟宝宝说话"。）

6. 聪明地倾听

不仅你的说话方式会影响宝宝的大脑发育，你的倾听方式也同样重要。我们在第 5 ~ 6 页已经介绍过父母反应的灵敏度与宝宝的大脑发育息息相关。做一对善于倾听的父母对宝宝非常重要，这里，亲密育儿法就显示出独到的优势。

"怕宠坏孩子"曾经被上升到了婴儿护理的哲学高度，我们称之为"婴儿训练"（参见第 9 页）。这种少接触、冷冰冰的育儿法只是为了能让宝宝的父母更方便。新的研究证明这种方法非常有害。育儿专家目前最喜欢的是"回应"，意思是要对婴儿发出的信号及时、敏锐地加以反馈。

下面的章节会告诉你一些倾听技巧，最重要的是要适当回应，知道何时说"可以"，何时说"不行"，如何判断"需要"和"想要"的区别。那些得到倾听和适当回应的婴儿能学会信任外在的环境，而信任是最早、最有价值的益智养分之一。（参见第 467 页信任缺失导致婴儿成长变缓的故事。）

7. 聪明的食物

孩子吃什么，不管好坏，都会影响到他的行为、思考和学习，这点已经被新的研究所证实。快速成长的大脑会消耗婴儿所摄取营养能量的 60%，所以我们有理由认为，食物越健康，大脑就越健康。宝宝吃的食物不仅影响大脑的发育，也影响神经元之间的信息传递效率。对大脑最好的食物是：

• 聪明的脂肪。最好的脂肪来自母乳，其中含有 omega-3 脂肪酸（其中包括益智脂肪 DHA）。低脂食物不适合快速成长的婴儿。大自然是最聪明的。母乳中大约有 50% 的热量来自健康的脂肪。由于脂肪是构成细胞膜和髓磷脂的基本结构性成分，而且婴儿大脑的 60% 是脂肪，所以充足、适宜的脂肪有利于大脑成长。（参见第 166 页"给宝宝聪明的脂肪，给妈妈健康的脂肪"和第 250 页"给宝宝吃聪明的脂肪"。）

• 聪明的碳水化合物。碳水化合物（糖）也叫"心情食物"，它能通过两种方式帮助大脑成长：为神经系统提供能量，并规范和调节神经激素和神经递质的功能。稳定地摄取聪明的碳水化合物（例如复合碳水化合物或富含膳食纤维的碳水化合物），能提高大脑的警觉度和专注度。（参见第 253 页"给宝宝最好的碳水化合物"。）

• 其他聪明的营养物质。维生素 C、叶酸和其他 B 族维生素对大脑发育也是非常重要的。矿物质，如钙和铁，也是重要的健脑干将。（参见第

257 页"重视维生素"，第 258 页"注意矿物质"和"补充铁元素"。)

• 有机食品。和成年人发育好的大脑相比，婴儿的大脑更容易受化学物质、重金属、农药、食品添加剂和保鲜剂等的影响。这就是为什么在生命的头几年要尽可能地给孩子吃有机食品。更多关于婴儿有机食品的信息，参见第 289 页。

你的育儿方式，你和宝宝玩耍的方式，以及你给宝宝吃的食物，都影响着宝宝的大脑发育。

自闭症筛查和早期检查

自闭症患病率持续上升，父母们应该对孩子的成长发育保持警觉，注意观察是否有自闭症的早期征兆。早期诊断和治疗对孩子的成长结果具有显著的意义。然而，这种警觉不应该是出于恐惧和担忧，而是源于对孩子成长和发育的兴致勃勃的观察。我们鼓励父母们了解自闭症诊断方面的知识，但别忘了去享受宝宝成长中每一次微不足道的进步。关于自闭症详尽的征兆和诊断标准，以及治疗和预防方面的内容，可以参考《关于孤独症》(*The Autism Book*) 一书。下面介绍一些可以观察到的最常见的信号：

缺乏眼神交流。一到两个月后，婴儿会急切地与每一个来到他身边的

人进行眼对眼的交流。他会主动与人的视线接触，父母们不必花力气就能获得宝宝的注意。如果宝宝常常不看着别人的眼睛，只在别人很主动邀请他时才有视线的接触，或者喜欢看着一个对象的边缘而不是定睛在对象上，那么，可能需要引起关注。

痴迷于旋转的物体。当然，大部分婴儿喜欢看会转动的轮胎和会旋转的玩具。但如果一个婴儿或学步期宝宝很频繁地盯着旋转的物体，或对之着迷，就需要警惕了。

12 个月时还不会牙牙学语。婴儿的"宝宝音"会从 4～6 个月时的"咕咕""嘟嘟"发展到 6～9 个月带有辅音的喋喋不休。到 12 个月时，如果宝宝还不会发多个辅音，就应该视作语言发展迟缓。

18 个月时还不会说单词。学步期宝宝在语言发展方面稍微有些滞后并不罕见。这里指的是 18 个月大的孩子还没有说出他的第一个单词（通常是"妈妈"或"爸爸"）。

单独玩。学步期的宝宝会寻找其他人一起玩，如妈妈、爸爸或其他小朋友。他们喜欢给别人看他们有什么，会对别人玩的东西感到好奇。如果一个学步期宝宝满足于一个人玩好几个小时，而不会去邀请别人，这可能就是一个警示信号。

对陌生人缺乏好奇心。学步期宝宝会第一时间注意到来到自己身边的

陌生人。他可能会感到害怕，想要藏在妈妈的怀里，或表现出开心、友好和吸引人。不管哪一种，都是一种反应。如果学步期宝宝似乎并不关注陌生人的出现，只继续他自己的事情，只在陌生人热情邀请他的情况下才予以关注，这有可能是社交意识发展迟缓。

缺乏共同关注。当学步期宝宝看到新的有趣的东西，或者看到一个让他害怕的东西时，他会转而看看照顾她的人有什么反应。例如，一只狗走过，孩子会看着狗，然后看看妈妈，笑，好奇，最后再看看狗，指着狗，也许还会朝这只狗走过去，拉着妈妈去分享这个新发现。或者，如果感到不确定，他会害羞地躲到妈妈后面，看着妈妈，好像他想知道妈妈对这只狗是怎么想的。对新东西表现出兴趣，但不会转向他人来分享经历，可能预示着有问题。

重复动作。另一个警示信号是孩子表现出不寻常的重复性动作，例如拍手，垫脚走路，反复地开灯关灯，反复地开门关门，或手上或脸上不寻常的怪异动作。

自闭症是一种非常复杂的神经发展障碍，有各式各样的表现。有些婴儿在头几个月就表现出迹象。但大多数在一岁以前是正常的，一岁以后开始失去了发展的能力，或停止发展

一些技能。现在，儿科医生和家庭医生都已受训能够进行学步期宝宝和学龄前儿童的自闭症筛查评估。可以让医生给你家的学步期宝宝做一个彻底的成长评估。

感觉处理障碍（SPD）

感觉处理障碍，也叫做感觉统合障碍，是近年来发现的一种儿童发展失调现象，即婴儿或孩子对诸如触觉、听觉和平衡感等的感觉不能产生正常的反应。当孩子检测到一种感觉，大脑无法正确地处理这个信息，因而不知道如何产生自然的反应。大脑对各种刺激性的感觉信息无法有效处理，负荷过重。

婴儿早期阶段（0～6个月）的症状包括：

•肠痉挛（参见第402页）；

•不正常地频繁夜醒（参见第402页）；

•厌恶搂抱或摇晃；

•只接受某些特定姿势的抱法；

•需要保持动的状态；

婴儿后期（6～12个月）的症状包括：

•不喜欢乱糟糟的状态（黏黏的手或脸）或湿嗒嗒的衣服；

•会被衣服上的标签刺激到；

•9个月时拒绝吃东西（嘴部的

厌恶反应）；

学步期的症状包括：

• 拒绝穿某些衣服（只是感觉不对）；

• 拒绝穿袜子或鞋，除非是穿上去感觉很好（袜子或鞋子里面的小突起会惹恼他）；

• 在玻璃地面或沙地上拒绝赤脚走路；

• 会被噪音或响声扰乱情绪；

学前期的症状包括：

• 上述的多个症状

• 过于兴奋或很难安静，坐立不安

• 社交尴尬（大脑感觉负荷过重已经影响到大脑的其他部分）

感觉处理障碍由感觉整合方面的专业治疗师做出诊断和治疗。治疗方法是让婴儿和孩子逐渐暴露在不太愉快的感觉之中，让他们的神经系统逐步适应新环境。如果治疗得早（在生命的头几年），大脑其他部分就不会受到影响，孩子在社交和学习上遇到问题的机会就会减少。关于感觉处理障碍的更多诊疗信息，以及某些可选择的药物和营养疗法，参考《关于孤独症》一书（虽然感觉处理障碍不是自闭症，但很多治疗方法是重合的）。

罗伯特医生笔记：

不要过早地给你的孩子贴上某某"症"的标签，也不要允许某某治疗师过早地诊断。但不要忽略潜在的可治疗的成长问题，要在医生的指导下做一个纵观全局的、审慎的决定。

第20章 0～6个月：大变化

婴儿出生后6个月内的变化比其他任何时候都要多：体重增加一倍；从刚开始只能把头抬起一两厘米，到能像做仰卧起坐一样坐起来；手的动作也越来越精确，从一开始的紧握拳头，到无目的地乱打，最后能精确地抓拿。

宝宝的思维过程也在成熟：最初主要是反射性动作，后来变成了经过思考后做出的行为；最初没法解释的哭闹，逐渐变成了可以理解的信号。在这个阶段，父母也在飞速进步，从最初"我根本不知道他要什么"到"我终于明白了他的意思"。我们现在就来看一看在宝宝的成长过程中，最令人惊喜的这一阶段：0～6个月。

第1个月：需求多多

"我们应该怎么照顾宝宝呢？"这是很多刚刚成为父母的人最关心的问题。答案是：多抱他，多爱他。第一个月对父母来说是调整的阶段，对宝宝来说是适应的阶段。先别急着拿玩具，这时候的宝宝运动能力还很有限，很多东西都不需要，最需要的就是父母的怀抱。

最开始的运动

看着小宝宝蜷缩着睡在婴儿床上，这么安静，这么平和，很难想象这是当初你肚子里那个圆滚滚的东西。当他醒过来时，面对面地看着他，他的双腿双手向外伸展了一下，好像熟睡过后要伸个懒腰一样。

新生儿的胎儿姿势

孕期最后几个月时你感觉到的拳打脚踢，现在就活生生地在你眼前。

和新生儿玩耍时，注意他弹簧似的肌肉反应。如果你向外拉他的胳膊或腿，或想打开他握紧的拳头，它们很快就弹回到原来蜷曲的姿势。欣赏这种紧张、弹簧似的感觉吧，在接下来的几个月里，宝宝的身体会渐渐放松下来。当你想拉直宝宝的手脚时，经常会听到或感觉到膝盖和肘关节处嘎嘎作响，这是橡胶状的韧带和松弛的骨头发出的正常声音。这些声音也会消失的。

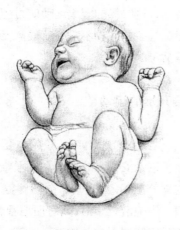

新生儿的肌肉像弹簧一样，四肢会恢复成缩起的状态。

新生儿所处的行为状态往往会决定他的动作。虽然大部分时候宝宝的扭动看起来比较随意、突然，但近来的研究表明，当新生儿处在放松、安静而警觉的状态时，他们的动作会变得比较有规律、有节奏。宝宝处在安静而警觉状态的时间越长，这种动作就越有规律。这就是我们强调让婴儿保持安静而警觉状态的原因之一。

如果宝宝很容易受到惊吓，下巴经常发抖，手和脚似乎也在抖，可以用婴儿背巾背着他，或用毯子裹好他，这样能缓和这些激烈的肌肉运动。这种正常的新生儿颤抖通常在宝宝满月后就会渐渐消失。

新生儿能看到什么

把灯光调暗，宝宝要来了。刚出生的宝宝会把眼睛眯起来，好像从一个黑暗的房间来到一个明亮的房间一样。加上分娩使眼睑受到挤压而肿胀，所以最初几个小时，这个世界在新生儿眼里不是那么清晰。新生儿的瞳孔在最初一两周也比通常的要小，以便进一步挡住光线。出生后几分钟到一小时，大部分新生儿都显示出一副张大眼睛、充满好奇的表情。

在最初几天，除了偶尔睁一下眼睛，宝宝的眼睛大部分时间都是闭着的。这让想跟宝宝有视觉交流的父母们有些失望。试试这个办法：一只手抱着宝宝的头，另一只手托住他的屁股，距离你的眼睛20～25厘米远，然后从左到右转动你的腰部，轻轻转个约120度的弧形，最后来个轻微的突然停止。这种摇摆的动作会使宝宝反射性地睁开眼睛。还有一个办法是用手托住宝宝头部，温柔地让他从平躺的姿势变成坐姿。

新生儿能看见，但看不了太远。20～25厘米的距离看得最清楚，恰好是妈妈喂奶时和宝宝面对面的距离。当宝宝睁开眼睛，处于安静而警觉的状态时，你把他抱起来，面对着你，在20～25厘米的距离做眼神的交流。当你靠近或远离这个亲密距离——能抓住宝宝注意力的最佳距离时，宝宝会停止与你的眼神交流，也会对此失去兴趣，因为他眼里的你变得模糊起来。

新生儿喜欢看什么

给你一个提示：这个东西是曲面的，有明暗对比，轮廓鲜明。不，不是你的乳房，不过很接近了。再给你一个提示：这个东西会动，会眨眼，会笑。

新生儿喜欢看脸，尤其是熟悉的脸。让宝宝看你的脸吧。人脸的特征有某种独特的吸引力。研究人员做过一个实验，他们给40名平均"年龄"为9分钟的新生儿看4张人脸的图片，结果发现，能让宝宝转过头去，表现出兴趣的，是五官位置匀称的脸。宝宝对扭曲的脸不感兴趣。如果让你的宝宝选最喜欢的脸，爸爸可能会胜出。因为宝宝偏爱明暗对比，所以男性的脸会更吸引他们，尤其是有胡须的。

父母的脸是宝宝最爱看的，其次是人脸的黑白照片或图片，接下来是黑白分明的棋盘、条纹和靶心。

新生儿对他们看的东西非常挑剔。如果你平时不戴眼镜，某天突然戴上了，或你一直戴着眼镜，某天突然摘掉了，宝宝就会一脸迷惑地把脸转开，好像在想："这个图案什么地方怪怪的？"这种视觉上的理解力，显示新生儿有能力将熟悉的模式存入记忆库。新生儿从出生起就会注意人脸，这是一种与生俱来的倾向。

吸引宝宝视觉注意力的技巧

- 坐着或把宝宝抱直。
- 等宝宝处在安静而警觉的状态。
- 让物体或你的脸保持距离他的脸25厘米左右。
- 说话语调要缓慢、有节奏、夸张，脸部表情要活泼（张大嘴和眼睛）。

直视

父母经常会发现："有时他有斗鸡眼，有时没有。"间歇性的斜视是正常的，持续性的斜视则需要治疗。婴儿要到6个月后才能一直保持直视。新生儿不会同时使用两只眼睛，所以图像在两眼视网膜上的落点并不相同，导致宝宝对距离的感知能力不佳。当宝宝学会让头和眼保持静止，看到的图像就会清晰很多，对距离的感知能力就会提高，盯着你看的时间也会变长。这种双眼视力大概在 6 周左右开始，到 4 个月时就很完美了。

如何判断宝宝是否斜视

有的宝宝鼻梁较宽，所以你看到的眼白部分可能很少，看上去像是斜视，其实并不是。怎么判断宝宝是否斜视呢？用一支小手电筒照宝宝的眼睛（或用闪光灯拍张照片），注意看光反射的地方，即宝宝眼睛上的白点。这个白点应该落在两只眼睛的相同位置。如果一只眼睛的白点落在瞳孔中央，另一只眼睛却偏离中心，说明有一只眼或两只眼都有惰性肌肉。把你的发现告诉医生。

凝视

在头几个星期，宝宝只会用双眼扫视你的脸，很少把目光落在你的眼睛上超过两秒，不管你怎么努力要他"看着我"也无济于事。即使两周左右，眼睛聚焦能力进步了很多，但在大部分时候，眼睛还是动的。要到 4 个月左右，宝宝才能把眼睛锁定在静止或转动的物体上。

有时候，当新生儿处在放松、好奇的安静而警觉状态时，一张脸或一个物体会吸引他的注意达几分钟之久。试试这种凝视的游戏。抱着宝宝，

让你的脸位于他的清晰视力范围内（可以慢慢缩短你和宝宝的距离，直到找到最能抓住他注意力的距离，通常是 20 ~ 33 厘米）。

宝宝仰卧时，视觉游戏比较容易让他厌倦，而把他抱直时，兴趣会浓厚得多。

新生儿能听到什么

新生儿喜欢妈妈高音调的声音胜于爸爸的浑厚低音，还喜欢跟在子宫里听到的节拍类似的声音。这是他们熟悉的音乐。起伏升降较缓慢的音乐，如古典乐，是比较好的选择。而摇滚乐的节奏没有秩序，会扰乱宝宝的平静。

新生儿似乎能听得出在子宫里时熟悉的音乐，如妈妈在怀孕时经常听的钢琴曲。宝宝和儿童也会对妈妈在怀孕期经常大声读的故事十分有兴趣。

你不必因为宝宝在睡觉就踮着脚走路或讲话轻声细语，婴儿能自己隔绝扰人的噪音。甚至在他醒着的时候，这些隔绝刺激的本能也在起作用。有时候你喊宝宝的名字，他根本没有反应，让你不禁怀疑他到底听到了没有。宝宝的注意力是有选择性的。如果他正凝神注视着床头的转铃，你叫他，他的视觉太专注了，超越了其他感观，就会对你的呼唤置之不理。你

可以在他不那么专注于某件东西时再试一次。（婴儿在两岁左右时也会有这样的行为。）

新生儿也能保护自己的感官不致超载。在一个嘈杂、纷乱的环境里，有些宝宝会显得烦躁不安，有些则会沉沉睡去，好像在说："这里东西太多了，我累了。"

奇妙的是，新生儿能将声音与声源联系起来。站在宝宝的右边叫他，他就会转向右边。在左边也一样。不是所有的宝宝每次都能找到声源，如果你的宝宝要过一两个月才能学会随着你的声音转头，也不必担心。妈妈的声音是特殊的，新生儿能从一群陌生人的声音中分辨出妈妈的声音。

总是听到同一个声音时，新生儿就会变得习以为常：用育儿专家的话说就是厌倦。如果宝宝对你的声音没有反应，试试变一个声调。另外，如果宝宝看不到谁在跟他讲话，他会很迷惑。宝宝喜欢看着讲话的人。要让宝宝注意你的声音，最好先跟他有视觉的交流，再开始说话。（如何检查宝宝的听力，参见第 690 页。）

★ **特别提醒：**把宝宝放在一个嘈杂的环境中（如摇滚演唱会），会损坏他的听力。一般来说，音乐的音量只要不妨碍正常交谈，就是安全的。如果你得大喊才能盖得过的声音就是太吵了。

婴儿的自发动作

新生儿的大部分行为都是反射动作。饿了或难受时他就自动会哭。他的行动先于思考。

精神图像

大部分新生儿的早期学习是为了舒服和满足。他想吃奶，想要抱，想获得安慰，用的都是同一种语言——哭。把你自己放在新生儿的处境想一想。"我哭，就有人抱我，我继续哭，就有奶吃，当我感到孤独时再哭，就会被抱得久一点。"这种信号与反应的模式重复几百遍后，新生儿就会在头脑中形成"哭之后会有什么"的精神图像。就好像宝宝每次发出信号时，

认出彼此的味道

新生儿的嗅觉非常灵敏，妈妈们也是。新生儿不仅能在一群陌生人的声音中分辨出妈妈的声音，还能认出妈妈独特的味道。曾经有一项针对 6 天大宝宝的有趣实验，把妈妈的防溢乳垫（不管有没有沾着乳汁）放在新生儿脸旁，他就会把脸转过来，而对别的妈妈的乳垫没有反应。妈妈也有这种特殊的嗅觉。眼睛被蒙住的妈妈能靠着嗅觉从众多婴儿中找出自己的宝宝。

他脑海里就会出现一张图片，预计到即将发生什么。

婴儿发展专家把这种精神图像称为"图式"。这样的图像越多，宝宝的意识就发展得越好。自动动作和啼哭就慢慢地成熟为思考或认知过程，当宝宝有所需要时，脑海里就会出现一幅精神图像，来让他知道如何发出信号，满足这个需要。

妈妈的思考过程则刚好相反。最初，当你学着弄懂宝宝的信号时，行动之前就会想："他饿了吗？但我刚喂过他啊。他尿布湿了吗？他在操纵我？可能是！"等你克服这些内心的挣扎与忧虑，就能学会根据直觉回应

宝宝，几乎像反射动作一样，不用思考就能行动。你和宝宝重复练习这种信号与反应的模式，就会进入一种很和谐的状态。你和宝宝都学会了适应——宝宝脑海中充满了美好图像，而你则掌握了解读宝宝信号的能力。

习惯这种信号与反应模式的新生儿会信任周围的环境。他懂得如何通过别人的帮助来满足自己的要求。比如说，9 个月大的小女孩举起胳膊等着爸爸抱时，她脑海中就会出现爸爸抱她的图像。

体贴彼此的心

当宝宝对妈妈（或爸爸）的反应

婴儿的行为状态

•哭闹。经常是一边大声、烦躁地哭，一边四肢不协调地挥舞。宝宝很难专注。这种行为令大人和宝宝都不舒服。

•好动而警觉的状态。类似于安静而警觉的状态，但这时宝宝的四肢和头部都在动，视线不太专注。宝宝似乎是因为自己的运动而分心。

•安静而警觉的状态。眼睛很明亮，睁得很大，很专注，而四肢却相对安静。宝宝似乎是在思考周围的环境。这种状态最适合交流和

学习。

•困倦。眼皮很快就闭上了；宝宝不太专心，有肢体动作和睡眠笑容。这时宝宝要么快醒了，要么快睡着了。

•浅层睡眠。宝宝很容易受到惊吓，脸部和四肢会有抽动，呼吸不规则，身体会有突然动作，四肢朝身体蜷缩。

•深层睡眠。宝宝几乎没有动作，脸上无表情，呼吸规律，四肢彻底放松，垂在身体两侧。

形成精神图像时，妈妈也在想象宝宝想什么，需要什么。宝宝习惯了妈妈的思维，妈妈也习惯了宝宝的思维。

宝宝的信号没有得到适当回应会怎么样呢？

这种情况通常是因为父母毫无理由地担心会宠坏孩子或被操纵。这种情况下，孩子的思维发展就没有那么丰富。他不知道该期待什么反应，也就无法形成对期待的精神图像。他的脑海里充满了空白的图片。妈妈脑海里也是空的。因为宝宝不相信信号能得到反馈，也就不能更好地发出信号。这又增加了妈妈解读宝宝信号的难度。这样，分享对方思想的机会少了，双方的距离也就拉大了。

有一天，我把这些解释给一位新妈妈听。她明白了，但还是很担心，她说："这听起来很不错，但如果我搞砸了，不能给宝宝适当的回应，该怎么办呢？如果是尿布湿了，而我以为他饿了，该怎么办呢？"

我向她保证："你不可能搞砸。如果宝宝哭了，你就抱起他，如果他继续哭，你就用排除法，一一检查可能的原因，直到找到宝宝真正需要的。重要的是让宝宝知道，你会倾听并回应他的需要。"

享受宝宝的笑容

第一次看到宝宝笑，你会一下

子忘掉劳累和那些无眠的夜晚，发自内心地陶醉其中。你会觉得："宝宝真的是爱我。"然而会有扫兴的人说："不过是胀气罢了。"经过多年对新生儿笑容的观察，我们非常确信，宝宝笑就是笑，不是因为什么胀气（除非刚放完屁）。

观察过无数的婴儿微笑后，我们把微笑分成两类：自发微笑和诱发微笑。自发的微笑发生于最初几周，是一种内心安适感觉的反映。有些是睡眠笑容，有些只是嘴角愉快的抽动。

肠痉挛有所缓解，吃饱喝足之后，或在大人怀中，等等，都会让宝宝发出这种放松的笑。面对面地跟宝宝玩时，宝宝也可能会出现笑容。宝宝早期的笑容传达出"我从心里感到很舒服"的信息，你也感到内心的满足。而真正的诱发微笑（也叫社会性微笑）要等到第二个月才会有，到时你就可以逗宝宝笑，充满爱意地看着微笑的宝宝。不管笑的原因是什么，

睡眠笑容是婴儿最早的微笑之一。

491

享受这些转瞬即逝的笑容，宝宝的开怀笑脸也很快就会到来。

新生儿的反射动作

新生儿和成人都有两种行为方式：认知行为，即行动之前先思考；反射行为，即自发行为。你给宝宝一个摇铃，他的小脑袋就会想："我要用手握住这个摇铃。"大脑把这个信息传递给肌肉，指示它们去握住摇铃，这就是认知行为。如果你用摇铃敲一下宝宝的膝盖，只要敲对地方，膝盖就会自动地抽动一下，这就是反射行为。新生儿的大部分早期行为都是反射行为，但随着神经系统的日益成熟，他会有更多的思考。在新生儿阶段，大约有 75 种主要反射动作，其中大多数是出于好奇心，也有的是为了自我保护，有些则出于其他目的。下面介绍一些有趣又有用的反射动作。

嘴部反射。这些反射能帮宝宝找到食物来源，消化食物。在这些反射当中，最重要的是吮吸反射和吞咽反射。当你刺激宝宝的（按敏感度顺序递减）软腭、嘴巴内部、嘴唇、脸颊和下巴时，注意看他如何自动做吮吸动作。与吮吸反射相关的是觅食反射。用你的乳头轻触宝宝的脸，你会看到他朝着乳头转过头来，好像在寻找食物。觅食反射在宝宝 4 个月左右时开始减弱，那时对食物的搜寻会变得更

加主动。

惊吓反射。如果宝宝突然被放到一个嘈杂的环境中，或你在抱着他的时候突然放开对宝宝头部或背部的支撑，这时宝宝感觉自己要往下掉了，就会迅速地张开双臂，手好像要抓住或抱住什么似的。特别是在无人可以依靠或安慰的情况下，这种反射还会伴随着痛苦的表情和哭闹。这种保护性的反射动作传递出这样一个信息："我需要一个人来抱着我。"惊吓反射在第一个月表现得很明显，在三四个月时渐渐消失。人类学家推测，这种惊吓和抓抱的反射动作是以前婴儿用来抓住自己母亲的原始依附行为。

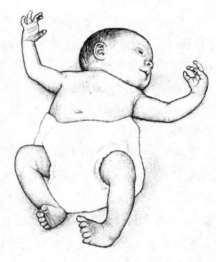

惊吓反射

抓握反射。用你的指尖抚摸宝宝的手掌，或把手指从小指一侧放在他的手心里，你会看到宝宝紧紧地抓

着你的手指。有时候宝宝抓得实在太牢，你甚至可以把他拉起来一些。（尝试这个动作时，一定要把宝宝放在一个柔软的地方，如床上，因为宝宝不一定会一直抓着。）抓握反射还有一个例子，放一个摇铃在宝宝手里，等你要把摇铃从这个大力士手里拿出来时，可就没那么容易了。抓握反射在头一两个月最强，第3个月时开始消失，通常到第6个月时就完全消失了。

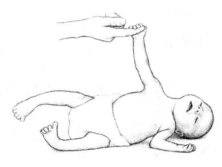

抓握反射

翻正反射。这种求生性质的反射行为使宝宝的躯干、头、胳膊和腿都能保持一个合适的排列姿势，以便他的呼吸和发育。让宝宝趴着，观察他如何努力地抬起头，并把头转向一边。如果有毯子或枕头落在宝宝头上，他一开始会去咬它，然后用力地甩头，从这边甩到那边，挥舞胳膊，把毯子之类的推开，让呼吸和视线都恢复正常。

咽反射。这种行为能保护宝宝在学习进食和吞咽的过程中不会被食物噎住，可以自动地从喉咙口吐出食物。如果手指或什么东西刺激到宝宝的喉咙，他的下巴就会放低，舌头往前、往下推，把东西推出嘴巴外面。咽反射会持续一生，但舌头部分的反射会在6个月左右消失。这些反射解释了为什么宝宝最初很难吃得下固体食物。

颈肢反射（击剑反射）。当宝宝平躺在床上时，把他的头转向一边，注意看他一侧的胳膊和腿会往外伸，而另一侧的胳膊和腿向里缩，好像击剑运动员的预备姿势。这种反射对宝宝的肌肉发育有利也有弊。它使宝宝看着他前方的那只手，把注意力集中在那只手里的玩具上。但它又阻止宝宝在他身体的正前方使用他的胳膊、手和头部。大概在三四个月时，这种反射开始减弱，宝宝就可以把玩具拿到面前玩了。

颈肢反射（击剑反射）

踏步反射。抱着宝宝，把他放在桌子上或地板上，让他有一只脚可以接触到桌面或地面。你会发现承重的这只脚会向上抬，而另一只脚会向下降，好像宝宝要踏步一样。如果你让宝宝的脚趾接触到桌子边缘，他会抬起脚，好像要踩上桌面似的。这种反射在两个月左右就会消失，是一种目的不明的好奇动作。

踏步反射

退缩反射。退缩反射能保护宝宝免于疼痛。例如在做身体检查时，宝宝的脚跟被刺破取血，宝宝的腿和脚就会缩回来，避开疼痛。同时，另一条腿会向前伸，就像要把侵犯者踢开一样。

第 2 个月：笑容多多

在第一个月，宝宝很少有什么值得告诉爷爷奶奶的大变化。这主要是一个整理、探索和适应周围环境的时期。对父母来说，也是一个从生产中恢复、习惯睡眠不足、适应新生活的时期。而第二个月，用过来人的话说就是"苦尽甘来"。

第二个月，宝宝开始在社交场合露面。他会张开双臂，迎接人们。他的视野更宽广了，他开始笑，还能发出更多的声音。在第一个月奠定的安适感和信任感让宝宝真正的个性得以展现。

大模仿家

宝宝对你面部表情的兴趣促使他开始模仿你的表情，就像跳舞一样，你领舞，他跟着跳。没有什么能比脸更能让宝宝喜欢了。沃尔特·迪士尼（Walt Disney）就利用了这个发现，创造出眼睛、鼻子、脑袋、耳朵都又圆又大的卡通人物，其中历史最悠久的就是米老鼠。

当宝宝处于安静而警觉的状态时，你可以跟他做面对面的游戏：把宝宝抱到最佳的专注距离内（20～25厘米），慢慢地伸出你的舌头，尽可能地伸长。给宝宝一点时间消化你的滑稽动作，然后一分钟重复两三次。当宝宝的舌头开始动，有时甚至伸出来时，你就知道宝宝在模仿你了。同样的游戏还有张大嘴巴或改变嘴唇的形状等。面部表情是会传染的，你甚至会发现宝宝在模仿你打哈欠呢。

在第二个月，宝宝会模仿你的表情。

妈妈镜子。在玩表情模仿的游戏时，你就是宝宝的镜子。当新生儿皱眉、睁大眼睛、张大嘴巴或愁眉苦脸时，妈妈也会不自觉地模仿并加以夸张。宝宝会在妈妈脸上看到自己的脸。婴儿发展专家们认为，这种像照镜子的反射，能有效强化宝宝的自我意识。

视觉的发展

第一个月时稍纵即逝的眼神接触，到了第二个月就演变成长达10秒甚至更久的对视。这种专心的凝视和欢迎的姿势似乎在说："嗨，妈妈，爸爸！"在第一个月，宝宝基本只会用眼光扫过你的脸；到了第二个月，他开始研究你脸上的细节了。

 玛莎笔记：

当马修看着我时，他很有方法很有系统地扫视我的脸，看起来像在研究什么。先是眼睛，然后往上看发际，然后沿着发际一路重新回到眼睛，往下到嘴巴，再回到发际，然后再回到眼睛。他会这样长时间地研究我的脸。

眼睛和头一起移动。当你走开时，宝宝的眼睛会跟着你移动。新生儿时期，宝宝眼睛和头部的动作不同步，现在宝宝的眼睛能够自如地移动，头部也终于跟得上眼睛的移动了。他现在能更好地用眼睛跟着你的脸或左右移动的玩具，甚至可以转整整180度。

看得更远。在上个月，宝宝对伸手可及范围外的世界几乎不感兴趣，因为他看得不太清楚。这个月，他眼中的景象就清晰多了，他专注的范围也扩大了。

在这个月，宝宝好像换了一部更好的照相机，对房间里的其他东西产生了巨大的兴趣。他会研究一会儿你的脸，然后把目光转向背景上的其他东西，扫视整个房间，偶尔在某个地方停留，好像要先拍张照片，最后又转回来看你的脸——这才是他最爱的画面。

抢眼的东西。什么东西能引起

两个月大好奇宝宝的兴趣？在第一个月，宝宝喜欢黑白色，而不是彩色；他们更喜欢明暗对比强烈的图案，而不是混在一起的柔和色彩。两个月大的孩子对色彩也有选择性。他们不喜欢人工图案和设计精美的墙纸，更喜欢自然的颜色，如公园里鲜艳的花朵、秋天红色和黄色的叶子，以及冬天天空下光秃秃的树枝。婴儿在室内常常会觉得无聊，把他们带到室外去，让绿树、白云、花朵甚至汽车来开阔他们的眼界。

让我坐起来看。想看到更多神采奕奕的可爱表情吗？那就让躺着的宝宝坐起来。宝宝躺在床上时对周围环境的兴趣似乎没那么大，可能是这种姿势让他想到了睡觉。不要让他躺在婴儿床上，而是坐在你的大腿或婴儿椅上，或让他趴在你肩膀上。

观察宝宝的眼睛。宝宝的眼睛是他内心的窗户。张得大大的、亮闪闪的眼睛是想玩的信号。眼皮慢慢下垂说明他想睡觉。专注的眼神反映出他有兴趣，茫然的表情说明他没兴趣。眼神呆滞可能是因为生病。如果在眼神的交流中宝宝转过头去，就是在告诉你他厌倦了，该换个节目了。抬眉和皱眉也是眼睛语言的一部分。眼神确实是情绪的流露。

宝宝第一次真正的笑容

你期盼已久的事终于要来到了——宝宝真正的笑。宝宝的笑要经历两个阶段。第一个月的笑是反射性的笑，是宝宝内心安适的自然流露。这种笑转瞬即逝，仅限于嘴部肌肉，通常是在快入睡或吃饱之后的那几秒钟。你觉得他是在笑，然而又不是很确定。而现在你看到的这种笑是真正的微笑，是对你的笑的回应，是社会性微笑。宝宝整张脸都容光焕发，眼睛睁得很大。没有牙齿的笑容，会露出粉红色的牙龈，胖胖的脸上可能还会显出酒窝。这种脸部的微笑，加上

宝宝喜欢看什么

• 你的脸——这永远是宝宝最喜欢的画面。

• 对比色（主要是黑色与白色）。

• 黑白照片：大的、光滑的父母脸部特写照片。

• 宽条纹，大约 5 厘米宽。

• 白色背景上的黑点，直径约 2 厘米（宝宝越小，喜欢看的条纹越宽，点越大）。

• 棋盘和靶心。

• 剪影（例如窗台上的植物）。

• 悬吊活动玩具，尤其是黑白对比色的。

• 天花板上的电风扇和横梁。

• 壁炉里的火光。

宝宝高兴地摆动四肢，就会升级成全身的微笑。

记住，笑是双向的，你要对宝宝的笑容回以微笑。你笑会让他笑得更开心。有时候这种微笑游戏会升级为一种全身肢体语言的交流：你夸张的笑容，对宝宝说了一连串儿语，而这时宝宝开心地全身都动起来，甚至第一次迸发出咿唔声或尖叫。等到你们两个都笑够了，就来个舒服的拥抱。宝宝的第一次笑给了你很大的鼓舞和安慰，让你暂时忘掉睡眠不足的痛苦，以及为宝宝而放下的社交生活与工作。

参与行为

还记得那种面对宝宝哭声手足无措的感觉吗？还记得没办法让宝宝停止哭声时的灰心吗？在上个月，除了能解读少数"抱抱我"的信号外，你经常不知道自己到底该怎么办。现在宝宝两个月大了，也更容易理解了。笑容是要交流和玩耍的标志。哭闹的目的也比较容易推测。在两个月左右，婴儿会表现出一系列有趣的信号，我们称之为参与行为——一种社会性的信号，告诉你他的感觉和需要。

 玛莎笔记：

马修饿了的时候会让我知道，他知道我会把他抱在怀里喂奶。他知道

我要先解开上衣，摘下胸罩，做好准备，在我这么做的时候，他会表现出期待的样子。他会咂咂嘴，呼吸加快，充满期待地转头看着我。他已经告诉我他饿了，现在他是在告诉我他想吃奶。

期待和抗议的行为。两个月大时，宝宝会显示出一些信任父母的信号，其中最早的是预期心理。经过两个月的信号与回应的练习，宝宝知道该怎么表达自己的要求："我一哭就能得到拥抱和抚爱。"如果他的表达没有被大人读懂，就会表示抗议。

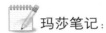 玛莎笔记：

如果我没明白马修的意思，他就会抗议。他会用他的小拳头绝望地捶打我的胸，前后摇头。有一天我准备喂他时，临时决定先把他交给他爸爸，自己做点事，再坐下来好好地喂。他立即开始咆哮。这跟他的预期不同，他很生气，很烦躁，直到我满足了他的期望，抱起他来喂奶，他才安静下来。

我发现，如果我一开始就尊重马修的期望，我们两个都会愉快很多。如果他给我信号表示饿了，我立即回应他，他就会很开心。如果我没留意他的信号，或者想延迟喂奶时间，他就会哭上一阵子，嘴巴紧紧地闭着，嘴唇也撅起来。在喂奶过程中，他还

会继续不安，吮吸的动作也很生硬，脸在颤抖。因为他的期望落空，使他对我不信任，在他吃奶的时候表现了出来，这对我们两个都不好。因为这个，我发现我的反应越来越快了。

感染到你的情绪。对关系亲密的宝宝和妈妈来说，情绪是能够传染的，在这个阶段母子开始对彼此的情绪有敏锐的感觉。妈妈烦躁时，宝宝也会感到烦躁。我们注意到对父母情绪最敏感的是那种最信任父母的宝宝——当两个人彼此亲近时，这是很自然的。

喂食行为

把喂奶时间表扔掉吧。如果你之前没发现，至少到两个月时，你应该会意识到喂奶时间表只是一些不懂婴儿护理的外行凭空编出来的。尤其是对母乳喂养的宝宝来说更是这样。比如有些母乳喂养的宝宝就喜欢集中吃奶，在一两个小时内连续吃了几次奶，然后三四个小时不吃不喝。抛弃"时间表"这种僵硬的字眼吧，建立和谐的喂食模式：根据宝宝的信号，而不是钟表来喂奶，要针对宝宝的个性和你的生活方式做更灵活的反应。

现在宝宝能清楚地看到两三米远的距离，因此他会在吃奶时看到你周围的东西。他可能会吸一会儿，停下来，看看有趣的东西或周围的人，然后继续吃奶。吃母乳和吃奶粉的宝宝都一样。这种小麻烦虽然浪费时间，但很快会过去。（参见第 192 页关于如何处理这类小麻烦的内容。）

两个月宝宝的语言

通过宝宝的声音，你能了解他的心情。咿唔声差不多是婴儿最早的表达开心的声音。记住，语言包括声音和动作。注意听宝宝笑时发出的有趣声音。微笑刚开始的部分（张嘴）经常会伴随简短的"啊"或"呜"，笑得厉害时，宝宝还会发出长长的、叹气似的咿唔声。

到第二个月，宝宝能发出的声音会从单音节的尖叫声，扩展到拉长的多音节："唉，啊，哦！"到第二个月月底，宝宝的音调变高了，更有音乐性，包括咿唔声、尖叫声和咯咯声。宝宝睡觉时发出的声音会让父母觉得既好玩又担心。宝宝的呼吸听起来呼噜呼噜的，这是当空气穿过喉咙后部的唾液时造成的，宝宝胸部发出的正常声音也是由此造成的。

妈妈怎么跟宝宝说话

在头几个月，你可能经常会怀疑你说的话到底有多少能被宝宝听进去。研究打消了父母们长久的疑虑——妈妈说话时，宝宝会听。

我们来做个摄像的试验。当宝

宝处在安静而警觉的状态时，趁宝宝跟你四目相对，开始很自然地跟宝宝说话，让你的丈夫在一边录像。回头看这些录像，你会看到宝宝和妈妈的身体语言是同步的。如果你用慢速来看录像，你会注意到宝宝的头和身体的动作就像随着妈妈的声音在跳舞一样。宝宝确实在听你说话，只是不太明显罢了。

天生会说妈妈话。你不必学怎么跟宝宝说话，你天生就会。妈妈们会直觉地用充满母性的上扬语调和面部表情跟宝宝说话，这可以叫"妈妈话"。她们会提高音调，减慢语速，还会张大嘴巴和眼睛，整个脸都有动作。妈妈会根据宝宝的听力和注意力来调整语速。为了让宝宝理解，妈妈会很自然地拖长尾音。她们怎么说比说什么更重要。

轮流说话。妈妈说话时抑扬顿挫，是为了让宝宝在下一个信息出现前有时间消化每个声音。虽然你可能觉得跟宝宝说话像在唱独角戏，但也会很自然地把它当做是跟宝宝之间的对话。对录像的分析表明，在母子交流当中，母亲表现得好像宝宝回答了一样。她会很自然地缩短句子，延长停顿时间，似乎这恰好是她想象的宝宝回话所用的时间，尤其是她在进行问话形式的谈话时。这是婴儿最早的语言课，母亲培养了婴儿听的能力。婴儿会储存这些记忆，当他自己开始说话时就派上了用场。

跟宝宝说话的技巧

对语言分析的研究表明，妈妈是宝宝天然的语言老师。下面的技巧可以帮你更好地与宝宝进行交流。

看着宝宝。在开始说话前，先看着宝宝的眼睛，这样他的注意力会更持久，更可能有回应。

叫宝宝的名字。虽然在头几个月宝宝并不会把自己与名字联系起来，但经常听到自己的名字，也能引发一种联想，让他意识到这个特殊的发音能带来更多乐趣，就像成年人听到熟悉的旋律感到振奋一样。

要简单。说简单的句子，两三个词即可，拉长尾音："宝——宝——真——漂——亮。"不要说"我"和"你"，这对宝宝没有意义，要说"妈妈"、"爸爸"、"宝宝"。

要活泼。边说"猫咪拜拜"，边跟小猫挥手告别，宝宝比较喜欢能让他们联想到活泼动作的词。你要在句子末尾带点抑扬变化。关键字要说得夸张一点。把宝宝听了以后反应最好的词记下来。宝宝很容易厌烦，尤其是老听到相同声音的时候。

问问题。"马修想吃奶了吗？""要不要说拜拜？"问问题时，会因为期待宝宝的回应而自然提高尾音。

聊聊你正在做的事。当你在做日常的穿衣、洗澡、换尿布这些事情时，可以边做边说，就像体育解说员在解说一场比赛："现在爸爸把脏尿布解下来……现在我们来换一个新的……"刚开始你可能会觉得有点傻，但你并不是在对一堵墙说话，你面前的这个小人儿正竖着耳朵听着你说的每一个字，储存在他的记忆库里呢。

观察"继续"和"停止"的信号。要留心宝宝发出的想要参与的信号（笑、眼神接触和伸手动作），好像在说："我喜欢，继续吧。"另外，也要注意停止参与的信号（两眼无神、转过头去），似乎在说："我聊够了，换点别的吧。"

给宝宝说话的机会。你提问时，要给宝宝回答的时间，就好像真的在和一个人讲话一样，要不时地停顿一下，让宝宝有机会插进来发出咿呀声和叫喊声。如果你总是一个人不停地说，宝宝可能会厌烦。

给宝宝回应。如果宝宝有所回应，或用兴奋地扭动身体加可爱的咿呀声作开场白，你可以模仿他的声音，马上给他回应。模仿他的语言，就是鼓励他继续表达自己的观点。

给宝宝读书。宝宝喜欢音调上下起伏的儿歌。大声朗读是用同一个故事满足两个人。边给学步期宝宝读书，边抱着宝宝或给宝宝喂奶，能同时吸引他们的注意力。当然，你有时肯定不想读儿歌之类的东西，那么读读你最喜欢的杂志或书，大声读，但要念

得活泼一点，吸引宝宝的注意力。

唱歌。婴儿发展专家认为，唱歌比说话更能影响婴儿的语言发展。虽然你不是什么歌剧明星，但至少也有一位忠实听众。每个年龄段的孩子都喜欢熟悉的歌曲，不管是自创的还是现成的。收集10首宝宝最喜欢的歌，经常唱。宝宝喜欢的话就一定会捧场："再唱一遍，再来一遍，妈妈！"

两个月宝宝的动作

手和胳膊开始放松。第一个月时握紧的拳头和蜷缩的胳膊在这个月里开始放松。好像原本让宝宝的肌肉紧紧弯曲的反射在宝宝大脑里一声令下："放松，好好享受这个世界吧！"宝宝紧紧团在一起的手指头都慢慢放松了，整只手都打开了。拿一个摇铃放在宝宝的手心里，他会紧紧地抓住。不要期望宝宝会主动把手伸过来拿玩具，这要到下个月才行。宝宝一旦紧紧握住摇铃就不会轻易松开，这时摸摸他的手背也许会让他慢慢地松开手。

第一次伸出手。宝宝第一次试图伸出手触摸周围世界时，似乎完全是无目的的，但有一定的方向性。对悬吊玩具出拳的失误率比较高，但多练就会熟能生巧。

★安全提示：当宝宝伸手可及

的范围内有悬吊玩具时，你要时刻待在他身边。虽然他挥拳的动作看起来是没有目的的，但他的手指，甚至脖子，都有可能被悬吊玩具的细绳缠住。悬吊玩具的细绳长度不能超过20厘米。

在第二个月，眼睛、声音和手的变化，都为宝宝下个月的社交生活拉开了序幕。

在第二个月，宝宝开始懂得把手当成工具。

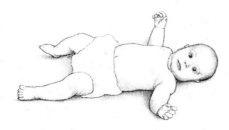

在第一个月缩起的手脚在第二个月会放松地打开。

第3个月：可爱的小手

"我3个月大的宝宝真是非常可爱。"一位妈妈说。"我家宝宝看起来反应很灵敏。"另一位妈妈说。"我非常喜欢他朝我招手的样子。"还有一位妈妈补充道。第3个月对父母和宝宝来说都是非常好玩的。宝宝变得更清醒、更活泼、有规矩、会回应。双方的交流也更好，因为都习惯了彼此的信号。由于这些原因，父母们经常觉得宝宝3个月以后就好带多了。

方便的手

宝宝的小手可爱极了。你肯定会经常玩宝宝的小手，掰开蜷曲的手指，把柔软的手掌按到自己的脸上。现在宝宝可以玩自己的手了，这是第3个月最显著的特征。原先紧握的小拳头展开了，大部分时候，宝宝的手都是半张开的。

在这个阶段，宝宝已经能意识到他的手是很熟悉、很方便的玩具，最重要的是，手是身体的一部分。

观察一下宝宝如何玩手。他会用一只手来探索另一只手，有时候握住整个拳头，有时候抓着一两个手指。当然，这双好奇的手有时也会伸到嘴里，毕竟吮吸拳头或手指是所有宝宝都喜欢的事。

手是宝宝最早的工具，现在他已

打开宝宝的手

宝宝的手指打开得越早，玩手的游戏就开始得越早。如果宝宝在大部分时间仍然紧握着拳头，你可以温柔地抚摸宝宝的手背，刺激手部反射动作，促使宝宝把手伸直。

本月最佳玩具。塑料环、橡胶环或手镯是3个月大的婴儿最好的教育性玩具。注意看宝宝如何用手和嘴来探索这个简单的玩具。

经开始使用了。

伸手抓。小心，你的头发和衣服都会成为宝宝抓的对象。任何在可抓范围内的东西他都不会放过，头发、眼镜、爸爸的领带，吃奶时也会抓妈妈的衣服。这些早期的抓取动作都是很用力的，也不会那么有礼貌。宝宝一旦抓到一把头发，是不会轻易松手的。

这个时候宝宝抓的动作还不是很准确，比如要抓悬吊玩具时，出手的动作可能很突然，像空手道出拳一样，而且经常失手。下个月他的准确度就会提高。

握力。宝宝手握玩具时，看得出他的力量有了增长。几周前，如果你拿摇铃或圆环放在宝宝半开的手上，可能马上会掉落，但现在，宝宝不但能用手指把它抓住，还能握在手里研究一会儿，直到觉得累了或厌倦了才会放开。以下是帮宝宝选择摇铃的要领：

• 越轻宝宝越好握，握得也越久。

刺激宝宝玩手部游戏的姿势

宝宝的身体姿势会影响到动手的技能。平躺的姿势会阻碍手的运动，而竖直姿势则能刺激手的运动。当宝宝平躺在床上时，更感兴趣的是转动和伸展手脚。另外，平躺着时，颈肢反射会使宝宝的头转向一边，手臂也伸向同一个方向，而且手是握着的。最好是让宝宝保持半竖直姿势，可以在你怀里，也可以在婴儿椅上。采用这种姿势时，你会看到他的头面向前方，眼睛也看着前方，而不是一侧，手臂和手都张开，好像在邀请你一起玩或者是想玩玩具。半竖直姿势促使宝宝的胳膊和手一起动起来，刺激他去玩面前的手或玩具。

• 黑白或对比鲜明的颜色最能吸引宝宝的注意力。

• 跟塑料摇铃比起来，宝宝更喜欢有布料质感的摇铃。

• 摇铃尺寸不能小于 4 厘米 ×5 厘米，也不能有尖锐或会脱落的零件，以免宝宝哽住发生危险。

宝宝的视觉发展

注意观察宝宝的眼睛注视家具或壁纸上的图案，或看着人脸时的样子。看他如何长时间地专注地看着，研究细节，而不是像上个月那样短暂地一扫而过。

他用目光追随目标的能力也在提高。仔细观察宝宝如何用目光追随你，当你四处走动时，他的目光一路跟随。当你从他身边经过又走开时，他可能会哭。在这个阶段，除了看得更清楚之外，宝宝还能看得更远。处在安静而警觉的状态时，宝宝会盯着天花板上的电风扇、有明暗对比的横梁、影子或架子上的植物。在灯光下明暗对比强烈的物体还是最吸引他的。

 **玛莎笔记：**

我只要拿一个有着黑白相间图案的立方体放在离马修 60 厘米左右的地方，就能吸引他的注意力。他会花至少 5 分钟研究这个"会动的图案"。当我慢慢转动立方体时，他会仔细研究每一个面，似乎想找出其中的不同。

偶尔，当马修哭闹时，我只要拿出这玩意儿，他就会停止哭闹。

3 个月宝宝的语言

这个时候，真正的亲子对话开始了。你之所以觉得这个阶段比较好过，其中一个原因就是你能理解他了。观察宝宝的面部表情和身体语言，通过他的动作猜想一下他的想法。通过看他的嘴巴和表情，你就经常能判断他下一刻的情绪——要哭还是笑？这时，如果你快速地插入一句："嗨，宝贝（或者叫宝宝的名字）！"往往能够让他转哭为笑。看到你开心的脸，宝宝会忘记哭闹。

交流性的哭。不仅宝宝的身体语言更好懂了，他的哭声也变得好懂了很多。不同的哭反映出不同的需要，也就要求有不同的回应。红色警报型的哭声需要快速的拥抱。而哭闹型的哭声，就不必那么急着回应。

注意看在宝宝哭的过程中那些充满期待的停顿。他是在告诉你他需要一个回应，如果你误解了他，他就会抗议。

发音有进步。宝宝的"话"也变多了。宝宝声音更响亮，尾音拉得更长："啊——"、"哦——"等。听听那些一长串的咯咯笑、咕咕笑、嘟哝声、尖叫声、叫喊声和叹气声，那是他在进行舌头和嘴部肌肉的各种发音试验。

他开始惊讶地意识到自己能叫得这么响亮，能引起大人的迅速注意，因此从很早的时候起，宝宝就知道他的叫声具有震撼效果。不过这个扩音器可能需要调节一下。

即便在这个阶段，宝宝也能根据你的音调来调整自己的音调。如果你对他刺耳的尖叫声抱以轻声细语，他就有可能调整自己的声音。

3个月宝宝的动作

宝宝仰卧最安全，但也不妨让他每天肚子朝下俯卧一段时间，以增强他抬头的肌肉。

在桌上或地上放块垫子，让宝宝趴在上面。你也降低到他的高度。和他四目相对，开始说话。宝宝会抬起头到45度，甚至更高，面对面地跟你进行目光交流。这时他不会像上个月那样很快把头低下去，而是能坚持一段时间，同时头部会从一侧转到另一侧，搜寻自己感兴趣的对象。

下一个节目，帮宝宝翻身成仰卧（大部分宝宝这时候还不能自己翻身），握着他的两只手，慢慢地把他拉起来坐着。

注意看，这时候宝宝的头不像上个月那样会往后倒了。当然，这时候如果头部缺乏支撑，还是很容易累，但他现在能控制自己摇晃不稳的头，竖起脑袋。

站和靠。 把手放在宝宝胳膊下面，抱他站起来。上个月，他大概很快就往下倒，这个月他能支撑一会儿。现在让宝宝站在你手上，让他的胸靠着你的胸。注意看，这个月宝宝的腿部结实了好多。

3个月的宝宝能把头抬起来，跟你四目相对。

3个月时，宝宝已经不再那么摇摇晃晃了。

地板游戏。这个月，虽然大部分宝宝还是喜欢由大人抱着，但也喜欢躺在地板上自由玩耍。颈肢反射开始消失，宝宝的四肢可以较自由地摆动、画圈，好像拍动翅膀一样。这时候你可以从上面看着他玩，但最好还是躺下来和他一起玩。

学会因果联系。3个月大时，宝宝发现他具有让某些事情发生的能力。他知道某种行为会引发某种结果："我踢了玩具，玩具动了。""我摇晃摇铃，它响了。"

当宝宝在头脑里储存这些因果关系时，他也在慢慢学会调整动作，以获得更好的结果。比如说，到这个时候他已经学会如何最大效率地吮吸妈妈的乳汁。

玛莎笔记：

我注意到马修吃奶时会先吸几口，然后停下来等泌乳反射流出乳汁，再开始用力吮吸和吞咽。他知道这种吃奶方式才最简单。

宝宝"拍动翅膀"。

当宝宝变得越来越聪明，你越来越善于观察，你们俩就在各自的道路上得到了共同成长。

对最初3个月的回顾

头3个月是适应期，你和宝宝都在相互适应。你的睡眠和吃饭等作息规律都已根据全家的生活方式和宝宝的需要做了调整。通过反复实验，你形成了一套行之有效的育儿方式。任何需要你调整的事情，你都做到了。

安全提示

• 3个月时，宝宝会动、会滚，所以不要让宝宝一个人待在桌上或婴儿椅里，一秒钟都不行。要系好婴儿椅上的安全带，且要把婴儿椅放在铺了地毯的地板上。

• 不要把宝宝一个人放在沙发等任何他可能会滚下来的家具上。

• 如果宝宝经常在你床上活动，索性把床垫放在地板上。这样即使宝宝从床垫上滚下来，也不会受伤。

在这个阶段末期，宝宝学会了两门基础课程：秩序和信任。学习、适应子宫外生活的难缠阶段已经有所缓解，宝宝知道了自己的归属。因为他的要求一直得到满足，他拥有了最有力的婴儿发展推进器：信任。有了内

在的安适感，精力浪费得就少了，现在可以用这些精力来发展自己的技能。又因为他的信号得到了理解，他认为自己有价值——这是宝宝自信的开端。

你在理解和适应宝宝的过程中，也从一个新手成长为一个经验丰富的妈妈。你懂得了宝宝的语言，虽然这种语言还很原始。也许有了孩子的生活并不总是那么美好——永远都不是，但至少在这个阶段，你通过理解宝宝的信号、适当地做出回应，感觉到了满足，至少在大部分时候是这样。感觉到自己的育儿技能不够熟练是正常的，但如果你和宝宝还是像陌生人一样，那么是时候反省一下自己的育儿方式了。重读第 1 章。是你太忙吗？精力太分散？向那些看起来和宝宝相处和谐的父母们请教。你和宝宝越早开始一起进步，你就越能在下一个阶段感受到育儿的快乐。

第 4 个月：视力更好

现在真正的好戏开始了。上个阶段开始的社会、运动与语言技能在接下来 3 个月会有真正的进展，我们称这个阶段为互动阶段。

主要技能——双眼视力

随着观察能力的提高，你会发现宝宝每个阶段都有一项主要技能，一旦掌握了这项技能，就能产生滚雪球似的效果，帮助宝宝更好地发展其他技能。双眼视力是宝宝第 4 个月掌握的主要技能。宝宝现在能同时使用两只眼睛，有了更好的距离感，能精确地判断物体和自己之间的空间。3 个月来，他只会胡乱挥拳，却打不中目标，现在他终于可以用目光锁定一个玩具，并稳稳抓住。当宝宝发展出双眼视力时，他能处理的事情就多了。首先，目光随目标移动的能力提高了。他能看着一个玩具或人从这边移到那边，整整转 180 度。而且，在追踪目标的过程中，他的头部开始赶上双眼，可以一起移动。

凝视。凝视不是简单地看，它还包括移动头和双眼追踪物体的能力。判断宝宝是否掌握了这项技能，可以试试相互凝视的游戏。当宝宝处在安静而警觉的状态时，吸引他的注意，

"怎么我的宝宝还不会！"

可能有些时候你会着急："怎么我的宝宝还不会！"不要担心。所有的宝宝都会经历我们说的里程碑式的阶段，但并不一定都"准时"。每个月的进步比是否准时更重要。要享受宝宝成长的过程，而不要计较成长的速度。

506

四目相对，然后慢慢地倾斜你的头，看他是不是也倾斜他的头，转动宝宝的身体，注意他会转过来继续看着你。这就是凝视，一种强有力的视觉技能，能抓住所有入宝宝眼的对象。

 玛莎笔记：

宝宝4个月大时，最激动人心的事情就是他会用眼睛跟我说话。他会用眼神来表达感谢，会把脸和眼睛转向我。真是让人印象深刻！他好像完全明白我是他的爱、营养和舒适的来源。他喜欢我在身边，很享受我们在一起。这就是爱，没有保留的爱。我能从他眼睛里看到这份爱。

最喜欢的颜色。除了看得更清楚之外，宝宝喜欢的颜色也多了起来。虽然黑白仍是他的最爱，而且还会持续一段时间，但是宝宝开始显示出对彩色的兴趣来。他们偏爱自然色，如花的红色和黄色，不喜欢柔和的颜色。为了进一步加强宝宝对彩色的兴趣，给他看对比鲜明的颜色，如红黄的条纹。

 玛莎笔记：

当我给大孩子们读书时，马修对白色或黄色、有大大的黑色印刷字体的那几页特别感兴趣。他很专心地研究这些字母，还一边咿呀地叫出声来，看起来就像在念他看到的文字。

准确地触摸

双眼视力为有方向性地触摸物体打下了基础，也就是说，眼睛能指导手去准确地抓住想接触的对象。当宝宝伸手去拿玩具时，注意看他的眼睛如何跟随着手的动作。就好像手和眼睛在说："让我们一起来抓住目标。"

玩手。在这个阶段一个很有趣的进步是对玩手的兴趣提高了。宝宝对距离的感知更清晰后，他就能一直玩他最方便的玩具——手。吮吸手指和拳头现在成了一项很有趣的业余爱好。为了缓解出牙期的牙龈酸痛，手也成了最好用的工具。

 玛莎笔记：

马修最喜欢的玩具是一个直径八九厘米的红色橡胶圈。他能用这个简单的玩意儿做很多事情。他可以抓，可以捏，可以拿到眼前研究，换只手拿着，两只手一起拉，两手拿着时松开一只手，还可以放进嘴里咬。他似乎对自己能完全掌控这个玩具感到很开心。

两手收拢。大多数宝宝还不会用一只手准确地抓拿。拿一个有趣的玩具在宝宝面前晃一晃，你会看到他不是用一只手去够，最有可能的是同时伸出两手去拥抱这个玩具，好像要把玩具往他的方向收拢。有时他没有命中目标，两只手会碰到一起，还会继续向嘴巴移动。当宝宝抓住玩具时，如果你移动玩具，宝宝大概会抓不到，或者转过脸去不玩了，因为你违背了他的抓拿游戏的规则：玩具不能动。在这个阶段，大部分宝宝还不能在移动中修改方向，准确抓住移动目标。

★**安全提示**：要留意 4 个月宝宝喜欢抓、拿的特点。不要让宝宝有机会抓到危险的东西，如热饮料瓶或尖锐、易碎的物体。当你抱着宝宝时，绝对不要同时拿热饮料，就算你很小心也不行。宝宝伸手的动作有时会像闪电一样快。

4 个月宝宝的动作

翻身。宝宝什么时候学会翻身更多地取决于他的个性，而不是运动技能的成熟程度。好动的宝宝喜欢挺身弓背，会比较早学会翻身。趴着时，宝宝可能会来个俯卧撑，头扭向一边，一下子把自己翻过来。而安静的宝宝会满足于躺着看好玩的物体，他们翻得比较少，一般要到五六个月时才会翻身。这个阶段的宝宝能从俯卧翻成侧卧，或从这侧翻到那侧，他们通常先学会从俯卧翻成仰卧，然后才会从仰卧翻成俯卧。

好动的宝宝会比安静的宝宝更早学会翻身，要留神看着这个动来动去的小家伙。

出牙前的迹象

虽然你可能还得等几个月才能看到宝宝嘴里那珍珠似的牙齿，但宝宝现在可能就感觉到了。

出牙期不适通常有下列迹象：

• 开始流口水，嘴唇和下巴周围会有粉红色的凸起的疹子（口水疹），还会经常拉肚子（口水腹泻），肛门周围也有类似的疹子。接下来几个月，你会经常看到宝宝嘴巴湿湿的。

• 宝宝会用舌头按摩他的牙龈，经常吮手指和拳头。

• 宝宝会咬乳头或用牙龈摩擦你的乳头。（参见第 193 页如何对付"磨牙宝宝"，第 521 页的出牙期相关内容。）

和 4 个月的宝宝玩耍

抓和摇的游戏。可以用来抓和摇

508

4个月宝宝最喜欢的3种姿势

抬头抬胸

赶快把相机拿出来，4个月宝宝的经典姿势出现了：头抬至90度，用肘支撑上身，胸部完全脱离地面，眼睛搜寻感兴趣的对象。

撑着坐起

让宝宝坐在地板上，他会用两只手暂时支撑住自己，然后再往前或往一边倒。4个月时，宝宝的后腰肌肉通常还太弱，没法让自己坐直。要想判断宝宝是否有了平衡感，你可以扶着他的髋部让他坐好，然后放手一下。宝宝会在要往一边倒的时候伸出手来寻找支撑，这说明他已经有了平衡感。

第一次站

扶着宝宝，让他站着。4个月时，大部分宝宝可以站一小会儿，然后才倒下。如果你继续拉着他的手，他通常能再爬起来，然后又站起来。注意看这时宝宝脸上的兴奋表情，胳膊也开心地扬起来。（站得比较早并不会导致O型腿，尽管老观念这样认为。宝宝只能站几秒钟，他的腿会弯起来，是因为整个晚上都用胎儿姿势躺着。）

的玩具有摇铃、直径 10 厘米的圆环、布娃娃和可以抱的毯子。

坐着抓的游戏。吊一个可爱的玩具在宝宝面前，看他如何抓到它，或用双手把它抱到怀里。

可以踢的玩具。用细绳拴着的气球、摇铃以及会发出好听声音的玩具，都可以系在宝宝的脚踝上，让他踢着玩。他也可以踢悬吊玩具、球等，但都要在大人的监督之下。

手指游戏。在大人的监督下给宝宝一堆线绳，让宝宝用手指玩。可以用不同质地的线绳，让宝宝有不一样的手感。取几条 15 厘米长的线绳，宽松地绕在宝宝的每根手指上，让他知道他可以单独抽出每根线绳。还可以在线绳上系上轻巧的小木偶。

★安全提示：不要在没有大人监督的情况下给宝宝毛线、细绳或球。线绳的长度不能超过 20 厘米。把 12 根 15 厘米长的线绳从中间绑起来，就是一个安全的"线绳球"。

坐沙发。让宝宝倚着沙发靠垫坐着。他可能会花上 5 ~ 10 分钟到处看，享受这个新姿势和新视野。

翻身游戏。让宝宝趴在一个大充气球上，慢慢地前后滚动。这能帮宝宝培养平衡能力。

捉迷藏。这种古老的游戏是宝宝最喜欢的，你可以让自己躲在窗帘或沙发后面，然后突然跳出来，一定要做出夸张的表情和声音："妈妈在哪里？妈妈在这里！"

拉高游戏。拿一根细棒，如高尔夫球杆或指挥棒，放在宝宝胸前不远处。他会伸手来抓，握紧拳头，渐渐地把自己拉起来。

照镜子。宝宝喜欢坐着或在大人怀里照镜子，看着镜子里的自己动。（参见第 400 页的"魔镜"。）

挠痒痒。给宝宝挠痒痒，用上夸张的手势和声音，会让你们俩都哈哈大笑。

4 ~ 6 个月的语言发展

头几个月，婴儿的语言很难理解，现在和宝宝的交流有了很大进步。在这个阶段，宝宝发现语言很好玩，他也学会了用声音和身体语言去影响大人。

新的声音

看着宝宝张大的嘴巴。先出来一个"啊"，然后嘴巴缩小，变成"哦"。一旦他意识到只要改变口形就能变化声音，就会玩得不亦乐乎。他会把这些声音串成一长串，"啊——哦——啊——哦——"，拖长尾音，特别是在玩得兴奋或是期待吃奶时。注意听在这些长串音节之间的那些短促的呼吸声。

提示的声音。试着把某些特定的

声音跟某些特定的需要联系起来。如果"啊——啊——啊"表示要吃奶，你就要留心听，给他回应。宝宝很快就能学会不同发音的作用，会更愿意说话。

大声。现在，宝宝不仅学会了发出不同的声音和更长的声音，他还会发出更大的声音。注意观察宝宝深呼吸以后大声喊的样子。很快他就知道什么样的声音具有震撼效果，想要引起关注的叫喊和抗议更能引起大人快速的回应。宝宝不是故意制造噪音，他只是在实验各种新的声音，看最喜欢哪个，哪个最有用。他也很快会发现令人愉快的声音能得到愉快的回应。你可以用轻声细语来回应宝宝的咆哮，从而软化他的声音。宝宝会明白这一点。

笑声。宝宝玩得开心时，会将很多空气快速地推过振动的小声带，宝宝的笑声里就充满了尖叫的声音。想让宝宝笑得更多吗？有趣的游戏、挠痒痒等都能引起更多的笑声。你是宝宝最喜欢的喜剧演员。你只需要取悦一个观众，而这个观众绝对不会吝于发出笑声。你觉得宝宝傻傻的声音很好笑，宝宝也觉得你傻傻的声音很好笑。大家一起笑吧！

唇声。4～6个月时，宝宝最常发出的，就是各种各样吐气泡、喷唾沫的声音，叫唇声。这些有趣的声音是宝宝撅着嘴将空气吹过满是唾沫的

嘴巴时产生的。在出牙期经常能听到这样的声音。

第一次牙牙学语。4～6月的宝宝会开始第一次真正的语言尝试——牙牙学语，很像说话的声音（如"吧吧吧吧"），不断地重复。在下个阶段，即6～9个月时，牙牙学语的现象就非常常见了。

珍贵的录音

想留下宝宝珍贵的声音吗？在每个发展阶段录下宝宝的声音。听这些录音时，你会发现，即使是头几个月宝宝的声音也有某种重复性，例如感到舒服时的"啊"，感觉兴奋时的"咦咦咦咦"，等等。我们床头就放着一部录音机。宝宝早上醒来时的声音一般是最好听的。这些声音向世界宣布，今天的游戏要开始了。用录音机录下声音，用录像机录下身体语言，这些都非常宝贵，因为很快就会消失。

帮助宝宝成为沟通高手

享受语言，不仅能让宝宝学会更好地交流，也能让你更好地和宝宝交流。试试这些早期语言课程。

熟悉的开场白。用熟悉的声音作为开场白，比如用有节奏感的语调叫宝宝的名字，多叫几遍。

4个月大时，大部分宝宝对自己

的名字都会有反应，也能注意明显指代他的词，如"小宝宝"或"小可爱"等。宝宝认得你提到他时的独特音调。

如果你想知道宝宝的名字对他有多重要，那就做个测试：在宝宝身后对他说句话，然后加上他的名字再说一遍这句话。你会发现第二次说的话更能引起他的注意，更有可能让他回头。

保持注意力。宝宝能够让自己融入谈话，也能退出谈话。开头用"嗨"之类的话来引起他的兴趣。如果你发现他的眼神开始转移，重读这些开头的关键词，让他重新加入谈话。

相互配合。你和宝宝面对面地开始说话，先说一个张大嘴巴、睁大眼睛、让人印象深刻的"啊"，然后等着宝宝张开嘴巴模仿这个声音。接着你慢慢地把嘴唇变成圆形，变成"哦"，看宝宝能否发出这个声音。能跟你的声音互相配合，说明宝宝参与了谈话。

取名字。给宝宝熟悉的玩具、人和宠物取名字。刚开始是单音节的词，如"妈"、"爸"、"球"、"猫"等。当宝宝的眼睛提示你他对猫感兴趣时，你就教他名字。开头还是"嗨，宝宝"——为了引起宝宝的注意。一旦他转向你，看着你，你再慢慢地把视线集中在猫身上，让他跟着你的视线也去看猫。等到你们两个都看到猫，你就用兴奋的语调指着猫说："猫！"在这个阶段，宝宝可能会把"猫"这

个词与刚才一连串的动作联系起来。如果你只告诉他"猫"这个词，而没有伴随指猫的手势，他可能不会把视线转向猫。在下个阶段，6～9个月，宝宝会主动地指着从旁边走过的猫，无须大人的提示。

语言的扩展运用。语言的扩展使宝宝的语言与学习能力更进一步。当宝宝对某件熟悉的东西产生兴趣时，如盯着猫走过，你可以大声说："有只猫！"语言的扩展利用了一个著名的教育原理：由婴儿主动引发的学习过程能记得更牢。

要跟着宝宝自己引发的信号走。当宝宝打喷嚏时，你马上说："一百岁！"这样重复多遍后，宝宝会在打完喷嚏后自动地转向你，期待着你说"一百岁"。语言的扩展和重复能加强宝宝刚刚出现的自信，让他觉得自己的语言是有价值的，自己也是有价值的。

回音。还有一个利用婴儿主动引发学习的办法是他说什么，你也说什么，模仿他的声音，让他知道你听到了，并且很感兴趣。宝宝会因此感觉到你对他的重视。

轮流说话。记住，对话中包含倾听和回应两方面。试着在与宝宝的对话中形成这种节奏。鼓励他听，是语言发展的重要组成部分。在谈话时轮流说话，会制造一种专注的安静氛围，在这种氛围中，宝宝接受得最好。积

极地想办法让宝宝享受说话，不仅能让他学会更好地交流，也能让你更好地与他交流。

相互凝视。 注意看宝宝如何把头转向你，如何笑，摇摆，如何发出声音，如何用这些信号邀请你交流。宝宝现在只靠转头就能发起、维持或结束一次对话。

相互凝视是有效的人际关系吸铁石。成人之间很少相互凝视超过几秒钟，除了热恋中的情侣。然而父母和宝宝能够相互凝视很久。我看过有宝宝凝视大人将近半分钟，好像着了迷似的。如果玩那种对视不眨眼的游戏，一般获胜的都是宝宝。婴儿能一动不动地看着父母，时间要比成人长很多。

社会交流的信号

吸引大人的兴趣、引导大人满足他的要求，是 4～6 个月的婴儿最引人瞩目的社会交往技能之一。现在宝宝能够告诉你他需要什么，不过不是通过文字，而是通过要求你仔细倾听的身体语言。

 玛莎笔记：

马修想吃奶时，有一个特定的信号：用鼻子蹭我。当这个信号没有得到回应时，他就会发出一串特定的表示想吃奶的声音——"啊啊啊啊"，

同时伴随着短促的呼吸，一边这样做时，还一边往我胸口钻。

有一天马修有点难缠，在我怀里扭个不停，我怎么也安抚不了他。然后他就往摇椅那边看，扭动着身子往那个方向挤。我好长时间才明白他的意图。当我坐上摇椅时，他立刻就安静下来了。

开始用动作示意

会用动作示意也是这个阶段一大激动人心的进步。婴儿的姿势可能非常微妙，例如朝一个喜欢的东西点头，或当你走到他床边时身体转朝向你。在下一个阶段，宝宝能更好地用手和胳膊做出各种姿势。你对他的信号回应越积极，他就"说"得越好。"我说的话有人懂"的感觉是建立宝宝自尊心的一个强有力基石。

会把宝宝宠坏吗

"宝宝是在控制我吗？"你可能会问。曾经有一群育儿"专家"告诉那些没有抵抗力的新父母们，对孩子的要求满足得太快会惯坏他们，孩子会变得黏人、有依赖性、会操纵父母。现在那些"专家"已经不知所踪了。有很多研究证实了这种溺爱理论并没有根据。反应敏锐的父母才能培养出有安全感、独立、少抱怨的孩子。别再担心宠坏孩子的问题。

第 5 个月：善于触摸

能伸出一只手够东西，这是这个阶段非常显著的进步。现在让我们回顾一下婴儿从出生到 5 个月时触摸能力的变化。在头几个月，宝宝可能会偶尔把手指伸向感兴趣的物体。这种细微、几乎察觉不到的手势就是触摸的开始。

3 个月左右，宝宝发现他的手是"随手可及"的东西，而且更奇妙的是，这双手还是他身体的一部分。宝宝开始指东西，挥东西，拍东西。他经常打不中目标，几乎没有什么方向感。三四个月大时，宝宝能在身体前方玩手，这是触摸的一个里程碑。一只手成了另一只手的目标。4 个月大时，双眼视力的发展使宝宝能够做出两手合用搂抱物体的姿势，这时他的触摸动作中也有了一些方向性。

伸手碰人——只用一只手

5 个月左右，两手合用搂抱物体的触摸发展成一只手的准确接触。在早期，宝宝用整只手——拇指和并拢的四指去围拢一个物体。同样在第 5 个月，宝宝能伸出一只手去够一胳膊远的物体。你可以看到宝宝能准确地抓住想要的玩具，拿到面前研究，然后传给另一只手或是塞进嘴里。

 玛莎笔记：

马修现在更懂得与人交流了。他会拿着我给他的玩具，用来欣赏，玩耍。如果马修玩到一半就没兴趣了，主要是因为我总给他同一个玩具。如果我给他一个不一样的玩具，他的兴趣就会持续。马修玩玩具时，主要做 3 件事：用手摸，用嘴探索，用眼睛看。当他拿着玩具往嘴边凑时，眼睛会想看着玩具，但因为离得太近可能已经失焦，为了再次看清楚玩具，他会伸长胳膊，把玩具放到一个舒适的距离内。这就是为什么马修看起来就像在把玩具当望远镜一样前后调整距离。

成长中的宝宝喜欢躺在地板上和父母玩耍。

保持声音接触

宝宝将声音与特定的人联系起来的能力越来越强，你可以利用这一点来安抚宝宝。当宝宝在隔壁房间哭闹时，你可以大声回答"妈妈就来"，这时他多半会安静下来。当你进入宝宝房间时，可能就会看到他正伸着胳膊踢着腿，期待着你的到来。要到一岁左右，宝宝才能在看不到你的时候，脑海里仍保留你的形象。声音接触（"妈妈就来"）能减轻宝宝的担忧，但接下来几个月，当看到你要离开时，宝宝还是会哭闹。

5 个月的宝宝最喜欢的活动

飞机。让 5 个月大的宝宝趴在床上，看他如何挥动胳膊，划动双腿，靠肚子摇晃，抬起脖子准备起飞，像架小飞机一样。

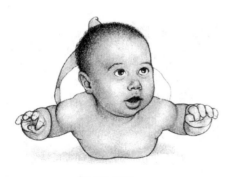

"飞机"姿势

起飞。用下面的方法可以帮助他"起飞"。你的手放在他的脚底，让宝宝可以用脚推你的手，使身体顺着"跑道"往前冲。你会发现这段时间宝宝待在婴儿床里很不安分，一直借这样

的动作挪来挪去。

抬起身体。上个月，宝宝只要能用肘支撑身体，让胸部与头部离地就满足了。现在他能整个地抬起来，胸部完全脱离地面，只用胳膊轻轻地支撑着。

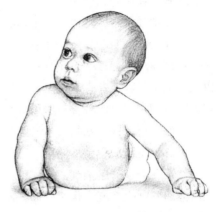

5 个月大的宝宝可以用胳膊把自己完全撑起来。

玩脚。斜倚坐在你大腿上时，宝宝可以伸长脖子，抓住自己的脚，在半空中挥舞玩耍。

拉着坐起来或站起来。现在抓着宝宝的手把他拉起来，注意看他如何往前伸头，弯曲胳膊肘，来协助你更容易把他拉着坐起来或站起来。

第一次坐。我最喜欢的 5 个月宝宝动作之一，就是无须大人帮助就可以坐着，只用自己的两条胳膊在前面支撑。在早些时候，他很快就会往前倒，但现在能坐个几分钟，甚至可以只靠一条胳膊支撑，另一只手用来玩

脚趾或拿玩具。这种坐的能力使宝宝可以坐在高脚椅上，和家人一起吃饭。

翻身。胸部抬起来的姿势可以让宝宝很容易地从俯卧翻到仰卧。看宝宝的翻身次序：抬起身体，用一只胳膊支撑，另一只胳膊抬得老高，然后头和肩膀往后耸，就像轮子一样转动，以此增加翻身的力量。除了这套从抬胸开始的翻身动作外，还有下面简便的翻身动作：放一个玩具在宝宝边上，他会看到玩具，想凑过去，试着朝玩具翻身。这时他一只胳膊放在身子下面，用另一只胳膊推自己翻过去。大部分宝宝先学会从俯卧滚到仰卧，然后才会从仰卧滚到俯卧，因为他们能用胳膊发挥杠杆作用，而圆圆的肚子也比较好翻。

站得更好。以前，只有你用手支撑住宝宝的身体时，他才能站着。现在他差不多能自己支撑体重，只是需要伸出手来靠你保持平衡。

和5个月的宝宝玩耍

这里介绍几个可以和宝宝一起玩的游戏，让你和宝宝一起享受他的新技能带来的乐趣。

抓和拉。你身体的任何部分都是他们接触的目标。我们的宝宝会抓我的胸毛，当我疼得哇哇叫时，他们就高兴地尖叫，好像很有成就感。现在宝宝在吃奶时已经可以伸手握住奶瓶或妈妈的乳房。

 玛莎笔记：

马修现在会抓我脸上的任何地方，如鼻子、下巴和嘴唇。他也会抓着我的下巴往他的嘴边拉，然后开始吮吸。他真的很享受这些伸手抓和吮吸的游戏。

玩积木。没有比积木更好的玩具了。刚开始可以给宝宝玩符合以下条件的积木：

• 要小到能用一只手抓握（约4厘米见方）。

• 色彩鲜明，对比强烈，如红、黄、蓝。

• 木质。

让宝宝坐在高脚椅上，用靠垫把他的身体撑起来，等到他能够独立支撑时就可以不用靠垫。在他面前的桌子上或盘子里放上积木。

你会看到宝宝用拇指和并拢的四指抓起一块积木，抚摸它，研究它，把它从这只手传到另外一只手，最后放进嘴里。很快他就会把积木在桌上敲、扔到地上、堆起来。宝宝还会翻看积木的各个面，不停地从左手传到右手。

先给宝宝一块积木，让他习惯。然后再给他第二块积木，看他每只手各拿一块。现在他两只手上都有积木了，接下来会怎么办？

可能他会把两块积木互敲。在一两个月内，他就能学会放下一块，再去抓另一块。玩积木对宝宝来说，既好玩，又是很好的练习。他能完全控制住积木，而且有助于在接下来几个月发展出用拇指和食指抓东西的技

巧。

餐桌游戏。让宝宝坐在你的大腿上，坐在餐桌旁，允许他玩汤勺、纸巾或手帕。

★**安全提示**：在餐桌旁，要保证容易引起危险的东西——如刀叉、热汤等——远离宝宝。

如果宝宝不经意间抓到一个尖锐的餐具，不要从他手上硬夺，那样他会握得更紧，造成割伤。要握紧他的手背和手腕，这能防止他更紧地抓握并挥舞，然后用另一只手慢慢地把他握着刀的手指一一扳开，直到刀脱离握紧的拳头。

靠垫游戏。大概在宝宝5个月大时，我们就开始用自制的靠垫和宝宝玩。你可以从家具店买些海绵，外面包上包装，如黑白条纹的布料等，做成一个靠垫。直径18～25厘米，长度约60厘米的圆柱形靠垫可以用来让宝宝练习身体、头部和触摸能力。例如，抓着宝宝的脚，跟他玩手推车游戏，或让宝宝趴在靠垫上，让他享受靠垫滚动带来的乐趣。他可能会用脚撑地，学会用脚的力量让身体在靠垫上前后滚动。

楔形靠垫能撑住宝宝的胸，让他可以趴在靠垫上玩玩具。这个阶段需要的楔形靠垫的高度为10～15厘米。

圆柱形或楔形靠垫是很好的地板游戏道具。

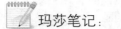 玛莎笔记：

马修俯卧时还是有些沮丧，因为他意识到只需翻个身就能追随我的动作，可惜还办不到。他挥舞胳膊，踢腿，就是动不了。我想这就是他喜欢楔形海绵靠垫的一个原因，至少可以让他的肚子脱离地面，给他一种向前进的快感。

第 6 个月：学会好好坐

从第 5 个月到第 6 个月是婴儿成长的一个过渡阶段。在这之前，他不能移动、坐着，也不能独立玩耍。而在下个阶段，6 ～ 9 个月，他能做很多以前不能做的事。在第 6 个月，宝宝开始学会坐和移动，这是我们接下来要讲的主要技能。

坐的顺序

学会坐是宝宝 6 个月时的主要技能。4 ～ 6 个月，坐的一步步发展是宝宝成长当中最让人激动的环节之一。头几个月（下图 A），宝宝的背部看起来没有什么力气。让他坐着时，会一直往前倾。三四个月时，宝宝的背部肌肉加强了，虽然还是会往前倒，不过速度慢一些了。四五个月时（下图 B），宝宝还是会倒下去，但他会伸出胳膊支撑身体的重量。5 ～ 6 个月时，宝宝自己坐没问题了。他的背部肌肉已经足够强壮，可以让他保持身体竖直，但通常还是会用手作为协助。现在只要学会平衡，就算完全会坐了。

注意看宝宝是怎么学会平衡的。他先放开一只手，然后是另一只手，上身保持 45 度前倾。随着平衡能力和背部肌肉的加强，他能做到和地面成 90 度（下图 C）。初学坐的宝宝常常会摇摇晃晃，还会不时把手臂伸出来，好像在玩平衡木。

一旦能够稳稳地坐着，他的头部和手臂就不必用做平衡的支撑，可以

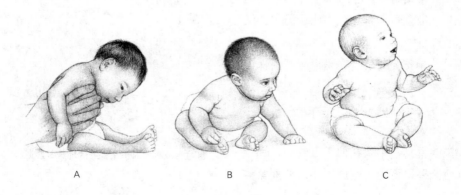

A   B   C

用来自由地交流和玩耍了。当宝宝可以跟着你扭过头来，可以抬手臂做姿势，或吵着要玩耍时（通常要到六七个月左右），宝宝就是真的能够独立坐着了。

帮宝宝坐好

因为宝宝还没有强壮到身子倒了还能再自己坐起来，因此向后和两侧倒是免不了的。你不管他，他也能学会坐，但是如果你给他一些协助，他可能兴趣更大，会更好地享受坐的技能。

• 在宝宝周围放些靠垫，这样当他向后或向两侧倒时能有些缓冲。总是倒在硬地板上，会让宝宝吓得不敢学坐。

• 为了让宝宝坐稳，你可以让他坐在一个自制的马蹄形海绵垫上。（我们用的是前几个月用来辅助喂奶的枕头——一物多用！）

• 如果学坐期刚好在夏天，可以在沙地上挖一个洞让宝宝练习。（如果你担心沙子会进入宝宝的眼睛、嘴巴和尿布，就在地面上铺一块毯子。）

• 你们一起坐在地上玩的时候，让宝宝坐在你伸开的两腿之间，用你的腿给宝宝当扶手。

• 用玩具来吸引宝宝学会保持平衡。你用一个玩具逗他时，他会伸出手拿玩具，从而"忘记"用手做支撑，学会用身体保持平衡。

• 如果宝宝继续用手支撑身体，在他前面放几块积木，鼓励他伸手抓积木，让手离开地面。

• 为了鼓励他用手玩，在他面前吊一个他最喜欢的玩具，与眼睛齐平。然后把玩具移到两边，鼓励宝宝在坐着的时候动动胳膊。

在这些平衡训练时，注意看宝宝如何用手臂来保持平衡。首先，宝宝朝玩具伸出一只手，而另一只手用来保持平衡。当平衡能力提高后，宝宝会两只手同时伸向一侧拿玩具，甚至伸手去拿背后的东西也不会翻倒。

父母的解放

宝宝能独自坐好，能自己玩，对父母来说是个不小的解放。宝宝能坐了，就不必整天抱着或坐在大人腿上，可以更多地坐在高脚椅或地板上。

能坐的宝宝可以一个人玩得很开心。

抬起身体，动来动去

第 6 个月是宝宝真正的转折点。

婴儿围栏：不要把我关起来

　　婴儿围栏不利于宝宝学习。在坐着玩的阶段，有些宝宝会喜欢放满好玩东西的小小"游戏室"，但这也是暂时的。到了后面几个月，当小宝宝开始觊觎围栏外的世界时，他就要反抗这种限制了。

　　婴儿围栏当然也有它的作用。如果你需要把好动的宝宝带到办公室，那么一个便携式的婴儿围栏是必备物品。当你打电话或从烤箱中取出食品时，用围栏圈住宝宝比较安全。但要适可而止，"刑期"不能太长，不要把围栏当成你一劳永逸的帮手。忙你的事情时，也要让宝宝和围栏离你近一点，还要常常去"探监"。

　　如果你需要宝宝在游戏围栏里待着，也要确保安全。宝宝刚开始会坐或会爬时，会经常摔倒，所以硬质玩具最好远离围栏，放些柔软可爱的玩具在里面。（参见第 627 页关于婴儿围栏安全性的检查。）

　　当宝宝从坐着玩的阶段进步到爬行探索的阶段时，就可以把围栏收起来，跟婴儿床一起拿到二手市场卖掉，重新为宝宝布置一个安全的居家环境。

每个月宝宝都能进一步学会抬起身体，现在他肚脐以上部分都可以离开地面了。现在他能放开手，抬起腿，靠肚皮一上一下地摇，像跷跷板一样。或者四肢着地，身子转半圈，去拿一个喜欢的玩具。最后还会跷起腿，挥起胳膊，以肚子为支点玩"飞机"。接下来玩的是旋转。宝宝用胳膊做舵，以肚子为支点（肚子似乎还是离不了地）开始转圈。当宝宝这么转动时，扔一个玩具在他够不着的地方，你会看到他转着肚子一步步接近玩具。如果宝宝真的很性急，可能会很快地翻一圈，滚到玩具边上。

　　下面告诉你宝宝锻炼技能时你应该如何参与。

　　胸垫。虽然宝宝可以撑着肚子玩耍，但频繁的抬胸会让这个小小运动员精疲力竭。另外，他还不得不用胳膊和手来支撑自己，大大影响玩耍的兴致。在他胸脯下面垫一个 8 厘米高的楔形海绵靠垫，这样可以让他腾出手来玩，玩的时间也更长，而且不容易累。就算他滚到地毯上也不会疼。

　　第一次往前挺进。在宝宝前方他够不着的地方，放一个诱人的玩具，这时他会手脚并用、扭动着身子、连爬带滚地朝目标行进。有些宝宝在这个阶段第一次练习爬行的时候，能移动个一两步。

玛莎笔记：

当马修趴在床上看到玩具滚远时，他很少像以前那样哭闹了。他知道可以把自己往前推推，因而不需要用哭来寻求帮助。他只要两脚一撑，肚子往前一蹿就能够到玩具。他现在既有距离感，又能意识到自己有能力接近目标，没有必要哭闹了。

宝宝的牙齿

没有牙齿的笑容过去了，取而代之的是每个月都不一样的崭新笑容。5～6个月时，父母们对宝宝的牙齿有了更多的关注。下面是父母们最为关注的一些问题。

宝宝大概什么时候长牙？

婴儿长第一颗牙跟第一次走路一样，也是因人而异的，但一般来说，第一颗牙出现在6个月左右；有的更早一些，有的再晚一些。这跟遗传有关。如果你的母亲还记得你小时长牙的日子，可以用来推测宝宝长牙的时间。

事实上，婴儿一出生就有20颗完整的乳牙，只是都藏在牙龈里，等待时机到来再"破土"而出。上下牙齿一般是成双成对出现的，不过通常下排要早于上排，女宝宝又要比男宝宝早。长牙一般根据"四四规则"，也就是说，从第6个月开始，每4个月长出4颗新牙，全部长完通常要到两岁半。有些牙一出来就是直的，也有些是歪的，但会渐渐变直。不要担心空隙问题，牙缝大反而更容易清洁，而且乳牙有牙缝不代表恒牙也会这样。

长牙对宝宝的影响有多大？

正当你疑惑昔日睡得像小天使的宝宝为何变得频繁夜醒时，你可能会听到勺子撞击在宝宝嘴里发出的喀喀声，或是摸到了宝宝牙龈上尖锐的突起。事实上，宝宝的牙齿并不是突

6～12个月：
门齿

12～18个月：
第一臼齿

18～24个月：
犬齿

24～30个月：
第二臼齿

然长出来的,而是缓缓地推挤滑动后,才突破牙龈组织。但尖锐的牙齿穿过敏感的牙龈时会产生疼痛,引起宝宝的抗拒。长牙带来的烦恼和解决措施如下:

流口水。宝宝长牙期间口水会比较多,就像打开的水龙头一样流个不停。能听到宝宝嘴里发出的水声。下面的很多麻烦都是口水太多引起的。

口水疹。敏感的肌肤和多余的口水肯定合不来,尤其是在皮肤一直与沾满口水的床单摩擦时。宝宝的嘴唇和下巴周围会长出一圈红红的凸起的疹子。宝宝睡觉时,在他下巴下面系一块吸水性强的毛巾,或在床单下垫一条尿布。用温水轻轻洗去宝宝皮肤上的口水,用毛巾吸干(不要摩擦),然后用温和的润肤油抹在皮肤上,如冷榨的椰子油、杏仁油或红花籽油。

咳嗽。多余的口水除了从嘴巴往外流之外,还会走"后门"滴进宝宝的喉咙,引起呕吐或难受的咳嗽。

腹泻。口水太多除对面部皮肤造成干扰外,还会影响到肠胃。宝宝长牙期间,大便较稀,且伴有轻微的尿布疹。每次牙齿一长好,这种小麻烦就会自动消失。

发烧与易怒。坚硬的牙齿在突破软组织时引发的炎症会引起发烧(38.3℃)。必要时可以给宝宝吃对乙酰氨基酚(参见第670～673页)。

咬。长牙时的宝宝见到什么都想咬。婴儿床栏杆上的齿印、勺子在宝宝嘴里发出的喀喀声,都说明了宝宝的牙龈在疼痛,需要加以缓解。宝宝还会咬你的胳膊、手指,吃奶时甚至会咬你的乳头(解决办法参见第163页)。给他一些又凉又硬的东西咬。最好的是凉的勺子、冰棒、冷冻的硬面包、磨牙环,等等。我家宝宝最喜欢的是去掉小骨头的鸡腿骨。冰冻的磨牙饼干能溶解在口中,也是个不错的选择。但我们不太推荐市售的止痛产品,因为其确切成分很难辨析,安全性也得不到保证。

夜醒。牙齿的成长在夜里是不休息的,所以长牙宝宝和他们的父母也别想好好休息了。以前睡得很好的宝宝,在长牙高峰期会经常夜醒,很难再恢复长牙前的睡眠模式。可以在睡前给宝宝服用对乙酰氨基酚类药(例如 Calpol 无糖婴儿糖浆)。如果宝宝闹得厉害,剂量可以加倍。需要的话,4 小时后再服一次。

拒绝进食。这是长牙期麻烦当中最因人而异的地方。有些宝宝一顿不落,有些吃惯了母乳的宝宝会为了舒服吃得更多,但还有些宝宝连妈妈的乳房都不去碰。在这种情况下,给宝宝吃凉的、糊状的食物,如冷冻的苹果酱。如果用一个冰凉的勺子喂给他吃,宝宝会更喜欢。

我怎么判断宝宝是否在长牙？

除了标志性的流口水和其他相关症状外，还可以试试牙龈按摩测试。（宝宝更喜欢你把指头放进嘴巴，而不是张开嘴巴让你看。）用指头摸嘴巴中央靠前的牙龈，你会感觉到要长牙时的牙龈是肿胀的。

有时候很难判断宝宝是否在长牙，因为不同宝宝不适的程度相差很大。有些宝宝是稳定的，一个月一次；也有些忽而爆发，忽而停顿，突然某个星期宝宝疼得要命，你能感觉到牙龈上有 4 个肿胀的点。一次同时长几颗牙是最不舒服的。有些宝宝在长臼齿时疼痛和肿胀得最厉害。如果宝宝愿意给你看的话，你会看到肿胀的组织包围着一个刚刚冒出尖的牙齿。如果在刚冒出来的牙齿上有糊状的蓝色水疱，不必担心，这是牙龈组织的表层血管。这时最好给宝宝一个能缓解肿胀的冷的东西，如冰棒。

有好几次，我以为宝宝生病了，带他去看医生，结果都是虚惊一场。我以为是感冒，其实是在长牙。我要怎么判断呢？

让医生来做判断是对的。当你有所怀疑时，就不要把宝宝的行为归咎于长牙。下面告诉你一些基本的方法，来分辨长牙还是有耳部感染等其他疾病：

• 耳部感染通常伴随着鼻塞和耳朵流脓液等感冒和咳嗽症状。哭闹、拉耳朵，但没有感冒症状，一般就是在长牙。

• 出牙带来的唾液分泌过多可能会导致呼吸浑浊，但通常不会流鼻涕。感冒或耳朵感染的典型症状是伴有浓稠的黄色鼻涕。

• 出牙引发的发烧很少超过 38.3℃。而严重的耳部感染通常会引发高烧。

• 宝宝在出牙期拉耳朵，大概是因为从牙齿到耳朵之间的疼痛。拉耳朵一般说明不了什么。

• 长牙时的疼痛不会愈演愈烈。如果你有疑问，请咨询医生。

我们什么时候要带宝宝去看牙医？

通常在宝宝第一次长牙和 3 岁生日之间，带他去做第一次牙科检查。早去比晚去好。无痛的检查比出现蛀牙后再治疗要好多了，对宝宝和父母都一样。检查时，有些医生会请父母协助：两人膝盖对膝盖，宝宝的头放在医生的大腿上。牙医会给你一些预防性的建议，例如如何正确地刷牙。

何时开始给宝宝刷牙？

牙科医生建议在 6 ~ 7 个月，宝宝长第一颗牙时，就可以用纱布帮宝宝清洁牙龈。试试下面的刷牙技巧。

做好榜样。让宝宝看着你刷牙。要做出兴高采烈的样子，充分利用宝宝"想跟爸爸妈妈做一样的事"的心理。

在宝宝一周岁时，就可以给他真正的牙刷，让宝宝在父母旁边刷着玩。如果你先让宝宝喜欢上模仿大人刷牙，那么真正开始刷牙时就会容易很多。

第一支牙刷。把你的手指用纱布裹好，浸湿，就是宝宝最好的第一支牙刷。

对拒绝用牙刷的幼儿，也可以用纱布做牙刷。

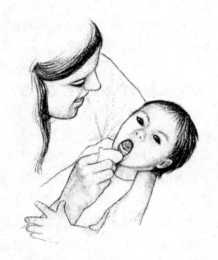

手指裹上纱布，就是宝宝的第一支牙刷。

刷牙的姿势。把宝宝放在你大腿上，头对着你，就是一个不错的姿势，方便你把手指伸到宝宝张大的嘴里。也可以坐或站在宝宝身后，让他仰视你，这时你能仔细地看清他嘴巴的内部。

对大一点的孩子，可以让他靠着你的胳膊，朝向一侧。也可以尝试两个人膝盖碰膝盖的姿势。或者坐在地板上，让宝宝的头部位于你的两腿之间，这也是个不错的姿势。

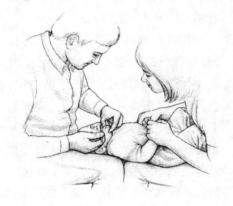

二人合作刷牙姿势

学步期宝宝如何刷牙。牙齿长全后，特别是臼齿长出来后，只用妈妈的纱布手指牙刷就不够了。不要忘了在舌面上轻轻地刷几下，那里跟牙龈一样会滋生细菌。你可以在给宝宝刷牙时让他自己拿着牙刷，这样有助于他接受牙刷。宝宝最抗拒的是刷他们后面的牙齿，因为害怕被噎住，因此开始时先刷前面的牙齿，然后小心翼翼地往里刷。

用什么样的牙膏？刚开始刷牙时，不一定要用牙膏，如果用的话，半粒豌豆大小的量就足够。牙医提醒，当心别让宝宝吞下太多含氟牙膏。(参见第 526 页关于氟的若干问题。)学步期宝宝往往喜欢挤牙膏的过程，但不喜欢牙膏刺激的味道。必要的话，可以用味道温和的儿童牙膏。我们建议使用天然的品牌，不添加人工色素和甜味剂，可以在健康食品商店买到。很多商业性的儿童牙膏添加了很多垃圾成分，可能弊大于利。

用什么样的牙刷？选择刷头小、有两排软毛的儿童牙刷。随时准备一个备用，因为牙刷很容易丢失、弄脏或用坏。刷毛卷曲时就该换个牙刷了。

用得着对乳牙那么紧张吗？反正宝宝早晚都要换牙。

宝宝的牙齿保健非常必要。乳牙长得好，恒牙就能长得好。健康的乳牙也关系到颌骨的排列和咬合能力。不要低估宝宝的虚荣心，没有人喜欢一开口就露出一排黄牙龋齿。

除了刷牙之外，还有什么方法能保护宝宝的牙齿？

参照下面这些建议，让宝宝远离蛀牙。

母乳喂养。儿科牙医通过研究哺喂母乳对婴儿口腔发育的影响发现，宝宝尽可能含着妈妈的乳头，对牙齿健康和下巴塑形有很大帮助。很明显，母乳喂养独特的吮吸动作有助于防止咬合不正。牙医圈子里流行这么一句话："宝宝吃母乳的努力，以后会反映在他的脸上。"

不要吃黏性强的食物。让宝宝远离高糖的垃圾食品，尤其是黏糊糊的棒棒糖、饴糖和硬糖等糖果，这些东西容易留在牙缝里，与牙齿接触的时间足以让细菌破坏牙釉质。蛀牙是从牙菌斑开始的，这是一种附着在牙齿表面的黏性薄膜，能为细菌提供温床。细菌、牙菌斑和食物中的糖一起反应，产生出一种导致蛀牙的酸性物质。牙菌斑越多，蛀牙就越厉害。因此，口腔保健的目标就是要通过刷牙阻止牙齿表面形成牙菌斑，并借助健康饮食不让牙菌斑接触到糖分。当学步期宝宝拒绝刷牙时，你要告诉他们，刷牙才能清除"糖虫"。

不要让宝宝抱着一瓶奶水或果汁入睡。奶瓶对宝宝的牙齿很不利。最应该上黑名单的就是蘸了蜂蜜的橡皮奶嘴。宝宝睡着时，唾液分泌会减少，对牙齿的天然冲洗作用也减弱了。糖类物质遍布牙齿间，牙菌斑和细菌就会对牙釉质展开攻击，造成严重的蛀牙，也叫奶瓶龋。如果宝宝习惯了入睡时拿一个奶瓶，那么就稀释其中的果汁和奶水，每天都弄得更稀一点，直到全是水。如果宝宝非用奶瓶不可，而且不接受稀释，那么第二天一早一定要刷牙。

夜间哺乳的注意事项。母乳喂养的宝宝确实也会出现"哺乳蛀牙"，但概率要比喝奶粉或果汁的宝宝小很多。这种现象最容易发生在那些整晚吃奶的宝宝身上。我们咨询了对此有深入研究的儿科牙医，很多人都认为整夜吃奶对蛀牙的影响很小。没有整夜吃奶的宝宝也会出现蛀牙现象。

如果你还在夜间喂奶，并且觉得很好，请咨询了解哺乳好处与口腔发育关系的儿科牙医。定期带宝宝做检查，看是否有蛀牙，或牙釉质受损的现象，再决定要不要继续在夜里喂奶。如果医生说可以继续，那么聪明的做法是，除了例行的睡前刷牙外，第二天早上起床后也要彻底地给宝宝刷一次牙。如果像某些牙医建议的那样，宝宝长牙后立即停止母乳喂养或夜间喂奶，无异于因噎废食。考虑到长期母乳喂养带来的全面好处，应该采取一个更为谨慎的办法，就是勤检查，勤刷牙。

如何判断宝宝是否有了足够的氟？

关于氟，父母们应该知道的是：

• 氟对牙齿有两方面的好处：宝宝吸收的氟（通过食物或饮水）进入血管，再到牙齿，能强化牙釉质，增强对蛀牙的抵抗力；涂在牙齿表面的氟（通过牙膏或牙医涂抹的含氟药物）能在牙齿进行自我修复（也叫重新矿物质化）时强化正在形成的新牙釉质。

• 当牙齿还在牙龈里面未长出来时，就已经开始矿化，形成牙釉质。

出生后获取的氟化物能与正在发育的牙齿相结合，使之更强健。

• 水中含天然氟化物的地区，居民蛀牙的概率要低 50%。

• 氟跟其他矿物质和维生素不一样，从有效到有毒的范围很窄，摄取分量适当能强健牙齿，但如果太多就会有害，造成牙齿过脆，叫氟中毒。这就是为什么氟化物只应该在医生监督下使用，而且必须用量适当。

• 配方奶不是使用含氟水制造的。

• 豌豆大小的含氟牙膏对宝宝就够了。不要既用含氟牙膏，又用别的形式补充氟，这样会造成过量。

• 饮水中的含氟量因地区而异。咨询你的牙医或当地的自来水公司，如果你家自来水中的氟含量达到 0.3ppm[①]，你的宝宝就不需要（也不应该）补充氟化物。

• 即使你家的自来水中含氟，也要考虑不同的情况，有些宝宝几乎滴水不沾，而有的宝宝总是口渴。如果你喝的是桶装水，要注意桶装水是不含氟的。

• 很多食物都含有天然氟化物，如谷物和蔬菜。宝宝可以从下列来源中获得氟：医生开的含氟药剂（经常结合维生素滴剂或咀嚼药片）、含氟牙膏或牙齿治疗中由牙医涂抹在牙齿表面的含氟药物，以及含氟饮用水。

---

① ppm，也称百万分比浓度，表示溶质质量占全部溶液质量的百万分之几。

• 对母乳喂养的宝宝是否应该补充氟尚存疑问。虽然吃母乳的宝宝几乎完全无法从母乳中获得氟化物，而且哺乳妈妈的饮食调整并不会影响母乳中的氟含量，但在本书完成之际，仍没有任何证据显示吃母乳的宝宝需要补充氟化物。

第 21 章　6 ～ 12 个月：迅速发展

在宝宝生命的头 6 个月，父母是他生活的中心。虽然在以后的阶段中这一点仍然保持着，但从 6 ～ 12 个月起，宝宝会开始探索自己感兴趣的东西，扩大他的世界。在父母怀里的时间少了，在地上爬的时间多了。

在这个阶段，宝宝的成长加速，体重增加 1/3，开始牙牙学语，会用拇指和食指捡东西，第一次爬行，第一次走路。

宝宝掌握的这些技能要求父母成为他的安全监督员。运动能力的发展使宝宝身体越来越多的部分可以脱离地面。6 个月时，宝宝已经会坐了，12 个月时，他已经能站，你要开始追在他后面跑了。

6 ～ 9 个月：探索大发现

在这个阶段，有两项重要技能使宝宝的发展上了一个台阶：从会坐到会爬，以及能用拇指和食指捡东西。在每个阶段，宝宝都会掌握一项主要技能，继而引发一系列的发展。在这个阶段，主要技能是无须支撑地坐好。这给宝宝打开了一个值得探索的新世界。现在他可以面对面地看着世界，完全不同于先前躺着时的视角。六七个月大时，大部分宝宝能无须支撑地坐着，他们的胳膊不用再支撑身体，因而可以自由地玩耍或与人互动。

爬行顺序

让 10 位刚学会爬的宝宝排成一排，看他们如何在各自的跑道上爬行。每个宝宝都能爬到终点，但速度和方式各不相同。每个宝宝都是正常的。虽然没有哪两个宝宝爬行方式相同，但大部分宝宝都会经历类似的发展过程。

身体往前探

强烈的好奇心，加上躯干、手臂和腿部肌肉力量的增强，似乎让宝宝产生了这样一个念头："我能玩玩具，现在我该怎么把它拿到手？"这就是一种技能引导出另一种技能的例子。能够无须支撑地坐好，使宝宝能试着探出身体去取自己心仪的玩具。

宝宝把一项静止的技能（坐）发展到运动的技能（身体向前探），这就是宝宝学会爬的前奏。把玩具放在一个他够不着的地方，你会看到他身子使劲儿地往前探，胳膊往前伸，最终拿到玩具。他学会将双腿弯曲朝里，这种向内的姿势使他能够以脚为基点向前倾。当身体往前探时，力量在积聚，最终使得身体前探的力量逐渐战胜小屁股的重量，于是身体往前扑倒，通常是肚子撑在地上，这样就缩短了与目标的距离。

★**安全提示：**让宝宝练习身体往前探的动作时，要选择一个柔软的玩具，以防头部碰到玩具上。如果是木头、金属、塑料的玩具，碰到头很不舒服。

第一次爬

宝宝最初爬的时候常常遇到挫折。跟发展其他很多技能一样，起先都是心有余而力不足。他就像一只动弹不得的乌龟，手脚乱舞，但重重的肚子还是贴着地面。

宝宝爬的姿势各种各样。有些宝宝先是整个身体贴在地上，然后像匍匐前进一样撑着肘部往前扭动，头部横着转来转去，寻找目标。有些宝宝开始的时候是用一种类似螃蟹爬行的方式，胳膊推而不是拉，因此更多的是向后移动而不是向前移动。还有的喜欢用脚的撑力往前移，在脚用力撑地时，伸直腿和胳膊，身体拱成桥状，然后用类似蛙跳的姿势往前冲。

造桥

宝宝的屁股和肚子都脱离地面时，爬行才有效率。一旦他能把身体拱成一座桥，就可以开始爬了。他会先用手和膝盖使"桥"前后移动，然

六七个月时，宝宝能够无须支撑地坐好，接下来他学会身子往前探和爬行，探索更广阔的世界。

后 4 个"轮子"发力,让身体往前爬。

双脚交替爬行

爬行的一个关键点是学会手脚交替移动,即一侧的手往前伸的同时,另一侧的那条腿也往前伸,这叫做双脚交替爬行。这种姿势可以让宝宝在爬行的过程中还能用贴着地面的手和膝盖保持身体平衡。这是最有效率、速度最快的爬行方式,而且能让宝宝保持直线前进。双脚爬行教宝宝用身体一侧来平衡另一侧。

想领略一下双脚交替爬行的乐趣吗?找几个朋友一起在地上爬。你会看到大部分成年人"错误"的爬行姿势。他们用身体同一侧的手和脚一起移动,类似走路时的"顺拐",这是不利于身体平衡的。这下知道 9 个月的宝宝发明出双脚交替爬行有多聪明了吧!

双脚交替爬行:一侧的胳膊和另一侧的腿同时移动。

爬行的精神方面

想象一下宝宝在学习爬行的过程中开发出的学习能力。他会尝试各种不同的姿势,找到一种最好用的。他在这个过程中学会解决问题和因果联系——"我的脚如果这样动的话,我会爬得更快。"宝宝也学会了自我激励:他爬得越多,越有可能拿到玩具,也越有动力发展自己的运动技能。

观察宝宝在不同材质地面上爬行,你能明白他的小脑袋里确实在考虑最佳爬行方式。把宝宝放在一块厚地毯上,你会看到他用脚和脚趾顶着地毯,像只青蛙似的往前冲。现在把他放到平滑的地板上,看他如何身体贴地,在光滑的地面上滑行。一些宝宝在瓷砖地面上喜欢像熊一样手脚着地爬行,因为这种姿势下手掌和脚掌能粘住地面,不至于打滑。注意观察宝宝在不同"地面"上采用的不同爬行动作。

在这个阶段,宝宝如何去够玩具并不是特别重要。重要的在于,他意识到自己能从一个地方移动到另一个地方,而且会实验多种移动方法。有时候他会用脚往后顶,然后突然往前冲;也有时候他会扭动身体,滚到玩具边上;有时候他又会爬过去。在下一个发展阶段,这些动作会得到进一步改善,他会选择一种最有效率的方式。

高级动作

学会爬之后,宝宝喜欢翻越障碍

物。你可以在宝宝和玩具之间放一个圆柱形的靠枕，也可以把自己作为障碍物，躺在宝宝和玩具中间，体验一下宝宝从你身上爬过去的感觉。

从爬到坐

除了发展新的运动技能外，宝宝还喜欢把几种技能结合在一起。7个月左右，宝宝能从坐进步到向前探身，再进步到爬。下一步他将学会相反顺序的动作，从爬的姿势恢复到坐姿。这个动作的关键是要把脚弯进来。看宝宝在爬行当中突然停住，他会把一只脚收到身子下面，人往旁边旋转，撑着收起的那只脚，同时用另一只脚和手顶着地面，就这样坐直了！宝宝能自己恢复坐姿对父母来说又是一个里程碑式的解脱。之前他没法自己回到坐的姿势，只有哭闹，或需要一个帮手。现在他不需要了。

鼓励小能手

我记得每次马修展示一个新技能时，如果有哥哥姐姐的鼓励，他似乎就能做得更好。比如说，当宝宝爬过台阶、翻身或从爬行当中回到坐姿后，注意看他高兴的样子。当你意识到他是在为自己感到高兴时，要表扬他。通过认可他的成就来分享他的快乐，他没准会再给你表演一次。

攀着东西站起，到处移动

学会坐和爬后，宝宝想从水平姿势转到竖直姿势的愿望就增强了，他会抓住家具、父母的衣服，让自己站起来。注意看宝宝站起来时脸上那高兴的表情。

站好

当宝宝掌握了技能，也有了力气让自己站起来时，他就想保持站立姿势，享受看到的风景。在这个阶段，宝宝能抓着你的手短时间地站一会儿，这只是为了保持平衡，而不是为了支撑。8个月时，他能倚靠着沙发站5～10分钟。很多这个阶段的宝宝还不会用整只脚着地，而是脚尖着地，两脚内八字。这种姿势会严重影响宝宝的平衡。

帮助宝宝站好。如果他靠在沙发上，两脚内八字或重叠在一起，就轻轻地帮他把脚往外扳，放平，教宝宝用脚作支撑。如果他很容易倒，就用手放在他膝盖后方给他一个支撑。通过多次尝试，经历一些失败，你能帮助宝宝享受这个新技能，增强他的能力。

扶着东西到处走

八九个月时，宝宝倚着家具站着，只是为了平衡，不是为了获得支撑。接下来宝宝会用沙发或茶几当平衡点，绕着家具转。最后，他会放开双手，甚至短时间地站一会儿。

然后宝宝会再次抓住沙发或茶几，或者因为失去平衡而跌坐在地上。

捡东西玩：手的技能

宝宝会像把小扫帚，地上再小的东西也能被他捡起来。

★ **安全提示：** 这个阶段，婴儿对小东西的兴趣和捡东西的能力使得微小异物哽塞成为最大的安全隐患。要警惕你不在宝宝身边时可能的安全问题。任何直径小于4厘米的物体都有可能被宝宝放进嘴里，阻塞气管。

慎用婴儿学步车

从安全和婴儿成长方面考虑，我们强烈建议你不要让婴儿用学步车。学步车能让宝宝做练习，让学步期前的宝宝有事可做，还可以让他开心，但这些理由都不足以抵消学步车给婴儿带来的安全和成长方面的不良影响。

现在每年由学步车引发的事故都在增加，以至于美国儿科学会提议出台禁止销售和使用学步车的法律。研究表明，约有40%的婴儿在使用学步车时受伤，例如颅骨骨折、颈部受伤、牙齿受伤、烫伤等。最常见的是摔倒受的伤，例如当宝宝开足马力冲出安全门，然后从楼梯上掉下来，或滚过地毯或门口时翻倒，或弯腰捡地上的玩具时翻倒。可折叠的学步车会夹住宝宝的手指，尤其是弹簧和绳子暴露在外面的老式学步车。学步车使宝宝处于危险中。

第二个反对用学步车的原因是，它们颠倒了正常的运动技能发展顺序。宝宝的发展是从头到脚趾，上半身的技能要早于下半身的技能。从0～1岁，宝宝的身体越来越多地脱离地面，正常的运动技能发展趋势是先抬头，然后是胸、肚子、屁股，用手和膝盖把自己身子撑起来，然后是无须支撑地站，接下来是在大人的搀扶下走路，到最后能独自走路。用了学步车，宝宝就失去了练习爬和走路技巧的机会。研究表明，婴儿在学步车上待着的时间越多，学走路反倒越慢。还有，用学步车练习走路的宝宝，姿势会比较僵硬。

如果你必须要有这么一个玩意儿来逗宝宝，那可千万要看好，寸步不离才行。

钳形抓法

两种技能同时发展并相互促进。比如婴儿对小东西的兴趣以及用手指捡取这些东西的能力两者并行发展。

看宝宝如何抓一堆 O 形麦圈。他先用手把麦圈往自己身边耙，然后试图用手指和手掌抓住它们。可是胖胖的小手就像戴了连指手套一样，根本抓不住。单独用食指指点，是宝宝将要掌握用手指抓取物体的最早信号。他用食指触碰到物体，其他手指缩在手掌里。很快，拇指也跟上食指的步伐，宝宝就能用拇指和食指夹到东西。随着夹取能力的成熟，宝宝很快就可以用拇指和食指的指尖合作来夹东西，你会看到宝宝用手掌抓东西的动作减少了，直接用手指夹取的动作变多了。

学会放手

手抓能力还包括一个重要部分，就是放手的能力。宝宝很喜欢用手抓东西，然后松手，让东西掉到地上。学会扔掉手里的玩具，宝宝又多了一个游戏可玩，就是"我扔你捡"。他会很快将自己的扔玩具和你的捡玩具联系起来。就这样，他也学会了理解因果关系。

换手

放手让宝宝学会换手拿东西。给宝宝一个圆环，看他如何玩。他先是用手拉圆环。如果一只手松开了，另一只手就拿着，宝宝的视线就从空着的手移到拿着圆环的手。他能把玩具从这只手传到那只手，起先是偶然的，很快就会有意识地去做。换手的能力延长了宝宝的游戏时间。现在他能自己坐着玩 10 ～ 20 分钟，把玩具从这只手传到那只手。

抓得更牢

到 6 个月左右，宝宝接触并抓取物体时更多地用单手，更有目的性，也更有力度。现在宝宝能很快地抓住递给他的玩具。宝宝坐着时，放一个玩具在他面前，他能稳当而准确地接触到目标。现在你试着把玩具拿走，这时宝宝会抗议，会牢牢地抓住玩具不放。你好不容易把玩具从他手里抽出来，重新放在他面前，这时你会看到他立即扑过去，把玩具抓在手里。

你可以用摄像机录下宝宝抓取玩具的情景。在宝宝面前放一块积木。在上一个阶段，他会用整只手掌抓住积木，而且在触摸到积木后才调整手的形状。现在，宝宝在实际抓到积木前就能预先调整好手的形状。他对积木有了视觉上的"触摸"。手在接近目标的过程中就进行了姿势的调整。

父母们，如果你们对我如此事无巨细地描述婴儿发展的各个方面感到好奇，那么请允许我解释：这是因为我想让你欣赏你的小宝贝的大能力。

另外要记住，你们在一起成长。当宝宝的技能越来越进步时，你对他的观察也在进步，这是学习了解宝宝的很有价值的练习。

给小手玩的游戏

玩积木。让宝宝坐在高脚椅里，在他面前放两块积木。当他一手抓住一块积木后，给他第3块积木。注意看他在思考如何拿到这块积木时脸上的表情。

接下来把这些积木摆在一张垫子上，放在一个他够不着的地方。他会先探出身子去够，发现拿不到后，他会去拉垫子，把它拉到近前。积木到手了！这可能是宝宝第一次学会如何用一个物体得到另一个物体。

接下来仍旧把积木摆在垫子上，放在他面前，然后慢慢地拉垫子，远离宝宝。你会看到宝宝张开双手，随时准备抓住任何他能抓住的东西。

大概从5个月大时，宝宝开始喜欢玩积木。

玩身体的其他部分。接触并抓取物体的能力刺激宝宝去探索身体的其他部分。他伸长脖子，双腿朝前弯，伸手指拨弄脚趾。和对待很多别的东西一样，一旦宝宝能抓住脚趾，下一步就是往嘴里送。你经常会看到他把大脚趾朝上举，这样手才更容易抓住。

宝宝不仅喜欢抓住、吮吸自己身体各部分，他还经常在自己的触摸范围内抓你的身体，比如你的鼻子、头发或眼镜。不要对宝宝的这种行为发火，它是成长的一部分。

 玛莎笔记：

马修吃饭的时候喜欢伸一只手去抓。喂他吃奶时，他会挥舞着胳膊，拍自己的头，拍我的脸或胸脯，拉我的衣服。大部分时候我觉得这很好玩，但有时也会觉得烦。

拔草。大自然给好奇的小手指提供了最有趣的练习目标。让宝宝坐在草丛中。起先他用整只手抓一丛草，然后开始对往上长的叶片感兴趣，试着用拇指和其他指头去抓。很快他就能娴熟地用拇指和食指一次捏住一根草。

玩掏口袋。利用宝宝对小东西的兴趣（尤其是夹在衬衫口袋上的笔），爸爸可以穿上胸口有口袋的衬衫，在里面放一支笔，然后抱着宝宝。宝宝会很准确地抓到笔，紧紧地握在手里，你很难把它取回来。在这个阶段，他还不可能把笔放回你的衣兜。宝宝喜欢这种掏口袋的游戏，也会把爸爸穿着"有口袋和笔的衬衫"和"可以抓"联系起来。有一天我下班回家，把马修抱起来。他朝我的口袋探过身来，但口袋是空的，他看起来很惊讶，也很失望。他已经记住笔属于衬衫口袋，属于爸爸。宝宝看到预期的事情没有实现，很容易变得迷惑。

掏口袋

玩意大利面。拿一盘煮好并放凉的意大利面条（别加酱）放在宝宝面前，看宝宝的小手怎么把面拿起来。

左撇子还是右撇子？

在前几个月，你还看不出来宝宝哪只手是惯用手，在6～9个月时，大体可以看出这一点。放一个玩具在宝宝正前方，看哪只手先伸出来。现在把玩具移至左边，如果宝宝是右撇子，他会伸出右手去抓玩具，左手待在一边准备协助右手。现在把玩具移至右边，做同样的测试，看哪只手抓到玩具。接下来3个月，大部分宝宝会显示出哪只手是惯用手。

哪里有卖宝宝手铐？

当宝宝掌握了某种技能后，他会不厌其烦地重复使用这种技能。这很有趣，但有时也挺烦人的。宝宝特别容易对绳子、纽扣和领结感兴趣。纽扣比较危险，因为能被他拔下来往嘴里塞。宝宝抓取的兴趣非常浓厚，因此明智的做法是不要让他看到任何不宜接触的东西。

比如在餐桌上，所有能抓的东西都会激起宝宝的兴趣，比如盘子、报纸、餐具、纸巾，在宝宝大手一挥之下，全变成他的战利品。你可以边整

伸手抓人。任何能用手抓到的东西都能吸引6个月的宝宝。

理边安慰自己，这个阶段很快就会过去。如果坐在你大腿上的宝宝实在太不安分，你可以把他放在地上，给他几个塑料盒，让他抓个痛快。

语言发展

除了爬和用手指抓之外，宝宝开口说话也是这个阶段的一大亮点。宝宝哭得少了，说得多了，开始能结合声音和身体语言来让别人理解自己的意思。

语言技能的一大突破是在 5 个月，那时宝宝学会通过改变口型来改变声音。6 个月时，宝宝开始牙牙学语，能发出一长串重复的音节，还能把声母和韵母结合起来发音。6 ～ 9 个月，宝宝学会把嘴唇发出的"巴巴"变为舌头发出的"答答"。通过练习各种各样的组合——"啊——巴——滴——嘎——吗——"——宝宝开始组合出第一个"词"，还会因为长牙流出口水而为这声音加点水声配乐。到 9 个月时，大部分宝宝会说"妈妈"和"爸爸"，但还不能把这些词与特定的人联系起来。

手势和指挥

手势是宝宝学说话的前奏，不同于以前哭着想让你抱，现在他会举着胳膊，朝你睁大眼睛，表示"请你抱抱我"。还有，因为动手能力和运动能力的提高，这个阶段的宝宝对抱的兴趣减少了，反而会经常做出"请你放我下来"的姿势，朝感兴趣的玩具挥手，扭动身体。对宝宝手势的回应应该与对他哭闹的回应一样，这样能促使他利用身体语言而不是哭闹来作为交流手段。

除了会用自己的手表达需要之外，宝宝还会指挥你的手和他的手一起动。他会抓着你的手指，让你的手和胳膊朝他想要的那个方向移动。这种手指挥手的情形在吃饭时最为明显。

 玛莎笔记：

马修烦躁不安和想玩的时候，用来表示"抱抱我"的信号是有区别的。当他想玩耍时，他会张开双臂，完全地伸展开来，做拥抱状。当他烦躁时，双臂不会往前伸，而是肘部紧紧地贴着身体，只抬起小臂，手和手指是张开的，这种姿势既表达了"请帮帮我"，又表达了他的不舒服。

读懂宝宝的语言

9 个月大时，大部分宝宝都形成了一门真实的语言（声音加手势），父母能懂，但陌生人还是摸不着头脑。你之前的积累现在有了回报，就是能懂得宝宝的语言。特定的声音表示特定的需要。马修想要人抱时，就会发出"嗯嗯嗯"的声音。下面是一些常见的手势和声音。

指指点点。宝宝开始指点和接触东西的方式，与妈妈第一次接触宝宝的方式相似，先是用手指，然后用张开的整只手。宝宝也会开始懂得你的指指点点。

玛莎笔记：

6个月左右，马修开始触摸家里的猫。他第一次摸猫时，是把手和手指都张开。他先用食指的指尖接触到猫的头。等到所有指尖都碰过猫了，他才把整只手都放到猫身上，并抓猫身上的毛。

打招呼。注意宝宝用什么手势和声音主动要求一起玩。例如，当爸爸进入房间时，宝宝一下子兴奋起来。他满脸是笑，挥起胳膊，整个身体对着爸爸，似乎在说："让我们玩吧！"

心情的声音。注意听和观察宝宝在开心和不开心的时候发出的声音。宝宝高兴时，脸上神采飞扬：眼睛发亮，脸部肌肉上扬，嘴角和脸颊有笑容。他会咯咯笑，会大叫，整个身体都像要跳起来，而嘴里会发出愉快的声音，如"巴巴巴巴"等。

不高兴时，宝宝会发出表示抱怨的咕哝声。在这个阶段，"n"这个音的出现，一般都表示一种负面情绪。宝宝在不想吃药时会发出一连串的

"那那那那"。宝宝的表情也是不开心的：嘴巴扭曲，脸部肌肉下垂。还有，如果你没有很快地理解宝宝的意思，这些声音和身体语言会升级为哭闹。

帮助宝宝发展语言

语言和幽默感一样，是领会到的，不是教会的。你不必教你的宝宝说话。你说给宝宝听的是好听的语言，宝宝自然就会觉得语言有趣。这样学说话是最自然的方式。下面几个方法可以促进宝宝语言的发展。

玩文字游戏。文字游戏让宝宝知道语言充满乐趣，刺激宝宝记忆力的发展。下面是我们的孩子最喜欢的文字游戏：

花园里泰迪熊绕呀绕（用你的手指在宝宝肚子上画一个圆），

一步，两步（你的手指在宝宝的肚子上走，从肚脐走到脖子），

挠痒痒（在宝宝下巴上搔痒）！

给提示。提示词是宝宝听过、能引起反应的词语。我们很喜欢玩一种"撞脑袋"的游戏。当马修处在这个发展阶段时，只要我说："撞脑袋！"马修和我就轻轻地碰一下前额。重复多次之后，马修懂得了这个暗示，当我说出"撞"这个词时，他头点得比我还快。马修的小脑袋里在想什么呢？我相信他脑袋里有储存了这个游戏的"唱片"。一旦他听到提示词"撞"时，指针被放到了合适的凹槽，唱片

就开始播放。玩文字游戏，观察宝宝对特定词语的反应，你就知道他的记忆力是如何发展的。

词语与事物的联想。在此阶段，宝宝开始把词语与他周围的事物联系起来。给宝宝读书时，你可以把书里讲到的人和物与他周围的对应物联系起来，例如，当你在书里读到"猫"时，你可以指着书中的猫说："看，猫。"

餐桌谈话。让宝宝也坐上餐桌，加入大人们的谈话。注意看宝宝如何听大家的讨论，头从这个人转到那个人，学习倾听。

一起讲生活中的故事。和宝宝在一起时，大声说出每样事物的名字。说出每件物品、每个身体部位、每种活动的名称。词汇的不断输入，以及共同的经历，会在宝宝大脑的语言中枢留下印记。

6～9个月宝宝的游戏

在这个阶段，既能吸引宝宝的注意力，又能促使他掌握爬和用手指捡拾这两种能力的游戏才是最好的。

玩球。球仅次于积木，是这个阶段宝宝最好的玩具。不要期望这时的宝宝会给你传球，但他们能抓住球，拿住球。用那种大小可以用两手握住的球，最好是用软海绵或布做成的，宝宝可以用一只手的手指拿住。和宝宝面对面坐在地板上，伸开双腿，把

球朝宝宝滚过去。这种热身为几个月以后真正开始玩球奠定基础。

6个月大的宝宝喜欢抓握软球。

镜子游戏。让宝宝坐在镜子前（落地镜最好）。看他如何比较镜子里自己的手和脸。现在你也站在他边上，宝宝看到镜子里你的形象就在他边上，会非常兴奋。

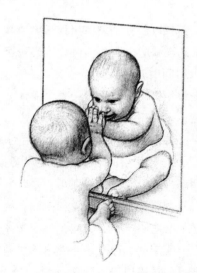

这个阶段的宝宝对镜子里的形象感兴趣。

翻身。上个阶段开始玩的靠垫游戏，到了这个阶段就更好玩了，因为宝宝能在靠垫上爬上爬下自己玩。把

宝宝的身体搭在靠垫上，在他前方够不着的地方放一个玩具。注意看他如何用脚向后顶，让自己在靠垫上往前滚，去取远处的玩具。

新的恐惧和担心

你的一个朋友来看你和宝宝，你很高兴，向她张开双臂表示欢迎，但宝宝没有跟你一样热情，他害怕地抓紧你，趴在你的肩膀上，不时回头偷看一下这个陌生的入侵者。你越是努力地给他介绍，他抓得越紧。

你的宝宝正在经历我们所说的陌生人焦虑。这种心理以及它的近亲——分离焦虑，在6～12个月的宝宝当中很常见。当运动技能要将他们从妈妈身边拉走时，这种保护行为能让宝宝不要跑太远。

陌生人焦虑

陌生人焦虑通常出现在6～12个月的宝宝身上，这时先前并不怕生的婴儿开始变得怕生。之前，他喜欢被很多大人抱，现在他只肯让你抱。他甚至会拒绝前段时间非常亲密的人。这是一个暂时的正常阶段，既不能说明你的育儿方式有问题，也不能说明宝宝没有安全感。事实上，一些非常有安全感的宝宝也要经过几次陌生人焦虑后，才会愿意拥抱不熟悉的人。

你的宝宝把你作为衡量他人的标准，他通过你的反应去评估别人，通过你的眼睛看待陌生人。你可以用一些办法来帮他适应陌生人。

轻松应对陌生人。对进门的朋友笑脸相迎，开始开心地对话，但依然保持着距离。要给宝宝时间和空间来适应陌生人，并观察你脸上快乐的表情。宝宝会根据你对陌生人的反应来决定自己的态度。如果你觉得这个人不错，宝宝也会觉得这个人不错，接下来由你主动，帮宝宝介绍："这是南希阿姨，她是个很好的人。"这时南希阿姨先不要有进一步动作。当南希阿姨接近宝宝时，你拉着宝宝的手去轻轻拍拍阿姨的脸，同时看宝宝的样子来决定何时进一步接近，何时撤退。提前告诉南希阿姨你的策略，让她不要太急着亲近宝宝。爷爷奶奶尤其要理解让宝宝接近他们的重要性，免得伤感情，或责备你惯坏孩子。这个办法也可以帮宝宝接近"陌生的医生叔叔"。

更严重的情况。如果宝宝面对陌生人时非常紧张，那么介绍时要更委婉。先告诉你的朋友这是婴儿发展的一个阶段；不用事后道歉（"但他真的是个乖宝宝"），试图弥补糟糕的第一印象。建议你的朋友先跟宝宝最喜欢的玩具认识一下，如泰迪熊，或拿出一个特殊的玩具，让宝宝想玩玩具从而跟陌生人接近。如果所有这些办法都不起作用，那么在与朋友聊天时，让宝宝坐在你大腿上，让他在自己的世界里玩耍。

分离焦虑

分离焦虑通常开始于宝宝6个月开始学爬的阶段，在12～18个月的学步期变得更强烈。聪明的父母会尊重宝宝的这种发展阶段，如果有可能的话，避免在这两个敏感阶段跟宝宝分离。这种现象是父母们非常关心的，因此让我们来好好讨论一下。

是宝宝太依赖吗

我们的女儿8个月大，每次我把她放下，走到隔壁房间，她就开始哭。好像只要把她单独留下，她就不高兴。我们很亲密，可是不是我让她太依赖我了？

不！你是让她有安全感，而不是宝宝产生了依赖。你的宝宝正在经历分离焦虑，这是一种正常而健康的行为，并不是过于依赖造成的。

有一天，当我们看8个月的马修玩耍时，突然恍然大悟，知道宝宝为什么会产生分离焦虑，为什么这是健康的。当马修在屋子里到处爬时，他每隔几分钟就要回过头来看我们是否在看着他。如果他发现我们要离开房间，或者不能盯着我们看时，他就会焦虑不安。

这种古怪的行为是因为什么？当我们对此积累了经验之后，意识到宝宝这么做是有理由的。宝宝发展运动技能时恰好也是分离焦虑的高峰期，也许我们可以认为，他的身体能离开父母，然而精神上还没做好分离的准备，于是表现出焦虑。宝宝的身体说走，但他的心里却不愿意。否则的话，他会勇往直前不回头。

告诉宝宝"没问题"。 不要觉得你让宝宝太有依赖性，以后很难独立。相反，分离焦虑经常是让宝宝变得独立的安全手段。为什么呢？假设宝宝在一个有很多陌生玩具和陌生宝宝的房间里玩耍。他开始黏着你，这时你给他"没问题"的信号，宝宝就会放心地离开你，去熟悉陌生的环境，并定期回到大本营检查一下是否仍旧没问题，然后继续探索新环境。一个跟宝宝感情深厚的人——通常是父母——扮演教练的角色，让宝宝有勇气继续他的探索。每遇到一个陌生的情形，父母都告诉宝宝没问题，这样宝宝才能继续探索。当宝宝熟悉了一个层次后，就会继续迈向另一个层次。当他开始攀爬独立的阶梯时，他要确认是否有人在旁边扶着梯子。

轻松应对分离。 如果宝宝看不到你，他还不能了解你就在附近，而且很快就会回来。有时候通过声音能够让宝宝放心，让他学会将声音与你的形象联系起来，有助于避免分离焦虑发作。到了第二年，大部分宝宝才能学会在看不到某个人的时候在记忆里留存他的形象。这种能力能让他更轻松地适应陌生环境，缓解分离焦虑。（参见第548页更多有关记忆留存的内容。）

亲密关系使宝宝更独立

我们之前曾提到，如果我们把婴儿意识的发展比作制作唱片，理解婴儿精神的发展过程就会容易很多，这就是深沟理论。父母与婴儿的关系越亲密，唱片的沟纹就越深，宝宝在需要时就能越快找到这条沟纹。早期的理论认为，强烈依恋母亲的婴儿将永远走不出这道沟纹，会变得有依赖性。我们的实验和其他人的实验都证明事实刚好与此相反。有一个经典的研究，叫"陌生情境实验"，研究者研究了两组婴儿（"受到安全疼爱"的和"没有受到安全疼爱"的）在陌生环境中玩耍的表现。大部分得到安全疼爱的宝宝，也就是沟纹较深的宝宝，在离开妈妈探索新玩具时表现出的焦虑较少。他们会不时地回头看妈妈，然后继续玩耍。妈妈似乎成了宝宝的加油站。由于宝宝无须花精力去担心妈妈是否在场，他就能专心地玩。

当和妈妈分离时，得到安全疼爱的宝宝能在想去玩和安全感之间取得平衡。当平衡被新玩具或陌生人打扰，或妈妈离开从而减少了安全感时，宝宝会努力重建这一平衡。一个信任的大人在场，给了宝宝必需的信心，使他更独立、更自信，这样到一岁时就能到达一个重要的里程碑——独自玩耍的能力。

9 ~ 12 个月：大动作

从爬行、攀站、扶走，到最后会走，是婴儿成长中最激动人心的过程之一。拿起你的录像机，记下宝宝在攀爬进步阶梯时的一些珍贵的镜头。

运动能力的发展

到9个月时，大部分宝宝都掌握了最高效、最舒服和最迅速的爬行方式。一般来说，就是双脚交替爬行。这种爬行方式使宝宝协调运用两侧肢体，为他发展其他技能奠定了基础。

一旦宝宝掌握一门技能后，他就想尝试各种方式。比如说爬，宝宝可能对自己摇头摆臂，全身投入的爬行方式感到很得意。

爬行给宝宝打开了一扇大门。现在他能主动来到你身边，而不必等着你去抱他。这时的宝宝会像欢迎主人的小狗一样直接爬到你脚下，攀着你站起来，告诉你"让我们玩吧"。

绕过爬行阶段

有些婴儿发展专家认为，一个没经历过爬行阶段的婴儿以后会有动作不协调的危险，因为爬行是学习平衡的准备。某些婴儿确实是这样，但也有很多很快绕过爬行阶段的婴儿发育得完全正常，协调感也很好。我们有一个孩子就是用膝盖"走"代替了爬。还有的宝宝会一脚缩在屁股下面，一脚向外伸地快速前移。很多宝宝觉得快速移动的方式太好用了，所以很快就对爬行失去了兴趣。而在一旁拍手叫好的父母也给了宝宝更多鼓励。

从爬到攀

观察宝宝如何爬上床或沙发。他抓住床单或沙发垫，尽可能地把自己往上拉，这种技能就叫攀。攀是向上爬，而不是向前爬，这又是一个宝宝扩展技能的例子。从神经学上来讲，婴儿的发展是从头到脚，因此胳膊要比腿脚有力、协调。宝宝先用两只手拉，那时较弱的腿还没法伸直，脚还是向内弯曲。最后，他学会了在拉手的同时用脚撑起来。当宝宝攀着沙发或高脚椅站起后，他会惊喜地四处张望，好好享受这个新视野。他会保持这个站立姿势，直到他的腿累了，然后很快就会倒在地上。

现在好玩的事情开始了。宝宝掌握了爬行和攀站之后，他就开始喜欢在一堆靠垫中爬来爬去，如果爸爸能躺在地上让他爬就更好玩了。最刺激的攀登当然是爬楼梯了。你可以看到宝宝从楼梯往上看，一直看到天花板。满一岁时，宝宝差不多能爬一整段楼梯，尤其是在有家人鼓励的情况下。但上到楼梯顶端时，你会看到他困惑的样子，他可能不知道最安全的下楼方式是倒着下。他可能会到处转，不知该怎么办。这时就需要你帮忙了。教宝宝一只脚放在台阶边缘，去接触

关于安全门

在楼梯上面装一个安全门，对宝宝来说就像在公牛面前摇动红旗一样。冲动的小探险家会攀着门站起来，把门前后摇动，有时甚至会连人带门从楼梯上滚下去。到底是要装门，还是教宝宝如何安全地爬下楼梯，都取决于宝宝的性格和爬行能力。观察你的宝宝如何爬到最上层的台阶。10～11个月时，大部分婴儿都会对高度产生戒备（参见第549页）。有些宝宝爬到边缘时会停下来，看一看，摸一摸。这样的宝宝，就可以训练学习安全地爬下楼梯。然而，性格冲动的宝宝，不会减慢速度和用手触摸边缘，他们下台阶时很可能会摔下来。这些宝宝和那些运动能力、爬行技巧进步神速的宝宝都需要大人小心监督，装一扇稳固的安全门。

下面的台阶。接着他就会用自己的脚去感觉下一级台阶（或沙发）的距离，慢慢地倒着往下爬。当你看到宝宝知道在楼梯顶端转身，用脚去碰下一级台阶，就知道他能应付了。

着的能力。然而当他试图把摇摇晃晃的脚放平时，会一下子失去平衡。要等到宝宝学会像芭蕾舞女那样站着，脚放平朝外时，他的平衡才会好一点。

让宝宝攀着你的腿站起来，你会感觉到宝宝在学习站立方面的进步。最初他为了平衡和支撑抓着你的裤子时，你会感觉很沉。渐渐地，你会觉得越来越轻，因为他只需要借助你保持平衡。

到一岁时，宝宝可以爬楼梯了。

随着运动能力的提高，宝宝会用胳膊把自己拉起来，从爬进步到攀。

有支撑地站

一旦宝宝学会攀着家具站起来，他就会喜欢上这项新技能，享受新视野，于是发展了在有支撑的情况下站

扶着东西走路

一旦宝宝学会靠着沙发或矮桌站着，就别指望他会安安静静地待着。宝宝第一次扶着沙发走路时，可能是横着走的，不过他很快就知道横着走并不舒服。注意看宝宝是如何协调的。他转过腿来，然后是脚，这样他就能往前走而不是横着走，接着他转过上

半身来配合下半身。现在他可以一脚前一脚后地围着桌子转，先是两只手抓着桌子，后来变成一只手。

既然宝宝现在能站着，能扶着走，接下来他就会想站着玩耍。放一些玩具在矮桌上，他能自己玩 5 ～ 10 分钟。

★**安全提示：**扶着走在给宝宝带来享受的同时，也带来了一些麻烦。现在宝宝喜欢玩桌上的玩具，他会抓住任何能抓到的东西，并且重重地击打。任何尖锐、易碎或可以放入嘴里的东西都不能出现在宝宝"游行"的路线上。宝宝喜欢围着桌子转，喜欢抓电话线和任何能抓到的东西。

★**安全提示：**有尖角的茶几对这个阶段的宝宝来说很不安全，他们在到处乱走时很容易受伤。要么把茶几收起来，要么用东西包好尖角。一张柔软、没有尖角的土耳其式脚凳是较为安全的客厅陈设。

从扶着东西走到自由地站，再到迈出第一步

扶着家具走时，宝宝会时不时地放开手，显示自己的勇敢，并希望能看到欢呼的观众。他的腿很快就会支撑不住，倒在地板上。有个练习可以增强他放手的能力。把家具（组合沙发最好）围成一个圆，让宝宝在圆内转，他会用一只手作为支撑。然后渐渐地扩大家具之间的距离，这促使宝宝想迈开步走过中间的空隙。这个练习也许会让宝宝学会第一次无支撑的站立，迈出第一步。

无支撑地站。在宝宝围着家具转的过程中，有时候会放开手让自己站着。这时他会很惊讶，也很迷惑，他面临两个问题：如何返回，如何前进。他会一屁股坐下，爬到沙发边，重新回到站姿，再试，这次就能站得久一些了。

迈出第一步。一旦宝宝开始围着家具转，他就能在你的帮助下走给你看。让宝宝站在你两腿之间，抓着他的两只手，和他一起走。等宝宝不用支撑也能站得久一点后，他就准备好自己迈出第一步了。你可以看到，他从站到迈步时的平衡动作，其实只是

为了让宝宝更喜欢站，放些好玩的玩具在桌上，让宝宝站着玩。

一只脚在前面拖，后面的脚保持平衡。（注意这时宝宝的脚踝是向内弯的，夸大了膝盖弯曲和扁平足的感觉。支撑脚踝的韧带还要几年才能强化，因此在几年之内宝宝的脚是平的。）

一开始，宝宝的两脚距离很大，双臂往两侧伸，头向前，这些都是为了更好地平衡。他的第一步很快，不连贯，僵硬，就像木头玩具兵一样。他的表情既兴奋，又小心翼翼，但几天之后，他就会显示出一副"我能"的自信表情。

离他几步远的地方张开双臂，鼓励他往前走。

会围着家具转的宝宝能在大人的帮助下试着走路。

宝宝一旦能站起来就会扶着到处走，所有能碰到的家具都是他的支撑物。

帮助刚会走的宝宝。 为了强化宝宝的走路能力，让他在你的两腿之间或你的一侧走，双手牵着他，然后慢慢地松开一只手，最后两只手都松开。当宝宝练习自己走路时，你可以站在

从爬到蹲，再从蹲到站

虽然宝宝已经能走几步路了，但如果他看见房间里有个心仪的玩具时，还是会扑通一下趴下来，采取比较快速的爬行方式靠近玩具，而且多半是用双脚交替爬行或猛冲的方式。对宝宝来说，接下来是决定如何回到走路的姿势。最初他需要一个支撑，他会靠着墙或家具站起来，放开手，迈出几步，跌倒，然后再重来一遍。

"如果我能不靠沙发，直接站起来就好了。"宝宝可能会这么想。而这正是下个阶段能够做到的（参见第556页）。

早会走好，还是晚会走好

大约50%的婴儿是在一岁左右学会走路的。其实在10～15个月期间学会走路都属于正常。走路需要协调3个方面：肌肉力量、平衡感和性格，而性格似乎是影响婴儿走路早晚的最大因素。性格温和的宝宝在取得阶段性进步时经常会更加小心谨慎。在早期，爬怎么都比走路来得快，坚定的爬行主义者就会满足于在地面活动，而对高处的世界不感兴趣。这些宝宝走路会比较晚，他们更喜欢用视觉和手指的乐趣来满足自己，而不是运动的乐趣。这样的宝宝会缓慢而小心地经历一个从爬—扶着站—走的过程，计算好每一步，采用对他来说很舒服的速度。当他决定要走路时，就能走得很好。

而走路较早的宝宝则刚好相反，他们比较冲动，好动，往往父母还没来得及拿相机，他已经迫不及待地越过了各个成长里程碑。走路早的宝宝大多是那种早早地就要从婴儿椅和大人腿上挣扎出来的高需求宝宝。婴儿的体型也能影响走路的早晚。瘦宝宝一般走路较早。这样的宝宝一般要比慢悠悠的同伴更容易发生事故。

经常有父母问我："我一天到晚抱着他，会不会影响他学走路？"答案是不会。事实上，根据我们自己的经验以及他人的研究，接受亲密育儿法（如经常用背巾背着宝宝）的宝宝，运动技能的发展通常也更快。不管宝宝什么时候学会走路，这个时间与宝宝的智力和运动技能都毫无关系。不管是时间早晚，还是走路方式，宝宝的走路都跟个性一样，是独一无二的。

手的技巧

在上一个阶段，当你在宝宝面前放几块O形麦圈时，宝宝会用手往身边耙，最后用拇指和食指捡起来。在这个阶段，经过多次练习之后，宝宝抓取物体的能力增强了。放几块O形麦圈在他面前，你会看到他能准确地抓到，捡起来的时候也很干净利落，无须用手耙，也不用把手放在桌子上。宝宝会用食指指尖接触麦圈，然后食指往拇指方向收，再轻轻一抓，就拿起来了。

学会在接触物体前调整手形

在桌上放一支新铅笔（未削过笔

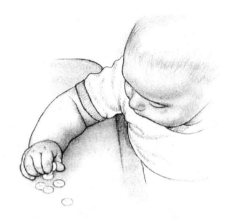

拇指和食指的捡拾能力使宝宝能捡起细小的东西。

尖的），观察宝宝如何抓。现在把铅笔转个角度，宝宝会先调整手的姿势，与铅笔平行，然后抓住。

以前，宝宝会用整只手冲动地抓住物体，而不会考虑如何抓最好。现在宝宝在出手之前就会考虑如何最有效地拿到物体。

容器游戏

这个阶段的宝宝，对玩具之间的关系有强烈的好奇心：大玩具跟小玩具有什么关系，小玩具如何放在大玩具里面，等等。这个阶段，宝宝能够将玩的对象加以组合——拿玩具互相敲，堆玩具，还有永远玩不厌的"填满再倒空"游戏。宝宝好奇的小手，在能同时抓两个玩具后，就有了无穷无尽的可能。到一岁左右，宝宝发现了容器和空的概念。下面介绍一些能让宝宝享受这一新技能的活动。

•给宝宝一个大塑料杯或鞋盒，观察他如何好奇地在容器内部用手戳来戳去。现在给他一块积木，看他如何把积木放到容器里。宝宝会一边动手一边动脑，想着该如何放进去，如何倒出来。学会放进去、倒出来的方法后，宝宝会摇晃这个容器，听积木在里面滚动的声音。观察他在做这些动作时脸上思考的表情。

•把耳朵用棉花塞好，然后把家里的大锅小锅全拿出来！宝宝很喜欢把小锅放到大锅里，当然也喜欢敲击和扔它们时发出的声音。

•浴缸和水槽的游戏（大人始终要在旁监督）。教宝宝练习把水倒进去再倒出来。用杯子舀一杯水，然后往外倒，看四溅的水花，这一直是宝宝们很喜欢的游戏。

•把宝宝放在半满的洗衣篮里，里面最好都是他的小衣服和小袜子。宝宝会把衣服一件件从篮子里拿出来，这时把宝宝从篮子里抱到外面，教他如何把衣服和袜子一件件捡起来，放回篮子。

读懂宝宝的想法

真希望能进入宝宝的小脑袋，弄明白他在想什么。在某种程度上，你能够做到这一点。你可以通过观察他如何玩，从而知道他在想什么。你也可以给他一个提示，看他如何反应，推断出他的思考过程。没错，你只能猜，但在宝宝还不能开口说话时，这是最好的办法。虽然宝宝还不会讲话，但他可以用身体语言告诉你他的想法。

记忆发展的信号

精神图像。有一天，我给9个月的马修读绘本，我指着一幅猫的图片，说："猫。"这时他的脸上似乎出现了一种"认得"的表情。他看着门，因为家里的猫就待在门外。然后他开始抚摸插图里的猫。猫的图像引发了马修的联想。马修已经把猫的形象储存在记忆里，记得他经常抚摸这只猫。而且我还观察到，他现在能够认出现实的猫和图画里的猫的相似之处。

记住曲调。这个阶段的婴儿能记住最近发生的事情。有一天我们带9个月大的马修去迪士尼乐园的"小小世界"玩，主题曲以及里面的景象给他留下了很深的印象。第二天，当我们哼起"小小世界"的主题曲时，马修两眼放光，笑容满面，说明他记得前一天听到和见到的东西。

 玛莎笔记：

马修对想做什么，想待在哪里，有了自己的看法，也开始记得一些事情。他对地点也了解得多了起来。如果他想去这个方向，而你带着他往相反方向走，他就会发出强烈的抗议。

提示词。我们相信婴儿的头脑里储存了很多信息，一旦听到某个提示词，就会像按下自动点唱机的按钮一样，一张记忆唱片就会开始播放。例如，马修和我喜欢去海边散步。他9个月大时，只要我说"走"，马修就会往门口爬，因为"走"这个词让他想起了室外活动。不管我除了"走"之外还说了什么，他的反应都是一样的。然而到一岁左右，他的记忆更完整了。现在当我说"走，去海边"，他想到的不仅是被我带出门，而且还会想到在海边散步。如果我往相反方向走，他就会抗议。他能将某个特定的词和特定的活动联系起来。要是和他预想的不一样，他就会闹。这也说明了跟宝宝交谈、耐心讲解的重要性，这样他才不会吓一跳或毫无必要地失望，愤怒。

门后面是什么？婴儿活跃的记忆力现在能记得门背后的东西。11个月大时，马修有一次坐在打开的橱柜门前，发现了他感兴趣的罐子和锅，他把这些东西拿出来，敲得叮当响。（幸好宝宝游戏的时间不长，否则人们的耳朵要受苦了。）马修玩够了之后，我们拿走罐子和锅，关上门。从那以后，马修记住了门背后的玩具，每天都会爬到柜子前面来，试图打开门。

好玩的游戏

找到消失的玩具。在这个阶段，

宝宝有一项能力开始成熟，就是懂得物体存在的概念，记得玩具藏在哪里。以前，看不见也就想不到，如果你把一个玩具藏在毯子下，宝宝根本没兴趣去找。

试试这个实验。你当着宝宝的面把一个玩具藏在两块尿布中的一块下面，你会发现宝宝开始研究这两块尿布，通过他脸上思索的表情，你感觉到他在努力回忆到底玩具在哪里。他做了决定，拉开盖着玩具的尿布，显得非常高兴。多试几次。

刚开始把玩具放在第一块尿布下，后来放到第二块下面。如果你之前一直把玩具放在第一块尿布下，突然放到第二块下面，即使他看到了，大多数情况下，他还是会选择掀开第一块尿布，因为第一个场景已经留在他脑海里了。

到了 12 ～ 18 个月，宝宝的推理能力提高了，他会记得你换了一块尿布，或者看到第二块尿布下面有凸起，

快满一岁时，宝宝会对寻找你藏在尿布下面的玩具感兴趣。

就能意识到玩具一定是在第二块尿布下面。

捉迷藏。让宝宝围着沙发追你，当他看不到你时，你就把头探出来偷看，叫他的名字。宝宝会爬向他看到你刚才探出头的地方。最后他会模仿你把自己藏起来，还会偷看。

接下来增加听的部分。不要让宝宝看到你藏身的地方，只是藏起来叫他的名字。宝宝会到处爬来爬去（之后是东倒西歪地走），满屋子找你。试着不断发出声音，吸引宝宝寻找的兴趣。

自我保护意识

在这个阶段，婴儿的判断力增强了，开始能对有害的东西或处境有所察觉。但这是一种非常因人而异的技能，因此不要依赖它。

高度意识。通常到一岁时，宝宝就能意识到高度的存在。曾有这样一个著名的实验：在一张长玻璃桌一半桌面下贴上棋盘图案，另一半桌面下也放同样的图案，但是要放在距离桌面约 1.2 米的地上。把婴儿放在直接贴着棋盘图案的那一半桌面上，对面站着他的妈妈，鼓励他朝妈妈爬过去。当婴儿爬到第一个棋盘图案末端时，手虽然还能摸到桌面，但眼睛告诉他，那儿地形下降了，所以这时婴儿停止了爬行。这个实验说明，这个阶段的婴儿有能力判断边界和高度，能够做

出明智的决定。但是不要因此就让宝宝自己在桌子上玩！有些性格特别冲动的宝宝，尽管他们也会意识到危险，但还是会义无反顾地往前爬。

妈妈的鼓励。视觉悬崖实验还有一个有趣的补充：当宝宝朝妈妈爬过去时，如果妈妈采取一种很高兴、不害怕的态度，大部分宝宝还是会爬过"悬崖"。当妈妈表现出害怕的表情时，宝宝就会待着不动。结论是：妈妈扮演了婴儿情绪调节者的角色，婴儿能读懂妈妈的表情，能根据妈妈的反应做出反应。

进入语言的世界

当宝宝进入神奇的语言世界后，你才终于觉得能跟宝宝沟通了。宝宝能理解，虽然他并不总是遵从你的意思。简单、熟悉的问题，宝宝的回应通常很容易理解："你想吃奶吗？""你想出去吗？"宝宝虽然还不会说"好"还是"不"，但他的身体语言表达得很清楚。当然，除非他不知道自己要什么。

快到一岁时，宝宝能说的话很少，懂得却很多，身体语言很强大。宝宝接受语言（理解能力）总是比他用语言表达早几个月。宝宝不说话，并不说明他不懂你的意思。事实上，在任何年龄段，只要把你心目中宝宝的理解力乘以2，就差不多是宝宝真正的理解力了。

婴儿的词汇

除了能理解你的口头和身体语言外，宝宝自己的词汇量也增加了。虽然大部分还是含混不清，但现在他会不时地出现意想不到的抑扬顿挫，让你觉得他知道自己在说什么，即使你不知道。

"不！不！不"

快到一岁时，大部分宝宝明白了"不"意味着"停止"。宝宝会多快地听从，取决于你说"不"时伴随的手势和语调。当宝宝要去拉电线时，轻轻地抓住他的手，看着他的眼睛，指着电线说："不，不要碰，会伤到宝宝！"然后把他的好奇心转向一个更安全、但同样有趣的活动中去。在这个阶段，宝宝甚至会模仿你的动作，也跟着摇摇头，好像这能有助于他理解。不要用粗暴的、惩罚性的方式说"不"。跟他说话时要尊重他。你的目标是教育，而不是吓唬。当然，宝宝也会学会对你说"不"。除了"不"你也可以说"停下"、"热"、"关上"、"脏"、"会疼"、"下来"等。想出一个能代表"不"，并能立即引起宝宝注意的声音。我们表示"停止"的声音是一个很突然很大声的"啊"，这会让史蒂芬立即停止动作。

在这里"词汇"指的是一种指代某种行动或物体的声音，即使这声音并没有特定含义。婴儿的词汇大多是这样的，一般只有父母才能理解。在这个阶段，大部分宝宝会说几个熟悉的词（如"爸爸"、"妈妈"、"猫"）。他们喜欢模仿你的声音，包括咳嗽声。

在这个阶段，宝宝不仅有了更多词汇，而且声音也更响亮。大喊大叫的阶段开始了，紧接着是尖叫的阶段。捂住你的耳朵，这个阶段很快会过去。宝宝只是在做声音实验，对自己能发出的声音强度和人们的反应感到惊讶而已。如果你想教宝宝安静地说话，就对他轻声细语，让他熟悉这种方式。这种"说秘密的声音"能吸引他的注意力，让他有新的模仿对象。

手势和身体语言

这个阶段，除了词汇掌握得更多之外，宝宝的身体语言，尤其是面部表情和手势，也能让你更好地理解他。宝宝会拉你的裤脚，抬起胳膊让你抱。在你怀里时他会扭动身子，表示要下去。如果宝宝特别强烈地想引起你的注意，他可能会抓住你的鼻子、下巴，让你把脸对着他。这种身体语言的表达能力会比口头语言表达能力更早成熟。也许这个阶段的宝宝觉得："如果你不懂我说的话，那就看我的身体表现吧。"

词汇和声音的联系

到这个阶段，宝宝能够将声音、名字与人联系起来。

谁在打电话？ 现在宝宝已经能把电话里的声音和说话的人联系在一起。有一天，11个月大的马修在电话里听到我的声音时，转过脸朝门外看。我的声音让他想到了爸爸从门外走进来的情形。

我叫什么名字？ 除了知道自己的名字外，现在宝宝能把名字与人联系起来。马修10个月大时，有一次一家人一起吃饭，我问他："鲍勃在哪里？"他就看着哥哥鲍勃。

用宝宝学会的新词和手势玩游戏

下面这些游戏很受宝宝们欢迎，可以让你知道宝宝究竟懂得多少身体和口头语言。

模仿手势。 现在宝宝最喜欢的是那种要协调手、胳膊、面部表情和简

儿童拍手游戏

单词汇的手势游戏，例如古老而广受欢迎的儿童拍手游戏。

挥手再见。在之前的阶段，宝宝大概能模仿你挥手说再见的样子。现在他甚至能主动挥手说再见，宝宝能够明白"再见"的声音和离开的联系。你肯定经常要说"再见"，而宝宝这时已经能够模仿你挥手了。现在你试试只说"再见"，但不要挥手，或者只挥手而不说"再见"。一旦宝宝学会了声音与手势的联系，他在听到声音时或许会挥手，在看到你挥手时或许会发出类似"再见"的声音。

捉迷藏。这个阶段的宝宝非常喜欢玩捉迷藏的游戏。用卡片遮住脸或者用手帕盖住头，同时问宝宝："妈妈在哪里？"当你拿开卡片，或宝宝掀掉手帕时，你会看到宝宝非常开心。反过来玩也很有趣。用一块手帕遮住宝宝的头和脸，然后说："宝宝在哪里？"当他掀掉手帕，重新看见你时，你惊喜地说："宝宝在这里！"捉迷藏游戏能刺激宝宝发展记忆力。宝宝会记住消失的父母的脸，当脸重现时，他很开心，因为他看到的正是脑海中记得的形象。

更多球类游戏。宝宝喜欢扔球和捡球的游戏。这个阶段，当你发出单

让游戏继续

在玩挥手再见或拍手游戏时，你可以先给出一半的信息，比如没有声音的手势，或没有手势的声音，让宝宝来完成另一半。例如你说"拍拍手"，而不接触宝宝的手，让你的声音激发他的记忆力使宝宝知道要拍手。然后你用拍手来做响应，以巩固他的记忆。尽可能玩得久一点，但你要记得，这个阶段的大部分宝宝集中注意力的时间不到1分钟。当你觉得宝宝理解了你的意思时，要继续保持他的兴趣。例如，当你指着天上的一只鸟说"鸟"时，你会注意到宝宝也会看着天空，发出像"鸟"的声音，这时你要笑着说："对，是鸟。"让宝宝知道他说对了。这种对他的承认是某种精神技能发展的开始，这种技能在下个阶段会发展得更好，就是自我表达，而且觉得自己说的话别人能听懂。当你和宝宝玩文字游戏时，有时候他会停顿一下，好像在想现在该轮到谁了。现在，语言对宝宝来说已逐渐成为一项心智技能，他理解你的意思，也会思考自己的回应。

一动作的指令："把球给爸爸！"他不一定会照着做。几个月后，他就会乖乖照做，还能做两个动作的指令，如："去捡球球，把它传给爸爸。"

这个阶段的宝宝喜欢玩球，通常能听懂简单的指令，如"把球给妈妈"。

★**安全提示**：宝宝喜欢小而轻的塑料球。乒乓球最受欢迎，因为扔在地上时能发出好听的声音，而且能够用手抓住。他们也喜欢大的海绵球，或软而轻的橡胶球，能够用两只手拿着，可以扔，可以滚。有些处于这个阶段的宝宝会开始把球扔过头顶。

照顾宝宝的脚

细心呵护宝宝，当然少不了照顾宝宝的小脚。下面列出几个父母最关心的有关脚和鞋的问题，以及我们的解答。

应该什么时候给宝宝买鞋？

9～12个月时，宝宝开始会扶着东西站起来，这时父母就应该考虑给宝宝买鞋了。

为什么宝宝需要穿鞋？

鞋能保护宝宝稚嫩的小脚，隔开坚硬的路面，避开尖锐的物体。当宝宝学会走路后，他是看着前方，而不是脚下，因此不注意保护是不行的。

鞋会有助于宝宝走路吗？

平坦的鞋底能给稚嫩的双脚提供更多稳定性。

通常我都会建议父母们，宝宝刚开始能走几步路时，最好是赤脚，等宝宝走得好了，就该给他买第一双鞋。当然，也有一些宝宝穿上合脚、有弹性的鞋子之后走得更好，跌倒更少了。

怎么判断宝宝该换大一点的鞋了？

定期检查宝宝的脚。如果发现脚趾蜷屈，有水疱，有压痕或脚底有类似灼伤的红色斑块（摩擦导致），说明鞋不合脚。大部分学步期宝宝的鞋在报废之前就已经不合脚了。平均每3个月就该换双大一点的鞋。鞋子太小，可以从以下几个方面看出来：

脚趾没有空间。宝宝站着的时候，你能感觉到他的小脚趾紧紧地挤着鞋面。宝宝最突出的脚趾跟鞋头应该保持1.5厘米左右的距离。

鞋面紧。鞋面看起来很紧，一点也捏不起来。一双合脚的鞋，鞋面至少能捏起一点点。

后帮。后帮的内侧或外侧被太大的脚撑得突出来了。

怎样为宝宝选鞋

鞋底。一般来说，宝宝刚学会走路时，鞋底越薄、越有弹性，就越好。帮宝宝选购鞋子时，先用手折一折，看看柔韧性。然后观察宝宝走路。当宝宝迈步时，鞋应该在足部的球形部位弯曲。不管是橡胶鞋底还是皮革鞋底，关键是柔韧性。橡胶鞋底要比皮革鞋底厚、硬。另外，橡胶鞋底比较圆，皮革鞋底比较平。不要给宝宝穿很硬的鞋。如果你用手很难把鞋底折弯，就不要买。硬鞋底容易让宝宝跌倒。

后帮。为了合脚，鞋的后帮要坚固。可以这样测试，用你的拇指和食指挤压后帮，如果感觉太软，就不适合，容易滑脚。

鞋跟。从宝宝第一双鞋开始，就选择有一点跟的那种，能防止宝宝往后摔倒。

鞋面和侧面。鞋面和侧面在宝宝走路时应该容易起皱，否则就说明不够柔软，宝宝走路时脚不能自然弯曲。

构造。要用自然的材质，如皮革或帆布，能透气。不要用人造材质，例如塑料，这样的材质不透气。帮宝宝试鞋的人也很重要，有经验的人会测量宝宝站着时两脚的尺寸，注意宝宝走路时脚的球状部位的弹性，检查脚趾的空间和脚跟的滑动。还有不要忘了咨询宝宝本人。让宝宝在店里试穿一下新鞋，走几步感觉一下。

挤压鞋后帮，可以知道是否坚固，是否柔韧。

第22章 第2年：从婴儿到幼儿

宝宝正式进入幼儿期。在这个年龄段，宝宝要掌握3种技能：走路、说话和思考，使宝宝从婴儿升级为幼儿。

宝宝要跟坐着的阶段说再见了，现在他每时每刻都闲不住。到了第2年，宝宝从会走进步到会跑，脚上似乎装了轮子，拿每一种能碰到的东西，从每一样接触的东西里学习。他会转动门把手，会按按钮，会拉抽屉。这是一个探索和实验的阶段。

语言能力给小小探险家提供了动力。现在宝宝能表达自己的想法，也更有能力指挥周围的世界。日益增长的能力让冒险变得更加激动人心。他现在不会冲动地做什么事，而是能够预先在头脑里想清楚。

但学步期宝宝也有情绪起伏。分离焦虑多少平衡了宝宝强烈的探索和实验欲望。这一分钟宝宝还依偎在你怀里寻求安全感，下一分钟他就冲向心仪的目标。这种依赖和独立的摇摆，以及探索的欲望，给宝宝带来了情绪的起伏：有时候兴奋、开心，有时候又恐惧、愤怒。宝宝不仅在经历不同的情绪，而且还有能力表达出来。虽然他想"自己来做"，但现实告诉他，现在还不能。

在第2年，虽然精神和运动能力发展迅猛，但体重增长变慢了。第1年婴儿的体重平均增加6.4千克，身高增加25厘米；而到了第2年，体重只增加了2.3千克，身高增加了13厘米。身体长势的变缓使胃口变差了，所以这个阶段的宝宝常被认为"挑食"。不仅热量的摄入减少了，消耗的也多了，宝宝越来越"苗条"。

12 ～ 15 个月：迈出大一步

准备好，宝宝的走路表演就要开始了。15个月时，大部分宝宝能走15米左右，不过也有一些宝宝才刚迈出第一步。有些宝宝会到处走，有些宝宝走到一半就退回爬的姿势，尤其是在有玩具吸引他或想追家里宠物的时候。这些都是正常的。

走得更有力，更长久

宝宝的头几步就像喝醉酒一样，摇摇晃晃，步履蹒跚，跌跌撞撞，东倒西歪，跌倒就爬几步，然后又起来继续走。看宝宝如何协调胳膊、腿和身体来让自己保持平衡，试着走出一条直线。宝宝会把身体前倾，胳膊伸向前方，两脚分得很开。经过一两个月的练习，宝宝的步伐变得更有节奏，膝盖会弯曲，双脚靠拢了些，看起来信心满满。

"站起来就走"的技巧。这个阶段，两个主要技巧使宝宝能更好地起步。以前当他想从爬转为走的时候，他需要靠着家具或墙先站起来，而现在他能直接从爬转到走。看宝宝如何从爬到蹲，再到站和走的整个过程。这会儿他还坐在地上玩玩具，下一刻突然决定绕着屋子转一圈。刚开始他会用熊爬的姿势（手脚着地），接着用脚作为平衡支点，屁股往后，移动身体，改成蹲的姿势，随后他直起身体，迈开脚步。起先的几步很急，不连贯，后来渐渐地变得流畅起来。这便是第二年大部分时候宝宝从坐到走采用的技巧，也是他跌倒后要再爬起来接着走时一定会出现的动作。

娱乐步伐。当宝宝学会了往前走，往后退，绕圆圈时，他就会用这些动作来娱乐观众了。他开始做些古怪的动作，脸上带着淘气的神情。宝宝最喜欢的是张开胳膊绕圈圈，直到晕头转向地倒在地上。还有就是透过两腿倒着看世界。宝宝在采取熊爬姿

现在宝宝可以通过爬—蹲—走的动作，从坐姿转变为站姿。

556

势时，发现自己可以从张开的两腿间看见倒立的世界，他感到很新奇，因此会短暂地保持一下这个姿势，好像在说："嗯，景色很不一样。"然后又调整到站姿，继续摇摇摆摆地往前走。

走路和玩耍

随着各项技能的纯熟，宝宝开始享受这些技能。他喜欢拿着玩具到处走，比如说海绵球，也喜欢钻桌子。随着平衡能力的提高，他喜欢弯下腰用一只手去捡玩具，另外一只手伸长保持平衡。

在这个阶段，宝宝还是喜欢在大人的帮助下走路。你可以和宝宝玩一个有趣的游戏：面对面站着，你手里拿一个海绵球，宝宝手里也拿一个。你向后走，宝宝向前走，你走得越来越快，这时你会看到，宝宝正试图赶上你的步伐，他笑得可欢啦。

走路宝宝的玩具。可推拉的玩具是这个年龄宝宝的最爱。看宝宝如何握着他的玩具割草机到处走，或在商店里推着儿童购物车四处逛。可以骑的玩具也很受欢迎。宝宝可以玩骑马游戏，坐在有轮子的玩具上也能保持平衡。不过因为这时候平衡能力还不稳定，父母不应该让宝宝在坚硬的地面上骑，如水泥地。还有，这类玩具要有一个较宽的支撑底部，座位要低。

玩具架子。性格温和的宝宝在这个阶段可能会满足于站着玩架子上的玩具。而性格冲动的宝宝会站起来，把每一个能拿到手的玩具都扔在地上，要他玩指定的某些玩具，还要再等几个月。如果你把玩具放在离地面约 30 ~ 35 厘米高的架子上，宝宝能自己去取，而且还能学会拿出来放回去。他可以从架子上选玩具，还能靠着架子支撑身体，好好站着看玩具。这给了他一个完整的、全新的观察视角。你会看到有时候宝宝的手就像挡风玻璃的雨刷那样掠过玩具架，把所有玩具都扫下来。

父母的小帮手。你可能想不到，厨房没准是宝宝最喜欢的游戏场所，在这里，宝宝可以用他的新技能来"帮"爸爸妈妈。宝宝能站了以后，就给自己找了一个新工作：从洗碗机里"卸货"，把碗盘拿出来。站在打开门的洗碗机前，如果能碰到放刀叉和勺子的篮子，他就会特别兴奋。因为宝宝对餐具特别有兴趣，因此要把刀叉等危险品拿开。当然，宝宝的整个"工作"过程，你都得在一旁监督。

一起走路。宝宝还是喜欢走在父母中间，让父母一人牵着他一只小手，或者单独与爸爸或妈妈手拉手走路。宝宝尤其喜欢在父母的帮助下走楼梯，因为在这个阶段，大部分宝宝还不会独自上下楼梯。

联合冒险。拉着宝宝的手，跟他一起在屋子里探索。从一个房间走到另一个房间，告诉宝宝哪些家具可以安全地接触（只有这样的家具，才能让宝宝安全地爬上去），以及适合他玩的其他有趣的东西。

玩耍和自助的手部技能

除了能走路之外，宝宝身体的其他部位也在迅速进步，他开始懂得如何更好地使用它们，这使得宝宝的自助能力有所提高。

使用工具

最好的自助活动是使用工具，特别是常见的家用"工具"。宝宝常常看着你用，现在他也想模仿你用用那些工具，例如牙刷、梳子、电话、勺子、叉子、碗盘和杯子。在餐桌旁吃饭时，宝宝通常不是对吃东西感兴趣，而是对用这些工具感兴趣。

合作穿衣服

还有一个自助活动是试着穿衣服和脱衣服。在较早之前的阶段，给宝宝穿衣服和脱衣服经常像是摔跤比赛，虽然一岁的宝宝还是会扭个不停，但比以前好多了。他会主动把脚伸到鞋子里，胳膊穿过袖子，把衣服从头上往下拉。他甚至能学会自己擤鼻涕或梳头。宝宝能和你合作，不仅是手部技能提高的结果，也是宝宝希望模仿成年人"自己动手做"。你可

结束游戏

宝宝玩起来全神贯注，如果要他停下来跟你离开，他一定会抗议。不管是该吃饭了、该睡觉了，还是该从某个地方离开了，都不要牵着宝宝就走。我们有一个技巧，这个技巧对我们的每一个孩子都适用：在离开之前几分钟，告诉他该走了（该吃饭了或该睡觉了），接着帮宝宝对每一个玩具挥挥手说"再见"："卡车再见，积木再见……"这些离别手势能让宝宝适时地结束玩耍，就像读完一本书的一章一样。

这也提醒父母要意识到，宝宝虽然人小，但有很强的意志，需要一些创造性的训练。

另一个有效的办法是"三个玩具"游戏。让你的孩子挑三个玩具或三项活动，玩过一个玩具或结束一项活动后，就宣布说还有两项，然后到最后一项。宣布"最后一项"时要用好玩有趣的语调。宝宝会理解这个关键的词汇，产生一种结束的感觉。

以在给宝宝穿衣服的时候边做边描述动作，增加他的专注程度，比如说："现在让我们穿上鞋……把你的脚给爸爸。"还有一个减少穿衣麻烦的办法，就是让衣服又有趣又容易穿：拉链、宽松的袖子和领口、鲜艳的颜色和醒目的图案。把穿衣服当成游戏也不错。你可以跟宝宝玩捉迷藏，把上衣套在宝宝头上，问："宝宝在哪里？"等宝宝的头穿过领口，你接着说："在这里！"给宝宝穿裤子时，可以让他练习"骑自行车"。穿鞋时，把宝宝的脚当成"小猪"来逗他笑。这些都能缓解穿衣服时常见的不合作态度。当你给出简短清晰的命令如"脚放进来"或"抬起胳膊"时，宝宝也可能会自动地抬起脚穿进裤子，或在你给他脱衣服之前就抬起胳膊。

适应新技能的玩具和游戏

容器游戏。观察宝宝如何打开柜子的门，关上，再打开，拿出里面所有的塑料容器和盖子，然后坐在地板上拼拼凑凑。注意看他如何对它们说话，唱歌，给它们下命令，跟它们挥手再见。有刻度的量杯之类的玩具能帮助宝宝形成大小关系的概念，懂得小的容器如何放入大的容器当中。宝宝会更了解玩具之间的关系，例如盖子和容器。往外倒东西，比往里填东西更能吸引宝宝的兴趣。不过在你的指导下，宝宝会和你一起把东西装到容器当中。

形状和搭配。拼板是宝宝最喜欢玩的。在一岁左右，宝宝就知道圆积木要配圆洞，不过命中率并不高。他会用积木在洞口周围敲来敲去，似乎明白手中积木和板上形状、尺寸相符的洞口有关，但他既没有足够的精细协调能力，也没有足够的耐心，来把积木放进洞口。之所以从有圆洞的拼板开始，是因为对幼儿来说，把圆形的物体放入圆形的洞相对容易。当宝

宝宝的柜子

就算你把厨房柜子的门锁上，没准还是会被宝宝砸坏。不如给他一个属于他自己的柜子，让他可以随时打开玩。里面放一些容器型的玩具（大小成套的量筒、罐子、浅锅和一些他最喜欢的东西），经常更换一些玩具，来保持他的兴趣。让宝宝有自己的门可开，有地方可去，可以让他远离那些不太安全的区域。

宝的形状搭配能力提高了，注意的时间延长了，就可以进步到用有方洞的拼板，让宝宝把方形的积木放进方形的洞口。

听指示。 在玩容器和拼板时，如果你给宝宝示范如何进行正确的匹配，大部分15个月的宝宝能熟练地将积木放到相应的洞口里。玩这类游戏时，你可以给他一些鼓励性的指示，如"没错，把积木放进去"，从而让他感到成就感和乐趣。宝宝很快就能跟着你的指示玩耍。像这样说话（"把积木放进去"）加手势的表达方式，能提高宝宝的兴趣，鼓励他重复某些特定活动。鼓励宝宝玩那些需要做决定的游戏，给宝宝示范游戏的玩法，让他跟着玩。

从一手换到另一手，往地上扔，用拇指和食指或整只手捡起来；还可以放在浴缸里，舀水，看它沉下去，再浮上来。

现在你还可以用这个瓶盖来玩点智力游戏。让宝宝看着你把瓶盖掉在地上，然后趁宝宝不注意，把它捡起来，藏在手里。注意，宝宝会先看看地上他最后见到瓶盖的地方，然后你张开手，让他看到你手里的瓶盖。这时他的手会朝你拿着瓶盖的那只手伸过来。然后你把手放在背后，把瓶盖换到另外一只手里。这时宝宝会伸手去摸他原先看到有瓶盖的那只手，这说明宝宝已经有非常准确的短时记忆了。

宝宝越来越会在游戏中听从你的指示。

本月最佳玩具。 我们家的最佳玩具是一个剃须膏瓶的盖子。宝宝可以用这个简单的瓶盖做很多事情：敲，

宝宝长大了，积木也要变大。给他边长约10厘米长的橡胶积木，让他既可以用单手拿着，也可以用双手拿或叠。把三四块积木叠在一起，然后推倒，是这个阶段的宝宝坐着玩时最喜欢的游戏。

"不要碰"

宝宝的大脑对手说:"去接触任何你能接触到的东西,给我新的材料,这样才能学到东西。"然后,大脑的朋友——腿,就开始带着手去任何想去的地方。但宝宝的上空总是有个人在喊:"不要去!"这就是宝宝充满好奇心的世界。对好奇心超强的宝宝,可以采用下面的办法:

可以碰和不可以碰的东西。在宝宝探索整个屋子的过程中,你要陪着他,告诉他哪些东西可以碰。鼓励他去接触安全的东西:"哦,看这漂亮的花,轻轻摸一摸。"然后你给他示范怎么温柔地触摸花。给宝宝专属的抽屉和柜子(可能的话,一个房间放一个),让宝宝忙碌的小手接触适当的东西。

做交换。当宝宝的手正要伸向电线时,你可能会对他大叫:"不行!"不过,经验老到的妈妈会早一步把宝宝的兴趣转移到别的玩具上来:"玛丽,来看看盒子里有什么?"玛丽便会转向这个让她惊讶的盒子,而电线就安全了。

抬高你的世界。与其总是保持警戒状态,总是说"不",不如在宝宝还小的这几年内,把你那些易碎易坏的东西全部往高处搬。把宠物狗的饭碗放高点,把废纸篓藏起来。太多的"不,不要碰"会在家里制造负面氛围,宝宝会感觉到做每件事都受限,这样

就抑制了他探索的直觉,进而影响了他学习的本能。用正确的方法教宝宝去探索和接触合适的东西。(参见第578页"30厘米法则"。)

语言的发展

宝宝的第2年也是"会走会说"的一年。口头语言和身体语言都取得了很大的进步。你能注意到组成宝宝语言的两个部分:表达语言(宝宝会说的话),接受语言(宝宝听懂的话)。不论在哪个发展阶段,接受语言都要比表达语言早几个月。在第2年的开始阶段,宝宝会说的话很少,能听懂的却很多。

安全提示

宝宝对喜欢的玩具会紧抓不放。如果宝宝抓住一个危险的东西,例如刀,一定不要试着从他手里抢下来。宝宝会抗议,可能会弄伤你或他自己。你应该握住宝宝的手,轻轻地按压他的手腕,让他无法抓得太紧(可以试试抓住自己的手腕,你会发现抓手腕会抑制手指握紧),然后说:"把东西给妈妈。"拿下危险玩具的同时,给他一个有同样有吸引力但是安全的玩具。宝宝还不理解为什么你要从他手里拿掉那个危险的物品。给他别的玩具是解决宝宝对玩具占有欲的办法。

第一次说话

很多这个阶段的宝宝还说不了太多的新词，可能是因为他们把大部分精力都用在走路上了。一旦掌握了走路，词汇的进展就会突飞猛进。15个月时，宝宝平均只能讲 4 ~ 6 个真正的词。宝宝最喜欢的词有：

• b 开头的词：爸爸，拜拜
• m 开头的词：妈妈
• d 开头的词：大
• g 开头的词：狗狗[①]
• k 开头的词：开

宝宝现在可能还说不了一个完整的词，只能说出开头的部分，好像希望你帮他说完似的。但宝宝讲话时还会把手指向他说的那个东西，相当于清楚地告诉你他在说什么。刚学说话的宝宝，通常语调和抑扬顿挫都很正确，唯独缺乏完整的词。

第一次说"不"。 宝宝能表达出"不"或类似含义，如果你一开始没明白他的意思，他还会摇头或把你要喂他吃药的手推开。

取名字。 继续告诉宝宝生活里的每一个人或物的名称。你指着卡车说"卡车"，宝宝也会像小鹦鹉一样跟着你发出一个听来像"卡车"的音。带宝宝到公园或树林里散步，经常停下来教宝宝认识各种各样的东西。先从宝宝开始。当他指着树上的昆虫时，

你就说"虫子"。宝宝可能会跟着说"虫"，你要表示同意："是的，这是一只虫子。"当宝宝指着月亮说"月"时，你要回应："是的，是月亮。"让宝宝知道你已经正确理解了他的意思，能鼓励他学得更好。宝宝就是这样学会说话的。

给日常生活中常见的东西取名字，有助于宝宝的语言发展。

小鹦鹉。 这个小模仿家喜欢热闹的游戏，例如吐泡泡等。他喜欢模仿动物的声音，如狗叫的声音，或电视里某个人物的声音。利用宝宝喜欢模仿的心理。马修在这个年纪时最讨厌我们帮他擤鼻涕，因此我们对他说："来像我一样擤鼻涕。"然后我们帮他轻轻地把擤出来的鼻涕擦掉。

[①]此处根据中国宝宝说话的习惯改编，与原文不同。

注意宝宝的信号

虽然跟着你的小探险家一起探索会觉得很累，但好语言和好育儿技巧的结合，会使生活变得简单，因为你的宝宝最终能够告诉你他想要什么。例如，宝宝会拽你的袖子或把自己的外套拿给你，叫你带他出去玩，或拿一张 CD 给你叫你放。倾听宝宝的声音对于提高他的技能、培养他的自尊是最重要的。积极地倾听能培养你和宝宝之间持续一生的交流技能。跟宝宝说话时要像尊重成年人一样尊重他。他很小，但他有很多话要说。记住，宝宝会哭哭啼啼的一个主要原因是他第一次（或第二次、第三次）说话时你没有听，他的声音反映出了他的挫败感，这时哭哭啼啼的抱怨声就"起作用"了。这样的话，你也是在给他树立坏榜样，即你并不期望他能在你第一次讲话时就乖乖听话。身教重于言教，孩子会学你的做法。

"要求"帮忙。除了说话外，宝宝还会用手势和身体语言来寻求援助。当他打不开盖子或玩具卡住了拿不出来时，他就会大叫，或走到你身边拉你的袖子，以此寻求帮助。这些声音和身体语言是在对你说："帮我把盖子打开。"他会把那个东西递给你，希望得到你的帮助。

"喂我"。宝宝除了在玩耍时会发出信号寻求帮助外，还会发出要吃饭的信号。他会拉开你的上衣要吃奶，或指着奶瓶大叫。只要宝宝坐在旁边，妈妈连安静地吃一顿饭都不容易。当你舀起一勺饭时，坐在一旁的宝宝会抓住你的手，把勺子转向自己的嘴巴。这种用声音和身体语言来寻求帮助和满足需要的能力是非常重要的社会交往技能。

表达心情。除了用声音和动作来表达需要外，宝宝现在还能用特定的面部语言来表达心情：眼睛下垂、抿着嘴、皱起额头和下巴翘起，宝宝这些面部动作都是在告诉你"我不高兴"。

词语的联想

宝宝现在能将他听到的和看到的联系起来，意识到世界上的每一个东西都有一个名字。

词和图像的联想。词语使看电视和看书增加了很多乐趣。宝宝可能会走到电视机前，指着电视里的狗，叫道："狗，狗！"

让宝宝更听话。想象一下这种场面。该吃饭了，但宝宝还在忙着玩玩具。与其把他拎起来让他抗议，还不如向他建议说："我们去吃饼干吧。""饼干"这个词让他产生了联想："饼干在盒子里，盒子在厨房里。"于是宝宝便会乖乖地跟着你走进厨房，走向饼干盒。

让大脑变聪明。词汇能使思考变得简单。现在宝宝世界里的每个人和每件东西都有一个名字，他相当于在大脑中储存了很多精神图片，听到这些名字时就能唤起这些图片。我们就曾利用这种认知能力来解决问题。马修一直很喜欢他的哥哥彼得。有一天，15个月大的马修坐在车里闹个不停，我们安慰他说："我们要去看彼得。""彼得"这个词让他联想起一个他很喜欢的人，于是他很快停止了哭闹，开始想彼得。宝宝的词汇量日益扩大，头脑越来越发达，与他们的谈话开始变得非常有趣。

遵从指示

在这个阶段，宝宝除了能说、能模仿，还能理解单一动作的指示，例如你叫他"去拿球"，他就会从一堆玩具里取出球。在下一个阶段，他能理解并记住双重动作或更复杂的指示："去厨房拿球，带到爸爸这里来。"

手语

除了能听懂更多的词语外，宝宝还能将手势与词语的意义联系起来。马修在这个阶段时，会一把抓住家里的猫紧紧抱在怀里。我们赶快从他怀里救出猫，然后教他如何温柔地抱猫。我们一边说"要轻轻地把猫抱起来"，一边拉着他的手，教他如何做。他通过我们的语调和手的动作理解了"轻轻"的含义。当我们给他洗脸或擤鼻涕的时候，我们也会告诉他"妈妈会

轻轻地擦"（他也相信我们会这样做）。

边说边做

宝宝互相打招呼，是值得你拍下来好好珍藏的场景。当一个热情的宝宝遇到一个矜持的宝宝时，看看会发生什么。热情先生会温柔地拥抱矜持小姐。这时你要在旁边看着，免得宝宝对别人家的宝宝热情过头了。矜持小姐往后退，而热情先生抱得更紧更激烈。一个宝宝哭了，另一个宝宝则莫名其妙，矛盾就产生了。作为一个善于观察的父母，你应该马上介入，教两个孩子更加温柔地接触。教宝宝得体的社交礼仪，拉着他的手，用语言和姿势教他该如何做。

爱家的宝宝

宝宝对家里的声音和声源了解得更清楚了。门铃响了，宝宝就摇摇晃晃地向那个方向走过去。火炉上的水壶响了，他又把头转过来看。电话响了，他赶着去说"喂"。看宝宝那么关注他周围的世界，真是很有趣的一件事。

15 ～ 18个月：说话

在这个阶段，宝宝各方面的技能都比之前有了提高。

走得更快

宝宝继续实践他新发现的走路技能。他现在能原地打转、绕圈、后退、上台阶（还是要扶着扶手或拉着大人）。跟其他大部分发展技能的顺序一样，他的思维总是超过他的能力，脑子跑得比腿快。跌倒和挫折都会提醒这个成长中的探险家：他还是一个小宝宝。

第一次跑。跟第一次走路一样，宝宝第一次跑步时，腿可能还是僵硬的，步子很小，经常跌倒。当宝宝第一次表现出想从走路进步到跑步时，把他带到一个很长、很宽，而且铺好垫子的地面，让他自由活动。一旦他懂得要多弯膝盖抬高腿时，他就能跑得更快，也不太会跌倒了。

停下和弯腰。宝宝有可能在快速地穿过房间时，看到地上有一个有意思的玩具。他会弯下腰，捡起来，继续往前走。能在走的途中弯腰和捡东西，这个小冒险家可能从此开始在家玩起寻宝游戏来。

★安全提示：每项技能都有益处和弊端。现在宝宝能弯腰捡东西，在那些杂乱的地方要多加监护。好奇的小家伙可能会捡起地上烟蒂一类的东西。

翻山越岭。凳子、桌子和沙发，没有这个小登山家爬不上去的地方。要给宝宝创造一个安全的攀爬环境。

• 把椅子塞在桌子下面，阻止他爬到桌子上。

• 危险物品旁边不能有可攀爬的家具。把椅子放在壁炉边很危险。小心宝宝会把脚凳或儿童椅推到壁炉前面。

• 对于会爬上椅子、站起来的宝宝要特别当心，他可能会抓住椅背往椅子后面瞧，这可是危险动作。如果椅子往后倒，宝宝就得上急诊室了。

• 营造一个安全的爬行空间。为了满足刚会爬的小家伙，我们在屋子里放了一个折叠床垫，还有很多泡沫靠垫。用几个旧轮胎来给宝宝当爬行时的障碍物，也是很安全的选择。小滑梯也不错，能同时满足宝宝两个最大的愿望：爬和滑。

宝宝对爬的渴望是无法阻止的，因此要给他一个安全的爬行空间。

坐椅子。在这个阶段，大部分宝宝可以自己吃饭了。给宝宝一张儿童椅，看他怎么做。他会先爬上椅子，但很快就意识到这样既不舒服也不安全，而且椅子会翻倒。随后他学会屁股坐上椅子，同时用两只手在背后抓着椅子。我们给了宝宝一张又小又轻的帆布折叠椅，当他知道如何坐上去后，就经常连人带椅子到处走。可能是学会坐椅子后，他就不想放手了。

记住，把成人的世界降低到宝宝的尺寸，对宝宝更安全，也更好玩。儿童桌和儿童椅，加上有趣的玩具，如积木，或许能让忙碌的小家伙在家里安静地坐上一段时间。

宝宝最喜欢儿童尺寸的桌椅。

第一次骑车。宝宝很少会安静地坐着，但他们会坐着骑车。选一个有 4 个轮子、宽底座的小车子。买之前，先带宝宝到玩具店试骑。如果他正在学习，就让他在柔软的地毯上骑，这样摔倒也不疼。

第一次投球。和积木一样，宝宝长大了，玩的球也要大一点。观察宝宝如何投球。他一脚着地，另一条腿抬起来，用整个胳膊的力气扔出去，这就比上个阶段只会小臂用力有了进步。想想一次简单投球所具备的学习价值吧：他要考虑何时放手，朝哪个方向，用多大力，用身体哪个部分，等等。

第一次踢球。在花园里踢球也是

身体接触的游戏

宝宝喜欢和爸爸妈妈一起玩身体接触的游戏，下面几种是他们最喜欢的。

拍手游戏

拍手游戏有很多花样，一只手拍或两只手拍都可以。这个游戏可以让宝宝很好地参与互动，也可以在他不高兴时转移注意力。

骑大马

宝宝喜欢坐在爸爸的肩膀上，但在经过门和吊灯时要小心，不要背着宝宝在吊扇下面玩耍。

其他

在爸爸身上爬来爬去，跟爸爸玩骑马游戏，捉迷藏，模仿大人的动作，这些都是宝宝喜欢的活动。

宝宝喜欢的游戏。刚开始学踢球时，宝宝经常会错失目标，根本没踢到球。面对球，宝宝起初可能会很胆小，不怎么敢踢。等到真的踢到了，你会看到宝宝脸上很惊讶的神情。

拿出大工具。 宝宝喜欢那些模仿大人生活的活动和游戏，他已经有推、拉、捶和倒的能力。马修在这个阶段时，每天要玩几个小时的玩具割草机，模仿爸爸割草的样子。可以推拉的玩具，如婴儿车，宝宝都很喜欢。用玩具锤子捶打玩具，用一个小洒水壶给植物浇水，这些都是宝宝喜欢的游戏。

手部的活动和挑战

随着宝宝动手能力的提高，玩具也变得更有挑战性。除了能堆更多、更高的积木外——对小建筑师来说，通常最高的是堆4块积木——他们还喜欢那些能互相粘连、结合的积木。

形状分类。 套圈玩具是宝宝们的最爱，这些玩具利用了他们正在形成的认知技能，能在实际动手之前先思考。当宝宝把圆环套在柱子上的时候，注意看他脸上思考的专注神情。最初他可能会不经考虑地随意把圆环套上柱子。等他的思考能力和动手能力都进步之后，他会懂得将最大的圆环放在最底下。

手握玩具。 更聪明的大脑和更为灵巧的双手结合在一起，使宝宝能正确地使用手里的东西。以前拿到手里的东西主要是用来扔的，而现在，宝宝也许能用叉子和勺子独自吃饭。

宝宝的手部技能进步后，就可以玩更有挑战性的玩具，这些玩具同时也会挑战宝宝日益发展的大脑。

除了想要自己的玩具外，宝宝还想要大人手里的东西。爸爸每天用的剃须刀就很吸引人。抽屉更是让宝宝眼睛一亮的地方，特别是那些你放"玩具"的抽屉。为了让宝宝远离你的抽屉，不妨给他一个属于他自己的抽屉，经常更换里面的玩具，保持他的兴趣。

第一件艺术作品。 墙上的蜡笔痕迹就是宝宝发挥艺术天分的纪念品。宝宝的第一堂美术课，只需一支易握的、无毒的蜡笔，还有一大张白纸。对小小艺术家来说，要用一只手固定纸，再用另一只手画出大作，实在不是容易的事。宝宝的第一件艺术作品通常只是一些随意的线条。

宝宝刚开始拿蜡笔的时候就像握拳头一样，他会前后地画线，偶尔也能大笔一挥画出个半圆形，把笔尖都弄断了，就当是签名。

不要急于教宝宝正确的技巧，先让他尽情享受用笔和纸胡乱涂画的乐趣。一旦他能稳住胳膊，学会了在下笔之前先思考（注意他脸上专注的表情），就可以开始下一堂美术课了。让宝宝模仿你的笔法。刚开始先画一条竖线给他看，然后握着他的手，帮他也画一条竖线。再画一条横线，让他照画。接着画一条"V"形线，一个半圆，最后是圆形。不过宝宝要到两岁时才能画得好圆形。

语言的发展

宝宝的语言发展，可以用他自己最爱说的一个词来形容：更多。

更多的词汇。宝宝的词汇量从15个月左右的平均10个词，扩展到两岁时的50个词，虽然其中有很多只有父母才能听懂。你可以写下宝宝每天说的新词，记录宝宝的语言发展。

更有意义。宝宝原来可能只会说半个词，现在能说出一个完整的有意义的词。

更多音节。宝宝从原来只能说一个音节扩展到多个音节，能把几个字连起来，如"好了"、"再见"、"不要"。他现在能试着说多音节的词，而且

很有喜剧效果，比如要说"本杰明"，结果说成了"本本本"。

理解更多。宝宝似乎更关注周围的谈话。我们把这叫做二手语言。有一天，玛莎要马修的姐姐伊尔琳上楼拿衣服下来洗。我注意到15个月的马修走到了洗衣篮边，从中捡起几件衣服，拿给玛莎。虽然这段谈话与马修无关，但他懂得谈话的意思。

第一句话

宝宝刚开始说句子通常只有名词，或只有名词加动词，例如"车再见"。他将再见和离开家联系起来（这点他是从你离开时所用的手势中学到的），汽车则是把他从一个地点送到另一个地点的移动物体。宝宝甚至开始说两个词的句子，其中一个词是"我"，例如"我去"。这种交流技巧让他能表达自己的愿望，并且让父母帮他实现愿望。有一天我和马修玩亲亲游戏，我亲他的腿和脚趾头。当我停下来时，他看着我说："还要……亲。"宝宝会吐出一个句子的主干，让听者自己理解意思，填补缺少的成分。

回应没有手势的语言

宝宝不仅会说关键字词，他们思考时也只考虑重点。当我说"去"的时候，18个月大的马修就会拿出他的外套，朝门口跑去。对宝宝来说，

语言是手势和口头语言的结合。在上一个阶段，只有声音和手势并用（如指着东西说"把它给爸爸"）的指示，宝宝才能听懂。到 18 个月时，宝宝已经能理解没有手势的语言了。

社会性的谈话

宝宝现在越来越清楚每件他喜欢的日常活动的名称，特别是吃东西。他会拉着你的衣服，或指着奶瓶，说"吃吃"。宝宝也会懂得社交性的打招呼方式，如拿起电话的时候说"喂"。他甚至会含混不清地说"谢谢"，给你一个惊喜。你在前一阶段对他重复了几百遍的词，现在可能会突然出现在日常生活中。有一天我给马修脱衣服，好让他上床睡觉，他拉他的衬衫，说"穿"，然后拉他的裤子，说"脱"。他已经在脑子里把这些词和动作联系起来，能在需要的时候唤醒这种记忆。

新概念

词汇使父母对孩子的安全教育和照顾都变得容易了很多。在这个年龄，很多宝宝都明白了"烫"的意思。当你说"菜很烫"时，宝宝就不去碰，而是看着，一边喃喃自语地说着发音类似"烫"这样的词，模仿你强调危险时的语调。当你说"让我们换尿布"时，宝宝会懂得低头看看尿布，摸一摸然后向你走过来或者跑开。另外，这个年龄段的宝宝能经常指着

哥哥姐姐，叫出他们的名字。哥哥姐姐很自然地会鼓励宝宝"再说一遍"，从而让他巩固这个能力。这个时候的宝宝懂得了"另一个"这个概念。刚开始是针对身体的部位，当你问他"耳朵在哪里"，他会指着他的一只耳朵，然后你问"另一只耳朵在哪里"，他会指着另一只耳朵。

第一次唱歌

唱歌给宝宝学习语言的过程增添了很多乐趣。宝宝在他的小天地快乐地玩耍时，没准就会开始哼歌。如果可能的话，用录音机录下这些可爱的声音。听到这样的声音，你甚至会希望宝宝永远不要长大。

用手势表达

将词语和动作结合起来的行为，是在第 2 年中期迅速形成的。宝宝会一边举起胳膊一边说"抱抱"，或者一边把手指放在嘴唇上一边说"嘘"。在他会说："不要！"坚定反复地摇头时，如果反应比较激烈，他会蹙眉噘嘴，一边对你摇手，一边说"不要不要不要"。宝宝还喜欢比出"有这么大"的手势。在这个阶段，宝宝还没法说出自己全部的需要，但用手势就容易理解多了。例如，当马修面前摆着一小盘草莓酱时，他会做手势，发出一些声音，告诉我们"我要一个勺子"。虽然他没说出一个完整的词，

但意思非常明显。如果你不知道宝宝喜欢做什么，注意观察，倾听他的身体语言。有一天我轻拍马修的屁股，当我停下来时，他就自己给自己拍了几次，告诉我他想让我继续拍。

父母讲话方式的转变

当宝宝开始比较能够像大人那样说话时，你会发现自己说话的方式不再那么婴儿化了。即使你不用语调夸张的"妈妈语"，宝宝也能听得懂，这时你就会恢复比较正常的语调。

丰富幼儿的语言

大部分父母都对他们孩子的语言发展有一个直觉的认识，无须指导手册。父母的"方法"是他们天生的育儿能力的一部分。下面介绍的这些技巧只是为了替你增加一点变化。

一起看绘本，一起聊天。这是儿童形成词语与物体联系的主要方式之一。当宝宝有了进步时，你可以选水平高一些的绘本，指着插图问他："这是什么？"以此唤起他的记忆。也可以指着画有各种物体的一页书，问他："球在哪里？"帮助宝宝把书里的形象跟实际生活中的物体联系起来。当你指给他看书里的树时，也要指花园里的树。宝宝会在脑海中对"树"的特征形成一个精神图像。

把词或手势扩展成概念。比如说，宝宝指着一只鸟问："那是什么？"你回答："那是一只鸟。"然后再补充说："鸟在天上飞。"你不只是回答问题，还给了他一个跟词汇有关的概念。当你注意到宝宝在注意一种声音，如飞机飞过的声音，你可以把他抱起来，指着飞机说："飞机在天上飞。"尽可能多地告诉他人和物的名称，这能帮助他记忆。婴儿要到1岁半以后才会说出比较多的完整的句子，但很早就会说句子里的关键词。挑选关键词对懒得说话、喜欢用手去指的宝宝来说尤为重要。

玩文字游戏。这些游戏让学习语言的过程充满乐趣。宝宝喜欢玩跟自己身体部位有关的游戏，玩过几次脚趾头之后，他很快就知道脚趾头是什么了。节奏感强的游戏，如数数和玩手指，以及一边唱歌一边配上动作，对鼓励孩子运用手势和关键词特别有用。过一段时间，当你唱一首歌的开头，宝宝就能接着唱完一首歌。

说说你正在做的事。头几个月，在给宝宝换尿布的时候，你可能会一直不停地说话，告诉宝宝每个步骤。现在，不需要太多对话就能很容易地做完换尿布、洗澡等例行工作。但话还是可以继续说，如"现在抬起腿……现在我们开始洗手……"，等等。

问问题。宝宝似乎很喜欢大人问问题时句尾语调提高的变化。有问题说明你期待着宝宝回答，宝宝通常会很愿意配合。

不要东一句西一句地说个不停。这样宝宝会不再听你说话。要放慢语速，用简单句，不时地停下来，给宝宝时间去回想你话中的信息。

让宝宝选择。比如说："马修，你想要苹果还是橘子？"这能鼓励他回答问题，促使他做决定。

眼神接触和叫宝宝名字。作为儿科医生，我发现，在帮宝宝们做身体检查时，专注地看着他们的双眼，会起到镇定的效果。如果能和宝宝保持眼神接触，你就能抓住他的注意力。要让你的宝宝学会在谈话时自然地看着另一个人的眼睛，这种眼神的接触包含了非常丰富的语言，这种能力能让他受益一生。另外，开始和宝宝谈话时，要叫他的名字，这等于是给宝宝上了一堂很重要的社交课——一个人的名字很重要。这教会他在和别人说话时要用对方的名字。

别急着纠正宝宝的话。记住，宝宝使用语言的主要目的是交流，而非语言本身。大部分两岁以下孩子的语言可能不是规范意义上的语言，这是正常的。对宝宝来说，牙牙学语，拿各种声音做实验非常重要。他们只是在储存这些有意义的词和词组的信息。如果感觉到宝宝说某些词有困难，你可以多重复几次，让宝宝模仿。通过重复来纠正，而不是让他困窘。记住，学说话首先是享受乐趣，而非学

习任务。宝宝越能享受与人的交流，他就能说得越好。

孩子走路是不是怪怪的

宝宝的走路方式跟他们的性格一样因人而异。大部分宝宝在开始走路时都是外八字，这样容易保持平衡。正当你开始担心外八字时，宝宝的脚又变成了内八字。不必听从别人的建议而急着把宝宝带到整形外科专家那里，大多数宝宝的脚在3岁时会自动变直。

内八字。两岁之前，差不多所有的宝宝都是足尖向内的。原因如下：

•子宫里的胎儿姿势使宝宝双脚自然向内弯。

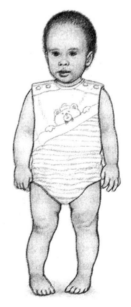

两岁前，几乎所有的宝宝走路都是内八字。

•正常的扁平足。宝宝的脚一般到 3 岁才会开始有足弓。因此，宝宝在走路时脚会自然向内弯，制造弯度，更好地分配身体的重量。

腿和脚的正常发展过程如下：

•从出生到 3 岁时，腿部弯曲。

•刚开始走路时，足尖向外。

•18 个月到两三岁，足尖向内。

•3 岁以后走路时双脚才是直的。

•从 3 岁到青少年期，膝盖外翻。

只要宝宝能跑步，不会绊倒，就不用担心内八字的问题，这是能自我矫正的。不过，如果宝宝绊倒得越来越频繁，就有必要去看整形外科，治疗时间通常是 18 个月到两岁之间。（治疗方法通常是戴矫形器，睡觉时也要戴。）

足尖向内的原因，一是小腿骨弯曲，也叫内胫骨扭曲；二是内股骨扭曲（大腿骨弯曲向内）。怎么区别呢？观察宝宝站着时的样子。如果膝盖是正对前方的，那么最有可能的是小腿骨弯曲。如果两个膝盖都朝内，互相对着，那就是大腿骨弯曲。

正确的坐姿和睡姿能改善这两种原因造成的变形。

•避免宝宝采用胎儿姿势睡觉（参见图 A）。如果宝宝坚持要用这种

图 A：胎儿姿势

图 B：腿向下折的坐姿

图 C：W 形的坐姿

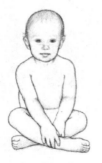

图 D：盘腿坐

图 E：双腿朝前坐

姿势睡觉，你可以把睡裤的两条裤腿缝在一起。

•宝宝坐着时，不要让他把腿和脚放在屁股下面，这样会加剧小腿弯曲（参见图 B）。

•为了减轻大腿骨的弯曲，不要让宝宝呈"W"形坐着（参见图 C），鼓励他盘着腿坐（参见图 D），或腿朝前坐（参见图 E）。

扁平足。扁平足不会持续太长时间，通常到 3 岁左右，足弓就出现了。3 岁以后如果还是扁平足，也不一定是严重的问题。怎么判断扁平足的严重程度呢？从后面观察宝宝光脚站在硬地板上的样子。沿着跟腱到地面画一条线，或放一把尺。如果这条线是直的，说明没有什么问题，不需要治疗。如果线是斜的，说明宝宝需要矫正鞋垫——这种鞋垫可以放在普通的鞋子里，能支持足弓和脚后跟，调整踝骨和腿骨成一条直线。

虽然一直存在争议，有些整形专家还是认为，对扁平足严重的儿童，

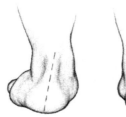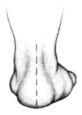

要判断扁平足是否需要治疗，观察站在硬地板上时宝宝的跟腱。斜线（左图）说明需要矫正，而直线（右图）通常不需要治疗。

在 3 ~ 7 岁使用矫正鞋垫，能减少腿部疼痛及以后骨骼和关节畸形的风险。

踮脚走路。大部分宝宝都会经历一段踮脚走路的日子，天知道为什么！这通常是一种习惯，或者只是为了好玩。如果这种情况持续时间很长，医生会检查孩子的小腿肌肉和跟腱是否过紧。

跛脚和奇怪的走路方式。如果发现宝宝有什么不寻常的走路习惯——例如像鸭子一样摇摇摆摆，或拖着一只脚，一定要告诉医生。如果宝宝跛脚，一定要严肃对待，做一次彻底的医学检查。

拒绝走路。如果宝宝之前走得好好的，却突然拒绝走路，要把这种情况报告给医生。根据下列内容做好记录：

•你能回想起让宝宝拒绝走路的任何原因吗？有没有受伤或者因为跌倒受到惊吓？记下走路罢工发生前一天的活动。

•帮宝宝做检查：脱掉宝宝的衣服仔细观察宝宝的腿和脚，并用手摸摸看，有没有瘀青、红肿和触痛。比较两条腿有没有不同。移动大腿、膝盖和脚踝试试，你这么做时，宝宝感到疼痛吗？检查脚底有没有碎玻璃或其他碎片。

•宝宝生病了吗？有没有无缘无故发烧？

• 最近有没有发生严重影响宝宝情绪的事？

带着宝宝（和你的笔记）到医生那里，做一次彻底的检查。

生长疼痛。生长疼痛很难描述，也很难诊断，找不到病因。这种疼痛一般发生在晚上，通过按摩就可以缓解。宝宝长大后就能摆脱这种疼痛。我认为，很多这样的疼痛是因为白天跑跳和扭动而造成的肌肉扭伤。另外，我注意到，在给宝宝鞋子的足弓和脚后跟的部分加上垫子后，原来的疼痛会有所减弱，尤其是那些严重扁平足的宝宝，垫子可以让他们站立或走路时腿部肌肉的压力有所转移。

18 ～ 24 个月：思考能力

到了这个阶段，宝宝更能意识到自己是谁，自己在哪里，自己能做什么，还有自己不能做什么。意识的快速增长得益于思考和推理能力的增强，也就是认知能力的发展。到 18 个月左右，宝宝的运动能力、语言能力和思维能力都飞速发展。他们跑得更快，说得更清楚，思考更敏捷。这个阶段最主要的进步，是宝宝思维能力的发展，正是这种能力使得以上几种能力都发展得更好。现在宝宝在说和做之前，头脑里会先形成概念。这些技能使你和宝宝相处得更愉快。

运动技能：跑、爬、跳

从走到跑是这个阶段运动能力发展的高潮。就好像有人在宝宝身上安装了更快的发动机和更好的轮子，而宝宝也决定开足马力。

清理跑道

为这样的事情做好心理准备：你和宝宝正要去散步，你打开门，刚刚跨出去，宝宝就像喷气机一样从你身边蹿了出去。你赶紧去追他。原本悠闲的散步变成了赛跑。宝宝喜欢这种追逐的感觉，但边跑边回头时，常会因为失去平衡而跌倒。这个小小赛跑选手最喜欢宽宽的走道和长长的大厅（超市、电影院、教堂），这些就是他的跑道。这大概就是为什么在这个阶段宝宝（还有父母）会瘦下来的原因。

除了跑得更快之外，这个阶段宝宝经常从父母身边跑开的另一个原因，是分离焦虑在宝宝到了 18 个月时已逐渐减弱了。如果宝宝撒开你的手跑出去时你实在累得追不动了，可以试试这个方法：在他还听得见你的声音时，大声喊"拜拜，××（宝宝的名字）"，然后往相反方向走。这时，宝宝往往会停下来，重新思考是不是要离开他的"基地"。如果他的"基地"正往另一个方向走，他可能会转过头来追赶你。这个阶段的宝宝不仅跑得更快，也跑得更稳了。在上个阶段，他得昂着头保持平衡，而现在他能低头看自己的脚，躲开路上的障碍物。

爬

上楼和下楼。 快到两岁时，宝宝一般能独自上楼梯，但还是每次两只脚一起爬同一个台阶，而不是一脚迈一个台阶。到两岁时，大部分宝宝能扶着扶手走下楼梯。

小心婴儿床。 现在，小登山家会跃跃欲试想爬出婴儿床，而且很可能会成功。如果是这样，让他一个人待在婴儿床里就不安全了。应该给他一张适合的床。

跳着玩

宝宝的运动能力提高后，喜欢到处乱跳。他现在能够在有支撑的情况

小心肘部脱臼

在超市里，常常有宝宝要从你身边跑开，或差不多该走了，但他不愿意走的情况。你抓住他的手腕，他往他那个方向拉，你往你的方向拉，这种"拔河"的结果就是宝宝手臂抬不起来了，软软地挂在一边。这叫脱臼，医生能很容易地将它复位，不会产生持续性的疼痛。在玩游戏或你必须抓住宝宝小臂时，同时抓住两条胳膊，这样就不容易拉伤肘部了。

下单脚站立一两秒钟，或者不靠支撑地单脚站一下。跳动以及新的步伐使他在移动时有了节奏感。

宝宝的运动能力提高后，喜欢到处乱跳。

打开音乐，宝宝的演出就开始了。他会转圈、抬脚、跺脚，表演得还很开心。宝宝喜欢模仿大人滑稽的动作，喜欢和你一起玩蹲下、站起的游戏：蹲下时你说"下"，他也跟着蹲下；站起时你说"上"，他也立起身子。这时候的宝宝还喜欢一遍又一遍地重复刚掌握的本领，比如说从墙上跳下来，安全着陆后要求"再来一次"，让在一旁等着的父母急得团团转。

边动边玩

第一次做体操。 宝宝现在完全明白了自己的身体能做出什么杂耍动作来。翻跟头是他最喜欢的。和宝宝一起做操，既能教会宝宝许多有趣的动

作，也对你的健康有益。

亲子体操给妈妈和宝宝都带来了乐趣。

第一辆车。 两岁的宝宝十分喜爱车。两岁到两岁半时，你的宝宝能从会玩四轮车进步到会玩三轮车。车子理想的大小是坐在车座上时宝宝的脚

在学会骑小三轮车之前，宝宝喜欢骑着四轮小车到处跑。

尖刚好能碰到地面。他在学会蹬踏板之前，知道脚尖发力让自己前进，而接触地面可以让他更好地控制住车。

玩球。 球依然是宝宝最喜爱的玩具，你能在和他一起玩球时发现很多认知能力进步的迹象。比如说，有一天我和两岁的马修玩踢足球。球在滚，他跟着球跑，但当他停下来准备踢球的时候，发现球已经滚到前面去了。接下来，他就吸取了经验，追球跑时会跑到比球稍远的地方，转身停下来再去踢球。这个阶段，你经常会发现这种让你意想不到的事。

搬家高手。 想把你家的家具换换位置吗？叫宝宝来帮忙。他们喜欢到处移动家具，尤其是在平坦的地板上挪动椅子。不过，如果哪个家具卡住了，这个小搬运工也会向你求救。当宝宝厌倦了搬比自己还要大的家具，他会挑一些尺寸小一点的。垃圾箱是他最喜欢的目标，他会兴致勃勃地把里头的东西全倒出来。

★安全提示： 宝宝搬家具会带来安全隐患，比如说，宝宝会把椅子放在窗户边，或把凳子移到阳台上。既然你不想把家具（或宝宝）钉在地面上，那就把宝宝抬得动的东西放在他够不着的地方，并留神看好这个小搬运工。

父母的小帮手。 这可能是你的宝宝最后一个乐于助人的阶段了，不过有时宝宝帮忙的结果还是一团乱。

鼓励他也来做"家务"，比如做蛋糕，给植物浇水，等等。要是想让他真的帮上你的忙，给他一个"特别的桶"，让他在屋子里转，把杂乱的东西都收在这个桶里。宝宝总是有一点收集东西的爱好。

放些与宝宝齐高的架子，让他能整理自己的小天地。小架子的台面应该离地 45 ～ 50 厘米。

两岁时，宝宝会开始表现出对秩序的欣赏。给他一块方便玩耍和储藏东西的区域，培养这种习惯。

妈妈的小帮手

重新安排玩具。我们家很热闹，8 个孩子各有各的玩伴，也各有各的吵闹的玩具。让懂事的十几岁孩子安静下来很容易，但对爱吵闹又容易发生危险的宝宝就需要重新安排玩具了。如果你的宝宝喜欢敲敲打打，就给他一个塑料锤子，或一个玩具木琴，这样家具就安全了。如果他喜欢扔东西，乒乓球或海绵球都可以。

房间里的秩序。即使宝宝总是动个没完，两岁的他也会开始表现出对秩序的欣赏。要尊重宝宝的这个特点，给他合适的储藏空间。在房间里

有很多宽、深各 30 厘米左右的小方格的矮柜子也很好，每个方格可以放一两个玩具，这比把一堆玩具放在玩具盒里要好，因为一堆玩具放在一起反而容易诱导宝宝乱扔玩具。儿童用的小桌子和小椅子，可以让宝宝舒舒服服地坐上更长时间，玩起来也更专注。准备几个低一点的挂衣钩，他可以用来挂自己的衣服，鼓励他养成一种物归原处的责任感。

忙碌的手

积木。玩积木的爱好同样会延续

到两岁阶段，但随着宝宝长大，积木也要变大。这时候的宝宝喜欢堆大块的海绵积木、纸板积木，堆得比自己还高，然后把它推倒。

小心旋钮和按钮。转旋钮、按按钮，是宝宝这个阶段的新游戏。如果电视突然变得震耳欲聋，肯定是好奇宝宝干的好事。宝宝特别喜欢动收音机、音响或电视的按钮和旋钮，因为一碰就会有变化，这种因果关系让宝宝非常兴奋，因此他可能会长时间地站在这些"玩具"前，这里转转，那里按按，期待精彩事情发生。

---

30 厘米法则

宝宝对桌子上、柜子上的东西很感兴趣。他们经常伸出手从桌子边缘往里探，看看有什么东西。要小心桌子边缘的东西。养成把危险物品放在离桌子边缘至少 30 厘米远的习惯，让宝宝好奇的小手够不着才行。

在他玩这些电器时，你要在一旁监督，不要让他弄坏了电器。告诉宝宝这些东西的功能，让他来开或关。他会很高兴自己有这个权力。如果他滥用了这一权力，你可以暂时把电器放高。更好的办法是让宝宝玩他自己专属的旋钮和按钮，如不用的收音机或手电。操作后会有反应的玩具，比如按下去之后会弹出的玩具，是这时候宝宝们的最爱。

翻书。宝宝喜欢翻书，但这个阶段之前，经常一翻就是两三页。大概到 18 个月时，宝宝可以一次翻一页，尤其是在有你指导和纸张比较厚的情况下。

更多的艺术作品。宝宝两岁的时候，你家的墙上和冰箱上很可能已经贴了不少他的作品了。当宝宝画了几条线，或偶尔画个圆，他会感到很骄傲，希望获得掌声，看到自己的作品放在很光荣的地方。

盖子游戏。这个阶段，宝宝喜欢玩盖子，盖上又揭开。我们发现鞋盒和盒盖很适合这个时期的宝宝。

拼板游戏。对喜欢玩大小匹配，有耐心的宝宝来说，拼板玩具是个好选择。如果你的宝宝缺乏耐心，那就坐在旁边陪他玩。让他自己试试，不过当你注意到他越来越灰心时，就要一边讲解，一边演示给他看，让他有兴趣继续玩。

把手机放好。手机和平板电脑上

拼板是喜欢挑战智力的宝宝们很喜欢的玩具。

的视频游戏和应用软件可能很有趣，能让孩子安静下来，但也可能会让孩子沉迷其中。研究显示，孩子过度使用便携式电子产品会造成学习和行为上的负面影响。要抵制让孩子时不时浏览手机的诱惑。对于一个正在成长中的大脑来说，玩具、拼板、书本和其他互动性的玩具更好。

语言的发展

到了这个阶段，宝宝不仅每天都会学会新词，还懂得了用新方法运用旧词。

婴儿语言发展的速度各不相同。有些宝宝一天一词，比较稳定；有些则是一下子蹦出很多新词；也有的直到快要两岁时，话才说得多了起来，好像之前储备了很多词，就为了这一刻似的。宝宝能说多少个词并不重要，重要的是他的沟通能力。有些宝宝即使到了两岁仍旧处于"说得少、懂得多、沟通不错"的阶段。他们还是主要以身体语言来表达自己的需要。跟语言发展的所有阶段一样，在这个阶段，你给宝宝建构的不只是词汇表，还是在与宝宝建构一种关系。你不仅在教他语言，也在教他信任。

取名字

宝宝逐渐知道，世界上的每一件东西和每一个人都有一个名字。当你在屋子里走或开车时，告诉宝宝每一个地方的名字。你开车时叫出经过的每一样东西的名字，也有利于安抚坐不住的宝宝。词汇构建了记忆，在宝宝正在发展的记忆档案里，有名字的物体比没有名字的物体更容易被储存下来。你可以偶尔抽查一下宝宝是否记得某个东西的名字，例如你可以指着钢琴问你的宝宝"这是什么"，如果他回答"当琴"，你就表扬他说"对"，然后用正确的发音对他重复一遍："钢琴。"

问答游戏。要对宝宝喜欢连续发问的学习阶段做好心理准备。宝宝知道每件东西都有一个名字后，他自然地就会想知道所有东西的名字。如果你看到宝宝正专注地看着一个物体，可以主动告诉他："这是一个盒子。"几分钟后，你可以再次指着盒子问他："那是什么？"以此来考察他的记忆力。如果宝宝指着一个物体，但不知道名字，那就是等你在告诉他。想听有趣的童言童语吗？你可以问宝宝："小狗在说什么呢？"

描述不同动作。 宝宝知道动作也有名字。和宝宝聊每天的日常活动，如"现在抬起胳膊，现在放下胳膊"。宝宝很容易就能掌握表示动作的词，如上、下、离开、走，等等。他们也喜欢短语，如"抱抱妈妈"。

读我的口形。 两岁的孩子都是极为出色的小鹦鹉，而且很快就能通过你的口形明白你的意思。在这个阶段，我蹲下来跟史蒂芬说话时，注意到他大部分时候都在看着我的嘴唇，以便学会我讲的话。

指东西。 宝宝虽然说不清楚几个词，但身体语言非常丰富。他会指着饼干筒，嘴里咕哝着"嗯嗯"，你就知道他想吃饼干。这时问他："告诉妈妈你要什么。你要饼干吗？"当他

用力点头表示肯定时，你要认可他的身体语言："好，我知道你想要饼干。"不要强迫宝宝说话，但要让他知道除了身体语言，如何用正确的词汇来表达需求。你可以假装不知道宝宝想要什么，先拿一些错误的东西，"你想要杯子？还是想要香蕉？"最后再把宝宝想要东西拿给他。

正确的联系

语言能帮助宝宝表达出他知道某些动作是怎么组合在一起的。宝宝会拿起他的外套和帽子，然后挥手说"再见"。门铃响了，宝宝说："门。"宝宝还会把你的钱包拿给你，说："钱。"宝宝在头脑里储存了一连串的联系，语言能帮助他们表达出来。

宝宝现在能将图片和书中的东西与生活中熟悉的人和物体联系起来。有些宝宝甚至不到两岁就能区分性别，能指出书本里或现实生活中的人的性别。

误解。 宝宝将听到的话理解错误时，会产生出很滑稽的效果。马修对创可贴（Band-Aids）很感兴趣。有一天我们在谈论他姐姐的发带（head band），他听了就喊"创可贴"，因为有共同的词根"band"。惯用语和形象化的语言尤其容易被误解。例如，有一天我告诉史蒂芬："我真的搞砸了。"（I really blew it。Blew 这个词原本表示"吹"的意思。）然后史蒂

语言日记

你可以记下宝宝在每个阶段说的词汇和短语，来了解宝宝语言能力的发展。除记录词汇外，也记下句子长度和复杂度，尤其是宝宝犯的那些有趣的错误。如果再加上宝宝的思考日记——根据宝宝的行为推测想法——就更好玩了。等宝宝长大一些后，你回过头来再看这些记录，就能再次体验宝宝激动人心的成长过程。

芬开始做出吹蜡烛的动作（我们家总有很多生日要过）。

懂得细微的差别。宝宝不仅知道每个物体都有名字，也知道不同的属性：盘子变"热"了,冰棒是"冷"的。他还懂得这些属性的微妙区别。当宝宝努力思索找到合适的词来表达时，你会看到他脸上的表情很专注。有时宝宝刚说出一个词，但意识到这并不是他想要的合适的词，就会立刻换一个词。例如，当感觉水的温度时，宝宝会说："热……不……温！"在上一个阶段，他只懂得热和冷。现在，他能意识到温度的细微差别,例如温。

与推论不符。有天晚上，马修听到我们说要出去走走，他很自然地认为他也会一起去。当我们给他穿睡衣时，他抗议道："不要，不要！"他已经明白，如果他要外出的话，就不应该穿睡觉的衣服。经过我们的解释，他就接受了。

宝宝说话

挑战新词汇。宝宝会厌倦整天说些像"狗"和"猫"这样的老词。他们喜欢挑战一些陌生的词汇。在这个阶段，马修最喜欢的词是"直升机"，其次是"恐龙"。[①]当然，宝宝可能会说不清，但越是说不清的词，听起来越好玩。

表达意愿。边指东西边咕哝的阶段差不多要过去了。到两岁时，宝宝几乎能口头表达出他所有的需要："出去"、"玩球"、"吃饼干"。当给他一个选择时，宝宝也能表达自己的意愿（这是很好的学习）。马修18个月时，有一天我们问他，是想跟爸爸出去走走，还是想跟妈妈洗澡？他还不能口头给我一个答案，但他明白自己的选择。我把他抱起来准备外出时，他朝玛莎那边扭动着身体，这就表达了他的意愿。而到两岁时,给他一个选择，他会用语言说出来，例如"出去"或是"妈妈"。

读懂我的话。在这个阶段，不仅是你教宝宝理解你的话，同时你也在学习理解他的话。而且宝宝也希望这样。宝宝学习怎么说话时，你也在学习怎么倾听。很多宝宝在这个阶段发音还不是很清楚，但音调是正确的。要是你对宝宝非常了解，甚至可以通过他的音调推断出他要什么。好的育儿技能也包括正确理解宝宝的话，让他意识到你完全懂他的意思。

命名游戏

说出身体各部分的名字。18个月时，大部分宝宝能说出所有身体部

---

①英文中的"直升机"（helicopter）和"恐龙"（dinosaur）都属于音节较多，对宝宝来说不太好发音的词。

581

位的名称，也喜欢玩"鼻子在哪里"这样的游戏。听到关键词"鼻子"，宝宝就会指指自己的鼻子。现在你可以加一句："妈妈的鼻子在哪里？"看宝宝是否会指着你的鼻子。"眼睛"和"脚"也在宝宝最喜欢的行列。在换尿布或洗澡时，宝宝可能会去抓阴茎或阴唇，这时是告诉他／她这些部位名字的好机会（"这是你的阴茎／阴唇"）。说出身体各部分的名字这个游戏能吸引宝宝的注意力，因为你让自我中心的宝宝谈论自己，这引起了他的兴趣。当宝宝吵闹不止，而手头又

认识生殖器

对身体各个部分的正常探索，第一年里表现为吮拇指和玩手指，第二年就变成了拉阴茎和用手探索阴道。宝宝正常的好奇心发展成为体验生殖器敏感和自我刺激的快乐。像吸拇指一样，用身体某些部分来获取快乐，是成长的正常组成部分。

禁止他在公共场所（把家人活动的区域作为公共场所）这样做，如果动作很明显的话，温柔地转移宝宝的注意力。不要使用"脏"这个词。宝宝健康的性欲应该予以轻松对待，并要教他学会重视身体的每一部分。不要忘了宝宝两三岁时和他谈谈"隐私部位"。

没有玩具可玩的时候，这个游戏可以派上用场。

叫出人的名字。 很多两岁的孩子能说自己的名字，有时候也能说出自己的姓。他们甚至能叫出哥哥姐姐或其他熟悉的人的名字，甚至还能叫出照片上的人的名字。抱着宝宝，让他看墙上贴着的家人的照片，玩认人游戏。当你没事可做时，可以跟宝宝玩这个。

社会交流

用我的名字。 两岁的孩子说话有进步的一大表现是能在跟人说话时加上称呼："妈妈，我想……"或"爸爸，去……"如果你和他说话时也叫他的名字，并且直视他的眼睛，他这方面就会做得更好。

开心的词。 注意当你从别的地方回到宝宝身边时，他表示"见到你很开心"的词。当我们回家时，马修会开心地跳起来，大声说："呀！"

下命令。 两岁时，大部分宝宝都能用口头语言和身体语言与人进行交流。问你的宝宝："杰米想过来玩，可以吗？"宝宝可能会微笑着回答："好。"当宝宝正在玩耍时，如果你挡了他的路，他可能会说"走开"，然后把你推开。用语言就能达到目的，所以他哭闹的次数也少了。宝宝现在可能会要吃餐桌上的东西，如果汁、牛奶等，或者自己跑到厨房或在冰箱

里找吃的，这说明他饿了。

不要认为"这个小家伙现在成了我的老板"。像"过来"或"给我水"这样的命令与谁掌控谁毫无关系。宝宝说话就是这个样子。他们也会用新学会的词或短语来测试大人的反应。如果你喜欢他这些新词，就帮他加以巩固；如果不喜欢，就让他加以改变。宝宝的思考方式就是这样。

人小耳朵大

两岁宝宝敏锐的注意力表现在他能听懂周围人的谈话。在上个阶段，宝宝开始能够理解大人谈话的要点。现在他甚至能插话进来。有一天，玛莎问了我一个需要回答"是"还是"不是"的问题，这时坐在旁边的马修立即看着我说："不是！"我们都很惊讶，他不仅会听我们的谈话，而且还能回答这个与他无关的问题（答案还是正确的）。

还有一次，马修还在吃午饭，他的哥哥彼得跑进来问是否有人看到他的足球。马修很快把饭吃完，开始找球。彼得又问了一次："足球在哪里？"马修耸耸肩，摆摆手，好像在说"我不知道"，然后他对彼得招手示意彼得和他一起去客厅找。从这个对话中，我们学了了关于马修成长的3件事：他现在能关注周围发生的事，他能用身体语言表达他想一起找的意愿，最后，他能在脑海中浮现出丢失的球的样子。我们又一次通过宝宝的行为了解了宝宝的想法。

宝宝懂得越来越多，提醒父母应该注意宝宝在场时的谈话。最近，在我的诊所里，我看到一个21个月大的宝宝是如何对父母的谈话做出反应的。宝宝的父母在商量要不要把他留在家里，用一周时间出去度个假。虽然这个宝宝还没法用语言表达出"不，不要留下我，带我一起去"这个意思，但他脸上忧虑的表情清楚地表达了他的意思。

要知道宝宝对谈话的敏感度，可以鼓励他完成你开头的一个句子。我们把这叫做填词游戏。例如，有一天买完东西后，我们发现把一个玩具鸭子忘在商店里了。当我们回到车里，我说："马修，我们得回那个商店，去找……"他大声地接着说道："鸭子！"

完成句子

宝宝进入两岁前的阶段，就好像即将从语言学校毕业一样。这时候说的话仍旧像打电报，但句子变长了，也变准确了。从"要"进步到"还要"，再进步到"我还要"。当进入一个黑暗的房间时，宝宝首先会指着电灯开关，然后喊"开"，后来又加上"灯"这个字，最终句子会变成完整的"开灯吧"。宝宝似乎是先有整个句子的概念，然后慢慢地往里填词。当然，"我

"自己来"的阶段也开始了。

一步，两步。宝宝语言理解能力的成熟，表现在他能从听得懂单一动作的要求进步到听得懂双重动作的要求："去把饼干拿来，给爸爸。"宝宝现在有足够的记忆力，专注的时间也够长，能在厨房里的一堆东西中找到饼干，找到以后还记得拿给爸爸。

让我告诉你我的感受。除了用词语表达需要之外，这个阶段的宝宝还能用词语来表达感受。他们知道了擦伤和瘀青，当然也会求你用神奇的药膏来治疗创伤。宝宝通常会对身体的疼痛反应过度。

当妈妈不在身边时，宝宝还不会用足够的词语来表达他的失望，但"我想妈妈"的表情是再明显不过了。什么时候离开宝宝，离开多久是很难决定的，特别是在新保姆的试用期。学会观察宝宝的身体语言，找出宝宝同意或反对的信号。

记忆力的发展

在这个阶段，宝宝不断发展的记忆力使他学会在行动之前先思考，行为不再那么冲动。史蒂芬在19个月大时的思考能力常令我感到惊讶。有一天我看到他手里拿着一杯酸奶走近楼梯。我看到他脸上的表情，知道他在思考。当他开始爬楼梯时，他把酸奶递给了我，好像他已经认识到自己不能拿着酸奶爬楼梯。他把酸奶给我，知道在我手里是安全的，等他爬上楼梯时，我再还给他。

行动之前先思考的能力在宝宝的日常游戏中表现得最清楚。我们其他几个孩子喜欢和史蒂芬一起玩球。有一天他和哥哥彼得两个人面对面扔球玩时，一只猫闯进他俩中间。史蒂芬意识到，如果他继续扔，球可能就会砸到猫，于是他移动了位置，再扔球给彼得，而没有伤到那只猫。

宝宝蓬勃发展的记忆力也让他能更好地理解物体的联系：用球棒打球，球才动；用蜡笔在纸上画画。这种能力体现得最好的一个例子是，宝宝能正确地搭配服装。试试下面这个有趣的实验：把爸爸、妈妈、哥哥、宝宝的鞋各拿一双，放在地板上，请宝宝去拿爸爸的鞋。注意观察宝宝如何比较，如何把鞋和人联系到一起。洗衣服的日子也是测试宝宝联想能力的一个好机会。当你从洗衣机里取出衣服时，一开始可以启发他说："这是爸爸的衬衫，这是××（宝宝的名字）的衬衫……"接着，宝宝可能会跟着你一起说出哪件衣服是属于谁的。

在这个阶段，宝宝的记忆力和行动之前先思考的能力，使父母对宝宝的安全教育也变得容易了。宝宝感觉到炉子上的热气，会大声叫："烫。"这说明他能理解什么是"烫"，什么是"痛"，这样他去接触热的物体时就不会那么冲动了。父母们经常感觉到，这个时候对宝宝的安全教育开始奏效，因为宝宝现在真的听懂了。

和你的宝宝一起成长，是孩子与父母共同发展的关键。

继续向前走

显然，成长不会在孩子的第 2 个生日时戛然而止。在接下来的几年中，你还会看到很多激动人心的变化。

第 23 章　恼人但正常的幼儿行为

你可能已经注意到，到目前为止，我们很少提"教育"这个词。事实上，整本书都是有关教育的，就像我们在第 1 章里讲到的，真正的教育来自父母和孩子之间的信任。亲密育儿法的一个好处是能让你真正地了解自己的孩子，知道孩子行为背后的原因，能帮助孩子把行为引向理想的方向。

父母对学步期宝宝的行为要有心理准备。每个孩子生来就会说"不"、会发脾气、会抓玩具、拒绝与人分享、会打、会咬、会踢。如果孩子在 2～3 岁时没有表现出这些特征里的大部分，反而是不太正常的。当然，如果没有及时地引导，使其成熟，这样的行为的确会拉孩子成长的后腿。注意，我们说的是"使其成熟"，而不是"你应该教育孩子克服这些行为"。有这样的行为并不能说明你的教育出了问题。它们是孩子学习过程的一部分，

宝宝要学会得到自己想得到的，坚持自己的主张。这一章我们会告诉你如何运用亲密育儿法培养宝宝，让他变成一个关心人、有同情心、慷慨大方、表现良好的孩子。

教育的真正含义

在给 18 个月的宝宝做健康检查时，经常有妈妈问我："我现在应该开始教育孩子了吗？"这些妈妈不了解，她们和孩子做的每一件事都是在教育。我们相信，教育从宝宝一出生就开始了，从第一声哭到第一次说"不"，都是你和宝宝之间的互动。在不同的阶段，"教育"这个词有不同的含义。

教育从出生就开始了

教育一开始是作为一种关系，而

不是一连串的方法。教育的第一个阶段——亲密接触的阶段——在出生时就开始了，并且随着你和宝宝的成长而发展。亲密育儿法的三大要领（母乳喂养，经常抱着宝宝，以及积极回应宝宝发出的信号）事实上就是你最早的施教行为。接受亲密育儿法的宝宝会感觉良好，而感觉良好才更有可能表现出好的行为。接受亲密育儿法的宝宝会更听话，因为他信任父母。这样的宝宝在生命的最初几个月里就知道，这个世界能回应他的需求，是个值得信任的地方。

实践这种育儿法的父母对宝宝在每个阶段的喜好和能力都非常敏感。他们能够从宝宝的角度看待问题，懂得宝宝行为背后的原因。这样的父母和宝宝，自然就能形成一种良好的教育关系。随着这种关系的成熟，父母能更好地传达出他们所期望的宝宝的行为，而宝宝也能更好地理解父母的期望。父母教得好，宝宝也比较能接受。每一次互动，父母都对自己的方法更有自信，而不会因为失败而绝望地从书本上或所谓的教育专家那里取经。因为对宝宝反应积极，敞开心扉，所以这些父母不会让自己拘泥于某一套方法。他们知道，教育要随着家庭条件和宝宝的发展阶段而做出调整和变化。

第一阶段的教育是父母、宝宝相互依赖的养育过程，是双方行为互相塑造的过程，有助于他们互相了解和信任。在这个基础上，父母和宝宝才能更顺利地进入下一个教育阶段——设限。

倔强的固定思维

宝宝非常清楚自己要做什么，不会轻易接受改变。用大人的话说就是"主见"。两岁的宝宝在这方面尤其突出，当涉及到人、地、事时都有很强烈的固定思维，甚至可以用"顽固"来形容。这些宝宝喜欢有规律，不愿接受任何变动。

高明的谈判大师推荐一条重要原则：如果你想说服别人接受你的想法，必须先找到他的立足点，然后渐渐把他向你希望的方向引导。父母可以利用这一谈判原则来应付一些常见的麻烦，比如说带宝宝去超市。形成一种固定的逛超市的习惯，坚持下去。史蒂芬非常喜欢一种水果棒棒糖，他小小的脑袋里早就知道，当他来回地穿行于超市的货架之间后，最终总会在某个货架上拿到一块棒棒糖，这点他已经牢记在心，并且早就期待了。在逛超市的过程中，我们会不时地向他保证"我们待会儿去拿棒棒糖"，可以让你从容地完成一周的采购计划，而且省了小家伙发怒、闹别扭的时间。

"我的"和"我"是这个阶段的

副产品。两岁的宝宝喜欢划定疆域，经常拒绝和他的哥哥姐姐分享空间。事实上，宝宝还没有形成"分享"的概念。因此在这个阶段吵闹和生气是常有的事。

设限

在我们家，我们相信"限制"的作用，这不仅是为了孩子的教育，也是为了让父母的头脑保持清醒。在这个阶段，教育指的是向孩子传达你的想法，比如说什么行为是你所希望的，好的行为能带来什么好处，什么行为是你不能容忍的，不良行为的后果，等等。当然教育也指充满智慧地将你的想法付诸实施。教育不是你单方面地对孩子做了什么，而是你和孩子一起做什么。你跟孩子的关系越亲密，就越能够设定"限制"。孩子会从这些限制中感觉到安全感。

了解正常的幼儿行为发展。在前一章，我们已经介绍过幼儿的正常行为。通过了解一般幼儿的发展，以及你家宝宝的特点，你对宝宝的期望才能不高不低、恰到好处。如果你的周围有经验丰富的妈妈，对你会有不少帮助。（到宝宝 4 岁时，你对于教育孩子的认识，已经差不多能获得学士学位了。）宝宝在发展的每一个阶段，都需要一些专门针对他能力的"限制"。12 个月大的宝宝和两岁的宝宝，

需要的限制是不一样的。宝宝到了 9 个月左右，开始有个人意见，并不总是与你的意见相符。记住，强烈的意志是健康的表现。宝宝需要强烈的意志，才能到达接下来几个月乃至几年的成长里程碑。如果他毫无意志，怎么能够在无数次的跌倒之后再爬起来？

"我已经无数次告诉我那两岁的孩子不要去揪猫尾巴，可他就是不听！"这话听着耳熟吗？你的很多指示看起来没有被他听进去，不是因为宝宝目中无人，而是因为不到两岁的宝宝还没有能力完全理解你的指示。当你对两岁的宝宝说"不要在街上跑"，他表现得就像没听见一样。然而到了 3 岁，他就能给你一个眼神，表示"哦，好的，我记住了"。理解的能力是 3 岁宝宝比 2 岁宝宝好教的原因所在。

学会聪明地说"不"。当你的孩子从怀里抱着的小宝宝变成能在地上到处跑的小探险家时，你的角色也将扩大为一个限制设定者。孩子有了清楚的限制，才能安全地成长，而不用浪费精力去处理一些不确定的状况。作为父母，我们得管教孩子，但不是像控制木偶一样把他们管得死死的。在这个阶段，聪明的父母不会因为宝宝的独立而觉得受到威胁，而是会找出办法引导宝宝的行为。

让宝宝知道谁说了算。教育要持

之以恒，另外要记住，持之以恒的教育需要持之以恒的努力。如果你的孩子伸手去拿一个不该拿的东西，你不要只是坐在椅子上朝他吼"不许拿"，而是应该走到他身边，拉着他的手，直视他的眼睛，引起他的注意，告诉他为什么这种行为是不允许的。语气要坚定，同时也要给他替代的东西玩。记住教育的黄金法则，你希望别人怎么对待你，就要怎么对待你的孩子。宝宝再顽固，也很难抗拒亲切的态度和好玩的东西。

指示要简单。对话能提高宝宝的社会交往能力，但多余的话太多，会让宝宝不知道你要他做什么。

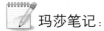 玛莎笔记：

早餐桌上，史蒂芬吃完了他的麦片，开始对我的咖啡感兴趣。我一遍又一遍地跟他讲，这是妈妈的杯子，不是他的，他不能碰。最后，当他失望得泪眼汪汪地看着我时，我想起来我没有用他理解得最好的一个字："烫"。当我最后告诉他"烫"时，他带着敬意重复了一下这个词，终于停止了想拿到杯子的努力。

教育要平衡。要给孩子适度的空间，这样他才能安全地尝试未知的事情。给他失败的机会。如果你一向都把他管得死死的，他就永远不知道自己能做什么，也永远不知道失败的滋

味。有父母支持，他才能从失败中学习。比如说，与其限制孩子爬上爬下，不如给他创造一个安全的环境让他到处爬。

创造一个适合宝宝的环境。父母必须扮演的角色之一是安全巡逻员，要比宝宝闪电一样快的小手更快一步。把家里不该碰的东西暂时放高一点，比不断地喊"不行"来得容易。不要总是喊"不行"，这要用在大事上。（关于"不行"的替代性做法，参见第 550 页。）

这些方法只是带你入门。我们建议你自己"研究"，向你觉得会带孩子的父母请教，请他们介绍一些有关教育的书籍（没错，书可以补充你的知识，但不要被书牵着鼻子走）。成为一个聪明的教育者，不仅能让你自己的生活简单很多，对孩子的未来也有莫大的影响。

为玩具而争吵

"我们的孩子两岁了，玩的时候很有进攻性，总是会把其他孩子推开，抢他们的玩具。"这听起来也很耳熟，是吧？把几个孩子（或只有两个）和很多玩具放在一间屋子里，你就能看到冲突的画面了。不过首先你得知道进攻别人领地和保护自己领土的区别。这两者之间有时候很难清楚地划清界限。

丛林法则

几个孩子一起玩，看起来遵循的是丛林法则。推得最用力、抢得最起劲的宝宝就能拿到玩具。这样的场景是小霸王的天堂。性格比较温和的宝宝可能会从这场弱肉强食的游戏当中退出，因为他对付不了这种进攻；也可能会应付自如，予以回击。换句话说，弱的变强，强的变更强。有侵略性的孩子意识到了进攻要付出的代价，而性格温和的孩子则学到了太温和就会吃亏。你可通过协调孩子的行为来缓和一下这种场面。

想控制孩子的玩耍是不明智的，但你可以监督。对"我的"玩具的占有欲是幼儿正常的表现，会随时间自然改善。你可以想办法减少恼人的游戏冲突。以下建议可以参考。

和其他父母一起设立基本规则。开始玩之前，妈妈们应该先了解别的孩子的性格脾气和其他父母对孩子们游戏的看法。如果对方是个安静害羞的小男孩，他的父母可能会被你家的强势女儿对待他儿子的架势吓倒。但是你也可以把你的孩子"坚定独断"的一面视作优点。了解对方的期望可以避免伤害父母之间的感情。如果一个孩子从另一个孩子手里抢玩具，你会怎么处理？你会让孩子自行解决还是介入？你会让一个孩子领头，另一个孩子跟随吗？你得在一边照看着还是坐在边上休息？经过几次磨合之后，你会了解哪些孩子比较适合跟你的孩子一起玩，哪些父母的教育观点跟你一致。

在一旁照看。如果你的宝宝动不动就推人、打人或咬人，你可能需要跟在他后面，随时准备介入，一有苗头就把他抱走。

不要太快跳进来。你不必急于教宝宝跟别人分享玩具，要尊重别人的东西。让他自然地与同伴玩。如果一个强势的孩子从一个比较被动的孩子手里拿走玩具，而后者看起来并不在乎，而是拿起另外一个玩具玩，你也可以不管。

玩伴的组合。把两个进攻型的宝宝放在一起，打架是免不了的。碰到这种情况，你可以坐在他俩中间，让他们看到和平相处比打架更好玩。

当裁判。有时候你不得不当裁判，给每个孩子一个玩具，设定一个时间，等时间到了就宣布："现在开始交换玩具。"

做示范。做示范非常重要。如果其中一个孩子正要往地上扔一个可能发生危险的玩具，如金属玩具车，你可以说："车是在地上跑的。"然后向他示范该怎么玩车。

分享。如果孩子不肯让别人玩他的玩具，那么在朋友们带孩子来家里玩时，顺便让他们带些自己的玩具来。别人碗里的饭香，宝宝总是喜欢玩别人的玩具。当你的宝宝玩同伴的玩具时，他的同伴就会拿宝宝的玩具玩。宝宝很快就能学到，拿出一个玩具给别人，自己也能得到一个玩具。在这个阶段，孩子的占有欲很强，分享对他来说并不是一件很自然的事，除非他知道放弃一个玩具能得到另一个玩具。

不要硬抢。在给玩具和拿玩具时，教宝宝不要用硬抢的方式。（当他还很小的时候，示范如何"把它给妈妈"，而不是很快、用力地从他手里把东西拿走。）很多孩子并不介意和他人分享玩具，但他们不喜欢手里的玩具被夺走。当他们看到夺走玩具的小朋友胜利的眼神时，会觉得自己的玩具好像永远都拿不回来了。

如果为玩具的争吵还在继续，就把孩子们分开。

发脾气

还记得你最近一次大发脾气是什么时候吗？成年人会发脾气，但我们会找借口来发泄。当我们的愿望没有达成，或因为做了错误的决定而失去了一个重要的东西而生气时，我们会跺脚、摔门、扔东西、捶桌子和愤怒地大喊大叫，以此来发泄情绪。之后，你通常会感觉好一点，继续做该做的事。听上去很幼稚？但确实是成年人的表现。这种情绪造成的正常行为，加上幼儿摇摆不定的感觉，就是孩子发脾气的"原材料"了。

大多数发脾气的行为是由两种基本的感觉引发的。宝宝有很强烈的好奇心，很想做某件事，但往往力不从心。这给他带来强烈的挫败感，然后用一种健康的发脾气的方式释放出来。第二，新的能力和想要当"大人"的愿望结合，会促使他想做成某件具体的事，这时候突然某人从——特别是他喜欢的大人——他的上空对他喊"停"。接受一个违反本意的外在力量是非常难的。他想变成大人，变得有力量，但现实却告诉他，他只是个孩子；他很愤怒，但又没法用语言表达这种愤怒，因此只能用行动来表达。因为他还不能理智地处理情绪，所以就会将内在的情绪表现出来，就是所谓的发脾气。

发脾气如何处理

发脾气对父母和孩子来说都是一个问题。该如何处理这种情况呢？首先，你要意识到你不能"处理"脾气，你只能尊重它。它反映了孩子的情绪，这是他必须学会处理的。你没有必要为发脾气的原因或解决办法负责。你的角色是支持宝宝。介入太多会妨碍他释放情绪，而关心得不够则让他疲于应付。这对孩子和父母来说都可能是一个又累人又烦人的体验。

下面是几种可以缓和局面的方法。

找出导火线

记下宝宝发脾气的经过，找出导火线：他是饿了，累了？有什么他处理不了的情形？是什么引发了这些不好的行为？举个例子，如果孩子去超市的时候总是闹，你就选择晚上或周末，人少的时候去超市，把孩子交给爱人带。注意观察脾气发作之前的征兆，发作前的几分钟宝宝是不是已经表现出不耐烦，对什么都不感兴趣，开始抱怨，垂头丧气，或吵着要他没有的某种东西。在你发现这些征兆时就要赶快介入，赶在小火山爆发之前帮忙降温。

保持冷静

要做一个温和平静的好榜样，宝宝看到什么就会照着做。如果宝宝看到你发脾气，他也会模仿你。大一些的孩子没准能应付父母或兄弟姐妹的脾气爆发，因为他们能理解行为背后的原因，你最后也可以以道歉和笑容来结束。而幼儿看到太多发脾气的场景会觉得迷惑不解，以为这是家里正常的行为模式。

谁在发脾气？"他就是知道怎么才能惹我生气。"一位妈妈向我们咨询如何处理幼儿怒气时这样说。如果你本身就是一个火药桶，宝宝要惹你生气就太容易了，结果变成大人小孩

嚷成一片。他已经失控了，你可不能失控。

首先，了解自己。如果孩子哭闹或发脾气让你很生气或烦躁不安，你就必须想一想在过去什么能引起你这样的反应。有时候仅仅知道这其中的联系就能帮助父母用成熟的方式应对宝宝恼人的行为。有些问题会牵涉到很深的原因，例如父母自己小时候就有受虐的经历，这时就必须寻求专业咨询。孩子的情绪健康意义重大，咨询或治疗会对你有所帮助。

不要自责。假如宝宝发脾气很容易让你烦躁，记住，宝宝发脾气不是你的责任，你也没有义务去阻止。宝宝乖不乖不代表父母称职不称职。发脾气是正常的行为，就像宝宝在走向独立的过程中经常跌倒一样。

隐蔽场所。孩子在公共场所发脾气是一件让大人很尴尬的事，在那种情形下，你很难把孩子的感觉摆在第一位。你的第一个念头更有可能是："别人会怎么看待我这个妈妈？"如果你觉得尴尬，比如说在超市排队付款的时候，不要生拉硬拽，要平静地把孩子带到一个私密些的场所，例如卫生间或车里，这样两个人都能尽情发泄，而不必担心他人的目光。

保持冷静。幼儿往往会在最不适宜的时候发起脾气来，比如说你急着准备一个派对，或者宝宝觉得父母不注意他的时候，这让你在朋友们面前

如何引导冲动的行为

宝宝们通过做事情来学习。他们不断充实的小脑袋会驱使他们去探索和试验新的行为，看这些行为如何影响大人和他们自己。没有好奇心的宝宝才需要注意。

当宝宝想试验某种行为时，试着把他的行为往你能容忍的方向引导，这样对宝宝更有学习价值。转移即将要爆发怒气的宝宝的注意力，能够免掉很多麻烦。

见过这种景象吧？宝宝在房间里玩球，很快就要把东西砸坏了，你朝他喊道："不许扔！"然后从他手里把球夺过来。他立刻就会发作，又是踢，又是踩，躺在地上哭闹着不肯起来。

其实可以避免这种情形。如果你自然地从他手里把球拿走，并给他另一个较软、较安全的球，并告诉他"这个球更好玩"，怒气就不会爆发了。如果宝宝还是想要自己的球，那就把他带到一个更合适的地方："我们出去一起玩。"这就是双赢：你达到了目的，而宝宝也玩了球。

很没面子。特别是我们对宝宝有不切实际的幻想时，宝宝往往会有意想不到的行为。指望一个充满好奇心的宝宝在面对超市琳琅满目的商品时还乖乖听话，可能要求是高了一点。选一

个你俩都休息好了，也吃饱了的时候去超市，边逛边聊一聊要买什么，让他安静地坐在购物车里，当妈妈的小帮手。记住，他也是一个人。要把不愉快的事情——比如说看医生——安排在一天里他行为表现最好的时候。到了一天快结束，他又累又饿（你也一样）的时候，期待他有好的行为表现，确实要求高了点。

聪明地选择战场。 为了更轻松地度过爱发脾气的阶段，我们将宝宝的愿望分成"大事"和"小事"两种。乖乖待在汽车安全座椅上就是大事，没得商量，而穿红衬衫还是蓝衬衫就是小事了。服装颜色搭配与否不值得争吵。给宝宝选择的空间，或许能给父母和孩子都保留面子。"你想穿红衬衫还是蓝衬衫？"（其实他想穿黄衬衫）这样或许能解决争端。在我们家，我们没有时间和精力去争论这些小事。如果孩子认为花生酱应该抹在果酱上面，不这样的话就拒吃，我们不会跟他计较。如果爷爷奶奶觉得奇怪，我就告诉他们，这不是溺爱。

可以改变主意吗？

有时候你会发现，你对孩子说"不"，结果惹得他很不高兴，你希望一开始就对他说"好的"，因为你明白这只是一件小事。你可以改变主意吗？当然可以，只要你不是经常这么做（这会让孩子的脾气变得更

大）。跟孩子解释你已经改变主意了，但不是因为他发脾气。这样就给你的孩子传递了一个信息，你爱他，而且你很灵活，会重新考虑怎么做是最好的。

鸵鸟策略

孩子发脾气时，你是否应该置之不理？大多数时候，这种做法是不明智的，孩子需要父母的帮助和支持，父母也需要处理孩子生气的机会。孩子发脾气时，你的关心给了他必要的支持，这时父母最好的一面能被激发出来。如果你的孩子情绪失控，需要帮助，通常你只要用几句抚慰的话或一点小小的帮助（"我会解开这个结的，你把鞋穿上"）就能让他缓和下来。如果他选择了一项不可能的任务，那么转移他的注意力，或让他去做别的轻松的事。要敞开胸怀，保持开放态度。偶尔，脾气倔、意志坚定的宝宝会在发作时失控，你只要紧紧地抱着他，跟他说："别生气，妈妈抱着你啊，妈妈爱你。"你会发现，他挣扎了一两分钟后，就会乖乖偎依在你怀里，好像是谢谢你把他从痛苦中解救出来。

跟成年人喜欢向他人倾诉不幸的事情一样，幼儿也很少会独自发脾气。我相信，大部分孩子在发脾气时，都希望得到别人的帮助。宝宝喜欢在熟悉和信赖的人面前发脾气，不是他想控制你，而是你让他觉得安全，有足够的信任。孩子发脾气经常是因为他表达不出自己的想法和需要，而通过发脾气来引起你的注意。在这种情形下，你帮他说出他想说的，了解他的感觉，通常就会有效果。

同情

看到孩子发脾气，父母们常见的冲动就是让"局势"安定下来。虽然在某些情形下是合适的，但孩子很可能只是想要获得同情和理解。例如，孩子为刚刚吃掉了最后一块曲奇饼干而恼火，还想要更多，父母可能就会拿别的点心来安抚他。其实，可以让孩子知道你理解他的感受：曲奇饼干没了，很难过。你也希望那里有更多的曲奇饼干。你也很喜欢曲奇饼干，如果还有更多的话，你都等不到明天了。让他听到别人也同意他的想法，有同样的感觉，有时候就能够让他平静下来，继续做自己的事。

动不动就发脾气的小孩

有些孩子就像火山，动不动就要爆发一次，把他们的情绪发泄给周围的每一个人，然后就会安静下来，等人来收拾混乱局面。高需求宝宝尤其容易发作，当他们的需要被忽视时，就容易发脾气。性格温顺的宝宝比较容易从不良行为中走出来，而意志强烈的宝宝则没那么容易转移注意力。

试着从孩子的角度想一想。他想自信、独立，但又不理解为什么他就不能拿水晶花瓶。在他想要的和他能做的事情之间有冲突。他明白自己要什么，但不明白为什么不能要。当你告诉他什么行为不能接受，他也明白自己能做什么时，哭闹就减少了。但意志强烈的宝宝在这段宣布独立的阶段，冲突是少不了的。

大部分孩子情绪发作时，只要你面对面地紧紧抱着他，他就会安静下来。有些动不动就发脾气的宝宝可能会在你怀里扭个不停，抗议你的限制。这种情况下，如果你觉得宝宝需要抱着缓和情绪，那就抱着他坐在你大腿上，脸朝外。这种姿势少了些限制，却同样能给他安全感。而且这种姿势恰好能让你从宝宝的视角看问题：为

什么一个意志顽强的宝宝因为分不开两块积木，或拿不出卡在沙发下面的玩具而感到挫败。和宝宝坐在一起，成为他的伙伴，说出他的感觉："哦，你生气是因为……"分享宝宝的情绪是对有挫败感的宝宝最好的安慰，让他感到你真的替他着想，同情他。你不能跟一个情绪失控的宝宝（或任何人）讲道理，要等他情绪安定下来才行。拥抱是很好的药方。

幸运的是，幼儿恢复情绪的能力很强，他们发脾气的时间一般不会太久，大人稍微帮助一下，就能让脾气消失，虽然这会让父母很累。发脾气是因为自我限制，一旦孩子能用语言表达情绪，你就会发现这种恼人的行为就减少了。

停止呼吸

这种发作的严重程度是五星级的，把孩子累得够呛，父母也吓得够呛。这种情形通常发生在身体受伤之后，例如撞到头或跌倒。愤怒到极点时，孩子会下巴颤抖，开始屏住呼吸，一开始因为生气变红的脸也开始发青。这个时候，你也吓得不敢喘气。正当你恐慌至极时，孩子深深地吸了一口气（你也是），没事了。虽然大部分宝宝会在晕倒前恢复正常呼吸，但有些宝宝真的会晕倒。这种吓人的场面跟痉挛一样。但晕倒过后，宝宝

<hr>

脾气很差：可能是食物过敏吗？

每个学步期宝宝都会发脾气，但如果你感觉孩子发脾气的频率和强度都不正常，那么可以考虑下是不是食物过敏或敏感导致的。过敏性皮疹的出现，大便稀薄，可能就是一个信号。牛奶过敏是常见原因，就像对小麦和玉米过敏一样。糖吃得过多也可能是罪魁祸首，此外还有人工色素和甜味剂。有关辨别和减少食物过敏的办法，参见第282页"食物过敏"。

的呼吸很快就正常了，看起来也没有大碍。这种发作其实很少伤害到宝宝，但对父母可是一次不小的打击。在发作愈演愈烈之前，用语言和动作安抚宝宝，做些分散注意力的事。这种情形通常在宝宝两岁到两岁半的时候就消失了，因为那时孩子已经能够用语言表达感受。

咬和打

大多数玩笑性质的咬人和打人，虽然看起来有些讨厌，但只是宝宝正常的交流方式，不是什么生气或攻击性的行为。宝宝的很多行为都集中在嘴和手进行，把这两者作为社交工具也是很自然的。宝宝喜欢咬和打不同的东西，看看会有什么不同的感觉和结果。在发脾气时，幼儿往往会咬或者打父母，以及其他熟悉的看护人，而不是不相干的陌生人。不要认为这是针对你们的，也不要认为宝宝忘恩负义。

除了作为社交工具外，咬和打也有可能是不良的攻击性行为，可能会让被咬被打的人受到伤害。不要为此让宝宝戴口罩和手铐。下面有更简单的办法驯服这些小家伙。

教宝宝其他选择。教宝宝能表达感觉的语言和动作。帮他给人留下很好的印象，而不是在你皮肤上留下永久印记："不要咬……会弄疼妈

妈！"教他其他的方法："抱抱爸爸……来，拍拍手。"

找出导火索。记下是什么样的情形导致了宝宝攻击性的行为，例如拥挤的空间、周围其他孩子太多，或是一天结束时太疲惫。从宝宝的角度看是什么事让他想要咬人和打人；他是不是累了，饿了，觉得无聊，还是环境让他发脾气？

玩温和的游戏。如果你察觉到孩子身上有暴力倾向，可以教他玩较为温和的游戏，比如抱抱玩具熊，抚摸小猫，玩玩洋娃娃，等等。如果你的孩子动不动就摔玩具，扔车，撕坏洋娃娃，说明他身上有一点暴力倾向。虽然这些行为也是正常的，但重要的是要用温和的游戏来平衡暴力的游戏。另外，要让宝宝明白用力拥抱（适用于父母）和温和拥抱（适用于小伙伴）的区别。

积极监督。在孩子玩游戏时要看牢他，并让别的妈妈有所警惕。如果你的孩子咬了或打了别的孩子，立即把他们分开，让咬人的小家伙单独待一会儿。独处时要适当地对他有所警告："咬人会疼，把别人弄疼是不对的，我们就坐在这个椅子上，想一想为什么你不应该咬人。"如果宝宝有足够的语言能力和理解能力，鼓励他说"对不起"。你的孩子应该意识到咬人会让他被带离游戏场所。这可能是他的第一课，知道不好的行为会导致不好

的结果。

移走聚光灯。咬人或打人的小家伙经常会成为被关注的中心："看哪，他咬人！"如果你发现宝宝咬人是为了引起别人的注意，就引导他养成其他容易被人接受的习惯。对他好的行为予以表扬，告诉他咬人的行为是不对的。

以身作则。在侵犯性的环境中生活的宝宝可能会变得有侵犯性。有一次，我目睹一个宝宝打了他妈妈，而她立即大喊"不要打我"，然后重重地打了他的手。很明显，这就是孩子学会打人的开始。你的孩子打了你，你不能还手。以不成熟的行为回应同样不成熟的行为，会让问题变得更严重。

边讲边示范。如果他听不进去，用下面这个方法可以让他明白。让孩子把手臂紧紧贴着上牙，好像他要咬自己似的，但不要用那种惩罚性、愤怒的方式。让他看看自己手臂上的印记，告诉他："看，咬疼了！"这种方法要在孩子咬人后立即使用，让他意识到咬人会疼。

小心关系受影响。小家伙如果咬人，可能会让你失去最好的朋友。宝宝咬人，父母会觉得尴尬；而宝宝被咬，父母自然会因为自己的孩子受伤害而不高兴。甚至你们双方有可能会吵起来。如果你的宝宝会咬人或打人，要事先告诉宝宝玩伴的父母，并向他们求教如何改善宝宝的行为。幸运的话，他们也刚刚经历过这段侵犯性的阶段，会感谢你的坦白，给你好的建议。事先警告，也表示你关心他们的孩子会不会受伤。

在此提醒担心孩子被咬的父母，不要让咬人宝宝的父母觉得他们的孩子真的不乖（他们心里已经够难受了），多体谅他们的处境，主动提供帮助。这样不仅能维护你们之间的友

暂停活动

大部分两岁的孩子并不会听从你的建议，这时没有必要惩罚他或是生气，否则会妨碍"暂停活动"的教育功能。孩子必须知道，做了被禁止的事，就要暂停活动。根据孩子的年龄和性格，让他有 1 ~ 5 分钟的时间暂停活动，乖乖在椅子上坐着。如果孩子不合作，你可以和他一起坐下来。也许你们俩都需要一点安静的时间共处。你可能需要按住他，他才会乖乖不动。让他说出他的想法，或者你来帮他说出感受。

不要期望几次暂停就能终止不理想的行为。可能要几百次这样的暂停，才能让孩子学会不要做某件事。暂停更多的是让不理想的行为有个结果，让行动暂时停止。孩子经历的暂停次数越多，就能越快了解触犯规则不如遵守规则来得有趣。

谊，也能减轻对方的罪恶感，不会觉得自己是失败的父母。

一旦孩子的语言能力进步了，他就能管住自己的嘴和手，这些不好的行为也会减少。

宝宝不听话

想一想什么叫"听话"。宝宝不听话，他不听谁的话？真正让你觉得麻烦的是他和你的想法不一致。你让他往西，他偏要往东，他是在听话，但他听的是自己的话，不是你的。他是在挑战你吗？不尽然。孩子并没有说"我不要"，而是说"我不想"。意志越强的孩子，抗拒得越厉害。性格比较顺从的孩子容易听你的话；而意志强烈的孩子不会轻易改变自己的想法。当他表现出"我不想"时，你要么让他变得"想"，要么用点辅助手段（如把他抱起来），心平气和地暂停争议，休息一下。（参见第613页"聪明地选择战场"）

下午3点，你要去拜访一个朋友，而你两岁的孩子正玩得不亦乐乎。你的理智提醒你该去赴约了，于是你和蔼但坚定地要孩子收好玩具出发。宝宝要么充耳不闻，要么用口头或身体语言告诉你："不要！"你开始加大音量，但宝宝还是不为所动。然后，大喊大叫与拉拉扯扯的场面开始了，结局就是你把挣扎着的孩子"拎"出

门外。参见第593页的"结束游戏"，了解一种可以让父母和孩子都少折腾的方法。

罗伯特医生笔记：

在第二个孩子身上，我发现了学步期幼儿的个性是自我驱动的。经过几个月严厉的口头教育、活动暂停和经历挫折，我总结："也许这孩子的头脑还不够灵活。"我改变了自己的期望，让他就做他自己。不再要求他服从，除非是他遇到了危险的情况。令人惊讶的是，每个人都更开心了。我也享受这一段做父母的日子，小家伙也在以他自己的速度变得成熟，直到他准备好成长，更好地倾听。

尖叫和哭哭啼啼

有一天，我对一位妈妈解释学步期幼儿的正常行为时，她的孩子开始尖叫，她也立即本能地大叫起来："不要叫了！"话音刚落，我俩都笑了，因为这种尖叫式的对话实在可笑。这个阶段是宝宝大叫和尖叫的高峰期，宝宝不是故意要惹你生气，只是在试验自己的声音，一是看自己的分贝能有多高，二是看看对别人有什么影响。而且似乎越是在安静的地方，他们越喜欢高声尖叫。

我们的办法是这样的。告诉孩子你能接受的是什么声音："让爸爸听

598

听你好听的声音……"或者对他轻声细语，让他学会另一种游戏。马修第一次尖叫时，我们把他带到院子里，跟他跳啊叫啊，把这当成一个游戏。下一次他又开始在家里尖叫时，我们又把他带到院子里，重复这个过程。从那之后，一旦他开始尖叫，我们就立刻轻声对他说："只能在草地上尖叫。"我们在他的小脑袋里植入这样一个观念：尖叫只能在草地上进行，其他的地方一律不允许。在这个阶段，宝宝容易把某种活动与某个特定的地点联系起来。当马修忘了尖叫和草地时，这个吵闹的阶段很快就过去了。

宝宝早期的大叫和尖叫会有一种震慑的效果，让周围的人不得不停下来关注起这个发出巨大、刺耳声音的小家伙。同样，幼儿哭哭啼啼地抱怨，也是因为能起作用；如果宝宝只有通过这样才能让你明白他的意思，这种表现恐怕还会继续。

孩子需要知道，愉快的声音会得到愉快的回应。当你的宝宝用正常、愉快的声音跟你说话时，立即给他一个回应，让他知道这是最好的、最有效的声音。有时候他需要大人提醒，什么样的声音能得到最好的回应。孩子一开始哭哭啼啼，你就要立刻引导

避免轻视

孩子之间并不总是态度友好，大人对小孩有时候态度也不好。虽然父母不必处处保护自己的孩子，但有些孩子对涉及自尊的问题会超级敏感，或者正处在一个非常敏感的阶段。在我家，如果大孩子对弟弟妹妹说："你真笨！"我们就会立刻说："不许说这样的话！"对贬低、轻视喊停，这是父母的直觉在起作用。

有时候，在心理脆弱的孩子眼中，一个看起来无伤大雅的要求也是对他的不重视和贬低。有一天，在我们诊所，我给汤米宝宝做完了健康检查后，他显得很无聊，对我和他妈妈的谈话不感兴趣，于是去拉婴儿体重秤的托盘。我用尊重的口气请他不要拉，甚至还用了"请"这个字。汤米服从了，不过正当他因为感到自己不受重视将要失控时，汤米的妈妈补救了一下："因为你力气太大了！"汤米重新高兴起来，我由衷地佩服他妈妈的洞察力。

我想，即使我按心理学中最合适的方式处理了这个局面，有的也只是书本上的知识，最懂得孩子的是妈妈。

他转变方式，"×× (宝宝的名字)，你说话的时候声音很好听，用你好听的声音。"这样重复多次以后，父母很快就能把哭哭啼啼的习惯消灭于萌芽之中。除了知道抱怨哭闹不起作用外，随着宝宝说话越来越流利，这个哭哭啼啼的阶段也会过去。

吮拇指

有些宝宝生下来拇指上就有茧，因为在子宫里他就时常吮它。宝宝对吮吸的需求永不满足，总想吮拇指也是正常的。除了父母的安慰以外，自我安慰的能力也是成长的一部分。吮拇指和安抚奶嘴一样，与其说对宝宝有伤害，还不如说困扰了大人，因为你会担心："我的孩子喜欢吮指头，是因为缺乏爱和安全感吗？"这种担心完全没必要，很多健康宝宝在头几年里也会有很长一段时间总是把拇指含在嘴里。

在最初两年，吮拇指一般不会引起牙齿畸形的问题。过了两三岁之后，习惯性的吮拇指会引起上排牙齿突出。根据我们的经验，给宝宝的手指上抹上味道不好的东西，限制他，或戴手套，作用都不大。到了继续吮拇指会影响牙齿的年龄时，宝宝基本也会懂这件事。整夜整夜吮拇指的小家伙才是需要担心的。作为对拇指的一个替代，给你的孩子一个可以搂抱

的大玩具（如一个超大的泰迪熊，他睡觉时抱在怀里，就没机会碰到手指了）。一晚上检查几次，把拇指从睡着的宝宝嘴里拿出来。白天，让宝宝的两只手都有得忙，一旦他要把手指往嘴里伸，就引导他玩需要两手并用的游戏。在我们诊所，每当我想让孩子把手从嘴里拿出来，我就引导他先一只手跟我拍手，然后用两只手。不要对孩子唠叨，不断地唠叨没准会有反作用。

对于希望矫正孩子吮拇指习惯的父母，考虑一下下面的预防措施：我们找到了唯一一项关于宝宝吮拇指习惯的研究，比较了 50 个习惯吮拇指的孩子和 50 个没有这种习惯的孩子。喜欢吮拇指的孩子有什么特征呢？研究显示，喜欢吮拇指的孩子一般是吃奶瓶的，而不是吃母乳，而且一般是根据时间表喂奶，而不是根据需要喂奶。96% 的吮拇指孩子独自睡觉。不吮拇指的孩子就不同了。孩子断奶越晚，他吮拇指的可能性就越小。不吮拇指的孩子一般吮着妈妈的乳头入睡，而不是独自睡。这项研究表明，睡眠时宝宝容易回到类似在子宫里的状态，做出一些更原始的行为，如吮拇指，把手放在嘴巴里，等等。他们相信，如果婴儿能吃着母乳入睡，吮吸的冲动就得到了满足，睡觉时吮拇指的行为就不会发生。这跟我们自己的观察完全吻合：一种需要如果在

早期婴儿阶段得到了满足，就能逐渐消失；如果早期得不到满足，以后还会再出现，有时候甚至成为一种不良习惯。在我们诊所，我们发现，吃母乳入睡，晚上不限制喂奶，不提前断奶的孩子，极少会习惯性地吮拇指。你不希望宝宝以后戴牙套吧？这真是一个天然、便宜又省事的办法。

第 24 章　训练宝宝大小便

做父母的都期待着不用再给宝宝换尿布的那一天，但等到这一天真的到了，心情又会非常复杂，因为这意味着宝宝不再是个小婴儿了。

训练宝宝大小便是两个人之间的合作，每个人承担各自的角色。你可以领着宝宝去厕所，但你不能强迫他大小便。如果邻居的孩子都会大小便了，而你的宝宝还在包尿布，也不能说明你是不合格的父母。吃饭、睡觉时，你不能也不应该强迫宝宝去洗手间大小便，但你可以帮助宝宝训练自己。最重要的是帮宝宝养成一个健康的态度。

要把训练当成是两个人之间的互动练习，而不是一项苦差事，就当做你第一次当老师吧。从宝宝的观点看，上厕所是他"长大"的开始，是从幼儿过渡到学龄期儿童的仪式。(这可以解释为何拖延分子抗拒独立上厕所，以便拖延长大的时间。)

你应该知道的一些事

独立大小便是一项复杂的技能。在你让宝宝去坐小马桶前，先考虑一下这当中包含哪些必备要素。

首先，宝宝得意识到来自直肠和膀胱的压迫感。其次，他必须明白这种感觉与自己体内状况的联系。接下来，他要学会一有这种感觉就要赶快找厕所。然后他还得知道如何脱裤子，如何让自己坐得舒服，如何在一切准备完毕之前忍住排便冲动。这些步骤如此复杂，难怪很多宝宝到了 3 岁还裹着尿布。

膀胱与肠道的肌肉。围绕着膀胱和肠道开口的这些肌肉（当我向 6 岁的尿床孩子解释人体排泄过程时，我把这些肌肉称为甜甜圈肌肉）需要在合适的时候开和关。大便训练通常应该要早于小便的训练，因为肠道周围的甜甜圈肌肉要比膀胱周围的有耐力一些，当宝宝感觉到便意时，他可以有更多的反应时间。另外，固体也比液体容易控制。当膀胱涨满时，突如其来的强烈尿意是宝宝很难控制的。

宝宝学会控制大小便的通常顺序是：

1. 夜间的大便控制；

2. 白天的大便控制；

3. 白天的小便控制；

4. 夜间的小便控制。

通常，大小便肌肉控制力的发育顺序是：1）夜间大便的控制；2）白天大便的控制；3）白天小便控制；4）夜间小便控制。尽管控制大便的能力在生理上发生得更早，但学步期宝宝一般会先学会往尿盆里拉小便，后来才是拉大便。

排泄模式的变化。 在最初的几个月，宝宝会很自然地先经历一段自我训练。第一个月时，宝宝一天要大便很多次；一岁以前，会变为一天一两次；两岁时，变成一天一次。虽然次数少了，但每次大便的分量多了（小便的变化与此相同）。很多宝宝从6个月到一岁时夜间不再大便。在头两年中，尿湿尿布的间隔也自然地拉长了。

性别和训练。 很多人说在进行大小便训练时，女宝宝学得要比男宝宝快。这种观察更多地反映了训练者的性别，而非宝宝的性别。从传统上讲，训练大小便的一般是妈妈，妈妈训练

女宝宝当然更顺手，女宝宝也比较会模仿妈妈的动作。试想一下妈妈站在马桶前给儿子做示范的情景，就不难明白了。通过模仿，女宝宝学会坐着小便，男宝宝学会站着小便，但一开始男宝宝也可以坐着，免得洒得到处都是。当你的儿子发现自己也能像爸爸那样站着小便时，他就会站着的。

及时换尿布

及时换尿布，让宝宝习惯干爽、洁净的感觉。当他能听懂大人说话后，用语言告诉他干爽、洁净的感觉有多好。习惯了干爽、洁净的宝宝，训练起来就更容易。

晚训练比早训练好

今天的父母不必再因为要早早地训练孩子上厕所而倍感压力了。那些把上厕所训练视为好父母标志的时代过去了。在那些日子里，孩子越早一日吃三餐，越早断奶，越早独自上厕所，越早独立，妈妈就越"称职"。这也难怪，以前的尿布必须手洗、晾干，父母们当然希望宝宝尽早学会上厕所。

如今，尿布不再像过去那么麻烦了，尿布别针也早已不是问题，连笨手笨脚的爸爸也可以轻轻松松帮宝宝

包好尿布。一次性纸尿裤使旅行更为方便，还有很多尿布服务公司可以提供干净的尿布。而且我们也更多地懂得了宝宝排泄的"工作原理"。我们现在知道，大部分宝宝 18 ~ 24 个月时，控制排泄的肌肉才成熟。还有一个支持晚些开始训练的理由：较晚接受训练的宝宝比早早接受训练的宝宝学得快。

逐步训练

我们解释宝宝排便的原理，并不是暗示你可以就此不管，直到他足够大了自然会大小便自理。父母对宝宝进行某些训练是必要的，宝宝也需要学习一些东西。接下来介绍的各个训练步骤将帮助你根据宝宝的实际情况帮他学会大小便自理。母子双方的性格在这个准备阶段也会有一定的影响。

个性踏实的宝宝学得比较快，甚至能"自我训练"，尤其当妈妈也有同样想法，而且也不给宝宝压力时。如果是比较懒散的宝宝加上同样性格的妈妈，那么宝宝可能到了 3 岁还在用尿布，但两个人一点也不担心。如果是性格懒散的宝宝加上务实的妈妈，情况就有趣了，这也是我们接下来会谈到的内容。

第 1 步：确定宝宝已经准备好

跟引入固体食物一样，你要观察宝宝的状态，而不是去数日历上的日期。下面这些信号说明宝宝已经准备好了。

• 模仿你上厕所。

• 能口头表达出其他的感觉，如肚子饿了。

• 能理解简单的要求，如"去拿球"。

• 尿布湿了或脏了之后，会把尿布拉开，或跑过来告诉你尿布脏了。

• 爬到儿童马桶或成人马桶上。

• 尿湿尿布的时间间隔变长了，至少 3 小时。

• 会研究自己的身体器官。

观察宝宝"想要大小便"的信号

注意观察宝宝察觉到便意时的样子：蹲下来，抓住尿布，双腿交叉；嘴里咕哝，脸皱在一起；退到角落里或蹲在沙发后面，像只要生小猫的母猫一样。这些信号都告诉你，宝宝已经意识到自己体内的情况了。所有顺利取得的技能，都需要意识和身体的相互配合。

在 18 个月到两岁期间，宝宝能够理解和表达自己的意思，他喜欢模仿和取悦别人，想要独立，而且能快速地跑到厕所。

也有一些阶段不适合进行大小

便训练。如果你的宝宝刚好心情不痛快，拒绝一切干涉，只说一个"不"字，那么最好再等几星期，等到他更容易接受再训练。

大小便训练是宝宝"长大"的开始。

惊喜

偶尔，有些宝宝会因为早就准备好了，很快就学会自己大小便，至少看起来是这样。例如，尿布刚好用完了，妈妈随口说："好吧，先穿哥哥的裤子算了。"3天以后，你突然发现他已经会自己大小便了！但是不要抱太大希望。

第2步：确定你也准备好了

你准备好了吗？选一个你不忙的时间进行训练。大孩子的高需求时期、工作紧张的时候、产前一周（新生儿降临时，家里的大孩子可能会有行为退化的情况发生），等等。另外，天气暖和时训练比较好，否则穿着厚重的衣服，做什么都不方便。你需要的东西包括：

• 幽默感
• 无穷无尽的耐心
• 创造性的营销技术
• 儿童马桶
• 训练裤

下面是一些需要考虑的辅助措施和技巧。

边示范边解释。利用这个阶段的宝宝喜欢模仿的特点，让宝宝看你上厕所，同时解释你在做什么。女儿跟妈妈学，儿子跟爸爸学，通常效果比较好，但训练并不一定非要相同性别才可以。

同伴的压力。如果宝宝有一个同龄的小伙伴正在接受训练，可以让他看看小伙伴是怎么做的。如果宝宝在日托幼儿园，小伙伴可能会教他一两招。事实上，有些幼儿园不接受裹尿布的孩子，因此小小年纪的宝宝也得面对压力。

用玩具做示范。 有些父母会用玩具娃娃来示范上厕所。让宝宝看到"尿"是从哪里出来的，脱掉娃娃的尿布，把娃娃放在儿童马桶上，换尿布，清理马桶。父母和同伴生动的示范，加上玩具娃娃，会使大小便训练变得更容易。

通过书本学习。 除了活生生的示范和玩具娃娃之外，还有专门的绘本，告诉宝宝如何上厕所。当宝宝接触了那么多的示范之后，他应该会觉得："如果他们都能做，我也能做！"

第3步：教宝宝该去哪里，该怎么说

一旦宝宝准备好了，你也准备投入时间，就可以开始上课了。

宝宝的厕所

身为老师的你，接下来要决定该不该给宝宝买一个专用的儿童马桶，或者在大人用的马桶上加上幼儿座椅。你的学生会决定他喜欢哪一种。大多数宝宝都想有自己的儿童马桶，大人也不喜欢坐在像浴缸一样大的马桶上吧？儿童尺寸的家具，对任何技能发展都有帮助。儿童马桶能安全地支撑宝宝的身体，宝宝可以把脚放在地上，而不是坐在大人马桶上，脚悬在半空中。（双脚悬空会使直肠肌肉紧张，平放在地上能放松这些肌肉。）另外，儿童马桶可以放在任何房间，旅行时也可以放在车里。

选择马桶

幼儿最喜欢自己挑选的马桶。有很多马桶的样式可供选择，好好挑一个。宝宝会把它当做第一个可以骑的玩具，喜欢得不得了。购买儿童马桶时，考虑以下几点。

宝宝的意见。 带宝宝到商店去试坐，就像挑玩具或儿童桌椅一样。在没有把它当做马桶使用前，先让穿着衣服的宝宝把它当椅子坐坐，看看舒不舒服。

易清洁。 便槽要容易取出。可以从前端取出便槽的马桶要比从尾部或两侧取出的更容易清洁。

安全。 要留意小马桶座椅上的尖角或折角处会不会夹到宝宝的手指或屁股。

稳固性。 要确保马桶不会因为宝宝乱动而翻倒，在平滑地面（如厨房或浴室地板）上使用时也不会打滑。

设计。 宝宝可能会有兴趣试试下面的新设计。

• 音乐马桶。为了吸引好动的宝宝安静地坐好，有些儿童马桶在宝宝坐上去后能放出音乐。

• 多功能的聪明设计。这种聪明

设计包括3个部分：给新手用的马桶，使用大人马桶时用的幼儿座椅，以及可单独上厕所时用的踏脚凳。

如厕语言

教宝宝一些大小便时会用的身体器官和动作的名称。宝宝上厕所时，你在一旁说出名称，会让宝宝更容易掌握技能。

首先是身体器官的名字，教宝宝正确的名称(阴茎、睾丸、阴唇、阴道)，但通常宝宝要到两三岁时才能准确地用这些词。说这些词的时候尽量跟说"手"、"胳膊"时一样自然，不要让宝宝觉得你想起这些神秘器官时有什么不自在。

现在，上厕所的行动开始了，可以告诉他简单的词和词组，如"上厕所"，以后可以更具体一些，如"去拉便便"。不要用暗含着羞耻感的词汇或隐晦的词，如"臭"，或"你把尿布弄脏了吗"。说一些你觉得很自然，而宝宝也能说、能懂的字眼，别用专业的词汇，他们不理解。

第4步：教宝宝明白便意和上厕所的关系

接下来这一步是教宝宝把他的感觉和该做的事联系起来。简而言之，训练宝宝上厕所就是教宝宝了解有便意就要找马桶，坐在马桶上就要排泄。

现在我们就一步步来看。

感觉和行动

第一个训练目标是帮宝宝建立起他的感觉和他必须做的事之间的联系。当宝宝表现出要上厕所的迹象时(例如蹲下，安静地退缩到旁边)，提醒他是不是要"上厕所"。一旦宝宝的脑子里建立了"感到便意—去找马桶"的联系，时间久了，他不用你提醒就能及时地到达马桶旁边。很多幼儿到了第2年时能做到夜间不尿床。早上起床时，要提醒他上厕所，这时膀胱是满的，孩子会明白这是什么感觉，然后把膀胱满与用马桶联系起来。早上的例行程序简单可行的话，接下来一天的大小便训练都会容易些。

应付不时之需的穿衣法

给宝宝穿衣服要考虑到他上厕所是否方便。如果他内急时得脱去身上冗杂的装束，很可能早解开扣子、钩子之前，就已经一泻为快了。这样你既要照顾一个脏宝宝，又要处理一堆脏衣服。所以，弹性腰带和可快速解开的维可牢搭扣是必需品。天气暖和时，宽松的大小便训练裤是所有宝宝都需要的。在公共场所，穿容易下拉的裤子或短裤。

感觉和表达

告诉宝宝该怎么对你说。注意到宝宝有要上厕所的迹象时主动问他："要便便吗？告诉妈妈！"（或"告诉爸爸"）你正在帮他建立一种联系：什么时候感觉到便意，就及时说出来。一旦宝宝掌握了这两个联系——便意就要去找马桶，有便意时要说"上厕所"，请求大人帮助，他就可以准备晋级了。注意游戏的角色分配：你来决定游戏怎么玩，宝宝来决定是否玩。如果多次彩排后宝宝还没有明白过来，请耐心等待，再试。

上厕所的时间

下一个你要教会宝宝的联系是，当他坐在马桶上时，就可以排泄了。这叫条件反射。但这能不能成功，取决于宝宝有没有准备好。关键是时间要合适，要在他拉到尿布里之前就坐上马桶。很快他就会将有了便意和坐上马桶联系起来，最终也能和小便联系起来。

没有必要整天盯着宝宝的一举一动，但可以找到一些时间规律。给宝宝做一个便便时间表，记下一两周内宝宝大便的时间和次数。如果有某种固定的规律，比如说早饭以后，那么每天这个时候就把他领到马桶上。给他一本有趣的书，让他坐得住，直到大便排出来为止。如果你没发现什么规律，那就每两个小时（或你认为合适的时间段）让他坐一次马桶。

人体有一种生理反射能辅助训练，叫做胃—结肠反射，可以帮助你预判宝宝大概何时会大便。在饭后二三十分钟，饱和的胃会刺激结肠排空，这就是胃—结肠反射。每顿饭后试着让宝宝坐马桶。排便概率最大的是在早饭后。养成固定的排便习惯有一个好处，就是教宝宝听从身体的召唤。肠道信号如果没有得到及时处理就会消失，最后导致便秘。

儿童和成人一样，只有结肠收缩，才能排出大便。结肠有自然的节奏，一天大概收缩几次，每次几分钟。正是这种收缩，才产生上厕所的冲动。因此，只有宝宝结肠开始收缩，让他坐马桶才管用。

如果宝宝还不知道要把大便排在马桶里，还是拉在尿布里，那么带他到厕所，让他看着你把他的大便倒在他自己的马桶里，这样至少能告诉他，大便应该拉到哪里。一开始你训练他，最终他能训练自己。

光屁股训练

掩盖证据会推迟大小便训练的时间。尿布妨碍宝宝将有了便意和需要做的事联系起来，它们代替宝宝做了宝宝应该自己学会做的事情。

户外训练。如果家里有院子，在天气暖和的时候，让宝宝光着屁股训练要容易些。脱掉宝宝的尿布，让他光着屁股在院子里到处跑，可以给他一件长 T 恤（大孩子的 T 恤就可以）遮盖。当有便意时，他会停下来，可能会蹲下来，因为他突然意识到发生了什么。宝宝可能会告诉你自己正在干什么，"便便"或"尿尿"，或有些不解地看着你，希望你来指导他，或者像小狗一样直接排在地上。

现在轮到你行动了。观察宝宝如何处理他的排泄物。他可能会很困惑，很自豪，也有可能很不安，特别是脚被弄脏了的情况下。称赞他的"产品"，然后收拾干净。（如果他抗拒这种光屁股训练，那就等一段时间再试。）

把儿童马桶放在附近，这样你才方便把大便放进去，让宝宝看到应该拉到哪里。下次看到他蹲下来，就领他到儿童马桶上坐下来。如果发现宝宝在玩弄自己的排泄物，不要表现出厌恶的表情，因为这样只会让他觉得从他身体里排出来的东西是不好的，最好以后不再大小便。

室内训练。在户外训练一个星期后，你可以开始室内训练了。记住你从院子里学到的经验：光屁股学得快。所以头几天在室内时最好也让宝宝光着屁股，在没有地毯的地板上进行训练，容易发现，也容易清洁。你需要观察几天，当宝宝开始享受没有尿布的自由时，你可以在他通常要大便的时间提醒他"去找马桶"。

第 5 步：从尿布升级为训练裤

如果连着几个星期的白天，宝宝的尿布都能保持干爽，他就可以从用尿布升级为穿裤子。不过，裤子只是偶尔穿，还不能取代尿布。如果宝宝还是经常在尿布里大小便，就还是用尿布。等弄脏尿布的次数很少了，就可以穿训练裤了。

训练裤

训练裤就像加了超强吸水垫的内裤，用于从尿布到真正裤子的过渡。你可以自己做，或是在大号的内裤里缝上一块尿布，或是在普通的训练裤里再缝上一块尿布，来达到超强吸水的效果。要对升级换代充满热情，但也要小心你的说法，"大男孩"或"大女孩"裤子的称谓会让宝宝产生负担，特别是当宝宝还不确定自己是不是真想长大的情况下。如果这时候新的小宝宝就要出生了，幼儿看到众人的注意力都被穿尿布的小宝宝吸引过去时，他可能不想变成一个"大男孩"。我们喜欢称这样的裤子为"特殊的裤子"。买上 6 条左右这样的裤子，要宽松，容易脱，这样才适合没有耐心的宝宝。

"意外"发生时

当宝宝的信号接收出现故障时，还是会有弄脏或弄湿裤子的情况发生。这是免不了的事。特别是宝宝很专心地玩游戏时，"意外"尤其容易发生，因为宝宝玩耍过于专注，从而忘掉了自己身体内发生的事。穿训练裤的宝宝可能偶尔也需要光光屁股，提醒他要留心自己的身体。

第6步：教宝宝擦屁股、冲水、穿裤子和洗手

最后一堂课，要教宝宝擦屁股、冲水、穿裤子和洗手。教女宝宝要从前往后擦。不要寄希望于宝宝很快就能自己擦屁股。两岁的孩子还很少有这么敏捷的身手，有些孩子直到四五岁才能做到这一点。这个特别的压力，可能会使刚学会用马桶的孩子出现行为倒退。要等到宝宝能很自觉地用马桶之后，再教他如何擦屁股。湿润、可冲洗的擦拭物要比卫生纸舒服。

宝宝对冲水这件事的反应不太一样。有些孩子害怕冲水时的巨大声响，看着自己的便便被水流卷走消失，他们会感到恐惧。也有些孩子喜欢这么做，每次都一定要自己冲水。喜欢水流声的孩子可能会频繁地冲水。可以在马桶上加一个插销，避免无谓地浪费水。

表扬成功，忽视"失败"，放松点

大小便训练不应该有惩罚，就像你不能指责刚学走路的孩子会跌倒一样。严重、长期的情绪问题可能来源于平常对某些事情的大声指责或惩罚性的态度。如果你在大小便训练上对孩子有负面情绪，赶快请教有经验、值得信赖的父母和专业人士。你的目标是通过大小便训练，让你的孩子形成一个健康的自我形象。接下来，他才能处理下一个阶段的问题，如性别认同，良好的自我感觉。试着放松点——就算再用一年尿布又怎样？

小男孩喜欢的游戏

记住，幽默感是成功的大小便训练所不可缺少的。小男孩喜欢下面的游戏：

• 在雪地或沙地上"写字"。

• 和爸爸或哥哥玩交叉撒尿游戏。

• 把卫生纸扔到水里，让它沉下去。

• 对准在水上漂浮的目标。小男孩刚开始需要多练习才能提高命中率。他们就是这样，习惯就好。

不接受训练的孩子

有些孩子要大小便也不肯说出

来，依旧裹在尿布里，拒绝任何上厕所的尝试。如果你的宝宝还在用尿布，买来的儿童马桶也还没有用，那就继续往下看。

较晚学会上厕所，和较晚走路一样，也是孩子正常发展模式的一部分，训练时应该认识到这一点。上厕所需要用到的肌肉可能还没有成熟。如果你的宝宝在其他方面发展得也比较慢，那么很可能就是这个原因。大部分孩子在 3 岁时能够学会日间大小便自理。如果到那个时候，你和宝宝还没有进步，请咨询医生。

不愿意离开尿布

如果你的宝宝过了3岁，你知道他已经学会了控制尿意，但还是拒绝用马桶，试试"尿布用完了"的方法。让他看那一堆尿布一天天地减少："看，只剩下10块尿布了。"用一块，就数一次。只剩下一块时，告诉他这是最后一块尿布了，你不会再去买了（如果他问起来的话）。当最后一块尿布用完时，你就可以试试上面提到的光屁股训练法。很有可能会遭到抗议，如果抗议得很厉害，你可以告诉宝宝又"找到"几块可用的尿布。几个星期后再试。

改变激励的方法

如果宝宝一直不接受上厕所的想法，可以一两个月不提，让他爱怎么样就怎么样。然后当你外出购物时，买一些内裤让他挑。可以聊一聊怎么穿内裤，但不要提厕所。只是聊妈妈、爸爸（和哥哥姐姐）怎么穿内裤。把这些内裤放在他卧室的一个矮架子上，让他看得见，想到它们。早上给孩子穿衣服时，问问他要不要穿内裤。不要提尿布，但是不要把穿内裤这件事弄得像件大事。保持低调的办法是，让他觉得改穿内裤对你来说不是什么大不了的事，这样反倒可以让孩子没有半点犹豫。一旦孩子满腔热情地穿上内裤，自豪地在屋子里跑动时，你可以提醒他小便。每隔一个小时左右，就告诉孩子该尿尿了。如果赶上他情绪好，他可能会服从，因为正如我们所希望的，穿上内裤以后会让他比之前更关心上厕所的事。这次，依然保持低调，不要夸他。假装这对你来说不是什么大事。让他自己为能用马桶而感到自豪，用他自己的话来表达成就感。如果他很激动，你也可以同样激动。随着一天天过去，提醒他小便的时间间隔可以拉长（每隔90分钟，然后2小时）。慢慢地，不需要你提醒，他一有尿意，自己就会提出来。

肯定会有意外和例外的事情发

生，不要大惊小怪，不要责备。只需换掉孩子的衣服，帮他穿上干净的内裤。如果他的积极性被激发出来，问题是可以解决的。然而，如果他一再地尿在裤子上，或拒绝坐马桶，也可以退回到尿布。不要显露出失望，而是要表现出"没什么大不了"的表情。简单向他解释一下，小便和大便不应该拉到内裤上，可以拉在马桶里或尿布里。你得给孩子一个印象，就是哪种选择你都可以接受。使用马桶的推动力要来自宝宝自己。一旦他准备好了，可能一天就训练好了，因为他已经能够控制肛门和膀胱的肌肉了。他只是需要正确的指导。

医学原因

会疼的事，孩子当然不愿意做。便秘是疼的，孩子用力时经常会产生小裂伤，于是孩子更不愿意大便，从而形成恶性循环。如果你看见孩子蹲下来，咕哝着，一脸的痛苦，但什么都没拉出来，很有可能是便秘。（参见第 705 页便秘的原因和治疗。）另一个罪魁祸首是食物过敏引发的肛门灼痛感。看看肛门周围有没有过敏性的红圈和发炎的部位。偏酸性的食物，如柑橘类水果，以及会产生乳酸的食物，如乳制品，是最常见的过敏原。流感期间或服用抗生素后引发的腹泻，也可能暂时影响肠道控制。

是你逼得太紧吗

还有一个原因是：也许训练课开始得太早了。在宝宝刚好处在一个消极的阶段，或者恰好老师和学生之间有冲突时，考虑一下暂时撤退，排查有没有下列会减缓训练进程的情绪消沉现象。回想一下近来发生了什么事使宝宝不愿意接受训练。

• 宝宝是否处在一个不愿意接受新事物的消极阶段？

• 家里是不是出现了新情况，如有了新宝宝、搬家、家庭关系紧张、父母加班、妈妈回去上班、生病，等等？

• 是不是宝宝生气了？生气会影响所有生理系统的正常运转，尤其是大小便。

检查一下你和宝宝的亲密程度。一般来说，宝宝有进步，学会掌控自己的身体后，会喜欢取悦父母。我不认为可以随口说"这是一个正常的抗拒阶段"就算了。问题可能比尿布本身要深很多。

这可能是你的宝宝控制他自己生活领域的一个方式，而这恰恰是你不能控制的。如果你在其他方面都控制得很严格（衣服的选择、整洁度、娱乐的选择等），宝宝在这方面很坚持，也情有可原。可能这是他知道的唯一一种让自己继续当小宝宝的方法。这时你应该先收起儿童马桶，适应孩子的节奏，找到一些乐趣，建立他的自信，加强你们的亲密程度。如果孩子在情绪上已经烦躁不安，自尊心很脆弱，要小心不要让他感觉到他的价值取决于自己的表现。

大小便速成训练法：周末训练营

大部分父母喜欢在几周或几个月内循序渐进地训练自己的宝宝，根据宝宝自己的节奏学习。但也有些父母喜欢在周末或假期时来个集中训练。对有些父母和宝宝来说，速成法的确有效果，但我们不建议所有的宝宝都采用这种方法。有些宝宝能接受，但抗拒的也大有人在。速成法的步骤和渐进法一样，只是要集中得多。

预备工作

选择合适的对象。只有那些善于表达、处在喜欢接受新事物的阶段、对大小便训练持欢迎态度的宝宝，才适合这种速成法。

专心游戏。把这个集中训练的周末看成游戏，而不是比赛。你要在醒着的每时每刻都跟宝宝在一起，观察他的身体信号。推掉所有其他事情。这个特殊的训练课程不对外公开。

选择合适的时间。就像你不会选择在大冬天安排棒球赛一样，不要选择宝宝处于负面情绪时训练。选择心情好的时候，如果宝宝心情变坏，你可以随时中止这个游戏。

提前安排。在训练前一天，跟宝宝说明天是特殊的一天："我们要玩

旅行当中的训练

有时候，在外出度假时训练上厕所要更容易些。你时间充裕，也有耐心，宝宝光着屁股在沙滩上跑，你也不用担心家里被弄乱的问题。我们有一个孩子就是在为期一周的光屁股海边度假时学会大小便自理的。训练后宝宝也有可能恢复原状，如果是这样的话，等到返回熟悉的环境，再想办法改变他的习惯。行车过程中也带着儿童马桶。我们有几张小家伙在车后面坐儿童马桶的珍贵照片。带一个套在成人马桶上的可折叠幼儿座椅，方便在外面的厕所使用。还有，度假时饮食习惯的变化也会带来排便方式的变化，可能便秘，可能腹泻，这些都会影响训练。最后要提醒的是：出门前先上厕所。

一个特殊的游戏。"然后在一天之内多重复几次"特殊的游戏"。(你会发现我们经常用"特殊"这个词，因为真的很管用。)

热身运动。继续强调今天是个特殊的日子，你们将要做一些特殊的事情："我们来玩一个'不穿尿布'的游戏，让你像爸爸妈妈一样用马桶。"可以加上一句"跟吉姆哥哥一样"，让宝宝更有兴趣。用你的情绪感染宝宝，看到你兴致勃勃，宝宝也会兴致勃勃。

选对服装。如果天气允许的话，最好让宝宝光着身子。或者只穿一件宽松的长 T 恤，不要用尿布。给宝宝看训练裤——特殊的裤子。向他示范如何穿上这条裤子，如何拉下来，拉上去。在全家人面前做这件事，同时拍照片留念，拍完后马上给宝宝看。在镜子前示范拉裤子。在整个过程中制造一种游戏的气氛。如果宝宝突然失去兴趣，或开始抗议，就花点时间休息一下，吃点点心。

亮出装备。拿出"特殊的奖励"，就像拿出礼物一样，一个接一个地把要用的工具拿出来：儿童马桶(你和宝宝一起在商店里选的，一直放在盒子里，今天才打开)、玩具娃娃、训练裤以及其他道具，还有用来鼓励进步的奖品。

开始训练和辅助措施

坐着训练。让宝宝"像爸爸妈妈一样"坐在马桶上。把宝宝的马桶放在大人的马桶旁边，和宝宝坐在一起聊天。

指导手册。当你们坐在各自的马桶上时，一起读一本有关大小便训练的绘本。

指示要简单。跟宝宝说简单的短语，如"去坐马桶"、"去便便"。

"坐在马桶上就是要便便"练习。让宝宝看你上厕所(真的假的都行)，发出嗯嗯的用力声，宝宝应该能了解。

用玩具娃娃做示范。训练时用娃娃做示范，解释每一步：想尿尿，脱裤子，穿裤子，把儿童马桶里的排泄物倒进厕所。

游戏开始

通过密切观察宝宝，你已经知道他的习惯：蹲下来说明要大便；抓住尿布或低头看说明要小便。注意看宝宝的信号。宝宝一蹲下，就对他说"去找马桶"，同时指点他马桶所在的方向——要么放在厨房的地板上，要么在厕所里大人的马桶旁边。整天跟着宝宝，每次看到有排便的迹象时，就提醒他"去找马桶"。把他的马桶放在方便到达的地方。通过一遍遍重复，让孩子明白这当中的联系："当我有这种感觉的时候，就要去找马桶。"

奖励

如果第一天宝宝一直表现很好，可能是运气好而已。也有宝宝会为了吸引爸爸妈妈过来，使用蹲下来这一招。当你抓住时机，把宝宝带到马桶边——或更好的是，他无须你提醒就找到马桶大小便时，可以每次给他一个小礼物，作为奖励。有一个宝宝每次成功后，他的妈妈都会在马桶背面贴一个贴纸作为奖励。

夜间暂停

白天的大小便训练成功几周之后，才有希望在夜间睡觉时省掉尿布。不过，即使白天的训练成功了，夜间也不能马虎，一般还要用几个月甚至几年的尿布。

如果上述课程不起作用，不必觉得自己失败或贬低孩子。你的宝宝可能只是性子比较慢而已，不用太着急。对尿布的需要总会过去的。

第五部分
让你的宝宝健康安全地长大

　　经过头两年的磨炼，几乎所有父母都能获得荣誉医学博士学位。接下来，我们会帮你建立起家庭健康维护体系：如何创建一个对儿童安全的环境，疾病预防措施有哪些，如何发现早期疾病的征兆。小病人牵挂着每一个大人的心。我们的目标是帮你成为宝宝医生的好搭档。更多的治疗和药物信息，请登录 AskDrSears. com。

第 25 章　给宝宝安全的居家环境

有没有一种灵丹妙药能让宝宝免于意外夭折？有，父母就有这种"药"，而且是免费的，药名就叫"给宝宝安全的居家环境"。1/3 的儿童死亡是意外事故引起的，而这些意外事故大部分可以避免。

本章的目标是让你了解如何给宝宝安全的居家环境，而不是让宝宝去了解。宝宝的好奇心会促使他去探索不该探索的领域，钻到碗柜里，爬到家具上，打开容器，试着用小手抚摸每一件东西，包括那些他不能碰的东西。这是正常的幼儿行为，好奇的探索能促进他的成长，不应该被限制太多。一个被限制或禁止去探索周围环境的孩子，会逐渐对周围的世界产生退缩和恐惧感。这也会降低他的自信。相反，能够在安全的居家环境中到处探索的宝宝有可能成为一个充满好奇心、外向、自信的孩子，因为他觉得周围的世界是安全的。

对于"安全的居家环境"有一个大体原则：宝宝够得着的所有东西，都应该是他可以拿在手里玩的。希望好奇的宝宝不去碰茶几上的水晶花瓶根本不现实。当然，有很多东西不太容易移出宝宝的活动范围，例如电线和插座，这时适度的纪律就要起作用了。告诉宝宝家里哪些东西可以碰，哪些不可以碰。

容易发生意外的宝宝的特点

所有的宝宝都有发生意外的倾向，有一些宝宝的可能性更高一些。通过看宝宝的成长过程就可以知道他是否属于容易发生意外的类型。有些宝宝成长速度比较慢，但很稳定，先学爬，再学站，然后学走，这样的宝宝一般不太可能发生意外，他们在确定自己掌握了足够的技能之前不会轻易尝试。性格较冲动的宝宝则相反，

618

他们会不断尝试，成长速度通常比较快，而不会规规矩矩地按部就班。他们看到心仪的玩具会猛冲过去，无视周围的障碍，即使摔跤也无所谓。这样的宝宝去急诊的次数就比较多。

"口欲型"的小家伙也容易发生意外。有些宝宝就是喜欢用嘴去探索世界，不管是塑料还是金属的东西，都要放到嘴里尝一尝。观察宝宝玩耍，你就能看出谁属于口欲型。一般的宝宝拿起一个小玩具后，会先拿在手里研究一会儿，然后才塞到嘴里实验一下。而口欲型的小探险家拿到玩具后，二话不说就往嘴里放。这样的宝宝发生异物窒息的可能性更大。

最后，要留心那些"小小飞毛腿"，这些小家伙一不小心就溜出父母的视线，好像分离焦虑在他们身上根本不存在。他们比那些依赖性高的宝宝更容易发生意外。依赖性高的宝宝在面对陌生事物时不会轻举妄动，他们会等父母确认一切安全后，再采取行动。

危机四伏的家

不仅某些宝宝要比别的宝宝更容易出事，实际生活环境中也充满了危险因素。当处于下列情形时，要特别留心。

- 急忙赶去赴约的时候
- 刚刚搬进新居的时候
- 在假期中
- 换幼儿园的时候
- 换保姆的时候
- 爱人不在的时候
- 婚姻或家庭关系紧张，或者离异的时候
- 有了新宝宝的时候
- 照顾生病的小哥哥或小姐姐时

★ **安全提示：** 有一样东西会间接导致儿童发生事故，而这样东西又是你家里不可缺少的，这是什么？答案是——电话。很多悲剧都发生在大人去接电话，让宝宝独自待着的那一小段时间内。无绳电话比较好，你可以一边打电话一边看着宝宝。

居家安全检查

趴下来，试着从一个房间爬到另一个房间，从宝宝的视角观察，看看家里有什么安全隐患。如果家里有大一点的孩子，让他跟随你一同进行这趟安全之旅，这样可以教他留心弟弟妹妹的安全。

安全的药品柜

□ 柜子的门是锁上的吗？

□ 药瓶有安全瓶盖吗？特别是药品就放在孩子周围的时候。

□ 把药放在孩子拿不到的地方了吗？

□ 过期药扔了没有？

□ 剪刀、刮胡刀、别针等物品放在孩子拿不到的地方了吗？

安全的浴室

□ 浴缸里的淋浴喷头下方的地板上有防滑垫吗？

□ 浴室的水龙头用软布裹好了吗？

□ 浴室的地板上有防滑的踏脚垫吗？

□ 确定电器不会碰到水？

□ 卫浴用品和化妆品，特别是指甲油、洗甲水和发胶，是否确定宝宝够不到？

□ 浴室的门关好了吗？为避免宝宝把自己反锁在浴室里，不要把浴室的门加锁，可以在浴室门的内、外高处各装一个插销，供大人使用，保护隐私，宝宝也够不着。

□ 马桶盖盖上了吗？宝宝可能会把头伸到马桶里，可以给马桶盖加把锁。

□ 你的刷牙杯和香皂盒是塑料的吗？不要用玻璃的。

□ 洗完澡后，你是不是马上就放掉浴缸里的水？

当然，不要留宝宝一个人在浴室里。除了会被水龙头里的热水烫伤外，即便两三厘米深的水也会让一个小婴儿溺毙。

安全的手提包

手提包和装尿布的袋子经常导致婴儿中毒或受伤。它们是好奇心旺盛的宝宝非常喜欢探索的对象。

你一不留心，没准宝宝就开始摸索你的手提包了。

□ 包里有没有装护发啫喱等喷雾剂？

□ 日常携带的药品放在宝宝打不开的容器里了吗？

□ 包里有没有尖锐的梳子、指甲钳、剪刀或其他尖锐物品？

□ 包里有没有留容易噎住宝宝的小物体，如硬币或纽扣？

安全的厨房

□ 宝宝用的杯子是易碎的玻璃制品吗？

□ 如果你用的是四头燃气灶，是不是选择使用内侧的两个灶头？做饭时，锅柄有没有转到内侧去？有没有在燃气灶旋钮外面套上防护罩？

□ 旁边有灭火器吗？（选择多功能灭火器。）

□ 刀收好了吗？宝宝绝对碰不到吗？

□ 万一宝宝爬到厨房台面上来，所有有潜在危险或有毒的东西都收好了吗？

□ 架子上易碎，容易造成异物窒

各个阶段最常见的意外

0～6个月（会翻身，开始伸手触摸）

- 翻出婴儿床
- 从桌子或婴儿椅上掉下来
- 烫伤：热咖啡、热茶或热水
- 车祸，没用婴儿汽车安全座椅或使用不当

6～12个月（会爬，开始学走）

- 玩具伤害：锋利的边缘、细绳，以及可能被宝宝吞下的小零件
- 从高脚椅上摔下来
- 摔倒时撞到尖锐的桌角或台阶
- 被香烟烫伤
- 抓东西引发的意外：被热咖啡烫伤，被破碎物体割伤
- 学步车或折叠式婴儿车引起的事故
- 车祸

1～2岁（会走路，开始到处探索）

- 爬高时受伤
- 误食有毒物品
- 探险时发生的意外：橱柜、药品柜
- 溺水：水池、水塘、浴缸、马桶
- 割伤
- 车祸，安全气囊导致

息的东西都放好了吗？

□ 瓷砖地板上有没有铺防滑垫？

□ 搅拌机、烤箱等小家电不用时你会拔掉插头吗？

□ 你给宝宝准备一个游戏用的橱柜或抽屉了吗？

□ 你家橱柜和家具门上有安全的插销吗（这些很容易安装）？橱柜里的清洁剂、漂白剂和洗衣粉等，确保宝宝拿不到吗？

□ 确保厨房台面上的桌布和家电的电线没有垂到台面外吗？

□ 椅子是否收好？这样宝宝才没有机会爬到桌子上去。

记住，"宝宝够不着的地方"很可能比你想的要高。宝宝可以借助椅子或箱子爬到厨房台面或桌子上，从而拿到他们原本拿不到的东西。

安全用餐

□ 孩子嘴里含着食物时，严禁他到处跑，因为这样容易噎住。

□ 你准备的食物安全吗？整根香肠是不安全的，因为咬一口的大小非常容易堵住宝宝的气管。切成细长条

比较好。要养成将食物切片的习惯，比起圆形的或块状的食物来说，片状的不太会噎住宝宝。苹果、葡萄要去皮，苹果还要切片，坚果和种子要碾碎，或者捣成泥。（参见第240页"容易噎住宝宝的食物"。）

安全的房间和卧室

□ 宝宝的睡眠环境安全吗？（见第625页对婴儿床安全的讨论，第357页如何和宝宝一起睡觉。）

□ 你会在换尿布时把宝宝一个人留在桌子上吗？

□ 当宝宝在换尿布的桌子上时，要用的东西都在他够不着的地方吗？

让火灾和烫伤远离你的家

□ 火灾报警器安装在合适的地方了吗？建议可安装的地方有门厅的天花板、卧室外面的走廊、每一层的天花板、阁楼和车库。不要安装在靠近通风口的地方。每个季度检查一下报警器的按钮开关，至少一年更换一次电池。

□ 记住不要把打火机和火柴放在宝宝拿得着的地方。

□ 不要在床上或沙发上吸烟，不要留下未熄灭的烟头。

□ 宝宝的睡衣是阻燃材质的吗？

□ 当你离开厨房等用火场所时，

保证火已熄灭、燃气阀门已经关了吗？

□ 你的电热水器安全吗？

□ 如果你用加长电线，它能承受的最大功率是多少？询问电器生产商。

□ 你知道电源总开关在哪里吗？如何关掉电源？

□ 你会把加长电线从插座上拔下来吗？（宝宝会因为咬电线或戳插座而被电击灼伤。）

□ 热水器的温度设定在49℃以下了吗？温度过高会把宝宝烫伤。

□ 你会把热饮料放在宝宝够不着的地方吗？

□ 你会用微波炉加热宝宝的奶瓶吗？（这样会引起受热不均。）

□ 你会给孩子做消防演习吗？（教孩子逃生路线；不要为了抢救一个玩具而冲进着火的房间；身体尽量放低，因为烟雾是往上升的；用手和膝盖爬行至门口或窗户；不要扭开很

如何灭火

如果孩子的衣服着了火，教他按下面的步骤灭火：

1. 停！（跑步会煽动火焰。）

2. 倒！（立即倒在地上。）

3. 滚！（在地上滚动身体，扑灭火苗。）

烫的门把手——门的另一面可能有熊熊烈火，改从窗户逃生。)

绕着房间进行一次安全检查

□ 你能确保家里的地板上没有会让宝宝窒息或引发危险的东西吗？例如塑料袋、硬币、气球、剪刀、针线等。

□ 你有没有考虑过把家里的茶几先收起来，等宝宝长大一点再搬出来？如果你有一个玻璃茶几，要确保玻璃的安全性。

□ 雨衣和购物袋是不是远离宝宝的活动范围？

□ 检查和整理悬垂的各种线，如窗帘绳、晾衣绳、灯绳。(把窗帘绳缩短到大人够得着的高度，灯绳也一样。)

□ 把桌布的几个角折好固定在桌面以下，这样宝宝就不会轻易抓住了（用桌垫更安全些）。

□ 你有没有养成把危险或易碎的东西往桌子中间推的习惯？

□ 桌子、柜子这些家具的 4 个角有没有加橡胶防撞护条？

□ 不用的电源插座有没有用绝缘盖盖好？

□ 你有没有定期检查电线，看是否老化磨损？

□ 你知不知道哪些植物是有毒的？

□ 你有没有把落地窗关好？

□ 和宝宝视线齐高的玻璃门有没有贴上印花图案？这样能防止宝宝撞上去。现在的玻璃门都是用硬玻璃制成的，宝宝撞上去可不好玩。

□ 窗户有没有锁好？

□ 阳台和走廊的栏杆有没有加防护网？这样才能避免宝宝把身体硬挤出去。

现在我们来检查一下楼梯。

□ 你家的楼梯照明情况如何？会不会打滑？有没有安装安全扶手？当孩子开始爬时，教他安全地爬楼梯。当他摸索着在楼梯上爬上或爬下时，坐在他下面，这样他摔下来的可能性就比较小。

□ 楼梯上容易让宝宝跌倒的东西有没有清理干净？

□ 楼梯上的地毯有没有固定住？

□ 有没有装安全门？（参见第542 页关于安全门的讨论。）

现在我们看一看车库和洗衣间的安全情况：

□ 电动工具和尖锐的工具有没有放好？

□ 油漆、农药、洗衣粉、漂白剂和其他化学用品有没有放好？

□ 洗衣机和甩干机的门有没有关上？

□ 车库自动门的遥控器有没有放在宝宝拿不到的地方？

安全的院子

□ 宝宝的游戏设施稳固吗？有没有尖锐的角和碎片？

□ 秋千和攀爬架安全吗？它们的位置应该离篱笆、墙等至少两米远；下方地面要铺上软垫，能缓冲跌下来的力量。秋千的支架应该牢牢地固定在地上，任何露出的螺丝钉都应该用塑料帽盖上。椅子上有挡板和安全带的秋千是最安全的，因为这样宝宝就不会站起来荡秋千，也能确保他们的身体不会乱动。应该随着孩子年龄的变化相应地调整秋千的高度。尽可能以孩子的脚正好能够到地面为准。提醒孩子在别人荡秋千时不要走到秋千后面，就算只是经过也不行。不要使用 S 形的挂钩、尖角或直径在 12 ~ 25 厘米的圆环，因为这种大小的东西正好能套住宝宝的头。

□ 你有没有把绳子等用来爬的东西放在宝宝够不着的地方？这些东西十分危险，每年都有很多不幸的孩子因为这些东西发生意外。

□ 浇花的水管有没有收起来？

□ 当宝宝在草地上玩时，你不会用电动割草机割草吧？

□ 宝宝可以在院子安全地爬来爬去吗？你有没有橡胶轮胎之类安全的爬行玩具？

选择安全的婴儿用具

选择任何一种玩具或宝宝要用的东西时，都要有安全意识。买之前先想一想你（和宝宝）会怎么用它。

安全的玩具

□ 买任何一款玩具之前，先检查一下有没有会让宝宝误吞、窒息的小零件，比如洋娃娃的鞋子、纽扣、珠子，填充玩具里的填充物、发声玩具的小按钮。（积木、球等小玩具的直径不应小于 4 厘米。）

□ 保证玩具没有尖角和碎片，经常检查有没有零件松动。安全性十足的新玩具经过摔打、磨损之后也会变得不安全。

□ 玩具身上带着的细绳不应超过 20 厘米，或干脆把绳子剪掉。

□ 把不安全的玩具放在宝宝碰不到的地方，例如气球、珠子、乐高拼装玩具或直径小于 4 厘米的球状物体。

□ 告诉大孩子不要在小宝宝周围玩玩具枪这一类会发出刺耳噪音的玩具；这些噪音会损害宝宝的听力。

□ 确保玩具适合宝宝的成长阶段和性格。如果你的宝宝爱扔东西，那就给他用软布或泡沫制成的玩具。飞镖这类玩具会伤到宝宝的眼睛。

□ 小心系在婴儿床两侧栏杆上的

玩具。我们只推荐在宝宝出生后5个月内用这样的玩具，当宝宝会用手和膝盖推开玩具的时候，就应该把这些玩具撤掉。

□ 小心那些薄而易碎的塑料玩具，它们可能一不小心就会裂开，留下锋利的边缘或锯齿状的缺口，如玩具飞机的机翼。在购买之前，稍微折一下，看看是不是易碎。

□ 小心气球爆炸，尤其是在聚会时。要快速捡起碎片，千万别让宝宝拿到，否则你一不留神，他就把碎片塞进嘴里，导致窒息。不要让宝宝玩没充气的气球，因为也可能造成窒息。玩这类玩具时，大人要始终在一旁监督。

□ 要尽快扔掉玩具的塑料包装袋。宝宝爱玩这种东西，但这种东西容易导致窒息。

□ 妥善地保存好玩具。不要用盖子连在箱子上的玩具箱，当宝宝探身从箱子里拿玩具时，盖子可能会倒下来砸到宝宝。其实玩具箱不如玩具架好，玩具架更安全，还能培养孩子整洁、有秩序的习惯。

□ 不要让宝宝用学步车。虽然这些方便的"临时保姆"很诱人，但也充满危险。学步车不仅导致每年发生很多摔伤事故，还会影响宝宝运动能力的发展。

安全的婴儿床

婴儿床的意外在各类婴儿意外中也居高位。下面介绍选购安全婴儿床的诀窍：

□ 看婴儿床上有没有安全认证的标贴，是不是符合安全标准。

□ 确保婴儿床用的涂料不含铅。现代的婴儿床不可能用含铅涂料，但一张二手婴儿床可能用含铅涂料涂过好几次。

□ 如果宝宝正处于用嘴探索世界的阶段，在婴儿床的护栏上包上无毒的塑料防护层。

□ 检查婴儿床可以放下的那一侧栏杆。为了防止宝宝自己解开侧栏，当栏杆拉起来时，一定要确保两侧的安全锁都扣紧了才行。

□ 检查婴儿床栏杆之间的距离，不应超过6厘米，这样宝宝就不会把头塞到护栏中间。老式的婴儿床栏杆间距可能要宽一些，不符合现在的标准。

□ 用手轻轻抚摸婴儿床的整个木头表面，看有没有刺人的小凸起或碎片。

□ 不要用带有装饰性图案和把手的婴儿床，宝宝的衣服可能会被这些东西钩住，进而身体被勒住，发生危险。

□ 检查所有金属零件，看有没有尖锐的凸起、边角、凹洞或裂口，在这些地方，宝宝的指头会被夹住、弄伤。

　　□ 经常检查床板是否牢固。如果不牢固，应立刻修补或更换。要确保支撑床垫和床板的 4 个金属托架安全地插在各自的槽口里。

　　□ 二手床垫有可能不适合你的婴儿床。检查床垫是否合适，床垫和床四周的空隙不应超过 4 厘米，也就是你两根手指的宽度，否则就说明床垫太小了。

　　□ 记住，床垫越硬就越安全。

　　□ 不要使用缓冲围垫。可能会成为婴儿爬出婴儿床的垫脚石，会勒住脖子。

　　□ 检查婴儿床上的玩具、橡皮奶嘴、衣服等，确保没有长于 20 厘米的绳子或线。

　　□ 过敏的宝宝容易鼻塞，不要在床上放置容易引起过敏的毛绒玩具。

　　□ 把婴儿床放在房间里安全的地方。不应该放在窗户下面，不能靠近任何悬垂的窗帘绳，要远离任何宝宝可以借助攀爬出婴儿床的家具。当宝宝长大些后，想一想如果宝宝爬出去，会发生什么事。放婴儿床的地方要非常安全，即使宝宝跌出去，也不能碰到尖锐的物体，更不能被卡在床和邻近的家具之间。

　　□ 如果宝宝的婴儿床没有放在你的房间里，或婴儿床所在的位置无法让屋子里每个房间都能听到宝宝发出的声音，那么你最好买一个便携式的婴儿监视器，这是一个很有价值的安全装置。

安全上路，旅途愉快

　　下面教你几招，让你享受安全而愉快的驾车之旅。

上路规则

　　□ 系好安全带，并督促车上其他人也这么做。

　　□ 不要用婴儿提篮、婴儿椅或便携式婴儿床代替婴儿汽车安全座椅。

　　□ 不要让两个孩子共用一条安全带，父母和孩子共用也不行。

　　□ 汽车开动时，不要让孩子在你怀里乱动。不要因为"只开一小段距离"，就不把孩子放在汽车安全座椅上。

　　□ 行驶时不要开着后车门，这样会吸进废气。当车子发生撞击时，危险的物体也会飞进来。

　　□ 当汽车开动时，不要让孩子玩尖锐的玩具，如铅笔或金属玩具。突然刹车时，这类东西会造成危险。

　　□ 当心宝宝的小手指。父母没注意小手放在哪里就去关车门，经常会把宝宝的手指夹伤。宝宝想爬出车子时，经常会抓着门框，而这时候，你可能正好在关车门。关任何车门之前，都先停下来检查大家的手有没有放好，一定要养成这个习惯。

　　□ 在车里，不要在宝宝身边放杂物或松开后容易弹射的东西。把它们放在行李箱里。

　　□ 怀孕的母亲也应该系安全带。

安全的高脚椅

　　•椅子要远离危险源，如壁炉、窗户、窗帘绳和架子。

　　•用安全带。不要指望那块活动桌面能限制住好动的宝宝。

　　•确保活动桌面已经扣紧，因为宝宝坐着的时候会去推动它。

　　•不要让宝宝站在椅子上。

　　•确保椅子有一个较宽的底座，以保证稳定性，否则宝宝爬上去时可能会倾倒。（只有在你的监督之下才能让宝宝爬椅子。）

　　•定期做检查，看螺丝有没有松，底座稳定不稳定。

安全的折叠式婴儿车

　　•选一辆底部和后轮较宽的婴儿车，这样当宝宝翻身或前后摇晃时车子才不会倾斜或翻倒。

　　•如果想把婴儿车调整成向后仰的位置，要确保宝宝躺下去时整个车不会向后倾斜。

　　•把置物篮放在座位正下方，以防止倾倒。

　　•试试刹车。两个轮子都有刹车比较安全。

　　•当打开或折叠婴儿车时，要小心你和宝宝的手指，别被夹到。

　　•定期检查一下螺母和螺栓是不是松了，看看有没有尖锐的边缘，轮子是否安全。

安全的游戏围栏

　　•如果使用的是木制的围栏，要确保栏杆间距不会太宽，以免宝宝把头伸出来。婴儿床的围栏也一样，间距不能超过6厘米。

　　•如果用的是网眼状的围栏，要检查一下网眼是否足够小，不会挂住宝宝衣服上的纽扣。网眼也不要太大，否则宝宝用脚趾攀着就爬出来了。

　　•避免在围栏上挂绳子。

　　•围栏里不要放大玩具、箱子或积木，否则宝宝会用来当台阶，爬出围栏。

　　•暴露在外的螺母和螺栓要用柔软的东西包起来。

　　•围栏上的安全锁就像剪刀，会夹伤宝宝的手指。

在宝宝出生前，你就是他的汽车安全座椅。你在保护两个生命。安全带要横跨过骨盆腔，保持在子宫以下，免得伤着肚子里的宝宝。

安全气囊

在气囊成为标准配置前，儿童可以安全地坐在汽车前座，虽然大多数人认为后座更安全些。但现在，几乎所有汽车都配有安全气囊，因此13岁以下的儿童永远不应该坐在前座，以防止面部灼伤或致命的颈部伤害。如果汽车有气囊，坐在安全座椅上的婴儿也不能坐在前座，即使脸朝后也不行。有些车可以自行选择使用或不使用气囊，对于儿童来说，这种车的前座安全些，但还是后座更安全。

看看车后面

你急着赴约，匆匆忙忙地钻进车里，倒车，驶向马路，从来没有意识到会不会有什么东西或什么人在车后面。儿童喜欢围着车玩耍。作为一个预防措施，要养成上车前先走到车后看一看的习惯；更仔细点的话，围着车绕一圈。

作为补充，你也可以安装一个延伸视野的后视镜，加大你对车身后面的监视范围。

现在的安全指导意见都建议13岁以下的儿童不要坐在车的前座，即使在安全气囊可以关闭的情况下也是如此。研究显示，13岁以下的儿童坐在后座，其受伤率和死亡率都比较低。

选择和使用汽车安全座椅

•在把宝宝从医院接回来之前，就购买并正确安装婴儿汽车安全座椅，确保宝宝的第一次乘车就是安全的。

•安全座椅应该放在哪里？后座中央是最安全的地方。如果汽车有气囊，任何年龄的孩子坐在前座都不安全。即使没有气囊，后座中央也是车里最安全的地方。从实际情况来讲，如果爸爸或妈妈一个人带宝宝一起开车外出，要是宝宝坐在后面，大人就会频繁一心二用，回头看后座的孩子，因此你可能想在前座放一个朝后的婴儿座椅，这样就能看好他了。我们不推荐这样做。如果你觉得宝宝在后座，你照顾起来不是很舒服，可以让他坐在前座——当然是在没有气囊的情况下。但是记住，你可能觉得这样更安全，因为能随时看着孩子，但发生事故时，这个位置的风险其实比较高。

如果你用儿童汽车安全座椅，最安全的地方是在后排座位，再加上一条跨肩的安全带，即便坐在车门旁边也无妨。

很多父母认为，坐在后座中央，只系一条过大腿的安全带，要比坐在门边系跨肩的安全带安全。这是不对的。只系过大腿的安全带不能保证安全。发生事故时，坐在后座中央，系过腿安全带的宝宝，比坐在门边、系跨肩安全带的宝宝更容易受伤。

•汽车座位如果朝后，就不要使用安全座椅。

如何处理晕车造成的肠胃不适

这种由运动引起的不适是由于大脑接收了外界太多混杂的信息。例如，当宝宝被安置在汽车后座上时，虽然他的眼睛只能看见静止的椅背，但内耳的运动传感器会告诉他身体正在移动。有的宝宝内耳的平衡中心很敏感。试试下列应对肠胃不适的办法。

•选择一条较直的路线，并尽量避免经过热闹的市区。经常停停走走，会搅得小肚子不舒服。

•选择宝宝打瞌睡的时候外出。最好的出发时间是睡意正要来临之前，这样你就能无忧无虑地到达目的地了。

•出发之前给宝宝"加油"，但不要加满。出发之前的这顿饭要清淡一点（不要吃肉类和乳制品，可以吃麦片、面食、水果），出门时带上容易消化的点心：饼干、薄饼、硬盒装的带有吸管的冰镇饮料。

•出发前给车加好油。宝宝不喜欢加油站浓浓的汽油味和汽车尾气。

•让宝宝的座位能看得见窗外，否则小宝宝容易晕车，但还是安全第一。

•玩游戏，让宝宝对远处的物体感兴趣。和广告牌、建筑、山比起来，绘本更容易让孩子晕车。

•新鲜空气是最好的晕车药。两侧车窗都打开一点，保持通风。把你的空气污染物（香烟、香水）留在家里。

•对于不到一岁的婴儿，不推荐用药物来治疗晕车引起的肠胃不适，但一岁后基本可以安全地用药。事先咨询医生。茶苯海明这种非处方药对付晕船、呕吐和头晕眼花等运动不适症既安全又有效。1～2岁孩子的用量是半茶匙，在开车之前半小时到一小时之间服用。2～3岁孩子的用量为1茶匙（5毫升）。服药的频率不能太高，两次服药的间隔不少于6小时。晕船时用的药膏（车茛菪碱）不适合婴儿使用。

• 仔细阅读使用说明书，确保你选用的汽车安全座椅能与你车里的安全带配合使用。扣紧安全带，把汽车安全座椅往前推，试试它的安全性。如果座椅很容易翻倒，就再拉紧或调整位置。如果安全带锁上时很容易滑动，就用汽车安全座椅上的固定夹来加固，否则很难安全地固定好。自动型安全带不能安全地固定汽车安全座椅。经常检查安全带和安全座椅的连接部位，看有没有老化或磨损。另外，还要保证汽车安全座椅适合你的车。有些车的座位轮廓或弧度比较特殊，没法安全地安装某些汽车安全座椅。

• 把汽车安全座椅安装在一个合适的角度。如果位置太直，宝宝的头会往前倾；太往后倾斜的话，发生事故时没法保证宝宝的安全。有些汽车安全座椅有正确角度的指示。

• 支撑宝宝不稳的头部，尤其是刚出生几个月的小宝宝，可以用卷成卷的毛巾或尿布。把背巾折叠成马蹄形，刚好可以支撑宝宝的小脑袋。

• 避免灼伤宝宝娇嫩的皮肤，当汽车停放在大太阳底下时，盖住安全座椅上塑料和金属的部件。安全座椅的防护罩能使宝宝的皮肤不会碰到太冷或太烫的表面。

• 天冷时，如果你没有合适的安全座椅防护罩，就用一块毯子盖在座椅上，上面开两个口，穿过安全带，然后扣住。

• 在车里，不要用婴儿背巾背着宝宝，要让他始终坐在婴儿汽车安全座椅上。如果宝宝哭闹不止，安全的做法是先停车，再安抚宝宝，而不是直接把他从座椅上抱起来。

• 保证座椅的安全带是平顺的，没有扭在一起。

• 正确固定安全带的位置。安全带要贴紧宝宝，间距不能大于两根手指的宽度。连接两条跨肩安全带的锁扣应该与腋窝水平。

• 当宝宝长大些后，要根据说明书调整跨肩安全带的高度。

• 五点式安全带（两个肩膀、大腿两侧以及双腿之间）要比三点式安全带（只包括两个肩膀和双腿之间）安全。

• 不要只使用过大腿的安全带，这很有可能导致受伤。不管孩子年龄多大，不管坐的是哪种类型的座椅，都要用跨肩的安全带。

• 如果正在用的汽车安全座椅经历了一次严重的交通事故，应该立即重新买一个，即使这个座椅看起来还没有坏。

• 买之前先试一下。确保你买的座椅能装进你的车里。

• 大部分汽车安全座椅的安装和使用都不正确。打电话给当地的道路安全部门，向他们请教如何检查汽车安全座椅。你也可以咨询汽车经销商，有的经销商能提供 3 次定期的座椅安全检查。大部分声誉良好的零售商也专门培训安装人员，他们会告诉你如何安装座椅。

• 让大孩子给小宝宝示范如何系安全带。要让他们懂得这条不容商议的原则：等到所有人的安全带都扣好，车才会开。

• 如果你准备用汽车安全座椅带宝宝乘飞机，要确保你买的这个座椅能在飞机上使用。

• 如果你准备借或买一个二手的汽车安全座椅，要检查一下是否符合安全标准。

• 选择一个适合宝宝年龄、体重和身高的婴儿汽车安全座椅。

各年龄段的安全指南

从出生到2岁的宝宝

汽车儿童座椅的位置要随着孩子的年龄、体重和身高的变化而变化。2岁以下的宝宝要采用面朝后的姿势，2岁时转向前面，然后根据宝宝的身高体重过渡到增高坐垫。

现在的安全指导意见认为2岁以下的宝宝应该使用朝后位置的儿童安全座椅。这种设计，适合这个年龄和体重的安全座椅是朝后的，斜躺45度。当汽车发生冲撞时，大部分朝前的冲力都被转移到固定在座椅上的安全带上，剩余的力量会从宝宝的背部分散到骨骼和肌肉。宝宝2岁之前，

要抵挡住让他朝前坐的诱惑（除非他的体重或身高超过了儿童安全座椅的上限）。虽然在长途行车中，朝前的姿势能让孩子有更多空间，让他更开心，但研究表明，在交通事故中，面朝后的姿势要安全得多。在面朝前坐的情况下，汽车发生冲撞时，脑袋向前的巨大冲力容易造成更多的颈部和脊柱损伤。要确保用安全带将宝宝紧紧地贴在座椅上。适合这样的宝宝的汽车安全座椅有两种：婴儿汽车安全座椅和活动式汽车安全座椅。

婴儿汽车安全座椅。这种座椅适合体重在9千克以下的婴儿，形状像个小浴盆。有的还带有提手，可以把熟睡的婴儿直接提出车外，在室内也可当婴儿座椅用。婴儿汽车安全座椅在车内只可以脸朝后看。

当把汽车安全座椅移出车子时，要提醒一句：如果把手没有锁好，宝宝很容易从座椅里掉下来。有几个厂家之所以不得不召回自己生产的这种类型的汽车安全座椅，就是因为把手的锁扣不好用。如果你用的是这种类型的座椅，别忘了在购买时做好登记，这样如果有召回事件，你就不会受损失。

另一个需要考虑的安全风险是这种座椅很容易从桌子上掉下来。有时候，孩子在座椅里熟睡，拎着座椅进到餐厅或其他公共场所，然后把座椅往桌子上一放，真的是非常方便，诱人至极，但要抵挡这种诱惑。把宝宝放在背巾里，

或偎依在你身上要安全得多。如果你用的是这种便携式的儿童座椅，一定要确保把座椅放下来，放在一个安全的地方。

活动式汽车安全座椅。比普通的汽车安全座椅要重、高，也更贵，宝宝可以从出生一直用到18千克重的时候，或遵循生产商的安全说明书。宝宝头两年，可以采用朝后的姿势，2～4岁可以采用面朝前方的姿势。虽然这种类型的安全座椅比婴儿座椅贵，但从长远看还是省钱了，因为你只需要买一个座椅就够了。不过，这种座椅也有缺点，它的重量和设计都不适合提出车外。这时候，手头备一条婴儿背巾会比较方便。

活动式安全座椅也有不同的选择：

• 五点式扣带——更安全，但要扣更多的扣子；

• T型式扣带——更方便（只有一个扣），但只有3个点；

• 带头罩——也是较为方便，有些也带五点的扣带

T型式和带头罩的活动座椅有一个缺点，就是在发生冲撞时，如果宝宝在玩玩具，宝宝头部向前向下的冲力会让他手上的玩具伤到自己的脸。使用这些类型的安全座椅可能意味着牺牲安全来换取方便。

随时注意汽车安全座椅的高度，如果宝宝的头部高过汽车安全座椅的椅背，说明该买个大一些的了。身材较高的宝宝会在1岁或9千克之前就高过座椅。仔细阅读说明书，不同汽车座椅的说明也不同。

2岁及2岁以上的孩子

宝宝到了2岁，就该转为朝前坐的姿势。如果你之前用的大的、活动式座椅还合适，那就继续用。如果你需要买一个新的，要留意上文介绍的扣带类型，决定哪种类型最适合你的宝宝。要记住，五点式要比方便的三点式更安全。不管孩子多大，只要他的身高体重没有超过所用的安全座椅的上限，都应该继续待在座椅里，使用该座椅的扣带。一般来说，宝宝至少4岁、达到18千克的体重之后，才有可能超过座椅的安全上限。有些儿童座椅和扣带能用于6岁甚至更大的孩子。

超过儿童座椅扣带上限的孩子(4～6岁)

一旦孩子的体重或身高超过了生产商关于扣带的安全上限（通常是4岁或18千克重），去掉扣带，用汽车的安全带来代替。根据你的汽车座椅的情况，可以继续用现有的座椅，或者买一个新的增高坐垫。增高坐垫有两种形式：只有"底部"的坐垫，带有背部支撑的坐垫。用汽车自有的安全带来保护坐垫里的孩子，要让孩子使用这种增高坐垫，直到他身高达

到 140 厘米，一般来说是 8 ~ 12 岁。没达到这个身高，汽车的安全带会停留在孩子的颈部，这在交通事故中会造成严重的伤害。到了这个身高，就可以跟增高坐垫说再见了，用成年人的安全带即可。

州法律和国家安全指南

有关儿童安全座椅，美国每个州都有不同的规定，一般都落后于美国联邦政府制定的安全指导意见，例如，有些州只需要婴儿 1 岁以内朝后坐，有些州规定从安全座椅转变为增高坐垫只需考虑孩子的体重和年龄，而不用考虑身高。实际上，每个州最终都根据国家安全指导意见修改自己的法规。我们强烈建议你遵循国家安全指导意见，而不是本州的法律，来尽可能确保孩子行车的安全。

儿童安全座椅的 LATCH 固定系统

LATCH（Lower Anchor and Tether for Children）固定系统是三点式连接，包括椅背上方的固定拴带和两个下扣件 3 个点。新的固定拴带将安全座椅的上面和侧面与固定在汽车上、与座椅后边和旁边的金属扣相连。2001 年之后生产的大部分汽车都装有一个上面的扣件，2003 年后生产的大部分汽车都在后座上安装了两套下扣件。2001 年之后生产的汽车座椅都有一条连接上下扣件的拴带，有

些老式的汽车座椅则只有上边有拴带。新的 LATCH 固定系统不是靠安全带来固定安全座椅。仔细阅读生产商的说明，确保正确地使用这个新系统。

汽车安全座椅使用指南

朝后的儿童安全座椅

• 从出生到 2 岁（如果 2 岁之前身高或体重已经超出了特定座椅的上限，可以提前转向朝前姿势）

朝前的儿童安全座椅

• 2 岁，身高或体重达到特定儿童座椅的安全上限

带有安全带的增高坐垫

• 孩子身高在 140 厘米之前使用

安全带（后座）

• 孩子身高超过 140 厘米时使用

当宝宝拒坐汽车安全座椅时

要给宝宝灌输这样一个观念：开车外出时必须使用汽车安全座椅。这是不容商量的，绝对不会有例外。如果宝宝拒绝用汽车安全座椅，试试下面的技巧。

• 有些宝宝一到车里就开始扔东西。在上车前，给他一块点心。他可能会把注意力集中在点心上，还没意识到要做什么，你就已经把他扣在安全座椅上，准备出发了。

• 对那些不管你怎么安慰都哭闹不止的孩子，一定要保持平静。当你温柔地把他固定在汽车安全座椅上时，用柔和的语气跟他说话，告诉他这真的是别无选择。不要让他觉得闹一闹会让你改变主意。他很快就会平静下来。

• 一定要让孩子明白，他绝对不应该解开安全座椅的锁扣。

• 如果有可能，在宝宝最喜欢外出的时候出门。有些宝宝在一大早状态最好，还有些是想打盹儿时最好。

• 在安全座椅旁挂一个袋子，装上填充玩偶等柔软的玩具。布做的书就很好。

• 为了解决孩子一坐上安全座椅就哭闹不止的麻烦，同行最好有两个大人。一个大人开车，另一个坐在后座陪宝宝玩。

• 只要车还在开，就不要想着"就只一会儿"而把宝宝从安全座椅上抱出来喂奶。

• 让小哥哥小姐姐坐在后面，陪小宝宝玩耍。

• 给宝宝唱歌听，让宝宝看车外有趣的风景。我们在让孩子坐上安全座椅后，在扣上锁扣时会故意弄出"叮当"的声音表示安全了，这让不愉快的小家伙知道至少我们懂得他的感受，开心地笑起来。

• 播放宝宝最喜欢的磁带，备几盒没听过的磁带给他惊喜。

• 学步期宝宝经常会因为看不到车窗外的风景而烦躁不安。如果是这样，选一款能调得比较高的安全座椅，让他看得见外面。

• 不要低估了和小家伙聊天的作用，如果你一路上忽视了他，他肯定会因为无聊而发脾气。

保持旅途愉快

• 出发之前先让宝宝吃饱，换好尿布或上过厕所。屁股干净、肚子饱饱的小家伙心情会更愉快。

• 安排旅行也要像宝宝吃饭一样，少吃多餐。多次短途的旅行比一次长途旅行好。如果非得长途旅行，也要经常停车休息。

• 带着音乐，宝宝喜欢的熟悉的歌或陌生的新歌都可以。让宝宝在安全座椅上坐好，发动车子时就可以打开音乐了。

• 随身带上不会噎住宝宝的小块食物，例如米糕，让小肚子饿了就有东西吃。在行车过程中，绝不要给孩子吃任何有根棒子的食物，如棒棒糖。车子急转弯或紧急刹车时容易戳进宝宝的喉咙。

有些小宝宝一路都在尖叫，不管做什么都没用。原因不明，但有可能是车的运动，加上受限制的感觉，让宝宝极不舒服。这可能是婴儿晕车的一个表现。如果可能的话，减少用车，必须用车的时候再用车。另外，给行车留出足够的时间，这样你可以每隔10～15分钟靠边停车，让宝宝休息一下。耐心点，大部分婴儿会接受他们的命运，到了6～9个月，哭闹也会减少。

带宝宝骑自行车

虽然骑自行车时把宝宝放在车后座上，或把他放在小拖车里拖着都是可行的，但有时候也会发生严重的事故。和婴儿共骑一辆自行车增加了车的负重和不稳定性，只能由经验丰富的成年人来操作。下面是美国儿科学会推荐的能降低风险的措施：

• 在公园里、自行车道和安静的街道上骑车。

• 12个月以下的婴儿太小，没法坐直，身体无法支撑头部，所以不能戴个头盔坐在自行车后座上。

• 宝宝大到无须支撑地坐着，能够轻易地撑住头部时，才能戴头盔坐在儿童小拖车里，一般要在9个月或更晚一些时候。不过，很可能到了12个月或更大了以后，他才准备好。

• 宝宝座椅安装在自行车后座上，用防护板保护宝宝的手和脚。座椅需要高背，安全带从大腿部位连接到肩部，让宝宝身体保持竖直，即使他睡着的时候也是如此。

• 不管什么时候宝宝都要戴小的

轻型泡沫塑料头盔。

教宝宝养成上路就戴安全帽的习惯，不管是坐在你的自行车后座上，还是自己骑小三轮车。如果你在孩子很小的时候就教他养成这种安全的习惯，从小树立保护头部的意识，那么长大后他也会保持这个习惯。

你家的植物安全吗

走进你那绿意盎然的客厅，看到你学走路的宝宝正把一片叶子塞进嘴里。有毒吗？你突然发现自己并不清楚。你忍不住往坏处想，赶紧把宝宝送到的急诊室。值班护士问你为什么送孩子来，你回答："他吃了一片叶子。""什么叶子？"护士问。好尴尬，你这才意识到忘了把那盆植物带过来。你赶紧冲回家去，把那盆植物拿到急诊室。"这是什么？"护士又问。你脸红了，只得承认："我也不知道。"这盆没名字的植物立即吸引了急诊室的所有工作人员，每个人都在猜"我想这是……"，但没有人能确定。

认识你养的植物

了解什么是"有毒植物"。很多植物是有毒的，只是有的毒性小，有的毒性大。很多植物被标明"有毒"，但它们只不过会引起舌头刺痛、肚子不舒服、呕吐，很少会有持续性的危害。而有些植物是致命的。幸运的是，很多有毒植物的叶子是苦的，宝宝很少会把它吃下去。买植物回家时，要知道这棵植物的名字。问问了解植物的人是否有毒，毒性如何。如果植物上没有贴学名标签，也没有任何毒性的信息，那千万不要买。拿植物送人时，要确保那标签还在。如果别人送植物给你，问一下这植物是在哪里买的。带回家前，先检查一下。如果植物没有标签，剪一部分样本拿给专业人士鉴定一下。

★**安全提示**：有些植物毒性很大，根本不能放在家里或养在院子里，例如夹竹桃。还有些毒性较温和，可以养在宝宝接触不到的地方。

不过，"接触不到"不仅指孩子攀爬也够不到，还要确保掉到地上的叶子也不会被孩子捡到。

教孩子不要吃家里或院子里的植物

虽然你能保证自己家里的植物是安全的，但你保证不了亲戚朋友家里的也是这样。例如，姥姥家就养了很多植物。

两岁的孩子能明白诸如"热"、"疼"、"生病"等词的警告意义，但不要寄希望于孩子能记住你定下的"不许吃叶子"的规定。所以严格监督仍旧是唯一的预防之道。

如果孩子吃了植物

如果你的孩子吃了植物，哪怕只是一片叶子，请按下面的步骤处理：

检查宝宝的身体。检查宝宝的手上和嘴里有没有植物碎屑，这可以确认他是不是把叶子吃下去了。通常，苦味的叶子会让宝宝很快吐出来，而不是吞进肚子里。

检查宝宝的双手、眼睛、嘴唇，看有没有发红或起水疱。检查舌头和嘴巴里面，看有没有裂口、红肿、水疱等。

检查植物。如果不确定宝宝尝了家里的哪种植物，请宝宝向你指出哪个是他"最喜欢的"，得到他的信任后，再问他"吃了哪一棵"。不要表现出惊慌或试探他的样子，否则宝宝会拒不开口。如果还是不确定，检查最容易被宝宝接触的植物；看看有无断叶、地上有土等宝宝动过手脚的迹象。

打电话给有毒物质控制中心。如果宝宝吃的植物是可疑的或有害的，打电话给当地的医院，或咨询有毒物质控制中心。打电话时，请告知植物的完整名称，或尽可能把你知道的说出来。带着整棵植物或剪下部分样本去医院，如果该植物确实有毒，医生会建议你给宝宝催吐。

带着孩子和植物去急诊室。当你不确定植物是否有毒，但非常怀疑，带着你的孩子和植物去急诊室。如果你没法确定这是什么植物，有可能的话，最好在你带着孩子上医院时，叫其他人带部分植物样本去找专业人士做鉴定。除了导致喉咙疼、恶心、呕吐和肚子疼之外，植物很少会在短时间内造成严重的危害。不过，当你有所怀疑的时候，最安全的地方还是医院的急诊科。

有毒植物的相关信息：安全和不安全的植物种类，详细请见 AskDr Sears.com。

环境污染：当心铅中毒

含铅的家装材料会引起儿童铅中毒，美国政府因此颁布了禁止使用含铅涂料的规定。但问题没有就此结束。虽然铅中毒的问题很久以前就得到重视，但近来的研究表明，儿童血液里即使有很微量的铅，也会导致一定程度的发展迟滞和行为问题，甚至是脑部损伤。铅已经被称为"沉默的杀手"。

铅的危害

铅进入血液中后，我们的身体会误以为它是钙，而让它进入骨髓、肾脏和大脑这些重要部分，进而干扰了这些部分正常的酶的运作。铅中毒有以下几个特征：

- 肠痉挛
- 便秘，胃口差
- 易怒
- 贫血，脸色苍白
- 生长迟缓
- 发育迟缓
- 注意力不集中
- 容易抽筋

铅是如何进入人体的

孩子啃铅笔并不会导致铅中毒，铅笔并不含铅，所谓的"铅"是无害的石墨。导致儿童铅中毒的是旧油漆、汽车尾气、被铅污染的水和土壤，以及电池。

避免铅中毒

看看孩子的生活环境里有没有下列高风险的含铅物，遵循下面的建议以降低风险。注意，铁、钙、锌摄入不足的儿童更容易受铅的毒害，充分的营养是最佳的预防之道。

老房子。即使你的房子是用不含铅的涂料粉刷的，只要是老房子，覆盖在一层新漆下面的可能还是含铅的老漆。油漆剥落的地方，对于什么都要往嘴里放的孩子就很危险。毒性最大的是从窗台、门框等处的缝隙里掉落的铅尘。一块邮票大小的含铅油漆屑，如果被孩子吃了，其毒性是安全标准的上万倍。孩子会用手抹过窗台，然后不经意间就把手指放进嘴里。在婴儿期，如果每天吞进一点点这种铅末，长期下去就会造成铅中毒。经常清理旧窗台或其他地方的铅末，可以用含高浓度磷酸盐的清洁剂擦洗。

翻新的装修。如果你打算把老房子翻新一下，一定要确保装修公司懂得如何去除所有残留的旧漆。另外，

在翻新粉刷期间，孩子要远离工作现场。租一个高效的空气微尘过滤器，去除空气中的铅尘。尤其要注意旧的走廊，那里有无数的尘屑会粘在孩子的手指上。

被污染过的水。如果你喝的是井水，或住的是水管可能生锈的老房子，那么请当地的水质检测机构来检测一下你喝的水。

如果水中含铅量高，除了要更换水管管道之外，如果有可能，尽量用冷水做饭（热水会带来管道中更多的铅）。或饮用瓶装水，并用瓶装水烹饪，再买一个能有效除铅的水质过滤器。

早晨从水龙头里最先流出来的水含铅量最高。知道这一点很重要，因为很多父母都在早上冲泡配方奶。如果你家的水管很可疑，或者水中已经被证明含铅，那么打开水龙头后至少流两分钟，再接水冲泡奶粉。

被污染的空气。如果你住在高速公路的下风处，或离十字路口很近，而且没法搬家，最好经常给你的宝宝检测血液铅浓度，每年最少2次。

被污染的土壤。不要让孩子吃泥，如果你住在一个旧建筑拆除重建的地区，就更要注意。

其他来源和预防方法。过去的出版物通常含铅。欧洲现在使用的油墨都不含铅，是无毒的，因此即使孩子嚼报纸或杂志也没关系。不要用含铅的水晶或陶瓷容器装食物。不要忽略

可能含铅的旧玩具和旧家具。最后，孕妇和哺乳妈妈尤其要当心，孕期不是翻新老房子的好时候，因为铅会通过妈妈的血液进入胎儿体内。在买或租一套房子之前，先要测量一下墙壁和水中的铅含量。

无毒或毒性微弱的家用物品

偶尔吞下下列物品通常无须治疗。注意：这个列表只是一个大概的指导，更多信息请咨询你的医生或有毒物质控制中心。

抗酸剂	儿童蜡笔	断温度计里的水银
抗生素（用量少的情况下）	小包除湿剂	橡皮泥
婴儿香波和润肤露	除臭剂	漱口液[4]
沐浴油	清洁剂[3]	口服避孕药
香皂	眼影	铅笔的笔芯
胭脂	衣物柔顺剂	凡士林
泡沫剂	玻璃鱼缸添加剂	灰泥
炉甘石液	胶水和糨糊	香波
蜡烛	护手霜	剃须膏
纸弹药（用于玩具手枪）	熏香	防晒霜
猫砂	墨水	甜味剂
粉笔	轻泻剂	甲状腺片
香烟[1]	口红	不含铁的维生素[5]
香水	彩妆	氧化锌
化妆品[2]	火柴	

①作者注，虽然理论上说一支香烟含的尼古丁量足以中毒，然而吞咽的烟草并不容易吸收。儿童会通过呕吐清除很多吞进去的烟草。
②作者注，大部分化妆品都是无害的，但烫发中和剂和指甲油非常有害，指甲油散发出的气味对儿童也是有害的。
③作者注，大部分家用的清洁剂、洗涤剂都是无毒的，但漂白剂、氨水、洁厕灵和自动洗碗机用的粉末或液体毒性很大。
④作者注，漱口液含有大量酒精，因此吞咽过多是有害的。
⑤作者注，维生素中的铁和氟化物摄入过多会造成中毒。

检查孩子血液中的铅含量

如果你的宝宝有上述风险，告诉医生，给孩子做一次血液含铅量检查。在高风险地区，宝宝应该每 12 ～ 24 个月定期检查。因为近来的研究表明，即便是含量很低的铅，也会导致轻微的发育迟缓，对身体有害的含铅量数值，比之前发现的要低。

铅中毒的治疗

治疗铅中毒的方式（注射药物来除铅）既昂贵，又痛苦，还不能去除所有的铅。有些影响是无法消除的。预防才是最重要的。环保主义者投注了大量心力给森林中的野生动物，但也许最危险的物种是生活在城市里的孩子们。

第26章　让宝宝健康不生病

孩子生病，父母担心，这是不可避免的事。孩子生病的频繁程度和严重程度主要取决于孩子对疾病的易感程度，而不是父母的照料水平。但有些基本工作是你可以做的，有助于减轻宝宝的患病概率，生病时早日痊愈。

保持健康从家开始

你对宝宝了解得越多，对他的帮助就越大。亲密育儿法确实能帮你探查病情和照料病儿。对宝宝啼哭的敏锐反应，长时间的喂奶和拥抱，都会让你更加了解自己的宝宝。你对宝宝健康时的状态了如指掌，因此一有病情征兆，就有直觉的警惕，"他有点不对头"或者"他的哭声跟平时不一样，我知道他肯定某个地方疼"。仅仅知道有地方不对头是不够的，还要知道哪里不对头。

当个爸爸医生或妈妈医生

在我的执业生涯中，我碰到的直觉最敏锐的妈妈是双目失明的南希。她看不见自己的孩子，完全凭听觉和感觉。她的宝宝艾瑞克经常得各种不同的皮疹，所以常来我的诊所。诊断早期皮疹对医生来说是一项挑战。一天，南希把艾瑞克带来，说他起疹子。我根本看不见皮疹在哪里，但她说："我能感觉到。"果然没错，第二天疹子就冒出来了。还有一位很敏锐的妈妈告诉我，她能察觉出宝宝喉咙疼，因为"我感觉到宝宝吃奶时动作有点不对"。还有一位采用亲密育儿法的妈妈告诉我她是如何判断孩子耳部感染的，她的宝宝不想靠在右边吃母乳。实际上，这个宝宝确实右耳发炎。这种对孩子的敏感性使这些妈妈在某种程度上成了最好的医生。

彼此亲密、信任的妈妈和宝宝对

医生也有帮助。经过这些年对健康宝宝、生病宝宝的观察，我注意到，得到父母积极反应的宝宝身上有一种信任的态度，特别是在他们生病时。他们相信自己的要求会得到满足，也相信医生会让他们好起来。在检查过程中，他们抗拒得比较少，医生不会太累，宝宝也能少掉一些眼泪。这些宝宝身上似乎有一种内在的信任，知道这些在他们嘴里放温度计，检查腹部，查看耳朵的医生是来帮助他们的。宝宝的这种态度使医生诊断更为准确。比如说，宝宝尖叫时耳膜会发红，这时检查就不是很准确。

亲密的亲子关系使父母照顾病儿变得更容易。婴儿阶段的很多病都属于"我不知道你的孩子怎么了，先观察一两天，看看有没有什么变化"的情况。举个例子，如果一位宝宝原因不明地发烧，在这种情况下，我告诉他的父母："我怀疑这只是一种无害的病毒引起的，几天后宝宝就会好的。"但是"如果病情有变，马上给我打电话"。这最后一句话是用来让他们安心的。我实际上是把宝宝交给了这些"爸爸医生"和"妈妈医生"，我相信他们在宝宝情况恶化时会报告给我。我为什么相信这些父母呢？他们对宝宝很敏感，懂得宝宝发出的信号，宝宝疼，他们也疼。病儿身边是最可靠的人。

学会儿科护理的相关技能

想象一下你带宝宝来诊所的情景。你们第一次来，可能会听到这样的话："我们想给你示范怎么当孩子的'家庭医生'。"我们把这个叫："掌握儿科的小技能"。了解这种模式之后，你来诊所，除了问医生"我们该吃什么药？"之外，还会问"我们该怎么做？"你离开诊所时，带走的不仅是对孩子病情的诊断，如果需要的话，还有一连串家庭健康护理的技能，例如给孩子吃能促进其免疫系统的食物。关于饮食，我们总结了 5 点：鲑鱼、沙拉、混合果饮、香料（例如姜黄粉和黑胡椒）和补充剂（如鱼油）。其他技能还包括"吸鼻子"和"蒸汽清洁"，来保持宝宝的鼻腔清洁（参见第 677、678 页）。这样不仅对宝宝更有利，也帮助父母成为医生的好搭档。

好食物，好身体

宝宝吃好的食物，就能把不好的细菌驱出体外。食物和成人健康的关系已经受到重视，但对宝宝来说，这个问题更加重要。最近营养学方面最显著的进步是母乳喂养的回归，特别是将母乳喂养持续到学步期，那时孩子的主要疾病已大幅减少。母乳是很好的药物，主要体现在两个方面：减少过敏，减轻感染。举个例子，母乳喂养的宝宝如果出现腹泻或肠道感染，他可能接受不了配方奶粉，但会非常欢迎母乳。母乳喂养的宝宝比较少腹泻，尤其是那种严重的、需要就医的腹泻。母乳喂养让很多宝宝远离医院。喝配方奶的宝宝出现严重的腹泻时，通常在几天内要停止喝配方奶，或是喝稀释了的配方奶。生病时很多宝宝会拒绝奶瓶，为了让这些宝宝不至于脱水，势必要去医院。而母乳就不会有这样的问题，生病时通常仍旧能吃母乳。在腹泻期间，一般不必停止母乳喂养。

母乳不仅让宝宝健康，也让他们舒服。宝宝生病或疼痛时，妈妈的乳头就是他们最好的抚慰。而通过吮吸刺激分泌的母性激素又能帮助妈妈医生更温柔地照料她们的宝宝。

隔离宝宝和细菌

在合理、可行的范围内，不要让宝宝有机会和细菌一起玩耍。虽然宝宝不可能生活在无菌环境里，但你可以帮助他避开一些不必要的接触。感染性腹泻和感冒是两种最常见的可以"分享"的疾病。如果宝宝的小同伴患了这样的疾病，要等他痊愈之后，再邀请他来家里玩。要求宝宝所在的幼儿园制定严格的规章，隔离患潜在传染性疾病的儿童。在其他儿童成群

不要在宝宝面前抽烟

宝宝处在满是烟雾的环境中会怎样？下面告诉你几个让人震惊的数字，或许能帮你戒烟。在烟雾环境下生活的宝宝，患肺炎、哮喘、耳部感染、支气管炎、鼻窦炎、眼睛过敏和哮吼的概率都很高。如果这还不能让你扔掉烟蒂，看看下面这个悲惨的统计数字：父母吸烟的宝宝，患婴儿猝死综合征的比例要比一般宝宝高出 7 倍。如果你觉得你还可以吸下去，看看这个：父母吸烟的儿童，去医院的次数是普通孩子的 2 ~ 3 倍，而且通常是呼吸道感染或与过敏有关的疾病。还有，如果你想让孩子有一颗健康的心脏，最好戒烟，因为暴露在二手烟中的儿童血液中高密度脂蛋白水平较低——这是一种好的胆固醇，能帮助儿童预防冠心病。再考虑一下长远问题。父母是烟民，子女更有可能成为烟民。近来的研究发现，父母双方都是烟民的家庭，子女以后患肺癌的概率会增加一倍。

玩耍的地方，如游戏室也要注意。

净化空气

受过污染的空气（污染物和烟尘）会刺激宝宝敏感的呼吸道，使其分泌黏液。细菌喜欢在鼻子、鼻窦和呼吸道的分泌物里滋生。还有，如果你家宝宝的鼻子特别敏感，要避开家庭污染物（香水、发胶、尾气、装修时的灰尘等）。

健康检查

除了亲密的抚育、良好的营养、健康的玩伴、清新的空气之外，还有一个促进宝宝健康的办法，就是遵循医生建议，安排宝宝做健康检查。

以下是我们诊所建议的健康检查时间表：

• 6 ～ 8 周时进行第 1 次检查
• 6 ～ 9 个月时进行第 2 次检查
• 18 ～ 24 个月时进行第 3 次检查
• 3 岁 ～ 3 岁半时进行第 4 次检查
• 4 ～ 5 岁进行最后一次检查

健康检查对宝宝、父母都有好处。在这些检查中，要了解以下问题：

• 每个阶段的成长和发展
• 良好的营养
• 预防疾病和避免意外的方法

还包括下列内容：

• 接种疫苗
• 完整的身体检查，看孩子发育是否正常
• 身高、体重、头围
• 贫血和尿血红蛋白
• 听力和视力评估
• 了解与育儿有关的问题
• 处理特殊医疗问题

这一系列的检查，除了能帮助你和宝宝，也让医生对宝宝的情况有了更多了解，这对于应对将来宝宝生病是很有用的参考。

这个健康检查非常划算。第一年检查费用为 1000 美元左右（健康体检每年的平均花费，不包括实验室的检测费用和注射费），想想这 1000 美元能为你的家庭带来什么：一年内每天 24 小时可以联系到医生，需要时可以电话咨询，对宝宝成长发育尽在掌握的放心感，对可能存在的影响宝宝一生的疾病或不正常状态的早期发现。宝宝的健康检查是一笔非常聪明的家庭健康投资。

咨询你的医生

为了使和医生的互动发挥最大作用，父母都应该参与。很多医生给上班族父母特意安排了咨询时间。

去见医生之前，先把你想咨询的问题列张单子。最好背下来，因为你可能会不小心把单子忘在家里。如果你有特别担心或非常复杂的问题，比如说宝宝行为方面的问题，在预约时就要求延长时间。要尊重你的医生，因为他还要帮助其他父母。

许多妈妈的直觉都很敏锐，但她们有时会有这样一种想法："我知道我的宝宝一定出了什么问题，但我想等医生发现了再告诉他。"对一些比较含糊的症状（如肠痉挛、原因不明的高烧、疲劳、体重增长缓慢等），医生不一定能清楚地找到问题所在，特别是初诊时。要把你关切的态度传达给医生，以便让他决定如何详尽地诊断孩子的病情。你是医疗团队里很重要的一员。你的担心程度经常是医生进一步探查孩子病情的依据。

让检查更轻松

给一个惊恐尖叫的孩子检查身体，会让孩子、父母和医生都精疲力竭，准确的检查也几乎是不可能的任务。遇到这种情况该怎么办呢？记住，你是孩子的一面镜子，如果你很不安，宝宝就可能感染到你的不安。不要说一些你认为可以安慰宝宝，却会让宝宝产生忧虑的话，例如"医生不会让你疼的"或者"打针只疼一会儿"。孩子只会注意到"疼"这个词，而且都跟医生联系到一起。给宝宝良好的第一印象。见到医生，要高兴地打招

呼。检查开始时，先聊几句，可以说"我们很高兴来这儿"。根据宝宝的逻辑，如果你接受这个医生，他也能接受。如果宝宝牢牢地黏着你，要立即让自己的脸上换上笑容。不要用抱得更紧来加强这种依赖，这相当于告诉宝宝确实有可怕的东西，但妈妈会来解救。要放松，这样孩子也能放松。最后，不妨要求医生，让宝宝坐在你腿上，接受检查，至少刚开始的时候这样做。我发现，这样可以让检查更轻松，让每个人都更省力。

接种疫苗

接下来我们要谈的是维护孩子健康的另一件重要大事——接种疫苗。首先，我想先澄清一下媒体灌输给父母们的关于接种疫苗的矛盾建议。父母们一方面怕宝宝得某种疾病，希望给宝宝接种，另一方面又担心宝宝产生媒体宣扬的严重恶劣反应。这就是人们对接种疫苗、预防疾病以及相关副作用等的大体观点。

疫苗是如何起作用的？疫苗是用改变后的病菌本身或病菌的一部分做成的，能刺激人体对该病菌产生抗体。等真正的病菌进入体内时，宝宝已有了抗体，所以不会得病，即使得病也很轻。有时候疫苗的效果会逐渐消失，需要再次接种，让身体重新产生抗体。

对疫苗的反应

接种之后，很多宝宝不会出现任何明显的副作用，有些宝宝则相反。大部分情况下，反应都是轻微的。

普通的接种反应。 下面是接种疫苗之后最常见的反应。这些情况一般没有必要去医院。

• 发烧。在接种之后的 1～2 天内，发烧 38.3℃ 左右并非异常反应，甚至高达 39.5℃ 也很常见。一般来说无须担心。

• 注射处皮肤红肿。接种之后，一些宝宝注射处的皮肤会发红，略有一点肿。有些则在注射处周围 5～10 厘米的地方出现红肿。这些问题也不大。

• 哭闹或嗜睡。接种后 1～2 天，宝宝可能会表现出这两种行为中的一种。只要你能安慰他，或他能不时地醒来，就不用担心。

• 注射处结块。注射处能摸到一个硬块，会持续几个月，这也是正常的。这是肌肉里一小块钙化的瘀伤，没有大碍。

严重的接种反应。 很少有宝宝会产生严重的接种反应。什么样的反应严重到需要立即去医院呢？

• 高烧超过 40.6℃。

• 持续三四个小时无法安抚的尖声哭叫。

• 无精打采。也就是说，宝宝很

难清醒过来，对刺激的反应比起一般的情况要弱。

• 痉挛。这种情况极其罕见，一旦出现，需要立即去医院。

出现这 4 种情况，说明接种引发了大脑的炎症，即脑炎。这不是感染（比如脑膜炎），不必治疗，通常能自行消失，不会产生长期不良后果。如果出现了这种反应，医生会跟你讨论这种疫苗以后能否再次使用。

特定疫苗接种后的反应

有少数反应只有在接种某些特定疫苗后才会产生。

• MMR。注射后 1～2 周，约有 5% 的婴儿会出现皮疹、高烧或腮腺炎，通常会持续几天。偶尔会在几天之内出现关节疼痛和僵硬。这些症状不会传染，几天后会自行消失。

水痘。 有些孩子在接种过水痘疫苗后会有持续几天的类似流感的症状。可能是接种后立即发生，也可能是几周以后出现。只有在极为罕见的情况下，孩子接种后会感染温和型的最轻微的水痘。

对接种反应的治疗

如果你的宝宝有接种反应，试试下面的缓解办法：

• 出现疼痛或高烧，服用对乙酰

儿童疫苗接种指南

下面是 2013 年美国卫生部推荐儿童接种的疫苗，以及该疫苗能够预防的相关疾病。

Chicken Pox（Varicella）　水痘，一种导致发烧和水泡的病毒。死亡率是1/70000。疫苗出现于上世纪 90 年代初，有记载的病例已经减少了 75%。

DTaP　白喉，一种严重的呼吸道疾病，在美国很罕见，但在发展中国家并不少见。

破伤风，当伤口很深并被弄脏，引起脓疮时会引发破伤风，有可能导致瘫痪。

百日咳，一种严重的呼吸道疾病，会导致严重的咳嗽，时间长达几周。对年幼宝宝甚至可以致命。这种病并不常见，在美国也很少见。DTaP 中的"a"代表非细胞的，这是一种新型疫苗，比以前的 DPT疫苗反应更小。

Hep A　甲肝，一种完全不同于乙肝的疾病，能引起温和的流感症状、温和的肝炎症状，以及孩子面色发黄的病毒，没有长期的影响。在青少年和成人身上的症状反而更严重。通过受到污染的食物或水传播。

Hep B　乙肝，一种能导致严重的、有可能是终生肝脏损害、偶尔会引发肝癌的病毒。通过性接触、长期的亲密关系、血液传播等方式传播。在婴儿和儿童身上罕见，但可以由母亲在分娩时传染给孩子。

Hib　　b 型流感嗜血杆菌会导致脑膜炎和血液感染。这些疾病因为有了疫苗已经非常罕见了。

HPV　通过性传播的病毒，能引起生殖器疣和宫颈癌。在儿童 11 岁时注射三剂疫苗。

Flu　这种病毒能引起流感。尽管大多数严重病例发生在年纪较大的时候，但也能造成儿童死亡。每年流感季节来临时注射该疫苗。

MMR　麻疹病毒，一种很罕见的致命病毒，会导致皮疹、高烧和严重的咳嗽。在西方已经很少见了。

流行性腮腺炎，会引起高烧、扁桃体炎、腮腺炎和皮疹。在大一些的儿童和成人身上，会导致发育不良和不育，罕见的可以致命。

风疹，一种会引起高烧和皮疹的病毒。一般对孩子无害，但孕妇感染这种病毒，会导致孩子出生缺陷。现在美国的发病率极低。

MCV4　一种能引起脑膜炎和严重的血管感染的细菌。比较罕见。

PCV　一种能引起脑膜炎、肺炎和血液感染的细菌。造成美国每年几百到几千的死亡人数。这是一种新疫苗，自 2000 年以来，登记在案的肺炎案例已经持续减少。

IPV　脊髓灰质炎病毒，一种有时候能引起小儿麻痹的病毒。美国已经三十多年没有该病毒的自然发生病例，其他发达国家也几乎没有。但在非洲和中亚部分地区还可见到。注意，老的疫苗已在美国停用，因为发生率极低。注射该病毒不会引起小儿麻痹。

RV　轮状病毒，婴幼儿呕吐和腹泻最常见的元凶。婴儿甚至会脱水，需要住院。

Tdap　DTaP 疫苗的一个版本，儿童 12 岁时补充注射。

氨基酚或布洛芬（参见第 670 ~ 673 页）。这两种药都可以，效果差不多。如果需要的话，可以连续几天安全服用这些药物。有些医生会建议在接种之前先服药，以减少反应。还有的医生认为，应该先注射，看反应的情况，再决定是否有必要服药。因为大部分孩子都不会出现严重的反应，所以可能最好还是先等等，看看情况再说。如果你的孩子容易在接种后发烧，你可以在接种之前先做好预防：

•用其他减少发烧的办法（参见第 667 页）。

•在红肿的注射处冰敷。

关于疫苗的迷思和争议

有些受过良好教育的父母会花时间上网查询，阅读有关疫苗接种安全性的文章。

不幸的是，对接种的危险性有很多误导的信息，例如接种不起作用，接种会导致脑损伤，孩子接种后会生病，接种会引起自闭症，等等。接下来，我们将对这些说法和错误概念做一个简短的澄清。

接种脊髓灰质炎疫苗后孩子会瘫痪

这种说法在以前是真实的。过去那种口服脊髓灰质炎疫苗现在已经不用了，之前，这种老式疫苗每年会让

2013 年美国儿童疫苗接种时间表

这是疾病预防与控制中心和美国儿科学会共同推荐的 2013 年儿童疫苗接种时间表。这个时间表并非固定不变，新的疫苗有可能会加进来，请咨询你的医生或访问我们的网站 AskDrSears.com 来获取最新信息。

疫苗接种通常和宝宝身体检查同时进行。推荐的一次接种数量可达到 6 种。有些医生一次给孩子注射两种，然后让你在下次宝宝体检时补上一针。几种疫苗联合起来（例如 DTaP、IPV 和 Hib）能减少注射次数。如果你的孩子错过了其中一次接种，即使已经过去几年了，也不必从头再来。任何疫苗都可以同时接种。

年龄	接种疫苗
出生	乙肝
1 个月	乙肝
2 个月	DTaP，Hib，IPV，PCV，RV
4 个月	DTaP，Hib，IPV，PCV，RV
6 个月	DTaP，Hib，PCV，RV，乙肝，流感（两剂）
12 个月	MMR，水痘疫苗，甲肝
15 个月	Hib，PCV
18 个月	Dtap，IPV，甲肝
2 岁	流感（以后每年流感爆发季注射）
5 岁	MMR，Dtap，IPV，水痘
12 岁	Tdap，MCV4，HPV（3 剂）
16 岁	MCV4

这份时间表不是宪法，医生可以调整。大多数疫苗接种的年龄和间隔不用上文列的那么精确。经父母和医生协商之后，接种的时间可以拖得更久。例如乙肝疫苗，可以推迟到第 2 个月进行第一次接种，然后在第 4 和第 9 个月继续接种。这份时间表可以稍作变化，尤其是新的联合疫苗出现的情况下。

1～2个婴儿瘫痪。

因为这个原因，现在改用了注射型脊髓灰质炎疫苗，不会有副作用。采用口服的脊髓灰质炎疫苗，也有可能让另一个人通过接触用过该疫苗的婴儿的大便而感染到脊髓灰质炎病毒。虽然这种情况很少见，但也是可能发生的。注射型的疫苗也不会有这个问题。

DTP 疫苗的百日咳疫苗会引起脑损伤

关于该疫苗的百日咳疫苗，坊间流传着很多错误信息。这些糟糕的印象是来自现在已不再使用的旧的"全细胞"百日咳疫苗。这种旧疫苗引起的严重反应要比其他疫苗高很多，可能导致脑炎（参见第 646 页"严重的接种反应"）和突然休克。有少数儿童因此变得残废。虽然没有证据能证明是疫苗导致了这些严重的后果，但医疗界对此很怀疑，因此推出了新的非细胞形式的百日咳 DTaP 疫苗。百日咳细胞反应最积极的部分已经被这种疫苗去除。因接种新疫苗而产生严重反应的例子极少，大部分孩子都不会产生副作用。

有些国家竟因为公众恐惧而停止使用 DTP 或 DTaP 疫苗，结果百日咳很快就卷土重来，幼儿死亡率上升，这使得他们不得不重新启用这种疫苗。

轻松接种疫苗

为了减轻对注射的恐惧，让宝宝安全地坐在你的大腿上或是靠在你的怀里；给宝宝按摩一小会儿，放松他的腿和胳膊（肌肉放松时注射，痛苦也小）。你自己一定不要紧张，因为注射的恐惧会传染，尤其妈妈会传给宝宝。注射完成后，立即用玩具或开心的话分散宝宝注意力，例如说："拜拜，医生！"

接种会导致自闭症吗？

这种争议主要针对 MMR 这种疫苗。一位伦敦的研究者发现，很多自闭症儿童肠道里都存在麻疹病毒。他推测这可能来自疫苗，是对自闭症产生很大作用的因素。另外，最近几十年自闭症儿童增多，时间与某些疫苗的启用恰好同步。医学专家对这些问题进行了研究，并没有发现能证明麻疹病毒会导致自闭症的证据。有很多因素会导致自闭症，包括遗传、环境污染和营养等。

2002 年之前，疫苗中的汞成分是另一个引起争论的因素。到目前为止，大多数研究并不支持汞和自闭症存在关联的结论。现在，除了流感疫苗，所有的疫苗中都去掉了汞。有些流感疫苗也是不含汞的，我们建议你跟医生商量，接种这种疫苗。

虽然大多数研究都不支持疫苗和自闭症的关联，但争论还没有完全散去。这些研究中的大部分是聚焦于麻疹病毒和汞，很少有研究是把疫苗作为一个整体。还没有大规模的研究是把未接种疫苗的孩子列入对照组。政府正在组织一个长期的研究项目，目的是找到更明确的答案。在我们诊所，我们继续提供疫苗接种，因为我们觉得好处超过了风险。

疫苗并不总是起作用

这种说法的确是真的。但是，从没有人声称疫苗永远有效。大部分疫苗能提供80%～95%的保护。这意味着，如果100个注射过疫苗的人处在会感染疾病的环境中，有5～20个人会感染。这比所有人都感染已经好很多了。这种高比例的保护确保某些疾病在人群中不会大范围扩散。另外，如果接种过疫苗的孩子感染了某种疾病，比起没有接种过的儿童，病情会轻很多。

疫苗的风险和益处

每一种疫苗——准确地说每一种外来物质（甚至一种新食品）——进入宝宝的身体当中，都既有风险，也有益处。衡量任何一种药物或疫苗，我们的标准是：益处大过风险。

几乎所有的疫苗都是低风险、高回报。有几种疫苗不再使用，就是因为其益处并不大过风险，它们现在有了更安全的替代品。有一个特例是天花疫苗，因为天花这种病已经完全绝迹，而疫苗本身会导致一些严重的疾病，所以人们不再接种天花疫苗。

目前实行的疫苗接种时间表带来的风险很少。预防潜在致命疾病的益处，远远大过疫苗带来的小风险。

当我们摆脱某种疾病时，很容易就忘记它曾经存在过。几乎每一个从没有疫苗的时代活过来的老人都记得，那时很多孩子躺在人工呼吸器里，忍受脊髓灰质炎的痛苦。我做儿科实习医生时，经常在哮喘病房里遇到气若游丝、咳嗽声好似犬吠的百日咳患儿。

我对疫苗产生之前很多婴儿因为麻疹脑炎而造成脑损伤还记忆犹新。我们不要忘记那些出生时就有缺陷的小宝宝，只因为他们的妈妈在怀孕时患了风疹。

如今我们再也不用担心这些病魔了，这都要归功于疫苗。

对疫苗的禁忌

虽然疫苗对大部分孩子是安全的，但在一些特殊情况下，疫苗的风险要大于感染疾病本身。如果出现下面这些情况，你的孩子绝对不能接种某一种特定疫苗。

• 如果宝宝注射疫苗之后发生脑

病变——这是程度更严重的脑炎，患者会处于类似昏迷的状态，完全没有反应，可能会有持续性的休克，连续几个小时甚至几天。这种现象很少发生，一般出现在接种后的一段时间，与疫苗的具体关系还没有查明。不过，以后不再使用这种疫苗才是明智的选择。

• 如果接种后宝宝有强烈的过敏反应（中度到严重的荨麻疹，气喘或呼吸困难）。

• 如果你知道孩子对疫苗中的某种成分过敏。

还有一些情况你要和医生讨论。如果有下述任何一种现象发生，都必须衡量感染疾病的风险和重复反应的风险孰轻孰重。强烈建议不应再次接种。

• 上次接种后引起脑病变。

• 上次接种后引起痉挛。这在过去被认为是绝对不宜再接种的征象，但现在不是这样了。

• 你的孩子有特殊的免疫缺陷。

• 你和医生认为可能产生任何其他反应。

下面这些现象在过去被认为是不适合接种的，但现在认为可以安全接种：

• 病情较稳定的癫痫。

• 对鸡蛋过敏。即使你的孩子对鸡蛋过敏，现在也可以安全地接种MMR疫苗。

特殊情形下的接种

如果宝宝感冒了

如果宝宝在预定的接种疫苗时间感冒了，但很轻微，没有发烧，也没有病恹恹的，那就可以安全地接种。因为一点小病而推迟接种，事后补种，没必要、也不明智。有些宝宝在2岁之前经常感冒，如果总是推迟的话，就总是没有机会接种。另一方面，如果宝宝感冒严重，咳嗽得很厉害，鼻涕发绿，出现呕吐及中度到重度的腹泻，尤其是发烧，看起来病恹恹的，那就要等到康复之后再接种。

出国旅行时的接种

去国外旅行前可接种防治霍乱、伤寒、黄热病、甲肝的疫苗，并服用防治疟疾的药物。因为实际情况经常发生变化，所以要联系相关部门，了解最新疫情信息。你的医生可能也会给你一些建议。

照顾小病孩

宝宝跟大人一样，疼痛时也需要别人帮助。但和成年人不同，他们通常没法清楚地告诉你哪里疼，需要什么。胳膊上有个小伤，可能只要你抱着他，亲亲他就好了，但生病时需要的就多得多。生病的孩子会变得很黏人，尤其是自己信赖的大人。他希望你了解他，治好他。当孩子生病时，要做好心理准备，他的行为很可能会出现退化。如果他无理取闹，也不要往心里去。小病孩需要你付出更多的耐心。

生病的迹象

虽然不会说话的宝宝不能告诉你哪里疼，但他的身体能明白无误地反映病情。孩子生病时就会表现出生病的样子。通过下面这些迹象，你可以判断孩子病得有多重。

发烧。这里有个大体的原则，但不是绝对的：如果宝宝没有发烧，那么病情通常不算严重；另一方面，如果宝宝发烧，也不一定说明他患了严重的细菌感染。发烧表示孩子的身体在抵抗疾病，但并不总能反映病情严重程度和病因。有些无害、无须治疗的病毒感染也能导致 40.6℃ 的高烧，相反，某些严重细菌感染引起的发烧也不过是 38℃。参见第 660 ~ 674 页对发烧的详细讨论。

面容憔悴。生病的宝宝有一些特征：眼睛无神、双眼肿胀、表情愁苦、皮肤苍白，你最爱的那种开心笑容也从宝宝的小脸上消失了。

精神萎靡。大部分宝宝生病时都不爱动，好像把精力都转去对付疾病了。他们大部分时间在你怀里，或安静地躺在沙发上，不一会儿就睡去，然后又醒来一小会儿，看起来精神好像好了一点。这种精神萎靡的表现是很多非严重疾病的典型特征。

嗜睡。父母需要能分辨真正的嗜睡和上面说的精神萎靡的差别。当父母们告诉医生他们的孩子"嗜睡"时，其实孩子的行为只是精神萎靡而已。出现精神萎靡的症状通常说明病情不是太严重。而真正的嗜睡，说明孩子出现了比较严重的问题。嗜睡的孩子不会跟人做眼神交流，认不出身边的父母，只短暂地睁一会儿眼睛，很不清醒，对语言或身体的刺激也没有反应。他只是虚弱地躺着，一动不动，仿佛对周围的事情一无所知。跟医生交流时，准确地区分这两个词，有助于医生选择最合适的治疗方法。

行为改变。生病时，宝宝要么精神萎靡，要么哭闹不止，尤其是在发高烧时。这是很正常的表现，不一定说明宝宝已经病得不轻了。如果高烧退了一点，宝宝看起来精神好了一些，生大病的可能性就更小了。不过，如果宝宝真的嗜睡，像上文描述的那样，立刻通知你的医生。此外，如果宝宝持续地不舒服，无法安抚地哭闹，像下文将要谈到的那样，你也应该通知医生。

宝宝生病时，要降低对他行为的要求标准。宝宝感觉不好，表现也不会好。要了解宝宝对疼痛的忍耐力。有些宝宝对微小的疼痛也要大声抗议，也有些宝宝即使感到疼痛也闷声不响。

暴躁不安。这个词指的是宝宝会连续哭上很久很久，不管你怎么安抚都没用。虽然所有的宝宝在肠痉挛或出牙期都会经历一个很难安抚的阶段，但一般也就持续几个小时而已。生病时，宝宝也会发脾气，哭闹不止，不过正常的发脾气是可以安抚的。真正的暴躁不安可能是宝宝病得不轻的一个信号。应该立即通知你的医生。

胃口不好。这是可以料想到的。即使宝宝几天之内一直食不下咽，你也不用担心。给他们吃流质食物，以保证水分。生病时，婴儿可以几天不吃东西，只要有足够的液体就行。

脱水。很多父母担心孩子生病时会脱水。虽然宝宝在生病时会流失水分，咳嗽、感冒、发烧时对流质食物的摄取量会减少，但一般不需要担心。只在出现持续性的呕吐或腹泻，或严重的上吐下泻时才会发生真正的脱水。有关腹泻更多内容参见第695页。

皮疹。生病时，长皮疹是非常正常的，通常说明宝宝患的是一种不需治疗的病毒性疾病，偶尔是由细菌感染引起的。一般来说无须担心。参见第446页对皮疹的讨论。

呼吸和心跳加速。宝宝生病时（特别是发烧时）会呼吸急促，你能感到他心跳又快又重（快得让你很

难计数）。这是宝宝的身体在自我治疗，释放多余的热量。但当烧退下来后，这些加快的迹象就有所减轻。如果烧退了，而心跳和呼吸都没有慢下来，表示宝宝可能患了一种更严重的疾病。

肠道反应。很多病毒感染经常伴随着腹泻。喉咙、胸腔、肾脏和耳朵的感染则常常导致呕吐。肠道感染时，宝宝会上吐下泻，这时除了希望多吃点母乳外，大部分宝宝都没什么食欲。虽说周期性的呕吐在宝宝生病时是正常的，但持续性的呕吐（尤其是宝宝变得越来越缺乏活力）需要关注，应该告诉医生。

麻醉之前能不能吃东西

直到今天，宝宝在麻醉之前8小时都不能吃东西，以免他把胃里的食物吸入肺部。这几乎已经成了惯例。然而，新的研究显示，麻醉前空腹是不必要的，甚至可能是有害的。儿科麻醉师建议，在麻醉前4个小时给宝宝喂一些果汁、奶粉或母乳。因为母乳很快就能消化掉，因此麻醉之前4小时喂母乳（有些麻醉师允许两小时），对宝宝来说既安全又舒服。

让宝宝感觉舒服点

接下来要介绍有效的家庭疗法。

更多的细节见下一章。

休息。生病时，身体会自动放慢节奏以便休息，似乎要把能量用于抵抗疾病。社会和经济的压力经常让父母们忘记倾听自己身体的呼声，但宝宝们更自由、更聪明，他们病了就休息，什么都不能阻止。宝宝头疼、肚子疼或胸闷时，你可以跟他做一些安静的互动。宝宝喜欢安静地待在你的怀里或大腿上，享受轻轻地按摩，或静静地听故事和歌曲。

出去走走。宝宝生病时不一定要待在家里。新鲜空气对宝宝很有好处，而且也能让大人透透气。干燥、空气不流通会加剧呼吸道的不适，因此要让屋子保持通风。通风不会引发感冒。新鲜空气和阳光对病人和家人都有好处。用背巾背着宝宝出去走走，享受大自然提供的对精神和身体的安抚。

喝水，喝水，喝水！ 宝宝生病时需要更多水分。发烧、出汗、气喘、呕吐、腹泻、流鼻涕、咳嗽、掉眼泪、没胃口，这些都可能导致脱水（体内水分的过量流失）。这会让已经生病的宝宝病得更厉害。试试下面这些补水技巧：

• 小口喝水：小口喝、经常喝是最好的。一次喝太快、太多，有可能根本没法达到补充水的效果。家庭自制的果汁、有营养的水果或小冰块也很好。

• 清鸡汤：医学研究证明老奶奶们用鸡汤治感冒的方法是有效的（研究人员认为，鸡汤富含活性成分，蒸汽有助于清空鼻腔，汤本身能防止脱水）。不过，高盐度或高浓度的汤会加剧脱水。盐分低的罐头汤也可以；自己家里做的是最好的。

生病时的饮食状况。宝宝生病时可能不吃东西，但他们需要额外的液体来防止脱水，额外的热量来补充身体消耗。所以最适合小病人的就是流食。试试下面这些建议：

• 少吃多餐——量少一半，次数加倍。

• 把果汁、一点冰糕、酸奶、蔬菜泥或冷冻水果混合配成饮料，超过一岁的宝宝，可以再加一勺蜂蜜。让孩子用吸管慢慢喝。这种凉凉的水果饮料非常适合嗓子疼的宝宝。

• 自制的蔬菜汤、鸡汤和煮熟的新鲜蔬菜比较容易地通过宝宝疼痛的喉咙。

健康的糖。宝宝烦躁、难受时，你还要想到的一件事是血糖的频繁起伏。水果和面食中的糖分适合生病的儿童。当然，如果生病的宝宝想吃冰棒、果冻、冰淇淋这些你平常禁止的东西，也可以暂时放松一下对糖的限制。

吃药

每种工作都有让人不喜欢的地方，照顾宝宝这项工作也不例外。给宝宝吃药大概是所有父母都不喜欢做的事。当然，药只有在吃对了的情况下才能起作用，洒到地板或衣服上是没用的。

了解药物

下面这些事项，每一位"家庭药剂师"都应该了解或问清楚。

• 请你的医生解释处方药或任何推荐的非处方药的药性怎么样。是抗生素，抗充血剂还是咳嗽糖浆？要懂得你为什么要给宝宝吃这些药。

• 了解药物的副作用，如果有的话。问医生哪些迹象说明出现了副作用。例如，蜂窝状的疹子说明宝宝对这种药过敏，而呕吐、腹泻或肚子疼不是过敏，但可能需要调整剂量，甚至要换一种药。把宝宝的反应告诉医生。

• 为了以后有所参考，记下所有副作用，以及哪些药是宝宝没法忍受或不愿接受的。把这些告诉医生。

• 如果宝宝有慢性病，需要长期服某种药，告诉医生宝宝服的是哪种药。问问几种药同时服用是否安全。大部分常见的婴儿处方药都可以一起吃。非处方药和抗生素一起服用通常也没问题。

• 咨询药剂师，了解某种药物该如何保存。有一些抗生素必须冷藏保存。还有，了解某种药的保质期，要检查标签上的使用期限。过期的药必须马上扔掉。

正确服药

给宝宝喂药时，请留心以下注意事项：

• 确认服药的剂量和次数：一次吃多少？一天吃几次？间隔多长？在饭前、饭中还是饭后吃？大部分药最好是在饭前吃。饭中或饭后服药，可能会使药效打折。

• 大部分处方药一天吃 3 ～ 4 次，但你很少需要半夜把睡着的孩子叫醒起来吃药。理论上讲，24 小时内每隔一段时间吃一次药，才能发挥最大药效。但实际上，除非医生特别要求，否则只在白天按时服药就可以了。

• 如果药品包装上的服用说明与医生或药剂师说的不同，一定要确认一下。

• 仔细测量。测量药水剂量时要尽可能精确。大部分的儿童用药都是以茶匙来计量的。最好是用一个有刻度的勺子或滴管，而不是用家用的茶匙。1 茶匙相当于 5 毫升。对于液体药，有很多医用勺子、杯子和类似滴管的容器可用。药剂师会帮你选一个。

• 在记事本或厨房的某个角落做一个喂药时间表，好提醒自己千万别忘记。如果家里有计时器，设置每 4 ～ 6 小时提醒一次。忘记服药是最常犯的错误，也是药效无法充分发挥的一个常见原因。如果你真的很健忘，问医生是否有同样或类似的药可以一天服 1～2 次，而不是 2～3 次。有些药单位剂量比较高，所以不用服那么多次。

家庭急救箱里放什么

• 止痛用的婴儿对乙酰氨基酚药水

• 布洛芬药水

• 胶带

• 酒精棉签

• 抗生素软膏

• 创可贴

• 消毒液（或消毒湿巾）

• 棉球

• 棉棒

• 手电筒

• 10 厘米见方的纱布，非黏性的衬垫和一卷纱布

• 过氧化氢

• 冰袋

• 量杯、量勺或有刻度的滴管

• 吸鼻器

• 鼻腔滴剂（含盐）或含盐的鼻腔喷雾剂

• 剪刀（刀头要钝）

• 无缝胶带（蝴蝶绷带）

• 温度计

• 压舌板

• 镊子

• 大部分药，尤其是标着"悬浮液"的药，服用前需要摇一摇。

• 服完整个疗程。不要因为宝宝感觉好点了就停止用药。例如，抗生素通常能在一两天内减轻症状，但要服完整个疗程才能根除病菌，防止疾病复发。

• 为了让孩子吃药顺利些，父母总是会加点甜的东西。有些药跟一勺果酱或其他什么一起吃下去没问题，有些药就不行。例如，往盘尼西林里加酸性果汁，比如橙汁，药效就会大打折扣。询问药剂师哪种饮料可在服药后饮用。不要把药加到整瓶果汁或配方奶里，因为宝宝不会喝完一整瓶。大部分药可以和少量配方奶或母乳混着喝，但药味不会完全被掩盖掉，你可能还是得连哄带骗才行。

顺利喂药

给孩子喂药需要很多"营销"手段，试试下面这些窍门。

选择符合宝宝口味的药。 同一种药可能会有很多种不同的口味和形式，选出最符合宝宝口味的那一种，合口味的药会比较容易下咽。

让舌头麻木。 吃药前，先给宝宝一根冰棒，让他吸一会儿，这样能让他的味蕾变得麻木。

试试神奇的药糊糊。 大部分宝宝喜欢喝药水，但如果你的宝宝容易吐

药，或总是把药水喷得满地都是，问医生是否可以给你开咀嚼药片。把药片用勺子碾碎，加一两滴水，调成很稠的药糊糊。把一点药糊（约指尖大小）送进宝宝的小嘴里，他不费力气就能吞下去。咀嚼药片味道一般会好些。

脸颊口袋法。这是我们家对付吐药高手的喂药秘方。要保证把药放在伸手可及的范围内，在开始之前，要把一切准备好。把宝宝抱在怀里，让他的头枕在你臂弯里。用手圈住他的脸颊，用同一只手的中指或食指拉宝宝的一侧嘴角，做成口袋形。用另一只手趁机把药送进宝宝嘴里。这样可以使宝宝的嘴巴保持张开，而头部固定不动。最好的是，你拉着宝宝的面颊，他就没法再往外吐药了。维持这个姿势，直到把药全部喂完。需要是发明之母，但在这个例子中，"母"

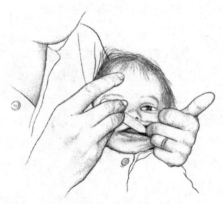

把宝宝的嘴做成"口袋"，他就没法再往外吐药水了。

要改成"父"。我家的喂药女王玛莎有一次让我单独给当时 18 个月大的史蒂芬喂药，我就发明了这个妙招。

善用伪装术。你可以把压碎的药丸埋在三明治的果酱或花生酱里，或是用少量牛奶、配方奶粉或果汁混着喝。尽可能让药的味道变好，而用不着哄孩子说药是"甜的"。我甚至曾把咀嚼药片放在冰淇淋三明治里给孩子吃。

使用辅助工具。浅浅的药用塑料茶匙（有刻度，药店有售）比普通的茶匙好用。为了让宝宝吃干净，在你从宝宝嘴里抽出茶匙时，在他的上唇上抹一下。有刻度的药用滴管可以插进宝宝嘴里，是很好的喂药工具。一次滴几滴药液，滴在脸颊与牙龈之间。有些宝宝喜欢用很小的塑料杯喝药，这也可以避免浪费。

定位要准。不要去碰宝宝嘴里敏感的部位。舌头尖端和中央部位是味蕾比较集中的地方。口腔内上部和舌根是容易引起呕吐的敏感区域。最好的地方是牙龈和脸颊之间，一直延伸到嘴巴后部的区域。

扣住小逃犯。乍一听有点刺耳，但如果你的目标是让宝宝把药吞下去，这种方法就有用。让宝宝平躺在地上，你也坐下来用两条腿固定住宝宝的头，用大腿固定住他的胳膊。如果宝宝想踢，就压住他的腿。宝宝的头部是固定住的，所以你的两只手都可以自由活动，想怎么喂就怎么喂。如果宝宝拒绝吞药，想吐掉，你可以轻轻地捏住他的鼻子，这会使他把药吞下去。

 罗伯特医生笔记：

要用平和、温柔的语气对孩子说话，要让他知道你不是生气或想用这种方法惩罚他。还有，如果你自己接受不了，就不要这么做。但有时候没有别的选择——药必须得吃下去。

宝宝吐药怎么办

大部分药在吃下去30～45分钟内会被肠道吸收。如果这段时间内宝宝并没有吐药，就没有必要补吃。

如果吃进去立即开始吐，就得再喂一次。但对于剂量需要特别精确的药就不行了，如某些治心脏病和哮喘的药。如果宝宝在服用了抗生素之后10分钟就开始吐药，那就要再服一次。

有时候宝宝太虚弱了，药怎么也咽不下去，吃进去就吐出来，你不知道该怎么办。这种情况在吃退烧药，比如对乙酰氨基酚的时候很常见。这时你可以请医生换成栓剂形式的退烧药。

如果你的宝宝非常虚弱，没法把抗生素吞下去（太虚弱咽不下去，或呕吐太多留不住），说明宝宝可能病情加剧，应该打电话给医生。通常情况下，注射一次抗生素就可以让宝宝恢复到能口服用药了。

第 27 章　常见医学问题的家庭护理

在本章中，我们从来诊所的孩子会得的疾病里选取一些最常见的病症，予以详细解说，除了帮你了解病症的原理之外，还告诉你合适的办法，让你学会家庭治疗和护理，以方便医生的治疗，促进宝宝的痊愈，也让你更省心。

发烧

在宝宝两岁以内，发烧可能比所有其他的疾病让你更花时间，也让你更担心。宝宝发烧，父母着急。接下来告诉你应该如何面对。

关于发烧

什么是发烧?

婴儿的正常体温是 36 ~ 37.8℃。口腔体温平均是 37℃。腋下体温比口腔体温低 0.5 ~ 1℃。直肠体温要比口腔体温高 0.5 ~ 1℃。但这些数字并不是完全准确的标准，每个宝宝都有自己的正常体温，每天的体温都可能向上波动 1 ~ 1.5℃。一个健康宝宝早晨起床时的体温可能是36℃，而傍晚或生气之后的体温会升到37.8℃。下面解释怎样才算发烧(这里涉及到的所有体温都是指直肠体温，除非另有说明)：

- 低烧：体温 37.2 ~ 38.3℃；
- 中度发烧：体温 38.4 ~ 39.4℃；
- 高烧：体温高于 39.5℃。

最好能掌握宝宝的正常体温。宝宝状态好时，在他一早醒来时测量，记下他的体温。傍晚安静时再测一遍。这些就是你的宝宝的平均体温。任何高过这个体温的温度都说明是发烧。

为什么会发烧

发烧是一种症状，本身不是疾病。当人体受到感染时，发烧是正常而健康的反应。但我们都有一种发烧恐惧症。医生接到担心的父母的电话，一半是因为发烧，医院看急诊的则有20%是因为发烧。很多父母误以为发烧会伤害孩子。

发烧通常说明宝宝的体内正在进行一场战争。当细菌和抵抗细菌的白细胞交锋时，白细胞就会产生一些叫做热原的物质，导致人体出现如下反应：首先，它们刺激人体去抵抗细菌，然后把刺激传达给下丘脑——大脑内调节体温、使体温保持恒定的体温调节中枢。这些热原刺激下丘脑提高体温定位点，让人体将一种较高的体温认定为正常。

接着，人体开始排除多余的热量：血管扩大，通过皮肤加快热量散发，因而导致脸颊发热、发红；心跳加速，推动更多血液来到皮肤里；呼吸也加快，释放热气，就像狗在大夏天呼呼喘气以便降温一样；还有出汗，通过蒸发水分让身体凉下来（大一些的孩子更容易出汗）。如此说来，发烧有利于抵抗感染，那我们为什么还要治疗发烧？

发烧既是朋友，又是敌人。发烧过程中产生的热原减缓了病毒和细菌的繁殖，加快了对付这些细菌的抗体的产生，使抵抗这些细菌的白细胞数量增多。但发烧让宝宝不舒服，使他们变得烦躁不安。还有，迅速上升的体温可能会引起热性惊厥。（参见第673页。）

★**特别提示**：研究显示，宝宝体内发烧引起的那些物质能抵抗感染，所以有些父母不愿意给宝宝降温，因为担心会降低宝宝自身的抵抗力。不过，最新的研究显示，退烧药是通过直接作用于人体的温度调节器官来降低体温，并没有介入人体抗感染的战斗中，所以即使吃了退烧药，抵抗细菌的工作也还在继续。

耳温计

给一个正在哭闹的学步期宝宝量腋下体温（或直肠温度）几乎是不可能完成的任务，试过的人都知道。所以，当耳温计诞生的时候，被认为是父母们的救星。不幸的是，它们未能达到期望。耳温计是出了名的不准。比如，你感觉宝宝有点轻微发烧，只烧到38.5℃，但量出来是40℃。我们诊所备有这种温度计，用来判断患者是否发烧，但要知道精确的度数，还是要用常规的玻璃温度计腋下测温。

量体温

量体温的技术和尿布的发展史一样进步得飞快，因此，也许将来有一天，玻璃温度计会和尿布别针一起出现在历史博物馆里。目前，电子温度计既快速好用，又精确，而且还便宜。额头体温贴（也叫额头温度计）也很容易使用，但不太精确。最新的耳式温度计是最快、最好用的。如果你只有玻璃温度计，下面告诉你如何使用。

如何使用玻璃温度计

玻璃温度计有两种：直肠型和口腔型。直肠温度计有一个短而钝的

亲亲摸摸测体温

皮肤的温度是不可靠的。通常当体温上升时，皮肤里的血管就会扩张，皮肤变红，摸上去或亲上去都能感觉到热。但有时候尽管体内已经很热，皮肤感觉只是微温而已。能显示出发烧的两个主要部位是前额和上腹部。研究表明，父母只要摸一摸孩子的额头，十之七八都能正确判断孩子是不是发烧了。要习惯宝宝平常"正常"时的状态。除了皮肤的"热"之外，看看有没有其他信号：脸颊发烫、心跳加速、呼吸加速，而且呼出的气很热，还要看看孩子是不是出汗。

头，能方便而安全地插入肛门；口腔温度计有一个长而细的头，这样和舌头接触的面积较大。这两种类型都可以用来测量腋下温度，但只有直肠温度计才能安全地用于测量直肠温度。给扭动不停的孩子用口腔温度计很不实际，不到 4 岁的孩子也很少愿意把温度计含在嘴里，因此放在腋下测量是最安全的。在买温度计之前先看一下它的刻度，因为有的刻度容易看，有的不容易看。现在还有一种不含水银的玻璃温度计，也可以用用看。

★**量体温的小窍门：**一般来说，体温测量应该从腋下开始，而不是有更多创伤性的直肠测温。腋下温度已经足够精确，可以反映宝宝的状态。只有在宝宝的头两个月，你的确需要知道他／她烧到什么程度，直肠测温才比腋下测温更有用。但即便是在头两个月，也要先从腋下开始测。如果腋下温度显示正常，可以不继续测了。如果显示发烧，那么你需要测一下直肠温度。

直肠测温法

有些学步期宝宝对直肠测温法非常不耐烦，因为这种方法让人很不舒服。要尊重孩子的这种不情愿，不要强迫宝宝服从。

让宝宝安静下来。给一个不安的孩子测直肠体温，很有可能得到的是一个较高的度数。另外，尖叫的宝宝

体温也比较高。在测量之前和过程中，给孩子吃奶，或者给他一个安抚奶嘴，播放一首舒缓的歌曲，通常会奏效。

准备好温度计。用手拿住温度计的上端，甩手腕，把水银柱甩到35.6℃以下。一个减少麻烦的技巧是：紧张时容易把温度计甩出去。所以在床上甩，或在下面垫一块软布。提前把温度计准备好放在药箱里，以备紧急情况下使用。在水银球一端轻轻抹上一点润滑油。

调整宝宝的姿势。让宝宝扒在你大腿上，屁股翘起，两腿舒服地下垂，放松臀部。或者把宝宝放在地板上、尿布台上，抓住他的脚踝，两条腿往回收，目标会显现在你面前。肚子扒大腿的姿势，宝宝不容易动弹。而仰卧的姿势可以让你和宝宝有面对面的交流，能更好地插入。

量体温。一只手扒开宝宝的两瓣屁股，另一只手轻轻地将温度计插入宝宝的肛门约 2.5 厘米。用你的食指和中指夹住温度计，就像吸烟的姿势，用手掌部分和其余的手指扒着宝宝的臀部。这样能让温度计保持不动，宝宝也不会扭动。温度计在体内时，不要让宝宝一个人待着。

计时。温度计要在宝宝肛门内保持 3 分钟。如果宝宝抗议，1 分钟读取的结果与真实结果有一定程度的差距。有些数字温度计不到 10 秒就可以给出精确的度数。

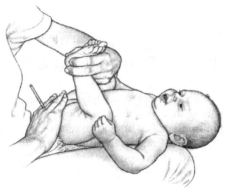

测量直肠温度的两种方法

测量腋下体温的方法

把温度计放在宝宝的腋下，可以测到真实的体温，这在大多数情况下都是必要的。具体的步骤如下：

把宝宝固定好。让宝宝坐在你大腿上，抱着他坐在沙发的一角，或是坐在床上，用一只胳膊围着他的肩膀。如果宝宝闹个不停，静不下来，你可以用摇篮式抱姿抱着他，等他睡着之后，再把温度计插在他腋下。

准备温度计。拿着温度计的上端，甩手腕把里面的液体柱甩到35.6℃以下。这里提醒一点：温度计很光滑，着急的时候容易甩脱手，所以尽量在床上或地毯上做这个动作。还有，药箱里储备一个备用的温度计，以防万一。

量体温。把宝宝的腋下擦干。抬起他的胳膊，轻轻地把温度计有水银球的一端放在腋下。让宝宝的胳膊平放在胸脯上，合紧腋窝。

计时。至少要3分钟才能量出一个精确的腋下体温。

什么时候需要担心，什么时候无须担心

下面这些指导原则可以帮你判断。

烧到多高。温度高并不一定表示病得严重。一小部分病毒引起的疾病会导致宝宝高烧（40～40.6℃）。每个宝宝对引起发烧的疾病的反应也各不相同。有些宝宝稍有感染就会烧得很高，有些宝宝即使得了重病也只是稍微有点热。除非是达到了41.7℃的体温，否则发烧对宝宝没有太多害处，不会烧坏大脑。你担心的程度应该更多地与宝宝的表现联系起来，而不是与发烧的温度联系起来。

发烧是怎么开始的。"宝宝一小时之前还好好的，怎么一下子就烧得这么厉害了？"许多父母都有这样的疑问。突发性的发烧说明是病毒引起的，尤其是在宝宝看起来病得不重的情况下。如果体温缓慢升高，加上病情越发严重，就需要担心了。

发烧的表现。如果一位妈妈告诉我："不管我做什么都没法退烧，他服药前和服药后看起来一样不舒服。"这种情况是需要担心的。而"这烧自己上来，下去，不管吃药没吃药都一样。"的情况要好些，但是，不要把服退烧药后的反应作为唯一的判断标准。研究显示，对退烧药的反应，并不能反应病情的严重程度。

宝宝的行为。你的宝宝表现如何，比体温多高要重要得多。"他都烧到40℃了，但还是玩得很开心"，这种情况就无须太担心。但如果宝宝虽然只烧到38.8℃，却一直无力地躺着，这就需要担心。宝宝高烧时的表现很关键。"虽然烧退了一点，但还是没精打采"是一个需要担心的信号。"他发烧时看起来很不舒服，不过烧退了就好了"则说明可以不用太担心，但也不能完全保证宝宝没有得重病。

你的直觉反应。对医生来说，你的担心程度比宝宝发烧的体温更重要。如果你感觉到宝宝可能得了一种严重的疾病，就一定要让医生知道。你的态度可能是医生决定如何应对孩子发烧的重要依据。

★**特别提示**：宝宝越小，父母要担心的就越多。3个月的宝宝发烧，要比3岁的宝宝发烧更让人担心。小宝宝对细菌的抵抗力也弱。3个月以下的宝宝出现任何发烧情况都要马上告诉医生。（参见第653页"生病的迹象"。）

什么时候需要给医生打电话

对医生而言，你观察到的宝宝的健康状况，要比发烧的程度更重要。除非宝宝明显病得不轻，否则没必要摸到宝宝额头发烫就给医生打电话。如果采取措施之后（即使并不是所有措施都为了降温），宝宝的烧退了，看起来也精神多了，你就可以等一等，到第二天一早门诊开门了之后再说（除非是下面讲到的这些情况）。在打电话给医生前，先试一下后面介绍的退烧方法，做一个如下图那样的体温记录表，因为医生需要知道你采取了哪些措施，都有什么效果。量过体温，记下来，采取措施之后，如果

发烧的误判

在给医生打电话之前，先看一下宝宝是否穿得太多或裹得太严。这种情况导致的过热往往会被错当成发烧。

出现下列情况，打电话给医生：

• 不到3个月的婴儿，高烧至38℃或更高，长达8小时以上，要通知医生。这么小的宝宝，只要看起来病恹恹的（无精打采、持续呕吐、昏昏欲睡、不吃东西、脸色苍白），不管是白天还是晚上，都要立即告诉医生。不过，如果宝宝看起来病得不严重，多喝水或脱下几件衣服后烧很快就退下来，那么可以先等几个小时，看体温的变化和病情如何，然后再告诉医生。记住，不到3个月的婴儿的发烧要严肃对待。

• 如果你的宝宝越来越没精打采、昏昏欲睡、脸色苍白，吃了退烧药也没有反应，要马上打电话给医生。

体温记录表

做一个表格，记录如下信息：时间、体温、采取的措施和宝宝的反应。例如：

时间	体温	采取的措施	宝宝的反应
下午4点	38.9℃	5毫升对乙酰氨基酚	体温降到37.8℃，宝宝不那么烦躁了

对发烧的担心

可以不那么担心的情况

- 宝宝的表现没有变差。
- 还很活泼，很爱玩，与别人交流时反应正常。
- 皮肤颜色没有变化，而不是因为发烧而脸颊通红。
- 爱笑，对周围感兴趣，眼睛睁得很大。
- 烧退后就又恢复了正常。
- 哭得很响亮，安抚后好一点。

需要多担心的情况

- 宝宝连续几个小时或一整天都病恹恹的。
- 越来越没精打采，昏昏欲睡，反应不积极。
- 脸色苍白。
- 面无表情，或看起来很焦虑。
- 烧退后也没有好一点。
- 哭起来没法安抚，呻吟声或哭声越来越弱。

- 如果宝宝有明显的细菌感染迹象，如耳朵疼、严重咳嗽、嗓子疼或小便疼痛，同时伴随着发烧，要打电话给医生。
- 打电话给医生之前，先用温度计量一下体温，确定是否发烧。

★**特别提醒：**是否要给医生打电话，取决于宝宝病情的严重程度，而不是体温。

把宝宝发烧的情况告诉医生

打电话给医生，或送孩子到诊所，要先准备好如下资料：

- 什么时候发烧？是突发的还是渐进的？
- 发烧的模式如何？给医生看你记下的体温记录表。
- 病情进展如何？宝宝看起来病得更厉害了、好些了，还是没变化？
- 宝宝有其他的症状吗？例如痛苦的哭声、腹泻、嗓子疼、呕吐、流鼻涕、咳嗽等。
- 你有多担心？

医生的处理办法

在医生一天的工作中，经常会碰到这样的求诊组合：一对焦急的父母加一个发烧的孩子。我们不妨站在医生的角度，看看他对发烧的看法。发烧只是让你来到诊所的一种症状，重要的是引起发烧的原因。

首先，医生会下一个概括的结论：是否需要担心。只是小病，类似病毒感染（例如玫瑰疹，参见第728 ~ 729页），用点退烧药几天之内就会没事？还是细菌感染，需要用抗生素治疗？还有，如果是细菌感染，严重不严重？

接下来，医生会一边把手放在宝宝发热的身体上，一边听你叙述，看你的体温记录表（可别忘了带），然后找出引起发烧的蛛丝马迹。有时候通过你的讲述和医生的观察，很容易就能得出结论。也有时候比较复杂，医生需要更多的时间，对他的判断进行测试。如果医生怀疑只是病毒感染，他会告诉你如何控制发烧温度，叫你们回家，还会交待："如果宝宝病情恶化，一定要告诉我。"

有时候一开始诊断不是很清晰，但随着病情的发展，会透露出更多的线索，例如喉咙里的斑块或患了某种特定疾病才会出现的疹子。一般来说，病毒引起的发烧不需用抗生素，但有些情况下，需要用抗生素防止继发细菌感染。

医生会得出如下 3 个结论中的 1 个：

• 医生将诊断出某一类具体的细菌感染（如耳朵、喉咙、肺部、鼻窦、肠道或者是皮肤），然后予以适当的治疗。

• 医生没有发现导致发烧的确切原因，不过在确定症状不会继续恶化之后，得出结论，这病大概是一种无须治疗的病毒引起的（例如感冒、流感等），建议先观察一段时间。

• 医生没有找到导致发烧的确切原因，但可以确定的是，孩子的病情没有那么简单，怀疑可能是内在的细菌感染（例如膀胱或肾脏感染、血液感染、脑膜炎、骨感染，或用听诊器没法判别出来的肺炎）。会使医生得出这种结论的症状包括：脉搏加快、呼吸困难、极度暴躁不安、毫无生气等。

如果医生怀疑宝宝得了严重的细菌感染，但又不能很确定地找出何处感染，他可能会给宝宝做一些检查，例如细菌培养（采喉咙、血液和尿液里的物质培养细菌）、血液测试、胸部 X 光检查或验尿。白细胞的情况如何，做一下血常规就可以知道，进而判断出是何种类型的感染，严重程度如何。

詹姆斯医生建议：

记住，需要治疗的是孩子，而不是发烧。如果孩子还是生龙活虎，看起来没什么影响的话，不一定要看医生。

按部就班来退烧

给宝宝退烧就像给室内降温。如果家里很热，你会怎么办？第一步，打开窗户让多余的热气散出去。这和给宝宝脱衣服、洗温水澡的作用相似。第二步，有必要的话，把空调的温度调低，让温度不要升得太快。这就是布洛芬、对乙酰氨基酚等退烧药的作用原理。它们通过调节人体的温度调节器来降温。你可以通过这些降温、放热的动作来让你的家或宝宝变得舒服。

第一步：散热

别急着给宝宝吃药，先给他散热，具体如下：

穿合适的衣服。衣服不要穿太多，也不能穿太少。穿得太少会让宝宝发抖，而穿太多又过热。夏天，宝宝到处活动或睡觉时最好只穿尿布，最多穿一件轻薄宽大又透气的棉衫，这样容易散热。有一天，我在诊所里听到一位妈妈和一位奶奶争论该给发烧的宝宝穿多还是穿少。奶奶告诫妈妈说："多穿几件衣服，否则会感冒的。"妈妈则反驳道："他已经感冒了，现在需要散热。"

这是妈妈智慧胜过奶奶智慧的少有的几个例子之一。穿得过多，裹得过严，热量排不出去，就像一块大毯子盖在房子上一样。我曾在诊所见过来求诊的发烧宝宝，穿得就像个小爱斯基摩人。

保持凉爽。让环境、宝宝和你自己尽量保持凉爽。打开宝宝卧室的窗户，用风扇。凉爽的空气有助于去除宝宝身上散发出来的热量。通风不会让宝宝不舒服。还有，带着发烧的宝宝到室外走走也不错，新鲜空气对宝宝有好处。

多补充流质。发烧使人体干燥缺水，出汗和呼吸加速又让人体失去很多水分。让宝宝吮吸有营养的冰棒，喝清凉的饮料。母乳也是很好的水分和舒适感的来源。

给小病人吃东西。发烧时，人体消耗掉很多热量，需要补充。宝宝生病或发烧时经常不想吃东西，但他们必须喝东西。不要吃油腻的食物，因为发烧时肠胃蠕动较慢，难以消化。小口吃，小口呷，是发烧时健康的饮食方式。营养充足的果蔬汁既能填肚子又富含水分，是比较好的选择，最好是凉的。

洗温水澡。如果宝宝的体温超过40℃，或者因为发烧而不舒服，可以把他放在齐腰深的温水里，让他泡个温水澡。调整水温，让宝宝感觉舒适。发烧的宝宝通常讨厌冷水，因为会让他发抖，进而使体温继续升高。要让水停留在宝宝身体上，通过蒸发水分而降温。洗澡时，用毛巾擦洗宝宝的皮肤，刺激皮肤的血液循环，加快热量的散发。在宝宝可容忍的范围内，尽可能地延长这一过程。通常需要20分钟的时间才能让体温降低2℃。洗完澡后，轻拍宝宝的皮肤，保留一点湿气，以便继续散热。如果洗完澡后1小时左右宝宝的体温又迅速回升，那就再泡一次温水澡。

有关洗澡的提示还有：

• 如果烧得厉害，在洗澡之前，

先给宝宝吃退烧药。如果宝宝从凉水里出来，身体发抖，体温很可能会回升。药物能减缓这种反应。

• 把一个惊恐尖叫的宝宝放入澡盆，只会让他的体温升得更高。和宝宝一起坐在浴缸里，用他喜欢的玩具逗他玩。

• 和宝宝一起站着淋温水浴，可能比在澡盆里效果好。

• 不要在洗澡水里加酒精。酒精可能可以通过皮肤吸收，或通过蒸汽被吸进肺里，两者都会危害宝宝的健康。此外，酒精会使皮肤表面的血管收缩，减少热量散发，从而加重发烧的程度。

让烧退下来

• 白天醒着时，每 4 小时给宝宝吃一次退烧药。

• 多喝水。

• 保持环境凉爽。

• 不要给宝宝穿太多。

• 如果宝宝的体温超过 40℃，给他洗一个温水澡。

第二步：吃退烧药

对乙酰氨基酚和布洛芬是比较适合孩子的退烧药。阿司匹林很少用于孩子，因为有可能引起雷氏综合征（参见第 728 ~ 729 页）或刺激肠胃，而且剂量要求十分苛刻，一不小心超出就会有毒性。

对乙酰氨基酚和布洛芬能在一个半小时内发挥药效，降低体温，服用之后 2 ~ 4 小时效果最明显，平均降温 1.7℃ 左右。但对乙酰氨基酚和布洛芬很少能把高烧降到正常体温的水平。关于这些药，你还要知道如下信息：

• 对乙酰氨基酚和布洛芬不太可能发生过量服用导致副作用的情况，因为只有推荐用量的 10 ~ 15 倍才会让宝宝生病。研究表明，很多父母给宝宝服退烧药的剂量低于正确剂量。

"病毒综合征"

你带着发烧的宝宝去医院看医生。检查过后，医生说宝宝可能只是感染了一种病毒，不需要用抗生素治疗，几天内就会好转。虽然看了医生，但你还是没有明白宝宝到底怎么了。

"病毒综合征"是我们对没有发现病毒感染，而孩子病得不重的状况的一种诊断。病毒感染有很多种，有些我们能诊断，因为它们有特定的特征或疹子（例如水痘、玫瑰疹和麻疹）。也有些病毒会引起发烧，可能出疹子，可能不出疹子，没有可以辨认的特征。我们能诊断出孩子染上了病毒，但经常诊断不出到底是哪一种病毒。不要担心，这些病毒往往在几天内就会消失，不用治疗。

• 婴儿的退烧药有液体的（滴剂和糖浆），也有可咀嚼的药片和栓剂等形式。滴剂通常用于 1 岁以下的婴儿，糖浆用于 1 ～ 3 岁的孩子，3 岁和 3 岁以上适合服用药片。栓剂适用于那些没法吞下药片、会呕吐的孩子，但其退烧效果不如其他两种稳定。

• 要注意你用的是哪种形式的药。比如，某些婴儿滴剂的浓度与儿童糖浆不同。如果你用滴管（专门为滴剂设计）来喂糖浆，给宝宝的药就太少了；相反，如果你用茶匙来喂滴剂，可能又喂得太多了。

• 如果宝宝因为发高烧而头疼难忍，极不舒服，最初服用双倍剂量的对乙酰氨基酚是安全的。

• 服用双倍剂量的布洛芬是不安全的。

• 如果你给宝宝服用了一种退烧药（比如说对乙酰氨基酚），但一两个小时过后还没显示出效果，那么可以继续给宝宝服用其他药物（如布洛芬），不必等到第一种药从体内完全排出。

对乙酰氨基酚和布洛芬，哪个好？ 大部分父母认为布洛芬要比对乙酰氨基酚效果好。对一些孩子来说可能是这样，但对有些孩子来说恰恰相

对乙酰氨基酚的剂量

应对发烧或疼痛，用药多少非常重要，要做到药效强而剂量安全，这样宝宝才好得快。我们根据严格的体重区间来设计这个表格，这样就能给你的宝宝最合适的剂量。通常用量是每千克体重 15 毫克。例如，10 千克重的孩子需要 150 毫克(15×10)。也要注意服用的是哪种形式的药。每 4 ～ 6 小时服用 1 次。一日最多服用次数是 5 次。

体重	剂量	儿童液体状药物 160 毫克／5 毫升	儿童咀嚼药片每片 80 毫克	儿童用胶囊或咀嚼片每片 160 毫克	栓剂 80 毫克，120 毫克，325 毫克
4 ～ 5 千克	60 毫克	1/3 茶匙(1.8 毫升)	不适用	不适用	80 毫克
5 ～ 7.5 千克	80 毫克	1/2 茶匙(2.5 毫升)	不适用	不适用	80 毫克

7.5 ~ 10 千克	120 毫克	³/₄ 茶匙 (3.75 毫升)	不适用	不适用	120 毫克
10 ~ 12 千克	160 毫克	1 茶匙 (5 毫升)	2 片	1 片	120 毫克
12 ~ 15 千克	200 毫克	1¹/₄ 茶匙 (6.25 毫升)	2¹/₂ 片	1 片	120 毫克
15 ~ 17 千克	240 毫克	1¹/₂ 茶匙 (7.5 毫升)	3 片	1¹/₂ 片	240 毫克 (2 支栓剂)
17 ~ 20 千克	280 毫克	1³/₄ 茶匙 (8.75 毫升)	3¹/₂ 片	1¹/₂ 片	240 毫克 (2 支栓剂)
20 ~ 25 千克	320 毫克	2 茶匙 (10 毫升)	4 片	2 片	325 毫克
25 ~ 30 千克	400 毫克	2¹/₂ 茶匙 (12.5 毫升)	5 片	2¹/₂ 片	325 毫克
30 ~ 35 千克	480 毫克	3 茶匙 (15 毫升)	6 片	3 片	325 毫克
35 ~ 40 千克	560 毫克	3¹/₂ 茶匙 (17.5 毫升)	7 片	3¹/₂ 片	325 毫克
40 ~ 45 千克	640 毫克	4 茶匙 (20 毫升)	8 片	4 片	650 毫克 (2 支栓剂)
大于 45 千克	成人用量				

布洛芬的剂量

滴管有不同的尺寸：某些牌子用的是 1.25 毫升的滴管，有些是 1.875 毫升的注射器。喂的药量一样，只是用不同尺寸的滴管。液体状的药应该用茶匙来喂。布洛芬通常的剂量大约是每千克体重 10 毫升。比如，10 千克重的婴儿需要服用 100 毫克。每 6 小时喂 1 次药。1 天最多喂 4 次。

体重	剂量	婴儿滴剂 50 毫克 /1.25 毫升	儿童液体类药 100 毫克 /5 毫升	儿童咀嚼药片 每片 50 毫克	儿童用胶囊或咀嚼片 每片 100 毫克
大于 3 个月 4 ~ 5 千克	25 毫克	1/2 滴管 (0.625 毫升)	不适用	不适用	不适用
5 ~ 7.5 千克	50 毫克	1 滴管 (1.25 毫升)	1/2 茶匙 (2.5 毫升)	不适用	不适用
7.5 ~ 10 千克	75 毫克	$1\frac{1}{2}$ 滴管 (1.25 毫升 +0.625 毫升)	$\frac{3}{4}$ 茶匙 (3.75 毫升)	不适用	不适用
10 ~ 12 千克	100 毫克	2 滴管 (2×1.25 毫升)	1 茶匙 (5 毫升)	2 片	1 片
12 ~ 15 千克	125 毫克	$2\frac{1}{2}$ 滴管 1.25+0.625 毫升)	$1\frac{1}{4}$ 茶匙 (6.25 毫升)	$2\frac{1}{2}$ 片	1 片
15 ~ 17 千克	150 毫克	3 滴管 (3×1.25 毫升)	$1\frac{1}{2}$ 茶匙 (7.5 毫升)	3 片	$1\frac{1}{2}$ 片
17 ~ 20 千克	175 毫克	$3\frac{1}{2}$ 滴管 (1.25+0.625 毫升)	1 茶匙 (8.75 毫升)	3 片	$1\frac{1}{2}$ 片
20 ~ 25 千克	200 毫克	4 滴管 (4×1.25 毫升)	2 茶匙 (10 毫升)	4 片	2 片
25 ~ 30 千克	250 毫克	使用液体状的或是药片	2 茶匙 (12.5 毫升)	5 片	2 片
30 ~ 35 千克	300 毫克		3 茶匙 (15 毫升)	6 片	3 片

35 ～ 40 千克	350 毫克		3 茶匙 (175毫升)	7 片	3 片
40 ～ 45 千克	400 毫克		4 茶匙 (20 毫升)	8 片	4 片
大于 45 千克	成人用量				

反。两种药都试试，看哪种对你的孩子效果好。

对乙酰氨基酚

• 使用时间更长，因而有更长的安全记录。

• 新生儿可以用。

• 对肠胃比较温和，可能对小家伙来说降温更容易。

• 药效能持续 3 ～ 4 小时。

• 经肝脏代谢。

布洛芬（三级标题）

• 可能见效更快。

• 对于程度较严重的发烧，可能更有效。

• 持续时间长，6 ～ 8 小时。

• 最近证明，可用于 3 个月大的婴儿，对更小宝宝的安全性未经时间检验。

• 对肠胃的刺激性更大，最好随餐服用。

• 经肾脏排泄。

• 有消炎的作用，能减轻肿胀、炎症、痉挛，减缓疼痛。

热性惊厥

发烧本身并不危险，也不会危害到宝宝，除非达到了 41.7℃ 的高温，但这是比较少见的。可为什么要治疗发烧呢？一是为了缓解发烧带来的不适感，二是为了避免引起热性惊厥。婴儿不成熟的大脑会因为突然的温度起伏而产生痉挛。这不是因为体温升得高，而是因为体温升得快。婴儿年龄越小，越容易产生热性惊厥；5 岁以上的儿童就很少发生这种事。

有些热性惊厥发作前会表现出抽筋的警讯——胳膊发抖，嘴唇发颤或眼神空洞。一旦察觉到这些现象，立即带宝宝去冲澡。快速冷却能阻止体温迅速升高，防止热性惊厥发作。还有些时候，热性惊厥突然全面性发作，事先没有任何信号，父母甚至不知道宝宝发烧了。宝宝可能全身抖动，翻白眼，皮肤变得苍白，身体软弱无力。这种情况仿佛没完没了、无比漫长，其实大部分热性惊厥只持续 10 ～ 20 秒，不足以伤害宝宝，但却能把父母吓坏了。只有那种让宝宝脸色铁青、长达几分钟之久的热性惊厥（比较罕见）才有可能伤害宝宝。热性惊厥过后，宝宝可能会睡着，而你却非常清醒，担心得睡不着。

高烧引起第一次热性惊厥后，一两个小时之内有可能再重复一次。因此，第一次过后，要立即采取措施退烧，让睡着的宝宝少穿点。热性惊厥过后，宝宝醒来时，鼓励他多喝水（但不要吃东西，以免下次发作时呛住宝宝）；如果你感觉下一次热性惊厥还会发生，就给宝宝洗个澡，吃退烧药，或者用海绵擦澡。（参见第 746 页"痉挛"。）

感冒

大部分宝宝在两岁以前要得 6～8 次感冒，要熟悉这些致病的病菌。下面介绍如何预防、认识和治疗宝宝感冒。

什么是感冒

是什么让宝宝睡不安稳，父母无心工作，医生电话不断呢？答案就是感冒，也叫上呼吸道感染，是由病毒或者细菌引起的。这些微生物感染了呼吸道内壁，包括鼻子、鼻窦、耳朵、喉咙和支气管。在这些湿润的黏膜上，病菌迅速繁殖。呼吸道内壁因而变得肿胀，开始分泌黏液，使宝宝

呼吸混浊。黏液往外流，形成鼻涕；如果往里流，就出现了鼻涕倒流、嗓子发痒、声音沙哑和咳嗽等症状。如果细菌进一步侵犯，鼻窦和耳朵就会产生同样的肿胀和黏液。最后，这些细菌进入支气管，肿胀的内壁使呼吸道变窄，呼吸变得混浊、急促。

这时，人体已经做好了反击的准备。呼吸道的反射引起咳嗽和打喷嚏，把讨厌的黏液赶出体外。通常经过几天的咳嗽、打喷嚏和流鼻水之后，人体就赢得了这场战斗，摆脱感冒，又能重新睡好觉了。但也有时候，这些细菌不甘心就此投降，人体需要发动更高级别的军队。白细胞是人体的清道夫，它们来到战事发生的地点，袭击那些沉睡在黏液里的病菌。这场战争的副产品就是黏液，让宝宝不舒服，让父母坐立不安。这在医学上称为黏液，用父母的话来说就是鼻涕。

现在的鼻涕已经不像早期的鼻水那样容易摆平了。它堵在呼吸道里，妨碍呼吸，然后开始变稠，还披上绿色外衣。当绿旗升起时，说明另一支细菌队伍已经位居其中。就像施了肥的杂草一样，细菌在鼻涕里迅速滋生，黄绿色的旗帜举了起来：绿色的鼻涕和黄色的眼屎。作为人体大举反攻的一个标志，发烧开始了。这时候，战斗到了一个转折点：人体的自身抵抗和家庭治疗也许可以战胜细菌，感冒在几天内知难而退，只留下鼻塞和咳

嗽；或者，病情升级，孩子病得更厉害了。这时父母加强了防守，请医生开了抗生素，直达敌人的根据地，一举歼灭敌人。于是，鼻涕变稀，变成鼻水，发肿的呼吸道开始收缩，宝宝又能顺畅地呼吸了，父母也是。这就是感冒的故事。

感冒是如何传染的

英语里说"患感冒"用的是"catch a cold"这个词组，直接翻译就是"抓住一个感冒"，但更准确的说法应该是"感冒抓住了你"，也就是"the cold catches you"。感冒病菌通过飞沫的形式传播，在感冒病人咳嗽或打喷嚏时，病菌骑在微小的水滴上，漫步于空气中，被传播范围内的其他人吸收，导致新的感冒患者产生。这些小水滴和他们的病菌乘客也会通过手与手的接触得到传播。一个感冒的宝宝用手抹了鼻涕，再用这只手和别的

宝宝握手，如果与他握手的宝宝也用这只手去抹自己的鼻子，就会被传染上感冒。这就是为什么聪明的老奶奶坚持感冒的孩子要常洗手，咳嗽或打喷嚏时要用手捂住嘴和鼻子的原因。但老奶奶也有错的时候，例如她认为感冒是因为吹风、脚冷、头没盖好或没吃蔬菜引起的。

关于感冒的更多知识

如果你的宝宝昨天和一个打喷嚏的小朋友一起玩，今天就开始咳嗽，可别以为他的感冒就是被那位小朋友传染的。大多数感冒病菌是在症状出现之前 2 ～ 4 天传染的，也就是所谓的潜伏期。应该回想一下几天前宝宝去哪里玩了。两岁前，经过 6 ～ 8 次的感冒洗礼，宝宝的免疫力有了很大的提高，看医生的次数和父母无法上班的状况也少了。宝宝在冬天感冒的次数会比别的季节频繁，从 11 月到

减缓鼻涕蔓延

• 经常"冲鼻子"。（参见第677 页"清空宝宝的鼻子"。）

• 教宝宝用纸巾自己擤鼻涕。

• 教宝宝在咳嗽或打喷嚏时捂住鼻子和嘴巴。给他做示范，教他把胳膊抬起来，再转头让鼻子和嘴

朝向肩膀。这样手上才不会沾满病菌。

• 擦鼻涕和咳嗽之后要洗手。

• 感冒时避免鼻子贴近鼻子。

• 孩子感冒时，教他不要揉眼睛和鼻子。

次年 2 月。不能怪天气冷。可能的原因是冬天宝宝更多地待在室内，空气干燥不流通（特别是在有中央空调系统的房间里）。

除了流鼻涕之外，有些感冒还会引起低烧、全身疼痛、流眼泪、腹泻或其他不舒服的感觉。大部分病菌会在几天内撤退，孩子仍然流鼻涕，但已经又开始蹦蹦跳跳了。偶尔感冒也会拖两三个星期，还伴随着频繁的咳嗽和流鼻涕，最后消失。不过，有时感冒会进一步引起更让人担心的其他感染，所以需要小心处理。

治疗感冒

感冒引起的不适，主要是因为浓稠的黏液堵塞了狭窄的呼吸道。就像池塘里长期不流动的死水会成为有机物的温床一样，黏液也是如此。鼻窦和耳朵里淤积的黏液给细菌提供了养料，细菌大肆繁殖，最终引起感染。因此，治疗感冒就是把黏液从呼吸道里清除出去。记住治感冒的黄金法则——让黏液变稀、流动。具体措施如下：

清空鼻子

"冲鼻子"。因为宝宝还不能自己清空鼻子，所以你得帮他。按照第677 页介绍的技巧帮宝宝清空鼻子。

教宝宝自己擤鼻涕。大部分 3 岁以下的宝宝还不太会擤鼻涕，但即使你的孩子只有两岁，也不妨教他试试。先教他吹蜡烛，然后示范如何用鼻子吹蜡烛，告诉他"就这样，用鼻子呼气"。教他闭上嘴，这样空气会集中从鼻孔里出来。然后，你来擤鼻子，让宝宝拿一块手帕放在你的鼻子前。接下来轮到他，你们一起做。"往外擤，不要向里吸"，但要擤得轻一点，别太用力。

擤或吸气太用力会使黏液进入宝宝的鼻窦或耳朵里，从而使感冒时间延长。教孩子轻轻、有效地擤。宝宝很少能把黏液咳出来。相反，他们会吞下这些黏液，于是胃开始抗议。咳嗽之后接着呕吐，这在孩子身上很常见，一般来说是无害的。

感冒和咳嗽药，不同年龄的宝宝不能混用

撰写本书的时候，感冒和咳嗽类的处方药，凡用于 4 岁以下的，均未经美国食品药品管理局批准。有关年龄较大儿童的用药信息，可以访问 AskDoctorSears.com，或翻阅《可以带回家的儿科医生》（*The Portable Pediatrian*）一书。

稀释黏液

干燥的空气，加上狭窄的呼吸道，宝宝肯定很不好受。呼吸道上覆

清空宝宝的鼻子

宝宝很少能自己擤鼻涕。你不得不帮他们疏通鼻子的"管道"。下面介绍一下如何清空小鼻子。

鼻腔滴剂

鼻腔滴剂是一种特别配方的盐水溶液，可在药房非处方柜台买到。把宝宝竖直抱起来，往每个鼻孔喷一点。接下来，让宝宝平躺一分钟，头往后仰。这样盐水就能进入鼻腔，将黏液稀释，刺激宝宝打喷嚏，把黏液送到前端，这时你可以用吸鼻器把黏液吸出来。宝宝肯定不愿意这个东西伸到他鼻子里，但小鼻子需要清空才能好好呼吸，特别是在吃奶时。

你也可以自己调制鼻腔滴剂。在240毫升温水里放一点盐（不超过1/4茶匙），装在眼药水空瓶里，往两个鼻孔里各挤几滴，接下来的操作同上。

注意，当滴管还在宝宝的鼻子里时千万不要松手，否则会让鼻子里的黏液吸入到滴管或瓶子当中，污染了药水。滴管和瓶子与鼻子接触的地方用过就要清洗。非处方的鼻腔滴剂因为是特别配方，要比自制的滴鼻液对鼻腔内壁更为温和。

吸鼻器

用吸鼻器时要先挤压橡胶球，然后把塑料或橡胶的顶端插入宝宝的鼻子当中，慢慢地放手，黏液就被吸出来了。每个鼻孔吸两三次，或根据宝宝的情况和需要决定吸几次。每次用完后，吸点肥皂水把橡胶球洗干净，然后再用清水冲洗。药店里有各种样式的吸鼻器可选购。

西尔斯家的感冒疗法

鼻腔滴剂 + 吸鼻器 = 呼吸更顺畅

家庭鼻腔护理工具（从左到右）：球状吸鼻器、市售鼻腔滴剂、滴管、家庭自制的滴鼻液（水里放入一点盐）。

盖着一层纤毛,上面有一层薄薄的黏液。这层保护体系就像微型的传送带,吸收空气中的微尘。干燥的空气,特别是来自中央空调系统的空气,就像海绵一样,从人体的各个部分吸收湿气——皮肤、头发,尤其是呼吸道。事实上,干燥的空气会使这个传送带

停滞。黏液积成一团,变成细菌的培养液,导致呼吸道肿胀、受阻,很难呼吸。

蒸汽有助于清空堵塞的呼吸道。让宝宝多喝水,睡觉时打开蒸馏器,可以帮助他把黏液变稀,更容易打喷嚏或咳出来。或者带宝宝去浴室,关

加湿器和蒸馏器

潮湿的空气可以使鼻子通畅,呼吸舒适,但不是所有的湿气都是干净或健康的。加湿器或蒸馏器制造蒸汽有 3 种方法:振动(超声波型),旋转(叶轮转动型)和煮沸(蒸馏器)。下面详细介绍一下。

加湿器

加湿器产生的是凉的水雾。最新式的加湿器是较安静的超声波型,用高频率的声波将水变成雾气。这种加湿器能产生干净的空气(杀死细菌和真菌),但不能保证安全。研究表明,包含矿物质的自来水变成雾气后,其中含有粉状的混合物。这些微小颗粒(如石棉、铅和其他矿物质)也会进入呼吸道,产生刺激。使用装有内置分子过滤器或能去除矿物质装置的加湿器,或从药店买蒸馏水来代替自来水,可以将这种潜在的危险降到最低。

叶轮转动型的加湿器不如超声波加湿器安静,而且这种加湿器有可能积蓄细菌、真菌,并把这些菌类散播到空气中。有些新式的叶轮加湿器含有过滤器。

蒸馏器

顾名思义,蒸馏器产生的是热蒸汽,更集中,波及范围更小。因为水已经煮沸,细菌和真菌已被杀死,而矿物质也留在了机器里,所以对大部分患呼吸道疾病的人来说,蒸馏器比加湿器好。有了蒸馏器,你就可以关掉中央空调的暖风,最大可能地减少干燥。在育婴室里放一个蒸馏器,能有效防止空气干燥,保持房间暖和舒适。不过,有时冷雾气比热雾气好,例如哮吼发作时(更多信息参见第 693 页)。蒸汽能把人烫伤,所以要把蒸馏器和电线放在宝宝接触不到的地方。

上门，打开淋浴喷头，一起冲冲澡。蒸汽能打开闭塞的呼吸道，有助于排出黏液。许多人喜欢用蒸馏器、加湿器来增加空气湿度，如果正确操作、小心维护的话，能起到很好的效果。下面介绍使用蒸馏器和加湿器的一些技巧：

• 蒸馏器产生的水雾是热的，因此有烫伤的危险。要小心指导孩子懂得热蒸汽的危险，告诉他们"那是热的，烫到手可能很严重"。不要把蒸馏器放在宝宝可以碰到的范围内。

• 根据说明书，蒸馏器和加湿器至少要一周清洁一次；当然更勤快些也可以。将125毫升漂白液放入4升水中，就可以配制成很好的洗涤液（最好是根据说明书去配制洗涤液）。洗完之后再用清水冲洗干净。

• 每天换水，不用时要晾干。

• 使用厂家建议的水（蒸馏水或自来水）。

• 把蒸馏器放在离宝宝约60厘米远的地方，对着宝宝的鼻子喷射蒸汽，以保持集中。

• 加药：可以往蒸馏器（不是加湿器）中加入含桉树油的药物。不过并非一定要这样，除非医生建议。

• 在紧要关头，你可以关上浴室的门，打开淋浴热水喷头，自己做一个"加湿器"。

什么时候该给医生打电话

大部分病毒性感冒只要清理一下鼻腔，多喝水，再休息一段时间就过去了。可以去一趟药店，但不必每次都去看医生。不过，感冒拖得时间越长（例如鼻涕变稠了），你越要面临该不该去看医生的决定。如何作决定呢？

感冒对宝宝影响多大？ 宝宝是不是仍然很开心，玩得很高兴？吃、睡都好？有没有发烧？是发一点烧还是体温很高？如果只是单纯的鼻子不舒服，说明这只是小事一桩，用家庭疗法就行了。

宝宝的鼻子有什么状况？ 如果鼻子里的黏液是清澈的、水样的，那就不用担心。如果分泌物变稠，呈黄绿色，一连几天都是如此，尤其还有发烧，那就需要担心了。另外，不要被宝宝一早醒来时的鼻涕给骗了。通常即使一点小感冒，经过了一个晚上，鼻涕都有可能变稠。擤擤鼻涕，看后面出来的鼻涕是否变干净。鼻涕黄黄的并不能说明是细菌感染。很多病毒性感冒也会有一个鼻涕又黄又稠的阶段，要持续7天甚至更久。

宝宝的表现如何？ 如果孩子情绪很好，有一点发烧，或不发烧，没有明显的生病的样子，不一定要带他去看医生，即使流黄鼻涕也没关系。

检查宝宝的眼睛。 眼睛是健康的

镜子。如果宝宝的眼睛还是很明亮很有神，那就不用担心。如果宝宝目光呆滞，就需要注意了。如果一天大部分时间（不只是在早晨）宝宝眼角都有黄色的眼屎，那么有必要去看一次医生。

★**特别提示：** 眼睛有黄色分泌物，再加上感冒，就需要医生的检查，有可能是潜在的鼻窦和/或耳部感染。流黄泪加上眼球发红，但没有鼻涕，可能是结膜炎，而不是感冒。这就是为什么如果宝宝感冒了流黄泪，医生不能只在电话里说说就行。（参见第 111 页对输泪管堵塞的讨论，第 445 页对眼睛分泌物的讨论。）

感冒的发展如何？ 前3天，鼻水一直流，宝宝还是照样四处跑。但到了第5天，鼻涕变稠，宝宝变得安静了，其他症状也出现了：发烧、易怒、憔悴。这时就得带着孩子去看医生。一般三五天后开始好转的感冒不需要担心；如果感冒恶化的话就要小心了。

其他信号和症状。 普通的感冒其实就是鼻腔充血影响呼吸这么一点小麻烦。一旦鼻子清空了，宝宝就会感觉好多了。但如果孩子脾气暴躁、鼻涕很稠、发烧、失眠、嗓子疼、耳朵疼，出现严重的咳嗽或气喘以及眼睛出现黄色分泌物等症状，就不只是普通感冒了。

医生的处理

当医生给宝宝检查感冒时，他先要确定是病毒性感冒还是细菌感染，前者无须用药，几天后会自行消失，而后者需要用抗生素。下一个问题是：如果是细菌感染，那么细菌藏于何处？是鼻子、鼻窦、喉咙、耳朵还是胸腔？如果上述地方都没有发现细菌感染的迹象，宝宝看起来精神也不错，那么医生会建议你回家观察一段时间，并嘱咐道："如果情况恶化，马上给我打电话。"记住这个建议。感冒经常会延伸至鼻窦、耳朵或胸腔，这时就需要另行处理了。

如何跟医生说孩子的感冒问题

当你给医生打电话或去医院与医生沟通时，要先了解以下几个方面的问题：

• 感冒是什么时候开始的？

• 是如何发展的？变好了，变坏了，还是没变？

• 感冒对宝宝的睡眠、玩耍和胃口影响多大？

• 鼻腔里的黏液是怎样的？是清的、稀的，还是稠的、浊的？这个状态已经多久了？

• 有其他信号和症状吗？比如发烧、眼角有黄色分泌物、咳嗽、耳朵疼、脸色苍白、嗜睡、嗓子疼、扁桃体肿大、起疹子、持续呕吐或疲倦等。

最后，记得要告诉医生你觉得

宝宝的病重不重，你有多担心。医生会把敏锐的父母作为诊断和治疗的同伴，在儿科门诊尤其是这样。你对病情的意见能帮医生形成正确的判断。有时候你的孩子会恰好在看医生的5分钟里精神十足，但之前和之后都病恹恹的，在这种情况下，医生看不出孩子病得怎样。你所说的对医生很有帮助。

感冒什么时候会传染

感冒在最初阶段传染性最高，那时甚至你还没有意识到宝宝已经生病了。一般来说，感冒持续得越长，就越不会传染。如果你的宝宝流鼻水，没发烧，也没表现出生病的样子，只是因为吸鼻子和咳嗽而有点噪音，那么不大有必要对他进行隔离。然而，如果你的宝宝咳嗽得很厉害，流浓鼻涕，眼角有黄色分泌物，发烧，病恹恹的，那么让他和别的宝宝分开几天。

威廉医生建议

• 快乐的孩子 + 清澈鼻水 = 不用担心。

• 孩子越来越不快乐 + 鼻涕越来越稠 = 该去看医生了。

• 如果孩子的感冒开始恶化，要一直和医生保持联系。

如果他的同伴很多都流鼻水，就要经常给他洗手，让他不要把大家玩的玩具往嘴里送。

咳嗽

除了发烧外，位列找医生原因排行榜第二位的就是咳嗽。咳嗽会造成两个问题：首先，有点麻烦，经常让宝宝和周围的人没法好好睡觉；其次，表示宝宝肺里可能有一些不太受欢迎的客人。

咳嗽的类别

咳嗽大多数是感冒时宝宝用自身的抵抗力驱逐呼吸道黏液时产生的正常反应。咳嗽分为3类：吵闹型的咳嗽，烦人型的咳嗽和需要看医生的咳嗽。如果你的宝宝得了感冒，有点干咳，但吃得好、玩得好、睡得好，那就不用担心，也不用治疗。如果宝宝在白天没有什么问题，但夜里经常咳醒，这种烦人型咳嗽就需要治疗。如果咳嗽和发烧一起来，宝宝心跳加速、无精打采、呕吐，或咳出绿色的痰，这种咳嗽就需要赶快看医生。

持续的咳嗽

鼻子恢复正常后一两周，咳嗽还在继续，成为孩子和家人都很讨厌的一件事。大部分持续的咳嗽是病毒还未全部消失造成的，特别是这样的情形："他看起来已经好了，咳嗽也没影响到他，但就是一直咳。"过敏是造成慢性咳嗽的最主要原因，尤其是还同时伴随着其他过敏症状，如流鼻水、流眼泪、气喘。（参见第707页"追踪和治疗吸入性过敏"。）

不要忘了慢性咳嗽还有一个可能的原因是有异物。支气管不会容忍一个花生在里面，因此要通过咳嗽，告知全世界快把它赶出去。任何持续两周以上的咳嗽都要看一看医生。

普通感冒造成的咳嗽在生病头几天里是很少传染的，在宝宝状态不错的情况下尤其如此。

肺炎

很多父母带着咳嗽、发烧的孩子上医院，就是担心引发肺炎。肺炎其实没那么容易出现，大部分比较沙哑的咳嗽和发烧只是普通的感冒。肺炎的症状包括呼吸急促而费力、胸腔疼痛、发烧、呕吐和沙哑、剧烈的咳嗽。医生会检查出感冒和肺炎的区别。

特殊的咳嗽

有3种特殊的咳嗽，你需要加以了解。

哮吼。这是一种病毒（不能用抗生素治疗）引起的咳嗽，听上去就像闷闷的犬吠声。同样也导致呼吸急促，嗓音嘶哑。详细情形参见第693页。

百日咳。这是一种细菌感染引起的疾病，一开始就像普通的感冒和咳嗽，后来发展成严重的不可控制的持续咳嗽，一次要持续半分钟到两分钟。这种咳嗽的特点是，发作时孩子几乎

对咳嗽的担心

什么时候不需要担心

- 宝宝没发烧，精神也好。
- 白天咳嗽，但晚上睡得很好。
- 咳嗽没有影响吃、玩或睡。
- 咳嗽慢慢地好转。

什么时候需要看医生

- 咳嗽来得很突然，持续很久，宝宝的喉咙好像被什么东西卡住了。
- 伴随着严重的过敏。
- 伴有发烧、发冷、全身不适的症状。
- 咳出浓稠的黄绿色的痰。
- 咳嗽持续恶化。

喘不上气，面部胀红、发紫，如果发作时间长的话，甚至会变得铁青。当孩子最后能呼吸、吸入空气时，听起来就像是很空洞、沙哑的吼声。详细情形参见第 732 ~ 733 页。

呼吸道合胞体病毒。如果宝宝咳嗽伴随着急促的呼吸或气喘的声音，或者随着每一次呼吸，胸部都往下陷（被称为收缩），那么很有可能感染了呼吸道合胞体病毒，简称 RSV。这种严重的感冒病毒不能用抗生素治疗，但雾化吸入治疗可以缓解呼吸的不适。参见第 728 ~ 729 页有关 RSV 的内容。

安抚咳嗽的宝宝

让宝宝从幼儿园里被送回来的干咳，并不一定需要制止。这种吵闹的小麻烦是感冒的好朋友。感冒时，分泌物堵塞在下呼吸道，这时咳嗽就像秋风扫落叶一样把分泌物驱逐出去。没有咳嗽，分泌物会堵住呼吸道，还会成为细菌的温床。所以咳嗽是胸腔的保护者。如果咳嗽影响到宝宝，试试下面的办法。

稀释黏液，使其流动。为了让宝宝更容易咳出这些痰，试试第 676 页介绍过的"稀释黏液"。

拍拍宝宝的背。这种方法被称为胸部理疗法，拍宝宝背部两侧，每侧至少拍 10 次，一天拍 4 次，有助于把黏液从呼吸道里赶出来。检查时，如果医生探测到呼吸道的某一个地方被堵住了，他会在那里做个标记，让你回去多帮宝宝拍拍那里。

净化空气。空气——特别是宝宝卧室里的空气，其中的过敏原和刺激物也可能引起慢性咳嗽，从而使因感染引发的咳嗽加剧。一定要贯彻不在宝宝周围吸烟的原则。（参见第 709 页"如何去除卧室的过敏原"。）

选择合适的止咳药。有 3 种止咳药：抑制型、祛痰型和两者兼有的混合型。不同的咳嗽用不同的药，用错药会使咳嗽恶化。

白天咳嗽通常对宝宝影响不大，只需要用前面提及的方法即可。然而，如果咳嗽影响到宝宝的吃、睡和玩，就给他吃祛痰型的止咳药。如果咳嗽还是影响宝宝白天的活动，就给他服用混合型止咳药，剂量要根据说明书或遵医嘱。

咳嗽的药物治疗。目前，美国食品和药品管理局不允许针对 4 岁以下的儿童销售非处方止咳药。各种草药和顺势疗法是可取的。我们认为这些是安全的，但效果很难说。可以访问 AskDrSears.com 获取关于自然治疗感冒和咳嗽的信息。

我们经常问父母们他们的孩子能否成功地从肺里咳出黏液来。回答一般是不能，因为他们没有看到宝宝咳出任何东西。婴儿或幼儿会很自然地吞咽自己咳出来的黏液。把黏液从肺里咳出来并吞到肚子里，比让它留在肺里好，因为那样会引起感染。

耳部感染

父母应该知道的关于宝宝耳朵的知识

了解耳朵的构造，以及宝宝与成人耳朵的不同之处，你就会明白为什么宝宝容易发生耳部感染，为什么要正确地治疗。让我们跟随一个细菌，从鼻子和嘴巴爬上耳朵，看看耳部感染是怎么发生的。

细菌进入鼻腔、喉咙，途经耳咽管，来到中耳。耳咽管连接着喉咙和中耳，具有平衡鼓膜两侧压力的作用。没有这根管子，你的耳朵会有疼痛感，砰砰响，感觉被堵住了，就像你爬高山或坐飞机时的感觉。除了平衡压力之外，这根管子还能通过适当的开合，排出不良的细菌和液体来保护中耳。

宝宝更容易发生耳部感染，就是因为这个细小的耳咽管。宝宝的耳咽管不仅无法有效开合，还很短、很宽，和喉咙相连的角度要比成人的平坦，所有这些特征都让细菌和分泌物更容易从喉咙进入中耳。

宝宝长大后，耳咽管变长、变窄，与喉咙相连的角度会变陡，这样分泌物不得不辛苦爬坡才能进入耳朵。

感冒或过敏时，在所有的呼吸道里都堆积着液体，中耳里也有。宝宝鼻子里的东西，鼓膜后面也有。这就是为什么医生说"宝宝的鼓膜后面有液体"。这在医学上称为分泌性中耳炎（中耳内有分泌物）。感冒时如果得了中耳炎，宝宝可能并不会表现出生病的样子，但耳朵里的压力感会让他晚上睡不着，烦躁不安。甚至他走路时也可能有点不太平衡，因为中耳里摇晃的液体影响了平衡感。但通常在这个阶段，宝宝看起来像得了一般的感冒。耳朵里的液体可能会自己排出来，加上宝宝自身的免疫力清除了液体中的细菌，宝宝不久就痊愈了。这就是好结果。

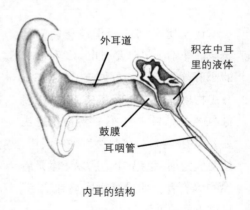

内耳的结构

然而，较多的情况是，如果耳咽管关闭，中耳里的液体就会被堵住。一般来说，液体被堵住的地方就会有感染。被堵住的液体成了培养细菌的营养液，进而变稠，就像脓汁一样。变稠了的液体给鼓膜施加了压力，产生疼痛，尤其是当宝宝躺下的时候。这就是为什么中耳炎通常在晚上睡觉时发作，到了白天又好了。

疼痛、脾气暴躁和失眠是常见的症状，有时候（并不总是）还伴随着发烧、流鼻涕和呕吐。吃母乳的孩子吮吸方式也会有变化，不想躺下去。把拉耳朵作为感染信号不太靠得住。宝宝们本来就喜欢玩耳朵，特别是在出牙期。

有时候脓汁在压力之下会冲破鼓膜流出来，你就会看到脓液从耳道里流出来，好像耳朵在流鼻涕。如果发生在半夜，常被误认为是鼻子流出的分泌物。脓液流出来之后，宝宝通常会感觉好受多了，因为压力被释放出去了。不过第二天一早还是要带宝宝上医院。（在没有抗生素的时代，医生的做法通常是刺破鼓膜，释放压力，减少痛苦。）

耳部感染的信号

- 鼻子里浓稠的分泌物增多
- 眼角有黄色分泌物
- 脾气暴躁，烦躁不安
- 经常夜醒，或睡眠模式改变
- 不愿意躺下来
- 哭闹或尖叫，加上感冒症状
- 耳朵流脓
- 感冒迅速恶化

在诊所里

医生检查了宝宝的耳朵内部，发现鼓膜又红又胀，这说明昨天晚上肯定全家都没睡好。医生会给宝宝开抗生素，种类和剂量取决于感染的严重程度和宝宝过去对抗生素的反应。

然后，医生会补充一句很重要的提醒："两三周后再来检查一次。"关于耳部感染，有 3 点很重要，一定要记住，那就是复诊，复诊，复诊！

拉耳朵

很多父母带着孩子来我的诊所，就因为孩子经常拉耳朵。宝宝没有感冒症状或发烧，就是拉耳朵。如果拉耳朵的同时没有伴随感冒或发烧症状，基本不可能是耳部感染。出牙是拉耳朵最常见的原因。宝宝是在寻找能减轻出牙疼痛和压力的办法。因此，如果宝宝拉耳朵或挖耳朵，又正好处在出牙期，但没有感冒或发烧，那么就不是耳部感染。

用了一两天抗生素之后，宝宝应该感觉好很多。如果在 48 小时内没有改善，一定要咨询医生；如果情况恶化，更要尽早看医生。医生是根据第一次看到的感染情况来开抗生素的，但只有宝宝的反应才能判断出是否选对了药。不要希望效果能立竿见

影，抗生素要在 12 ～ 24 小时后才能发挥作用。如果宝宝发烧，可能会持续一两天。抗生素并不能退烧，它们只是击退细菌，细菌离开后，烧就没有了。

如果宝宝用了抗生素 3 天后感觉好多了，甚至完全好了，要不要停药呢？千万不要！停药过早，最容易使苟延残喘的脓液和细菌卷土重来。

让小耳朵坐飞机时舒服点

乘坐飞机时，有几个办法可以防止或减轻宝宝耳朵的不舒服。在飞机起飞或着陆时，给他喂母乳或配方奶，或者给他东西吮吸。如果宝宝起飞时睡着了，没必要把他叫醒。起飞不像着陆那样让耳朵不舒服。飞机降落时是你唯一需要叫醒宝宝的时候，因为睡觉时耳咽管压力平衡的作用会减弱。如果宝宝感冒或鼻塞，在飞机起飞前口服解充血剂，或用鼻腔滴剂（根据医生推荐）。为了对付机舱里干燥的空气，用一块沾了温水的湿毛巾放在宝宝的鼻子前面，或用盐水鼻腔滴剂，让小小的呼吸道多获得一点水分。

所有的耳部感染都需要使用抗生素吗？不。新的研究表明，轻微的耳部感染通常不用抗生素就能治好。这种治疗方法叫做"等等看"。如果你的孩子得了轻微的耳部感染，精神还好，医生会选择先观察几天，而不用抗生素。在这种情况下，只用口服药和滴耳液来止痛和退烧就可以。但如果宝宝情绪变得暴躁，发烧加重或持续，就有必要使用抗生素了。

耳部感染是如何治好的

耳部感染加以治疗后，会出现以下 4 种情况中的一种：

• 1 ～ 4 周内，被细菌感染的液体会从孩子的耳朵里完全排出去。

• 感染的问题已经解决，但一些未受感染的液体依然留在中耳里，要持续 3 个月之久。

• 感染并未得到彻底解决，停用抗生素几天后，感染死灰复燃，重新出现。这种现象多发生在停用抗生素太早或抗生素不匹配时。

• 抗生素完全无法治疗感染，用药的两三天内孩子的耳朵疼和发烧会一直持续，这时需要的是另一种更强有力的抗生素。

对医生来说，在感染后的 2 ～ 4 周内重新检查很重要。这是为了达到以下几个目的：确保感染正在消失；确保中耳的脓液正在往外流（如果脓液在里面待了超过 3 个月，要让医生知道）；确定接下来的耳部感染是新一轮感染还是旧感染的延续。

如果没有感染，为什么还要担心

耳朵流脓呢？对慢性中耳积液的担心主要是因为它会降低听力。如果时间不长（几个星期的听力受损不会对语言发展有太大影响）就问题不大，但在宝宝关键性的学习阶段连续几个月的听力受损真的会影响语言发展。另一个更令人担心的可能性是，中耳里的脓液会在几个月内变稠，直到变成凝胶状，这种状况被称为"胶耳"。凝胶状的脓液会影响到中耳里负责传递声音的骨头，如果时间过长，有时甚至会导致永久性的听力下降。医生会用一种专用仪器（样子像一个耳式温度计，是无痛的）来测量中耳的压力，估算出液体的多少。

这就是为什么医生的复诊如此重要。如果医生发现中耳感染后连续几个月一直有积液，他会建议你去找耳鼻喉科的专家，请专家帮你抽出积液，以防变成胶耳。只有医生确认积液完全消失了，才不会有"胶耳"。如果几个月后宝宝耳朵又出现感染，而这之前一切正常，那说明这次感染不是上一次的继续。

预防耳部感染

接下来一年，耳部感染还有可能复发，频率和严重程度都在增加。这种情况在儿科诊所很常见。下面介绍如何防止或减轻耳部感染的频率和严重程度。

尽可能延长母乳喂养时间。母乳喂养的宝宝耳部感染的概率较低。

控制过敏原。过敏会引起中耳积液，进而滋生细菌，引发感染。父母要成为宝宝的过敏侦探，判断可能的过敏原。最常见的是吸入式过敏——烟、灰尘和毛屑。总之，不要在宝宝周围吸烟。采取特别预防措施，不要把容易积尘的毛绒玩具放在宝宝的卧室里（参见第710页关于清洁宝宝卧室的技巧）。另外，食物过敏，特别是乳制品过敏，也会导致耳部感染。

改变宝宝的社交环境。你的宝宝是不是经常和一些流鼻涕的小家伙在一起玩？在幼儿园的宝宝确实经常患感冒。考虑让宝宝去一个人少一点的幼儿园，或对病儿隔离管理政策比较严格的幼儿园。

让宝宝身体竖直地吃奶。如果你的孩子是吃奶粉的，喂的时候要让他身体竖直，或者平躺时身体与床面成至少45度角。这样会减少配方奶从喉咙流入耳咽管的机会，以免造成发炎。母乳喂养的宝宝躺下吃奶也很少会得耳部感染，是因为吞咽的方式不一样，而且母乳对中耳组织的刺激性要小一些。如果你的宝宝吃母乳，但耳部感染还是比较容易复发，那就不要用平躺的姿势喂奶。

感冒要及早治疗。要留意孩子通常由感冒进展到耳部感染的过程。如果通常的程序是流鼻水时宝宝还很开心，到了流浓鼻涕时就很暴躁，然后几天后再升级到全面的耳部感染，那么聪明的做法是尽早咨询医生，及早治好感冒。

保持鼻腔清洁。用蒸汽疗法（参见第 678 页），并清空鼻子（参见第 677 页），保持鼻腔通畅。

一再复发的耳部感染

即使你已经试过了上述所有预防办法，宝宝的耳部感染还是一再复发。除了经常去医院外，宝宝的行为也开始恶化，如脾气变坏（我称之为耳朵个性）。在耳部感染重复发作期间，有这些行为是正常的，因为宝宝感觉不舒服，听得不清楚，因此表现也不会好。事实上，经常性的耳部感染治好之后，父母发现的第一个变化就是宝宝变乖了。

如何防止耳部感染

- 母乳喂养
- 控制过敏原
- 减少和生病宝宝的接触
- 让宝宝身体竖直地吃奶
- 及早治好感冒
- 保持鼻腔的清洁
- 勤做复诊，检查要彻底
- 抽出中耳积液

整个预防过程，包括长期的抗生素治疗和手术治疗，都是为了多争取一些时间，等宝宝自身对细菌的免疫力增强，耳咽管发育成熟。大部分宝宝要到三四岁时才能摆脱经常性的耳部感染。

长期的抗生素治疗

防止频繁耳部感染的一个办法是在宝宝 1 ~ 6 个月，每天服用 1 ~ 2 次低剂量、温和的抗生素，特别是在冬天时。

给宝宝服这么长时间的抗生素，父母自然很不放心。但想想服药的好处。低剂量、温和的抗生素要比每隔一段时间就要吃强效的抗生素更适合人体。

用于预防的抗生素，就跟有些儿童连续 20 年每天服用预防风湿热的抗生素一样，对人体没有害处。没有这种预防措施，经常复发的耳部感染会引起宝宝暂时性的听力损伤，而好的听力是语言学习所必需的。过于频繁、时间过久的耳部感染，甚至会引起永久性的听力损伤。没有这种预防措施，可能就得接受手术治疗。

让细菌和液体长时间远离中耳，也能让中耳部分——特别是耳咽管——从频繁的感染中恢复过来。耳咽管受到慢性破坏时，感染就会一次又一次出现，形成恶性循环。而预防性的抗生素治疗能使宝宝很长时间免

耳部感染复发的治疗步骤

为了更好地预防和管理耳部感染，适时地进行下述每一步骤很重要。只要前3个步骤确定做到，大部分宝宝不需要走第4步——手术治疗。

第1步：每一次耳部感染都要确实治疗

与医生配合好，坚持不懈地治疗，认真仔细地跟踪，直到感染完全消除，宝宝的耳朵恢复正常。如果耳部感染变得越来越频繁，进入第2步。

第2步：采取预防措施

就像前面建议的那样，采用一些预防措施：母乳喂养，控制过敏原，让宝宝少跟病儿接触，竖直喂奶，及早治好感冒，让宝宝的鼻腔通道保持畅通。如果耳部感染还是一再复发，进入第3步。

第3步：尝试每日预防性抗生素治疗

如果你还是得经常上医院，进入第4步。

第4步：手术治疗

于感染，摆脱恶性循环。除了容易过敏的宝宝之外（这一点并不十分肯定），解充血剂和／或抗组胺剂对治疗或预防耳部感染没有任何价值。记住，抗生素只能杀死细菌，并不能从耳朵里排出液体。让宝宝的鼻腔保持畅通也是很好的预防办法。

手术治疗

偶尔也有预防措施不起作用的时候，宝宝还是频繁地出现耳部感染。这时中耳的积液已经变得像胶水一样黏稠，需要通过外科手术排出。这种手术叫鼓膜切开术，是在轻度的全身麻醉下，由耳鼻喉专科医生把胶状的积液从中耳抽出。医生会往鼓膜中插入一根很小的塑料管（大约圆珠笔的笔尖大小）。塑料管要插在那里约6～12个月，使积液完全流干净，这样就减少了感染的次数，使听力立即得到改善。这个手术需要半小时左右。塑料管会自动掉落，留在鼓膜上的小孔也会自行愈合。

半夜耳朵疼的处理办法

宝宝夜里耳朵疼时，医生和父母就要放弃一晚的好眠，陪宝宝一起度

宝宝听得见吗

在孩子成长的各个年龄段，你都可以通过一些观察来检查他的听力。如果你对下面很多问题的答案是否定的，那么请医生检查一下宝宝的听力。

年纪	观察
0～3个月	□ 宝宝对突然的声音会受惊或眨眼吗？
	□ 当你说话时他会停止哭泣吗？
	□ 当你说话时他会停止吮吸吗？
	□ 看起来能意识到声音的存在吗？
	□ 会被声音吵醒，而不是只有摇晃婴儿床才能醒？
3～6个月	□ 当你说话时，会朝你转过头来吗？
	□ 能认出你的声音，对你的声音有反应吗？
	□ 你说话时他会笑吗？
	□ 你说话时他会咿呀叫吗？
	□ 听到音乐会安静下来吗？
6～9个月	会转过头寻找声音来源吗？
	□ 会不会像牙牙学语一样发出很多声音？
	□ 会根据不同需要发出不同声音吗？
9～12个月	□ 当从后面叫他的名字时，他会转过头来吗？
	□ 大家一起吃饭时，会朝餐桌上正说话的人看吗？
	□ 能模仿你的声音吗？
	□ 大人聊天时他会留神听吗？
12～18个月	□ 对"不"有反应，能说"妈妈"和"爸爸"吗？
	□ 当大人提到一个熟悉的物体或人时，他会朝这个物体或人看吗？
	□ 懂得"扔球"的意思吗？
	□ 当你说"出去"时，他会朝门口跑吗？
	□ 当你说"拜拜"时他会摆手吗？
18～24个月	□ 至少能说10个字吗？
	□ 是不是有时会重复你的命令？

过。但事实上，宝宝半夜疼醒后，一般没有必要半夜三更去找医生，除非他看起来真的病得不轻。医生唯一可能做的（也是你没法自己做的）是给宝宝抗生素，但这也不会让疼痛立即消失。另外，你可能也很难在半夜找到一家还在营业的药店。

试试下面这些缓解半夜疼痛的办法，等到第二天一早再联系医生。在白天，当医生开的抗生素发挥作用之前，你也可以试试这些办法。

• 给宝宝服对乙酰氨基酚或布洛芬。对乙酰氨基酚首次服用时使用双倍剂量也是安全的。

• 往玻璃杯里倒一点炒菜用的油，如植物油或橄榄油，把玻璃杯放在热水中，使油变得温热，然后往宝宝疼痛的耳朵里滴几滴。按摩耳道外侧，使油流入鼓膜，减轻疼痛。

• 如果你的宝宝容易发生耳部感染，常备奥腊耳甘（一种止耳痛的药物）。

• 让宝宝躺着时把疼的那一侧耳朵朝上，或者让宝宝坐直，用这个姿势入睡。你可以半躺在床上，背后垫几个靠枕，让宝宝靠在你的怀里睡觉，不疼的那只耳朵贴着你，疼的那只耳朵朝外。

• 为了加快黏液从鼻腔（也许还能从耳咽管）里排出，给宝宝来一个蒸汽浴（参见第 678 页）。

通过电话请医生治疗耳部感染

医生通常不愿意这样做。耳朵疼未必就是感染。我见过很多连续几年经常抱怨耳朵疼的孩子，但对他们进行检查后，发现一切正常。

早期、轻微的耳部感染也不必用抗生素，最好是带着孩子来找医生。有可能的话，给孩子省掉一个接受抗生素诊疗的过程。医生检查并确诊是耳部感染后，才能决定该怎么进行治疗。

鼻窦感染

当携带细菌的空气进入呼吸道后，有好几条路可以走，并可能引发感染。我们刚刚说完中耳，下一个要谈的是鼻窦。

鼻窦是指面部骨骼沿鼻子两侧、眼睛下方和眉毛上方的小空间。感冒时，和鼻腔通道一样，鼻窦的内膜也会发炎，分泌黏液。这些黏液积在鼻窦里，流到鼻子里，继续往前流造成流鼻涕；往后流进喉咙，形成鼻涕倒流，导致嗓子痒，平躺时咳嗽。

这些液体有时候排不出去，会积在鼻窦里，引发感染。

与耳朵疼、流鼻涕或嗓子疼不同，鼻窦感染症状不太明显，经常被忽略，因为宝宝看起来没有什么异样。其实鼻窦感染很少是突然之间出现的，上面这个过程通常要用 7 ~ 10 天，产生足够的细菌，才能导致全面的鼻窦感染。因此，如果你的孩子出现了如下描述的这些症状，不要急着一下子冲到医院。先等等，看看接下来怎么样。

症状

因为鼻窦位于面部和鼻子的骨骼里面，医生不可能像看到耳部感染和嗓子发炎一样清楚地看到感染的情景。医生会非常重视你对宝宝症状的描述，同时检查鼻子、耳朵、眼睛和面部。当有如下症状时，很有可能是鼻窦感染：

• 流黄色或绿色的浓鼻涕，已经超过一周。

• 感冒时间长（超过一两周），或者一旦停用抗生素，感冒就复发。

• 眼睛下面有黑眼圈，下眼皮浮肿。

• 脸色苍白、消瘦。

• 眼角有浓稠的分泌物。

• 咳嗽，有痰，夜间还会加重。

• 因为鼻窦内的黏液受到感染，导致呼吸有异味。

• 疲劳，低烧。

• 眼睛周围、前额和脸颊疼痛。

治疗

最近人们越来越倾向于不用抗生素治疗鼻窦感染。研究显示，早期、轻微的鼻窦感染可以用适当而有效的非抗生素手段治好，例如鼻涕导出和蒸汽疗法（参见第 677 ~ 678 页）。

抗生素治疗鼻窦感染的方法与

利用高科技

你可以协助医生做出正确诊断。可以用视频或音频的形式记录下你担心的症状，例如，宝宝艰难的呼吸，奇怪的动作，疼痛的哭声。当你描述宝宝的症状时，把你用手机录下来的东西给医生看。我们发现这对诊断哮吼、百日咳、有别于痉挛的一般的颤抖、阻塞型的呼吸暂停、胃食管返流引起的哭闹和扭动，以及其他症状都很有帮助。你的医生会很感谢你的协助。

治疗耳部感染基本相同，只是时间更长。连续服用两三周的抗生素才治好鼻窦炎，这是很平常的事。除了用抗生素之外，更重要的是让宝宝的鼻子保持畅通，使鼻窦里的黏液排出来。安全有效的解充血型鼻腔滴剂也可以用来打通宝宝的鼻腔通道，使黏液排出。

鼻窦感染在学龄前、学龄儿童和青少年身上更常见，但婴儿的小小鼻窦也可能受到感染。

哮吼

哮吼（急性喉气管支气管炎）是上呼吸道的一种病毒感染。哮吼之所以令人担心，是因为感染的部位——声带——是呼吸道最狭窄的部分，任何感染引起的肿胀都可能使原本就很窄的通道变得更窄，阻碍呼吸。

症状

哮吼可能来得毫无征兆，宝宝忽然从床上坐起来，开始咳嗽，声音像犬吠一样。或者一开始只是感冒，后来加上发烧、声音嘶哑、呼吸浑浊、嗓子疼，慢慢升级为哮吼性的咳嗽。父母需要关注的是，哪种哮吼是严重的，哪种是不严重的。

不严重的哮吼

主要观察宝宝的行为以及哮吼是如何进展的。如果你的宝宝经常笑，很开心，很爱玩，对周围很感兴趣，没有明显地受到哮吼的干扰，这就是好的信号。如果宝宝能躺下来入睡，睡得安稳，呼吸没有受到影响，你就可以放心。如果你听到宝宝的呼吸声有些刺耳，不要担心，只要他能睡好就没问题。轻微的哮吼一般不需要看急诊，采取下文介绍的措施，很容易就能缓解症状。

严重的哮吼

如果宝宝出现下面的症状，你需要加以关注：宝宝的呼吸道被堵住，没法得到足够的空气，脸上一副难受的表情，对任何游戏或交流都没有兴趣，好像把全部精力都用来获取空气。宝宝不会躺下来，只是坐着，努力地呼吸，也睡不着。注意宝宝胸骨以上的脖子上的小凹陷，只要宝宝用力呼吸，这个地方就会往下陷。宝宝吸气时，也许还会发出拉长的喘鸣声。

这些都是危险的信号，需要立即看医生。

哮吼的治疗

治疗哮吼时第一件要做的事就是让宝宝放松。这就是父母的细心照料能发挥作用的地方。焦虑（来自宝宝和父母）会加剧哮吼。如果你能让宝宝放松下来，他的呼吸道就有可能跟着放松。让宝宝竖直身子坐在你大腿上，听舒缓的音乐，唱摇篮曲，读故事或看放松的电视节目。如果是母乳喂养，就让宝宝吮吸乳头。（参见第 201 页关于让宝宝在医院里放松的讨论。）

湿度也有助于让宝宝肿胀的呼吸道畅通。关上浴室门，打开淋浴的热水龙头，和宝宝一起坐在地上（随着水雾升起，浴室里会保持一定湿度）。或坐在椅子上，读个故事给宝宝听。尽可能开窗。凉爽的空气加上蒸汽，效果比只有蒸汽要好。让宝宝靠着你膝上的枕头或靠着你。你可以让蒸馏器直接朝宝宝鼻子的方向喷蒸汽，也可以把宝宝放在婴儿床上，在床架上搭一块床单，做成一个帐篷，让加湿器直接对着帐篷喷冷雾。但根据我的经验，哮吼的宝宝不喜欢帐篷。你可以先让宝宝在你怀里睡着，然后竖直地把他放在婴儿座椅上，再在外面搭一个喷雾帐篷。你甚至可以和宝宝一起在有蒸汽的浴室里睡一会儿。

如果宝宝发烧，给他吃适宜剂量的退烧药（参见第 669 页）。让宝宝慢慢地喝果汁，但哮吼发作时不能给他吃固体食物，以免噎住或呕吐，甚至吸入肺部。要给宝宝吃软质食物，直到情况好转。不要在没有医生建议的情况下给孩子吃非处方药，特别是解充血剂或抗组胺剂。这些药可能会使刚被湿气打开的狭窄呼吸道变得干燥。如果夜晚的空气潮湿而凉爽，可以带宝宝出去走走。把车窗打开，缓缓地在夜色中兜个风。很多宝宝晚上因为哮吼去医院时，半路上情况好转，就是得益于夜晚潮湿的空气。

除了用抗生素来治疗这种病毒性疾病，还有一种药能缓解呼吸道和声带的肿胀，大大改善呼吸状况。这种药就是口服的类固醇。类固醇会让大多数父母都觉得恐慌，但所有你听说的有关类固醇的副作用都是长期使用引起的，只用几天不会有问题。用于治疗哮吼时，类固醇药效能持续24 小时，主要在第 2 和第 3 个晚上(哮吼最严重的阶段）使用。但没必要半夜打电话请医生开类固醇。这种药服后 8 小时才会起作用，因此半夜服药没有用。

什么时候要看急诊

试过以上的治疗方法后，评估一下宝宝的病情变化。如果宝宝的呼吸顺畅了一些，苍白的脸上有了血色，或者开始进行一些互动，或想要睡觉（虽然呼吸声还是很大），那么继续用蒸汽疗法并密切观察。万一出现下面这些症状中的任何一种，要立即去医院。

•吸气变得更加吃力，原来声音

较低的喘鸣，变成了声音很高的哨声。

- 脸色更加苍白。
- 因为不能呼吸，宝宝没法说话或哭泣。
- 宝宝呼吸越来越费力。
- 吸气变得急促，但呼吸声却越来越小。

在去急诊室的途中，记住要开着车窗，让空气流通，也让车外的湿气能进入车内。试着唱歌安抚宝宝。各种程度的哮吼都要小心应对，因为可能很快演变成致命危险。如果对宝宝的病情没有把握，要咨询医生，或立即带宝宝去急诊室。

哮吼的过程

这种呼吸短促、咳嗽像狗吠一般、伴随发烧的症状一般要持续5天左右。哮吼通常在白天轻微一点，晚上加剧。第2和第3个晚上要比第一个晚上严重得多。因此，出现哮吼后的第2天早上就应该去看医生。5天之后，大部分哮吼会转变成一种呼吸浑浊的咳嗽，持续一周左右。不必为这种咳嗽担心，除非宝宝发烧5天以上，或看起来病恹恹的。

腹泻

如果婴儿的大便比平常稀软，但排便的次数并不比平常多，算不上腹泻。腹泻——粪便呈液态——更多的是指排便的频率。在婴儿期，最常见的腹泻原因依次是胃肠道感染、感冒、食物不耐症和抗生素治疗。在整个婴儿期，大便的颜色和密度有阶段性的变化是正常的，尤其是饮食出现变化的时候。如果宝宝的大便连续几天都有点稀软，不要担心。这是肠道功能的正常变化。出牙是几天内大便变稀的常见原因。

肠道内膜受到感染时，痊愈非常缓慢。肠道内膜上有几百万个微小的突起，经过消化已变为液态的食物在其中穿行，得到吸收。当肠道受到感染时，这些像刷子似的内膜和其中的消化酶都受到了损伤，会让食物不经消化就穿越过去。

英文"腹泻"（diarrhoea）一词来源于希腊词汇，意为"流过"。腹泻时，大便频繁，呈水样，绿色，有黏液，恶臭，甚至呈喷射状，偶尔还有血丝。肛门周围通常会有粗糙的红色疹子。另外，宝宝还经常会出现病毒感染的其他特征：感冒、全身不适、没精打采。

脱水：什么时候腹泻要担心

大部分腹泻不过是点小麻烦，算不上大病，只需多喝水，饮食上小小地改变一下，很快就能痊愈。腹泻最令人担心的是脱水。宝宝身体里的盐

脱水的症状

轻微到中度的脱水

- 体重减轻 5%。
- 还是玩得很开心，但人安静多了。
- 嘴部干燥，哭时眼泪很少。
- 小便的次数比平常少。

严重的脱水

如果下列症状里的 3 种或更多都与你的孩子符合，或孩子看起来真的病得不轻，你应该去找医生。

- 体重减少 5% ~ 10%。
- 嗜睡或极度暴躁不安（参见第 654 页）。
- 眼窝下陷。
- 头上的囟门下陷（不到一岁的婴儿）。
- 嘴部干燥，哭时没有眼泪。
- 皮肤干燥、苍白、有皱褶。
- 小便很少（一天只有两次或更少）。
- 尿液暗黄。

分和水分的比例是平衡的，健康的肠道和肾脏保证了这种平衡，让身体器官正常运转。而腹泻破坏了这种平衡，使身体流失水分和盐分，也就是脱水。如果加上呕吐，那脱水的危险性就更高了。

应对宝宝的腹泻

第 1 步：查清原因。你最近有没有改变宝宝的饮食？例如从喝配方奶变成了喝牛奶，断了母乳改喝配方奶，添加了新食物，或者哪一种食物（例如果汁）吃多了，等等。（参见第 700 页对果汁引起的腹泻的讨论。）宝宝如果其他方面都很健康，只是大便稀软和呈水样（一般没有黏液和血），肛门周围出现红圈，说明他对最近的食物不耐受。恢复宝宝以前的饮食，并减少或去除可疑的食物（参见第 282 页对食物过敏的讨论），宝宝的大便应该会在一周内恢复原状。宝宝感冒或发烧了吗？除了大便稀、有黏液外，他是不是整个人都不舒服？如果是这样的话，腹泻可能是感染引起的。接下来进行下一步。

第 2 步：判断腹泻和脱水的严重程度。宝宝玩得开心吗？哭时有眼泪，嘴角也不干，尿布经常湿吗？大概除了尿布需要更频繁地换洗外，没别的异常。如果是这样的话，你不必特别做什么（除了换尿布），注意观察大便就可以了。

为了确保腹泻不至于造成脱水，

每天给宝宝称体重，最好每天早上吃饭之前，给宝宝脱光衣服称，用你能买到的最精确的体重秤。基本原则是：体重没有减轻，就不用担心，也不用找医生。体重减轻的程度和速度决定了脱水的严重程度。如果你的孩子体重没有多大变化，就是没有脱水。相反，如果你的孩子体重轻了5%（例如一个体重10千克的婴儿体重轻了0.5千克），说明他已经由轻微脱水向中度脱水过渡了，这时需要看医生。体重掉得越快，越需要担心。体重一天之内掉5%，比一周之内掉5%要严重得多。如果体重减轻得很快，婴儿通常会表现得病恹恹的；而慢慢地减轻，看起来就还好。如果体重减轻了10%，特别是在几天之内减轻的，说明脱水已经非常严重，需要立即上医院，最好能在这么严重之前就上医院。如果你注意到宝宝的排便次数越来越多，大便变绿、变稀，呈喷射状，宝宝开始有点露出病态——虽然他看起来还不是很"干燥"，也很好动，那就进入下一步。

第3步：取消刺激性的食物。如果宝宝上吐下泻，就取消所有的固体食物和配方奶粉。如果宝宝不吐，只是轻微腹泻，就停掉所有乳制

感染如何引起腹泻

感染是造成腹泻的最主要原因。一般不需要用抗生素治疗，除非医生建议。

轮状病毒

这是造成腹泻的非常常见的因素，特别是在秋末及冬天。特征是大便恶臭，呈水样，绿色或棕色，会持续几周。通常还伴有发烧和呕吐。

其他病毒

例如流感病毒，也是造成腹泻的常见原因。

细菌

包括大肠杆菌、沙门菌等。腹泻还可能伴随着呕吐和发烧。大便中的血丝是判定肠道细菌感染的标志。即使是由细菌感染引起的，也不总是用抗生素治疗。

寄生虫

通常是出国旅行时感染上的。寄生虫导致腹泻的特征是大便呈水样，持续两周以上。

如果是以上因素引发的腹泻，通常具有传染性。

品、果汁和高脂肪食物。如果腹泻加重（呈水样、喷射性，每两个小时一次），停止所有食物，包括奶粉和果汁。很少有必要停止喂母乳。根据腹泻的严重程度，停吃这些食物和液体20～24小时，同时开始口服补液盐溶液（第4步）。

第4步：防止脱水。如果宝宝不是母乳喂养的，用口服的补液盐溶液代替宝宝的日常饮食，这种东西可在药店买到，不属于处方药。药液中的水和补液盐有着理想的平衡比例，可以代替因为腹泻而流失的部分。它还包含一部分糖，不会使腹泻加剧，特别是米浆做的溶液。如果你的孩子不碰补液盐溶液，试试白葡萄汁（这是对发炎的肠胃最友好的果汁），喝时兑一半水。小口小口地喝，多喝几次，或者把补液盐溶液做成冰棒，让宝宝吮吸。如果宝宝喜欢用奶瓶喝，那么每次喝平时喝配方奶量的一半，次数加倍。每24小时内，要保证宝宝每千克体重对应摄取至少130毫升补液盐溶液。例如，如果你的宝宝体重10千克，那么每24小时就要让他喝下至少1300毫升补液盐溶液。生病时，很多宝宝拒绝喝东西，但你要尽量试。如果宝宝上吐下泻，就让他小口喝，增加次数。有些婴儿在生病的头一两天，平均每5分钟才能吞下1～2茶匙的量。

如果你的宝宝是母乳喂养，那么

给宝宝做腹泻记录

为了更好地掌握宝宝的病情，你可以做一张腹泻记录表。这个记录表对医生很有参考价值，他借此可以知道宝宝是否脱水，什么时候可以恢复正常饮食，等等。记录也可以让你参与医生的治疗。

天数	体重	大便次数和情况	治疗措施	病情进展
1	9千克	8次，绿色，水样。	1300毫升补液盐溶液。	呕吐停止，轻微发烧，大便没变。
2	8.75千克	6次，没有变化。	650毫升补液盐溶液，恢复饮用配方奶（1300毫升，加谷物和一点香蕉）。	烧退了，人活泼多了。

他想吃多少就让他吃多少。他会得到所需的液体，吮吸乳头也会让他觉得好受些。如果他暂时拒绝母乳，就给他补液盐溶液。即使宝宝吐了，也可以让他吃奶。就算奶水只在肚子里待10～20分钟，也可以被身体吸收一大部分，而吐母乳也不会伤害到宝宝。事实上，有东西可吐或许比干呕还要舒服些。

第5步：**恢复正常饮食**。根据腹泻的进程和宝宝生病的程度，以及医生的建议，一旦腹泻形势缓和下来，就给宝宝喝稀释过的配方奶（一半奶粉、一半补液盐溶液），或恢复正常的母乳喂养。24小时以后，再恢复正常的配方奶。在24～48小时，恢复宝宝先前的饮食，但几天之内还是要维持少吃多餐的习惯。腹泻没有完全停止之前，不要喝牛奶，但酸奶可以。从严重的腹泻恢复过来的1～6周内，医生可能建议你改用不含乳糖的大豆配方奶粉，因为正在愈合的肠道可能没法接受乳糖。如果吃了固体食物后，宝宝的腹泻又开始了，那就先退一步，重新开始前一个步骤。总体来说，宝宝的大便变得结实了以后，才能吃固体食物。

肠道恢复的速度很慢，持续几周是很正常的事。"大便还是很稀，但宝宝很好"的情形，可能会持续一个月左右。如果腹泻一直持续，特别是伴随腹痛和体重增加过慢的现象，医生可能会检查大便里有没有寄生虫，如贾第鞭毛虫。

治疗婴儿传染性腹泻的更多注意事项

根据最新的科学研究，对婴儿腹泻的治疗经历了3个变化。

口服补液盐溶液的使用。过去人们建议腹泻时要吃果冻，喝可乐、姜汁汽水、果汁和糖水。如果没有口服补液盐溶液（平时最好在家里备一瓶），也可以喝这些饮料，但其中盐含量太低，糖含量太高，可能会加剧腹泻，所以现在已经不推荐使用。

早点恢复饮食。拉肚子时饿着并没有好处，早点吃东西能为宝宝的身体提供营养，也许可以加快痊愈的过程。上文介绍的第5个步骤，就是儿科专家的一般建议：24小时后恢复饮用配方奶，到48小时恢复正常饮食。在病情严重的情况下，可以暂时让宝宝吃历史悠久的"五大宝贝食品"：香蕉、婴儿米粉、苹果泥、面包和酸奶。

五大宝贝食品

这5种食品可以帮助宝宝缓解腹泻：香蕉、大米或米粉、苹果泥、不涂黄油的面包（如果宝宝已经一岁了），以及酸奶。

不要喝果汁。果汁并不是最适合肠道的食物。很多果汁都含有山梨糖醇,这是一种不能被肠道吸收的糖,而且会像海绵一样把肠道内的水分吸入大便中,提高大便的含水量,使腹泻更严重。这就是为什么李子汁可以作为轻泻剂使用。喝太多果汁(特别是梨汁、樱桃汁、苹果汁)会引起腹泻,还会造成腹痛和腹胀。

这是一般性的建议。你最好请教医生,因为你的孩子可能需要特殊的饮食调整。

腹泻时不应做的事情

肠道感染需要细心的呵护。以下做法可能会加剧腹泻。

• 不要停止母乳喂养。很少有必要停止母乳喂养,因为母乳没有刺激性,甚至还可能有药效,是生病的孩子唯一愿意吃或能接受的食物和液体。

什么时候给医生打电话

如果出现下列情况,给医生打电话:

• 脱水更严重了
• 宝宝的体重减少了 5% 以上
• 宝宝变得越来越没精神
• 高烧不退
• 呕吐继续
• 宝宝的腹痛也越来越严重

• 不要煮沸溶液和液体,特别是牛奶和糖水,因为煮沸会使水分蒸发,使溶液浓度过大,加剧腹泻的症状。

• 停食不要超过 48 小时。孩子需要营养,而只喝水可能会造成腹泻,这叫做饥饿性腹泻。

对腹泻的药物治疗

腹泻最好的治疗方法是补充液体,用前面提到的口服补液盐溶液和五大宝贝食品,婴儿期很少需要用药物来治疗腹泻。

事实上,经常用于治疗成人腹泻的麻醉类药物对孩子是不安全的。这些药物虽然能通过减缓肠道运动来控制腹泻,却有可能使腹泻恶化,因为它可能会使细菌和被感染的体液滞留在肠道内,提高了这些有害细菌进入宝宝血液的机会,从而引起严重的疾病。

还有,从表面上看,这些药物确实止住了腹泻,但依然使被感染的体液留在肠道内,无法供身体使用,引起悄无声息、察觉不到的脱水。

宝宝也会因为抗生素治疗而出现腹泻。在用抗生素治疗时,让宝宝每天服用嗜酸乳杆菌菌粉和原味酸奶,腹泻好转后再沿用一周。这是为了补充肠道内被抗生素杀死的正常细菌。嗜酸乳杆菌或者双歧杆菌菌粉在

益生菌

益生菌是有利于肠道健康的细菌，也就是我们说的"好细菌"。这些有机体附着在肠道内膜上，通过防止有害细菌入侵肠道内膜而达到保护肠道的目的。培养好细菌对付坏细菌的做法已沿用了上百年之久，近来也得到了科学方面的肯定。我们最熟悉的益生菌就是嗜酸乳杆菌，它是制作酸奶的主要材料。益生菌补充剂也各种各样，有药片型的，有药水型的，也有粉末状的，在药店和健康食品专卖店里都可以买到。问医生该用哪种，用多少。益生菌在下列条件下被证明是有用的：

- 用抗生素治疗时
- 由轮状病毒引起的腹泻
- 宝宝有乳糖不耐症
- 肠道细菌和病毒感染
- 婴儿慢性、过敏性的湿疹
- 任何原因引起的腹泻
- 膀胱感染

健康食品专卖店有售。

为了预防宝宝因为腹泻而长疹子，每次换尿布时给宝宝涂抹隔离霜。

呕吐

"不是吐，就是泻。"一位妈妈提起孩子敏感的肠道时这样说。确实如此，在婴儿阶段，有些进入宝宝身体的东西总是会原样返回。下面介绍呕吐的原因及对策。

新生儿呕吐

在头几个月，大部分的呕吐现象其实只是吐奶而已（参见第 110 页），其次才是奶粉过敏，或母乳中有过敏原（参见第 168 页）。这些暂时的小麻烦，宝宝长大些就过去了。但有些呕吐需要引起特殊的关注。

幽门狭窄

婴儿期最严重的呕吐是因为肠梗阻，有局部的，也有全部的。肠道内的堵塞物使奶水无法通过，又涌回食管。其中最常见的原因是幽门狭窄。

幽门指的是胃的下端开口，与十二指肠连接。幽门狭窄在宝宝出生后一两周内并不明显，慢慢地，幽门周围的肌肉变窄，直到像皮筋一样紧紧勒住胃的下端开口。当幽门被部分堵塞时，奶水还是能通过，宝宝只是会吐奶而已。但到了第一个月的月末，随着开口变得越来越窄，奶水无法通过，全部堆积在胃里。顽固的胃尽最大努力试图让奶水流经这个窄口，有一些流下去了，但大部分被逼回胃里，并形成喷射性呕吐。宝宝正常的吐奶只是在你的胸前或肩膀上弄出一点奶溃而已,而这种呕吐却喷得非常远,最远可达 60 厘米。想象一个装得过满的水球,两头都系了结。你挤压这个水球(胃的收缩),直到一头的结松开,水会从那里大量喷出。这就是幽门狭窄的写照。

如何识别幽门狭窄。宝宝幽门狭窄的症状如下:

• 持续出现喷射性呕吐。

• 体重减轻或没有增加。

• 有脱水现象:皮肤发皱,嘴部、眼睛干燥,尿的次数减少。

• 喂完奶后,肚子胀得像个又大又紧的球,吐完后就瘪掉。

• 经常饿,急于吃奶,紧接着就是呕吐和再一次如饥似渴地吃奶。

有些正常的宝宝如果喂得过饱,加上拍嗝或动得太多,一天也会有一两次的喷射性呕吐。但持续性的喷射性呕吐,加上体重减轻和脱水,则需要立即上医院。

帮助医生诊断幽门狭窄。如果你怀疑宝宝属于这种情况,那就去看医生,但之前一两个小时内不要喂奶。(除非宝宝已经很明显脱水了,否则不需要送急诊,看一般门诊就可以。这种情况应该已经酝酿了一两周了。)告诉医生宝宝呕吐的频率和特点以及你的担忧,让医生来确定是否需要进一步检查。为了确诊,医生希望能看你给宝宝喂奶的实际情况,观察宝宝的肚子是否会像气球一样慢慢变大,

---

宝宝呕吐,该怎么和医生交流

给医生打电话时,预先准备好下列问题的答案:

• 呕吐是怎么开始的?突然发生还是缓慢开始?

• 呕吐出来的东西什么样?清澈、黑绿、结块还是发酸?是普通吐奶还是喷射性呕吐?

• 宝宝隔多长时间吐一次?

• 每次大概吐多少?

• 家里有其他人出现类似症状吗?

• 宝宝肚子疼吗?哪里疼?有多疼?绷紧、像气球一样、柔软、凹陷?

• 宝宝有脱水症状(参见第 695 页)吗?

• 宝宝看起来病得有多严重?

• 宝宝的病情有变化吗?变好了,变坏了,还是没变?

• 你用过什么治疗方法?

• 还有别的什么症状(腹泻、发烧、咳嗽)吗?

感觉收缩的幽门肌肉(摸起来就像一个橄榄)。偶尔,医生会怀疑是幽门狭窄而又不是很肯定,因此会建议做一次腹部的 X 光检查或对幽门做超声波检查。

手术治疗。确诊后,在手术前,宝宝通常需要在医院里进行一两天的

静脉注射，补充之前流失的水分。手术为时半小时，要在上腹部开一个很小的切口。手术的改善效果立竿见影，恢复时间也很短。

胃食管返流症

这是头几个月里最常见的引起宝宝呕吐的原因。参见第 407 页的详细说明。

较大的宝宝的呕吐

较大的宝宝呕吐通常是因为胃肠道感染（参见第 695 页），例如很像肠胃炎的胃肠型流感。有时其他严重的疾病也会出现呕吐现象，例如耳部感染、尿道感染、肺炎、脑膜炎、脑炎和阑尾炎。吞咽了已被感染的喉咙黏液也会引起呕吐。肠道感染引起的呕吐通常还伴随着腹泻、发烧和腹痛，有时候还有感冒症状。

呕吐的治疗

与腹泻的治疗方法相同（参见第 695 页），主要是防止因水分和盐分流失引起的脱水。缓解不适、预防脱水，最有效的办法是让宝宝吃用补液盐溶液做成的冰棒，让液体慢慢地进入宝宝的胃。补充液体要剂量小，次数多。有时必须每 5 分钟给宝宝喝一茶匙的液体；多于这个量就有可能导致喷射性呕吐。如果是母乳喂养的话，

让宝宝每次吃一侧乳房，时间短一些，次数多一些。

记住，对孩子来说，肠胃感染之后的几个小时里每小时吐几次是正常的。你给孩子喂的任何液体都有可能立即被吐出来。在一开始比较严重的阶段，索性让小肚子彻底清空、休息，等到这个阶段过去再喂。而有些孩子是一点点地吐，而不是连续几个小时的干呕。注意脱水的症状（参见第 695 页），如果呕吐时间超过一天，还伴有腹泻，或者宝宝看起来越来越没力气，就要特别留心脱水的问题了。如果家庭疗法不起作用，可以服用医生开的止吐药。

呕吐得到缓解后，可能还会在一两天内短暂复发。这可能是因为某一次宝宝吃得太多、太快了。慢慢来，直到这第二轮呕吐也彻底结束。

食物中毒

食物中毒多发生在儿童和成人身上，而不是婴儿。食物中毒的症状通常在食用了有毒食物后的 4 ~ 24 小时内出现，宝宝会干呕、发冷，但一般不会发烧。宝宝可能上腹部疼痛，但如果你按一下试试，又觉得很柔软，宝宝也不会触痛；而你按压他的下腹部时，宝宝通常也不会抗议。给宝宝吃用口服补液盐溶液制成的冰棒，并取消其他食物（母乳可以保留），6 ~ 8 小时后，食物中毒的症状通常就会有

所减轻。如果宝宝脱水，打电话给医生。（参见第 696 页"脱水的症状"。）

吐血

如果你看到呕吐物中偶尔缠有血丝，不要害怕。这通常是呕吐本身导致的，因为随着液体喷射出来，食管内膜上的血管会发生微小的撕裂。这通常并不严重，如果你给宝宝喝点凉凉的液体，特别是冰棒，就能迅速缓解出血。

如果呕吐物中的血在不断增多，就必须给看医生。

肠梗阻

什么时候呕吐需要看急诊？极少数情况下，肠子可能扭结，或小肠被嵌进了大肠里（这种情况被称为肠套叠），引起肠梗阻。这属于紧急情况，需要立即就医并进行手术治疗。下面是肠梗阻的一般症状：

• 突然出现严重的肠痉挛般的腹部疼痛。

• 持续呕吐，有时候呈喷射状，呕吐物发绿。

• 明显不适，有时候极度痛苦，但通常时断时续，而不是持续性的。

• 没有排大便。

• 皮肤苍白，出汗。

• 症状恶化，没有好转。

什么时候看医生。在一开始呕吐的几小时后，一般不需要看医生。

下面几种情形若持续了几个小时，需要看医生：

• 孩子在 1 小时内吐了好几次，你想用止吐栓剂（一般不给两岁以下的婴儿用）。

• 孩子严重脱水（参见第 695 页）。

• 孩子出现肠梗阻（见前文）、脑膜炎、肺炎、膀胱感染、阑尾炎（更多信息参见第 716 ~ 733 页，"儿童常见疾病一览表"）的症状，或你觉得孩子病得很重了。

在诊所。医生可能没法准确地告诉你引起呕吐的原因。他的主要任务是确保呕吐不是由上文提到的那些令人担心的疾病引起的，判断脱水的严重程度，决定是否有必要进行静脉输液。如果需要的话，医生会给宝宝开止吐药。

便秘

便秘是指大便变硬，难以排出，而不是指排便次数变少。大便的硬度和排便次数会随着年龄的变化而变化，并且有个体差异。一般来说，新生儿每天会排出几次软便，像有颗粒的芥末，特别是吃母乳的宝宝。吃奶粉的宝宝通常排便次数较少，大便也比较硬。有些既吃母乳又吃奶粉的宝宝可能几天才拉一次。只要排便比较容易，没有太多不舒服，就不是便秘。

一旦引入固体食物，大便就会比较成形，次数减少，有的宝宝可能每 3 天才排便一次。但最好还是每天都排便。

正常来讲，当食物经过消化进入肠道后，水和养分被吸收，废物则成为大便。要形成软便，废物中必须有足够的水分，下端肠道和直肠肌肉必须收缩、放松，使大便慢慢排出体外。这个过程里，任何一方面出了问题，无论是水分太少还是肌肉运动太弱，都会导致便秘。肚子里塞了 3 天份的硬便非常不舒服。事实上，我们一开始并不能了解这种感觉，直到我们有一个宝宝，他在两岁之前经常便秘，麻烦可真不小。玛莎说，帮这个宝宝排便"就好像接生一样"。

便秘经常陷入恶性循环。坚硬的大便在排出的过程中会让宝宝感到疼痛，因此宝宝就想憋着。憋得越久，就越坚硬，排便的时候就越疼。而且大便在肠道里的时间越长，肠道肌肉的运动就越弱。而坚硬的大便挤过狭窄的直肠，经常会使直肠撕裂，大便中的血丝就是这样来的。这种疼痛的裂伤使宝宝更不愿意排便。判断宝宝是否便秘，观察他是否有下列症状：

• 新生儿排便一天不到一次，大便坚硬，排便的时候很用力，很困难。

• 大便干燥、坚硬，比较粗，宝宝排便时会感到疼痛。

• 大便坚硬得像小鹅卵石，宝宝排便的时候很用力，两腿缩向腹部，发出呼噜声，脸涨得通红。

• 大便表面有血丝。

• 大便坚硬，排便次数少，肚子不舒服。

寻找原因

新的食物或牛奶都可能引起便秘。你的宝宝吃新的食物了吗？有没有从吃母乳变成吃奶粉，或从奶粉变成牛奶？如果你怀疑食物或牛奶的变化是造成宝宝便秘的元凶，那就先恢复从前的饮食。对于吃奶粉的宝宝，多试几种不同品牌的奶粉，直到找到一种最合适的。还有，喝奶粉的宝宝每天要多喝一瓶水。

便秘的原因也有可能是情绪方面的。你的宝宝是不是状态不佳或情绪不稳定，使他不愿意排便呢？情绪不稳定时，肠道功能也不稳定，要么造成腹泻，要么导致便秘。

便秘的治疗

少吃容易造成便秘的食物。大米、白面包、婴儿米粉、香蕉、苹果、煮熟的胡萝卜、牛奶和奶酪都是可能导致便秘的食物。当然，食物对宝宝的影响个体差异很大。（参见第 235 页"吃固体食物引起的便秘"。）

在饮食中增加膳食纤维。膳食纤维能吸收水分，软化大便，使之更易排出。适合大一些的孩子吃的膳食纤维丰富的食物有全麦麦片、全麦饼干、全麦面包，以及豌豆、西兰花等蔬菜。有些水果也有促进排泄的效果，如杏、李子、梨和桃子。

多给宝宝喝水。水是最容易被忘记，也最经济、最方便的软便剂。饮食中增加膳食纤维的同时一定要多喝水，否则膳食纤维会使大便变硬，而不是变软。

试试甘油栓剂。由于宝宝们处在一个学习运用排泄肌肉的阶段，所以很多小宝宝在拉大便时的表情、动作让人忍俊不禁：嘴巴一嘟哝，两腿一伸，大便被挤出来。如果这时候给宝宝来一点甘油栓剂，他会很受用。这种栓剂可以在药房买到，样子像火箭。如果宝宝正在艰苦奋战，作为协助，你要尽快往他的肛门里塞入一颗栓剂，然后把他的两瓣屁股合拢在一起几分钟，以融化里面的甘油。如果宝宝有肛裂，这么做尤其能起到润滑作用。未经医生同意，这种办法只能用几天。对于6个月以内的新生儿，要用一半长度的甘油栓剂。

用轻泻剂。考虑用轻泻剂时，先用最自然的。试试稀释过的李子汁（一半果汁一半水），4个月大的婴儿一次喝15～30毫升，学步期宝宝一次最多喝240毫升。李子酱（自己做的和商店买的都行）也不错，可以直接给孩子吃，也可以跟他喜欢的食物掺在一起吃，或者抹在全麦饼干上吃。杏、李子、梨和桃都具有通便的效果。如果这些还不够，试试其他的做法：

• 亚麻籽粉和车前草果壳（小片状的车前草麸）是天然的软化大便的高手，可以在营养食品店买到。把这些温和的通便食物撒在谷类里，或与水果酸奶混合。6个月大的宝宝，一天2茶匙；学步期宝宝，一天1～2茶匙。

• 大麦芽提取物等非处方通便药，可以软化宝宝的大便。1～2岁的宝宝，一天1茶匙，混合230毫升的水或果汁。随着大便变软减少剂量。

• 我们在临床中发现，亚麻籽油是通便效果最好的食物之一。亚麻籽"套餐"既包含了油，又有膳食纤维，很有通便效果，小宝宝可能更喜欢其中滑润的油，而不是颗粒状的纤维成分。除了具有很好的通便作用外，亚麻籽油也包含了丰富的omega-3脂肪酸，能给那些挑食的学步期宝宝提供额外的能量。开始时，6个月大的宝宝每天1茶匙；1～2岁的宝宝每天1汤匙。大多数婴儿和学步期宝宝都不能直接接受亚麻籽油，可以与水果，或水果酸奶混合，或混入主食当中。亚麻籽油不像通常使用的通便矿物油，既没有营养，还可能带走肠道中的维生素，亚麻籽油是一种可以促进多种维生素吸收的营养物质。我们推荐亚麻籽油代替矿物油作为婴幼儿的通便药。

• 在医生允许的情况下，如果孩子便秘很严重，前面简单的办法都不奏效，可以使用通便栓剂（甘油栓剂含有通便成分）。还有一种应对便秘的办法是，用滴管将液体甘油（婴儿通便药）注入孩子的直肠。

试试灌肠剂。如果宝宝便秘很严重，其他办法都不管用，可以试试宝宝灌肠剂。非处方药，使用方法见说明书。

在缓解宝宝便秘的过程中，一定不要忘了饮食调节，采用天然食物增加通便效果，这样你的宝宝才不会依赖栓剂或其他通便药。幸运的是，宝宝的身体智慧能选择对肠道友好的食物，学会更快地响应肠道发出的信号，这种不舒服的便秘终将过去。

学步期宝宝的慢性便秘

以上的应对原则和治疗方法既适用于婴儿，也适用于大一些的学步期宝宝。然而，学步期宝宝的结肠与婴儿是有差异的，父母在处理慢性便秘时需注意这一点。

正常的结肠。正常情况下，结肠里会慢慢地积蓄大便，当到达某个程度时，结肠就会向大脑发送神经信号，使自己自然地收缩，排出大便。这就是我们觉得要排便时的过程。这种情况每天一般会发生 1 ～ 3 次。

便秘的结肠。有时，孩子的结肠被填满时，没法给大脑发送神经信号，这样大便就不能有规律地排出来。孩子也没有想排便的感觉。这种恶性循环会让事情更糟。

治疗慢性便秘。用以上方法软化大便，提高肠道肌肉的运动能力时，治疗要持续至少两个月。你的目标是让结肠收缩恢复正常状态，这样一旦绷紧时它就可以开始重新向大脑发出信号。要恢复这种机制需要两三个月的时间。

詹姆斯医生笔记：

不要强迫孩子在马桶上一坐几小时。应该只在结肠开始自然收缩时才跑去蹲厕所。当你看到孩子试图想憋着的时候，说明他已经得到信号，但是抗拒排便反射。这时是鼓励孩子上厕所的好机会。记住，双脚着地时，直肠肌肉比较放松；而双腿悬荡时，直肠肌肉会拉紧，使排便更加困难。

追踪和治疗吸入性过敏

空气中的很多物质是不能被婴儿的呼吸道接受的，一旦吸入，就会让宝宝的身体不舒服。这就是我们说的吸入性过敏。这种形式的过敏实质上与第 282 页描述的食物过敏很相似。打喷嚏、气喘、流鼻涕和发痒都是过敏的常见表现。不过，幸运的是，父母能缓解这个问题。

怎么判断孩子是不是过敏

吸入性过敏经常会有季节性的变化，下面这些信号和症状都是最有可能出现的：

- 流鼻水，流眼泪。
- 连续打喷嚏。
- 不断吸鼻涕。
- 流鼻血。
- 经常擤鼻涕导致鼻头起皱褶。
- 有黑眼圈。
- 经常感冒和 / 或耳部感染。
- 夜里咳嗽，早晨鼻塞。
- 夜里呼吸浑浊。
- 运动时咳嗽。
- 久咳不愈，经常伴有呼噜声或喘鸣。

究竟是过敏还是感冒？这两种情况都会流鼻涕和咳嗽。但如果你必须决定孩子是否能去幼儿园，参见第445页"感冒与过敏"。如果你不能一下子判断出是感冒还是过敏，那么可以再等等。如果症状持续了好几周，那么更有可能是过敏。你不必非得马上区分出是感冒还是过敏，因为两者的治疗方法其实是一样的。（参见第676页"治疗感冒"。）

找出宝宝的过敏原因

首先，判断孩子的过敏问题有多严重。只是有点吵，但用时间和一堆纸巾就能解决的小麻烦？如果是，不要浪费时间去预防过敏。或者过敏已经干扰了宝宝正常的成长、发展和行为？作为宝宝的过敏侦探，你要找到最有可能的过敏原。下面是 4 类最常见的吸入性过敏原以及应对措施。

花粉。如果宝宝的过敏是季节性的，花粉多、风大的日子是高发期，而你其他会过敏的朋友也在这个时候打喷嚏，流鼻涕，那么可以怀疑宝宝是花粉过敏。如果花粉成了最大的嫌疑人，试试下列措施：

- 花粉季节，有风的日子，让宝宝待在家里。你可以在网上查询当地的开花信息。
- 不要去充斥着花粉和其他过敏原的地方，比如满是杂草和花朵的田野。
- 关好窗户，至少关好宝宝卧室的窗户。
- 睡前给宝宝洗澡、洗头发，去除宝宝身上的花粉；洗衣服，去掉衣服上的花粉。

判断过敏的一点技巧

如果你怀疑孩子对环境中的某种东西过敏，但又不确定，那就出去度个假吧。如果孩子平时的过敏症状减弱或改善了，就可以确定孩子是对家里的某种东西过敏。

如何去除卧室的过敏原

被褥

•用防尘、带拉链的罩子包住床垫、床架和枕头。用胶带封住拉链。

•不要用绒毛或羽毛填充的枕头、抱枕，也不要用木棉或乳胶海绵做成的枕头（潮湿后容易滋生真菌）。买不容易造成过敏的枕头和用聚酯纤维做成的枕套。

•让宝宝的睡眠环境保持清洁。如果宝宝很容易过敏，那么婴儿床或卧室里不能留填充玩具和毛茸玩具。把这些东西全都装进垃圾袋，拿到车库去。如果你的孩子一刻也离不了他心爱的玩具，那就选一个可以经常洗的。不要用羊毛的毯子或睡衣，改用化纤或纯棉的，并经常换洗。经常晾晒床垫，吸尘，用热水清洗枕头、褥子和毯子，至少每 1 ～ 2 周 1 次。

•不要把东西塞入床下存放。

•让婴儿床远离打开的窗户和通风口。

卧室家具

•把布料和有填充材料的椅子换成塑料、木头或帆布椅。

•在木地板或油地毡上铺小块的地毯，并经常清洗。不要用长毛地毯。

•不要用花样过于复杂的家具，缝隙处容易堆积灰尘。

•不要在卧室里放书和书架，这样很容易积灰。

•不要把卧室当储藏室。

•不要在卧室里到处堆衣服。要把容易积灰尘的衣服放在衣柜里，衣柜的门要关上。

•可以卷起来的帘子比容易积灰尘的百叶窗好。

•用容易清洗的棉质窗帘。

•检查家具材料是否会造成过敏。一个很不显眼的过敏原就是制作家具的板材，其中含有甲醛。购买时请咨询制造商。

通风和空气净化

•关好卧室的门，不要让宠物进来。

•在花粉季节关好窗户。

•用一个过滤网盖住通风口。最好把通风口关上，封好。

•不要用电扇。电扇会积累灰尘，还会使灰尘到处飞。

•考虑买一个空气过滤器，最好是选用标有"高效微粒过滤"字样的，才可以去除尘螨、花粉、真菌、动物皮屑以及很多来自烟雾中的刺激物。

清洁技巧

•宝宝在卧室里时，不要用吸尘器，因为吸尘器会让灰尘扩散。用过吸尘器之后开窗通风。用水过滤吸尘器，可防止灰尘和尘螨从吸尘器中飞出并重新进入卧室，造成二次污染。最好的是标有"高效微粒过滤"的无尘吸尘器，能收集和保留看不见的灰尘过敏原。

•擦灰尘时，湿布比干布好。

•在用拖把拖地时，在水中加上有杀菌效果的消毒液。

•不要让抽烟的人靠近你家。

•留意空气中其他过敏原和刺激物：烹调油烟、除臭剂、空气清新剂、壁炉的烟、室内盆栽、香水、宝宝爽身粉、化妆品、樟脑丸和杀虫剂。

其实，极少需要这样大动干戈地去掉卧室里的过敏原。但对于严重过敏的宝宝，以上措施大部分是必要的。请咨询医生看是否有其他建议，可以改善宝宝的过敏情况。

•过敏严重的话，在卧室或整个屋子安装空调和空气过滤器。

•开车时关好车窗。

•不要在室外晾挂床单和衣物，以免沾上花粉。

动物皮屑。接下来，把怀疑的目光锁定在家里养的猫、狗、鸟或者邻居家的宠物上。宝宝和宠物在一起时会打喷嚏、流眼泪或气喘吗？如果怀疑是宠物的原因，至少不能让宠物进入宝宝卧室。有一点可能会让你惊讶：让人过敏的不是宠物的毛，而是皮屑（脱落的皮肤）。经常有这样的情况，宝宝和宠物在室外玩耍时一点问题都没有，而两个小家伙一旦在室内抱在一起，宝宝就开始打喷嚏。你需要根据宝宝过敏的程度来决定是否要把宝宝和宠物隔离。如果你有严重的家族过敏史，或者宝宝有其他过敏，那么在决定养宠物前，先让宝宝和宠物待在室内试试。所有的猫狗都有可能产生过敏原，但某些品种似乎特别严重。如果你们全家都特别容易过敏，考虑一下养金鱼吧。

真菌。这种植物孢子喜欢在阴湿寒冷的地方繁殖。地下室、碗柜、阁楼、角落里成堆的衣服、旧床垫、枕头、地毯、篮子、湿地毯、垃圾桶、浴帘、浴室瓷砖（特别是潮湿的角落）和家庭盆栽上都可以找到真菌的影子。经常将真菌带进卧室，而又容易被忽略的一大来源是加湿器（参见第678页对加湿器和蒸馏器的讨论）。室外真菌比较多的地方是潮湿的草丛，以及叶子、木头堆。要除去宝宝睡眠和玩耍环境里的真菌，试试下列方法：

- 通风，并清洁上面提到的所有地方。用有除菌效果的消毒液（放在孩子碰不到的地方）来清洁这些地方。
- 窗外如果有可能有真菌或花粉的树丛，就要把窗户关上。清洁花园里堆积的废弃物，修剪灌木丛。
- 移走最近因漏雨而弄湿的地毯和壁纸。
- 在使用中央空调的几个月里，如果你用加湿器，那么窗帘和壁纸上有可能都有真菌。经常清洗窗帘，去掉壁纸。

需要花多大工夫除菌，要看宝宝过敏的程度。大部分人能和少量的真菌和平共处。如果真菌实在太多了，没法清洁，你可能需要搬家。

灰尘。灰尘中的过敏原是一种叫做尘螨的昆虫引起的。这些小生物就像微小的碎屑，生长在地毯、被褥和家具上的灰尘里。它们在温暖、潮湿的环境中大量繁殖，以吃人体脱落的皮肤碎屑为生。这些尘螨的排泄物飘浮在空气中，进入人体容易过敏的呼吸道。引起过敏的正是这些排泄物，而不是灰尘或尘螨本身。但减少灰尘确实能控制这种过敏物质。

没有灰尘的家就像永远通畅的鼻子一样不现实。但还是有很多方法

可以减少灰尘，保持宝宝的环境洁净。再次提醒，该花多少时间大扫除，要视宝宝过敏的程度而定。不用因为孩子只是轻微过敏而做过多的清洁工作。如果你的孩子夜里呼吸很吵，早上起来鼻塞，那就从打扫卧室开始吧。

在学校里的过敏

如果孩子过敏的情况到学校后恶化了，需要考虑以下几个原因：

- 储物柜等地方的蟑螂。它们的排泄物会引发过敏。
- 教室里饲养的宠物①。有时候教室里的沙鼠、兔子等啮齿动物就是导致孩子过敏的元凶。请老师让其他学生把这些宠物带回家两周时间，看孩子的症状是否有改善。
- 尘螨和真菌。和学校领导谈谈如何发现、去掉可能的过敏原。
- 植物和杂草。学校里可能有某种特殊的草或花粉。不幸的是，孩子很难做到不去接触这些东西。

请教过敏专家

如果你亲自调查，采取措施之后，孩子的过敏症状还是没有好转，可以请过敏症专科医生给孩子进行皮肤测试，看你的孩子属于哪一种特定

---

①国外很多小学鼓励学生在教室里饲养小动物，作为全班共同的宠物，大家一起负责照顾。

的过敏症。这可以让你针对特定的过敏原采取预防措施，而不是没有针对性的预防。验血也可以，但没有皮肤测试那么准确。

治疗过敏的药物

解充血剂、抗组胺剂和两者的结合，在大一点的儿童和成人身上用得比较多，婴儿也可以用。请遵循前面介绍过的治疗感冒的注意事项（参见第 676 页）。能不用药最好不用药，做好鼻腔清洁，排出分泌物（参见第 677 页）。根据宝宝过敏的严重程度，医生会给出一个安全有效的用药建议。

湿疹

湿疹是一种过敏性皮炎，是婴儿及儿童阶段最常见的皮疹。过敏体质的人对食物、环境都非常敏感，在这种情况下，干燥的皮肤如果遇到特定的过敏原，就会引起湿疹。湿疹具有以下特征：

• 皮肤干燥。当你用手指触摸干燥的皮肤时，能摸到白色的小疙瘩。

• 干燥的斑块。干燥、白色或红色的鳞片状肿块在身体的任何部位都会出现。

• 突然发作。特别是在冬天，皮肤的有些地方会变得越发敏感，突然出现凸起、红色、略微渗出液体的斑

宝宝皮肤护理：每个父母都应知道的事

保持宝宝皮肤的健康，不仅需要给皮肤抹上对的东西，还需要让皮肤吸收对的东西。试试下面的方法：

1. 喂饱皮肤。对皮肤最好的食物是那些既能促进自然油脂分泌，又能减少发炎、发痒和长疹子的食物。我们总结了有 5 种这类食物：鲑鱼，沙拉，混合果饮，香料（如姜黄粉和黑胡椒）和补充剂（如鱼油）。

2. 保持皮肤湿润。可以给宝宝

抹点润肤霜，就好像给他的皮肤穿一件保护性的衣服，尤其是在冬天有暖气的干燥天气下。先给宝宝洗个澡，让皮肤变湿润，然后抹上润肤霜或润肤油，锁住水分。

3. 用润肤霜代替爽身粉。爽身粉容易在皮肤的褶皱处堆积，而且容易加重疹子。此外，如果吸入肺里的话，会刺激宝宝敏感的呼吸道。

（有关防晒的内容，参见第 750 页。）

块。这种斑块最常出现在肘弯和膝盖后面，脖子、手腕、手和脚上有时也有。

湿疹的治疗

如果只出现少量轻微的斑块，对宝宝影响不大，你可以不用管它。但如果斑块变得很严重，那么请采用下面的建议。治疗的目的有两个，一是滋润干燥的皮肤，二是去除过敏原。

保湿并去除刺激物

在宝宝的皮肤上涂低敏感度、无香味的保湿液或保湿霜，一天 1 ~ 2 次。保湿液或保湿霜的品牌很多，没有哪一种适合所有孩子。多试几种，找到最适合宝宝的。避免皮肤干燥，需注意下列事项：

• 洗澡时水温不要太高，温水就可以了。

• 不要让宝宝坐在肥皂水里洗澡，也不要洗泡泡浴。

• 用毛巾轻轻地拍干皮肤，不要摩擦。

• 不要用肥皂，也不要用婴儿液体香皂，这些都会让皮肤变干。要用低敏度、无香味的保湿香皂。

• 家里湿度保持在 40% 左右。为了精确，可以用一个湿度计。在干燥的天气里要打开加湿器。冬天用到中央空调时，也要使用加湿器。

• 不要买羊毛和化纤材料的衣服，会对皮肤产生刺激，棉质衣服最好。

• 用全棉的床单和柔软的棉毯。

• 穿新衣服前要先洗。这样可以去掉生产过程中残留的一些化学物质。

• 用温和、不褪色、无香味的洗涤剂洗衣服。液体洗涤剂的漂洗效果比较好。漂洗两次，以去掉所有残留的洗涤剂。不要用衣物柔顺剂。

• 宝宝在草丛里玩耍过或参加了让他出汗的活动之后，给他洗澡。

• 为防止皮肤晒伤，给宝宝涂抹防晒乳液。最好不含化学防晒剂。

• 给宝宝穿宽松的长袖长裤。

给皮肤补水

在我们诊所，曾看到患有湿疹或皮肤干燥的婴儿在补充了 omega-3 脂肪酸——或哺乳妈妈的饮食中增加 omega-3 脂肪酸后——皮肤发生了可喜的变化。还有，鼓励宝宝每天多喝水，这也能起到给皮肤补水的作用。

调查并避开过敏原

如果你能确定并且避开会导致湿疹或使之恶化的过敏原，就会看到孩子的湿疹迅速好转。

食物过敏。6 种常见的易过敏食物分别是乳制品（牛奶、酸奶、奶酪、黄油）、鸡蛋、大豆、花生、鱼和小麦制品。在两三周内取消所有这些食物。如果你看到宝宝的湿疹大有改善，就每隔一段时间恢复一种食物，以确定宝宝到底对哪一种食物过敏。母乳喂养的婴儿如果患湿疹的话，妈妈也应该在饮食方面做这样的调整。如果宝宝吃的是奶粉，那就换一种试试。（参见第214页有关奶粉的类型。）

环境过敏物。灰尘、真菌、宠物和季节性的室外过敏物（如花粉），更有可能引起鼻腔过敏和哮喘，而不是湿疹。不过，它们也会对湿疹的产生起催化作用。

止痒

根据下列步骤止痒：

• 氢化可的松软膏。湿疹发作时，在发痒的皮肤上涂抹氢化可的松软膏，1天2次，持续几天。如果需要，医生可以开药效更强的软膏。（没有医生许可，不要在宝宝的脸上用处方级别的可的松软膏）。

• 口服抗组胺剂。非处方药（如苯海拉明）和处方药都可以，这种药能有效地缓解瘙痒，特别是在晚上。

• 剪短宝宝的指甲，定期清洁。

随着年龄增长，大部分宝宝在儿童阶段就能摆脱湿疹困扰。不过，有些儿童会把这个问题延续到成人期。

父母关于艾滋病的疑问

与其他疾病相比，艾滋病在婴儿期是比较少见的。但父母们对它的担心可不小。不过，尽管媒体对艾滋病大肆宣传，但这种疾病并不那么常见。艾滋病全名"获得性免疫缺陷综合征"，是由HIV病毒引起的。这种病毒会使免疫系统崩溃，身体对如肺炎、血液感染等疾病束手无措。对婴儿来说，艾滋病还可能导致大脑发育异常、生长迟缓、肿瘤等致命结果。下面是一些父母对艾滋病的常见疑问。

艾滋病是怎样感染的？

艾滋病只会通过下列方式传播：

• 性传播。

• 血液传播。

• 受感染的皮下注射针头。

• 受感染的母亲在怀孕和哺乳时传染给婴儿。

艾滋病不会通过以下途径传播：

• 唾液	• 马桶坐垫
• 眼泪	• 宠物
• 咳嗽	• 苍蝇
• 喷嚏	• 蚊子
• 汗水	• 排泄物
• 器皿	• 游泳池
• 餐具	• 衣物

我的宝宝和患有艾滋病的宝宝一起玩，会被传染吗？

不会。艾滋病病毒并不会通过空气传播。曾有研究显示，和艾滋病童住在一起的兄弟姐妹并没有被传染，他们甚至共用玩具、牙刷、喝水的杯子等。由此可见艾滋病在儿童之间传播有多难。

宝宝会在幼儿园感染艾滋病吗？

宝宝会在幼儿园感染别的疾病，但不会感染艾滋病。艾滋病不会通过拥抱或亲吻而传播。专家们认为儿童通过咬人传染艾滋病也是极不可能的。即使患有艾滋病的宝宝不小心有了伤口，被感染的血液也必须经由另一个孩子的伤口进入对方血液中，才能产生感染。虽然理论上这种情况是可能的，但发生这种巧合的概率非常低。

宝宝会从宠物或玩具染上艾滋病吗？

不会。艾滋病病毒只能存活于人体中。玩具上沾染艾滋病患者的血液，可以用普通家用消毒液清洗杀菌。

患艾滋病的孕妇会把艾滋病传染给腹中的胎儿吗？

是的，研究表明，这种情况大概有 30% ~ 50% 的传播概率，但这种传播通常可以依靠医学手段进行干预而避免。

宝宝可能通过输血染上艾滋病吗？

目前，这种危险是可以忽略的。随着当今血液筛查技术的进步，国际红十字会估计，这种情况发生的概率大概在 100 万分之一到 4 万分之一之间。如果你还是不放心，那么当宝宝需要输血时，就由你或其他家庭成员捐血，或请某位血型匹配的朋友捐血。

艾滋病病毒可能通过哺喂母乳传播给婴儿吗？

新的研究表明，不应该总是禁止患有艾滋病的母亲给孩子吃母乳，以避免孩子感染到乳汁中的病毒。艾滋病通过母乳传播的概率要比先前怀疑的低很多，也比怀孕时通过血液传播要低很多。根据最近的研究，我们建议感染艾滋病的母亲在决定坚决不给孩子喂母乳之前，先去咨询这方面的专家。

收养一个被艾滋病病毒感染的宝宝，安全吗？

安全。与在学校或幼儿园里一样，根据美国儿科学会的说法，被艾滋病感染的宝宝把病毒传给家庭成员、朋友或养父母的概率，是"几乎不存在"的。研究人员正致力于研制安全有效的治疗药物和疫苗。目前，防止儿童染上艾滋病的最好办法就是成人避免染上这种病毒。

儿童常见疾病一览表

病名	原因	特征和症状	
阑尾炎	炎症。	腹痛；一开始可能是腹部中央痛，随后疼痛集中在右下腹部；疼痛迅速加剧；通常会发烧、没胃口；有可能呕吐；按压右下腹部时极为疼痛。	
哮喘	食物或环境过敏；肺部感染。	呼气时的喘鸣；在更严重的情况下，吸气时也会有这种声音；在锻炼、咳嗽、感冒时病情可能会加重；也可能只是频繁的咳嗽，而听不见喘鸣；有其他的过敏特征；哮喘急性发作时，呼吸急促、费力，颈部、胸部和上腹部肌肉会向内凹陷。	
膀胱感染	细菌。	3种排尿特征：尿频——每个小时都要排尿一次或几次；尿急——感觉到尿意刻不容缓；排尿时有灼痛感。如果伴随发烧、背部或侧身痛和呕吐，说明可能有更严重的肾脏感染。	
疖子	细菌引起，通常是葡萄球菌；可能由被感染的脓包引起。	凸起，发红，触疼，皮肤表面发热；屁股上比较多见。	

家庭治疗	药物治疗	备注
没有有效方法；观察。	由医生评估病情，以验血、验尿、X光检查或超声波检查来加以确诊；确诊或高度疑似的需手术治疗。	也考虑其他原因，如严重的胀气、膀胱感染或严重的便秘。
休息，放松；如果可能，上身竖直地睡觉；浴室的蒸汽疗法；拍背，鼓励宝宝咳嗽；对于慢性哮喘，要避开易过敏的食物和环境；对于吃母乳的婴儿，母亲的饮食中不要有乳制品和其他过敏原；改喝大豆配方奶或其他配方奶；服用非处方的祛痰药。	突发性哮喘：每三四个小时用一次沙丁胺醇吸入剂（借以放松、扩充肺部通道）；如果病情严重，服用类固醇药液或药片。 慢性哮喘：避免过敏；每日用预防性的类固醇或抗组胺剂；服用抗过敏药物。	少数几次阵发性的喘鸣并不意味着就是哮喘；哮喘指的是慢性或复发性的喘鸣发作。
补充足够的液体；蔓越莓汁（或蔓越莓混合果汁）每天喝 1～2 次，每次喝 1 杯。	尿液分析，以及尿液细菌培养（如果必要的话），以诊断病情；确诊之后使用抗生素治疗；继续喝蔓越莓果汁并补充液体。	通过尿液分析可以了解感染的情况；或者做尿液细菌培养，48 小时后即可确认感染情况。
热敷，一天 10 次，每次几分钟，让疖子的头冒出来；疖子开裂、流脓后继续热敷几天；要盖好疖子，直到脓液排尽。	手术切开，让脓液流出；排出脓液后涂抹抗生素药膏；需要的话口服抗生素。	不要挤压或挑破，以免留下伤疤或扩散到其他部位。

病名	原因	特征和症状	
细支气管炎（小呼吸道的痉挛和炎症，通常发生在不到一岁的婴儿身上）	呼吸道合胞病毒（RSV）感染。	像婴儿哮喘，呼吸快速、困难，声音混浊，咳嗽；脸色苍白，疲劳，焦虑；有感冒症状。	
支气管炎（大呼吸道的痉挛和炎症；任何年龄都有可能发生）	通常是因为病毒或过敏；有时候是因为细菌。	有感冒症状，低烧（38.3～38.9℃），很深的咳嗽，晚上比较严重，脸色苍白，疲劳；儿童也有可能喘鸣，与哮喘很像。	
蜂窝织炎（皮肤感染）	细菌感染，通常是葡萄球菌或链球菌引起的。	皮肤肿胀、发红、触疼、发热，通常出现在四肢和屁股；通常由刺伤、擦伤或疖子开始；局部淋巴腺肿胀、疼痛；更严重时有发烧症状。	
水痘	病毒（潜伏期7～21天）。	症状类似流感，发烧38.3℃；身体出现疹子，开始时很像咬伤，很快出现水疱，扩散至脸、嘴，之后是四肢；然后结痂；同时有不同阶段的疹子；发痒；连续几天，每天都有新的疹子出现，并经历相同的过程；第一天出疹子很难诊断；等两三天，观察疹子是否会出现如上变化。	

	家庭治疗	药物治疗	备注
	安抚宝宝，使他安静下来；让宝宝身体斜躺45度角睡觉；使用蒸馏器，喷出温暖的水雾；用非处方祛痰药缓解胸腔堵塞；多补充液体，少吃多餐；拍背。	使用沙丁胺醇（放松和扩充呼吸道），可以口服药液，也可以用吸入剂，或使用喷雾（将药制成喷雾，由鼻腔吸入）；严重的话，需住院输氧。	如果宝宝情绪很好，可以不必进行治疗；不过，随后如果感冒，可能会带来小的复发。
	放松，休息；可能的话睡觉时上身竖直；经常在浴室用热蒸汽治疗；睡觉时打开蒸馏器；拍背，鼓励咳嗽；白天服非处方止咳药；晚上服针对多种症状的混合型止咳药。	有必要的话，晚上服用医生开的强效止咳药；用抗生素对付细菌感染。	大部分婴儿和儿童的支气管炎是由病毒引起的，因此无须使用抗生素；如果咳嗽时胸痛，持续发烧，很有可能是细菌感染。
	每两小时热敷一次，每次几分钟；发烧和疼痛可以用对乙酰氨基酚治疗。	抗生素治疗：症状轻微的话就口服，中度则一天注射两次，严重时则在医院进行静脉注射；可能需要进行血液测试来判断严重程度。	用笔圈出被感染区域的边界；如果感染持续扩散，就要通知医生。
	剪短指甲，穿长袖衣服，免得抓伤，如果痒，泡燕麦澡，涂抹炉甘石液（不要涂抹脸上的疮口，可能会留下疤痕）；痒得厉害时口服苯海拉明（抗组胺剂）；对疼痛的地方可以涂抹抗生素药膏。	痒得厉害时请医生开抗组胺剂；在72小时内用抗病毒药能缩短疗程，缓解病情（只适用于大一些的儿童）；对受感染的地方用抗生素治疗。	长时间亲密接触会传染；所有伤口都结痂以后才不再有传染性；晒太阳可能会留下疤痕。

病名	原因	特征和症状	
结膜炎（红眼病）	病毒、细菌、过敏或环境里的刺激物。	病毒：眼睛发红，偶尔流泪。 细菌：眼睛发红，持续流泪，眼皮肿胀。 过敏：眼睛发红、发痒，流眼泪，可能有白色分泌物。 刺激物：眼睛发红、灼热，可能有白色分泌物。	
白喉	细菌感染（潜伏期2～5天）。	阻塞性的严重扁桃体炎；白色黏膜覆盖了扁桃体；发烧；呼吸、吞咽困难。	
会厌炎（喉部肿胀，堵塞呼吸道，阻止空气进入气管，有可能危及生命）	细菌感染，通常是B型流感嗜血杆菌。	发烧39.4℃；宝宝看起来很慌张，举止像生病了，看起来像被噎住了一样（身体往前倾，舌头伸出，嘴张开，流口水）；呼气时声音很闷很长；吸气时很费力；病情迅速恶化。	
传染性红斑	病毒。	脸上出现又红又亮的疹子；脸像被打肿了似的；躯干和四肢上有花边状的红疹，会持续1～3周；可能有低烧；关节酸疼；可能有感冒症状。	

	家庭治疗	药物治疗	备注
	用盐水滴眼液冲洗眼睛，每天数次；用暖布热敷；如果是过敏引起的，用非处方的抗组胺滴眼液。	病毒：盐水滴眼液。细菌：抗生素滴眼液或药膏。过敏：抗组胺滴眼液。刺激物：用盐水溶液反复冲洗眼睛。	病毒和细菌性结膜炎都有一定传染性，除非眼睛发红和流泪现象消失；新生儿和婴儿如果每天眼部都有分泌物，而且眼睛发红，可能是输泪管堵塞（参见第 111 页）。
	补水，吃冰棒，饮食清淡；用蒸汽疗法。	接种 DTap 疫苗进行预防；抗生素；住院。	目前很罕见，在广泛接种疫苗的国家尤其少见。
	需要急诊治疗，立刻送宝宝去医院，与医生联络；在途中打开车窗，安抚宝宝；不要喂食；让宝宝坐直呼吸。	住院，加护病房观察；抗生素治疗；氧气，蒸汽，静脉注射，吸入疗法；有时候需要把软管从嘴里插到呼吸道以帮助宝宝呼吸；接种 Hib 疫苗降低风险。	不同于哮吼（参第 693 页），会厌炎的症状更严重些，发烧温度更高，会流口水，吞咽困难；两岁以上的孩子较多；因为有疫苗，现在这种病比较少见了。
	需要的话，治疗发烧和其他症状，让宝宝舒服一些。	不必。	孕妇要格外当心，这种病会引起流产，特别是在前 3 个月，又没有接种疫苗的情况下；一开始出疹子或发烧时很可能感染别人，等宝宝感觉好了就不再具有传染性；剩余疹子可能不会传染。

病名	原因	特征和症状	
流感	病毒（潜伏期 1～3天）。	发烧(可能是高烧)、身体疼痛、呕吐、腹泻、嗓子疼痛、头疼、咳嗽、流鼻涕、眼睛发红；宝宝看起来没精神；这种病没有毒性，迅速开始，几天里症状会慢慢消除，咳嗽和感冒的症状持续时间会长一些。	
风疹	风疹病毒（潜伏期14～21天）。	低烧37.8～38.3℃,宝宝稍微有些没精神；类似流感，轻微感冒；脸上出现粉红色疹子，迅速扩散至躯干，到第3天消失；耳后和颈后腺体肿胀。	
手足口病	柯萨奇病毒（潜伏期3～6天）。	嘴、手掌和脚底有微小的水疱状的小疮；嗓子疼，吞咽痛苦；流口水；牙龈发炎；腹泻；高烧持续5天；可能非常疼，也可能只有一处有痛点；持续7天左右；很多宝宝嘴里会出现灰白色的溃疡。	

	家庭治疗	药物治疗	备注
	让宝宝小口喝水，吃碎冰或冰棒，口服补液盐溶液，少吃多餐，服用对乙酰氨基酚；必要的话使用治疗多种症状的感冒药。	强烈建议给心脏、肺部有慢性病的孩子打流感疫苗；疫苗对6个月以上的健康婴儿也有预防作用；二次感染时可用抗生素；容易导致并发症，如支气管炎，肺炎或耳部感染；不能给儿童用抗病毒流感药；可以请医生开止吐栓剂。	医生的检查有助于防止二次感染；判断流感的线索是，同时表现出上述几种症状。
	治疗方法与流感一样；宝宝病得没那么重。	接种MMR疫苗进行预防；检查以确定病情；可能和其他病毒类似；可以通过一系列的血液检查确诊，但极少有必要这样做。	孕妇要远离这种疾病，因为会引起新生儿缺陷（85%的孕妇已经免疫）；从疹子出现前几天到疹子出现7天之间具有传染性。
	两个主要目标：一，止痛和退烧；二，防止脱水，需要时服用对乙酰氨基酚。吃流质食物、冰棒、果冻、冰淇淋，饮食清淡；不要吃酸性食物，如柑橘类水果和番茄汁；苯海拉明有安抚效果。	不必使用抗生素；对会漱口、会把漱口水吐出来的大一些的儿童，可以开有麻醉成分的漱口液。	孩子表现得很没精神，但病情不是很严重，危害不是很大；传染性很强，除非发烧和疼痛消失；轻微脱水很常见，但一般不需要就医；孩子可能有几天不吃东西。

病名	原因	特征和症状	
甲肝（肝炎的一种，不同于乙肝和丙肝，后两者可以通过性关系传播）	病毒（潜伏期2～6周，通常是4周）。	取决于年龄。 婴儿期～6岁：轻微流感症状（肚子疼、呕吐、腹泻）；肤色发黄；持续几天；没有长期问题。 6～12岁：症状和婴儿一样，但可能更严重，持续时间更长，没有长期问题。 12岁～成人：症状相同，持续一周或更久；肝脏发炎和受损的程度可能要更严重；长期的肝损坏比较少，但也有可能发生。	
单纯疱疹（口内炎）	疱疹病毒（潜伏期7天）；与生殖器疱疹不同。	疼痛、肿胀、发红、有时候牙龈出血；舌头、牙龈、嘴唇、口腔的周围有微小的水疱；水疱破裂后还有痛感，愈合需一周；低烧；烦躁不安；胃口差。	
脓疱病（皮肤感染）	细菌，链球菌或葡萄球菌。	丘疹，流脓，像水疱，结蜂蜜色的硬壳；通常出现在鼻子下面、嘴巴周围和尿布区。	
莱姆病（因首次在美国康涅狄格州的莱姆镇被确诊而得名）	螺旋菌，来自被感染的蜱叮咬的伤口。	一开始在伤口周围出现环形红疹，凸起，中间苍白；躯干和四肢也开始出现圆形的疹子；症状类似流感；伤口附近腺体肿胀；有时候伴有结膜炎、嗓子疼；几周以后会出现关节肿胀或疼痛。	
麻疹	病毒（潜伏期8～12天）。	刚开始像感冒，接着有40℃的高烧，会咳嗽；眼睛充血，对光线很敏感；第4天脸上开始出现深红色疹子，流脓，随后扩散至全身；脸上最先消失，但要持续5天；当疹子开始出现时，宝宝看起来病得最重。	

	家庭治疗	药物治疗	备注
	和治疗流感的方法相同。	和治疗流感的方法相同。	可以通过食物或直接接触（如餐馆服务员）传染；经水源传播的甲肝比较少见。
	与治疗手足口病的方法相同；试试酸奶和乳酸菌；不要用可的松软膏（湿疹软膏）。	与治疗手足口病的方法相同；处方类抗病毒软膏可能可以缩短口腔外部疼痛的时间（不是口腔内部）。	病毒潜伏在体内，会不时地复发，持续一生；发作时有传染性。
	剪短指甲，不让宝宝抓；盖好患病部位，防止传播；不要碰感染的皮肤，例如鼻子以下区域；非处方的抗生素药膏。	处方的抗生素药膏；严重时口服抗生素。	如果加以遮盖，加上医生治疗，传染性不高，但不要让孩子用感染的区域去接触别的孩子。
	仔细地除掉蜱（参见第754页），留做以后检查；伤口处涂杀菌剂；联系医生。	确诊很难，通常需要验血；确诊以后需要用抗生素治疗。	很多时候不能确诊，只是怀疑；相对不太常见的一种病。
	疹子消失前必须隔离；多补充水分；控制发烧。	接种MMR疫苗进行预防；治疗并发症，如肺炎、脑炎、耳部感染；脸颊内部如出现白斑，可以判断为麻疹。	有时其他病毒引起的疹子也会被怀疑是麻疹；麻疹的疹子是深红色的，覆盖了大部分的脸和躯干，孩子会很没有精神，出现高烧。

病名	原因	特征和症状	
脑膜炎（脑部内膜发炎）	细菌或病毒（潜伏期取决于感染媒介，一般10～14天）。	细菌：4种典型症状——高烧、严重的头疼、呕吐、背部或颈部僵痛（低头时会更严重）；其他症状包括嗜睡，眼睛对光线敏感，当伸腿换尿布时腿部僵直；头上囟门膨胀；孩子表现得极端虚弱。 病毒：症状相似，但孩子看上去病得没那么厉害。	
耐甲氧西林金黄色葡萄球菌感染	葡萄球菌，对大部分抗生素有耐药性	一开始表现为脓疱病，疖子或蜂窝组织炎，但会恶化为更大的疖子或脓疮。	
腮腺炎（颈部唾液腺发炎）	病毒（潜伏期7～10天）。	开始像流感，通常还伴随有肠胃不适；两三天后耳垂下的腺体肿胀发疼，可能由一侧开始，而后另一侧；张嘴时有痛感；持续7～10天；可能有低烧；孩子通常看起来病得不严重。	
蛲虫	肠道寄生虫（潜伏期不固定，可能是几个月）。	夜醒，休息不好；肛门周围或阴道奇痒难忍；虫体像白线，1厘米长；晚上会爬出直肠，到肛门或阴道附近产卵。	

	家庭治疗	药物治疗	备注
	没有；确诊的线索是背部、颈部僵直疼痛，还伴有其他症状；如果有其他症状，但颈部和头部没事，那么不太可能是脑膜炎；如果出现多种症状或宝宝很虚弱，立刻看医生。	用疫苗预防；抽脊髓液加以确诊。细菌：静脉注射抗生素至少7天；观察是否有并发症。病毒：与治疗流感措施相同，不用抗生素。	诊断和治疗得越早，效果越好；也取决于致病细菌的类型。
	温水浸泡；如果脓疮破裂，允许脓液流出，做好防护以避免传染。	口服针对此种细菌的对应抗生素；大的脓疮需要进行外科处理，用第四代抗生素。	可能变得很严重，但大部分情况下不会；有传染性。
	饮食清淡，吃流质食物；给脖子冷敷；服用对乙酰氨基酚；如果孩子变得爱打瞌睡，持续呕吐或脖子僵硬，就看医生。	接种MMR疫苗进行预防；治疗较为罕见的并发症：脑炎、脱水。	不要与其他淋巴腺肿胀混淆：腮腺炎腺体很大，触痛，位于耳垂正下方，颚骨以上；颚骨以下是其他腺体炎症；肿胀消失后也就没有传染性。
	晚上用手电筒查看肛门周围有无虫体，或用胶带粘取肛门周围的虫卵，拿到实验室化验；剪指甲，防止抓挠。	每个家庭成员都要服药；先服一次，两周以后再服一次。	不算什么病，只是一点小麻烦，只通过人传播，不会通过宠物或玩具传播；孩子抓屁股，虫卵藏在指甲里，传染给其他孩子，或被自己吃下去，虫卵在肠道内孵化成虫，又开始新一轮循环。

病名	原因	特征和症状
肺炎（肺部组织发炎）	细菌或病毒（潜伏期通常是7～14天，具体取决于细菌类型）。	开始就像普通的咳嗽和感冒，然后恶化。细菌：发烧38.9～40℃，发冷，呼吸急促，心率加快，能咳出痰，腹痛，胸痛，呕吐；宝宝病得很严重。病毒：低烧，不发冷；咳嗽不断；但宝宝看上去病得没那么严重；可能持续3～4周。
雷氏综合征（大脑、肝脏的炎症）	未知，可能是病毒感染释放出的毒素引起。	宝宝开始嗜睡，越来越严重，甚至会昏迷；持续呕吐；发烧；在病毒感染之后突然发作；是一种严重的疾病。
玫瑰疹	病毒（潜伏期5～10天）。	突然高烧（39.4～40.6℃），可能会引起痉挛；治疗后很快退烧；宝宝精神尚好，特别是开始退烧的时候；第3天开始退烧；宝宝看起来跟平时没两样，然后脖子上、躯干和四肢出现粉红色疹子，持续1～3天。
呼吸道合胞病毒（RSV）（肺部发炎）	病毒（潜伏期5～8天）。	与细支气管炎相似：咳嗽声刺耳，呼吸急促，喘鸣，吸气费力；是头6个月造成喘鸣或支气管炎的最常见原因之一。

家庭治疗	药物治疗	备注
多喝水；退烧；蒸汽疗法——让宝宝在蒸汽中做10分钟深呼吸；拍打胸腔、身侧、背部，鼓励宝宝咳嗽；吃止咳药来缓解胸腔充血；需要的话，夜间吃抑制类止咳药。	口服抗生素；有时需要进行胸部X光检查以诊断病情；如果出现中度到重度的呼吸困难，氧气不足，必须住院治疗。	及早治疗，不再像以前一样被看做严重疾病；用抗生素和冲击疗法，很容易医治；医生用听诊器能听到特殊的肺部声响。
如果宝宝精神状态出现迅速的恶化，请通知医生。	住院；支持治疗；治疗脑水肿和肝部疾病，控制癫痫发作。	怀疑跟治疗水痘或流感时用的阿司匹林有关，但没有得到证实。
治疗发烧，补充水分；尽管发烧，但退烧时宝宝看起来好很多的话，也不用担心。	控制发烧；疹子出现以后才能确诊。	对6～18个月的孩子来说，这是常见的发烧原因；如果高烧起伏不定，而宝宝看起来精神还好，很有可能就是玫瑰疹；如果用了抗生素之后出现疹子，可能会被误认为是对抗生素过敏出现的疹子。
与对付细支气管炎相同；如果宝宝出现呼吸困难，精疲力竭或脸色苍白，嘴巴周围发紫，请通知医生。	可能要住院；情况严重时用抗病毒药物，并需要用特殊吸入疗法进行治疗。	对不到6个月的婴儿，出现任何咳嗽长久不愈、呼吸费力的情况都要注意；是引起新生儿慢性咳嗽的常见原因。

病名	原因	特征和症状	
疥癣（皮肤感染）	极小的螨虫。	奇痒，出现像被跳蚤咬过的肿块；有时候螨虫会藏在皮肤下面，造成长条形的肿起的疹子；不治疗会持续数周。	
猩红热（本质上与脓毒性咽喉炎相同——见下述"喉咙痛"）	本身不是感染；是对脓毒性咽喉炎感染的一种免疫反应。	脸、身上和四肢出现晒伤似的疹子，摸上去像砂纸；嘴巴周围出现像胡子似的灰白色；5天内疹子消失，留下脱皮部位；发烧至38.3～40℃；扁桃体炎，像脓毒性咽喉炎；常有呕吐；在感染脓毒性咽喉炎时发作。	
喉咙痛（脓毒性咽喉炎，病毒性咽喉疼痛）	病毒，细菌（链球菌）（潜伏期2～5天）。	脓毒性咽喉炎：3岁以下不多见；咽喉和扁桃体红肿；有中度到重度之分；吞咽有痛感；上颚有红斑；扁桃体上可能会有脓液；舌头像草莓；发烧，可能会出现头痛和肚子疼。 病毒性咽喉疼痛：婴儿和幼儿更为常见；与脓毒性咽喉炎症状相似，但轻一些；经常伴随其他的感冒或流感症状。	

家庭治疗	药物治疗	备注
洗冷水澡，泡燕麦澡，剪指甲，洗衣服和被单，涂抹苯海拉明药膏止痒。	处方药膏或乳液（按照说明书使用，过量可能引起中毒）；止痒药物。	如果疹子发痒，持续几周，很有可能就是疥癣；具有高度传染性，但只局限在人与人之间，不会通过玩具传播。
与治疗喉咙痛的方法相同；泡燕麦澡，用苯海拉明药水止痒。	和治疗脓毒性咽喉炎的方法相同。	和脓毒性咽喉炎的情况差不多；没有必要采取特殊的预防措施。
补水，吃冰棒，饮食清淡、柔软；严重的话，用润喉糖、麻醉喷雾、对乙酰氨基酚或布洛芬治疗疼痛；用温盐水漱口。	脓毒性咽喉炎：通过快速链球菌检测（5分钟可出结果）或咽拭子培养（1～2天）来确诊；确诊后用抗生素治疗。病毒性咽喉疼痛：不需要用抗生素。	脓毒性咽喉炎：治疗开始后24～48小时内有传染性。病毒性咽喉疼痛：烧退后24小时，痛感逐渐消失时，才不具传染性。区分的依据是，前一种病主要针对4岁及4岁以上的孩子，喉咙痛是主要症状，孩子看起来病得比较严重；而病毒性咽喉疼痛多见于婴儿和幼儿；喉咙痛的同时还有其他感冒和流感症状。

病名	原因	特征和症状	
破伤风（牙关紧闭症）	细菌感染（潜伏期 3～21 天）；由深度污染伤口的细菌释放的毒素引起。	全身肌肉痉挛，特别是下巴肌肉。	
扁桃体炎（喉咙痛）	通常是细菌引起的，也有时候由病毒引起。	与脓毒性咽喉炎相似，但扁桃体肿得更厉害，通常流脓；吞咽困难；要比脓毒性咽喉炎更让宝宝难受。	
百日咳	细菌感染（潜伏期通常是 7～10 天，也有可能是 20 天）。	开始像感冒，但迟迟不愈；两周以后咳嗽加剧；严重的咳嗽发作时，要持续半分钟到一分钟，咳出很浓的黏液，宝宝口水很多，脸通红，咳到最后经常呕吐，随后是很长的吸气喘鸣声；咳嗽时脸色苍白，嘴巴周围变紫；通常没有发烧，在两次咳嗽间隙宝宝看起来很正常；一小时发作几次，或几小时发作一次。	

	家庭治疗	药物治疗	备注
	通过用杀菌剂清洗伤口，接种疫苗预防。	接种 DPaT 疫苗进行预防；住院；接受抗生素治疗。	不常见。
	与治疗喉咙痛的方法相同。	通常口服抗生素治疗；严重时口服类固醇。	治疗开始后 24～48 小时内具有传染性。
	补水；用冷湿气，拍背，喝止咳糖浆；如果咳嗽继续，孩子疲惫不堪，呼吸困难，或发作时脸色发紫，就看医生。	接种 DTaP 疫苗进行预防；诊断主要根据父母的描述或医生在宝宝发作时的观察；抗生素对防止感染扩散很有用，密切接触的家庭成员最好一起接受治疗；止咳药可能有帮助；如果孩子在发作时脸色变青就需要住院。	6 个月以下的婴儿最严重；较大的孩子通常不会出现并发症；治疗 5 天以后才不具传染性；治疗之后咳嗽可能还会持续几周。

第 28 章　常见紧急状况的急救
和处理方法

苏珊有一个经常出事的孩子，折腾得她连白头发都长出来了。有一次她甚至问我："哪里能找到一个肯住在我家的医生呢？孩子学走路这几年，我该怎么过啊？"

家里再安全，宝宝再聪明，意外也是可能发生的。父母就是宝宝的第一位急诊医生。救孩子的命是十万火急的事。

提前准备，有备无患

为了应付可能发生的紧急状况，你必须对家中环境、处理技巧及自己的心理提前做好准备。

预防。尽可能创造一个不会出事的家庭环境，可以参见第 25 章。

准备。上一门婴儿心肺复苏课程，学一些基础的急救知识和技能，每两年复习一次。这些课程可由当地的红十字会或医院提供。如果没有，和别的父母合请一位专业人士为你们指导。就像你为了迎接宝宝到来去上分娩课程一样，心肺复苏课程能让你对宝宝出生后的安全问题做好充分准备。

上中学的孩子也应该上这么一门课，因为他们经常是小弟弟、小妹妹的临时看护。至少要全家一起看心肺复苏课程的录像，然后一起讨论和练习学到的内容。

要求宝宝的保姆也要上这样一门课，如果你的宝宝上的是幼儿园，要保证幼儿园的工作人员有过这方面的训练。

练习。不时地在你脑海里彩排一下，如果发生了什么事情，该怎么做。回想你从心肺复苏课程里学到的内容。用洋娃娃或靠垫做实验，不要用宝宝。预先想好整个行动的计划，要对之非常熟悉，这样当意外真正发生时你就能像反射动作一样迅速。

本章我们将介绍一些面对紧急情况时的救命技巧。

如果孩子没有呼吸了：心肺复苏术

心肺复苏和异物窒息这两个部分，是为了让父母们对急救有个大体了解。不能保证也不能让你能完全应付得了紧急情况。我们推荐父母去上心肺复苏课程，指导教师需取得美国心脏协会或红十字会的资格证书。截止到本书出版时，这里介绍的指导方法都是通行的。不过，正规的心肺复苏技巧随时在变。一个最近的变化是我们不再用ABC（Airway 空气，Breathing 呼吸，Circulation 循环）来描述心肺复苏术的顺序。胸部按压现在被认为是最重要的第一个步骤，所以这个顺序就变成了CAB（Chest compressions 胸部按压，Airway 空气，Breathing 呼吸）。

第1步：确认宝宝没有呼吸。如果宝宝面色苍白，发紫，很明显没有呼吸，那么就开始做心肺复苏术（第2步）。如果你并不确定，可以通过挠宝宝的光脚底，拍拍他的胸或肩膀，或大声叫他的名字来试着唤醒他。但不要摇晃他的身体。

第2步：大声寻求援助，叫别人帮忙拨打急救电话。如果有他人在场，叫他／她立即拨打120，如果只有你

一个人，最好先开始做心肺复苏术，而不是先拨打120。做了2分钟左右的心肺复苏术后，如果援助还没有到，这时候拨打120。

第3步：胸部按压。首先，按照每分钟100次的速度做30次胸部按压（大概用时15～20秒）。方法及按压的深度取决于孩子的年龄：

*不到1岁的婴儿：*想象在孩子的两乳之间拉一条横线，这是胸骨。用一只手的两个手指按压胸骨。按压深度大概4厘米。如果有两个接受过训练的人在场，方法是用两个拇指按压胸部，而其余手指环绕着胸部（参见第736页上图）。

*1岁及以上的孩子：*用一只手的掌根部分或两只手一起叠加，按压宝宝的胸部，深度为5厘米（参见第740页上图）。

第4步：人工呼吸。最开始的30次胸部按压过后，打开宝宝的嘴巴，检查有无造成窒息的异物，尤其是当你发现宝宝在失去意识之前有吞咽、噎着的动作时。如果看到异物就取出来。不要盲目去掏，因为有可能会把异物推得更深。然后做两次人工呼吸，每次持续约1秒钟。具体的动作取决于宝宝的年龄：

*不到1岁的婴儿：*用你的嘴唇覆

盖住宝宝的嘴巴和鼻子,使劲儿吹气,使宝宝的胸部能够起伏。来呼吸。

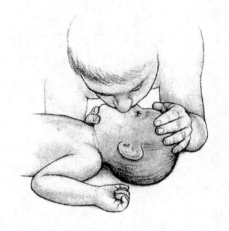

对不到 1 岁的婴儿进行口对口的人工呼吸。

*1 岁及以上的孩子:*捏住宝宝的鼻子,只对准他的嘴巴呼吸。每次呼吸,注意观察宝宝胸部的起伏。如果胸部不起伏,重新调整你的头部姿势,将你的嘴巴闭合得更严实,再试一次。

对大一些的孩子进行口对口的人工呼吸。

第 5 步:继续 2 分钟。30 次胸部按压(用时 15 ~ 20 秒,或每秒钟不到 2 次),紧接着是 2 次人工呼吸,如此交替,持续 2 分钟。如果只有你一个人,那么现在放下孩子,拨打急救电话或叫其他人拨打电话。如果不只你一个人,120 急救电话也已经打过了,那么可以继续心肺复苏术,直到专业援助到来,或直到孩子开始自己呼吸了。

如果有两个人在场,一人做胸部按压,另外一人做人工呼吸,按照每按压 15 次做 2 次人工呼吸的频率(而只有 1 人在场,是 30 次按压加 2 次呼吸)。如果有自动的电震发生器,可以立即使用,根据指导一步步做。

异物窒息

异物窒息是指宝宝的呼吸道被东西堵住,很难正常呼吸。它是导致儿童死亡的最常见的原因之一。

什么时候不需要急救

如果宝宝能咳嗽、哭闹或说话,而且明显还能呼吸,说明呼吸道没有被堵住。有空气进出才能制造声音。宝宝自己的咽反射和咳嗽反射通常能将堵塞物咳出来。在这种情况下,任何干预措施都没有必要,甚至可能造成危险。你只需要在宝宝身边,给他

吞入的物体

把手里的东西放进嘴里是宝宝的标准动作，但会让父母担心不已。宝宝经常会吞下小东西，如硬币，这些东西几乎都能通过肠道，并在1～3天内随大便排出，没有什么伤害。如果你的宝宝不咳嗽，没有流太多口水，没有肚子疼，看起来很好，那就不太有必要通知医生。

但也有需要担心的时候。有时像大颗的硬糖或大硬币会堵住宝宝的食管，也就是从嘴里通到胃的那根管子。虽然食管被堵远没有气管被堵来得严重，但也会影响宝宝吞咽，有时甚至危及宝宝的呼吸。出现以下情况就要立即看医生：大量流口水，被堵的地方有痛感（通常大孩子才知道堵的地方），吞咽困难。

精神支持，向他保证"没问题"，这样宝宝才能不惊慌。记住，要是你的表情很担心，宝宝也会如此。你慌，宝宝也慌。

除非你能轻易地看到堵塞物，否则不要用手指去取；这样做可能会把物体推得更深。

什么时候需要干预

如果宝宝显示出下列症状，说明他的呼吸道被堵上了：

• 气喘或脸色发青。

• 昏倒（而且你怀疑宝宝是异物窒息）。

• 表现出"我被噎住了"的表情：睁大眼睛，张开嘴巴，流口水，表情很惊慌。

• 大一点的孩子会表现出噎住时一般的做法：用手紧握喉咙。

如果宝宝噎住了

如果你的孩子表现出上述所列的任何一条，你可以采取两种办法：

对于1岁以上的宝宝，用海姆利克氏操作法（也叫腹部按压法）；对于不到1岁的婴儿，用拍背按胸法。

不推荐对不到1岁的婴儿用海姆利克氏操作法，因为可能会挫伤重要的内脏器官。

过去，对1～2岁的孩子到底该用哪种方法一直是见仁见智，但现在已经基本达成了共识：海姆利克氏操作法适用于大一些的孩子。父母们用拍背按胸法时通常觉得更自在，犯的错误也比较少，但最新的建议还是对1岁以上的宝宝采用海姆利克氏操作法。

★**特别提示**：不管你用哪种方法，都要全力以赴，不要放弃。异物可能会溶解或变小，呼吸道也可能会放松，使异物更容易吐出。如果你的宝宝在公共场所发生异物窒息，你要大声呼救寻求帮助，特别是如果你不懂得心肺复苏术。也许周围正好有人会心肺复苏术。行动要迅速，但要让每个动作都确实发挥效用。

拍背按胸法（适用于不到 1 岁的婴儿）

第 1 步：**拍背 5 次**。让宝宝面朝下，趴在你的小臂上，头稍微向下。用你的手支撑宝宝的下巴，另一只手的手掌快速、有力地在宝宝肩胛骨之间连续拍打 5 次。同时要呼救，寻求帮助："我的孩子被噎住了，快打急

救电话！"如果只有你一个人，不要为了打急救电话而耽误了施救动作或心肺复苏术。最好是先做 2 分钟的施救动作，然后停下来拨打急救电话。或者每隔一段时间呼救一次，直到有人听见，帮你拨打急救电话。。

第 2 步：**按胸**。如果宝宝还没有吐出异物（宝宝还在咳嗽或哭泣，或你没有看到东西吐出来），还不能呼吸，把他转过来，身子搭在你大腿上。在宝宝胸腔快速而有力地按压 5 次。为了找到正确的位置，设想两个乳头之间有一条线，你按压的地方就位于这条线和胸骨交叉点下面一指宽处。用两三根手指快速按压胸骨，按压的深度是 1.5～2.5 厘米，每按压一次后，无须移动手指，让胸骨自行恢复原位。

继续交替做 5 次拍背和 5 次胸部按压，直到异物吐出，或者宝宝失去意识。如果宝宝失去了意识，不要继

拍背

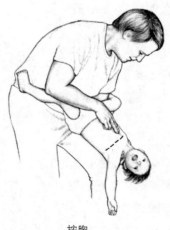

按胸

738

续拍他的背。只做胸部按压，作为标准的心肺复苏术的一部分，将异物清出呼吸道。根据上文的指导，做30次胸部按压动作。

第3步：**寻找异物**。当你给失去意识的婴儿做了30秒的胸部按压之后，打开他的嘴巴，看看有无异物出现。如果发现了异物，取出，但不要用空手去掏，因为这样有可能把异物推得更深。

第4步：**口对口呼吸**。如果宝宝还是没有呼吸，对他做口对口和鼻子的呼吸，连续做2次。如果随着每一次呼吸，宝宝的胸部都有起伏，就说明呼吸道是畅通的。

重新开始做30秒的胸部按压动作，接着做2次呼吸（根据心肺复苏术的步骤），重复这个过程，直到宝宝开始呼吸，或专业援助到来。如果宝宝的呼吸没有随着你的呼气而起伏，调整头部和嘴巴的姿势，让嘴唇封得更严实，再试2次呼吸。如果依然未见宝宝胸部有起伏，可以再开始做下一组的动作：30秒胸部按压，检查嘴巴（重复第3步）。继续交替做胸部按压、口对口呼吸、检查异物这个过程，直到专业援助到来。如果你做了2分钟的心肺复苏术后援兵依然未到，最好先放下宝宝，有必要的话去寻求帮助，拨打急救电话。

经过练习，这套拍背、按胸、检查口腔、做人工呼吸的流程可在1分钟之内做完。用一个洋娃娃来练习，你会发现自己变得非常娴熟。

第5步：**重复以上步骤**。在打电话和等待救护车到来的过程中，重复这4个步骤。经过充分练习，这4个步骤做起来可能不到1分钟。用洋娃娃练习，让自己的动作变得很熟练。

海姆利克氏操作法（腹部按压法，适用于1岁以上的孩子）

海姆利克氏操作法不推荐用于不到1岁的婴儿。

如果孩子还有意识。站在孩子身后，用你的胳膊围着他的腰。将一只手握成拳头，用拇指抵住孩子腹部中线位置，稍微在肚脐以上，但在胸骨以下。另一只手抓住这只拳头，快

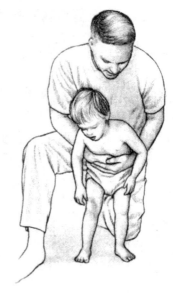

对还有意识的孩子实施腹部按压。

速地在孩子的腹部向内向上按压。小心你的拳头不要碰到胸骨的末端或肋骨。继续这个动作，直到异物被吐出，或失去意识为止。

如果孩子已经失去意识。让孩子

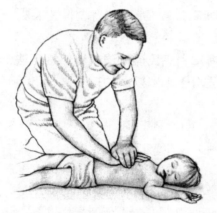

对失去意识的孩子实施腹部按压。

平躺，开始 30 次的胸部按压，依照上文介绍的心肺复苏术的指导操作。不要尝试海姆利克氏操作法。胸部按压和人工呼吸可能可以把异物推出体外。每次你停下按压动作开始呼吸时，检查一下孩子的口腔是否能看到异物（记住，徒手去掏很危险。）继续做心肺复苏动作，直到专业救援到来。

流血

要对宝宝的第一次流血提前做好心理准备。虽然大部分情况是小伤口，只需贴上创可贴就可以了。但了解如何识别和止住大出血，可以在关键时刻救孩子的命。

不同年龄段的不同胸部按压法

新生儿

如果只有你一个人，用两个手指按压宝宝的胸骨；如果有两个人，你可以将双手放在宝宝的腋下，握住宝宝的整个胸部，用你两个拇指的指腹按压胸骨。深度为 4 厘米，速度为每分钟 100 下。

对大一些的孩子（1 岁以上）

用你的手掌根部，按压得更深些，约 5 厘米，速度为每分钟 100 下。

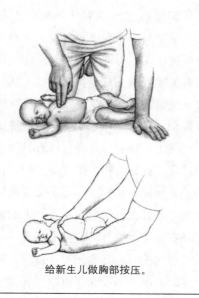

给新生儿做胸部按压。

大出血

加压。用纱布或干净的手帕压住出血口2分钟。然后，如果可能的话，把伤口放在冷水下冲洗，评估伤口的严重程度。血管较密集的部位，例如头皮，即使一个很小的伤口，也会流出很多血（加压，涂抹抗生素药膏，加上一点时间，就可以很快愈合）。流血量的多少取决于被划开血管的类型。如果是一条小静脉被划开，血可能只有一点，两三分钟的按压和／或放在冷水里冲就好了。如果受伤的是动脉，血就会喷涌而出，这就需要至少10分钟的按压才能止住。如果你在按压时中途停下来瞄一眼伤口，就要重新开始计时。接着用绷带止血至少20分钟，然后才能检查伤口情况并尽快就医。

用绷带止血。如果流血不是静脉受伤的那种小量出血，那么至少按压10分钟。不要移开吸了血的纱布（揭开纱布可能会弄破凝结的血块，导致伤口重新出血），而是要在原来的纱布上再加一块。不要停止给伤口施加压力，在纱布上缠绕绷带，保持对伤口的压力。

安抚宝宝。宝宝躁动不安，会让更多的血往伤口处涌。父母要镇定，稳住局面。

让宝宝保持正确的姿势。让宝宝躺下来，把出血部位抬高，使之高于心脏，例如抬起胳膊。

寻求帮助。打电话给医生寻求进一步的建议，或者带孩子去看急诊，特别是在你无法止血的情况下。

小出血

大部分孩子看到出血就会惊慌不已，其实一般小人儿也只会有小出血，可以很方便地在家处理。

保持镇定。幼儿见到血就会很紧张，以为是自己的身体有了漏洞。如果你很慌张，只会让情况变得更糟。

清洗伤口。把出血部位（例如胳膊）拿到冷水下冲洗几分钟，同时安慰孩子说"很快就会好的"（不要说"没事、没事"）。注意：洗去皮肤或头发上的血时，用冷水比用热水好。不要忘了贴上创可贴。即使血止住了，及时缠上绷带也会让孩子觉得他的"漏洞"堵上了。

每日护理。每天用水冲洗伤口，能洗去残余物、细菌和死皮，而这些都会提高感染概率。用干净的纱布轻轻压干。根据伤口的位置以及类型，医生可能会建议清洗和重新包扎，每天2次。抹上抗生素药膏，根据医生的指导重新包扎。

关于缝合伤口

宝宝的伤口需要缝合吗？缝合

能加快愈合,减少感染和结疤的概率。如果伤口裂开,你能看到皮肤下面的肉,那就需要缝合。

前面说到,头皮上的伤口流血很多,但止血之后,你会惊讶地发现其实伤口只有一点点。而且伤口愈合得快,很少感染。这些考虑,加上没有美观方面的问题,使头上的小伤口可以无须缝合而自我痊愈。

另一个流血很多但也能自我愈合的地方,是连接上牙龈和嘴唇的组织,叫做系带。跌倒撞到脸时,系带常会受伤流血,但系带很少用得着缝合,只要用浸泡过冷水的纱布施加压力,或只要宝宝吃根冰棒,就能痊愈。

有些长度不到 1.5 厘米,且没有

胶带的运用

你需要的东西包括:0.6 厘米宽的胶带,棉签,安息香酊,剪刀。

1. 根据前面的操作,清洗伤口,让伤口保持干燥。

2. 剪 2.5 ~ 5 厘米长的胶带。

3. 用棉签在伤口两侧少量涂抹安息香酊,但不要接触到伤口,会有刺痛感。

4. 把伤口两边对合,然后用胶带固定。如果需要用 3 条胶带,第一条用于对合伤口两侧,另外两条一边一条。一般小伤口只需两条胶带。

裂开的小伤口,可以用无缝胶带(改良的蝴蝶绷带)包扎。如果你不确定宝宝的伤口是否需要缝合,让医生来检查一下。

父母的陪伴。如果宝宝的伤口需要缝合,当医生给他做缝合手术时,你一定要陪在宝宝身边,安慰他,给他信心。告诉宝宝正在做什么。如果有疼痛,不要跟宝宝说不会疼。错误的说法会引起他的不信任。

创可贴 VS 缝线

创可贴是急诊室里孩子们的好朋友,很多伤口都可以用创可贴又快又好地贴合。如果伤口不深,不严重,不管是用创可贴还是用针线缝合,留下疤痕的概率是一样的。

如何减少疤痕。大部分的疤都是由护理伤口的方式而不是缝合引起的。试试这些方法:

• 根据医生建议护理伤口,并根据介绍的方法做好伤口清洁。伤口被感染是导致留下疤痕的最重要原因。

• 拆线要适时。缝针保留的时间太长反而会增加感染的机会。

• 几天以后按摩伤口。用含有芦荟或维生素 E 的保湿液按摩皮肤。这样的按摩能加快血液循环,使血液更快地流向伤口。

• 不要让伤口暴露在阳光之下,

尤其是面部的伤口。在痊愈的头 6 个月，避免阳光直射伤口。否则结痂处的皮肤会比周围皮肤黑，使疤痕更加明显。使用防晒指数 SPF15 以上的防晒霜，或戴宽帽檐的帽子来遮挡伤口。

头部受伤

没有比孩子的头撞到硬地板上的声音更让人胆战心惊的了。脑袋起包和头皮流血位列受伤急救电话的榜首。

在此，有必要区分一下头骨受伤和大脑受伤。头骨就像安全帽一样保护着大脑，外面包着一层血管丰富的头皮。大部分摔倒只会造成头皮受伤，流很多血，或在皮肤下面断裂的血管处形成一个大的肿包。不要担心这些大肿包出现得多么快。冰敷就可以让它很快消失。这些肿块和流血通常只限于头皮受伤，很少伤及大脑。

头部撞击最让人担心的是大脑是否受伤，分为两种形式：出血和脑震荡。当头骨和大脑之间或大脑内部的血管破裂时，就会发生出血，挤压大脑。头部撞击也会造成脑震荡，意思是大脑被"震动"了。

出血或脑震荡引起的肿胀会对大脑造成压力，形成大脑损伤的外在症状。

★ **特别提示：** 要认真对待头皮伤口，虽然从外表看似乎没什么。但一个钉子就可能会穿过头皮和头骨，导致大脑被严重感染。一定要通知医生。

什么时候需要担心

如果宝宝失去了意识，但还有呼吸，嘴唇粉红（没有发紫），让他躺在平坦的表面上，打急救电话。如果你担心宝宝的脖子受伤了，不要移动他，让受过颈部损伤专门训练的专家来搬动他。如果宝宝没有了呼吸，立刻实施心肺复苏术（参见第 735 页）。如果宝宝出现了痉挛，清空他的呼吸道（参见第 746 页对痉挛的处理）。

有时候，如果宝宝属于敏感类型，喜欢发脾气，摔倒之后的愤怒会让他陷入屏住呼吸的状态，看起来像是热痉挛。这种场面自然会造成恐慌，吓得父母赶快送宝宝去医院。即使后来发现并没有必要，但小心点总是好的。我会告诉父母们，当有疑虑时，就带着宝宝去附近医院的急诊室门口坐着。

观察期

如果宝宝在摔倒之后还跟往常一样，能走，能说，能玩，父母可以先安慰宝宝，在伤口或隆起处用冰袋敷20分钟，观察一段时间，再打电话叫医生。这么做的原因是，医生主要是根据宝宝受伤后的表现而不是如何受伤来诊断严重程度。如果出现大脑损伤，症状马上会显示出来，或者在接下来的24小时慢慢地显示出来。

观察期后，根据宝宝的情况决定是否要看医生。另外，妈妈的直觉也很重要，我甚至认为这种直觉与最精密的电子仪器相比毫不逊色。如果你觉得事情不对，立刻打电话向医生报告宝宝的情况，寻求建议，告诉医生你为什么担心。

下面是接下来24小时内需要密切观察的事项。

宝宝睡眠的变化

宝宝在身体受伤之后通常会想睡觉，这使得遵照医生"观察孩子意识的变化"要求的父母格外紧张。如果头部受伤刚好在临近睡眠或打盹时间，你可能会迷惑宝宝昏昏欲睡究竟是因为受伤还是睡觉时间到了。

因此，不太可能遵循"不要让宝宝睡觉"的建议。让宝宝睡觉吧，但每两个小时就要检查一次，注意一下情况：

• 脸色的变化，是否从粉红转为苍白，如果发青就更要警惕。

• 呼吸的变化。有时呼吸很浅，有时有 10 ～ 20 秒停止呼吸，紧接着呼吸不规律或喘气（记住，新生儿呼吸不规律是正常的）。

• 身体一侧的手或脚骤然一抽。

如果宝宝的肤色和呼吸都正常（和平常变化不大），直觉也告诉你不用担心，那就没有必要唤醒宝宝，除非医生建议这么做。头部受伤后，深度睡眠几乎总是和很浅的、缺乏规律的呼吸模式相继出现，你以前可能没有见到过。

然而，如果你不能肯定是不是有问题或宝宝的表现是不是不正常，轻轻叫醒宝宝，拉着半睡半醒的宝宝坐起来或站起来，然后再让他躺下。

大脑受伤的信号

如果宝宝在头部受伤后显示出下列任一迹象，带宝宝去医院。

• 失去方向感，很难叫醒。

• 睡觉时呼吸不正常。

• 眼睛斜视，瞳孔大小不一。

• 持续呕吐。

• 脸色越来越苍白。

• 耳道里流血或流出水样的液体。

• 痉挛。

• 坐、爬或走路时失去平衡。

冰袋的妙用

宝宝受伤后，对冰冷的东西敷在痛处一般都会产生反感。冰凉的感觉能减轻疼痛，减少流血和肿胀，但不要直接把一块冰放在皮肤上，这会造成伤口组织冻伤。你可以买不会滴水的速冷冰袋，放在你的药箱里。也可以把冰块放在袜子或手绢里自制一个简易冰袋。如果你用塑料袋，外面要包上一层薄布或湿毛巾。把冰块敲碎，放在袜子里，就是一个可以改变形状的冰袋。也可以把冰块放在厚绒布玩具里。在我家的冰箱里就有这么一只冰小兔，遇到宝宝身上有肿块、瘀伤时，冰小兔就成了宝宝的好朋友。冷冻蔬菜也是好用的冰袋。好吃的冰棒对肿胀的嘴唇很管用。帮宝宝冰敷时要轻轻地，根据宝宝的忍受能力逐渐加大压力，持续20分钟。让孩子把手放在冰袋上，能让他更好地接受它。

正常的话，宝宝会闹一下，然后上床重新安静下来。如果宝宝没有这样，试着再让他坐起来或站起来，把他的眼睛张开，叫他的名字，完全唤醒他。

如果宝宝醒了，看着你，哭闹或是微笑，挣扎着想继续睡觉，那么你可以让继续睡，不用担心。如果宝宝没有抗议，不能完全醒来，没有吵闹，脸色苍白，呼吸不规律，流很多口水，或出现前文列出的任何一种大脑受伤的迹象，立即叫医生。

平衡和协调能力的变化

白天观察脑部损伤的信号比较容易：看宝宝怎么玩耍。他摔倒之后的表现跟摔倒之前一样吗？坐得很直，走得很好，胳膊和腿的动作都正常吗？或者他失去了平衡，摇摇晃晃，拖着腿，或者越来越没有方向感？对不会走路的宝宝来说，观察他坐或爬以及手的动作的变化。

呕吐

有些宝宝受伤后会想睡觉，有些宝宝则是呕吐，这主要是因为摔倒和受伤造成的难受和不安，不用担心。但如果接下来6～24小时内宝宝持续呕吐则是一个预警信号，立即给医生打电话。作为预防，宝宝摔倒后的几个小时给宝宝喝清凉饮料。母乳也很有效。

眼睛的信号

眼睛能反映出宝宝体内的状况，尤其是大脑的情况。事实上，眼睛后面跟大脑是紧密相连的，因此，医生是通过看眼睛后面来检查是否有脑部肿胀的情形。

婴儿眼睛的信号比其他信号更难评估，但如果出现如下情形，则需要叫医生：眼睛斜视或眼球转动，双眼瞳孔大小不一致，宝宝移动时撞到物体——这说明宝宝的视力下降了。大一点的孩子会抱怨看到重影和影像模糊，这些也是要担心的。

需要头部 X 光检查吗

除了严重的头部受伤或明显的骨折外，头部 X 光检查作用不大；也没有必要把一个玩得正高兴的宝宝硬拉到医院做 X 光检查。现在，轴向分层造影扫描（CAT 扫描）利用一系列交叉的脑部 X 射线，绘制出立体的图像取代了作用不大的头部 X 光检查。在大部分情况下，如果宝宝需要做头部 X 光检查，他通常就可以做 CAT 扫描。这项技术突破能比头部 X 光检查揭示出更多受伤情况，比如是否有脑部出血或肿大。在这里提醒一下：在孩子的生活当中，脑袋撞到地很常见，而导致脑袋受伤的情况则不多见。

痉挛

痉挛（又称抽搐）是由大脑中不正常的电流释放造成的，不仅让宝宝颤抖，也让父母们胆战心惊。痉挛的程度有别，有的是局部肌肉抽动，也有全身颤抖，称做癫痫大发作，这时宝宝可能会跌倒，在地上扭动，翻白眼，口吐白沫，咬舌和暂时失去意识。

在痉挛发作时，急救的主要目标是保证宝宝的舌头或分泌物不要挡住呼吸道，以免大脑缺氧。婴儿期大部分痉挛是因为发烧，这种发作很短暂，很少危害到宝宝，但足以让父母吓得全身颤抖。如果你看到宝宝痉挛，采取下列措施：

• 把宝宝安全地放在地上，脸朝下或侧卧，使舌头向前，分泌物会因为重力作用而从喉咙处排出。

• 痉挛过程中或之后，不要立即给宝宝吃或喝任何东西；也不要试图控制宝宝的颤抖。

• 如果宝宝的嘴唇并不发紫，呼吸正常，那么不要担心。

• 虽然这种情况很少见，但如果宝宝嘴唇发紫，没有了呼吸，那么在清理了呼吸道之后给他做口对口的人工呼吸（参见第 735 页）。

• 为了防止宝宝扭动时撞到家具，将宝宝身边的障碍物全部清除。

痉挛过后，宝宝往往会进入一场深深的沉睡。在第一次痉挛过后的几分钟内，再来一次也很常见，特别是由发烧引起的痉挛。为了防止复发，如果在发作之后宝宝身体烫，立即给他服用对乙酰氨基酚。脱掉他的衣服，用凉毛巾擦身体，给他降温（参见第667页对如何退烧的讨论）。

一般来说，痉挛过后带孩子到附近医院是最明智的。或者根据情况，你也可以先观察一段时间，跟前面提到的对头部受伤的做法一样。如果宝宝之前好好的，突然开始发烧，随即出现短暂的痉挛，现在又恢复正常，那么观察一段时间是合适的。控制住发烧，你就赢得了安全的几个小时，而不用给医生打电话，也不用凌晨3点冲到医院。但与发烧无关的痉挛或已经生了病的宝宝发生痉挛，都应该马上去医院。先控制住发烧（用药物或冲凉），因为去医院的途中，不断攀升的高烧可能会带来更多次痉挛发作。

烫伤

手脚敏捷的9个月大的宝宝，加上一杯伸手可及的热咖啡，就造成了严重的烫伤。烫伤的程度和深度决定了疼痛和皮肤破坏程度。一级烫伤(如晒伤)只会导致皮肤发红，并不很疼，只需要冷水、药膏和一点时间就能痊愈。二级烫伤会有水疱、肿胀和皮肤剥落，而且非常疼。三级烫伤会损坏最深层的皮肤，造成严重的毁容。

烫伤的基本治疗方法

如果宝宝被烫伤，采取下列措施：

•立即把烫伤的皮肤浸泡在冷水中至少20分钟。除了能缓解疼痛外，冷水还能降低皮肤温度，减少皮肤损伤。不要用冰，冰会加重组织的损伤。如果伤在脸上，用冷水浸泡过的毛巾敷脸，或用冷水冲洗脸颊。不要在伤处抹油、油膏或粉末。

•如果宝宝的衣服着了火，用毛巾、毯子、外套或你的衣服扑灭火苗。

•迅速脱掉烧焦或浸透了热水的衣服，但脱衣服时小心不要碰到宝宝的脸。必要的话可以把衣服剪开。

•评估烫伤的严重程度。如果只是发红，没有水疱，就把受伤部分浸泡在冷水中，时间尽可能地长。伤处不要覆盖衣物，观察受伤部位的变化。

•如果皮肤开始起水疱、发白或变黑，涂上抗生素药膏，用宽松、干净的布或没有黏性的绷带覆盖伤处。带宝宝去看急诊。

•除了在冷水中浸泡伤处之外，还可以让宝宝服对乙酰氨基酚。

对烫伤的治疗，目的是缓解疼痛，预防感染、毁容和变形（在愈合过程中，烧伤组织会缩短变形）。根据医生的建议，大部分的家庭治疗包括以下日常事项。

清洗。用温水清洗被烫伤的皮肤，然后用干净的毛巾吸干。水流能除去细菌和死去的皮肤组织。

用烫伤药膏。在受伤的皮肤上抹一层处方药膏（硝酸银软膏和磺胺类抗生素），促进伤口愈合，防止感染。

覆盖伤口。医生会告诉你是否要（以及怎样）在伤处涂抹药膏，或者还需要用没有黏性的纱布盖住伤口，用绷带包扎。

拉伸。如果伤处位于会弯曲的地方，例如手掌或手指的关节，每天至少拉伸10次，每次1分钟，来防止缩短变形。

清除伤口。为了最大程度地减少感染，医生需要在愈合的过程中做几次清除，把已经烫伤的组织除去，或是指导你来做这个微小的外科手术——就跟剪指甲一样容易。不要刺破水疱，除非医生建议这样做。

有了无微不至的护理，除非烫伤程度非常严重，面积很大，否则宝宝的皮肤一定会完美地痊愈，不会留下疤痕。

电击灼伤

电击灼伤不仅比烫伤更破坏组织，而且电流还会导致心跳不正常。触摸脱落的电线是极端危险的，需要马上送急诊，甚至实施心肺复苏术。

而把指头伸进电线插座，往往只会让宝宝被电得吓一大跳。

化学灼伤（碱液和酸液）

把受伤的皮肤浸在流动的冷水中至少20分钟。脱掉沾了化学品的衣服，小心不要把刺激物溅到身上的其他地方。有必要的话，可以用剪刀剪开宝宝的衣服，如果你没法安全地脱下来，就继续穿着。例如，你不能从宝宝头上脱掉一件浸透了漂白液的T恤。用肥皂和水清洗受伤皮肤，但不要用力搓洗，因为用力搓会让更多的有毒物质进入皮肤。如果宝宝已经吸入或吞入任何有毒化学物质，立即打电话给有毒物质控制中心，根据药品的说明，给宝宝解毒药，或让宝宝大量地喝水。如果化学溶液溅到宝宝的眼睛里，用水龙头的稳定水流连续冲洗20分钟，或用药店买来的洗眼液（参见第751页"眼部受伤"）。

治疗晒伤

如果皮肤只是微微发红，宝宝并没有不舒服，就没有必要治疗。在严重晒伤的情况下，试试下列措施：

• 如果皮肤很红，宝宝哭个不停，立即将晒伤的部位浸在冷水里，或用冷水浸湿毛巾冷敷15分钟，每天至少4次。留一些水在皮肤上，通过蒸发来降温。

• 用不含石油成分的保湿液（如芦荟），一天几次。

• 如果皮肤起了水疱，请医生开一支处方药膏；把它当做二级烫伤处理，采取之前介绍的处理烫伤的治疗措施。

• 给宝宝服用布洛芬来缓解疼痛，减轻炎症。

中毒

"中毒"这个可怕的词，指的是吞入、吸入或接触到任何危害身体的物质。虽然很多有毒物质只会引起短暂的肠胃不适，但有一些会对肺部和肠道组织造成严重损害，甚至还有少量是致命的。（为了防止中毒，参见第 619 ~ 624 页列出的家庭安全建议，以及第 635 ~ 640 页有关有毒植物和家庭物品的内容。）

处理方法

如果宝宝吞下了有毒物质，立刻打电话给医院，询问如何处理中毒物质。告诉他们如下信息：

• 吞入物质的名称和成分
• 吞下的时间和大概分量
• 宝宝的年龄和体重
• 症状：咳嗽、呕吐等
• 你的电话号码

在咨询专业人士之前，不要对宝宝进行催吐。有些物质没有必要催吐，还有些物质在吸入过程中会损伤肺部，如果呕吐的话，会进一步损害到食管内膜。如果宝宝吞入了下面任何一种物质，除非医院另有建议，否则不要对宝宝进行催吐：

• 石油产品：石油、柴油、苯、松节油
• 家具或车的上光剂
• 有强烈腐蚀性的物质，例如碱、强酸、清洁剂
• 用来清洁的产品，如漂白剂、氨水、洁厕灵

虽然并不是每种情况都有必要催吐，但几乎所有的药物和有毒植物都可以安全地吐出来。对那些呕吐时会发生危险的有毒物质，医生或专业人士会建议你用合适的解毒剂。通常是几杯水或一杯牛奶。

吸入有毒物质

指甲油、洗甲水、胶水、涂模型的油漆、清漆和含丙酮的产品，对正在成长的孩子的肺、肾脏和大脑都有可能造成伤害。为了保护你和宝宝，使用这些东西时，房间一定要通风良好，且宝宝不能在场。如果宝宝吸入了有害气体，赶紧把他带到有新鲜空气的地方，看他是否会出现剧烈的咳嗽或嗜睡症状，并立刻送医院。

给宝宝做好防晒措施

宝宝娇嫩的皮肤抵挡不住夏日的阳光。除了有可能晒伤外，儿童时期过多地暴晒在阳光下，提高了长大后患皮肤癌的风险。用下面几种办法给宝宝做好防晒：

• 日照最强的时间是上午 10 点至下午 3 点。要带孩子去海滩玩的话，尽可能在傍晚时候外出。

• 穿有防晒效果的衣服，如用防晒织物做成的长袖衫和宽檐帽。这种衣服能提供防晒指数至少为 30 的防晒效果，而旧 T 恤只能提供防晒指数大概是 6 的效果，如果湿了的话就更低。

• 在海滩上时给宝宝撑阳伞。

• 小心白沙地上反射的阳光。让宝宝远离这种反射。

选择防晒霜

用乳液或凝胶状的防晒霜，不要用清澈的酒精类型的防晒用品，免得涂抹时刺痛宝宝的皮肤。选一种能同时预防生活紫外线（UVA）和户外紫外线（UVB）（检查标签），防晒指数在 15 或以上的防晒霜。如果宝宝要玩水，就用防水的防晒霜，且泡过几次水就重新抹一遍。对那些特别敏感的地区，例如鼻子、脸颊和耳朵，用不透明的氧化锌防晒霜。一些宝宝对防晒霜中的活性成分 PABA 过敏，那么就用不含 PABA 的防晒霜。判断宝宝的皮肤是否对防晒霜过敏，可以在用于身体前，先在一小块地方（例如手臂上）做测试。因为婴儿皮肤对防晒霜的吸收程度还不确定，所以 6 个月以下的婴儿尽量采用其他防晒措施，万不得已才用防晒霜。用的话也要很有节制，只用在小地方，例如脸上和手背上。遮荫和用衣服做保护对宝宝来说是最好的。

给小眼睛遮阳

宝宝戴太阳镜很时髦，但安全吗？婴儿的眼睛比成人的眼睛更容易受到紫外线伤害。小眼睛需要很好地保护。眼科专家认为，戴玩具太阳镜可能比什么都不戴还有害。因为玩具太阳镜只是简单地使宝宝的视野变暗，进而使宝宝的瞳孔变大，让更多的有害光线进入眼睛。最好选择标着"100% 过滤紫外线"的太阳镜，但这种一般价格比较贵，而且宝宝也很少会一直乖乖地戴着。对婴儿来说，最有效的遮阴措施是戴宽檐帽，加上大人的仔细看管，不让他们暴露在沙地、雪地或白色表面的反射光线之中。

眼部受伤

眼睛非常容易对刺激物过敏，但痊愈得也快。宝宝在眼睛进入异物时会紧紧地闭眼并用手揉搓，但这样进一步加剧了对眼睛的刺激。为了让小脏手远离受伤的眼睛，在检查或冲洗眼睛之前，先用一块大的毛巾、毯子或被单裹住宝宝的身体（参见第98页图）。

冲洗眼睛

为了把刺激物从宝宝的眼睛里洗掉，最好有两个人，一个人让宝宝不要动，一个人负责冲洗。轻轻地拉下宝宝的下眼睑，用稳定、缓缓流出的温水冲洗他的眼睛，同时鼓励他把眼睛睁大。让宝宝把脸转向受刺激的眼睛那一面，使水流经过眼睛后能流到毛巾上。持续冲洗至少15分钟。

如果宝宝硬要合上眼睛，你就用指尖拉他的下眼睑，或一个手指撑住上眼睑，另一个手指支住下眼睑，轻柔地使眼睛张开。冲洗过后，咨询医生。有些具有腐蚀性的东西会刺激角膜，引起感染，可能需要预防性的抗生素药膏。抓伤或刺激物引起的疼痛可能会持续24小时。给宝宝服用对乙酰氨基酚，或采取医生建议的其他措施。

眼部用药

眼药有两种：眼药膏和滴眼液。滴眼液比较容易使用，但如果眼部有炎症的话，会有点刺痛感。眼药膏要求更熟练的技巧，因为使用时必须非常靠近眼睛，而且不能乱动。

让宝宝安静下来同样需要两个人（一个人的话，可以先用毛巾等把宝宝裹起来），让宝宝的手远离眼睛。如果还有一个人，你可以让那个人扶住宝宝的头，而你抱住宝宝的身体，让宝宝不要动——当然宝宝越大这样越不容易。新生儿只需一个人就可以应付。把宝宝放在一个柔软的台面上，例如沙发、床、地毯等你可以弯下身的地方。

用你惯用的那只手拿住眼药，另一只手把宝宝的下眼睑往下拉，形成一个浅口袋，然后往里面滴滴眼液或抹眼药膏。

鼻子受伤

孩子在成长过程中，难免会遇到摔得鼻青脸肿的时候，把鼻子都撞扁了。幸好，大部分时候，孩子和鼻子都能重新站起，恢复原状。鼻子设计巧妙，相当于减震器，使对脸部的撞击不会伤及头部。但是当鼻子撞到坚硬的表面时，可能会因为薄薄的鼻骨被推向两边而变扁了。如果宝宝的鼻子真的撞扁了，试试下面的措施：

• 在宝宝鼻子上放一个冰袋，轻轻地压在鼻子两侧、眼窝以下的凸起肿胀处。冰袋至少放 20 分钟，或根据宝宝的忍耐力尽可能放久一点。鼻子受伤后越早开始冰敷，冰敷的时间越久，肿胀的程度就越轻。

• 让宝宝身体保持竖直，向前倾斜，避免鼻血流入喉咙后部。

什么时候看医生

大部分扁鼻子事实上是因为骨折，但其中大多数能在伤后几周内自我复原，不会影响美观或留下缺陷。鼻骨骨折需要看医生，原因有二：为了美观，如果鼻子已经歪向一边，而且没有复原；功能性问题，比如气管受损。观察一下宝宝的鼻子是否会歪向一边。用手指轻轻地压住一侧鼻孔，看宝宝在合着嘴巴的时候是否两侧鼻孔都能正常呼吸。对小宝宝，你可能需要在他睡着的时候做这个动作。如果外观或功能上需要修复，立即去看医生。大部分时候，医生会建议你再等一两周，看鼻骨能否自我复原，到那时医生会再次检查宝宝的鼻子，看是否需要修复，并进行相应的治疗。婴儿鼻骨骨折极少需要修复。

流鼻血

我经常这样问挖鼻孔的孩子："你是用哪个手指挖鼻孔的？"（如果问"你挖鼻孔了吗"，回答肯定是"没有"。）在过敏季节，宝宝用手指去挖已经感染的鼻黏膜，是流鼻血最常见的原因。而冬天流鼻血是因为中央空调使空气干燥，刺激鼻腔内膜。冬天的时候，在宝宝的卧室里放一个蒸馏器可以缓解这种状况。如果宝宝感冒，鼻涕结成了硬块，那么宝宝的小手指伸入小鼻孔以后，很快就会流鼻血了。在宝宝的鼻孔里滴一点盐水滴鼻剂，或抹一点抗菌药膏或凡士林，就可以使鼻涕硬块变软，缓解流鼻血的状况。

下面告诉你如何止住鼻血：

• 让宝宝坐在你大腿上，身体微微向前倾。

• 捏住两个鼻孔至少 10 分钟。大多数鼻血源于鼻中隔内膜上的血管。最好的做法是把一块湿棉花扭转后塞进鼻孔，给这些血管施加压力，同时让鼻孔留有 1/3 的空余。这些棉花造成的压力会转至鼻中隔。

• 如果这样还不能止血，就对给鼻子供血的主要血管施加压力，该血管就位于上嘴唇和牙龈的连接处，鼻孔以下的地方。在上嘴唇下面放一小团湿棉花，用两个手指从嘴唇下面向上（即向鼻孔方向）施加压力，或用一个手指在上唇之上、鼻孔之下的地方施加压力。

- 让宝宝保持身体竖直，防止鼻血流往喉咙后面，以免引起呕吐或打喷嚏，从而冲掉凝结的血块，导致再度流血。

- 你张开嘴巴，鼓励宝宝也张开嘴巴，这样打喷嚏或咳嗽时鼻子就不会用力。

- 止血后，鼻孔里的棉花继续留在里面几小时，防止再流血，使之结成凝块。然后轻轻地去掉棉花（如果变硬的话，先喷点水润湿），尽量不要弄掉凝块，造成再次流血。成人和大一点的儿童，棉可以停留得更久一点，因为不用担心会影响呼吸。

- 如果这些措施都不管用，带孩子去医院或急诊室。

- 减少宝宝挖鼻孔的概率，平时给宝宝勤剪指甲，增加宝宝卧室的湿度，治疗吸入性过敏。

鼻内异物

宝宝喜欢戳东西，鼻子正是他们经常戳的地方。这些年来，我从小病人们的鼻子里取出过各种各样的东西，最常见的是豆子、豌豆、棉球和小石子。让人惊讶的是，宝宝们很少会抱怨鼻子里有异物，但如果你发现宝宝的一个鼻孔里流出散发着臭味的黄绿色鼻涕（感冒时，两个鼻孔都流鼻涕，而且鼻涕没有臭味），那么很

可能有异物。要从宝宝鼻子里取出异物，试试下面的步骤：

- 如果你能看到异物，试着用钝头的镊子取出。（参见第 98 页裹住宝宝的身体的方法。）

- 如果异物陷在鼻子深处，压住没被堵住的另一个鼻孔，鼓励孩子闭上嘴巴打喷嚏，这样可能会使异物排出来。

- 如果异物可溶于水（例如一块糖），就带孩子去洗淋浴，让蒸汽融化糖。或者喷一些含盐的滴鼻剂来软化异物，使之变小。

如果用了以上措施还是无法去掉异物，就要带宝宝上医院，医生可以用特殊的工具将异物取出。不要让宝宝在异物还没取出时躺下睡觉，因为异物有可能会被吸入肺部。

昆虫叮咬

昆虫叮咬会留下两个问题：叮咬处可能感染；皮肤对昆虫注入的毒液可能产生过敏。

拔掉刺

蜜蜂叮咬后会在伤口上留下刺，以及附着在刺上的毒液囊。在除掉刺之前，先用锋利的刀或信用卡的边缘刮去凸起的毒液囊（用镊子夹除毒液囊会使更多毒液渗入伤口）。在用镊

子取出刺之后，冰敷伤口，减缓毒液的扩散速度并减轻疼痛。黄蜂和胡蜂不会将刺留在皮肤里。

过敏反应

过敏反应的信号是手和眼睑肿胀、气喘和出疹子。如果你的宝宝只有被咬处周围出现肿胀，先冰敷，服一剂苯海拉明，然后视情况决定是否要看医生。如果有令人担心的过敏反应，一般是在被叮后的1小时内出现。假如出现上述过敏反应，给孩子服一剂苯海拉明，然后立即带他看急诊。叮后最让人担心的过敏现象是气喘或呼吸困难。

宝宝第二次被叮引起的过敏反应可能要比第一次严重得多。如果宝宝第一次被蜜蜂蜇时出现了上述症状，那么最好做如下预防措施：一被蜇，马上服苯海拉明，用冰敷，然后立即去看急诊。如果在两个小时内没有过敏现象出现，就可以放心地回家了。

如果你的孩子有过几次被昆虫叮咬后过敏的经历，请医生给孩子打针，预防昆虫叮咬过敏。如果宝宝对昆虫叮咬的反应非常严重，你可以随时带一种可注射的肾上腺素（叫做Epipen）。医生可以给你开药。

除蜱

因为蜱会传播疾病，特别是导致莱姆病（参见第724～725页）的细菌，所以必须小心而完整地除去。请参考如下办法：

•用浸泡过酒精的棉球擦洗蜱叮咬过的地方。

•用钝头的镊子将蜱夹起，尽可能靠近它的嘴部。稳稳地把蜱拔起，但不要碾或扭它。

•不要用指甲去掐，因为蜱的头有可能断裂，从而使身体嵌入皮肤里。

预防蜱传播疾病

蜱会传播导致莱姆病的细菌。如果你发现自己或孩子身上有蜱，小心去除。没有必要对蜱进行检测，或用预防性的抗生素，患病的概率非常小（在高危险地区也只有3%的发病率），而且由蜱引起的疾病只要发现得早就很容易治疗。如果出现下列迹象，请与医生联系：

•被蜱叮咬后2周内发烧。

•被蜱咬后5周内出疹子，可能是在被咬的部位，也可能是身体其他部位。

•关节或肌肉疼痛、疲劳。

•在颈部以上的特定部位出现肌肉无力的现象。

•视觉出现重影。

• 不要用火柴或香烟的热气来除去蜱，因为热气会使蜱更深地钻入皮肤。

• 如果蜱已经钻入皮肤，用你的食指和拇指捏住蜱躲藏的皮肤，然后用手术刀或灭过菌的单面刮胡刀片小心地刮擦包含蜱的头和嘴的皮肤，或用消过毒的针挑开皮肤，把蜱的头和嘴拿出来。如果你是那种看到虱子就要尖叫的人，可以请医生来做。

• 用杀菌剂彻底清洗被叮咬的部位。

牙齿受伤

刚学会走路的宝宝和跌跌撞撞的幼儿经常会把他们的两颗门牙撞到桌角之类的地方。大部分时候，这些被撞得往里凹的牙齿会自动复位，再多经受几次碰撞，直到 5 年以后恒牙长出，才算寿终正寝。如果宝宝牙齿和牙龈受到撞伤，用冰敷或给他一根冰棒吮吸，缓解牙龈肿痛。如果牙龈流血，用纱布沾点冷水，放在嘴唇和牙龈之间的地方，并在上面施加一点压力以止血。如果需要矫正牙齿，那么立即与牙医联络。如果牙被推得陷进牙龈里，根部就可能受损，牙齿的寿命将会缩短（很快变黑，并松动），这种时候需要咨询医生。

还有，注意观察 3 ～ 7 天后受伤部位脓肿（受伤的牙齿上肿胀、疼痛

的牙龈）的进展情况。如果牙齿松动得很厉害，很明显没法存活，你的牙医会建议立即拔掉，以免宝宝入睡时把牙齿吞到肚子里。坏掉的乳牙不能重新植入牙龈。如果宝宝的牙齿断裂，产生尖锐的边缘，有时候牙医会建议补上缺了的部分，使之变得光滑，防止在下次摔跤时伤及嘴唇。恒牙一般有可能重新植入，但把牙齿送到牙医诊所的过程中，对掉落牙齿的护理很关键。手接触到的应该是牙冠部分，而不是牙根。如果牙齿很脏，用水轻轻地洗干净（而不是打开水龙头冲），将牙齿放在一个安全的容器里，浸泡在宝宝的唾液当中带给牙医。不要擦洗掉落牙齿的牙根，因为会破坏根部，影响再次植入。

拉伤、扭伤和骨折

任何年龄骨折的四大标志都一样：肿胀、疼痛、活动受到限制和局部一触即痛（骨折的部位即使用指尖碰也会感到疼痛）。普通的拉伤、扭伤和骨折的急救治疗包括 4 个方面：冰敷、加压、抬高和支撑。这 4 种措施都能减缓关节或肌肉内部的流血现象，缩短复原时间。在肿胀或骨折的部位冰敷至少 20 分钟。可以用弹性绷带把冰袋绑在受伤关节或可能有骨折的部位（但不要太紧）。用枕头垫高受伤的手或脚，至少抬高 15 厘米，

或用三角巾支撑受伤部位，防止任何不必要的移动或负重。如果你怀疑孩子骨折，先把他受伤的手或脚固定，然后带他去看急诊。

幼儿骨折

幼儿在刚学走路时常常跌倒，经常会出现双腿长骨中段的轻度骨折。如果宝宝走路跛着腿，不愿意用某一条腿承重，那么很有可能是骨折。幼儿在摔倒之后，会经常因为脚疼或脚趾被撞疼而一连几个小时跛着脚。跛脚如果超过 24 小时就需要立即看医生，以确定是否有骨折或关节受伤。

肘部脱臼

父母和孩子玩游戏或拔河时，孩子很容易发生肘部脱臼。医生或急诊室的医护人员可以将脱臼部位迅速复原，不必担心留下后遗症。

附录

生长曲线图

从出生到 24 个月：男孩
身高和体重对年龄的百分比

姓名：_____
记录 #_____

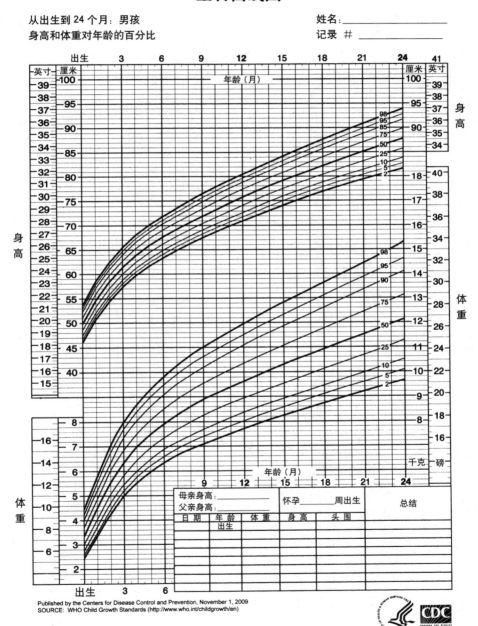

Published by the Centers for Disease Control and Prevention, November 1, 2009
SOURCE: WHO Child Growth Standards (http://www.who.int/childgrowth/en)

生长曲线图

母亲身高：＿＿＿＿＿＿
父亲身高：＿＿＿＿＿＿

怀孕＿＿＿＿周出生

总结

日期	年龄	体重	身高	头围
出生				

Published by the Centers for Disease Control and Prevention, November 1, 2009
SOURCE: WHO Child Growth Standards (http://www.who.int/childgrowth/en)

758

关于作者

威廉 · 西尔斯

　　医学博士，美国儿科学会会员，知名儿科医生。儿科从医经历 40 余年，曾撰写过《西尔斯怀孕百科》等 40 余本怀孕育儿类畅销书，是《宝贝说话》(Baby Talk) 和《养育》(Parenting) 杂志的育儿医学顾问。他在心理学理论的基础上，总结了 "亲密育儿法" (Attachment Parenting)，提倡通过母乳喂养、和宝宝一起睡，用背巾背着宝宝等方式让父母和宝宝及早建立亲密关系。

玛莎 · 西尔斯

　　威廉 · 西尔斯的妻子，注册护士，也是育儿顾问和母乳喂养咨询师，育有 8 个孩子，目前居住在加利福尼亚州南部。

罗伯特 · 西尔斯

　　西尔斯夫妇的儿子，现为西尔斯诊所的儿科医生。

詹姆斯 · 西尔斯

　　西尔斯夫妇的儿子，现为西尔斯诊所的儿科医生，还是很受欢迎的电视节目《医生》(The Doctors) 的主持人。

图书在版编目(CIP)数据

　　西尔斯亲密育儿百科 / (美)威廉·西尔斯等著 ；
邵燕美译. —— 3版. —— 海口：南海出版公司，2019.3
　　ISBN 978-7-5442-9515-4

　　Ⅰ. ①西… Ⅱ. ①威… ②邵… Ⅲ. ①婴幼儿—哺育
—基本知识 Ⅳ. ①TS976.31

　　中国版本图书馆CIP数据核字(2018)第273698号

著作权合同登记号　图字：30-2009-187
THE BABY BOOK: Everything You Need To Know About Your Baby From Birth To Age Two
by William Sears, M.D. and Martha Sears, R.N with Robert Sears, M.D. and James Sears, M.D.
Copyright © 1992, 2003 by William Sears and Martha Sears
Simplified Chinese language edition © 2009 by Thinkingdom Media Group Ltd.
Published by arrangement with Denise Marcil Literary Agency, Inc.
through Bardon-Chinese Media Agency
All rights reserved.

西尔斯亲密育儿百科

〔美〕威廉·西尔斯　　　　玛莎·西尔斯
　　　罗伯特·西尔斯　　　詹姆斯·西尔斯　著

邵艳美　译

出　　版　南海出版公司　　(0898)66568511
　　　　　海口市海秀中路51号星华大厦五楼　　邮编 570206
发　　行　新经典发行有限公司
　　　　　电话(010)68423599　邮箱 editor@readinglife.com
经　　销　新华书店

责任编辑　崔莲花
装帧设计　李照祥
内文制作　博远文化

印　　刷　北京中科印刷有限公司
开　　本　700毫米×990毫米　1/16
印　　张　49
字　　数　780千
版　　次　2009年11月第1版　2015年6月第2版　2019年3月第3版
印　　次　2019年3月第49次印刷
书　　号　ISBN 978-7-5442-9515-4
定　　价　128.00元